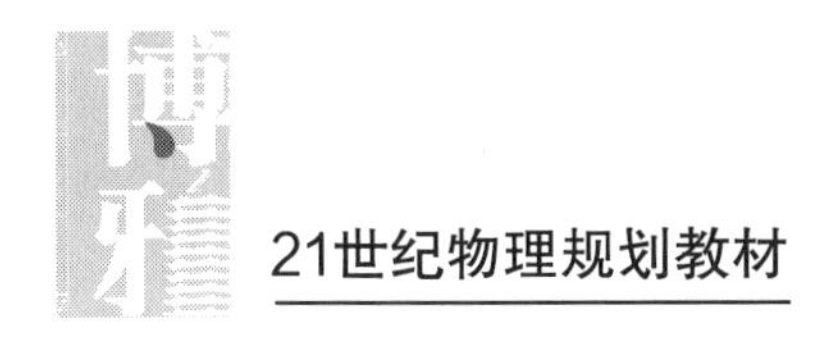

21世纪物理规划教材

电磁学专题研究

Monographic Study on Electromagnetics

陈秉乾 舒幼生 胡望雨 编著

北京大学出版社
PEKING UNIVERSITY PRESS

图书在版编目 (CIP) 数据

电磁学专题研究 / 陈秉乾, 舒幼生, 胡望雨编著. 一北京 : 北京大学出版社, 2021. 3
21 世纪物理规划教材
ISBN 978-7-301-31794-5

Ⅰ. ①电… Ⅱ. ①陈… ②舒… ③胡… Ⅲ. ①电磁学一专题研究 Ⅳ. ① O44

中国版本图书馆 CIP 数据核字 (2020) 第 202065 号

书　　名 电磁学专题研究
DIANCIXUE ZHUANTI YANJIU
著作责任者 陈秉乾　舒幼生　胡望雨　编著
责任编辑 顾卫宇
标准书号 ISBN 978-7-301-31794-5
出版发行 北京大学出版社
地　　址 北京市海淀区成府路 205 号　100871
网　　址 http: //www. pup. cn　新浪微博 : @ 北京大学出版社
电子信箱 zpup@pup. pku. edu. cn
电　　话 邮购部 010-62752015　发行部 010-62750672　编辑部 010-62752021
印 刷 者 北京市科星印刷有限责任公司
经 销 者 新华书店
787 毫米 × 1092 毫米　16 开本　42 印张　913 千字
2021 年 3 月第 1 版　2022 年 10 月第 2 次印刷
定　　价 105. 00 元

前　　言

一、电磁学是一门重要的基础课

如所周知,电磁现象的发现,电磁定律的确定,电磁场理论的建立,电子的发现以及物质微观电磁结构的揭示,电磁技术的广泛应用等等,在物理学中开辟了一个区别于力学、热学、光学的重要新领域——电磁学.

电磁学的形成和发展,使人们对电磁相互作用、物质的电磁性质、各种电磁过程等等的认识有了极大的拓宽和加深.电磁相互作用是自然界中一种基本的相互作用,电磁相互作用对原子和分子的结构起着关键作用,因而在很大程度上决定着各种物质的物理性质和化学性质.电磁过程是自然界的基本过程之一,带电粒子因受电磁作用在各种特定条件下的运动,形成了电工学、电子学、等离子体物理学和磁流体力学等等许多分支学科.19 世纪,Faraday 和 Maxwell 建立的电磁场理论及其实验验证,深刻地揭示了电磁作用的机制和本质,证实了电磁场是区别于实物的又一种客观存在,得出了光是电磁波的重要结论,完成了电、磁、光现象的理论大综合,成为物理学史中继 Newton 力学之后又一划时代的伟大贡献.

与此同时,在热机应用导致的第一次技术革命之后,电磁技术的应用迎来了以电气化和无线电通信为标志的第二次技术革命.电力、电子、电信工业的发展,电磁材料的研制,电磁测量技术的应用等等,对人类的物质生产、技术进步和社会发展带来了难以估量的广泛深刻影响.

由此可见,电磁学是一门重要的基础课.它不仅是经典物理的基本组成部分之一,具有重要的历史地位与现实意义,而且与近代自然科学、技术科学的许多领域都有着密切的联系,成为理、工、农、医及师范院校不可缺少的基础课程之一.

二、继往开来,改革发展

1952 年以来,在我国高等院校的物理教学中,电磁学与力学、热学、光学、原子物理(近代物理)一起构成普通物理(大学物理)课程.回顾近半个世纪以来普通物理课程曾经的历程,总结成熟的经验和基本的看法,对于进一步的改革发展是十分必要的.

作为低年级大学生的第一门基础物理课程,普通物理只能是入门的导论性课程,其目的在于使学生对物理学的内容与方法、工作语言、概念和物理图像、历史、现状与前沿,从整体上有比较广泛、全面、完整的了解,为今后的学习和工作打下扎实可靠的物理基础.根据对普通物理课程性质和任务的这种认识,经过几代人的辛勤耕耘,已经形成了涵盖20世纪前经典物理的主要方面、适当介绍近代发展、有针对性地结合专业需要的适合各类普通物理课程的教学内容和体系,集中反映在已经出版的有关教材中.由于普通物理课程内容广泛,接受对象基础薄弱,这就要求在讲授中善于提出问题,善于从现象揭示本质、从具体进入抽象、从特殊事例达到普遍规律.以北京大学为例,在长期的教学实践中,逐步形成了颇具特色的普通物理课程的讲授风格,我们尝试着把它概括为:立论严谨,物理图像清晰,深入浅出,溯源通今.所谓立论严谨,就是提出的问题要准确,概念、规律、理论的阐述要正确,评价要恰当.所谓物理图像清晰,就是要善于作物理分析,建立形象直观的物理图像.所谓深入浅出,就是既要抓住物理本质,又要尽可能地浅显易懂.所谓溯源通今,就是要从全局的高度,统观历史与前沿并努力揭示其间的内在联系,避免片面性和绝对化.

历史是连绵的长河.回顾与展望,继承与发展,传统与创新,是永恒的矛盾,也是永恒的课题.对普通物理课程的上述回顾,让我们更清楚当今的起点和改革的方向.为了进一步提高教学质量,培养高层次人才,就普通物理课程而言,我们认为应该着重解决以下三个问题.

首先,切实地加强基础.这似乎是老生常谈,却正是普通物理课程安身立命的根本,如同传世的艺术珍品具有不朽的价值一样.普通物理课程的基本内容汇集了几百年来物理学最重大的成果,是前辈大师创造性发现的结晶,在全面深刻理解的基础上,正确地阐述,恰当地评价,并随着时代的变迁加以诠释,是教师的神圣使命和艰巨任务,切切不可掉以轻心.

其次,有效地培养能力,提高素质.在讲授基本内容的同时,应该适当地、有选择地介绍重大发现的历史过程,说明当年的背景,怎样提出问题,遇到什么困难,如何作出突破,曾经有过什么曲折和争论,等等.这样,不仅能使学生有身临其境之感,而且能使学生领略前辈大师的研究方法、物理思想、科学精神,得其精髓,有所借鉴.授之以鱼,不如授之以渔,这是物理教师的共同追求.

再次,教学内容的现代化.当代科技发展一日千里.应该根据前沿进展对基础提出的新要求,导致的新认识(这往往是深刻的变化),重新审核基础内容的含义与地位,决定对它的取舍、轻重与评价,不断充实更新.更应着力挖掘基础与前沿之间的内在有机联系,力求浑然一体,相得益彰.

显然,为了做到以上这些,关键在于提高师资水平.本书就是为教师提供的一本参考读物.

三、本书简介

《电磁学专题研究》共分 11 章.

第一、二章涉及电磁学的基本定律和电磁场理论,这是电磁学课程的主干.与通常教材中的阐述有所不同,本书着眼于定律和理论的“建立”,即根据原始文献和历史资料,详尽地阐明提出问题、作出突破、发现规律的真实历史过程,使读者有全面、生动、切实的了解.同时,在这两章的第一节中,我们分别对物理定律的内涵与外延,物理理论的结构与要素,从方法论的角度加以论述,希望能为提高课程的思想性和理论性提供帮助.另外,在第二章专辟了两节撰写 Faraday 和 Maxwell 的传略,介绍两位大师的生平、重要贡献和物理思想.

Lorentz 电子论是在 Maxwell 电磁场理论建立之后、Einstein 狭义相对论建立之前的重要研究成果.Lorentz 电子论弥补了 Maxwell 电磁场理论的缺陷与不足,融合了源论与场论两大派别的精华,把电磁场理论与气体动理论相结合,成为研究物质电磁性质、光和电磁作用的理论基础.Lorentz 电子论是经典电磁理论成熟的标志,同时,它的某些难以克服的根本内在矛盾也是引发狭义相对论诞生的契机.尽管 Lorentz 电子论的许多重要成果与结论已经被纳入当今的电磁学课程或教材之中,但对其来龙去脉往往并不了然,从而成为俗称的“三不管”地区之一.本书第三、四、五章全面系统地阐述 Lorentz 电子论及其对物质电磁性质、光和电磁作用的研究(都限于经典理论),旨在弥补这一空缺,勾画出完整的历史画卷.

第六章带电粒子在电磁场中的运动,第七章磁流体力学,这是等离子体物理的重要组成部分,也是电磁学近代发展的两个典型事例.前者是电磁场理论与 Newton 力学相结合的产物,后者是电磁场理论与流体力学、热力学相结合的产物,都具有重要的理论意义和应用前景.这两章的介绍当然是很初步的,并且采用便于电磁学课程引用的方式来阐述,但由此确实可以体会到基础理论的重要性和旺盛的生命力.虽然从时间上说,这两章的理论是在相对论和量子论之后建立的,但因均属经典理论,所以放在前面.

在本书中,一般说来,有关实验是分散在各章之中的,但也有一些重要的实验,或因与各章内容的关系不很紧密,或因本身涉及的细节较多,显得累赘,而未纳入各章.于是,把它们集中成第八章“电磁学的一些重要实验”,并大致按时间顺序排列,可结合相关章节阅读.

19 世纪末和 20 世纪初,在经典电磁理论(以及其他经典理论)日趋成熟、完善的同时,也发现了一些新的重要的实验事实,它们与经典理论之间存在着难以调和的尖锐矛盾与冲突,表明经典理论存在着深刻的危机,促使人们重新审视经典理论赖以支撑的基础.如所周知,相对论和量子论由此应运而生,整个物理学达到了一个新的高度.在本书第九、十章中,我们并不专门讲相对论和量子论,而是从 Maxwell 电磁场理论和 Lorentz 电子论所遇到的某些根本困难和矛盾出发,围绕着电磁学的一些基本问题,从相对论和量子论两方面阐述电磁学的近代发展.

第十一章选择电磁学教学中一些典型的疑难问题,作出介绍和评述.这些疑难问题的解决是国内同行多年来教学研究的成果.

以上是本书的框架,在内容取舍和行文方式上,则主要考虑教学的需要.

《电磁学专题研究》是一本教学参考书,以大学物理教师(特别是电磁学或普通物理课程的教师)为主要读者对象,也可供大学生和中学物理教师参阅.

蔡伯濂教授拨冗审阅全书,谨此致谢.

目　　录

第一章

电磁学基本实验定律的建立

§1. 概　　述

物理定律是在观察和实验基础上发现的实验规律. 各种物理定律从各自不同的角度和侧面揭示了事物的本质、规律和内在联系. 物理定律是物理理论赖以建立的基础, 也是检验各种物理理论是非真伪的标准. 因此, 物理定律的建立是有关研究领域获得重要进展的标志. 在物理教学中, 物理定律的阐述理所当然地占据着重要地位, 电磁学当然也不例外.

物理定律具有丰富、深刻的内涵和外延. 一般说来, 从观察现象、提出问题、猜测结果、设计实验并测量、得出定律的主要关系, 到定义新物理量、确定定律内容、给出定量公式, 进一步判定定律的成立条件、适用范围、精度, 乃至最终阐明定律的物理含义、理论地位以及定律的近代发展, 等等, 需要经过漫长曲折的历史过程, 涉及广泛的知识和背景材料. 应该说, 只有通过上述考察才能真正理解和全面把握物理定律丰富深刻的内涵和外延. 在物理教学中, 如果只着眼于物理定律的结论, 在作了一些简单的解释后, 便把注意力引向解题计算, 那就无法理解物理定律是怎样建立的, 关键的突破是怎样实现的, 物理学家历尽艰辛极富思想性和创造性的工作也将付诸东流. 当然, 在物理教学中, 不可能也没有必要凡遇物理定律都作上述全面系统的考察, 但结合各个物理定律的特点, 有选择地作一些介绍, 恰当地把具体内容的讲授与科学思维能力的培养结合起来, 则是必要的、有益的, 这也应该成为电磁学课程建设与改革的一个重要方面.

作为实验规律的物理定律是在观察和实验基础上建立的. 然而, 由于各种物理定律所面临的对象和问题颇为不同, 就其建立而言, 或来自直接测量, 或根据某一特殊结果的普遍推广, 或基于间接测量及相应的分析, 或在假想实验(理想实验)基础上的推断,或通过理论分析甚至猜测，等等，可谓千姿百态各具特色，决非单一模式所能概全. 尽管如此，无论物理定律是如何建立的，其正确性都必须通过直接的实验检验才能确保，或者，如果直接检验有困难，则由物理定律得出的推论必须与实验相符(间接验证)，这是作为实验规律的一切物理定律必须具备的基本要求. 应该指出，物理定律是在一定条件下对所研究对象具有某种属性的普遍判断，这在逻辑学上属于全称判断；而任何物理实验总是在更为狭窄的具体条件下由实验作出的具体结论，即物理实验的具体结论只能是逻辑学上的特称判断. 由于特称判断从属于全称判断，所以，从特称判断不可能逻辑地得到全称判断；反之，全称判断也不可能全部被个别的特称判断所证实. 因此，从物理实验事实不可能逻辑地得到物理定律；反之，物理定律也不可能全部被物理实验所证实. 对此，应从理论上有清醒的认识.

自然界是沉默无语的. 自然界不会自动地告诉人们掩藏在现象背后的本质、规律和内在联系. 也许可以把实验看做是人类与自然界的一种“对话”，正是通过这种特殊的“对话”方式，迫使自然界作出回答，才能有所发现. 于是，为什么要做实验，做什么实验，怎么做，怎样具备各种必要的条件，怎样分析实验的结果，等等，就都需要精心的考虑和妥善的安排. 由此可见，科学实验是用严格的理性分析来指导观察的方法. 为了在实验基础上建立物理定律，还需要抽象、归纳，需要去粗取精、去伪存真，有的还需要伴之以逻辑推理、定量演算和理论分析，才能正确地揭示事物的本质、规律和内在联系. 物理定律的概括是在实验基础上理性思维的结果.

任何物理定律都不是孤立的，在物理定律的概括中，往往隐含着某些更基本的考虑或者某些更基本的假定与前提，通过这些不仅可以了解不同物理定律之间的关系以及它们与物理学其他部门的关系，而且可以获得一种层次感. 如所周知，物理学的各种规律是分层次的，有些具体单纯，有些概括抽象，下层次的规律往往要受到更高层次规律的制约.

任何物理定律都带有时代的烙印，都是相应历史背景下的产物. 随着时代的变迁和科学的发展，需要不断地对物理定律中未经实验验证的部分作进一步的分析、推敲和考查，以求得更完善的概括，也需要不断地重新认识和评价物理定律的物理含义、理论地位和近代发展. 换言之，对于基本的物理定律，既需要回顾，又需要前瞻，既需要尊重历史，又需要站在前沿的高度，以当代科学的最新成就为依据，才能正确地评价历史. 凡此种种精益求精的探索是永无止境的.

本章涉及的是大家熟知的电磁学基本定律，即 Coulomb 定律、Oersted 实验、Biot-Savart-Laplace 定律、Ampere 定律、Ohm 定律和 Faraday 电磁感应定律. 对此，在各种电磁学教材中几乎无一例外地都有详尽的阐述. 然而，如果按照以上一般性论述的要求来衡量，就会明显地感到还有许多值得探讨和深究之处，这些也正是本章的内容. 为了激发读者的兴趣，也作为一种引导，现在以提问的方式勾画出值得注意的要点，至于问题的答案以及有关的详细内容则请阅读本章以下各节.

关于 Coulomb 定律：

——Franklin 观察到什么重要现象，由此如何猜出电力应与距离平方成反比？

——Coulomb 对扭秤作过什么研究，他设计制作的扭秤有何优点，是否适用于测量电力？

为什么 Coulomb 扭秤实验适于测量同号电荷之间的电斥力，而不适于测量异号电荷之间的电引力？

Coulomb 电引力单摆实验的原理是什么？

Coulomb 从他的实验中得出了什么结论？

——为了精确验证电力平方反比律，Cavendish 的基本想法和实施办法是什么？

为什么当偏离电力平方反比律的修正数 $\delta \neq 0$ 时，带电导体球壳的内表面也会带电？

为了精确验证电力平方反比律，Maxwell 设计了什么样的示零实验装置，他的实验步骤如何？结合此实验步骤，Maxwell 如何进行理论分析，得出了什么定量公式？试概述 Maxwell 所作理论分析的主要步骤以及他得出的定量公式的含义. Maxwell 怎样设法确定静电计的灵敏度？Maxwell 得出的结论是什么？

1971 年得出的迄今最精确的 δ 的上限是多少？

回顾 Cavendish-Maxwell 精确验证电力平方反比律的示零实验和理论分析，你得到了什么启示？

——Coulomb 定律的三个主要内容是什么，它们分别来自何处？

——作为电磁学中引入的第一个基本概念，电荷有何基本特征？

为什么电力可以屏蔽，而万有引力无从屏蔽？

何谓电荷守恒定律，它有什么广泛的实验依据？

电荷是否存在相对论效应，何谓电荷的量子性与稳定性？试把电荷的这些特征与质量类比.

——Coulomb 定律的成立条件(真空与静止)是否必要，能否放宽，为什么？

为什么静止电荷之间的 Coulomb 力遵循 Newton 第三定律，而运动电荷之间的作用力却不遵循 Newton 第三定律？Newton 第三定律与动量守恒定律的关系是什么？Newton 第三定律在什么条件下适用？

——Coulomb 定律的适用范围是什么？

——试评价 Coulomb 定律的理论地位，δ 与光子静止质量 m_γ 有何关系，为什么物理学家对 δ 与 m_γ 是否严格为零如此关注.

关于 Oersted 实验，Biot-Savart-Laplace(B. S. L.)定律和 Ampere 定律：

——试准确叙述 Oersted 实验的内容，它究竟发现了什么，意义何在？

何谓横向力，它对尔后 B. S. L. 定律以及 Ampere 定律的建立起了什么作用？

——在 Oersted 实验之后，提出了哪些电磁学研究的重要课题？

提出问题是科学研究的关键步骤，你从这一段历史中得到了什么启示？

——Biot 和 Savart 提出的问题是什么？对此，他们作了什么分析？

为了得出他们试图寻找的规律，需要克服什么困难？Biot 和 Savart 共做了几个实验，这些实验得出了什么结论？其中，弯折载流导线对磁极作用力的实验巧妙在哪里？

如何从这些特殊实验的结果经理论分析得出了普遍的 B. S. L. 定律？他们的理论分析是否严格，为什么可以这样做？

——回顾 B. S. L. 定律的建立(包括实验工作和理论分析)，你得到了什么启示？

——在几乎同样的背景下，Ampere 提出了什么问题？为什么说 Ampere 的问题比 Biot-Savart 的问题更深刻更广泛？Ampere 有什么实验和理论的根据？

为了得出 Ampere 试图寻找的定量规律，需要克服什么困难？

试述 Ampere 精心设计的四个示零实验. 由此得出了什么结论？

在与此紧密联系的理论分析中，为什么 Ampere 要强加沿连线的假设？这个假设有何不妥之处，其思想根源是什么？

试述 Ampere 所作理论分析的主要步骤，采用的技巧，以及得出的结论.

原始的 Ampere 公式有何矛盾，如何修正才能得出近代形式的 Ampere 定律？

——试述 B. S. L. 定律与 Ampere 力公式的成立条件. 为什么两者的成立条件明显不同？

——回顾 Ampere 定律的建立(包括 Ampere 的四个示零实验，理论分析，沿连线假设的失误和原始 Ampere 公式的修正)，你得到了什么启示？

关于 Ohm 定律：

——试述 Ohm 如何经过实验测量，寻找经验关系，确定参量含义，最终建立定量规律.

——何谓 Ohm 定律，它的意义何在，成立条件是什么？

——回顾 Ohm 定律的建立，你得到了什么启示？

关于 Faraday 电磁感应定律：

——为了寻找电磁感应现象，历史上曾经有过什么有趣的故事，从中可以得出什么经验教训？

——Faraday 是怎样发现电磁感应现象的？又如何逐步深入地进行研究？

何谓感应电动势，Faraday 怎样用他的力线图像来解释感应电动势产生的原因，Faraday 对电磁作用的传播作过什么猜测？

Faraday 借助于力线或场表述的关于电磁现象的近距作用观点有何实验依据，对于尔后 Maxwell 电磁场理论的建立有何指导意义？

——回顾 Faraday 发现并深入研究电磁感应的历史，你得到了什么启示？

§2. Coulomb 定律

Coulomb 定律不仅是电磁学的基本定律，也是物理学的基本定律之一. Coulomb 定律阐明了静止点电荷相互作用的规律，决定了静电场的性质，也为整个电磁场理论奠定了基础. 在对电磁相互作用本质的探索中，提出了力线和场的概念，确立了近距作用观念，结束了以质点运动和超距作用为基础的机械论观点在物理学的统治地位. Coulomb 定律又是物理学中最精确的基本实验定律之一. 200 多年来，为提高电力平方反比律精度的努力经久不衰，其原因还在于电力平方反比律直接与光子静止质量 m_γ 是否为零有关，如有偏差，则 $m_\gamma \neq 0$，就会动摇物理学大厦的重要基石，例如，出现真空色散、光速可变、电荷不守恒，等等. 因此，从各个角度考察 Coulomb 定律，充实提高对它的认识，确实是有必要的.

从教学上说，Coulomb 定律是学生在电磁学课程中遇到的第一个基本定律，多方面的考察不仅能加深学生的理解，而且会使学生逐步懂得应该如何学习和思考.

本节首先介绍 Coulomb 定律建立和精确验证的历史过程，然后，以静电学、电磁学乃至物理学的相关前沿进展为背景，阐述 Coulomb 定律的丰富内涵和重要理论地位.

一、Coulomb 电斥力扭秤实验和电引力单摆实验

Charles-Augustin de Coulomb(1736—1806)是法国物理学家，他的贡献主要在力学和电学.

1. 同号电荷之间电斥力的 Coulomb 扭秤实验

1777 年，Coulomb 设计了一台用丝线悬挂磁针的扭力磁偏罗盘，克服了以往将磁针支架在轴上必然会因摩擦而影响指南精度的缺点. 1784 年，Coulomb 得出了在弹性范围内扭秤细丝转矩 M 的计算公式：

$$M=\frac{\mu BD^4}{L}$$

式中 μ 是由细丝材料确定的剪切弹性模量，B 是扭转角，D 和 L 分别是细丝的直径和长度.

1785 年，Coulomb 设计制作了一台精巧的扭秤，它能够测量小到 10^{-8} N 的微弱作用力，Coulomb 用它来测量电荷之间的作用力. Coulomb 在他的论文中，详尽记述了同号电荷间排斥力的测量过程.

Coulomb 的扭秤如图 1-2-1 所示. 玻璃圆筒 BD 用平板 AC 盖住，板的中央和一侧有两个圆孔 f 和 m. 中央孔 f 处插入一玻璃管，管的中央轴有一根银线，其下端固定在一个带孔部件上，一根可动的针状细杆 ag 穿过此孔水平地悬挂着. a 端是一个木髓小球，g

端是一个平衡纸球. 小杆 mϕb 穿过平板 AC 的侧孔 m，杆的下端是另一木髓小球 b，它与 a 球完全相同，开始时 a，b 两球恰好接触. 小杆 m 端用夹子固定，以确保在 a，b 两球带同号电荷互相排斥时，b 球不动，而 a 球则可转过一个角度 α_a，后者可通过容器外壁的刻度 ZQ 读出. a 球连同细杆 ag 的转动引起银线的扭转，从而使银线上端测微装置 io 发生偏转，偏转角 α_0 可在刻度板上读出. 平衡时，a 球所受静电斥力 F_e 对银线转轴的力矩 M_e 与银线的扭力矩 M_t 大小相等. 电斥力 F_e 与电力矩 M_e 成正比，扭力矩 M_t 又与银线扭转角 $\alpha_t=\alpha_a-\alpha_0$ 成正比，因此 F_e 与 α_t 成正比，F_e 的大小就可以用 α_t 相对代表. 如果 a 球的偏转角 α_a 并不很大，a，b 两球的间距 r 近似与 α_a 成比例，那么 F_e 与 r 的关系便可近似地转化为实验上可测得的 α_t 与 α_a 之间的关系.

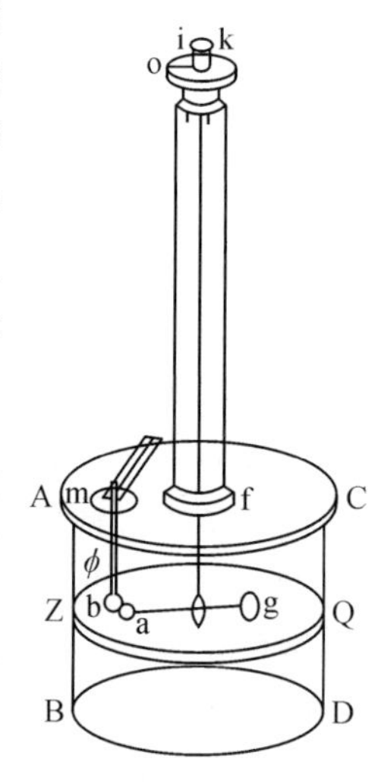

图 1-2-1 Coulomb 扭秤

实验时，Coulomb 先将一带电小物体从 m 孔插入，使之与 a，b 两球一起接触，于是 a，b 两球带同号电荷，互相排斥，平衡时测得 $\alpha_a=36°$，$\alpha_0=0°$，因此 $\alpha_t=36°$. 然后，用旋钮 k 将银线反向转过 126°，即 $\alpha_0=-126°$，a 球便回转，平衡时又测得 $\alpha_a=18°$，因此 $\alpha_t=144°$. 这表明当 α_a 减为初值的一半时，α_t 增为初值的 4 倍. 接着再用旋钮 k 得到一组新的平衡值 $\alpha_a=8.5°$，$\alpha_t=576°$，即当 α_a 约减为初值的四分之一时，α_t 增为初值的 16 倍. 实验结果表明，α_t 与 α_a 的平方成反比，这就意味着 F_e 与 r 的平方成反比. Coulomb 由此得出结论："两个带同种电荷的小球之间的相互排斥力和它们之间距离的平方成反比."

2. 异号电荷之间电引力扭秤实验的困难：平衡不稳定

在同号电荷电斥力的扭秤实验取得成功之后，Coulomb 又着手对异号电荷之间的静电吸引力进行实验测量. 显然，如果仍采用上述如图 1-2-1 所示的扭秤装置，则实验测量的办法是类似的(只是在电引力情形，图 1-2-1 银线上端 io 的偏转角 α_0 应大于 a 球的偏转角 α_a，即 $\alpha_0>\alpha_a$，从而银线的扭转角为 $\alpha_t=\alpha_0-\alpha_a$，$\alpha_t$ 与扭力矩成正比. 另外，在 α_a 不很大时，α_a 仍近似与 a，b 两球的距离 r 成正比). 但是，正如 Coulomb 在 1785 年的另一篇论文中指出，电引力扭秤的平衡是不稳定的，用扭秤来测量电引力很困难，也不精确.

为什么在电斥力情形扭秤的平衡是稳定的，而在电引力情形扭秤的平衡却是不稳定的呢？如图 1-2-1，先看 a，b 两球带同号电荷，相隔一定距离 r，其间为静电斥力的情形. 电斥力矩的方向由图 1-2-1 的下方沿银线指向上方，扭力矩的方向相反由图 1-2-1 的上方沿银线指向下方. 达到平衡后，若因扰动使 a 球与始终固定的 b 球之间的距离 r 稍增大，即 a 球从平衡位置逆时针转过一个小角度(a 球在图 1-2-1 的 ZQ 平面中绕 ag 中点偏转，所谓顺时针或逆时针均指从图 1-2-1 上方俯视 ZQ 平面，下同)，则因电斥力与距离平方成反比，电斥力与电斥力矩均减小而方向不变；同时，银线的扭转角 α_t 加大，扭力与扭力矩均增大而方向不变；于是，电斥力矩与扭力矩的合力矩不为零，其方向从图 1-2-1 上方指向下方，它将使 a 球返回平衡位置，消除扰动. 反之，达到平衡后，若因扰动使 a，b 两球之间的距离 r 稍减小，则电斥力与电斥力矩均增大而方向不变，同时，扭力与扭力矩均减小而方向不变，于是合力矩不为零，其方向从图 1-2-1 下方指向上方，它仍将使 a 球返回平衡位置，消除扰动. 因此，在同号电荷电斥力情形，偏离平衡位置的扰动会自动消除，扭秤的平衡是稳定的.

再看 a，b 两球带异号电荷，相距 r，其间为电引力的情形. 现在，电引力矩的方向由图 1-2-1 的上方沿银线指向下方，扭力矩的方向相反，由图 1-2-1 的下方沿银线指向上方. 达到平衡后，若因扰动使 a，b 两球的距离 r 稍增大，则因电引力与距离平方成反比，电引力与电引力矩均减小而方向不变；同时，银线的扭转角 α_t 减小，扭力与扭力矩均减小而方向不变. 但由于电引力与距离 r 的平方成反比，而在与扭力成正比的扭转角 $\alpha_t=\alpha_0-\alpha_a$ 中，α_a 与 r 成正比，故当 r 稍增大时，电引力矩减小得多，扭力矩减小得少，于是电引力矩与扭力矩的合力矩不为零，合力矩的方向就是扭力矩的方向，即由图 1-2-1 的下方指向上方，它将使 a，b 两球的距离 r 继续增加，扰动加剧了. 反之，达到平衡后，若因扰动使 a，b 两球的距离 r 稍减小，则电引力与电引力矩均增大而方向不变，同时，扭力与扭力矩均增大而方向不变. 由于同样的原因，电引力矩增大得多，扭力矩增大得少，合力矩不为零，合力矩的方向就是电引力矩的方向，即由图 1-2-1 的上方指向下方，它将使 a，b 两球的距离 r 继续减小，扰动加剧了. 因此，在异号电荷电引力情形，偏离平衡位置的扰动会加剧，扭秤的平衡是不稳定的.

尽管在异号电荷电引力情形，扭秤的平衡是不稳定的，Coulomb 仍作了这种困难的测量，证实电引力也与距离平方成反比. 但是 Coulomb 对电引力扭秤实验的结果并不满意，因为它很不准确. 为此，Coulomb 又设计了电引力单摆实验，用以确定电引力与距离的关系.

3. 异号电荷之间电引力的 Coulomb 单摆实验

异号电荷之间电引力的单摆实验，无论原理、装置、测量，都与上述扭秤实验全然不同.

Coulomb 的想法十分简单. 在万有引力作用下，单摆的摆动遵循一定的规律，这是万有引力与距离平方成反比的结果. 与此类似，可以设计一个电引力单摆，使带电的摆锤在另一带异号电荷的电引力作用下摆动，测量带电摆锤的摆动，寻找它所遵循的规律，如果电引力单摆的摆动规律与万有引力单摆相同，那就表明电引力也应与距离平方成反比. 显然，这是典型的类比研究.

如所周知，在万有引力作用下，单摆的振动周期 T 为

$$T=2\pi\sqrt{\frac{L}{Gm}}r$$

式中 G 是万有引力常量，L 是单摆摆线的长度，m 是产生万有引力的物体的质量，r 是该物体质心（即万有引力中心）与摆锤之间的距离. 上式就是万有引力单摆所遵循的摆动规律. 对于地球表面的单摆，式中 m 为地球质量，r 为地球半径，均为常量，所以地球表面上不同摆长 L 的各种单摆，其摆动周期 T 与摆长 L 的关系是 $T\propto\sqrt{L}$，这是大家熟知的结论. 又，由上式，对于给定摆长的单摆和给定的引力源，如果摆锤到引力中心的距离有所不同，则应有

$$T\propto r$$

即在 L 和 m 为常量的条件下，单摆的摆动周期 T 应与摆锤到引力中心的距离 r 成正比，这是与距离平方成反比的万有引力作用的结果.

电引力单摆无非是以电引力代替万有引力而已. 因此，在摆长与电量给定的条件下，如果测量得出电引力单摆的振动周期与带电摆锤到电引力中心的距离成正比，则表明电引力也应与距离平方成反比.

Coulomb 电引力单摆实验的装置如图 1-2-2 所示. 绝缘的细棒 lg 经中点 o 水平悬挂，细棒的 l 端带电. 当另一固定的金属球 G 带异号电荷时，带电的 l 端将受电引力的作用，于是细棒在水平面内摆动起来. 对此电引力单摆，o 点是单摆的悬挂点，l 端是摆锤，ol 是单摆的摆长，l 端与金属球 G 中心之间的距离就是带电摆锤与电引力中心的距离.

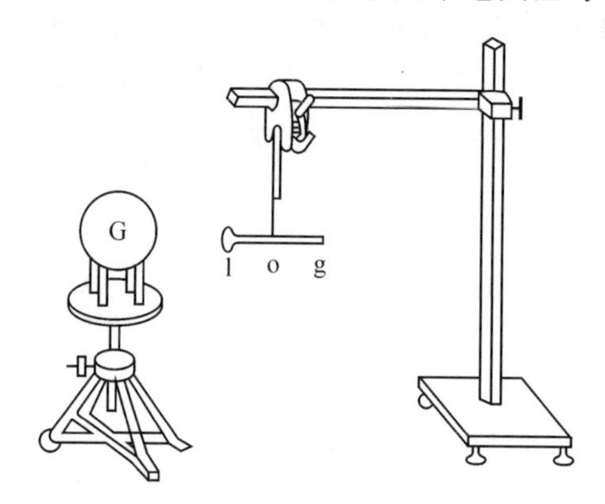

图 1-2-2　Coulomb 电引力单摆装置

利用图 1-2-2 的电引力单摆装置，Coulomb 作了三次测量，取摆锤与电引力中心的距离之比为 3∶6∶8，实验测出摆锤的振动周期之比为 20∶41∶60，这与预期的关系 20∶40∶53.3 比较接近，但也有些差别. Coulomb 认为，在实验过程中的漏电是使电引力逐渐变小，振动周期逐渐增大的原因. 经过修正，实验值与预期值基本相符，从而再次肯定了异号电荷之间的电引力与其间距离平方成反比的结论.

尽管 Coulomb 的电斥力扭秤实验装置精巧、技术高超，尽管 Coulomb 的电引力单摆

实验独具匠心、简便易行，然而扭秤实验中扭转角的测量，以及单摆实验中周期与距离的测量，都很难十分精确，加上两个实验中不可避免的漏电现象等，都会产生相当的误差. 若将电力 f 与距离 r 的关系写成

$$f \propto r^{-2\pm\delta}$$

其中 δ 是偏离平方反比的修正数，则 Coulomb 实验得出的结果是

$$\delta<4\times10^{-2}$$

应该说，在当时的条件下，Coulomb 的实验能够达到上述精度已经颇为不易. 但也应该看到，即使在现代条件下，扭秤实验与单摆实验的精度也难以大幅度提高，这或许正是尔后几乎无人重复扭秤实验与单摆实验的原因. 鉴于电力与距离平方成反比规律的重要性，为了显著提高其精度，需要另辟蹊径，寻找新的更有效的办法，这就是 Cavendish-Maxwell 精确验证电力与距离平方成反比的理论与示零实验，详见下段.

Coulomb 的工作得到了普遍的承认，后人把电力定律命名为 Coulomb 定律，把电量的单位命名为“库仑”(C). 作为电学的第一个实验定律，Coulomb 定律的建立标志着电学定量研究的开始，从此，电学才真正成为一门科学.

二、Cavendish 精确验证电力平方反比律的示零实验

1. Franklin 观察到的重要现象，Priestley 的类比猜测：电力与万有引力一样，也应与距离平方成反比

早在 Coulomb 扭秤实验(1785 年)之前，最早提出电力平方反比律的当推 Priestley(1733—1804). Priestley 的好友、著名的电学家 Franklin(1706—1790)曾观察到一个重要现象：放在带电金属杯外的带电软木小球明显地受到作用力，而放在杯内的带电软木小球则几乎不受作用力. Franklin 把这一现象写信告诉 Priestley，希望他重做实验，确认这一事实. 1766 年 Priestley 做了实验，他使空腔金属容器带电，发现带电金属容器对放在其内部的电荷的确几乎没有作用力. Priestley 立刻想到这一重要现象与万有引力非常相似，即放在均匀物质球壳内的物质不会受到来自壳体物质的作用力. 由此，Priestley 猜测电力与万有引力有相同的规律，即两个电荷之间的作用力应与其间距离的平方成反比. 这是一个重要的类比猜测，是历史上对电力与距离平方成反比的最早认识(比 Coulomb 的实验结果约早 20 年). 但是，这一猜测在当时并未引起科学家们的足够重视，而 Priestley 本人对此猜测能否严格地予以证明又缺乏信心，这一发现就被搁置起来了.

1769 年爱丁堡的 Robinson(1739—1805)首先用直接测量方法确定电力的定律. Robinson 得出，两个同号电荷的排斥力与距离的 2.06 次方成反比，而两个异号电荷的吸引力与距离的关系比平方反比的方次要小些，他推断正确的电力定律是平方反比律. Robinson 的研究结果在 1801 年发表后才为人所知.

2. Cavendish 精确验证电力平方反比律的方法(概要)

1772 年，英国著名物理学家 Cavendish(1731—1810)在 Priestley 类比猜测的启发下，

提出了精确验证电力平方反比律的方法，并作了相应的理论分析与示零实验.

Cavendish 的基本想法是，若电力与距离平方严格成反比，即若偏离平方的修正数 $\delta=0$，则均匀带电球壳(非导体)内的点电荷(不在球心)完全不受作用力；对于带电导体球壳，若 $\delta=0$，且其中无其他带电体，则导体球壳的内表面完全不带电. 反之，若 $\delta\neq 0$，则均匀带电球壳(非导体)内的点电荷(不在球心)将受到指向或背离球心的作用力，且带电导体球壳(其中无其他带电体)的内表面将带电. 如果经过理论分析，得出了带电导体球壳内表面所带电量与 δ、充电电量及内外半径的定量关系，再由实验检测内表面电量的上限(因为实验的结果是“一无所有”，故称“示零”实验，得出的是内表面电量的上限)，那么就可以确定 δ 的上限.

当年，Cavendish 显然已经找到了所需的定量关系并作了相应的示零实验，才能得出 $\delta<2\times10^{-2}$ 的结论，但由于缺乏详尽的历史资料，Cavendish 工作的有关细节已不可考证. 在本段中，我们将证明，若 $\delta\neq 0$，则带电导体球壳内表面应带电，并大致介绍 Cavendish 的示零实验和结论. 在下段中，再详细介绍 Maxwell 精确验证电力平方反比律的理论与示零实验. Maxwell 与 Cavendish 的有关工作是一脉相承的.

不难看出，Cavendish-Maxwell 的方法与 1785 年 Coulomb 直接测量的方法大不相同，前者的优点是大有潜力，即随着实验装置和测量技术的进步，可以大幅度提高电力平方反比律的精度，后者则难以做到. 这正是 Cavendish-Maxwell 的方法一直沿用至今的原因.

3. 若 $\delta\neq 0$，则带电导体球壳内表面应带电的证明

首先证明，若 $\delta=0$，则均匀带电球壳(非导体)对内部点电荷的作用力为零；反之，若 $\delta\neq 0$，则均匀带电球壳(非导体)对内部点电荷的作用力不为零.

如图 1-2-3 所示为一均匀带电球壳，设此球壳为绝缘体(以便忽略静电感应)，无限薄，面电荷密度 σ 为常数，设在球壳内任意位置(球心除外)处有一点电荷 Q，如果两点电荷之间的电力 F 与距离 r 的 n 次方成反比，即

$$F\propto\frac{1}{r^n}$$

则球面上两个对应的面元 $\mathrm{d}S_1$ 与 $\mathrm{d}S_2$ 处的电荷 $\sigma\mathrm{d}S_1$ 与 $\sigma\mathrm{d}S_2$ 对球内点电荷 Q 的作用力的合力为

$$\mathrm{d}F\propto\left(\frac{\sigma\mathrm{d}S_1Q}{r_1^n}-\frac{\sigma\mathrm{d}S_2Q}{r_2^n}\right)$$

式中 r_1 与 r_2 分别是面元 $\mathrm{d}S_1$ 与 $\mathrm{d}S_2$ 和点电荷 Q 之间的距离. 所谓这两个面元“对应”，是指面元 $\mathrm{d}S_1$ 与 $\mathrm{d}S_2$ 对点电荷 Q 所张的立体角相等，均为 $\mathrm{d}\Omega$，即

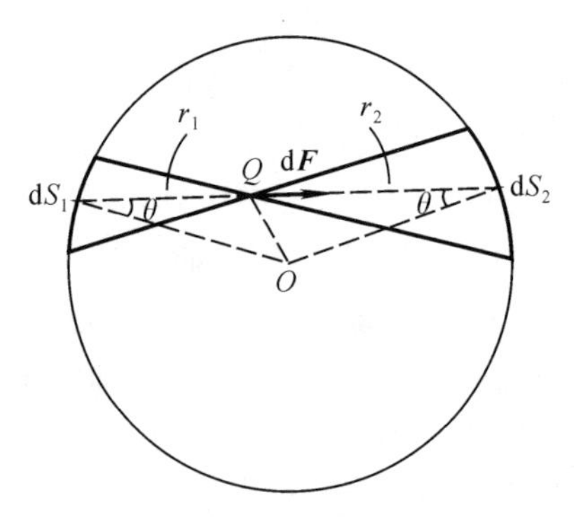

图 1-2-3

$$d\Omega=\frac{dS_1\cos\theta}{r_1^2}=\frac{dS_2\cos\theta}{r_2^2}$$

代入上式，得

$$dF\propto\frac{\sigma Q d\Omega}{\cos\theta}\left(\frac{1}{r_1^{n-2}}-\frac{1}{r_2^{n-2}}\right)$$

当 σ 与 Q 是同号电荷，且 $n>2$ 时，$d\boldsymbol{F}$的方向指向距离较大的面元 dS_2(图中 $r_2>r_1$)，如图 1-2-3 所示. 与 dS_1 和 dS_2 类似，可将整个球壳分成一对对对应的面元，则每一对面元对点电荷 Q 的作用力都应指向距离较大的面元. 整个均匀带电球壳对点电荷 Q 的作用力是各对面元对点电荷 Q 的作用力的矢量和. 结果为，当 $n>2$ 时，球壳上电荷作用于球内同号电荷的合力不为零且指向球心，作用于球内异号电荷的合力不为零且背离球心；当 $n<2$ 时，球壳上电荷作用于球内同号电荷的合力不为零且背离球心，作用于球内异号电荷的合力不为零且指向球心；仅当 $n=2$，$\delta=0$ 时，即仅当电力与距离平方严格地成反比时，球壳上电荷对球内电荷的作用力才严格为零. 换言之，仅当 $n=2$，$\delta=0$ 时，均匀带电球壳在球内各处的场强才严格为零；若 $n\neq2$，$\delta\neq0$ 时，均匀带电球壳在球内各处(球心除外)的电场强度便不为零.

其次证明，若 $\delta=0$，则带电导体球壳(其中无其他带电体)内表面完全不带电；若 $\delta\neq0$，则内表面应带电. 根据上述结果，如果带电球壳由导体做成，且球壳内并无任何其他带电体，又 $\delta=0$，则由于均匀带电导体球壳内部(包括内表面)处处电场强度为零，内表面应不带电，全部电荷均匀分布在导体球壳的外表面上. 反之，若 $\delta\neq0$，带电导体球壳内部的电场强度不为零，则导体球壳内的自由电荷(电子)将受到作用力，指向或背离球心运动，使得导体球壳内表面带电. 总之，带电导体球壳内表面带电是 $\delta\neq0$ 的结果. 如果经过理论分析，找到导体球壳内表面所带电量与 δ 的定量关系，再由实验检测导体球壳内表面电量的上限，即可确定 δ 的上限. 这就是 Cavendish-Maxwell 验证电力平方反比律的方法.

还应指出，通常在电磁学教科书中都指出，带电导体球壳在静电平衡时内表面是不带电的(设球壳内无带电体)，这一结论可用静电场的 Gauss 定理证明. 由于静电场的 Gauss 定理是电力与距离平方严格成反比即 $\delta=0$ 的结果，因此，若 $\delta\neq0$，静电场 Gauss 定理不再成立，带电导体球壳内表面就会带电.

4. Cavendish 的示零实验，$\delta<2\times10^{-2}$

Cavendish 示零实验的装置如图 1-2-4 所示. 他将一个金属球形容器固定在一绝缘支柱上；用玻璃棒将两个金属半球固定在铰链于同一轴的两个木制框架上，把框架合拢来，使这两个半球构成与球形容器同心的绝缘导体球壳；用一根短导线连接球形容器和两个半球，利用一根系于短导线上的丝线来移动导线. Cavendish 先用短导线使球形金属容器与两个金属半球相连；用莱顿瓶使两个金属半球带电，莱顿瓶的电势可事先测定；随后通过丝线将短导线抽去(即使球形金属容器与两个金属半球分离)；再将两个金属半球移开，并使之放电；然后用当时最精确的木髓球静电计检测球形金属容器上的电状态. 这就是 Cavendish 的实验步骤. 结果静电计并未检测到球形金属容器上有任何带电的迹象，换言之，实验的结果是“一无所有”，所以称为“示零”实验. 为了确定“一无所有”的定量含义，还需要检测静电计的灵敏度. 为此，Cavendish 将原先加在两个金属半球上的电荷的一部分直接加在球形金属容器上，发现当球形容器上的电荷为两个半球上原先电荷的$\frac{1}{60}$时，用静电计仍能检测出来.

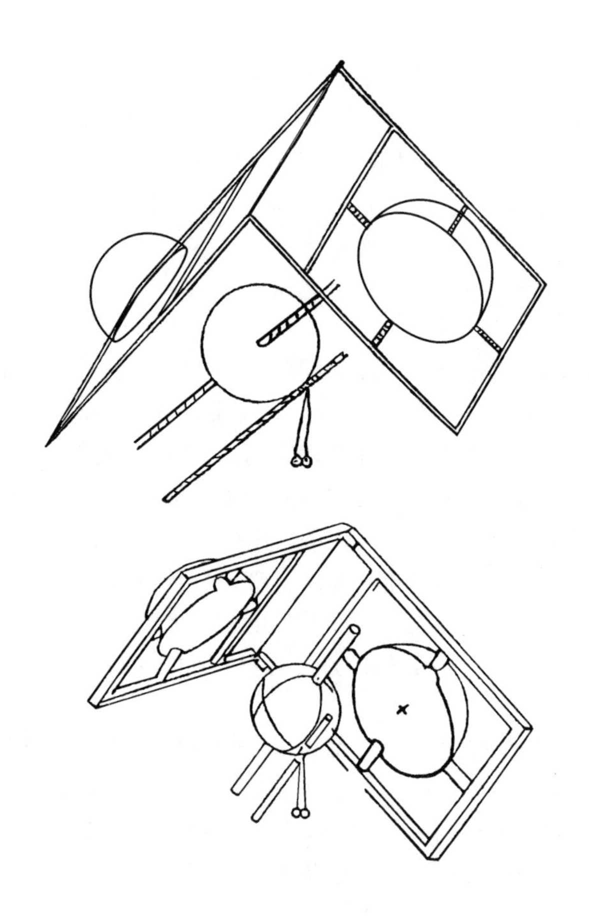

图 1-2-4　Cavendish 证实电力平方反比律所用的仪器. 上图临摹 Cavendish 本人的草图，下图系绘图员所画. 内球直径为 12.1 英寸（1 英寸 = 2.54 cm），两个中空的胶纸板半球的直径稍微大些. 球和半球均用锡箔覆盖，“以使它们成为较理想的导电体”

为了得出定量的结果，Cavendish 假定电斥力与距离成反比的方次与 2 有微小的差别，差值为δ，计算了球形容器上的电荷与两半球上电荷的比值. Cavendish 得出，如果δ为$\frac{1}{50}$，则球形容器上的电荷应等于最先充电电荷的$\frac{1}{57}$，因此静电计尚能检测出来. 但在实验中并未检测到球形容器上有任何带电的迹象，这表明电力与距离成反比的方次与 2 的差值δ不大于$\frac{1}{50}$，即

$$\delta<2\times10^{-2}$$

简言之，在 Cavendish 实验中，球形金属容器在内，合拢的两金属半球在外. 首先，以短导线相连，使两者合成一体构成导体球壳，前者是内表面，后者是外表面，充电，若$\delta\neq0$，则内表面应带电. 其次，抽去短导线，使内外表面分离，外表面(两半球)移去放电，内表面(球形容器)留原处，所带电量不变. 再用静电计检测内表面电量，结果为零. 将实验中的充电电量表为Q，则静电计检测电量的下限为$\frac{Q}{60}$，此即内表面电量的上限. Cavendish 经理论分析(细节不详)得出，若$\delta=\frac{1}{50}$，则内表面电量为$\frac{Q}{57}$，应可探测到. 于是，结论是$\delta<0.02$.

1772 年 Cavendish 示零实验的结果是$\delta<2\times10^{-2}$，13 年后(1785 年)Coulomb 扭秤和单摆实验的结果是$\delta<4\times10^{-2}$，两者精度相当. 然而，Coulomb 实验是直接测量，精度难以大幅度提高；Cavendish 实验是示零实验，随着实验装置和技术的进步，精度可大幅度提高. 因此，200 年来，Cavendish 实验被不断改进和重复，精度提高了十几个量级. 由此可见 Cavendish 方法的优越性和示零实验的特殊威力.

Cavendish 是个性情孤僻，专心致志于学术研究而不计功名的学者，他的许多研究成果当时都没有发表. 1874 年，英国剑桥大学接受 Cavendish 后裔的捐赠，成立了 Cavendish 物理实验室，条件之一是整理 Cavendish 的遗稿. 英国著名物理学家 Maxwell (1831—1879)被委任为 Cavendish 实验室的第一任主任，承担了整理 Cavendish 遗稿的重任，于 1879 年交付出版. 这样，Cavendish 精确验证电力平方反比律的有关工作，在沉睡了百余年后才公之于世.

三、Maxwell 精确验证电力平方反比律的理论和示零实验

Maxwell 从 Cavendish 关于电力平方反比律的示零实验中看出了它的重要性，认识到它提供了精确验证电力平方反比律的有效方法. 由此，尽管 Coulomb 定律已经建立，Maxwell 仍然采用 Cavendish 的方法，不仅严格地导出了检验电力平方反比律的理论公式，而且还自己做实验确定电力平方反比律的精度. Maxwell 的理论已经成为精确验证电力平方反比律的依据，Maxwell 的实验(与 Cavendish 的实验相仿，略有不同)得出$\delta<5\times10^{-5}$，把电力平方反比律的精度提高了三个数量级. Maxwell 的工作成为尔后进一步精确

验证电力平方反比律的先声.

前已指出，如果电力严格遵循平方反比律，即若 $\delta=0$，则带电导体球壳内表面不带电；若 $\delta\neq0$，则内表面应带电. 理论公式应该揭示内表面电量(或电势)与 δ、充电电量(或电势)以及球壳内外半径的定量关系. 实验则应该确定内表面电量的上限. 这样，把实验结果代入理论公式，便可确定 δ 的上限.

由于理论公式的具体形式与实验装置及实验步骤有关，所以下面先介绍 Maxwell 的实验装置和实验步骤，再结合装置与步骤介绍 Maxwell 的理论公式.

1. Maxwell 的实验装置与实验步骤

Maxwell 的实验装置十分简单. 如图 1-2-5 所示，A 和 B 是两个同心的导体球壳，其间用绝缘的胶木环隔开，球壳 A 的顶端有一个小孔. C 包括绝缘胶木柄以及与之相连的弧形短导线和小金属片，短导线的长度刚好等于 A，B 两球的半径之差，小金属片的大小刚好等于球壳 A 顶端的小孔. 因此，按下 C，可使内外球壳 A，B 经短导线连通，同时小金属片刚好盖住 A 球顶端的小孔使 A 球不再有缺口，于是 A，B 两球壳合成一个导体球壳，A 是其外表面，B 是其内表面. 拉开 C，短导线撤离，可使内外球壳 A，B 分离，如果内球壳 B(即内表面)原来带电，则拉开 C 后，B 所带电量应保持不变. 至于球壳 A 顶端的小孔，它的用处是，可将静电计的电极经小孔深入与球壳 B 接触，检测内球壳 B 的电量或电势. Maxwell 使用的静电计是象限静电计，在图 1-2-5 中未画出. 另外，图 1-2-5 右边的 M 是放在绝缘柱上的黄铜小球，它是为检测静电计灵敏度而采用的附加装置，如何使用在后面再详述. 由此可见，上述简单的实验装置，可以很方便地实现内外球壳的连接、分离以及内球的探测.

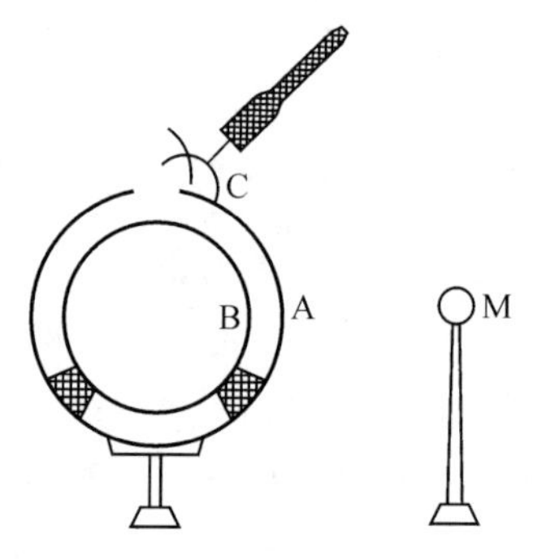

图 1-2-5　Maxwell 精确验证电力平方反比律的实验装置

Maxwell 的实验步骤也十分简单，共分四步. 第一，按下 C，使球壳 A，B 经短导线连通，再将球壳 A 与带电的莱顿瓶连通，充电到电势 V. 第二，充电完毕后，拉开 C，短导线撤离，球壳 A，B 分离，再将球壳 A 接地放电，放电后球壳 A 留原处并保持接地，球壳 B 也留原处. (顺便指出，Maxwell 的这一步骤与 Cavendish 实验有所不同，Cavendish 是把由两个半球构成的外球壳移开放电.)第三，将静电计电极经外球壳 A 顶端的小孔探入内球壳 B，检测 B 的电势或电量. 实验结果是未观察到任何微弱的效应，即“一无所有”，故称“示零”实验. 第四，检测静电计的灵敏度，详见后.

Maxwell 的理论分析是结合上述实验步骤进行的，为帮助读者理解，在计算前，先概述其大意如下.

由实验步骤一，按下 C，A 与 B 连通，充电到电势 V，即

$$V_A=V_B=V \tag{1}$$

这时，A 与 B 合成一个带电导体球壳，A 是外表面，B 是内表面. 根据本节二的论证，

若$\delta\neq0$，内表面应带电，设A，B分别带电α，β，则α和β在外表面A产生的电势之和为V_A，在内表面B产生的电势之和为V_B. 为了得出V_A，V_B与α，β，内外球半径a，b以及δ的定量关系，可分两步计算. 先计算$\delta\neq0$时，一个均匀带电球壳在空间各点的电势分布(即下述(5)式). 再由此计算$\delta\neq0$时，两同心均匀带电球壳(不连通)在内外球壳上的电势(即下述(6)、(7)式)，这是V_A和V_B与α，β，a，b，δ的定量关系. 把它们(下述(6)、(7)式)与(1)式联立，便可得出$\delta\neq0$时，内表面电量β与V，a，b，δ的定量关系(即下述(8)式).

然后，由实验步骤二，拉开C，A与B分离，A接地放电并留原处. 这时，内球壳B的电量不变仍为β，A则受B的静电感应带电α'，β与α'的共同贡献使A的电势为$V'_A=0$(因A接地)，使B球的电势变为V'_B. 利用已经得到的关系，可以得出V'_B与V，a，b，δ的定量关系(即下述(10)式或(12)式)，这就是Maxwell的理论公式. 再用静电计检测V'_B上限，即可确定δ的上限.

以上就是Maxwell理论分析的概要，下面逐步给出有关计算结果.

2. $\delta\neq0$时，一个均匀带电球壳在空间各点的电势分布

计算的前提是设两点电荷之间的电力f与距离r的关系为

$$f\propto r^{-2+\delta}$$

且

$$\delta\neq0,\ \delta\ll1$$

注意，在此条件下，电力f仍是有心力且只与距离r有关，故电力仍是作功与路径无关的保守力，电势概念依然有效. 但因$\delta\neq0$，带电球壳在空间的电势分布，将与教科书中在$\delta=0$条件下的计算结果有所不同.

如图1-2-6所示，设球壳半径为a，面电荷密度为σ，则总电量为$\alpha=4\pi a^2\sigma$. 根据电势叠加原理，带电球壳在空间任一点P的电势V是各面元在P点的电势$\mathrm{d}V$之和，即

$$V=\int_{\text{球面}}\mathrm{d}V$$

其中

$$\mathrm{d}V=\int_r^{\infty}E\mathrm{d}r$$

式中E是带电面元在空间各点的电场强度，为

$$E=\frac{\mathrm{d}q}{r^{2-\delta}}$$

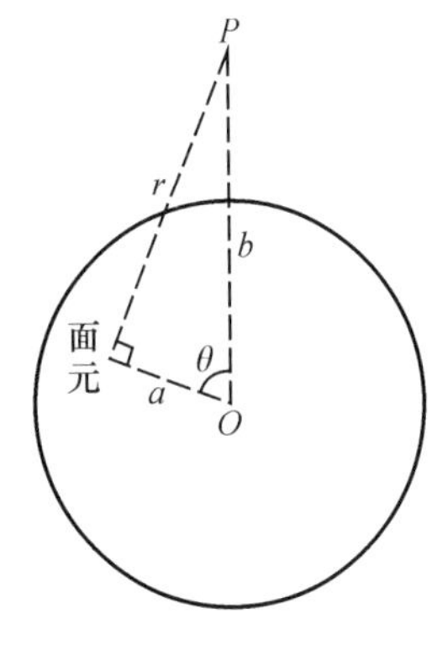

图 1-2-6

式中r是面元到积分路径上任意点的距离；在$\mathrm{d}V$表达式中积分路径可任取，现取积分路径为沿面元与P点的连线，从r积分到无穷远；式中$\mathrm{d}q$是面元上的电量，取球极坐标，表为

$$dq=\sigma a^2\sin\theta d\theta d\varphi$$

式中 θ 是纬度，φ 是经度.

引入函数 $\Phi(r)$，定义为

$$\Phi(r)=\frac{1}{r^{2-\delta}}=r^{-2+\delta},\qquad \delta\ll 1 \tag{2}$$

$\Phi(r)$ 表示 $\delta\neq 0$ 条件下（即电力平方反比律有所偏差）两单位同号电荷相距 r 时的斥力. 再引入函数 $f(r)$，它的导数按下式定义：

$$f'(r)=r\int_r^{\infty}\Phi(r)dr \tag{3}$$

$f(r)$ 与 $\Phi(r)$ 有关，由 $\Phi(r)$ 可算出 $f(r)$. 利用上述公式，带电球壳在空间任一点 P 的电势可表为

$$\begin{aligned}
V&=\int_{\text{球面}}dV\\
&=\int_{\text{球面}}\int_r^{\infty}Edr\\
&=\int_{\text{球面}}\int_r^{\infty}\frac{dq}{r^{2-\delta}}dr\\
&=\int_0^{\pi}\int_0^{2\pi}\int_r^{\infty}\Phi(r)\sigma a^2\sin\theta d\theta d\varphi dr\\
&=\int_0^{\pi}\int_0^{2\pi}\frac{f'(r)}{r}\sigma a^2\sin\theta d\theta d\varphi
\end{aligned}$$

如图 1-2-6，有几何关系

$$r^2=a^2+b^2-2ab\cos\theta$$

式中 b 是球心 O 到 P 点的距离，求导，得

$$rdr=ab\sin\theta d\theta$$

利用上式，可将上述积分中对 θ 的积分换成对 r 的积分. 积分限为：当 $\theta=\pi$ 时，$r=a+b=r_1$ 是 r 的最大值；当 $\theta=0$ 时，$r=r_2$ 是 r 的最小值. 若 P 点在球外，$b>a$，则 $r_2=b-a$；若 P 点在球内，$b<a$，$r_2=a-b$；若 P 点在球上，$a=b$，$r_2=0$. 故

$$\begin{aligned}
V&=\int_0^{2\pi}\int_{r_2}^{r_1}\sigma\frac{a}{b}f'(r)drd\varphi\\
&=2\pi\sigma\frac{a}{b}[f(r_1)-f(r_2)]
\end{aligned}\tag{4}$$

或

$$\left.\begin{aligned}&P\text{ 点在球外，}V=\frac{\alpha}{2ab}[f(a+b)-f(b-a)] &(5.1)\\&P\text{ 点在球上，}V=\frac{\alpha}{2a^2}[f(2a)-f(0)] &(5.2)\\&P\text{ 点在球内，}V=\frac{\alpha}{2ab}[f(a+b)-f(a-b)] &(5.3)\end{aligned}\right\}\qquad(5)$$

(5)式给出了 $\delta\neq0$ 时，一个均匀带电球壳在球外、球上、球内的电势分布. (5)式中的 α 是球壳上的电量，a 是球壳半径，b 是球心到任意 P 点的距离. (5)式中的函数 $f(r)$ 由(3)式及(2)式定义，是 r 的函数且与 δ 有关，$f(r)$ 的具体计算结果见下面的(11)式.

3. $\delta\neq0$ 时，两个不连通同心均匀带电球壳在内、外球壳上的电势

利用(5)式，可计算两个不连通的同心均匀带电球壳在内、外球壳上的电势. 如图 1-2-7，设外球壳 A 和内球壳 B 的半径分别为 a 和 b，带电量分别为 α 和 β. 由(5)式，外球壳 A 上的电势 V_A 和内球壳 B 上的电势 V_B 分别为

$$V_A=\frac{\alpha}{2a^2}[f(2a)-f(0)]+\frac{\beta}{2ab}[f(a+b)-f(a-b)] \qquad (6)$$

$$V_B=\frac{\beta}{2b^2}[f(2b)-f(0)]+\frac{\alpha}{2ab}[f(a+b)-f(a-b)] \qquad (7)$$

在 V_A 的(6)式中，第一项是外球壳的贡献，用(5.2)式；第二项是内球壳的贡献，用(5.1)式. 在 V_B 的(7)式中，第一项是内球壳的贡献，用(5.2)式；第二项是外球壳的贡献，用(5.3)式. 请注意，在图 1-2-6 和图 1-2-7 中符号 a，b 的含义不同，在图 1-2-7 中，a，b 分别是外球壳、内球壳的半径；在图 1-2-6 中，a 是球壳半径，b 是球心 O 点与任一 P 点的距离，勿混. 又，图 1-2-7 与 Maxwell 的实验装置图 1-2-5 是一致的.

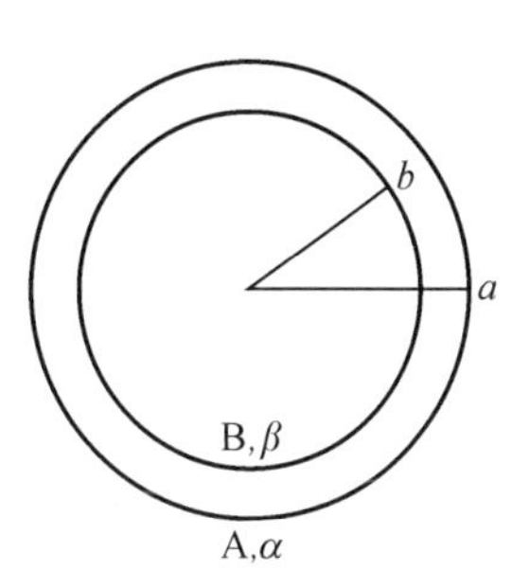

图 1-2-7

4. $\delta\neq0$ 且内外球壳连通时，内球壳 B 上的电量 β 与 δ、充电电势 V 以及内外半径 a，b 的定量关系

在一般地给出了(5)、(6)、(7)式后，现在结合 Maxwell 实验作具体计算. 由 Maxwell 实验步骤一，按下 C(见图 1-2-5)，内外球壳连通，并充电到电势 V. 设外球壳 A 的半径为 a，电量为 α，设内球壳 B 的半径为 b，电量为 β，则外球壳 A 的电势 V_A 为(6)式，内球壳 B 的电势 V_B 为(7)式. 现因内外球壳连通并充电到电势 V，故 $V_A=V_B=V$，此即(1)式. 把(1)、(6)、(7)式联立，消去 α，得出内球壳 B 所带电量 β 为

$$\beta=2Vb\,\frac{b[f(2a)-f(0)]-a[f(a+b)-f(a-b)]}{[f(2a)-f(0)][f(2b)-f(0)]-[f(a+b)-f(a-b)]^2} \qquad (8)$$

(8)式给出了$\delta \neq 0$且内外球壳连通时，内球壳B上的电量β与δ，V(充电电势)及a，b(内外球壳半径)的定量关系．注意，(8)式中的函数$f(r)$与δ有关，见(3)式、(2)式及下述(11)式．当内外球壳连通时，内球壳B相当于导体球壳的内表面，因此，(8)式表明，当$\delta \neq 0$时，充电后，导体球壳内表面B的电量β不为零．

5. 若$\delta \neq 0$，内外球壳连通充电后使之分离，再将外球壳A接地放电留原处，计算此时内球壳B的电势V'_{B}

内外球壳A和B连通充电到电势V后，根据Maxwell的实验步骤二，拉开C(见图1-2-5)，撤去短导线，使A和B分离，再将外球壳A接地放电并留原处保持接地．

A和B分离后，内球壳B原来与A连通充电时所带的电量β保持不变．A和B分离后，外球壳A接地，其电势由原来连通充电时的$V_{\mathrm{A}}=V$减小为$V'_{\mathrm{A}}=0$，又因A接地后留原处并保持接地，故A的内表面将受带电量β的内球壳B的静电感应而带电量α'，即A球壳上的电量由充电时的α变为接地放电留原处后的α'．显然，接地放电后的$V'_{\mathrm{A}}=0$正是内外球壳所带电量β与α'共同贡献的结果．由(6)式，取V_{A}为$V'_{\mathrm{A}}=0$，取α为α'，其他不变，可求出α'为

$$\alpha' = -\beta \frac{a}{b}\left[\frac{f(a+b)-f(a-b)}{f(2a)-f(0)}\right] \tag{9}$$

式中的β如(8)式所示．

同样，α'和β也决定了A与B分离、A接地放电留原处后，内球壳B的电势V'_{B}．由(7)式，取α为α'，把(9)式的α'和(8)式的β代入(7)式，得出

$$V'_{\mathrm{B}} = V\left[1-\frac{a}{b}\,\frac{f(a+b)-f(a-b)}{f(2a)-f(0)}\right] \tag{10}$$

这就是待检测的内球壳B的电势V'_{B}．(10)式给出了V'_{B}与δ，V以及a，b的定量关系．(8)式与(10)式分别给出了内球壳B的电量β和电势V'_{B}，两式是相关的．显然，充电后B的电量β不为零，A接地放电留原处后B的电势V'_{B}不为零，这一切都是$\delta \neq 0$即电力平方反比律有所偏差的结果．

现在计算函数$f(r)$的具体形式．由(3)式和(2)式，得

$$\begin{aligned} f'(r) &= r\int_r^{\infty} \Phi(r)\,\mathrm{d}r \\ &= r\int_r^{\infty} r^{-2+\delta}\mathrm{d}r \\ &= \frac{r^{\delta}}{1-\delta} \end{aligned}$$

故

$$f(r) = \frac{1}{1-\delta^2}r^{\delta+1}+C$$

式中 C 为积分常量. 当 $r=0$ 时, $f(0)=C$, 代入

$$f(r)-f(0)=\frac{1}{1-\delta^2}r^{\delta+1}$$

因 $\delta\ll1$, 利用指数函数的级数展开公式, 得

$$\begin{aligned}f(r)-f(0)&=\frac{1}{1-\delta^2}rr^{\delta}\\&=\frac{r}{1-\delta^2}\mathrm{e}^{\delta\ln r}\\&=\frac{r}{1-\delta^2}\left[1+\delta\ln r+\frac{1}{2!}(\delta\ln r)^2+\frac{1}{3!}(\delta\ln r)^3+\cdots\right]\\&\approx r(1+\delta\ln r)\end{aligned}\tag{11}$$

把(11)式代入(10)式, 稍加整理, 得

$$\begin{aligned}V'_{\mathrm{B}}&=V\left\{1-\frac{a}{b}\cdot\frac{(a+b)[1+\delta\ln(a+b)]-(a-b)[1+\delta\ln(a-b)]}{2a(1+\delta\ln2a)}\right\}\\&=\frac{V}{2b(1+\delta\ln2a)}[2b+2b\delta\ln2a-(a+b)-(a+b)\delta\ln(a+b)+(a-b)\\&\quad+(a-b)\delta\ln(a-b)]\\&=\frac{V\delta}{2b}\left[-a\ln\frac{a+b}{a-b}+2b\ln2a-b\ln(a^2-b^2)\right]\\&=\frac{1}{2}V\delta\left(\ln\frac{4a^2}{a^2-b^2}-\frac{a}{b}\ln\frac{a+b}{a-b}\right)\end{aligned}\tag{12}$$

(12)式就是 Maxwell 结合他的实验装置和实验步骤导出的理论公式. (12)式给出了 δ 与 V'_{B}, V 以及 a, b 的定量关系.

6. 静电计灵敏度的定量表示, Maxwell 的结果: $\delta<5\times10^{-5}$

由(12)式, 如果 V, a, b 已知, 那么只要测出 V'_{B} 或确定 V'_{B} 的上限, 即可得出 δ 或确定 δ 的上限. 为此, Maxwell 的实验步骤三是, 把静电计的探针经外球壳 A 顶端的小孔探入内球壳 B, 检测 V'_{B}. 实验结果是“零”, 即未观察到任何微弱的效应. 设静电计观察不到任何效应时的最大零点漂移为 d, 则实验结果可表为

$$\begin{aligned}V'_{\mathrm{B}}&=\frac{1}{2}V\delta\left(\ln\frac{4a^2}{a^2-b^2}-\frac{a}{b}\ln\frac{a+b}{a-b}\right)\\&=|-0.1478V\delta|\\&<d\end{aligned}\tag{13}$$

式中的 0.147 8 是将实验中 a, b 的具体数据代入得出的.

剩下的问题是确定静电计的灵敏度, 即给予其零点漂移 d 以定量结果, 从而才能由(13)式确定 δ 的上限. 然而, 在 Maxwell 的时代, 实验设备十分简陋, 还没有绝对测量

的标准仪器，静电计也是如此，无法确定其零点漂移 d 的定量结果. 为了克服这个困难，Maxwell 巧妙地将静电计的零点漂移 d 与充电电势 V 作相对比较，给出它们的比值 $\frac{d}{V}$ 的上限. 这样，由(13)式便可确定 δ 的上限.

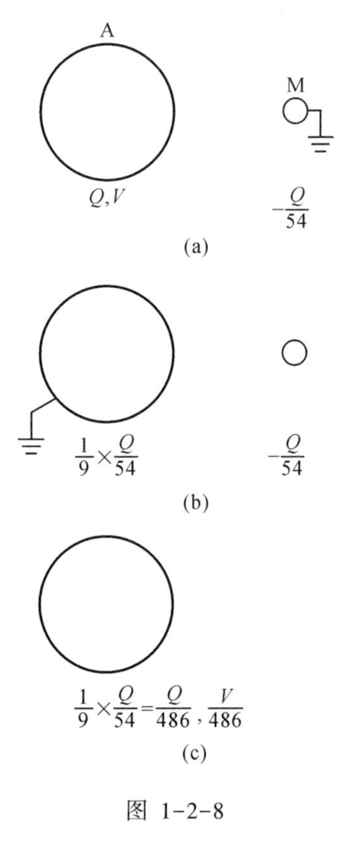

图 1-2-8

Maxwell 的实验步骤四是检测静电计的灵敏度，即确定零点漂移与充电电势比值 $\frac{d}{V}$ 的上限. Maxwell 的办法是，如图 1-2-8(a)所示，将大球 A(即为 Maxwell 实验中的外球壳 A)充电到电势 V、带电量 $Q(Q>0)$. 另取一黄铜小球 M，放在大球 A 附近，两者相隔一定的距离. 将小球 M 接地，因静电感应，小球将带负电. Maxwell 根据实验条件(大小球的相对大小以及其间的距离)估计，小球 M 上感应的负电荷约为大球 A 所带电量的 $\frac{1}{54}$，即约为 $-\frac{Q}{54}$(当然会有相当大的误差，但量级上基本准确). 然后，如图 1-2-8(b)所示，先撤去小球 M 的接地导线，保持其电量 $-\frac{Q}{54}$，再将大球 A 接地，于是大球 A 因静电感应将带正电. Maxwell 估计，在同样条件下(两球大小及距离不变)，大球 A 感应的正电荷约为小球 M 所带电量的 $\frac{1}{9}$，即大球 A 约带电 $\frac{1}{9}\times\frac{Q}{54}$. 再如图1-2-8(c)所示，撤去大球 A 的接地导线，保持其电量为 $\frac{1}{9}\times\frac{Q}{54}=\frac{Q}{486}$，再将小球 M 移去. 总之，经过如图1-2-8(a)、(b)、(c)的步骤，反复感应后，可使单独的大球 A 的电势与电量，从最初的 V 与 Q 减少为最终的约 $\frac{V}{486}$ 与 $\frac{Q}{486}$. 然后，用静电计探测大球 A 的电势，静电计指示的偏转为 D，即

$$D=\frac{V}{486} \tag{14}$$

(如果静电计更灵敏，在大球 A 的电势从 V 降为 $\frac{V}{486}$ 时，仍超出其量程，则可按图 1-2-8(a)、(b)、(c)的顺序再操作一遍，使大球 A 的电势降为 $\frac{V}{486\times486}$. 总之，每操作一遍相当于大球 A 的电势被除以 486，如此重复，直至静电计探测时仍能指示出偏转为止.)

Maxwell 将上述偏转 D 与静电计的零点漂移 d 相比较，甚至粗略的估计也有

$$D>300d \tag{15}$$

由(14)、(15)式，得

$$d<\frac{D}{300}=\frac{V}{300\times 486}=\frac{V}{145\ 800}$$

即

$$\frac{d}{V}<\frac{1}{145\ 800} \tag{16}$$

这就是 Maxwell 得出的静电计零点漂移 d 与外球壳 A 充电电势 V 之比的上限. 由(13)式和(16)式，得

$$\delta<\frac{d}{0.147\ 8V}<\frac{1}{0.147\ 8\times 145\ 800}=\frac{1}{21\ 600}$$

即

$$\delta<5\times 10^{-5} \tag{17}$$

Maxwell 得出的 δ 的上限，比 Cavendish 和 Coulomb 的结果小三个数量级，电力平方反比律的精度由此提高了三个数量级.

四、近代的结果：$\delta<10^{-16}$，电力平方反比律是最精确的物理定律之一

Cavendish-Maxwell 精确验证电力平方反比律的理论和示零实验，提供了一种有效的方法. 鉴于电力平方反比律的重要性，他们的实验被多次重复，随着实验仪器的精密化和实验技术的不断改进，电力平方反比律的精度又提高了十几个数量级. 下面择要作一些介绍.

1936 年，Plimpton 和 Lawton 用如图 1-2-9 所示的装置做实验. 他们用一个 $V=3\ 000$ V 的交流发电机给导体球壳 A 充电，球壳 A 内有导体半球 B(可以证明 B 在形状上不必是球形). 用放大器和检流计代替静电计检测导体 B 和导体 A 之间的电压，放大器和检流计可以检测到 $V'=10^{-6}$V 的电压. 整个放大器和检流计放在球壳 A 的内部. 为了观察检流计的偏转，在球壳 A 顶端开有小孔，小孔用浸在盐溶液中的导线栅网遮盖，以保证 A 为闭合导体. 实验中并未观察到检流计的偏转(即为示零实验).

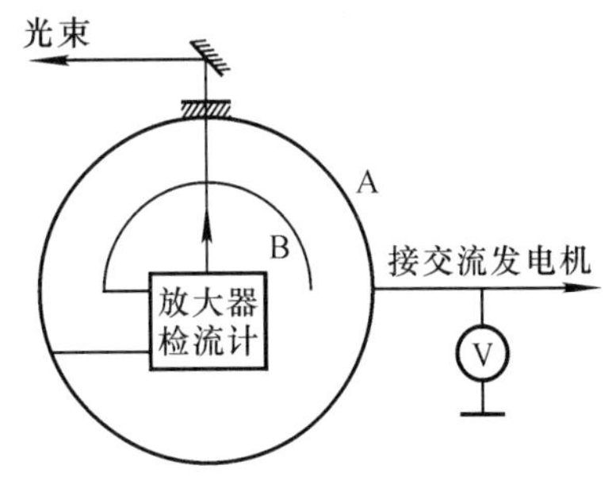

图 1-2-9

Plimpton 和 Lawton 采用上述 Maxwell 理论中的公式(12)式，不过他们假设

$$\Phi(r)=\frac{1}{r^{2+\delta}}$$

因此

$$V'_{\mathrm{B}}=V\delta F(a,\ b)$$

式中

$$F(a,\ b)=\frac{1}{2}\left(\frac{a}{b}\ln\frac{a+b}{a-b}-\ln\frac{4a^2}{a^2-b^2}\right)$$

实验仪器的参数是 $a=75$ cm，$b=20$ cm，代入得

$$F(a,\ b)=0.169$$

故有

$$0.169V\delta=V'_{\mathrm{B}}<V'$$

式中 $V=3\,000$ V，$V'=10^{-6}$ V，代入得出

$$\delta<\frac{10^{-6}}{0.169\times3\,000}=2\times10^{-9}$$

其精度比 Maxwell 实验又提高了四个数量级.

1968 年 Cochran 与 Franken，1970 年 Bartlett、Goldhagen 与 Pillips，以及 1971 年 Williams、Faller 与 Hill 分别进一步验证了电力平方反比律. 他们考虑了接触电势差的存在，使用了灵敏度更高的放大器，并把放大器和记录仪器安置在内导体壳的内部，实验结果记录在图纸上，事后再予以分析. 他们得出的 δ 的精度又有显著提高.

从 1772 年 Cavendish 实验到 1983 年 Crandall 等实验的结果，列于表 1-2-1 中. 由表可见，200 多年中，电力平方反比律的精度提高了十几个量级，它已经成为当今物理学中最精确的实验定律之一.

表 1-2-1

年　代	实　验　者	偏离电力平方反比律的差值 δ
1772	Cavendish	$\delta<2\times10^{-2}$
1872	Maxwell	$\delta<5\times10^{-5}$
1936	Plimpton 与 Lawton	$\delta<2\times10^{-9}$
1968	Cochran 与 Franken	$\delta<9.2\times10^{-12}$
1970	Bartlett 等	$\delta<1.3\times10^{-13}$
1971	Williams 等	$\delta<(2.7\pm3.1)\times10^{-16}$
1983	Crandall 等	$\delta<6\times10^{-17}$

五、Coulomb 定律的三个主要内容及其由来

Coulomb 定律是关于两个静止点电荷相互作用力的规律. 它指出，在真空中，两个静止点电荷之间的相互作用力与距离平方成反比，与电量乘积成正比，作用力的方向沿连线，同号电荷相斥，异号电荷相吸. 即

$$\boldsymbol{f}_{12}=\frac{1}{4\pi\varepsilon_0}\frac{q_1q_2}{r_{12}^2}\hat{\boldsymbol{r}}_{12} \tag{18}$$

式中 q_1 和 q_2 是两个静止点电荷的电量，$\boldsymbol{f}_{12}$是 q_1 对 q_2 的作用力，$\boldsymbol{r}_{12}$是从 q_1 指向 q_2 的距离矢量，加帽号^ 表示单位矢量，ε_0 是真空电容率，为(1986 年推荐值)

$$\varepsilon_0=8.854\,187\,817\times10^{-2}\mathrm{C}^2/(\mathrm{N}\cdot\mathrm{m}^2)$$

(18)式采用 MKSA 单位制(国际单位制 SI 的电磁学部分). 由(18)式，显然

$$\boldsymbol{f}_{12}=-\boldsymbol{f}_{21} \tag{19}$$

表明 Coulomb 定律与 Newton 第三定律相符.

如(18)式表述的 Coulomb 定律包括三个主要内容，它们的由来并不相同.

首先，两个静止点电荷之间的作用力与两点电荷距离的平方成反比，此即电力平方反比律. 它已为 Coulomb 的电斥力扭秤实验、电引力单摆实验以及 Cavendish 和 Maxwell 等人的示零实验所证实，无须赘述.

其次，为了指明这种作用力(Coulomb 力)是因物体带电而产生的电力，应把电力与物体的带电状况相联系. 但是，定量描述物体带电状况的物理量——电量尚未定义，于是规定，电力与两点电荷电量的乘积成正比. 这实际上是电量的定义. 作为电磁学第一条基本规律(第一个命题)的 Coulomb 定律，必然要引入第一个电磁量——电量. Coulomb 定律既包括电力平方反比律又包括电量定义是毫不足怪的. 这正像惯性定律与力的定义，热平衡规律与温度的定义，万有引力定律与引力质量的定义等等，总是联系在一起不可分割一样.

总之，在如(18)式表述的 Coulomb 定律中，电力与电量乘积成正比的关系是电量的定义. 它是 Gauss 首先给出的. 无论是 Coulomb、Cavendish、Maxwell 还是其他人都并未从实验上证明电力与电量乘积成正比，也无法作出这种证明.

第三，两静止点电荷之间作用力的方向沿连线，或点电荷在各点的电场强度方向沿径向，以及电力具有球对称性，即只与距离有关而与连线的空间方位无关. 值得注意的是，仔细考察 Coulomb 的实验以及 Cavendish-Maxwell 的实验，得出的都只是电力与距离平方成反比，至于电力沿连线或点电荷的电场强度沿径向，以及球对称性，虽与上述实验大抵相符，但并非上述实验的严格结果. 实际上，无论在分析上述实验时，或是在表述 Coulomb 定律时，电力沿连线或点电荷的电场强度沿径向，以及球对称性，都是作为理所当然的前提或结论纳入的. 那么，这一前提或结论从何而来呢? 回答是，电力沿连线或点电荷的电场强度沿径向以及球对称性都是空间旋转对称性的结果.

为了说明，考虑单个点电荷 Q 产生的静电场. 把空间任一点 P 的电场强度表为 $\boldsymbol{E}(P)$，由于空间具有旋转对称性以及作为理想模型的点电荷本身不具有任何特殊方向，若绕直线 PQ 作任意旋转，则 $\boldsymbol{E}(P)$的方向不应有任何变化，故 $\boldsymbol{E}(P)$的方向只能沿径向，即沿 PQ 连线. 反之，若 P 点的电场强度 $\boldsymbol{E}(P)$的方向不沿径向，比如向 PQ 连线的

右方倾斜，则当绕直线 PQ 作某种旋转后，$\boldsymbol{E}(P)$ 的方向就可能向 PQ 连线的左方倾斜或出现其他情形. 换言之，$\boldsymbol{E}(P)$ 的方向将因旋转 PQ 而有所改变，从而与空间旋转对称性矛盾，这显然是不合理的. 与此类似，两质点之间万有引力的方向沿连线也是空间旋转对称性的结果.

如所周知，自然界的规律是分层次的. 包括空间旋转对称性在内的对称性原理，是凌驾于 Coulomb 定律、Gauss 定理、万有引力定律等各种物理规律之上的自然界基本法则. 具体的物理规律要受这些基本法则的制约与管束，不得违背，由基本法则得出的结论都必须作为前提接受下来.

另外，顺便指出，静电场无旋是点电荷电场强度沿径向的必然结果. 因为，若

$$\boldsymbol{E}=f(r)\boldsymbol{r} \tag{20}$$

则

$$\begin{aligned}\nabla\times\boldsymbol{E}&=\nabla\times[f(r)\boldsymbol{r}]\\&=f'(r)[(\nabla r)\times\boldsymbol{r}]+f(r)[\nabla\times\boldsymbol{r}]\\&=0\end{aligned} \tag{21}$$

故静电场无旋.

总之，Coulomb 定律的三个主要内容各有不同的由来. 弄清楚这些，对于正确认识一条物理规律是十分重要的.

六、电荷与质量的比较

作为电磁学中引入的第一个基本概念，电荷或电量具有重要的地位和意义，通过与学生较为熟悉的质量作类比，从各方面考察它的种种特征，是十分必要和有益的.

电荷与质量有不少相同或类似之处.

首先，电荷是物体的一种属性，用以描述物体因带电而产生的相互作用. 为了表示物体间电力作用的强弱，需要比较带电物体电量的多少，于是作出电力与两点电荷电量乘积成正比的定义. 同样，引力质量是为了描述物体之间的万有引力作用而引入的，并通过万有引力与两质点引力质量乘积成正比的定义来确定它的大小. 所以，电量在 Coulomb 定律中的地位与引力质量在万有引力定律中的地位相当.

其次，电力与引力都遵守平方反比律. 前已指出，电力与距离平方成反比是物理学中最精确的实验定律之一，而引力与距离平方成反比的关系却并不精确. 例如，对于太阳与行星之间的引力作用势能，按照 Einstein 的广义相对论，应为

$$U=-\frac{GmM}{r}-\frac{3}{2}\frac{v^2}{c^2}\frac{GmM}{r}+\cdots \tag{22}$$

式中 m 是行星质量，M 是太阳质量，r 是它们的距离，v 是行星的速度，G 是万有引力常量，c 是真空中的光速. (22)式右第一项是 Newton 万有引力定律的结果，称为 Newton 项，右第二项则是广义相对论带来的修正，称为后 Newton 项. (22)式表明，太阳与行星

之间的引力不仅与距离有关，还与速度有关. 因$\frac{v^2}{c^2}\approx\frac{GM}{c^2R}\approx10^{-6}$，其中 R 是太阳半径，后 Newton 项与 Newton 项相比，是一个很小的修正.

再次，电荷和质量遵循各自的守恒定律. 对于一个孤立系统，不论其中发生什么变化，其中所有电荷的代数和永远保持不变. 这就是电荷守恒定律，它是物理学最基本的定律之一. 同样，孤立系统的质量-能量守恒也是物理学最基本的定律之一.

如所周知，不带电的物体会因摩擦、感应、极化、加热、照射等等原因而带电，带异种电荷的物体相接触，电荷会中和，使物体的电荷减少或不带电. 大量的实验表明，某处电荷的增、减等于进入、离开该处的电荷，或者在某处产生、消失电荷的同时，必定有等量异号电荷伴随产生、消失. 从物质的微观结构来看，因为物质的基元——原子是由电子和原子核构成的，原子核又是由质子和中子构成的，电子带负电、质子带正电、中子不带电，所以物体不带电就是电子数与质子数相等，物体带电则是这种平衡的破坏. 在这些过程中，电子与质子的数目保持不变，只是组合方式或位置发生了改变，因此电荷的守恒是十分自然的. 值得指出的是，现代物理学发现了大量有关基本粒子相互转化的事实. 例如，电子 e^- 和正电子 e^+ 对撞湮没，产生两个光子 γ；或者相反，高能光子转化为正负电子对，即

$$e^-+e^+\longrightarrow\gamma+\gamma$$

$$\gamma_{(\text{核旁})}\longrightarrow e^++e^-$$

又如，中子 n 的衰变和 π^0 介子的衰变，

$$n\longrightarrow p+e^-+\bar{\nu}$$

$$\pi^0\longrightarrow e^++e^-+\gamma$$

式中 p 是质子，$\bar{\nu}$ 是反中微子. 在这些过程中，出现了电荷的消失或产生，但反应物的总电荷等于生成物的总电荷，电荷仍然是守恒的. 这些现象与过程的发现表明，电荷守恒可能有着更深刻的根源. 总之，迄今为止，无论涉及宏观过程还是微观过程的一切实验，都证实电荷是守恒的，这是电荷的重要特征之一.

电荷与质量也有重要的区别与不同.

首先，质量只有一种，其间总是彼此吸引；电荷则有正和负两种，同种相斥，异种相吸. 正是这一重要区别，使电力可以屏蔽，而引力则无从屏蔽. 形象地说，由于电荷有正、负之分，正电荷发出电力线(现称电场线)，负电荷聚敛电力线，正是根据这一特征，使人们得以利用接地的空腔导体来“隔绝”内、外电场的相互影响，达到静电屏蔽的目的. 至于质量，只有正的没有负的，引力便无从屏蔽.

其次，质量有相对论效应，电荷无相对论效应. Einstein 的狭义相对论给出

$$m=\frac{m_0}{\sqrt{1-\frac{v^2}{c^2}}}\tag{23}$$

式中 m_0 和 m 分别是静止质量和速度为 v 时的质量. (23)式表明，质量的大小随速度变化，这种变化在速度 v 与真空中光速 c 可相比拟时十分显著. 这就是质量的相对论效应. 与此相反，电子、质子以及一切带电体的电量都不会因运动而变化，即电量是一个相对论不变量，不存在相对论效应. 这是电荷与质量的又一重大区别.

为了加深印象，不妨设想一下，如果电荷也存在相对论效应，会带来什么后果？大家知道，在漫长的岁月中，太阳的温度曾经有过显著的变化. 如果电荷具有相对论效应，那么，由于电子质量远小于质子质量，随着温度的变化，电子热运动速度的变化将远超过质子热运动速度的变化，从而使电子电荷的变化远超过质子电荷的变化，于是太阳整体的电中性便遭到破坏. 由于电力比引力大 37 个量级，将使得当今依靠万有引力维系的太阳与太阳系不复存在，人类赖以生存的家园将荡然无存.

再次，电荷具有量子性，质量则并无量子性. 迄今为止的所有实验都表明，任何电荷都是电子电荷 e 的整数倍. e 的现代精确值为

$$e=1.602\ 176\ 634\times10^{-19}\mathrm{C}$$

另外，实验得出，质子电量与电子电量(绝对值)之差小于 $10^{-20}e$，通常认为两者完全相等. 电荷守恒定律很可能与电荷的量子性有关. 如果 e 是电荷不可分割的最小单位，它只能从一个粒子完整地转移给另一个粒子，从一个物质完整地转移给另一个物质，则电荷守恒是很自然的. 实际上现有的衰变过程理论，不仅要求衰变前后，甚至要求衰变过程的每一个中间阶段电荷都是守恒的.

应该指出，电子电量的绝对值与质子电量精确相同，这对于宇宙存在的形式是十分重要的. 不难设想，如果两者稍有差别，虽然也可以形成稳定的“原子”与“分子”，但却是非电中性的. 由于电力比引力大 37 个量级，其间的电斥力将超过引力，从而不可能形成星体，各种生命和人类也就失去了赖以形成的基础. 另外，还应指出，由于质子质量比电子质量大千余倍，使原子中的原子核几乎不动，这才得以形成各种有序结构的物质和高度有序的生物. 如果质子质量与电子质量相差无几，则各种有序物质与生物都将不复存在. 由此可见，这些基本物理常量以及其间的关系，正是宇宙能以当今形式生存发展的根据，或者，也可以反过来说，基本物理常量以及其间的关系，正是宇宙基本特征的描绘与反映. 对此，适当作些介绍，可以极大地激发学生对枯燥无味数据的兴趣，认识其重要性.

再介绍一下分数电荷. 所谓分数电荷是指比电子电荷小的电荷，是否存在分数电荷意义重大，引起了广泛的关注. 因为如果出现分数电荷，要平衡衰变过程方程并保持电荷守恒是很困难的. 1964 年 M. Gell-Mann 提出强子由夸克组成的理论，预言夸克有多种，其电荷分别有$\pm\frac{e}{3}$和$\pm\frac{2e}{3}$等四种，但迄今没有在实验上观察到自由夸克. 1977 年，W. M. Fairbank 等宣布得出了观察到$\pm\frac{e}{3}$的证据，但别人用其他方法得到的结论却是否定的.

总之，迄今还没有关于分数电荷存在的确凿证据.

最后，电子具有稳定性. 1965 年 Moe 等的实验估计出电子的寿命超过 10^{21} 年，比迄今推测的宇宙年龄还要长得多，可见电子十分稳定. 电子的稳定性也与电荷守恒密切相关，因为如果电子不稳定容易发生衰变，则电荷守恒定律可能失效.

七、Coulomb 定律的成立条件，适用范围及理论地位

Coulomb 定律的成立条件是真空和静止.

真空条件是为了除去其他电荷的影响，使两个点电荷彼此都只受对方的作用，别无其他. 如果真空条件被破坏，即除了两个点电荷外，附近还有因感应或极化产生的电荷以及其他电荷，那么，这些电荷当然对两个点电荷也都有作用，于是两个点电荷所受的总作用力将比较复杂. 但这时两个点电荷之间的作用力仍遵循 Coulomb 定律，即两个点电荷之间的作用力，并不因其他电荷的存在而有所影响. 这就是力的独立作用原理亦即电场强度叠加原理. 由此可见，Coulomb 定律中的真空条件并非必要，是可以除去的，但为了使问题单纯，便于初学者理解，加上真空条件亦无不可. 另外，在建立 Coulomb 定律时，确实需要真空条件，以便排除其他电荷的影响，集中研究两点电荷之间相互作用的规律.

顺便再说几句. 如所周知，接地的空腔导体可以“隔绝”内、外电场的相互影响，此即静电屏蔽. 但是，应该强调，例如空腔导体内、外两个点电荷之间的作用力仍遵循 Coulomb 定律. 空腔导体内的点电荷之所以不受外电场作用，是因为空腔导体外的电荷以及空腔导体上的感应电荷对空腔导体内点电荷的合作用力为零. 换言之，静电屏蔽不仅与 Coulomb 定律以及电场强度叠加原理不相矛盾，且正是后两者的结果.

静止条件是指两个点电荷相对静止，且相对于观察者静止(均在惯性系中). 静止条件也可以放宽，即可以推广到静止源电荷对运动电荷的作用，但不能推广到运动源电荷对静止或运动电荷的作用，因为有推迟效应. 设点电荷 q_1 以匀速 $\boldsymbol{v}$ 运动，点电荷 q_2 静止不动，则静止的 q_2 对运动的 q_1 的作用力为

$$\boldsymbol{f}_{21}=\frac{q_2q_1}{4\pi\varepsilon_0 r_{21}^2}\hat{\boldsymbol{r}}_{21}=-\frac{q_1q_2}{4\pi\varepsilon_0 r_{12}^2}\hat{\boldsymbol{r}}_{12}$$

遵循 Coulomb 定律. 根据电动力学，运动的 q_1 对静止的 q_2 的作用力为

$$\boldsymbol{f}_{12}=\frac{q_1q_2}{4\pi\varepsilon_0 r_{12}^2}\,\frac{\left(1-\dfrac{v^2}{c^2}\right)\hat{\boldsymbol{r}}_{12}}{\left[\left(1-\dfrac{v^2}{c^2}\right)+\left(\dfrac{\boldsymbol{v}\cdot\boldsymbol{r}_{12}}{cr_{12}}\right)^2\right]^{\frac{3}{2}}}\tag{24}$$

不遵循 Coulomb 定律. 仅当 $\boldsymbol{v}=0$ 时，才有 $\boldsymbol{f}_{12}=-\boldsymbol{f}_{21}$. 这表明，两静止点电荷之间的相互作用力遵循 Newton 第三定律，而两运动点电荷之间的相互作用力则违背 Newton 第三定律，

尽管在速度 v 不大时差别很小(式中 c 为真空中光速).

怎样理解上述结论呢? 如所周知，孤立系统的动量守恒是普遍规律. 如果孤立系统只包括两个物体，其间有相互作用，则在任一短暂时间内，其一动量的增加或减少必定等于另一动量的减少或增加，即两者所受的冲量相等反向，由于作用时间相同，故两者的相互作用力虽然都可变化，但始终遵循 Newton 第三定律. 如果孤立系统中除两个物体外，还有“第三者”插足，且在两物体相互作用的过程中，第三者的动量也可有所变化，则其一动量的增、减不再等于另一动量的减、增，于是两者的相互作用力便不再遵循 Newton 第三定律. 对于接触物体之间的相互作用力，如摩擦力、张力、支持力与压力等等，由于不存在第三者，都遵循 Newton 第三定律. 对于不接触物体之间的相互作用力，如电力、磁力、引力等等，如果是瞬时的、无需媒介物传递的超距作用，即如果不存在第三者，则也应遵循 Newton 第三定律. 但如果是以场为媒介物传递的近距作用，则场就是第三者，其动量可能发生变化. 因此，仅在静止条件下，即虽有场存在但场的动量不变的条件下，两点电荷之间的相互作用力才遵循 Newton 第三定律. 一旦点电荷运动起来，则作为相互作用媒介物的场的动量就会有所变化，于是两点电荷之间的相互作用力将不再遵循 Newton 第三定律. 由此可见，关于 Coulomb 定律静止条件的讨论，为证实近距作用观点的场的存在，为正确理解 Newton 第三定律与动量守恒定律的关系以及 Newton 第三定律的成立条件，提供了一个很好的例子.

另外，所谓静止或运动都是相对于某一特定的惯性系而言的. 如果两个点电荷及观察者在某一惯性系中静止，则其间只存在 Coulomb 力且满足 Newton 第三定律. 但如果从相对该惯性系运动的另一惯性系看来，则两个点电荷都在运动，其间除了电力外还有磁力，且电力并不满足 Newton 第三定律，情况要复杂得多. 换言之，在某一惯性系看来简单的静电现象，在另一惯性系看来却变成了复杂的电磁现象. 这似乎很离奇，其实适足以说明电磁现象的统一性. 及早提出这类问题，启发思考，会引起学生对后继内容以及运动物体电动力学、狭义相对论等的关注与兴趣.

Coulomb 定律的适用范围是指，距离 r 在什么尺度范围内，电力平方反比律($f \propto r^{-2}$)适用. Coulomb 扭秤实验、电引力单摆实验以及 Cavendish-Maxwell 示零实验中的 r 为几厘米到几十厘米，这表明在此尺度范围内电力平方反比律适用. 1912 年著名的 Rutherfold α 粒子散射实验，确定了原子的核式结构，得出原子核的大小不超过 10^{-13} cm. Rutherfold 的 α 粒子散射理论是以 α 粒子受原子核的 Coulomb 力作用为依据的，因此，它表明在 10^{-13} cm 的尺度范围内电力平方反比律仍适用. 在 10^{-14} cm 的尺度范围，可通过超高能电子与质子碰撞后的散射来研究，结果似乎表明电力比预期的要弱(猜测其原因也可能是质子、电子并非点电荷，1980 年 7 月 11 日丁肇中在北京报告他的实验结果时指出：电子、μ 子和 τ 子等轻子的半径小于 10^{-16} cm). 所以，在比 10^{-13} cm 更小的尺度范围内，电力平方反比律是否有效仍待研究. 另外，地球物理的实验表明，在大到 10^{9} cm 的尺度范围内，电力平方反比律适用. 空间物理和天体物理的实验和观测表明，在比这更大的尺度范围内，电力平方反比律或许仍适用.

总之，迄今为止，可以说距离在 10^{-13}cm 到 10^{9}cm 的尺度范围内，电力平方反比律是可靠的.

Coulomb 定律具有重要的理论地位.

如所周知，静电学研究带电体相互作用的规律和静电场的性质. 前者在原则上已为 Coulomb 定律和电场强度叠加原理所解决，余下的只是具体计算的问题. 至于后者，由 Coulomb 定律证明的静电场 Gauss 定理和环路定理决定了静电场的有源无旋性质. 因此，毫无疑问，Coulomb 定律为静电学奠定了基础.

值得指出的是，静电场 Gauss 定理的证明要求电力严格地与距离平方成反比，不能稍有偏差，而证明静电场环路定理的要求则低得多，只要电力是距离的函数即可(见本节(21)式). 这在 Cavendish-Maxwell 精确验证电力平方反比律的理论中表现得十分明显. 实际上，Coulomb 定律与静电场 Gauss 定理的实质都是电力与距离平方成反比，两者是完全等价的. 正如《Feynman 物理学讲义》卷 2 中指出："Gauss 定律只不过是用一种不同形式来表述两电荷间的 Coulomb 定律而已. 事实上，如果倒过来，你将会从 Gauss 定律导出 Coulomb 定律. 这两个定律完全等价，只要我们记住电荷之间的作用力是径向的." 这里"电荷之间的作用力是径向的"即指作用力沿连线或点电荷的电场强度沿径向，前已指出，这是空间旋转对称性的必然结果.

在对电磁相互作用的机制和本质的探索中，提出了超距作用和近距作用两种截然不同的观点. Faraday 坚持近距作用观点，提出了作为传递电磁作用的媒介物：力线或场. Maxwell 继承了近距作用观点，在 Coulomb 定律、Ampere 定律、Ohm 定律和 Faraday 电磁感应定律的基础上，提出涡旋电场与位移电流的假设，揭示了电磁场的内在联系，得出了电磁场运动变化所遵循的 Maxwell 方程组，建立了电磁场理论. 这是物理学史上划时代的伟大贡献. 但是，由于 Ampere 定律和 Faraday 电磁感应定律均非来自直接测量，其精度与适用范围不明，这就使得据以建立的 Maxwell 方程组的精度与适用范围也难以确定. 幸而，得出 Maxwell 方程组并非只有上述唯一途径. 实际上，在一定条件下，由 Coulomb 定律和 Lorentz 变换也可以得出 Maxwell 方程组. 这不仅表明，从静止电荷的静电场可以得出运动电荷的电磁场，显示了电磁现象的内在联系与统一性，狭义相对论最终为电磁现象提供了正确的认识；同时也表明，Coulomb 定律是整个经典电磁理论的基础，它在一定程度上确保了 Maxwell 方程组的精度和适用范围.

Coulomb 定律的重要性还在于，电力平方反比律与光子静止质量 m_γ 是否为零有密切的关系. m_γ 是有限的非零值(哪怕极小)还是一个零，有本质的区别，并且会给物理学带来一系列原则问题. 现有的物理理论均以 $m_\gamma=0$ 为前提. 如果 $m_\gamma\neq0$，则电动力学的规范不变性被破坏，使电动力学的一些基本性质失去了依据：电荷将不守恒；光子偏振态不再是二而是三，这将影响光学；黑体辐射公式要修改；会出现真空色散，即不同频率的光波在真空中的传播速度不同，从而破坏光速不变；等等. 总之，"后果"是很严重的.

近代观点认为，各种相互作用都是某种粒子的变换引起的，光子就是电磁相互作用的体现者. 如果 $m_\gamma \neq 0$，则电磁力为非长程力，电力平方反比律应有偏差，即 $\delta \neq 0$；反之，如果 $m_\gamma = 0$，则 $\delta = 0$. 因此，光子静止质量 m_γ 与电力平方反比律偏离平方的修正数 δ 有关. 1930 年，Proca 指出，如果 $m_\gamma \neq 0$，则 Maxwell 方程组(在真空中)应修改为

$$\begin{cases} \nabla \cdot \boldsymbol{E} = 4\pi\rho - \left(\dfrac{m_\gamma c}{\hbar}\right)^2 \varphi \\ \nabla \cdot \boldsymbol{B} = 0 \\ \nabla \times \boldsymbol{E} = -\dfrac{1}{c}\dfrac{\partial \boldsymbol{B}}{\partial t} \\ \nabla \times \boldsymbol{B} = \dfrac{1}{c}\dfrac{\partial \boldsymbol{E}}{\partial t} + \dfrac{4\pi}{c}\boldsymbol{j} - \left(\dfrac{m_\gamma c}{\hbar}\right)^2 \boldsymbol{A} \end{cases} \tag{25}$$

式中 $\boldsymbol{A}$ 和 φ 分别是电磁场的矢势和标势，c 是真空中光速，$\hbar = \dfrac{h}{2\pi}$，h 是 Planck 常量. (25)式称为 Proca 方程，采用的是 Gauss 单位制. Proca 方程的解的形式为

$$\varphi \sim \frac{1}{r}\mathrm{e}^{-\mu r} \tag{26}$$

式中的 μ 为

$$\mu = \frac{m_\gamma c}{\hbar} \tag{27}$$

当 $m_\gamma \neq 0$ 时，$\mu \neq 0$，可见 Proca 方程的解比通常 Maxwell 方程的解多了一个指数因子 $\mathrm{e}^{-\mu r}$. 当 $m_\gamma = 0$ 时，$\mu = 0$，Proca 方程回复到 Maxwell 方程. 由 $\boldsymbol{E} \propto -\nabla\varphi$，$\boldsymbol{E} \propto r^{-2-\delta}$ 及(26)、(27)式，可以找出 δ 与 μ 的关系，即找出 δ 与 m_γ 的关系. 再利用 1971 年 William 等人的实验结果 $\delta < 3\times10^{-16}$，可得出 $m_\gamma < 2\times10^{-47}$g. 这就是利用 δ 的上限得出 m_γ 上限的方法. 它使我们再次认识到精确验证电力平方反比律，即确定 δ 上限的重要性.

由于 m_γ 是否严格为零至关紧要，人们不断采用各种方法来确定它的上限. 迄今为止，用天体物理的磁压法得出的光子静止质量 m_γ 的最强限制为

$$m_\gamma < 10^{-60}\,\mathrm{g} \tag{28}$$

它比用 δ 得出的 m_γ 又下移了 13 个量级. 不妨把 m_γ 与其他已知粒子的质量作比较，例如，电子的质量 m_e 约为 10^{-28}g，可见 m_γ 与 m_e 相比是极小的，在许多问题中可以忽略不计. 尽管如此，m_γ 是否严格为零仍引起广泛的关注. 有关的研究涉及许多方面，它们使得古老的 Coulomb 定律重新焕发了青春，请参看本书第十章 § 3.

通过本节对 Coulomb 定律的讨论，我们希望提醒读者，在教学中，对于一些重要的基本定律，从各个角度、从各种联系和类比、从回顾历史到瞻望前沿进展，作全方位的考察，不仅有助于正确地、深入地理解，使课程丰富多彩、生动开放，更能帮助学生逐步懂得应该如何学习和思考. “授之以鱼，不如授之以渔”是教师们的共同追求，让我们

结合具体内容，探索一条达到目的的现实途径.

§3. Oersted 实验，Biot-Savart-Laplace 定律和 Ampere 定律

一、Oersted 实验的重大发现

1. Oersted 实验

1820 年 7 月 21 日，丹麦物理学家 Hans Christian Oersted(1777—1851)向科学界宣布他发现了电流的磁效应. 这一重大发现第一次揭示了电与磁的联系，突破了长期以来认为电与磁互不相干的僵固观念，开创了电磁学研究的新纪元，电磁学作为一个统一的学科从此正式宣告诞生，对科学技术的发展起着难以估量的巨大作用.

早在 18 世纪 30 年代，就有人描述过雷电能使刀、叉、钢针磁化的现象. 18 世纪 50 年代 Franklin 发现莱顿瓶放电可使焊条、缝衣针磁化. 在这些事实的启示下，有些自然哲学家曾猜想电与磁之间可能有某种联系. 但从 18 世纪 80 年代到 19 世纪初，一些著名的物理学家却坚持认为电与磁是截然不同、并无关系的两回事. 发现电力定律和磁力定律的 Coulomb 在 1780 年指出，电和磁是两个完全不同的东西，尽管它们的作用力的规律在数学形式上相同，但它们的本质却完全不同. 1820 年，Ampere 认为，电现象和磁现象是由两种彼此独立的不同流体产生的. 1807 年，T. Young 说，没有任何理由去设想电与磁之间存在任何直接的联系. 在这种思想的支配下，当然不会去寻找电与磁之间的联系.

然而，深受 Kant(康德)哲学影响的 Oersted 却相信电与磁之间存在着联系，经过努力的寻找，终于获得成功. 开始时，Oersted 沿着电流的方向放置磁针，试图寻找电流对磁针的作用，均以失败告终. 于是他猜想电流对磁针的作用是否可能是横向的. 1820 年 4 月，Oersted 在讲授电、伽伐尼电和磁的课程时，做了一个实验，他使一个小伽伐尼电池的电流通过一条细铂丝，铂丝放在一个带玻璃罩的指南针上，结果盒中的磁针被扰动了，尽管效应很弱，看上去也不规则，并未给听众留下强烈的印象，但却是可贵的新发现. 事后，Oersted 使用更大的电池做了许多同样的实验. Oersted 还在磁针和载流导线之间放入玻璃、金属、木头、水、树脂、陶器、石头，磁针的偏转并未因此减弱或消失. 由此，Oersted 终于证实“电流的磁效应是围绕着电流，呈圆环形的”. 1820 年 7 月 21 日，Oersted 撰写了只有 4 页的题为“关于电冲击对磁针影响的实验”的论文，宣布了他的这一重大发现.

Oersted 实验立刻受到了普遍的重视和赞扬. Ampere 写道：“Oersted 先生……已经永远把他的名字和一个新纪元联系在一起了”. Faraday 评论说：“它突然打开了科学中一个

一直是黑暗的领域的大门，使其充满光明”. 紧接着，物理学界掀起了电磁学研究的热潮，一系列新的实验在 Oersted 实验的启发下应运而生，接踵而至，丰富了人们对电现象与磁现象之间联系的认识. 它们是：1820 年 9 月 18 日 Ampere 关于圆电流对磁针作用的实验；1820 年 9 月 25 日 Ampere 关于两平行直电流相互作用的实验；1820 年 9 月 25 日 Arago 关于钢条在电流作用下被磁化的实验；1820 年 10 月 Ampere 关于载流螺线管与磁棒等效性的实验；1820 年 10 月 30 日 Biot 和 Savart 关于载流长直导线对磁针作用的实验. 更为重要的则是将在本节以下几段详细介绍的 Biot 和 Savart 关于载流弯折导线对磁极作用的实验，他们由此得出了电流元对磁极作用力的普遍定量规律——Biot-Savart-Laplace 定律. 还有 Ampere 著名的四个示零实验，他由此得出了两个电流元之间作用力的普遍定量规律——Ampere 定律.

现在，让我们准确地描绘一下 Oersted 实验，看看它究竟发现了什么.

如图 1-3-1 所示，Oersted 实验发现，在载流长直导线附近平行放置的磁针受力沿垂直于导线的方向偏转，即磁针的 N 极垂直于由导线和磁针构成的平面(图中用虚线画出)向外(即向纸面外)运动，磁针的 S 极则垂直于由导线和磁针构成的平面向内运动，形成偏转. 如果电流反向，则磁针反向偏转. 这种电流使与之平行的磁针偏转的现象，表明电流(不是电荷)对磁针有作用，称为电流的磁效应，它揭示了电现象与磁现象之间的联系.

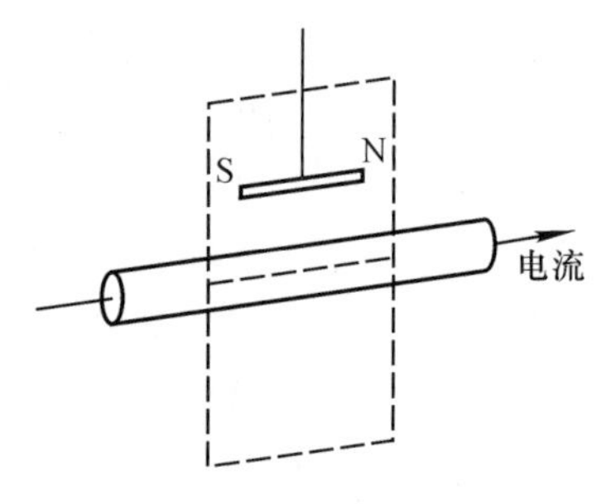

图 1-3-1

值得强调指出的还有，磁极受到电流的作用力是一种新型的作用力——横向力. 它与当时已知的非接触物体之间的万有引力、电力、磁力(磁体之间的作用力)具有不同的特征. 万有引力、电力、磁力都是把被作用的物体推开或拉近，即都是排斥或吸引的有心力. 然而，电流对磁极的作用力却明显不同，它并非排斥或吸引磁极，而是使磁针围绕着电流沿横向偏转，即使磁针在与由磁针和电流构成的平面垂直的平面内偏转，故称横向偏转. 它表明电流对磁极的作用力是横向力，这是 Oersted 实验的又一重大发现. 它突破了以往关于非接触物体之间的作用力均为有心力的局限，拓宽了作用力的类型. 这是很重要的发现，不容忽视.

2. 一系列重要研究课题的提出

Oersted 实验以及上述一系列相关的实验，发现了不少前所未知的重要现象，揭示了电现象与磁现象多方面的联系，开辟了一个崭新的广阔研究领域，激起了许多物理学家的兴趣和关注. 于是，一些具有重大意义的研究课题很快凝聚而成，并迅即取得了重要的成果和突破，迎来了电磁学发展的高潮.

现在，让我们概述一下当时提出的主要研究课题.

首先，Biot 和 Savart 认为，Oersted 实验中磁针在电流作用下受力偏转的原因是，两个磁极(北极和南极)分别受到了电流的作用力，而电流对磁极的作用力又应是构成该电流的各电流元对磁极的作用力之和. Biot 和 Savart 不满足于现象的发现和描述，他们提出了寻找电流对磁极作用力所遵循的普遍规律问题. 换言之，Biot 和 Savart 试图寻找电流元对磁极作用力的定量规律，由此，通过积分，即可普遍地得出任意电流对磁极作用力的定量结果. 解决这个问题的困难在于不存在孤立的恒定电流元(如所周知，恒定电流总是闭合的回路)，无法通过直接的实验测量发现规律. Biot 和 Savart 通过巧妙设计的某些特殊实验的结果，经过分析(在 Laplace 的帮助下)，建立了 Biot-Savart-Laplace 定律.

其次，在几乎完全相同的背景下，Ampere 提出的问题则比 Biot 和 Savart 提出的问题更为深刻，也更为广泛. 根据上述涉及电流与磁体、电流与电流，以及早就知道的磁体与磁体之间相互作用的种种现象，特别是根据磁棒与载流直螺线管等效性的实验(所谓等效性，是指一根磁棒对其他电流或磁体的作用，以及其他电流或磁体对该磁棒的作用，可以用一个适当的载流直螺线管等效地代替)，Ampere 作出了一个重要的抽象与猜测. Ampere 认为，磁现象的本质是电流，物质的磁性来源于其中的分子电流(所谓“分子”是指构成物质的基元，当时，对物质微观结构的了解还很肤浅). 由此，上述涉及电流、磁体的种种相互作用都可以归结为电流与电流的相互作用，同时，物质磁性的存在与消失可以解释为其中分子电流排列的整齐与混乱. 此外，由于磁棒与载流直螺线管等效，也就自然地解释了为什么正、负电荷可以单独存在，而磁体南北极总是并存不可单独分割的事实. 基于这种认识，Ampere 提出了寻找电流与电流之间作用力遵循的普遍定量规律问题. 换言之，Ampere 试图寻找的是，两个电流元之间作用力的定量规律. 它将为涉及电流、磁体的各种相互作用(电流与磁体，电流与电流，磁体与磁体)以及物质的磁性，提供统一的解释. 为了解决这个问题，Ampere 不仅遇到了不存在孤立的恒定电流元，无法直接实验测量的困难，而且由于涉及的几何因素更多，难度大为增加. Ampere 通过精心设计的四个示零实验并伴之以缜密的理论分析，竟然一举突破，天才地建立了著名的 Ampere 定律，充分显示了大师的风范. 如所周知，Ampere 定律实际上包括了 Biot-Savart-Laplace 定律，后者是前者的一部分.

再次，电流磁效应的逆效应是什么? Oersted 发现电流(不是电荷)对磁针的作用，这是电流的磁效应. 因此，人们十分自然地提出它的“逆效应”是什么的问题. 即磁是否也能够对电有作用，这种作用在什么条件下发生，以什么形式出现. 如所周知，对电流磁效应的逆效应的寻找并非一帆风顺. 直到 1831 年，Faraday 才发现了电磁感应现象，并认识到这种逆效应只在非恒定的即运动与变化的条件下出现. 电磁感应现象的发现标志着电磁学研究突破了静止、恒定条件的限制，Faraday 和 Maxwell 对电磁感应的深入研究和理论解释，最终导致电磁场理论的建立，意义十分重大.

最后，电流之间相互作用的机制是什么? 或者，更广泛地说，各种电磁作用(包括电荷之间的作用，电流之间的作用，以及电磁感应等)的机制是什么? 换言之，电磁作用是否需要媒介物传递(如果需要，媒介物是什么，有什么性质)，是否需要传递时间? 如所周知，这是一个古老的问题，在解释万有引力、电力、磁力等非接触物体之间作用力的机制时，曾经一再提出过. 对此，曾有过超距作用与近距作用两种对立的观点，长期争论不休，莫衷一是. Faraday 持坚定的近距作用观点，他认为电磁作用需要力线或场作为媒介物，需要传递时间(尽管很短). Faraday 认为力线或场是客观存在，具有重要的研究价值，在解释他发现的电磁感应现象时，更把静态的力线图像发展到动态，并认为电力线与磁力线是相互联系的. Maxwell 继承了 Faraday 的近距作用观点，用变化磁场产生的涡旋电场解释电磁感应，并进而提出位移电流假设，建立了描述电磁场运动变化规律的 Maxwell 方程，它的预言的实验证实，宣告了近距作用场观点的胜利. Einstein 的狭义相对论则最终消除了一切超距作用. 有关内容请参阅本书第二、三、九章.

由此可见，Oersted 实验的重大发现，极大地开阔了视野，启发了思考. 上述重大研究课题的提出和解决，为电磁学的发展提供了一条清晰的脉络和轨迹；同时，也使我们体会到，在科学研究中，提出重要的、有深刻内涵的、开创性的问题，是何等的重要.

二、弯折载流导线对磁极作用力的实验，Biot-Savart-Laplace 定律的建立

1820 年 Oersted 实验发现了电流的磁效应后，Oersted 本人满足于定性的陈述和解释，没有做进一步的定量研究. 法国物理学家 Jeans Baptiste Biot(1774—1862)得知 Oersted 实验后，和年轻的 Felix Savart(1791—1841)一起，日夜工作，在 Laplace 的帮助下，很快就得出了电流元对磁极作用力的定量规律.

1. 对 Oersted 实验的分析

在着手定量的实验之前，Biot 和 Savart 对 Oersted 实验作了认真的考察和细致的分析. 前已指出，Oersted 实验的具体结果是，载流长直导线使与之平行的磁针围绕着电流沿横向偏转. 对此，Biot 和 Savart 认为，这是磁针的两个磁极分别受到载流长直导线作用力的结果. 由于磁针横向偏转，合理的解释或猜测是，如图 1-3-2 所示，磁极受载流长直导线的作用力应垂直于由磁极和直导线构成的平面(图 1-3-2 中的纸平面)，即为横向力. 这样，两个磁极(北极与南极)受到的作用力大小相等、方向相反，导致磁针横向偏转. 显然，载流长直导线是由许多同方向的电流元构成的，载流长直导线对磁极的作用力应是构成它的各个同方向电流元对磁力的作用力之和. 因而，简单而合理的解释或猜测是，如图 1-3-2 下图所示，电流元对磁极的作用力应垂直于由磁极与电流元构成的平面(图 1-3-2 中的纸平面)，即也应是横向力.

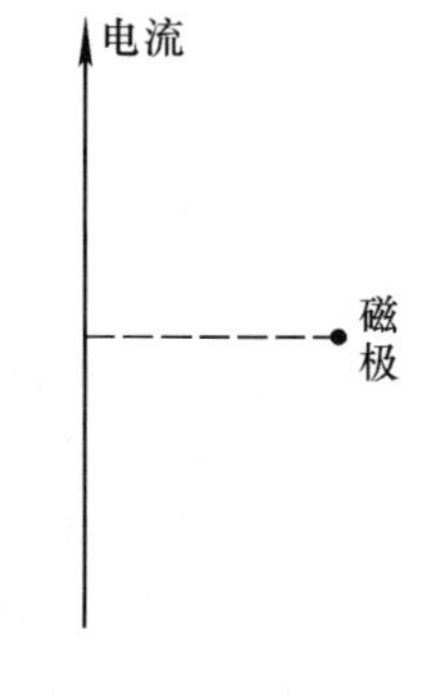

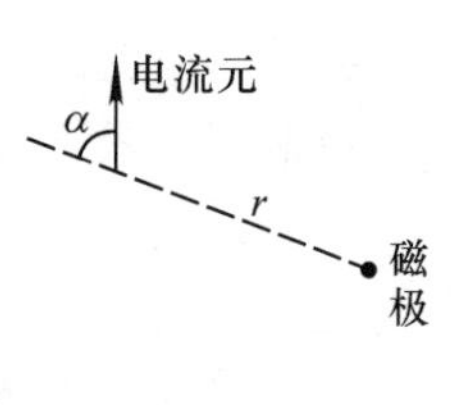

图 1-3-2

根据上述分析，电流元对磁极的作用力是横向力，这表明其方向已经确定. 至于作用力的大小，不难设想，除了与电流元大小(包括电流大小以及电流元的线度，即为 Idl)、磁极强弱有关外，还应与几何因素有关. 对于横向力，如图 1-3-2 下图所示，所谓几何因素无非是电流元与磁极的距离 r，以及电流元的空间方位，即电流

方向与该距离之间的夹角 α.

由此可见，在 Oersted 实验磁针横向偏转特征的启发下，Biot 和 Savart 作出了正确的分析，把发现定量规律的研究引向了正确的方向. 紧接着 Biot 和 Savart 设计了一些特殊的实验，试图寻找电流元对磁极作用力与上述各量特别是与 r 和 α 的定量关系.

2. Biot 和 Savart 的载流长直导线对磁极作用力的实验，结论：作用力与磁极到直导线的垂直距离 r 成反比

1820 年 10 月 30 日，Biot 和 Savart 在法国科学院报告了他们所作的载流长直导线对磁极作用力的实验. Biot 和 Savart 做了两个实验，都与 Oersted 实验相仿，但作了重要的改进，得出了定量的结果.

Biot 和 Savart 的第一个实验是，利用磁针在载流长直导线附近振荡的方法，测量载流长直导线对磁极的作用力. 为了消除地磁的影响，实验时先让磁针在地磁作用下振荡. 然后，把补偿磁体沿地磁子午线缓缓移近磁针，直到磁针不振荡为止，这时补偿磁体便抵消了地磁作用在磁针上的力. 再把载流长直导线竖直地放在磁针附近，通以电流，磁针再度振荡，测出磁针的振荡周期. 改变载流长直导线与磁针之间的距离，测出在不同距离处磁针的振荡周期. 实验得出，磁针振荡周期的平方与磁针到载流长直导线的垂直距离成正比. 因为振荡周期的平方与作用在磁极上的力成反比，于是得出载流长直导线对磁极的作用力与其间的垂直距离成反比的定量结果.

Biot 和 Savart 还做了如图 1-3-3 所示的另一实验. 在竖直的长直导线上悬挂一个水平的有孔圆盘，沿盘的某一直径对称地放置一对固定磁棒(放两条对称的磁棒，主要是为了重力平衡. 此外也可使灵敏度比一条磁棒时提高一倍). 当长直导线中通入电流时，若它对磁极的作用力与该磁极到长直导线的垂直距离成反比，则每根磁棒两极(北极与南极)受到的力矩应大小相等、方向相反，圆盘可以维持平衡；若磁极所受作用力与它到长直导线的垂直距离不成反比，则每条磁棒所受力矩均不为零，且两条磁棒所受非零力矩的方向相同(如图 1-3-3 竖直向上或竖直向下)，于是圆盘就会扭转. Biot 和 Savart 实验的结果是圆盘精确地保持平衡，从而证明载流长直导线对磁极的作用力与磁极到长直导线的垂直距离 r 成反比.

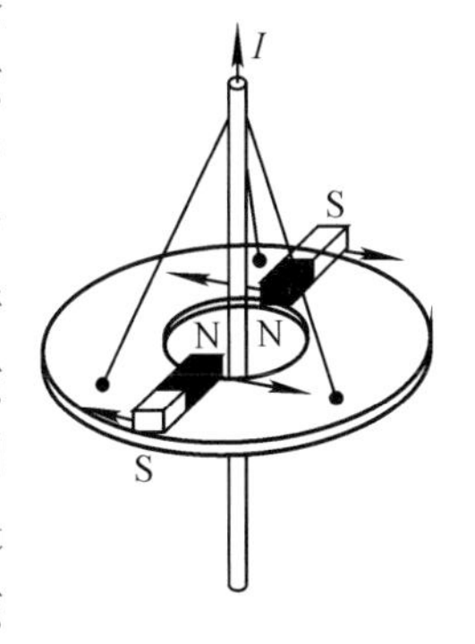

图 1-3-3

值得注意的是，由以上两个实验得出作用力与垂直距离成反比时，已经利用了作用力方向垂直于磁极和长直导线构成的平面的结论. 应该说，后者并非实验的直接结果，但也并无矛盾，所以可以认为这两个实验间接地验证了长直载流导线对磁极作用力是横向力的结论.

根据以上两个实验，Biot 和 Savart 得出的结论是："从磁极到导线(引者注：指载流长直导线)作垂线，作用在磁极上的力与这条垂线和导线都垂直，它的大小与磁极到导线的距离(引者注：指垂直距离)成反比."

3. Biot 和 Savart 的弯折载流导线对磁极作用力的实验，结论：$H=k\dfrac{I}{r}\tan\dfrac{\alpha}{2}$

与 Oersted 实验相比，Biot 和 Savart 的以上两个实验得出了定量结果，有所进步. 然而，由于载流长直导线两端无限延伸，使得电流方位的影响被掩盖了，无法在实验中反映出来. 因此，问题的关键在于，在找到电流对磁极作用力与距离关系的同时，更要找到作用力与电流方位的关系. 这当然也只能通过特殊的实验来寻找，为此，Biot 和 Savart 巧妙地设计了弯折载流导线对磁极作用力的实验，出色地解决了问题.

如图 1-3-4 所示，Biot 和 Savart 把长直载流导线弯折成夹角为 2α 的折线，把磁极放在折线所在平面内与折线两半对称的 P 点，P 点与弯折点 A 点之间的距离为 r. 显然，当 $\alpha=\dfrac{\pi}{2}$时，弯折导线还原为长直导线，r 则是磁极到长直导线的垂直距离. 当 $\alpha\neq\dfrac{\pi}{2}$时，为弯折导线，它的上下两半可以看成是"大型"的电流元，它们对磁极作用力的方向相同(都垂直于由磁极与导线构成的平面). 这样的弯折导线既能确保构成闭合回路，又能将距离 r(注意，在 $\alpha\neq\dfrac{\pi}{2}$时，r 是磁极与电流之间的距离，但不再是垂直距离)和方位角 α 两个因素同时凸现出来.

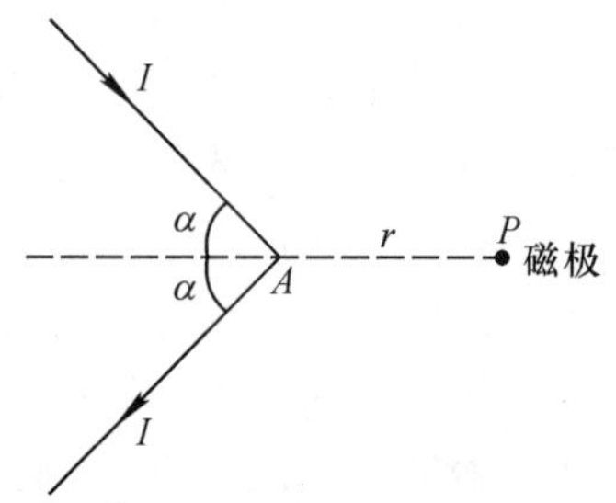

图 1-3-4　Biot-Savart 弯折载流导线对磁极作用力的实验(原理图)

Biot 和 Savart 的弯折载流导线对磁极作用力的实验得出，作用力的大小除与距离 r 成反比外，还与弯折的角度 α 有关. 给定 r，当 $\alpha=0$ 时，为对折导线，作用力为零；当 $\alpha=\dfrac{\pi}{2}$时，为长直导线，作用力最大；当 $\alpha=\dfrac{\pi}{4}$时，为弯折导线，作用力约为最大作用力的 0.414 倍，此值与 $\tan\dfrac{\alpha}{2}=\tan\dfrac{\pi}{8}$最为接近，于是得出，弯折载流导线对磁极作用力的定量公式为

$$H=k\frac{I}{r}\tan\frac{\alpha}{2} \tag{1}$$

式中 k 是比例系数，与电流 I 单位的选择以及磁极的强弱有关. 显然，(1)式包含了长直载流导线$\left(\alpha=\dfrac{\pi}{2}\right)$对磁极作用力的结果. 若取磁极强弱为单位值，则(1)式的 H 就是单位磁极所受弯折载流导线的作用力，亦即历史上定义的磁场强度.

4. 理论分析，B. S. L. (Biot-Savart-Laplace)定律的建立

前已指出，电流元对磁极的作用力 dH，除与电流元大小、磁极强弱有关外，还与

(r,α)有关，可表为 $\mathrm{d}H(r,\alpha)$. 为了除去磁极强弱的因素，可取单位磁极，则 $\mathrm{d}H$ 理解为电流元对单位磁极的作用力. 由此，任意闭合电流对单位磁极的作用力 $H(r,\alpha)$可由 $\mathrm{d}H(r,\alpha)$对电流积分得出，即有

$$\left.\begin{aligned} &\mathrm{d}H=\mathrm{d}H(r,\alpha) && (2.1)\\ &H=H(r,\alpha) && (2.2)\end{aligned}\right\} \tag{2}$$

它们的关系可表为

$$\begin{aligned}\mathrm{d}H &= \frac{\mathrm{d}H}{\mathrm{d}l}\mathrm{d}l\\ &=\left(\frac{\partial H}{\partial\alpha}\frac{\mathrm{d}\alpha}{\mathrm{d}l}+\frac{\partial H}{\partial r}\frac{\mathrm{d}r}{\mathrm{d}l}\right)\mathrm{d}l\end{aligned} \tag{3}$$

式中的 $\mathrm{d}l$ 是任意闭合电流中的微元，即电流元.

Biot 和 Savart 试图寻找的定量规律就是 $\mathrm{d}H(r,\alpha)$的具体形式，理论分析的任务即在于此. 为此，利用弯折载流导线对单位磁极作用力的特殊实验结果(1)式，求导得

$$\begin{cases}\dfrac{\partial H}{\partial\alpha}=k\,\dfrac{I}{r}\dfrac{1}{2\cos^2\dfrac{\alpha}{2}}\\[2ex] \dfrac{\partial H}{\partial r}=-k\,\dfrac{I}{r^2}\tan\dfrac{\alpha}{2}\end{cases} \tag{4}$$

又如图 1-3-5，有几何关系：

$$\begin{cases}\mathrm{d}l\sin\alpha=r\mathrm{d}\alpha\\ \mathrm{d}l\cos\alpha=-\mathrm{d}r\end{cases}\quad\text{或}\quad\begin{cases}\dfrac{\mathrm{d}\alpha}{\mathrm{d}l}=\dfrac{\sin\alpha}{r}\\[2ex] \dfrac{\mathrm{d}r}{\mathrm{d}l}=-\cos\alpha\end{cases} \tag{5}$$

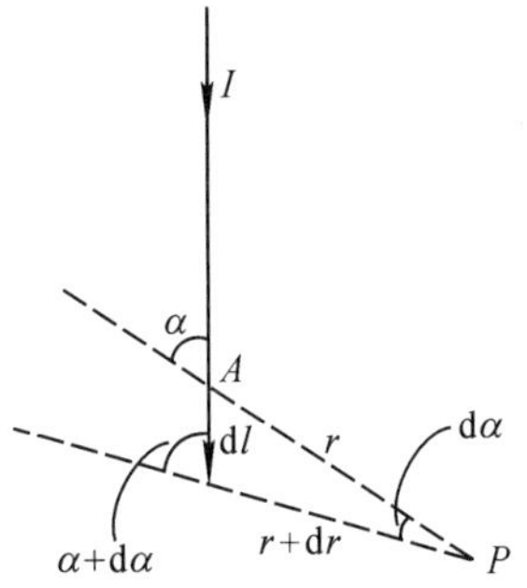

把(4)、(5)式代入(3)式，并利用下述三角函数的公式：

$$\begin{cases}\sin\alpha=2\sin\dfrac{\alpha}{2}\cos\dfrac{\alpha}{2}\\[2ex] \sin\alpha=\tan\dfrac{\alpha}{2}(1+\cos\alpha)\end{cases} \tag{6}$$

图 1-3-5

得

$$\mathrm{d}H=k\,\frac{I\mathrm{d}l}{r^2}\sin\alpha \tag{7}$$

写成矢量形式，为

$$\mathrm{d}\boldsymbol{H}=k\,\frac{I\mathrm{d}\boldsymbol{l}\times\boldsymbol{r}}{r^3} \tag{8}$$

式中 $\mathrm{d}\boldsymbol{l}$ 的方向是电流的方向，$\boldsymbol{r}$ 是从电流元到磁极的径矢，$\mathrm{d}\boldsymbol{H}$ 是电流元 $I\mathrm{d}\boldsymbol{l}$ 对在 $\boldsymbol{r}$ 处的

单位磁极的作用力. Biot 在 1823 年指出，把载流导线分解为许多电流元，经过数学分析得出普遍规律(8)式，“这是 Laplace 先生所做的工作. 他从我们的观测推导出载流导线上每一段产生的力元与距离平方成反比的特殊定律.”因此，(8)式称为 Biot-Savart-Laplace 定律. 它是 Biot-Savart 的实验工作与 Laplace 的理论分析相结合的产物.

应该指出，上述(1)式以及(4)式是根据弯折载流导线对磁极作用力的特殊实验得出的特殊结果. 而上述(2)式、(3)式以及(5)式则是电流元对磁极作用力 $\mathrm{d}H$ 的一般公式以及相应的几何关系. 当将(4)式代入(3)式得出(7)式或(8)式时，实际上是将特殊结果(4)式推广使用了，否则得出的(7)式或(8)式就不能作为普遍规律. 显然，这种从特殊到一般的做法并不严格，但却是建立物理定律的常用手段. 任何具体的实验总是特殊的，由此无法逻辑地得出普遍规律，所以，得出物理定律的过程往往并不严格，物理定律的正确性需由其一系列推论与实验相符才能确保. B. S. L. 定律为我们提供了一个由特殊实验得出普遍规律的典型例证.

现代，根据近距作用的场观点，上述 B. S. L. 定律应理解为电流元产生磁场的规律，即应将(8)式的 $\mathrm{d}\boldsymbol{H}$ 改为 $\mathrm{d}\boldsymbol{B}$，于是得出电流元 $I\mathrm{d}\boldsymbol{l}$ 在距离 $\boldsymbol{r}$ 处产生的磁感应强度矢量(元磁场)为

$$\mathrm{d}\boldsymbol{B}=\frac{\mu_0}{4\pi}\frac{I\mathrm{d}\boldsymbol{l}\times\boldsymbol{r}}{r^3} \tag{9}$$

式中采用 MKSA 单位制，比例系数 $k=\frac{\mu_0}{4\pi}$，$\mu_0=4\pi\times10^{-7}\,\mathrm{N/A^2}$. (9)式就是现代教科书中电流元产生磁场的公式，即现代形式的 Biot-Savart-Laplace 定律.

任意闭合载流回路产生的磁场，是其中各电流元产生的元磁场的矢量和，为

$$\boldsymbol{B}=\frac{\mu_0}{4\pi}\oint\frac{I\mathrm{d}\boldsymbol{l}\times\boldsymbol{r}}{r^3} \tag{10}$$

(10)式是 Biot-Savart-Laplace 定律的积分形式. (10)式是矢量积分，对于一般的载流回路，积分往往有困难. 但如果电流分布具有某种对称性，积分就会简单得多.

B. S. L. 定律只适用于恒定电流. 对于非恒定电流，例如运动电荷产生的磁场，由于有推迟效应，其形式比(9)式复杂得多. 例如，匀速运动点电荷产生的磁场为

$$\boldsymbol{B}=\frac{\mu_0}{4\pi}\frac{q\boldsymbol{v}\times\boldsymbol{r}}{r^3\left(1-\frac{v^2}{c^2}\sin^2\theta\right)^{3/2}}\left(1-\frac{v^2}{c^2}\right)$$

式中 q 与 $\boldsymbol{v}$ 是点电荷的电量与速度，$\boldsymbol{B}$ 是与点电荷相距 $\boldsymbol{r}$ 处的磁场，θ 是 $\boldsymbol{v}$ 与 $\boldsymbol{r}$ 的夹角，c 是真空中的光速.

B. S. L. 定律可以看作是关于电流元之间相互作用力的 Ampere 定律的一部分，即 Ampere 定律包括了 B. S. L. 定律.

由 B. S. L. 定律可以证明恒定磁场的 Gauss 定理和 Ampere 环路定理，它们表明磁

场是无源有旋的矢量场.

三、Ampere 的四个示零实验，原始的 Ampere 公式和 Ampere 定律的现代形式

1. Ampere 提出的问题：寻找电流元之间相互作用的定量规律

Andre-Marie Ampere(1775—1836)是法国物理学家. 1820 年，45 岁的 Ampere 已是颇有声望的数学家，当他得知 Oersted 实验发现的电流磁效应后，立即全力投入研究，在几年的时间里取得了许多成就，为奠定电磁学的基础作出了重要贡献.

1820 年 9 月 4 日，Dominique Francois Jean Arago(1786—1853，法国)在法国科学院介绍并重复了 Oersted 直线电流对磁针作用的实验. 不久之后，Ampere 不仅重复了 Oersted 的实验，而且做了圆电流对磁针的作用，平行载流直导线之间的作用，以及圆电流之间的作用等实验，进一步揭示了电磁现象之间的联系. 1820 年 9 月 18 日，Ampere 发表了确定直线电流附近小磁针偏转取向的右手螺旋定则，即 Ampere 定则. 此外，Ampere 还提出地球的磁性是由自东向西绕地球作圆运动的电流引起的. 与此同时，根据载流直螺线管与磁棒的等效性，Ampere 提出了分子电流的假说. Ampere 认为，磁棒的磁性是棒内的电流产生的，并接受他的朋友 Fresnel 的建议，把棒内的电流归于分子(所谓“分子”，是指构成物质的基元，当时对物质结构和分子、原子的认识还很肤浅)，假定每个分子都有电流环绕着，当分子排列整齐时，它们的电流合起来就可以满足磁棒的磁性所需要的电流. 这就是 Ampere 分子电流假设的来源. 1820 年 9 月 25 日，Ampere 报告他发现了两载流直导线之间存在着相互作用力，Ampere 指出，当电流方向相同时相互吸引，当电流方向相反时相互排斥. 1820 年底，Ampere 给出了两平行直电流相互作用力的公式，即真空中距离为 a 的两平行直电流 I_1 和 I_2 之间每单位长度的相互作用力为

$$F = k\frac{I_1 I_2}{a} \tag{11}$$

在 1820 年 9 月 25 日同天的会议上，Arago 报告他发现了钢条在电流作用下磁化的现象，并演示了用载流直螺线管使钢条磁化的实验. 1820 年 10 月 16 日，Ampere 用分子圆电流相当于小磁针的假设，解释了 Arago 的钢条磁化实验.

在上述种种实验的启发下，Ampere 逐渐形成了一个重要的看法. Ampere 认为，磁现象的本质是电流，物质的磁性来源于其中的分子电流，电流与磁体、电流与电流、磁体与磁体等等相互作用都是电流与电流之间相互作用的结果. 因此，Ampere 认为，电流与电流之间的作用力是电磁作用的基本力，他称之为“电动力”，并把研究电动力的学科叫做“电动力学”. Ampere 把确定电流之间相互作用力的定量规律引为己任，从 1821 年到 1825 年，经过几年的努力，终于完成了这一艰巨的使命. 最后发表了重要的总结性论文《关于唯一地用实验推导的电动力学理论》，给出了电流元之间相互作用力的公式，这就是著名的 Ampere 定律. Ampere 的这一卓越贡献，被 Maxwell 誉为“科学中最光辉的成就之一”. Ampere 本人则被誉为“电学中的 Newton”.

另外，Ampere 还证实，磁场中任一闭合环路上磁场强度的环流(即环路积分)，正比于环路所包围电流的代数和，这就是 Ampere 环路定理.

由于 Ampere 对电磁学的伟大贡献，他的名字被命名为电流的单位——安培(ampere，符号为 A). 如所周知，安培(A)是 SI 制中 7 个基本单位之一.

2. Ampere 的四个示零实验

为了得出两电流元之间相互作用力的定量规律，Ampere 既做了实验又进行了理论分析，两者紧密联系、不可分割. 脱离了 Ampere 的理论分析就无从理解他为什么要做这些实验，似乎从天而降，莫名其妙；反之，离开了 Ampere 所做的实验，他的理论分析就缺乏根据，难以进行. 实际上，Ampere 的实验正是为了配合他的理论分析而精心设计的. 然而，为了叙述的方便，我们先介绍 Ampere 的实验，再介绍 Ampere 的理论分析. 请读者阅读时前后结合，注意两者的内在联系. 另外，Ampere 所做的四个实验都是所谓"示零"实验，即实验测量的结果是零，一无所有(上一节介绍的 Cavendish-Maxwell 精确验证电力与距离平方成反比的实验就是示零实验). 这是一类颇为特殊的、具有独特功能的实验，恰当的应用往往能够起到意想不到的作用，也请读者注意体会这些经典杰作的非凡之处.

现在介绍 Ampere 为了得出两电流元之间作用力的定量规律而精心设计的四个示零实验.

Ampere 首先设计了一个无定向秤，它是用硬导线做成的如图 1-3-6 所示的线圈. 线圈由两个形状和大小相同、电流方向相反的平面回路固连在一起，整个线圈犹如一个刚体. 线圈的端点通过水银槽和固定支架相连. 这样，线圈既可通入电流，又可自由转动. 这种无定向秤在均匀磁场(如地球磁场)中不受力和力矩而随遇平衡，但对于非均匀磁场将会作出反应.

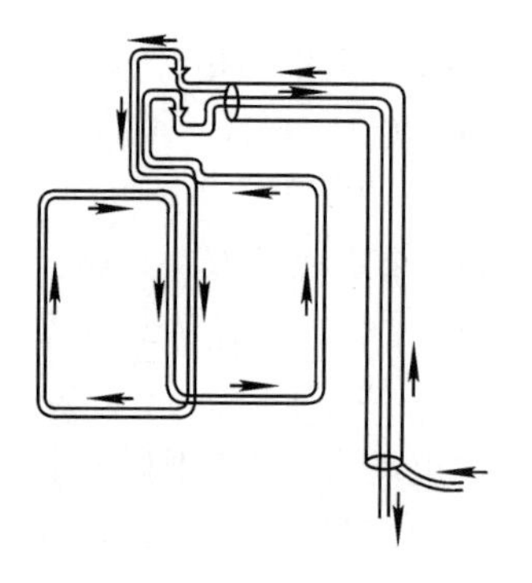

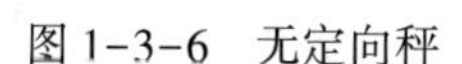

图 1-3-6　无定向秤

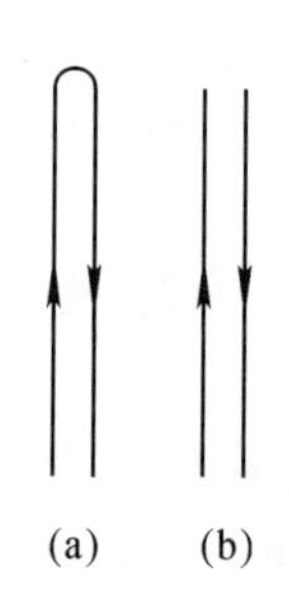

图 1-3-7　Ampere 示零实验之一

Ampere 的第一个实验用图 1-3-7(a)所示的对折导线，在其两段中通入大小相等、方向相反的电流. 把它移近无定向秤附近的不同部位，观察无定向秤的反应，以检验它是否会对无定向秤产生作用力. 实验表明，无定向秤没有任何运动，即对折的载流导线对它不产生任何作用. 由于单根载流直导线对无定向秤有明显的作用，因此，只能解释为对折载流导线两部分对无定向秤的作用刚好抵消，即合作用为零. 换言之，Ampere 的示零实验一表明：当电流反向时，它产生的作用力也反向.

实验二把图 1-3-7(a)中载有反向电流的一段直导线换成缠绕着另一段直导线的曲折线，如图 1-3-8(a)所示. 实验结果同前，即它对无定向秤也不产生任何作用. 这说明载流曲折线对无定向秤的作用，等价于载流直导线的作用. 换言之，Ampere 的示零实验二表明：电流元具有矢量的性质，即许多电流元的合作用是各个电流元产生作用的矢量叠加[参看图 1-3-7(b)和图 1-3-8(b)].

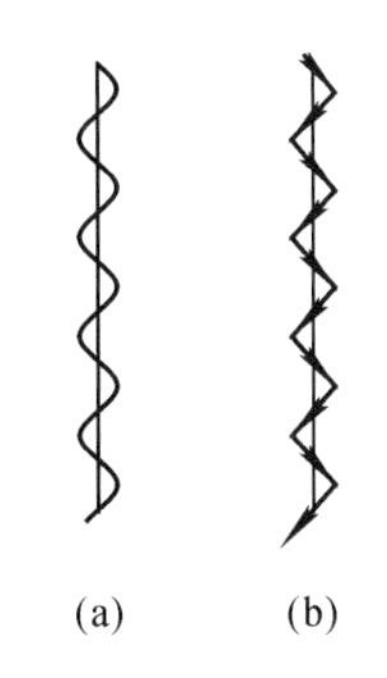

图 1-3-8 Ampere 示零实验之二

实验三如图 1-3-9 所示，将一段圆弧形导体架在水银槽 A 和 B 上，圆弧形导体与绝缘柄 C 固连，柄的另一端固定在支架上. 这样，既可通过水银槽给圆弧形导体通电，圆弧形导体又可绕圆心转动，从而构成一个只能沿自身长度方向移动(即只允许圆弧形导体沿其切线方向运动)，但不能作横向位移(即不允许圆弧形导体沿着与其垂直的方向运动)的电流元. Ampere 用这样一个装置检验各种载流线圈对它产生的作用力. 结果发现，各种载流线圈都不能使圆弧形导体运动，即圆弧形导体不可能沿其中的电流方向(切向)运动. Ampere 的示零实验三表明：作用在电流元上的力是与电流元垂直的，即是横向力.

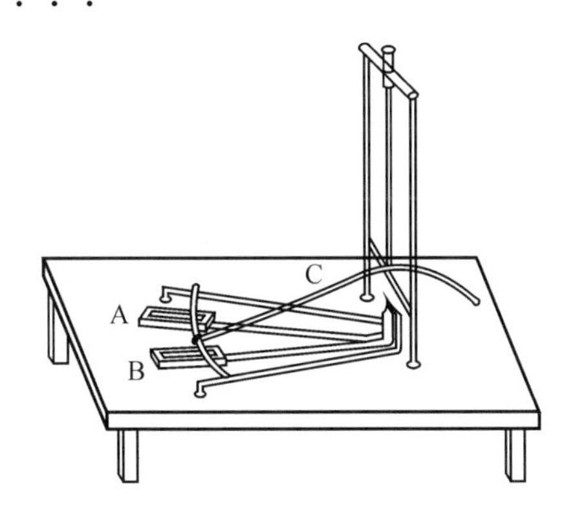

图 1-3-9 Ampere 示零实验之三

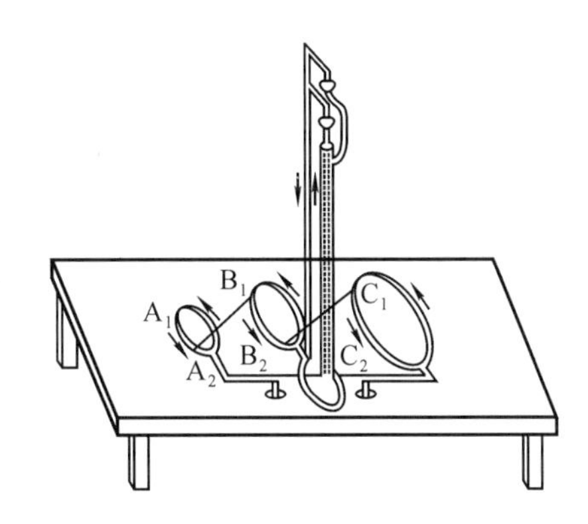

图 1-3-10 Ampere 示零实验之四

实验四如图 1-3-10 所示，A，B，C 是三个几何形状相似的线圈(例如均为圆线圈)，线圈 A，B，C 的线度之比为$\frac{1}{n}:1:n$，线圈 A 与 B 的距离以及线圈 B 与 C 的距离之比为 1 : n. 线圈 A 与 C 均固定，并且串联在一起，其中的电流相同；线圈 B 可以活动，其中通入另一电流. 线圈 A 与 C 在线圈 B 的两侧，它们对线圈 B 的作用力的方向应是相反的. Ampere 用这样的装置检验 A 与 C 两线圈是否对线圈 B 有作用力，实验结果是否定的. Ampere 的示零实验四表明：所有几何线度(电流元长度，相互距离)增加同一倍数时，作用力不变.

3. Ampere 的理论分析，沿连线假设，原始的 Ampere 公式

在以上四个示零实验的基础上，Ampere 经过理论分析，得出了两电流元之间相互作用力的公式，即原始的 Ampere 公式. 为了便于读者理解，采用矢量语言来介绍 Ampere 的理论分析，它与 Ampere 原始推导的实质和结论是一致的.

作为理论分析的出发点，Ampere 首先作了一个重要的假设，即假设两电流元之间相互作用力的方向沿着它们的连线. 沿连线假设的目的显然是期望两电流元之间的相互作用力遵循 Newton 第三定律. 尽管沿连线假设与以上一再强调的横向力特征明显不符，与 Oersted 实验、Biot-Savart 实验以及 Ampere 自己的示零实验三的结果都相违背，但是 Ampere 仍然强加了这个不合理的沿连线假设. 毫无疑问，这是 Ampere 牢固的超距作用观点在作祟.

根据示零实验二，电流元具有矢量的性质. 如图 1-3-11 所示，以矢量 $I_1\mathrm{d}\boldsymbol{l}_1$ 和 $I_2\mathrm{d}\boldsymbol{l}_2$ 表示两个相互作用的电流元. $\mathrm{d}\boldsymbol{l}_1$ 和 $\mathrm{d}\boldsymbol{l}_2$ 的方向分别是两个电流的方向，I_1 和 I_2 分别是电流的大小. 如图 1-3-11，$\boldsymbol{r}_{12}$ 表示从电流元 $I_1\mathrm{d}\boldsymbol{l}_1$ 到电流元 $I_2\mathrm{d}\boldsymbol{l}_2$ 的径矢，即距离矢量. $\mathrm{d}\boldsymbol{F}_{12}$ 表示电流元 $I_1\mathrm{d}\boldsymbol{l}_1$ 施于电流元 $I_2\mathrm{d}\boldsymbol{l}_2$ 的作用力. 现在的问题就是，寻找 $\mathrm{d}\boldsymbol{F}_{12}$ 与 $I_1\mathrm{d}\boldsymbol{l}_1$，$I_2\mathrm{d}\boldsymbol{l}_2$，$\boldsymbol{r}_{12}$ 之间的定量关系. 值得注意的是，一般说来，图 1-3-11 中的三个矢量 $I_1\mathrm{d}\boldsymbol{l}_1$，$I_2\mathrm{d}\boldsymbol{l}_2$，$\boldsymbol{r}_{12}$ 并不共面.

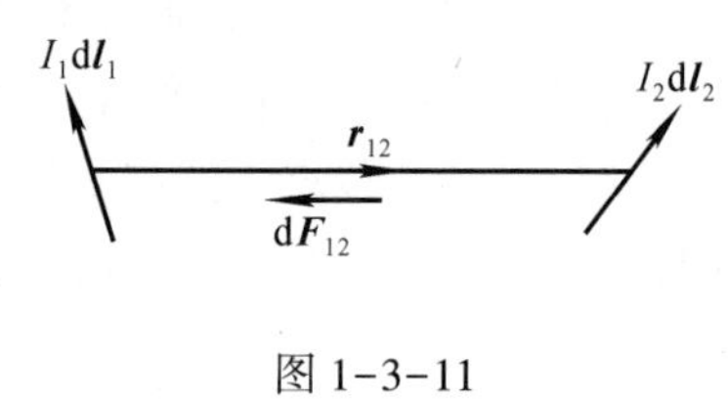

图 1-3-11

根据示零实验一，电流反向时，作用力也反向. 因而，电流元 $I_1\mathrm{d}\boldsymbol{l}_1$ 和电流元 $I_2\mathrm{d}\boldsymbol{l}_2$ 在 $\mathrm{d}\boldsymbol{F}_{12}$ 表达式的各项中应只出现奇数次. 由于 $I_1\mathrm{d}\boldsymbol{l}_1$ 与 $I_2\mathrm{d}\boldsymbol{l}_2$ 在表达式中的地位是对等的，所以两者在表达式中出现的次数应相同. 一种简单的选择是，在 $\mathrm{d}\boldsymbol{F}_{12}$ 表达式的各项中电流元都是一次的，即 $\mathrm{d}F_{12}$ 与 $I_1\mathrm{d}l_1$ 和 $I_2\mathrm{d}l_2$ 的关系是线性的.（这样，与 Ampere 得出的两平行电流相互作用力的规律(11)式也相符.）

根据示零实验四，当所有线度(电流元长度，相互距离)增加同一倍数时，作用力大小不变. 在 $\mathrm{d}F_{12}$ 与 $I_1\mathrm{d}l_1$，$I_2\mathrm{d}l_2$ 成正比的要求下，$\mathrm{d}F_{12}$ 应与距离 r_{12} 的平方成反比，即应有

$$\mathrm{d}F_{12} \propto \frac{I_1\mathrm{d}l_1 I_2\mathrm{d}l_2}{r_{12}^2} \tag{12}$$

这样，当 $\mathrm{d}l_1$，$\mathrm{d}l_2$，r_{12} 增加同一倍数时，$\mathrm{d}F_{12}$ 的大小才能保持不变.

根据 Ampere 的沿连线假设，$\mathrm{d}\boldsymbol{F}_{12}$ 应与 $\boldsymbol{r}_{12}$ 同方向或反方向，即可写成

$$\mathrm{d}\boldsymbol{F}_{12} = -\boldsymbol{r}_{12}[\cdots] \tag{13}$$

式中方括号内的各项都只能是标量，式中右边的负号来源于图 1-3-11 的表示，即 $\boldsymbol{r}_{12}$ 与 $\mathrm{d}\boldsymbol{F}_{12}$ 反向. 在(13)式中不能包括形式为 $\mathrm{d}\boldsymbol{l}_1[\cdots]$ 和 $\mathrm{d}\boldsymbol{l}_2[\cdots]$ 的项，因为它们破坏了 Ampere 的沿连线假设，已被弃去.

基于以上分析，对于寻找的 $\mathrm{d}\boldsymbol{F}_{12}$ 与 $I_1\mathrm{d}\boldsymbol{l}_1$，$I_2\mathrm{d}\boldsymbol{l}_2$，$\boldsymbol{r}_{12}$ 关系的表达式而言，已经确定的是，(12)式给出了 $\mathrm{d}F_{12}$ 的大小与 $I_1\mathrm{d}l_1$，$I_2\mathrm{d}l_2$，r_{12} 大小的关系；(13)式给出了 $\mathrm{d}\boldsymbol{F}_{12}$ 的方向沿 $\boldsymbol{r}_{12}$，式中方括号内各项只能是标量；又在 $\mathrm{d}\boldsymbol{F}_{12}$ 表达式中，$I_1\mathrm{d}\boldsymbol{l}_1$ 与 $I_2\mathrm{d}\boldsymbol{l}_2$ 的地位相当，且均应以矢量形式出现. 剩下的问题是，在 $\mathrm{d}\boldsymbol{F}_{12}$ 的表达式中，如何反映 $I_1\mathrm{d}\boldsymbol{l}_1$，$I_2\mathrm{d}\boldsymbol{l}_2$，$\boldsymbol{r}_{12}$ 这三个矢量之间的各种角度关系. Ampere 的办法是，利用这三个矢量的点乘和叉乘(即标积和矢积)来描绘其间的各种角度关系. 综合上述要求，$\mathrm{d}\boldsymbol{F}_{12}$ 表达式的形式只能是

$$\mathrm{d}\boldsymbol{F}_{12}=-I_1I_2\boldsymbol{r}_{12}\left[(\mathrm{d}\boldsymbol{l}_1\cdot\mathrm{d}\boldsymbol{l}_2)\frac{A}{r_{12}^3}+(\mathrm{d}\boldsymbol{l}_1\cdot\boldsymbol{r}_{12})(\mathrm{d}\boldsymbol{l}_2\cdot\boldsymbol{r}_{12})\frac{B}{r_{12}^5}+\boldsymbol{r}_{12}\cdot(\mathrm{d}\boldsymbol{l}_1\times\mathrm{d}\boldsymbol{l}_2)\frac{C}{r_{12}^4}\right] \tag{14}$$

式中 A，B，C 是三个待定的常量. 如果能够确定这三个常量的关系，使(14)式只剩下一个待定常量，则它就是待求的电流元相互作用力的规律，其中唯一的待定常量最终可由各量单位的选择确定.

为了根据 Ampere 的示零实验三来确定(14)式中三个待定常量 A，B，C 的关系，应该认真分析一下实验三的含义. 实验三的结果是，任意闭合载流回路对只允许沿切向运动的圆弧形电流元的作用力为零，即闭合回路对电流元的作用力应与该电流元垂直，亦即电流元所受闭合回路的作用力是横向力. 在(14)式中，$\mathrm{d}\boldsymbol{F}_{12}$ 是电流元 $I_1\mathrm{d}\boldsymbol{l}_1$ 对电流元 $I_2\mathrm{d}\boldsymbol{l}_2$ 的作用力，其中 $I_1\mathrm{d}\boldsymbol{l}_1$ 是施作用者，$I_2\mathrm{d}\boldsymbol{l}_2$ 是被作用者. 设 $I_1\mathrm{d}\boldsymbol{l}_1$ 是周界为 L_1 的闭合载流回路中的一小段，则该闭合载流回路对 $I_2\mathrm{d}\boldsymbol{l}_2$ 的总作用力是其中各电流元对 $I_2\mathrm{d}\boldsymbol{l}_2$ 所施作用力的矢量和，即为 $\oint_{L_1}\mathrm{d}\boldsymbol{F}_{12}$(对 $\mathrm{d}l_1$ 作环路积分). 实验三表明，上述总作用力应与 $\mathrm{d}\boldsymbol{l}_2$ 垂直，即应有

$$\oint_{L_1}\mathrm{d}\boldsymbol{F}_{12}\cdot\mathrm{d}\boldsymbol{l}_2=0 \tag{15}$$

(15)式要求 $\mathrm{d}\boldsymbol{F}_{12}\cdot\mathrm{d}\boldsymbol{l}_2$ 为全微分，把(14)式代入，得

$$\begin{aligned}\mathrm{d}\boldsymbol{F}_{12}\cdot\mathrm{d}\boldsymbol{l}_2&=-I_1I_2(\boldsymbol{r}_{12}\cdot\mathrm{d}\boldsymbol{l}_2)\\&\quad\times\left[(\mathrm{d}\boldsymbol{l}_1\cdot\mathrm{d}\boldsymbol{l}_2)\frac{A}{r_{12}^3}+(\mathrm{d}\boldsymbol{l}_1\cdot\boldsymbol{r}_{12})(\mathrm{d}\boldsymbol{l}_2\cdot\boldsymbol{r}_{12})\frac{B}{r_{12}^5}+\boldsymbol{r}_{12}\cdot(\mathrm{d}\boldsymbol{l}_1\times\mathrm{d}\boldsymbol{l}_2)\frac{C}{r_{12}^4}\right]\\&=\mathrm{d}\{\cdots\}\end{aligned} \tag{16}$$

(15)式或(16)式是实验三结果的数学表述，也就是确定(14)式中三个待定常量 A，B，C 关系的依据. 注意，在(16)式的 $\mathrm{d}\{\cdots\}$ 中的微分符号 d 只对 l_1 有作用，对 l_2 无作用，换言之，$\mathrm{d}\boldsymbol{l}_2$ 可以看作是给定的恒量.

为了由(15)式或(16)式确定(14)式中三个待定常量 A，B，C 的关系，Ampere 采用了一个技巧，即考虑一种特殊情形. 如图 1-3-12 所示，闭合载流回路 L_1 是施作用者，

其中的任意电流元 $I_1 \mathrm{d}\boldsymbol{l}_1$ 是源，所在位置是源点，电流元 $I_2 \mathrm{d}\boldsymbol{l}_2$ 是被作用者，所在位置是场点. 场点固定不变，源点沿闭合回路 L_1 变化. 如图 1-3-12，为了方便，取

$$\boldsymbol{r}=-\boldsymbol{r}_{12}$$

代替 $\boldsymbol{r}_{12}$，更重要的是，Ampere 取特殊的沿 $\boldsymbol{r}$ 方向的 $\mathrm{d}\boldsymbol{r}$ 代替任意方向的 $\mathrm{d}\boldsymbol{l}_1$. 既然一般的 $\mathrm{d}\boldsymbol{l}_1$ 应满足(16)式，则特殊的 $\mathrm{d}\boldsymbol{r}$ 当然也应满足(16)式，于是有

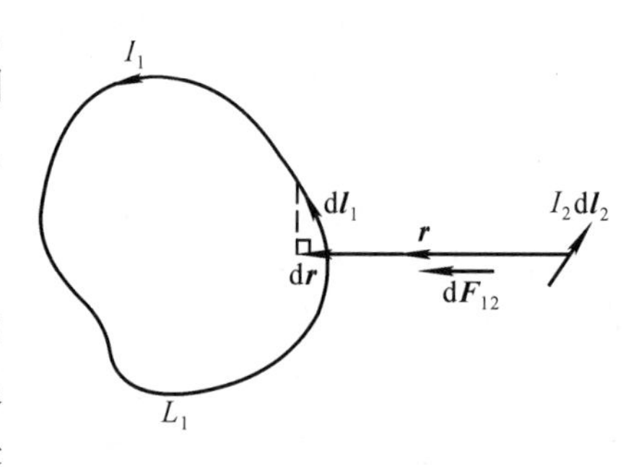

图 1-3-12

$$\begin{aligned}\mathrm{d}\boldsymbol{F}_{12}\cdot\mathrm{d}\boldsymbol{l}_2&=I_1I_2(\boldsymbol{r}\cdot\mathrm{d}\boldsymbol{l}_2)\\&\quad\times\left[\frac{A}{r^3}(\mathrm{d}\boldsymbol{r}\cdot\mathrm{d}\boldsymbol{l}_2)+\frac{B}{r^5}(\mathrm{d}\boldsymbol{r}\cdot\boldsymbol{r})(\mathrm{d}\boldsymbol{l}_2\cdot\boldsymbol{r})-\frac{C}{r^4}\boldsymbol{r}\cdot(\mathrm{d}\boldsymbol{r}\times\mathrm{d}\boldsymbol{l}_2)\right]\\&=\mathrm{d}\{\cdots\}\end{aligned}\tag{17}$$

(17)式是(16)式的特例，即将(16)式中一般的 $\mathrm{d}\boldsymbol{l}_1$ 用特殊的沿 $\boldsymbol{r}$ 方向的 $\mathrm{d}\boldsymbol{r}$ 代替. 注意，在(17)式中微分符号 d 只对 r 有作用，$\mathrm{d}\boldsymbol{l}_2$ 仍是给定的恒量.

(17)式是全微分，要求其中各项均为全微分. 为了满足这个要求，看看能否把各项都凑成全微分项. 为此，利用关系式

$$\mathrm{d}r=\frac{\mathrm{d}\boldsymbol{r}\cdot\boldsymbol{r}}{r}\tag{18}$$

可将(17)式写为

$$\begin{aligned}\mathrm{d}\boldsymbol{F}_{12}\cdot\mathrm{d}\boldsymbol{l}_2&=I_1I_2\left\{\frac{A}{2r^3}\mathrm{d}[(\boldsymbol{r}\cdot\mathrm{d}\boldsymbol{l}_2)^2]+\frac{B}{r^5}(\mathrm{d}\boldsymbol{r}\cdot\boldsymbol{r})(\boldsymbol{r}\cdot\mathrm{d}\boldsymbol{l}_2)^2\right.\\&\qquad\left.-\frac{C}{r^4}(\boldsymbol{r}\cdot\mathrm{d}\boldsymbol{l}_2)[\boldsymbol{r}\cdot(\mathrm{d}\boldsymbol{r}\times\mathrm{d}\boldsymbol{l}_2)]\right\}\\&=I_1I_2\left\{\frac{A}{2}\mathrm{d}\left[\frac{(\boldsymbol{r}\cdot\mathrm{d}\boldsymbol{l}_2)^2}{r^3}\right]+\frac{3A}{2}\frac{\mathrm{d}r}{r^4}(\boldsymbol{r}\cdot\mathrm{d}\boldsymbol{l}_2)^2\right.\\&\qquad\left.+B\frac{\mathrm{d}r}{r^4}(\boldsymbol{r}\cdot\mathrm{d}\boldsymbol{l}_2)^2-\frac{C}{r^4}(\boldsymbol{r}\cdot\mathrm{d}\boldsymbol{l}_2)[\boldsymbol{r}\cdot(\mathrm{d}\boldsymbol{r}\times\mathrm{d}\boldsymbol{l}_2)]\right\}\\&=I_1I_2\left\{\frac{A}{2}\mathrm{d}\left[\frac{(\boldsymbol{r}\cdot\mathrm{d}\boldsymbol{l}_2)^2}{r^3}\right]+\left(\frac{3A}{2}+B\right)\frac{\mathrm{d}r}{r^4}(\boldsymbol{r}\cdot\mathrm{d}\boldsymbol{l}_2)^2\right.\\&\qquad\left.-\frac{C}{r^4}(\boldsymbol{r}\cdot\mathrm{d}\boldsymbol{l}_2)[\boldsymbol{r}\cdot(\mathrm{d}\boldsymbol{r}\times\mathrm{d}\boldsymbol{l}_2)]\right\}\end{aligned}\tag{19}$$

(19)式右端第一项已经凑成全微分，其代价是多出了一项(幸好与系数为 B 的那一项是同类项，可合并). 可以如法炮制，继续将第二项、第三项也凑成全微分，其代价必定是更多出一些项来，徒劳无益. 总之，(19)式并不满足全微分要求，为使之满足，只能是

第二项、第三项为零，即

$$\begin{cases}\dfrac{3A}{2}+B=0\\ C=0\end{cases} \tag{20}$$

由此可见，为了满足示零实验三，即满足全微分条件的要求，(14)式中的三个待定常量 A，B，C 应满足(20)式的关系，于是只剩下一个待定常量了. 令

$$k=\frac{A}{2}=-\frac{B}{3} \tag{21}$$

把(20)式和(21)式代入(14)式，得出

$$\mathrm{d}\boldsymbol{F}_{12}=-kI_1I_2\boldsymbol{r}_{12}\left[\frac{2}{r_{12}^3}(\mathrm{d}\boldsymbol{l}_1\cdot\mathrm{d}\boldsymbol{l}_2)-\frac{3}{r_{12}^5}(\mathrm{d}\boldsymbol{l}_1\cdot\boldsymbol{r}_{12})(\mathrm{d}\boldsymbol{l}_2\cdot\boldsymbol{r}_{12})\right] \tag{22}$$

(22)式就是 Ampere 最初发表的两电流元之间相互作用力的公式，姑且称之为原始的 Ampere 公式. (22)式中唯一的常量 k 的值与单位选择有关. 由(22)式，显然有 $\mathrm{d}\boldsymbol{F}_{12}=-\mathrm{d}\boldsymbol{F}_{21}$，即两个电流元之间的相互作用力遵循 Newton 第三定律，这正是 Ampere 所期望的.

现在，让我们细细地品味一下 Ampere 的创造性工作. 首先，以 Oersted 实验及一系列有关电现象与磁现象之间联系的实验为背景，Biot 和 Savart 提出了寻找电流元对磁极作用力定量规律的问题. Ampere 则独具慧眼，从错综的现象与联系中，提炼出磁现象的本质是电流、物质的磁性来源于其中的分子电流、电流之间的作用力是基本作用力等重要看法，从而提出了寻找电流元之间相互作用力定量规律的问题. 显然，无论就问题的深度、广度和重要性而言，均非 Biot 和 Savart 提出的问题所能比拟. 显示了 Ampere 高瞻远瞩的大师风范，也反映了正确抽象、洞察本质的重要作用.

其次，就解决问题而言，与 Biot 和 Savart 一样，Ampere 也遇到了不存在孤立的恒定电流元、无法进行直接实验测量的困难. Biot 和 Savart 牢牢把握住横向力的特征，巧妙设计了弯折载流导线对磁极作用力的特殊实验，终于找到了作用力与电流元方位的关系，然后，经过适当的分析，顺利地得出了电流元对磁极作用力的定量规律. 然而，Ampere 的问题要复杂得多，首先，作用力的方向难以确定，其次，作用力的大小除与两电流元的大小及其间距离有关外，还与 $I_1\mathrm{d}\boldsymbol{l}_1$，$I_2\mathrm{d}\boldsymbol{l}_2$，$\boldsymbol{r}_{12}$ 三者之间的多种角度有关. 不难设想，试图用某些特殊闭合载流回路之间相互作用的实验(即采用类似于 Biot 和 Savart 的方法)来解决这些问题，可以说几乎是没有希望的. 为此，Ampere 独辟蹊径，精心设计了四个示零实验，通过实验显示的零结果，揭示出电流元相互作用力所应具有的主要特征. 而在与此紧密联系的理论分析中，通过沿连线假设并采用矢量的点乘和叉乘来表示三个矢量 $I_1\mathrm{d}\boldsymbol{l}_1$，$I_2\mathrm{d}\boldsymbol{l}_2$，$\boldsymbol{r}_{12}$ 之间的各种角度关系. 示零实验与理论分析珠联璧合，竟然使这些似乎难以克服的困难一并迎刃而解. Ampere 的示零实验构思新颖、结构简单、独具匠心，Ampere 的理论分析严谨缜密、丝丝入扣、合乎逻辑，所有这些既令人感到匪夷所思、惊叹不已，又令人折服于其平易单纯、朴实无华. 的确，Ampere 的这一工作堪称

物理学史上的不朽杰作. 同时，也充分显示了示零实验的特殊威力.

然而，遗憾的是白璧有瑕. 在原始的 Ampere 公式(22)式给出后不久，就受到一些物理学家的批评. 批评者举了一个例子，如图 1-3-13 所示，设两电流元 $I_1\mathrm{d}\boldsymbol{l}_1$ 与 $I_2\mathrm{d}\boldsymbol{l}_2$ 平行，则

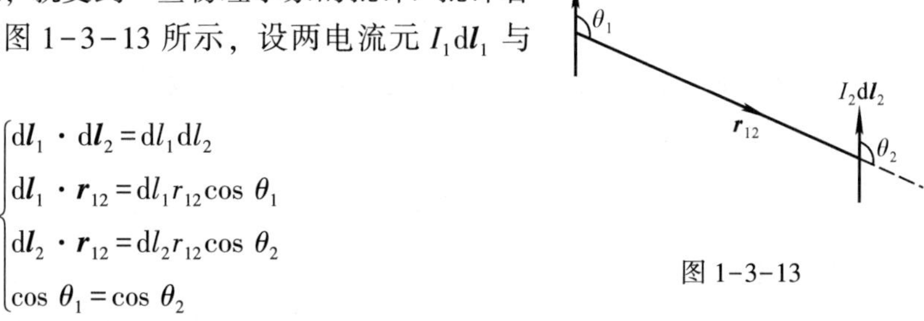

图 1-3-13

$$\begin{cases}\mathrm{d}\boldsymbol{l}_1\cdot\mathrm{d}\boldsymbol{l}_2=\mathrm{d}l_1\mathrm{d}l_2\\ \mathrm{d}\boldsymbol{l}_1\cdot\boldsymbol{r}_{12}=\mathrm{d}l_1r_{12}\cos\theta_1\\ \mathrm{d}\boldsymbol{l}_2\cdot\boldsymbol{r}_{12}=\mathrm{d}l_2r_{12}\cos\theta_2\\ \cos\theta_1=\cos\theta_2\end{cases}$$

代入原始的 Ampere 公式(22)式，得

$$\mathrm{d}\boldsymbol{F}_{12}=-\frac{kI_1I_2\mathrm{d}l_1\mathrm{d}l_2}{r_{12}^3}\boldsymbol{r}_{12}(2-3\cos^2\theta_1) \tag{23}$$

若取 θ_1 为

$$\cos^2\theta_1=\frac{2}{3}$$

则

$$\mathrm{d}\boldsymbol{F}_{12}=0$$

这一结果是明显不合理的，它表明原始的 Ampere 公式存在着内部矛盾，有重要的缺陷.

原始 Ampere 公式缺陷的根源在于，Ampere 强加了两电流元之间作用力沿连线的假设. 尽管 Oersted 实验，Biot 和 Savart 实验，甚至 Ampere 本人的示零实验三，都表明各种闭合载流线圈对电流元的作用力是横向力，即并不一定沿连线，但是 Ampere 仍然强加了自相矛盾的错误的沿连线假设. 这是为什么呢？或许，原因在于 Ampere 期望两电流元之间的相互作用力遵循 Newton 第三定律(如果作用力的方向不沿连线，就可能违背 Newton 第三定律). 在 Ampere 的时代，Newton 力学影响深刻，Newton 第三定律成为物体之间相互作用必须遵循的普遍规律，当时，非接触物体之间的万有引力、电力、磁力(指磁体与磁体的作用力)，以及接触物体之间的摩擦力、弹性力、张力等等都遵循 Newton 第三定律. 因此，Ampere 认为电流元之间的作用力也不能例外，强加的沿连线假设即源于此.

更进一步说，Newton 第三定律是否普遍规律呢？如所周知，孤立体系(即与外界无动量交换的体系)的动量守恒是客观世界的普遍规律，而 Newton 第三定律则是有条件的. 为了说明这一点，仍以两电流元之间的相互作用为例. 如果其间的相互作用是无需媒介物传递的超距作用，则两电流元构成孤立体系，其一动量的增、减应等于另一动量的减、增，即互施的冲量相等反向，由于彼此的作用时间相同，因此其间的相互作用力必定遵循 Newton 第三定律. 但是，如果两电流元之间的相互作用是以场为媒介物传递的近

距作用，则孤立体系中除了两电流元之外，还存在着第三者——场，场也同样具有动量. 这样，仅在恒定条件下，即仅在场的动量不发生变化的条件下，两电流元之间的相互作用才满足 Newton 第三定律. 在非恒定条件下，例如两电流元是两个运动电荷，则由于场的动量在变化，故两运动电荷之间的相互作用力不满足 Newton 第三定律是十分自然的. 由此可见，把 Newton 第三定律当作放之四海而皆准的普遍规律是超距作用观点的结论. Ampere 强加沿连线假设，期望两电流元之间的相互作用力遵循 Newton 第三定律，正是他根深蒂固的超距作用观点的深刻反映.

4. Ampere 定律的现代形式

显然，为了纠正原始 Ampere 公式的缺陷，需要抛弃 Ampere 强加的沿连线假设，即在两电流元之间相互作用力的公式中还应包括不沿连线的项. 换言之，在写出(13)式时，被 Ampere 弃去的形如 $\mathrm{d}\boldsymbol{l}_1[\cdots]$ 以及 $\mathrm{d}\boldsymbol{l}_2[\cdots]$ 的项，应该补充进去.

与此同时，应该指出，在建立原始 Ampere 公式时，根据四个示零实验所确立的要求仍应得到满足，Ampere 的分析方法包括他的技巧仍应继续采用. 具体地说，在修正后的公式中，$\mathrm{d}\boldsymbol{l}_1$ 和 $\mathrm{d}\boldsymbol{l}_2$ 仍以矢量形式出现，地位相当；$\mathrm{d}F_{12}$ 的大小仍与 $\dfrac{\mathrm{d}l_1\mathrm{d}l_2}{r_{12}^2}$ 成正比，即应满足(12)式；在公式的各项中，仍用点乘、叉乘来表示 $\mathrm{d}\boldsymbol{l}_1$，$\mathrm{d}\boldsymbol{l}_2$，$\boldsymbol{r}_{12}$ 三个矢量之间的各种角度关系；特别是，根据示零实验三，任意闭合载流回路对 $I_2\mathrm{d}\boldsymbol{l}_2$ 的作用力仍应与 $\mathrm{d}\boldsymbol{l}_2$ 垂直，即补充的各项仍应是满足(15)式或(16)式的全微分项.

为了避免补充的项因不满足全微分要求又被弃去，故直接在原始 Ampere 公式中附加满足上述种种要求的全微分项. 并且，仍采用 Ampere 的技巧，以 $\boldsymbol{r}=-\boldsymbol{r}_{12}$ 代替 $\boldsymbol{r}_{12}$，以特殊的沿 $\boldsymbol{r}$ 方向的 $\mathrm{d}\boldsymbol{r}$ 代替 $\mathrm{d}\boldsymbol{l}_1$(见图 1-3-12). 这样，附加的全微分项的形式应为

$$\mathrm{d}[\boldsymbol{r}(\mathrm{d}\boldsymbol{l}_2\cdot\boldsymbol{r})\zeta(r)+\mathrm{d}\boldsymbol{l}_2\eta(r)] \tag{24.1}$$

式中 $\zeta(r)$ 和 $\eta(r)$ 是 I_1，I_2 和 r 的待定函数. 由于计算任意闭合载流回路对 $I_2\mathrm{d}\boldsymbol{l}_2$ 的作用力时，所作线积分是沿电流元 1 的回路 L_1 进行的，即 $\boldsymbol{r}$ 的端点在变动，$\mathrm{d}\boldsymbol{l}_2$ 则恒定不变，因此，式中方括号外的微分符号 d 只对 $\boldsymbol{r}$ 和 r 有效，对 $\mathrm{d}\boldsymbol{l}_2$ 则不起作用. 利用

$$\mathrm{d}r=\frac{\mathrm{d}\boldsymbol{r}\cdot\boldsymbol{r}}{r}$$

可将(24.1)式的附加全微分项展开，为

$$\begin{aligned}
&\mathrm{d}[\boldsymbol{r}(\mathrm{d}\boldsymbol{l}_2\cdot\boldsymbol{r})\zeta(r)+\mathrm{d}\boldsymbol{l}_2\eta(r)]\\
&\quad=\mathrm{d}\boldsymbol{r}(\mathrm{d}\boldsymbol{l}_2\cdot\boldsymbol{r})\zeta(r)+\boldsymbol{r}(\mathrm{d}\boldsymbol{l}_2\cdot\mathrm{d}\boldsymbol{r})\zeta(r)\\
&\qquad+\boldsymbol{r}(\mathrm{d}\boldsymbol{l}_2\cdot\boldsymbol{r})\zeta'(r)\mathrm{d}r+\mathrm{d}\boldsymbol{l}_2\eta'(r)\mathrm{d}r\\
&\quad=\mathrm{d}\boldsymbol{r}(\mathrm{d}\boldsymbol{l}_2\cdot\boldsymbol{r})\zeta(r)+\boldsymbol{r}(\mathrm{d}\boldsymbol{l}_2\cdot\mathrm{d}\boldsymbol{r})\zeta(r)\\
&\qquad+\boldsymbol{r}(\mathrm{d}\boldsymbol{l}_2\cdot\boldsymbol{r})\zeta'(r)\frac{(\mathrm{d}\boldsymbol{r}\cdot\boldsymbol{r})}{r}+\mathrm{d}\boldsymbol{l}_2\eta'(r)\frac{(\mathrm{d}\boldsymbol{r}\cdot\boldsymbol{r})}{r}
\end{aligned} \tag{24.2}$$

把式中的 $\boldsymbol{r}$ 还原为 $-\boldsymbol{r}_{12}$，$\mathrm{d}\boldsymbol{r}$ 还原为 $\mathrm{d}\boldsymbol{l}_1$，得

$$
-\mathrm{d}\boldsymbol{l}_1(\mathrm{d}\boldsymbol{l}_2\cdot\boldsymbol{r}_{12})\zeta(r_{12})-\boldsymbol{r}_{12}(\mathrm{d}\boldsymbol{l}_1\cdot\mathrm{d}\boldsymbol{l}_2)\zeta(r_{12})
$$

$$
-\boldsymbol{r}_{12}(\mathrm{d}\boldsymbol{l}_1\cdot\boldsymbol{r}_{12})(\mathrm{d}\boldsymbol{l}_2\cdot\boldsymbol{r}_{12})\frac{\zeta'(r_{12})}{r_{12}}-\mathrm{d}\boldsymbol{l}_2(\mathrm{d}\boldsymbol{l}_1\cdot\boldsymbol{r}_{12})\frac{\eta'(r_{12})}{r_{12}} \tag{24.3}
$$

(24.3)式就是抛弃 Ampere 的沿连线假设后，应该附加在原始 Ampere 公式(22)上的四项. 不难看出，这四项都是全微分项，与 $\mathrm{d}\boldsymbol{l}_1$ 和 $\mathrm{d}\boldsymbol{l}_2$ 为线性关系，且 $\mathrm{d}\boldsymbol{l}_1$ 和 $\mathrm{d}\boldsymbol{l}_2$ 的地位相当，至于与 r_{12} 的关系，可通过 $\zeta(r_{12})$ 和 $\eta(r_{12})$ 的适当选择，使每一项都与 r_{12}^2 成反比. 因此，这四项都能满足四个示零实验的要求. 此外，这四项中有两项分别沿 $\mathrm{d}\boldsymbol{l}_1$ 和 $\mathrm{d}\boldsymbol{l}_2$ 方向，从而使两电流元之间相互作用力的方向不再沿连线.

把(24.3)式的四项附加到原始 Ampere 公式(22)中，得出修正的两电流元之间相互作用力的公式为

$$
\mathrm{d}\boldsymbol{F}_{12}=-kI_1I_2\boldsymbol{r}_{12}\left[\frac{2}{r_{12}^3}(\mathrm{d}\boldsymbol{l}_1\cdot\mathrm{d}\boldsymbol{l}_2)-\frac{3}{r_{12}^5}(\mathrm{d}\boldsymbol{l}_1\cdot\boldsymbol{r}_{12})(\mathrm{d}\boldsymbol{l}_2\cdot\boldsymbol{r}_{12})\right]
$$

$$
-\boldsymbol{r}_{12}(\mathrm{d}\boldsymbol{l}_1\cdot\mathrm{d}\boldsymbol{l}_2)\zeta(r_{12})-\boldsymbol{r}_{12}(\mathrm{d}\boldsymbol{l}_1\cdot\boldsymbol{r}_{12})(\mathrm{d}\boldsymbol{l}_2\cdot\boldsymbol{r}_{12})\frac{\zeta'(r_{12})}{r_{12}}
$$

$$
-\mathrm{d}\boldsymbol{l}_1(\mathrm{d}\boldsymbol{l}_2\cdot\boldsymbol{r}_{12})\zeta(r_{12})-\mathrm{d}\boldsymbol{l}_2(\mathrm{d}\boldsymbol{l}_1\cdot\boldsymbol{r}_{12})\frac{\eta'(r_{12})}{r_{12}} \tag{25}
$$

待定函数 $\zeta(r_{12})$ 和 $\eta(r_{12})$ 的选择，既要满足示零实验四的要求，又应与其他有关结果协调. 经过多方面的考虑，为了与 Biot-Savart-Laplace 定律相符，取

$$
\begin{cases}\zeta(r_{12})=-\dfrac{kI_1I_2}{r_{12}^3}\\[2ex]\eta'(r_{12})=0\end{cases} \tag{26}
$$

于是

$$
\zeta'(r_{12})=\frac{3kI_1I_2}{r_{12}^4} \tag{27}
$$

把(26)式和(27)式代入(25)式，再采用 MKSA 单位制，取 $k=\dfrac{\mu_0}{4\pi}$，得

$$
\begin{aligned}\mathrm{d}\boldsymbol{F}_{12}&=\frac{\mu_0}{4\pi}\frac{I_1I_2}{r_{12}^3}[-\boldsymbol{r}_{12}(\mathrm{d}\boldsymbol{l}_1\cdot\mathrm{d}\boldsymbol{l}_2)+\mathrm{d}\boldsymbol{l}_1(\mathrm{d}\boldsymbol{l}_2\cdot\boldsymbol{r}_{12})]\\&=\frac{\mu_0}{4\pi}\frac{I_1I_2}{r_{12}^3}\mathrm{d}\boldsymbol{l}_2\times(\mathrm{d}\boldsymbol{l}_1\times\boldsymbol{r}_{12})\end{aligned} \tag{28}
$$

(28)式就是两电流元之间相互作用力的 Ampere 定律的现代形式.

Ampere 定律(28)式可分解为两部分：

$$
\mathrm{d}\boldsymbol{B}=\frac{\mu_0}{4\pi}\frac{I_1\mathrm{d}\boldsymbol{l}_1\times\boldsymbol{r}_{12}}{r_{12}^3} \tag{29}
$$

$$\mathrm{d}\boldsymbol{F}_{12}=I_2\mathrm{d}\boldsymbol{l}_2\times\mathrm{d}\boldsymbol{B} \tag{30}$$

按照近距作用的观点，(29)式是电流元 $I_1\mathrm{d}\boldsymbol{l}_1$ 在与它相距为 $\boldsymbol{r}_{12}$处(即在 $I_2\mathrm{d}\boldsymbol{l}_2$ 处)产生的磁场的公式，此即 Biot-Savart-Laplace 定律. (30)式是电流元 $I_1\mathrm{d}\boldsymbol{l}_1$ 产生的磁场对电流元 $I_2\mathrm{d}\boldsymbol{l}_2$ 的作用力的公式，此即 Ampere 力公式. 对于闭合载流回路，它产生的磁场为

$$\boldsymbol{B}=\int\mathrm{d}\boldsymbol{B}=\frac{\mu_0}{4\pi}\oint_{L_1}\frac{I_1\mathrm{d}\boldsymbol{l}_1\times\boldsymbol{r}_{12}}{r_{12}^3} \tag{31}$$

把(30)式中的 $\mathrm{d}\boldsymbol{B}$ 换成 $\boldsymbol{B}$，即为相应的作用力.

此后得出，磁场对运动电荷的作用力——Lorentz 力，为

$$\boldsymbol{F}=q\boldsymbol{v}\times\boldsymbol{B} \tag{32}$$

式中 q 和 $\boldsymbol{v}$ 分别是运动电荷的电量与速度. 不难看出，Lorentz 力公式(32)与 Ampere 力公式(30)是一致的，$q\boldsymbol{v}$ 与 $I\mathrm{d}\boldsymbol{l}$ 的地位相当. 实际上，电流是由运动电荷组成的，Ampere 力就是 Lorentz 力的宏观表现. 这也正是选择(28)式为 Ampere 定律现代形式的原因之一.

最后，应该指出，Ampere 定律(28)式两部分的成立条件不同，其中的(29)式即 B. S. L. 定律只适用于恒定情形(详见本节二中的讨论)，而(30)式即 Ampere 力公式则既适用于恒定情形，也适用于非恒定情形. 这是常常容易混淆的.

5. 附录：两个任意闭合恒定电流回路之间相互作用力遵循 Newton 第三定律的证明

前已指出，两个非接触物体之间的相互作用力是否遵循 Newton 第三定律，关键在于是否存在传递作用力的媒介物——场，以及场的动量是否变化. 两个非恒定的电流元(例如两运动电荷)之间的相互作用力不遵循 Newton 第三定律的原因即在于场的动量有所变化. 不难设想，对于两个任意闭合恒定电流(恒定电流必定是闭合的)，由于场的动量没有变化，其间的相互作用力应遵循 Newton 第三定律. 为了避免因前者(两电流元之间的作用力可以不遵循 Newton 第三定律)而怀疑后者(两恒定闭合电流之间的作用力遵循 Newton 第三定律)，现根据 Ampere 定律证明如下.

如图 1-3-14，两个任意闭合回路 L_1 和 L_2，其中的恒定电流分别为 I_1 和 I_2，从回路 L_1 中任一电流元 $I_1\mathrm{d}\boldsymbol{l}_1$ 到回路 L_2 中任一电流元 $I_2\mathrm{d}\boldsymbol{l}_2$ 的距离为 $\boldsymbol{r}_{12}$. 由 B. S. L. 定律，闭合恒定电流回路 L_1 在 $I_2\mathrm{d}\boldsymbol{l}_2$ 处产生的磁场为

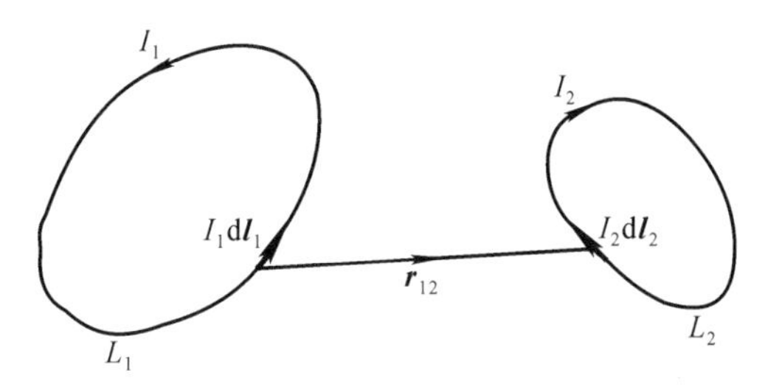

图 1-3-14

$$\boldsymbol{B}_{12}=\oint_{L_1}\frac{\mu_0}{4\pi}\frac{I_1\mathrm{d}\boldsymbol{l}_1\times\boldsymbol{r}_{12}}{r_{12}^3}$$

由 Ampere 力公式，$I_2\mathrm{d}\boldsymbol{l}_2$ 受 $\boldsymbol{B}_{12}$的作用力为

$$\begin{aligned}\mathrm{d}\boldsymbol{F}_{12}&=I_2\mathrm{d}\boldsymbol{l}_2\times\boldsymbol{B}_{12}\\&=\frac{\mu_0I_1I_2}{4\pi}\oint_{L_1}\frac{\mathrm{d}\boldsymbol{l}_2\times(\mathrm{d}\boldsymbol{l}_1\times\boldsymbol{r}_{12})}{r_{12}^3}\end{aligned}$$

回路 L_2 受回路 L_1 的作用力为

$$\begin{aligned}\boldsymbol{F}_{12}&=\oint_{L_2}\mathrm{d}\boldsymbol{F}_{12}\\&=\frac{\mu_0I_1I_2}{4\pi}\oint_{L_2}\oint_{L_1}\frac{\mathrm{d}\boldsymbol{l}_2\times(\mathrm{d}\boldsymbol{l}_1\times\boldsymbol{r}_{12})}{r_{12}^3}\end{aligned}$$

利用矢量公式

$$\boldsymbol{A}\times(\boldsymbol{B}\times\boldsymbol{C})=(\boldsymbol{A}\cdot\boldsymbol{C})\boldsymbol{B}-(\boldsymbol{A}\cdot\boldsymbol{B})\boldsymbol{C}$$

得

$$\begin{aligned}&\oint_{L_2}\oint_{L_1}\frac{\mathrm{d}\boldsymbol{l}_2\times(\mathrm{d}\boldsymbol{l}_1\times\boldsymbol{r}_{12})}{r_{12}^3}\\&=\oint_{L_2}\oint_{L_1}\frac{(\mathrm{d}\boldsymbol{l}_2\cdot\boldsymbol{r}_{12})}{r_{12}^3}\mathrm{d}\boldsymbol{l}_1-\oint_{L_2}\oint_{L_1}\frac{(\mathrm{d}\boldsymbol{l}_2\cdot\mathrm{d}\boldsymbol{l}_1)}{r_{12}^3}\boldsymbol{r}_{12}\\&=\oint_{L_1}\mathrm{d}\boldsymbol{l}_1\oint_{L_2}\frac{\mathrm{d}\boldsymbol{l}_2\cdot\boldsymbol{r}_{12}}{r_{12}^3}-\oint_{L_2}\oint_{L_1}\frac{(\mathrm{d}\boldsymbol{l}_2\cdot\mathrm{d}\boldsymbol{l}_1)}{r_{12}^3}\boldsymbol{r}_{12}\end{aligned}$$

故

$$\boldsymbol{F}_{12}=\frac{\mu_0I_1I_2}{4\pi}\left[\oint_{L_1}\mathrm{d}\boldsymbol{l}_1\oint_{L_2}\frac{\mathrm{d}\boldsymbol{l}_2\cdot\boldsymbol{r}_{12}}{r_{12}^3}-\oint_{L_2}\oint_{L_1}\frac{(\mathrm{d}\boldsymbol{l}_2\cdot\mathrm{d}\boldsymbol{l}_1)}{r_{12}^3}\boldsymbol{r}_{12}\right]$$

交换脚标 1 和 2，即可得出回路 L_2 对回路 L_1 的作用力为

$$\boldsymbol{F}_{21}=\frac{\mu_0I_2I_1}{4\pi}\left[\oint_{L_2}\mathrm{d}\boldsymbol{l}_2\oint_{L_1}\frac{\mathrm{d}\boldsymbol{l}_1\cdot\boldsymbol{r}_{21}}{r_{21}^3}-\oint_{L_1}\oint_{L_2}\frac{(\mathrm{d}\boldsymbol{l}_1\cdot\mathrm{d}\boldsymbol{l}_2)}{r_{21}^3}\boldsymbol{r}_{21}\right]$$

因

$$\begin{cases}\mathrm{d}\boldsymbol{l}_1\cdot\mathrm{d}\boldsymbol{l}_2=\mathrm{d}\boldsymbol{l}_2\cdot\mathrm{d}\boldsymbol{l}_1\\r_{12}=r_{21}\\\boldsymbol{r}_{12}=-\boldsymbol{r}_{21}\end{cases}$$

故

$$\oint_{L_1}\oint_{L_2}\frac{(\mathrm{d}\boldsymbol{l}_1\cdot\mathrm{d}\boldsymbol{l}_2)}{r_{21}^3}\boldsymbol{r}_{21}=-\oint_{L_2}\oint_{L_1}\frac{(\mathrm{d}\boldsymbol{l}_2\cdot\mathrm{d}\boldsymbol{l}_1)}{r_{12}^3}\boldsymbol{r}_{12}$$

利用上式，把 $\boldsymbol{F}_{12}$ 与 $\boldsymbol{F}_{21}$ 相加，得

$$\begin{aligned}\boldsymbol{F}_{12}+\boldsymbol{F}_{21}&=\frac{\mu_0 I_1 I_2}{4\pi}\left[\oint_{L_1}\mathrm{d}\boldsymbol{l}_1\oint_{L_2}\frac{\mathrm{d}\boldsymbol{l}_2\cdot\boldsymbol{r}_{12}}{r_{12}^3}-\oint_{L_2}\oint_{L_1}\frac{(\mathrm{d}\boldsymbol{l}_2\cdot\mathrm{d}\boldsymbol{l}_1)}{r_{12}^3}\boldsymbol{r}_{12}\right]\\&\quad+\frac{\mu_0 I_2 I_1}{4\pi}\left[\oint_{L_2}\mathrm{d}\boldsymbol{l}_2\oint_{L_1}\frac{\mathrm{d}\boldsymbol{l}_1\cdot\boldsymbol{r}_{21}}{r_{21}^3}-\oint_{L_1}\oint_{L_2}\frac{(\mathrm{d}\boldsymbol{l}_1\cdot\mathrm{d}\boldsymbol{l}_2)}{r_{21}^3}\boldsymbol{r}_{21}\right]\\&=\frac{\mu_0 I_1 I_2}{4\pi}\left[\oint_{L_1}\mathrm{d}\boldsymbol{l}_1\oint_{L_2}\frac{\mathrm{d}\boldsymbol{l}_2\cdot\boldsymbol{r}_{12}}{r_{12}^3}+\oint_{L_2}\mathrm{d}\boldsymbol{l}_2\oint_{L_1}\frac{\mathrm{d}\boldsymbol{l}_1\cdot\boldsymbol{r}_{21}}{r_{21}^3}\right]\end{aligned}$$

对于任意闭合回路，有

$$\oint\frac{\mathrm{d}\boldsymbol{l}\cdot\boldsymbol{r}}{r^3}=0$$

式中 $\boldsymbol{r}$ 是从任一固定点到 $\mathrm{d}\boldsymbol{l}$ 的距离，$\mathrm{d}\boldsymbol{l}$ 是积分回路中的任一线元.（证明：把 $\mathrm{d}\boldsymbol{l}$ 按垂直和平行 $\boldsymbol{r}$ 分解，垂直分量与 $\boldsymbol{r}$ 点乘后为零，积分亦为零. $\mathrm{d}\boldsymbol{l}$ 的平行分量即为 $\mathrm{d}\boldsymbol{r}$，故上式可写为 $\oint\frac{r\mathrm{d}r}{r^3}$，因是闭合回路积分，初值与终值相同，积分为零. 证完.）实际上，上式的分母可换成任意的 r 的函数，沿任意闭合回路的积分仍为零.

利用上式，有

$$\oint_{L_1}\frac{\mathrm{d}\boldsymbol{l}_1\cdot\boldsymbol{r}_{21}}{r_{21}^3}=0$$

$$\oint_{L_2}\frac{\mathrm{d}\boldsymbol{l}_2\cdot\boldsymbol{r}_{12}}{r_{12}^3}=0$$

代入（$\boldsymbol{F}_{12}+\boldsymbol{F}_{21}$）式，得

$$\boldsymbol{F}_{12}+\boldsymbol{F}_{21}=0$$

或

$$\boldsymbol{F}_{12}=-\boldsymbol{F}_{21}$$

可见，两个任意闭合恒定电流回路之间的相互作用力遵循 Newton 第三定律.

§4. Ohm 定律

1826 年，德国物理学家 Georg Simon Ohm（1789—1854）通过直接的实验，得出电磁学的基本实验定律之一—— Ohm 定律. Ohm 定律不仅是电路的基本规律，而且是重要的介质方程之一，意义重大.

当时，Coulomb 定律问世已约 40 年，Volta 电池已诞生 20 多年，电流磁效应和温差电现象等也已相继发现. 但是，由于实验设备和测量仪器都还相当原始，所以，尽管

Ohm 定律的数学形式最为简单，要发现它，却非易事.

1825 年 5 月，Ohm 在几年研究的基础上，发表了一篇重要的电学论文《金属传导接触电所遵循的定律的暂时报告》(接触电指 Volta 电池产生的电). 论文中介绍了他用实验研究载流导线产生的电磁力与导线长度的关系. Ohm 的实验装置如图 1-4-1 所示. 电池两端经导线 A，B 分别与盛水银的杯子 M，N 相连，M，N 经导线 C，V 分别与盛水银的杯子 O 相连. 构成回路. 图 1-4-1 中的 T 是装有磁针的扭秤，通过磁针转角的大小测出电流产生的电磁力. 实验时，导线 A，B，C 不变，导线 V 则依次改换成各种不同长度和粗细的导线. Ohm 使用的导线 V 共有 7 条，其中一条是 4 英寸①长的粗导线，用它作为标准，接上它时，扭秤 T 测出的力叫做标准力. 另 6 条是细导线，长度从 1 英尺②到 75 英尺不等，接上这些细导线时，扭秤 T 测出的力叫做较小力. 实验的目的不是测量电磁力，而是测量因导线 V 的增长引起的电磁力的损失，Ohm 称之为“力耗”，定义为

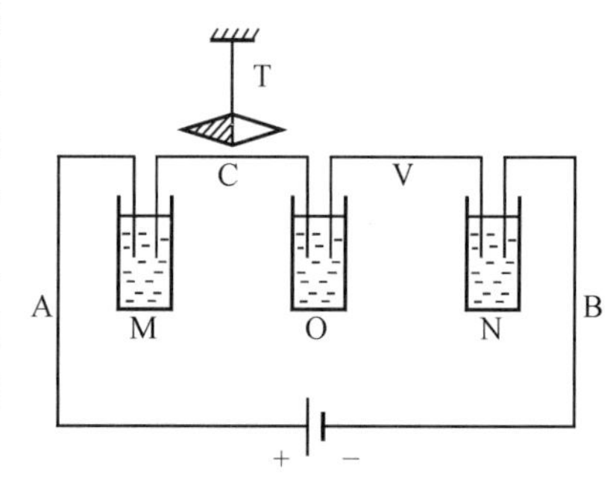

图 1-4-1　Ohm 实验示意图

$$\text{力耗}=\frac{\text{标准力}-\text{较小力}}{\text{标准力}}$$

Ohm 由实验数据得出如下经验公式：

$$v=0.41\log(1+x)$$

式中 v 是力耗，x 是导线 V 的长度，单位是英尺. 后来，Ohm 进一步实验，得出的普遍关系式为

$$v=m\log\left(1+\frac{x}{a}\right)$$

式中 a 是与导线 A，B，C 等有关的量，m 是与电源等很多因素都有关的量. 上式就是 Ohm 最初由实验得出的规律，它与后来的 Ohm 定律还有相当的距离.

1825 年 7 月，Ohm 用上述图 1-4-1 的实验装置比较各种金属导线的电导率. Ohm 把各种金属(金，银，锌，黄铜，铁，铂，锡，铅等)制成直径相同的各种导线，依次插在水银杯 N 和 O 之间，实验时调节它们的长度，使每次测量时扭秤的磁针都指在相同位置，从而由导线的相对实验长度确定各种金属的相对电导率.

1826 年 4 月，Ohm 在题为“金属传导接触电所遵循的定律的测定，以及关于伏打装置和施威格倍增器的理论提纲”的重要论文中，详细地描绘了他的实验工作，并给出了

---

① 1 英寸 = 2.54 cm.

② 1 英尺 = 12 英寸 = 30.48 cm.

他总结实验结果得出的电路定律.

由于当时的 Volta 电池输出不稳定，电极又容易极化，很难做好实验. Ohm 接受 Poggendorff 的建议，采用稳定的温差电偶作电源. 如图 1-4-2 所示，Ohm 把铋和铜铆在一起制成温差电偶，一端插入沸水，另一端插入冰水混合物，以保持 100 ℃的温度差. 将待测导线与温差电偶的两端 m，m′(均放在水银杯中)相连后，便构成闭合回路，有电流通过. 根据 Volta 的中间金属定理，插入的待测导线不会改变铋-铜的接触电势差. 如图 1-4-2 所示，Ohm 在回路旁边放置一个扭秤，由其中磁针偏转的角度来测量电流产生的电磁力. Ohm 准备的待测导线是 8 根直径均为$\frac{7}{96}$英寸，长度分别为 2，4，6，10，18，34，66，130 英寸的镀铜铁线. 把这些导线依次接入电路之中，测量相应的电磁力(即扭秤上磁针的偏转角度)，整理实验数据，Ohm 得出电流产生的电磁力 X 与被测导线的长度 x 有如下定量关系：

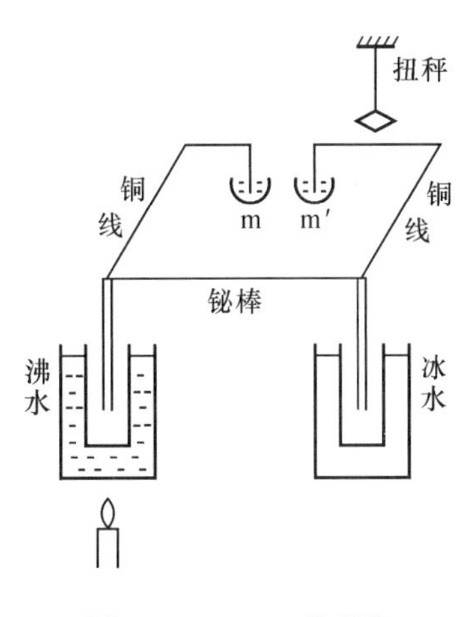

图 1-4-2 Ohm 的实验装置(示意图)

$$X=\frac{a}{b+x} \tag{1}$$

式中 a，b 是两个参量，其值可由 X 与 x 的数据得出.

接着，Ohm 将温差电偶的冷端仍保持在 0 ℃，而将热端降低为常温. 重复上述全部测量，整理实验数据，再次得出上述定量关系，并得出相应的 a，b 值，结果发现，在两组实验中得出的参量 a 的值不同，a 的值取决于温差电源的温度差，即取决于温差电动势(Ohm 称之为电源的激发力)；在两组实验中得出的参量 b 的值相同，b 的值取决于温差电源的内部阻抗(以及其他导线的阻抗).

因此，(1)式中的 X 就是电流强度，a 是电源电动势，x 是待测导线的电阻，b 是电源内阻以及其他导线的电阻，$(x+b)$是闭合回路的总电阻. (1)式就是今天所说的闭合回路的 Ohm 定律.

纵观 Ohm 的上述工作，首先，Ohm 经多次测量获得了比较准确的实验数据——这是基础. 其次，根据这些数据，经过反复的揣摩、比较、计算、核对，找到了 X 随 x 变化的经验性的定量关系(1)式——这是关键. 然后，通过改变温差电源的温差，确定参量 a 和 b 的含义，最终使(1)式成为物理意义十分明确的电路定律. Ohm 的工作，从提出问题、设计实验、克服技术困难、准确测量、寻找经验关系，到最终发现规律，为我们提供了通过直接实验测量寻找定量规律的典型模式，这是物理学研究的一种基本方法，具有普遍意义.

1826 年 4 月，Ohm 又发表了题为“由伽伐尼电力产生的验电器现象的理论尝试”的

论文. 在这篇论文中，Ohm 把电路定律改写为

$$X=kS\frac{a}{l} \tag{2}$$

式中 X 是通过长度为 l 的导线的电流强度，S 是导线的横截面积，k 是电导率(Ohm 称之为电导能力)，a 是导线两端的电压(Ohm 称之为电张力之差). 显然，(2)式就是电路中一段导体的 Ohm 定律.

1827 年，Ohm 出版了《用数学研究的伽伐尼电路》一书. 在这本书里，Ohm 假定了电路的三条基本原理，由此建立起电路的运动学方程，求解运动学方程，得出了他一年前通过实验发现的定律.

遗憾的是，Ohm 定律建立后，不仅没有立刻获得承认和应有的评价，反而遭到一些有权势者的反对，斥之为“纯粹不可置信的欺骗，它唯一的目的是要亵渎自然的尊严”. 这种不幸的遭遇给 Ohm 带来了巨大的痛苦，甚至使 Ohm 失去了工作，生活都很困难. 但是，Ohm 的工作仍然得到了 Lenz，Weber，Gauss 等人的赏识. 直到 19 世纪 30 年代末和 40 年代初，人们才认识到 Ohm 工作的重要意义. 1841 年，英国皇家学会把 Copley 奖章授予 Ohm 后，他的学术地位和有关工作才得到公认.

如所周知，Ohm 定律的现代表述是：通过一段导体的电流强度 I 和该导体两端的电压 U 成正比，即

$$I\propto U \tag{3}$$

由此，定义导体的电阻 R 为

$$R=\frac{U}{I} \tag{4}$$

故

$$U=IR \tag{5}$$

(5)式给出了一段有一定长度和截面积的导体两端的电压 U，导体中的电流强度 I，以及导体电阻 R 三者之间的关系. (5)式是 Ohm 定律的积分形式.

电荷的流动是由电场推动的. 电流密度矢量 $\boldsymbol{j}$ 的分布与电场 $\boldsymbol{E}$ 的分布密切相关. 例如，在金属导体中，电流是由自由电子在电场作用下的定向运动形成的. 由于电子不断与构成金属晶格的正离子碰撞，其定向运动的速度不会很大，定向运动的方向与所受电场力的方向一致，即 $\boldsymbol{j}$ 的方向与 $\boldsymbol{E}$ 的方向一致，在导体中形成一定的分布. 把上述 Ohm 定律的积分形式[(5)式]，用于导体中任一微元(取成小电流管)，得

$$\boldsymbol{j}=\sigma\boldsymbol{E} \tag{6}$$

(6)式是 Ohm 定律的微分形式，式中 σ 是电导率，描述导体的导电性能. Ohm 定律的微分形式[(6)式]给出了 $\boldsymbol{j}$ 与 $\boldsymbol{E}$ 点点对应的关系，比积分形式[(5)式]更为准确细致.

Ohm 定律不仅是电路的基本定律，还是重要的介质方程，它的建立标志着对物质电磁性质研究的开始. 电导率 σ 以及介电常量(电容率) ε 和磁导率 μ，从导电、极化、磁

化等不同角度描述物质的不同电磁性质. Ohm 定律$\boldsymbol{j}=\sigma\boldsymbol{E}$ 以及 $\boldsymbol{D}=\varepsilon_r\varepsilon_0\boldsymbol{E}$ 和 $\boldsymbol{B}=\mu_r\mu_0\boldsymbol{H}$ 构成了介质方程组，与电磁场的方程组一起，合成完备的 Maxwell 方程组. 由此可见，Ohm 定律是十分重要的.

世间万物，品种繁多，性质各异，因而，不难设想，一般说来，作为介质方程的 Ohm 定律的具体形式也将是复杂多样的，决非某种特定形式所能概全. (6)式只适用于线性的、各向同性的介质. 所谓线性，是指 j 与 E 为线性关系(即成正比)，σ 只与介质性质有关；所谓各向同性，是指介质的导电性能不随空间方位变化，即 $\boldsymbol{j}$ 与 $\boldsymbol{E}$ 的方向一致，σ 为标量. 金属导体与电解液(酸、碱、盐的水溶液)是线性、各向同性介质的典型例子. 气体导体(如日光灯管中的汞蒸气)以及电子管、晶体管等，则是非线性的导体和元件，其伏安特性曲线不再是直线而是不同形状的曲线. 对此，Ohm 定律(5)式或(6)式已不适用，但通常仍可形式地定义其电阻为 $R=\dfrac{U}{I}$，形式地定义其电导率为 $\sigma=\dfrac{j}{E}$，只是 R 与 σ 不仅和导体或元件的性质有关，还与导体或元件上的电压、电流、电场有关. 对于各向异性的导电介质，$\boldsymbol{j}$ 与 $\boldsymbol{E}$ 的方向不同，电导率随方向而异，σ 应为张量.

Ohm 定律的积分形式[(5)式]适用于恒定情形，也适用于变化不太快的非恒定情形(例如，非迅变的似稳交变电场). Ohm 定律的微分形式(6)式给出的是 $\boldsymbol{j}$ 与 $\boldsymbol{E}$ 的点点对应关系，对一般的非恒定情形均适用. 就此而言，微分形式[(6)式]比积分形式[(5)式]更为普遍.

导体的电阻与其性质及几何形状有关. 对于一定材料制成的横截面均匀的导体，有

$$R=\rho\frac{l}{S} \tag{7}$$

式中 l，S 是长度、横截面积，$\rho=\dfrac{1}{\sigma}$是电阻率. 若 S 与 ρ 都不均匀，则有

$$R=\int\rho\frac{\mathrm{d}l}{S} \tag{8}$$

银、铜、铝等金属的电阻率很小，适于做导线；铁铬铝、镍铬等合金的电阻率较大，适于做电炉、电阻器的电阻丝.

各种材料的电阻率都随温度变化. 实验得出，纯金属的电阻率随温度的变化比较规则，当温度变化范围不大时，电阻率与温度之间近似地存在着线性关系，即

$$\rho=\rho_0(1+\alpha t) \tag{9}$$

式中 ρ 和 ρ_0 分别是 t ℃和 0 ℃的电阻率，α 叫做电阻的温度系数，多数纯金属的 $\alpha=0.4\%$. 由于 α 比金属的线膨胀显著得多(当温度升高 1 ℃时，许多金属的长度只膨胀约 0.001%)，在考虑金属电阻随温度的变化时，其长度 l 和截面积 S 的变化可略，于是有

$$R=R_0(1+\alpha t) \tag{10}$$

式中 $R=\rho\dfrac{l}{S}$和 $R_0=\rho_0\dfrac{l}{S}$分别是金属导体在 t ℃和 0 ℃的电阻. 利用金属导体电阻随温度的变化可以制成电阻温度计，用来测量温度. 常用的金属是铂和铜，分别适用于-200 ℃~500 ℃和-50 ℃~150 ℃的温度范围. 有些合金如康铜(镍铜合金)和锰铜的 α 特别小，其电阻受温度的影响极小，常用作标准电阻.

某些金属、合金以及化合物的电阻率有一种奇特的现象：当温度降低到某一特定温度 T_C 时，电阻率会突然减小到无法测量. 这种现象叫做超导电现象，T_C 叫做正常态与超导态之间的临界温度或转变温度. 本书第四章 §4 超导体对此有所介绍，请参阅.

在 Ohm 定律建立之后，1840 年 Joule 由实验得出了电流热效应的定量规律——Joule 定律. 它实质上是能量守恒定律应用于电流热效应的结果.

1847 年，Kirchhoff 给出了适用于求解一般复杂电路的 Kirchhoff 方程组，亦称 Kirchhoff 定律. 它包括节点电流方程和回路电压方程，前者是恒定电流条件下任意闭合曲面内电荷守恒的结果，后者是恒定电场环路积分为零(即静电场环路定理)的结果，两者构成了完备的方程组，原则上可以解决任何直流电路问题. Kirchhoff 方程组不仅在恒定条件下严格成立，而且在似稳条件(即整个电路的尺度远小于电路工作频率下的电磁波的波长)下也符合得相当好. 把 Kirchhoff 方程组用于交流电路时，电流、电压、电动势均应取瞬时值，通常采用复电压、复电流的形式表示，并引入复阻抗，这就是交流电路的复数解法. 于是，从原则上说，无论直流或交流电路的求解问题，均可由 Kirchhoff 定律解决.

§5. Faraday 电磁感应定律

一、电磁感应现象的发现

在本章 §3 中已经指出，1820 年 Oersted 发现的电流磁效应揭示了长期以来一直认为彼此独立的电现象和磁现象之间的联系 . Oersted 的发现震动了学术界，迎来了硕果累累的 19 世纪 20 年代，Biot-Savart-Laplace 定律、Ampere 定律、Ohm 定律相继确立，电磁学领域取得了引人注目的进展 . 但是，从发现电流磁效应之日起，人们便关心它的逆效应：磁的电效应，即在什么条件下磁能对电起作用，这种作用将以什么形式表现出来. 尽管作了种种努力，对此却迟迟没有取得决定性的突破 .

1. 为了寻找电磁感应现象，在静止或恒定条件下所做的种种实验，均以失败告终

Faraday 曾经仔细分析过电流磁效应等现象 . Faraday 认为，电流与磁的作用应包括几个方面，即电流对磁的作用，电流对电流的作用，以及磁能否产生电流 . 前两者已经发现，问题在于后者 . Faraday 设想，既然磁铁可以使近旁的铁块感应具有磁性，电荷可以使近旁的导体感应带有电荷，那么，电流也应当可以使近旁的线圈因感应而生出电流.

基于这种想法，1824 年 Faraday 把强磁铁放在线圈内，在线圈附近放小磁针，结果小磁针并不偏转，表明线圈并未因其中放了强磁铁而产生感应电流 . 1825 年 Faraday 把导线回路放在另一通以强电流的回路附近，期望在导线回路中能感应出电流，也没有任何结果 . 1828 年 Faraday 又设计了专门的装置，使导线回路和磁铁处于不同位置，仍然未见导线回路中产生电流 .

Ampere 也曾探索磁产生电的途径，作过一些类似的尝试，但由于都是在稳态条件下做的实验，也没有任何结果 . 实际上，在 1822 年 Ampere 已经由实验发现一个电流能够感应出另一个电流 . Ampere 和他的助手 Auguste de la Rive 在无意中制成了一个过阻尼冲击电流计 . 但由于种种原因，Ampere 忽视了这一重大发现 . 详见《物理教学》1992 年 6 月《为什么 Ampere 未能发现电磁感应》一文，原文载于 American Journal of Physics 1986 年第 54 卷第 4 期 306—311 页 .

总之，为了寻找能够产生感应电流的电磁感应现象，在静止或恒定条件下所做的种种实验，均以失败告终，一无所获 .

2. 令人遗憾的 Colladon 实验

1823 年，Colladon 做了一个重要的、本来可以发现电磁感应现象的实验，却令人遗憾地以失败告终 . Colladon 实验十分简单，他把磁铁插入螺线管中或从其中拔出，想看看由此闭合的螺线管线圈中是否会产生感应电流 . 这和今天课堂上做的演示实验几乎完全相同 . 然而，由于当时还没有磁电式电流计，导线中是否有电流，需通过在其附近平行放置的小磁针是否偏转来检验 . 或许是为了避免磁铁棒插入或拔出时对磁针的影响，Colladon 以长导线与螺线管相连，把螺线管和长导线的一端放在屋内，而把长导线的另一端与检验其中是否存在电流的小磁针置于邻屋内，两屋之间挖一小洞，长导线穿过小洞到达与之平行的小磁针附近又再返回与螺线管构成闭合回路 . 由于没有助手，Colladon 只身往返于一墙之隔的两个房间，在磁铁棒插入螺线管或从其中拔出之后，再到邻屋观看小磁针是否偏转，结果毫无动静，一无所获 .

由此可见，Colladon 已经到达了发现电磁感应现象的边缘，但或许由于期待的是一种持久恒定的效应，终于擦肩而过，失之交臂，确实遗憾 .

从上述 Faraday、Ampere、Colladon 等人的失败经历中可以看出，意识到或者领悟到电磁感应是一种在运动、变化过程中出现的非恒定的暂态效应何等艰难 .

3. 发现了几种“间接的”电磁感应现象

然而，应该指出，在从 1820 年开始的漫长探索期间，犹抱琵琶半遮面的电磁感应现象也并非完全没有一露峥嵘，只是由于表现形式比较间接，使人们不识其庐山真面目而已 . 下面介绍几个著名的例子 .

1822 年，Arago 和 Humboldt 在英国格林尼治的一个小山上测量地磁强度时偶然发现，磁针附近的金属物体对磁针的振动有阻尼作用 . 这就是电磁阻尼现象 .

由此，Arago 猜想，是否存在电磁阻尼现象的逆效应——电磁驱动现象，即旋转的金属盘能否带动附近的磁针转动 . 1824 年，Arago 做了一个实验，他将一铜盘装在一个垂直轴上，使之可以自由旋转，再在铜盘上方自由悬吊一根磁针，悬丝柔软，以致磁针旋转多圈仍不产生明显的扭力 . Arago 发现，当铜盘旋转时，磁针跟随着一起旋转，但有所滞后，即两者的旋转异步而非同步. 反之，如果使一金属圆盘紧靠磁铁的两极而不接触，则当磁铁旋转起来时，圆盘亦将跟随着磁铁旋转起来，并且两者的旋转也是异步的，即圆盘的转速小于磁铁的转速 . 这就是物理学史上著名的“Arago 圆盘实验”，它显示的是电磁驱动现象，详见本书第八章 § 2.

现在看来，上述电磁阻尼现象和电磁驱动现象都是由涡流引起的，都是典型的电磁感应现象(电磁阻尼和电磁驱动都是现代的称谓). 但在当时，由于这两种现象都没有直接表现为感应电流，因而未能把它们与寻觅已久的电磁感应现象联系起来，只感到它们是无从理解的新现象 . 当时，也曾有人试图用已知的电磁理论予以解释，但都没有成功.

Arago 圆盘实验震动了欧洲的物理学家，Faraday 誉之为“非凡的实验”. Arago 因圆盘实验荣获 1825 年的 Copley 金质奖章 . 直到 1831 年 Faraday 发现了电磁感应现象并进行了深入的研究之后，Arago 圆盘实验的本质才被揭示，得到了正确的解释 .

此外，1829 年 8 月，美国物理学家 Henry 在研究用不同长度导线缠绕的电磁铁的提举力时，意外地发现，当通电流的线圈与电源断开时，在断开处会产生强烈的电火花 . 这其实就是自感现象 . 但当时 Henry 未能作出解释，搁置了下来 . 1832 年 6 月，Henry 偶尔读到一条关于 Faraday 电磁感应的论文摘要，才重新研究，并在同年发表论文，成为自感现象的发现者 .

4. 1831 年 Faraday 发现了电磁感应现象

经过多次失败之后，1831 年夏，Faraday 再次回到磁产生电流的课题上来，终于取得了突破，发现了寻找已久的电磁感应现象 .

在 1831 年 8 月 29 日的日记中，Faraday 详细记录了他首次观察到电磁感应现象的实验 . 引述如下：

“1. 由磁产生电的实验，等等 .

2. 做好了的铁环(软铁)，圆形，7/8 英寸粗，环的外直径为 6 英寸(图1-5-1). 用铜线在环的一半绕上好几个线圈，这些线圈都用线和白布隔开——铜线有 3 根，每根约 24 英尺长，它们可以接起来成为一根，或作为几根单独使用 . 经试验，每个线圈彼此都绝缘 . 可以把这一边叫做 A. 在另一边(与这一边隔一段空隙)，用铜线绕了两个线圈，共约 60 英尺长，绕的方向与 A 边相同，这边叫做 B 边 .

3. 使电池充电，电池由 10 对板组成，每块板的面积为 4 平方英寸 . 把 B 边的线圈连接成一个线圈，并用一根铜线把它的两端连接起来，这根铜线正好经过远处一根磁针(离环约 3 英尺)的上方 . 然后，把 A 边一个线圈的两端接到电池上，立刻对磁针产生一个明显的作用 . 磁针振动并且最后停在原来的位置上 . 在断开 A 边与电池的接线时，磁针又受到扰动 .”[引自《Faraday 日记》(Faraday’s Diary)第一卷]

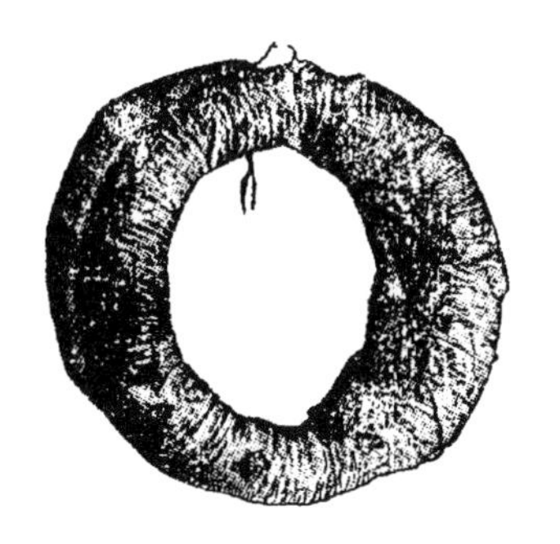

图 1-5-1　Faraday 发现电磁感应所用的线圈(照片)，原物现存于英国伦敦皇家研究所

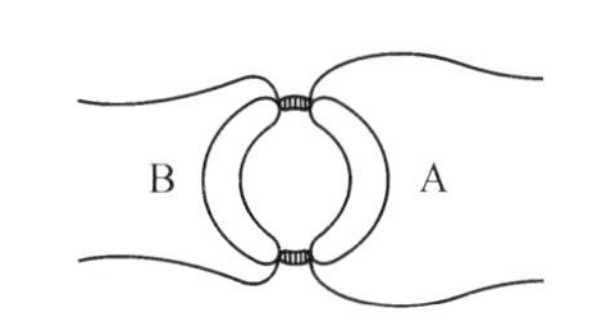

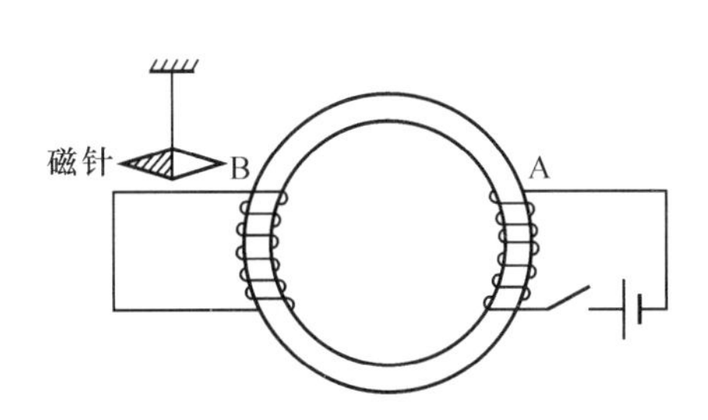

图 1-5-2　Faraday 第一个成功的电磁感应实验

要言之，如图 1-5-2 所示，Faraday 发现，当把与电池、开关相连的线圈 A 的开关合上，使线圈 A 中的电流从零增大到某恒定值的瞬间，在闭合线圈 B 附近的磁针偏转、振动并且最终停在原来的位置上；当把线圈 A 的开关断开，其中的电流从某恒定值减小为零，在此瞬间，闭合线圈 B 附近的磁针反向偏转、振动并且最终停在原来的位置上．这些现象表明，在线圈 A 中电流接通或断开的瞬间，闭合线圈 B 中出现了感应电流，导致磁针偏转．Faraday 立刻意识到，这就是他寻找已 10 年之久的磁产生电流的现象．

上述实验获得成功的关键在于，Faraday 把开关接在与电池相连的线圈 A 中，而不是把开关接在没有电池但附近有磁针的线圈 B 中(如图 1-5-2 所示)．显然，如果实验程序相反，即线圈 A 保持恒定电流，而把开关接在线圈 B 中，则当断开或接上开关时，线圈 B 中并无感应电流，附近的磁针并不偏转，一无所获．当时，Faraday 大概也并未意识到开关接在线圈 A 中与接在线圈 B 中的原则差别，他的运气确实不错．或许，好运总是偏爱锲而不舍的勤奋探索者.

上述圆环实验的成功鼓舞了 Faraday，他接着提出两个极有见地的问题：不要圆铁环是否仍能得出感应效应？除去线圈 A，代之以磁铁相对线圈 B 运动，如何？

1831 年 9 月 24 日 Faraday 做了如图 1-5-3 所示的实验．他在两条磁棒的 N 极和 S 极中间放上一个绕有线圈的圆铁棒，线圈与一电流计连接．Faraday 发现，当圆铁棒脱离或接触两极的瞬间，电流计的指针就会偏转．Faraday 从这个实验中领悟到磁产生电流效应的暂态性．他写道：“正如以前的一些情况一样，作用不是持久的，而纯属瞬时的推或拉…….因此，磁变换为电在这里就很清楚了．”

1831 年 10 月 17 日，Faraday 用一个与电流计接通的线圈，迅速将一永久磁棒插入或拔出线圈，发现电流计偏转. Faraday 在该天的日记中写道："0 是一个空心的纸圆筒，以铜线在外面沿同一方向绕 8 层螺旋线，……全都用线和白布隔开，纸圆筒的内直径为 13/14 英寸，外直径整体为$1\frac{1}{2}$英寸，……""用 0 做实验．圆柱一端 8 个螺旋的线头都擦净并扎成一束．另一端的 8 根线头也这样做．再用长铜线把这些扎在一起的头连在电流计上——一直径为 3/4 英寸、长为 $8\frac{1}{2}$英寸的圆柱形铁棒恰好插进螺旋圆筒的一端——然后很快地把整个长度都插进去，电流计的针动了——然后抽出，针又动了，但往相反方向动. 这个效应曾重复多次，每次当磁棒插入或抽出时，一个电的波动就这样产生了，它仅仅是由于一根磁棒的接近产生的，而不是由于它在原处的结构产生的．"(引自《Faraday 日记》第一卷)

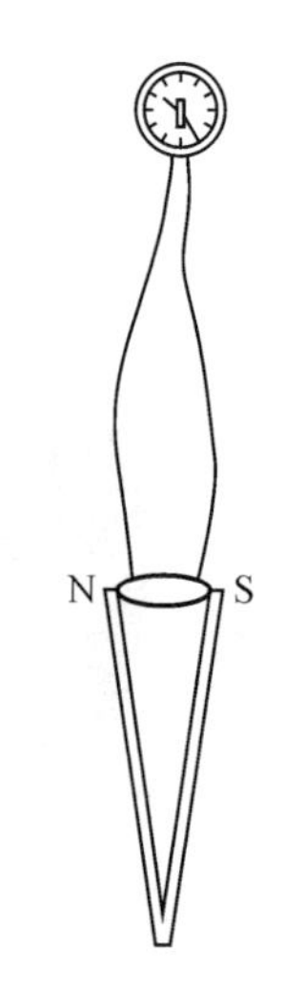

图 1-5-3　当线圈接触或脱离接触时，都有感应电流

这样，在 1820 年 Oersted 实验后，经过长达 11 年的探索、寻找，终于在 1831 年由 Faraday 发现了作为电流磁效应的逆效应的电磁感应现象，并且认识到电磁感应是一种在变化和运动过程中才出现的非恒定的暂态效应．

二、Faraday 对电磁感应的研究

1. Faraday 把产生感应电流的情形概括为五类

Faraday 在发现了电磁感应现象，并且领悟到这是一种在变化和运动过程中出现的非恒定的暂态效应之后，便势如破竹，紧接着做了几十个各种实验．

1831 年 11 月 24 日，Faraday 在英国皇家学会宣读了他发现电磁感应现象的论文(即《电学的实验研究》第一辑中的四篇论文，题目分别是《论电流的感应》，《论从磁产生电》，《论物质的一种新的电状况》，《论 Arago 的磁现象》). Faraday 根据他所做的实验，把产生感应电流的情况概括成五类：(1)变化着的电流；(2)变化的磁场；(3)运动的恒定电流；(4)运动的磁铁；(5)在磁场中运动的导体．

Faraday 把他发现的这种现象正式定名为"电磁感应"(electromagnetic induction). Faraday 把电磁感应与静电感应类比，正确地指出，电磁感应与静电感应不同，感应电流并不是与原电流有关，而是与原电流的变化有关．

2. Faraday 认为，感应电流来源于感应电动势

Faraday 并不满足于电磁感应现象的发现以及表面的归纳和概括，而是继续深入地进行分析和研究．

1832 年 Faraday 发现，在相同条件下，不同金属导体中产生的感应电流与导体的导

电能力成正比. 这表明，在一定条件下形成了一定的感应电动势(请注意，Ohm 定律已在 1826—1827 年得出). Faraday 由此意识到，感应电流是由与导体性质无关的感应电动势产生的，感应电动势正是在各种情形下产生感应电流的原因. Faraday 相信，即使没有闭合导体回路，即无感应电流，感应电动势仍然有可能存在，闭合导体回路只是使感应电动势以感应电流的形式体现出来而已. 于是，Faraday 把握住了电磁感应现象的实质和关键——感应电动势，把对电磁感应的解释以及建立电磁感应定量规律的工作，引向正确的方向.

3. Faraday 用动态的、相互联系的力线图像来解释感应电动势产生的原因

众所周知，Faraday 对电磁相互作用持彻底的近距作用观点. 为了解释产生感应电动势的原因，Faraday 把他用来描绘静态电磁相互作用的力线图像发展到动态，并且把磁力线(现称磁感线)与电力线联系了起来.

让我们首先介绍一下 Faraday 的力线概念. Faraday 认为，带电体和磁体周围存在着某种特殊的"状态"，他用电力线和磁力线来描述这种状态. Faraday 认为，力线是物质的，充满了整个空间，并把相异的电荷或相异的磁极联系起来，力线的疏密反映了作用力的强弱；力线的源不变，则力线的分布不变；力线的源运动，则力线作相应的移动，力线的源变化，则力线的图案相应的改变；力线在纵向有收缩的趋势，而在横向互相挤压，电荷之间以及磁极之间的相互作用力正是通过力线来传递的. Faraday 借助于电磁作用的力线图像，描绘出他的近距作用观点，向当时占统治地位的超距作用观点发起了坚决的挑战.

Faraday 构想的力线图像是以广泛的实验研究为根据的. Faraday 指出，带电体或磁体之间的力线一般是曲线而不是直线，这表明电的或磁的相互作用不可能是超距作用观点所设想的直接作用. Faraday 在研究插入的电介质对带电体之间电力强度的影响时发现，电容器中插入绝缘材料会增大电容器容纳的电荷量，他把两者之比叫做电容率. 他认为这是因为出现了极化，结果使电容板与绝缘介质之间缝隙中的电力线比未插入绝缘介质时电容器中的电力线要稠密，从而在电力线尽头的电容板上能容纳较多的电荷. 这种影响也表明，电力作用不可能是超越空间的直接作用. 同样的效应在磁现象中也出现. Faraday 曾用力线来解释物质的顺磁性和抗磁性，他认为，把顺磁体放在磁场内，体内磁力线凝聚，密度增大，抗磁体则刚相反.

为了解释导致电磁感应现象的感应电动势是如何产生的. Faraday 提出，在磁体或电流的周围必定存在着一种"电紧张状态"(electrotonic state)，磁铁或电流的运动与变化所引起的电紧张状态的变化，正是产生感应电动势的原因. 什么是电紧张状态呢，Faraday 认为这是由磁铁或电流产生的存在于物质或空间中的张力状态. 这种状态的出现、消失以及变化的过程，均能产生感应电动势，使处于这种状态中的导体产生感应电流. Faraday 写道："在螺线管或导线移近或离开磁铁的所有那些情况中，正向的或反向的感应电流会在(螺线管或导线)前进或后退的时间内持续产生，因为在那段时间内电紧张状

态升到较高或降到较低的程度，这种变化伴随着相应的电流产生．”(《电学的实验研究》第一辑)

Faraday 用磁力线的多寡描述电紧张状态的强弱，用磁力线数量的增减描述电紧张状态变化的程度．由于电紧张状态的变化是产生感应电动势的原因，所以磁力线数量的增减正好量度了感应电动势的大小．由此可见，在解释电磁感应的过程中，Faraday 把他描绘静态电磁相互作用的力线图像发展到了动态，并通过力线把电现象与磁现象联系了起来．Faraday 认为，当通过导体回路的磁力线根数发生变化时，就会产生感应电动势，引起感应电流．1851 年，Faraday 在《论磁力线》一文中指出：“无论导线是垂直地还是倾斜地跨过磁力线，也无论它是沿某一方向或另一方向，该导线都把它所跨过的力线所表示的力汇总起来．”因而，“形成电流的力(即感应电动势)正比于所切割的磁力线数．”这就是 Faraday 描绘的电磁感应的物理图像．

4. Faraday 猜想，电磁作用以波动形式传播

Faraday 甚至进一步猜想，电磁作用应以波动的形式传播．1832 年，Faraday 留下了一封密封的信，封面上写着：“现在应当收藏在皇家学会档案里的一些新观点．”这封信在档案馆里存放了 100 多年，直到 1938 年才被发现．Faraday 这封信的内容如下：

> “前不久在皇家学会上宣读了题为‘对电作的实验工作’的两篇论文，文中所介绍的一些研究成果，以及由于其他观点与实验而产生的一些问题，使我得出结论：磁作用的传播需要时间，即当一个磁铁作用于另一个远处的磁铁或者一块铁时，产生作用的原因(我可以称之为磁)是逐渐地从磁体传播开去的；这种传播需要一定时间，而这个时间显然是非常短的．”
>
> “我还认为，电感应也是这样传播的．我认为磁力从磁极出发的传播类似于水面上波纹的振动或者空气粒子的声振动，也就是说，我打算把振动理论应用于磁现象，就像对声所作的那样，而且这也是光现象最可能的解释．
>
> 类比之下，我认为也可以把振动理论应用于电感应．我想用实验来证实这些观点，然而，我的时间要用于履行职责，而这可能会拖长实验的时间，而实验本身也可能成为观察对象．因此，我在把这封信递交皇家学会收藏时，要以一个确定的日期来为自己保留这个发现，这样，当从实验上得到证实时，我就有权宣布这个日期是我的发现的日期．就我所知，现在除我而外，科学家中还没有人持有类似的观点.
>
> M. Faraday
>
> 1832 年 3 月 12 日于皇家学会”
>
> (转引自徐在新、宓子宏编《从法拉第到麦克斯韦》，16—17 页，科学出版社，1986 年)

Faraday 的这封信是关于电磁作用以波动形式传播的最早猜测．在这封信中，Faraday 对近距作用的阐述以及他的丰富想象力和深邃直觉令人赞叹不已．此外，Faraday 对磁光效应的研究使他相信光和电磁现象有某种联系，Faraday 甚至猜测磁效应的传播速度可能与光速有相同的量级．

Faraday 还用电紧张状态解释 Henry 发现的自感现象．Faraday 认为，所谓自感，就是导线或线圈中的电流在空间或物质中建立的张力状态反过来作用于导线或线圈本身，使之产生感应电流．Faraday 指出："能在一根邻近导线中产生电紧张状态的电流，同样能在它自己的导线上感应那种状态．"

然而，也应该指出，虽然 Faraday 具有非凡的实验才能、深刻的洞察力和彻底的近距作用观点，但是，由于 Faraday 未受过正规教育，没有掌握数学工具，他的许多杰出的物理思想缺乏适当的数学表述．就电磁感应而言，Faraday 未能给出电磁感应定律的定量表达式(1845 年 Neumann 通过分析首先给出电磁感应定律的表达式，详见本节三或第二章 §4)，也未能把感应电动势区分为动生电动势和感生电动势两类．尽管如此，由于 Faraday 发现了电磁感应现象并进行了深入的研究，作出了卓越的开创性贡献，当之无愧地赢得以他来命名电磁感应定律的荣誉．

从以上的叙述可以看出，Faraday 通过力线描绘的近距作用图像，使许多电磁现象的定性解释变得简明、直观、形象、统一．在 Faraday 看来，力线是物质的，力线具有重要的地位，力线是认识电磁现象必不可少的组成部分，它甚至比产生或汇集力线的源更富有研究的价值，从而为物理学开辟了一个全新的研究领域．Faraday 的力线以及与此有关的论述和猜测，对于超距作用观点来说虽然不是致命的，但在超距作用观点占统治地位的当时，这些物理思想是难能可贵的、开创性的，具有深远的意义．

Faraday 的力线思想是场概念的先声，场的概念也是 Faraday 首先提出并使用的，许多物理学家都给以极高的评价，Faraday 被誉为场理论的创建人．W. Thomson 推崇说："在 Faraday 的许多贡献中，最伟大的一个就是力线概念了．我想，借助于它就可以把电场和磁场的许多性质，最简单而又极富启发性地表示出来．"Faraday 的力线思想鼓舞着 W. Thomson 和 Maxwell 等人继续深入研究．经过 Maxwell 的创造性工作，Faraday 的力线思想获得了恰当的定量数学描述，最终导致电磁场理论的建立．

5. Lenz 定律

在结束本段时，还应该提一下 Lenz 定律．1833 年 11 月 29 日，H. F. E. Lenz (1804—1865，德国人)在《论如何确定由电动力感应所引起的伽伐尼电流的方向》一文中指出："如果金属导体接近一电流或磁体，那么在这导体中就会产生伽伐尼电流，这个电流的方向是这样的：它倾向于使导体发生与实际的位移方向相反的位移．"这就是 Lenz 定律．它表明，感应电流的磁场总是补偿施感磁场的变化，即阻碍施感磁体或电流的运动．Lenz 定律将感应电流的产生同力学作功过程联系起来，为了克服感应电流产生的磁场的作用，必须消耗一部分能量，正是这部分能量转化为维持感应电流所需的能量．因此，Lenz 定律表明，电磁现象同样遵循能量守恒定律 . Lenz 定律的实质正在于此 .

三、Neumann 和 Weber 先后给出电磁感应定律的定量表达式

Neumann 和 Weber 对电磁作用持超距作用观点 . 1845 年，Neumann 采用理论分析的方法，首先给出了电磁感应定律的定量表达式 . 不久，Weber 根据他建立的超距作用电磁理论，再次给出了同样的结果 . 本段扼要介绍他们两人的工作及主要结论，有关的详尽内容请参阅第二章 § 4.

Neumann 考虑两个载流线圈的相互作用：其一叫做施感线圈，电流为 i'、周长为 l'、面积为 S'，施感线圈在运动；另一叫做被感线圈，电流、周长、面积分别为 i，l，S，被感线圈静止 . 施感线圈中任意线元 $\mathrm{d}l'$ 与被感线圈中任意线元 $\mathrm{d}l$ 之间的距离为 r.

由于施感线圈在运动，使两线圈的相互作用能发生变化 . Neumann 认为，被感线圈中的感应电动势 $\mathscr{E}$ 应与相互作用能的变化率成正比；根据 Lenz 定律，Neumann 认为应加上一个负号；又等式两边的量纲应相等，由此，Neumann 得出

$$\mathscr{E} = -k\frac{\mathrm{d}}{\mathrm{d}t}\left[i'\int_{l}\int_{l'}\frac{\mathrm{d}\boldsymbol{l}\cdot\mathrm{d}\boldsymbol{l}'}{r}\right] \tag{1}$$

Neumann 引入一个矢量函数 $\boldsymbol{\alpha}$，称之为电动力学势，$\boldsymbol{\alpha}$ 定义为

$$\boldsymbol{\alpha} \equiv i'\int_{l'}\frac{\mathrm{d}\boldsymbol{l}'}{r} \tag{2}$$

于是，由以上两式得

$$\mathscr{E} = -k\int_{l}\frac{\partial\boldsymbol{\alpha}}{\partial t}\cdot\mathrm{d}\boldsymbol{l} \tag{3}$$

(3)式就是 Neumann 给出的电磁感应定律的定量表达式，式中常量 k 取决于单位的选择.

由 B. S. L. 定律，施感线圈在被感线圈的任意线元 $\mathrm{d}l$ 处产生的磁场为

$$\boldsymbol{B} = i'\int_{l'}\frac{\mathrm{d}\boldsymbol{l}'\times\boldsymbol{r}}{r^3}$$

利用矢量公式

$$\frac{\boldsymbol{r}}{r^3} = -\nabla\left(\frac{1}{r}\right)$$

由以上两式及 $\boldsymbol{\alpha}$ 的定义(2)式，不难得出 $\boldsymbol{B}$ 与 $\boldsymbol{\alpha}$ 的关系为

$$\begin{aligned}\boldsymbol{B} &= i'\int_{l'}\frac{\mathrm{d}\boldsymbol{l}'\times\boldsymbol{r}}{r^3} = i'\int_{l'}\nabla\times\frac{\mathrm{d}\boldsymbol{l}'}{r}\\ &= \nabla\times\boldsymbol{\alpha}\end{aligned} \tag{4}$$

由(3)式，利用矢量分析的 Stokes 定理(注：Stokes 定理是 Stokes 在 1854 年给出的，但未证明；同年，Maxwell 为 Stokes 定理提供了证明)及(4)式，得

$$
\begin{aligned}
\mathscr{E} &= -k\int_{l}\frac{\partial\boldsymbol{\alpha}}{\partial t}\cdot \mathrm{d}\boldsymbol{l}\\
&= -k\frac{\mathrm{d}}{\mathrm{d}t}\iint_{S}(\nabla\times\boldsymbol{\alpha})\cdot \mathrm{d}\boldsymbol{S}\\
&= -k\frac{\mathrm{d}}{\mathrm{d}t}\iint_{S}\boldsymbol{B}\cdot \mathrm{d}\boldsymbol{S}\\
&= -k\frac{\mathrm{d}\Phi}{\mathrm{d}t}
\end{aligned} \tag{5}
$$

(5) 式就是教科书中常见的电磁感应定律(取 $k=1$)，式中 $\Phi=\iint_{S}\boldsymbol{B}\cdot \mathrm{d}\boldsymbol{S}$ 是通过被感线圈的磁通量. (5) 式与(3) 式等价，它们是电磁感应定律的两种表达式.

在 Neumann 给出(3)式之后不久，Weber 根据他建立的超距作用电磁理论，再次得出了同样的结果.

为了建立超距作用的统一电磁理论，Weber 认为，运动电荷之间除了 Coulomb 力外，还存在着由于电荷运动而产生的另一类相互作用力，后人称之为 Weber 力. Weber 根据原始的 Ampere 公式，导出两运动电荷 e 与 e'之间的相互作用力为

$$
F_{ee'}=\frac{ee'}{r^2}\left\{1+\frac{1}{c^2}\left[r\frac{\partial^2 r}{\partial t^2}-\frac{1}{2}\left(\frac{\partial r}{\partial t}\right)^2\right]\right\} \tag{6}
$$

式中 r 是 e 和 e'之间的距离，$\frac{\partial r}{\partial t}$和$\frac{\partial^2 r}{\partial t^2}$是 e 与 e'的相对速度和相对加速度. (6)式右边第一项$\frac{ee'}{r^2}$即 Coulomb 力，余下的是 Weber 力. (6)式就是 Weber 建立的超距作用电磁理论的主要结论. (6)式中的 $c=\frac{1}{\sqrt{\varepsilon_0\mu_0}}$是常量(即真空中的光速).

由 Weber 公式[(6)式]，在静止条件下，只剩下 Coulomb 力，故(6)式包括 Coulomb 定律. 把电流理解为电荷的运动，由(6)式的 Weber 力项可得出 Ampere 公式(实际上 Weber 力就是由 Ampere 公式得出的)，故(6)式也包括 Ampere 定律.

至于电磁感应，Weber 以施感载流线圈静止、被感载流线圈运动为例(注意，Weber 与 Neumann 讨论的都是两个线圈之间的相互作用，但假设的运动与静止刚好相反)，认为被感线圈中的电荷除了沿导线运动形成电流外，还由于被感线圈在运动而具有附加的跟随线圈的运动. 这种由于两线圈相对运动使电荷受到的附加作用力就是产生感应电动势的原因. 由(6)式，并考虑两线圈之间的相互作用能，Weber 再次得出了被感线圈中感应电动势的公式，他的结果与 Neumann 的结果相同，即为(3)式.

至此，Weber 的公式[(6)式]，不仅包括了 Coulomb 定律、Ampere 定律，而且包括了电磁感应定律，为当时已知的各种电磁相互作用提供了统一的解释.

应该指出，之所以能由 Weber 的(6)式导出电磁感应定律(3)式，是因为 Weber 讨论的两线圈相互作用的例子只涉及动生电动势．然而，必须强调，由 Weber 的(6)式无法完满地解释感生电动势，并且(6)式在其他方面还有不少原则性的困难(详见本书第二章§4)．尽管如此，Neumann 和 Weber 毕竟先后给出了同样的、正确的电磁感应定律定量表达式，这是一个重要的贡献．另外，Neumann 和 Weber 的超距作用电磁理论中的其他合理内容，也曾被 Maxwell 广泛地汲取和采用．

四、Maxwell 提出涡旋电场概念来解释感生电动势

本段扼要介绍 Maxwell 对电磁感应的研究及其主要结论，有关的详尽内容请参阅本书第二章§7.

Maxwell 继承了 Faraday 关于电磁现象的近距作用观点，同时清醒地意识到 Faraday 深刻的物理思想需要恰当的数学表述，只有这样才能建立起与 Neumann 和 Weber 超距作用电磁理论完全不同的近距作用电磁理论——电磁场理论．

在 Maxwell 建立电磁场理论的过程中，他对电磁感应的研究是一个重要的突破. Maxwell 既坚持 Faraday 的近距作用观点，又广泛汲取了 Neumann 与 Weber 的超距作用电磁理论中的合理内容．具体地说，Maxwell 借用 Neumann 和 Weber 的数学手段来定量表述 Faraday 的物理思想，或者也可以反过来说，用 Faraday 的观点对 Neumann 和 Weber 的定量结果作近距作用的解释．

Maxwell 认为，Neumann 引入的电动力学矢势 $\boldsymbol{\alpha}$(Neumann 对 $\boldsymbol{\alpha}$ 的物理意义未作说明)，正是描述 Faraday 提出的电紧张状态的物理量，Maxwell 称 $\boldsymbol{\alpha}$ 为电紧张函数．对于 Faraday 提出的电紧张状态的变化是产生感应电动势的原因这一重要思想，Maxwell 把它重新确切地表述为“导体任意基元上的电动力，用该基元上电紧张强度的变化率量度”. Maxwell 把任意基元上由感应引起的电动力表为 $\boldsymbol{E}_{\text{涡旋}}$，此即涡旋电场的电场强度．于是，有

$$\boldsymbol{E}_{\text{涡旋}}=-\frac{\partial\boldsymbol{\alpha}}{\partial t} \tag{7}$$

现在，$\boldsymbol{\alpha}$ 和 $\boldsymbol{E}_{\text{涡旋}}$ 都是描述场的物理量．

在上一段，根据 $\boldsymbol{\alpha}$ 的定义(2)式、B. S. L. 定律及矢量公式，得出 $\boldsymbol{B}$ 和 $\boldsymbol{\alpha}$ 的关系[即(4)式]为

$$\boldsymbol{B}=\nabla\times\boldsymbol{\alpha} \tag{8}$$

利用矢量分析的 Stokes 定理，Maxwell 得出

$$\begin{aligned}\iint_S \boldsymbol{B}\cdot \mathrm{d}\boldsymbol{S}&=\iint_S (\nabla\times\boldsymbol{\alpha})\cdot \mathrm{d}\boldsymbol{S}\\&=\oint_l \boldsymbol{\alpha}\cdot \mathrm{d}\boldsymbol{l}\end{aligned} \tag{9}$$

式中S是任意曲面的面积，l是S的周界. 超距作用观点认为，$\boldsymbol{\alpha}$由(2)式定义，没有具体的物理含义，$\boldsymbol{B}$则是单位磁极所受的作用力，(8)式和(9)式给出了$\boldsymbol{B}$和$\boldsymbol{\alpha}$的关系. 对此，Maxwell作出了近距作用的解释：$\boldsymbol{\alpha}$描述电紧张状态，$\boldsymbol{B}$描述磁场，并把揭示$\boldsymbol{B}$和$\boldsymbol{\alpha}$关系的(9)式解释为："绕任意曲面周界的全部电紧张强度(即$\oint_l \boldsymbol{\alpha}\cdot \mathrm{d}\boldsymbol{l}$)量度了穿过该曲面的磁力线数(即$\iint_S \boldsymbol{B}\cdot \mathrm{d}\boldsymbol{S}$)".

这样，借助于由(7)式引入的涡旋电场$\boldsymbol{E}_{涡旋}$，Maxwell把电磁感应定律表为

$$
\begin{aligned}
\mathscr{E} &= -\oint_l \frac{\partial \boldsymbol{\alpha}}{\partial t}\cdot \mathrm{d}\boldsymbol{l} \\
&= \oint_l \boldsymbol{E}_{涡旋}\cdot \mathrm{d}\boldsymbol{l} \\
&= -\frac{\mathrm{d}}{\mathrm{d}t}\iint_S \boldsymbol{B}\cdot \mathrm{d}\boldsymbol{S} = -\frac{\mathrm{d}\Phi}{\mathrm{d}t}
\end{aligned}
\tag{10}
$$

于是，在近距作用观点看来，电磁感应定律[(10)式]的含义十分清楚：通过任意曲面S的磁力线数目(即磁通量Φ)的变化，决定了该曲面周界l上的感应电动力(即涡旋电场$\boldsymbol{E}_{涡旋}$)，引起了感应电动势$\mathscr{E}$. 由此可见，借助于涡旋电场概念的引入，Maxwell把Faraday对电磁感应的近距作用定性解释与Neumann和Weber的定量表述完美地结合了起来.

随着动生电动势与感生电动势的区分，人们进一步认识到：动生电动势是在恒定磁场中运动的导体内产生的感应电动势，其实质是磁场对运动电荷的作用力即Lorentz力；感生电动势则是导体不动，因磁场变化产生的感应电动势，其实质是变化磁场产生了涡旋电场. 感生电动势揭示了电场与磁场内在联系的一个重要方面，从这种意义上讲，感生电动势是真正的电磁感应.

Maxwell提出的涡旋电场概念，不仅为电磁感应现象提供了近距作用的解释，它还具有更重要的意义. 首先，扩大了人们对电场的了解，即除了静电场外还有涡旋电场. 静电场由带电体产生，是有源无旋场；涡旋电场由变化磁场产生，是无源有旋(左旋)场. 两者的产生原因不同，性质也不同. 两者的共同性是都能对其中的电荷有作用力，所以都称为电场. 如果空间既有静电场又有涡旋电场，则总电场是两者之和，总电场是有源有旋(左旋)场.

其次，既然变化磁场会产生涡旋电场，就必然会提出寻找它的逆效应这样一个深刻的命题. Maxwell用位移电流的假设(即变化电场会产生磁场的假设)回答了这个问题. 至此，人们对电场与磁场的内在联系有了全面、完整的认识，并进而导致电磁波概念的诞生. 众所周知，电磁波预言的实验证实，宣告了Maxwell电磁场理论的胜利，这也是近距作用观点在电磁学领域的胜利，具有深远的理论意义和广泛的应用前景. 作为对比，超距作用观点不承认电磁场的客观存在，只关心电磁相互作用，在其看来，电流磁效应

和电磁感应已经构成了电磁相互作用完整的两个方面，问题已经终结．由此可见，正确的物理思想具有何等重要的指引作用．

参 考 文 献

[1] WHITTAKER E T. A history of the theories of aether and electricity(Dublin University Press Series)：Vol. Ⅰ. London：Longmans，Green and Co.，1910.

[2] MAXWELL J C. A treatise on electricity and magnetism. Oxford：Clarendon Press，1904[或：3rd ed. Oxford University Press，1955：Vol. Ⅰ，Ⅱ；麦克斯韦. 电磁学通论(上，下). 武汉：武汉出版社，1994].

[3] FARADAY M. Faraday's diary：Vol. 1-7. London：G. Bell and Sons，Ltd，1932-1933.

[4] FARADAY M. Experimental researches in electricity：Vol. 1，3. London：Bernard Quaritch，1839，1855；Vol. 2. London：R. & J. E. Taylor Printers and Pub. 1844.

[5] 陈熙谋，陈秉乾．电磁学定律和电磁场理论的建立与发展．北京：高等教育出版社，1992.

[6] 张之翔，王书仁．人类是如何认识电的？——电磁学史上的一些重要发现．北京：科学技术文献出版社，1991.

[7] 宋德生，李国栋．电磁学发展史．南宁：广西人民出版社，1987.

[8] 徐在新，宓子宏．从法拉第到麦克斯韦．北京：科学出版社，1986.

[9] 钱临照，许良英．世界著名科学家传记(物理学家Ⅰ，Ⅱ，Ⅲ)．北京：科学出版社，1990，1992，1994.［具体作者、文章名及页码位置如下：舒幼生，“库仑”，《传记》Ⅱ，45-54；陈熙谋，宋德生，“安培”，《传记》Ⅱ，11-19；周志成，“阿喇戈”，《传记》Ⅱ，20-25；尤广建，“欧姆”，《传记》Ⅲ，183-192；李衡芝，“伏打”，《传记》Ⅲ，210-217；丁文，唐行伦，“韦伯”，《传记》Ⅲ，218-223；周岳明，“法拉第”，《传记》Ⅲ，82-101；戈革，陈熙谋，陈秉乾，“麦克斯韦”，《传记》Ⅲ，137-152.］

[10] 陈熙谋．电力平方反比律的实验验证．大学物理，1982(1).

[11] 陈秉乾，王稼军．关于库仑定律．物理教学，1984(8).

[12] 陈秉乾，舒幼生，陈熙谋．从库仑定律谈物理定律的教学．物理教学，1997(3).

[13] GERARD. Electricity and magnetism. 1897：186-189.

[14] 陈熙谋，陈秉乾．毕奥-萨伐尔-拉普拉斯定律是怎样建立的．物理通报，1988(4).

[15] 赵凯华．安培定律是如何建立起来的．物理教学，1980(1).

[16] 陈秉乾，舒幼生，陈熙谋．从奥斯特实验到毕萨拉定律和安培定律的建立．物理教学，1997(4).

[17] 陈秉乾，王稼军．电磁感应定律的定量表达式是怎样得出的？大学物理，1987(3).

[18] 陈秉乾，舒幼生，陈熙谋．法拉第对电磁感应的研究及其启示．物理教学，1997(5).

[19] 陈秉乾，金仲辉．关于电磁学基本定律和方程的一些问题．物理通报，1983(4).

[20] 陈秉乾，胡望雨．“实验表明”辨——兼论物理定律的建立．物理通报，1994(1).

[21] 陈熙谋．物理定律的概括．物理通报，1995(2).

[22] 陈秉乾，胡端阳，程福臻，张纪生．电磁学在培养学生科学思维方面的举措．青海师专学报，1997(2).

第二章

Maxwell 电磁场理论的建立

§1. 概　　述

物理学研究自然界广泛存在的各种最基本的运动形态，物理学为自然界的物质结构、相互作用、运动规律提供了一幅丰富多彩、结构严谨的图画．物理学的概念、规律、理论、体系乃至研究方法和思想观念，不仅使人们得以认识世界，而且极大地推动了物质生产、技术进步和社会发展．物理学已经成为自然科学、技术科学、生命科学、甚至某些社会科学的基础，成为人类文明宝库中珍贵的精神财富．

物理理论是人们对物理世界认识的集中体现，是物理学各领域研究成果的结晶．因此，物理理论也理所当然地成为物理教学的中心，Newton 力学、Maxwell 电磁场理论、热力学与统计物理、相对论、量子力学、宇宙学、粒子物理等等都是如此．为了讲好各种物理理论，我们认为，物理教师不仅需要对它们的具体内容、历史渊源、近代发展有广泛深入的了解，而且需要从中准确地把握关键的突破是怎样作出的，前辈大师的研究方法和物理思想起了什么重要的作用，此外，还应该从方法论的高度加深对物理理论的来源、结构、功能、特征等等的认识．换言之，应该在传授知识的同时，使学生领略科学方法、科学思想、科学精神，增强课程的思想性和理论性，以利于培养第一流的创造性人才．

Coulomb 定律、Biot-Savart-Laplace 定律、Ampere 定律、Ohm 定律以及 Faraday 电磁感应定律的相继建立，表明电磁学各个局部的规律已经发现．尤其是电磁感应定律的建立，标志着对电磁现象的研究已经从静止、恒定的特殊情形扩展到运动、变化的普遍情形，已经从孤立的电作用、磁作用扩展到其间的相互联系．这一切意味着建立普遍的电磁理论、对各种电磁现象提供统一解释的条件已经具备，时机已经成熟，应该把这一重大研究课题提到物理学家的议事日程上来了.

由于对电磁作用的机制或本质存在着超距作用和近距作用两种截然不同的观点，建立电磁理论的工作出现了两种截然不同的做法，导致两种截然不同的结果. 超距作用观点认为，电磁作用无需媒介物传递，也无需传递时间，是一种超越空间的、瞬间的相互作用. 由此，超距作用观点试图建立的普遍电磁理论，是寻找一个统一的电磁作用力的公式，它应该把当时已知的各种电磁作用统统囊括进去，提供统一的理论解释. Weber 的工作就是超距作用电磁理论的典型代表. Weber 认为，运动电荷之间存在着相互作用力(后来称之为 Weber 力)，给出了有关公式，并与 Coulomb 力结合，建立了历史上著名的 Weber 公式. Weber 公式涵盖了 Coulomb 定律、Ampere 定律和 Faraday 电磁感应定律(实际上仅限于动生电动势)，它就是超距作用的电磁理论. 但是，由于 Weber 公式存在着内在的矛盾以及种种难以克服的根本困难，已经成为历史的遗迹，鲜为人知. 与此相反，近距作用观点认为，电磁作用需要媒介物传递，也需要传递时间. Faraday 和 Maxwell 把传递电磁作用的媒介物称为力线或电磁场，认为电磁场是区别于通常实物的另一种形式的客观存在，从而把电磁场作为研究对象，提出研究电磁场的性质、特征、内在联系、运动变化规律以及电磁场与物质(实物)的相互作用等等一系列崭新的课题，开辟了一个全新的研究领域，并最终建立了近距作用的电磁理论——Maxwell 的电磁场理论. 由此可见，不同的物理观念和指导思想，会导致多么深刻的分歧，产生多么深远的影响.

概念是对客观事物本质属性的理性认识. 概念是科学家赖以沟通的工作语言和表达方式. 概念是自然科学的规律和理论赖以建立的支柱和基石. 概念源于具体事物而又高于具体事物，概念是经验的结晶，感知的升华，思维的产物. 形成正确、恰当的抽象概念是建立物理理论的决定性步骤，因为物理学的规律和理论正是通过概念和其间的关系表达的；反之，也只有通过物理规律和理论所揭示的概念之间的关系，才能真正理解各种概念的含义、地位和作用. 物理概念必须有明确、严格的定义，并且是可以量度的，这是物理学作为精确、成熟学科的重要标志.

显然，离开了位矢、速度、加速度、参考系、惯性、质量、力、动量、能量、角动量、冲量、功、力矩、冲量矩，以及质点、刚体、弹性体、理想流体，乃至绝对时间、绝对空间等等概念，就无从理解 Newton 力学. 同样，如果没有温度、内能、熵、热量、功，以及平衡态与非平衡态、可逆过程与不可逆过程、概率与统计、有序与无序、分布与分布函数等等概念，也就谈不上热力学与分子运动论. 在建立电磁场理论的过程中，除了引入电场强度、磁感应强度等概念外，由于研究对象是在一定空间范围内连续分布的客体——电磁场，为了描绘其整体分布的特征，确定其性质即是否有源和是否有旋，还需要引入通量与环流、散度与旋度等概念. 尤其值得注意的是，Maxwell 提出的涡旋电场和位移电流两个重要的基本概念. 涡旋电场是 Maxwell 对电磁感应现象(确切地说，是对感生电动势)本质的理论解释，他认为，变化磁场产生的涡旋电场，是导致感生电动势并引起感应电流的原因．涡旋电场是区别于静电场的另一种电场，两者的产生原因与性质都不同．涡旋电场概念的提出，揭示了电场与磁场内在联系的一个侧面．由此，Maxwell 进一步提出了它的逆问题，并认为变化的电场也会产生磁场，此即位移电流概念的实质．于是，涡旋电场和位移电流这两个重要概念，从两个侧面深刻而完整地揭示了电场和磁场的内在联系，并进而为电磁场在空间以波动形式传播提供了物理依据．由此可见，Maxwell 正是在近距作用观点的指引下，全面审查了当时电磁学已有的成果，发现其中存在的问题和可能解决的途径，天才地引入了涡旋电场和位移电流两个重要概念，把握住本质，完成了建立电磁场理论的关键突破．这个例子充分说明重要概念的提出对建立物理理论的决定意义．对此，希望读者务必予以重视．

物理理论除了包括概念外，还包括表述概念与概念之间关系的定律、定理、原理、方程等等．这些概念和关系，不仅各自从不同的角度和侧面揭示了事物的本质、规律和内在联系，并且还构成了严密完备、自洽和谐的知识结构体系，从而在一定的范围内达到了对事物系统的理性认识．另外，由于物理概念都有严格的定义，物理定律、定理、原理、方程等都有恰当的数学表述，因此，物理理论也是一种演绎陈述系统，它是可以“工作”和“操作”的，即由物理理论通过逻辑的论证、推理和计算，可以为相关的现象与事实提供定量的解释或作出定量的预言．物理理论的这些特征同时也为它自身的是非真伪、成立条件、适用范围等等提供了定量检验与界定的可能性．总之，形成正确的抽象概念，审查已有的各种规律予以评价，确定弃取、补正、推广，并构筑完备的体系，是建立物理理论的决定性步骤．

懂得物理理论在结构和功能方面的上述共性是十分重要的．然而，由于物理学研究对象和问题的广泛多样，还必须注意各种物理理论的独特个性．因为研究对象和问题的变化，意味着开辟了新的研究领域，往往会导致基本观念、规律性质、重要概念、研究方法、描述手段、数学工具等等一系列随之而来的深刻变化，这些都是建立物理理论时不容忽视的重要方面，并不存在某种固定不变的建立物理理论的统一模式．

Maxwell 电磁场理论是物理学史上划时代的伟大成就，它同时也为理解什么是物理理论，怎样建立物理理论提供了光辉的范例．纵观建立电磁场理论的过程，可以看出，前辈大师怎样在继承的基础上有所发展、创新，鲜明地提出并成功地解决一个个重大问题，终于完成了丰功伟业．这些问题是：在近距作用观点的指引下，怎样提出力线和场的概念，其含义如何，有什么实验依据；作为在一定空间范围内连续分布客体的电磁场，除了了解其空间分布外，怎样认识电磁场总体分布的特征，以便比较和区别；电场和磁场究竟是彼此无关的，还是有内在联系的统一体，实验根据是什么；作为电磁作用媒介物的电磁场，究竟是客观存在(区别于实物的客观存在的又一形式)，还仅仅是电磁作用的一种描绘手段，如何鉴别与判断；电磁场具有什么基本物理性质，电磁场变化运动所遵循的规律是什么；怎样描述电磁场与物质(实物)的相互作用，怎样描述物质(实物)的电磁性质；电磁场理论有何重要预言，怎样用实验作出最终的决定性判断；电磁现象与参考系变换的关系如何；寻找何种恰当的数学工具来定量表述电磁场理论；电磁场理论有什么重要的应用；等等．上述一系列问题可以说贯穿了电磁场理论建立与发展的始终，给予全面恰当的回答并非易事，也并非电磁学一门课程的任务．但我们建议，不妨有机会就提及这些问题，用以推动课程的进行，吸引学生关注问题是怎样提出的又是怎样解决的，从前辈大师的创造性工作中汲取丰富的营养．

为了帮助广大教师讲好电磁场理论这一重要内容，我们在本章中大致按历史的顺序提供丰富翔实的史料，其中包括许多珍贵的第一手原始资料．同时，根据我们多年的教学研究和实践经验，尽可能以便于当今教师理解、接受和使用的方式，作出必要的解释和说明，使之更贴近教学的需要，为改进电磁场理论的教学提供一些帮助．

本章共 11 节，概要介绍如下．

§1 概述，希望从理论上提高对物理理论的认识．

§2 回顾超距作用和近距作用观点的由来及早期论争．

§3 回顾早期静电学的势理论以及 Gauss 定理和 Stokes 定理．这两节将有助于读者了解这两种截然不同的物理观点以及矢量场论这一数学分支诞生的历史渊源．

§4 介绍以 Neumann 和 Weber 为代表的超距作用电磁理论．尽管这种理论由于其内在的矛盾和根本的限制，已经被取代和遗忘，但作为一段不可抹杀的历史，了解其做法和主要结论还是有必要的．没有比较就无从鉴别，超距作用电磁理论的失败正足以衬托 Maxwell 电磁场理论的光辉，更何况其中不少合理的内涵(如电磁感应定律的定量公式，电动力学势的定量表述，以及原始的电子论等)还被继承和吸收．

从 §5 到 §11 集中主要篇幅介绍电磁场理论建立的历史过程．Faraday 是一位具有深刻物理思想的实验物理学家，他对电磁现象作了广泛的实验研究，特别是他发现了电磁感应现象、进行了深入的实验研究并用力线和场作出了近距作用的解释，这些重要贡献使 Faraday 成为电磁场理论的鼻祖．Faraday 的有关工作已在第一章 §5 详细述及，本章 §5 的 Faraday 传略则进一步介绍他的广泛学术成就和深刻的物理思想．建议读者在阅读了本章前四节后，再阅读第一章 §5，然后阅读本章 §5 及以后各节．本章 §6 介绍 Thomson 的类比研究．上述 Neumann、Weber 以及 Faraday 和 Thomson 的工作，就是 Maxwell 建立电磁场理论的基础．

Maxwell 关于电磁场理论的工作主要反映在他的三篇著名论文之中．§7，§8，§9 分别介绍这三篇论文，提供详尽的第一手原始资料．由于时代的变迁和科学的进步，Maxwell 在 100 多年前撰写的文章并不好读，我们力图在准确理解原文精神实质的基础上，作出必要的解释、说明和评述，以帮助读者领略 Maxwell 的伟大业绩．我们相信，把 Maxwell 的原始文献与当今教科书中的阐述相比较是饶有兴趣和耐人寻味的．

最后，§10 介绍建立 Maxwell 方程组的其他途径．§11 是 Maxwell 传略，介绍他的生平和涉及许多方面的卓越贡献．

为了对 Maxwell 的电磁场理论有正确的、恰如其分的认识和评价，除了了解其建立过程外，还应对尔后的有关发展有所了解．对此，请参阅本书第三章“Lorentz 电子论”，第九章“相对论电磁场”，以及第十章“电磁学中若干基本问题的近代研究”中的有关节．

关于电磁场教学中经常遇到的一些问题以及应该采取的措施，在本书第十一章 §1“迎接挑战——关于电磁场的教学”中作了专门的讨论．建议读者在阅读本章时，同时参阅该节，并与自己的教学实践相结合．

§2. 超距作用和近距作用观点的早期论争

自古以来，把相互接触物体之间的作用，如推、拉、压迫、支撑、冲击、摩擦等等，叫做接触作用或近距作用，它们的共同特点在于作用力是通过弹性媒质逐步传递的．逆水行舟时的拉纤就是一个很好的例子．尽管纤夫(施力者)与船只(受力者)相隔一定距离，并未直接接触，但两者经绳索相连，纤夫的拉力通过绳索(中间媒介物)的弹性逐段传递过去，使船只跟随纤夫前进．这就是近距作用，它需要中间媒介物的传递，从而也需要相应的传递时间．对此，历来并无争议．

非接触物体之间也存在着作用力，例如日月星辰之间的引力，磁石对铁的吸引力，带电体之间的相互作用力，等等．这里，相互作用的物体并未接触，而是相隔一定的距离，其间可以有介质(如空气或其他)，更重要的是，其间也可以是“真空”，即空无一物．对于这类其间为真空的非接触物体之间的力(如引力、磁力、电力等)是怎样作用的，历史上曾经有过长期的超距作用与近距作用两种观点的争论．超距作用观点认为，既然相隔一定距离的非接触物体之间是真空(即空无一物)，就表明其间的相互作用是超越空间的、瞬时的，没有也不需要任何媒介物的传递，也不需要传递时间．近距作用观点则认为，一切作用力都需要媒介物传递，也都需要传递时间．近距作用观点认为，在“真空”中存在着无处不在的“以太”，并非空无一物，“以太”就是传递非接触物体之间作用力的媒介物，起着纤夫拉船用的纤绳的作用．显然，超距作用与近距作用观点针锋相对，截然不同，长期争论不休．

超距作用与近距作用两种观点早在 Newton 之前已经存在．当时，大多数自然哲学家认为超距作用带有神秘色彩，而倾向于近距作用观点．1686 年，Newton 发表了根据 Kepler 行星运动定律得出的万有引力定律，并用以成功地说明了包括月亮绕地球运动、行星绕太阳运动以及潮汐现象等在内的大量现象．这是物理学史上划时代的伟大发现．从表面上看起来，Newton 的万有引力定律似乎支持超距作用的观点，但 Newton 本人并不赞成对万有引力的超距作用解释．Newton 在给 R. Bentley 的一封著名的信中写道：“很难想象没有别种无形的媒介，无生命无感觉的物质可以无须相互接触而对其他物质起作用和产生影响……引力对于物质是天赋的、固有的和根本的，因此，没有其他东西为媒介，一个物体可超越距离通过真空对另一物体作用，并凭借和通过它，作用力可从一个物体传递到另一个物体，在我看来，这种思想荒唐之极，我相信从来没有一个在哲学问题上具有充分思考能力的人会沉迷其中．”Newton 还在给 Boyle 的信中，私下表示相信，最终一定能够找到某种物质作用来说明引力．

18 世纪初，法国的 Descartes 主义者在反对超距作用的同时，不恰当地否认了引力的平方反比律．这就引起了一些年轻的 Newton 追随者起来捍卫 Newton 的学说，并强烈地反对包括以太在内的全部 Descartes 观念．1713 年，Newton 的《自然哲学之数学原理》第二版问世，Newton 的追随者 R. Cotes 写了一篇序言，从哲学方法上推崇 Newton 学说的意义，并用了很大的篇幅攻击以太论．这篇序言把 Newton 的万有引力定律看作是超距作用的典范(虽然没有使用“超距作用”一词)，并把它说成是实验事实的唯一概括．

由于万有引力定律在解释太阳系内星球的运动以及潮汐现象等方面取得了极大的成功，而探索以太却未获得任何实际结果，加上曾经赋予以太的种种特征往往也难以自圆其说，使得超距作用观点得以广泛流行．Lagrange、Laplace、Poisson 等人从引力定律发展出来的数学上简捷优美的势论，更为有利地支持了超距作用观点．于是，超距作用观点得到了加强，并被移植到物理学的其他领域之中．在整个 18 世纪和 19 世纪大半部分，超距作用观点在物理学中占据着统治地位．不少持超距作用观点的物理学家对物理学各个领域的发展曾经作出过许多重要的贡献．

在直到 19 世纪中叶的漫长历史时期，无论超距作用观点还是近距作用观点，与其说是一种科学理论还不如说是一种哲学信念，因为还没有成熟的理论和足够的事实来判断孰是孰非．

在电磁学领域，包括 Coulomb、Ampere、Neumann、Weber 等在内的许多对电磁学作出过卓越贡献的物理学家，也都信奉超距作用观点．直到 Faraday 和 Maxwell 提出了力线与场，建立了近距作用的电磁场理论并得到实验证实之后，这种状况才有了根本的改变. Einstein 的狭义相对论最终宣告一切超距作用的失败，与此同时，长期游荡在物理学大厦中令人迷惑不解的幽灵——以太也终于退出了历史舞台．

§ 3. 静电学的势理论，Gauss 定理和 Stokes 定理

势理论首先是在力学中建立起来的．如所周知，Newton 万有引力定律建立之后，在 18 世纪，物理学的一个重要问题是确定一个物体对另一个物体的引力的大小．例如太阳对行星的引力，地球对外部质点的引力，地球对另一质量连续分布物体的引力，等等，如果不能把两者都当作质点，就必须考虑物体的形状和质量分布．在 18 世纪初已经知道地球是一个椭球体，在计算地球对外部质点的引力时，不能把地球的质量看作集中在中心，于是产生了积分的困难．

1777 年 Lagrange 用引力势 $V(x, y, z)$ 描述引力场，任一点的引力 $\boldsymbol{F}$ 等于该点引力

势 $\boldsymbol{V}$ 的负梯度，即

$$\boldsymbol{F}=-\nabla V \tag{1}$$

式中$\nabla=\left(\frac{\partial}{\partial x}, \frac{\partial}{\partial y}, \frac{\partial}{\partial z}\right)$是一个矢量微分算符. 1789 年 Laplace 给出了直角坐标形式的引力势方程：

$$\nabla^2 V=0 \tag{2}$$

(2)式就是著名的 Laplace 方程，它是一个偏微分方程. 当时，Laplace 假设，当被吸引的质点位于物体内部时，方程(2)式也成立. 1813 年 Poisson 更正了这个错误，Poisson 指出，如果(x, y, z)点在吸引物体内部，则 Laplace 方程(2)式应修改为

$$\nabla^2 V=-4\pi\rho \tag{3}$$

式中 ρ 是该点的质量密度，(3)式就是著名的 Poisson 方程.

Lagrange、Laplace、Poisson 建立的引力的势理论，提供了求解引力问题的新途径，即除了采用积分方法外，还可以通过求解上述偏微分方程来求得引力. Laplace 方程和 Poisson 方程以其简明、优美而引人注目，尽管关于方程的解的一般性质，直至 19 世纪 20 年代还几无所知.

至于静电学，早在 Coulomb 定律之前，Cavendish 就首先提出静电学中的电势概念，并认为地球的电势应为零. 1785 年建立的 Coulomb 定律表明，电力与引力类似，都与距离的平方成反比. 由此，Poisson 首先注意到，可以把引力的势理论移植到静电学. 对于一个静电体系，(3)式中的函数 $V(x, y, z)$ 就是电势，ρ 则是体电荷密度，于是，原来适用于引力的 Poisson 方程[(3)式]同时也成为静电学的基本方程.

Poisson 在《论导体表面电荷的分布》一文中，以椭球面为例，讨论了面电荷密度与导体形状的关系，得出导体表面曲率越大处面电荷密度就越大的结论. Poisson 还证明，静电平衡导体内任何带电粒子受力为零，否则导体内就有电荷流动，破坏平衡条件. 1824 年 Poisson 还从磁荷观点出发，建立了静磁学的数学基础.

这样，在从 Coulomb 定律(1785 年)到 Oersted 实验(1820 年)的漫长岁月中，虽然电学和磁学在实验上没有什么重大的发现和突破，但静电学的数学理论——势理论却有所进展.

Poisson 的静电势和静磁势的理论对 Green 产生了深刻的影响. 1828 年 Green 在题为“关于数学分析用于电学和磁学理论的一篇论文”的文章中，把势函数的概念用于电磁学. Green 把满足 Laplace 方程的函数叫做势函数，给出了它的一般形式为

$$V(x, y, z)=\iiint \frac{\rho' \mathrm{d}x' \mathrm{d}y' \mathrm{d}z'}{r} \tag{4}$$

式中$\rho'(x', y', z')$是(x', y', z')点的体电荷密度，r 是从(x, y, z)点到(x', y', z')点的距离，势函数 $V(x, y, z)$亦称 Green 函数.

Green 在得出体电荷密度 ρ' 与势函数 V 遵循(4)式的同时，根据 Laplace 方程，Green

还证明了把体积分和(相应的包围该体积的)曲面积分联系起来的下述一般关系：

$$\iiint U\Delta V \mathrm{d}\tau + \iint U\frac{\partial V}{\partial n}\mathrm{d}\sigma = \iiint V\Delta U \mathrm{d}\tau + \iint V\frac{\partial U}{\partial n}\mathrm{d}\sigma \tag{5}$$

式中 U 和 V 是(x, y, z)的两个任意函数，它们的导数在任意物体的任何点上都不为无穷；n 是从物体表面指向其内部的法向；$\Delta = \nabla^2$ 是 Laplace 算符；$\mathrm{d}\sigma$ 和 $\mathrm{d}\tau$ 分别是面元和体元.(5)式就是著名的 Green 定理. 利用这个定理，Green 讨论了静电学的许多问题，包括静电屏蔽.

Green 的工作培育和影响了包括 W. Thomson、G. Stokes、Rayleigh、Maxwell 在内的数学物理的剑桥学派.

1839 年 Gauss 发表重要论文《关于与距离的平方成反比的吸引力或排斥力的普遍定理》，严格证明了 Poisson 方程. Gauss 还从平方反比律出发，证明了静电学的 Gauss 定理，把 Coulomb 定律提高到了新的高度，成为后来 Maxwell 方程的基础之一. 静电学的 Gauss 定理为

$$\oiint_S \boldsymbol{E} \cdot \mathrm{d}\boldsymbol{S} = \frac{1}{\varepsilon_0} Q_{S内} \tag{6}$$

式中 $\boldsymbol{E}$ 为电场强度，$Q_{S内}$是闭合曲面 S 内电量的代数和.

作为矢量分析基本定理之一的 Gauss 定理，是 1831 年 Ostrogradsky 在求解热的偏微分方程的过程中，首先用直角坐标形式得出的. 它给出了矢量函数的散度的体积分与相应的包围该体积的闭合曲面积分的关系，为

$$\iiint \nabla \cdot \boldsymbol{F} \mathrm{d}V = \oiint \boldsymbol{F} \cdot \boldsymbol{n} \mathrm{d}S \tag{7}$$

式中 $\boldsymbol{F}$ 是矢量函数，$\nabla \cdot \boldsymbol{F}$ 是 $\boldsymbol{F}$ 的散度，$\boldsymbol{n}$ 是面元 $\mathrm{d}S$ 的法向单位矢量，$\mathrm{d}V$ 和 $\mathrm{d}S$ 分别是体元和面元.

1854 年 Stokes 提出了矢量分析的另一个基本定理——Stokes 定理，它给出了矢量函数的旋度的面积分与相应的包围该曲面的闭合线积分的关系，为

$$\iint (\nabla \times \boldsymbol{F}) \cdot \boldsymbol{n} \mathrm{d}S = \oint \boldsymbol{F} \cdot \mathrm{d}\boldsymbol{l} \tag{8}$$

式中$\nabla \times \boldsymbol{F}$ 是矢量函数 $\boldsymbol{F}$ 的旋度，$\boldsymbol{n}$ 是面元 $\mathrm{d}S$ 的法向单位矢量，$\mathrm{d}\boldsymbol{l}$ 是线元. 当时，并未证明的 Stokes 定理被列为 Smith 奖的应征问题. 同年，受教于 Stokes 的年轻的 Maxwell 为 Stokes 定理提供了证明并获奖.

Gauss 定理[(7)式]和 Stokes 定理[(8)式]是矢量分析的基本定理. 它们的给出和证明，为以矢量函数的微积分运算为研究对象的矢量分析奠定了基础，同时，也为以矢量场为研究对象的静电场理论、静磁场理论乃至 Maxwell 的电磁场理论奠定了数学基础.

§4. Neumann 和 Weber 的超距作用电磁理论

在 19 世纪 40 年代，超距作用电磁理论取得了重大进展．它的主要标志是，Neumann 给出了电磁感应定律的定量表达式，Weber 建立了试图把 Coulomb 定律、Ampere 定律和 Faraday 电磁感应定律都囊括起来的统一的超距作用电磁理论．下面分别予以介绍．

一、Neumann 给出电磁感应定律的定量表达式

在第一章§5 已经指出，1831 年 Faraday 发现了电磁感应现象，认为感应电流来源于感应电动势，并用动态的、相互联系的力线图像对产生感应电动势的原因作出了近距作用的物理解释．但是，Faraday 没有给出任何定量关系，更没有给出电磁感应定律的定量表达式．

Franz Ernst Neumann(1798—1895)是与 Faraday 同时代的德国物理学家．Neumann 在 1845 年发表的论文中，借助于 Ampere 的分析方法，首次给出了后来被称为 Faraday 电磁感应定律的定量表达式．

在 Neumann 之前，Ampere 也曾试图用他的理论来说明电磁感应现象，但是未获成功．在 Neumann 看来，Ampere 失败的原因在于他尚未认识到势在其中的作用．Neumann 认为，分析处理感应电流问题必须考虑电流的势．

Neumann 的工作大致分为两步．

首先，Neumann 给出两载流线圈的相互作用能公式．Neumann 考虑两个平面载流线圈，一个叫做施感线圈，另一个叫做被感线圈．设施感线圈的电流为 i'，周长为 l'，面积为 S'，由 B. S. L. 定律，施感线圈对与之相距为 r 的单位磁极的作用力为

$$\boldsymbol{B} = ki' \int_{l'} \frac{\mathrm{d}\boldsymbol{l}' \times \boldsymbol{r}}{r^3} \tag{1}$$

设被感线圈的电流为 i，周长为 l，面积为 S，由 Ampere 定律，被感线圈要受到施感线圈的作用力和力矩，Neumann 把被感线圈看作是由许多磁矩为 $\mathrm{d}\boldsymbol{M}=i\mathrm{d}\boldsymbol{S}$ 的磁分子组成的．这些磁分子因受到施感线圈作用而具有的能量为

$$\mathrm{d}U_i=\boldsymbol{B}\cdot\mathrm{d}\boldsymbol{M}=i\,\boldsymbol{B}\cdot\mathrm{d}\boldsymbol{S}$$

对构成被感线圈的全部磁分子求和，即可得出被感线圈因受到施感线圈的作用而具有的势能——即两载流线圈的相互作用能，为

$$U_i = i \iint_S \boldsymbol{B}\cdot\mathrm{d}\boldsymbol{S} \tag{2}$$

把(1)式代入(2)式，并利用矢量公式：

$$\frac{\boldsymbol{r}}{r^3} = -\nabla\left(\frac{1}{r}\right) \tag{3}$$

及矢量分析的 Stokes 定理(见第二章 § 3 的(8)式，其中 $\boldsymbol{F}$ 为任意矢量函数)

$$\iint(\nabla \times \boldsymbol{F}) \cdot \mathrm{d}\boldsymbol{S} = \oint \boldsymbol{F} \cdot \mathrm{d}\boldsymbol{l} \tag{4}$$

得

$$\begin{aligned} U_i &= i \iint_S \boldsymbol{B} \cdot \mathrm{d}\boldsymbol{S} \\ &= kii' \iint_S \int_{l'} \frac{\mathrm{d}\boldsymbol{l}' \times \boldsymbol{r}}{r^3} \cdot \mathrm{d}\boldsymbol{S} \\ &= kii' \iint_S \int_{l'} \left(\nabla \times \frac{\mathrm{d}\boldsymbol{l}'}{r}\right) \cdot \mathrm{d}\boldsymbol{S} \\ &= kii' \int_l \int_{l'} \frac{\mathrm{d}\boldsymbol{l} \cdot \mathrm{d}\boldsymbol{l}'}{r} \end{aligned} \tag{5}$$

(5)式的 U_i 表示当电流强度保持不变时，分开两个载流线圈使之相距无穷远时，克服电动力所必须完成的机械功的总和 .

其次，考虑两个载流线圈相对运动 . 当施感线圈运动时，两线圈的相互作用能将发生变化 . Neumann 认为(实际上是假设)，被感线圈中的感应电动势 $\mathscr{E}$ 与相互作用能 U_i 表示式[(5)式]中的 $i' \int_l \int_{l'} \frac{\mathrm{d}\boldsymbol{l} \cdot \mathrm{d}\boldsymbol{l}'}{r}$ 部分的变化率成正比，考虑到 Lenz 定律再加上一个负号，得出

$$\mathscr{E} = -k \frac{\mathrm{d}}{\mathrm{d}t} i' \int_l \int_{l'} \frac{\mathrm{d}\boldsymbol{l} \cdot \mathrm{d}\boldsymbol{l}'}{r} \tag{6}$$

Neumann 引入一个矢量函数 $\boldsymbol{\alpha}$，称之为电动力学势(electrodynamical potential)，$\boldsymbol{\alpha}$ 的定义为

$$\boldsymbol{\alpha} \equiv i' \int_{l'} \frac{\mathrm{d}\boldsymbol{l}'}{r} \tag{7}$$

由(6)、(7)式，得

$$\mathscr{E} = -k \int_l \frac{\partial \boldsymbol{\alpha}}{\partial t} \cdot \mathrm{d}\boldsymbol{l} \tag{8}$$

(8)式就是 Neumann 首次给出的电磁感应定律的数学公式，式中 k 是取决于单位选择的常量 .

由 B. S. L. 定律[(1)式]、矢量公式(3)式及电动力学势 $\boldsymbol{\alpha}$ 的定义式[(7)式]，并取 $k=1$，即可得出 $\boldsymbol{B}$ 与 $\boldsymbol{\alpha}$ 的关系为

$$\boldsymbol{B} = i' \int_{l'} \frac{\mathrm{d}\boldsymbol{l}' \times \boldsymbol{r}}{r^3}$$

$$
\begin{aligned}
&= i' \int_{l'} \nabla \times \frac{\mathrm{d}\boldsymbol{l}'}{r} \\
&= \nabla \times \left(i' \int_{l'} \frac{\mathrm{d}\boldsymbol{l}'}{r} \right) \\
&= \nabla \times \boldsymbol{\alpha}
\end{aligned} \tag{9}
$$

由(8)式，利用矢量分析的 Stokes 定理[(4)式]及 $\boldsymbol{B}$ 和 $\boldsymbol{\alpha}$ 的关系[(9)式]，并取 $k=1$，可将(8)式改写为

$$
\begin{aligned}
\mathscr{E} &= -\int_{l} \frac{\partial \boldsymbol{\alpha}}{\partial t} \cdot \mathrm{d}\boldsymbol{l} \\
&= -\frac{\partial}{\partial t} \iint_{S} (\nabla \times \boldsymbol{\alpha}) \cdot \mathrm{d}\boldsymbol{S} \\
&= -\frac{\mathrm{d}}{\mathrm{d}t} \iint_{S} \boldsymbol{B} \cdot \mathrm{d}\boldsymbol{S} \\
&= -\frac{\mathrm{d}\Phi_B}{\mathrm{d}t}
\end{aligned} \tag{10}
$$

(8)式与(10)式是电磁感应定律两种等价的表达式，(10)式是当前教科书中常见的形式.

由此可见，Neumann 以 Ampere 关于电流相互作用的思想为基础，考虑两载流线圈的相互作用势能，并假设当施感线圈运动时，在不动的被感线圈中产生的感应电动势，与两线圈相互作用势能的变化率成正比，从而得出了电磁感应定律的定量公式[(8)式]. 在(8)式中，感应电动势 $\mathscr{E}$ 是借助于 Neumann 引入的电动力学势 $\boldsymbol{\alpha}$ 表示的. 在 Neumann 的理论中，电动力学势 $\boldsymbol{\alpha}$ 就是由(7)式定义的一个积分，它只是运算中替代这一积分的辅助量，并没有明显具体的物理意义. 值得注意的是，在 Neumann 的理论中，根本无须考虑两线圈周围的情况，Neumann 把感应电动势直接归结为两个载流线圈相互作用时，电动力学势变化率的积分. 这样，Neumann 就把他得出的电磁感应定律纳入了超距作用的电动力学体系.

对于由持超距作用观点的 Neumann 给出的电磁感应定律[(8)式或(10)式]以及引入的电动力学势 $\boldsymbol{\alpha}$[见(7)式]，近距作用观点能否接受并作出何种解释呢?

先看电磁感应定律. 按照 Faraday 用力线描绘的近距作用观点，(10) 式中的 $\Phi_B = \iint_S \boldsymbol{B} \cdot \mathrm{d}\boldsymbol{S}$ 应理解为穿过面积为 S 的被感线圈的磁力线根数，即 Φ_B 是通过被感线圈的磁通量. 由此，(10) 式表明，如果由于电流或磁体的运动、变化，使得通过任意闭合回路(被感线圈) 的磁力线根数(即磁通量) 发生变化，则在该闭合回路(被感线圈) 中就会产生感应电动势引起感应电流，并且感应电动势 $\mathscr{E}$ 的大小与磁通量的变化率 $\frac{\mathrm{d}\Phi_B}{\mathrm{d}t}$ 成正比.

由此可见，在采用力线图像作出上述近距作用解释后，Neumann 给出的电磁感应定律［(10) 式］不仅完全可以纳入近距作用的电磁理论体系，而且还弥补了 Faraday 对电磁感应的研究缺乏定量表述的重大缺陷．

再看由 Neumann 引入但未赋予任何物理意义的电动力学势 $\boldsymbol{\alpha}$. 在第一章 §5 曾经指出，Faraday 认为，在电流或磁体周围存在着一种电紧张状态，因电流或磁体的运动变化导致的电紧张状态的变化，正是产生感应电动势的原因. Maxwell 把 Faraday 的近距作用的物理解释与 Neumann 的定量表述相结合，认为 $\boldsymbol{\alpha}$ 正是描述电紧张状态的物理量，并称之为电紧张函数．Maxwell 进一步指出，因电流或磁体的运动变化所引起的电紧张状态的变化(即电紧张函数 $\boldsymbol{\alpha}$ 的变化)，将会产生涡旋电场 $\boldsymbol{E}_{旋}$，这是区别于静电场的另一种新型的电场．Maxwell 给出 $\boldsymbol{\alpha}$ 与 $\boldsymbol{E}_{旋}$ 的关系是

$$\boldsymbol{E}_{旋} = -\frac{\partial \boldsymbol{\alpha}}{\partial t} \tag{11}$$

Maxwell 认为，$\boldsymbol{E}_{旋}$ 正是产生感应电动势 $\mathscr{E}$ 的根源，它们的关系是

$$\mathscr{E} = \oint_l \boldsymbol{E}_{旋} \cdot \mathrm{d}\boldsymbol{l} \tag{12}$$

(12)式就是熟知的感生电动势的表达式．由此可见，Maxwell 通过对 $\boldsymbol{\alpha}$ 的近距作用解释引入 $\boldsymbol{E}_{旋}$，把 Neumann 给出的电磁感应定律［(8)式］改写为(12)式，从而将它纳入了近距作用的电磁理论体系．

Maxwell 的工作使 Faraday 对电磁感应的近距作用物理解释与 Neumann 的定量表述珠联璧合，对电磁场理论的建立起了重要的作用(详见本章 §7).

二、Weber 的超距作用电磁理论

正当 Neumann 根据 Ampere 的理论给出电磁感应定律的定量公式并努力阐明其含义之际，另一位与 Neumann 同样持超距作用观点的德国物理学家 Wilhelm Weber(1804—1891)却正在尝试一个更为雄心勃勃的计划，试图建立超距作用的统一电磁理论．Weber 对 Faraday 的力线与场毫无兴趣，Weber 关心的是，能否把各种电磁相互作用归结为某些最基本的电磁作用力，给出其定量表达式，用以统一解释包括静电作用、电流作用以及电磁感应在内的当时已知的全部电磁现象．

Weber 理论的基础与当时 G. J. Fechner 提出的关于电流的看法密切相关．1845 年 Fechner 提出，导线中的电流是由等量异号电荷沿着导线正、反两个方向流动形成的．

根据 Fechner 的看法，Weber 提出，两运动电荷之间，除了因带电而具有 Coulomb 力外，还存在着因两电荷相对运动而产生的另一种作用力，它后来被称为 Weber 力．Weber 认为，电流之间相互作用的 Ampere 力就是形成电流的正、负运动电荷之间相互作用力的结果．简言之，Ampere 力的本质是 Weber 力．

Weber 进一步认为，电磁感应现象也是运动电荷之间 Weber 力作用的结果．Weber 借

助一个例子来说明他的想法．设有两个相对运动的载流线圈，其一静止，另一运动，则在运动的载流线圈中会产生感应电动势．对此，Weber 的解释是，运动载流线圈中的电荷，除了沿着导线的运动(这种运动形成电流)外，由于线圈在运动，还应具有附加的跟随导线的运动．运动载流线圈中电荷的这种附加运动，将使之受到附近另一静止载流线圈中沿导线运动的电荷的附加作用力．Weber 认为，这种因两载流线圈相对运动而附加的 Weber 力，就是在运动载流线圈中产生感应电动势的根源．同样，当两载流线圈一静一动时，在静止载流线圈中产生的感应电动势，也是因相对运动而附加的 Weber 力作用的结果．

于是，在 Weber 看来，Coulomb 力和 Weber 力是一切电磁相互作用的本质，也是解释各种电磁现象的根据．不难设想，如果电荷都静止，则只涉及 Coulomb 力，这是单纯的静电问题．如果处处电中性，即 Coulomb 力的总和处处为零，但有电荷在运动，则与此有关的涉及电流与磁体的种种相互作用以及电磁感应等，都是 Weber 力作用的结果．总之，各种电磁现象应该都可以用 Coulomb 力和 Weber 力来解释．因此，只要给出了 Weber 力的定量公式，再加上已知的 Coulomb 力公式，就完成了建立超距作用统一电磁理论的伟业．

Weber 以 Ampere 关于两电流元相互作用力的公式为根据，经过详尽的理论分析和数学推导，终于给出了 Weber 力的公式．下面扼要阐述 Weber 的主要结论，有关的细致推导请参看本节末的几个附录．

Weber 采用的两电流元相互作用力的 Ampere 公式为

$$\mathrm{d}F=\frac{ii'\mathrm{d}l\mathrm{d}l'}{r^2}\left(2r\frac{\mathrm{d}^2r}{\mathrm{d}l\mathrm{d}l'}-\frac{\mathrm{d}r}{\mathrm{d}l}\frac{\mathrm{d}r}{\mathrm{d}l'}\right) \tag{13}$$

请注意，(13)式与在第一章§3(22)式给出的关于两电流元相互作用力的原始 Ampere 公式的形式有所不同，但两个公式其实是等价的，证明见本节末的附录 A. 在(13)式中，$\mathrm{d}F$ 是相距为 r 的两电流元 $i\mathrm{d}l$ 与 $i'\mathrm{d}l'$ 之间的作用力，(13)式只适用于恒定电流，并要求 $\mathrm{d}\boldsymbol{F}$ 的方向沿两电流元之间的连线，从而使两电流元之间的相互作用力遵循 Newton 第三定律．

由(13)式，Weber 导出了下述著名的 Weber 公式，为

$$F_{ee'}=\frac{ee'}{r^2}\left\{1+\frac{1}{c^2}\left[r\frac{\mathrm{d}^2r}{\mathrm{d}t^2}-\frac{1}{2}\left(\frac{\mathrm{d}r}{\mathrm{d}t}\right)^2\right]\right\} \tag{14}$$

(14)式就是 Weber 超距作用电磁理论的主要结论与核心成果，在(14)式中，右第一项 $\frac{ee'}{r^2}$ 是熟知的 Coulomb 力，其余两项 $\frac{ee'}{c^2r^2}\left[r\frac{\mathrm{d}^2r}{\mathrm{d}t^2}-\frac{1}{2}\left(\frac{\mathrm{d}r}{\mathrm{d}t}\right)^2\right]$ 则是 Weber 力，Coulomb 力与 Weber 力的方向均沿点电荷 e 与 e' 的连线．在(14)式中，r 是点电荷 e 与 e' 之间的距离；设点电荷 e 的运动轨迹是曲线 l，任意 t 时刻 e 的位置为 $l(t)$，设点电荷 e' 的运动轨迹是曲线 l'，任意 t 时刻 e' 的位置为 $l'(t)$；因 r 随 e 和 e' 所在位置 l 和 l' 变化，故 r 是 l 和 l' 的

函数，可写为 $r(l, l')$.（14）式中的$\frac{\mathrm{d}r}{\mathrm{d}t}$是 e 与 e'的相对速度，$\frac{\mathrm{d}^2r}{\mathrm{d}t^2}$是 e 与 e'的相对加速度.（14）式中的 c 是电量的电动力学单位（亦称动电单位，即 CGSM 单位）与静电单位（即 CGSE 单位）的比值，c 是一个具有速度量纲的常量，c 就是真空中的光速.

Weber 认为，（14）式是能够统一解释包括静电作用、电流作用以及电磁感应在内的一切电磁现象的基本规律.

Weber 还给出了两运动电荷 e 和 e'的相互作用能 $U_{e,e'}$的公式为

$$U_{e,e'}=\frac{ee'}{r}\left[1-\frac{1}{2c^2}\left(\frac{\mathrm{d}r}{\mathrm{d}t}\right)^2\right] \tag{15}$$

式中 e，e'，r，$\frac{\mathrm{d}r}{\mathrm{d}t}$，$c$ 的含义与（14）式相同. 按照 Fechner 的看法，在电流元 $i\mathrm{d}l$ 中有两种运动电荷 e 和$-e$，同样，在电流元 $i'\mathrm{d}l'$中也有两种运动电荷 e'和$-e'$，故其间的相互作用能共有四种，令其和为 $\mathrm{d}U$，则

$$\mathrm{d}U=U_{e,e'}+U_{e',-e'}+U_{-e,e'}+U_{-e,-e'} \tag{16}$$

将 $\mathrm{d}U$ 积分，得出两载流线圈之间的相互作用能 U 为（详见本节末的附录 C）

$$\begin{aligned} U &= \int \mathrm{d}U \\ &= ii'\int_l\int_{l'}\frac{\mathrm{d}\boldsymbol{l}\cdot\mathrm{d}\boldsymbol{l}'}{r} \\ &= i\int_l \boldsymbol{\alpha}\cdot\mathrm{d}\boldsymbol{l} \end{aligned} \tag{17}$$

式中

$$\boldsymbol{\alpha} = i'\int_{l'}\frac{\mathrm{d}\boldsymbol{l}'}{r}$$

即为 Neumann 引入的电动力学势. Weber 给出的（17）式与 Neumann 给出的（5）式是一致的.

根据（14）式还可以导出电磁感应的感应电动势 $\mathscr{E}$ 的定量表达式. Weber 假设电流元 $i'\mathrm{d}l'$静止，电流元 $i\mathrm{d}l$ 运动，计算由于其间的相对运动而在 $i\mathrm{d}l$ 中引起的附加作用力，并由此进而得出，当两载流线圈一静一动时，在运动载流线圈 l 中产生的感应电动势 $\mathscr{E}$ 的公式为（推导详见本节末的附录 D）

$$\begin{aligned} \mathscr{E} &= -\frac{\mathrm{d}}{\mathrm{d}t}\left(i\int_l\int_{l'}\frac{\mathrm{d}\boldsymbol{l}'\cdot\mathrm{d}\boldsymbol{l}}{r}\right) \\ &= -\frac{\mathrm{d}}{\mathrm{d}t}\int_l \boldsymbol{\alpha}\cdot\mathrm{d}\boldsymbol{l} \end{aligned} \tag{18}$$

显然，Weber 给出的（18）式与 Neumann 给出的（8）式是一致的.

对于以（14）式为主要结论的 Weber 的超距作用电磁理论应该如何评价呢？它是否确

如 Weber 的期望，足以为包括静电作用、电流作用以及电磁感应在内的各种电磁现象提供正确的统一解释呢？或者，Weber 的理论是否存在着某些限制与不足，甚至存在着根本的、难以克服的矛盾与困难呢？

1. 由于(14)式中包括了 Coulomb 力，又由于(14)式中的 Weber 力脱胎于 Ampere 力，因此，凡是 Coulomb 定律与原始 Ampere 公式能够正确解释的静电作用与电流作用，(14)式也同样能够给予正确解释，这是毫不奇怪的．但是，在第一章 §3 中已经指出，由于受超距作用观点的深刻影响，在原始 Ampere 公式中强加的 Ampere 力沿连线的假设是错误的，由此会引起一系列难以克服的矛盾．同样，由于 Weber 力继承了 Ampere 错误的沿连线假设，类似的矛盾与困难是不可避免的．

2. 关于电磁感应．尽管 Weber 以一动一静的两载流线圈为例，指出因电荷跟随导线运动所受的附加 Weber 力是在运动载流线圈中产生感应电动势的原因，并给出了与 Neumann 相同的定量公式[(18)式]，但是，Weber 对此所作的超距作用物理解释存在着明显的不足与难以克服的困难．

首先，用现代的语言来说，Weber 的例子涉及的是动生电动势，其实质是 Lorentz 力，可以用 Weber 力来解释是很自然的．但是电磁感应现象中最重要的感生电动势，却是在线圈不动、磁场变化条件下产生的，显然无法用 Weber 力解释．有趣的是，Neumann 讨论电磁感应的例子也是两个载流线圈，一动一静(见本节第一段)，与 Weber 不同的是，Neumann 给出的是在静止载流线圈中的感应电动势，这是感生电动势. Neumann 与 Weber 的这两个例子容易给人一个错误的印象，似乎超距作用电磁理论既能解释动生电动势，也能解释感生电动势．其实不然，因为这两个例子实际上是相同的，通过坐标变换即可由此及彼，但如所周知，无法通过坐标变换把一切感生电动势都转化为动生电动势．总之，在电磁感应现象中，由单纯磁场变化引起的感生电动势才是最重要的独立的新现象，它是无法纳入 Ampere 的电动力学体系之中的．对此，Weber 力的无能为力，正足以说明它的根本限制．

其次，既然两个载流线圈一动一静，由于相对运动所附加的 Weber 力是产生感应电动势的原因，那么，如果两线圈均无电流，仍一动一静，则因相对运动，两线圈中的电荷仍应有 Weber 力的作用，于是也将产生感应电动势，引起感应电流．这显然是不符合事实的，荒谬的．以子之矛，攻子之盾，Weber 的超距作用物理解释陷于难以自圆其说的困境．

3. Weber 理论的更严重困难还来自某些基本方面．其中之一是，关于相对运动电荷之间的 Weber 力公式能否与能量守恒定律协调一致的问题．对此，Weber 与 Helmholtz 之间曾经有过激烈的争论．的确，在形式上可以写出两个相对运动的带电粒子的能量守恒方程．如前，Weber 给出的两个相对运动带电粒子的相互作用能公式为(15)式，即

$$U=\frac{ee'}{r}\left[1-\frac{1}{2c^2}\left(\frac{\mathrm{d}r}{\mathrm{d}t}\right)^2\right]$$

若将这两个带电粒子的力学动能表为 T，力学势能表为 V，则由这两个相对运动的带电粒子组成的孤立体系的总能量是恒定的，为

$$T+V+U=\left[T-\frac{ee'}{2rc^2}\left(\frac{\mathrm{d}r}{\mathrm{d}t}\right)^2\right]+\left[V+\frac{ee'}{r}\right]=\text{常量} \tag{19}$$

该孤立体系可以看作是动能为$\left[T-\frac{ee'}{2rc^2}\left(\frac{\mathrm{d}r}{\mathrm{d}t}\right)^2\right]$，势能为$\left[V+\frac{ee'}{r}\right]$的动力学体系．该体系的动能中有一项是带有负号的$\left[-\frac{ee'}{2rc^2}\left(\frac{\mathrm{d}r}{\mathrm{d}t}\right)^2\right]$，与通常的力学动能$\frac{1}{2}mv^2$ 比较，相当于质量 m 的是$\left(-\frac{ee'}{rc^2}\right)$，它显然可以是负值．因此，在某些情形下，带电粒子的行为有如负质量的物体，当力的作用与运动方向相反时，它的速度反而会不受限制地增加，这当然是不合理的、难以接受的．

4. 在 Weber 的理论中，采用了 Fechner 的看法，认为导线中的电流是由等量异号电荷以大小相等、方向相反的速度沿导线运动形成的．当载流导线运动时，正、负电荷具有相同的跟随导线运动的附加速度，因此，正、负电荷的总速度分别是它们沿导线运动的速度与跟随导线运动的附加速度之和．这就有可能使正、负电荷的总速度的方向并不刚好相反且大小也有所不同．于是，正、负电荷所受其他电荷的 Weber 力就会有所不同，这将导致载流导线中正、负电荷的分离，破坏处处电中性的条件，这显然是不合理的，也是不符合实际的．

为了避免上述矛盾，能否修正 Fechner 的看法，认为导线中的电流是由一种电荷沿导线运动形成的，另一种静止的异号电荷则构成均匀的背景，以确保处处电中性．根据这个模型，由于载流导线中只有一种电荷在运动，则由 Weber 力公式，载流导线将对附近的静止电荷有作用力，这又显然与事实不符. 由此可见，Fechner 关于等量异号电荷沿导线以大小相等、方向相反的速度运动形成电流的假设，在任何 Weber 类型的理论中是不可避免的，不能随意放弃或修正．

总之，如上所述，Weber 的超距作用电磁理论，既未能解释感生电动势，又没有提供任何有价值的理论预言，更在许多基本方面存在着种种难以克服的困难和无法自洽的矛盾．究其原因，归根结底在于超距作用观点的不妥．因此，决非局部的修补、订正所能改善，必须另辟蹊径，从根本上重建新的电磁理论，这就是 Faraday 和 Maxwell 的近距作用的电磁场理论．

尽管如此，Weber 和 Neumann 的超距作用电磁理论仍然是重要的进展，因为他们给出了包括电磁感应定律在内的一些重要定量结果．另外，还应强调指出，超距作用电磁理论虽然忽视力线与场，却历来重视“源”的研究，所以也称为“源论”. 他们把电荷看作是客观存在的实体所具有的性质，电荷的流动形成电流，一切电磁现象都是电荷之间以

及电流之间相互作用的结果. Weber 则进一步把电流之间的作用归结为运动电荷之间的作用，可以说是历史上第一个“微观”“电子”理论(当然，当时对物质的微观结构几无所知，更不知何谓电子)，这对后人是极有启发的. 实际上，Lorentz 的电子论正是在汲取“场论”与“源论”两者精华的基础上发展起来的(详见第三章).

Weber 和 Neumann 的理论提供了当时欧洲大陆关于电磁理论所做的几乎全部工作的出发点，甚至直到 19 世纪 60 年代末期仍然如此. Maxwell 对他们的工作曾给以很高的评价，并从中广泛汲取了合理的内容，同时也指出了它的根本困难. 下面让我们引用 Maxwell 的评述来结束本节.

> “由 Weber 和 Neumann 发展起来的这种理论是极为精巧的，它令人惊叹地广泛应用于静电现象、电磁吸引、电流感应以及抗磁现象；并且，由于在电测量中引入自洽的单位制和实际上以迄今尚未知详的精度确定了电学量，它适宜于指导人们作出种种推测，从而在电科学实用方面取得重大进展，因此，它对于我们而言更具有权威性.”
>
> “然而，依赖于粒子速度的力超距作用于粒子的假设中包含着机制上的困难，阻止我认为这一理论是最终的理论，…….”
>
> “所以，我宁愿从另一方面寻找对事实的解释，假设它们是被周围媒质以及激发物体中发生的作用所产生，而无需假定可能存在直接作用，尽力解释远距离物体的作用…….”

附录 A 原始 Ampere 公式的两种等价形式

两电流元相互作用的原始 Ampere 公式[见第一章 §3(22)式]为

$$\mathrm{d}\boldsymbol{F}=-kii'\boldsymbol{r}\left[\frac{2}{r^3}(\mathrm{d}\boldsymbol{l}\cdot\mathrm{d}\boldsymbol{l}')-\frac{3}{r^5}(\mathrm{d}\boldsymbol{l}\cdot\boldsymbol{r})(\mathrm{d}\boldsymbol{l}'\cdot\boldsymbol{r})\right] \tag{A.1}$$

式中 $\boldsymbol{r}$ 是从电流元 $i\mathrm{d}\boldsymbol{l}$ 到另一电流元 $i'\mathrm{d}\boldsymbol{l}'$ 的距离，$\mathrm{d}\boldsymbol{F}$ 是 $i\mathrm{d}\boldsymbol{l}$ 给予 $i'\mathrm{d}\boldsymbol{l}'$ 的作用力. 原始 Ampere 公式的另一种形式为

$$\mathrm{d}F=k\frac{ii'\mathrm{d}l\mathrm{d}l'}{r^2}\left(2r\frac{\mathrm{d}^2r}{\mathrm{d}l\mathrm{d}l'}-\frac{\mathrm{d}r}{\mathrm{d}l}\frac{\mathrm{d}r}{\mathrm{d}l'}\right) \tag{A.2}$$

两者等价，现予证明.

1. 证明一个几何关系：

$$\cos\varepsilon=-\frac{\mathrm{d}r}{\mathrm{d}l}\frac{\mathrm{d}r}{\mathrm{d}l'}-r\frac{\mathrm{d}^2r}{\mathrm{d}l\mathrm{d}l'} \tag{A.3}$$

如附录 A 图 1 所示，两电流元 $\mathrm{d}\boldsymbol{l}$ 与 $\mathrm{d}\boldsymbol{l}'$ 不共面，相距为 $\boldsymbol{r}$. $\mathrm{d}\boldsymbol{l}$ 与 $\mathrm{d}\boldsymbol{l}'$ 的夹角为 ε，$\mathrm{d}\boldsymbol{l}$ 与 $\boldsymbol{r}$ 的夹角为 θ_1，$\mathrm{d}\boldsymbol{l}'$ 与 $\boldsymbol{r}$ 的夹角为 θ_2. 作辅助线 $PR//\mathrm{d}l'$，并作 $SR\perp PR$，则在图 1 中，$PR=r\cos\theta_2$，$PQ=\mathrm{d}l\cos\varepsilon$. 注意，在图 1 中，因 $\mathrm{d}\boldsymbol{l}$ 与 $\mathrm{d}\boldsymbol{l}'$ 不共面，故 $\varepsilon\neq\theta_1+\theta_2$.

如图 1 所示，当有 dl 的变动时，P 点变到 T 点，相应地，PR 变到 TR，故

$$\begin{aligned}\mathrm{d}(r\cos\theta_2)&=TR-PR\\&=QR-PR\\&=-PQ\\&=-\mathrm{d}l\cos\varepsilon\end{aligned}$$

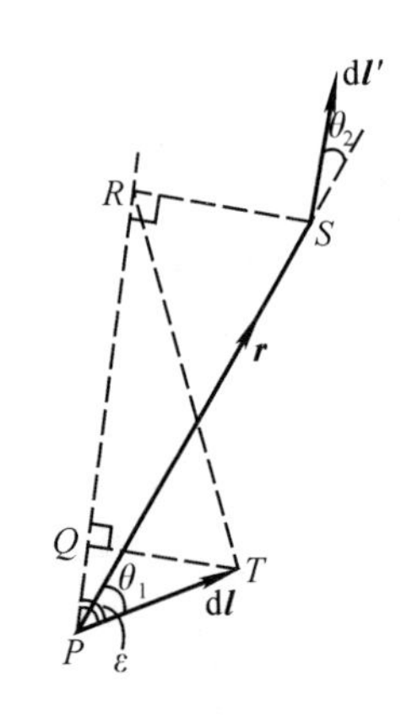

附录 A　图 1

即

$$\begin{aligned}\cos\varepsilon&=-\frac{\mathrm{d}}{\mathrm{d}l}(r\cos\theta_2)\\&=-\frac{\mathrm{d}r}{\mathrm{d}l}\cos\theta_2-r\frac{\mathrm{d}\cos\theta_2}{\mathrm{d}l}\\&=-\frac{\mathrm{d}r}{\mathrm{d}l}\frac{\mathrm{d}r}{\mathrm{d}l'}-r\frac{\mathrm{d}^2r}{\mathrm{d}l\mathrm{d}l'}\end{aligned}$$

此即(A.3)式，其中用到 $\cos\theta_2=\dfrac{\mathrm{d}r}{\mathrm{d}l'}$.

2. 证明(A.2)式与(A.1)式等价

如图 1 所示，在(A.1)式中的各有关量应为

$$\hat{\mathrm{d}\boldsymbol{l}}\cdot\hat{\mathrm{d}\boldsymbol{l}'}=\cos\varepsilon$$

$$\hat{\mathrm{d}\boldsymbol{l}}\cdot\hat{\boldsymbol{r}}=\cos\theta_1=-\frac{\mathrm{d}r}{\mathrm{d}l}$$

$$\hat{\mathrm{d}\boldsymbol{l}'}\cdot\hat{\boldsymbol{r}}=\cos\theta_2=\frac{\mathrm{d}r}{\mathrm{d}l'}$$

式中各矢量上的帽号^表示单位矢量．把上述关系以及 $\cos\varepsilon$ 的表达式(A.3)式代入(A.1)式，得

$$\begin{aligned}\mathrm{d}F&=-kii'r\left[\frac{2}{r^3}(\mathrm{d}\boldsymbol{l}\cdot\mathrm{d}\boldsymbol{l}')-\frac{3}{r^5}(\mathrm{d}\boldsymbol{l}\cdot\boldsymbol{r})(\mathrm{d}\boldsymbol{l}'\cdot\boldsymbol{r})\right]\\&=-kii'r\frac{\mathrm{d}l\mathrm{d}l'}{r^3}[2\cos\varepsilon-3\cos\theta_1\cos\theta_2]\\&=-k\frac{ii'\mathrm{d}l\mathrm{d}l'}{r^2}\left[-2\frac{\mathrm{d}r}{\mathrm{d}l}\frac{\mathrm{d}r}{\mathrm{d}l'}-2r\frac{\mathrm{d}^2r}{\mathrm{d}l\mathrm{d}l'}-3\left(-\frac{\mathrm{d}r}{\mathrm{d}l}\right)\left(\frac{\mathrm{d}r}{\mathrm{d}l'}\right)\right]\\&=k\frac{ii'\mathrm{d}l\mathrm{d}l'}{r^2}\left(2r\frac{\mathrm{d}^2r}{\mathrm{d}l\mathrm{d}l'}-\frac{\mathrm{d}r}{\mathrm{d}l}\frac{\mathrm{d}r}{\mathrm{d}l'}\right)\end{aligned}$$

此即(A.2)式．

附录 B　由原始 Ampere 公式导出运动带电粒子之间的 Weber 力公式

两个静止不动的恒定电流元 $i\mathrm{d}l$ 与 $i'\mathrm{d}l'$相距为 r，其间作用力的原始 Ampere 公式为[见附录 A 中的(A.2)式]

$$F=\frac{ii'\mathrm{d}l\mathrm{d}l'}{r^2}\left(2r\frac{\mathrm{d}^2r}{\mathrm{d}l\mathrm{d}l'}-\frac{\mathrm{d}r}{\mathrm{d}l}\frac{\mathrm{d}r}{\mathrm{d}l'}\right) \tag{B.1}$$

Weber 认为，电流之间的相互作用力是其中运动电荷相互作用力的结果．采用 Fechner 的假设，认为导线中的电流是由等量异号电荷沿导线的正、反方向流动形成的．

1. 设在导线 l 和 l' 中，单位长度的正电荷(线电荷密度)分别为 λ 和 λ'，正电荷的速度分别为 u 和 u'，同时，在导线 l 和 l' 中，等量的负电荷分别以速度 u 和 u' 沿导线反方向运动. 于是，两电流元中的电流强度分别为

$$\begin{cases} i=2\lambda u \\ i'=2\lambda'u' \end{cases} \tag{B.2}$$

把(B.2)式代入(B.1)式，原始的 Ampere 公式为

$$F=\frac{4\lambda\lambda'uu'\mathrm{d}l\mathrm{d}l'}{r^2}\left(2r\frac{\mathrm{d}^2r}{\mathrm{d}l\mathrm{d}l'}-\frac{\mathrm{d}r}{\mathrm{d}l}\frac{\mathrm{d}r}{\mathrm{d}l'}\right) \tag{B.3}$$

2. 在导线 l 中，电荷的位置随时间 t 变化，即 $l=l(t)$；同样，在导线 l' 中，电荷的位置 $l'=l'(t)$；两运动电荷之间的距离 $r=r(l, l')$；故有

$$\begin{cases} \dfrac{\mathrm{d}r}{\mathrm{d}t}=\dfrac{\mathrm{d}r}{\mathrm{d}l}\dfrac{\mathrm{d}l}{\mathrm{d}t}+\dfrac{\mathrm{d}r}{\mathrm{d}l'}\dfrac{\mathrm{d}l'}{\mathrm{d}t}=u\dfrac{\mathrm{d}r}{\mathrm{d}l}+u'\dfrac{\mathrm{d}r}{\mathrm{d}l'} \\ \dfrac{\mathrm{d}^2r}{\mathrm{d}t^2}=u^2\dfrac{\mathrm{d}^2r}{\mathrm{d}l^2}+2uu'\dfrac{\mathrm{d}^2r}{\mathrm{d}l\mathrm{d}l'}+u'^2\dfrac{\mathrm{d}^2r}{\mathrm{d}l'^2} \\ \left(\dfrac{\mathrm{d}r}{\mathrm{d}t}\right)^2=u^2\left(\dfrac{\mathrm{d}r}{\mathrm{d}l}\right)^2+2uu'\dfrac{\mathrm{d}r}{\mathrm{d}l}\dfrac{\mathrm{d}r}{\mathrm{d}l'}+u'^2\left(\dfrac{\mathrm{d}r}{\mathrm{d}l'}\right)^2 \end{cases} \tag{B.4}$$

3. 在电流元 $i\mathrm{d}l$ 和 $i'\mathrm{d}l'$ 中，都既有正电荷运动又有负电荷运动．现将两电流元中正电荷之间的相对运动用下标 1 表示，即将其间相对运动的速度表为 $\left(\dfrac{\mathrm{d}r}{\mathrm{d}t}\right)_1$，相对运动的加速度表为 $\left(\dfrac{\mathrm{d}^2r}{\mathrm{d}t^2}\right)_1$，由(B.4)式，得

$$\begin{cases} \left(\dfrac{\mathrm{d}r}{\mathrm{d}t}\right)_1=u\dfrac{\mathrm{d}r}{\mathrm{d}l}+u'\dfrac{\mathrm{d}r}{\mathrm{d}l'} \\ \left(\dfrac{\mathrm{d}^2r}{\mathrm{d}t^2}\right)_1=u^2\dfrac{\mathrm{d}^2r}{\mathrm{d}l^2}+2uu'\dfrac{\mathrm{d}^2r}{\mathrm{d}l\mathrm{d}l'}+u'^2\dfrac{\mathrm{d}^2r}{\mathrm{d}l'^2} \\ \left(\dfrac{\mathrm{d}r}{\mathrm{d}t}\right)_1^2=u^2\left(\dfrac{\mathrm{d}r}{\mathrm{d}l}\right)^2+2uu'\dfrac{\mathrm{d}r}{\mathrm{d}l}\dfrac{\mathrm{d}r}{\mathrm{d}l'}+u'^2\left(\dfrac{\mathrm{d}r}{\mathrm{d}l'}\right)^2 \end{cases} \tag{B.4$_1$}$$

两电流元中负电荷之间的相对运动用下标 4 表示，因负电荷的速度与正电荷的速度反向，即相差一个负号，故有

$$\begin{cases} \left(\dfrac{\mathrm{d}r}{\mathrm{d}t}\right)_4=-u\dfrac{\mathrm{d}r}{\mathrm{d}l}-u'\dfrac{\mathrm{d}r}{\mathrm{d}l'} \\ \left(\dfrac{\mathrm{d}^2r}{\mathrm{d}t^2}\right)_4=u^2\dfrac{\mathrm{d}^2r}{\mathrm{d}l^2}+2uu'\dfrac{\mathrm{d}^2r}{\mathrm{d}l\mathrm{d}l'}+u'^2\dfrac{\mathrm{d}^2r}{\mathrm{d}l'^2} \\ \left(\dfrac{\mathrm{d}r}{\mathrm{d}t}\right)_4^2=u^2\left(\dfrac{\mathrm{d}r}{\mathrm{d}l}\right)^2+2uu'\dfrac{\mathrm{d}r}{\mathrm{d}l}\dfrac{\mathrm{d}r}{\mathrm{d}l'}+u'^2\left(\dfrac{\mathrm{d}r}{\mathrm{d}l'}\right)^2 \end{cases} \tag{B.4$_4$}$$

电流元 $i\mathrm{d}l$ 中的正电荷与电流元 $i'\mathrm{d}l'$ 中的负电荷之间的相对运动用下标 2 表示，故有

$$\begin{cases}\left(\dfrac{\mathrm{d}r}{\mathrm{d}t}\right)_2=u\dfrac{\mathrm{d}r}{\mathrm{d}l}-u'\dfrac{\mathrm{d}r}{\mathrm{d}l'}\\ \left(\dfrac{\mathrm{d}^2r}{\mathrm{d}t^2}\right)_2=u^2\dfrac{\mathrm{d}^2r}{\mathrm{d}l^2}-2uu'\dfrac{\mathrm{d}^2r}{\mathrm{d}l\mathrm{d}l'}+u'^2\dfrac{\mathrm{d}^2r}{\mathrm{d}l'^2}\\ \left(\dfrac{\mathrm{d}r}{\mathrm{d}t}\right)_2^2=u^2\left(\dfrac{\mathrm{d}r}{\mathrm{d}l}\right)^2-2uu'\dfrac{\mathrm{d}r}{\mathrm{d}l}\dfrac{\mathrm{d}r}{\mathrm{d}l'}+u'^2\left(\dfrac{\mathrm{d}r}{\mathrm{d}l'}\right)^2\end{cases}\qquad (\mathrm{B}.4)_2$$

电流元 $i\mathrm{d}l$ 中的负电荷与电流元 $i'\mathrm{d}l'$ 中的正电荷之间的相对运动用下标 3 表示，故有

$$\begin{cases}\left(\dfrac{\mathrm{d}r}{\mathrm{d}t}\right)_3=-u\dfrac{\mathrm{d}r}{\mathrm{d}l}+u'\dfrac{\mathrm{d}r}{\mathrm{d}l'}\\ \left(\dfrac{\mathrm{d}^2r}{\mathrm{d}t^2}\right)_3=u^2\dfrac{\mathrm{d}^2r}{\mathrm{d}l^2}-2uu'\dfrac{\mathrm{d}^2r}{\mathrm{d}l\mathrm{d}l'}+u'^2\dfrac{\mathrm{d}^2r}{\mathrm{d}l'^2}\\ \left(\dfrac{\mathrm{d}r}{\mathrm{d}t}\right)_3^2=u^2\left(\dfrac{\mathrm{d}r}{\mathrm{d}t}\right)^2-2uu'\dfrac{\mathrm{d}r}{\mathrm{d}l}\dfrac{\mathrm{d}r}{\mathrm{d}l'}+u'^2\left(\dfrac{\mathrm{d}r}{\mathrm{d}l'}\right)^2\end{cases}\qquad (\mathrm{B}.4)_3$$

4. 两个电流元之间的相互作用力 F，就是在两电流元中运动的正、负电荷之间四种相互作用力的总和. 这四种相互作用力的方向都相同，因此，利用上述公式可以用四种相对运动的速度和加速度来表示 F. 具体地说，在 F 的公式[(B.3)式]中共有两项，第一项中有$\dfrac{\mathrm{d}^2r}{\mathrm{d}l\mathrm{d}l'}$因子，把$(\mathrm{B}.4)_{1,2,3,4}$这四个公式中的第二式相加、减，即可用$\left(\dfrac{\mathrm{d}^2r}{\mathrm{d}t^2}\right)_{1,2,3,4}$以及$u^2\dfrac{\mathrm{d}^2r}{\mathrm{d}l^2}$和 $u'^2\dfrac{\mathrm{d}^2r}{\mathrm{d}l'^2}$来表示$\dfrac{\mathrm{d}^2r}{\mathrm{d}l\mathrm{d}l'}$，同样，在(B.3)式的第二项中有$\dfrac{\mathrm{d}r}{\mathrm{d}l}\dfrac{\mathrm{d}r}{\mathrm{d}l'}$因子，把$(\mathrm{B}.4)_{1,2,3,4}$这四个公式中的第三式相加、减，即可用$\left(\dfrac{\mathrm{d}r}{\mathrm{d}t}\right)^2_{1,2,3,4}$以及 $u^2\left(\dfrac{\mathrm{d}r}{\mathrm{d}l}\right)^2$ 和 $u'^2\left(\dfrac{\mathrm{d}r}{\mathrm{d}l'}\right)^2$ 来表示$\dfrac{\mathrm{d}r}{\mathrm{d}l}\dfrac{\mathrm{d}r}{\mathrm{d}l'}$. 结果得出：

$$\begin{aligned}F=&\frac{\lambda\lambda'\mathrm{d}l\mathrm{d}l'}{r^2}\left\{r\left(\frac{\mathrm{d}^2r}{\mathrm{d}t^2}\right)_1-u^2\frac{\mathrm{d}^2r}{\mathrm{d}l^2}-u'^2\frac{\mathrm{d}^2r}{\mathrm{d}l'^2}-r\left(\frac{\mathrm{d}^2r}{\mathrm{d}t^2}\right)_2+u^2\frac{\mathrm{d}^2r}{\mathrm{d}l^2}+u'^2\frac{\mathrm{d}^2r}{\mathrm{d}l'^2}\right.\\&-r\left(\frac{\mathrm{d}^2r}{\mathrm{d}t^2}\right)_3+u^2\frac{\mathrm{d}^2r}{\mathrm{d}l^2}+u'^2\frac{\mathrm{d}^2r}{\mathrm{d}l'^2}+r\left(\frac{\mathrm{d}^2r}{\mathrm{d}t^2}\right)_4-u^2\frac{\mathrm{d}^2r}{\mathrm{d}l^2}-u'^2\frac{\mathrm{d}^2r}{\mathrm{d}l'^2}\\&-\frac{1}{2}\left[\left(\frac{\mathrm{d}r}{\mathrm{d}t}\right)_1^2-u^2\left(\frac{\mathrm{d}r}{\mathrm{d}l}\right)^2-u'^2\left(\frac{\mathrm{d}r}{\mathrm{d}l'}\right)^2\right]-\frac{1}{2}\left[-\left(\frac{\mathrm{d}r}{\mathrm{d}t}\right)_2^2+u^2\left(\frac{\mathrm{d}r}{\mathrm{d}l}\right)^2+u'^2\left(\frac{\mathrm{d}r}{\mathrm{d}l'}\right)^2\right]\\&\left.-\frac{1}{2}\left[-\left(\frac{\mathrm{d}r}{\mathrm{d}t}\right)_3^2+u^2\left(\frac{\mathrm{d}r}{\mathrm{d}l}\right)^2+u'^2\left(\frac{\mathrm{d}r}{\mathrm{d}l'}\right)^2\right]-\frac{1}{2}\left[\left(\frac{\mathrm{d}r}{\mathrm{d}t}\right)_4^2-u^2\left(\frac{\mathrm{d}r}{\mathrm{d}l}\right)^2-u'^2\left(\frac{\mathrm{d}r}{\mathrm{d}l'}\right)^2\right]\right\}\\=&\frac{\lambda\lambda'\mathrm{d}l\mathrm{d}l'}{r^2}\left\{r\left(\frac{\mathrm{d}^2r}{\mathrm{d}t^2}\right)_1-r\left(\frac{\mathrm{d}^2r}{\mathrm{d}t^2}\right)_2-r\left(\frac{\mathrm{d}^2r}{\mathrm{d}t^2}\right)_3+r\left(\frac{\mathrm{d}^2r}{\mathrm{d}t^2}\right)_4\right.\\&\left.-\frac{1}{2}\left(\frac{\mathrm{d}r}{\mathrm{d}t}\right)_1^2+\frac{1}{2}\left(\frac{\mathrm{d}r}{\mathrm{d}t}\right)_2^2+\frac{1}{2}\left(\frac{\mathrm{d}r}{\mathrm{d}t}\right)_3^2-\frac{1}{2}\left(\frac{\mathrm{d}r}{\mathrm{d}t}\right)_4^2\right\}\end{aligned}\qquad (\mathrm{B}.5)$$

5. 由(B.5)式得出，两个带电量为 e 和 e'、相距为 r、相对速度为$\dfrac{\mathrm{d}r}{\mathrm{d}t}$、相对加速度为$\dfrac{\mathrm{d}^2r}{\mathrm{d}t^2}$的电荷彼此之间的作用力的大小为

$$F_{ee'(\text{Weber})}=\frac{ee'}{r^2}\left[r\frac{\mathrm{d}^2r}{\mathrm{d}t^2}-\frac{1}{2}\left(\frac{\mathrm{d}r}{\mathrm{d}t}\right)^2\right] \tag{B.6}$$

这是因两电荷 e 和 e' 相对运动而具有的作用力，称为 Weber 力. 当然，这两个电荷 e 和 e' 之间还有静电力(即 Coulomb 力)的作用，为

$$F_{ee'(\text{Coulomb})}=\frac{ee'}{r^2} \tag{B.7}$$

应该注意到(B.6)式和(B.7)式的测量单位不同，Coulomb 力是由静电方法测量的，而 Weber 力是由动电方法测量的，两种单位制中电量单位的定义有所不同. 静电单位的电量值与动电单位的电量值之比用常量 c 表示，c 具有速度的量纲，为真空中的光速，即

$$e_{\text{静}}=ce_{\text{动}} \tag{B.8}$$

两个电荷 e 和 e' 之间的总作用力是上述 Coulomb 力与 Weber 力之和，即

$$F_{ee'}=F_{ee'(\text{Coulomb})}+F_{ee'(\text{Weber})} \tag{B.9}$$

采用静电单位制(CGSE 单位制)或动电单位制(CGSM 单位制)时，两个电荷 e 和 e' 之间总作用力 $F_{ee'}$ 的形式分别为

$$F_{ee'}=\frac{ee'}{r^2}\left[1+\frac{r}{c^2}\frac{\mathrm{d}^2r}{\mathrm{d}t^2}-\frac{1}{2c^2}\left(\frac{\mathrm{d}r}{\mathrm{d}t}\right)^2\right]\qquad \text{静电单位制(CGSE)} \tag{B.10}$$

和

$$F_{ee'}=\frac{ee'c^2}{r^2}\left[1+\frac{r}{c^2}\frac{\mathrm{d}^2r}{\mathrm{d}t^2}-\frac{1}{2c^2}\left(\frac{\mathrm{d}r}{\mathrm{d}t}\right)^2\right]\qquad \text{动电单位制(CGSM)} \tag{B.11}$$

附录 C　由 Weber 力公式导出 Neumann 的两载流线圈相互作用能公式

因力与势能之间的一般关系为 $F=-\dfrac{\partial U}{\partial r}$，由(B.11)式，得出两运动电荷 e 和 e' 之间的相互作用能 $U_{e,e'}$ 为

$$U_{e,e'}=\frac{ee'c^2}{r}\left[1-\frac{1}{2c^2}\left(\frac{\mathrm{d}r}{\mathrm{d}t}\right)^2\right] \tag{C.1}$$

同样，可以写出 $U_{e,-e'}$，$U_{-e,e'}$，$U_{-e,-e'}$. 为了区别各个不同的 $\left(\dfrac{\mathrm{d}r}{\mathrm{d}t}\right)$，仿照附录 B 中的标记方法，加下角标 1，2，3，4 以示区别，于是有

$$\begin{aligned}&U_{e,e'}+U_{e,-e'}+U_{-e,e'}+U_{-e,-e'}\\&=\frac{ee'c^2}{r}+\frac{e(-e')c^2}{r}+\frac{(-e)e'c^2}{r}+\frac{(-e)(-e')c^2}{r}\\&\quad-\frac{ee'}{2r}\left(\frac{\mathrm{d}r}{\mathrm{d}t}\right)_1^2-\frac{e(-e')}{2r}\left(\frac{\mathrm{d}r}{\mathrm{d}t}\right)_2^2-\frac{(-e)e'}{2r}\left(\frac{\mathrm{d}r}{\mathrm{d}t}\right)_3^2-\frac{(-e)(-e')}{2r}\left(\frac{\mathrm{d}r}{\mathrm{d}t}\right)_4^2\end{aligned} \tag{C.2}$$

此式前四项之和为零. 利用附录 B 中 $(\text{B}.4)_{1,2,3,4}$ 式的第三式，得

$$
\begin{aligned}
&U_{e,e'}+U_{e,-e'}+U_{-e,e'}+U_{-e,-e'}\\
&\quad=-\frac{ee'}{2r}\left[u^2\left(\frac{\mathrm{d}r}{\mathrm{d}l}\right)^2+2uu'\frac{\mathrm{d}r}{\mathrm{d}l}\frac{\mathrm{d}r}{\mathrm{d}l'}+u'^2\left(\frac{\mathrm{d}r}{\mathrm{d}l'}\right)^2\right]\\
&\qquad-\frac{ee'}{2r}\left[-u^2\left(\frac{\mathrm{d}r}{\mathrm{d}l}\right)^2+2uu'\frac{\mathrm{d}r}{\mathrm{d}l}\frac{\mathrm{d}r}{\mathrm{d}l'}-u'^2\left(\frac{\mathrm{d}r}{\mathrm{d}l'}\right)^2\right]\\
&\qquad-\frac{ee'}{2r}\left[-u^2\left(\frac{\mathrm{d}r}{\mathrm{d}l}\right)^2+2uu'\frac{\mathrm{d}r}{\mathrm{d}l}\frac{\mathrm{d}r}{\mathrm{d}l'}-u'^2\left(\frac{\mathrm{d}r}{\mathrm{d}l'}\right)^2\right]\\
&\qquad-\frac{ee'}{2r}\left[u^2\left(\frac{\mathrm{d}r}{\mathrm{d}l}\right)^2+2uu'\frac{\mathrm{d}r}{\mathrm{d}l}\frac{\mathrm{d}r}{\mathrm{d}l'}+u'^2\left(\frac{\mathrm{d}r}{\mathrm{d}l'}\right)^2\right]\\
&\quad=-\frac{ee'}{2r}\cdot 8uu'\frac{\mathrm{d}r}{\mathrm{d}l}\frac{\mathrm{d}r}{\mathrm{d}l'}
\end{aligned}
\tag{C. 3}
$$

由于 $\mathrm{d}l$ 和 $\mathrm{d}l'$ 中的电荷分别为 $\lambda\mathrm{d}l$ 和 $\lambda'\mathrm{d}l'$，当考虑两个电流元 $i\mathrm{d}l$ 和 $i'\mathrm{d}l'$ 之间的相互作用能 $\mathrm{d}U$ 时，应以 $\lambda\mathrm{d}l$ 代替 e，以 $\lambda'\mathrm{d}l'$ 代替 e'. 又，由附录 B 中的(B. 2)式，$i=2\lambda u$，$i'=2\lambda'u'$，于是得出 $\mathrm{d}U$ 为

$$
\begin{aligned}
\mathrm{d}U&=-\frac{\lambda\mathrm{d}l\lambda'\mathrm{d}l'}{2r}\cdot 8uu'\frac{\mathrm{d}r}{\mathrm{d}l}\frac{\mathrm{d}r}{\mathrm{d}l'}\\
&=-\frac{ii'\mathrm{d}l\mathrm{d}l'}{r}\frac{\mathrm{d}r}{\mathrm{d}l}\frac{\mathrm{d}r}{\mathrm{d}l'}
\end{aligned}
\tag{C. 4}
$$

对 l 和 l' 积分，即可得出两静止载流线圈之间的相互作用能 U 为

$$
\begin{aligned}
U&=\int\mathrm{d}U=-\int_l\int_{l'}\frac{ii'\mathrm{d}l\mathrm{d}l'}{r}\frac{\mathrm{d}r}{\mathrm{d}l}\frac{\mathrm{d}r}{\mathrm{d}l'}\\
&=-ii'\int_{l'}\mathrm{d}l'\int_l\left(\frac{1}{r}\frac{\mathrm{d}r}{\mathrm{d}l}\frac{\mathrm{d}r}{\mathrm{d}l'}+\frac{\mathrm{d}^2r}{\mathrm{d}l\mathrm{d}l'}\right)\mathrm{d}l\\
&=ii'\int_{l'}\int_l\frac{\cos\varepsilon}{r}\mathrm{d}l'\mathrm{d}l=ii'\int_{l'}\int_l\frac{\mathrm{d}\boldsymbol{l}\cdot\mathrm{d}\boldsymbol{l}'}{r}\\
&=i\int_l\boldsymbol{\alpha}\cdot\mathrm{d}\boldsymbol{l}
\end{aligned}
\tag{C. 5}
$$

在上述计算中用到附录 A 中的(A. 3)式，即

$$
\cos\varepsilon=-\frac{\mathrm{d}r}{\mathrm{d}l}\frac{\mathrm{d}r}{\mathrm{d}l'}-r\frac{\mathrm{d}^2r}{\mathrm{d}l\mathrm{d}l'}\tag{A. 3}
$$

另外，在上述计算中附加的一项为零，因为

$$
\int_l\frac{\mathrm{d}^2r}{\mathrm{d}l\mathrm{d}l'}\mathrm{d}l=\frac{\mathrm{d}}{\mathrm{d}l'}\oint\mathrm{d}r=0\tag{C. 6}
$$

(C. 5)式就是 Neumann 给出的两载流线圈相互作用能的公式，即本节正文中的(5)式.（C. 5)式中的 $\boldsymbol{\alpha}$ 是 Neumann 引入的电动力学势，为

$$
\boldsymbol{\alpha}=i'\int_{l'}\frac{\mathrm{d}\boldsymbol{l}'}{r}
$$

见本节正文中的(7)式.

附录 D 由运动带电粒子之间的 Weber 力公式导出感应电动势公式

设电流元 $i'\mathrm{d}l'$ 静止，电流元 $i\mathrm{d}l$ 运动(切割磁力线)，则两电流元中电荷 e 和 e' 的间距为 $r=r(l,\ l',\ t)$，其中 $l=l(t)$，$l'=l'(t)$. [注意，在附录 B 中，两电流元都静止不动，故电荷 e 和 e' 的间距 $r=r(l,\ l')$，与此处有所不同.] 于是，有

$$\frac{\mathrm{d}r}{\mathrm{d}t}=\frac{\partial r}{\partial l}\frac{\mathrm{d}l}{\mathrm{d}t}+\frac{\partial r}{\partial l'}\frac{\mathrm{d}l'}{\mathrm{d}t}+\frac{\partial r}{\partial t}=u\frac{\partial r}{\partial l}+u'\frac{\partial r}{\partial l'}+\frac{\partial r}{\partial t} \tag{D.1}$$

$$\begin{aligned}\left(\frac{\mathrm{d}r}{\mathrm{d}t}\right)^2&=u^2\left(\frac{\partial r}{\partial l}\right)^2+2uu'\frac{\partial r}{\partial l}\frac{\partial r}{\partial l'}+u'^2\left(\frac{\partial r}{\partial l'}\right)^2\\&\quad+\left(\frac{\partial r}{\partial t}\right)^2+2u\frac{\partial r}{\partial t}\frac{\partial r}{\partial l}+2u'\frac{\partial r}{\partial t}\frac{\partial r}{\partial l'}\end{aligned} \tag{D.2}$$

$$\begin{aligned}\frac{\mathrm{d}^2r}{\mathrm{d}t^2}&=u^2\frac{\partial^2r}{\partial l^2}+2uu'\frac{\partial^2r}{\partial l\partial l'}+u'^2\frac{\partial^2r}{\partial l'^2}\\&\quad+u\frac{\partial^2r}{\partial l\partial t}+\frac{\mathrm{d}u}{\mathrm{d}t}\frac{\partial r}{\partial l}+\frac{\partial^2r}{\partial t^2}+u'\frac{\partial^2r}{\partial l'\partial t}+\frac{\mathrm{d}u'}{\mathrm{d}t}\frac{\partial r}{\partial l'}\end{aligned} \tag{D.3}$$

把上述(D.1)、(D.2)、(D.3)三个公式与附录 B 中(B.4)式的三个公式相比较，不难看出多出来的项是什么. 由于电流元 $i\mathrm{d}l$ 中的电荷 e 所受的作用力是电流元 $i'\mathrm{d}l'$ 中的电荷 e' 施予的，所以当考虑 $i\mathrm{d}l$ 中的电荷 e 因跟随导线运动所受到的附加作用力时，只需计及含 u' 项的贡献. 换言之，只需考虑(D.2)式中的 $\left[2u'\frac{\partial r}{\partial l'}\frac{\partial r}{\partial t}\right]$ 以及(D.3)式中的 $\left[u'\frac{\partial^2r}{\partial l'\partial t}\right]$ 和 $\left[\frac{\mathrm{d}u'}{\mathrm{d}t}\frac{\partial r}{\partial l'}\right]$ 这三项即可.

回顾附录 B 中(B.6)式的导出过程，可以看出，现在，由于电流元 $i\mathrm{d}l$ 运动(电流元 $i'\mathrm{d}l'$ 静止)，因此，电荷 e 和 e' 之间的作用力应加上上述三个附加项所引起的附加作用力，为

$$F_{ee'(\text{附加})}=\frac{ee'}{r^2}\left[r\left(\frac{\mathrm{d}u'}{\mathrm{d}t}\frac{\partial r}{\partial l'}+u'\frac{\partial^2r}{\partial l'\partial t}-u'\frac{\partial r}{\partial l'}\frac{\partial r}{\partial t}\right)\right] \tag{D.4}$$

这是 $i'\mathrm{d}l'$ 中的电荷 e' 对 $i\mathrm{d}l$ 中的电荷 e 的附加作用力，原因是 e 跟随着导线运动. 在考虑电流元 $i\mathrm{d}l$ 因运动所受的附加作用力时，应将上式中的 e' 代之以 $2\lambda'\mathrm{d}l'$，并将 e 代之以单位值. 又，由(B.2)式，$2\lambda'u'=i'$. 于是，电流元 $i\mathrm{d}l$ 因运动所受的附加作用力为

$$F_{i\mathrm{d}l(\text{附加})}=\frac{\mathrm{d}l'}{r^2}\left[r\left(\frac{\mathrm{d}i'}{\mathrm{d}t}\frac{\partial r}{\partial l'}+i'\frac{\partial^2r}{\partial l'\partial t}\right)-i'\frac{\partial r}{\partial l'}\frac{\partial r}{\partial t}\right]$$

在 $\mathrm{d}l$ 中引起感应电动势 $\mathrm{d}\mathscr{E}$ 的是 $F_{i\mathrm{d}l(\text{附加})}$ 在 $\mathrm{d}\boldsymbol{l}$ 方向(切向)的分量与 $\mathrm{d}l$ 的乘积，即

$$\begin{aligned}\mathrm{d}\mathscr{E}&=F_{i\mathrm{d}l(\text{附加},\text{切向})}\mathrm{d}l\\&=F_{i\mathrm{d}l(\text{附加})}\frac{\mathrm{d}r}{\mathrm{d}l}\mathrm{d}l\\&=\frac{\mathrm{d}l\mathrm{d}l'}{r^2}\frac{\mathrm{d}r}{\mathrm{d}l}\left(r\frac{\mathrm{d}i'}{\mathrm{d}t}\frac{\partial r}{\partial l'}+ri'\frac{\partial^2r}{\partial l'\partial t}-i'\frac{\partial r}{\partial l'}\frac{\partial r}{\partial t}\right)\end{aligned}$$

$$= \left[\frac{\mathrm{d}}{\mathrm{d}t}\left(\frac{i'}{r}\frac{\partial r}{\partial l}\frac{\partial r}{\partial l'}\right)-\frac{i'}{r}\frac{\partial^2 r}{\partial l\partial t}\frac{\partial r}{\partial l'}\right]\mathrm{d}l\mathrm{d}l' \tag{D.5}$$

当两载流线圈均闭合时，在运动的电流为 i 的线圈中产生的感应电动势 $\mathscr{E}$ 为

$$\begin{aligned}\mathscr{E} &= \int \mathrm{d}\mathscr{E} \\ &= \int_l\int_{l'}\left[\frac{\mathrm{d}}{\mathrm{d}t}\left(\frac{i'}{r}\frac{\partial r}{\partial l}\frac{\partial r}{\partial l'}\right)-\frac{i'}{r}\frac{\partial^2 r}{\partial l\partial t}\frac{\partial r}{\partial l'}\right]\mathrm{d}l\mathrm{d}l'\end{aligned} \tag{D.6}$$

由(C.6)式，上式第二项的积分为零，上式第一项的积分可参看(C.5)式的计算. 于是，得出

$$\mathscr{E} = -\frac{\mathrm{d}}{\mathrm{d}t}\int_l \boldsymbol{\alpha}\cdot\mathrm{d}\boldsymbol{l} \tag{D.7}$$

式中

$$\boldsymbol{\alpha} = i'\int_{l'}\frac{\mathrm{d}\boldsymbol{l}'}{r}$$

就是 Neumann 引入的电动力学势，见本节正文的(7)式.

这样，根据运动带电粒子之间的 Weber 力公式，以一静一动两个载流线圈为例，导出了在运动载流线圈中产生的感应电动势 $\mathscr{E}$ 的公式[(D.7)式]，它与 Neumann 给出的结果[本节正文(8)式]相同.

§5. Faraday 的学术成就和物理思想

Michael Faraday(1791—1867)是英国伟大的物理学家和化学家，是一位有深刻物理思想的实验物理学家. 在电磁学领域，Faraday 对电磁现象进行了广泛深入的实验研究，对电磁作用提出了近距作用的物理解释，作出了许多卓越的贡献，其中最重要的是电磁感应的发现、研究和解释. Faraday 是电磁场理论的创始者和奠基者，他的工作为 Maxwell 建立电磁场理论奠定了基础，Faraday 和 Maxwell 一起当之无愧地被誉为 19 世纪最伟大的物理学家. Faraday 对自然力统一的坚定信念以及彻底的近距作用观点是指引他作出大量发现的思想基础，也是他留给后代的宝贵精神财富.

本节着重介绍 Faraday 的生平、学术成就(与电磁学有关的)和物理思想，以便对这样一位在电磁学史中有重要历史地位的人物有更广泛、更具体、更深切的了解. 由于 Faraday 有关电磁感应的工作已在本书第一章 §5 述及，此处不再重复.①

一、生平

Faraday 出生于贫困的铁匠家庭，在四个孩子中排行第三，从小生活困难，只读了几年小学. Faraday 从 13 岁起到书店做学徒，主要工作是传送书报、装订书籍，在长达 8 年的学徒生涯中，利用职务之便，Faraday 不加选择地阅读了大量书籍. Faraday 后来说：

---

① 注：建议读者在阅读了本章前四节后，接着阅读第一章 §5，然后再阅读本节以及本章以后各节.

“这些书中有两本对我特别有帮助，一本是《大英百科全书》，我从它第一次得到电的概念，另一本是 Marcet 夫人的《化学对话》，它给了我这门科学的基础.”Faraday 甚至省吃俭用，买点器具自己动手做简单的化学和电学实验. 1810 年，19 岁的 Faraday 经人介绍参加了“市哲学学会”，经常听取涉及电学、力学、光学、化学、天文学、实验等许多内容的讲座，获得了广泛的启蒙知识. 1812 年 10 月，Faraday 长达 8 年之久的学徒期满，即将成为一名正式的装订工，但他的愿望是从事科学研究. 10 月底，著名化学家 H. Davy 在做化学实验时因爆炸伤了眼睛，Faraday 被推荐给 Davy 做听写员，记录整理 Davy 的讲演. Davy 对 Faraday 的工作很满意. 1813 年 2 月，适逢皇家研究院空出一个实验室助理的职位，经 Davy 推荐，Faraday 获得了这个职位，成为 Davy 的助手，从此开始了长达 50 多年的献身科学的光辉历程.

1813 年 10 月到 1815 年 4 月，Davy 应邀到欧洲大陆各国作学术访问，Faraday 随行. 一年半的访问，使 Faraday 有机会听取各种学术报告，并陪同 Davy 会见了当时很多著名的科学家如 Ampere、Volta 等. 这些活动使 Faraday 大开眼界，如饥似渴地汲取各种新知识，并了解到科学领域的许多问题. 返回伦敦后，在 Davy 的指导和鼓励下，Faraday 专心致志地工作和学习，很快成长起来，独立开展研究. Faraday 从研究化学开始，在 1816 年到 1819 年期间共发表论文 37 篇，成为小有名气的化学家. 此后，Faraday 的研究领域扩展到电学、光学、化学等方面，作出了许多重要贡献.

Faraday 于 1824 年当选为英国皇家学会会员，1825 年经 Davy 提名任皇家研究院实验室主任，1829 年升为教授，Faraday 曾两度获得英国皇家学会的最高奖——Copley 奖.

从 1820 年 9 月起到 1862 年 3 月止，Faraday 对所从事的实验研究工作，都有详细记录，他把这些记录遗赠给皇家研究院，经后人整理出版，共七大卷，三千多页，这就是著名的《Faraday 日记》(Faraday's Diary)，Faraday 在实验上的重要发现都可以在其中找到. Faraday 发表的关于电磁学的论文，汇成三大卷《电学的实验研究》，这是电磁学史上著名的鸿篇巨制. 此外，还有《化学和物理学实验研究》一卷.

除了科学研究外，Faraday 还热心于科学成果的交流和科学知识的传播、普及工作. 1825 年 Faraday 任实验室主任后，经常接待参观访问，并组织“星期五晚间讲座”，邀请许多科学家讲演. 从 1826 年到 1862 年，Faraday 曾讲演 100 多次，既介绍他自己的研究成果，也介绍别人的发现以及各种实用技术. Faraday 非常关注青少年的教育，多次为青少年讲演. Faraday 最有名的讲演，汇编成著名的科普著作《蜡烛的故事》(The Chemical History of Candle)，在各国广为流传，中译本 1962 年由上海少年儿童出版社出版.

Faraday 为人质朴，待人诚挚，过着简单朴素的生活，多次谢绝升官发财的机会，全心全意地把毕生的精力和聪明才智奉献给科学研究事业. Faraday 出身贫寒，没有受过正规教育，完全靠自学奋斗，创造丰功伟绩，登上科学高峰.

Faraday 是不朽的.

二、学术成就

在电磁学领域，除电磁感应(详见第一章§5)外，Faraday 还有许多重要贡献，下面大致按历史顺序摘要介绍其中的一部分.

1. 电磁旋转(电动机)

1820 年 Oersted 发现的电流磁效应以及尔后建立的 B. S. L. 定律和 Ampere 定律，使 Faraday 进入了电磁学的研究领域.

1821 年 9 月，Faraday 重复了 Oersted 的实验，当他把磁针放在载流直导线周围不同地方时，发现小磁针有环绕导线作圆运动的倾向. 由此，Faraday 想到，电流对磁极的横向作用应该可以使磁体作持续的运动. Faraday 用如图2-5-1所示的对称装置实现了通电导线绕磁棒的连续转动以及磁棒绕通电导线的连续转动. 如图 2-5-1，右边是磁棒竖直固定在水银槽中，导线可以转动；左边是导线固定，磁棒可以绕竖直导线转动. 当电流通过与水银相接触的导线时，右边的导线和左边的磁棒便不停地转动起来.

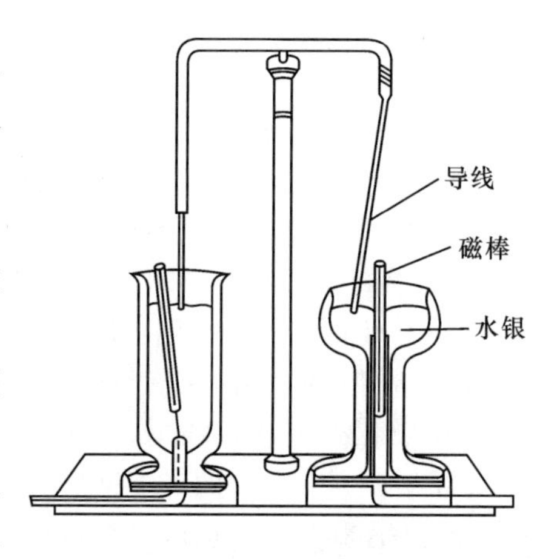

图 2-5-1　Faraday 电磁旋转装置示意图

Faraday 的"电磁旋转"实验，巧妙地利用了电流对磁极作用力的横向力特征，不仅实现了电能向机械能的转化，而且实现了连续的转动，成为人类历史上第一台电动机. Faraday 的电磁旋转实验是 Oersted 实验后的重要发现，它加深了对电流磁效应的认识，同时具有广泛的应用前景，此后的各类直流电动机就其原理而言与电磁旋转并无二致.

2. 发电机

电流磁效应(包括 Oersted 实验及电磁旋转实验)的发现引导 Faraday 进一步寻找其逆效应——电磁感应. 经过长达八年之久的艰苦探索，1831 年 8 月 29 日 Faraday 终于发现了电磁感应现象，并接着进行了广泛深入的实验研究和理论解释，完成了他毕生最重要的贡献之一，详见第一章§5.

与此同时，1831 年 10 月 28 日 Faraday 利用电磁感应现象，发明了人类历史上第一台发电机——圆盘发电机，实现了机械能向电能的转化. Faraday 的圆盘发电机如图 2-5-2 所示，在磁铁的两极再绑上两块磁铁，使两极的端面靠得很近. 把一个铜圆盘 $\left(\frac{1}{5}\text{英寸厚，12 英寸直径}\right)$ 装在水平的黄铜轴上，使圆盘的边缘正好在两极的端面之间. 当圆盘转动时，

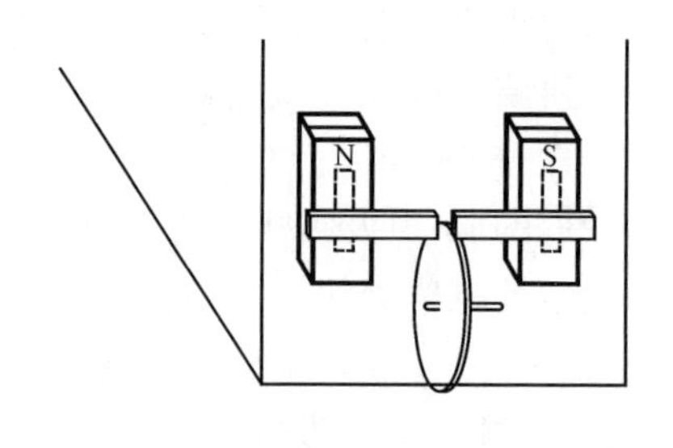

图 2-5-2

用两块铜片(图2-5-2中未画出)与圆盘边缘上两个不同部位滑动接触，两铜片经导线相连接，结果发现其中有电流流动. 改变两铜片与圆盘接触的位置，当一块铜片与在两极间的圆盘边缘接触，另一铜片与黄铜轴接触时，效果最好.

Faraday 的圆盘发电机结构虽然十分简单，却有说服力地表明，电磁感应是实现机械能向电能转化的有效途径，为制造发电机提供了切实可行的原理. 在 Faraday 之后，很多人投入了发电机的研究，1866 年左右出现了商用直流发电机，1891 年左右出现了三相交流发电机，它们的原理都与 Faraday 的圆盘发电机相仿.

电动机和发电机的发明，表明 Faraday 善于抓住重要电磁现象(电流磁效应与电磁感应)的本质，既关注物理学各部门之间的联系与转化，又关注可能的技术应用，通过极其简单明了的实验装置实现了电能与机械能的相互转化，其理论意义与应用前景一目了然，无需赘述.

3. 电的同一性

在发现了电磁感应之后，Faraday 又对电现象作了广泛深入的研究.

当时，19 世纪 30 年代初，除雷电外，人们已知有五种不同来源的电. Faraday 把它们分为：伏打电(电池供应的电)，摩擦产生的电(Faraday 称为普通电)，电磁感应产生的电，热电(温差电)和动物电. 1832 年 Faraday 在《不同来源的电的同一性》一文中，把电的效应归纳为静电的效应与电流的效应两类，其中电流的效应又可分为发热、磁现象、化学分解、生理现象、电火花等. Faraday 分析了其他人的有关工作并结合自己的大量实验研究指出，前三种电具有两类全部效应，动物电显示生理、磁、化学三种效应，温差电只显示生理、磁效应. Faraday 认为，它们的差别是因为“电量”和“强度”不同，并无本质差异. 动物电和温差电未能显示全部效应，“只是因为那些效应很微弱或微不足道，有待于将它们的强度提高.”由此，Faraday 得出结论：“电，不论其来源如何，在性质上都是完全相同的”，论证了各种电具有同一性.

今天，电的同一性似乎是毋庸置疑，理所当然的. 但在当时，由于对电的本质几无所知，因此，Faraday 通过电的效应(静电的效应，电流的效应)证明各种来源的电具有同一性，这是一项意义重大的基础研究工作. 它有助于澄清思想，统一认识，为电磁学的研究提供共同的出发点. 同时，这也反映了 Faraday 寻找联系，提供统一解释的执着追求. 另外，Faraday 以电的效应作为鉴别各种电是否具有同一性的根据，这种从效果看本质的研究方法也具有普遍意义.

4. 电解定律

电的同一性的研究导致 Faraday 发现了电解定律. 1832 年，在用实验比较普通电和伏打电的电化分解效应时，Faraday 就得出结论：“当电化分解发生时，有许多理由使我们相信，分解出来的物质的量，并不和强度成比例，而是和通过的电量成正比.”1833 年，Faraday 明确指出，电流的化学作用“与通过的绝对电量成正比.”这就是 Faraday 电解第一定律的最初表述.

进一步的定量研究需要解决电量的相对量度或绝对量度方法. 由上述电解第一定律, 只要准确地测定被分解物或生成物, 就可以比较通过的电量. 为此, Faraday 设计制作了多种装置, 用来收集并测定水分解生成的氢气和氧气, 以此为标准测量相对电量. 经过反复细致的实验, Faraday 证明: “不管实验条件和情况有多大变化, 当水受到电流作用时, 被分解的水的数量, 都严格正比于通过它的电量.”

解决了电量的相对测量之后, Faraday 着手测定各种化合物电解时析出的物质, 发现各种元素在电解时都以确定的比例析出. Faraday 称这一比例为“电化当量”, 并先后测定了氢、氧、氯、碘、铅、锡等元素的电化当量, 得出“电化当量与普通的化学当量一致, 并且是相同的”结论(化学当量指原子量与化合价的比值). 这就是 Faraday 电解第二定律的原始表述. 现代表述为, 电化当量与化学当量成正比. 两者的差别是由于当时未能解决电量的绝对量度.

Faraday 在从事电解研究的同时, 还创立了许多新的概念和名词, 如电极、阳极、阴极、电解、电解液、离子、阳离子、阴离子、电化当量等, 一直沿用至今.

在 Faraday 电解定律的启发下, 物理学家形成了电荷具有原子性的观念, 即认为任意电量总是某种基本电荷的整数倍, 这对基本电荷的发现及建立物质的电结构理论具有重大意义. 正如 Helmholtz 指出: “Faraday 定律的最令人惊异的结论也许是: 如果我们接受元素物质由原子组成的假设, 就不可避免地要做出结论: 不论正电和负电, 都可以分成一定的单元, 其行为如同电的原子.”

Faraday 电解定律揭示了电现象与化学现象的联系, 是电化学中的重要定律, 在电解和电镀工业中有广泛应用.

5. 电介质

1837 年底, Faraday 发表了《论感应》一文, 1838 年初, 又发表了续篇. 根据他自己的实验, Faraday 认为静电感应作用不是超距作用, 而是要通过中介物质传递的近距作用. Faraday 提出了在静电感应作用下物质极化的模型, 用以说明各种静电现象.

Faraday 指出: “普通感应在所有情况下都是邻接粒子的作用, 而超距的电作用除非经过中介物质的影响, 是永远不会发生的.”Faraday 在说明绝缘体与导体的区别时, 讲得更为仔细: “一个激发的物体对邻近物质的第一个作用, 我把它看作是使它们的粒子产生极化状态, 这种状态就构成感应; 这产生于该物体对紧接着的粒子的作用, 而这些粒子又对与它们邻接的粒子发生作用, 力就是这样传到远处的. 如果感应保持不减弱, 其结果就是完全绝缘的情况; 粒子能获得或保持极化状态的程度越高, 则给予作用力的强度就越大. 反之, 如果粒子在获得极化状态时有能力传递它们的力, 则传导便出现, 张力便降低, 传导就是邻接粒子之间独特的放电作用. 物体的粒子之间发生这种放电所处的张力状态越低, 该物体就越是好导体. 按这种观点, 绝缘体可说是其粒子能保持极化状态的物体; 而导体则是其粒子不能永久地极化的物体.”

Faraday 把绝缘媒质叫做“电介质”, 他说: “我用‘电介质’这个词表示这样的物质,电力通过它们起作用.”Faraday 发现，把电介质放入电容器极板之间，可以增大电容. Faraday 把放入电介质后的电容与未放入时的电容之比，叫做该电介质的电容率，亦称介电常量.

阅读完上述大段引文之后，或许会因其晦涩、含混而感到费解. 的确，由于当时对物质的微观结构尚无所知，无法按能否宏观移动严格区分自由电荷与极化电荷(束缚电荷)，从而也难以严格区分导体与绝缘体(电介质)，静电感应与极化. 尽管如此，Faraday 通过实验研究，已经认识到物质对静电作用的影响，注意到导体与绝缘体的区别(Faraday 的“感应”实际上泛指静电感应与极化，未予区分)，并对此作出了近距作用的解释. 物理学的研究往往从发现新的现象、引入新的概念入手，逐步寻找联系、注意区别、发现规律、提供解释，通常要经历漫长的过程. 没有当年的晦涩、含混，何来今天的清晰、准确，Faraday 奠基性工作的开创意义正在于此，大段引述原文的目的也在于此.

6. 电荷守恒——冰桶实验

1843 年 Faraday 做了著名的冰桶实验，它被认为是电荷守恒定律第一个令人满意的实验证明.

Faraday 把白铁皮做的冰桶(高 10.5 英寸，直径 7 英寸)放在绝缘物上，用导线把冰桶外面接到一个金叶验电器上. 用一根 3、4 英尺长的丝线把带电的小黄铜球吊进冰桶内，验电器张开. 当带电黄铜球进入冰桶内约 3 英寸深后，验电器的张开达到最大并不再变化. 即使黄铜球与冰桶接触，电荷全部跑到冰桶上，验电器的张开程度也不发生变化.

Faraday 进一步实验得出，不论冰桶内是空的还是放有其他物质，也不论带电的黄铜球是否与冰桶内任何东西接触，即不论黄铜球上的电荷在冰桶内发生任何变化，验电器的张开程度都不变.

冰桶实验表明，其中的电荷可以转移，但不能无中生有，也不能变有为无，电荷的总量是守恒的，这就是电荷守恒定律.

迄今为止，作为物理学最基本规律之一的电荷守恒定律已为大量实验证实，它适用于一切宏观和微观的过程，没有发现任何例外. 电荷守恒定律已经成为研究各种物理问题的基本准则，意义重大. 早在 1843 年，Faraday 就提出电荷是否守恒的问题，并通过简单而有说服力的冰桶实验证实电荷守恒，Faraday 的高瞻远瞩和质朴平易确实令人赞叹不已.

7. 磁致旋光效应

1845 年 8 月 6 日 W. Thomson 写信给 Faraday，提到玻璃内的应变对偏振光有作用，如果应变是由电产生的，似乎也能观察到相似的作用. Thomson 建议 Faraday 检验电对穿过绝缘介质的线偏振光的作用. Faraday 在 19 世纪 20 年代曾寻找过电对光的作用，但是没有成功. 收到 Thomson 的信后，Faraday 重新做实验，让线偏振光沿电场方向透过玻璃棒，还是不成功. Faraday 认为，失败的原因可能是电力产生的效应太小，决定改用磁场代替电场，再做实验.

1845 年 9 月，Faraday 把自己制造的高折射率铅玻璃放在两强磁极之间，让一束线偏振光沿磁场方向通过这块玻璃. Faraday 发现，线偏振光穿过玻璃后，其振动面旋转了一个角度. 这就是磁致旋光效应，也称 Faraday 效应. Faraday 进一步发现，“不仅是重玻璃，而且固体和液体，酸和碱，油、水、酒精、乙醚，所有这些物质都具有这种能力.”

Faraday 还由实验得出，线偏振光振动面旋转角度的大小，与光通过的物质的厚度成正比，与磁力线的密度成正比；振动面旋转的方向与磁力线成右旋关系(即振动面旋转的方向是产生磁力线的电流的方向)，而与光线的进行方向无关.

Faraday 的磁致旋光效应与以前发现的自然旋光效应不同. 在自然旋光效应中，线偏振光往返通过旋光晶体两次后，其振动面恢复到最初的方位. 而在 Faraday 磁致旋光效应中，线偏振光往返通过介质两次后，其振动面转过的角度是单程转角的两倍.

在激光技术中，Faraday 磁致旋光效应可用来制作光隔离器和红外调制器.

Faraday 磁致旋光效应是历史上第一次发现光与磁现象之间的联系，具有重要的开创意义. 前面提到的 Faraday 多次实验均未成功的电光效应，终于在 1875 年由 J. Kerr 发现了，即当线偏振光垂直于电场方向通过介质后，其振动面旋转，这就是 Kerr 效应. 又，1862 年 Faraday 试图探索磁场对火焰光谱的影响，也未成功. 直到 1896 年 P. Zeeman 发现了磁场使光谱线分裂的现象，这就是 Zeeman 效应.

8. 抗磁性和顺磁性

1778 年 Brugmans 以及 1827 年 Baillif 就先后发现铋被磁极排斥的现象，但并未引起人们的重视.

1845 年 Faraday 发现，所有的物质或多或少都有一些磁性. Faraday 发现，在磁场中，有些物质如铁，镍，钴，锰等往磁场较强的方向运动，他称这些物质为“顺磁的”；而绝大多数物质如铋，磷，锑，重玻璃，锡，水银，金，水，乙醚，……以至木头，牛肉，苹果等则都往磁场较弱的方向运动，他称这些物质为“抗磁的”. Faraday 引入的这些术语一直沿用至今.

Faraday 在 1851 年发表的《论物体的磁传导和抗磁传导》及随后发表的《磁的传导能力》等论文中，阐述了他对物质磁性的看法. Faraday 认为，不同物质传导磁力线的能力不同，顺磁体能让磁力线较多地通过自身，因而被磁极吸引；抗磁体则阻止一部分磁力线通过自身，因而被磁极排斥.

Faraday 关于静电场、静磁场对物质的作用，和物质对静电场、静磁场影响的实验研究，以及他提出的导体与绝缘体(电介质)的区分，抗磁体与顺磁体的区分等，是具有开创意义的重要发现. 从此，开拓了电磁场与物质相互影响，物质微观电磁结构(这是物质能对电磁场有所响应或影响的内在根据)，以及物质电磁性质等等广阔的研究领域. 不仅如此，上述实验研究，还使 Faraday 认识到电磁作用与其间的物质有关，从而更加坚定了他对电磁作用的近距作用观点.

三、Faraday 的物理思想

Faraday 是 19 世纪最伟大的实验物理学家，也是一位杰出的自然哲学家. 纵观 Faraday 毕生的广泛实验研究及其在许多领域的卓越贡献，不难看出，除了个人的非凡才能外，造就他深邃的洞察力、丰富的直觉和巧妙的物理构思的基本科学信念，是关于自然力统一的思想以及近距作用观点的场论思想.

关于各种自然力具有统一性、不可毁灭性和可转化性(可变换性)的学说产生于 18 世纪末的德国哲学. 它首先由 Kant(康德)提出，后经 Schelling(谢林)发展. Faraday 深受这种哲学思想的影响，达到了坚信不移的程度. Faraday 通过大量的、内容十分广泛的实验研究，执着地寻找联系，追求统一解释，试图描绘出一幅统一的物理世界的图画. 前面提到的 Faraday 关于电磁感应、电解、偏振光振动面的磁致旋转、电的同一性、电介质、抗磁体与顺磁体、电磁旋转(电动机)与发电机等实验研究，无非都是在寻找电与磁、电与化学、光与磁、各种不同来源的电、电磁场与物质、电磁能与机械能之间的可能联系和相互影响，并试图提供统一的解释. 甚至 Faraday 未能获得成功的关于电光效应、磁场对光谱的影响等实验研究，也还是在寻找电与光、磁与光之间的种种联系. Faraday 曾经明确宣布："我长期以来坚持一种观点，几乎达到认定这种思想的程度，我与其他许多自然知识爱好者相信，物质的力赖以表示的各种形式有一个共同的起源；或者说，它们是如此直接相关，以致可以互相转化……"

不妨再举一个前面没有涉及的例子. 在 1837 年，Faraday 就曾提出重力、电磁力与化学亲和力等各种力等当的思想，并于 1847 年和 1859 年先后几次试图从实验上发现重力与电、重力与热之间可能存在的具体关系，但均未成功. (时至今日，引力与电磁作用的统一仍是物理学尚待探索的重大课题之一.) Faraday 指出："有一个古老而不可改变的信念，即自然界的一切力都彼此有关，有共同的起源，或者是同一基本力的不同表现形式. 这种信念常常使我想到在实验上证明重力和电力之间联系的可能性."

由此可见，Faraday 的一生，是在自然力统一思想指引下探索自然奥秘的一生.

的确，从某种意义上说，物理学的历史就是一部寻找联系，追求统一解释的历史. Newton 找到了天上的星星与地面上物体机械运动的联系，并用万有引力定律给予统一解释；Faraday 和 Maxwell 找到电与磁、电磁与光现象之间的联系，建立起统一的电磁场理论；Einstein 的狭义相对论揭示了时间、空间与物质运动之间的联系，广义相对论则更把引力囊括进来；……诸如此类，形成了一条绵延不断的长河. 正如 Einstein 所说："要是不相信我们的理论构造能够掌握实在，要是不相信我们世界的内在和谐，那就不可能有科学. 这种信念永远是一切科学创造的根本动力."

物理学中近距作用观点的场论思想起源于 Faraday.

1820 年，Oersted 为了解释他发现的电流磁效应，提出了"电冲突"的概念，并指出这种“冲突”是沿环绕导线的圆形分布的. 1821 年，Faraday 在《电磁学的历史概要》一文中，提出了电流会引起一种特殊状态的观点. 在随后所做的“电磁旋转”实验中，Faraday 清楚地看到磁棒或导线的端点沿圆形线转动. Faraday 直观地想象，如果载流导线绕成螺线管，这种圆形线会被集中于回路内，磁针将会沿着这种集中了的线从一端穿过螺线管到达另一端. 按照这种设想所做的第二种“电磁旋转”实验获得了预期的成功. 这使 Faraday 相信这种特殊状态不仅存在于电流通过时的导体内，而且传播到离导线一定距离处. 1822 年未获成功的电光效应实验，正是 Faraday 为了探测这种特殊状态所作的尝试. 由此可见，Faraday 刚进入电磁学研究领域，就持着一种与大多数同时代人坚持的超距作用观点颇为不同的独特想法.

在 1831 年 11 月关于电磁感应的题为“物质的新的电状态或情况”的论文中，Faraday 正式将这种特殊状态称为“电紧张状态”(electrotonic state)，电紧张状态是电流或磁体产生的一种特殊状态，“一旦导线受到伏打电流或磁的电感应，它就显出一种特殊的状态”，这种状态就是电紧张状态. Faraday 用它来解释电磁感应现象. 螺线管或导线在磁铁附近运动产生感应电流，是因为运动过程中“电紧张状态升到较高或降到较低的程度，这种变化伴随着电流的产生”. 对于自感现象，Faraday 认为，“能在一根邻近导线中产生电紧张状态的电流，同样能在它自身的导线中感应那种状态”，因而产生自感现象.

在关于电磁感应的论文中，Faraday 使用了“磁曲线”一词. 磁曲线就是磁力线，它代表磁力的作用. Faraday 指出，磁曲线的形状可以用铁屑模拟出来，一个非常小的磁针也可标志出一条磁曲线的切线. Faraday 还用导线切割磁曲线的方式来确定感应电流的方向. 力线一词早就有人用过，但 Faraday 赋予它新的物理意义. Faraday 还指出，“磁力或电力轴能激起一种环形的感应电流，如同电流能产生和显示一种环形的磁作用一样”.

力线概念和电紧张状态概念是 Faraday 近距作用观点场论思想的最初形式，它贯穿在随后展开的电化学研究中. 1832 年 3 月，Faraday 又提出了电力线概念. 1833 年研究电解理论时，提出了电流线概念，并指出电化分解的原因，是因为电流通过溶液时，电解质粒子内部的化学亲和力发生变化，因此粒子处于极化状态，极化粒子沿着电流的路径连锁传递这种状态，同时进行分解和再化合，最后在电极析出生成物. 这表明，Faraday 是从粒子所在处的电流作用中去寻找电解的原因，而没有从当时流行的电极是超距的引力和斥力中心的观念去解释电解过程.

Faraday 把“极化粒子连锁传递”的思想发展到用来解释静电感应现象，于 1837 年提出了他的电感应理论. Faraday 在《论感应》及《论感应(续)》(1838)等论文中指出，通常的感应本身总是邻接粒子的作用. 这种作用是相邻粒子间张力的传递过程，极化粒子将这种作用“邻接地”传递到下一个粒子，形成极化或电感应力线，最后终止于界面. 电解是第一阶段产生极化，第二阶段粒子发生分解，而绝缘粒子只停留在第一阶段. Faraday 用实验证明了中介物质(电介质)对这种作用力的影响，因而测定了介质的电容率(介电常量). Faraday 还指出，超距的电作用(即通常的感应作用)除了通过中介物质的影响之外，是绝不会发生的. Faraday 还用实验巧妙地证明，感应作用与超距作用观点相反，是沿曲线传递的. Faraday 将这种曲线类比为一系列小磁针形成的力线. Faraday 指出，力线在纵向有收缩趋势，在横向有扩张趋势，他认为具有这种性质的力线充满了电荷之间的空间，并以此为出发点说明一切静电现象.

Faraday 的一系列实验研究以及借助于力线表述的近距作用解释，向当时占统治地位的超距作用观点发起了认真的挑战，并在确立场论思想的道路上迈出了极为重要的一步.

Faraday 场论思想的发展曾受到 J. R. Boskovic 理论的启发. Boskovic 1758 年发表的《自然哲学理论》认为，组成物质的原子只不过是力的中心，离中心最近处原子力表现为巨大的斥力，随着距离的增加则交替表现为引力和斥力，较远处表现为引力并与距离平方成反比. 1844 年，Faraday 把电感应研究建立的概念向磁作用推广时，曾明确表示 Boskovic 的原子概念比通常的概念具有更大的优越性，认为物质将是完全连续的，中心周围的力与作为中心的原子是结合在一起的，物质粒子通过联合力结成一块，粒子通过这些力与相邻的其他粒子发生接触作用. Faraday 最终完全摒弃了超距作用观点而建立了近距作用观点的明确的场概念. 1845 年 11 月 7 日，Faraday 在日记中首次使用了"磁场"一词，以后经常使用，并于 1848 年正式出现在他的论文中.

抗磁性机制的研究推动 Faraday 沿着已经开辟的方向进一步探索磁和磁作用的本质，导致近距作用观点场论思想的最终确立. Faraday 在《论物体的磁传导和抗磁传导》(1851)、《论磁力线》(1851)、《论磁哲学的一些观点》(1855)、《论力的守恒》(1857)等论文中，集中表达了他近距作用观点的场论思想. 概括起来，Faraday 的结论主要是：

1. 力线或场是独立于物体的另一种物质，物体的运动是力线传递的力作用的结果，物体可以改变力线的分布；

2. 力线在纵向有收缩的趋势，在横向有扩张的趋势；

3. 磁力线是闭合的、没有起点和终点的力线；电力线是不闭合的、有起点和终点的力线；

4. 电磁感应是由于导线切割了磁力线或磁力线切割了导线而引起的；

5. 力线的传播需要时间.

早在 1832 年，Faraday 在给英国皇家学会的封存的信中就已指出，磁作用和电感应的传播需要一定的、显然是非常短的时间，这种传播类似于水波和声振动，而且这也是光现象最可能的解释. 1846 年，Faraday 在《关于光线振动的思想》一文中指出，他把辐射视为力线的一种高级振动，在力线一端的变化容易使人想到在另一端引起的变化；光的传播需要时间，因而或许所有的辐射作用也需要时间；由于力线的振动是辐射的原因，因而辐射也需要时间. 这是关于光的电磁性质的极有价值的思想. Faraday 在 1857—1858 年间曾试图用实验来测定电磁扰动的传播速度，但未获成功. Faraday 的这些想法，后来在 Maxwell 的电磁场理论及尔后的实验证实中得到了确认.

Faraday 近距作用观点的场论思想更多地是用力线语言表达的，因此也称为力线思想. 它具有鲜明的实践来源. 场概念的许多重要观点, 如磁力线是真实存在的、是闭合的等结论, 都有独特的实验证明.

近距作用观点场论思想的确立开始了 Newton 以来物理学最伟大的变革, 因而受到许多物理学家的重视. W. Thomson 指出: "在 Faraday 的许多贡献中, 最伟大的一个就是力线概念了. 我想, 借助于它就可以把电场和磁场的许多性质, 最简单而又极富启发性地表示出来." Thomson 在自己研究的基础上建议 Maxwell 研究 Faraday 的力线思想. Maxwell 在 Faraday 的基础上发展了近距作用观点的场论思想, 建立了 Maxwell 方程, 奠定了经典电动力学的理论基础.

Maxwell 曾经把 Faraday 与 Ampere 作过精辟的比较, 深刻地阐明了 Faraday 研究工作的特点. 在本节的最后, 让我们引用 Maxwell 的论述来结束对 Faraday 的介绍. Maxwell 写道:

> "Ampere 借以建立电流之间机械作用定律的实验研究, 是科学上最辉煌的成就之一.
>
> 整个的理论和实验看来似乎是从这位'电学中的 Newton'的头脑中跳出来的, 并且是已经成熟和完全装备完了的. 它在形式上是完整的, 在准确性方面是无懈可击的, 并且它汇总成为一个必将永远是电动力学的基本公式的关系式, 由此可以导出一切现象.
>
> 然而, Ampere 的方法(虽然整理成为一种归纳的形式)使我们无法找出指导着他的概念的形成过程. 我们很难相信 Ampere 真是借助于他所描述的那些实验而发现这种作用的规律. 使我们怀疑(事实上他自己也这样说)他是通过某些他没有指给我们的过程发现这一规律的. 并且后来他在确立一个完整的证明时, 拆除了借以树立它的脚手架的一切痕迹."
>
> "在他(Faraday)发表了的研究报告中, 我们发现这些观念是以一种更适合于一门正在形成中的科学的语言表述的, 因为他和那些(像 Ampere 那样的)习惯于建立思想的数学形式的物理学家们的风格是颇为不同的."
>
> "Faraday 虽然透彻地了解空间、时间和力的基本形式, 却不是一个专门的数学家, 这对科学或许倒是有益的. 他并不试图深入到许多有趣的纯数学研究, ……他既不感到有必要强使他的结果采取符合当时的数学口味的形式, 也不想把它们表示为数学家们会着手去研究的形式."
>
> "Faraday 既告诉我们他的成功的经验, 也告诉我们他的不成功的经验; 既告诉我们, 他的粗糙的想法, 也告诉我们那些成熟的想法. 在归纳能力方面远不及他的读者, 使人感到的共鸣甚至多于钦佩, 并且会引起这样一种信念: 如果自己有这样的机会, 那么也将会成为一个发现者."

§6. Thomson 的类比研究

William Thomson(即 Lord Kelvin，1824—1907)是在物理学的许多领域有广泛贡献的英国物理学家.

如所周知，Kelvin 温标(绝对温标)，热力学第二定律的 Kelvin 表述，以及关于温差电现象的 Thomson 效应就是以他的姓氏命名的. 在电磁学领域，Thomson 在 1847—1853 年间指出，磁介质内部有两个不同的物理量 $\boldsymbol{H}$ 和 $\boldsymbol{B}$. $\boldsymbol{H}$ 是单位磁极在细长圆柱形空腔内所受的力，Thomson 称之为“按磁极定义的磁力”；$\boldsymbol{B}$ 是单位磁极在粗短圆柱形空腔内所受的力，Thomson 称之为“按电极定义的磁力”. Thomson 把 $\boldsymbol{B}$ 和 $\boldsymbol{H}$ 的比例系数 μ 叫做磁导率，给出关系式 $\boldsymbol{B}=\mu\boldsymbol{H}$，Thomson 把磁化强度和 $\boldsymbol{H}$ 的比例系数叫做磁化率. Thomson 证明，磁场的能量密度为 $\mu H^2/8\pi$，自感系统的磁能为 $\frac{1}{2}LI^2$. 另外，Thomson 参加过铺设大西洋海底电缆的工作，提出了温差电现象的热学理论(1851 年)，证明莱顿瓶放电具有振荡的性质(1853 年)，发明镜式电流计即灵敏电流计(1858 年)，等等，Thomson 的贡献是广泛多样的.

在建立电磁场理论的过程中，Thomson 的类比研究起过重要而独特的作用.

1841 年，Thomson 把包含带电导体的区域内的静电力分布与无限固体中的热流分布相比较，指出前者的电力线与后者的热流线相对应，前者的等势面与后者的等温面相对应，前者的电荷与后者的热源相对应. 这种相似性的价值不仅在于提供和开拓了热与电的数学理论的对比研究，更重要的是，热理论的公式是以连续介质中相邻粒子间的相互作用为前提得出的，因而上述两者形式上的类似提供了一种暗示，即是否可以把电作用也看成是经某种连续介质依次传递而实现的呢?

1846 年，Thomson 又研究了电现象与弹性现象之间的相似性. Thomson 考察了处于应力状态的不可压缩弹性固体的平衡方程，指出代表弹性位移的矢量分布可以与静电体系的电力分布相比拟. 此外，弹性位移还可以同样好地与一个通过 $\boldsymbol{B}$ 由 $\mathrm{curl}\boldsymbol{\alpha}=\boldsymbol{B}$ 定义的矢量 $\boldsymbol{\alpha}$ 相一致. 其实，这里的 $\boldsymbol{\alpha}$ 与 Neumann 和 Weber 关于电磁感应的论文中所引入的电动力学势 $\boldsymbol{\alpha}$(见本章§4)是等价的. 但 Thomson 是由不同考虑得到的，当时并不知道两者是同一的. Thomson 在这篇文章中所作的类比，再次暗示了在非恒定情形下电磁作用的传播图像. 但是，Thomson 本人并没有进一步深究下去.

1856 年，Thomson 提出磁的另一种解释. Thomson 根据 Faraday 发现的偏振光振动面的磁致旋转，认为磁具有旋转的性质. 1858 年，Helmholtz 关于涡旋运动的研究使得这一观点加强了. Helmholtz 指出，如果电流产生的磁场可以和不可压缩的流体类比，则磁矢量可以用流体速度代表，从而电流对应于流体的涡旋线(vertex filament)，这一类比可将流体力学的许多定理与电学的定理对应起来.

Thomson 和 Helmholtz 通过恰当而又寓意深远的类比研究，发现了不同领域的不同现象之间在一定范围内的相似，其意义是重大的. 因为，首先，它暗示电磁作用如同与之相似的热流、弹性现象或不可压缩流体的流动，似乎也应该是在空间经过某种连续介质逐点依次传递而实现的、非瞬时的，从而为 Faraday 关于电磁现象的近距作用观点提供了支持，坚定了 Maxwell 在近距作用观点指引下建立电磁场理论的信心. 其次，尽管 Faraday 借助于力线描绘的近距作用的场论思想，是以大量实验研究为基础的，并作了详细的物理阐释，但是，还缺乏应有的物理概念与定量表述. 为了使物理学新开辟的关于电磁场的研究工作，得以打开局面，有所进展，根据类比研究发现的相似，不妨把比较成熟部门现成的物理概念、图像以及数学工具、表达方式移植过来，这就是类比在研究方法上的意义. 实际上，Maxwell 在建立电磁场理论之初，正是从类比研究入手的.

虽然类比研究提供的暗示与联想，能够起到启发物理、移植数学工具和表达方式等等有益的作用，但是，应该强调指出，类比研究的本质是猜测，它给出的只是可能性而不是结论. 类比研究是有限度的，在一定范围内形式上的相似是不允许随意夸大的. 总之，类比或许可以成为研究工作的入门阶梯，但是，类比决不能取代理论分析与实验研究，相反，应由理论分析与实验研究来决定类比猜测的弃取或修正.

§7. Maxwell 的《论 Faraday 力线》(1855—1856)

1854 年，年方 23 岁的 Maxwell 在英国剑桥大学毕业. 在 W. Thomson (Lord Kelvin) 的影响下，Maxwell 进入了电磁学领域，开始从事电磁场的理论研究工作. 为此，Maxwell 作了多方面的准备. 首先，年轻的 Maxwell 接受了 W. Thomson 劝他多读 Faraday 著作的忠告，认真地通读了 Faraday 的三卷论文集《电学的实验研究》. Faraday 广泛深入的实验研究，对错综复杂电磁现象提供的简洁而深刻的近距作用解释，深深地打动了 Maxwell. 这样，在进入电磁学研究领域之初，Maxwell 就继承了 Faraday 彻底的近距作用思想，坚定了以近距作用的场观念来研究电磁现象的信念. 其次，Maxwell 大量阅读了 W. Thomson 的工作，以及 Gauss、Green、Poisson、Stokes 等人的有关论述，领会了类比研究的方法，掌握了当时已有的但并不完善的数学工具. 再次，对于当时已经建立的，以 Ampere、Neumann、Weber 为代表的，试图以 Coulomb 力和 Weber 力(运动电荷之间的作用力)来解释全部电磁现象的大陆派超距作用电磁理论，Maxwell 一方面给予应有的肯定，同时也深刻地洞察了其中的内在矛盾、困难和不协调，从而更加强了致力于建立电磁场理论的决心.

从 19 世纪 50 年代中期到 60 年代中期，在 10 年左右的时间内，Maxwell 经历了一条曲折的道路，终于建立起完整的电磁场理论，完成了毕生最重要的贡献. Maxwell 建立电磁场理论的工作集中反映在他的三篇著名电磁学论文中，即 1855—1856 年的《论 Faraday

力线》, 1861—1862 年的《论物理力线》, 以及 1865 年的《电磁场的动力学理论》. 从本节起, 我们用三节的篇幅, 逐一详细地介绍这三篇经典文献.

由于时代的间隔, 阅读 100 多年前的经典文献是艰辛的, 但却是激动人心的. 毫无疑问, 弄清楚 Maxwell 当年究竟怎样建立电磁场理论具有重要的意义, 因为它不仅可以为当前的电磁学教学提供切实的根据, 而且可以充分领略 Maxwell 深刻的物理思想和极具特色的研究方法, 从中汲取丰富的营养.

一、《论 Faraday 力线》的纲目与要点

《论 Faraday 力线》是 Maxwell 关于电磁场理论的第一篇重要论文, 全文长达 70 多页, 1855 年 12 月发表第一部分, 1856 年 2 月发表第二部分. 论文各部分的标题如下.

第 一 部 分

前言

Ⅰ 不可压缩流体运动的理论

Ⅱ 没有重量的不可压缩流体匀速流经有阻力介质的理论

力线概念的应用

电介质理论

永磁体理论

顺磁和抗磁感应理论

磁晶(magnecrystallic)感应理论

电流传导理论

论电动力

论闭合电流的超距作用

论感应产生的电流

第 二 部 分

论 Faraday 的“电紧张状态”(electro-tonic state)

论作为电流性质的量(quantity)和强度(intensity)

磁的量和强度

电磁学

电紧张状态理论概要

例

Ⅰ 电像理论

Ⅱ 均匀磁力场中顺磁球和抗磁球的效应

Ⅲ 不同强度的磁场

Ⅳ　均匀场中的两个球

Ⅴ　在磁铁两极之间的两个球

Ⅵ　从不同方向阻力系数不同的物体中切出一球的磁现象

Ⅶ　球壳内的永磁性

Ⅷ　电磁球壳

Ⅸ　电磁铁核心的效应

Ⅹ　球形电磁铁内的电紧张函数

Ⅺ　球状电磁线圈机

Ⅻ　球壳在磁场中旋转

（注：在上述标题中，括号里的内容系引者所加，非原文所有.）

在介绍论文各部分的具体内容之前，试指明其要点，以利读者领会其精神实质.

首先，论文以《论 Faraday 力线》为题，表明 Maxwell 在进入电磁学领域之初，就在近距作用观点的指引下，选择了电磁作用的媒介物——力线作为研究对象. 这是至关紧要的，因为指导思想不同，提出的问题、选定的研究对象、采用的方法等往往截然不同，得到的结果也将大相径庭. 正如 Einstein 在评论 Faraday 和 Maxwell 的电磁场理论时指出："这个理论从超距作用过渡到以场为基本变量，以致成为一个革命性的理论."

其次，力线或场是在一定空间范围内连续分布的客体，对于这种与传统的质点、刚体明显不同的全新研究对象，如何着手呢？对此，Maxwell 采用类比研究的方法. 值得注意的是，与谁类比，如何类比，通过类比有何收获，这种类比有什么限制与局限.

再次，在论文的第二部分，Maxwell 把目光转向电磁感应. 通过把 Faraday 提出的电紧张状态的概念与 Neumann 在给出电磁感应定律时采用的定量表述相结合，Maxwell 弥补了 Faraday 对电磁感应所做的近距作用解释缺乏定量表述的不足. 然后，Maxwell 又明确提出了涡旋电场的概念，揭示了电场与磁场的内在联系，解释了感应电动势产生的原因，完成了建立电磁场理论过程中的第一个重大突破. 应该从各方面认识涡旋电场概念的意义，进而体会建立抓住物理本质的物理概念并给予定量表述的重要性.

二、前言——研究对象：力线，研究方法：类比

在《论 Faraday 力线》第一部分的前言中，Maxwell 环顾了当时电磁学已有的研究成果和研究状况后指出，虽然已经建立了许多电磁学实验定律和有关的数学理论，但是却未能揭示出各种电磁现象之间的联系. Maxwell 评论道："电科学的现状看来特别不便于思索，"每一部分的理论都"还没有与学科的其他部分建立起联系"，"没有一种电的理论是向前发展的". Maxwell 主张，必须建立静电与动电，电磁力与感应之间的联系，需要把已有的研究成果"简化和缩写成一种思维易于领会的形式". 由此可见，Maxwell 不仅关注电磁学各个部分的重要问题，更试图寻找联系，试图为错综复杂的各种电磁现象提供简明深入的统一解释. Maxwell 意识到，统一的电磁理论的诞生，将会推动电磁学大踏步

向前发展，开创崭新的局面.

接着，Maxwell 明确宣布："我并不试图建立任何物理理论，我的计划只限于指明，通过严格应用 Faraday 的思想和方法"，特别是力线的概念，使"各种现象之间的联系更为清楚". 这表明，Maxwell 认为，Faraday 提出的力线概念是寻找联系建立理论的关键. 换言之，Maxwell 决心继承 Faraday 彻底的近距作用观点，以"Faraday 力线"为研究对象，建立统一的近距作用电磁理论. 或许是意识到这一任务的艰巨性，难以一蹴而就，Maxwell 谦虚而实事求是的声明"我并不试图建立任何物理理论". 后来，经过约 10 年的努力，Maxwell 终于完成了建立电磁场理论的伟业.

什么是力线呢？尽管 Faraday 已经作过许多解释，Maxwell 仍然强调："我要解释和说明'力线'的概念". 根据带电体对带正电或带负电小物体的作用力，或者，根据磁体对小磁针 N 极或 S 极的作用力，"我们可以发现一条线，它经过空间任一点，它表示作用在带正电粒子上的力的方向，或表示作用在 N 极上的力的方向."这样画出来的曲线就是"力线"，力线"填满了全部空间". 为了使力线不仅能够描绘力的"方向"，而且能够描绘力的"强度"，Maxwell 指出，可以把力线看作是类似于"携带不可压缩流体的可变截面的细管"，用"虚构的流体速度表示力的强度"，"于是我们就得到了物理现象(指电磁现象——引者)的几何模型". 可见，力线是描绘电力或磁力大小、方向的几何曲线，力线是在一定(或全部)空间范围内连续分布的客体，或者，从数学上说，力线是一个矢量场.

对于力线这样一种新的研究对象(完全不同于传统的质点和刚体)，如何着手研究呢？Maxwell 认为，只采用数学公式和物理假设是不够的，必须寻找新的研究方法，这就是"物理类比"的方法. Maxwell 认为，类比可以沟通不同的研究领域，可以在解析的抽象形式和假设方法之间提供媒介，可以借鉴和移植已有的数学工具和表述方式，甚至可以启发物理思想.

总之，在《论 Faraday 力线》第一部分的"前言"中，Maxwell 评价了当时电磁学研究的状况，表明了寻找联系、建立统一电磁理论的愿望，确定了以 Faraday 力线为研究对象，并打算采用类比方法来加以研究.

三、力线与流线的类比，两类矢量

作为类比研究的准备，Maxwell 在《论 Faraday 力线》的第一部分，用了不少篇幅，系统详尽地回顾和总结了流体力学关于不可压缩流体稳定流动的理论以及不可压缩流体流经有阻力介质的理论. 然后，笔锋一转，将力线与流线、电荷磁极与流体的源壑、场强与流速、场强叠加与流速叠加、场强分布与流速分布、场中介质与流体运动中的有阻力介质、流速场与静电场恒定磁场等等作了一系列的类比.

Maxwell 指出，当不可压缩流体从一个小的源头向四面八方均匀地流出，作稳定流动时，流线向外辐射，各点流速的方向沿流线的切向，流速的大小与该点到源点的距离平方成反比. 一个正点电荷的电力线或一个小 N 极的磁力线与上述流线相似，也向四面八方呈辐射状，电力线或磁力线不仅可以描绘各点电场或磁场的方向，并且场强的大小与距离的关系和相应的流速与距离的关系相同. 负点电荷与小 S 极的情况则与流体的壑相似(在流体力学中，喷发流体的称为源或源头，宣泄聚敛流体的称为 Sink，译为壑或汇或尾闾). Maxwell 指出，场强的叠加与流速的叠加遵从相同的矢量求和法则，因此，任意分布的电荷或磁极在空间各处产生的场强与相应分布的源壑在空间各处产生的流速分布相似. 利用力线与不可压缩流体流线之间的相似，Maxwell 仿照流体力学中的流管，在静电场或恒定磁场中引入由电力线或磁力线构成的力管的概念. 利用力管，不仅可以描绘电场或磁场的方向，而且可以通过力管各处截面积的大小，来比较场强的大小. 总之，当不可压缩流体稳定流动时，各处流体的运动状况即流速大小与方向的空间分布，完全可用流线的分布以及流管的粗细来描绘，即可由流速场描绘. 同样，静电场或恒定磁场的空间分布，则可用力线的分布和力管的粗细来描绘.

对于不可压缩流体的稳定流动，了解流速大小与方向的空间分布是必要的，但还不够. 通常还关心在一定的空间范围内是否存在喷发流体的源或宣泄流体的壑，即是否有源；以及是否存在漩涡，即流线是否形成首尾相接的闭合曲线，亦即是否有旋. 如果有源(注意，如果存在源或壑，统称有源)，则通过包围源或壑的闭合曲面的流量(单位时间流进或流出的流体)不为零；如果无源，则通过该处闭合曲面的流量为零. 如果有旋，则流速沿闭合曲线所作的曲线积分不为零；如果无旋，则流速沿闭合曲线的积分为零.

与此类似，静电场由正、负电荷(源、壑)产生，电力线起源于正电荷、终止于负电荷，不存在首尾相接的闭合电力线，所以静电场是有源无旋的. 恒定磁场由恒定电流产生，磁力线总是构成首尾相接的闭合曲线，所以恒定磁场是无源有旋的.

于是，通过类比，Maxwell 认识到，对于包括恒定流速场、静电场、恒定磁场等在一定空间范围内连续分布的矢量场，是否有源以及是否有旋，是从总体上把握其特征并予以区别和比较的关键. 通过类比，通过借鉴和移植流体力学的已有成果，Maxwell 认识到，通量与环流(对于流速场、静电场、恒定磁场，通量分别是流量、电通量、磁通量，环流或环量分别是流速、电场、磁场沿闭合曲线的积分)以及相应的 Gauss 定理和环路定理，正是描述矢量场性质(即是否有源与是否有旋)的恰当的数学工具. 由此，当时已经建立的静电场与恒定磁场的 Gauss 定理与环路定理，上升为描述与比较场性质的规律，而不仅仅是提供了计算场的新方法. Maxwell 的类比研究，使 Faraday 的物理思想得到了升华，并获得了适当的数学表述.

通过类比，Maxwell 分别讨论了静电、永磁、恒定电流、静电感应、磁感应等等. Maxwell 认为，静电学中已有的 Coulomb 定律以及 Poisson 等关于静电学势理论的各种数学表达式，应该代之以新的形式，使之与不可压缩流体稳定流动时描绘流速场的数学表达式相一致. 换言之，Maxwell 认识到，对于各种矢量场，应该采用相应的 Gauss 定理和环路定理来描绘它们的基本性质.

然后，Maxwell 回顾了存在有阻力介质时，不可压缩流体的稳定流动. 当不可压缩流体在有阻力的介质中流动，并从具有某种阻力的介质进入另一种具有不同阻力的介质时，流动是连续的，但是在越过两种有阻力介质的边界时，边界两侧存在着压差. 这种效应可以通过在边界处引入适当的源或壑形式地获得. 接着，Maxwell 讨论了介质阻力随方向变化(即阻力具有各向异性)的情形. 这时，某处流体的流量矢量 $\boldsymbol{Q}$(其方向为流体运动的方向，其大小为流量)与该处最大压力梯度 $\boldsymbol{\alpha}$ 的方向并不平行，$\boldsymbol{Q}$ 与 $\boldsymbol{\alpha}$ 可以通过公式 $\boldsymbol{Q}=\overleftrightarrow{k}\cdot\boldsymbol{\alpha}$ 联系起来，其中 $\overleftrightarrow{k}$ 是描述介质阻力具有各向异性性质的二阶张量.

根据 Faraday 的思想，通过与不可压缩流体稳定流动的类比，Maxwell 把静电场或恒定磁场中各向异性的电介质或磁介质(例如晶体或铁磁质)，与流体流动时所遇阻力的各向异性(即阻力与方向有关)相对应. 在 Maxwell 之前，W. Thomson 已经给出了磁介质的介质方程，即在磁介质内部，磁感应强度 $\boldsymbol{B}$ 与磁场强度 $\boldsymbol{H}$ 的关系为 $\boldsymbol{B}=\mu\boldsymbol{H}$，其中 μ 是描述磁介质性质的磁导率. 通过类比，Maxwell 认为，磁感应强度 $\boldsymbol{B}$ 与流体的流量 $\boldsymbol{Q}$ 相对应，磁场强度 $\boldsymbol{H}$ 则与流体所受最大压力梯度 $\boldsymbol{\alpha}$ 相对应. 如果磁介质各向异性，只需仿照流体力学的结果，把式中的磁导率换成二阶张量 $\overleftrightarrow{\mu}$ 即可，于是有 $\boldsymbol{B}=\overleftrightarrow{\mu}\cdot\boldsymbol{H}$.

当时，在电磁学中，已经引入了包括 $\boldsymbol{B}$，$\boldsymbol{H}$，$\boldsymbol{E}$，$\boldsymbol{D}$，$\boldsymbol{j}$ 等在内的各种物理量. 但是，对于它们的含义、地位、彼此关系的认识并不一致，往往容易引起混乱，令人困惑. 通过与流体力学的类比，考虑到研究矢量场的需要，Maxwell 把电磁学中的各种矢量从数学上分成两类. 与流体力学中的流量 $\boldsymbol{Q}$ 相对应，Maxwell 把一类电磁矢量称为“量”(quantities)或“流量”(fluxes)，这类矢量可以遍及曲面作积分，遵从连续性方程，其中包括磁感应强度矢量 $\boldsymbol{B}$、电位移矢量 $\boldsymbol{D}$、电流密度矢量 $\boldsymbol{j}$ 等等. 与流体力学中的最大压力梯度 $\boldsymbol{\alpha}$ 相对应，Maxwell 把另一类电磁矢量称为“强度”(intensity)或“力”(forces)，这类矢量可以沿闭合曲线作积分，其中包括电动力 $\boldsymbol{E}$(即电场强度矢量)、磁场强度矢量 $\boldsymbol{H}$ 等等. 显然，“量”或“流量”$\boldsymbol{B}$，$\boldsymbol{D}$，$\boldsymbol{j}$ 等通常出现在 Gauss 定理或连续性方程中，“强度”或“力”$\boldsymbol{E}$，$\boldsymbol{H}$ 等通常出现在环路定理中.

Maxwell 通过与流体力学的类比，把电磁矢量区分为两类，使得原先杂乱的各种电磁矢量各居其位，变得清晰而有条理了. 这一工作，看似形式，却是颇有意义的奠基性工作，因为它有利于认识各种电磁矢量的物理意义、运算特征以及其间的关系，从而能够消除混乱、澄清思想，推动电磁场理论的研究工作沿着正确的道路前进.

总之，Maxwell 通过力线与流线的类比，通过借鉴与移植流体力学的已有成果，不仅使得 Faraday 借助于力线定性描绘的近距作用思想得到了适当的定量表述，而且进一步认识了作为矢量场的静电场与恒定磁场的性质(静电场有源无旋，恒定磁场无源有旋)以及表述这种性质的数学手段(通量与环流，Gauss 定理与环路定理)，并且从数学上区分了两类电磁矢量. Maxwell 的这些工作，使电磁场的理论研究工作得以打开局面，顺利前进，显示了类比研究的威力.

然而，也应该清醒地认识到，类比研究并非万能，它是有局限性的.

在《论 Faraday 力线》完成之后，Maxwell 注意到两个事实. 第一，根据 Bernoulli 的理论，流线越密的地方流速越大而压强越小，但根据 Faraday 的理论，磁力线有纵向收缩和横向扩张的趋势，因而磁力线越密的地方胁强越大，两者并不一致. 第二，从电介质的情况看，电的运动是介质中分子的平移运动，而从偏振光的磁致旋转现象看，磁的运动似乎是介质中分子的旋转运动，这也有别于流体的运动. 以上两个事实表明，电磁运动与流体运动并非完全雷同，力线与流线的类比虽然有助于从总体上认识静电场、恒定磁场的性质，但也容易掩盖它们与流体不同的独特个性. 另外，不难看出，Maxwell 所作的力线与流线的类比研究仅限于静态，这也无助于揭示在变化与运动条件下电力线和磁力线之间(即电场与磁场之间)可能存在的内在联系. 所以，为了认识电力线与磁力线的特殊性质以及其间的内在联系，仅用类比研究难以奏效，还需要采用其他方法从物理上作深入的研究.

还应指出，Maxwell 得出的关于静电场和恒定磁场的性质，是近距作用与超距作用观点都可以接受的，因为在静态条件下，力线或场究竟是客观存在还是仅仅是一种描绘手段，无从鉴别. 换言之，对于两种观点孰是孰非这样深刻的命题，需要决定性的有力证据，而这也是类比研究难以提供的.

四、电紧张状态的数学表述，涡旋电场

在《论 Faraday 力线》的第二部分，Maxwell 把目光转向电磁感应.

电磁感应现象的发现，感应电动势概念的提出，电磁感应定律的建立，标志着电磁学的研究突破了静止、恒定条件的限制，进入了运动、变化的普遍情形，标志着继 Oersted 实验之后，再次找到了电现象与磁现象之间的联系. 这一切都表明，电磁感应的研究对于建立统一的电磁理论具有重要意义. 因此，无论 Faraday 还是 Neumann 与 Weber 都极为重视电磁感应的研究，Maxwell 也不例外.

前已指出(见第一章 § 5)，为了解释电磁感应，Faraday 把他的力线图像从静态发展到动态，并且开始把原先彼此无关的电力线与磁力线相联系. Faraday 提出，在电流或磁体附近存在着某种“电紧张状态”，因电流或磁体的运动、变化所引起的电紧张状态的变化，正是产生感应电动势的原因，等等. 但是，Faraday 这些深刻的物理思想却没有任何定量表述.

根据 Faraday 的想法，Maxwell 指出“当导体附近的电流或磁铁移动时，或其强度变化时”，或者，“当导体在电流或磁铁附近移动时”，导体中就产生了“持续的电流”(闭回路)或“电张力”(开回路). Maxwell 认为，感应电动势起源于磁或电流现象的“变化”，即起源于某种“状态”的变化. Maxwell 指出，这种“状态”就是 Faraday 提出的“电紧张状态”. Maxwell 认为，Faraday 的这些概念和想法是“正确的”，“遵循他(Faraday)的思索可以导出其他更多的规律”. 同时，Maxwell 也指出了 Faraday 的不足，“我认为，这些思索还没有作为数学研究的课题”. Maxwell 强调：“电紧张状态是电磁场的运动性质，它具有确定的量，数学家应当把它作为一个物理真理接受下来，从它出发得出可通过实验检

验的定律."由此可见，Maxwell 在研究电磁感应时，全盘继承了 Faraday 的近距作用解释，牢牢抓住了问题的关键——电紧张状态，明确指出"电紧张状态是电磁场的运动性质"，是"物理真理"，并决心弥补 Faraday 缺乏定量表述的不足.

接着，Maxwell 把描述"电紧张状态"强弱的物理量称为电紧张函数或电紧张强度 $\boldsymbol{\alpha}$. Maxwell 指出，电紧张函数 $\boldsymbol{\alpha}$ 就是 Neumann 在给出电磁感应定律：

$$\mathscr{E}=-\int\frac{\partial\boldsymbol{\alpha}}{\partial t}\cdot\mathrm{d}\boldsymbol{l} \tag{1}$$

时引入的电动力学势 $\boldsymbol{\alpha}$(详见第一章§5). Neumann 的电动力学势 $\boldsymbol{\alpha}$ 定义为

$$\boldsymbol{\alpha}=i'\int_{l'}\frac{\mathrm{d}\boldsymbol{l}'}{r} \tag{2}$$

式中 i' 和 $\mathrm{d}l'$ 分别是施感线圈的电流和任意线元，r 是 $\mathrm{d}l'$ 与被感线圈任意线元 $\mathrm{d}l$ 之间的距离. Maxwell 借用 Neumann 的电动力学势来表述 Faraday 的电紧张状态，使后者缺乏定量表述的问题顷刻间迎刃而解.

进而，根据 B. S. L. 定律，施感线圈在被感线圈任意线元 $\mathrm{d}l$ 处产生的磁场为

$$\boldsymbol{B}=i'\int_{l'}\frac{\mathrm{d}\boldsymbol{l}'\times\boldsymbol{r}}{r^3} \tag{3}$$

把矢量公式

$$\frac{\boldsymbol{r}}{r^3}=-\nabla\left(\frac{1}{r}\right) \tag{4}$$

代入(3)式，并利用(2)式，得出

$$\begin{aligned}\boldsymbol{B}&=i'\int_{l'}\mathrm{d}\boldsymbol{l}'\times\left[-\nabla\left(\frac{1}{r}\right)\right]\\&=\nabla\times\left(i'\int_{l'}\frac{\mathrm{d}\boldsymbol{l}'}{r}\right)\\&=\nabla\times\boldsymbol{\alpha}\end{aligned} \tag{5}$$

Maxwell 指出，(5)式中的 $\boldsymbol{\alpha}$ 与 $\boldsymbol{B}$ 分别是施感线圈(电流为 i'，周长为 l'，其中的任意线元为 $\mathrm{d}l'$)在与 $\mathrm{d}l'$ 相距为 $\boldsymbol{r}$ 处产生的电紧张强度和磁感应强度，(5)式给出了该处 $\boldsymbol{B}$ 和 $\boldsymbol{\alpha}$ 的关系. W. Thomson 曾经给出过(5)式，Maxwell 在《论 Faraday 力线》中再次证明了(5)式.

应该指出，一般说来，由于任意矢量函数 $\boldsymbol{F}$ 可以表为另一个矢量函数 $\boldsymbol{A}$ 的旋度与标量函数 φ 的梯度之和①，即

---

① 注：矢量分析的 Gauss 定理与 Stokes 定理在 19 世纪 50 年代已经建立. 矢量分析中常用的矢量算符 gradient (梯度，表为 grad 或 ∇)，divergence(散度，表为 div 或 $\nabla\cdot$)，curl(旋度，表为 curl 或 $\nabla\times$)是在 19 世纪 70 年代才开始采用的. 矢量分析的数学理论则是在 19 世纪 80 年代初由 Gibbs 和 Heaviside 分别建立的. Maxwell 的三篇电磁学论文是在 19 世纪 50 年代到 60 年代发表的，其中有关的矢量运算都是采用直角坐标的分量形式表达的. 我们为了简明，一律采用读者熟悉的矢量形式以及有关的矢量算符.

$$\boldsymbol{F}=\nabla\times\boldsymbol{A}+\nabla\varphi$$

因此，$\boldsymbol{B}$ 和 $\boldsymbol{\alpha}$ 的关系一般也应写为

$$\boldsymbol{B}=\nabla\times\boldsymbol{\alpha}+\nabla\varphi$$

Maxwell 在《论 Faraday 力线》中证明，对于磁的情形，当不存在磁极时，上式右边第二项 $\nabla\varphi$ 可以通过变量的适当变换除去，于是可得到(5)式.

由磁通量 Φ 的定义，利用(5)式以及矢量分析的 Stokes 定理(1854 年由 Stokes 给出，同年 Maxwell 提供了证明)，得

$$\begin{aligned}\Phi &= \iint \boldsymbol{B}\cdot \mathrm{d}\boldsymbol{S}\\ &= \iint (\nabla\times\boldsymbol{\alpha})\cdot \mathrm{d}\boldsymbol{S}\\ &= \int \boldsymbol{\alpha}\cdot \mathrm{d}\boldsymbol{l}\end{aligned} \tag{6}$$

Maxwell 指出，(6)式表明“绕任意曲面周界的全部电紧张强度，量度了穿过该曲面的磁力线数.”即通过曲面的磁通量 Φ 等于电紧张强度 $\boldsymbol{\alpha}$ 沿该曲面周界的积分.

由(1)、(6)式，可把电磁感应定律表为

$$\begin{aligned}\mathscr{E} &= -\int \frac{\partial\boldsymbol{\alpha}}{\partial t}\cdot \mathrm{d}\boldsymbol{l}\\ &= -\frac{\mathrm{d}\Phi}{\mathrm{d}t}\\ &= -\frac{\mathrm{d}}{\mathrm{d}t}\iint \boldsymbol{B}\cdot \mathrm{d}\boldsymbol{S}\end{aligned} \tag{7}$$

(7)式就是熟知的电磁感应定律的现代表达式. (7)式表明，当通过闭合回路的磁通量发生变化时，就会产生感应电动势，其大小与磁通量的变化率成正比.

Maxwell 把电紧张函数 $\boldsymbol{\alpha}$ 的变化率的负值定义为感应电动力(后来，Maxwell 又称之为感应电场或涡旋电场)$\boldsymbol{E}_{涡旋}$，即

$$\boldsymbol{E}_{涡旋}=-\frac{\partial\boldsymbol{\alpha}}{\partial t} \tag{8}$$

Maxwell 指出，(8)式表明“导体任意基元上的电动力用该基元上电紧张强度的时间变化率量度”. 于是，电磁感应定律又可表为

$$\begin{aligned}\mathscr{E} &= -\int \frac{\partial\boldsymbol{\alpha}}{\partial t}\cdot \mathrm{d}\boldsymbol{l}\\ &= \int \boldsymbol{E}_{涡旋}\cdot \mathrm{d}\boldsymbol{l}\end{aligned} \tag{9}$$

(9)式是电磁感应定律的另一形式，它表明产生感应电动势的原因是涡旋电场.

Maxwell 关于电磁感应的上述工作意义何在呢？

首先，Maxwell 不仅把 Faraday 提出的电紧张状态与 Neumann 定义的电动力学势 $\boldsymbol{\alpha}$ 成

功地结合在一起，而且给出了 $\boldsymbol{\alpha}$ 与 $\boldsymbol{B}$，$\boldsymbol{\Phi}$，$\mathscr{E}$ 等物理量的关系，阐明了这些关系的物理意义，从而使 Faraday 对电磁感应的近距作用解释得到了全面系统的定量表述，使 Neumann 给出的电磁感应定律及有关表述更趋完善并得到了近距作用的解释.

其次，如果说电磁感应定律(7)式 $\mathscr{E}=-\frac{\mathrm{d}\Phi}{\mathrm{d}t}=-\frac{\mathrm{d}}{\mathrm{d}t}\iint \boldsymbol{B}\cdot\mathrm{d}\boldsymbol{S}$，是从归纳现象的角度总结出电磁感应定律，即通过曲面的磁通量的变化率等于该曲面周界上的感应电动势，那么，Maxwell 给出的电磁感应定律的另一表达式[(8)式] $\mathscr{E}=\int \boldsymbol{E}_{\text{涡旋}}\cdot\mathrm{d}\boldsymbol{l}$，则从物理本质上阐明产生感应电动势的原因是涡旋电场.（注意，当时还没有严格区分动生电动势与感生电动势，Lorentz 力公式更是以后才给出的.）

应该指出，在《论 Faraday 力线》中，Maxwell 把 $-\frac{\partial\boldsymbol{\alpha}}{\partial t}$ 定义的量称为感应电动力，没有多作说明. 1861 年，Maxwell 对磁场变化产生感应电动势的现象作了深入的分析. Maxwell 敏锐而深刻地认识到，即使不存在导体回路，变化的磁场也会在其周围激发出一种场，并称之为感应电场或涡旋电场. 至此，涡旋电场概念正式问世.

Maxwell 建立的涡旋电场(也译作有旋电场，curl electric field)概念的重要性何在？为什么说它是 Maxwell 建立电磁场理论过程中的第一个重大突破？

首先，把含混的感应电动力明确地改称为涡旋电场表明，除了熟知的静电场外，又发现了一种新的涡旋电场，两者的产生原因与性质都不同. 静电场由电荷产生，是有源无旋场；涡旋电场由变化的磁场产生，是无源有旋(左旋)场. 两者的共同性在于，静电场和涡旋电场都能给予其中的电荷以作用力(所以都有资格称为“电场”)，前者是静电力(Coulomb 力)，后者是非静电力. 如果空间既存在静电场又存在涡旋电场，则两者之和的总电场是有源有旋场，其中电荷所受总电力也是两种作用力之和.

另外，场是在一定空间范围内连续分布的，涡旋电场作为一种矢量场并不局限于某个规定的曲面周界上，把感应电动力改称涡旋电场足以避免可能的误会.

其次，涡旋电场是由变化的磁场产生的，从而揭示了电场与磁场内在联系的一个侧面. 从此，电场与磁场不再彼此无关，迈出了对电磁场统一性认识的关键的第一步. 与此同时，按照近距作用观点，就必然会提出寻找它的逆效应这样一个深刻的命题，即电场与磁场内在联系的另一个侧面是什么，例如变化的电场是否会产生什么. 如所周知，Maxwell 对这个问题的回答导致位移电流概念的提出，即认为变化的电场(与通常由电荷移动形成的电流一样)也会产生磁场. 这正是 Maxwell 第二篇电磁学论文《论物理力线》的核心内容.

作为对比，由于超距作用观点不承认场的客观存在，关心的只是电与磁的相互作用. 在他们看来，Oersted 发现的电流磁效应以及 Faraday 发现的电磁感应，正是电与磁相互作用的两个侧面，互为逆效应，已经完备，从而不再存在寻找新的逆效应的问题.

1861 年 12 月 10 日，Maxwell 在给 W. Thomson 的一封信中首次提出了位移电流的概念. 当时，Maxwell 在分析已有的电磁学规律时注意到，Coulomb 定律、Gauss 定律、Ampere 定律(指 Ampere 环路定理)等涉及的是电荷产生的静电场以及恒定电流产生的恒定磁场，只有 Faraday 电磁感应定律描述非恒定的、变化运动的电磁现象. Maxwell 意识到，需要在 Ampere 定律(指 Ampere 环路定理)中添加与电场变化率有关的项，才可以把它无矛盾地推广，并使之与 Faraday 电磁感应定律具有对称的地位. 1862 年，Maxwell 在《论物理力线》一文中，通过精心设计的电磁作用的力学模型，终于确立了位移电流的概念及其定理表述，回答了涡旋电场的逆效应问题.

毫无疑问，涡旋电场和位移电流这两个重要概念，完整地揭示了电场与磁场内在联系的两个侧面(变化的磁场产生涡旋电场，变化的电场产生磁场)，使电磁场成为一个统一的整体，为电磁波的传播提供了物理依据，成为 Maxwell 电磁场理论的核心.

五、六条定律

在《论 Faraday 力线》第二部分的最后一段“电紧张状态理论概要”中，Maxwell 除了用电紧张函数 $\boldsymbol{\alpha}$ 讨论电磁感应外，还进一步用 $\boldsymbol{\alpha}$ 普遍地表示磁作用、闭合电流之间的作用以及电磁系统的能量. 此外，Maxwell 还把当时电磁学已有的重要成果总结为六条定律. 这表明，Maxwell 已经开始关注电磁学研究的全局，试图进一步搞清楚各局部规律的含义和成立条件，寻找其间的联系，为建立完备统一的电磁场理论打下基础. 下面是这六条定律的原始叙述及其现代语言的“译文”.

定律一:“绕表面边界的全部电紧张强度量度了通过该表面的磁感应的总量，或换言之，量度了通过该表面的磁力线数”. ——电紧张强度 $\boldsymbol{\alpha}$ 沿闭合回路的线积分等于通过该闭合回路所包围曲面的磁通量，即

$$\Phi=\int \boldsymbol{\alpha}\cdot \mathrm{d}\boldsymbol{l}$$

定律二:“任一点的磁强度(磁场强度)与磁感应量(磁感应强度)通过一组线性方程组相联系，该方程组称为传导方程.”——磁感应强度与磁场强度成正比，比例系数为介质的磁导率，即

$$\boldsymbol{B}=\mu\boldsymbol{H}$$

此即介质方程之一. 这里的“介质”指线性介质，又因 Maxwell 采用直角坐标的分量形式，所以是线性方程组.

定律三：“绕任意曲面边界的全部磁强度(磁场强度)量度了通过该曲面的电流总量.”——磁场强度沿任意闭合回路的线积分等于通过该闭合回路所包围曲面的电流，即

$$\oint \boldsymbol{H}\cdot \mathrm{d}\boldsymbol{l}=\sum I$$

此即 Ampere 环路定理(当时也称 Ampere 定律).

定律四："电流的量和电流的强度通过一组传导方程相联系."——导体中的电流密度与电场强度成正比，比例系数为电导率，即

$$\boldsymbol{j}=\sigma\boldsymbol{E}$$

此即 Ohm 定律，亦即介质方程之一(指线性介质).

定律五："闭合电流的总电磁势由电流的量与全部电紧张强度(沿着与电流同样方向估算的电紧张强度)的乘积量度."——整个电磁系统的总能量 W 与电路中的电流和感应所生的磁通量的乘积成正比，即

$$W=\oint \boldsymbol{j}\cdot\boldsymbol{\alpha}\mathrm{d}l$$

定律六："导体任意基元上的电动力由该基元上电紧张强度的时间变化率量度，无论是大小还是方向."——涡旋电场(即感应电场或电动力)的强度，等于电紧张强度时间变化率的负值，即

$$\boldsymbol{E}_{\text{涡旋}}=-\frac{\partial\boldsymbol{\alpha}}{\partial t}$$

作为上述规律的应用，在《论 Faraday 力线》的最后，Maxwell 举了 12 个例子，讨论各种具体问题.

以上是《论 Faraday 力线》一文的主要内容. 该文不仅给予 Faraday 的力线图像以定量的数学表述，取得了包括涡旋电场在内的一些重要成果，而且展现了 Maxwell 许多重要的物理思想和卓有成效的研究方法，为电磁场理论的建立奠定了基础开辟了道路.

1860 年，Maxwell 带着《论 Faraday 力线》一文拜访了年近七旬的 Faraday. Faraday 读后大为赞赏，他在给 Maxwell 的信中写道："……你的工作使我感到愉快，并鼓励我去作进一步的思考. 当我得知你要就这一主题(指 Faraday 力线——引者)来构造一种数学形式时，起初我几乎是吓坏了；然而我惊讶地看到，这个主题居然处理得如此之好!" Faraday 鼓励年轻的 Maxwell 继续探索，不断有所突破.

§8. Maxwell 的《论物理力线》(1861—1862)

一、概述

Maxwell 关于电磁场理论的第二篇重要论文题为"论物理力线"，发表于 1861—1862 年.

在第一篇论文《论 Faraday 力线》发表以后，Maxwell 意识到，为了更好地体现 Faraday 用力线表达的近距作用思想，用以解释各种电磁现象及其间的联系，仅靠一般的类比研究是远远不够的. 当时的近距作用观点认为，传递电磁作用的媒介物是无所不在

(包括真空)的以太，所谓力线或场则是以太的某种运动状态或表现. 但以太究竟为何物，有何特征，却众说纷纭，莫衷一是. 因此，Maxwell 认为，需要从根本上建立电磁以太的力学模型，具体地描绘电磁以太的结构、性质、运动特征，以此阐明磁力线和电力线固有的特殊性质，尽可能为各种电磁现象提供统一的近距作用解释. 并且，尝试着由此进一步揭示某些尚待发现的重要联系(例如，可能存在的涡旋电场的逆效应等)，以便为建立统一的电磁场理论提供物理依据. 论文以“论物理力线”为题，或许正点明了 Maxwell 的意图.

《论物理力线》一文的主要内容有以下三个方面.

首先，Maxwell 精心设计了由“分子涡旋”(磁以太)和“粒子”(电以太)构成的电磁作用的力学模型.

起初，Maxwell 的意图是想根据充满空间的以太，用近距作用观点说明 Faraday 设想的磁力线的性质. Maxwell 写道：“我的目的是研究媒质中的张力和运动的某些状态的力学性质，并将它们与所观察到的磁和电的现象作比较，来澄清考察(磁力线)方向的方法.”所以，Maxwell 首先建立分子涡旋即磁以太的力学模型，并用它讨论了磁体之间、能够产生磁感应的物质之间、以及电流之间的作用力.

然后，扩展到粒子即电以太. Maxwell 以丰富的想象力细致地描绘了磁以太和电以太的形状、结构、相互关系、运动特征以及密度、动能、势能等等，并把这些与有关的电磁量、电磁规律相联系、相对应，建立了电磁以太的力学模型. 利用这个模型，Maxwell 成功地为包括电流的磁场、电磁感应、静电作用等在内的一系列电磁现象，提供了近距作用的解释.

其次，位移电流概念的诞生.

当 Maxwell 用电磁以太的力学模型解释静电作用时，Maxwell 发现，由于电场变化所导致的电以太(粒子)位移的变化，像通常的电流(指电荷在空间的位移)一样，也能产生磁场. 简言之，变化的电场也能产生磁场. 这正是 Maxwell 期待和寻找已久的变化磁场产生涡旋电场的逆效应. 由此，位移电流概念应运而生. 可见，通过电磁以太的力学模型，隐藏在电磁现象深处的电场与磁场内在联系的另一个侧面，终于被 Maxwell 揭示了出来.

位移电流的发现，使 Maxwell 果断地认为，在把 Ampere 环路定理从恒定条件推广到一般情形时，应该加上变化电场的贡献，从而完成了 Maxwell 在建立电磁场理论过程中的决定性突破.

再次，电磁波，电磁波传播速度等于光速的发现.

涡旋电场与位移电流的发现表明，变化的磁场产生电场，变化的电场产生磁场，电磁场是具有内在联系的相互制约的统一体. 这就为电磁场的传播——电磁波提供了物理依据，使 Maxwell 相信存在电磁波.

由于在一般的弹性媒质中可以传播横波，其波速由弹性媒质的切变模量和密度确定. 据此，Maxwell 把由电磁以太构成的弹性媒质的切变模量、密度与它的介电常量、磁导率(即真空的介电常量、磁导率)相联系，得出了在电磁以太中即在真空中传播的横波——电磁波的速度等于真空中光速的重要结论，从而证明光波就是电磁波，把光现象纳入了电磁学领域.

应该指出，当时认为，以太无所不在，是传递电磁作用的媒介物. 但是，以太既看不见，又摸不着，也无从探测，更没有任何证明它存在的证据. 然而，Maxwell 竟然建立了电磁以太的力学模型，细致入微地描绘它的种种特征. 显然，电磁以太的力学模型，从细节到整体，都找不到有力的根据，都经不起认真的推敲. 或许可以说，Maxwell 大胆地设想这个模型的目的，并不是期待人们接受它，而是便于用近距作用观点具体地解释各种电磁现象，特别是寻找可能存在的深层的联系. 由此浮现的位移电流和电磁波表明 Maxwell 确有所获.

位移电流和电磁波对于 Maxwell 电磁场理论的重要性是众所周知的，无须赘述. 然而，位移电流竟然是在既无任何实验根据、又无任何理论分析的情况下，脱胎于如此离奇、怪诞的电磁以太力学模型，真是令人难以置信. 更有甚者，Maxwell 竟然还利用他的电磁以太力学模型，找到了电磁以太(即真空)的介电常量、磁导率与切变模量、密度的定量关系，并由此证明真空中电磁波的传播速度等于光速. 所有这些，确实令人感到匪夷所思. 或许，也是 Maxwell 在撰写《论物理力线》之初，始料所未及的，大概是逐步摸索、豁然开朗、顿悟所致. (《论物理力线》共四部分，分三次发表，位移电流和电磁波都是最后发现和得出的.)

正是上述罕见的特点，使《论物理力线》成为不可多得的颇具传奇色彩的经典文献之一，令人惊叹不已.

二、《论物理力线》的纲目

《论物理力线》一文很长，共 63 页，分成四个部分，包括 19 个命题. 论文的第一部分于 1861 年 3 月发表，第二部分于 1861 年 4 月和 5 月发表，第三和第四部分于 1862 年 1 月和 2 月发表. 各部分和各命题的标题如下.

第 一 部 分

应用于磁现象的分子涡旋理论

命题 Ⅰ. 如果在两个几何上相似的流体系统中，相应点的速度和密度成比例，则取决于运动的相应点的压强之差将同样地随速度之比和密度之比变化.

命题 Ⅱ. 如果涡旋的轴相对于 x，y，z 轴的方向余弦为 l，m，n，试求坐标平面上的切向和法向压强.

命题 Ⅲ. 试求由于内部胁强产生的作用在媒质基元上的合力.

第二部分

应用于电流的分子涡旋理论

命题Ⅳ. 试确定使两个涡旋分隔的粒子层的运动.

命题Ⅴ. 试确定在单位时间内沿 x 方向越过单位面积迁移的粒子的总数.

命题Ⅵ. 试确定媒质的一部分因其中涡旋的运动而具有的能量.

命题Ⅶ. 试求围绕着涡旋的一层粒子在单位时间内消耗在涡旋上的能量.

命题Ⅷ. 试求涡旋运动的变化与作用在其间粒子层上的作用力 P, Q, R 之间的关系.

命题Ⅸ. 试求在体积保持不变的条件下，当平行六面体的 x 变为 $x+\mathrm{d}x$，y 变为 $y+\mathrm{d}y$，z 变为 $z+\mathrm{d}z$ 时，α, β, γ 的变化.

命题Ⅹ. 试求绕 x 轴从 y 到 z 转过 θ_1 角，绕 y 轴从 z 到 x 转过 θ_2 角，绕 z 轴从 x 到 y 转过 θ_3 角时，α, β, γ 的变化.

命题Ⅺ. 试求运动物体中的电动力.

第三部分

应用于静电的分子涡旋理论

命题Ⅻ. 试求弹性球的平衡条件，该球受到法向和切向的作用力，切向力正比于到球上给定点的距离的平方.

命题XIII. 当均匀电动力 R 平行于 z 轴作用时，试求电动力与电位移之间的关系.

命题XIV. 考虑由于媒质弹性引起的效应，修正电流的方程(a)式. [(a)式是电流引起磁力的方程，即 Ampere 环路定理. ——引者]

命题XV. 试求两带电物体之间的作用力.

命题XVI. 试求横振动经过由晶胞(cell)构成的弹性媒质的传播速率，假设媒质的弹性完全取决于一对粒子之间的作用力.

命题XVII. 试求莱顿瓶的电容率，该莱顿瓶由放在两导电平面之间的任何给定的电介质组成.

第四部分

应用于磁对偏振光作用的分子涡旋理论

命题XVIII. 试求涡旋的角动量.

命题XIX. 试确定由涡旋组成的媒质中波动的运动条件，该波动的振动垂直于传播方向.

三、分子涡旋(磁以太)和粒子(电以太),电磁作用的力学模型

早在 1840 年,工程师 W. J. M. Rankine 假设稀薄大气中的分子是一些微小的核,它们在空间固定,并以正比于温度的速度旋转,从而建立起一种新的物质理论,应用于热力学,可以说明气体的性质.

1856 年,W. Thomson 吸取 Rankine 的思想,对 Faraday 发现的光的偏振面在磁场中旋转的效应提出了解释. W. Thomson 认为,类似于一个悬挂在旋转臂上的摆,磁致旋光效应可以归结为以太振动和分子旋转运动之间的耦合. W. Thomson 对磁致旋光效应的解释给予 Maxwell 很大的启发,使 Maxwell 认识到磁是一种旋转效应.

在《论物理力线》一文中,Maxwell 把 W. Thomson 的磁旋转假设从普通的物质引申到以太,认为充满空间无所不在的以太在磁的作用下具有旋转的性质. Maxwell 借用 Rankine 的术语,把磁以太称为"分子涡旋"(molecular vortices),在《论物理力线》一文四个部分的标题中都采用了这个术语.

Maxwell 假设:分子涡旋绕磁力线(即 $\boldsymbol{H}$ 线)旋转,即从 S 极到 N 极沿磁力线看去,分子涡旋绕顺时针方向旋转;分子涡旋旋转的角速度正比于磁力强度(磁场强度)$\boldsymbol{H}$;分子涡旋的密度正比于媒质的磁导率 μ;分子涡旋具有弹性. Maxwell 的"分子涡旋"就是磁以太的力学模型.

在《论物理力线》一文的第一部分"应用于磁现象的分子涡旋理论"中,Maxwell 根据上述磁以太的力学模型讨论了磁体之间、能够产生磁感应的物体之间以及电流之间的作用.

Maxwell 首先强调磁力线是客观实在,"如果我们在磁体附近的纸上撒上铁屑,则每个铁屑因感应而磁化,相邻的铁屑以相反的极连接起来,形成纤维状,这些纤维指明了(磁)力线的方向. 这个实验漂亮地说明了(磁)力线的存在,它自然地使我们想到(磁)力线是某种实在的东西."

接着,Maxwell 提出了研究的问题,"我想从力学观点考察磁现象,并确定媒质中什么样的张力或运动能导致可观察的力学现象."

Maxwell 认为,媒质(指一般物质)对磁作用的响应表现为其中的应力. "媒质在磁影响下的力学状况,曾被不同地设想为流、波动、或者位移、或者应变的状态、或者压强或应力的状态.""我们现在认为,磁的影响以某种形式的压强或张力,或更普遍地说,以某种形式的应力存在于媒质之中."何谓应力呢?一般地说,"应力是物体相邻部分之间的作用与反作用,在媒质中的同一点,它一般地由不同方向上的不同压强或张力组成. 这些力之间的必要关系已由数学家研究过了,已经证明,应力的普遍形式由三个互相垂直的压强或张力组成. 当两个主压强相等时,第三个便是对称轴,……当三个主压强都相等时,各方向的压强都相等,结果应力不再确定方向轴,这种情形的例子是简单的流体静压强."

尽管在媒质中，磁影响表现为应力即磁力，但是，Maxwell 认为，一般的应力与磁力是有区别的. 确切地说，媒质中的分子涡旋即磁以太在磁作用下出现的应力状态具有其固有的特征，它表现为磁力线的特征. “应力的普遍形式并不适于表示磁力，因为磁力线具有大小和方向，”而且还需要指明磁力线两侧媒质的性质是否有所不同. “让我们设想，磁的现象由沿(磁)力线方向上存在的张力以及流体静压强合在一起决定.”这里的“流体静压强”指垂直于磁力线方向两侧媒质之间的压强. Maxwell 认为，垂直于磁力线方向的压力大于沿磁力线方向的张力，这是因为前者来自“媒质中(分子)涡旋或涡流的离心力，这些(分子)涡旋的轴与(磁)力线方向平行.”“对压强不相等原因的这种解释，同时暗示了力线的偶极子特征. 每一个(分子)涡旋实质上是偶极子，它的轴线的两端可通过在该点观察其旋转方向来区别.”

然后，Maxwell 把上述讨论扩展到电流，指明了电流及其产生的磁力线的关系. “当导体中有电流时，它产生的磁力线穿过电流，(磁)力线的方向取决于电流的方向. 让我们假设，我们的(分子)涡旋的转动方向是这样的，即在电流内阳电运动产生的(磁)力线的方向，与(按右手螺旋法则)给定的(磁)力线的方向相同.”进而环顾整个磁场，Maxwell 指出：“我们设想，在(磁)场中任一部分的全部(分子)涡旋绕几乎平行的轴沿相同方向旋转，但从(磁)场的一部分到(磁)场的另一部分时，轴的方向、转速以及(分子)涡旋的密度都应有所变化.”

由此可见，Maxwell 利用分子涡旋(磁以太)的力学模型，对 Faraday 阐明的磁力线的应力性质作出了说明. 由于分子涡旋的旋转作用会引起离心力，使分子涡旋在横向扩张，在纵向收缩，因此磁力线在纵向表现为张力，在横向表现为压力. 磁体之间以及能够磁感应的物质之间的作用即源于此. 至于电流，由于电流产生磁力线，且两者成右手螺旋关系，所以电流之间的作用也是通过磁力线表现出来的. 另外，Maxwell 指出，在整个磁场中，各处磁力线的分布不同，表现为分子涡旋的密度、转速、转轴方向的连续变化. 通过上面的阐述，Maxwell 不仅重申了 Faraday 用力线表述的近距作用观点，而且借助于分子涡旋的力学模型作了进一步的具体解释.

《论物理力线》一文的第二部分题为“应用于电流的分子涡旋理论”.

Maxwell 注意到，上述分子涡旋的力学模型存在着一些尚待回答的问题和尚待完善的地方. 如“分子涡旋是如何转动的?”以及“为什么它们(分子涡旋)能够围绕着磁体和电流按已知的力线规律排列?”还有，如果两个分子涡旋并排放置、相互接触且旋转的转轴平行，则两个分子涡旋接触部分的运动方向是相反的，但又要能够自由转动，怎样才能实现这一要求呢? Maxwell 指出，这些问题的回答是“更为困难”的.

为了回答以上问题，使分子涡旋(磁以太)的力学模型能够自圆其说，更加完善. Maxwell 想到，在机械装置的齿轮机构中有一种惰轮(idle wheels)，它们与两边的齿轮相互啮合，可以确保两边的齿轮自如地沿相反方向旋转. Maxwell 指出，通常机械装置中的惰轮是绕固定轴转动的，但在周转轮系列中以及在用于蒸汽机的 Siemans 节速器中的惰轮，其中心是可以运动的.

受此启发，Maxwell 设想每个分子涡旋与相邻的分子涡旋通过一层细微的粒子隔开，这些细微的粒子起着齿轮系列中可动惰轮的作用，它们的大小与质量都远小于分子涡旋. Maxwell 指出，这些细微的粒子(简称粒子)就是电以太. 于是，分子涡旋(磁以太)以及介乎其间与之啮合的粒子(电以太)就构成了 Maxwell 设想的电磁以太的力学模型. 如图 2-8-1 所示，六角形的可以旋转的是分子涡旋(磁以太)，把分子涡旋隔开的圆形惰轮性粒子是电以太. Maxwell 认为，粒子(电以太)会受到带电体给予的电力的作用或受到变化磁场产生的感应电动力(涡旋电场)的作用而移动，粒子的移动与电流相对应.

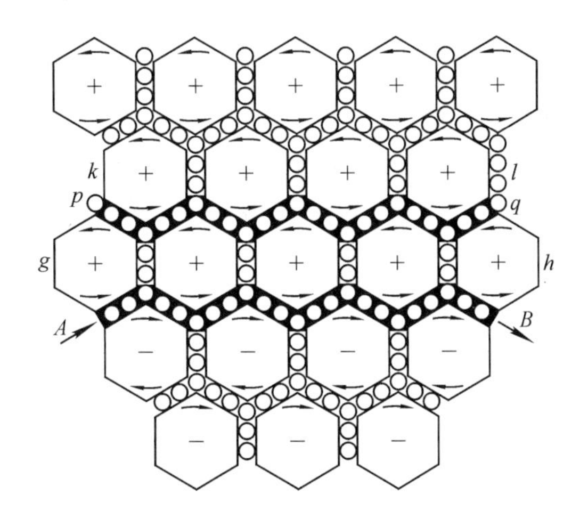

图 2-8-1　Maxwell 的分子涡旋(磁以太)和粒子(电以太)的模型

根据电磁以太的力学模型，Maxwell 说明了电流是如何产生磁力线(磁场)的.

如图 2-8-1 所示，当电流从 A 向 B 流动时，粒子(电以太)在电力的作用下也沿 AB 移动. 由于粒子与分子涡旋(磁以太)啮合，粒子的移动(实际上是滚动前进)将带动与之啮合的上下两排分子涡旋(如同齿条带动齿轮). 于是，在 AB 之上的一排分子涡旋 gh 按逆时针方向旋转，再依次通过上面各粒子层的啮合作用，使上面各排分子涡旋逐一启动，均按相同的逆时针方向旋转；与此同时，AB 之下的各排分子涡旋则均按顺时针方向旋转. 由 AB 上面和下面分子涡旋的旋转而形成的磁力线充满了整个空间，在 AB 之上磁力线垂直纸面指向读者(在图 2-8-1 中用“+”表示)，在 AB 之下磁力线垂直纸面背向读者(在图 2-8-1 中用“-”表示)，磁力线与沿 AB 流动的电流构成右手螺旋关系. 当电流恒定时，空间分子涡旋的旋转也都达到恒定状态，彼此之间并无影响. 这就是 Maxwell 通过电磁以太力学模型描绘的电流产生磁力线(磁场)的具体机制.

根据电磁以太的力学模型，Maxwell 说明了电磁感应现象是怎样发生的.

如上所述，当 AB 中有恒定电流时，AB 上下各排分子涡旋分别按逆时针和顺时针方向恒定地旋转，在空间形成磁力线，电流和它产生的磁力线遵循右手螺旋关系. 然而，如图 2-8-1 所示，如果 AB 中的电流突然发生了变化，例如突然停止，则沿 AB 移动的粒子随即停止，从而使得与之啮合的 gh 排的分子涡旋的旋转受到阻碍而停止. 但此时 kl 排(以及其他各排)的分子涡旋仍继续旋转. 当 gh 排分子涡旋停止旋转，而 kl 排分子涡旋照常旋转时，在这两排分子涡旋之间与它们啮合的 pq 中的粒子将从 p 向 q 运动. 因此，只要在 pq 处有导线就会体现为感应电流，其余各粒子层与 pq 层类似. 所以电磁感应现象是分子涡旋的转速从场的一部分向另一部分传递的过程. 这就是 Maxwell 通过电磁以太的力学模型描绘的电磁感应的具体机制.

接着，Maxwell 还利用电磁以太的力学模型讨论了电流或磁体运动时产生的电磁感应现象，以及导体在磁场中运动时产生的电磁感应现象.

根据电磁以太的力学模型，Maxwell 认为，所谓磁能就是分子涡旋的转动动能，因分子涡旋的角速度正比于磁力强度(磁场强度) H，分子涡旋的密度正比于磁导率 μ，所以磁能密度为 $\frac{1}{8\pi}\mu H^2$. 这是 W. Thomson 在 1853 年已经给出的公式. 所谓电能，Maxwell 认为，粒子(电以太)受电力后的位移会使得与之啮合的分子涡旋产生弹性形变，所以电能可归结为分子涡旋的弹性势能.

对于电磁感应，Maxwell 给出分子涡旋转速的变化率 $\frac{\partial \boldsymbol{H}}{\partial t}$ 与作用在粒子上的感应电动力(涡旋电场) $\boldsymbol{E}$ 的关系为

$$\nabla\times\boldsymbol{E}=-\mu\frac{\partial \boldsymbol{H}}{\partial t}$$

把上式与《论 Faraday 力线》一文中得到的

$$\nabla\times\boldsymbol{\alpha}=\mu\boldsymbol{H}$$

相比较，Maxwell 再次得出

$$\boldsymbol{E}=-\frac{\partial \boldsymbol{\alpha}}{\partial t}$$

式中 $\boldsymbol{\alpha}$ 是电紧张函数，$\boldsymbol{E}$ 是感应电动力即涡旋电场 $\boldsymbol{E}_{涡旋}$. 由此可见，Maxwell 把《论 Faraday 力线》一文中得到的有关电磁感应的定量公式与《论物理力线》一文中建立的电磁以太力学模型统一了起来，后者为前者提供了进一步的物理根据与解释，前者则为后者提供了必要的定量表述.

以上就是在 1861 年 3 月和 1861 年 4、5 月先后发表的《论物理力线》的第一部分和第二部分的主要内容.

Maxwell 传记的作者 C. W. F. Everitt 指出："有很好的证据表明，Maxwell 原来的意图是到此(指到《论物理力线》的第二部分，引言)结束，直到第二部分已经发表，Maxwell

并未开始撰写第三部分."

然而，还没有过一年，Maxwell 在 1862 年 1、2 月发表了《论物理力线》的第三部分和第四部分，作出了令人震惊的重大突破——位移电流与电磁波.

四、位移电流

在《论物理力线》一文的第三部分"应用于静电的分子涡旋理论"中，Maxwell 提出了极为重要的位移电流概念.

在这一部分，Maxwell 用他的电磁以太力学模型来讨论静电现象. Maxwell 指出："我们应该建立全部电科学主要现象之间的联系."Maxwell 假设分子涡旋具有弹性. 当分子涡旋之间的粒子层受到电力时，由于和分子涡旋啮合，粒子无法移去，只是有一些位移而达到平衡. 位移的粒子层给予与它啮合的分子涡旋以切向力，使之变形；而形变的分子涡旋则报之以来自分子涡旋弹性的大小相等方向相反的作用力. 静电平衡时，粒子所受电力与来自分子涡旋的力相等反向. 当粒子所受电力撤销时，粒子回复到位移前的位置，分子涡旋恢复原来的形状，形变消除. 这样，带电体之间的相互作用力是通过其间粒子的位移传递的，而由于这种相互作用所具有的静电能可归结为由于分子涡旋发生弹性形变所贮存的弹性势能. 磁能则可归结为分子涡旋旋转所贮存的动能. 这就是 Maxwell 通过电磁以太力学模型描绘的静电作用的具体机制.

接着，Maxwell 把对静电作用的讨论从静止条件扩展到一般的变化情形. Maxwell 认为，如果由于某种原因，使粒子所受电力从某一个值变化到另一个值，那么粒子原先的平衡将遭到破坏，粒子会出现弹性位移，直至达到新的平衡为止. 如果粒子所受电力不断发生变化，那么粒子偏离平衡位置的位移也将随之不断变化，即粒子会有所移动. 由于粒子与分子涡旋的啮合，粒子的移动必将导致分子涡旋的旋转，产生磁力线. 由此可见，尽管没有电流或磁体，但是因电力的变化引起的粒子弹性位移的变化，即引起粒子移动，所导致的分子涡旋的旋转，同样能产生磁力线(磁场). 这就是 Maxwell 通过精心设计的由分子涡旋和粒子构成的电磁以太力学模型，对"位移电流"概念的最初朦胧认识.

现在，让我们引述 Maxwell 在《论物理力线》第三部分中的有关论述.

首先，Maxwell 说明了导体与电介质的性质以及其间的区别. 关于导体："只要有电动力作用在导体上，就会产生电流，遇到电阻."关于绝缘体："不允许电流流过的物体叫做绝缘体. 但是，尽管电不能流过它们，电效应却可以经它们传播，并且这些效应的大小因物体性质的不同而有所不同. 因此，同样是很好的绝缘体，作为电介质的行为却是很不同的."导体与电介质的区别在于："导体可与多孔薄膜比较，多孔膜或多或少阻碍流体通过；电介质则像弹性膜，弹性膜不让流体通过，但是把一侧流体的压强传到另一侧."简言之，导体中存在着可以宏观移动的电荷，电介质则不允许电荷宏观移动.

接着，Maxwell 说明了电介质的极化. Maxwell 指出："作用在电介质上的电动力使它的组成部分产生极化状态，有如铁的颗粒在磁体影响下的极性分布一样.”“在一个受到感应(此处指极化，当时，感应、极化、磁化尚未严格区分，往往混用. 引者)的电介质中，可以想象每个分子中的电荷都是这样移动的，使得一端带正电，另一端带负电，但是这些电荷仍然完全同分子联系在一起，不会从一个分子跑到另一个分子上去.”“这种作用对于整个电介质的影响是引起电荷在一定方向的总位移.”“这一位移并不构成电流，因为当它达到某个一定值时就保持不变了.”简言之，Maxwell 认为，电介质的分子可以看作电偶极子，在外电场作用下电介质的极化，就是构成分子的电偶极子的取向趋于一致，结果在宏观上产生了极化电荷，在静止条件下，一定分布的极化电荷并不形成电流.

然后，Maxwell 把对极化的讨论从静止条件扩展到一般的变化情形. Maxwell 指出，当外电场变化时，即“当电荷的位移不断变化时，随着电荷的位移的增大或减小，就会形成一种沿着正方向或负方向的电流.”这里“电荷的位移”指的是极化电荷的位移. 它表明，外电场变化引起的极化电荷位移的变化，等效于电荷的宏观流动，形成极化电流，产生磁场，虽则各个极化电荷均仍被束缚在电介质的分子之中并未宏观移动.

不难看出，对电介质中极化电流的上述讨论，完全可以移植到电磁以太中，因为两者十分相似. 为了明确起见，考虑真空情形，即除了电磁以太外，并无任何物质，既无电荷又无电流. 由于没有电流，粒子(注意，粒子指电以太，并不带电)不会宏观移动. 但如果存在变化电场，则粒子所受电力的不断变化将使粒子的位移不断变化，从而引起与粒子啮合的分子涡旋旋转，产生磁力线(磁场). 简言之，即使在真空中，变化的电场也会产生磁场. 据此，Maxwell 把电流产生磁力的公式即 Ampere 环路定理，从恒定条件推广到一般的变化情形时，加上了变化电场$\frac{\partial \boldsymbol{E}}{\partial t}$的贡献，修正为

$$\nabla\times\boldsymbol{H}=4\pi\boldsymbol{j}+\frac{1}{c^2}\frac{\partial \boldsymbol{E}}{\partial t} \tag{1}$$

这是 Maxwell 在建立电磁场理论过程中的决定性突破.

应该指出，在《论物理力线》一文中，Maxwell 虽然没有明确地定义位移电流，但是已经认识到，在非恒定的变化情形才有的极化电流以及变化电场都对磁场有贡献. 在第三篇论文《电磁场的动力学理论》中，Maxwell 把(1)式中的$\frac{\partial \boldsymbol{E}}{\partial t}$项(变化电场)修改为$\frac{\partial \boldsymbol{D}}{\partial t}$项，并把后者称为位移电流. 显然，位移电流包括极化电流$\frac{\partial \boldsymbol{P}}{\partial t}$和变化电场$\frac{\partial \boldsymbol{E}}{\partial t}$两部分，由于极化电流起源于极化电荷位移的变化，变化电场则使粒子的位移变化，两者都涉及位移的变化，又都能产生磁场，所以统称为“位移电流”(displacement current).

鉴于位移电流的重要性，让我们通过比较作进一步的说明.

如所周知，传导电流、磁化电流、极化电流以及变化电场都能产生磁场，即都有磁效应，这是它们的共性. 前三者都是电荷在物质中流动，传导电流还有热效应. 三种电

流的区别在于，传导电流是自由电荷在导体中宏观移动形成的，而形成极化电流与磁化电流的电荷却被束缚，并不能宏观移动，只是“等效”于电荷的宏观流动而已. 另外，传导电流与磁化电流在恒定和非恒定条件下都有，而极化电流则只在非恒定条件下才有，即极化电流是与电介质的极化强度的变化率$\frac{\partial \boldsymbol{P}}{\partial t}$相联系的. 变化的电场与传导电流、磁化电流、极化电流的重大区别在于，并没有任何电荷的流动，不涉及任何物质，所以也没有热效应，但变化的电场也能产生磁场. 位移电流则是极化电流与变化电场之和.

涡旋电场与位移电流(此处仅指变化电场，下同)是 Maxwell 电磁场理论的两个核心概念，不妨把它们也比较一番. 如果说涡旋电场是 Maxwell 把 Faraday 对电磁感应所作的近距作用解释与 Neumann 定量表述完美结合的产物，那么位移电流则是 Maxwell 独立的发现与创造. 如果说涡旋电场既有大量电磁感应实验的支持，又有理论分析的配合，那么位移电流则是既无实验依据又无相应理论分析的大胆假设和理论预言. 如果说 Oersted 发现的电流磁效应和 Faraday 发现的电磁感应现象，从电磁相互作用的角度找到了电磁现象的联系，那么涡旋电场与位移电流则是在近距作用观点的指引下，深刻地揭示了电场与磁场之间的内在联系.

变化的磁场产生涡旋电场，变化的电场产生磁场，这不仅表明电磁场终于成为具有内在联系的相互制约的统一体，而且为电磁波的传播提供了物理依据，使 Maxwell 的电磁场方程得以诞生. 从形式上看，Maxwell 方程无非是在已有的静电场方程和恒定磁场方程中增加涡旋电场与位移电流的贡献，并把适用范围从静止、恒定推广到一般的变化、运动情形得出的. 然而，应该强调指出，涡旋电场与位移电流的纳入，使 Maxwell 方程不仅能描绘电磁场的性质(是否有源，是否有旋)，而且成为电磁场运动变化的规律，从而出现了质的飞跃. 如所周知，由 Maxwell 方程得出的一系列预言的实验证实，最终判定近距作用观点在电磁学领域的胜利，并产生了广泛而深远的影响.

五、电磁波

如所周知，Maxwell 电磁场理论最重要、最惊人的预言之一是：电磁场的扰动以波动(横波)形式传播，电磁波的速度等于光速. 这一预言的实验证实，确认了光波与电磁波的同一性，把光学与电磁学统一了起来.

值得注意的是，第一，与人们通常的印象不同，实际上 Maxwell 是在给出电磁场方程之前，即在《论物理力线》的第三部分，在建立位移电流概念之后，就首次得出了真空中电磁波传播速度等于光速的重要结论. 尔后，在 1865 年发表的《电磁场的动力学理论》一文中，在给出著名的 Maxwell 方程组之后，再一次由波动方程得到了同样的结论. 对习惯于从基本方程演绎得出结论的人来说，这似乎太离奇，不可思议，然而却是不争的事实.

第二，尽管涡旋电场与位移电流概念的建立为电磁波的传播提供了物理依据，尽管位移电流项的加入是尔后建立 Maxwell 方程并进而预言电磁波的关键，然而，在 Maxwell 首次预言电磁波并证明电磁波的传播速度等于光速时，却并没有把电磁波与位移电流直接联系起来.

那么，在《论物理力线》一文第三部分“应用于静电的分子涡旋理论”中，Maxwell 是如何研究电磁波的呢？

Maxwell 的做法是，考虑到在任何弹性媒质中都可以传播横波，其波速为

$$v=\sqrt{\frac{m}{\rho}} \tag{2}$$

式中 m 是弹性媒质的切变模量，ρ 是弹性媒质的密度. 这是弹性媒质的一般属性. 现在，由分子涡旋和粒子构成的电磁以太也是一种弹性媒质，其中当然也可能以波动形式传播电磁扰动，Maxwell 就是这样意识到存在着电磁波的. 因此，为了得出在电磁以太中传播的电磁波的速度，就需要知道电磁以太这种特殊弹性媒质的切变模量和密度，亦即需要找到电磁以太的 m 和 ρ 与已知的电磁以太的介电常量和磁导率之间的关系. 由此，代入(2)式即可得出电磁波的速度.

按照 Maxwell 的电磁以太力学模型，媒质磁化所贮存的磁能就是分子涡旋旋转的动能. 对于 W. Thomson 得出的磁能密度为 μH^2 的公式，Maxwell 认为，磁导率 μ 对应于分子涡旋的平均密度 ρ，磁力 H 则对应于分子涡旋在磁力作用下旋转时涡旋边缘部分的速度 v. Maxwell 得出，当平均密度为 ρ 的分子涡旋以 v 的边缘速度转动时，单位体积的动能为 $4\pi A\rho v^2$，其中 A 是由涡旋密度及角速度分布决定的常数，若两者都均匀，则 $A=\frac{1}{4}$，从而单位体积的动能为 $\pi\rho v^2$. 两相类比，Maxwell 得出，分子涡旋的密度 ρ 与磁导率 μ 的关系为

$$\pi\rho=\mu \tag{3}$$

为了寻找切变模量 m 与电学量的关系，Maxwell 把电磁以太的力学模型应用到静电现象. 粒子受到电力 E 后，产生了 D 的位移，粒子的位移使与之啮合的分子涡旋变形并给予切向作用力，当粒子所受电力与分子涡旋表面给予的切向力相等反向时，粒子在作了 D 的位移后达到平衡. 粒子的位移取决于电力的大小和媒质的性质. Maxwell 把电力 E 与粒子位移 D 的关系写成

$$E=-4\pi c^2 D \tag{4}$$

式中 c 是媒质性质的某一常量. 再看分子涡旋，由于没有磁力，分子涡旋不旋转. 但因粒子位移而给予分子涡旋的切向力使分子涡旋产生弹性形变(切变)，在分子涡旋内部产生弹性应力.

Maxwell 在《论物理力线》第三部分的命题ⅩⅢ和命题ⅩⅣ中，假设分子涡旋为球形，利用弹性力学，讨论了它的切向位移 D 与产生这种位移的静电力 E(实际上是粒子给分子涡旋的切向力)之间的关系. Maxwell 的讨论大致分为两步. 首先，Maxwell 在球形分子

涡旋表面取一微元，该微元在 E 和切变引起的弹性应力(切胁强)的作用下达到平衡. Maxwell 经过论证，得出的结果是

$$E=4\pi^2 m\frac{e+2f}{e}D \tag{5}$$

式中 m 是分子涡旋的切变模量，e 和 f 是描述分子涡旋弹性的有关系数. 由(4)式和(5)式，得出

$$c^2=-\pi m\frac{e+2f}{e} \tag{6}$$

其次，Maxwell 根据弹性分子球的平衡条件，找到了切变模量 m、体弹性系数 n 及上述 e 和 f 的关系为

$$\frac{e+2f}{e}=-\frac{3}{1+\dfrac{5m}{3n}} \tag{7}$$

把(7)式代入(6)式，得

$$c^2=\pi m\frac{3}{1+\dfrac{5m}{3n}} \tag{8}$$

对于树脂或胶状物等弹性较弱的流体，切变模量 m 远小于体弹性系数 n，可认为$\frac{m}{n}=0$. 对于理想固体，$\frac{m}{n}=\frac{6}{5}$. 于是，由(8)式，c^2 应在极限值 $3\pi m$ 和 πm 之间. 考虑到分子涡旋属于理想固体的类型，应取$\frac{m}{n}=\frac{6}{5}$，代入(8)式，得出

$$c^2=\pi m \tag{9}$$

在接下来的命题XV中，Maxwell 考虑两个带电体之间的作用力，一方面从移动电荷所做的功的角度导出电荷之间的相互作用力，这里的电荷是作为运动电荷来测量的. 另一方面，作为静止电荷的相互作用力应遵从 Coulomb 定律. 将此由动电和静电两种角度所得出的作用力相比较，就可以获得电荷的动电测量与静电测量的比值. 这一比值就是以上公式中的常量 c，也就是 Kohlrausch 和 Weber 在 1852 年到 1855 年期间，利用 Coulomb 扭秤和 Weber 发明的冲击电流计，经多次实验，测定的电量的电磁单位与静电单位的比值，此比值为

$$c=3.107\,4\times10^8\,\mathrm{m/s} \tag{10}$$

把(3)式和(9)式代入(2)式，得出电磁波的传播速度为

$$v_{\text{电磁波}}=\frac{c}{\sqrt{\mu}} \tag{11}$$

在真空中，$\mu=1$，故电磁波在真空中的传播速度为

$$c_{\text{电磁波}}=c=3.1074\times10^{8}\,\mathrm{m/s} \tag{12}$$

另外，1849 年 Fizeau 测定光波在空气中的传播速度为

$$c_{\text{光波}}=3.14858\times10^{8}\,\mathrm{m/s} \tag{13}$$

(12)式和(13)式表明，分属电磁学和光学的、原先风马牛不相及的两个速度 $c_{\text{电磁波}}$ 与 $c_{\text{光波}}$ 出乎意料的惊人相符，可以统一用 c 表示. 这使 Maxwell 立即意识到，光波就是电磁波. 于是，以 c 为桥梁和媒介，把以前认为彼此无关的光学与电磁学统一了起来，光现象从此被纳入电磁学领域. Maxwell 在《论物理力线》一文中用斜体字(此处加重点)醒目地指出："我们不可避免地推论：光是媒质中起源于电磁现象的横波."1861 年 10 月，Maxwell 在给 Faraday 的信中写道："这个一致(指 $c_{\text{电磁波}}$ 与 $c_{\text{光波}}$ 的一致. 引者)不仅仅是数值上的一致，依我看来，姑且不管我的理论正确与否，有充分理由可以相信，光的媒质和电磁媒质是同一种物体."

在《论物理力线》一文的第四部分"应用于磁对偏振光作用的分子涡旋理论"中，在作了有关双折射晶体性质的计算之后，Maxwell 回到关于磁光效应(即 Faraday 发现的光的偏振面的磁致旋转)的讨论，以更符合实验的比较精细的理论取代了 W. Thomson 的旋转摆类比假设.

总之，Maxwell 的《论物理力线》一文的主要内容就是：电磁以太的力学模型，位移电流，电磁波.

不难看出，熠熠生辉的位移电流与电磁波竟然脱胎于如此离奇、怪诞的电磁以太力学模型. 电磁以太的力学模型确实使当时许多物理学家感到难以理解和接受，甚至 W. Thomson 都说它是"怪诞的、天才的，但并非完全站得住脚的假设".

Maxwell 本人也清醒地认识到，复杂的模型和众多的假设显得牵强，无法令人信服. Maxwell 指出："这是力学上可以想象和便于研究的一种联系模型，它适宜于显示已知电磁现象之间真实的力学联系. 因此，我敢于说，任何理解到这一假设的暂时性质的人将发现，在他真正理解这些现象之后，对他的研究是利多于弊的."

于是，在 1865 年发表的《电磁场的动力学理论》一文中，Maxwell 毅然抛弃了人工色彩浓厚的电磁以太力学模型，直接面对电磁场的研究课题，紧紧把握住已经揭示的电磁场的内在联系和运动特征(涡旋电场，位移电流，电磁波)，终于建立了著名的电磁场方程组(后来称为 Maxwell 方程)，宣告电磁场理论的诞生.

如果说"位移电流"和"电磁波"是具有无限生命力的新生婴儿，那么，电磁以太的力学模型就是孕育婴儿健康成长的胎盘营养，一旦婴儿呱呱坠地，胎盘即可涤荡而去，不留踪影.

§9. Maxwell 的《电磁场的动力学理论》(1865)

1865 年，Maxwell 发表了关于电磁场理论的第三篇重要论文，题为“电磁场的动力学理论”.

从《论 Faraday 力线》、《论物理力线》到《电磁场的动力学理论》，研究对象一直是电力线、磁力线、电磁以太和电磁场，可谓一脉相承. 不难看出，Maxwell 的注意力始终集中在传递电磁作用的媒介物上，彻底的近距作用观点为电磁学乃至物理学开辟了一个崭新的研究领域. 在前两篇论文中，通过静电场、恒定磁场与恒定流速场的类比，通过电磁感应的研究，通过电磁以太力学模型的建立，Maxwell 从认识电场与磁场的性质开始，逐步把握住其间的内在联系、本质和运动特征，建立了涡旋电场、位移电流和电磁波的概念，取得了重大的突破和进展.

然而，作为一个伟大的理论家，Maxwell 并未到此为止. Maxwell 关心的不仅是各个局部，而且是整个理论体系. 在《电磁场的动力学理论》中，Maxwell 明确地以电磁场为研究对象，根据前两篇论文的重要发现，仔细地审查了当时已有的电磁学定理、定律的含义和成立条件，经过补充、修正、推广、澄清，终于建立了描绘电磁场运动变化规律的完备方程组——Maxwell 方程.

Maxwell 方程的建立，宣告了电磁场动力学理论的诞生. 这是一个完整的理论体系，它不仅成为统一解释各种电磁现象以及光现象的理论基础，而且为尔后的广泛发展和应用开辟了道路，标志着一个新时代的来临. 时至今日，人们仍然折服于它的完整、系统和严密、深刻，仍然处处感受到它的强大威力、广泛影响和旺盛生命力. Maxwell 的电磁场理论是物理学中继 Newton 力学之后又一座不朽的丰碑，是人类历史上不可多得的理论珍品之一.

一、《电磁场的动力学理论》的纲目

1864 年 12 月 8 日，Maxwell 在英国皇家学会宣读了关于电磁场理论的总结性论文《电磁场的动力学理论》. 1865 年该文在英国《皇家学会会报》上发表.《电磁场的动力学理论》全文长达 72 页，分成七个部分，共 116 个小段. 其中，最重要的是第一部分“引言”，第三部分“电磁场的普遍方程组”和第六部分“光的电磁理论”. 各部分的标题及其中的小标题如下.

第一部分　引　　言

第二部分　论电磁感应

电流的电磁动量

两个电流的相互作用
折合质量的动力学说明
两个回路的感应系数
两个导电回路的电磁关系
一个回路被另一个回路感应
导体运动引起的感应
功和能量的方程
电流产生的热
电流的内禀能量
导体之间的机械作用
单一回路的情形
两个回路的情形
通过电平衡确定感应系数
电磁场的探查
论磁力线
论磁的等势面

第三部分　电磁场的普遍方程组

电流(p, q, r)
电位移(f, g, h)
电动力(P, Q, R)
电磁动量(F, G, H)
回路的电磁动量
磁力(α, β, γ)
磁感应系数(μ)
磁力方程
电流方程
回路中的电动力
作用在运动导体上的电动力
电动力方程
电弹性
电弹性方程
电阻
电阻方程
电量

自由电荷方程
连续性方程
电场的内禀能量

第四部分　场中的机械作用

作用在可运动导体上的机械力
作用在磁体上的机械力
作用在带电体上的电磁力
静电效应的测量
关于引力吸引的理解

第五部分　电容器理论

电容器的电容
电感应的比电容
电吸收

第六部分　光的电磁理论

物质的折射率和电磁性质之间的关系
在晶体媒质中电磁扰动的传播
电阻和透明度之间的关系
在光传播中电动力和磁力的绝对值

第七部分　电磁感应系数的计算

一般方法
应用于线圈

二、《电磁场的动力学理论》的引言

在《电磁场的动力学理论》一文的第一部分“引言”中，Maxwell 以非凡的理论家的气魄，高屋建瓴地直接提出了建立“电磁场的动力学理论”的宏大课题，而不只是它的某些局部或细节.

Maxwell 首先深刻而准确地评价了以 Weber 和 Neumann 为代表的超距作用电磁理论，概述了它的由来、基本思想、成就以及机制上的根本困难. 由于电磁现象的力学表现可概括为，处于某种电磁状态(如带电、载流、具有磁性)的物体之间相隔一段距离(这些物体是非接触的)的相互作用. 因而，一种很自然的解释是超距作用，即只需考虑物体的电磁状况以及其间的相对位置，而无需涉及周围的媒质. 这就是以 Weber 和 Neumann 为代表的超距作用电磁理论的核心.

Maxwell 写道：

“电和磁的实验中最明显的力学现象是，处于某些状态而彼此距离相当远的物体之间的相互作用. 因此，把这些现象化为科学形式的第一步就是，确定物体之间作用力的大小和方向. 当发现这个力以某种方式与物体的相对位置和它们的电、磁状况有关时，乍看起来好像很自然的就是用这样的假定来解释事实，即每个物体中有静止或运动的某种东西存在，这种东西构成它的电状态和磁状态，并能按数学定律超距作用.”

“这样，静电的、磁的、载流导线间机械作用的，以及电流之间感应的一些数学理论形成了. 在这些理论中，两个物体之间的相互作用力是这样处理的，即只考虑物体的状况和它们的相对位置，而对周围的媒质则不作任何考虑.”

“这些理论或多或少明显地假定，有这样的物质存在，它们的粒子有彼此超距吸引和排斥的性质. 这类理论中发展得最完善的是 Weber 的理论，他曾使同一理论包括静电和电磁现象.”

如所周知，Weber 的超距作用电磁理论(详见本章 §4)把电磁作用归结为静止电荷之间的作用力(Coulomb 力)与运动电荷之间的作用力(Weber 力). 对此，Maxwell 给予很高的评价.

Maxwell 写道：“由 Weber 和 Neumann 发展起来的这种理论是极为精巧的，它令人惊叹地广泛应用于静电现象、电磁吸引、电流感应以及抗磁现象；并且，由于在电测量中引入自洽的单位制和实际上以迄今尚未知详的精度确定了电学量，它适宜于指导人们作出种种推测，从而在电科学实用方面取得重大进展，因此，它对于我们而言更具有权威性.”

但是，Maxwell 认为，超距作用的电磁理论存在着机制上的根本困难，不能作为最终的理论.

Maxwell 明确指出：

“然而，在这样做时，他(Weber)已发现，必须假定两个带电粒子之间的力同它们的距离和速度都有关.”

“依赖于粒子速度的力超距作用于粒子的假设中包含着机制上的困难，阻止我认为这一理论是最终的理论，尽管它曾经并且还可能在调和现象方面有用.”

根据对超距作用电磁理论的评价和看法，Maxwell 明确地宣告，他的电磁理论是以电磁场为研究对象的近距作用电磁理论，即电磁场的动力学理论. 何谓电磁场呢? Maxwell 从电磁场的产生，电磁场的物质性，电磁场所在的空间，电磁场能否与一般物质共存，电磁场的运动、运动速度、各部分运动的关联，电磁场的密度，电磁场能够接受和贮存的两种能量等等方面，对电磁场的种种性质和特征作了详尽的阐述. 又根据 Faraday 发现的磁光效应，指出光现象与电磁现象的同一性. 应该强调指出，Maxwell 关于电磁场的这些精辟系统、深刻细致的阐述是前所未有的，它们是 Maxwell 对电磁现象近距作用思考的集中反映和理论概括，它们构成了 Maxwell 的电磁场动力学理论的物理基础. 下面让我们再次引述 Maxwell 的原文.

Maxwell 指出：

“我宁愿在别的方向上寻找对事实的解释. 我设想力是由在被激发的物体中和在周围媒质中发生的作用所产生的，并且尽量试图不用假定超距力来解释相距很远的物体之间的作用.”

“我所提议的理论可以称为电磁场的理论，因为它必须涉及电或磁物体附近的空间，它也可以称为动力学的理论，因为它假设在该空间存在运动着的物质，导致可以观察的电磁现象.”

“电磁场是包含和围绕着处于电磁状态的物体的那一部分空间.”

“它(电磁场)可以被任何种类的物质充满，或者我们可以使其中(电磁场中)空无稠密物质(指实物)，就像在 Geissler 管(盖斯勒管，指真空管)中和其他所谓的真空中那样.”

“根据光现象和热现象，我们有理由相信，存在着一种填满空间和渗入物质的以太介质. 以太能够运动，以太能够把它的运动从一部分传输到另一部分，以太能够把它的运动传递给大块的物质，使之被加热和受到各种影响.”

电磁场是“一种弥漫的媒质，密度很小但确有，能运动，能以很大而有限的速度把运动从一部分传输到另一部分.”

“这种媒质(指电磁场)的各部分必定是这样关联着的，使得一部分的运动以某种方式与其他部分有关，而同时这些联系必定能有某种弹性屈服(elastic yielding)，因为运动的传播不是即时的，要占用时间.”

“因此，这种媒质(指电磁场)能接受和贮存两种能量，即与它的各部分的运动有关的‘实际’(actual)能量，以及媒质由于它的弹性在位移消失时将作功的‘势’能. 波动的传播就是这些形式的能量从一种形式到另一种形式的不断交替转变，并且在任何时候整个媒质中的能量必定是平分的，一半是运动能量，一半是弹性能量.”

“这种媒质(指电磁场)除了产生光现象和热现象外，还能够作其他种类的运动和位移……”

“我们知道，光媒质(luminiferous medium 指光以太)在某些情况下会受到磁的影响；因为 Faraday 发现，当平面偏振光沿电流产生的磁力线方向穿过透明的抗磁媒质时，偏振面发生旋转，这种旋转的方向总是与产生磁力线的电流方向相反. M. Verdet 后来发现，对于顺磁物体，旋转方向相反. ……”

“因此，看来好像是，电和磁的某些现象导致与光学相同的结论，即有一种弥漫于所有物体的以太媒质，物体的出现对它只有一定的影响；这种媒质的各部分都能受电流和磁体的作用而运动；各部分之间的关联所产生的力使这种运动从一部分向另一部分传播. ……”

（注：在以上引文中，括号中的内容是引者所加的说明.）

然后，Maxwell 概述了作为电磁场动力学理论的实验基础的一些电磁学实验事实. “引言”的最后，说明《电磁场的动力学理论》一文的主旨是对电磁场的描述，建立电磁场的普遍方程组，并据此深入讨论一些具体问题，其中包括光的电磁理论.

以上就是《电磁场的动力学理论》第一部分“引言”的主要内容.

与本章 §7《论 Faraday 力线》和 §8《论物理力线》中的引文相比，不知读者感觉如何，显然，本节的上述大段引文明确、简捷、易懂. 这表明，经过前两篇论文的工作和长期深入的思考，Maxwell 对电磁场的认识得到了锤炼，删除了牵强的、人工色彩浓厚的枝蔓，抓住了本质与核心. 不难看出，今天教学中有关电磁场的种种叙述，不正源于 Maxwell 当年的创造性发现和精辟阐释吗？

三、电磁动量

《电磁场的动力学理论》一文的第二部分题为“论电磁感应”①.

在这一部分，Maxwell 把感应电流与耦合系统作了另一种类型的类比，它属于一种宏观类比. 通过这一类比建立描述电紧张状态的量，即电磁动量. Maxwell 指明，这种类比是“说明性的而不是解释性的”，其目的是为了帮助读者理解对应的折合动量在力学中的意义. 这一类比可以通过多种途径来加以说明. 下面采用 1874 年 Maxwell 构想和设计的模型来作说明，它更便于理解.

如图 2-9-1 所示，P 和 Q 是两个轮子，这两个轮子通过差动齿轮相互耦合，中间齿轮带有飞轮，其转动惯量可以通过向中间或向两边调节重锤的位置而改变. 轮 Q 上绕有弹性皮带，可以提供摩擦阻力. 这个耦合系统的各个部件可以与电流线圈的情形相对应. 例如，P 轮的转动对应于初级线圈中的电流，Q 轮的转动对应于次级线圈中的电流，中间齿轮的转动惯量对应于初级与次级线圈之间的互感，摩擦阻力对应于次级线圈的电阻. 因此，这个耦合系统的行为可以与电磁感应类比.

当 P 轮加速旋转时（对应于初级线圈中开始有一增长的电流），通过中间飞轮的啮合，Q 轮将反方向旋转（对应于次级线圈中产生反向的感应电流）；当 P 轮的转速变为均匀时，中间飞轮将跟随旋转，而 Q 轮保持静止（对应于初级线圈的电流恒定时，次级线圈中没有感应电流）；当 P 轮的旋转减速时，通过中间飞轮的作用，Q 轮以 P 轮原来的运动方向旋转（对应于切断初级线圈中的电流时，在次级线圈中产生同方向的感应电流）. 为了增强电磁感应的效果，可在线圈中加铁芯，这可以用增大飞轮的转动惯量来类比.

在耦合系统中，可以引入折合动量的概念来描述两个轮子之间的相互作用. 折合动量是一种等效动量的概念. 在如图 2-9-1 所示的耦合系统中，P 和 Q 两个轮子的任意转

① 这一部分的内容与电磁场理论的关系不大，主要是一种宏观类比，对此不感兴趣的读者可以跳过不阅.

动会引起中间飞轮的一定转动，轮子与中间飞轮在传动点之间的联系，赋予传动点一个附加的动量，它可以称为中间飞轮折合到传动点的动量，它取决于轮子的转速以及轮子与飞轮之间的耦合. 有了折合动量的概念之后，根据动力学的普遍原理，折合动量的变化率应该等于作用力，由此就可以得出飞轮作用于P轮或Q轮的作用力.

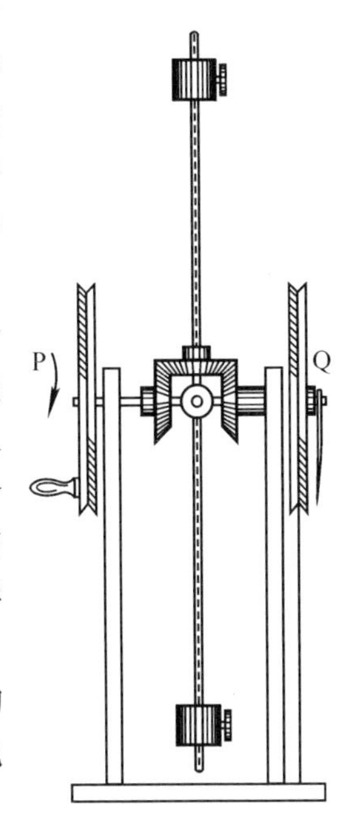

图 2-9-1　感应耦合电路的动力学类比

对应于两个线圈之间的电磁感应，也可以引入对应的折合动量概念，Maxwell 称之为电磁动量.① 电磁动量取决于两个线圈中的电流，两个线圈的形状，以及它们之间的相对位置. 引入电磁动量的概念之后，也可以根据电磁动量的变化率得出两个线圈之间的感应作用力. 于是，通过类比，力学中的耦合现象与电磁学中的电磁感应现象，不仅有对应的物理量，而且还有形式相同的数学公式.

Maxwell 指出："我称为电磁动量的量与 Faraday 称为电路的电紧张状态的量相同. 它的每一种变化包含了电动力(即涡旋电场)的作用，正好像动量的变化包含了机械力的作用一样."

在《论 Faraday 力线》一文(见本章 §7)中，Maxwell 曾经指出，描述电紧张状态的物理量就是 Neumann 引入的电动力学势 $\boldsymbol{\alpha}$，也就是 W. Thomson 引入的描述磁感应强度 $\boldsymbol{B}$ 的矢势 $\boldsymbol{\alpha}$，$\boldsymbol{B}$ 和 $\boldsymbol{\alpha}$ 的关系为 $\nabla\times\boldsymbol{\alpha}=\boldsymbol{B}$. 现在，在《电磁场的动力学理论》一文中，Maxwell 进一步指出，电紧张状态 $\boldsymbol{\alpha}$ 就是电磁动量.

四、电磁场理论的完备方程组——Maxwell 方程组

《电磁场的动力学理论》一文的第三部分题为"电磁场的普遍方程组". 它是这篇论文的核心和主要成果.

与《论物理力线》中的做法有所不同，Maxwell 不再具体地设想、细致地描绘电磁以太的力学模型和电磁作用的力学机制等等，而是直接以电磁场为研究对象，建立普遍地描述电磁场运动、变化规律的完备方程组. 为此，Maxwell 认真地审查了当时已有的电磁学定理和定律，弄清楚它们各自的含义和成立条件，并根据在《论 Faraday 力线》和《论物理力线》两文中揭示的电磁场的内在联系和本质特征，经过补充、修正、推广、澄清，终于建立了普遍地描述电磁场运动变化规律的完备方程组——Maxwell 方程组.

---

① 注意，Maxwell 在《电磁场的动力学理论》一文中建立的"电磁动量"概念，与当今电动力学中的电磁动量概念是两个含义完全不同的概念. 今天的电磁动量指的是电磁场的动量，为 $\boldsymbol{G}=\iiint\frac{1}{c^2}\boldsymbol{E}\times\boldsymbol{H}\mathrm{d}\tau$.

Maxwell 在第三部分“电磁场的普遍方程组”的后面写道：“在前一工作(指《论物理力线》)中，我曾试图描述一种特殊的运动和一种特殊的应力，用以解释现象. 在本文中，我避免任何此类假设，而使用诸如关于电流感应和介质极化这些熟知现象的电动量和电弹性这样一些词汇，我仅希望指点读者想到一些力学现象，它们将帮助读者理解电现象. 本文所有这些用语都应看作是说明性的，而不是解释性的.”

Maxwell 在《电磁场的动力学理论》中建立的电磁场普遍方程组，是用直角坐标分量形式给出的，共 20 个标量方程，其中包括 20 个变量(标量)，方程组是完备的. 它与当今教科书中的 Maxwell 方程非常接近. 作为珍贵的历史资料，现引述如下，有关符号及术语均悉如原文.

$$\begin{cases} p' = p + \dfrac{\mathrm{d}f}{\mathrm{d}t} \\ q' = q + \dfrac{\mathrm{d}g}{\mathrm{d}t} \\ r' = r + \dfrac{\mathrm{d}h}{\mathrm{d}t} \end{cases} \tag{1}$$

$$\begin{cases} \mu\alpha = \dfrac{\mathrm{d}H}{\mathrm{d}y} - \dfrac{\mathrm{d}G}{\mathrm{d}z} \\ \mu\beta = \dfrac{\mathrm{d}F}{\mathrm{d}z} - \dfrac{\mathrm{d}H}{\mathrm{d}x} \\ \mu\gamma = \dfrac{\mathrm{d}G}{\mathrm{d}x} - \dfrac{\mathrm{d}F}{\mathrm{d}y} \end{cases} \tag{2}$$

$$\begin{cases} \dfrac{\mathrm{d}\gamma}{\mathrm{d}y} - \dfrac{\mathrm{d}\beta}{\mathrm{d}z} = 4\pi p' \\ \dfrac{\mathrm{d}\alpha}{\mathrm{d}z} - \dfrac{\mathrm{d}\gamma}{\mathrm{d}x} = 4\pi q' \\ \dfrac{\mathrm{d}\beta}{\mathrm{d}x} - \dfrac{\mathrm{d}\alpha}{\mathrm{d}y} = 4\pi r' \end{cases} \tag{3}$$

$$\begin{cases} P = \mu\left(\gamma\dfrac{\mathrm{d}y}{\mathrm{d}t} - \beta\dfrac{\mathrm{d}z}{\mathrm{d}t}\right) - \dfrac{\mathrm{d}F}{\mathrm{d}t} - \dfrac{\mathrm{d}\psi}{\mathrm{d}x} \\ Q = \mu\left(\alpha\dfrac{\mathrm{d}z}{\mathrm{d}t} - \gamma\dfrac{\mathrm{d}x}{\mathrm{d}t}\right) - \dfrac{\mathrm{d}G}{\mathrm{d}t} - \dfrac{\mathrm{d}\psi}{\mathrm{d}y} \\ R = \mu\left(\beta\dfrac{\mathrm{d}x}{\mathrm{d}t} - \alpha\dfrac{\mathrm{d}y}{\mathrm{d}t}\right) - \dfrac{\mathrm{d}H}{\mathrm{d}t} - \dfrac{\mathrm{d}\psi}{\mathrm{d}z} \end{cases} \tag{4}$$

$$\begin{cases} P = kf \\ Q = kg \\ R = kh \end{cases} \tag{5}$$

$$\begin{cases}P=-\rho p\\Q=-\rho q\\R=-\rho r\end{cases}\tag{6}$$

$$e+\frac{\mathrm{d}f}{\mathrm{d}x}+\frac{\mathrm{d}g}{\mathrm{d}y}+\frac{\mathrm{d}h}{\mathrm{d}z}=0\tag{7}$$

$$\frac{\mathrm{d}e}{\mathrm{d}t}+\frac{\mathrm{d}p}{\mathrm{d}x}+\frac{\mathrm{d}q}{\mathrm{d}y}+\frac{\mathrm{d}r}{\mathrm{d}z}=0\tag{8}$$

以上(1)、(2)、(3)、(4)、(5)、(6)、(7)、(8)式就是 Maxwell 建立的电磁场方程组. Maxwell 指出:“在这些电磁场方程里，我们共设了 20 个变量，即电磁动量 F, G, H; 磁强度 α, β, γ; 电动力 P, Q, R; 真传导电流 p, q, r; 电位移 f, g, h; 总电流 p', q', r'; 自由电量 e; 电势 ψ. 在这 20 个量之间，我们找到了 20 个方程，即三个磁力方程[(2)式]；三个电流方程[(3)式]；三个电动力方程[(4)式]；三个电弹性方程[(5)式]；三个电阻方程[(6)式]；三个总电流方程[(1)式]；一个自由电量方程[(7)式]；一个连续方程[(8)式]. 因此，只要我们知道问题的条件，这些方程就足够决定在它们里面出现的所有变量. 然而，在很多问题里，只需要少数几个方程就足够了.”

另外，在(4)、(5)、(6)式中还涉及三个系数 μ, k, ρ, 其中 μ 是磁感系数，即媒质中的磁感强度和空气中的磁感强度之比，k 是电动力与电位移之比，ρ 是电阻率.

现在，先借用熟知的矢量符号把(1)、(2)、(3)、(4)、(5)、(6)、(7)、(8)式写成矢量形式，并引述 Maxwell 对各公式所作的解释，然后再用现代的术语和名称把有关内容“翻译”成熟悉的语言，改写成熟悉的形式.

1. 总电流方程

$$\boldsymbol{j}'=\boldsymbol{j}+\frac{\partial\boldsymbol{D}}{\partial t}\tag{1$'$}$$

式中 $\boldsymbol{j}=(p, q, r)$ 是传导电流密度，$\boldsymbol{j}'=(p', q', r')$ 是总电流密度，$\boldsymbol{D}=(f, g, h)$ 是电位移矢量，$\frac{\partial\boldsymbol{D}}{\partial t}$ 是电位移的变化率即位移电流密度.

总电流方程(1)′式是 Maxwell 电磁场方程的核心，因为它包括了位移电流. 对此，需要作一些说明. 由电位移矢量的定义(用 MKSA 单位)

$$\boldsymbol{D}=\varepsilon_0\boldsymbol{E}+\boldsymbol{P}$$

式中 $\boldsymbol{E}$ 是电场强度，$\boldsymbol{P}$ 是极化强度，可将位移电流 I_D 表为

$$\begin{aligned}I_D&=\iint\frac{\partial\boldsymbol{D}}{\partial t}\cdot\mathrm{d}\boldsymbol{S}\\&=\varepsilon_0\iint\frac{\partial\boldsymbol{E}}{\partial t}\cdot\mathrm{d}\boldsymbol{S}+\iint\frac{\partial\boldsymbol{P}}{\partial t}\cdot\mathrm{d}\boldsymbol{S}\\&=\varepsilon_0\iint\frac{\partial\boldsymbol{E}}{\partial t}\cdot\mathrm{d}\boldsymbol{S}-\frac{\mathrm{d}q'}{\mathrm{d}t}\end{aligned}$$

可见位移电流包括两项. 第一项 $\varepsilon_0\iint\frac{\partial \boldsymbol{E}}{\partial t}\cdot \mathrm{d}\boldsymbol{S}$ 是变化电场项，按照 Maxwell 的看法，变化电场与通常由电荷移动形成的电流(传导电流，磁化电流，极化电流)一样，也能产生无源有旋(右旋)的磁场. 第二项 $\iint\frac{\partial \boldsymbol{P}}{\partial t}\cdot \mathrm{d}\boldsymbol{S}=-\frac{\mathrm{d}q'}{\mathrm{d}t}$是极化电流，其中 q'是极化电荷. 与传导电流和磁化电流不同，极化电流只在非恒定情形才存在. 极化电荷是被束缚的，不能宏观移动，但在非恒定情形因极化发生变化导致的宏观效果"等价"于电荷的宏观移动，产生极化电流.

应该强调，把(1)′式与下面的电流方程(3)′式相结合，便可得出修正后的 Ampere 环路定理为(用 MKSA 单位制)

$$\begin{aligned}\nabla\times\boldsymbol{H}&=\boldsymbol{j}'\\&=\boldsymbol{j}+\frac{\partial \boldsymbol{D}}{\partial t}\end{aligned}$$

式中 $\boldsymbol{H}$ 是磁场强度. 由 $\boldsymbol{H}$ 的定义，它与磁感应强度 $\boldsymbol{B}$、磁化强度 $\boldsymbol{M}$ 的关系为

$$\boldsymbol{H}=\frac{\boldsymbol{B}}{\mu_0}-\boldsymbol{M}$$

故

$$\begin{aligned}\oint\boldsymbol{H}\cdot\mathrm{d}\boldsymbol{l}&=\oint\frac{\boldsymbol{B}}{\mu_0}\cdot\mathrm{d}\boldsymbol{l}-\oint\boldsymbol{M}\cdot\mathrm{d}\boldsymbol{l}\\&=I+\iint\frac{\partial \boldsymbol{D}}{\partial t}\cdot\mathrm{d}\boldsymbol{S}\end{aligned}$$

即

$$\frac{1}{\mu_0}\oint\boldsymbol{B}\cdot\mathrm{d}\boldsymbol{l}=I+\oint\boldsymbol{M}\cdot\mathrm{d}\boldsymbol{l}+\iint\frac{\partial \boldsymbol{P}}{\partial t}\cdot\mathrm{d}\boldsymbol{S}+\varepsilon_0\iint\frac{\partial \boldsymbol{E}}{\partial t}\cdot\mathrm{d}\boldsymbol{S}$$

上式表明，在非恒定的普遍情形，传导电流 I，磁化电流 $\oint\boldsymbol{M}\cdot\mathrm{d}\boldsymbol{l}$，极化电流 $\iint\frac{\partial \boldsymbol{P}}{\partial t}\cdot\mathrm{d}\boldsymbol{S}$，以及变化的电场 $\varepsilon_0\iint\frac{\partial \boldsymbol{E}}{\partial t}\cdot\mathrm{d}\boldsymbol{S}$，都能产生磁场(磁感应强度)$\boldsymbol{B}$，都对 $\boldsymbol{B}$ 的环路积分有贡献. 上式的最后两项之和就是 Maxwell 提出的位移电流.

总之，由(1)′式与(3)′式，Maxwell 给出了推广后的 Ampere 环路定理 $\oint\boldsymbol{H}\cdot\mathrm{d}\boldsymbol{l}=I+\iint\frac{\partial \boldsymbol{D}}{\partial t}\cdot\mathrm{d}\boldsymbol{S}$，与恒定条件下适用的Ampere 环路定理$\oint\boldsymbol{H}\cdot\mathrm{d}\boldsymbol{l}=I$ 比较，增加了位移电流，并把定理的适用范围推广到非恒定的普遍情形. 这是 Maxwell 建立电磁场方程组的关键.

还应指出，在《论物理力线》中(见本章 §8)，Maxwell 利用电磁以太的力学模型讨论静电作用时，发现因电场变化所引起的电以太(粒子)位移的变化，能够使得与之啮合的

磁以太(分子涡旋)旋转，产生磁力线，即变化的电场也能产生磁场. 由此，Maxwell 修正了恒定条件下的 Ampere 环路定理，增加了$\frac{\partial \boldsymbol{E}}{\partial t}$的贡献(见本章§8 中的(1)式). 本节的(1)′式与(3)′式即来源于《论物理力线》一文中的发现. 区别在于，在本节的(1)′式与(3)′式中，除了增加$\frac{\partial \boldsymbol{E}}{\partial t}$项外，还增加了极化电流. 换言之，即以位移电流$\frac{\partial \boldsymbol{D}}{\partial t}$项取代了本章§8(1)式中的$\frac{\partial \boldsymbol{E}}{\partial t}$项，从而使推广后的 Ampere 环路定理(3)′式完美无缺.

2. 磁力方程(即磁场的 Gauss 定理)

$$\mu \boldsymbol{H}=\nabla\times\boldsymbol{\alpha} \tag{2)'$$

式中 $\boldsymbol{H}=(\alpha, \beta, \gamma)$是作用于单位磁极的力，现代称为磁场强度. 式中 μ 是媒质中的磁感应与相同磁化力作用下空气中的磁感应的比值，现代称为磁导率，$\mu\boldsymbol{H}=\boldsymbol{B}$，$\boldsymbol{B}$ 是磁感应强度即磁场. 式中 $\boldsymbol{\alpha}=(G, H, F)$是磁体或电流的任何系统所产生的场中的电磁动量(注意：这里的“电磁动量”并非电磁场的动量，见本节三)，Maxwell 指出：“电磁动量与 Faraday 教授取名的电紧张状态是同一个东西”，Neumann 把 $\boldsymbol{\alpha}$ 称为电动力学势(见本章§7)，现代称之为电磁场的矢势，通常用符号 $\boldsymbol{A}$ 表示.

因 $\mu\boldsymbol{H}=\boldsymbol{B}$，(2)′式可写为

$$\boldsymbol{B}=\nabla\times\boldsymbol{\alpha}$$

(见本章§7). 把上式两边取散度，得

$$\nabla\cdot\boldsymbol{B}=\nabla\cdot(\nabla\times\boldsymbol{\alpha})=0$$

写成积分形式，为

$$\oiint \boldsymbol{B}\cdot \mathrm{d}\boldsymbol{S}=0$$

因此，磁力方程(2)′式就是现代教科书中的磁场 Gauss 定理.

3. 电流方程(即普遍的 Ampere 环路定理)

$$\nabla\times\boldsymbol{H}=4\pi\boldsymbol{j}' \tag{3)'$$

Maxwell 指出，根据实验可知，当磁极在磁场中沿闭合回路移动时，若该闭合回路所围面积中无电流通过，则不产生功；当磁极在磁场中沿闭合回路移动时，若该闭合回路所围面积中有电流通过，则产生功，且功与磁极沿闭合回路移动的次数有关，由此得出电流方程.

把(1)′式代入(3)′式，得$\nabla\times\boldsymbol{H}=4\pi\left(\boldsymbol{j}+\frac{\partial \boldsymbol{D}}{\partial t}\right)$，采用 Gauss 单位为$\nabla\times\boldsymbol{H}=\frac{4\pi}{c}\boldsymbol{j}+\frac{1}{c}\frac{\partial \boldsymbol{D}}{\partial t}$，采用 MKSA 单位为

$$\nabla\times\boldsymbol{H}=\boldsymbol{j}+\frac{\partial \boldsymbol{D}}{\partial t}$$

写成积分形式为

$$\oint \boldsymbol{H}\cdot \mathrm{d}\boldsymbol{l} = I + \iint \frac{\partial \boldsymbol{D}}{\partial t}\cdot \mathrm{d}\boldsymbol{S}$$

式中 I 是传导电流，$\iint \frac{\partial \boldsymbol{D}}{\partial t}\cdot \mathrm{d}\boldsymbol{S}$ 是位移电流. 上式就是现代教科书中的普遍 Ampere 环路定理. 它是把恒定条件下的 Ampere 环路定理 $\oint \boldsymbol{H}\cdot \mathrm{d}\boldsymbol{l}=I$，增加位移电流项并推广到非恒定的普遍情形得出的. 有关说明见 1.

4. 电动力方程(即 Faraday 电磁感应定律)

$$\boldsymbol{E} = \mu \boldsymbol{v}\times \boldsymbol{H} - \frac{\partial \boldsymbol{\alpha}}{\partial t} - \nabla \psi \tag{4$'$}$$

式中 $\boldsymbol{E}=(P,\ Q,\ R)$ 为电动力，现代称为电场强度，即单位正电荷所受电场力. (4)′式表明，$\boldsymbol{E}$ 包括三部分. 第一项 $\mu\boldsymbol{v}\times\boldsymbol{H}=\boldsymbol{v}\times\boldsymbol{B}$ 是由于导体本身运动造成的电磁动量(即电紧张状态)的变化所引起的电动力，现代称为单位正电荷在磁场中运动所受的 Lorentz 力. 第二项 $-\frac{\partial \boldsymbol{\alpha}}{\partial t}=\boldsymbol{E}_{涡旋}$(见本章 §7)是感应电动力，即涡旋电场，它是导体不动，因产生磁场的磁体或电流的强度变化所引起的电动力. 第三项 $-\nabla\psi$ 则是导体不动，因产生磁场的磁体或电流的位置变化所引起的电动力，ψ 为电势.

如果导体回路静止，即 $\boldsymbol{v}=0$，则第一项 $\mu\boldsymbol{v}\times\boldsymbol{H}=\boldsymbol{v}\times\boldsymbol{B}=0$，即 Lorentz 力为零. 再把(4)′式两边取旋度，得

$$\nabla\times\boldsymbol{E}=-\frac{\partial}{\partial t}(\nabla\times\boldsymbol{\alpha})-\nabla\times(\nabla\psi)$$

把(2)′式 $\nabla\times\boldsymbol{\alpha}=\mu\boldsymbol{H}=\boldsymbol{B}$ 代入，得出

$$\nabla\times\boldsymbol{E}=-\frac{\partial \boldsymbol{B}}{\partial t}$$

写成积分形式为

$$\oint \boldsymbol{E}\cdot \mathrm{d}\boldsymbol{l} = -\iint \frac{\partial \boldsymbol{B}}{\partial t}\cdot \mathrm{d}\boldsymbol{S}$$

此即 Faraday 电磁感应定律.

注意，上述电磁感应定律中的电场强度 $\boldsymbol{E}$ 指的是变化磁场产生的涡旋电场 $\boldsymbol{E}_{涡旋}$. 但因电荷(自由电荷与极化电荷)产生的静电场是无旋的，所以电磁感应定律中的 $\boldsymbol{E}$ 也可以理解为总电场的强度. 总电场是静电场与涡旋电场之和.

5. 电弹性方程(即介质方程之一)

$$\boldsymbol{E}=k\boldsymbol{D} \tag{5$'$}$$

电动力作用于电介质，使它的每一部分极化，它的相对的面上出现相反的电荷. 当电动力消失时，电位移也消失，电动力 $\boldsymbol{E}$ 与电位移 $\boldsymbol{D}$ 成正比，比例系数为 k，Maxwell 把这种性质称为电弹性.

(5)′式的现代形式为

$$\boldsymbol{D}=\varepsilon\boldsymbol{E}$$

式中 $\boldsymbol{E}$ 是电场强度，$\boldsymbol{D}$ 是电位移，$\varepsilon=\frac{1}{k}$是介电常量(电容率). 可见，“电弹性方程”就是描述介质极化性质的介质方程.

6. 电阻方程(即 Ohm 定律，介质方程之一)

$$\boldsymbol{E}=-\rho\boldsymbol{j} \tag{6$'$}$$

Maxwell 指出，电动力 $\boldsymbol{E}$ 作用于导体上，产生通过导体的电流 $\boldsymbol{j}$，两者成正比，比例系数 ρ 是单位体积导体内的电阻.

(6)′式的现代形式为

$$\boldsymbol{j}=\sigma\boldsymbol{E}$$

式中 $\boldsymbol{j}$ 是传导电流密度，$\boldsymbol{E}$ 是电场强度，σ 是介质的电导率，$\rho=\frac{1}{\sigma}$是电阻率. 可见，“电阻方程”就是描述介质导电性质的介质方程，即 Ohm 定律.

7. 自由电荷方程(即电场的 Gauss 定理)

$$e+\nabla\cdot\boldsymbol{D}=0 \tag{7$'$}$$

Maxwell 指出，e 是单位体积内的自由电荷，并且它是由于位移进入单位体积元内的电荷. 如果我们将单位体积内的电荷注入体积元，则位移将带着等量的电荷离开.

(7)′式的现代形式是

$$\nabla\cdot\ \boldsymbol{D}=\rho_{\mathrm{e}}$$

积分形式是

$$\oiint\boldsymbol{D}\cdot\mathrm{d}\boldsymbol{S}=\iiint\rho_{\mathrm{e}}\mathrm{d}V=q$$

式中 q 是自由电荷，ρ_{e} 是自由电荷的体密度，$\boldsymbol{D}$ 是电位移矢量. 可见，“自由电荷方程”就是静电场的 Gauss 定理.

因 $\boldsymbol{D}=\varepsilon_0\boldsymbol{E}+\boldsymbol{P}$，$\boldsymbol{P}$ 是极化强度，可将上式改写为

$$\begin{aligned}\varepsilon_0\oiint\boldsymbol{E}\cdot\mathrm{d}\boldsymbol{S}&=q-\oiint\boldsymbol{P}\cdot\mathrm{d}\boldsymbol{S}\\&=q+q'\end{aligned}$$

式中 q 是自由电荷，q'是极化电荷，$\boldsymbol{E}$ 是 q 和 q'产生的电场. 由于变化磁场产生的涡旋电场 $\boldsymbol{E}_{涡旋}$是无源的，即 $\oiint\boldsymbol{E}_{涡旋}\cdot\mathrm{d}\boldsymbol{S}=0$，所以上式的 $\boldsymbol{E}$ 也可以理解为电荷 q 与 q' 产生的电场与涡旋电场之和，即 $\boldsymbol{E}$ 为总电场. 因此，上述“自由电荷方程”也就是总电场的 Gauss 定理. 这里，Maxwell 已把静电场 Gauss 定理的适用范围推广到非静止的普遍情形.

8. 连续性方程(即电荷守恒定律)

$$\frac{\partial e}{\partial t}+\nabla \cdot \boldsymbol{j}=0 \tag{8)$'$(}$$

式中 e 是单位体积的自由电荷，$\boldsymbol{j}$ 是传导电流密度.

(8)′式的现代形式为

$$\nabla \cdot \boldsymbol{j}+\frac{\partial \rho_{\mathrm{e}}}{\partial t}=0$$

积分形式为

$$\oiint \boldsymbol{j} \cdot \mathrm{d}\boldsymbol{S}=-\frac{\mathrm{d}q}{\mathrm{d}t}$$

式中 $\boldsymbol{j}$ 为传导电流密度，q 为自由电荷，ρ_{e} 为自由电荷体密度. 可见，“连续性方程”就是电荷守恒定律.

在以上八个方程中，前六个是矢量方程，后二个是标量方程，总共 20 个标量方程. 出现在方程中的变量是 $\boldsymbol{\alpha}$，$\boldsymbol{H}$，$\boldsymbol{E}$，$\boldsymbol{j}$，$\boldsymbol{D}$，$\boldsymbol{j}'$，e，ψ，即六个矢量二个标量，总共是 20 个变量(标量). 所以，Maxwell 建立的普遍电磁场方程组是完备的. 显然，用矢量形式表述的(1)′、(2)′、(3)′、(4)′、(5)′、(6)′、(7)′、(8)′式，与 Maxwell 在论文中用标量形式表述的(1)、(2)、(3)、(4)、(5)、(6)、(7)、(8)式完全等价.

已经指出，(2)′式是磁场的 Gauss 定理，(1)′式和(3)′式是 Ampere 环路定理，(4)′式是电磁感应定律，(2)′式是电场的 Gauss 定理，它们构成电磁场方程组，后来为纪念 Maxwell 的卓越贡献称为 Maxwell 方程组. (5)′、(6)′式以及 $\boldsymbol{B}=\mu\boldsymbol{H}$ 分别是描述介质极化、导电、磁化性质的三个介质方程. 注意：在 Maxwell 给出的方程组中没有出现磁感应强度 $\boldsymbol{B}$ 这个量，他采用的是 $\boldsymbol{\alpha}$，$\boldsymbol{B}$ 与 $\boldsymbol{\alpha}$ 的关系是 $\boldsymbol{B}=\nabla\times\boldsymbol{\alpha}$. 另外，(8)′式是电荷守恒定律.

五、光的电磁理论

在《电磁场的动力学理论》一文的第四部分“场中的机械作用”，第五部分“电容器理论”，第七部分“电磁感应系数的计算”中，Maxwell 广泛地讨论了各种电磁现象，如场对运动载流导体、磁体以及带电体的机械作用力，静电效应的测量，电容和电吸引，电磁感应系数的计算，等等. 在场对运动的载流导体、磁体以及带电体的机械作用力的讨论中，Maxwell 从感应公式导出了作用在载流导体上的机械力的 Ampere 公式，作用在磁体上的机械力的磁 Coulomb 定律，以及作用在带电体上的机械力的电 Coulomb 定律. Maxwell 的上述工作，揭示了他建立的电磁场理论与电磁学中有关的基本实验定律之间的联系，并为这些电磁学实验定律提供了近距作用的物理解释.

《电磁场的动力学理论》一文的第六部分题为“光的电磁理论”. 在这一部分，Maxwell 根据电磁场的普遍方程组研究了电磁扰动的传播问题. 经过计算，Maxwell 得出了一系列重要的结论，如下：

1. 在绝缘体内传播的电磁扰动是横波. Maxwell 指出：“由纯粹实验得出的电磁场方程组显示出，只有横振动才能传播.”

2. 在空气中或真空中，电磁波的传播速度等于光速 c. Maxwell 指出：“能经过场传播的扰动，就它的方向来说，电磁学导致与光学相同的结论，两者都肯定横振动的传播，两者都给出相同的传播速度.”

3. 物质的折射率 n 与(相对)介电常量 ε 和(相对)磁导率 μ 的关系为

$$n=\sqrt{\varepsilon\mu}$$

此式后来称为 Maxwell 关系式.

4. 在晶体媒质(各向异性媒质)中，电磁波的波面为双层曲面，Maxwell 给出了波面的方程.

5. 光在导体中传播时，强度随传播距离指数下降，并求出了吸收系数与导体电阻率等的关系.

此外，Maxwell 还算出了太阳光的电场强度值.

根据上述种种结果，Maxwell 再次强调“光是按照电磁定律经过场传播的电磁扰动.”从而把光现象与电磁现象统一了起来，开创了光的电磁理论，显示了电磁场理论的巨大成功.

现在，作为一个例子，介绍 Maxwell 在《电磁场的动力学理论》一文中对电磁波传播速度的讨论. 由电磁场方程组，Maxwell 得出磁场的波动方程为

$$k_0\,\nabla^2\boldsymbol{B}=4\pi\mu\frac{\partial^2\boldsymbol{B}}{\partial t^2}$$

式中 $k_0=4\pi c^2$，c 是真空中光速. 由此，得出磁扰动的传播速度为

$$v=\sqrt{\frac{k_0}{4\pi\mu}}=\frac{c}{\sqrt{\mu}}$$

在一般的电介质中，上式的 k_0 应代之以 $k=\varepsilon k_0$，因此，电磁波传播速度的一般表达式为

$$v=\frac{c}{\sqrt{\varepsilon\mu}}$$

式中的 ε 和 μ 是介质的介电常量和磁导率. 在真空或空气中，$\varepsilon=\mu=1$，故$v=c$. 在折射率为 n 的物质中 $v=\dfrac{c}{n}$，故

$$n=\sqrt{\varepsilon\mu}$$

在《论物理力线》一文中(见本章 § 8)，Maxwell 根据设想的电磁以太力学模型，通过找出 ε 和 μ 与电磁以太切变模量和密度的关系，首次得出真空中电磁波传播速度等于真空中光速 c 的重要结论. 但是，电磁以太力学模型的人工色彩极其浓厚，难以令人置信.

于是，在《电磁场的动力学理论》一文中，根据电磁场方程组，Maxwell 再次得到了同样的重要结论，这次不仅具有坚实的理论基础，而且内容也丰富得多.

总之，关于电磁波传播速度等于光速、电磁波是横波这一重要结论，Maxwell 是在 1862 年发表的《论物理力线》一文中，借助于电磁以太的力学模型首次得出的. 然后，在 1865 年发表的《电磁场的动力学理论》一文中，根据电磁场方程组，Maxwell 再次证明了这一结论. 此后，在 1868 年和 1873 年，Maxwell 又先后两次提供了不同的证明. 这些情况表明，Maxwell 充分意识到这一结论的重要性.

1873 年，Maxwell 出版了巨著《电磁通论》. 在这部巨著中，Maxwell 更为彻底地应用动力学原理(Lagrange 方程)发展了他的动力学理论体系，从而使得他建立的电磁场理论更加完善，基础更为坚实. 在《电磁通论》①中，Maxwell 还首次从理论上预言了光压的存在，并根据光是波动的观点解释了光压.

1884 年，J. H. Poynting 提出了电磁波的能流密度矢量——Poynting 矢量的概念，$\boldsymbol{S}=\boldsymbol{E}\times\boldsymbol{H}$. 此后，H. R. Hertz 和 O. Heaviside 把 Maxwell 以直角坐标分量形式给出的包括 20 个标量方程的电磁场方程组，简化为较为对称的以矢量形式表述的由四个方程构成的电磁场方程组. 1887 年，Hertz 的电磁波实验(详见第八章 §3)系统地证实了 Maxwell 电磁场理论关于电磁波的预言. 1888 年，Hertz 测量了电磁波的速度，证实它确实等于光速.

于是，经过漫长的历史时期，Maxwell 的电磁场理论包括光的电磁理论，终于逐步被普遍接受. 从此，物理学史上一个新的时代开始了.

六、Maxwell 电磁场理论的历史意义

在物理学史中，Maxwell 电磁场理论是继 Newton 力学之后划时代的卓越贡献. 它被誉为 19 世纪物理学最伟大的成就，由此，Maxwell 和 Faraday 也当之无愧地被誉为 19 世纪最伟大的物理学家. 电磁场理论的影响是广泛而深远的，难以细述，这里择要作一些介绍，以利于认识它的历史意义.

Maxwell 电磁场理论是一个完整的理论体系，它的建立不仅为电磁学领域已有的研究成果作了很好的总结，而且为进一步的研究提供了理论基础，从而迎来了电磁学全面蓬勃发展的新时期.

Maxwell 电磁场理论的建立开辟了许多新的研究课题和新的研究方向. 例如，电磁波的研究带来了通信、广播和电视事业的发展. 例如，物质电磁性质的研究推动了材料科学的进展. 又如，带电粒子和电磁场相互作用的探讨，与许多其他分支学科有关，导致不少交叉学科(如等离子体物理、磁流体力学等)的形成与发展. 所有这些，对于 20 世纪科学的发展、技术的进步以及物质文化生活的繁荣昌盛，都起了重要的作用.

---

① 《电磁通论》一书已有中译本：〔英〕杰·克·麦克斯韦著，《电磁通论》上卷、下卷. 戈革译. 武汉出版社，1994 年.

光的电磁理论是 Maxwell 电磁场理论的重大成果之一，它证明光波就是电磁波，从而把光现象纳入了电磁学领域，实现了光学与电磁学的统一. 如所周知，在电磁场理论建立之前，T. Young 的干涉理论、A. J. Fresnel 的衍射理论以及大量相关的实验研究，使古老的波动光学得以复苏，达到了前所未有的高度. 然而，作为波动光学理论基础的 Huygens-Fresnel 原理，其实质仍是一种假设，缺乏应有的根据，存在明显的局限性. 光的电磁理论的建立，表明 Maxwell 方程成为波动光学的理论基础，它阐明了 Huygens-Fresnel 原理的适用范围及不足，克服了它的局限性，使得以研究光传播为主要课题的传统波动光学出现了质的飞跃，获得了新生. 与此同时，在 Maxwell 电磁场理论和物理学其他重要进展的基础上，现代光学的各个分支应运而生，迅猛发展. 毫无疑问，光的电磁理论是光学历史中重要的里程碑.

Maxwell 电磁场理论的历史意义还在于引起了物理实在观念的深刻变革. 在电磁场理论建立之前，所谓物理实在指的就是质点即实物粒子，当时认为世间万物无非都是质点的组合，别无其他. 质点具有质量、能量、动量等基本物理性质，质点的运动遵循 Newton 定律，它的数学形式是一组常微分方程. 此外，对于非接触物体之间的各种作用(如引力，磁力，电力)，超距作用观点占据统治地位，即认为既无需媒介物传递，也无需传递时间. 电磁场理论使人们认识到除了实物粒子外，还有电磁场这种完全不同于实物粒子的另一类物理实在. 电磁场具有能量、动量等基本物理性质，电磁场可以脱离物质单独存在，并且能够与物质交换能量和动量，电磁场的运动变化遵循 Maxwell 方程，这是一组偏微分方程. 电磁场理论表明，非接触的电磁物体之间的电磁作用，是以电磁场为媒介物传递的，是需要传递时间的，即是近距作用. 因此，Maxwell 电磁场理论的建立及其实验证实，引起了物理实在观念的深刻变革，打破了超距作用一统天下的局面. Einstein 在评价电磁场理论时强调指出：“实在概念的这一变革是物理学自 Newton 以来的一次最深刻和最富有成效的变革.”

然而，也应该清醒地看到，Faraday 和 Maxwell 的场观念还不够彻底. 他们认为，以太是某种弹性介质，电磁场则是以太的某种状态，这就在一定程度上带有机械论的色彩. 如所周知，作为弹性介质的以太所应具有的种种性质以及探索以太的失败，令人难以理解也难以自圆其说. 同时，Maxwell 电磁场理论、Galileo 变换和相对性原理三者之间的不能共存，更使人们陷入了困境. 上述种种尖锐的矛盾迫使人们重新审视物理学大厦赖以支撑的基石，弄清楚哪些是颠扑不破的真理，哪些则需要修正或扬弃. 20 世纪初，Einstein 在相对性原理和光速不变原理基础上，建立了狭义相对论. 它否定了 Newton 的绝对时空观，确立了崭新的相对论时空观，把 Galileo 变换修正为 Lorentz 变换，宣告真空中光速 c 是一切实物和信号速度的极限. 从此，以上种种疑问涣然冰释，曾经长期在物理学大厦中游荡的、含混不清的幽灵——以太，以及长期占据统治地位的超距作用观点，悄然退出历史舞台. 由此可见，Maxwell 电磁场理论的历史功绩之一，就是为狭义相对论的诞生创造了必不可少的条件.

七、启迪

以 Maxwell 方程为标志的电磁场理论，形式简捷，内容广泛，影响深远，并且物理思想极为深刻，方法论教益非常丰富．作为重要的教学内容，在传授知识介绍前辈大师创造性发现的同时，适当进行物理思想与研究方法的教育是必要的．这是历史的启示，寓意深远，弥足珍贵．

1．寻找联系，发现规律，揭示本质，建立统一理论的执着追求

纵观物理学史，观察各种新的现象，寻找其间的联系，发现遵循的规律，揭示深藏的本质，进而建立统一的理论，提供和谐一致的解释，并关注可能的应用前景等等，可以说是物理学家代代相传的执着追求，成为推动物理学发展的强劲动力．

Newton 万有引力定律跨越了“天上”与“人间”似乎不可逾越的鸿沟．作为物理学中第一个完整理论体系的 Newton 三定律，更是人类认识自然历史中第一次理论大综合．它们一起为天地万物的机械运动提供了统一的动力学解释．Maxwell 的电磁场理论是继 Newton 力学之后又一次理论大综合，这是又一个完整的理论体系，它不仅为电磁现象提供了解释，而且实现了电磁学与光学的统一．Einstein 的狭义相对论把物质运动与时空联系了起来，建立了新的时空观，实现了电磁学与力学的统一．Einstein 的广义相对论进一步把只适用于惯性系的狭义相对论推广到任意参考系，并且把引力也纳入了他的理论体系，建立了相对论的引力论．Weinberg 和 Salam 把电磁作用与弱作用联系了起来，建立了电弱统一理论，鼓舞人们进一步探索大统一理论．

凡此种种重大理论研究成果已经成为物理学各个时代的里程碑．随着科学的发展，在更广泛的范围内和更深入的层次上，建立新的统一理论的工作将永无止境．Maxwell 电磁场理论为我们提供了一个建立理论体系的生动例子．

2．近距作用观点的指导意义

19 世纪 40 年代，经过许多物理学家的持续努力，电磁学各个局部的基本实验规律——Coulomb 定律，B. S. L. 定律，Ampere 定律，Ohm 定律，Faraday 电磁感应定律等先后得出，这标志着建立统一电磁理论的条件已经具备，时机已经成熟．

面对着这一重大理论课题，基本的物理观点或指导思想至关紧要．如所周知，由于对电磁作用机制的不同理解，即对于电磁作用是否需要媒介物传递、是否需要传递时间持不同的信念，出现了两种截然不同的物理观点——近距作用观点与超距作用观点．这一分歧的影响是极为深远的，因为基本物理观点的不同，对隐藏在同样的现象、规律背后的本质就有截然不同的理解和认识，从而研究的对象、涉及的课题、采用的方法、寻找的联系、所需的数学工具和表达手段等也随之大不相同，最终的结果必然南辕北辙、大相径庭．

Weber、Neumann 的超距作用电磁理论和 Faraday、Maxwell 的近距作用的电磁场理论，为我们提供了极有说服力的对比，有助于加深对基本物理观点的重要指导意义的认

识. 然而, 也应该看到, Maxwell 广泛汲取了德国古典电动力学的重要成果, “场论”与“源论”在具体结论上仍有不少相互融合和彼此借鉴之处, 尽管基本物理观点截然不同, 这是耐人寻味的.

3. 类比方法的威力

在近距作用观点的指引下, Maxwell 把在一定空间范围内连续分布的电磁场作为研究对象. 这在当时是一个陌生的课题. 如何着手呢? 这就涉及研究方法的问题.

Maxwell 通过电磁场与流速场的类比研究, 认识到确定场的空间分布之后, 还需要从总体上把握场的性质(是否有源, 是否有旋), 并且认识到流体力学中常用的通量与环流, Gauss 定理与环路定理正是描绘矢量场性质的有效手段. 由此可见, 类比研究使 Maxwell 打开了局面, 澄清了思想, 取得了进展.

恰当的类比研究, 会发现不同事物之间形式上或表面上的相似(所谓“事物”, 可以是现象、属性、特征, 也可以是概念、规律、理论, 甚至可以是某种关系, 等等, 并无限制), 这是自然界提供的暗示和启发. 类比研究使我们可以借助于熟知的对象达到对未知的生疏对象的某种理解或认识, 可以移植现成的物理图像、概念、数学工具等等. 类比研究还促使人们探究形式上相似的真实含义, 进一步挖掘可能存在的内在缘由. 类比研究甚至还可以起到指点迷津、豁然开朗的作用.

然而, 也应该指出, 类比研究的本质是猜测, 它提供的只是可能性而不是结论, 因而类比研究不仅不能取代理论分析和实验研究, 而且需要由后者来检验和核实, 以决定猜测的弃取或修正. 另外, 类比研究是有限度的, 也是比较形式的, 需要进一步寻根究底, 揭示本质.

在建立电磁场理论的过程中, Maxwell 采用了包括类比在内的多种研究方法, 分寸的掌握可谓恰到好处, 值得细细体会.

4. 渊博的学识, 丰富的想象, 深刻的洞察力

把握本质、揭示内在联系意味着重大的发现和突破, 这是建立理论的关键, 但也是最困难和令人难以捉摸的. 这种重大的发现与突破往往表现为重要概念的建立. 例如, Galileo 建立的加速度概念标志着运动学的成熟; Newton 建立的力概念(与当时对各种具体作用力的认识有所不同, Newton 把力抽象地定义为物体运动状态变化的原因), 宣告了动力学的诞生; Clausius 建立的内能和熵概念, 使热力学成为普遍的宏观理论; Einstein 建立的同时性的相对性、动尺缩短、动钟变慢、物理作用传递速度小于 c、质速关系、质能关系等, 是对传统观念的根本变革, 狭义相对论由此应运而生; Planck 的能量子概念、Einstein 的光子概念、de Broglie 的波粒二象性等等带领人们进入了微观世界.

与此类似, Maxwell 建立的涡旋电场、位移电流、电磁波等概念, 反映了他对电磁现象的本质以及电场与磁场内在联系的深刻认识. 这些重要发现正是建立电磁场理论的关键.

应该指出, 尚待探索的未知领域的奥秘决非千篇一律, 事物本质和内在联系的发现

也并不存在固定的模式和途径. 未知世界的表现往往是传统观念所难以设想的. 这就需要广开思路，需要丰富的想象力和深刻的洞察力，需要大胆地猜测、假设，需要革故鼎新甚至树立异端的勇气. 当然，想象、猜测、假设并不是漫无边际随心所欲的胡思乱想，它是在全面审查各种现象、规律的含义，细致地衡量各种可能解释的利弊得失，认真地推敲传统观念的依据与矛盾之后提出来的. 同时，还应伴之以缜密的分析和严谨的推理，考察所得结果是否合理，并回答各种可能的诘难.

渊博的学识是科学创造的必要条件，也是驰骋想象力和形成洞察力的必要前提. 具有丰富知识和广泛经验的人，比知识贫乏经验短缺的人，更容易产生新的联想和独到的见解. 顿悟的到来和灵感的显现决非凡夫俗子所能企及，天道酬勤，它是长期辛勤耕耘，厚积薄发，豁然开朗的结果. 只有用人类创造的精神财富充分武装起来的人，才有可能到达科学的顶峰.

回顾 Maxwell 建立电磁场理论的全过程，回顾 Maxwell 毕生在许多领域的卓越贡献，确实可以体会渊博的学识、丰富的想象力、深刻的洞察力对做出科学发现的决定性作用. Maxwell 为我们树立了一个光辉的典范.

5. 严谨，精确，定量表述

严谨，精确，定量表述是物理学趋于成熟的重要标志之一. 揭示物理本质的重要概念必须严格定义，精确表述；通过概念之间关系表达的定理、定律、原理等必须有恰当的定量形式；理论体系必须严谨、完备、合乎逻辑；这些都是严谨的物理理论的基本要求. 换言之，物理理论必须是可以“工作”和“操作”的，即由物理理论，通过逻辑的论证、推理、计算，可以为相关的现象和规律提供定量的解释和预言，同时，也使物理理论自身的是非真伪、成立条件、适用范围等得到定量的检验和界定.

还应指出，适用于不同领域的物理理论的数学工具和描绘手段往往各具特色，需要有针对性的寻找或创立. 例如，建立电磁场理论所需的矢量分析，在当时并不是已有的现成数学手段，而是正在形成和发展的数学分支. 实际上，Maxwell(还有 Heaviside 等物理学家)在建立电磁场理论的同时，也对矢量分析作出了重要的贡献.

6. 和谐的意境

丰富多彩、变化万端的自然界，在矛盾斗争中构成了一个相互制约的有机整体. 自然界是一个和谐的整体. 因此，反映、描绘自然界基本特征与运动规律的物理理论，也应该和谐、协调、对称、简捷、合乎逻辑，应该赏心悦目，给人以美的感受. 这是物理学家自古以来的坚定信念，也是物理理论应该达到的一种意境. 回顾那些具有里程碑意义的重大物理理论，可以说无一例外.

一种物理理论，可能能够解释一定范围内的实验事实，甚至还可能具有某些实用价值，但是，在理论框架上，如果还潜存着某些不和谐的因素，那往往就表明它还没有穷尽未知世界的全部特征，还有待探索、改造，甚至扬弃. 具有一定价值但内含不和谐因素的 Weber 的超距作用电磁理论与和谐完美的 Maxwell 电磁场理论就是鲜明的对照.

在 Maxwell100 周年诞辰时(1931 年)，Planck 指出："在每一学科领域都有一些特殊的个人，他们似乎具有天赐之福，他们放射出一种超越国界的影响，直接鼓舞和促进全世界去探求. Maxwell 是他们当中屈指可数的一位." Maxwell 毕生在许多领域都作出了重要贡献，电磁场理论的建立更是集中反映了他的超人智慧，它给予后人的深刻历史启示将永远熠熠生辉.

§10. 建立 Maxwell 方程组的其他途径

自然界是和谐的. 这种和谐，不仅表现为描绘自然界的基本规律具有简捷、对称、完备、合乎逻辑、协调一致等等特点，而且表现为各种基本规律之间存在着多方面的深刻内在联系. 正是这些联系使自然界成为一个相互制约而又不断发展的整体. 因此，探索各种基本规律之间的联系，也是物理学家的重要研究课题. 通过这类研究，有助于深入认识基本规律的含义和性质，有助于进一步了解基本规律的地位作用和适用范围，甚至还会找到一些新的有用的关系和结果. 毫无疑问，初学者总是逐个地学习物理规律，由具体到抽象、由个别到一般、由局部到整体. 与此同时，引导他们关注物理学大厦赖以支撑的各个支柱之间的联系，逐步懂得从更"宏观"的角度来学习和考察物理学，这是值得提倡的重要学习方法之一.

在本章前几节，我们已经详尽地介绍了 Maxwell 建立电磁场方程组的历史过程. 在 Maxwell 之后，有些物理学家着手研究从别的途径建立 Maxwell 方程组的可能性. 他们所取得的成果，揭示了有关基本物理规律之间的深刻内在联系，同时也有利于加深对 Maxwell 方程组的理解.

本节介绍建立 Maxwell 方程组的另外三种方法. 它们是：(1)根据能量原理和近距作用原理建立 Maxwell 方程组；(2)根据 Coulomb 定律和 Lorentz 变换建立 Maxwell 方程组；(3)根据变分原理建立 Maxwell 方程组. 这几种建立 Maxwell 方程组的方法虽然并未揭示新的关系，而且推演较为复杂，但是，通过有关的讨论，可以使我们对 Maxwell 方程组与能量原理、近距作用原理、相对论的 Lorentz 变换、变分原理等基本物理规律之间的深刻内在联系和相互制约关系有具体的了解，这是大有好处的.

一、根据能量原理和近距作用原理建立 Maxwell 方程组

能量守恒原理是自然界普遍遵循的一条基本原理. 通常在电动力学中，根据 Maxwell 方程组和 Lorentz 力公式，可以导出电磁场的能量密度和能流密度的具体表达式，从而说明电磁现象也同样遵从能量守恒原理. 然而，也可以从近距作用原理出发，认为电磁场本身具有能量和能流，进而根据能量原理建立 Maxwell 方程组.

所谓近距作用原理，就是认为一切实在的物理作用都是邻接作用，不存在超距作用.

根据近距作用原理，用动物皮革摩擦过的胶木棒能够吸引轻小物体的电学现象，应理解为胶木棒经皮革摩擦后产生了电荷，电荷在其周围的空间产生了电场. 这个电场使置于其中的物质极化或静电感应，对置于其中的电荷产生作用力，轻小物体被带电胶木棒吸引的原因即在于此. 为了描述带电体周围的电场，需要在电场空间中的每一点引入一个表征电场性质的物理量，并把它称为电场强度. 由于放在电场中不同点的试验电荷所受的电场力不同，我们可以选用试验电荷所受的电场力来表征电场在该点的性质. 由此可见，电场强度是一个矢量，其方向定义为正电荷受力的方向. 由于试验电荷所受的电场力还与试验电荷的电量有关，因此，要确定电场强度的大小还需要作进一步的规定. 与通常规定试验电荷具有单位电量(正电荷)的办法不同，我们可以根据电场具有一定的能量来确定电场强度的大小. 由于电场对置于其中的电荷有作用力，能够使电荷运动，根据近距作用原理，电荷运动获得的能量必定来自电场，这也就说明电场具有一定的能量. 单位体积内的电场能量叫做电能密度，表为 w_e. 显然，当电场为零时，电能密度应为零；另外，电能密度应该总是正的. 于是，我们可以把电能密度 w_e 和与之相关的电场强度的大小 E 联系起来，用前者来定义后者，规定两者的关系即电能密度的表示式为

$$w_e = \frac{1}{2}\varepsilon E^2 \tag{1}$$

式中 E 是电场强度的大小，ε 为比例系数，ε 的数值取决于空间介质的性质以及测量单位的选择.

磁场与电场有类似之处，但性质不同，产生的原因也不同，磁场是由磁铁、电流或其他产生的. 现在关心的是磁场的描述. 磁场可以用一个能绕中心自由旋转的小磁针来探测. 把描述空间磁场性质的物理量叫做磁场强度. 显然，磁场强度也是一个矢量，其方向可规定为试验小磁针 N 极所指的方向. 为了确定磁场强度的大小，还需要作进一步的规定，这在各种教科书中都有介绍. 与通常的办法不同，现在我们根据磁场具有能量来确定磁场强度的大小. 把单位体积内的磁场能量叫做磁能密度，表为 w_m. 显然，当磁场为零时磁能密度应为零，另外，磁能密度也应该总是正的. 于是，我们可以把磁能密度 w_m 和与之相关的磁场强度的大小 H 联系起来，用前者来定义后者，规定两者的关系即磁能密度的表示式为

$$w_m = \frac{1}{2}\mu H^2 \tag{2}$$

式中 H 为磁场强度的大小，μ 为比例系数，μ 的数值取决于空间介质的性质以及测量单位的选择.

在通常的情况下，空间同时存在着电场和磁场，空间任意一点的电磁场用 $\boldsymbol{E}$ 和 $\boldsymbol{H}$ 描述，电磁场的能量密度由电能密度和磁能密度之和来确定. 全部电磁过程无非就是在电磁场中发生的变化. 考虑空间某一区域内电磁场变化，电磁场的变化会引起相应的电磁能量的变化. 根据能量原理，这部分电磁能的变化只可能有两种途径，其一是该区域与

外界有能量交换，其二是在该区域内部电磁能转化为其他形式的能量.

先考虑空间某一区域与外界交换的电磁能. 根据近距作用原理，与外界交换的电磁能量不可能是超距的，它只能通过包围该区域的界面流入该区域内或从该区域流出. 为此可以定义电磁场的能流. 在 $\mathrm{d}t$ 时间内通过 $\mathrm{d}\sigma$ 面元的能量应与 $\mathrm{d}t\mathrm{d}\sigma$ 成正比，表为 $S_v\mathrm{d}t\mathrm{d}\sigma$，其中 S_v 为能流密度 $\boldsymbol{S}$ 在 $\mathrm{d}\sigma$ 法线方向上的分量. $\boldsymbol{S}$ 是一个矢量，称为能流密度矢量. 不难设想，电磁场的能流密度矢量 $\boldsymbol{S}$ 与电场强度 $\boldsymbol{E}$ 和磁场强度 $\boldsymbol{H}$ 有关，其间的关系应由实验得出，它是根据能量原理和近距作用原理建立电磁场方程组的实验基础. 毫无疑问，试图由一般的普遍原理得出某一领域适用的规律，必须结合描述该领域基本特征的实验规律. 对于电磁场，这个实验规律就是描述 $\boldsymbol{S}$ 与 $\boldsymbol{E}$，$\boldsymbol{H}$ 关系的 Poynting 定律，它可表述为电磁场的能流密度矢量 $\boldsymbol{S}$ 与 $\boldsymbol{E}$ 和 $\boldsymbol{H}$ 的矢量积成正比，令比例系数为 C，得

$$\boldsymbol{S}=C\boldsymbol{E}\times\boldsymbol{H} \tag{3}$$

应该指出，在教科书中(3)式是根据 Maxwell 方程组从理论上导出的结果，现在则作为由能量原理和近距作用原理建立 Maxwell 方程组的实验规律和依据.

至此，对于电磁场中的每一点，引入了三个与能量有关的量，即电能密度 w_{e}、磁能密度 w_{m} 和电磁场能流密度 S. 这三个量的物理意义是明确的，且都与电场强度 $\boldsymbol{E}$ 和磁场强度 $\boldsymbol{H}$ 有关，如(1)式、(2)式、(3)式所示. 在三个公式中涉及三个比例系数 ε，μ，C. 对于 w_{e}，w_{m} 和 S 这三个量，从力学测量来看，其意义是明确的，从电磁学测量来看，则还不能直接测量，因为 $\boldsymbol{E}$ 和 $\boldsymbol{H}$ 的测量单位尚待确定. 为此，可以任意选定两个比例系数，然后根据(1)、(2)、(3)式把 $\boldsymbol{E}$，$\boldsymbol{H}$ 和第三个比例系数确定下来. 对于不同的单位制可以有不同的选择，在国际单位制(SI 制)中，对于真空，选定 $C=1$，真空磁导率 $\mu_0=4\pi\times10^{-7}\,\mathrm{H/m}$，第三个比例系数即真空的介电常量 ε_0 则需根据测量确定.

再考虑电磁场能量与其他形式能量之间转化的问题. 对此，电场和磁场在性质上的差别表现出来了. 电场对其中的电荷有作用力并能作功，电场的能量可以转化为运动电荷的动能或运动电荷在导电介质中产生的 Joule 热. 磁场有所不同，磁场对运动电荷有作用力但不作功，因此不存在类似的能量转化. 于是，在 $\mathrm{d}t$ 时间内，在 $\mathrm{d}\tau$ 体积内，电磁场能量转化为其他形式的能量可以写为

$$kE^2\mathrm{d}\tau\mathrm{d}t$$

其中 k 为比例系数. kE^2 为单位时间内转化为其他形式能量的能量密度，对于导电介质情形，kE^2 与功率密度的形式相同，$k\boldsymbol{E}$ 相当于电流密度，k 相当于电导率.

以上分别考虑了电场能量、磁场能量、电磁场的能流以及转化为其他形式的能量，现在，我们可以根据能量守恒原理写出方程式了. 显然，在空间任意体积 τ 内，在单位时间内电磁能量的减少，应等于通过包围体积 τ 的闭合曲面 σ 流出去的能量与在 τ 内转化为其他形式能量的总和，即有

$$-\frac{\partial}{\partial t}\iiint_{\tau}(w_{\mathrm{e}}+w_{\mathrm{m}})\,\mathrm{d}\tau=\oiint_{\sigma}\boldsymbol{S}\cdot\mathrm{d}\boldsymbol{\sigma}+\iiint_{\tau}kE^2\mathrm{d}\tau$$

式中的面积分可化为体积分，又因体积 τ 是任取的，可以将能量守恒的上述积分形式化为微分形式，再将(1)、(2)、(3)式代入，得

$$\nabla \cdot (\boldsymbol{E}\times\boldsymbol{H})+k\boldsymbol{E}\cdot\boldsymbol{E}+\frac{\partial}{\partial t}\left(\frac{1}{2}\varepsilon E^2+\frac{1}{2}\mu H^2\right)=0 \tag{4}$$

利用矢量分析公式

$$\nabla \cdot (\boldsymbol{E}\times\boldsymbol{H})=(\nabla\times\boldsymbol{E})\cdot\boldsymbol{H}-(\nabla\times\boldsymbol{H})\cdot\boldsymbol{E}$$

把(4)式化为

$$\left(\nabla\times\boldsymbol{E}+\mu\frac{\partial\boldsymbol{H}}{\partial t}\right)\cdot\boldsymbol{H}+\left(-\nabla\times\boldsymbol{H}+k\boldsymbol{E}+\varepsilon\frac{\partial\boldsymbol{E}}{\partial t}\right)\cdot\boldsymbol{E}=0$$

由于此处讨论的是一般情况下的问题，未对电磁场作任何限制，因此，上式适用于电磁场及场源的任何情形. 显然，对于 $\boldsymbol{E}=0$ 或 $\boldsymbol{H}=0$ 这两种情形，上式均应成立，由此得出

$$\nabla\times\boldsymbol{E}=-\mu\frac{\partial\boldsymbol{H}}{\partial t}$$

$$\nabla\times\boldsymbol{H}=k\boldsymbol{E}+\varepsilon\frac{\partial\boldsymbol{E}}{\partial t}$$

引入

$$\begin{cases}\boldsymbol{D}=\varepsilon\boldsymbol{E}\\ \boldsymbol{B}=\mu\boldsymbol{H}\\ \boldsymbol{j}=k\boldsymbol{E}\end{cases}$$

即可得出 Maxwell 方程组的一对旋度方程，为

$$\nabla\times\boldsymbol{E}=-\frac{\partial\boldsymbol{B}}{\partial t} \tag{5}$$

$$\nabla\times\boldsymbol{H}=\boldsymbol{j}+\frac{\partial\boldsymbol{D}}{\partial t} \tag{6}$$

(5)式表明，随时间变化的磁场产生涡旋电场. (6)式表明，电流和随时间变化的电场产生涡旋的磁场，(6)式中的$\frac{\partial\boldsymbol{D}}{\partial t}$就是位移电流.

为了导出 Maxwell 方程组的一对散度方程，还需要用到两个基本实验事实. 第一，存在着激发电场的电荷单体，即产生电场的正、负电荷可以单独存在，电荷遵从电荷守恒定律，可表为

$$\nabla\cdot\boldsymbol{j}+\frac{\partial\rho}{\partial t}=0 \tag{7}$$

式中 ρ 为电荷密度，$\boldsymbol{j}$ 为电流密度；第二，不存在与电荷相对应的所谓磁荷单体，即不存在带单极性磁荷的粒子——磁单极子.

对(6)式两边取散度，因任意矢量场旋度的散度恒为零，得

$$\frac{\partial}{\partial t}(\nabla \cdot \boldsymbol{D})+\nabla \cdot \boldsymbol{j}=0$$

把(7)式代入，得

$$\frac{\partial}{\partial t}(\nabla \cdot \boldsymbol{D}-\rho)=0$$

积分，得

$$\nabla \cdot \boldsymbol{D}-\rho=C \tag{8}$$

式中 C 为积分常量. 可以看出，C 具有电荷密度的量纲. 由于我们讨论的是一般情况下的问题，并未涉及某种具体的电荷分布和电场分布，因此积分常量 C 与具体的电荷分布和电场分布无关. 这样，我们可以考虑一种具体的分布，用以确定积分常量 C 的值. 设在考虑的整个空间内电荷处处为零，即 $\rho=0$，则空间电场应处处为零，从而 $\nabla \cdot \boldsymbol{D}=0$，代入(8)式，得出 $C=0$. 于是，(8)式化为

$$\nabla \cdot \boldsymbol{D}=\rho \tag{9}$$

(9)式就是电荷激发的电场所遵从的规律，即电场的 Gauss 定理.

对(5)式两边取散度，得

$$\frac{\partial}{\partial t}(\nabla \cdot \boldsymbol{B})=0$$

积分，得

$$\nabla \cdot \boldsymbol{B}=\rho_{\mathrm{m}} \tag{10}$$

把(10)式与(9)式相比较，可以看出，积分常量 ρ_{m} 的地位与电荷密度 ρ 相当，由于不存在与电荷相对应的磁荷单体，因此 $\rho_{\mathrm{m}}=0$，于是(10)式化为

$$\nabla \cdot \boldsymbol{B}=0 \tag{11}$$

(5)、(6)、(9)、(11)式就是熟知的 Maxwell 电磁场方程组.

以上我们根据能量原理和近距作用原理建立了 Maxwell 方程组. 在建立过程中，虽然不需要 Coulomb 定律、Ampere 定律和 Faraday 电磁感应定律，但是仍然需要关于能流的 Poynting 定律、电荷守恒定律以及不存在磁荷单体(即磁单极子)的实验事实. 在这种建立 Maxwell 方程组的方法中，场的观点即近距作用的观点从一开始就作为基本要求提出，并贯彻始终，表现得更为彻底，因而更有利于加深对近距作用观点的认识和理解.

二、根据 Coulomb 定律和 Lorentz 变换建立 Maxwell 方程组

Maxwell 电磁场理论把全部电磁现象概括在一组方程之中，然而，应该说狭义相对论才真正完成了电与磁的统一. 从狭义相对论看来，运动电荷的电磁效应是静止电荷的静电效应经时空坐标变换的结果，所以，电磁现象可以从静电现象通过 Lorentz 变换得到. 这样，可以预料，根据静止电荷的 Coulomb 定律和 Lorentz 变换，应该可以得出 Maxwell 方程组.

在 Paul Lorrain 和 Dale R. Corson 撰写的《电磁场与电磁波》(Electromagnetic Fields and Waves)(1970 年)一书①的第 6 章中，采用的方法是先根据 Lorentz 力的协变性以及力的变换公式导出电磁场的变换公式，从而可以根据静止点电荷的 Coulomb 场得出运动电荷所产生的电磁场公式. 然后，证明运动电荷的电场和磁场满足 Maxwell 方程组.

本段将根据 Coulomb 定律和 Lorentz 变换建立 Maxwell 方程组. 这种方法可以不涉及 Lorentz 力的协变性. 当然，两种方法的实质是相同的.

设点电荷 Q 固定地放在 S′系的坐标原点. 在 S′系中，静止点电荷 Q 产生的场是静电场. 根据 Coulomb 定律，在 S′系中，与 Q 相距为 $\boldsymbol{r}'$处的电场强度为

$$\boldsymbol{E}' = \frac{Q\,\boldsymbol{r}'}{4\pi\varepsilon_0 r'^3} \tag{12}$$

根据 Coulomb 定律，容易得出静电场的 Gauss 定理和环路定理为

$$\boldsymbol{\nabla}' \cdot \boldsymbol{E}' = \frac{\rho'}{\varepsilon_0} \tag{13}$$

$$\boldsymbol{\nabla}' \times \boldsymbol{E}' = 0 \tag{14}$$

式中 ρ'为电荷密度，劈形算符$\boldsymbol{\nabla}'$(即 Hamilton 算符)是一个矢量微分算符，定义为

$$\boldsymbol{\nabla}' = \left(\frac{\partial}{\partial x'}, \ \frac{\partial}{\partial y'}, \ \frac{\partial}{\partial z'}\right)$$

设 S′系相对于 S 系运动的速度为

$$\boldsymbol{u} = u\,\boldsymbol{i}$$

则在 S 系中看来，点电荷 Q 以 $\boldsymbol{u}$ 的速度运动，除了产生电场外，还产生磁场. 现在，根据 Lorentz 变换导出 S 系中的电磁场所遵循的规律.

S′系和 S 系之间的 Lorentz 变换为

$$\begin{cases} x' = \gamma(x - ut) \\ y' = y \\ z' = z \\ t' = \gamma\left(t - \dfrac{u}{c^2}x\right) \end{cases} \tag{15}$$

或

$$\begin{cases} x = \gamma(x' + ut') \\ y = y' \\ z = z' \\ t = \gamma\left(t' + \dfrac{u}{c^2}x'\right) \end{cases} \tag{16}$$

① 中译本见陈成钧译《电磁场与电磁波》.

式中

$$\gamma=\frac{1}{\left(1-\frac{u^2}{c^2}\right)^{\frac{1}{2}}} \tag{17}$$

由于 Lorentz 收缩，S′系中的体积元 dV'与 S 系中相应的体积元 dV 满足的关系为

$$\mathrm{d}V'=\gamma\mathrm{d}V$$

由于带电体的电量与运动速度无关，即电量无相对论效应，所以电荷 Q 在 S 系和 S′系中是一个不变量. 于是，在 S′系和 S 系中的电荷密度 ρ'和 ρ 满足的变换关系为

$$\rho'=\frac{\rho}{\gamma} \tag{18}$$

现在讨论(13)式$\nabla'\cdot\boldsymbol{E}'=\frac{\rho'}{\varepsilon_0}$的变换. 根据 Lorentz 变换[(16)式]，有

$$\begin{cases}\dfrac{\partial}{\partial x'}=\dfrac{\partial}{\partial x}\dfrac{\partial x}{\partial x'}+\dfrac{\partial}{\partial t}\dfrac{\partial t}{\partial x'}=\gamma\dfrac{\partial}{\partial x}+\gamma\dfrac{u}{c^2}\dfrac{\partial}{\partial t}\\ \dfrac{\partial}{\partial y'}=\dfrac{\partial}{\partial y}\\ \dfrac{\partial}{\partial z'}=\dfrac{\partial}{\partial z}\end{cases}$$

因此，

$$\begin{aligned}\nabla'\cdot\frac{\boldsymbol{r}'}{r'^3}&=\frac{\partial}{\partial x'}\frac{x'}{r'^3}+\frac{\partial}{\partial y'}\frac{y'}{r'^3}+\frac{\partial}{\partial z'}\frac{z'}{r'^3}\\&=\left(\gamma\frac{\partial}{\partial x}+\gamma\frac{u}{c^2}\frac{\partial}{\partial t}\right)\frac{x'}{r'^3}+\frac{\partial}{\partial y}\frac{y'}{r'^3}+\frac{\partial}{\partial z}\frac{z'}{r'^3}\\&=\gamma\left[\left(\frac{\partial}{\partial x}\frac{x'}{r'^3}+\frac{\partial}{\partial y}\frac{\gamma y}{r'^3}+\frac{\partial}{\partial z}\frac{\gamma z}{r'^3}\right)+\frac{u}{c^2}\frac{\partial}{\partial t}\frac{x'}{r'^3}\right.\\&\quad\left.+\frac{1-\gamma^2}{\gamma^2}\frac{\partial}{\partial y}\frac{\gamma y}{r'^3}+\frac{1-\gamma^2}{\gamma^2}\frac{\partial}{\partial z}\frac{\gamma z}{r'^3}\right]\end{aligned}$$

式中

$$\begin{aligned}r'&=(x'^2+y'^2+z'^2)^{\frac{1}{2}}\\&=[\gamma^2(x-ut)^2+y^2+z^2]^{\frac{1}{2}}\end{aligned}$$

把它代入(13)式$\nabla'\cdot\boldsymbol{E}'=\frac{\rho'}{\varepsilon_0}$之中，并利用

$$\frac{1-\gamma^2}{\gamma^2}=-\frac{u^2}{c^2}$$

和

$$\rho'=\frac{\rho}{\gamma}$$

得

$$\left[\frac{\partial}{\partial x}\frac{Q\gamma(x-ut)}{4\pi\varepsilon_0 r'^3}+\frac{\partial}{\partial y}\frac{Q\gamma y}{4\pi\varepsilon_0 r'^3}+\frac{\partial}{\partial z}\frac{Q\gamma z}{4\pi\varepsilon_0 r'^3}\right]$$

$$+u\left[\frac{1}{c^2}\frac{\partial}{\partial t}\frac{Q\gamma(x-ut)}{4\pi\varepsilon_0 r'^3}-\frac{\partial}{\partial y}\frac{Qu\gamma y}{4\pi\varepsilon_0 c^2 r'^3}-\frac{\partial}{\partial z}\frac{Qu\gamma z}{4\pi\varepsilon_0 c^2 r'^3}\right]$$

$$=\frac{\rho'}{\varepsilon_0\gamma}=\frac{\rho}{\varepsilon_0\gamma^2}=\frac{\rho}{\varepsilon_0}\left(1-\frac{u^2}{c^2}\right)$$

$$=\frac{\rho}{\varepsilon_0}-\frac{\rho u^2}{\varepsilon_0 c^2} \qquad (*)$$

然而，由于在 S′系中是静止电荷产生静电场的情形，与时间 t'无关，因此，根据 Lorentz 变换[(16)式]可得$\frac{\partial}{\partial x}=\gamma\frac{\partial}{\partial x'}$，利用它并利用电荷密度的变换[(18)式]，容易证明(＊)式左边的第一个方括号刚好等于$\frac{\rho}{\varepsilon_0}$，于是，可把(＊)式分为如下两个公式：

$$\frac{\partial}{\partial x}\frac{Q\gamma(x-ut)}{4\pi\varepsilon_0 r'^3}+\frac{\partial}{\partial y}\frac{Q\gamma y}{4\pi\varepsilon_0 r'^3}+\frac{\partial}{\partial z}\frac{Q\gamma z}{4\pi\varepsilon_0 r'^3}=\frac{\rho}{\varepsilon_0} \qquad (19)$$

$$\frac{\partial}{\partial y}\frac{\mu_0 Qu\gamma y}{4\pi r'^3}+\frac{\partial}{\partial z}\frac{\mu_0 Qu\gamma z}{4\pi r'^3}=\mu_0\rho u+\frac{1}{c^2}\frac{\partial}{\partial t}\frac{Q\gamma(x-ut)}{4\pi\varepsilon_0 r'^3} \qquad (20)$$

其中用到

$$\varepsilon_0\mu_0=c^2$$

根据(19)式引入 $\boldsymbol{E}$，根据(20)式引入 $\boldsymbol{B}$，如下：

$$\boldsymbol{E}=\frac{Q\gamma[(x-ut)\boldsymbol{i}+y\boldsymbol{j}+z\boldsymbol{k}]}{4\pi\varepsilon_0[\gamma^2(x-ut)^2+y^2+z^2]^{\frac{3}{2}}} \qquad (21)$$

$$\boldsymbol{B}=\frac{\mu_0 Q\gamma u[-z\boldsymbol{j}+y\boldsymbol{k}]}{4\pi[\gamma^2(x-ut)^2+y^2+z^2]^{\frac{3}{2}}} \qquad (22)$$

(这样引入的 $\boldsymbol{E}$ 和 $\boldsymbol{B}$ 与通常根据推迟势计算运动电荷产生的电磁场公式相同.)于是，(19)式和(20)式可以写成

$$\nabla\cdot\boldsymbol{E}=\frac{\rho}{\varepsilon_0} \qquad (23)$$

$$\frac{\partial B_z}{\partial y}-\frac{\partial B_y}{\partial z}=\mu_0 j_x+\frac{1}{c^2}\frac{\partial E_x}{\partial t} \qquad (24)$$

式中 $j_x=\rho u$ 为电流密度 $\boldsymbol{j}$ 的 x 分量. 对于由(21)式和(22)式引入的 $\boldsymbol{E}$ 和 $\boldsymbol{B}$, 容易证明:

$$\frac{\partial B_x}{\partial z}-\frac{\partial B_z}{\partial x}=\mu_0 j_y+\frac{1}{c^2}\frac{\partial E_y}{\partial t} \tag{25}$$

$$\frac{\partial B_y}{\partial x}-\frac{\partial B_x}{\partial y}=\mu_0 j_z+\frac{1}{c^2}\frac{\partial E_z}{\partial t} \tag{26}$$

(24)式、(25)式、(26)式合并为

$$\nabla\times\boldsymbol{B}=\mu_0\boldsymbol{j}+\frac{1}{c^2}\frac{\partial\boldsymbol{E}}{\partial t}$$

或

$$\nabla\times\boldsymbol{H}=\boldsymbol{j}+\frac{\partial\boldsymbol{D}}{\partial t} \tag{27}$$

(23)式和(27)式就是 Maxwell 方程组中的(9)式和(6)式在真空情形的结果.

再考虑 $\nabla'\times\boldsymbol{E}'=0$ 的变换. 分别计算 $\boldsymbol{E}'$ 旋度的三个分量, 变换后可得

$$\frac{\partial}{\partial y}\frac{Q\gamma z}{4\pi\varepsilon_0 r'^3}-\frac{\partial}{\partial z}\frac{Q\gamma y}{4\pi\varepsilon_0 r'^3}=0 \tag{28}$$

$$\frac{\partial}{\partial z}\frac{Q\gamma(x-ut)}{4\pi\varepsilon_0 r'^3}-\frac{\partial}{\partial x}\frac{Q\gamma z}{4\pi\varepsilon_0 r'^3}=-\frac{\partial}{\partial t}\frac{\mu_0 Q\gamma u(-z)}{4\pi r'^3} \tag{29}$$

$$\frac{\partial}{\partial x}\frac{Q\gamma y}{4\pi\varepsilon_0 r'^3}-\frac{\partial}{\partial y}\frac{Q\gamma(x-ut)}{4\pi\varepsilon_0 r'^3}=-\frac{\partial}{\partial t}\frac{\mu_0 Q\gamma u y}{4\pi r'^3} \tag{30}$$

利用由(21)式和(22)式引入的 $\boldsymbol{E}$ 和 $\boldsymbol{B}$, 可将(28)式、(29)式、(30)式合并为

$$\nabla\times\boldsymbol{E}=-\frac{\partial\boldsymbol{B}}{\partial t} \tag{31}$$

另外, 容易证明, 由(22)式引入的 $\boldsymbol{B}$ 满足

$$\nabla\cdot\boldsymbol{B}=0 \tag{32}$$

(31)式和(32)式就是 Maxwell 方程组中的(5)式和(11)式.

以上, 根据 Coulomb 定律和 Lorentz 变换建立了 Maxwell 方程组. 这种方法的特点是, 从一开始就强调电场与磁场是紧密联系、不可分割的统一体, 通过 Lorentz 变换把 S′系中的静止电场 $\boldsymbol{E}'$ 变换为相对于前者运动的 S 系中的电场 $\boldsymbol{E}$ 和磁场 $\boldsymbol{B}$. 这种方法有助于加深电磁场是统一整体的认识.

此外, 这种方法还显示出精确验证 Coulomb 定律(电力平方反比律)的意义. 由于根据 Coulomb 定律和 Lorentz 变换可以建立 Maxwell 方程组, 因此 Coulomb 定律的精确程度直接反映或确保了 Maxwell 方程组的精确程度. 如所周知, 当初 Maxwell 是在 Coulomb 定律、Ampere 定律和 Faraday 电磁感应定律基础上建立 Maxwell 方程组的. 但由于 Ampere 定律和 Faraday 电磁感应定律都并无直接的实验证明, 其精度不明, 导致 Maxwell 方程组

的精度不明. 所以, 在由 Coulomb 定律和 Lorentz 变换建立 Maxwell 方程组的同时, 不仅回答了 Maxwell 方程组的精确程度, 而且也实际上确保了 Ampere 定律和 Faraday 电磁感应定律的精确程度. 基本物理规律之间多方面的交叉联系和互为因果, 使得我们可以由此及彼或由彼及此, 这将有助于澄清疑虑、回答问题.

然而, 也应该指出, 根据 Coulomb 定律和 Lorentz 变换建立 Maxwell 方程组的方法, 其普遍性是有所疑问的. 显然, 在以上的推导中, 只涉及 S 系相对 S′系匀速运动的情形, 即只涉及带电粒子的匀速运动, 而没有包括带电粒子作加速运动的情形. 此外, 在推导中, 除了用到 Coulomb 定律和 Lorentz 变换外, 还要用到电荷的相对论不变性. 总之, 正如许多作者所指出①, 不要期望能够从 Coulomb 定律和 Lorentz 变换导出全部电动力学.

三、根据变分原理建立 Maxwell 方程组

众所周知, 在经典力学中, 可以根据 Newton 定律导出变分原理, 也可以反过来根据变分原理导出 Newton 定律, 这表明两者是完全等价的. 因此, 可以把 Newton 定律作为经典力学的基础, 也可以把变分原理作为经典力学的基础.

用变分原理表述运动基本定律的好处是与坐标系的具体选择无关, 因而能够反映出不同坐标系中运动的共同特点和运动的一些普遍性质. 更为重要的是运动规律的这种普遍表述形式并不限于力学范围, 也适用于电磁学领域. 因此, 根据变分原理也可以导出电磁场的 Maxwell 方程组.

由于有关内容在有些书中已经作了详尽而具体的讨论②, 建议读者参阅, 我们就不赘述了. 下面仅就与经典力学中做法不同之处作几点简单说明.

(1) 电磁系统包括带电粒子和电磁场, 因而变分原理中的作用量应包括三部分, 即反映自由带电粒子运动性质的作用量, 反映带电粒子与电磁场相互作用的作用量, 以及反映电磁场本身性质的作用量.

(2) 对于自由带电粒子, 作用量的变量仍是广义坐标和广义速度. 对于电磁场, 作用量的变量是电磁场的标势 φ 和矢势 $\boldsymbol{A}$. 还应注意, 电磁场应看作自由度数为无穷的系统, 因为要想完全地描述电磁场, 需要在场不等于零的一切空间点知道场的全部分量, 而空间的点组成了一个不可枚数的无穷集合.

(3) 电磁现象是遵从 Lorentz 变换的, 因此, 电磁系统的作用量的具体形式应根据 Lorentz 变换下的不变性质来确定.

(4) 有了电磁系统的作用量之后, 对粒子变量变分, 可得

---

① 如: Feynman.《费曼物理学讲义》. 王子辅译. 第二卷, 322 页. 上海科学技术出版社, 1981 年. 如: J. D. Jackson.《经典电动力学》(下册). 朱培豫译. § 12.2. 人民教育出版社, 1980 年.

② 例如: 朗道, 栗弗席兹.《场论》. 任朗, 袁炳南译. 第三章、第四章. 人民教育出版社, 1959 年. 又如: 亚·索·康帕涅茨.《理论物理学》. 戈革译. 第二编. 高等教育出版社, 1960 年.

$$\frac{\mathrm{d}\boldsymbol{p}}{\mathrm{d}t}=-q\frac{\partial \boldsymbol{A}}{\partial t}-q\nabla\varphi+q\boldsymbol{v}\times(\nabla\times\boldsymbol{A})$$

式中 $\boldsymbol{p}$ 是带电粒子的动量，q 是它的电量，$\boldsymbol{v}$ 是它的速度. 把上式与带电粒子所受 Lorentz 力的公式比较，得

$$\boldsymbol{E}=-\nabla\varphi-\frac{\partial \boldsymbol{A}}{\partial t}$$

$$\boldsymbol{B}=\nabla\times\boldsymbol{A}$$

对 $\boldsymbol{E}$ 取旋度，对 $\boldsymbol{B}$ 取散度，即可得出 Maxwell 方程组的两个方程，为

$$\nabla\times\boldsymbol{E}=-\frac{\partial \boldsymbol{B}}{\partial t}$$

$$\nabla\cdot\boldsymbol{B}=0$$

对 φ 变分和对 $\boldsymbol{A}$ 变分，可以得出 Maxwell 方程组的另外两个方程，为

$$\nabla\cdot\boldsymbol{D}=\rho$$

$$\nabla\times\boldsymbol{H}=\boldsymbol{j}+\frac{\partial \boldsymbol{D}}{\partial t}$$

这种建立 Maxwell 方程组的方法，是把变分原理看成物理学中最普遍的根本原理，根据某些普遍性的考虑得出电磁系统作用量的形式，然后，通过变分得出电磁场所遵从的基本规律. 变分原理的方法在理论物理中具有重要意义，因为对于一些新的、其规律尚待考察的物理现象，可以通过某些普遍性的考虑，写出相应的作用量的具体形式，然后，根据变分原理推测其中的基本规律. 这种由一般到特殊、由抽象到具体的研究方法是物理学的重要研究方法之一，值得引起注意.

§ 11. Maxwell 传略

一、生平

James Clerk Maxwell 是英国伟大的物理学家，1831 年 6 月 13 日生于英国苏格兰首府爱丁堡，1879 年 11 月 5 日卒于剑桥，终年 48 岁.

Maxwell 是 Penicuik 地方的 Clerk 家族的后裔，这个家族在 18 世纪曾两度与 Middlebie 地方的 Maxwell 家族通婚. Maxwell 的父亲 John Clerk 以 Maxwell 的名义在苏格兰西南 Galloway 地方的 Dalbeattie 处继承了 Maxwell 家族的一大片地产，那是一个风景幽雅的地方. John 曾被作为律师培养，但他的主要兴趣在实用的技术性问题上，曾发表过一篇有关自动送纸印刷机的一个建议的科学论文. John 是爱丁堡皇家学会的会员. John 为人憨厚精细，小心多虑. Maxwell 的母亲 Frances Cay 是爱丁堡 Northumbrian 家族中的一

员，她同样注重实际，而又坚强刚毅，干脆果断.

Maxwell 是独子，出生后不久，全家便回到 Maxwell 庄园的 Glenlair 宅院，Maxwell 10 岁前就是在那里度过的. 幽静平和的乡村生活使幼小的 Maxwell 非常快乐，也引起他稚气的遐想和发问，他常问道："那是什么？""作什么的？"而当答复不满足时，还要追问："究竟那'特殊的事情'是什么呢？"Maxwell 还喜欢编织小篮，制作小玩意儿. 这种爱好思索和动手制作的天性或许正是他日后在科学上作出杰出贡献的萌芽.

Maxwell 幼儿时期的教育由母亲承担，她教他读书，鼓励他对各种事物的好奇心. Maxwell 自幼聪慧过人，具有惊人的记忆力，8 岁时就能背诵密尔顿的几节长诗，熟记第 119 篇赞美诗的全部 176 行诗句. Maxwell 8 岁丧母，这对他是沉重的打击. 随后两年，Maxwell 与父亲相依为命，Maxwell 的最大快乐就是陪伴父亲散步，并在父亲操持家业时帮忙做些杂事. 深厚的父子之情使得在尔后 Maxwell 住校期间，父子间仍保持着频繁的通信，彼此交换思想和对社会的见解.

1841 年，Maxwell 被父亲送入爱丁堡公学求学. 爱丁堡公学建于 1824 年，校长受过牛津的教育，试图按照英格兰的模式推行正统教育. 而校长的大多数同事是苏格兰人，他们则希望按照苏格兰的传统进行. 这样，年幼的 Maxwell 就处于两种不同教育思想争执的紧张气氛之中，这对他有很深的影响. 在爱丁堡公学，Maxwell 起初并不突出，他天生怕羞，不活泼，很少和别的孩子一起玩，说话又带有很强的 Galloway 地方口音. 更糟的是，Maxwell 穿着父亲按照所谓符合卫生原则为他设计制作的奇特服装和方头皮鞋，因而受到同学们的歧视，叫他"傻瓜"，常常受欺侮和挨打，Maxwell 则勇敢地以拳头回敬.

在爱丁堡公学求学期间，Maxwell 与两个有不同特点的孩子结下了深厚的友谊. 一个是 Lewis Cambell，他是诗人 Thomas Cambell 的侄子，多才多艺，智慧出众，后来成为著名的传记作者，曾撰写《Maxwell 生平》；另一个是 P. G. Tait，他是一个冷静的数学家和物理学家，他比 Maxwell 晚一年入学，但比 Maxwell 早两年升入剑桥大学，1860 年当上爱丁堡大学自然哲学教授. Tait 与 William Thomson (Lord Kelvin) 合作撰写的《论自然哲学》为物理学家所熟悉. 在 19 世纪 70 年代，Maxwell 同 Tait 和 W. Thomson 三方的通信是研究 19 世纪物理学史的重要资料.

Maxwell 在爱丁堡公学学习二三年后，他的才能逐渐显示出来，同学们纷纷刮目相看，Maxwell 成为学生中最有光彩的一个，获得过许多奖赏. 14 岁时，Maxwell 写出了第一篇科学论文，他找到了绘制完全卵形线的新方法. 该文发表在《爱丁堡皇家学会纪事》上，这使 Maxwell 能够进入爱丁堡的学术界. 从这一年起，Maxwell 的父亲又开始出席爱丁堡皇家学会的会议，于是父子同往. 在爱丁堡的以后几年中，Maxwell 的各项成绩都有飞速的进步. Maxwell 的过人才智、充沛精力以及不屈不挠的巨大毅力使他越来越闪烁着超越于同时代人的光辉.

1847 年，Maxwell 进入爱丁堡大学学习，时年 16 岁. Maxwell 在三年内学完了四年的课程，他钻研数学，写诗，如饥似渴地阅读，积累了极丰富的知识. 在爱丁堡大学期间，Maxwell 受到两位显著不同的人的深刻影响. 一位是物理学家 James David Forbes，他是实验家，因发明地震计，发现辐射热的偏振以及在冰川运动方面的几项开拓性工作而闻名. 另一位是哲学家 William Hamilton，他因逻辑学方面的贡献而知名(另一位著名的爱尔兰物理学家、数学家与他同名). 有趣的是，Forbes 和 Hamilton 两人在学校事务的许多方面都是死对头，但对于教育 Maxwell 却表现出难得的一致. Forbes 培养了 Maxwell 对实验技术的浓厚兴趣，这对于一个理论物理学家来说，实在是非常难得的. Forbes 还要求 Maxwell 写作条理清楚，并把自己研究科学史的爱好也传给了 Maxwell. Hamilton 则以他广博学识和严谨科学态度激发起 Maxwell 研究基本问题的兴趣.

1850 年，Maxwell 升入剑桥大学深造，先在 Peterhouse 学院，一学期后转入三一学院，第二年成了 William Hopkins 私人班的一员. Hopkins 是地球物理学家，他曾培养了一批著名的科学家，其中包括 G. G. Stokes，W. Thomson，Arthar Cayley，P. G. Tait 和 Maxwell 等人. 后来，Maxwell 还参加了 Stokes 讲座. 三一学院的院长 William Whewell 成为 Maxwell 很好的哲学指导教师. W. Whewell 以归纳法理论著作闻名，他特别强调必须把科学进展看成是一个历史过程，注重归纳推理的作用.

在三一学院期间，Maxwell 结识了一批才华横溢使学校四壁生辉的青年学者. Maxwell 加入了“使徒俱乐部”，这是一个仅由 12 人组成的具有优秀学术传统的俱乐部. Maxwell 参加俱乐部的活动，宣读论文. 在此期间，Maxwell 在他那个圈子里十分活跃. Maxwell 独具天才，气势非凡，常常精辟深入地谈论各种问题，头头是道，还总能提出一些异乎寻常的见解. Maxwell 还帮助创办过剑桥工人学院，后来还为伦敦工人学院夜间的技工班坚持定期授课，直到 1866 年.

从进入剑桥大学的第二年起，Maxwell 就有意着手准备他的学位毕业考试. 那时，这种提前准备学位毕业考试被那些自感优越的人看作是不光彩的事情. 然而 Maxwell 并不在意，他感到虽然以前读的书比同辈们多得多，但以追求阅读速度为主要目标的读书方式非常杂乱，没有好处. Maxwell 下决心克服这种毛病，切实地按照正规教育为大多数学生铺设的大道前进，这使他学到的知识既系统扎实，又巩固有条理. 1854 年，Maxwell 因证明了著名的 Stokes 定理，通过了学位毕业考试，获得数学学位毕业考试的甲等第二名，并获得一等 Smith 奖. 矢量分析的 Stokes 定理对于 Maxwell 后来建立电磁场理论是很重要的.

1854 年 Maxwell 在剑桥大学毕业，1855 年成为三一学院研究员，1856 年担任 Aberdeen 大学 Marischal 学院的自然哲学教授. 1860 年，Maxwell 辞去 Aberdeen 大学的教授职务，受聘为伦敦国王学院教授.

1858 年，Maxwell 与 Marischal 学院院长的女儿 Katherine Mary Dewar 结婚，妻子比他大 7 岁. Maxwell 夫妇没有孩子. Maxwell 夫人体弱多病，生性妒忌而执拗，但他们的感情甚笃，夫人曾帮助 Maxwell 做色视觉和气体分子运动论的实验，积极支持他的学术工作. 在他们共同生活的最后几年，妻子病重，Maxwell 悉心照料，同时坚持研究工作. 作为一个孝子、贤夫、良师、益友，Maxwell 的温和与无私受到了人们的敬重.

Maxwell 大学毕业后便开始了多方面的物理研究. Maxwell 一生发表了大约 100 篇论文，写了四本书. 从 1854 年到 1861 年，Maxwell 从事色视觉的研究，建立了色度学的定量理论，并于 1861 年在皇家研究院映示了第一张三原色照片. 从 1855 年到 1859 年，Maxwell 致力于土星环运动的稳定性研究，1857 年为此获 Adams 奖. 从 1855 年到 1865 年，Maxwell 先后发表了关于电磁学的三篇著名论文，建立了电磁场方程组，为电磁场理论和光的电磁理论奠定了基础. 1860 年，Maxwell 提出了第一个气体分子速率分布律，以后又有许多其他研究，为气体分子运动论和统计物理奠定了基础. 1864 年，Maxwell 研究构架应力的计算问题，提出了一个几何学的讨论"论倒易图形与力的图解"，1870 年，Maxwell 进一步将倒易函数的方法推广到连续介质，为此，Maxwell 被爱丁堡皇家学会授予 Keith 奖章. 此外，Maxwell 在几何光学，光测弹性，伺服机构(节速器)理论，流变学与黏弹性，弛豫过程等方面，也都有重要的带有根本性的贡献.

Maxwell 不仅是一位天才的理论物理学家，同时也是一位杰出的实验物理学家. Maxwell 发现了流动液体的双折射现象. Maxwell 发明了混色陀螺，实像体视镜以及由电容和电感组成的电桥(Maxwell 电桥). Maxwell 用实验精确验证了电力平方反比律. Maxwell 夫妇还用实验测量了气体的黏滞系数.

在物理学史中，Maxwell 是名声仅次于 Newton 和 Einstein 的伟大物理学家.

1865 年 Maxwell 从正规的学院生涯引退，专心致力于撰写他那驰名的巨著《电磁通论》. 1866 年，1867 年，1869 年及 1870 年，Maxwell 担任剑桥大学数学荣誉学位考试的主考人和监考人，在考试内容和形式方面制定了一系列的改革措施，受到广泛赞扬. 1871 年，Maxwell 被任命为剑桥大学的第一位实验物理学教授. Maxwell 用了大量的时间和精力规划创建 Cavendish 实验室和整理 Cavendish 遗留的手稿. Maxwell 还带领他的学生们在新的基础上重复和改进了 Cavendish 的一些实验，获得了不少有意义的结果. 在 Maxwell 的主持下，Cavendish 实验室开展了教学和多项科学研究，并树立起自己动手扎实严谨的优良学术传统. Maxwell 整理 Cavendish 遗稿所写成的《关于可敬的 Henry Cavendish 未发表的电学著作的绪论和注释》是科学编辑工作的杰作. 此外，Maxwell 还是著名的第九版《大英百科全书》的科学编辑之一，为该书撰写了许多重要条目.

纵观 Maxwell 一生的科学活动和学术成就，Maxwell 善于正确地历史地审查物理学已有的重要成果及其基础，天才地发现问题的核心和关键，作出具有开拓性与奠基性的重大突破，直至建立完整的理论体系. Maxwell 高深的数学造诣，更使他的理论工作得心应手，扎实可靠. Maxwell 的另一鲜明特点是涉足领域的广泛多样，他往往在一个时期内同时交叉地从事不同领域的研究，都作出卓越的贡献. Maxwell 的博学多才和旺盛创造力令人赞叹不已. 此外，作为一个主要从事理论工作的物理学家，Maxwell 对实验工作以及实验室建设的兴趣和热情实在难能可贵. 毫无疑问，Maxwell 的学术成就标志着物理学历史上的一个时代.

1879 年 11 月 5 日，Maxwell 因患肠癌在剑桥逝世，年仅 48 岁.

二、创建电磁场理论和光的电磁理论

Maxwell 关于电磁现象的研究从 1854 年在剑桥大学毕业后不久就开始了，一直持续到他逝世为止，为时长达 25 年之久. Maxwell 有关电磁学的研究工作大致可分为两个阶段. 从 1854 年到 1868 年为第一阶段，发表了五篇论文，其中最重要的是《论 Faraday 力线》(1855—1856)，《论物理力线》(1861—1862)，《电磁场的动力学理论》(1865). 在这些论文中，Maxwell 建立了电磁场理论和光的电磁理论，完成了毕生最重要的贡献. 有关内容详见本章 §7、§8、§9，此处不再重复.

在以后的第二阶段中，Maxwell 撰写了《电磁通论》(Treatise on Electricity and Magnetism)这一经典性著作和另一著作《电学简论》(Elementary Treatise on Electricity)，还发表了一些有关电磁学中特殊问题的论文.

1873 年，Maxwell 的专著《电磁通论》问世，这是一部涉及电磁学各研究领域的内容广泛的巨著.《电磁通论》的宗旨并不是向读者详细阐述电磁场理论，而是记录 Maxwell 对电磁学中各种问题的研究结果和达到的高度.《电磁通论》采用了一种较为松散的结构，与其说是按照演绎的逻辑体系撰写，不如说是按照历史的与实验的线索编排更为恰当. 各种问题中涉及的观念是按照不同课题的不同成熟状况来阐述的，并非首尾一贯，不同章节独立展开，有的地方出现间断，甚至出现前后不一致或论证中出现矛盾. 或许，《电磁通论》不能看作是一件完成了的作品，它更像是 Maxwell 的一间工作室，内部布置得井井有条，可以看得出，Maxwell 计划在此工作室中完成一件宏伟的作品. 遗憾的是，由于忙于其他事务，加上英年早逝，使 Maxwell 未能完成这一宏愿.

即便如此，这部巨著仍处处闪烁着智慧和创造力的光辉. 在《电磁通论》里，Maxwell 更为彻底地应用动力学原理(Lagrange 方程)发展了他的动力学理论体系，使他的电磁场理论更加完善，基础也更为坚实. 并且，Maxwell 还采用与以前不同的方法，再次证明电磁波的传播速度等于光速，还证明光波具有光压. 过去一般认为，光压有利于光的微粒说而不利于光的波动说，现在光压对于光的波动说也顺理成章了.

在《电磁通论》里，Maxwell 使用了 Tait 关于"四元数"理论的数学工具，并把它应用于电磁场方程. 这种理论成为矢量运算和矢量分析的前身. 它也是 Maxwell 工作的一种"副产品". 后来，经过 O. Heaviside 和 J. W. Gibbs 的努力，建立了矢量分析的数学分支. 在物理学某个分支兴起和完善的同时，唤起或刺激相应数学分支的诞生和发展，这在物理学史中并不罕见. 在《电磁通论》里，数学分析的有关发展还包括互易定理对静电学的应用，Green 函数的一般处理，场与网络理论中的拓扑方法，以及球谐函数的优美的极坐标表示. 在《电磁通论》里，总结了与两类矢量(后来称为极矢量和轴矢量)以及与两类张量(数学上称为协变张量和逆变张量)有关的问题. 在《电磁通论》里，还总结了有关电磁学的单位制问题，并着手研究有关参考系的问题. 此外，《电磁通论》还包含对实验技术的贡献，众所周知的用于测量电感的"Maxwell LC 电桥"就是一例. 总之，《电磁通论》是一部内容极其广泛，成果极其丰富的巨著.

《电磁通论》①一书中译本的"汉译者前言"指出："众所周知，本书是整个科学史中的一部超级名著，是可以和欧几里得《几何学原本》或牛顿的《自然哲学之数学原理》相提并论的. 一部这样的经典名著，永远可以给后人以重要的启示和鼓舞.""本书的体裁并没有构成一个尽可能'公理化'的理论体系，而是夹叙夹议，如泉涌出. 这是和欧几里得或牛顿的书很不相同的. 作者在原序中曾经提到这一点. 据说作者原打算对本书进行重大而全面的修订和扩充，可惜因他过早逝世而未能毕其功. 由于这种原因，再加上时代的不同，书中许多方面的表达方式就和今天人们所熟悉的方式有些差异."有兴趣的读者不妨找《电磁通论》中译本一阅，以领略这部传世经典名著的独特风采.

三、奠定气体分子运动论②和统计物理的理论基础

Maxwell 是气体分子运动论(气体动理论)和统计物理的奠基者之一. Maxwell 和 R. Clausius、L. Boltzmann 等建立的气体分子运动论是解释热现象(主要是气体)的系统的微观理论. 后来，J. W. Gibbs 继承了他们的工作，在系综概念的基础上建立起统计力学.

早在 1855—1859 年研究土星环的稳定性时，Maxwell 就已经注意到，构成土星环的大量质点(既碰撞又运动)整体达到稳定时的运动问题. 但当时 Maxwell 觉得这个问题太复杂，没有继续研究下去. 1859 年，Maxwell 读到 Clausius 新近发表的关于气体分子运动论的论文，它使 Maxwell 的想法有了改变，开始把注意力转向气体理论.

Clausius 在文章中指出，气体的压强起源于大量分子对器壁的碰撞. 为了给出定量结果，Clausius 建立了理想气体的微观模型，假设所有分子都以平均速度运动(尽管 Clausius 认为分子的速度是极为不同的)，用统计方法再次得出了 100 多年前 D. Bernoulli 首先给出的著名压强公式

$$p=\frac{1}{3}nm\,\overline{v^2}$$

式中 n 是分子数密度，m 是分子质量，$\overline{v^2}$ 是分子方均速率. 从而把宏观量与微观量的平均值联系了起来，为宏观热现象提供了微观解释. 为了回答气体扩散速率为何远小于气体分子速率(约每秒几百米)的诘难. Clausius 解释说，这是由于气体分子间存在着频繁的碰撞，由此提出气体分子平均自由程 $\bar{l}$ 的概念，并得出

$$\bar{l}=\frac{3}{4}\,\frac{\lambda^3}{\pi\sigma^2}$$

---

① 〔英〕杰·克·麦克斯韦著.《电磁通论》(上、下册). 戈革译. 武汉出版社，1994 年.

② 现称为"气体动理论".

的公式，式中 σ 是分子弹性球半径，λ 是分子中心的距离，$\lambda^3=\frac{V}{N}$，其中 V 是气体体积，N 是气体总分子数，$\frac{1}{\lambda^3}$是单位体积分子数(即分子数密度).

受 Clausius 论文的启发，但又不满足于其中关于所有分子都以平均速度运动的假设，1860 年，Maxwell 发表《气体动力学理论的说明》一文，首次提出并解决了气体分子按速度分布的问题. Maxwell 认为，气体分子的频繁碰撞并未使它们的速度趋于一致，而是出现一种稳定的分布(与土星环中大量质点的运动类似). Maxwell 把分子速度的直角坐标分量表为 v_x，v_y，v_z，假设速度空间的三个方向完全独立，相应的分布函数为 $f(v_x)$，$f(v_y)$，$f(v_z)$，则速度在(v_x, v_y, v_z)与$(v_x+\mathrm{d}v_x, v_y+\mathrm{d}v_y, v_z+\mathrm{d}v_z)$之间的分子数为 $Nf(v_x)\cdot f(v_y)f(v_z)\,\mathrm{d}v_x\,\mathrm{d}v_y\,\mathrm{d}v_z$. 由于坐标轴任取，上述分子数应只依赖于速度的大小，即应有

$$\begin{aligned}f(v_x)f(v_y)f(v_z)&=\phi(v_x^2+v_y^2+v_z^2)\\&=\phi(v^2)\end{aligned}$$

解此函数方程式，得出

$$f(v_x)=C\mathrm{e}^{Av_x^2}$$

即

$$\phi(v^2)=C^3\mathrm{e}^{Av^2}$$

因分子数 N 有限，A 应为负值，取 $A=-\frac{1}{\alpha^2}$，利用

$$\int_{-\infty}^{\infty} NC\mathrm{e}^{-\frac{v_x^2}{\alpha^2}}\mathrm{d}x=N$$

得出

$$C=\frac{1}{\alpha\sqrt{\pi}}$$

于是

$$f(v_x)=\frac{1}{\alpha\sqrt{\pi}}\mathrm{e}^{-\frac{v_x^2}{v^2}}$$

这就是著名的气体分子的 Maxwell 速率分布律. 据此，并利用理想气体状态方程，Maxwell 得出气体分子的平均速率 $\bar{v}$，方均根速率$\sqrt{v^2}$和最概然速率 v_{p} 为

$$\bar{v}=\sqrt{\frac{8kT}{\pi m}}$$

$$\sqrt{v^2}=\sqrt{\frac{3kT}{m}}$$

$$v_{\mathrm{p}}=\sqrt{\frac{2kT}{m}}$$

式中 k 为 Boltzmann 常量，T 为绝对温度，m 为分子质量. Maxwell 还利用上述分布函数重新计算了气体分子的平均自由程 $\bar{l}$，得出

$$\bar{l}=\frac{1}{\sqrt{2}\,\pi n\sigma^2}$$

修正了 Clausius 的平均自由程公式.

分布函数是气体分子运动论和统计物理的核心，通过它能计算各种微观量的统计平均值，对各种宏观热性质作出微观解释. Maxwell 给出了第一个分布函数——平衡态无外场条件下气体分子的速率分布，作出了奠基性的重大贡献.

在 1860 年的论文中，Maxwell 还探索了能量在分子的不同运动形态(平动、转动)之间的分配，得出了初级形式的"能量均分定理"，并且追随 Clausius 的思路对比热问题作了初步的理论处理. 这些工作带来了极其深刻、极其久远的历史后果. 能量均分定理的普遍形式是 Boltzmann 得出的，但其推论却在许多问题(特别是比热问题)中与实验结果分歧很大. 这正是 Kelvin 所说的经典物理晴朗天空中"两朵乌云"之一. 如所周知，能量均分定理与黑体辐射实验结果的尖锐矛盾迫使 Planck 提出了能量子假说. Maxwell 当时是敏锐地察觉到这种分歧的.

在 1860 年的论文中，Maxwell 还讨论了内摩擦、扩散、热传导等输运过程，这是对非平衡态问题微观研究的开始. Maxwell 指出，内摩擦起源于气体中流速不同的各层分子之间的动量传递. Maxwell 假设经过一次碰撞后，分子就获得了碰撞处的特征速度("一次同化"假设)，得出了黏滞系数 μ 与气体密度 ρ、平均自由程 $\bar{l}$、平均速率 $\bar{v}$ 的关系为

$$\mu=\frac{1}{3}\rho\,\bar{l}\,\bar{v}$$

上式给出了两个重要结果. 第一，因 $\bar{l}$ 与 ρ 成反比，所以 μ 与密度(或压强)无关，随绝对温度的升高而增大. 然而，稀薄与稠密气体 μ 相同的结论似乎难以置信. 对此，Maxwell 指出，虽然分子数随压强增加而增大，但分子携带动量行进的平均距离却随压强增加而减小，于是 μ 与压强或密度无关. 1863 年 Maxwell 夫妇实验测量了不同压强、温度下气体的黏滞系数，证实 μ 确实在很大的范围内与密度无关. 这个结论后来得到广泛应用. 第二，由平均速度 $\bar{v}$ 的数值及 G. G. Stokes 由实验测出的 $\frac{\mu}{\rho}$ 值，Maxwell 首次给出了 1 大气压和室温下空气的平均自由程为 $\bar{l}=5.6\times10^{-6}\,\mathrm{cm}$. 1865 年 J. Loschmidt 利用 $\bar{l}$ 的数据，并利用同种物质的液体与气体密度之比，假设气体分子间的平均距离为 $\bar{l}$，假设液体分子紧密排列，求出空气分子的直径约为 $d=1.18\times10^{-6}\,\mathrm{mm}$. 并进而求出 1 cm^3 气体在 0 ℃和 1 大气压下的分子数约为 2.7×10^{19} 个，此即 Loschmidt 数. 平均自由程、分子直径、分子数密度等数据的得出，标志着物理学的研究进入了分子世界.

但同时也存在一个问题，即由 $\bar{v} \propto \sqrt{T}$ 得出的 $\mu \propto \sqrt{T}$ 与实验结果 $\mu \propto T$ 不符. Maxwell 意识到这是由于气体分子的弹性球模型太简化了.

1865 年，Maxwell 在《气体的动力学理论》一文中，放弃弹性球模型，采用力心点模型，假设气体分子间的作用力与距离的 n 次方成反比. 在 $n=5$ 时(这种分子称为 Maxwell 分子)得出了 $\mu \propto T$ 的结果，与实验相符. 后来，Maxwell 还利用这种分子讨论过其他输运现象. 应该指出，更精确的实验表明，μ 与 T 的关系并非简单的正比关系，另外分子力 f 与距离 r 的关系也远比 $f \propto r^{-5}$ 复杂得多.

1865 年论文的另一重要结果是通过分子碰撞的讨论，再次导出了速度分布函数. 由于人们怀疑 1860 年论文中所作的三个速度分量完全独立的假设，Maxwell 把假设改为两个相互碰撞的分子的速度是统计无关的. 这样，分子 1 具有速度 $\boldsymbol{v}_1$ 同时分子 2 具有速度 $\boldsymbol{v}_2$ 的概率的联合分布函数表为

$$F(\boldsymbol{v}_1, \boldsymbol{v}_2) = f(\boldsymbol{v}_1) f(\boldsymbol{v}_2)$$

Maxwell 指出，在平衡态，由初态($\boldsymbol{v}_1$，$\boldsymbol{v}_2$)经碰撞达到终态($\boldsymbol{v}_1'$，$\boldsymbol{v}_2'$)的碰撞数，应与由初态($\boldsymbol{v}_1'$，$\boldsymbol{v}_2'$)经碰撞达到终态($\boldsymbol{v}_1$，$\boldsymbol{v}_2$)的碰撞数相等，于是

$$F(\boldsymbol{v}_1, \boldsymbol{v}_2) = F(\boldsymbol{v}_1', \boldsymbol{v}_2')$$

即

$$f(\boldsymbol{v}_1) f(\boldsymbol{v}_2) = f(\boldsymbol{v}_1') f(\boldsymbol{v}_2')$$

把上式与碰撞过程能量守恒(无外力情形)的表达式

$$\frac{1}{2} m v_1^2 + \frac{1}{2} m v_2^2 = \frac{1}{2} m v_1'^2 + \frac{1}{2} m v_2'^2$$

相结合，Maxwell 再次得到了与 1860 年同样的速率分布函数.

1868 年，Boltzmann 在 Maxwell 分布的基础上，进一步导出了在重力场作用下平衡态的分布函数——Boltzmann 分布. 此后，又给出了在非平衡态情形分布函数随时间变化所遵循的方程——Boltzmann 积分微分方程. Boltzmann 由 $f(\boldsymbol{r}, \boldsymbol{v}, t)$ 定义了一个 H 函数 $H = \iint f \ln f \mathrm{d}\boldsymbol{r}\, \mathrm{d}\boldsymbol{v}$，并证明当孤立系统通过碰撞从非平衡态趋于平衡态时，H 单调减小，在平衡态时，H 最小，同时分布函数趋于 Maxwell 分布(H 定理)，从而证明 Maxwell 分布是唯一的平衡分布.

Maxwell 对气体分子运动论作出了许多重要贡献，但 Maxwell 同时也清醒地意识到，由于气体分子运动论把体系中的单个粒子(即分子)作为统计的个体，因此，它的进一步发展需要对物质的结构、分子间的相互作用、分子的运动等等作出相当具体而并无根据的假设和推测，这是一个严重的障碍和困难. 19 世纪 70 年代以后，Maxwell 和 Boltzmann 都开始考虑把整个体系作为统计的个体，研究大量体系在相宇中的分布.

1878 年，Maxwell 在《论质点系能量平均分布的 Boltzmann 定理》一文中写道："我发现这样做是方便的，即不是考虑一个质点系，而是考虑大量质点系，它们除运动的初始

条件外彼此在一切方面都相似，假设从一个质点系变到另一个质点系时，总能量完全相同. 在对运动作统计研究时，我们把注意力集中于考察在给定时刻处于某相的体系数，使得它的变化限制在给定的范围内."(此处的"相"指的是运动状态.)"我宁愿假定，有性质相同的大量体系，其中每一个体系以不同的一组数值[n 个坐标和(n-1)个动量]开始运动，而总能量 E 的值完全相同，并考虑在给定时刻处于某相的这些体系的数目. 当然，每一个体系的运动与其他体系无关."上述引文表明，Maxwell 已经明显地具有系综和相宇的概念了. 遗憾的是，英年早逝，留下了未竟的事业. 后来，Gibbs 继承了 Maxwell 和 Boltzmann 的思想，在系综概念的基础上建立了统计力学的理论体系.

从以上的介绍可以看出，Maxwell 开创了气体分子运动论，对理论中几乎所有的重要课题都进行了不屈不挠的探索，写出了许多重要的理论文章，作出了许多奠基性的重要贡献. Maxwell 深刻敏锐的思想，巧妙独特的方法，把握关键的能力令人赞叹不已. 并且，在进行深入的、原理性的阐述的同时，Maxwell 还亲自做实验，经常讨论各种相关的具体例证，使他的工作更加完满可信. 尤其值得强调的是，Maxwell 还清醒地认识到气体分子运动论的根本困难和限制，并高瞻远瞩地提出了解决的途径. 这种既善于解决各个局部的关键问题，又善于统观全局的气魄和远见卓识，确实值得后人认真体会、学习和借鉴.

1871 年，Maxwell 撰写的《热的理论》(Theory of Heat)一书问世，此书后经广泛修改，多次再版.《热的理论》的主要内容是阐述和解释热学理论的标准结果，同时，其中也包括 Maxwell 对热学的一些重要贡献.

一个重要贡献是给出"Maxwell 关系式". 如所周知，描述均匀物质热力学性质的物理量是压强、体积、温度、内能、熵、焓、自由能、Gibbs 函数，这 8 个量中的任意一个量都可以表为任意另外两个量(例如体积和温度)的函数. Maxwell 关系式是用全微分和偏微商表达的这些热学量之间的关系. 它是研究平衡态热力学性质的基本方程，利用它可以求得一些难以测量的热学量. 尽管前人已经给出个别关系，但 Maxwell 关系式则构成了完整的体系. Maxwell 关系式至今仍在各种热力学问题中有广泛而重要的应用. 从某种意义上说，Maxwell 关系式在热力学中的地位，可以与 Maxwell 电磁场方程组在经典电动力学中的地位相比拟. 此外，Maxwell 还独立建立了化学势的概念，并讨论过热力学量的分类.

另一个重要创见是提出所谓"Maxwell 妖"(Maxwell's demon，也可译作 Maxwell 精灵). 如所周知，在统计物理的基本概念先后确立并得到普遍承认之前，由热力学第二定律揭示的宏观热力学过程的不可逆性，与单个分子运动的动力学可逆性之间，存在着难以调和的矛盾. Maxwell 妖就是为了使上述矛盾尖锐化，而提出的一种佯谬.

Maxwell 设想有两个紧挨着的容器，其间经隔板隔开，隔板上开有一个小孔，小孔上装有一扇可以自由启闭且无摩擦的小门. 假设在两个容器中充有相同温度的气体，根据经验，在不受外界扰动的条件下，这两部分气体之间是不会自发地出现温度差的，否则热传导过程就将是可逆的. 但是，Maxwell 指出，如果存在一种可以识别并控制单个分子运动的有意志的“小妖”，它就可以完成热传导过程的逆过程而不产生其他影响. 办法很简单，由“小妖”把守两容器隔板小孔上的门，小妖盯住从两容器中来到门前的各个分子，当一个高速(高动能)运动的分子从右容器向左容器运动时，小妖就打开小门让分子过去；当一个低速(低动能)运动的分子从左容器向右容器运动时，小妖也打开小门让分子过去. 在相反情况下，小妖便关闭小门不让分子通过. 这样，经过多次开关小门之后，小妖就实现了分子动能从右容器向左容器的有效转移，使得左容器中分子的平均动能增大，温度升高，右容器则温度降低，而并未产生其他影响. 换言之，Maxwell 妖使两容器自动形成了温差，建立了秩序，实现了熵的自发减少. 同样，Maxwell 妖也可以实现其他宏观热力学过程的逆过程. 总之，只要存在 Maxwell 妖，热力学第二定律就将被推翻.

Maxwell 妖困惑了人们大半个世纪之久. 直到 20 世纪 50 年代，法国物理学家 Brillouin 应用信息熵的概念，才弄清楚 Maxwell 妖并不违背热力学第二定律. 简要地说，为了使 Maxwell 妖能够完成分子动能有效转移的使命，小妖必须获得关于分子运动的信息. 例如，需要设法照亮分子，使小妖能够分辨分子速度的快慢，以便决定小门的启闭，这样就会引起熵的增加. 这一熵增加量足以抵消小妖转移分子动能所减少的熵. 换言之，如果把外光源、小妖和分子系统作为一个整体，则熵总是增加的，并不违背热力学第二定律. 实际上，Maxwell 妖不过是开放系统的一个假想特例，开放系统依靠外界输入能量或信息来实现某种过程，生物化学中的酶就是 Maxwell 妖的一个实例.

四、其他贡献

1. 色视觉

画家早已知道三种基色(红，黄，蓝)的颜料混合起来，可以获得任何所需的颜色. Young 最早提出色视觉的三感受器理论，他认为眼球并不需要对每种颜色都有一种感受机构，只要对红、蓝、绿三原色能分别感受就够了. 然而由于具有极大权威的 Newton 曾经断定，白光经棱镜色散后产生 7 种原色，而不是 3 种，因此 Young 的三感受器理论并未受到重视.

1849 年，Maxwell 在爱丁堡大学学习期间就在 J. D. Forbes 的实验室中开始了色彩混合的实验研究. 当时人们的做法是把一个圆盘分成若干个扇形区域，在各区域中涂上不同的颜色，观察当圆盘迅速转动时所造成的色觉. 这种实验依赖于许多因素，如扇形面积的区分，颜色的浓淡、明暗和配合，等等.

1854 年 Maxwell 从剑桥大学毕业后继续进行色视觉的研究，他改进了用以进行色彩混合实验的色陀螺，作出了精确的色比较. 从 1855 年到 1861 年，Maxwell 发表了七篇有关色混合的论文，论证了以红、蓝、绿三原色表示各种颜色的方法，并建立了色度学的定量理论. Maxwell 论证了色缺陷的观察者(即色盲)是由于一种或一种以上感受器无效；解释了颜料的混合是一种次级过程，即颜料对来自下表面的反射光起着过滤器的作用.

Maxwell 设计了进行光度测量的“色箱”，他和夫人利用色箱测定的光谱轨迹与后来 1931 年国际照明委员会(CIE)确定的标准光谱轨迹甚为接近. 1861 年，Maxwell 在英国皇家研究院，向包括 Faraday 在内的听众映示了第一张三原色彩色照片，引起全场轰动.

2. 土星环运动的稳定性

1610 年，Galileo 用他发明的望远镜观察土星，发现土星球状本体旁有奇怪的附属物. 1659 年，Huygens 认证出这是脱离土星本体的光环. 此后 200 年间，土星光环一直被看作是扁平的固体物质盘. 1787 年，P. S. M. Laplace 研究过土星的光环，他把土星光环设想成固体环，并证明除非光环的密度分布和运动满足某种特定的条件，否则光环不可能存在；他还证明均匀环的运动在力学上是不稳定的. 1855 年，进一步观察到土星光环中的暗环，并注意到 200 年来土星光环整体的尺度有缓慢变化的迹象. 同年，土星光环运动的稳定性问题，成为剑桥大学第四次 Adams 奖的悬赏研究课题.

从 1855 年到 1859 年，Maxwell 花费了许多时间来研究土星环的稳定性问题. Maxwell 起初是从 Laplace 的固体环着手研究的，Maxwell 利用引力势的 Taylor 展开式研究环的运动，结果发现固体环的模型是站不住脚的，即固体环(不论其质量分布是否均匀)的运动是不稳定的，固体环会在不均匀的应力下崩溃瓦解. 接着，Maxwell 放弃了固体环模型，假设土星环由若干个等距排列的卫星组成. 对于这个卫星环模型，Maxwell 利用卫星环摄动的 Fourier 级数展开式来讨论，通过冗长繁杂的计算分析，Maxwell 证明由一些卫星紧密束缚在一起组成的卫星环，或者由不可压缩流体组成的半刚性环，其运动也是不稳定的. 于是，Maxwell 假设组成土星环的各小卫星以不同的速率运动并相互碰撞(即并非等距排列呈束缚状)，并考虑到由卫星组成的各个不同大小的环之间相互吸引的摄动[注意，土星环是由大小不同的各环组成的，各环间有空隙(即暗环)]，结果得出土星环的运动可以保持稳定. 考虑到各小卫星向四面八方运动会与其他环相碰撞，Maxwell 估计了由此产生的能量损失的比率，并断定整个土星环系统会慢慢伸展开来，这一结论与 200 年来对土星环的观察相符.

1857 年，Maxwell 因对土星环运动稳定性这一经典问题的出色研究，荣获 Adams 奖. Maxwell 的成功表明他在科学研究上的成熟，也增强了他在数学上的自信. 此外，土星环的研究使 Maxwell 注意到大量卫星既运动又碰撞整体保持稳定的问题，这与气体中大量分子既运动又碰撞，气体整体保持稳定的情形，十分类似. 正是对后者的进一步研究得出了气体分子的速率分布. 由此可见类比与联想的威力.

顺便指出，1895 年美国天文学家 J. Keeler 从土星环反射光的 Doppler 频移证实，土星环的确不是固体盘，而是由大量质点组成的，这些质点分别沿独立的轨道按照 Kepler 定律绕土星旋转. 1972 年，从土星环反射的雷达回波得知，构成土星环的大量“质点”实际上是直径介于 4 cm 到 30 cm 之间的大小不等的冰块.

3. 几何光学——Maxwell 鱼眼

Maxwell 在少年时期就对几何学很感兴趣. Maxwell 是研究几何光学中有关理想光具

组(又称绝对仪器)问题的先驱. 1853 年, Maxwell 受到鱼眼水晶体结构的启示, 给出了理想光具组的一个简单而有趣的例子——Maxwell“鱼眼”. 它是由充满全空间的球对称非均匀介质构成的, 在球对称中心, 介质的折射率为 n_0, 其余各处介质的折射率随着与中心距离的增大而减小, 与中心 O 点相距为 r 处的介质折射率为

$$n(r)=\frac{n_0a^2}{a^2+r^2}$$

式中 n_0 和 a 是两个常量. 由上式可知, 与中心相距无穷远处介质的折射率为零. Maxwell 证明, 从上述充满全空间的球对称介质中任一点 P_0 发出的所有光线的轨迹是一些大小不同的圆, 这些圆将会聚在另一点 P_1, P_0 与 P_1 的连线经过中心 O 点, 且 $\overline{P_0O}$ 与 $\overline{P_1O}$ 的乘积等于 a^2. 因此, Maxwell 鱼眼能使每一点都无像散地成像, Maxwell 鱼眼是一个理想光具组. 后人曾对 Maxwell 鱼眼作过一些推广, 具有一定的实用价值.

1858 年, Maxwell 在物空间和像空间两者都是均匀介质的条件下, 证明了关于理想光具组的 Maxwell 定理: 物空间内任何一条曲线的光学长度等于它经理想光具组后所成像曲线的光学长度. 1926 年, C. Caratheodory 进一步证明上述 Maxwell 定理在介质非均匀和各向异性时也成立. 由此得出, 在物空间和像空间都均匀且折射率相同时, 像与物应完全相同或镜对称. 换言之, 在这种条件下, 平面镜及其组合是唯一的理想光具组.

迄今为止, 均匀介质中的平面镜以及非均匀介质情形的 Maxwell 鱼眼, 是仅有的两种理想光具组.

1867 年, Maxwell 撰写了题为“论四次圆纹曲面”的论文, 发展了像散透镜的几何光学理论. 这篇论文表现了数学的优美和作图的精致, 而且对问题的发展进行了历史的回顾和评论. 1874 年, 在 Tait 的协助下, Maxwell 了解了 W. Hamilton 的“特征函数”概念, 据此, Maxwell 继续研究几何光学问题, 写了三篇论文, 讨论了特征函数对透镜组的应用. 此外, Maxwell 还设计过一些光学仪器, 并研究过彩色照相的技术.

4. 构架应力计算

Maxwell 在伦敦国王学院定期讲演期间, 曾讲过关于构架应力计算的问题. 1864 年, Maxwell 将 W. J. M. Rankine 的方法发展成为几何学的讨论, 发表了《论倒易图形与力的图解》一文, 提出确定平面静定桁架各杆内力的图解法, 指出桁架形状与内力图是一对互易图. 这样, 根据桁架的形状很容易得出其内力图. 这种作图法把许多力多边形联系起来, 多边形的边长显示力的大小. 因此, 桁架内各杆的内力分布一目了然, 而且构成多边形各边线段的大小相互影响, 最后能否闭合起着校正误差的作用, 可提高准确度. 这一确定平面静定桁架各杆内力的方法, 在结构力学中称为 Maxwell-Cremona 法. 1870 年, Maxwell 将倒易函数的方法推广到连续介质. 为此, 爱丁堡皇家学会授予他 Keith 奖章.

5. 伺服机构(节速器)理论

在关于电阻的实验研究中, Maxwell 和他的同事们使用了一种节速器(speed

governor)来保证线圈转动的均匀性. 在原理上，这种节速器与 J. Watt 蒸汽机上的节速器相仿：离心力使一些重物离开传动主轴，并从而调节控制阀门. Maxwell 仔细考察了这种节速器的动作过程，并参阅了有关文章，经过几年的探索，于 1868 年对这一问题作出了分析学的处理. Maxwell 确定了各种简单情况下的稳定性条件，考虑了多级体系，研究了自然阻尼的效应和驱动负载发生变化时的效应，并开始探索不稳定性的条件. Maxwell 的《论节速器》一文一般被认为开了控制论的先河. 正因如此，当 80 年后 N. Wiener 创立了他自己的理论时，就根据希腊文的"舵手"一词把这种理论称为"控制论"(cybernetics). Wiener 用这种命名来纪念 Maxwell 的工作，因为"节速器"这个名词正是通过拉丁文的转译而从希腊文的"舵手"一词变化成的.

此外，Maxwell 在光测弹性学、结构力学等不同领域还有不少令人瞩目的工作.

五、筹建 Cavendish 实验室，整理 Cavendish 遗稿

Maxwell 在他一生的最后 8 年里，把大部分精力奉献于筹建 Cavendish 实验室和整理 Cavendish 遗稿.

1869 年，剑桥大学决定设立一个实验物理的教授席位，并建设一个物理实验室. 1870 年，当时的剑桥大学校长 Henry Cavendish 的近亲，德文郡第七代公爵 William Cavendish 慷慨解囊，捐款支持这一事业，实验室定名为 Cavendish 实验室. 1871 年，Maxwell 当选担任此教授席位，成为剑桥大学的第一位实验物理教授. Maxwell 在就职演说中，阐明了这个实验室在大学的研究工作中应担负的任务. Maxwell 指出："许多极为荒谬的主张，只要表达的语言和某些著名的科学术语相似，就会变得流行起来. 凡此种种，大概就是人们给予科学的敬意吧. 如果社会准备接受各种科学主张，那么，我们所要提供的就不仅是要普及和探索种种真实的科学原理，而且也要普及和培养一种健全的评判精神."Maxwell 到任后的第一项工作是制订筹备建设新实验室的种种计划. 他花了很多精力从事此项工作，虽然大学指派了 W. M. Fawcett 负责设计和督造，Maxwell 仍为实验室的设计和实验室的设备作了周密的考虑，并且当经费不足时，自己拿出一笔钱来购置仪器. 1874 年 Cavendish 实验室建成，这是世界上作为研究单位的最早的物理实验室之一. 它标志着物理实验开始从科学家的私人住宅走进了实验室.

在 Cavendish 实验室的橡木大门上，用粗大的字体铭刻着拉丁版圣经中的一句话："Magna opera Domini exquisita in omnes voluntates ejus"(主之作为，极其广大；凡乐之嗜，皆必考察). 它表达了 Maxwell 希望在他筹建的实验室里做出种种研究工作的态度.

在 Maxwell 的主持下，Cavendish 实验室开展了教学和多项科学研究工作. 在教学中，Maxwell 重视演示实验，并且要求演示实验仪器结构简单，学生易于掌握. Maxwell 指出："这些实验的教育价值，往往与仪器的复杂性成反比. 学生用自制仪器，虽然经常出毛病，但比起仔细调整好的仪器，学生却会学到更多的东西. 而仔细调整好的仪器使学生易于依赖，也不敢去拆卸它们."从那时起，使用自制仪器成了 Cavendish 实验室的传统.

对于研究性的实验，Maxwell 非常重视物理量的精确测量. Maxwell 指出："在严密地称得上实验的研究中，最根本的目标是量度我们所见的东西，获得某些量的数值估计. ……在实验中，我们不能满足于对现象的熟悉，而应从它的种种特征中找出哪些能够量度，并找出需要如何量度，这样才能对于这些现象得到完全的说明. ……精细的量度获得的报答是新研究领域的发现和新科学观点的形成."Maxwell 在指导学生的研究工作时极其认真，他主张让学生用自己的力量去克服遇到的种种困难，教师与其把这些困难排除，倒不如鼓励学生同困难奋斗. Maxwell 喜欢学生自行构思研究题目. Maxwell 指出："我从来不劝阻别人从事一项实验，即使他找不到所期待的东西，他也可以得到其他的东西."Maxwell 为 Cavendish 实验室制定的一套研究方针为以后的发展开辟了道路.

在这个时期，Maxwell 本人的工作主要是整理 Cavendish 的遗稿. Cavendish 在世时仅发表了两篇论文，而遗留下来未发表的数学和电学实验的手稿却有二十札之多. 这些手稿内容极其丰富，其中许多是科学发现的先驱. 例如，Cavendish 比 Faraday 更早就形成了电容和介电常量的概念，首先提出电势的概念，比 Ohm 更早发现导电规律(即 Ohm 定律)，Cavendish 所做的验证电力平方反比律的实验以及相应的理论分析也比 Coulomb 的扭秤实验更早且更有价值，等等. Maxwell 带领学生逐一重复 Cavendish 的各项实验，并作了一些重要的改进. Maxwell 编辑出版的《关于可敬的 Henry Cavendish 未发表的电学著作的绪论和注释》一书以及他为此书撰写的绪论和注释，是科学编辑的典范.

参考文献

[1] MAXWELL J C. On Faraday's lines of force//Niven. The scientific papers of James Clerk Maxwell：Vol. 1. Cambridge：Cambridge University Press，1890：155-229.

[2] MAXWELL J C. On physical lines of force//Niven. The scientific papers of James Clerk Maxwell：Vol. 1. Cambridge：Cambridge University Press，1890：451-513.

[3] MAXWELL J C. A dynamical theory of electromagnetic field//Niven. The scientific papers of James Clerk Maxwell：Vol. 1. Cambridge：Cambridge University Press，1890：526-597.

[4] MAXWELL J C. A treatise on electricity and magnatism. Oxford：Clarendon Press，1904 [另见：麦克斯韦. 电磁通论(上，下卷). 戈革，译. 武汉：武汉出版社，1994].

[5] WHITTAKER E T. A history of the theories of aether and electricity. London：Thomas Nelson，1951.

[6] 广重彻. 物理学史. 祁关泉等，译. 上海：上海教育出版社，1986.

[7] EVERITT C W F. Maxwell，James Clerk//Dictionary of scientific biography：Vol. 9. New York：Scribner，1974：198-230.

[8] TRICKER R A R. The contributions of Faraday and Maxwell to electrical science. Oxford：Pergamon Press，1966.

[9] 戈革，陈熙谋，陈秉乾. 麦克斯韦//世界著名科学家传记(物理学家Ⅱ). 北京：科学出版社，

1992.

[10] 周岳明. 法拉第//世界著名科学家传记(物理学家Ⅲ). 北京：科学出版社，1994.

[11] 徐在新，宓子宏. 从法拉第到麦克斯韦. 北京：科学出版社，1986.

[12] 张之翔. 人类是如何认识电的？——电磁学历史上的一些重要发现. 北京：科学技术文献出版社，1991.

[13] 陈熙谋，陈秉乾. Maxwell 电磁场理论的建立和它的启迪——纪念 Maxwell 电磁场理论诞生 120 周年. 大学物理，1986(10)、(11).

[14] 陈秉乾，王稼军. 电磁感应定律的定量表达式是怎样得出的？大学物理，1987(3).

[15] 陈秉乾，陈熙谋. 麦克斯韦怎样得出电磁波传播速度与光速相等. 大学物理，1991(5).

[16] 陈秉乾，舒幼生，陈熙谋，董庆祥. 麦克斯韦方程组的深刻启示. 物理教学，1998(10).

[17] 陈熙谋，舒幼生. 建立麦克斯韦方程组的其他途径. 大学物理，1984(2).

[18] 陈熙谋. 超距作用. 百科知识，1982(12).

[19] 〔美〕克莱因　M. 古今数学思想(共四册). 北京大学数学系数学史翻译组，译. 上海：上海科学技术出版社，1979，1980，1981.

第三章

Lorentz 电子论

整个 19 世纪是经典电磁理论的大发展时期. 一方面, 以法国和德国的一批物理学家为代表, 从超距作用观点出发研究电磁现象, 形成了称为“源派”或“大陆派”的学派; 另一方面以英国的 Faraday 和 Maxwell 为代表, 从近距作用观点出发研究电磁现象, 形成了称为“场论派”的学派. 前者以其完美的数学分析方法著称于物理学界, 但始终未能形成统一的理论体系; 后者虽然创建了统一的电磁场理论体系, 但在某些基本观念上和结构上仍存在着不少缺陷.

应该说, 尽管在电磁学领域内这两个学派的理论在基本观点上针锋相对、互不相容, 但两者各有所长也各有所短. 直到 Hendrick Antoon Lorentz(1853—1928)创立了电子论后, 才将两派的正确部分融合成真正统一的经典电磁理论, 为光学现象和物性学的研究提供了坚实的理论基础.

§1. 两种观点, 两个学派

在 Faraday 之前, 超距作用观点盛行于物理学界. 超距作用观点认为, 相隔一定距离的两个非接触物体之间存在着直接的、瞬时的相互作用, 作用力不需要任何媒质传递, 也不需要任何传递时间. 在 19 世纪上半叶, 法国和德国的一批物理学家就是以这种观点为前提研究电磁现象的.

1820 年, 丹麦物理学家 Oersted 发现了电流的磁效应, 第一次揭示了电现象和磁现象之间的联系. Oersted 的新发现最先传到德国和瑞士, Arago 又将此消息从日内瓦带回到法国, 他是得知此新现象的第一位法国人. Arago 在法国科学院演示了 Oersted 的实验, 使法国物理学家大为震惊, 因为 Coulomb 早就断言电和磁之间不会有任何联系. Coulomb 的断言只在静电和静磁条件下才成立, 这是历史的局限, Oersted 的发现冲破了这种局限. 最容易接受实验事实的 Ampere 作出了最迅速的反应. 为了解释 Oersted 的实验, Ampere 提出了磁现象的本质是电流的观念, 认为所有涉及电流与磁体的作用都是电流与电流之间的作用, 他把这种力称为“电动力”. Ampere 以四个示零实验为基础, 得到了两个电流元之间作用力的公式(参看第一章 § 3). Ampere 在处理电磁现象时力图严格遵从 Newton 力学的方法. Ampere 主张, 我们应该遵循不作假说只从实验出发进行演绎的 Newton 物理学的方法, 只应以发现力的表达式为满足. Ampere 的电动力学是以超距的中心力来解释当时已知的电磁现象的. 与此同时, Biot 和 Savart 通过实验建立了关于电流元对单位磁极作用力(即电流元产生磁场)的 Biot-Savart-Laplace 定律(参看第一章 § 3).

作为超距作用理论, Ampere 的电动力学是出类拔萃的, 但他的理论无法解释 1831 年发现的电磁感应现象. 原因很简单, 在超距作用理论的范畴内, Ampere 引进的电流元只是抽象的概念, 缺乏具体的物理机制. 德国物理学家 Weber 认为, 应就电流本性引入某些假设. Weber 采用了 G. T. Fechner 的假设(1845 年), 把电流看作是导体中电荷单元的运动, 进而从 Ampere 的两电流元作用力公式导出了两运动电荷之间的作用力公式(参看第二章 § 4), 为

$$F=\frac{ee'}{r^2}\left[1-\frac{1}{2c^2}\left(\frac{\mathrm{d}r}{\mathrm{d}t}\right)^2+\frac{r}{c^2}\frac{\mathrm{d}^2r}{\mathrm{d}t^2}\right]$$

式中 e 和 e' 是相互作用的电荷单元的带电量, r 是它们之间的距离. 可见, 上述 Weber 公式的第一项是静电力, 第二项是由于电荷单元具有一定速度而产生的作用力, 第三项是当电荷单元运动速度发生变化(即具有加速度)时产生的力, 这反映了电磁感应现象. 这样, Weber 建立了包括静电理论、电流理论和电磁感应现象的类似于 Newton 力学的统一电磁理论体系.

Weber 的理论是 19 世纪中叶大陆派电动力学的典型, 该理论把电动力学的各种现象归结为运动电荷之间的作用力, 在这个意义上, 或许可以说 Weber 的理论是最初的电子论. 事实也确实如此, Lorentz 的电子论中关于存在带电粒子以及带电粒子的运动造成电磁现象等基本概念就出于 Weber 的理论. 然而, Weber 的理论并非无懈可击. Helmholtz 在 1847 年的著作《论力的守恒》中曾证明, 依赖于速度的力不符合能量守恒, 并对 Weber 的运动电荷作用力公式提出质疑, 因为在 Weber 的作用力公式中包括速度, 违反能量守恒. 这就引发了 Weber 与 Helmholtz 之间关于 Weber 公式是否遵守能量守恒的旷日持久的争论. 这场争论降低了 Weber 在大陆派中的威信, 客观上造成了使 Maxwell 的电磁场理论引入欧洲大陆的有利局面. 尽管如此, Weber 首先把带电粒子概念引入电磁学, 并用其运动来解释电磁现象, 这些已经作为正确的基本观念被保留了下来.

大致在同一时期, Poisson、Gauss 和 Neumann 等在超距作用观点的大前提下沿着另一条思路研究电磁现象. Poisson 在 1813 年将空间无引力物质时引力势所遵从的 Laplace 方程推广到存在引力源的引力势遵从的方程, 即 Poisson 方程. 1828 年 Poisson 又将他的方程应用于静电领域, 即电势 V 遵从下述方程:

$$\nabla^2 V = -4\pi\rho$$

式中 ρ 为电荷体密度. 此后，Poisson、Green、Gauss 等又发展了磁荷源的静磁势理论(参看第二章§3). Neumann 在 1845 年和 1848 年分别发表了两篇关于电磁感应的论文，他在这两篇论文中提出了矢量势概念，并运用 Ampere 电动力学导出了电磁感应定律，从而第一次给电磁感应的规律以确定的数学形式(参看第一章§5 及第二章§4).

应该指出，Faraday 认为电流会使周围的空间产生一种紧张状态，他称之为"电紧张状态"，并认为这种"电紧张状态"的变化或扰动正是产生感应电动势引起感应电流的原因. Neumann 持超距作用观念，虽然他从矢量势导出了电磁感应定律的数学公式，却并不承认空间存在着某种力态(即场). 换言之，Neumann 引入的矢量势是超距作用力学中的一种势，与 Faraday 的"电紧张状态"毫无关系，不能相提并论.

综上所述，在 19 世纪前半叶，欧洲大陆的一大批物理学家在超距论的大前提下从各个方面进行电磁学的研究，极大地推动了电磁学的发展，取得了累累硕果，形成了称为"源派"或"大陆派"的学派. 这一学派的共同特征是：承认电荷、电流是客观存在的实体；电磁作用是不需要任何中介媒质传递的超距作用；具有完美的数学分析与表述；不同的电、磁源有不同的理论，始终未形成统一的理论体系，虽然雄心勃勃的 Weber 曾作过努力，但并未获得完全成功.

正当超距作用理论在电磁学研究中独占鳌头，并拥有大批追随者时，在英国的 Faraday 却独树一帜，提出近距作用观点，向超距作用观点提出了挑战. Maxwell 紧随 Faraday，把 Faraday 的力线概念数学化，建立了关于电磁运动的统一理论，预言了电磁波的存在(详见第二章). Faraday 和 Maxwell 的理论构成了电磁学研究中的另一学派，即所谓"场论派". 场论派的基本观点是近距作用，即电磁力必须通过中介媒质才能传递，这种中介媒质是力线或以太；倾向于把电荷或电流看成是以太的某种状态而不是客观实体.

事实上，Faraday 经常考虑的一个问题是，电究竟是独立存在的流体还是物质存在的一种形式. 在当时，几乎所有的关于电的经典理论中(无论是 Coulomb 的、Poisson 的或 Ampere 的)，电都是一种独立于物质的、具有某种能量的无质流体或粒子. Faraday 则独具一格，他相信电和物质绝对不可分，电也不是以无质流体或粒子的形式出现，而是以物质的能量或力的形式出现，这一观点的依据是他对静电感应现象的实验研究. Faraday 用铁丝网和薄金属板制成了一个边长为 12 英尺的立方屏蔽室，从一侧插入一根玻璃管，再将一根导体棒的一端穿过玻璃管进入屏蔽室中央，导体棒的另一端连接发电机，用发电机给导体棒充电. 在静电感应作用下，屏蔽室的金属板都被绷得紧紧的，铁丝网中还不时有电火花产生. 但当发电机一停，这些现象就立刻停止了，此时屏蔽室内、外壁均不带电. Faraday 根据这个实验认为绝对电荷不存在，通常所说的电荷只不过是一种力的表现. Faraday 对静电感应现象的解释是以"邻接作用"为基础的. Faraday 认为，发电机或电池使受电体激发，受电物体的粒子处于高度极化状态，这使它们周围的一层媒质

(包括以太)极化，这种极化力从一个粒子"邻接"地传到下一个粒子并使之极化. 这样就形成一条极化的粒子曲线，这条极化曲线就是电感应力线，它一直延伸到远方，直到遇到另一金属为止. Faraday 认为极化力的传递就是电的传递，他完全抛弃了电荷可脱离通常的物质独立存在并运动这一传统观念.

Maxwell 接受了 Faraday 的观点，他在集电磁理论大成的专著《电磁通论》(1873 年)的第一章中写道："当像我们现在已经作了的那样把电归入物理量一类时，我们必须不要过于匆忙地假设它是或不是一种物质，或假设它是或不是一种形式的能量，或假设它属于任何一已知的物理量范畴."在反驳了把"电"当作一种物质来处理的"二流体学说"和"单流体学说"后，Maxwell 写道："在本书中，……从我这方面来说，我指望根据在介于带电体之间的那种空间中出现的情况的研究来对电的本性得到进一步的认识. 这就是 Faraday 的《实验研究》中所遵循的研究模式的本质特点，……". Maxwell 的基本立场是，把观察到的带电体之间的力学作用当作是由媒质的力学状态引起的，他认为电作用不是物体之间的直接超距作用，而是借助于物体之间的媒质而发生的作用. Maxwell 在同一章中还强调，带电的能量存在于电介媒质之中，此时能量以电介媒质的极化形式储存起来，即使在真空中情况也相同，在真空中充满着称之为以太的物质实体，它作为电介媒质起作用. 因此，对 Maxwell 来说，所谓电磁场是从特殊媒质以太的某种力学状态来理解的. 事实上，早在 1865 年发表的题为"电磁场的动力学理论"的论文中，Maxwell 就已指出："(以太)这种媒质的各部分是互相关联的，一部分的运动依存于其余部分的运动. 同时，因为运动的传播不是瞬时的，而是需要时间，所以这种关联必然引起一种弹性作用."显然，Maxwell 的电磁场理论是想通过具有力学特征的媒质状态的变化来理解电磁作用，Maxwell 所设想的电磁场是物质实体所取的一种状态，而且只有被物质(包括以太)所荷载才存在.

总之，源论派认为电荷或带电粒子是独立存在的客观实体，因而可以通过实验确立电磁作用定律. 但源论派主张电磁作用是一种超距作用，因而无法进一步探索产生这种作用的原因，也就不可能从理论上预言电磁波的存在. 场论派主张电磁作用是"邻接作用"，空间必须存在传递电磁作用的特殊媒质以太，以太所处的力学状态决定了各种电磁现象，于是就可能从理论上预言电磁场运动的波动特征. 但是，场论派不认为电荷或电磁场是另外的客观存在的实体，而认为它们只不过是中介媒质所处的某种状态，不能独立于以太而存在. 两个学派具有不同的基本观点和不同的理论，基本思想可以说是针锋相对，但各有长短. 毫无疑问，两种理论的协调一致和相互融合是电磁学发展的进一步趋势. 可以说，两种理论相互融合之际也就是经典电磁理论发展到顶峰之时.

在 Lorentz 之前，试图连接两派理论的尝试主要有 Hertz 和 Helmholtz 的工作.

当源论派的理论统治电磁学，但缺乏统一的理论结构体系时，Maxwell 却建立了统一的电磁场理论，该理论宣布：不论由什么样的源产生作用，它们都可以服从统一的电磁场的数学模式. 这个震惊物理学界的宣言吸引了大批青年物理学工作者，Heinrich

Rudolf Hertz(1857—1894)就是其中的一位. Hertz 出生在 Neumann 和 Weber 这些源论派电动力学大师的故乡德国，深受源论的影响，但当 Hertz 读了 Maxwell 的著作后，很快就意识到源论与场论之间并不存在无法填补的鸿沟. Hertz 在 1884 年发表的文章《论 Maxwell 的基本电磁方程组与对立的电磁学基本方程组之间的关系》中，从 Neumann 的矢量势理论(源论)导出了四个不完全对称的电磁方程组. Hertz 的这个工作的意义在于以四个矢量方程简化了 Maxwell 的八个方程(其中有六个矢量方程两个标量方程)，并从源论的角度证明了电磁场的动力学性质与源无关. 这使得 Hertz 本人向 Faraday-Maxwell 的电磁理论靠近了一步，为他后来从实验上证实电磁波的存在奠定了思想基础. 但是，Hertz 对 Maxwell 方程组的简化工作存在着严重的缺陷，掩盖了 Maxwell 方程组中的一些重要特征，例如略去了电位移矢量和位移电流，而位移电流正是 Maxwell 理论的精髓.

1870 年，属于源论派的 Hermann von Helmholtz(1821—1894)试图从超距作用观点来介绍 Maxwell 的理论. Helmholtz 认为，客观存在的电荷实体产生的电磁力是超距力，该力作用到有重量物质内部的带电粒子上并使之产生极化，从而形成新的超距源，产生新的超距力. Helmholtz 认为，极化只能发生在有重量的物质内部，真空不会被极化. Helmholtz 有两个观念是与 Maxwell 迥然不同的. 其一是真空不会被极化(Maxwell 认为真空中存在以太，以太也会被极化，正是这种极化力的传递才产生电磁作用). 其二是被极化的有重量物质在产生电磁力方面起独立的作用，即把有重量物质的作用与电磁场的作用彼此分开(Maxwell 则把电磁场和物质内部的荷电体系统统归结为以太的状态). Helmholtz 的这两个观点深深地影响了 Lorentz，成为他创立电子论的重要概念前提.

无论是 Hertz 还是 Helmholtz，都没有把源论和场论两派的理论和谐地统一在一起. 只有到了 Lorentz，在汲取了两派理论各自的正确一面后才完成了这一历史使命.

§2. Maxwell 电磁理论的局限和不足

Maxwell 总结了电磁场规律，用统一的方程组来描述一般情形下电磁场的运动变化，预言了电磁波的存在，揭示了光波与电磁波之间的本质联系. Maxwell 的电磁理论无论在理论的完整性和规模上均可与经典力学中的 Newton 力学理论体系相媲美，它是物理学理论体系发展过程中的又一座丰碑. 然而，即使只在经典物理范围内，Maxwell 的电磁理论也仍然存在着缺陷和不足. 作为一种普遍的和统一的理论，应涵盖所有已有的为实验所证实的理论研究成果，而 Maxwell 的理论体系只涉及在近距作用概念前提下有关电磁场运动的规律，并未包括法国-德国古典电动力学(大陆派)体系中在超距作用概念前提下得到的某些理论成果. 这使得 Maxwell 的理论体系无论是在概念前提上还是在结构上都存在重大缺陷和不足，具体表现在以下几方面.

首先，Maxwell 的电磁理论忽略了电、磁“源”的作用.

Maxwell 的电磁理论实质上是一种在无穷大空间里有关电磁场运动规律的理论，虽然从理论上预言了电磁波的存在，但并没有解释电磁波是怎样产生的. 事实上，Maxwell 从未想到如何在实验上实现电磁波的发射. 正如 Maxwell 的学生 Fleming 所说："总使我和其他人感到惊奇的是，Maxwell 好像从来没有打算获得关于电磁波存在的实验证明，……". 曾经担任 Maxwell 的实验员的 Garnett 在 1931 年也说过："我相信 Maxwell 从未考虑在实验室里用实验产生电磁波，他也从未与他的同事讨论过产生电磁波的途径和方法."这对 Maxwell 来说是并不奇怪的，因为他坚信：电磁波的性质与产生电磁波的源无关，不论电磁波是由何种源产生的，电磁场的运动都应遵守相同的普遍法则. 这一信念表明，Maxwell 确实把握住了电磁场运动的本质，但作为普遍理论，不包括产生电磁波的机制，这不能不说是一种缺陷.

最早从理论上预言线圈中的振荡电流能产生电磁辐射的是英国的 George Francis FitzGerald(1851—1901). 1883 年，FitzGerald 计算出辐射能与线圈磁矩的二次方成正比，与振荡电流周期的四次方成正比. FitzGerald 的工作的意义在于，补充了 Maxwell 理论所忽视的东西，为用振荡电流产生电磁波指明了方向. 后来，Hertz 的电磁波实验(1886 年)实际上采用的就是电流振荡的方法.

第二，如上节所述，否认电荷或带电粒子以及电磁场是独立存在的客观实体.

虽然在 Maxwell 的原始方程组中出现电荷和电流的物理量，但它们纯粹是数学形式上的东西，而不是独立的客观存在的实体. Helmholtz 在 1881 年指出："如果不借助于数学公式就很难解释 Maxwell 所指的电量是什么."J. J. Thomson 也认为，Maxwell 理论中的"电量"一词是很难弄清楚的.

事实上，在 Faraday-Maxwell 的理论中，始终处在主角地位的是力线和以太. 对 Faraday 来说，为电磁现象所确立的力线概念是很实在的东西，在他看来，力线比原子更为实在. Faraday 倾向于认为原子是力的中心而不是具有广延性的客观实体. Maxwell 继承了 Faraday 的基本观点，他的电磁理论是想通过具有力学特征的媒质(以太)的状态变化来理解电磁作用. Maxwell 在英国的拥护者 O. Lodge 和 O. Heaviside(他继 Hertz 之后对 Maxwell 方程组作了第二次简化)断然否认电荷实体的概念，他们认为电荷和电荷运动产生电流的概念完全像热质和热质的流动产生热流的概念一样. 如果说热质并不是客观存在的实体，热只不过是一种运动形式，热质说应从热学中排挤出去，那么电荷同样也不是客观存在的实体，它只不过是以太的一种状态，因而诸如电荷、电流体的概念也应从电磁学中排挤出去. Lodge 说过："……在我看来，在物理学中几乎没有比之更确定的是，很久以来称作电的就是以太的一种形式或表现模式. 像'电的'、'带电'这些词也许还会存在，而'电'一词会慢慢地消失."①

总之，在 Maxwell 的理论中，电荷、电磁场并不是独立存在的实体，而总是从属于

① O. Lodge. Modern Views of Electricity, 1889.

物质(以太). 这种以太一元论的概念前提, 必然导致作为统一理论的结构上的缺陷. 只有到了 Lorentz, 才最终把电荷及电磁场与以太分离开来, 成为独立存在的客观实体.

第三, 既然 Maxwell 的理论忽略了源的作用, 并否认电荷是独立存在的客观实体, 这就无法解释由于具有电结构的实物与电磁场的相互作用而引起的种种物理现象.

例如, 在 Maxwell 看来, 以太是唯一的主角, 一切电磁现象都可以归结为以太的某种运动状态, 而以太充斥整个空间(包括真空和物质内部), 物质是否存在并不影响以太的存在及其性质, 所以反映以太状态的电磁学量 $\boldsymbol{E}$, $\boldsymbol{H}$ 和 $\boldsymbol{D}$, $\boldsymbol{B}$ 在不同物质的交界面上应是连续的. 由此可见, 在 Maxwell 的理论中根本不存在边界条件问题, 因而不可能解释光的反射和折射现象. 关于电磁场的边界条件问题要到 1875 年才由 Lorentz 解决.

再如, 既然 Maxwell 的理论认为物质内部的电结构不是独立存在的客观实体, 也就不可能借助于分子的微观电结构来解释物质的电磁学性质和光学性质. 一个突出的例子就是 Maxwell 理论遇到的色散困难. 按 Maxwell 理论, 电磁波的传播速度为

$$v=\frac{1}{\sqrt{\varepsilon\mu}}$$

式中 ε 和 μ 分别是媒质的电容率(介电常量)和磁导率, 即电磁波的速度完全由媒质的电磁常量决定, 与电磁波的频率无关, 因而媒质的折射率

$$n=\frac{v}{c}$$

也与频率无关. 所以, 在 Maxwell 理论中, 媒质是无色散的, 这显然与事实不符. 总之, Maxwell 理论只要涉及实物媒质就会遇到困难, 这不能不说是由理论本身的缺陷造成的. 对于上述问题的研究及其在经典理论范畴内的解决, 就历史地落在了 Lorentz 的身上.

§3. Lorentz 电子论的萌芽

自从电磁学诞生以来就存在场论和源论两大学派. Faraday-Maxwell 的电磁场理论否定作为客观实体的带电粒子的存在, 认为所谓电只不过是一种特殊的力的体现, 只不过是一种场, 电磁场本身则是以太的某种状态. 源论派的超距电动力学则否认场, 但承认带电粒子是客观存在的实体. 在 Faraday-Maxwell 理论中吸收源论派的带电粒子概念, 并把电磁场当作一个独立的物理学上实际存在的实体(不只是一种状态), 应当说是 Maxwell 电磁理论在概念上的深化. 两派电磁学理论的综合及概念上的深化, 导致 Lorentz 电子论的诞生.

Lorentz 电子论的意义不仅在于融合了两派理论, 在电子发现之前就从理论上预言了电子的存在, 解决了电子运动与电磁场的关系, 从而解释了物质的电磁学(光学)性质, 而且还在于从正反两方面对 Einstein 狭义相对论的创立提供了许多根本性的值得思考的

问题，把经典电磁理论推上了最后的高峰.

一、以太作用与物质作用的分离

在 Maxwell 的电磁理论中，以太是唯一的主角，电磁场是从属于以太的，电磁场是以太的某种状态. Hendrick Antoon Lorentz(1853—1928)认为，带电粒子是客观存在的实体(吸收了源论派的观点)，在全部电磁现象中，除以太外还必须考虑含有带电粒子的物质的独立作用，这意味着以太的作用应与物质的作用彼此分开(与 Maxwell 的观点截然不同，此思想来源于 Helmholtz). 以上就是 Lorentz 在 1875 年发表的论文《关于光的反射和折射的理论》中阐明的基本观点.

把物质的作用与以太的作用彼此分开，就为确立电磁场的边界条件提供了必要的概念前提. 既然物质(包含带电粒子)起着独立的作用，那么无论是场的强度量($\boldsymbol{E}$, $\boldsymbol{H}$)还是极化量($\boldsymbol{D}$, $\boldsymbol{B}$)，在不同物质的界面上就不可能是连续的. Lorentz 指出，在电介质的界面上只有 $\boldsymbol{E}$, $\boldsymbol{H}$ 的切向分量和 $\boldsymbol{D}$, $\boldsymbol{B}$ 的法向分量才是连续的，这就是电磁场的边界条件.

Lorentz 在该论文中，根据电磁场的边界条件证明了光的反射和折射定律，并进而导出了 Fresnel 曾用弹性以太理论导出的(1823 年)关于反射率和透射率的 Fresnel 公式. 不仅如此，该论文还处理了晶体光学和金属光学问题. 以上这些问题实际上涵盖了光的电磁理论的大部分内容. 由此可见，一次观念上的突破，就把 Maxwell 电磁理论的应用带到更为宽广的领域. 从边界条件到光的反射和折射定律，再到 Fresnel 公式，整套方法是由 Lorentz 创立的. 目前教科书中介绍的正是 Lorentz 的方法.

作为一个例子，下面用 Lorentz 的方法，根据边界条件来证明反射和折射定律.

如图 3-3-1 所示，设入射波为平面波，传播方向的单位矢量为 $\boldsymbol{s}^{(i)}$. 在媒质 1 和媒质 2 的界面上任取一点 O 为坐标原点，则入射波在界面上入射点 P 的电场矢量可表为

$$\boldsymbol{E}^{(i)}=\boldsymbol{E}_0^{(i)}\mathrm{e}^{\mathrm{i}\omega\left(t-\frac{\boldsymbol{r}\cdot\boldsymbol{s}^{(i)}}{v_1}\right)}$$

$$=\boldsymbol{A}^{(i)}\mathrm{e}^{-\mathrm{i}\omega\frac{\boldsymbol{r}\cdot\boldsymbol{s}^{(i)}}{v_1}} \tag{1}$$

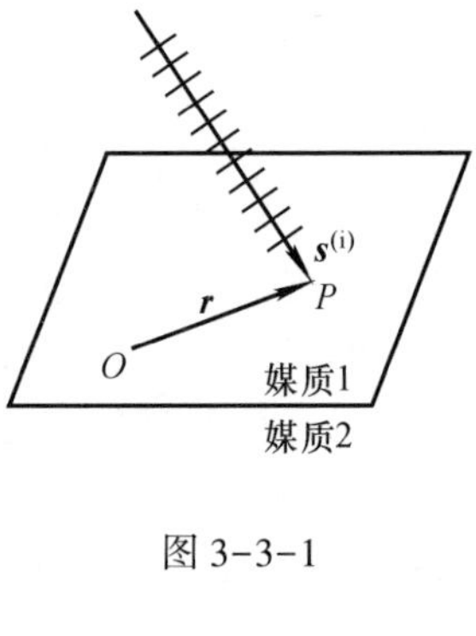

图 3-3-1

式中最后等式已将时间因子吸收到 $\boldsymbol{A}^{(i)}$ 之中，$\boldsymbol{r}$ 是入射点 P 的位置矢量，ω 是入射波的圆频率，v_1 是电磁波在媒质 1 中的波速，上标(i)代表入射波. 同理，反射波[用上标(r)表示]和折射波[用上标(t)表示]在 P 点的电场矢量分别为

$$\boldsymbol{E}^{(r)}=\boldsymbol{A}^{(r)}\mathrm{e}^{-\mathrm{i}\omega\frac{\boldsymbol{r}\cdot\boldsymbol{s}^{(r)}}{v_1}} \tag{2}$$

$$\boldsymbol{E}^{(t)}=\boldsymbol{A}^{(t)}\mathrm{e}^{-\mathrm{i}\omega\frac{\boldsymbol{r}\cdot\boldsymbol{s}^{(t)}}{v_2}} \tag{3}$$

在以上三式中，$\boldsymbol{s}^{(i)}$，$\boldsymbol{s}^{(r)}$ 和 $\boldsymbol{s}^{(t)}$ 分别代表入射波、反射波和折射波传播方向的单位矢量，

v_1 和 v_2 分别是电磁波在媒质 1 和媒质 2 中的波速.

根据边界条件，电矢量 $\boldsymbol{E}$ 的切向分量在界面两侧是连续的，即有

$$\boldsymbol{n}\times(\boldsymbol{E}^{(\mathrm{i})}+\boldsymbol{E}^{(\mathrm{r})}-\boldsymbol{E}^{(\mathrm{t})})=0 \tag{4}$$

式中 $\boldsymbol{n}$ 是界面法线方向的单位矢量. 把(1)、(2)、(3)式代入(4)式，得

$$(\boldsymbol{n}\times\boldsymbol{A}^{(\mathrm{i})})\mathrm{e}^{-\mathrm{i}\omega\frac{\boldsymbol{r}\cdot\boldsymbol{s}^{(\mathrm{i})}}{v_1}}+(\boldsymbol{n}\times\boldsymbol{A}^{(\mathrm{r})})\mathrm{e}^{-\mathrm{i}\omega\frac{\boldsymbol{r}\cdot\boldsymbol{s}^{(\mathrm{r})}}{v_1}}=(\boldsymbol{n}\times\boldsymbol{A}^{(\mathrm{t})})\mathrm{e}^{-\mathrm{i}\omega\frac{\boldsymbol{r}\cdot\boldsymbol{s}^{(\mathrm{t})}}{v_2}}$$

上式对任何 $\boldsymbol{r}$ 都成立，故有

$$\frac{\boldsymbol{r}\cdot\boldsymbol{s}^{(\mathrm{i})}}{v_1}=\frac{\boldsymbol{r}\cdot\boldsymbol{s}^{(\mathrm{r})}}{v_1}=\frac{\boldsymbol{r}\cdot\boldsymbol{s}^{(\mathrm{t})}}{v_2} \tag{5}$$

注意到矢量 $\boldsymbol{r}$ 总是在界面内的，应有

$$\boldsymbol{r}=(\boldsymbol{n}\times\boldsymbol{r})\times\boldsymbol{n}$$

利用矢量公式$(\boldsymbol{a}\times\boldsymbol{b})\cdot\boldsymbol{c}=(\boldsymbol{b}\times\boldsymbol{c})\cdot\boldsymbol{a}$，有

$$\frac{\boldsymbol{r}\cdot\boldsymbol{s}}{v}=\frac{[(\boldsymbol{n}\times\boldsymbol{r})\times\boldsymbol{n}]\cdot\boldsymbol{s}}{v}=\frac{(\boldsymbol{n}\times\boldsymbol{r})\cdot(\boldsymbol{n}\times\boldsymbol{s})}{v}$$

(5)式可写成

$$\frac{(\boldsymbol{n}\times\boldsymbol{r})\cdot(\boldsymbol{n}\times\boldsymbol{s}^{(\mathrm{i})})}{v_1}=\frac{(\boldsymbol{n}\times\boldsymbol{r})\cdot(\boldsymbol{n}\times\boldsymbol{s}^{(\mathrm{r})})}{v_1}=\frac{(\boldsymbol{n}\times\boldsymbol{r})\cdot(\boldsymbol{n}\times\boldsymbol{s}^{(\mathrm{t})})}{v_2}$$

即

$$\frac{\boldsymbol{n}\times\boldsymbol{s}^{(\mathrm{i})}}{v_1}=\frac{\boldsymbol{n}\times\boldsymbol{s}^{(\mathrm{r})}}{v_1}=\frac{\boldsymbol{n}\times\boldsymbol{s}^{(\mathrm{t})}}{v_2} \tag{6}$$

可见，矢量 $\boldsymbol{s}^{(\mathrm{i})}$，$\boldsymbol{s}^{(\mathrm{r})}$ 和 $\boldsymbol{s}^{(\mathrm{t})}$ 垂直于界面内的共同矢量，即入射线、反射线和折射线共面，这正是反射和折射定律所要求的. 此外，由(6)式，有

$$\sin\varphi=\sin(\pi-\varphi')=\sin\varphi'$$

$$\frac{\sin\varphi}{v_1}=\frac{\sin\psi}{v_2}$$

式中 φ，φ' 和 ψ 分别是入射角、反射角和折射角，如图 3-3-2 所示. 以上两式就是反射定律和折射定律.

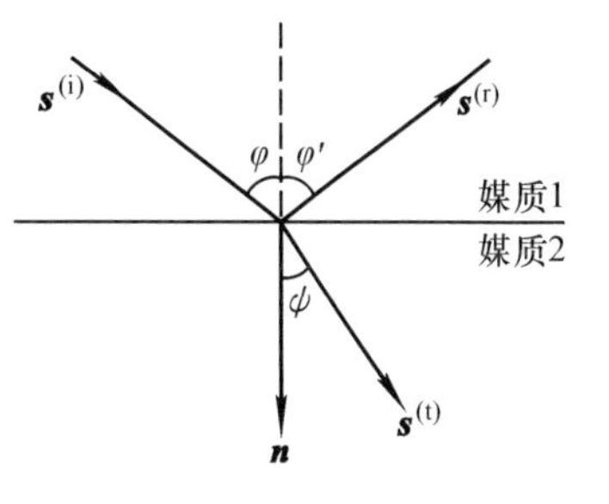

图 3-3-2

Lorentz 在根据边界条件导出关于反射率和透射率的 Fresnel 公式后，为了研讨光的电磁学说是否正确，在前述引文的第三章中仔细推敲了当时所测出的各种物质的折射率和介电常量值. Lorentz 特别注意到气体的折射率和介电常量的值都极为接近 1，即气体与真空具有几乎相同的介电常量和光速. Lorentz 认为，这个明显的事实表明，气体中的电磁现象主要依赖于充满分子间的以太，气体分子的影响非常小，因而假定以太充满分子之间的空间是妥当的. Lorentz 主张，首先且最根本的是考察以太，其次应顾及分子存在的影响. 物质的电极化率应同时考虑以太的性质和物质

分子的性质，也就是说，关于物质内的电磁现象，必须明确区分以太的作用和物质分子的作用.

二、把分子论引入电磁学

Lorentz 对电磁理论的另一个突破是将分子论引入电磁学. 这进一步促进了以太作用与物质作用的分离. 在 19 世纪 60～70 年代，气体分子运动论获得了惊人的发展，这是 Lorentz 引入分子论的背景. 既然在整个电磁现象中物质的微观电结构与以太各自起着独立的作用，就必须弄清楚分子的内部结构和在分子中产生的电运动. 在这方面，大陆派的电动力学提供了必要的概念，例如 Ampere 的分子电流概念、Weber 的带电粒子概念以及关于运动带电粒子之间作用力的概念等. Lorentz 认为，Maxwell 的电磁理论中应该融合进大陆派的上述正确观念，把当时卓有成效的分子论观点引入电磁学和光学.

1878 年，Lorentz 发表了第二篇论文《论光的传播速度与媒质密度及结构的关系》. 在这篇论文中，Lorentz 更明确地和具体地将以太的作用与物质分子的作用分离开. Lorentz 设想，物质由分子组成，以太充斥分子与分子之间的空间，物质中的以太与真空中的以太没有什么不同. 在作了这些假定后，Lorentz 导出了折射率与密度的关系，并揭示了造成色散的本质原因. 由于整个问题涉及分子受到其周围以太(即场)的作用问题，这与分子的具体结构有关，而当时对分子的内部结构毫无所知，只好考虑无极性的均匀电介质这一特殊情形.

介质中的宏观电场 $\boldsymbol{E}$ 应包括所有自由电荷产生的场以及所有分子因极化而产生的束缚电荷所激发的场. 显然，某个分子 a 所受的有效场 $\boldsymbol{E}_{\text{eff}}$ 并不等于宏观场 $\boldsymbol{E}$，因为在宏观场中必须扣除分子 a 本身所产生的场. 为求作用于分子 a 的有效场，如图 3-3-3 所示，以 a 为球心挖一个球形空洞 Σ，该空洞宏观小微观大，在 Σ 球以外可看作是连续介质，具有宏观的极化强度矢量 $\boldsymbol{P}$，作用到分子 a 的有效场为

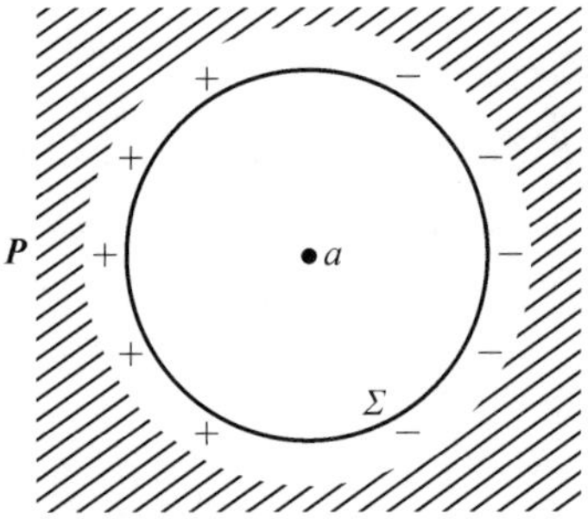

图 3-3-3

$$\boldsymbol{E}_{\text{eff}} = \text{挖走 } \Sigma \text{ 球后在 } a \text{ 点的场} + \Sigma \text{ 球(除去分子 } a\text{) 在 } a \text{ 点的场} \qquad (7)$$

上式右端第一项中包括 Σ 球外所有自由电荷和束缚电荷的场，因 Σ 球很小，它实际上等于宏观场 $\boldsymbol{E}$；在第一项中还包括挖走 Σ 球后在球表面极化电荷(见图 3-3-3)产生的场 $\boldsymbol{E}'$. 极化电荷的面密度为

$$\sigma' = \boldsymbol{P} \cdot \boldsymbol{n}$$

式中 $\boldsymbol{n}$ 是球面法线方向的单位矢量，其方向指向空腔球心 O，如图 3-3-4 所示. 面积元 $\mathrm{d}\boldsymbol{S} = \mathrm{d}S\boldsymbol{n}$ 上的极化电荷在球心处产生的场为

$$\mathrm{d}\boldsymbol{E}'=\frac{(\boldsymbol{P}\cdot\mathrm{d}\boldsymbol{S})}{r^3}\boldsymbol{r}=\frac{(P_x n_x+P_y n_y+P_z n_z)\boldsymbol{r}}{r^3}\mathrm{d}S$$

式中 n_x，n_y，n_z 是单位矢量 $\boldsymbol{n}$ 的三个分量. 由于 $\boldsymbol{r}$ 与 $\boldsymbol{n}$ 同方向，故有$(\boldsymbol{r})_x=rn_x$. 考虑 $\mathrm{d}\boldsymbol{E}'$ 的 x 分量，为

$$\mathrm{d}E'_x=\frac{(P_x n_x+P_y n_y+P_z n_z)rn_x}{r^3}\mathrm{d}S$$

在整个球面上积分，得

$$E'_x=\oiint\frac{(P_x n_x+P_y n_y+P_z n_z)n_x}{r^2}\mathrm{d}S$$
$$=\frac{P_x}{r^2}\oiint n_x^2\mathrm{d}S+\frac{P_y}{r^2}\oiint n_x n_y\mathrm{d}S+\frac{P_z}{r^2}\oiint n_x n_z\mathrm{d}S$$

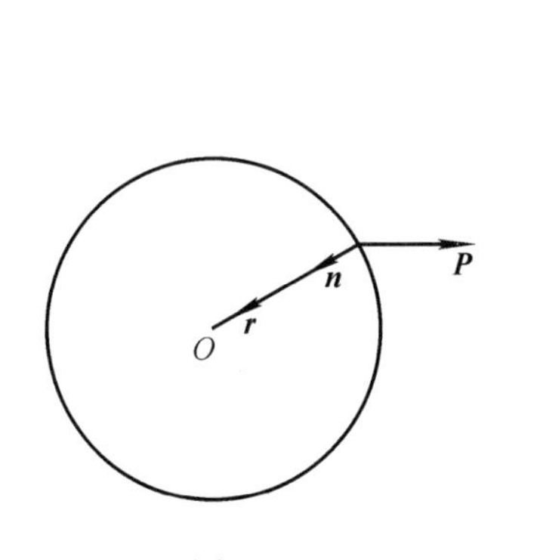

图 3-3-4

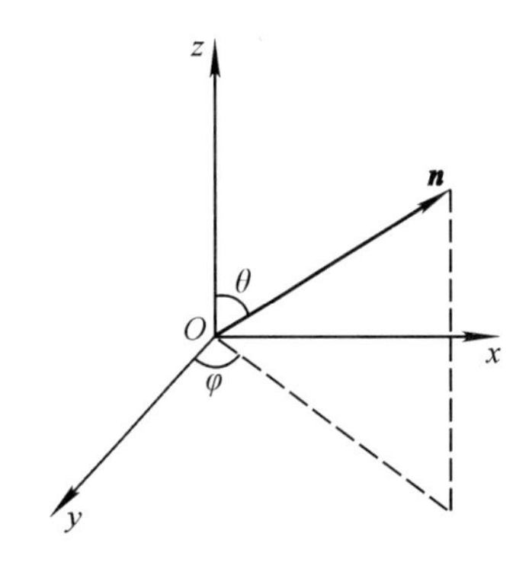

图 3-3-5

如图 3-3-5 所示，有

$$n_x=\sin\theta\sin\varphi$$
$$n_y=\sin\theta\cos\varphi$$
$$n_z=\cos\theta$$

故

$$n_x n_y=\sin^2\theta\sin\varphi\cos\varphi$$

又

$$\mathrm{d}S=r^2\sin\theta\mathrm{d}\theta\mathrm{d}\varphi$$

故

$$\oiint n_x n_y\mathrm{d}S=r^2\int_0^{\pi}\sin^3\theta\mathrm{d}\theta\int_0^{2\pi}\sin\varphi\cos\varphi\mathrm{d}\varphi=0$$

同理，有

$$\oiint n_x n_z \mathrm{d}S = 0$$

于是

$$E'_x = \frac{P_x}{r^2}\oiint n_x^2 \mathrm{d}S = P_x \oiint n_x^2 \mathrm{d}\Omega$$

式中 $\mathrm{d}\Omega=\frac{\mathrm{d}S}{r^2}$是面积元 $\mathrm{d}S$ 对 O 点所张的立体角. 因

$$\begin{aligned}\oiint n_x^2 \mathrm{d}\Omega = \oiint n_y^2 \mathrm{d}\Omega &= \oiint n_z^2 \mathrm{d}\Omega \\ &= \frac{1}{3}\oiint (n_x^2 + n_y^2 + n_z^2)\,\mathrm{d}\Omega \\ &= \frac{1}{3}\oiint \mathrm{d}\Omega = \frac{4\pi}{3}\end{aligned}$$

故得

$$E'_x = \frac{4\pi}{3}P_x$$

同样，有

$$E'_y = \frac{4\pi}{3}P_y$$

$$E'_z = \frac{4\pi}{3}P_z$$

于是，有

$$\boldsymbol{E}' = \frac{4\pi}{3}\boldsymbol{P}$$

故(7)式右端第一项的贡献为

$$\boldsymbol{E}+\boldsymbol{E}' = \boldsymbol{E}+\frac{4\pi}{3}\boldsymbol{P}$$

再考虑(7)式右端第二项的贡献. 假定每个分子的感生电偶极矩大小均相等，而且其分布对球心具有球对称性，则这些分子电偶极矩在 O 点产生的场彼此抵消. 最后，得出有效场为

$$\boldsymbol{E}_{\text{eff}} = \boldsymbol{E}+\frac{4\pi}{3}\boldsymbol{P}$$

上式表明，作用于分子的有效场 $\boldsymbol{E}_{\text{eff}}$ 既包括以太的作用($\boldsymbol{E}$)，也包括物质分子的作用($\boldsymbol{P}$)，它充分体现了 Lorentz 的基本观点.

下面用简单的方法代替 Lorentz 的复杂计算，以得出折射率与密度的关系. 由于有效场 $\boldsymbol{E}_{\text{eff}}$ 的作用，每个分子所感应的电偶极矩为

$$\boldsymbol{p}=\alpha\boldsymbol{E}_{\mathrm{eff}}$$

式中 α 为分子的极化系数. 设介质单位体积内的分子数为 N, 则单位体积内的宏观电偶极矩即极化强度矢量 $\boldsymbol{P}$ 为

$$\begin{aligned}\boldsymbol{P}&=N\boldsymbol{p}=N\alpha\boldsymbol{E}_{\mathrm{eff}}\\&=N\alpha\left(\boldsymbol{E}+\frac{4\pi}{3}\boldsymbol{P}\right)\end{aligned}$$

即

$$\boldsymbol{P}=\frac{N\alpha}{1-\frac{4\pi}{3}N\alpha}\boldsymbol{E}$$

故介质的极化率 χ 为

$$\chi=\frac{N\alpha}{1-\frac{4\pi}{3}N\alpha}$$

因介质的介电常量 ε 为

$$\varepsilon=1+4\pi\chi$$

故

$$\chi=\frac{\varepsilon-1}{4\pi}=\frac{N\alpha}{1-\frac{4\pi}{3}N\alpha}$$

由上式得

$$\frac{4\pi}{3}N\alpha=\frac{\varepsilon-1}{\varepsilon+2}\tag{8}$$

介质密度 d 为

$$d=Nm$$

式中 m 为分子质量. (8)式可改写为

$$\frac{\varepsilon-1}{(\varepsilon+2)d}=\frac{4\pi\alpha}{3m}$$

对于一定的介质和入射光频率, d, m 和 α 均为常量, 故得

$$\frac{\varepsilon-1}{(\varepsilon+2)d}=\text{常量}$$

再由 Maxwell 公式

$$n=\sqrt{\varepsilon}$$

式中 n 为介质的折射率, 得

$$\frac{n^2-1}{(n^2+2)d}=\text{常量}$$

此式首先由丹麦物理学家 L. V. Lorenz 于 1869 年根据弹性以太理论导出，故称 Lorentz-Lorenz 公式.

关于色散现象，Lorentz 认为色散起因于介质分子本身. 为此，Lorentz 提出下述模型：以太充满物质分子(或原子)之间的空间，假定每个分子只包含一个与光学特征有关的带电粒子，其质量为 m，电量为 e. 该带电粒子受分子内部弹性力的作用，可绕其平衡位置作简谐振动. 当该带电粒子受到以太所施的周期性电磁力作用时，将作受迫振动，分子电偶极矩也作周期性变化. Lorentz 按上述模型建立了带电粒子的动力方程. 分子的电偶极矩为

$$\boldsymbol{p}=e\boldsymbol{r}$$

式中 $\boldsymbol{r}$ 为位移矢量. 带电粒子受分子内部弹性力 $-g\boldsymbol{r}$ 以及外电场 $\boldsymbol{E}$ 的作用，忽略阻尼力和磁场的作用，故带电粒子的动力方程为

$$m\ddot{\boldsymbol{r}}=e\boldsymbol{E}-g\boldsymbol{r}$$

或

$$\ddot{\boldsymbol{r}}+\frac{g}{m}\boldsymbol{r}=\frac{e}{m}\boldsymbol{E}$$

这是无阻尼的受迫振动方程，其解为

$$\boldsymbol{r}=\boldsymbol{A}\cos(\omega t+\varphi)$$

式中 $\omega=\frac{2\pi}{T}$ 是外电场 $\boldsymbol{E}$ 的振动圆频率，T 为振动周期. 因

$$\dot{\boldsymbol{r}}=-\frac{2\pi}{T}\boldsymbol{A}\sin(\omega t+\varphi)$$

$$\ddot{\boldsymbol{r}}=-\frac{4\pi^2}{T^2}\boldsymbol{r}$$

代入动力方程，得

$$\left(\frac{g}{m}-\frac{4\pi^2}{T^2}\right)\boldsymbol{r}=\frac{e}{m}\boldsymbol{E}$$

即

$$\boldsymbol{r}=\frac{e}{g-\frac{4\pi^2 m}{T^2}}\boldsymbol{E}$$

分子电偶极矩为

$$\boldsymbol{p}=e\boldsymbol{r}=\frac{e^2}{g-\frac{4\pi^2 m}{T^2}}\boldsymbol{E}=\alpha\boldsymbol{E}$$

分子的极化系数为

$$\alpha=\frac{e^2}{g-\frac{4\pi^2 m}{T^2}}$$

由此可见，极化系数 α 与外电场的周期 T 密切相关. 在 $\left(g-\frac{4\pi^2 m}{T^2}\right)>0$ 的情形，α 随着周期 T 的减小而增大，从而折射率 n 也随着周期 T 的减小而增大. Lorentz 由此导出了如下的色散公式：

$$\frac{n^2+2}{n^2-1}=\frac{A-\frac{B}{\lambda^2}}{\frac{C}{\lambda^2}+D}$$

式中 λ 为波长，A，B，C，D 为常量. 这样，Lorentz 首次根据介质分子的极化理论揭示了色散现象的本质.

此后，1898 年 Lorentz 在论文《与离子的电荷和质量相联系的光学现象》中，把色散公式写成另一种形式. 把分子看作一个电偶极子，考虑在 x 方向作受迫振动的带电粒子，其动力方程为

$$m\ddot{x}=eE-gx$$

或

$$\ddot{x}+\omega_0^2 x=\frac{e}{m}E$$

因分子电偶极矩为

$$p=ex$$

故有

$$\ddot{p}+\omega_0^2 p=\frac{e^2}{m}E$$

式中 $\omega_0=\sqrt{\frac{g}{m}}$ 是偶极振子的固有圆频率. 电偶极矩以外电场 $\boldsymbol{E}$ 的圆频率 ω 作受迫振动，故

$$p=p_0 \mathrm{e}^{\mathrm{i}\omega t}$$

由以上两式，得

$$p(\omega_0^2-\omega^2)=\frac{e^2}{m}E$$

即分子电偶极矩为

$$p=\frac{e^2}{m(\omega_0^2-\omega^2)}E=\alpha E$$

故极化系数为

$$\alpha=\frac{e^2}{m(\omega_0^2-\omega^2)}$$

利用(8)式，并注意到折射率 $n=\sqrt{\varepsilon}$，得

$$\frac{n^2-1}{n^2+2}=\frac{4\pi}{3}N\alpha=\frac{4\pi Ne^2}{3m(\omega_0^2-\omega^2)}$$

§4. Lorentz 电子论的创立

1892 年，Lorentz 发表了重要论文《Maxwell 的电磁理论及对运动物体的应用》. Lorentz 完全接受了 Maxwell 的媒递作用观点，但与 Maxwell 不同，Lorentz 把电磁场作为一种独立实体看待，并把电磁现象中以太与物质分子的作用明确区分开来.

Lorentz 立足于上述观点，试图重新改造 Maxwell 的电磁理论. Lorentz 假定以太充斥整个空间，包括物质粒子内部，物质对以太来说是完全透明的，由带电粒子构成的物质穿过以太时完全不受以太的机械作用，以太也不因物质粒子的运动而受到干扰，以太是绝对静止的. 也就是说，以太和物质在力学上是完全独立的，以太和物质之间只存在电磁相互作用：物质粒子所带电荷使以太的电磁状态发生变化，这种变化又反过来使物质粒子受到电磁力的作用. Lorentz 进一步假定物质分子中包含有束缚电荷，它们在分子力的作用下可作简谐振动. 在此基础上，Lorentz 讨论了电介质内的电磁现象，得出了光的色散公式，导出了关于运动物体内部光的传播速度的 Fresnel 公式.

在 1892—1904 年这段时间内，Lorentz 以 1892 年的论文作为基础发表了不少文章，这一时期成为 Lorentz 的富产时期. 研究的问题包括光的色散，运动介质内的光速(Fresnel 的曳引系数)，物质对光的吸收和散射，光谱线的宽度，Zeeman 效应(光谱线在磁场中发生分裂的现象)，以及运动物体内的电磁场方程组问题等. 在这些文章中，Lorentz 全面地阐述了电子论的基本观点和处理问题的方法，把当时观察到的一系列电磁学和光学现象统统纳入电子论中进行研究. 这样，Lorentz 就把经典电磁理论提升到最后的高度.

一、从微观方程到宏观方程

按照 Lorentz 的观点，荷载电磁场的以太是绝对静止的，普通物质由大量带正、负电荷的带电粒子构成，物质的运动无非就是这些带电粒子(后来，Lorentz 又称之为离子，直到 1899 年 J. J. Thomson 确认存在电子后才改称电子)在以太中漂浮而已. 大群微观带电粒子的集体行为决定了物质的各种宏观电磁性质，宏观场方程组应该是微观场方程组的平均结果. Lorentz 首先假定 Maxwell 方程组在微观尺度内仍成立，用小写字母 $\boldsymbol{e}$ 和 $\boldsymbol{h}$

表示电场和磁场，微观 Maxwell 方程组可写成

$$
\begin{cases}
\nabla\cdot\boldsymbol{e}=4\pi\rho\\
\nabla\cdot\boldsymbol{h}=0\\
\nabla\times\boldsymbol{e}=-\dfrac{1}{c}\dfrac{\partial\boldsymbol{h}}{\partial t}\\
\nabla\times\boldsymbol{h}=\dfrac{1}{c}\dfrac{\partial\boldsymbol{e}}{\partial t}+\dfrac{4\pi}{c}\rho\boldsymbol{u}
\end{cases}
$$

式中 ρ 是微观带电粒子的电荷密度，在带电粒子内部 $\rho\neq0$，在带电粒子外部 $\rho=0$；$\boldsymbol{u}$ 是带电粒子相对静止以太的运动速度. 为方便起见不采用 Lorentz 所用的单位制和分量形式，而采用 Gauss 单位制和矢量形式，并用现代方法来说明怎样从微观方程得到宏观方程. Lorentz 认为应在以下规范内进行平均：在宏观小微观大的体积 ΔV 内，以及对宏观运动来说足够短而对微观运动来说足够长的时间间隔内进行平均. 上述微观 Maxwell 方程组进行平均后可表示为

$$
\begin{cases}
\nabla\cdot\overline{\boldsymbol{e}}=4\pi\overline{\rho}\\
\nabla\cdot\overline{\boldsymbol{h}}=0\\
\nabla\times\overline{\boldsymbol{e}}=-\dfrac{1}{c}\dfrac{\partial\overline{\boldsymbol{h}}}{\partial t}\\
\nabla\times\overline{\boldsymbol{h}}=\dfrac{1}{c}\dfrac{\partial\overline{\boldsymbol{e}}}{\partial t}+\dfrac{4\pi}{c}\overline{\rho\boldsymbol{u}}
\end{cases}
\tag{1}
$$

为了对 ρ 和 $\rho\boldsymbol{u}$ 作平均，设 ΔV 体积内包括大量由正、负带电粒子组成的小集团(即原子或分子)，在第 k 个分子内第 i 个带电粒子的位置矢量可表为

$$\boldsymbol{R}_i=\boldsymbol{R}_k+\boldsymbol{r}_{ki} \tag{2}$$

式中 $\boldsymbol{R}_k$ 是第 k 个分子的位矢，$\boldsymbol{r}_{ki}$为第 k 个分子中第 i 个带电粒子相对该分子的位矢. 设与每个带电粒子相联系的物理量为 Q_{ki}，该物理量可以是带电粒子的电量，也可以是由带电粒子的运动造成的电流密度，或其他种类的物理量. 一个分子中的总物理量为 $\sum\limits_i Q_{ki}$，ΔV 体积内的总物理量为 $\sum\limits_k\sum\limits_i Q_{ki}$. 求物理量 Q_{ki}的平均值时可分为如下两种情形.

情形Ⅰ. 物质内每个分子的正、负电荷均为束缚电荷，且正、负带电粒子的电量数值相等，即每个分子可看成是由许多电偶极子组成. 引进与偶极子两端相联系的物理量 Q_{ki}，在电偶极子两端它们分别为 Q_{ki}和$-Q_{ki}$，其中 i 是 k 分子内电偶极子的序号. 显然，在 k 分子内总物理量为

$$\sum_i Q_{ki}=0$$

如图 3-4-1 所示，考虑跨在 ΔV 边界上的电偶极子，通过面积元 $\mathrm{d}\boldsymbol{S}$ 伸出界面的物理量为

$$n\sum_i Q_{ki}\boldsymbol{r}_{ki}\cdot \mathrm{d}\boldsymbol{S}$$

式中 n 为单位体积内的分子数，r_{ki}为电偶极子的长度. 通过 ΔV 的边界伸出去的物理量总和为

$$\int n\sum_i Q_{ki}\boldsymbol{r}_{ki}\cdot \mathrm{d}\boldsymbol{S}$$

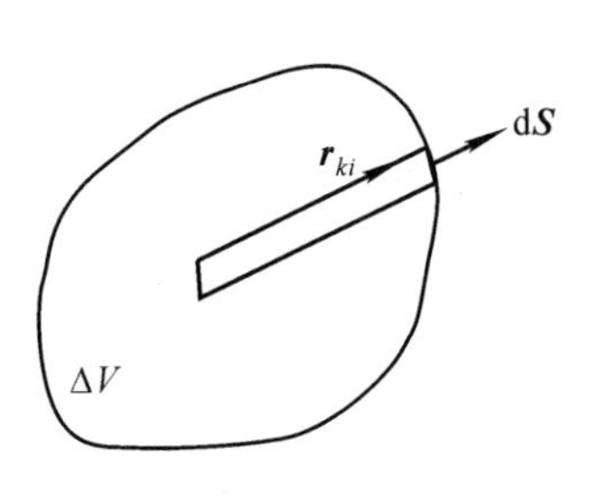

图 3-4-1

它应等于 ΔV 内缺少的物理量，故 ΔV 内单位体积中物理量 Q_{ki}的平均值为

$$\overline{Q}_1=\frac{-\int n\sum_i Q_{ki}\boldsymbol{r}_{ki}\cdot \mathrm{d}\boldsymbol{S}}{\Delta V} \tag{3}$$

由 Gauss 公式

$$\begin{aligned}\int n\sum_i Q_{ki}\boldsymbol{r}_{ki}\cdot \mathrm{d}\boldsymbol{S}&=\int_{(\Delta V)}\boldsymbol{\nabla}\cdot\left(n\sum_i Q_{ki}\boldsymbol{r}_{ki}\right)\mathrm{d}V\\&=\boldsymbol{\nabla}\cdot\left(n\sum_i Q_{ki}\boldsymbol{r}_{ki}\right)\Delta V\end{aligned}$$

后一个等式是因为 ΔV 在宏观上非常小，最后得出单位体积中物理量的平均值为

$$\overline{Q}_1=-\boldsymbol{\nabla}\cdot\left(n\sum_i Q_{ki}\boldsymbol{r}_{ki}\right) \tag{4}$$

情形Ⅱ. 分子内除了包含构成电偶极子的束缚电荷外，还包括其他自由带电粒子，这时在 k 分子内部 $\sum\limits_i Q_{ki}\neq 0$，$\Delta V$ 内单位体积中物理量的平均值为

$$\begin{aligned}\overline{Q}_2&=n\sum_i Q_{ki}+\overline{Q}_1\\&\approx n\sum_i Q_{ki}\end{aligned} \tag{5}$$

后一个等式的近似是由于 ΔV 微观大，其线度比微观距离 r_{ki}要大得多，故 $\overline{Q}_1$ 可以忽略[参看(3)式].

Lorentz 把系统内的带电粒子按特性和作用分成以下三类.①

1. 传导带电粒子. 即可以自由移动的自由载流子，它们不具有电偶极矩和磁偶极矩. 设每个传导带电粒子的电量为 ε_k，则传导带电粒子对平均电荷密度的贡献为

$$\overline{\rho}_{\mathrm{f}}=n\varepsilon_k \tag{6}$$

---

① 参看：汤川秀树主编《经典物理学》Ⅰ卷 § 5. 10.

设传导带电粒子产生的电流密度为$\boldsymbol{j}_{\mathrm{f}}$，则相应的平均传导电流密度为

$$\boldsymbol{J}_{\mathrm{f}}=\overline{\boldsymbol{j}}_{\mathrm{f}} \tag{7}$$

2. 极化带电粒子. Lorentz 对极化带电粒子的规定是：分子中的正、负电荷构成电偶极子，每个电偶极子的电量为ε_{ki}，分子中的总电量为零，即$\sum_i \varepsilon_{ki}=0$. 把电量$\varepsilon_{ki}$替换普遍公式[(3)式和(4)式]中的$Q_{ki}$(因符合$\sum_i Q_{ki}=0$的条件)，得束缚电荷密度的平均值为

$$\begin{aligned}\overline{\rho}_{\mathrm{p}}&=-\nabla\cdot\left(n\sum_i \varepsilon_{ki}\boldsymbol{r}_{ki}\right)\\&=-\nabla\cdot\boldsymbol{P}\end{aligned} \tag{8}$$

式中$\boldsymbol{P}=n\sum_i \varepsilon_{ki}\boldsymbol{r}_{ki}$为单位体积中电偶极矩的总和，即宏观极化强度矢量. 结合(6)式和(8)式，微观量ρ的平均值为

$$\overline{\rho}=\overline{\rho}_{\mathrm{f}}-\nabla\cdot\boldsymbol{P}$$

再考虑极化带电粒子的运动引起的对电流密度的贡献. 根据(2)式，第k个分子中第i个带电粒子相对静止以太的速度为

$$\boldsymbol{u}_{ki}=\dot{\boldsymbol{R}}_i=\dot{\boldsymbol{R}}_k+\dot{\boldsymbol{r}}_{ki}=\boldsymbol{v}+\dot{\boldsymbol{r}}_{ki}$$

式中$\boldsymbol{v}$是牵连速度，即第k个分子的定向运动速度，亦即物质的宏观运动速度；$\dot{\boldsymbol{r}}_{ki}$是第$i$个带电粒子相对于第$k$个分子的相对速度. 电偶极子的运动(包括平移运动和振动)产生的电流密度显然由电量ε_{ki}和速度$\boldsymbol{u}_{ki}$的乘积决定，故考虑物理量$\boldsymbol{Q}_{ki}=\varepsilon_{ki}\boldsymbol{u}_{ki}$，

$$\begin{aligned}\varepsilon_{ki}\boldsymbol{u}_{ki}&=\varepsilon_{ki}\boldsymbol{v}+\varepsilon_{ki}\dot{\boldsymbol{r}}_{ki}\\&=\boldsymbol{Q}_{k1}+\boldsymbol{Q}_{k2}\end{aligned}$$

式中$\boldsymbol{Q}_{k1}=\varepsilon_{ki}\boldsymbol{v}$，$\boldsymbol{Q}_{k2}=\varepsilon_{ki}\dot{\boldsymbol{r}}_{ki}$. 为求物理量$\varepsilon_{ki}\boldsymbol{u}_{ki}$的平均值，可分别利用(4)式和(5)式求出$Q_{k1}$和$Q_{k2}$的平均值. 对于$Q_{k1}$，因每个电偶极子带等量异号电荷，每个中性分子由于平移运动而产生的电流密度等于零，满足$\sum_i Q_{ki}=0$的条件，属于情形Ⅰ，故对$\varepsilon_{ki}\boldsymbol{v}$求平均值时应该用(4)式，所以

$$\begin{aligned}\overline{\boldsymbol{Q}}_{k1}&=-\nabla\cdot\left(n\sum_i \boldsymbol{r}_{ki}Q_{ki}\right)\\&=-n\sum_i \nabla\cdot(\varepsilon_{ki}\boldsymbol{r}_{ki}\boldsymbol{v})\end{aligned}$$

利用并矢公式

$$\nabla\cdot(\boldsymbol{f}\boldsymbol{g})=(\nabla\cdot\boldsymbol{f})\boldsymbol{g}+(\boldsymbol{f}\cdot\nabla)\boldsymbol{g}$$

考虑到$\boldsymbol{v}$是常矢量，有

$$\begin{aligned}\nabla\cdot(\varepsilon_{ki}\boldsymbol{r}_{ki}\boldsymbol{v})&=[\nabla\cdot(\varepsilon_{ki}\boldsymbol{r}_{ki})]\boldsymbol{v}+[\varepsilon_{ki}\boldsymbol{r}_{ki}\cdot\nabla]\boldsymbol{v}\\&=[\nabla\cdot(\varepsilon_{ki}\boldsymbol{r}_{ki})]\boldsymbol{v}\end{aligned}$$

因此，

$$\begin{aligned}\overline{\boldsymbol{Q}}_{k1} &= -\sum_i [\nabla \cdot (n\varepsilon_{ki}\boldsymbol{r}_{ki})]\boldsymbol{v} \\ &= -\left[\nabla \cdot \sum_i (n\varepsilon_{ki}\boldsymbol{r}_{ki})\right]\boldsymbol{v} \\ &= -(\nabla \cdot \boldsymbol{P})\boldsymbol{v}\end{aligned}$$

式中 $\boldsymbol{P}=n\sum\limits_i \varepsilon_{ki}\boldsymbol{r}_{ki}$为宏观极化强度矢量. 考虑到 $\boldsymbol{v}$ 是常矢量，由矢量公式

$$\begin{aligned}\nabla\times(\boldsymbol{P}\times\boldsymbol{v}) &= (\nabla\cdot\boldsymbol{v})\boldsymbol{P}-(\nabla\cdot\boldsymbol{P})\boldsymbol{v} \\ &= -(\nabla\cdot\boldsymbol{P})\boldsymbol{v}\end{aligned}$$

故有

$$\overline{\boldsymbol{Q}}_{k1} = \nabla\times(\boldsymbol{P}\times\boldsymbol{v})$$

计算 Q_{k2}的平均值时，因物理量 $\varepsilon_{ki}\dot{\boldsymbol{r}}_{ki}$满足 $\sum\limits_i \varepsilon_{ki}\boldsymbol{r}_{ki}\neq 0$，属于情形Ⅱ，应该采用(5)式，即

$$\begin{aligned}\overline{\boldsymbol{Q}}_{k2} &= n\sum_i \varepsilon_{ki}\dot{\boldsymbol{r}}_{ki} \\ &= \dot{\boldsymbol{P}}\end{aligned}$$

最后得出单位体积中物理量 $\varepsilon_{ki}\boldsymbol{u}_{ki}$的平均值，即平均电流密度为

$$\begin{aligned}\overline{(\rho\boldsymbol{u})}_{\text{极化}} &= \overline{\boldsymbol{Q}}_k = \overline{\boldsymbol{Q}}_{k1}+\overline{\boldsymbol{Q}}_{k2} \\ &= \dot{\boldsymbol{P}}+\nabla\times(\boldsymbol{P}\times\boldsymbol{v}) \qquad (9)\end{aligned}$$

稍后，将对上式中两项的物理意义作进一步的解释.

3. 磁化带电粒子. Lorentz 规定，磁化带电粒子不具有电偶极矩(即分子的正、负电中心重合)，分子的总电量为零；每个带电粒子作旋转运动，这种运动产生磁矩. 按上述规定，磁化带电粒子对平均电流密度无贡献，分子的定向平移运动对电流密度也无贡献，只有旋转运动才对电流密度有贡献. 下面采用比较简单的方法求带电粒子旋转运动所产生的平均电流密度.

设每个分子中所有磁化带电粒子经时间平均后产生等效的分子电流，电流强度为 i，分子电流环所包围的面积为 $\boldsymbol{S}$，其法线方向垂直于环面，指向由右手法则确定，故每个分子的磁矩为

$$\boldsymbol{\mu} = \frac{i}{c}\boldsymbol{S}$$

考虑介质中一个宏观小、微观大的面积 σ，如图 3-4-2 所示，对那些电流环整体被 σ 所截的分子，电流一定穿进 σ 一次又从 σ 穿出一次，平均说来对穿过 σ 面的电流密度无贡献，只有 σ 面边界上的那些电流环才对电流密度有贡献. 为了计算流过 σ 面的平均电流，设电流环的面积按其法线方向分成 $\boldsymbol{S}_1$，$\boldsymbol{S}_2$，$\cdots\boldsymbol{S}_j$，$\cdots$各类. 如图 3-4-3 所示，在 σ

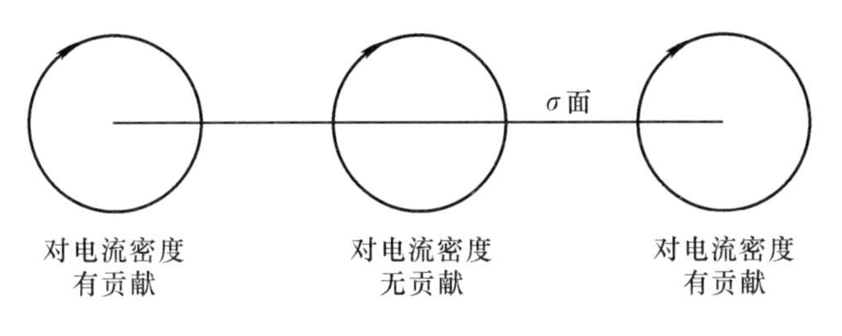

图 3-4-2

边界上作一小柱体，上下底面积为 $\boldsymbol{S}_j$，柱体轴线沿 σ 面边界的切线，长度为 $\mathrm{d}l$. 凡电流环中心位于上述柱体内的 j 类分子都对电流有贡献. 设单位体积中 j 类分子的数密度为 n_j，柱体体积为 $|\boldsymbol{S}_j\cdot\mathrm{d}\boldsymbol{l}|$，故 j 类电流环对穿过 σ 的电流的贡献为

$$\mathrm{d}I'=n_j i_j \boldsymbol{S}_j\cdot\mathrm{d}\boldsymbol{l}$$

对各类电流环求和，并沿 σ 面边界积分，就可得出穿过 σ 面的总电流为

$$I'=\oint\Big(\sum_j n_j i_j \boldsymbol{S}_j\Big)\cdot\mathrm{d}\boldsymbol{l}$$

$$=c\oint\left(\sum_j n_j\frac{i_j\boldsymbol{S}_j}{c}\right)\cdot\mathrm{d}\boldsymbol{l}$$

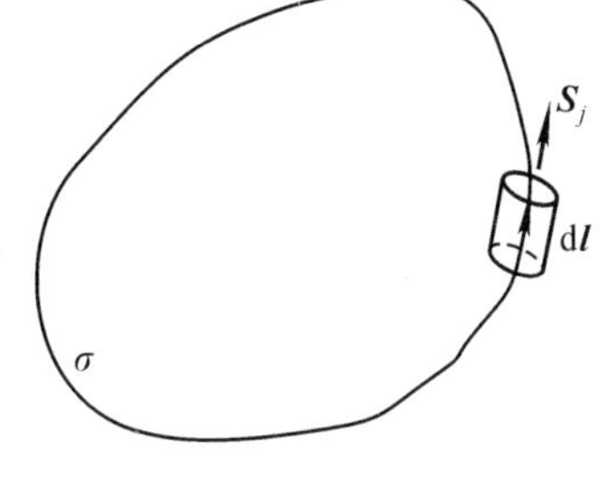

图 3-4-3

式中$\frac{1}{c}i_j\boldsymbol{S}_j$ 是第 j 个电流环的磁矩，上式圆括号中的量是单位体积中磁矩的总和，即为磁化强度矢量 $\boldsymbol{M}$. 于是上式可写成

$$I'=c\oint\boldsymbol{M}\cdot\mathrm{d}\boldsymbol{l}$$

根据 Stokes 公式，有

$$I'=c\oint\boldsymbol{M}\cdot\mathrm{d}\boldsymbol{l}=c\iint_{(\sigma)}(\nabla\times\boldsymbol{M})\cdot\mathrm{d}\boldsymbol{\sigma}$$

因 σ 面在宏观上无限小，上式可简化为

$$I'=c(\nabla\times\boldsymbol{M})\cdot\boldsymbol{\sigma}$$

于是得出磁化带电粒子对平均电流密度的贡献为

$$\overline{(\rho\boldsymbol{u})}_{\text{磁化}}=c\,\nabla\times\boldsymbol{M}\tag{10}$$

现在回到(9)式，该式给出了由极化带电粒子产生的平均电流密度，它包括两项，第一项 $\dot{\boldsymbol{p}}$ 是电偶极子的振动对平均电流密度的贡献. 事实上，一个电偶极子的电偶极矩为 $\boldsymbol{p}=\varepsilon\boldsymbol{r}$，$r$ 是正、负电量 ε 之间的距离，$\dot{\boldsymbol{r}}$ 是带电粒子的振动速度. 假定所有电偶极子同步振动，单位体积中的电偶极子数为 n，则单位时间内穿过与电偶极子轴线垂直的单

位面积的电量，即电流密度为

$$\boldsymbol{J}'=ne\dot{\boldsymbol{r}}=\dot{\boldsymbol{P}}$$

式中 $\boldsymbol{P}=ne\boldsymbol{r}$ 为宏观极化强度矢量.

(9)式的第二项是由于介质中极化电荷随介质作定向运动而产生的电流密度. 这种运动极化电荷引起的电流称为 Röntgen 电流. Röntgen 在 1888 年的一项实验中证实存在这种电流. Röntgen 在圆盘形电容器中放进电介质圆盘，加电场使介质极化，在介质圆盘的两个面上产生正、负极化电荷. 再令介质圆盘绕中心轴旋转，结果在介质圆盘附近产生了磁场. 这说明介质中确实产生了电流. 如图 3-4-4(a)所示，设介质均匀极化，极化强度矢量为 $\boldsymbol{P}$，该介质以速度 $\boldsymbol{v}$ 作平移运动. 正、负极化电荷的运动，产生了方向相反的 Röntgen 电流，如图 3-4-4(b)所示. 这种 Röntgen 电流可等效为介质中的一系列小电流环，如图 3-4-4(c)所示. 这些小电流环的磁矩方向都垂直于图面向里，即它们的方向与($\boldsymbol{P}\times\boldsymbol{v}$)的方向相同，而磁矩的大小与 Pv 成正比(因为 P 越大，极化电荷密度也越大，形成的电流也越大；另外 v 越大，电流也越大). 因而上述电流环产生的附加磁化强度矢量可表为

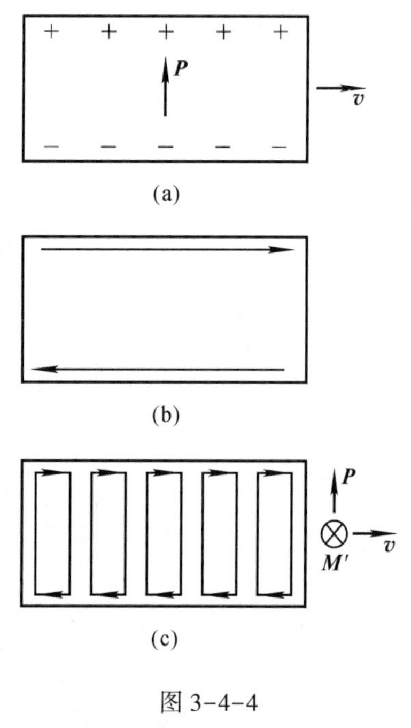

图 3-4-4

$$\boldsymbol{M}'=\frac{1}{c}\boldsymbol{P}\times\boldsymbol{v}$$

参考(10)式，相应的附加磁化电流应为

$$c\,\nabla\times\boldsymbol{M}'=\nabla\times(\boldsymbol{P}\times\boldsymbol{v})$$

综上所述，三类带电粒子产生的平均电荷密度为

$$\bar{\rho}=\rho_{\mathrm{f}}-\nabla\cdot\boldsymbol{P}\tag{11}$$

结合(7)、(9)、(10)式，平均电流密度为

$$\overline{\rho\boldsymbol{u}}=\boldsymbol{J}_{\mathrm{f}}+\dot{\boldsymbol{P}}+c(\nabla\times\boldsymbol{M})+\nabla\times(\boldsymbol{P}\times\boldsymbol{v})\tag{12}$$

微观场平均后得宏观场，即有

$$\bar{\boldsymbol{e}}=\boldsymbol{E}$$

$$\bar{\boldsymbol{h}}=\boldsymbol{B}$$

连同(11)、(12)两式代入方程组(1)式，得

$$\begin{cases}\nabla\cdot\boldsymbol{E}=4\pi(\rho_{\mathrm{f}}-\nabla\cdot\boldsymbol{P})\\ \nabla\cdot\boldsymbol{B}=0\\ \nabla\times\boldsymbol{E}=-\dfrac{1}{c}\dfrac{\partial\boldsymbol{B}}{\partial t}\\ \nabla\times\boldsymbol{B}=\dfrac{1}{c}\dfrac{\partial\boldsymbol{E}}{\partial t}+\dfrac{4\pi}{c}\left[\boldsymbol{J}_{\mathrm{f}}+\dfrac{\partial\boldsymbol{P}}{\partial t}+c\,\nabla\times\boldsymbol{M}+\nabla\times(\boldsymbol{P}\times\boldsymbol{v})\right]\end{cases}\tag{13}$$

方程组中第一式可改写为

$$\nabla\cdot(\boldsymbol{E}+4\pi\boldsymbol{P})=4\pi\rho_{\mathrm{f}}$$

第四式可改写成

$$\nabla\times\left(\boldsymbol{B}-4\pi\boldsymbol{M}-\frac{4\pi}{c}\boldsymbol{P}\times\boldsymbol{v}\right)=\frac{4\pi}{c}\boldsymbol{J}_{\mathrm{f}}+\frac{1}{c}\frac{\partial}{\partial t}(\boldsymbol{E}+4\pi\boldsymbol{P})$$

定义

$$\boldsymbol{D}=\boldsymbol{E}+4\pi\boldsymbol{P}\tag{14}$$

$$\boldsymbol{H}=\boldsymbol{B}-4\pi\left(\boldsymbol{M}+\frac{1}{c}\boldsymbol{P}\times\boldsymbol{v}\right)\tag{15}$$

则方程组(13)式可写成

$$\begin{cases}\nabla\cdot\boldsymbol{D}=4\pi\rho_{\mathrm{f}}\\ \nabla\cdot\boldsymbol{B}=0\\ \nabla\times\boldsymbol{E}=-\dfrac{1}{c}\dfrac{\partial\boldsymbol{B}}{\partial t}\\ \nabla\times\boldsymbol{H}=\dfrac{4\pi}{c}\boldsymbol{J}_{\mathrm{f}}+\dfrac{1}{c}\dfrac{\partial\boldsymbol{D}}{\partial t}\end{cases}\tag{16}$$

此即介质中的宏观 Maxwell 方程组. 这样, Lorentz 的电子论就为 Maxwell 方程组提供了微观基础.

二、运动媒质中的光速

以太是光的载体, 是光速的参考系, 这是 19 世纪物理学家的共识. 但是, 他们对以太的性质和行为却各有所论.

T. Young 最早提出以太不动论, 支持这种观点的经验事实是光行差现象. 光行差现象是英国天文学家 J. Bradley 于 1725 年发现的, 这是从地球上通过望远镜观察恒星光时, 由于地球的公转运动而造成的星光方向偏离的现象(参看本章 §7). 假定光只能在以太中传播, 以太又静止不动, 地球公转将造成望远镜相对以太的运动, 根据这个观点可以很好地解释光行差现象.

另一派以 G. G. Stokes 为代表, 他主张以太能被运动物体所拖动. 1871 年 G. B. Airy 的改进后的光行差实验在某种程度上支持这种以太被运动物体拖动的观点. Airy 的实验是在观察星光的望远镜中注水，光在望远镜内的速度比在空气中慢了 n 倍(n 是水的折射率)，即在镜筒中传播的时间增加了 n 倍. 如果水的运动不拖动以太，为使星光能通过镜筒落到目镜的同一地点，镜筒就必须再倾斜一些. 但实验并未得出上述结果. 这表明地球并非完全不拖动以太. 1887 年著名的 Michelson-Morley 实验也未观察到地球相对以太的运动.

第三派认为，物体的运动将部分地拖动以太. 早在 1810 年前后，Fresnel 就曾提出过一种以太的机械模型，并确立了以太被运动物体部分拖动的理论，导出了著名的运动媒质中的光速公式(详见第八章 § 4)：

$$u=\frac{c}{n}\pm\left(1-\frac{1}{n^2}\right)v$$

式中 n 是媒质的折射率，v 是媒质的运动速度，光的传播方向与运动方向一致时用正号，反向时用负号，式中的 $\left(1-\frac{1}{n^2}\right)$ 称为曳引系数，反映了以太被拖动的程度. Fresnel 的曳引理论被 H. L. Fizeau 于 1851 年完成的关于流水中的光速测定实验所证实，在实验上证明曳引系数的存在(详见第八章 § 4). Michelson 和 Morley 合作于 1896 年以更高的精度重复了 Fizeau 实验，结果完全确认了 Fresnel 曳引系数.

Lorentz 对运动媒质中光的传播现象表现出巨大的兴趣，相继发表了不少文章. Lorentz 的研究不同于前人，他把运动媒质中的光学现象作为运动媒质中的普遍电磁现象，从这一更高层次来进行研究. 1892 年 Lorentz 利用偏振光的特殊情形应用电磁场理论重新导出了运动媒质中的光速公式，这是 Lorentz 电子论的又一重要成果. 下面采用近代数学手段进行推导.

我们从宏观的电磁场方程组(16)式出发. 为简单起见，假设介质中无自由电荷与传导电流，即 $\rho_{\mathrm{f}}=0$，$\boldsymbol{J}_{\mathrm{f}}=0$，并假设介质是一般的非磁性物质，故磁化强度 $\boldsymbol{M}\approx 0$，于是宏观方程组为

$$\begin{cases}\nabla\cdot\boldsymbol{D}=0\\ \nabla\cdot\boldsymbol{B}=0\\ \nabla\times\boldsymbol{E}=-\dfrac{1}{c}\dfrac{\partial\boldsymbol{B}}{\partial t}\\ \nabla\times\boldsymbol{H}=\dfrac{1}{c}\dfrac{\partial\boldsymbol{D}}{\partial t}\end{cases}\tag{17}$$

由(14)、(15)式，上述方程中的 $\boldsymbol{D}$ 和 $\boldsymbol{H}$ 分别为

$$\boldsymbol{D}=\boldsymbol{E}+4\pi\boldsymbol{P}\tag{18}$$

$$\boldsymbol{H}=\boldsymbol{B}-\frac{4\pi}{c}\boldsymbol{P}\times\boldsymbol{v}\tag{19}$$

为了消去 $\boldsymbol{P}$，利用介质的极化规律

$$\boldsymbol{P}=\chi\boldsymbol{E}^{*}$$

式中χ为介质的极化率，$\boldsymbol{E}^{*}$为作用到电荷上的有效力场，因介质运动时，介质中的电荷不仅受到电场$\boldsymbol{E}$的作用，还要受磁场的 Lorentz 力的作用，故有效力场为

$$\boldsymbol{E}^{*}=\boldsymbol{E}+\frac{1}{c}\boldsymbol{v}\times\boldsymbol{B}$$

所以

$$\boldsymbol{P}=\chi\left(\boldsymbol{E}+\frac{1}{c}\boldsymbol{v}\times\boldsymbol{B}\right)$$

把上式代入(18)、(19)式，并利用关系式$\varepsilon=1+4\pi\chi$，其中ε是介质的介电常量，得

$$\begin{aligned}\boldsymbol{D}&=(1+4\pi\chi)\boldsymbol{E}+\frac{4\pi}{c}\chi(\boldsymbol{v}\times\boldsymbol{B})\\&=\varepsilon\left[\boldsymbol{E}+\frac{1}{c}\left(1-\frac{1}{\varepsilon}\right)(\boldsymbol{v}\times\boldsymbol{B})\right]\end{aligned}\tag{20}$$

$$\begin{aligned}\boldsymbol{H}&=\boldsymbol{B}+\frac{4\pi}{c}\chi\boldsymbol{v}\times\left(\boldsymbol{E}+\frac{1}{c}\boldsymbol{v}\times\boldsymbol{B}\right)\\&=\boldsymbol{B}+\frac{\varepsilon-1}{c}\boldsymbol{v}\times\left(\boldsymbol{E}+\frac{1}{c}\boldsymbol{v}\times\boldsymbol{B}\right)\end{aligned}\tag{21}$$

可见，与介质静止时的物质方程$\boldsymbol{D}=\varepsilon\boldsymbol{E}$，$\boldsymbol{B}=\mu\boldsymbol{H}$不同，介质运动时$\boldsymbol{D}$与$\boldsymbol{E}$以及$\boldsymbol{B}$与$\boldsymbol{H}$之间是交叉的关系，如(20)、(21)式所示. 利用方程组(17)式以及(20)、(21)两式，在$\frac{v}{c}$的一阶近似条件下可以得出(详见本章附录 A)：

$$\begin{aligned}&\nabla\times\boldsymbol{B}-\frac{\varepsilon}{c}\left(1-\frac{1}{\varepsilon}\right)(\boldsymbol{v}\cdot\nabla)\left[\boldsymbol{E}+\frac{1}{c}\left(1-\frac{1}{\varepsilon}\right)(\boldsymbol{v}\times\boldsymbol{B})\right]\\&=\frac{\varepsilon}{c}\frac{\partial}{\partial t}\left[\boldsymbol{E}+\frac{1}{c}\left(1-\frac{1}{\varepsilon}\right)(\boldsymbol{v}\times\boldsymbol{B})\right]\end{aligned}\tag{22}$$

设电磁波为平面波，波动表示式为

$$\begin{cases}\boldsymbol{E}=\boldsymbol{E}_0\mathrm{e}^{\mathrm{i}(\boldsymbol{k}\cdot\boldsymbol{r}-\omega t)}\\\boldsymbol{B}=\boldsymbol{B}_0\mathrm{e}^{\mathrm{i}(\boldsymbol{k}\cdot\boldsymbol{r}-\omega t)}\end{cases}\tag{23}$$

式中$\boldsymbol{k}$为波矢，其大小$k=\frac{2\pi}{\lambda}$，λ为波长，ω为电磁波圆频率. 把(23)式代入(22)式，得

$$\begin{aligned}&\boldsymbol{k}\times\boldsymbol{B}_0-\frac{\varepsilon}{c}\left(1-\frac{1}{\varepsilon}\right)(\boldsymbol{v}\cdot\boldsymbol{k})\left[\boldsymbol{E}_0+\frac{1}{c}\left(1-\frac{1}{\varepsilon}\right)(\boldsymbol{v}\times\boldsymbol{B}_0)\right]\\&=-\frac{\varepsilon\omega}{c}\left[\boldsymbol{E}_0+\frac{1}{c}\left(1-\frac{1}{\varepsilon}\right)(\boldsymbol{v}\times\boldsymbol{B}_0)\right]\end{aligned}\tag{24}$$

用波矢 $\boldsymbol{k}$ 叉乘上式，可得(详见本章附录 A)

$$k=\frac{\sqrt{\varepsilon}}{c}\left[\omega-\left(1-\frac{1}{\varepsilon}\right)(\boldsymbol{k}\cdot\boldsymbol{v})\right] \tag{25}$$

因 $k=\frac{2\pi}{\lambda}=\frac{\omega}{u}$，其中 u 为介质中的光速，折射率 $n=\sqrt{\varepsilon}$，由(25)式，得

$$\frac{1}{u}=\frac{k}{\omega}=\frac{n}{c}\left[1-\left(1-\frac{1}{n^2}\right)\frac{\boldsymbol{k}\cdot\boldsymbol{v}}{\omega}\right]$$

即

$$\begin{aligned} u &=\frac{c}{n}\left[1-\left(1-\frac{1}{n^2}\right)\frac{\boldsymbol{k}\cdot\boldsymbol{v}}{\omega}\right]^{-1} \\ &\approx\frac{c}{n}\left[1+\left(1-\frac{1}{n^2}\right)\frac{\boldsymbol{k}\cdot\boldsymbol{v}}{\omega}\right] \\ &=\frac{c}{n}+\frac{c}{n}\left(1-\frac{1}{n^2}\right)\frac{\boldsymbol{k}\cdot\boldsymbol{v}}{\omega} \end{aligned}$$

上述结果的第二项是较小的修正项，因子$\frac{k}{\omega}=\frac{1}{u}$可用零级近似$\frac{n}{c}$代替，于是最后得出

$$u=\frac{c}{n}+\left(1-\frac{1}{n^2}\right)v_k$$

式中 v_k 是介质运动速度在波传播方向上的分量，此式与 Fresnel 公式一致. 但从 Lorentz 的推导方法可看出，与 Fresnel 的曳引理论不同，以太是绝对静止的(不被运动介质拖动)，曳引系数完全是由于光与带电粒子(它们被简谐束缚力所束缚)之间的相互作用而造成的.

§5. Lorentz 的“本地时间”和对应态原理

Lorentz 把运动媒质中的光的传播作为运动媒质中的普遍电磁现象来研究，从而提出了电磁场规律的坐标变换问题.

如前所述，按 Lorentz 在 1892 年的观点，以太是绝对静止的，构成物质的带电粒子是电磁扰动的源，它们被静止以太完全渗透，静止以太不受带电粒子的运动的干扰，因而运动媒质可归结为一群带电粒子在静止以太中的漂移.

在静止以太参考系 S 中，空间每个点的以太状态(用场量 $\boldsymbol{E}$ 和 $\boldsymbol{B}$ 表示)满足下述 Maxwell 方程组：

$$
\begin{cases}
\nabla\times\boldsymbol{E}=-\dfrac{1}{c}\dfrac{\partial\boldsymbol{B}}{\partial t}\\
\nabla\times\boldsymbol{B}=\dfrac{1}{c}\dfrac{\partial\boldsymbol{E}}{\partial t}+\dfrac{4\pi}{c}\rho\boldsymbol{w}\\
\nabla\cdot\boldsymbol{E}=4\pi\rho\\
\nabla\cdot\boldsymbol{B}=0
\end{cases}
\tag{1}
$$

式中 ρ 是带电粒子的电荷密度，$\boldsymbol{w}$ 是带电粒子相对以太的速度，$\rho\boldsymbol{w}$ 为传导电流密度. 为方便起见，上述方程组及以后的运算均采用矢量形式，而不用 Lorentz 在 1892 年文章中采用的分量形式，也不用 Lorentz 所用的单位而用 Gauss 单位. 按通常做法，从上述方程组可得到关于 $\boldsymbol{E}$ 和 $\boldsymbol{B}$ 的非齐次波动方程：

$$
\left(\nabla^2-\frac{1}{c^2}\frac{\partial^2}{\partial t^2}\right)\boldsymbol{E}=4\pi\,\nabla\rho+\frac{4\pi}{c^2}\frac{\partial}{\partial t}(\rho\boldsymbol{w})
$$

$$
\left(\nabla^2-\frac{1}{c^2}\frac{\partial^2}{\partial t^2}\right)\boldsymbol{B}=\frac{4\pi}{c}\nabla\times(\rho\boldsymbol{w})
$$

以上两式可统一写成

$$
\left(\nabla^2-\frac{1}{c^2}\frac{\partial^2}{\partial t^2}\right)\boldsymbol{K}=\boldsymbol{J}
\tag{2}
$$

考虑一个相对静止以太(S 系)沿 x 方向以均匀速度 v 运动的参考系 S_r. 为了得到在 S_r 系中的电磁行为，必须从 S 系到 S_r 系作坐标变换. Lorentz 与当时所有物理学家一样，认为空间和时间是绝对的，并且是相互独立的，因而下述 Galileo 变换应该成立：

$$
\begin{cases}
x_r=x-vt\\
y_r=y\\
z_r=z\\
t_r=t
\end{cases}
\tag{3}
$$

式中带脚标 r 的变量是 S_r 系中的时空变量. 按上述变换，显然有 $\nabla^2=\nabla_r^2$. 在 S_r 和 S 系中某物理量对时间的偏导数由下述 Helmholtz 公式相联系：

$$
\left(\frac{\partial}{\partial t}\right)_{S_r}=\left(\frac{\partial}{\partial t}\right)_{S}+\boldsymbol{v}\cdot\nabla_r
$$

式中的脚标 S_r 和 S 表示分别在 S_r 和 S 系中求偏导. 因 $\boldsymbol{v}=v\boldsymbol{i}$($\boldsymbol{i}$ 是 x 方向的单位矢量)，上式可简写成

$$
\frac{\partial}{\partial t}=\frac{\partial}{\partial t_r}-v\frac{\partial}{\partial x_r}
\tag{4}
$$

且有

$$
\frac{\partial^2}{\partial t^2}=\frac{\partial}{\partial t}\left(\frac{\partial}{\partial t_r}-v\frac{\partial}{\partial x_r}\right)=\left(\frac{\partial}{\partial t_r}-v\frac{\partial}{\partial x_r}\right)^2
$$

利用上述变换关系，把波动方程(2)式中圆括号内的运算操作变换到 S_r 系中，得

$$\begin{aligned}\nabla_r^2-\frac{1}{c^2}\left(\frac{\partial}{\partial t_r}-v\frac{\partial}{\partial x_r}\right)^2&=\frac{\partial^2}{\partial x_r^2}+\frac{\partial^2}{\partial y_r^2}+\frac{\partial^2}{\partial z_r^2}-\frac{1}{c^2}\left(\frac{\partial}{\partial t_r}-v\frac{\partial}{\partial x_r}\right)^2\\&=\frac{\partial^2}{\partial x_r^2}-\frac{1}{c^2}\left(\frac{\partial^2}{\partial t_r^2}-2v\frac{\partial^2}{\partial x_r\partial t_r}+v^2\frac{\partial^2}{\partial x_r^2}\right)+\frac{\partial^2}{\partial y_r^2}+\frac{\partial^2}{\partial z_r^2}\\&=\left(\frac{\partial}{\partial x_r}+\frac{v}{c^2}\frac{\partial}{\partial t_r}\right)^2-\frac{v^2}{c^4}\frac{\partial^2}{\partial t_r^2}-\frac{v^2}{c^2}\frac{\partial^2}{\partial x_r^2}+\frac{\partial^2}{\partial y_r^2}+\frac{\partial^2}{\partial z_r^2}-\frac{1}{c^2}\frac{\partial^2}{\partial t_r^2}\\&\approx\left(\frac{\partial}{\partial x_r}+\frac{v}{c^2}\frac{\partial}{\partial t_r}\right)^2+\frac{\partial^2}{\partial y_r^2}+\frac{\partial^2}{\partial z_r^2}-\frac{1}{c^2}\frac{\partial^2}{\partial t_r^2}\end{aligned}$$

上式最后的近似是由于忽略了包含因子$\frac{v^2}{c^2}$的项，即只考虑一阶效应. 对 $\boldsymbol{K}$ 和 $\boldsymbol{J}$ 作相应变换后，波动方程(2)式在 S_r 系中的形式为

$$\left[\left(\frac{\partial}{\partial x_r}+\frac{v}{c^2}\frac{\partial}{\partial t_r}\right)^2+\frac{\partial^2}{\partial y_r^2}+\frac{\partial^2}{\partial z_r^2}-\frac{1}{c^2}\frac{\partial^2}{\partial t_r^2}\right]\boldsymbol{K}'=\boldsymbol{J}' \tag{5}$$

显然上式与静止以太中的波动方程具有不同的形式.

Lorentz 进一步提出如下变换：

$$\begin{cases}x'=x_r\\y'=y_r\\z'=z_r\\t_L=t_r-\dfrac{\boldsymbol{v}\cdot\boldsymbol{r}_r}{c^2}=t-\dfrac{v}{c^2}x_r\end{cases} \tag{6}$$

式中 $t_r=t$ 是 S 系和 S_r 系中通用的绝对时间，带撇的变量可以认为是假想坐标系 S′中的空间坐标.

现利用变换式(6)将波动方程(5)转换到 S′系中. 因 S_r 系中的物理量是(x_r，y_r，z_r，t_r)的函数，故物理量在 S_r 系中对 t_r 的偏导数可表为

$$\frac{\partial}{\partial t_r}=\frac{\partial}{\partial x_r}\frac{\partial x_r}{\partial t_r}+\frac{\partial}{\partial y_r}\frac{\partial y_r}{\partial t_r}+\frac{\partial}{\partial z_r}\frac{\partial z_r}{\partial t_r}+\frac{\partial}{\partial t_L}\frac{\partial t_L}{\partial t_r}$$

根据变换式(3)，有

$$\frac{\partial x_r}{\partial t_r}=-v,\quad\frac{\partial y_r}{\partial t_r}=0,\quad\frac{\partial z_r}{\partial t_r}=0$$

根据变换式(6)，有

$$\frac{\partial t_L}{\partial t_r}=\frac{\partial t_L}{\partial t}=1-\frac{v}{c^2}\frac{\partial x_r}{\partial t}=1+\frac{v^2}{c^2}$$

因而

$$\frac{\partial}{\partial t_r}=-v\frac{\partial}{\partial x_r}+\left(1+\frac{v^2}{c^2}\right)\frac{\partial}{\partial t_L}$$

若只取$\frac{v}{c}$的一级近似，则有

$$\frac{\partial}{\partial t_r}=\frac{\partial}{\partial t_L}-v\frac{\partial}{\partial x_r}$$

$$\frac{\partial^2}{\partial t_r^2}=\frac{\partial^2}{\partial t_L^2}-2v\frac{\partial^2}{\partial x_r\partial t_r}+v^2\frac{\partial^2}{\partial x_r^2}$$

把以上变换关系代入方程(5)，得

$$\left\{\left[\frac{\partial}{\partial x_r}+\frac{v}{c^2}\left(\frac{\partial}{\partial t_L}-v\frac{\partial}{\partial x_r}\right)\right]^2+\frac{\partial^2}{\partial y_r^2}+\frac{\partial^2}{\partial z_r^2}-\frac{1}{c^2}\left(\frac{\partial^2}{\partial t_L^2}-2v\frac{\partial^2}{\partial x_r\partial t_r}+v^2\frac{\partial^2}{\partial x_r^2}\right)\right\}\boldsymbol{K}''=\boldsymbol{J}''$$

忽略包含$\frac{v^2}{c^2}$的项，并注意 $x'=x_r$，$y'=y_r$，$z'=z_r$，简化后得

$$\left(\frac{\partial^2}{\partial x'^2}+\frac{\partial^2}{\partial y'^2}+\frac{\partial^2}{\partial z'^2}-\frac{1}{c^2}\frac{\partial^2}{\partial t_L^2}\right)\boldsymbol{K}''=\boldsymbol{J}''$$

或

$$\left(\nabla'^2-\frac{1}{c^2}\frac{\partial^2}{\partial t_L^2}\right)\boldsymbol{K}''=\boldsymbol{J}'' \tag{7}$$

可见，在 S′系中的波动方程在一级近似的精度内与静止以太中的波动方程(2)具有相同的形式. 注意到变换式(6)表明 S′与 S_r 系之间无相对运动，唯一的差别是时间应作如下改变：

$$t_L=t-\frac{\boldsymbol{v}\cdot\boldsymbol{r}_r}{c^2}=t-\frac{v}{c^2}x_r \tag{8}$$

Lorentz 把 t_L 称为“本地时间”. 按 Lorentz 的观点，t_L 并非真实时间，真实时间仍是绝对时间 $t(=t_r)$，对时间的上述修正纯属数学手段，是为了使波动方程和 Maxwell 方程组具有协变性而引进的数学辅助量.

Lorentz 还利用变换式(3)式和(6)式，在特殊情形下经两步变换将 Maxwell 方程组从 S 系变换到 S′系. 设空间无电荷，即 $\rho=0$，则在静止以太的 S 系中的 Maxwell 方程组简化为

$$\begin{cases}\nabla\times\boldsymbol{E}=-\dfrac{1}{c}\dfrac{\partial\boldsymbol{B}}{\partial t}\\ \nabla\times\boldsymbol{B}=\dfrac{1}{c}\dfrac{\partial\boldsymbol{E}}{\partial t}\\ \nabla\cdot\boldsymbol{E}=0\\ \nabla\cdot\boldsymbol{B}=0\end{cases} \tag{9}$$

经变换后，在 S′系中 Maxwell 方程具有相同的形式，即为

$$\begin{cases}\nabla'\times\boldsymbol{E}'=-\dfrac{1}{c}\dfrac{\partial\boldsymbol{B}'}{\partial t_{\mathrm{L}}}\\ \nabla'\times\boldsymbol{B}'=\dfrac{1}{c}\dfrac{\partial\boldsymbol{E}'}{\partial t_{\mathrm{L}}}\\ \nabla'\cdot\boldsymbol{E}'=0\\ \nabla'\cdot\boldsymbol{B}'=0\end{cases}$$

相应的场变换关系为(详见本章附录 B)

$$\begin{cases}\boldsymbol{E}'=\boldsymbol{E}+\dfrac{\boldsymbol{v}}{c}\times\boldsymbol{B}\\ \boldsymbol{B}'=\boldsymbol{B}-\dfrac{\boldsymbol{v}}{c}\times\boldsymbol{E}\end{cases}$$

Lorentz 根据以上结果提出了他的对应态原理：对任何参考系，当它静止时，电磁场参量是(x，y，z，t)的函数；当它运动时，这些场参量是(x'，y'，z'，t_{L})的相同形式的函数. Lorentz 根据对应态原理得出结论：地球相对以太的运动不会影响静止条件下的光的反射和折射规律. 也就是说，不能通过光学现象来测知地球相对以太的运动，至少在$\dfrac{v}{c}$的一级近似精度内是如此.

对应态原理最早是在一阶理论的基础上提出来的，后来 Lorentz 将其推广为适合任意阶理论的普遍原则.

§ 6. 长度收缩假设

Maxwell 电磁理论建立在静止以太观念的基础之上，Lorentz 电子论也是以静止以太作为绝对坐标系的. 因此，如何在实验上证明静止以太的存在就成为人们普遍关切的问题.

Fresnel 认为，在静止以太中运动的物质会部分地带动以太，并导出了著名的曳引系数公式$f=1-\dfrac{1}{n^2}$. Fizeau 用干涉方法测量了流水中的光速，证实了 Fresnel 的曳引系数. Lorentz 则认为，以太始终是静止的，不受运动物体的任何干扰，用电子论导出了 Fresnel 曳引系数(参看本章 § 4). 但绝对静止的以太是否存在仍然没有直接的实验证据. Lorentz 曾从理论上得出结论：在$\dfrac{v}{c}$的一级近似精度内，不可能通过光学现象来探知地球相对以太的运动(参看本章 § 5). 于是设计一个精度能达到$\left(\dfrac{v}{c}\right)^2$数量级的实验就十分必要了.

Maxwell 曾在 1867 年指出，在地球上做测量光速的实验时，总要令光沿同一路径往返传播，地球相对以太运动的影响仅仅表现在二次效应上. 若地球运行速度为 v，则 $\left(\frac{v}{c}\right)^2 \sim 10^{-8}$. 在当时，要用实验装置检测出大约一亿分之一的偏离是极其困难的.

Albert Abraham Michelson(1852—1931)力图克服这个困难，为此于 1881 年设计了精度可达$\left(\frac{v}{c}\right)^2$量级的干涉仪，本来的目的是企图在$\frac{v}{c}$的二级近似精度内探知地球相对静止以太的运动. 如果静止以太确实存在，并且地球确实相对以太运动，则 Michelson 的干涉实验理应显现出干涉条纹的移动. 但 Michelson 并未观察到干涉条纹的移动. Lorentz 指出了 Michelson 1881 年实验中的计算错误，并认为实验精度还不够高. 在 L. Rayleigh 的鼓励下，Michelson 与 Morley 合作，于 1887 年以更高的精度重新做了上述实验(详见第八章 §5). Michelson-Morley 实验仍以零结果告终.

这一无可争辩的实验结果显然与 Fresnel 的以太理论相违背，因而使 Lorentz 极为困惑. 正是在这样的背景下，为了挽救以太理论，Lorentz 提出了长度收缩假设.

1892 年末，Lorentz 发表了《论地球和以太的相对运动》一文. Lorentz 在文中写道："这个实验(Michelson-Morley 实验)长期使我感到不安，最终我能想出一个唯一方法来调和它的结论与 Fresnel 的理论. 它由这样一个假设构成：连接一固体上两点间的连线如果开始时平行于地球的运动方向，当它接着转过 90°后就不再保持相同的长度. 假如令后一个位置上的长度为 L，则前一个位置上的长度为 $L(1-\alpha)$."Lorentz 最初假设的长度收缩量为原长的$\frac{v^2}{2c^2}$倍. 若一尺子在静止时的长度为 L，则当它沿纵向运动时，就缩短成$L\left(1-\frac{v^2}{2c^2}\right)$. 利用运动方向上的长度收缩假设可以很好地解释 Michelson-Morley 实验的零结果. 与此同时，英国物理学家 FitzGerald 也提出了相同的假设，但未给出具体计算. 通常把这一假设称为 Lorentz-FitzGerald 收缩假设. 而如下面将介绍的 Lorentz 在 1895 年的工作，他后来把收缩因子改正为$\sqrt{1-\frac{v^2}{c^2}}$. 显然，Lorentz 在 1892 年提出的收缩因子只是后一因子的二级近似.

1895 年，Lorentz 出版了《运动物体中电现象和光现象的理论研究》的小册子. 在这本小册子中 Lorentz 系统地和简明地重新推导了 1892 年的全部研究成果，并在该书"应用于静电学"这一章中提出了把一个动电问题通过变换变成一个静电问题的处理方法.

在绝对静止的以太参考系 S 中，电磁场可用标量势 ϕ 和矢量势 $\boldsymbol{A}$ 表示，

$$\boldsymbol{E}=-\nabla\phi-\frac{\partial\boldsymbol{A}}{\partial t} \tag{1}$$

$$\boldsymbol{B}=\nabla\times\boldsymbol{A} \tag{2}$$

ϕ 和 $\boldsymbol{A}$ 满足下述波动方程：

$$\begin{cases}\left(\nabla^2-\dfrac{1}{c^2}\dfrac{\partial^2}{\partial t^2}\right)\phi=-4\pi\rho \\ \left(\nabla^2-\dfrac{1}{c^2}\dfrac{\partial^2}{\partial t^2}\right)\boldsymbol{A}=-4\pi\rho\dfrac{\boldsymbol{v}}{c}\end{cases} \tag{3}$$

比较以上两式，有

$$\boldsymbol{A}=\frac{\boldsymbol{v}}{c}\phi \tag{4}$$

式中 ρ 为电荷密度，$\boldsymbol{v}$ 为电荷相对以太的运动速度.

考虑另一参考系 S_r，它相对 S 系沿 x 方向匀速运动，并假定在 S_r 系中所有电荷都处于静止状态，故 $\boldsymbol{v}$ 也是 S_r 系中所有电荷相对 S 系的运动速度. 如果 S 系和 S_r 系之间的坐标变换遵从 Galileo 变换，则有 $\nabla^2=\nabla_r^2$；又因在 S_r 系中作为电磁场源的电荷是静止的，故在 S_r 系中的电磁量均为常量，于是§5 中引述的 Helmholtz 公式[§5 的(4)式]可简化为

$$\frac{\partial}{\partial t}=-\boldsymbol{v}\cdot\nabla_r \tag{5}$$

将上述变换关系代入方程(3)，得

$$\left[\nabla_r^2-\left(\frac{\boldsymbol{v}\cdot\nabla_r}{c}\right)^2\right]\phi=-4\pi\rho$$

因 $\boldsymbol{v}$ 只有 x 分量，故上式简化为

$$\left(\nabla_r^2-\frac{v^2}{c^2}\frac{\partial^2}{\partial x^2}\right)\phi=-4\pi\rho$$

或

$$\left[\left(1-\frac{v^2}{c^2}\right)\frac{\partial^2}{\partial x_r^2}+\frac{\partial^2}{\partial y_r^2}+\frac{\partial^2}{\partial z_r^2}\right]\phi=-4\pi\rho \tag{6}$$

为把上式转换为标准的 Poisson 方程，作如下坐标变换：

$$\begin{cases}x_r=x''\sqrt{1-\dfrac{v^2}{c^2}} \\ y_r=y'' \\ z_r=z'' \\ t_r=t''\end{cases} \tag{7}$$

带双撇的时空变量构成新的 S″系. 根据上述变换式，有

$$\begin{cases} \dfrac{\partial}{\partial x_{\mathrm{r}}}=\dfrac{\partial}{\partial x''}\dfrac{\partial x''}{\partial x_{\mathrm{r}}}=\dfrac{1}{\sqrt{1-\dfrac{v^2}{c^2}}}\dfrac{\partial}{\partial x''} \\ \dfrac{\partial}{\partial y_{\mathrm{r}}}=\dfrac{\partial}{\partial y''} \\ \dfrac{\partial}{\partial z_{\mathrm{r}}}=\dfrac{\partial}{\partial z''} \end{cases} \tag{8}$$

代入方程(6)，得

$$\left(\frac{\partial^2}{\partial x''^2}+\frac{\partial^2}{\partial y''^2}+\frac{\partial^2}{\partial z''^2}\right)\phi''=-4\pi\rho'' \tag{9}$$

式中 ρ'' 和 ϕ'' 为 S″系中的电荷密度和标量势. 为了确定它们与 S 系中对应量的关系，Lorentz 假定 S 系和 S″系中的电荷密度相同，即 $\rho=\rho_{\mathrm{r}}$(因从 S 系转换到 S_{r} 系遵从 Galileo 变换，此假定是合理的). 根据电荷守恒定律，

$$\int\rho\mathrm{d}x_{\mathrm{r}}\mathrm{d}y_{\mathrm{r}}\mathrm{d}z_{\mathrm{r}}=\int\rho''\mathrm{d}x''\mathrm{d}y''\mathrm{d}z''$$

由变换式(6)式，

$$\mathrm{d}x_{\mathrm{r}}=\sqrt{1-\frac{v^2}{c^2}}\mathrm{d}x'',\quad \mathrm{d}y_{\mathrm{r}}=\mathrm{d}y'',\quad \mathrm{d}z_{\mathrm{r}}=\mathrm{d}z''$$

故有

$$\int\rho\sqrt{1-\frac{v^2}{c^2}}\mathrm{d}x''\mathrm{d}y''\mathrm{d}z''=\int\rho''\mathrm{d}x''\mathrm{d}y''\mathrm{d}z''$$

于是得出

$$\rho''=\rho\sqrt{1-\frac{v^2}{c^2}}$$

因而

$$\phi''=\phi\sqrt{1-\frac{v^2}{c^2}} \tag{10}$$

以上结果表明，只要在 S_{r} 系中按(7)式作变量替换，就可以得到与静止以太系中形式完全相同的 Poisson 方程，而变换本身表明在运动方向的长度将收缩 $\sqrt{1-\dfrac{v^2}{c^2}}$ 倍. 从方程(6)也可以直接看出，只有当 x_{r} 收缩一个因子 $\sqrt{1-\dfrac{v^2}{c^2}}$ 后，才能得到对应态原理所要求的 Poisson 方程形式. 因此，自从 1895 年后，Lorentz 就把在运动方向的长度收缩因子从早

先的$\left(1-\frac{v^2}{2c^2}\right)$改正为$\sqrt{1-\frac{v^2}{c^2}}$.

Lorentz 利用以上结果进一步推导了电磁力的变换关系. 假定电磁场源为空间的电荷. 在静止以太系 S 中，电量为 q 的带电粒子所受电磁力由 Lorentz 力公式决定，为

$$\boldsymbol{F}=q\left(\boldsymbol{E}+\frac{\boldsymbol{v}}{c}\times\boldsymbol{B}\right)$$

式中

$$\boldsymbol{E}=-\nabla\phi+\frac{\boldsymbol{v}}{c}\left(\frac{\boldsymbol{v}}{c}\cdot\nabla\phi\right)$$

$$\boldsymbol{B}=\frac{\boldsymbol{v}}{c}\times\boldsymbol{E}$$

利用前述变换关系，在 S_r 和 S″系之间的力的变换关系为(详见本章附录 C)

$$\begin{cases}F_{xr}=F''_x\\ F_{yr}=\sqrt{1-\dfrac{v^2}{c^2}}F''_y\\ F_{zr}=\sqrt{1-\dfrac{v^2}{c^2}}F''_z\end{cases}$$

必须强调指出，Lorentz 认为，长度收缩是运动物质内分子力产生的效应，也就是说，长度收缩是物质实质上的收缩. Lorentz 在 1892 年提出长度收缩时曾指出，物体的形状由分子力决定，而每个分子在任何惯性系中均应处在同样的力学平衡状态，既然电磁力在不同参考系之间存在一定的变换关系，那么决定物体形状的分子力具有类似特性也就不足为怪了，长度收缩正是分子力这种特性的反映. 由此可见，Lorentz 的长度收缩假设并非仅仅出于运动学的原因(以便解释 Michelson-Morley 实验)，宁可说 Lorentz 是根据动力学的考察才提出长度收缩假设的.

§7. 光行差现象和 Doppler 效应

1895 年，Lorentz 在研究运动物体中的光学现象时，曾经根据他所提出的“本地时间”概念和对应态原理解释了光行差现象和 Doppler 效应.

早在 1725 年，英国天文学家 James Bradley(1693—1762)首先发现了恒星的光行差现象. 当地球上的观察者通过望远镜观察某恒星时，由于地球绕太阳作公转运动，在地球轨道的不同地点的观察角度会由于视差而略有差异，这种视差只与地球的位置有关，而与地球的运动速度无关. Bradley 原来的目的是根据视差来估算恒星离地球的距离.

Bradley 确实观察到了视角改变的现象，但并非单纯的视差，因为 Bradley 观察到的效应与地球相对于恒星的运动速度有关.

如图 3-7-1 所示，若地球不动，观察某恒星的望远镜的仰角为 θ_0. 实际上由于地球

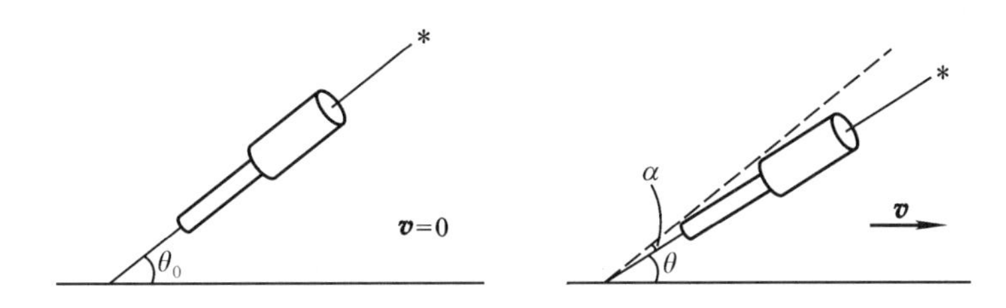

图 3-7-1

相对静止以太以速度 $\boldsymbol{v}$ 运动，观察同一恒星的仰角变为 θ. 这种恒星光的表观方向与“真正”方向之间的差别叫做光行差现象，$\alpha=\theta_0-\theta$ 称为光行差角. 假定以太与恒星一起是静止不动的，而且地球公转时并不拖动以太，则地球将相对以太运动. 设地球在绕太阳轨道某处的公转速度为 $\boldsymbol{v}$，则对地球上的观察者来说，就有一股速度为 $-\boldsymbol{v}$ 的“以太风”吹过地球. 如图 3-7-2 所示，根据速度的经典叠加法则，地球上的观察者测得的星光传播速度为

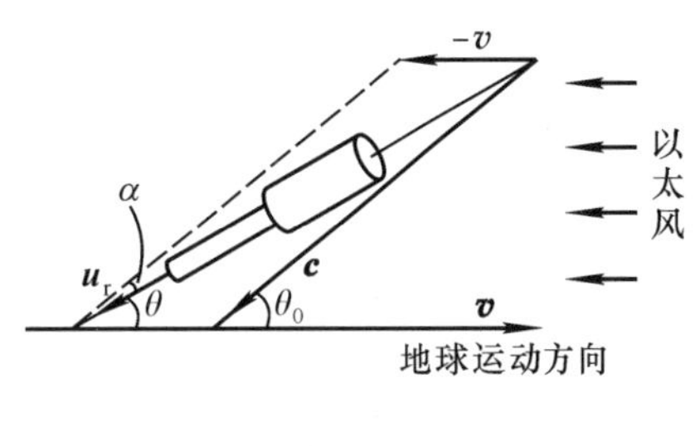

图 3-7-2

$$\boldsymbol{u}_r=\boldsymbol{c}-\boldsymbol{v}$$

式中 $\boldsymbol{c}$ 为星光在静止以太中的传播速度，$\boldsymbol{v}$ 为地球相对以太的运动速度. 图 3-7-2 中 θ_0 是在静止以太中观察某恒星时的仰角. 现在，为了能通过望远镜观察到同一恒星的星光，望远镜的轴线必须与合成速度 $\boldsymbol{u}_r$ 一致，即其仰角应为图3-7-2 中的 θ. 由图3-7-2 中的几何关系，有

$$\tan\theta=\frac{c\sin\theta_0}{c\cos\theta_0+v}=\frac{\sin\theta_0}{\cos\theta_0+\dfrac{v}{c}}$$

上式给出了恒星光的表观方向(仰角 θ)与“真正”方向(仰角 θ_0)之间的关系. 由几何关系，光行差角 α 满足

$$\sin\alpha=\frac{v}{c}\sin\theta$$

因 α 角一般很小，上式可简化为

$$\alpha=\frac{v}{c}\sin\theta$$

由此可见，必须在较大仰角 θ 的条件下，才能观察到明显的光行差现象.

解释光行差现象最为直观的方法是借助于光的微粒说，把光看成是微粒流. 光行差现象犹如分别在静止的车上和运动的车上观察下落的雨丝，结果会观察到雨丝具有不同的倾斜度. 光的波动论者借助于上述以太风的设想也能解释光行差现象. Lorentz 则宁可采用他自己的理论来解释光行差现象.

考虑在静止以太坐标系 S 中传播的平面光波，光波法线方向的单位矢量为 $\boldsymbol{k}$，从某点 Q 传播到观察点 P 所需时间为 t，则在 P 点观测到的光波的相位为

$$\phi=\frac{2\pi}{T}\left(t-\frac{\boldsymbol{k}\cdot\boldsymbol{r}}{c}\right) \tag{1}$$

式中 T 为周期，$\boldsymbol{r}$ 为观察点 P 的位矢. 根据 Lorentz 的对应态原理，在相对静止以太以速度 $\boldsymbol{v}$ 运动的 S_r 系中，只要用“本地时间”t_L 取代时间 t，就应有与(1)式形式相同的相位，即

$$\phi_r=\frac{2\pi}{T_r}\left(t_L-\frac{\boldsymbol{k}_r\cdot\boldsymbol{r}_r}{c}\right)$$

Lorentz 把 T_r 称为“相对周期”，$\boldsymbol{k}_r$ 代表 S_r 系中光波的法线方向，$\boldsymbol{r}_r$ 是观察点在 S_r 系中的位矢. 利用 t_L 的定义式[§5(6)式中的第四式或 §5 的(8)式]，可把上式写成

$$\phi_r=\frac{2\pi}{T_r}\left[t-\left(\frac{\boldsymbol{v}}{c^2}+\frac{\boldsymbol{k}_r}{c}\right)\cdot\boldsymbol{r}_r\right]$$

相位是用来描述振动状态的，它与参考系的选择无关，故有 $\phi=\phi_r$. 用 Galileo 变换 $\boldsymbol{r}_r=\boldsymbol{r}-\boldsymbol{v}t$ 代入上式，可重新得到用 $\boldsymbol{r}$ 和 t 表示的相位，为

$$\begin{aligned}
\phi=\phi_r&=\frac{2\pi}{T_r}\left[t-\left(\frac{\boldsymbol{v}}{c^2}+\frac{\boldsymbol{k}_r}{c}\right)\cdot(\boldsymbol{r}-\boldsymbol{v}t)\right]\\
&=\frac{2\pi}{T_r}\left[\left(1+\frac{v^2}{c^2}+\frac{\boldsymbol{k}_r\cdot\boldsymbol{v}}{c}\right)t-\left(\frac{\boldsymbol{v}}{c}+\boldsymbol{k}_r\right)\cdot\frac{\boldsymbol{r}}{c}\right]\\
&=\frac{2\pi}{T_r}\left(1+\frac{v^2}{c^2}+\frac{\boldsymbol{k}_r\cdot\boldsymbol{v}}{c}\right)\left[t-\frac{\left(\frac{\boldsymbol{v}}{c}+\boldsymbol{k}_r\right)}{\left(1+\frac{v^2}{c^2}+\frac{\boldsymbol{k}_r\cdot\boldsymbol{v}}{c}\right)}\cdot\frac{\boldsymbol{r}}{c}\right]
\end{aligned}$$

把上式与(1)式比较，得

$$T=\frac{T_r}{1+\frac{v^2}{c^2}+\frac{\boldsymbol{k}_r\cdot\boldsymbol{v}}{c}}$$

$$\boldsymbol{k}=\frac{\frac{\boldsymbol{v}}{c}+\boldsymbol{k}_r}{1+\frac{v^2}{c^2}+\frac{\boldsymbol{k}_r\cdot\boldsymbol{v}}{c}}$$

忽略$\frac{v}{c}$二次以上的高次项，以上两式简化为

$$T=T_{\mathrm{r}}\left(1-\frac{\boldsymbol{k}_{\mathrm{r}}\cdot\boldsymbol{v}}{c}\right) \tag{2}$$

$$\boldsymbol{k}=\left(\boldsymbol{k}_{\mathrm{r}}+\frac{\boldsymbol{v}}{c}\right)\left(1-\frac{\boldsymbol{k}_{\mathrm{r}}\cdot\boldsymbol{v}}{c}\right)$$

$$\approx\boldsymbol{k}_{\mathrm{r}}\left(1-\frac{\boldsymbol{k}_{\mathrm{r}}\cdot\boldsymbol{v}}{c}\right)+\frac{\boldsymbol{v}}{c} \tag{3}$$

(2)式表明，S_{r} 系中观察到的光波周期 T_{r} 与 S 系中的周期 T 不同，并依赖于速度 $\boldsymbol{v}$，实际上(2)式是 Doppler 频移公式的一级近似.(3)式表明，在 S 系和 S_{r} 系中观察到的光波法线方向不一致，这正是光行差现象. 应用于恒星光行差时，$\boldsymbol{k}$ 代表恒星光的“真正”方向(即静止以太中的传播方向)，$\boldsymbol{k}_{\mathrm{r}}$ 是地球上观察到的表观方向，$\boldsymbol{v}$ 为地球公转速度(v 远小于光速 c). 由前可知，只有当恒星的仰角较大时才有明显的光行差现象，于是可以进一步忽略(3)式中的$\frac{\boldsymbol{k}_{\mathrm{r}}\cdot\boldsymbol{v}}{c}$项，得

$$\boldsymbol{k}=\boldsymbol{k}_{\mathrm{r}}+\frac{\boldsymbol{v}}{c}$$

式中 $\boldsymbol{k}$ 和 $\boldsymbol{k}_{\mathrm{r}}$ 均为单位矢量，故上式可以写成

$$\boldsymbol{c}=\boldsymbol{u}_{\mathrm{r}}+\boldsymbol{v}$$

或

$$\boldsymbol{u}_{\mathrm{r}}=\boldsymbol{c}-\boldsymbol{v}$$

式中 $\boldsymbol{u}_{\mathrm{r}}$ 为地球上观察到的光速. 以上两式就是 Lorentz 用来解释恒星光行差的基本公式.

§8. Poincare 的批评及 Lorentz 变换的最后形式

如前面几节所述，到 1895 年为止，Lorentz 确立了关于运动参考系中电磁现象的一阶理论(精确到$\frac{v}{c}$的一次方)，提出了“本地时间”的概念和长度收缩假设，建立了坐标变换的方法，并以一阶理论为基础提出了对应态原理. 根据这些理论，Lorentz 解释了运动物体中的一系列光学现象. 另外，由对应态原理，Lorentz 认为不可能借助于光学的或电磁学的实验方法来探知地球相对以太的运动.

1895 年，Henri Poincare(1854—1912)根据当时的实验也指出，绝不可能发现物体相对于以太的运动. 1900 年，Poincare 重申，无论用多么精密的实验也不可能发现相对于以太的运动. Poincare 认为，不能每逢提高近似程度就要作出新的假设，可能存在一种

包含任意级近似的普遍理论. Poincare 认为，Lorentz 的理论最接近这个目标，是当时最令人满意的理论，因为它在$\frac{v}{c}$的一级近似精度内证明了对应态原理的有效性，并解释了诸如运动媒质中的光速、光行差现象和 Doppler 效应等许多光学现象.

然而，Poincare 对 Lorentz 的理论也提出了批评，认为它只是一阶理论，有进一步修正的必要；而且认为长度收缩假设完全是人为的，与 Lorentz 的理论体系缺乏有机的联系. Poincare 批评道：每逢发现新的事实时就引入新的假设，这样构造的理论根本不能令人满意.

如果说 Poincare 的批评给 Lorentz 指明了努力方向，那么迫使 Lorentz 改善过去理论的却是 Rayleigh 和 D. B. Brace 的实验，以及 Trouton 和 Noble 的实验. 1898 年，A. Lienard 指出，假如像 Lorentz 主张的那样，物体在运动方向上产生实质性的长度收缩，那么该物体的密度就会因方向而异，从而应该显示出双折射性. Rayleigh 于 1902 年对此进行了实验检验，实验精度为 10^{-10}，却未能发现双折射. 1904 年，美国物理学家 D. B. Brace 重复了这个实验，其精度达到 10^{-13}，仍得到否定的结果. 此外，在 Lorentz 的理论中，必须存在静止以太，地球的公转运动将导致地球上的任何实验装置相对以太运动. 按 Lorentz 的以太理论，在地球上的一个充了电的平板电容器会因这种相对运动而受到一个力矩的作用. 为了观察电容器在力矩作用下所产生的偏转效应，F. T. Trouton 和 H. R. Noble 在 1903 年设计了一个实验，用来检测电容器的可能偏转，以此来检验以太理论是否正确(详见第八章 §6). 但实验结果是，Trouton 和 Noble 并未观察到电容器的偏转效应.

面对以上种种矛盾，Lorentz 在以往近似理论的基础上，决心为创立能彻底解决所有问题的严格理论而重新努力. 1904 年，Lorentz 发表了《在以任何小于光速的速度运动的系统中的电磁现象》一文，提出了能够满足 Poincare 的要求，即适用于$\frac{v}{c}$任意级近似的变换理论. 这个理论的前提是，在静止以太的坐标系 S 中 Maxwell 方程组严格成立；把根据$\frac{v}{c}$的一级近似理论提出的对应态原理提升为适用于任意级近似的普遍理论. Lorentz 认为，只要以 S 系作为基准，通过适当的时空变换就可以处理有关的一切问题.

在静止以太系 S 中的 Maxwell 方程组为(见 §5(1)式)

$$\begin{cases}\nabla\times\boldsymbol{E}=-\dfrac{1}{c}\dfrac{\partial\boldsymbol{B}}{\partial t}\\\nabla\times\boldsymbol{B}=\dfrac{1}{c}\dfrac{\partial\boldsymbol{E}}{\partial t}+\dfrac{4\pi}{c}\rho\boldsymbol{w}\\\nabla\cdot\boldsymbol{E}=4\pi\rho\\\nabla\cdot\boldsymbol{B}=0\end{cases}\tag{1}$$

式中 $\boldsymbol{w}$ 是电荷密度 ρ 相对静止以太的运动速度. 设坐标系 S_r 相对 S 系沿 x 方向以速度 v 作匀速直线运动. 由于绝对时空观仍是 Lorentz 的基本出发点，因而 S_r 系与 S 系之间的时空变换应遵从 Galileo 变换，即

$$\begin{cases} x_r = x - vt \\ y_r = y \\ z_r = z \\ t_r = t \end{cases} \tag{2}$$

同样，速度也遵从经典的合成法则，故(1)式中的 $\boldsymbol{w}$ 可表为

$$\boldsymbol{w} = \boldsymbol{v} + \boldsymbol{u}_r$$

式中 $\boldsymbol{u}_r$ 是电荷相对 S_r 系的速度. 方程组(1)中的第三式可写成

$$\frac{\partial E_x}{\partial x} + \frac{\partial E_y}{\partial y} + \frac{\partial E_z}{\partial z} = 4\pi\rho \tag{3}$$

方程组(1)中第二式的 x 分量为

$$\frac{\partial B_z}{\partial y} - \frac{\partial B_y}{\partial z} = \frac{1}{c}\frac{\partial E_x}{\partial t} + \frac{4\pi}{c}\rho(v + u_{rx}) \tag{4}$$

根据变换式(2)式，有

$$\begin{cases} \dfrac{\partial}{\partial x} = \dfrac{\partial}{\partial x_r} \\ \dfrac{\partial}{\partial y} = \dfrac{\partial}{\partial y_r} \\ \dfrac{\partial}{\partial z} = \dfrac{\partial}{\partial z_r} \\ \dfrac{\partial}{\partial t} = \dfrac{\partial}{\partial x_r}\dfrac{\partial x_r}{\partial t} + \dfrac{\partial}{\partial t_r}\dfrac{\partial t_r}{\partial t} = -v\dfrac{\partial}{\partial x_r} + \dfrac{\partial}{\partial t_r} \end{cases}$$

将上述变换关系代入方程(3)式和(4)式，得

$$\frac{\partial E_x}{\partial x_r} + \frac{\partial E_y}{\partial y_r} + \frac{\partial E_z}{\partial z_r} = 4\pi\rho \tag{5}$$

$$\frac{\partial B_z}{\partial y_r} - \frac{\partial B_y}{\partial z_r} = \frac{1}{c}\left(\frac{\partial}{\partial t_r} - v\frac{\partial}{\partial x_r}\right)E_x + \frac{4\pi}{c}\rho(v + u_{rx}) \tag{6}$$

可见，经 Galileo 变换后方程组在 S_r 系中不具有协变性质. 为符合对应态原理，Lorentz 在考虑了长度收缩并采用“本地时间”概念后，与 1892 年的做法一样(详见本章§5)，提出了如下变换：

$$\begin{cases} x'=l\gamma x_{\mathrm{r}} \\ y'=ly_{\mathrm{r}} \\ z'=lz_{\mathrm{r}} \\ t'=\dfrac{l}{\gamma}t-l\gamma\dfrac{v}{c^2}x_{\mathrm{r}} \end{cases} \tag{7}$$

其中

$$\gamma=\frac{1}{\sqrt{1-\dfrac{v^2}{c^2}}}$$

式中带撇的变量是假想的坐标系 S′中的时空坐标，l 是一个比例系数.（7）式中第四式是 t'的公式，它实际上是对 1892 年的“本地时间”的修正[参看本章 § 5 中的(8)式]. 利用变换式(7)式可以证明，只需对场、电荷密度和速度确立某种变换关系，就可以使 Maxwell 方程组在 S′系中具有与 S 系中相同的形式，从而确保 Maxwell 方程组具有协变性.

下面举例说明.

根据变换式(7)，有

$$\begin{cases} \dfrac{\partial}{\partial x_{\mathrm{r}}}=\dfrac{\partial}{\partial x'}\dfrac{\partial x'}{\partial x_{\mathrm{r}}}+\dfrac{\partial}{\partial t'}\dfrac{\partial t'}{\partial x_{\mathrm{r}}}=l\gamma\dfrac{\partial}{\partial x'}-l\gamma\dfrac{v}{c^2}\dfrac{\partial}{\partial t'} \\ \dfrac{\partial}{\partial y_{\mathrm{r}}}=l\dfrac{\partial}{\partial y'} \\ \dfrac{\partial}{\partial z_{\mathrm{r}}}=l\dfrac{\partial}{\partial z'} \\ \dfrac{\partial}{\partial t_{\mathrm{r}}}=\dfrac{\partial}{\partial t'}\dfrac{\partial t'}{\partial t_{\mathrm{r}}}=\dfrac{\partial}{\partial t'}\dfrac{\partial t'}{\partial t}=\dfrac{l}{\gamma}\dfrac{\partial}{\partial t'} \end{cases} \tag{8}$$

将上述变换式分别代入方程(5)和(6)，得

$$l\gamma\frac{\partial E_x}{\partial x'}+l\frac{\partial E_y}{\partial y'}+l\frac{\partial E_z}{\partial z'}=4\pi\rho+l\gamma\frac{v}{c^2}\frac{\partial E_x}{\partial t'} \tag{9}$$

$$\begin{aligned} l\frac{\partial B_z}{\partial y'}-l\frac{\partial B_y}{\partial z'} &= \frac{l}{c\gamma}\frac{\partial E_x}{\partial t'}-\frac{l\gamma v}{c}\frac{\partial E_x}{\partial x'}+\frac{l\gamma v^2}{c^3}\frac{\partial E_x}{\partial t'}+\frac{4\pi}{c}\rho(v+u_{\mathrm{rx}}) \\ &= \frac{l\gamma}{c}\left(\frac{1}{\gamma^2}+\frac{v^2}{c^2}\right)\frac{\partial E_x}{\partial t'}-\frac{l\gamma v}{c}\frac{\partial E_x}{\partial x'}+\frac{4\pi}{c}\rho(v+u_{\mathrm{rx}}) \\ &= \frac{l\gamma}{c}\frac{\partial E_x}{\partial t'}-\frac{l\gamma v}{c}\frac{\partial E_x}{\partial x'}+\frac{4\pi}{c}\rho(v+u_{\mathrm{rx}}) \end{aligned} \tag{10}$$

由(9)式，得

$$l\gamma\frac{\partial E_x}{\partial x'}=4\pi\rho+l\gamma\frac{v}{c^2}\frac{\partial E_x}{\partial t'}-l\frac{\partial E_y}{\partial y'}-l\frac{\partial E_z}{\partial z'}$$

把上式代入(10)式，得

$$l\frac{\partial B_z}{\partial y'}-l\frac{\partial B_y}{\partial z'}=\frac{l}{c\gamma}\frac{\partial E_x}{\partial t'}+\frac{lv}{c}\frac{\partial E_y}{\partial y'}+\frac{lv}{c}\frac{\partial E_z}{\partial z'}+\frac{4\pi}{c}\rho u_{rx}$$

或

$$l\frac{\partial}{\partial y'}\left(B_z-\frac{v}{c}E_y\right)-l\frac{\partial}{\partial z'}\left(B_y+\frac{v}{c}E_z\right)=\frac{l}{c\gamma}\frac{\partial E_x}{\partial t'}+\frac{4\pi}{c}\rho u_{rx}$$

上式两端同乘以$\frac{\gamma}{l^3}$，得

$$\frac{\partial}{\partial y'}\left[\frac{\gamma}{l^2}\left(B_z-\frac{v}{c}E_y\right)\right]-\frac{\partial}{\partial z'}\left[\frac{\gamma}{l^2}\left(B_y+\frac{v}{c}E_z\right)\right]=\frac{1}{c}\frac{\partial}{\partial t'}\left(\frac{E_x}{l^2}\right)+\frac{4\pi}{c}\frac{\gamma}{l^3}\rho u_{rx} \tag{11}$$

令

$$\begin{cases}B'_z=\dfrac{\gamma}{l^2}\left(B_z-\dfrac{v}{c}E_y\right)\\ B'_y=\dfrac{\gamma}{l^2}\left(B_y+\dfrac{v}{c}E_z\right)\\ E'_x=\dfrac{1}{l^2}E_x\\ \rho'u'_x=\dfrac{\gamma}{l^3}\rho u_{rx}\end{cases}$$

则方程(11)变成如下形式：

$$\frac{\partial B'_z}{\partial y'}-\frac{\partial B'_y}{\partial z'}=\frac{1}{c}\frac{\partial E'_x}{\partial t'}+\frac{4\pi}{c}\rho'u'_x \tag{12}$$

式中ρ'和u'_x分别是在S′系中的电荷密度和速度的x分量. Lorentz 假定，电荷密度在S系和S_r系中有相同的值，即

$$\rho=\rho_r$$

由电荷守恒定律，在S_r系和S′系中的总电量应相等，即应有

$$\int\rho\,dx_r dy_r dz_r=\int\rho' dx'dy'dz'$$

根据变换式(7)，

$$dx_r dy_r dz_r=\frac{1}{l^3\gamma}dx'dy'dz'$$

故有

$$\rho' = \frac{\rho}{l^3\gamma}$$

$$u'_x = \gamma^2 u_{rx}$$

方程(12)式与 S 系中的相应方程具有完全相同的形式. 对其他分量和其他方程均可作类似的变换处理(详见本章附录 D).

总之，利用变换(2)式和(7)式的两步变换法，可以在 S 系和 S′系之间确立电磁场、电荷密度和速度的下述变换关系：

$$\begin{cases} E'_x = \dfrac{1}{l^2}E_x \\ E'_y = \dfrac{\gamma}{l^2}\left(E_y - \dfrac{v}{c}B_z\right) \\ E'_z = \dfrac{\gamma}{l^2}\left(E_z + \dfrac{v}{c}B_y\right) \\ B'_x = \dfrac{1}{l^2}B_x \\ B'_y = \dfrac{\gamma}{l^2}\left(B_y + \dfrac{v}{c}E_z\right) \\ B'_z = \dfrac{\gamma}{l^2}\left(B_z - \dfrac{v}{c}E_y\right) \end{cases} \tag{13}$$

$$\begin{cases} \rho' = \dfrac{\rho}{l^3\gamma} \\ u'_x = \gamma^2 u_{rx} \\ u'_y = \gamma u_{ry} \\ u'_z = \gamma u_{rz} \end{cases} \tag{14}$$

确立了上述变换关系后，Maxwell 方程组在 S′系中的形式为

$$\begin{cases} \nabla' \times \boldsymbol{E}' = -\dfrac{1}{c}\dfrac{\partial \boldsymbol{B}'}{\partial t'} \\ \nabla' \times \boldsymbol{B}' = \dfrac{1}{c}\dfrac{\partial \boldsymbol{E}'}{\partial t'} + \dfrac{4\pi}{c}\rho' \boldsymbol{u}' \\ \nabla' \cdot \boldsymbol{E}' = 4\pi\left(1 - \dfrac{v}{c^2}u'_x\right)\rho' \\ \nabla' \cdot \boldsymbol{B}' = 0 \end{cases} \tag{15}$$

把 S′系中的 Maxwell 方程组(15)式与静止以太中的 Maxwell 方程组相比较，容易看出，除第三式有所不同外，两者的第一、二、四式具有完全相同的形式. (15)式的第三式表明，可以存在一个电荷不守恒的参考系，这是一个很大的毛病，它后来由 Poincare

解决. 此外，后来 Einstein 的相对论表明(参看第九章)，上述 Lorentz 给出的场的变换关系(13)式除了多一个待定系数$\frac{1}{l^2}$外，是正确的，但 Lorentz 给出的电荷密度与速度的变换关系(14)式则不完全正确.

Poincare 曾于 1905 年和 1906 年指出，产生以上这些问题的根本原因在于 Lorentz 的两步变换法，这种处理方法涉及 S，S_r 和 S′三个坐标系. Poincare 认为，既然绝对静止的以太无法测知，那么相对以太的运动也就毫无意义，真正有实际意义的是两个具体参考系之间的相对运动. Poincare 的上述观念比当时任何一位物理学家都更接近于 Einstein 的相对论观念. 然而，由于受传统时空观的限制，Poincare 最终并未能真正进入相对论领域.

Poincare 建议取消 S_r 系，用一步变换法，即直接在产生相对运动的 S 系和 S′系之间建立变换关系. 结合变换式(2)和(7)，得

$$\begin{cases} x' = l\gamma(x-vt) \\ y' = ly \\ z' = lz \\ t' = \dfrac{l}{\gamma}t - l\gamma\dfrac{v}{c^2}(x-vt) = l\gamma\left[\left(\dfrac{1}{\gamma^2}+\dfrac{v^2}{c^2}\right)t - \dfrac{v}{c^2}x\right] = l\gamma\left(t-\dfrac{v}{c^2}x\right) \end{cases}$$

直接利用上述变换关系，即可在 S′系得到与 S 系中形式完全相同的 Maxwell 方程组. Poincare 还用论证的方法证明了系数 $l=1$. 于是，最终得出

$$\begin{cases} x' = \gamma(x-vt) \\ y' = y \\ z' = z \\ t' = \gamma\left(t-\dfrac{v}{c^2}x\right) \end{cases} \tag{16}$$

式中

$$\gamma = \frac{1}{\sqrt{1-\dfrac{v^2}{c^2}}}$$

Poincare 把上述变换(16)称为 Lorentz 变换.

必须指出，虽然上述 Lorentz 变换与 Einstein 狭义相对论的结果在形式上是一致的，但它们分属截然不同的理论. Lorentz 理论是以绝对时空观以及存在着作为绝对参考系的以太为基本出发点，在保持 Maxwell 电磁方程组形式不变的条件下，创立起来的“结构性”理论. Einstein 的狭义相对论则是彻底抛弃了以太和绝对时空观，在相对性原理和光速不变原理的基础上建立起来的“原理性”理论. 在 Lorentz 的理论中，存在着一个优先的参考系，即绝对静止的以太参考系，一切运动都是相对于静止以太而言的. Einstein 则认

为，不存在优先的参考系，任何惯性参考系都是等价的、平权的，只有相对运动才有实际意义. 因此，Einstein 的变换是可倒易的，即只要把带撇的量与不带撇的量互换，并用 $-v$ 代替 v，就可以得到下述逆变换：

$$\begin{cases} x=\gamma(x'+vt) \\ y=y' \\ z=z' \\ t=\gamma\left(t'+\dfrac{v}{c^2}x'\right) \end{cases}$$

而 Lorentz 的变换是不可倒易的，它的逆变换为

$$\begin{cases} x=\dfrac{x'}{\gamma}+vt \\ y=y' \\ z=z' \\ t=\gamma\left(t'+\dfrac{v}{c^2}x'\right) \end{cases}$$

这种差别完全是观念上的不同造成的. Lorentz 的长度收缩是分子力的改变所产生的，是物质实质上的收缩. Einstein 的长度收缩则是空间本身的一种属性. Lorentz 引进的“本地时间”纯粹是一种数学手段，“本地时间”只是一个数学符号，不代表真实时间，真实时间仍是 Newton 力学中的绝对时间. Einstein 则认为，不存在绝对时间，所谓“本地时间”应理解为实实在在可以测量的时间. Lorentz 直到 1915 年才真正认识到自己对时间的看法是错误的. Lorentz 在 1915 年再版的《电子论》一书中坦率地说：“如果我必须写这最后一章的话，我肯定要把 Einstein 的相对论放在一个更为突出的地位，……我失败的主要原因，是我坚持变量 t 只能考虑为真实时间的思想和我的本地时间 t' 必须只能考虑为一个数学辅助量的思想的结果.”

Lorentz 走完了自己的光辉科学研究历程. 尽管在观念上存在着这样那样的缺陷，但是 Lorentz 把整个经典电磁理论真正融合成为一体，并把这一理论应用于对光学现象和物质电磁性质的研究，从而将经典电磁理论推向最后的顶峰. 应当说，Lorentz 的工作为经典物理学树立了又一座丰碑.

附录 A

由 § 4(20) 式，

$$\boldsymbol{E}=\frac{\boldsymbol{D}}{\varepsilon}-\frac{\varepsilon-1}{c\varepsilon}(\boldsymbol{v}\times\boldsymbol{B})$$

把上式代入 § 4(21)式，得

$$\begin{aligned}\boldsymbol{H}&=\boldsymbol{B}+\frac{\varepsilon-1}{c}\boldsymbol{v}\times\left[\frac{\boldsymbol{D}}{\varepsilon}-\frac{\varepsilon-1}{c\varepsilon}(\boldsymbol{v}\times\boldsymbol{B})+\frac{1}{c}(\boldsymbol{v}\times\boldsymbol{B})\right]\\&=\boldsymbol{B}+\frac{\varepsilon-1}{c\varepsilon}\boldsymbol{v}\times\left[\boldsymbol{D}+\frac{1}{c}(\boldsymbol{v}\times\boldsymbol{B})\right]\\&=\boldsymbol{B}+\frac{\varepsilon-1}{c\varepsilon}\boldsymbol{v}\times\boldsymbol{D}+\frac{\varepsilon-1}{c^2\varepsilon}\boldsymbol{v}\times(\boldsymbol{v}\times\boldsymbol{B})\end{aligned}$$

上式最后一项具有因子$\frac{v^2}{c^2}$，若只考虑介质运动的一阶效应，则该项可略去，于是，得

$$\boldsymbol{H}=\boldsymbol{B}+\frac{\varepsilon-1}{c\varepsilon}\boldsymbol{v}\times\boldsymbol{D}$$

$$\nabla\times\boldsymbol{H}=\nabla\times\boldsymbol{B}+\frac{1}{c}\left(1-\frac{1}{\varepsilon}\right)\nabla\times(\boldsymbol{v}\times\boldsymbol{D})$$

由矢量公式

$$\nabla\times(\boldsymbol{v}\times\boldsymbol{D})=(\boldsymbol{D}\cdot\nabla)\boldsymbol{v}-(\nabla\cdot\boldsymbol{v})\boldsymbol{D}-(\boldsymbol{v}\cdot\nabla)\boldsymbol{D}+(\nabla\cdot\boldsymbol{D})\boldsymbol{v}$$

因 $\boldsymbol{v}$ 为常矢量，且$\nabla\cdot\boldsymbol{D}=0$，故

$$\nabla\times(\boldsymbol{v}\times\boldsymbol{D})=-(\boldsymbol{v}\cdot\nabla)\boldsymbol{D}$$

由 § 4 方程组(17)的第四式，得

$$\nabla\times\boldsymbol{B}-\frac{1}{c}\left(1-\frac{1}{\varepsilon}\right)(\boldsymbol{v}\cdot\nabla)\boldsymbol{D}=\frac{1}{c}\frac{\partial\boldsymbol{D}}{\partial t}$$

把由 § 4(20)式确定的 $\boldsymbol{D}$ 代入上式，得

$$\begin{aligned}&\nabla\times\boldsymbol{B}-\frac{\varepsilon}{c}\left(1-\frac{1}{\varepsilon}\right)(\boldsymbol{v}\cdot\nabla)\left[\boldsymbol{E}+\frac{1}{c}\left(1-\frac{1}{\varepsilon}\right)(\boldsymbol{v}\times\boldsymbol{B})\right]\\&=\frac{\varepsilon}{c}\frac{\partial}{\partial t}\left[\boldsymbol{E}+\frac{1}{c}\left(1-\frac{1}{\varepsilon}\right)(\boldsymbol{v}\times\boldsymbol{B})\right]\end{aligned}$$

此即 § 4 正文中的(22)式. 把平面波表示式 § 4 中(23)式代入上式，得

$$\begin{aligned}&\boldsymbol{k}\times\boldsymbol{B}_0-\frac{\varepsilon}{c}\left(1-\frac{1}{\varepsilon}\right)(\boldsymbol{v}\cdot\boldsymbol{k})\left[\boldsymbol{E}_0+\frac{1}{c}\left(1-\frac{1}{\varepsilon}\right)(\boldsymbol{v}\times\boldsymbol{B}_0)\right]\\&=-\frac{\varepsilon\omega}{c}\left[\boldsymbol{E}_0+\frac{1}{c}\left(1-\frac{1}{\varepsilon}\right)(\boldsymbol{v}\times\boldsymbol{B}_0)\right]\end{aligned}$$

将波矢 $\boldsymbol{k}$ 叉乘上式，计算中涉及$(\boldsymbol{k}\times\boldsymbol{E}_0)$，$(\boldsymbol{k}\cdot\boldsymbol{B}_0)$等因子，为求它们的值，把平面波表示式代入 § 4 方程组(17)的第三式和第二式，得

$$\boldsymbol{k}\times\boldsymbol{E}_0=\frac{\omega}{c}\boldsymbol{B}_0$$

$$\boldsymbol{k}\cdot\boldsymbol{B}_0=0$$

利用以上两式，得

$$\begin{aligned}&-k^2B_0-\frac{\varepsilon}{c}\left(1-\frac{1}{\varepsilon}\right)(\boldsymbol{k}\cdot\boldsymbol{v})\left[\frac{\omega}{c}\boldsymbol{B}_0-\frac{1}{c}\left(1-\frac{1}{\varepsilon}\right)(\boldsymbol{k}\cdot\boldsymbol{v})\boldsymbol{B}_0\right]\\&=-\frac{\varepsilon\omega}{c}\left[\frac{\omega}{c}\boldsymbol{B}_0-\frac{1}{c}\left(1-\frac{1}{\varepsilon}\right)(\boldsymbol{k}\cdot\boldsymbol{v})\boldsymbol{B}_0\right]\end{aligned}$$

简化后得

$$k^2 = \frac{\varepsilon}{c^2}\left[\omega^2 - 2\omega\left(1-\frac{1}{\varepsilon}\right)(\boldsymbol{k}\cdot\boldsymbol{v}) + \left(1-\frac{1}{\varepsilon}\right)^2(\boldsymbol{k}\cdot\boldsymbol{v})^2\right]$$

$$= \frac{\varepsilon}{c^2}\left[\omega - \left(1-\frac{1}{\varepsilon}\right)(\boldsymbol{k}\cdot\boldsymbol{v})\right]^2$$

开方后即得出 § 4 正文中的(25)式.

附录 B

结合 § 5 的变换式(3)式和(6)式，有

$$\begin{cases} x' = x - vt \\ y' = y \\ z' = z \\ t_{\mathrm{L}} = t - \dfrac{v}{c^2}x' \end{cases} \tag{B. 1}$$

根据上述变换，有

$$\frac{\partial}{\partial x} = \frac{\partial}{\partial x'}\frac{\partial x'}{\partial x} + \frac{\partial}{\partial y'}\frac{\partial y'}{\partial x} + \frac{\partial}{\partial z'}\frac{\partial z'}{\partial x} + \frac{\partial}{\partial t_{\mathrm{L}}}\frac{\partial t_{\mathrm{L}}}{\partial t}$$

其中

$$\frac{\partial x'}{\partial x} = 1$$

$$\frac{\partial y'}{\partial x} = 0$$

$$\frac{\partial z'}{\partial x} = 0$$

$$\frac{\partial t_{\mathrm{L}}}{\partial x} = \frac{\partial t_{\mathrm{L}}}{\partial x'}\frac{\partial x'}{\partial x} = \frac{\partial t_{\mathrm{L}}}{\partial x'} = -\frac{v}{c^2}$$

所以

$$\begin{cases} \dfrac{\partial}{\partial x} = \dfrac{\partial}{\partial x'} - \dfrac{v}{c^2}\dfrac{\partial}{\partial t_{\mathrm{L}}} \\ \dfrac{\partial}{\partial y} = \dfrac{\partial}{\partial y'} \\ \dfrac{\partial}{\partial z} = \dfrac{\partial}{\partial z'} \end{cases} \tag{B. 2}$$

又

$$\frac{\partial}{\partial t} = \frac{\partial}{\partial x'}\frac{\partial x'}{\partial t} + \frac{\partial}{\partial y'}\frac{\partial y'}{\partial t} + \frac{\partial}{\partial z'}\frac{\partial z'}{\partial t} + \frac{\partial}{\partial t_{\mathrm{L}}}\frac{\partial t_{\mathrm{L}}}{\partial t}$$

其中

$$\frac{\partial x'}{\partial t}=-v$$

$$\frac{\partial y'}{\partial t}=0$$

$$\frac{\partial z'}{\partial t}=0$$

$$\frac{\partial t_{\mathrm{L}}}{\partial t}=1$$

故

$$\frac{\partial}{\partial t}=\frac{\partial}{\partial t_{\mathrm{L}}}-v\frac{\partial}{\partial x'} \tag{B.3}$$

利用上述变换关系(B.2)式和(B.3)式，可把§5方程组(9)式转换到S′系中. 例如，把该方程组的第一式写成分量形式，其 y 分量为

$$\frac{\partial E_x}{\partial z}-\frac{\partial E_z}{\partial x}=-\frac{1}{c}\frac{\partial B_y}{\partial t} \tag{B.4}$$

利用变换关系(B.2)式和(B.3)式，有

$$\frac{\partial E_x}{\partial z'}-\left(\frac{\partial E_z}{\partial x'}-\frac{v}{c^2}\frac{\partial E_z}{\partial t_{\mathrm{L}}}\right)=-\frac{1}{c}\left(\frac{\partial B_y}{\partial t_{\mathrm{L}}}-v\frac{\partial B_y}{\partial x'}\right)$$

并项后，得

$$\frac{\partial E_x}{\partial z'}-\frac{\partial}{\partial x'}\left(E_z+\frac{v}{c}B_y\right)=-\frac{1}{c}\frac{\partial}{\partial t_{\mathrm{L}}}\left(B_y+\frac{v}{c}E_z\right) \tag{B.5}$$

为了使变换后方程组的形式不变，即仍具有(B.4)式的形式，可令

$$E'_x=E_x$$

$$E'_z=E_z+\frac{v}{c}B_y$$

$$B'_y=B_y+\frac{v}{c}E_z$$

于是可将(B.5)式写成协变形式：

$$\frac{\partial E'_x}{\partial z'}-\frac{\partial E'_z}{\partial x'}=-\frac{1}{c}\frac{\partial B'_y}{\partial t_{\mathrm{L}}} \tag{B.6}$$

对于 x 分量，在静止以太系S中，有

$$\frac{\partial E_z}{\partial y}-\frac{\partial E_y}{\partial z}=-\frac{1}{c}\frac{\partial B_x}{\partial t} \tag{B.7}$$

因

$$\frac{\partial}{\partial y}=\frac{\partial}{\partial y'}$$

$$\frac{\partial}{\partial z}=\frac{\partial}{\partial z'}$$

$$\frac{\partial}{\partial t}=\frac{\partial}{\partial t_{\mathrm{L}}}-v\frac{\partial}{\partial x'}$$

代入(B. 7)式，得

$$\frac{\partial E_z}{\partial y}-\frac{\partial E_y}{\partial z}=-\frac{1}{c}\frac{\partial B_x}{\partial t_L}+\frac{v}{c}\frac{\partial B_x}{\partial x'} \tag{B. 8}$$

在 S 系中，由 § 5 方程组(9)式的第四式，有

$$\frac{\partial B_x}{\partial x}+\frac{\partial B_y}{\partial y}+\frac{\partial B_z}{\partial z}=0$$

变换到 S′系中，有

$$\left(\frac{\partial}{\partial t'}-\frac{v}{c^2}\frac{\partial}{\partial t_L}\right)B_x+\frac{\partial B_y}{\partial y'}+\frac{\partial B_z}{\partial z'}=0$$

即

$$\frac{\partial B_x}{\partial x'}=\frac{v}{c^2}\frac{\partial B_x}{\partial t_L}-\frac{\partial B_y}{\partial y'}-\frac{\partial B_z}{\partial z'}$$

把上式代入(B. 8)式，忽略$\left(\frac{v}{c}\right)^2$项，得

$$\frac{\partial E_z}{\partial y'}-\frac{\partial E_y}{\partial z'}=-\frac{1}{c}\frac{\partial B_x}{\partial t_L}-\frac{v}{c}\frac{\partial B_y}{\partial y'}-\frac{v}{c}\frac{\partial B_z}{\partial z'}$$

并项后，得

$$\frac{\partial}{\partial y'}\left(E_z+\frac{v}{c}B_y\right)-\frac{\partial}{\partial z'}\left(E_y-\frac{v}{c}B_z\right)=-\frac{1}{c}\frac{\partial B_x}{\partial t_L}$$

令

$$E'_z=E_z+\frac{v}{c}B_y$$

$$E'_y=E_y-\frac{v}{c}B_z$$

$$B'_x=B_x$$

得

$$\frac{\partial E'_z}{\partial y'}-\frac{\partial E'_y}{\partial z'}=-\frac{1}{c}\frac{\partial B'_x}{\partial t_L} \tag{B. 9}$$

同理，对 z 分量，有

$$\frac{\partial E'_y}{\partial x'}-\frac{\partial E'_x}{\partial y'}=-\frac{1}{c}\frac{\partial B'_z}{\partial t_L} \tag{B. 10}$$

式中

$$E'_y=E_y-\frac{v}{c}B_z$$

$$E'_x=E_x$$

$$B'_z=B_z-\frac{v}{c}E_y$$

结合(B. 6)式、(B. 9)式和(B. 10)式，写成矢量方程，为

$$\nabla'\times\boldsymbol{E}'=-\frac{1}{c}\frac{\partial\boldsymbol{B}'}{\partial t_{\mathrm{L}}}$$

对 $\boldsymbol{B}$ 的旋度方程，也可以用此法处理.

再考虑 $\boldsymbol{E}$ 的散度方程，在 S 系中，有

$$\frac{\partial E_x}{\partial x}+\frac{\partial E_y}{\partial y}+\frac{\partial E_z}{\partial z}=0 \tag{B. 11}$$

利用变换关系(B. 2)式，在 S′系中，上述方程变为

$$\left(\frac{\partial}{\partial x'}-\frac{v}{c^2}\frac{\partial}{\partial t_{\mathrm{L}}}\right)E_x+\frac{\partial E_y}{\partial y'}+\frac{\partial E_z}{\partial z'}=0 \tag{B. 12}$$

再由 $\boldsymbol{B}$ 的旋度方程，在 S 系中，它的 x 分量为

$$\frac{\partial B_z}{\partial y}-\frac{\partial B_y}{\partial z}=\frac{1}{c}\frac{\partial E_x}{\partial t}$$

利用变换关系(B. 2)式，把上式转换到 S′系中，有

$$\frac{\partial B_z}{\partial y'}-\frac{\partial B_y}{\partial z'}=\frac{1}{c}\left(\frac{\partial}{\partial t_{\mathrm{L}}}-v\frac{\partial}{\partial x'}\right)E_x$$

由上式得

$$\frac{1}{c}\frac{\partial E_x}{\partial t_{\mathrm{L}}}=\frac{\partial B_z}{\partial y'}-\frac{\partial B_y}{\partial z'}+\frac{v}{c}\frac{\partial E_x}{\partial x'}$$

代入(B. 12)式，忽略$\frac{v}{c}$的二次项，得

$$\frac{\partial E_x}{\partial x'}-\frac{v}{c}\left(\frac{\partial B_z}{\partial y'}-\frac{\partial B_y}{\partial z'}\right)+\frac{\partial E_y}{\partial y'}+\frac{\partial E_z}{\partial z'}=0$$

并项后，得

$$\frac{\partial E_x}{\partial x'}+\frac{\partial}{\partial y'}\left(E_y-\frac{v}{c}B_z\right)+\frac{\partial}{\partial z'}\left(E_z+\frac{v}{c}B_y\right)=0$$

令

$$E'_x=E_x$$

$$E'_y=E_y-\frac{v}{c}B_z$$

$$E'_z=E_z+\frac{v}{c}B_y$$

就有

$$\frac{\partial E'_x}{\partial x'}+\frac{\partial E'_y}{\partial y'}+\frac{\partial E'_z}{\partial z'}=0$$

它与 S 系中 $\boldsymbol{E}$ 的散度方程(B. 11)式具有相同形式，对 $\boldsymbol{B}$ 的散度方程可按同法处理.

总之，利用变换式(B. 1)式，把 S 系中的 Maxwell 方程组 §5 的(9)式转换到 S′系后，可得同样形式的 Maxwell 方程组：

$$\begin{cases}\nabla'\times\boldsymbol{E}'=-\dfrac{1}{c}\dfrac{\partial\boldsymbol{B}'}{\partial t_{\mathrm{L}}}\\ \nabla'\times\boldsymbol{B}'=\dfrac{1}{c}\dfrac{\partial\boldsymbol{E}'}{\partial t_{\mathrm{L}}}\\ \nabla'\cdot\boldsymbol{E}'=0\\ \nabla'\cdot\boldsymbol{B}'=0\end{cases}$$

场的相应变换关系为

$$E'_x=E_x$$

$$E'_y=E_y-\frac{v}{c}B_z$$

$$E'_z=E_z+\frac{v}{c}B_y$$

$$B'_x=B_x$$

$$B'_y=B_y+\frac{v}{c}E_z$$

$$B'_z=B_z-\frac{v}{c}E_y$$

或写成矢量形式，为

$$\boldsymbol{E}'=\boldsymbol{E}+\frac{\boldsymbol{v}}{c}\times\boldsymbol{B}$$

$$\boldsymbol{B}'=\boldsymbol{B}-\frac{\boldsymbol{v}}{c}\times\boldsymbol{E}$$

附录 C

根据 § 6 的(1)式、(4)式和(5)式，

$$\boldsymbol{E}=-\nabla\phi-\frac{1}{c}(-\boldsymbol{v}\cdot\nabla)\left(\frac{\boldsymbol{v}}{c}\phi\right)$$

$$=-\nabla\phi+\frac{\boldsymbol{v}}{c}\left(\frac{\boldsymbol{v}}{c}\cdot\nabla\phi\right)$$

对 Galileo 变换，有$\nabla=\nabla_{\mathrm{r}}$，上式可改写为

$$\boldsymbol{E}=-\nabla_{\mathrm{r}}\phi+\frac{\boldsymbol{v}}{c}\left(\frac{\boldsymbol{v}}{c}\cdot\nabla_{\mathrm{r}}\phi\right)$$

$$=-\nabla_{\mathrm{r}}\phi+\frac{\boldsymbol{v}}{c}\left(\frac{v}{c}\frac{\partial\phi}{\partial x_{\mathrm{r}}}\right)$$

写成分量形式，为

$$
\begin{cases}
E_x = -\dfrac{\partial \phi}{\partial x_r} + \dfrac{v^2}{c^2}\dfrac{\partial \phi}{\partial x_r} = -\left(1-\dfrac{v^2}{c^2}\right)\dfrac{\partial \phi}{\partial x_r} \\
E_y = -\dfrac{\partial \phi}{\partial y_r} \\
E_z = -\dfrac{\partial \phi}{\partial z_r}
\end{cases}
$$

利用§6中的变换关系(8)式和(10)式，得

$$
\begin{cases}
E_x = -\left(1-\dfrac{v^2}{c^2}\right)\dfrac{1}{\sqrt{1-\dfrac{v^2}{c^2}}}\dfrac{\partial \phi}{\partial x''} = -\dfrac{\partial \phi''}{\partial x''} \\
E_y = -\dfrac{1}{\sqrt{1-\dfrac{v^2}{c^2}}}\dfrac{\partial \phi''}{\partial y''} \\
E_z = -\dfrac{1}{\sqrt{1-\dfrac{v^2}{c^2}}}\dfrac{\partial \phi''}{\partial z''}
\end{cases} \tag{C. 1}
$$

另外，结合§6中的(2)式和(4)式，并注意 $\boldsymbol{v}$ 为常矢量，有

$$
\begin{aligned}
\boldsymbol{B} &= \nabla\times\boldsymbol{A} = \nabla\times\left(\frac{\boldsymbol{v}}{c}\phi\right) \\
&= \frac{\phi}{c}\nabla\times\boldsymbol{v} + \nabla\left(\frac{\phi}{c}\right)\times\boldsymbol{v} \\
&= -\frac{\boldsymbol{v}}{c}\times\nabla\phi
\end{aligned}
$$

把由§6中(1)式决定的 $\nabla\phi$ 代入，得

$$
\begin{aligned}
\boldsymbol{B} &= \frac{\boldsymbol{v}}{c}\times\left(\boldsymbol{E}+\frac{\partial \boldsymbol{A}}{\partial t}\right) \\
&= \frac{\boldsymbol{v}}{c}\times\left(\boldsymbol{E}+\frac{\boldsymbol{v}}{c}\frac{\partial \phi}{\partial t}\right) \\
&= \frac{\boldsymbol{v}}{c}\times\boldsymbol{E}
\end{aligned}
$$

把上式写成分量形式，为

$$
\begin{cases}
B_x = 0 \\
B_y = -\dfrac{v}{c}E_z \\
B_z = \dfrac{v}{c}E_y
\end{cases} \tag{C. 2}
$$

设有一个电量为 q 的带电粒子，它在 S_r 系中静止，因而它相对静止以太(S系)以速度 v 沿 x 方向运动，所受 Lorentz 力为

$$
\boldsymbol{F} = q\left(\boldsymbol{E}+\frac{\boldsymbol{v}}{c}\times\boldsymbol{B}\right)
$$

Lorentz 力 $\boldsymbol{F}$ 的三个分量为

$$\begin{cases} F_x = qE_x \\ F_y = q\left(E_y - \dfrac{v}{c}B_z\right) \\ F_z = q\left(E_z + \dfrac{v}{c}B_y\right) \end{cases}$$

把(C.1)式和(C.2)式代入以上各式，得

$$\begin{cases} F_x = -q\dfrac{\partial\phi''}{\partial x''} \\ F_y = -q\sqrt{1-\dfrac{v^2}{c^2}}\dfrac{\partial\phi''}{\partial y''} \\ F_z = -q\sqrt{1-\dfrac{v^2}{c^2}}\dfrac{\partial\phi''}{\partial z''} \end{cases} \tag{C.3}$$

在 S″系中所有电荷均静止，故电荷 q 只受静电力作用，为

$$\boldsymbol{F}'' = -q\,\nabla''\phi''$$

它的三个分量为

$$\begin{cases} F''_x = -q\dfrac{\partial\phi''}{\partial x''} \\ F''_y = -q\dfrac{\partial\phi''}{\partial y''} \\ F''_z = -q\dfrac{\partial\phi''}{\partial z''} \end{cases}$$

把以上各式代入(C.3)式，得出力的变换关系为

$$\begin{cases} F_x = F''_x \\ F_y = \sqrt{1-\dfrac{v^2}{c^2}}F''_y \\ F_z = \sqrt{1-\dfrac{v^2}{c^2}}F''_z \end{cases}$$

因为从 S 系转换到 $\mathrm{S_r}$ 系是 Galileo 变换，力是变换的不变量，故得

$$\begin{cases} F_{xr} = F''_x \\ F_{yr} = \sqrt{1-\dfrac{v^2}{c^2}}F''_y \\ F_{zr} = \sqrt{1-\dfrac{v^2}{c^2}}F''_z \end{cases}$$

附录 D

一、磁场旋度方程的变换

在§8中已经讨论了该节方程组(1)中第二式的 x 分量的变换，现在讨论该式 y 分量的变换. 在静止以太系S中，方程

$$\nabla\times\boldsymbol{B}=\frac{1}{c}\frac{\partial \boldsymbol{E}}{\partial t}+\frac{4\pi}{c}\rho(\boldsymbol{v}+\boldsymbol{u}_{\mathrm{r}})$$

的 y 分量为

$$\frac{\partial B_x}{\partial z}-\frac{\partial B_z}{\partial x}=\frac{1}{c}\frac{\partial B_y}{\partial t}+\frac{4\pi}{c}\rho u_{\mathrm{r}y} \tag{D.1}$$

利用§8中的Galileo变换(2)式，有

$$\frac{\partial B_x}{\partial z_{\mathrm{r}}}-\frac{\partial B_z}{\partial x_{\mathrm{r}}}=\frac{1}{c}\left(\frac{\partial}{\partial t_{\mathrm{r}}}-v\frac{\partial}{\partial x_{\mathrm{r}}}\right)E_y+\frac{4\pi}{c}\rho u_{\mathrm{r}y}$$

利用§8的变换关系(8)式，把上述方程变换到S′系中，有

$$l\frac{\partial B_x}{\partial z'}-l\gamma\left(\frac{\partial}{\partial x'}-\frac{v}{c^2}\frac{\partial}{\partial t'}\right)B_z=\frac{1}{c}\left[\frac{l}{\gamma}\frac{\partial}{\partial t'}-vl\gamma\left(\frac{\partial}{\partial x'}-\frac{v}{c^2}\frac{\partial}{\partial t'}\right)\right]E_y+\frac{4\pi}{c}\rho u_{\mathrm{r}y}$$

即

$$\begin{aligned}l\frac{\partial B_x}{\partial z'}-l\gamma\frac{\partial}{\partial x'}\left(B_z-\frac{v}{c}E_y\right)&=\frac{l\gamma}{c}\frac{\partial}{\partial t'}\left(\frac{E_y}{\gamma^2}+\frac{v^2}{c^2}E_y-\frac{v}{c}B_z\right)+\frac{4\pi}{c}\rho u_{\mathrm{r}y}\\&=\frac{l\gamma}{c}\frac{\partial}{\partial t'}\left(E_y-\frac{v}{c}B_z\right)+\frac{4\pi}{c}\rho u_{\mathrm{r}y}\end{aligned}$$

上式两端同以 l^3 相除，得

$$\frac{\partial}{\partial z'}\left(\frac{B_x}{l^2}\right)-\frac{\partial}{\partial x'}\left[\frac{\gamma}{l^2}\left(B_z-\frac{v}{c}E_y\right)\right]=\frac{1}{c}\frac{\partial}{\partial t'}\left[\frac{\gamma}{l^2}\left(E_y-\frac{v}{c}B_z\right)\right]+\frac{4\pi}{c}\frac{\rho}{l^3}u_{\mathrm{r}y} \tag{D.2}$$

令

$$B'_x=\frac{B_x}{l^2}$$

$$B'_z=\frac{\gamma}{l^2}\left(B_z-\frac{v}{c}E_y\right)$$

$$E'_y=\frac{\gamma}{l^2}\left(E_y-\frac{v}{c}B_z\right)$$

$$\rho'=\frac{\rho}{\gamma l^3}$$

$$u'_y=\gamma u_{\mathrm{r}y}$$

则(D.2)式即可变成

$$\frac{\partial B'_x}{\partial z'}-\frac{\partial B'_z}{\partial x'}=\frac{1}{c}\frac{\partial E'_y}{\partial t'}+\frac{4\pi}{c}\rho' u'_y \tag{D.3}$$

(D.3)式与在 S 系中的方程(D.1)具有完全相同的形式.

同理，对 z 分量，有

$$\frac{\partial B'_y}{\partial x'}-\frac{\partial B'_x}{\partial y'}=\frac{1}{c}\frac{\partial E'_z}{\partial t'}+\frac{4\pi}{c}\rho' u'_z \tag{D.4}$$

其中

$$B'_x=\frac{B_x}{l^2}$$

$$B'_y=\frac{\gamma}{l^2}\left(B_y+\frac{v}{c}E_z\right)$$

$$E'_z=\frac{\gamma}{l^2}\left(E_z+\frac{v}{c}B_y\right)$$

在 §8 中的(12)式与本附录的方程(D.3)式及(D.4)式构成如下矢量方程：

$$\nabla\times\boldsymbol{B}'=\frac{1}{c}\frac{\partial \boldsymbol{E}'}{\partial t}+\frac{4\pi}{c}\rho'\boldsymbol{u}'$$

此即 §8 中在 S′系中的 Maxwell 方程组(15)式的第二式.

二、电场散度方程的变换

在 S 系中电场散度方程为

$$\nabla\cdot\boldsymbol{E}=4\pi\rho$$

现将上述方程变换到 S′系中. 根据 §8 中的(9)式，

$$l\gamma\frac{\partial E_x}{\partial x'}+l\frac{\partial E_y}{\partial y'}+l\frac{\partial E_z}{\partial z'}=4\pi\rho+l\gamma\frac{v}{c^2}\frac{\partial E_x}{\partial t'} \tag{D.5}$$

由 §8 的(10)式，

$$\frac{\partial E_x}{\partial t'}=\frac{c}{\gamma}\left(\frac{\partial B_z}{\partial y'}-\frac{\partial B_y}{\partial z'}\right)+v\frac{\partial E_x}{\partial x'}-\frac{4\pi}{l\gamma}\rho(v+u_{rx})$$

把上式代入(D.5)式，得

$$\gamma\frac{\partial E_x}{\partial x'}+\frac{\partial E_y}{\partial y'}+\frac{\partial E_z}{\partial z'}-\frac{\gamma v}{c^2}\left[\frac{c}{\gamma}\left(\frac{\partial B_z}{\partial y'}-\frac{\partial B_y}{\partial z'}\right)+v\frac{\partial E_x}{\partial x'}-\frac{4\pi}{l\gamma}\rho(v+u_{rx})\right]=\frac{4\pi\rho}{l}$$

或

$$\frac{\partial}{\partial x'}\left(\gamma E_x-\gamma\frac{v^2}{c^2}E_x\right)+\frac{\partial}{\partial y'}\left(E_y-\frac{v}{c}B_z\right)+\frac{\partial}{\partial z'}\left(E_z+\frac{v}{c}B_y\right)=\frac{4\pi\rho}{l}\left(1-\frac{v^2}{c^2}-\frac{v}{c^2}u_{rx}\right)$$

因其中

$$\gamma=\frac{1}{\sqrt{1-\frac{v^2}{c^2}}}$$

故上式简化为

$$\frac{1}{\gamma}\frac{\partial E_x}{\partial x'}+\frac{\partial}{\partial y'}\left(E_y-\frac{v}{c}B_z\right)+\frac{\partial}{\partial z'}\left(E_z+\frac{v}{c}B_y\right)=\frac{4\pi\rho}{l}\left(\frac{1}{\gamma^2}-\frac{v}{c^2}u_{rx}\right)$$

上式两端同乘$\frac{\gamma}{l^2}$，得

$$\frac{\partial}{\partial x'}\left(\frac{E_x}{l^2}\right)+\frac{\partial}{\partial y'}\left[\frac{\gamma}{l^2}\left(E_y-\frac{v}{c}B_z\right)\right]+\frac{\partial}{\partial z'}\left[\frac{\gamma}{l^2}\left(E_z+\frac{v}{c}B_y\right)\right]=4\pi\left(\frac{\rho}{l^3\gamma}\right)\gamma^2\left(\frac{1}{\gamma^2}-\frac{v}{c^2}u_{rx}\right)$$

$$=4\pi\left(\frac{\rho}{l^3\gamma}\right)\left(1-\frac{v}{c^2}\gamma^2 u_{rx}\right)$$

或

$$\frac{\partial E'_x}{\partial x'}+\frac{\partial E'_y}{\partial y'}+\frac{\partial E'_z}{\partial z'}=4\pi\rho\left(1-\frac{v}{c^2}u'_x\right)$$

此即电场散度方程在 S′系中的形式，式中

$$\begin{cases}E'_x=\dfrac{E_x}{l^2}\\ E'_y=\dfrac{\gamma}{l^2}\left(E_y-\dfrac{v}{c}B_z\right)\\ E'_z=\dfrac{\gamma}{l^2}\left(E_z+\dfrac{v}{c}B_y\right)\\ \rho'=\dfrac{\rho}{l^2\gamma}\\ u'_x=\gamma^2u_{rx}\end{cases}$$

参考文献

[1] MAXWELL J C. A treatise on electricity and magnetism. Oxford：Clarendon Press，1904. [或：电磁通论(上，下). 戈革，译. 武汉：武汉出版社，1994].

[2] D′AGOSTINO S. Historical studies in the physical sciences：Vol. 6. Edited by R. McCormmach. Phyladelphia：Univ. of Pennsylvania Press，1975.

[3] LODGE O. Modern views of electricity. London：Macmillan，1889.

[4] LORENTZ H A. Collected papers：Vol. I. The Hague：Martinus Nijhoff，1935.

[5] 玻恩 M，沃耳夫 E. 光学原理：上册. 杨葭荪等，译校. 北京：科学出版社，1978.

[6] LORENTZ H A. Collected papers：Vol. Ⅱ. The Hague：Martinus Nijihoff，1936.

[7] LORENTZ H A. Collected papers：Vol. Ⅲ. The Hague：Martinus Nijihoff，1936.

[8] LORENTZ H A. Collected papers：Vol. Ⅱ. The Hague：Martinus Nijihoff，1936.

[9] LORENTZ H A. Collected papers：Vol. Ⅳ. The Hague：Martinus Nijihoff，1937.

[10] LORENTZ H A. Collected papers：Vol. Ⅴ. The Hague：Martinus Nijihoff，1937.

[11] LORENTZ H A. The theory of electrons. Reprint of 2nd ed. New York：Dover Publ.，1915：321.

[12] 汤川秀树. 经典物理学(Ⅰ). 周成民等，译. 北京：科学出版社，1986.

第四章

物质的电磁性质

世间万物都是由大量带正、负电的粒子(电子与原子核或其他)组成的，这些带正、负电的粒子又都因不断地运动而具有相应的磁矩. 笼统地说，电磁场对物质的作用以及物质对电磁场的响应，其根源即在于此. 同时，物质的电磁性质以及其他许多有关的物理性质，也都取决于其中的带电粒子的结构和运动.

物质内带电粒子的运动一方面要遵守电磁场规律，Maxwell 的电磁场理论为此提供了重要的理论基础. 另一方面，大量带电粒子的无规热运动又要受统计规律的制约，分子运动论中的统计方法为确定带电粒子的集体行为提供了另一个理论依据. Lorentz 首先把分子运动论引入到电磁场理论中并创立了电子论. Lorentz 的理论是电磁场理论与分子运动论相结合的产物，它为物性学的研究提供了最初的、也是重要的理论基础. 在解释物质的磁性、介电性，金属的导电性和导热性，以及物质的其他热学性质和光学性质方面，经典电子论都取得了很大的成功.

不难设想，物质的种种宏观性质必然涉及构成它的微观粒子的行为. 如所周知，微观粒子遵守的量子规律与宏观物体的规律是完全不同的. 然而，在量子力学尚未诞生之前的经典电子论，却采用经典理论和经典方法来处理微观现象，这就使得它在解释物质性质时遇到了种种困难，其中有些困难是难以克服的，这就表明经典电子论存在着很大的局限性. 应该指出，对物性的研究最终还需要借助量子力学理论才能得到令人满意的结果.

本章主要介绍物质电磁性质的经典理论. 同时，单列一节介绍超导体的特殊性质.

§1. 物质的磁性

一、简短的历史回顾

在远古时代，人们就发现了天然磁石吸引铁的磁现象. 我国春秋战国时期的一些著作已有关于磁石的记载和描述. 汉朝以后有更多的著作记载磁石吸铁的现象. 东汉著名学者王充在《论衡》一书中描述的“司南勺”已被公认为最早的磁性指南工具. 指南针是我国古代四大发明之一. 11世纪北宋科学家沈括在《梦溪笔谈》中, 第一次记载了指南针的制作和作用. 沈括还首先发现了地磁偏角. 12世纪初, 我国已有指南针用于航海的明确记载.

最早对磁现象进行系统研究的西方人是13世纪的P. Peregrinus, 比沈括晚了200多年. Peregrinus首先引进了“磁极”的概念, 并认为任何磁石都有两个磁极. Peregrinus从磁的普遍现象中总结出“异性相吸, 同性相斥”的特点, 这比电的对应现象的发现要早四个多世纪. 在磁学发展的最初阶段, 只是围绕磁石和地磁进行观察研究.

直到19世纪, 在Oersted发现了电流的磁效应以及Faraday发现了电磁感应现象之后, 人们才把磁现象作为更普遍的自然现象来研究, 并把磁现象和电现象密切地联系了起来. Faraday和P. Curie对物质磁性的大量实验研究把磁学研究大大地推进了一步. Ampere关于磁现象的本质是电流以及关于分子电流的学说提出后, 人们才对物质的磁性开始有了科学的认识, 认为物质的磁性归根究底来源于分子内部的电运动. Lorentz经典电子论的建立, 以及把热学中的统计规律引入电磁学, 为建立磁学的近代理论奠定了基础. 1905年, P. Langevin借助于电子论建立了物质抗磁性和顺磁性的经典理论(相应的量子力学理论是由J. H. Van Vleck建立的). 1907年, P. E. Weiss提出了铁磁性的唯象理论(相应的量子力学理论是由W. K. Heisenberg在1928年和F. Bloch在1930年建立的).

对物质磁性的研究是电磁学不可分割的重要组成部分之一. J. J. Thomson的阴极射线实验和Zeeman效应的发现, 暗示原子具有电结构, 并最终导致电子的发现. 对物质磁性的实验研究和机理的解释使上述事实获得了进一步的证据. 此外, 物质磁性在经典理论范畴内的研究成果, 再一次显示了Maxwell和Lorentz电磁理论的巨大威力.

习惯上根据物质磁性的强弱和特征, 把物质分成抗磁体、顺磁体和强磁体(铁磁体)三类, 本节主要介绍这三类磁性的经典理论.

二、Faraday和Weber等对抗磁性的研究

最早发现抗磁性的是A. Brugmans, 他在1778年发现铋被磁极排斥, 但当时这一发现并未引起人们的注意. 1827年, Le Baillif再次报导铋和锑被磁极排斥的现象. 后来, Faraday发现透明物体都有抗磁性, 并把这些物体称为“抗磁体”. 在Faraday之前的物理学家虽然已经发现了抗磁现象, 但他们并不知道进一步应该做些什么, 也不知道怎样从这种新现象中发掘出隐藏在现象背后的新东西. 只有到了Faraday, 才对物质的抗磁性作了认真的实验研究和理论思考.

Faraday在1845—1846年间通过一系列实验分析了抗磁体的性质, 并对抗磁体和顺磁体作了分类, 证明绝大多数物质都属于抗磁体, 因而认为抗磁性比顺磁性和铁磁性更普遍和更基本. Faraday把物质从强顺磁性到强抗磁性排列成一个序列: 铁、镍、钴、

锰、……空气、酒精、金、水、水银、燧石玻璃、锡、重玻璃、锑、磷、铋. 其中，空气介于顺磁性和抗磁性之间. 通过观察，Faraday 发现，磁铁对抗磁体的排斥作用与磁铁的极性无关，即磁铁的南极或北极都能排斥抗磁体；抗磁体在磁场中总是从磁场强的地方运动到磁场弱的地方，而在均匀磁场中并不运动.

最初，Faraday 在解释上述抗磁现象时，假设抗磁体与顺磁体一样，在磁场中会感应出磁性，并产生南北两种极性. 抗磁体与铁磁体的区别在于，两者感应出来的“极性”正好相反. 后来，Faraday 用 Ampere 的分子电流理论来解释顺磁性和抗磁性. Faraday 认为，当螺线管中的电流所产生的磁场作用于铁磁体时，其中感应出的电流方向与螺线管中的电流方向一致，故被吸引；当磁场作用于抗磁体时，其中感应出的电流方向与螺线管中的电流方向相反，故被排斥.

法国物理学家 Becquerel 在 1845—1855 年间致力于统一解释顺磁性和抗磁性的工作. Becquerel 认为，任何物质都含有磁性粒子，铁磁物质含得最多，磁性最强，顺磁体次之，而抗磁体所含的磁性粒子最少. Becquerel 仿照 Archimedes 的浮力原理来解释抗磁体被磁铁排斥的现象，提出了磁浮力原理. Becquerel 解释说，如果物体所含的磁性粒子多于空气所含的磁性粒子，即如果该物体是顺磁体，它就会被磁铁吸引，正如比水重的物体被地球吸引而沉底一样；如果物体所含的磁性粒子少于空气所含的磁性粒子，即如果该物体是抗磁体，它就会被磁铁排斥，正如比水轻的物体被浮力托到水面上一样. 由此，为了解释抗磁体在真空中也会被磁铁排斥的现象，Becquerel 不得不求助于以太，认为以太也有磁性，也包含磁性粒子，其磁性大致与空气的磁性相等.

Weber 在 1848—1852 年间也研究过抗磁体，Weber 的抗磁理论是完全建立在 Ampere 的电动力学基础之上的. Weber 认为，抗磁体在磁场作用下感应出瞬时电流，从而产生磁性，但这是一种反磁性，其南北两极正好与产生磁场的两极相反，因而受到排斥. 一旦抗磁体脱离磁场，其中感应而生的磁性立即消失.

为了用 Ampere 的分子电流学说解释物质的磁性，可假定物质内部存在着分子电流，当各分子的取向一致时，分子电流产生的磁场互相加强，从而形成物质宏观上的磁性. 物质内部的分子电流显然不应受到任何阻力，因为如果受到阻力(即存在电阻)，分子电流流过时就会发热. 于是，为了维持分子电流及由它产生的磁性，就需要通过别的途径提供能量的补充. 实际上从未观察到物质持续发热的现象，维持物质的磁性也并不需要补充能量. 因此，合理的假定是，物质内的分子电流不受任何阻力，可以把分子看作是理想导体.

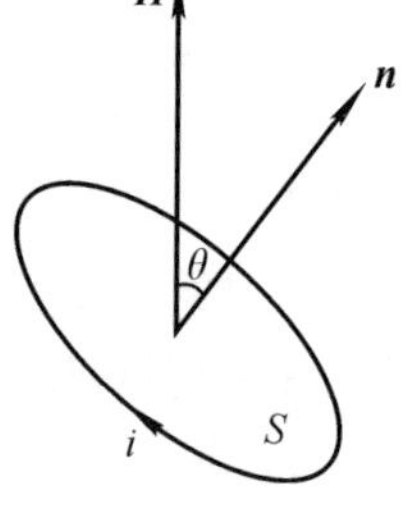

Weber 假定，抗磁体的分子内并不存在原始电流，但存在某些无电阻的电流通道. 如图 4-1-1 所示，Weber 考虑一个环形通道，其法线方向为 $\boldsymbol{n}$，包围的面积为 S. 当外磁场从 0 增加到 H 时，在环中因感应而产生的瞬间电动势为

H
n
θ
i
S

图 4-1-1

$$\mathscr{E}=-\frac{\mathrm{d}}{\mathrm{d}t}(Li+HS\cos\theta)$$

式中 L 是环的自感系数，θ 是外磁场 $\boldsymbol{H}$ 与 $\boldsymbol{n}$ 之间的夹角. 由电路方程，

$$\frac{\mathrm{d}}{\mathrm{d}t}(Li+HS\cos\theta)=Ri=0$$

上式等于零是因为电路的电阻 $R=0$. 积分，得

$$Li+HS\cos\theta=\text{常量}=Li_0$$

当 $\boldsymbol{H}=0$ 即无外磁场时分子为原始状态，i_0 是分子的原始电流，已假定分子不存在原始电流，即 $i_0=0$，故上式变为

$$i=-\frac{HS\cos\theta}{L}$$

式中 i 就是加磁场 H 后在环中感应出来的瞬时电流. 由电流 i 产生的相应磁矩 m 为

$$m=iS=-\frac{HS^2\cos\theta}{L}$$

该磁矩在磁化方向(即 $\boldsymbol{H}$ 方向)的分量为

$$m_z=-\frac{HS^2\cos^2\theta}{L} \tag{1}$$

在分子中还可能存在其他导电环，它们的法线 $\boldsymbol{n}$ 的取向各不相同. 设单位体积中包含 N 个分子，包含有大量取向各不相同的导电环. 假定这些导电环的空间取向在整个 4π 立体角内是均匀分布的，每个导电环中感应电流的磁矩在磁化方向的分量由(1)式决定. 由于假设各导电环的空间取向均匀分布，导电环中感应电流的磁矩在垂直于磁化方向(即垂直于 $\boldsymbol{H}$ 方向)的投影之和应为零(即各 m_x 之和为零，各 m_y 之和为零)，因此，单位体积内的总磁矩 M(即磁化强度)应是各导电环中感应电流的磁矩在磁化方向的投影之和(即各 m_z 之和). 由于各 m_z 中 $\cos^2\theta$ 的大小各有不同[见(1)式]，求和的结果可用平均值 $\overline{\cos^2\theta}$ 表示，为

$$\begin{aligned}M=M_z&=\sum m_z\\&=-\frac{NHS^2}{L}\overline{\cos^2\theta}\end{aligned}$$

式中 $\overline{\cos^2\theta}$ 是 $\cos^2\theta$ 在 4π 立体角内的平均值，为

$$\begin{aligned}\overline{\cos^2\theta}&=\frac{1}{4\pi}\int_0^{\pi}\int_0^{2\pi}\cos^2\theta\sin\theta\,\mathrm{d}\theta\,\mathrm{d}\varphi\\&=\frac{1}{2}\int_0^{\pi}\cos^2\theta\sin\theta\,\mathrm{d}\theta\\&=\frac{1}{3}\end{aligned}$$

故磁化强度为

$$M=-\frac{NS^2}{3L}H$$

磁化率为

$$\chi=-\frac{NS^2}{3L}$$

式中χ为负值，表明物质的磁化方向与外加磁场强度方向相反，即 $\boldsymbol{M}$ 与 $\boldsymbol{H}$ 反向，属于抗磁体.

Weber 认为，既然抗磁体在磁场作用下具有了磁性，并具有两个极，那么，它就应与磁铁棒一样，当它在线圈中运动时，在线圈中将会出现感应电流. 为此，Weber 做了如下的实验. 如图 4-1-2 所示，A 为产生磁场的电磁铁，B 为串有电流计的螺线管，绕在空心木管上，C 为具有抗磁性的铋棒. 当将铋棒迅速插入 B 中时，电流计的指针向一边偏转，表明在 B 中产生了感应电流；当将铋棒迅速拉出 B 时，电流计的指针反向偏转，表明在 B 中产生了反向的感应电流. 根据这个实验，Weber 企图证明铋棒与铁棒一样具有磁性并具有"极性". 但后来，Faraday 对 Weber 的这个实验作了完全不同的解释，并同时否定了 Faraday 本人原先的观点——抗磁体具有"极性".

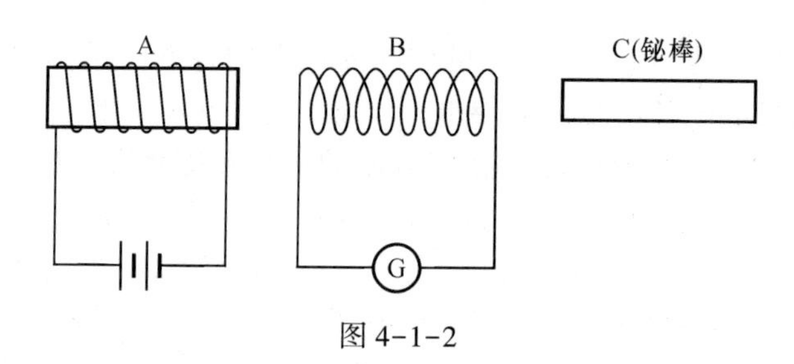

图 4-1-2

1848 年，Faraday 对他本人原先的抗磁性认识有了根本性转变. 原先，Faraday 把铋在磁场中呈现的抗磁力称为"磁晶力"，认为"磁晶力"是抗磁体所固有的力，来源于抗磁体分子在磁场中产生极化(正如电介质分子在电场中产生极化一样)，因而抗磁性与抗磁体分子的极化状态有关，亦即"磁晶力"属于极化力. 然而，Faraday 在做了一系列重要实验后认定，磁力是一种非极性力，因为磁力线总是闭合的，找不到任何极性(与电力线不同，电力线总是从正电荷到负电荷，是一种极性力线). 因此，抗磁体内的磁力线也必定是非极性力线，所谓"磁晶力"不可能属于极化力.

既然"磁晶力"不是极化力，Faraday 认为，它或许是一种感应力，正如软铁在磁场中由于感应而产生磁力一样. 为了证实这种看法，Faraday 把铋在高温下熔化，并在强磁场作用下缓慢冷却，冷却后再把铋块打碎，观察晶粒的取向，希望能看到由于强磁场作用所留下的感应印记，但是，Faraday 发现，晶粒的取向仍是杂乱无章的. 由此，Faraday 认为，"磁晶力"也不属于感应力.

Faraday 的一系列实验表明，抗磁体的“磁晶力”既不是因磁场作用产生极化而引起的极化力，又不是因磁感应而引起的感应力，那么，一定是另一种原因导致了抗磁性. Faraday 推测，磁力线在通过物体时会受到物体的影响，不同物体对磁力线的影响程度也不一样，一些物体比较容易被磁力线通过，亦即能收集磁力线，这些物体就表现出顺磁性；另一些物体不容易被磁力线通过，亦即能排斥磁力线，这些物体就表现出抗磁性.

1850 年，W. Thomson 曾多次与 Faraday 就抗磁性问题交换意见. 在 W. Thomson 给 Faraday 的一封信中，画了一幅如图 4-1-3 所示的图. 图中一个是顺磁体球，通过它的磁力线比较密集；另一个是抗磁体球，通过它的磁力线比较稀疏. 根据 W. Thomson 提供的图示分析，Faraday 认识到磁力线并不是物体所固有的，物体在磁场中不会产生新的磁力线，而只能改变已有磁力线的空间分布. 据此，Faraday 提出了物质的导磁性原理，认为不同物质具有不同的导磁能力，即具有不同的磁导率. 顺磁体的磁导率高，磁力线比较容易通过，能收集空间的磁力线. 抗磁体的磁导率小，磁力线通过时会遇到阻力而不易通过，因而要排斥空间的磁力线. 根据这个原理，顺磁体要向磁力线密集的方向运动，而抗磁体则要向磁力线稀疏的地方运动. 这就解释了顺磁体被磁极吸引而抗磁体则被磁极排斥的现象.

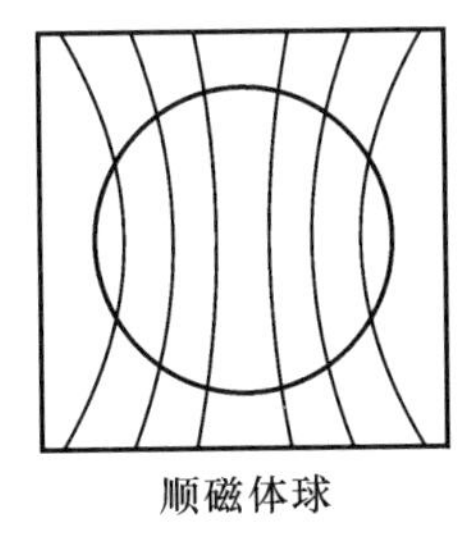

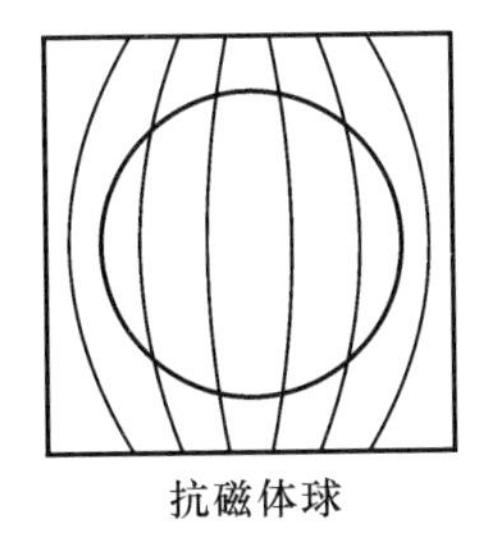

图 4-1-3

1849 年，Faraday 重做了前面提到的 Weber 实验(见图 4-1-2). Faraday 确实观察到在线圈 B 中产生了感应电流. 但是，Faraday 批驳了 Weber 对现象的解释. Faraday 认为，铋棒的运动并不是产生感应电流的直接原因，而只是提供了产生感应电流的条件. 铋棒插入 B 管时，由于铋棒要排斥磁力线，从而使通过 B 管的磁力线数减少了；铋棒拉出 B 管时，通过 B 管的磁力线数恢复到原来的数目，正是通过 B 管的磁力线数的这种变化才导致感应电流的产生.

Faraday 关于物质磁性所做的一系列实验及相关的研究成果，对电磁学的发展具有深远意义. Faraday 认为，磁极对磁性物质的作用并不直接来源于磁极，而是由于磁力线的变形所产生的张力的结果，也就是说，物质所受的磁力直接来自磁力线，这实质上就是场的观点. Faraday 对磁性物质的研究把顺磁体和抗磁体统一了起来，虽然顺磁体和抗磁体表现出迥然不同的性质，但都可归结为物质的导磁能力的大小，即磁导率的大小，从此在电磁学中首次有了磁导率的概念.

三、Curie 定律

1891—1895 年间，法国物理学家 P. Curie 对物质磁性的研究成果，使磁学得到了重大的发展.

当时，习惯上把物质截然分为抗磁体、顺磁体、强磁体(铁磁体)三类. Curie 对此持有怀疑，他想弄清楚这三类磁性是否果真不能相互过渡. 为此，Curie 研究了各种物质在不同条件下，特别是在不同温度下显示出来的磁性. Curie 所选取的物质，作为抗磁体的有水、岩盐、氯化钾、硫酸钾、硝酸钾、水晶、硫磺、硒、碲、碘、磷、锑和铋，作为顺磁体的有氧、钯、硫酸铁，作为强磁体的有铁、镍、磁铁矿、铸铁等. 温度范围从室温到 1 370 ℃. Curie 测定了各种物质的磁化率(物质被磁化后单位体积中磁矩的总和即物质的磁化强度 M，与磁场强度 H 成正比，写成 $M=\chi H$，其中比例系数 χ 称为物质的磁化率). Curie 的实验表明，顺磁体和抗磁体的磁性都很弱，即它们的 χ 都很小，故都称为弱磁物质. 顺磁体的 $\chi>0$，抗磁体的 $\chi<0$. 对于顺磁体，其磁化率 χ 与磁场强度 H 无关，但与绝对温度 T 成反比，即有

$$\chi=\frac{C}{T}$$

由实验得出的上述关系称为 Curie 定律，式中的常量 C 称为 Curie 常量.

Curie 还发现，强磁体(铁磁体)在某一个温度 T_C 之上时，会转变成顺磁体，此时其磁化率 χ 与绝对温度 T 的关系为

$$\chi=\frac{C}{T-T_C}$$

式中 T_C 称为 Curie 温度.

对于抗磁体，χ 不仅与磁场强度 H 无关，也不依赖于温度 T.

以上结果表明，顺磁体和强磁体可以随温度的变化而相互转化，可见两者在产生磁性的原因上有密切关系；但抗磁体与顺磁体之间却无法接近和转化. 因此，Curie 认为，顺磁性和抗磁性是由全然不同的原因引起的. Curie 还认为，顺磁体的磁性状态类似于气态，而强磁体则类似于液态. Curie 的这种类比为 Weiss 提出铁磁性的唯象理论提供了有益的启示.

四、Langevin 的抗磁性经典理论

W. Voigt 在 1902 年，J. J. Thomson 在 1903 年，曾分别尝试用原子内作轨道运动的电子来说明物质的磁性，但都没有取得成功. 鉴于 Curie 的实验研究成果、Lorentz 电子论的成功以及电子的发现，促使法国物理学家 P. Langevin 着手研究物质的磁性，并于 1905 年建立了顺磁性和抗磁性的经典理论.

Langevin 认为，虽然 Curie 经过研究认识到顺磁性和抗磁性具有根本的差别，是由完

全不同的原因所造成的，但是却并未从理论上说明造成这种差别的根源，这是最大的缺点. 为此，Langevin 提出了下述模型：顺磁体分子中各电子轨道运动所产生的磁矩之和不为零，亦即顺磁体分子具有有限的固有磁矩；而在抗磁体分子中，各电子轨道运动的磁矩互相抵消，亦即抗磁体分子的固有磁矩为零.

对于抗磁体分子，虽然分子的总磁矩为零，但其中每个电子的轨道运动仍都产生磁矩. 设电子轨道运动的等效电流为 i，则有

$$i=-e\frac{\omega}{2\pi}$$

式中 ω 是电子轨道运动的角速度，$-e$ 是电子的电量. 设电子轨道所围面积为 S，则电子轨道运动的磁矩为

$$\boldsymbol{m}=\frac{1}{c}i\,\boldsymbol{S}=-\frac{e}{c}\frac{\omega}{2\pi}\boldsymbol{S}$$

式中 $\boldsymbol{S}$ 的方向由电流方向按右手法则确定. 把电子轨道运动的径矢表为 $\boldsymbol{r}$，速度表为 $\boldsymbol{v}$，则单位时间内 $\boldsymbol{r}$ 扫过的面积(即面积速度)为

$$\frac{\mathrm{d}\boldsymbol{S}}{\mathrm{d}t}=\frac{1}{2}\boldsymbol{r}\times\boldsymbol{v}$$

一个周期 T 内扫过的面积为(对圆轨道)

$$\boldsymbol{S}=\frac{1}{2}\int_0^T(\boldsymbol{r}\times\boldsymbol{v})\,\mathrm{d}t=\frac{T}{2}(\boldsymbol{r}\times\boldsymbol{v})$$

$$=\frac{\pi}{\omega}\boldsymbol{r}\times\boldsymbol{v}$$

故电子轨道运动的磁矩为

$$\boldsymbol{m}=-\frac{e}{2c}\boldsymbol{r}\times\boldsymbol{v}$$

以上结果对其他形状(如椭圆)的电子轨道也适用. 对于分子中第 i 个电子，有

$$\boldsymbol{m}_i=-\frac{e}{2c}\boldsymbol{r}_i\times\boldsymbol{v}_i$$

当在 z 方向加外磁场 $\boldsymbol{H}$ 后，将产生 Larmor 进动，进动角速度为[参看第五章§2 Zeeman 效应中的(21)式]

$$\boldsymbol{\omega}_{\mathrm{p}}=\frac{e\boldsymbol{H}}{2mc}$$

式中 m 为电子质量. 这表明，电子运动速度将在原来轨道运动速度 $\boldsymbol{v}_i$ 的基础上附加一个速度 $\Delta\boldsymbol{v}_i$，为

$$\Delta\boldsymbol{v}_i=\boldsymbol{\omega}_{\mathrm{p}}\times\boldsymbol{r}_i$$

相应地，除轨道运动磁矩 $\boldsymbol{m}_i$ 外，因 Larmor 进动产生的附加磁矩 $\Delta\boldsymbol{m}_i$ 为

$$\begin{aligned}\Delta \boldsymbol{m}_i &= -\frac{e}{2c}(\boldsymbol{r}_i \times \Delta \boldsymbol{v}_i)\\ &= -\frac{e}{2c}\boldsymbol{r}_i \times (\boldsymbol{\omega}_{\mathrm{p}} \times \boldsymbol{r}_i)\\ &= -\frac{e}{2c}[r_i^2\,\boldsymbol{\omega}_{\mathrm{p}} - \boldsymbol{r}_i(\boldsymbol{r}_i \cdot \boldsymbol{\omega}_{\mathrm{p}})]\end{aligned}$$

把上式写成分量形式，并注意 $\boldsymbol{\omega}_{\mathrm{p}}$ 指向外磁场 $\boldsymbol{H}$ 的方向即 z 方向，

$$\Delta m_{ix} = -\frac{e}{2c}(-x_i z_i \omega_{\mathrm{p}}) = \frac{e\omega_{\mathrm{p}}}{2c}x_i\, z_i$$

$$\Delta m_{iy} = -\frac{e}{2c}(-y_i z_i \omega_{\mathrm{p}}) = \frac{e\omega_{\mathrm{p}}}{2c}y_i\, z_i$$

$$\Delta m_{iz} = -\frac{e}{2c}(r_i^2\omega_{\mathrm{p}} - z_i^2\omega_{\mathrm{p}}) = -\frac{e\omega_{\mathrm{p}}}{2c}(x_i^2 + y_i^2)$$

上述附加磁矩随电子运动迅速变化，必须对时间求平均. 在上式中，各交叉项的时间平均值为零，即有

$$\overline{x_i z_i} = 0$$

$$\overline{y_i z_i} = 0$$

又因

$$\begin{aligned}\overline{x_i^2} = \overline{y_i^2} = \overline{z_i^2} &= \frac{1}{3}(\overline{x_i^2} + \overline{y_i^2} + \overline{z_i^2})\\ &= \frac{1}{3}\,\overline{R_i^2}\end{aligned}$$

式中 R_i 是电子与原子核的距离. 于是，因 Larmor 进动产生的附加磁矩为

$$\Delta m_i = -\frac{e}{3c}\omega_{\mathrm{p}}\,\overline{R_i^2} = -\frac{e^2 H}{6mc^2}\overline{R_i^2}$$

对原子中所有电子产生的附加磁矩求和，就得出整个原子的附加磁矩为

$$\Delta m = -\frac{e^2 H}{6mc^2}\sum_{i=1}^{Z}\overline{R_i^2}$$

式中 Z 为原子序数.

设单位体积抗磁体中包含 N 个原子，则磁化强度为(注意，抗磁体分子的固有磁矩为零，故其磁化强度只有附加磁矩的贡献，又附加磁矩 $\boldsymbol{\Delta m}$ 与外加磁场 $\boldsymbol{H}$ 反向)，

$$\begin{aligned}M &= N\Delta m\\ &= -\left(\frac{Ne^2}{6mc^2}\sum_{i=1}^{Z}\overline{R_i^2}\right)H\end{aligned}$$

磁化率 χ 为

$$\chi=-\frac{Ne^2}{6mc^2}\sum_{i=1}^{Z}\overline{R_i^2}$$

上式就是 Langevin 用经典电子论导出的抗磁体的磁化率公式. 式中$\overline{R_i^2}$是电子与原子核距离的方均值. 若按彻底的经典理论, 电子的轨道半径可连续取值, 并按 Boltzmann 分布律$\left[与\ \exp\left(-\frac{E}{kT}\right)成正比\right]$分布, 因此, 由经典理论, $\sum\overline{R_i^2}$应与温度 T 有关, 即磁化率χ应与温度 T 有关. 但是, 按照量子理论, 电子轨道只能取某些特殊的不连续的轨道, 当温度变化不大时, 轨道的大小形状不随温度变化即与温度无关, 从而磁化率χ也与温度无关, 与 Curie 的实验结果相符.

与 Weber 的抗磁性理论相比, 上述 Langevin 关于抗磁性的经典电子论有了更明确的抗磁性物理机制. 在 Weber 的抗磁性模型中包括了一些假想的和含糊不清的成分, 特别是涉及分子中假想回路的自感系数这一无法实际测量的因素. 两种理论的共同点是, 抓住了抗磁体在外磁场作用下会产生反向附加磁矩这一特征, 这正是抗磁性的本质.

五、Langevin 的顺磁性经典理论

按照 Langevin 的模型, 顺磁体的分子具有非零的固有磁矩 $\boldsymbol{m}_0$, 无外磁场时, 其和为零, 不显磁性, 加外磁场 $\boldsymbol{H}$ 后, 在 $\boldsymbol{H}$ 的作用下将会绕 $\boldsymbol{H}$ 作 Larmor 进动, 也产生反向的附加磁矩, 从而也将会表现出抗磁性(Faraday 也因此认为抗磁性是更为基本的物理机制). 那么, 为什么却表现为顺磁性呢? 这里, 至关重要的是, 必须同时考虑热运动的影响. 热运动将使分子因相互作用(如碰撞)而改变其能量, 使得分子固有磁矩 $\boldsymbol{m}_0$ 转向能量较小的方向, 即外磁场 $\boldsymbol{H}$ 的方向, 从而产生与磁场方向一致的宏观磁矩, 这是顺磁效应. 对于顺磁体, 两种效应是并存的, 由于因进动产生反向附加磁矩导致的抗磁效应比因固有磁矩转向导致的顺磁效应要小得多, 抗磁效应被顺磁效应所淹没, 于是表现出顺磁性.

在热平衡状态下, 分子固有磁矩的空间取向遵循 Maxwell-Boltzmann 分布律. Langevin 根据这一统计规律计算了顺磁体的磁化强度, 导出了与 Curie 定律相符的磁化率公式. Langevin 的高明之处在于, 既建立了明确的物理模型, 又引入了分子运动论的统计规律. Langevin 的理论研究成果宣告了现代物性学的诞生. 下面介绍 Langevin 的顺磁性经典理论.

加外磁场 $\boldsymbol{H}$ 后, 在热平衡状态下, 顺磁体分子固有磁矩 $\boldsymbol{m}_0$ 的空间取向遵循 Maxwell-Boltzmann 分布律. 如图 4-1-4 所示, $\boldsymbol{m}_0$ 处在 θ 方向 $\mathrm{d}\Omega$ 立体角内的分子数为

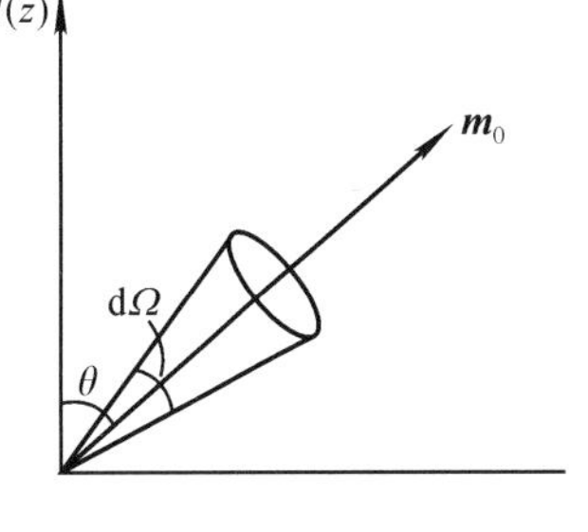

图 4-1-4

$$\mathrm{d}n=C\ \exp\left(-\frac{E}{kT}\right)\mathrm{d}\Omega$$

式中 k 为 Boltzmann 常量，E 为 $\boldsymbol{H}$ 与 $\boldsymbol{m}_0$ 的相互作用能，

$$E=-\boldsymbol{m}_0\cdot\boldsymbol{H}=-m_0 H\cos\theta$$

故

$$\mathrm{d}n=C\exp\left(\frac{m_0 H\cos\theta}{kT}\right)\mathrm{d}\Omega$$

设单位体积中的总分子数为 N，则

$$N=C\int\exp\left(\frac{m_0 H\cos\theta}{kT}\right)\mathrm{d}\Omega$$

上式应在 4π 立体角内求积，于是有

$$C=\frac{N}{\int\exp\left(\frac{m_0 H\cos\theta}{kT}\right)\mathrm{d}\Omega}=\frac{N}{2\pi\int_0^{\pi}\exp\left(\frac{m_0 H\cos\theta}{kT}\right)\sin\theta\,\mathrm{d}\theta}$$

各分子的固有磁矩 $\boldsymbol{m}_0$ 的空间取向对于 z 轴(磁场 $\boldsymbol{H}$ 的方向)是对称的，故 $\boldsymbol{m}_0$ 在垂直于 $\boldsymbol{H}$ 的平面内的分量彼此抵消，只剩下 z 分量. 于是，顺磁体单位体积内磁矩的总和(即磁化强度)为

$$\begin{aligned}M=M_z&=\int m_0\cos\theta\,\mathrm{d}n\\&=C\,m_0\int\cos\theta\exp\left(\frac{m_0 H\cos\theta}{kT}\right)\mathrm{d}\Omega\\&=2\pi\,C\,m_0\int_0^{\pi}\cos\theta\exp\left(\frac{m_0 H\cos\theta}{kT}\right)\sin\theta\,\mathrm{d}\theta\\&=\frac{N\,m_0}{\int_0^{\pi}\exp\left(\frac{m_0 H\cos\theta}{kT}\right)\sin\theta\,\mathrm{d}\theta}\int_0^{\pi}\exp\left(\frac{m_0 H\cos\theta}{kT}\right)\sin\theta\cos\theta\,\mathrm{d}\theta\end{aligned}$$

令

$$t=\cos\theta$$

$$a=\frac{m_0 H}{kT}$$

则

$$M=N\,m_0\frac{\int_{-1}^{1}t\,\mathrm{e}^{at}\mathrm{d}t}{\int_{-1}^{1}\mathrm{e}^{at}\mathrm{d}t}$$

$$= N m_0 \frac{\partial}{\partial t}\left[\ln\left(\int_{-1}^{1} e^{at}dt\right)\right]$$

$$= N m_0 \frac{d}{da}\left(\ln \frac{e^a - e^{-a}}{a}\right)$$

$$= N m_0 \left(\frac{e^a + e^{-a}}{e^a - e^{-a}} - \frac{1}{a}\right)$$

定义

$$L(a)=\frac{e^a+e^{-a}}{e^a-e^{-a}}-\frac{1}{a} \tag{2}$$

$L(a)$称为 Langevin 函数，则

$$M=N m_0 L(a)$$

对于室温，$a\ll1$，则

$$L(a)=\frac{\left(1+a+\frac{a^2}{2}+\cdots\right)+\left(1-a+\frac{a^2}{2}-\cdots\right)}{\left(1+a+\frac{a^2}{2}+\frac{a^3}{6}+\cdots\right)+\left(1-a+\frac{a^2}{2}-\frac{a^3}{6}+\cdots\right)}-\frac{1}{a}$$

$$=\frac{2+a^2}{2a+\frac{a^3}{3}}-\frac{1}{a}=\frac{1}{a}\left(\frac{6+3a^2}{6a+a^2}-1\right)=\frac{2a}{6+a^2}$$

$$\approx\frac{a}{3} \tag{3}$$

所以

$$M=N m_0 L(a)=\frac{1}{3}N m_0 a$$

$$=\frac{N m_0}{3kT}H \tag{4}$$

顺磁体的磁化率为

$$\chi=\frac{N m_0}{3kT} \tag{5}$$

以上结果忽略了由于 $\boldsymbol{m}_0$ 的进动而产生的抗磁效应. 以上结果表明，顺磁体的磁化率χ与绝对温度 T 成反比，这正是 Curie 定律的结果. 这样，Langevin 根据经典电子论运用统计方法从理论上导出了顺磁体的 Curie 定律.

六、Weiss 的铁磁性唯象理论

Langevin 的顺磁理论并不适用于强磁体(铁磁体)，因为，首先，它无法解释铁磁体

的磁性为什么会如此强，实际上由公式(5)式算出的磁化率χ是一个很小的数；其次，它也无法解释铁磁体的磁饱和现象，因为公式(4)表明磁化强度$\boldsymbol{M}$与外磁场$\boldsymbol{H}$成正比，不会饱和；再次，它也无法解释铁磁体的磁滞效应，因为在 Langevin 的理论中M与H之间存在着一一对应的关系，而铁磁体却并不具有这种对应关系. 总之，铁磁体的磁性表现出不同于顺磁体的复杂性，其原因尚待揭示. 如所周知，对于铁磁性，最终必须采用量子力学才能得到圆满的解释. 但是，在量子力学建立之前，1907 年 P. Weiss 提出了铁磁性的唯象理论，可以在经典理论的范畴内解释铁磁性的大部分基本规律.

与顺磁体一样，铁原子应该具有非零的固有磁矩，在外磁场的作用下，铁原子磁矩的空间取向将从混乱向有序化转变. Weiss 注意到，在 Langevin 的顺磁理论中，各个分子磁矩彼此之间是独立的，即每个分子磁矩并不受邻近其他分子磁矩的作用，换言之，所有分子磁矩都只受外磁场的作用. 如果铁磁体的原子磁矩也是如此，那么也只能得出顺磁性的结论.

鉴于铁磁体磁性的极端复杂性，Weiss 设想，除受外磁场作用外，或许还应该考虑铁原子与邻近铁原子之间的相互作用. 基于这种想法，Weiss 提出了分子场假设. Weiss 认为，一个磁偶极子(具有非零固有磁矩的铁原子相当于一个磁偶极子)除受实际磁场$\boldsymbol{H}$的作用外，还要受到某个分子场的作用，该分子场称为 Weiss 作用场，它与磁化强度$\boldsymbol{M}$成正比，写成$b\boldsymbol{M}$，因此作用于磁偶极子的有效场为

$$\boldsymbol{H}_{\text{eff}}=\boldsymbol{H}+b\boldsymbol{M} \tag{6}$$

式中b称为 Weiss 常量，由物质性质决定.

对于电介质的情形，我们在第三章中推导了关于极化率的 Lorentz-Lorenz 公式，当时，曾在特殊情形下导出了作用在电偶极子上的有效作用场的公式为(参看第三章 § 3)

$$\boldsymbol{E}_{\text{eff}}=\boldsymbol{E}+\frac{4\pi}{3}\boldsymbol{P}$$

式中$\boldsymbol{P}$为极化强度矢量，式中$\frac{4\pi}{3}\boldsymbol{P}$项是由电力决定的分子作用场. 若将上式照搬到现在讨论的磁化问题，就有

$$\boldsymbol{H}_{\text{eff}}=\boldsymbol{H}+\frac{4\pi}{3}\boldsymbol{M}$$

但上式并不适用于铁磁体. 把上式与(6)式比较，得出 Weiss 常量$b=\frac{4\pi}{3}$，这是一个很小的数. 实际上，铁磁体强大的磁性要求 Weiss 常量b是一个很大的数，例如，对于铁，$bM\sim7\times10^6$高斯($1\ \text{T}=10^4\ \text{Gs}$)，其 Weiss 常量$b$的数量级为$4\times10^3\sim3\times10^4$，比$\frac{4\pi}{3}$要大 3 个数量级.

上述不符的原因何在呢？照搬电介质结果给出的$\frac{4\pi}{3}\boldsymbol{M}$项意味着 Weiss 作用场(分子

场)完全是由磁力引起的. 该项与铁磁体的实际情况相差很大，表明 Weiss 作用场不可能单纯来源于磁力，而是来源于某种尚不清楚的力，这种力只可能来源于相邻原子，称为交换力. 普通顺磁体的原子之间的相互作用力与这种交换力相比是完全微不足道的. 大家知道，后来的研究表明，交换力是量子力学专有的概念，是使相邻原子中不配对电子自旋彼此平行的作用力. 在交换力作用下，邻近铁原子的自旋磁矩趋向一致的排列，从而产生自发磁化. 由这些磁矩方向完全一致的铁原子所组成的小区域称为 Weiss 区域或称为磁畴.

Weiss 的铁磁性理论是在量子力学尚未诞生之前建立的，当时对交换力及其实质并无所知. Weiss 的铁磁性理论是一种唯象理论，其中，自发磁化的小区域即磁畴或 Weiss 区域并非理论推导的结果，而是经过分析作为假定提出来的. Weiss 利用磁畴的存在，解释了铁磁体的磁饱和现象和剩磁现象. 下面介绍有关结果.

与磁矩取向有关的原子能量为

$$\begin{aligned} E &= -\boldsymbol{m}_0 \cdot \boldsymbol{H}_{\text{eff}} \\ &= -\boldsymbol{m}_0 \cdot (\boldsymbol{H}+b\boldsymbol{M}) \end{aligned}$$

式中 $\boldsymbol{m}_0$ 为原子的固有磁矩. 令

$$a=\frac{m_0 H_{\text{eff}}}{kT}=\frac{m_0(H+bM)}{kT} \tag{7}$$

重复本节五中关于顺磁体情形的讨论，得出磁化强度为

$$M=N m_0 L(a)$$

式中 N 是单位体积中的原子数，$L(a)$ 为由(2)式定义的 Langevin 函数. 对于顺磁体，因 $a\ll1$，Langevin 函数 $L(a)$ 简化为(3)式，从而得出顺磁体的磁化率公式(5). 但是，对于铁磁体，由于(6)式中包含数目很大的 Weiss 常量 b，因而 $a\ll1$ 的条件不满足，必须严格按照(2)式计算 $L(a)$，并得出磁化强度为

$$M=N m_0 L(a)=N m_0\left(\frac{e^a+e^{-a}}{e^a-e^{-a}}-\frac{1}{a}\right) \tag{8}$$

在温度不太高(如室温)以及强磁场下，由(7)式，$a\gg1$，代入(2)式，得 $L(a)\to1$，于是

$$M=M_0=N m_0$$

这相当于所有铁原子的磁矩取向一致地排列，从而磁化强度 M 达到了极限值，此即磁饱和现象.

假定 $\boldsymbol{H}$ 完全不存在，或者由于 $H\ll bM$，则(6)式和(7)式分别变为

$$H_{\text{eff}}=bM$$

$$a=\frac{m_0 bM}{kT}=\frac{N m_0 bM}{NkT}=\frac{b M_0 M}{NkT}=\frac{M}{M_0}\left(\frac{bM_0^2}{NkT}\right) \tag{9}$$

令

$$\theta=\frac{bM_0^2}{3Nk} \tag{10}$$

则(9)式变为

$$\frac{M}{M_0}=\left(\frac{T}{3\theta}\right)a \tag{11}$$

此外，由(8)式

$$\frac{M}{M_0}=L(a) \tag{12}$$

结合(11)式和(12)式可以决定铁磁体的磁化状态. 为此，如图 4-1-5 所示，分别画出上述两个方程的曲线，两曲线的交点给出了磁化状态$\left(\frac{M}{M_0}\right)$. 在图 4-1-5 中，(11)式给出通过原点的直线 OA，其斜率为$\frac{T}{3\theta}$，其中 θ 是与物质性质有关的常量，θ 一定时直线的斜率由温度 T 决定. 在图 4-1-5 中，(12)式给出的是通过原点的曲线，它也就是 Langevin 函数 $L(a)$ 的曲线. 一般情况下，上述曲线和直线有两个交点，一个交点是原点 O，O 点的磁化状态为$\frac{M}{M_0}=0$，这是铁磁体的非磁化状态；另一个交点是 A 点，

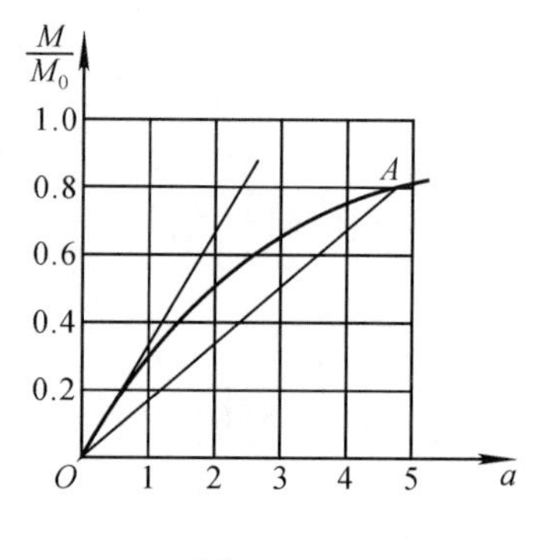

图 4-1-5

它表明，虽然不存在外磁场 $\boldsymbol{H}$，铁磁体仍然存在磁化状态 A，这就是自发磁化. 顺便指出，在量子力学建立以后，铁磁体中存在着由 O 点和 A 点所代表的两种磁化状态已被量子力学所证实，它们代表自由能为极小的两个点. 从实验结果(存在磁畴)看，O 点所代表的非磁化状态是不稳定的，实际上不能实现，而 A 点所代表的磁化状态是稳定的，这就是实际存在的铁磁体的自发磁化状态. 另外，图 4-1-5 中的 $L(a)$ 曲线在原点 O 点的切线斜率为

$$\left[\frac{\mathrm{d}}{\mathrm{d}a}L(a)\right]_{a=0}=\frac{1}{3}$$

由图 4-1-5 可以看出，当直线 OA 的斜率$\frac{T}{3\theta}>\frac{1}{3}$时，即当 $T>\theta$ 时，直线 OA 与曲线 $L(a)$ 不再有交点 A，即自发磁化状态不再存在，此时铁磁体转变为顺磁体. 因此，由(10)式定义的 θ 实际上就是 Curie 温度 T_C，即铁磁体与顺磁体之间的转变温度. 由(10)式可知，θ 确实具有温度的量纲，θ 与物质的性质有关，例如，铁的 θ 为 758 ℃，镍的 θ 为 374 ℃，等等.

铁磁体在没有外磁场时，只要温度 $T<\theta$，就必定处于自发磁化状态. 这时，铁磁体

中每一个 Weiss 区域(磁畴)总是自发地磁化到由 A 点所代表的状态，但由于不同 Weiss 区域的自发磁化方向各不相同，整个铁磁体并不表现出宏观磁性. 当加外磁场后，自发磁化方向与外磁场方向一致或接近一致的 Weiss 区域的数目增多，区域扩大；反之，自发磁化方向与外磁场方向相反或接近反向的 Weiss 区域的数目减小，区域缩小，整个铁磁体宏观上被磁化了. 此后，即便撤去外磁场，铁磁体宏观上的磁化也不会因热运动而全部破坏，这就是剩磁.

Weiss 的铁磁性理论只是一种唯象理论，它不可能找到产生自发磁化的根本原因. 只有用量子力学理论才能彻底地解决铁磁性问题. 1928 年，W. K. Heisenberg 首先用量子力学方法计算了铁磁体的自发磁化强度，给予 Weiss 的“分子场”以量子力学解释. 1930 年，F. Bloch 提出了自旋波理论，用来解释铁磁性. Heisenberg 和 Bloch 的铁磁性理论认为，自发磁化起因于相邻原子不配对电子自旋的直接交换作用. 这种交换作用在经典理论框架内是难以理解的.

§2. 电介质的极化及相关性质

电介质包括气态、液态、固态等范围广泛的物质. 在电场作用下，这类物质中原子或分子的内部电结构会发生某种变化，从而产生宏观上不等于零的电偶极矩，并出现束缚电荷(极化电荷)，这种现象称为电极化. 凡是能产生极化现象的物质，统称电介质. 电介质的电阻率一般都很高，所以习惯上也称为绝缘体. 但有些物质的电阻率并不很高，因在电场作用下也能发生极化过程，也归入电介质一类.

在没有外电场作用时，电介质内部正、负电荷激发的电场互相抵消，宏观上不表现出电性，但在外电场作用下，电介质的原子或分子内部的电结构大体上会发生如下三种类型的变化. (1)核外电子的轨道发生畸变，称为电子位移极化；(2)正、负离子之间的距离发生改变，称为离子位移极化；(3)固有电偶极矩不为零的分子的取向发生变化，称为转向极化. 无论是以上哪种类型的极化，极化后的结果都是单位体积内电偶极矩的总和(称为极化强度，用 $\boldsymbol{P}$ 表示)不为零. 对于各向同性的线性的电介质，在外电场不太强的条件下，极化强度 $\boldsymbol{P}$ 与宏观电场强度 $\boldsymbol{E}$ 成正比，比例系数 χ_e 称为介质的极化率，即

$$\boldsymbol{P}=\chi_e\boldsymbol{E}$$

电介质的许多性质，如电容率(介电常量)、折射率、对光的色散和吸收、介质损耗等，都与极化有关. 此外，一些电介质所具有的某种特殊性质，如压电性、电致伸缩、热电效应与电热效应、铁电性等也都与极化过程有关.

在 Lorentz 创立了电子论以后，用经典电磁理论来说明极化的一般规律，并对与此有关的一系列物质性质作出理论解释就成为了可能. 由于电介质的极化不仅需要考虑单个

分子在电场作用下的变化，而且还涉及大量分子的集体行为，因而，把电磁理论与统计规律相结合就成为不可避免的了. 实际上，这也正是经典电子论的重大成就之一.

本节只讨论极化的一般规律以及对电介质一般物性的解释，不讨论个别类型电介质的某些具体特征.

一、恒定电场引起的极化

电介质的分子总体上可以分成两大类. 一类分子中电子对称地分布在正电中心的四周，分子的正电中心与负电中心重合，分子固有电偶极矩等于零，这类分子称为无极分子. 另一类分子的正电中心与负电中心不重合，分子固有电偶极矩不为零，这类分子称为极性分子. 在外电场作用下，无极分子中出现电子位移极化，电子位移极化与温度无关. 在外电场作用下，有极分子中出现的主要是转向极化，转向极化过程不仅与电场有关还与分子的热运动有关，故转向极化的结果依赖于温度. 以上两种情形构成了电介质两种典型的极化类型.

1. 无极分子的极化

此种类型的极化已在第三章 §3 中详细讨论过，现扼要回顾一下. 无极分子的固有电偶极矩为零，在电场作用下电子产生位移，每个分子的感应电偶极矩为

$$\boldsymbol{p}=\alpha\,\boldsymbol{E}_{\text{eff}}$$

对于各向同性的均匀介质，在感应电偶极矩为球对称的特殊条件下，式中的有效作用场 $\boldsymbol{E}_{\text{eff}}$ 为

$$\boldsymbol{E}_{\text{eff}}=\boldsymbol{E}+\frac{4\pi}{3}\boldsymbol{P}$$

式中 $\boldsymbol{E}$ 为宏观电场强度，$\boldsymbol{P}$ 为介质的极化强度. 设电介质中单位体积的分子数为 N，则极化强度为

$$\boldsymbol{P}=N\boldsymbol{p}=N\alpha\left(\boldsymbol{E}+\frac{4\pi}{3}\boldsymbol{P}\right) \tag{1}$$

故

$$\boldsymbol{P}=\frac{N\alpha}{1-\frac{4\pi}{3}N\alpha}\boldsymbol{E}$$

介质极化率为

$$\chi_{\text{e}}=\frac{N\alpha}{1-\frac{4\pi}{3}N\alpha}$$

因电容率(介电常量) ε 与极化率 χ_{e} 的关系为

$$\varepsilon=1+4\pi\chi_{\text{e}}$$

故有

$$\frac{\varepsilon-1}{\varepsilon+2}=\frac{4\pi}{3}N\alpha \tag{2}$$

ε 所遵循的(2)式称为 Lorentz-Lorenz 公式. 利用折射率 n 与电容率 ε 之间的 Maxwell 关系 $n=\sqrt{\varepsilon}$，可将(2)式写为

$$\frac{n^2-1}{n^2+2}=\frac{4\pi}{3}N\alpha$$

现在根据上式估计分子极化率 α 的数量级. 例如，对于水，折射率 $n=1.334$，每立方米中的分子数 $N=3.3\times10^{16}\ \mathrm{m}^{-3}$，故

$$\alpha=\frac{3(n^2-1)}{4\pi(n^2+2)N}=1.5\times10^{-18}\ \mathrm{m}^3$$

分子的线度约为 10^{-6} m，故分子极化率 α 约等于分子线度的立方. 对原子来说，α 约为原子半径(或电子轨道半径)的立方. 可见无极分子的极化确实起因于电子的位移.

应该指出，(2)式是在恒定电场条件下的结果，因而公式中的电容率或折射率是静态下的值. 对于实际的光波，电场是交变场，电容率或折射率与频率有关(色散现象)，这就需要对极化过程重新进行讨论.

2. 极性分子的极化

假定每个分子都是刚性的电偶极子，其电偶极矩为 $\boldsymbol{p}_0$. 在无外电场作用时，各个分子的 $\boldsymbol{p}_0$ 的取向由于热运动而杂乱无章，介质在宏观上不表现出电性. 在恒定电场 $\boldsymbol{E}$ 的作用下，通过分子之间的热碰撞，各个 $\boldsymbol{p}_0$ 将转向能量较小的方向，在热平衡状态下，全部 $\boldsymbol{p}_0$ 的取向遵循 Maxwell-Boltzmann 的统计分布律. 据此，可计算极性分子的极化率，计算方法与顺磁性的计算方法完全相同(参看本章§1)，只需简单地用电偶极矩 $\boldsymbol{p}_0$ 代替分子磁矩 $\boldsymbol{m}_0$，用电场强度 $\boldsymbol{E}$ 代替磁场强度 $\boldsymbol{H}$ 即可.

于是，得出介质的极化强度为

$$P=\frac{Np_0^2}{3kT}E$$

因而介质的极化率为

$$\chi_{\mathrm{e}}=\frac{Np_0^2}{3kT}$$

考虑到在任何情况下都存在感应电偶极矩，即极化必定还包括由(1)式给出的贡献. 即极化强度 E 应包括转向极化和位移极化(感应极化)两者的贡献. 在忽略宏观电场 E 与有效电场 E_{eff}之间的差别后(即以 $\boldsymbol{E}$ 代替 $\boldsymbol{E}_{\mathrm{eff}}$)，有

$$P=N\left(\alpha+\frac{p_0^2}{3kT}\right)E$$

极化率为

$$\chi_e = N\left(\alpha + \frac{p_0^2}{3kT}\right)$$

上式称为 Langevin-Debye 公式. 根据电容率 ε 与极化率 χ_e 的关系，介质的电容率为

$$\begin{aligned}\varepsilon - 1 &= 4\pi\chi_e \\ &= 4\pi N\left(\alpha + \frac{p_0^2}{3kT}\right)\end{aligned}$$

通过上式，可具体地看到转向极化与温度的关系. 实际上，转向极化同时受到电场作用的有序性和热运动的无序性这两种对立因素的制约. 温度越高，热运动越剧烈，电场作用造成的有序性降低，导致极化强度的减小.

二、交变电场引起的极化

上面介绍的极化理论并未涉及电容率或折射率与电场频率的依赖关系. 当光在电介质中传播时，介质将在高频电场的作用下极化. 色散现象表明，极化率(以及电容率和折射率)与频率密切相关，显然，确定这种关系是极化理论需要解决的重大课题之一. 应该指出，单靠 Maxwell 的电磁场理论是无法解决这个问题的，正是 Lorentz 的电子论首次确立了极化与频率的依赖关系，从而解决了 Maxwell 理论遇到的色散困难(参看第三章 §3). 现在，我们运用经典电子论来建立更严格的与极化有关的色散理论，同时解决与色散密切相关的对电磁波的吸收问题.

前已指出，极化过程主要有三种机制，即电子位移极化、离子位移极化和电偶极子转向极化. 无论是离子或等效的电偶极子，其中都包含质量很大(与电子相比)的原子核，所以离子位移极化或电偶极子转向极化都涉及整个原子或分子的运动，由于它们的惯性很大，在高频电场作用下(光波有很高的频率)根本来不及作出反应，所以这两种极化实际上不可能发生. 因此，在高频电场作用下，只有电子位移极化才是实际可能的极化过程.

我们仍把原子或分子看成是电偶极子，带电量为 $\pm q$，其中正电荷可看作不动，在电场作用下负电荷相对正电荷产生位移 $\boldsymbol{\xi}$，则感应电偶极矩为

$$\boldsymbol{p} = -q\boldsymbol{\xi} \tag{3}$$

式中的负号是因为感应电偶极矩 $\boldsymbol{p}$ 的方向与负电荷的位移方向 $\boldsymbol{\xi}$ 相反. 取正电荷为坐标原点，考虑负电荷的运动. 设负电荷的质量为 m，它除了受到准弹性力 $-k\boldsymbol{\xi}$ 和外电场所施作用力 $-q\boldsymbol{E}$ 的作用外，还会受到阻尼力的作用. 因为，按照 Maxwell 的理论，电偶极子的振动将辐射出电磁波，即辐射出能量，电偶极子的振动能量将因此而逐渐衰减，等效于受到一个阻尼力 $\boldsymbol{F}$ 的作用(称为辐射阻尼). 可以证明(详见本章附录)，该辐射阻尼力为

$$\boldsymbol{F}=\frac{2q^2}{3c^3}\dddot{\boldsymbol{\xi}}$$

因此，负电荷的动力学方程为

$$m\ddot{\boldsymbol{\xi}}=-k\boldsymbol{\xi}+\frac{2q^2}{3c^3}\dddot{\boldsymbol{\xi}}-q\boldsymbol{E}$$

或

$$\ddot{\boldsymbol{\xi}}+\frac{k}{m}\boldsymbol{\xi}-\frac{2q^2}{3c^3m}\dddot{\boldsymbol{\xi}}=-\frac{q}{m}\boldsymbol{E}$$

$$\ddot{\boldsymbol{\xi}}+\omega_0^2\boldsymbol{\xi}-\frac{2q^2}{3c^3m}\dddot{\boldsymbol{\xi}}=-\frac{q}{m}\boldsymbol{E} \tag{4}$$

式中 $\omega_0=\sqrt{\dfrac{k}{m}}$ 是电偶极子的固有圆频率或介质的本征频率.（4）式是一个受迫振动方程. 如果外电场 $\boldsymbol{E}$ 是圆频率为 ω 的时谐电场，即若

$$\boldsymbol{E}=\boldsymbol{E}_0\,\mathrm{e}^{-\mathrm{i}\omega t} \tag{5}$$

则方程(4)式的解$\boldsymbol{\xi}$也将以 ω 为圆频率作简谐振动，即有

$$\begin{cases}\boldsymbol{\xi}=\boldsymbol{\xi}_0\,\mathrm{e}^{-\mathrm{i}\omega t}\\ \dot{\boldsymbol{\xi}}=-\mathrm{i}\omega\boldsymbol{\xi}\\ \ddot{\boldsymbol{\xi}}=-\omega^2\boldsymbol{\xi}\end{cases} \tag{6}$$

以及

$$\dddot{\boldsymbol{\xi}}=-\omega^2\dot{\boldsymbol{\xi}}$$

把上式代入方程(4)式，得

$$\ddot{\boldsymbol{\xi}}+\omega_0^2\boldsymbol{\xi}+\frac{2q^2\omega^2}{3mc^3}\dot{\boldsymbol{\xi}}=-\frac{q}{m}\boldsymbol{E}$$

令

$$\gamma=\frac{2q^2\omega^2}{3mc^3}$$

则方程简化为

$$\ddot{\boldsymbol{\xi}}+\gamma\dot{\boldsymbol{\xi}}+\omega_0^2\boldsymbol{\xi}=-\frac{q}{m}\boldsymbol{E}$$

把(5)式和(6)式代入，得

$$(-\omega^2-\mathrm{i}\omega\gamma+\omega_0^2)\boldsymbol{\xi}_0=-\frac{q}{m}\boldsymbol{E}_0$$

即

$$\boldsymbol{\xi}_0=\frac{-\dfrac{q}{m}}{(\omega_0^2-\omega^2-\mathrm{i}\omega\gamma)}\boldsymbol{E}_0$$

于是

$$\boldsymbol{\xi}=\frac{-\dfrac{q}{m}}{(\omega_0^2-\omega^2-\mathrm{i}\omega\gamma)}\boldsymbol{E}$$

代入(3)式，得出原子(或分子)的电偶极矩 $\boldsymbol{p}$ 为

$$\begin{aligned}\boldsymbol{p}&=-q\boldsymbol{\xi}=\frac{\dfrac{q^2}{m}}{(\omega_0^2-\omega^2-\mathrm{i}\omega\gamma)}\boldsymbol{E}\\&=\alpha\boldsymbol{E}\end{aligned}$$

故原子(或分子)的极化率为

$$\alpha=\frac{\dfrac{q^2}{m}}{(\omega_0^2-\omega^2-\mathrm{i}\omega\gamma)}$$

设单位体积介质内包含 N 个原子(或分子)，则极化强度 $\boldsymbol{P}$ 为

$$\boldsymbol{P}=N\boldsymbol{p}=\frac{Nq^2}{m(\omega_0^2-\omega^2-\mathrm{i}\omega\gamma)}\boldsymbol{E}\tag{7}$$

(7)式表明，极化强度 $\boldsymbol{P}$ 与交变电场 $\boldsymbol{E}$ 之间是一种复数关系，因而极化率和折射率都是复数，下面即将说明，这意味着介质对电磁波有吸收作用. (7)式可改写为

$$\boldsymbol{P}=\frac{Nq^2[(\omega_0^2-\omega^2)+\mathrm{i}\omega\gamma]}{m[(\omega_0^2-\omega^2)^2+\omega^2\gamma^2]}\boldsymbol{E}$$

$\boldsymbol{P}$ 与 $\boldsymbol{E}$ 的复数关系表明两者之间存在着一定的相位差 ϕ. 由上式，相位差 ϕ 满足

$$\tan\phi=\frac{\omega\gamma}{\omega_0^2-\omega^2}$$

相位差 ϕ 的存在与偶极振子受到阻尼是密不可分的.

根据(7)式，介质的极化率 χ_e 为

$$\chi_e=\frac{Nq^2}{m(\omega_0^2-\omega^2-\mathrm{i}\omega\gamma)}$$

因电容率(介电常量) ε 与极化率 χ_e 的关系为

$$\varepsilon=1+4\pi\chi_e$$

故有

$$\varepsilon-1=4\pi\chi_{\mathrm{e}}=\frac{4\pi Nq^2}{m(\omega_0^2-\omega^2-\mathrm{i}\omega\gamma)} \tag{8}$$

注意到电容率 ε 是复数，故复折射率

$$\tilde{n}=\sqrt{\varepsilon}$$

也是复数. 设

$$\tilde{n}=n(1+\mathrm{i}\kappa)$$

则

$$\begin{aligned}\tilde{n}^2&=n^2(1-\kappa^2+2\mathrm{i}\kappa)\\&\approx n^2+2\mathrm{i}n^2\kappa\end{aligned} \tag{9}$$

因在弱阻尼情形，κ 为较小的修正数，上式最后结果中已略去了 κ^2 项，式中 n 为实折射率. 由(8)式，

$$\begin{aligned}\tilde{n}^2&=1+\frac{4\pi Nq^2}{m(\omega_0^2-\omega^2-\mathrm{i}\omega\gamma)}\\&=1+\frac{4\pi Nq^2(\omega_0^2-\omega^2+\mathrm{i}\omega\gamma)}{m[(\omega_0^2-\omega^2)^2+\omega^2\gamma^2]}\\&=1+\frac{4\pi Nq^2(\omega_0^2-\omega^2)}{m[(\omega_0^2-\omega^2)^2+\omega^2\gamma^2]}+\mathrm{i}\frac{4\pi Nq^2\omega\gamma}{m[(\omega_0^2-\omega^2)^2+\omega^2\gamma^2]}\end{aligned}$$

把上式与(9)式比较，得

$$n^2=1+\frac{4\pi Nq^2(\omega_0^2-\omega^2)}{m[(\omega_0^2-\omega^2)^2+\omega^2\gamma^2]} \tag{10}$$

$$n^2\kappa=\frac{2\pi Nq^2\omega\gamma}{m[(\omega_0^2-\omega^2)^2+\omega^2\gamma^2]} \tag{11}$$

可见，光在吸收电介质中的行为与光在金属中的行为十分相似，金属的折射率也是复数(参看本章§3). 复折射率的实部为实折射率，决定光的相速和折射；复折射率的虚部则决定介质对光的吸收能力.

为了说明复折射率的虚部决定介质对光的吸收能力，考虑在介质中传播的单色平面波，其电矢量的波动表示式为

$$\boldsymbol{E}=\boldsymbol{E}_0\mathrm{e}^{\mathrm{i}(\boldsymbol{k}\cdot\boldsymbol{r}-\omega t)}$$

式中 $\boldsymbol{k}$ 为波矢量，$\boldsymbol{r}$为空间点的径矢. 若电磁波沿 z 方向传播，则上式简化为

$$\boldsymbol{E}=\boldsymbol{E}_0\mathrm{e}^{\mathrm{i}(kz-\omega t)} \tag{12}$$

波数 k 与折射率 n 之间的一般关系为

$$k=\frac{2\pi}{\lambda}=\frac{\omega}{c}n$$

式中 λ 为介质中的波长. 现在，上式中的 n 应以复数$\tilde{n}$取代，故上式中的波数 k 也应是复

数 $\tilde{k}$，即

$$\tilde{k}=\frac{\omega}{c}\tilde{n}=\frac{\omega}{c}n(1+\mathrm{i}\kappa)$$

代入(12)式，得

$$\begin{aligned}\boldsymbol{E}&=\boldsymbol{E}_0\,\mathrm{e}^{\mathrm{i}(\tilde{k}z-\omega t)}\\&=\boldsymbol{E}_0\,\mathrm{e}^{-\frac{\omega n}{c}\kappa z}\mathrm{e}^{\mathrm{i}\left(\frac{\omega n}{c}z-\omega t\right)}\end{aligned}$$

电磁波中的磁矢量也有类似的结果. 上式表明，电磁波在介质中传播时，其振幅要随传播距离 z 的增大而不断衰减，这意味着电磁波被介质吸收，κ 称为吸收系数或消光系数，它由(11)式决定. 被吸收的电磁波能量最终转化为热，称为介质损耗.

(10)和(11)两式表明，实折射率和吸收系数都是电磁波频率 ω 的函数. 图 4-2-1 画出了 $n^2\sim\omega$ 和 $\kappa\sim\omega$ 的函数曲线. 曲线表明了下述特征：

第一，当 $\omega=\omega_0$ 时，即当外电场的频率 ω 等于介质的本征频率 ω_0 时，$n=1$，此时具有最大的吸收系数.

第二，当 ω 远离 ω_0 时，即当 $\omega^2\gamma^2\ll(\omega_0^2-\omega^2)^2$ 时，(10)式和(11)式可简化为

图 4-2-1

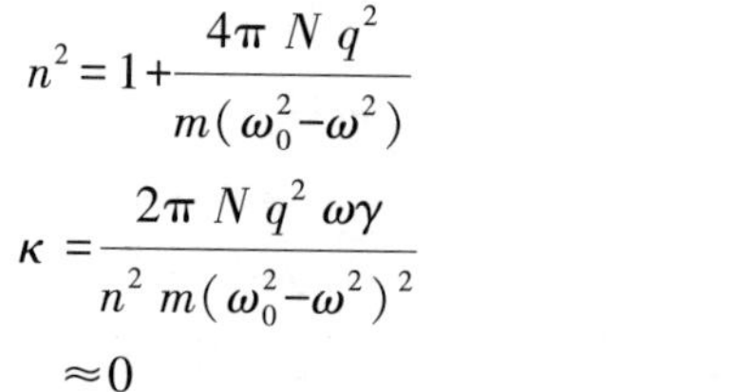

$$n^2=1+\frac{4\pi Nq^2}{m(\omega_0^2-\omega^2)}\tag{13}$$

$$\begin{aligned}\kappa&=\frac{2\pi Nq^2\omega\gamma}{n^2m(\omega_0^2-\omega^2)^2}\\&\approx0\end{aligned}$$

此时介质对光的吸收可以忽略，这是介质的透明区，折射率为实数，由(13)式给定. 取一级近似时，有

$$\begin{aligned}n&=\left[1+\frac{4\pi Nq^2}{m(\omega_0^2-\omega^2)}\right]^{\frac{1}{2}}\\&\approx1+\frac{2\pi Nq^2}{m(\omega_0^2-\omega^2)}\end{aligned}$$

在这个 ω 远离本征频率 ω_0 的透明区，折射率随频率的增大而增大，表现为正常色散.

第三，在 ω_0 附近的吸收区，折射率随频率的增大而减小，表现为反常色散.

实际上，每个原子或分子一般可由多种谐振子构成，不同谐振子有不同的本征频率，总的极化率应等于各谐振子极化率之和，即

$$\chi_{\mathrm{e}}=\sum_i \frac{N q_i^2}{m_i(\omega_{0i}^2-\omega^2-2\omega\gamma_i)}$$

式中ω_{0i}为第i个谐振子的本征频率，q_i和m_i是它的电量和质量. 为了统一用电子的电量e和质量m表示，可设

$$\frac{q_i^2}{m_i}=\frac{e^2}{m}f_i$$

于是

$$\chi_{\mathrm{e}}=\frac{N e^2}{m}\sum_i \frac{f_i}{(\omega_{0i}^2-\omega^2-2\omega\gamma_i)}$$

$$n^2=1+\frac{4\pi N e^2}{m}\sum_i \frac{f_i(\omega_{0i}^2-\omega^2)}{(\omega_{0i}^2-\omega^2)^2+\omega^2\gamma_i^2}$$

在远离本征频率ω_{0i}的透明区，折射率为

$$n=1+\frac{2\pi N e^2}{m}\sum_i \frac{f_i}{\omega_{0i}^2-\omega^2} \tag{14}$$

式中f_i是一个无量纲的量，称为振子力，可以把f_i理解为分子中具有本征频率ω_{0i}的振子数. (14)式称为Seilmeier色散公式. 1871年，W. Seilmeier根据弹性以太理论，首先得出下述色散公式：

$$n^2=1+\frac{A\lambda^2}{\lambda^2-\lambda_0^2}$$

式中A和λ_0是两个常量，λ是光波波长. 上式实际上是(13)式用波长λ表示的结果，也是(14)式应用于单一本征频率的结果.

三、电介质的特殊效应

电介质极化后，分子电偶极矩沿外电场方向作有序排列，极化强度不为零，同时，在电介质表面和体内出现束缚电荷. 某些电介质除上述结果外，还具有与极化有关的许多特殊效应，简述如下.

1. 压电效应

一些离子键晶体因受外力而产生形变时也会发生极化现象，从而在晶体相对的两个表面上出现异号束缚电荷，产生一定电压，这种现象称为压电效应.

压电晶体的种类很多，常见的有石英、酒石酸钾钠(俗称罗谢耳盐)、KDP晶体(磷酸二氢钾)、ADP晶体(磷酸二氢铵)、钛酸钡，以及砷化镓、硫化锌等具有闪锌矿结构的半导体晶体，此外还有压电陶瓷等.

压电晶体可以把机械振动转变为电振动，普遍应用于话筒和电唱针等电声器中. 利用压电效应还可以测量各种情形下的压力、振动和加速度等.

2. 电致伸缩

电致伸缩是压电效应的逆效应. 一些晶体如石英等，在电场作用下由于极化而产生形变(伸长或缩短)，这种现象称为电致伸缩效应.

利用电致伸缩效应可以把电振动转变为机械振动，可用于产生超声波的换能器以及耳机和扬声器等. 在无线电技术中常利用石英制造晶体振荡器，其突出优点是振荡频率的高度稳定性，广泛用于制造石英钟.

3. 铁电性

电介质中有特殊的一族，如 $BaTiO_3$，$SrTiO_3$ 和 $LiNbO_3$ 等，在这些晶体中存在许多自发极化的小区域(类似于铁磁体中自发磁化的小区域——磁畴)，这种性质称为铁电性，具有铁电性的晶体称为铁电体. 铁电体中自发极化的小区域称为铁电畴，其线度为微米数量级. 不同铁电畴的极化方向各不相同，因而宏观上总电偶极矩为零，不表现出电性. 在外电场作用下，各铁电畴的极化方向会趋向于外电场方向，导致极化强度不为零，宏观上表现出电性. 在峰值一定的交变电场作用下，极化强度 P 随电场强度 E 变化的曲线构成一个封闭回线，类似于铁磁体的磁滞回线，故称电滞回线.

不同铁电体各自有某一个固定温度 T_C(类似于铁磁体的 Curie 温度)，当温度高于 T_C 时，铁电畴瓦解，失去铁电性，铁电体转变为普遍电介质. 各种铁电体的临界温度 T_C 相差悬殊，例如，钛酸钡的 T_C 为 120 ℃，而 KDP 晶体要在-150 ℃以下才表现出铁电性.

铁电体必定同时具有压电效应、热电效应和电热效应.

4. 驻极体

撤去外电场或造成极化的机械作用后，仍能长时间保持极化状态的电介质称为驻极体. 技术上多采用极性高分子聚合物作为驻极体材料. 驻极体具有优异的储存电荷的能力，它能产生高达 30 kV/cm 的强电场，这使它得到了多方面的应用，例如静电成像术、吸附气体中微小颗粒的气体过滤器等.

5. 热电效应

具有很大热胀系数的铁电体称为热电晶体. 处于自发极化状态的热电晶体的端面上本来存在由极化造成的面束缚电荷，但由于吸附了空气中的异号电荷而不表现出带电性质. 当温度改变时，热电晶体的体积发生显著变化，从而导致极化强度的明显改变，破坏了表面的电中性，表面所吸附的多余电荷将被释放出来，这种现象称为热电效应.

热电晶体已成为红外探测和热成像技术中的重要器件.

6. 电热效应

电热效应是热电效应的逆效应，即极化状态的改变导致温度发生改变的现象. 在绝热条件下用外电场改变晶体的永久极化强度时，它的温度会发生变化. 绝热去极化可以使温度降低，与绝热去磁法一样可以获得超低温. 常用的电热材料有钛酸锶陶瓷和聚偏氟乙烯等驻极体.

§3. 金属电子论

一、简短的历史回顾

金属电子论通过考察金属内电子的运动状态及其输运过程，运用统计方法来解释金属的导电性、导热性、热容量，以及磁学性质、力学性质和光学性质等. 金属电子论的发展可以分为两个阶段. 最初阶段是运用经典理论结合经典统计方法(即经典电子论)进行理论分析，在解释金属的导电性和热学性质方面取得了阶段性的成果. 然而，这种经典理论在许多方面存在着与实验不符的困难，这些困难在经典理论的框架内是无法解决的. 自从量子力学诞生后，金属电子论进入了新的发展阶段，在运用量子力学原理和量子统计方法后才最终比较圆满地解释了金属的各种性质.

在金属的经典电子论范围内，实质性的进展应归功于 P. K. L. Drude. Drude 在 1900 年提出了虽然简单但却很有效的自由电子模型，利用分子运动论的成果比较好地从理论上解释了 Ohm 定律、Joule-Lenz 定律以及反映导电性和导热性关系的 Wiedemann-Franz 定律. 但是，Drude 的理论与实验结果比较时，在定量方面仍然存在不可忽视的差异. 1905 年，Lorentz 以 Drude 的自由电子假设为基础改进了 Drude 的模型，用经典统计方法建立了关于金属导电性和导热性的更为严密的理论. 但是经典理论的先天性根本缺陷，使得 Lorentz 的理论仍然遇到了难以解决的困难.

经典电子论的局限性来源于电子的运动并不遵循宏观规律和经典统计规律. A. Sommerfeld 于 1928 年用 Fermi-Dirac 统计代替 Lorentz 所用的经典统计，解决了自由电子对热容量无贡献的困难. 金属内的所谓自由电子其实并非真正“自由”，而是要受到金属内离子的周期性势场的作用，因而上述自由电子理论不能解释金属的全部性质是很自然的. 由 F. Bloch 和 L. N. Brillouin 发展起来的单电子能带论，揭示了金属、绝缘体和半导体导电性有所差别的本质原因，而这对经典电子论来说是无法解决的难题；并且在考虑了金属内离子热运动的影响后，在描述金属的导电性和导热性等输运过程方面也取得了很大成功. 这些都使得单电子能带论成为近代解决金属性质问题的最好的近似理论. 另外，金属中的自由电子在超低温条件下彼此之间有很强的相互作用，在考虑了电子之间通过晶格振动相互耦合后，能很好地解释单电子理论无法解释的超导电现象(参看本章§4).

本节只对经典电子论作概括介绍.

二、Drude 的自由电子模型

为了解释金属良好的导电和导热性能，Drude 提出了一个简单的模型. Drude 认为，金属内的电子可以分成两部分，一部分被原子所束缚，只能在原子内部运动并与原子核构成金属内的正离子；另一部分电子受到的束缚较弱，它们已不属于特定的原子，而是在整块金属中自由运动，称为自由电子，金属良好的导电性和导热性就是由这些自由电子的运动所决定的. 自由电子不断地与金属内的正离子相撞，相互交换能量，在一定温度下达到热平衡. 处在热平衡状态的自由电子就像气体分子那样作无规则热运动，因而可以采用气体分子运动论来处理金属内自由电子的运动. 以 Drude 的自由电子模型为基础，可以从理论上解释 Ohm 定律、Joule-Lenz 定律以及 Wiedemann-Franz 定律.

1. Ohm 定律和电导率

Ohm 定律的微分形式为

$$\boldsymbol{j}=\sigma\boldsymbol{E} \tag{1}$$

式中 $\boldsymbol{j}$ 为电流密度，$\boldsymbol{E}$ 为电场强度，σ 为电导率. 当金属两端不加电压时，金属内部场强 $\boldsymbol{E}=0$，自由电子作无规则热运动，宏观上不产生电流，$\boldsymbol{j}=0$. 当金属内部电场强度 $\boldsymbol{E}\neq0$ 时，自由电子受电场力的作用，在无规则热运动之上叠加了定向运动，于是产生电流，$\boldsymbol{j}\neq0$. 由于自由电子要不断与金属内的正离子碰撞，所形成的电流必定会受到一定的阻力. 因而，金属内电流 $\boldsymbol{j}$ 的大小应由电场 $\boldsymbol{E}$ 和金属的电阻(用电导率 σ 描述)共同决定.

为了从理论上导出 Ohm 定律(1)式，可以简单地设想金属内所有自由电子都以相同的平均定向速度 $\bar{\boldsymbol{u}}$ 运动. 由于自由电子的定向运动速度 u 比其热运动速度 v 要小得多，可以假设自由电子在与正离子相碰后完全失去了定向运动速度. 即自由电子碰后在电场作用下作初速为零的匀加速直线运动，其加速度为

$$\boldsymbol{a}=-\frac{e}{m}\boldsymbol{E}$$

式中 e 和 m 分别是电子的电量和质量. 在下一次与正离子相碰前，自由电子获得的定向速度为

$$\boldsymbol{u}_1=\boldsymbol{a}\,\bar{\tau}=-\frac{e\,\bar{\tau}}{m}\boldsymbol{E}$$

式中 $\bar{\tau}$ 为相邻两次碰撞期间电子的平均飞行时间. 于是，在电场 $\boldsymbol{E}$ 作用下，金属内自由电子的平均定向速度为

$$\bar{\boldsymbol{u}}=\frac{1}{2}\boldsymbol{u}_1=-\frac{e\bar{\tau}}{2m}\boldsymbol{E}$$

设自由电子热运动的平均速率为 $\bar{v}$，平均自由程为 $\bar{\lambda}$，则

$$\bar{\tau}=\frac{\bar{\lambda}}{\bar{v}}$$

故

$$\bar{\boldsymbol{u}}=-\frac{e\bar{\lambda}}{2m\bar{v}}\boldsymbol{E}=-\frac{e\bar{v}\bar{\lambda}}{2m(\bar{v})^2}\boldsymbol{E}$$

根据气体分子运动论，分子的平均热运动动能与绝对温度 T 成正比，对于金属内自由电子的热运动亦应有同样结果，即应有

$$\frac{1}{2}m(\bar{v})^2=\alpha T$$

式中 α 是一个普适常量. 由以上两式，得

$$\bar{\boldsymbol{u}}=-\frac{e\bar{v}\bar{\lambda}}{4\alpha T}\boldsymbol{E}$$

在金属内由自由电子定向运动形成的电流密度为

$$\boldsymbol{j}=-ne\bar{\boldsymbol{u}}$$

式中 n 是金属内自由电子的数密度. 由以上两式，得

$$\boldsymbol{j}=\frac{ne^2\bar{v}\bar{\lambda}}{4\alpha T}\boldsymbol{E}$$

令

$$\sigma=\frac{ne^2\bar{v}\bar{\lambda}}{4\alpha T} \tag{2}$$

则有

$$\boldsymbol{j}=\sigma\boldsymbol{E}$$

以上根据自由电子模型导出了 Ohm 定律，并给出了电导率的公式(2).

根据气体分子运动论，金属内自由电子的平均自由程 $\bar{\lambda}$ 与温度无关，而平均速率与绝对温度的根号成正比即 $\bar{v}\propto\sqrt{T}$，故由(2)式 $\sigma\propto\frac{1}{\sqrt{T}}$，或电阻率 $\rho=\frac{1}{\sigma}\propto\sqrt{T}$. Drude 的理论得出，温度越高，电阻率应越大，这一结论与实验定性相符. 实验表明，大多数金属的电阻率 ρ 在相当宽的范围内与绝对温度 T 成正比，即 $\rho\propto T$. 可见 Drude 的理论在定量上与实验结果存在着一定的差异.

2. Joule-Lenz 定律

金属中的自由电子在与正离子相碰前，从电场获得的定向运动动能为

$$E_{\mathrm{k}}=\frac{1}{2}mu_1^2=\frac{e^2(\bar{\tau})^2}{2m}E^2$$

前已假定，在与正离子相碰后自由电子完全失去了定向速度，这意味着自由电子将上述动能全部传递给正离子，并转换为正离子的热振动能量. 因每个自由电子在单位时间内与正离子平均碰撞的次数为$\frac{1}{\bar{\tau}}$，故在单位时间从单位体积内释放出的热能(热功率密度)为

$$\begin{aligned}P&=\frac{n}{\bar{\tau}}E_{\mathrm{k}}\\&=\frac{ne^2\bar{\tau}}{2m}E^2=\frac{ne^2\bar{v}\bar{\lambda}}{4\alpha T}E^2\end{aligned}$$

$$=\sigma E^2$$

此即 Joule-Lenz 定律的微分形式.

3. 热导率和 Wiedemann-Franz 定律

金属是良好的导热材料. 将一金属棒两端维持恒定的温度差，实验表明，单位时间内通过单位横截面的热量为

$$\mathrm{d}Q=-\kappa\frac{\mathrm{d}T}{\mathrm{d}x}$$

式中$\frac{\mathrm{d}T}{\mathrm{d}x}$是沿金属棒的温度梯度，$\kappa$ 称为金属的热导率，用以描述金属的导热性能. 金属的导热性与导电性一样，都起因于自由电子，故金属的电导率 σ 与热导率 κ 之间必定有所联系. 早在 1853 年，G. H. Wiedemann 和 R. Franz 通过实验确立了 κ 与 σ 之间的下述关系：

$$\frac{\kappa}{\sigma}=LT \tag{3}$$

(3)式称为 Wiedemann-Franz 定律，式中 T 为绝对温度，L 称为 Wiedemann-Franz 常量.

利用 Drude 的自由电子模型可以从理论上导出上述 Wiedemann-Franz 定律. 金属内的自由电子可以看作一种气体，通常称为自由电子气. 与气体中的热传导一样，当金属内存在温度梯度时，自由电子的输运过程导致热量的传递. 因而可以套用气体的热传导公式，气体的热导率为

$$\kappa=\frac{1}{3}\rho c_V\bar{v}\bar{\lambda} \tag{4}$$

式中 ρ 是气体密度，c_V 为气体的定容比热. 对于金属内的自由电子气，把(4)式中的 ρ 和 c_V 以自由电子气的相应量取代即可. 自由电子有三个自由度，按照能量均分定理，每个自由度的平均能量为$\frac{1}{2}kT$，其中 k 为 Boltzmann 常量. 因此，总自由电子数为 N、总质量为 M 的自由电子气的总内能为

$$U=\frac{3}{2}NkT$$

定容热容量为

$$C_V=\frac{\mathrm{d}U}{\mathrm{d}T}=\frac{3}{2}Nk$$

定容比热为

$$c_V=\frac{C_V}{M}=\frac{3Nk}{2M}$$

自由电子气的密度为

$$\rho=\frac{M}{V}$$

式中 V 为总体积. 把以上两式代入(4)式，得

$$\kappa = \frac{1}{3}\frac{M}{V}\cdot\frac{3Nk}{2M}\bar{v}\bar{\lambda}$$

$$= \frac{1}{3}nk\bar{v}\bar{\lambda}$$

式中 $n=\frac{N}{V}$是自由电子的数密度. 由上式及(2)式，得

$$\frac{\kappa}{\sigma} = \frac{4}{3}\left(\frac{\alpha}{e}\right)^2 T = LT$$

此即 Wiedemann-Franz 定律，其中普适比例常量 L 为

$$L = \frac{4}{3}\left(\frac{\alpha}{e}\right)^2$$

由此可见，Drude 的理论结果与 Wiedemann-Franz 的实验定律一致，这一事实再一次支持了 Drude 的自由电子理论，这在金属电子论的发展历史上具有重要意义.

然而，应该指出，Wiedemann-Franz 定律只是在有限范围内适用的近似规律. 进一步的实验表明，该定律只对高电导率金属和在高温条件下才近似成立，具体地说，(3)式中的比例常量 L 并不是普适常量，即不同种类金属的 L 值并不相同；另外，L 值也并非与温度 T 无关，特别是在较低温度下，L 值一般随温度的下降明显地减小. 图 4-3-1 中给出了在低温段 L 随温度 T 变化的电线，曲线 1 是对纯金属，曲线 2 是对含有杂质的金属. 图 4-3-1 的两条曲线表明，只有在高温下 L 才趋近于定值. Wiedemann-Franz 定律的缺陷正反映了 Drude 理论的不足，这些不足是经典理论无法解释和难以弥补的.

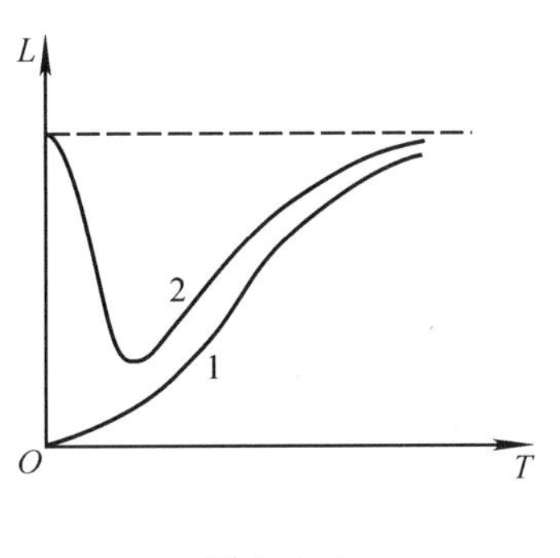

图 4-3-1

4. 金属的热容量，Dulong-Petit 定律

1818 年，P. L. Dulong 和 A. T. Petit 通过实验发现，在常温下任何固体的比热与原子量的乘积(即摩尔热容量)等于 6 cal①，这一规律称为 Dulong-Petit 定律.

用经典理论来解释 Dulong-Petit 定律时，认为构成固体的各原子都在各自的平衡位置附近作微小振动，并假定各振动是彼此独立的. 按能量均分定理，一个振动自由度的平均热运动能量为 kT，原子的振动自由度为 3，故 1 mol 固体的平均热运动能量为

$$U = N_A \cdot 3kT = 3RT$$

式中 N_A 为 Avogadro 常量，R 为气体常量. 所以固体的摩尔热容量为

① 1 cal = 4.184 J.

$$C = \frac{\mathrm{d}U}{\mathrm{d}t} = 3R$$
$$\approx 6\ \mathrm{cal/mol}$$

应该指出，在室温和高温下，Dulong-Petit 定律与实验符合得较好，但在低温下实验值明显低于上述理论值. 这一差异只能用量子理论才能得到圆满的解释.

对于金属，按照 Drude 的自由电子模型，可分成正离子和自由电子两部分，因而正离子和自由电子对热容量都应有贡献. 正离子对热容量的贡献为

$$C = 3R$$

金属的总热容量除上述符合 Dulong-Petit 定律的部分外，还应加上自由电子的贡献. 但实际上，金属在常温下的热容量较好地遵循 Dulong-Petit 定律. 这说明金属内的自由电子对热容量无贡献，对此，经典理论无法自圆其说，再次陷入了困境.

按照量子理论，金属中的自由电子不同于经典气体中的分子，首先，所谓自由电子并不真正“自由”，而是在正离子的周期势场中运动，其能量不能连续取值，只能占据能带中的分立能级. 根据 Pauli 不相容原理(电子为 Fermi 子，遵循 Pauli 不相容原理)，每个能级最多只能容纳两个自旋相反的电子. 其次，自由电子按能量的分布并不遵循经典的 Maxwell-Boltzmann 分布，而是遵循 Fermi-Dirac 统计分布，即自由电子占有能量 E 的概率为

$$f(E) = \frac{1}{\mathrm{e}^{\frac{E-E_{\mathrm{F}}}{kT}} + 1}$$

式中 E_{F} 称为 Fermi 能量. 图 4-3-2 中的实线为 $T=0$ 时的分布曲线，虚线为 $T>0$ 时的分布曲线. 如图 4-3-3 可知，$T=0$ 时所有自由电子占满了能量小于 E_{F} 的能级，而能量大于 E_{F} 的能级则全部空着. 在自由电子的动量空间中，能量为 E_{F} 的等能面是一个封闭曲面，称为 Fermi 面. 在绝对零度时，所有自由电子的能量都在 Fermi 面所包围的区域之内. 在常温下，E_{F} 远大于热运动能量 kT，大多数自由电子不可能借助于热激发跃迁到空能级上，从而无法对热容量作出贡献(只有那些靠近 Fermi 面的少量电子才能产生热激发). 这就解释了为什么在低温或常温下观察不到自由电子对热容量的贡献.

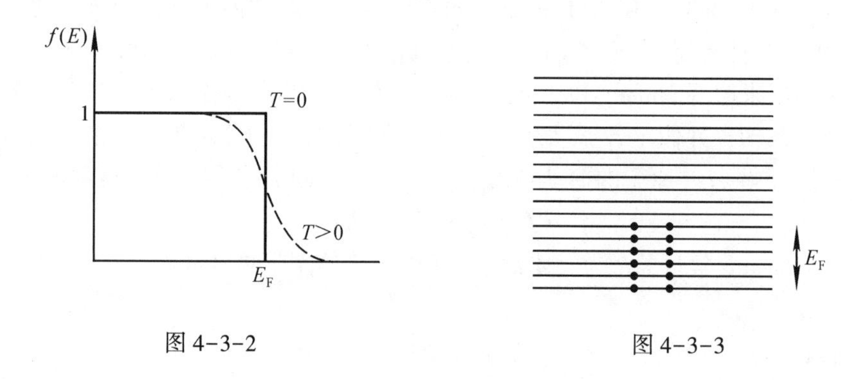

图 4-3-2　　图 4-3-3

1928 年，A. Sommerfeld 根据 Fermi-Dirac 统计，计算了自由电子对热容量的贡献，得出了与实验相符的结果.

三、Lorentz 的理论

1904 年，Lorentz 指出，Drude 自由电子模型中采用的金属内自由电子都以平均速率运动的假设过于简单了. Lorentz 认为自由电子的运动应该像气体分子那样遵循 Maxwell-Boltzmann 分布律. 1905 年，Lorentz 根据气体分子运动论，运用经典统计方法对自由电子在金属中的输运过程作了严密的理论分析，导出了电导率 σ 和热导率 κ 的公式.

由于金属内正离子的质量远大于电子的质量，可以把金属看成是由“分子”质量相差悬殊的两种“气体”构成的混合气体，其一是由自由电子构成的气体，另一是由基本上不动的正离子构成的气体，这种混合气体后称 Lorentz 气体. 由于电子很小，电子之间的相互碰撞可以忽略，需要考虑的主要是电子与正离子的碰撞. 为了简单起见，可以假定电子和正离子均为弹性刚球，相互的碰撞为弹性碰撞. 根据上述模型，运用经典统计方法，可以导出金属的热导率 κ 和电导率 σ 的公式①为

$$\kappa=\frac{4kn_1}{3n_2\pi\sigma_{12}^2}\sqrt{\frac{2kT}{\pi m}}$$

$$\sigma=\frac{2e^2n_1}{3n_2\pi\sigma_{12}^2kT}\sqrt{\frac{2kT}{\pi m}}$$

式中 n_1 和 n_2 分别是电子和正离子的数密度，m 是电子质量，σ_{12}是电子和离子的半径之和. 把以上两式相除，得

$$\frac{\kappa}{\sigma}=\frac{2k^2}{e^2}T$$

此即 Wiedemann-Franz 定律. 但应注意，上式中的常系数为 2，而与实验相符的常系数却是 3，这个差别直到 1928 年 Sommerfeld 应用量子统计方法后才得到解决.

综合本节以上两段的讨论可以看出，经典电子论在建立了简单的自由电子模型后，从理论上导出了 Ohm 定律和 Joule-Lenz 定律，得出了电导率和热导率的公式，证实了 Wiedemann-Franz 定律. 因此，在金属性质的理论探讨中，经典电子论无疑具有重要的历史地位. 然而，模型的过于简单化，以及并未脱离经典物理范畴的处理方法，注定了经典电子论必定存在许多缺陷与不足. 经典电子论所遇到的种种困难，只有建立了量子力学并运用能带论和量子统计方法后才最终得到比较圆满的解决. 因此，在充分肯定经典电子论的重大成果与历史地位的同时，必须清醒地看到它的局限性以及造成这种局限性的原因.

---

① 详见：王竹溪，《统计物理学导论》§38.

四、金属的复折射率，吸收和趋肤效应

金属的光学性质可借助于 Maxwell 电磁场理论得到解释. Maxwell 电磁场方程组为

$$\begin{cases}\nabla\times\boldsymbol{E}=-\dfrac{1}{c}\dfrac{\partial\boldsymbol{B}}{\partial t}\\ \nabla\times\boldsymbol{H}=\dfrac{4\pi}{c}\boldsymbol{j}+\dfrac{1}{c}\dfrac{\partial\boldsymbol{D}}{\partial t}\\ \nabla\cdot\boldsymbol{D}=4\pi\rho\\ \nabla\cdot\boldsymbol{B}=0\end{cases}$$

考虑介电常量为 ε，磁导率为 μ，电导率为 σ 的均匀各向同性线性介质，其物质方程为

$$\begin{cases}\boldsymbol{D}=\varepsilon\boldsymbol{E}\\ \boldsymbol{B}=\mu\boldsymbol{H}\\ \boldsymbol{j}=\sigma\boldsymbol{E}\end{cases}$$

把介质方程代入上述 Maxwell 方程组，得

$$\begin{cases}\nabla\times\boldsymbol{E}=-\dfrac{\mu}{c}\dfrac{\partial\boldsymbol{H}}{\partial t} & (5)\\ \nabla\times\boldsymbol{H}=\dfrac{4\pi\sigma}{c}\boldsymbol{E}+\dfrac{\varepsilon}{c}\dfrac{\partial\boldsymbol{E}}{\partial t} & (6)\\ \nabla\cdot\boldsymbol{E}=\dfrac{4\pi}{\varepsilon}\rho & (7)\\ \nabla\cdot\boldsymbol{H}=0 & (8)\end{cases}$$

对于金属导体，可以证明其电荷密度 $\rho\approx0$. 对(6)式取散度，得

$$\nabla\cdot(\nabla\times\boldsymbol{H})=\frac{4\pi\sigma}{c}\nabla\cdot\boldsymbol{E}+\frac{\varepsilon}{c}\frac{\partial}{\partial t}(\nabla\cdot\boldsymbol{E})\tag{9}$$

把(7)式对时间求导，得

$$\frac{\partial}{\partial t}(\nabla\cdot\boldsymbol{E})=\frac{4\pi}{\varepsilon}\frac{\mathrm{d}\rho}{\mathrm{d}t}$$

把上式及(7)式代入(9)式，并注意$\nabla\cdot(\nabla\times\boldsymbol{H})=0$，得

$$\frac{4\pi\sigma}{c}\cdot\frac{4\pi}{\varepsilon}\rho+\frac{4\pi}{c}\frac{\mathrm{d}\rho}{\mathrm{d}t}=0$$

即

$$\frac{\mathrm{d}\rho}{\mathrm{d}t}+\frac{4\pi\sigma}{\varepsilon}\rho=0$$

上述方程的解为

$$\rho=\rho_0\mathrm{e}^{-\frac{4\pi\sigma}{\varepsilon}t}=\rho_0\mathrm{e}^{-\frac{t}{\tau}}$$

式中

$$\tau=\frac{\varepsilon}{4\pi\sigma}$$

τ 具有时间的量纲，称为弛豫时间，它由介电常量 ε 和电导率 σ 共同决定. 对于金属导体，σ 很大，典型金属的弛豫时间约为 $\tau\sim10^{-18}$ s. 可见，即使金属内原先的电荷密度 $\rho_0\neq0$，也会以很快速度衰减为零. 把 $\rho=0$ 代入(7)式，得

$$\nabla\cdot\boldsymbol{E}=0 \tag{10}$$

对(5)式取散度，得

$$\nabla\times(\nabla\times\boldsymbol{E})=-\frac{\mu}{c}\frac{\partial}{\partial t}(\nabla\times\boldsymbol{H})$$

再利用(10)式和(6)式，得

$$\begin{aligned}\nabla^2\boldsymbol{E}&=\frac{\mu}{c}\frac{\partial}{\partial t}\left(\frac{4\pi\sigma}{c}\boldsymbol{E}+\frac{\varepsilon}{c}\frac{\partial\boldsymbol{E}}{\partial t}\right)\\&=\frac{4\pi\sigma\mu}{c^2}\frac{\partial\boldsymbol{E}}{\partial t}+\frac{\varepsilon\mu}{c^2}\frac{\partial^2\boldsymbol{E}}{\partial t^2}\end{aligned} \tag{11}$$

与电介质中的波动方程相比，(11)式多了一项与 $\frac{\partial\boldsymbol{E}}{\partial t}$ 有关的项，此项表明电磁波在 $\sigma\neq0$ 的金属中会衰减. 对圆频率为 ω 的单色简谐平面波，有

$$\boldsymbol{E}=\boldsymbol{E}_0\mathrm{e}^{\mathrm{i}(\boldsymbol{k}\cdot\boldsymbol{r}-\omega t)} \tag{12}$$

代入(11)式，得

$$\nabla^2\boldsymbol{E}=\frac{4\pi\sigma\mu}{c^2}(-\mathrm{i}\omega)\boldsymbol{E}-\frac{\varepsilon\mu\omega^2}{c^2}\boldsymbol{E}$$

即

$$\nabla^2\boldsymbol{E}+\frac{\omega^2\mu}{c^2}\left(\varepsilon+\mathrm{i}\frac{4\pi\sigma}{\omega}\right)\boldsymbol{E}=0$$

令

$$\tilde{k}^2=\frac{\omega^2\mu}{c^2}\left(\varepsilon+\mathrm{i}\frac{4\pi\sigma}{\omega}\right) \tag{13}$$

则

$$\nabla^2\boldsymbol{E}+\tilde{k}^2\boldsymbol{E}=0 \tag{14}$$

容易验证由(13)式定义的 $\tilde{k}$ 即为复波数. 令

$$\tilde{\varepsilon}=\varepsilon+\mathrm{i}\frac{4\pi\sigma}{\omega} \tag{15}$$

则

$$\tilde{k}^2=\frac{\omega^2\mu\tilde{\varepsilon}}{c^2} \tag{16}$$

对透明电介质，波矢为

$$\begin{aligned}k&=\frac{2\pi}{\lambda}=\frac{2\pi\nu}{v}\\&=\frac{\omega}{v}=\frac{\omega}{c}\sqrt{\varepsilon\mu}\end{aligned}$$

或

$$k^2=\frac{\omega^2\mu\varepsilon}{c^2} \tag{17}$$

因而(16)式是(17)式的复数形式，而由(15)式定义的 $\tilde{\varepsilon}$ 即为复介电常量. 因折射率 $n=\sqrt{\varepsilon\mu}$，相应的复数形式为

$$\tilde{n}=\sqrt{\tilde{\varepsilon}\mu}$$

故

$$\tilde{n}^2=\mu\tilde{\varepsilon}=\mu\left(\varepsilon+\mathrm{i}\,\frac{4\pi\sigma}{\omega}\right) \tag{18}$$

与电介质情形一样，令复折射率为

$$\tilde{n}=n(1+\mathrm{i}\kappa)$$

则

$$\begin{aligned}\tilde{n}^2&=n^2(1+2\mathrm{i}\kappa-\kappa^2)\\&=n^2(1-\kappa^2)+\mathrm{i}2n^2\kappa\end{aligned}$$

把上式与(18)式比较，得

$$\mu\varepsilon=n^2(1-\kappa^2)$$

$$n^2\kappa=\frac{2\pi\mu\sigma}{\omega}=\frac{\mu\sigma}{\nu}$$

从以上两式解出

$$n^2=\frac{1}{2}\left(\sqrt{\mu^2\varepsilon^2+\frac{4\mu^2\sigma^2}{\nu^2}}+\mu\varepsilon\right) \tag{19}$$

$$n^2\kappa=\frac{1}{2}\left(\sqrt{\mu^2\varepsilon^2+\frac{4\mu^2\sigma^2}{\nu^2}}-\mu\varepsilon\right) \tag{20}$$

(19)式和(20)式决定了复折射率的实部和虚部. 对于绝缘的电介质，电导率 $\sigma=0$，由(19)式，可得出众所周知的折射率公式 $n=\sqrt{\varepsilon\mu}$. 对于理想导体，$\sigma\to\infty$，由(19)式，$n\to\infty$，在此情形入射的电磁波完全不允许进入理想导体，电磁波将全部从理想导体表

面反射回去. 金属是良导体，具有很高的电导率，因此金属对光有很高的反射率.

此外，只需 $\sigma\neq 0$，由(20)式，就有 $\kappa\neq 0$，即折射率一定是复数，其虚部决定了金属导体对电磁波的吸收. 这种情形与电介质完全一样. 回到方程(14)式，单色平面波是它的解，即有

$$\boldsymbol{E}=\boldsymbol{E}_0\mathrm{e}^{\mathrm{i}[\tilde{k}(\boldsymbol{r}\cdot\boldsymbol{s})-\omega t]}$$

式中 $\tilde{k}$ 为复波数，$\boldsymbol{r}$ 为径矢，$\boldsymbol{s}$ 为电磁波的传播方向的单位矢量，若传播方向沿 z 轴，则上式简化为

$$\boldsymbol{E}=\boldsymbol{E}_0\mathrm{e}^{\mathrm{i}(\tilde{k}z-\omega t)} \tag{21}$$

由(16)式，

$$\tilde{k}^2=\frac{\omega^2}{c^2}\tilde{n}^2$$

或

$$\tilde{k}=\frac{\omega}{c}\tilde{n}=\frac{\omega n}{c}(1+\mathrm{i}\kappa)$$

代入(21)式，得

$$\boldsymbol{E}=\boldsymbol{E}_0\mathrm{e}^{-\frac{\omega n}{c}\kappa z}\mathrm{e}^{\mathrm{i}(\frac{\omega n}{c}z-\omega t)} \tag{22}$$

这是向 z 方向传播的平面波，其振幅随传播距离 z 的增大而逐渐衰减，κ 称为衰减系数或消光系数.

电磁波的平均能流密度 S 与电场峰值的平方成正比，利用(22)式，电磁波能流在金属中的衰减情况可由下式描述：

$$\begin{aligned}S&=S_0\mathrm{e}^{-\frac{2\omega n}{c}\kappa z}\\&=S_0\mathrm{e}^{-\chi z}\end{aligned} \tag{23}$$

式中 χ 称为吸收系数，为

$$\chi=\frac{2\omega}{c}n\kappa=\frac{4\pi\nu}{c}n\kappa$$

金属的电导率 σ 很大，对于大多数金属 $\sigma\sim 10^{17}\,\mathrm{s}^{-1}$，只要电磁波频率不超过红外光的频率，都有 $\frac{2\sigma}{\nu}\gg\mu\varepsilon$. 故由(20)式，有

$$n\kappa=\sqrt{\frac{\mu\sigma}{\nu}}$$

即

$$\chi=\frac{4\pi\nu}{c}\sqrt{\frac{\mu\sigma}{\nu}}=\frac{4\pi}{c}\sqrt{\mu\sigma\nu}$$

假定电磁波深入金属的距离为 $z=d$ 时，其能流衰减到原值的$\frac{1}{\mathrm{e}}$，则

$$\frac{S}{S_0}=\mathrm{e}^{-\chi d}=\mathrm{e}^{-1}$$

即

$$d=\frac{1}{\chi}=\frac{c}{4\pi\sqrt{\mu\sigma\nu}} \tag{24}$$

通常用 d 值来衡量电磁波深入金属内部的程度. 由(24)式，电磁波的频率 ν 越高越难深入金属，例如，对于常用的导线材料铜，$\mu\approx1$，$\sigma=5.14\times10^{17}\ \mathrm{s}^{-1}$，由(24)式可算出不同波段电磁波的 d 值，列表如下：

	红　外	微　波	长无线电波
λ/m	10^{-5}	0.1	10^{3}
ν/s^{-1}	3×10^{13}	3×10^{9}	3×10^{5}
d/m	6.1×10^{-9}	6.1×10^{-7}	6.1×10^{-5}

从表中数据可知，电磁波进入金属的有效深度 d 比波长 λ 要小得很多.

在交流电路中，导线中的交变电流是由交变电场引起的，该交变电场的能量则来源于电源，电源的能量以电磁波的形式从空间传输到导线的各个部分. 如图 4-3-4 所示，电磁波从导线侧面进入，其 Poynting 矢量为 $\boldsymbol{S}$，在导线中产生交变电场 $\boldsymbol{E}$(以及交变磁场 $\boldsymbol{H}$)，从而形成交变电流 $\boldsymbol{j}$. 如上所述，电磁波只能进入导线表面的极薄一层，亦即交变电场和相应的交变电流只能分布在导线的表面层里，在导线内部的电场实际上已经衰减为零，故内部几乎不形成电流，这就是众所周知的趋肤效应.

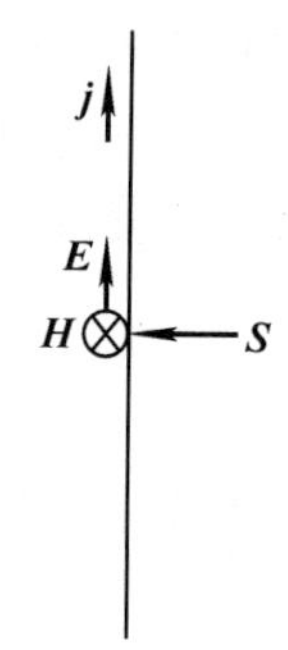

图 4-3-4

趋肤效应使导线导电的有效截面大为减小，从而使导线的等效电阻显著增大. 由(24)式可知，电磁波深入导线的程度与频率有关，即趋肤效应密切地与频率有关，因而，在高频条件下导线的电阻随着频率的增高会显著地加大. 由于高频电流几乎全部集中在导线的表面层内，为了提高导线的导电能力，常在导线表面涂一层高电导率的材料如银或金等.

趋肤效应会使导体的表面层局部发热，常利用这种现象对金属工件进行表面淬火处理，以增强工件表面的硬度.

五、金属电导率与频率的依赖关系

在前面的讨论中，我们都把金属的电导率 σ 看成是物质常量. 但是，严格说来，金属的电导率并不是常量，它和介电常量、折射率一样，也依赖于频率. 只在一定的频率范围内，才能把金属的电导率 σ 近似地看作是常量. 现在，根据 Drude 简单的自由电子模型来确定这一频率范围.

金属中的自由电子在运动过程中要不断地与正离子相碰撞，作为简单模型，合理的假定是认为，平均说来自由电子要受到一个阻尼力的作用，该阻尼力的大小应与自由电子的速度成正比，其方向与自由电子的速度方向相反. 故自由电子的运动方程为

$$\ddot{\boldsymbol{r}}+\gamma\dot{\boldsymbol{r}}=\frac{e}{m}\boldsymbol{E} \tag{25}$$

式中 e 和 m 是电子的电量和质量，γ 是单位质量的阻力系数. 在无外电场时，即 $\boldsymbol{E}=0$ 时，有

$$\ddot{\boldsymbol{r}}+\gamma\dot{\boldsymbol{r}}=0$$

其解为

$$\boldsymbol{r}=\boldsymbol{r}_0-\frac{\boldsymbol{v}_0}{\gamma}\ \mathrm{e}^{-\gamma t}$$

$$\dot{\boldsymbol{r}}=\boldsymbol{v}=\boldsymbol{v}_0\ \mathrm{e}^{-\gamma t}$$

$$=\boldsymbol{v}_0\mathrm{e}^{-\frac{t}{\tau}}$$

式中 $\boldsymbol{r}_0$ 和 $\boldsymbol{v}_0$ 分别是 $t=0$ 时自由电子的径矢和速度. 上式表明，自由电子的速度 $\boldsymbol{v}$ 要随时间 t 作指数衰减，式中的 $\tau=\dfrac{1}{\gamma}$ 具有时间的量纲，称为衰变时间或弛豫时间.

再假定外电场 $\boldsymbol{E}\neq 0$，且是一个时谐电场，即

$$\boldsymbol{E}=\boldsymbol{E}_0\mathrm{e}^{-\mathrm{i}\omega t} \tag{26}$$

(25)式是一个无本征振动的受迫振动方程，在外电场 $\boldsymbol{E}$ 为时谐电场的条件下，(25)式的解包括两项：一项是随时间衰减项，对于金属，因衰变时间 τ 的典型值约为 10^{-14} s，非常小，故此项可以忽略；另一项是频率为 ω 的谐振动，即

$$\boldsymbol{r}=\boldsymbol{r}_0\mathrm{e}^{-\mathrm{i}\omega t} \tag{27}$$

把(26)式和(27)式代入方程(25)式，得

$$-\omega^2\boldsymbol{r}-\mathrm{i}\omega\gamma\boldsymbol{r}=\frac{e}{m}\boldsymbol{E}$$

即

$$\boldsymbol{r}=-\frac{e\boldsymbol{E}}{m(\omega^2+\mathrm{i}\gamma\omega)}$$

$$\dot{\boldsymbol{r}} = \frac{\mathrm{i}\omega e\boldsymbol{E}}{m(\omega^2+\mathrm{i}\gamma\omega)} = \frac{e\boldsymbol{E}}{m(\gamma-\mathrm{i}\omega)}$$

设金属单位体积中的自由电子数为 N，则根据 Ohm 定律，其中的电流密度为

$$\boldsymbol{j} = Ne\dot{\boldsymbol{r}} = \frac{Ne^2}{m(\gamma-\mathrm{i}\omega)}\boldsymbol{E}$$

故电导率为

$$\sigma = \frac{Ne^2}{m(\gamma-\mathrm{i}\omega)} = \frac{Ne^2(\gamma+\mathrm{i}\omega)}{m(\gamma^2+\omega^2)} \tag{28}$$

由(28)式可见，金属的电导率 σ 一般为复数，且与频率 ω 有关. 但因(28)式中的 γ 约为 $10^{14}\mathrm{s}^{-1}$，而微波的圆频率 ω 约为 $10^{10}\mathrm{s}^{-1}$，故对于微波和频率低于微波的交变电场来说，都有 $\omega \ll \gamma$，在这种条件下，(28)式简化为

$$\sigma = \frac{Ne^2}{m\gamma}$$

这就是说，只要频率在上述范围内，金属的电导率 σ 就是实数，而且保持为常量.

附录　辐射阻尼力

根据本章 §2 的(3)式，一电偶极子的电偶极矩为

$$\boldsymbol{p} = -q\boldsymbol{\xi}$$

设电偶极子沿 z 方向作简谐振动，圆频率为 ω，则电偶极矩可表示为

$$\boldsymbol{p} = \boldsymbol{p}_0\mathrm{e}^{-\mathrm{i}\omega t} \tag{1}$$

根据 Maxwell 电磁场理论，该电偶极子将辐射电磁波. 由于不断辐射能量，偶极振子的能量将不断衰减，等效于受到一个阻尼力的作用，称为辐射阻尼. 下面推导该阻尼力的公式.

电动力学证明，在足够远的区域观察时，电偶极子辐射的电磁波近似为一球面波，其电矢量和磁矢量为

$$\boldsymbol{E} = \frac{1}{c^2R^3}\boldsymbol{R}\times(\boldsymbol{R}\times\ddot{\boldsymbol{p}})$$

$$\boldsymbol{H} = -\frac{1}{c^2R^2}(\boldsymbol{R}\times\ddot{\boldsymbol{p}})$$

式中 $\boldsymbol{R}$ 为观察点的径矢. Poynting 矢量为

$$
\begin{aligned}
\boldsymbol{S} &= \frac{c}{4\pi}\boldsymbol{E}\times\boldsymbol{H} \\
&= \frac{1}{4\pi c^3 R^5}(\boldsymbol{R}\times\ddot{\boldsymbol{p}})\times[\boldsymbol{R}\times(\boldsymbol{R}\times\ddot{\boldsymbol{p}})] \\
&= \frac{1}{4\pi c^3 R^5}\{\boldsymbol{R}(\boldsymbol{R}\times\ddot{\boldsymbol{p}})^2-(\boldsymbol{R}\times\ddot{\boldsymbol{p}})\times[(\boldsymbol{R}\times\ddot{\boldsymbol{p}})\cdot\boldsymbol{R}]\} \\
&= \frac{1}{4\pi c^3 R^5}\boldsymbol{R}(\boldsymbol{R}\times\ddot{\boldsymbol{p}})^2
\end{aligned}
$$

设径矢 $\boldsymbol{R}$ 与 z 轴的夹角为 θ，则

$$
|\boldsymbol{S}| = \frac{1}{4\pi c^3 R^2}(\ddot{\boldsymbol{p}})^2\sin^2\theta \tag{2}
$$

由(1)式

$$
\ddot{\boldsymbol{p}} = -\omega^2\boldsymbol{p}
$$

代入(2)式，得

$$
|\boldsymbol{S}| = \frac{\omega^4}{4\pi c^3 R^2}p^2\sin^2\theta
$$

把上式对时间求平均后，得

$$
\bar{S} = \frac{\omega^4}{4\pi c^3 R^2}\overline{p^2}\sin^2\theta
$$

考虑半径为 R 的球面，单位时间内通过该球面辐射出去的电磁波能量为

$$
\begin{aligned}
\frac{\mathrm{d}W}{\mathrm{d}t} &= \frac{\omega^4\overline{p^2}}{4\pi c^3 R^2}\int_0^{2\pi}\int_0^{\pi}\sin^2\theta R^2\sin\theta\,\mathrm{d}\theta\,\mathrm{d}\varphi \\
&= \frac{\omega^4\overline{p^2}}{4\pi c^3}\int_0^{2\pi}\mathrm{d}\varphi\int_0^{\pi}\sin^3\theta\,\mathrm{d}\theta \\
&= \frac{2\omega^4}{3c^3}\overline{p^2}
\end{aligned}
$$

式中 $\overline{p^2}$ 是电偶极矩对时间的方均值.

设电偶极子所受的阻尼力为 $\boldsymbol{F}$，则有

$$
\begin{aligned}
\overline{\boldsymbol{F}\cdot\dot{\boldsymbol{\xi}}} &= -\frac{\mathrm{d}W}{\mathrm{d}t} = -\frac{2\omega^4}{3c^3}\overline{p^2} \\
&= -\frac{2\omega^4}{3c^3}\cdot\frac{1}{\omega^2}\overline{(\dot{\boldsymbol{p}})^2} \\
&= -\frac{2q^2}{3c^3}\overline{(\ddot{\boldsymbol{\xi}})^2}
\end{aligned} \tag{3}
$$

因

$$
\ddot{\boldsymbol{\xi}} = -\omega^2\boldsymbol{\xi}
$$

$$
\dddot{\boldsymbol{\xi}} = -\omega^2\dot{\boldsymbol{\xi}}
$$

$$\frac{\mathrm{d}}{\mathrm{d}t}(\dot{\boldsymbol{\xi}}\cdot\ddot{\boldsymbol{\xi}})=(\ddot{\boldsymbol{\xi}})^2+\dot{\boldsymbol{\xi}}\cdot\dddot{\boldsymbol{\xi}}$$

故

$$(\ddot{\boldsymbol{\xi}})^2=\frac{\mathrm{d}}{\mathrm{d}t}(\dot{\boldsymbol{\xi}}\cdot\ddot{\boldsymbol{\xi}})-\dddot{\boldsymbol{\xi}}\cdot\dot{\boldsymbol{\xi}}$$

在一个周期内求平均后，有

$$\overline{(\ddot{\boldsymbol{\xi}})^2}=-\overline{\dddot{\boldsymbol{\xi}}\cdot\dot{\boldsymbol{\xi}}}$$

把上式代入(3)式，得

$$\overline{\boldsymbol{F}\cdot\dot{\boldsymbol{\xi}}}=\frac{2q^2}{3c^3}\overline{\dddot{\boldsymbol{\xi}}\cdot\dot{\boldsymbol{\xi}}}$$

故有

$$\boldsymbol{F}=\frac{2q^2}{3c^3}\dddot{\boldsymbol{\xi}}$$

此即本章§2第二段中引用的辐射阻尼力公式.

参考文献

[1] 宋德生，李国栋. 电磁学发展史. 南宁：广西人民出版社，1987.
[2] MAXWELL J C. A Treatise on electricity and magnetism. Oxford：Clarendon Press，1904[或：电磁通论：下册. 戈革，译. 武汉：武汉出版社，1994].
[3] 塔姆. 电学原理(上、下). 钱尚武，赵祖森，译. 北京：人民教育出版社，1958.
[4] 郭贻诚. 铁磁学. 北京：人民教育出版社，1965.
[5] 斯卡那维 Г И. 电介质物理学. 北京：高等教育出版社，1958.
[6] 伏尔坚斯坦 M B. 分子光学：上册. 王鼎昌，译. 北京：高等教育出版社，1958.
[7] 田莳等. 金属物理性能. 北京：航空工业出版社，1994.
[8] BORN M，WOLF E. 光学原理：下册. 黄乐天等，译. 北京：科学出版社，1981.

§4. 超 导 体

某些物质在低温条件下呈现出零电阻和完全排斥磁力线等性质，这些物质称为超导体. 超导体特殊的电磁性质和其他性质以及诱人的应用前景，使得它从1911年被发现之日起就引起了人们的广泛关注. 几十年来，有关超导体的实验研究、理论探索和技术应用此伏彼起，不断深入和扩展. 20世纪80年代中期，随着高临界温度超导材料的发现，超导体的研究再一次掀起了高潮.

在本节中，我们首先描绘超导体的一系列独特性质，如零电阻效应、完全抗磁性(Meissner)效应、磁通量子化和 Josephson 效应以及超导体电子比热的规律、同位素效应、超导能隙等；然后叙述低温超导的宏观唯象理论(二流体模型)以及揭示超导体电磁性质的 London 方程，并简单介绍建立在量子力学基础上的低温超导微观理论——BCS 理论；最后，对近年来令人瞩目的高临界温度超导材料的研究以及超导体的种种应用也作一些介绍. 另外，对低温条件下出现的超流现象，也在本节末的附录中一并稍作介绍.

一、零电阻现象

某些金属、合金以及化合物，在低温的条件下，其电阻突然跌落为零的现象，称为零电阻现象或超导电现象. 这种奇特的电阻为零的性质称为超导电性，具有超导电性的物体称为超导体，超导体所处的物态称为超导态. 物体从通常的电阻不为零的正常态转变为零电阻超导态的温度称为超导转变温度. 若维持外磁场、电流和应力等在足够低的值，则物体在一定外部条件下的超导转变温度称为超导临界温度，用 T_C 表示.

零电阻现象的发现与低温技术的进展是密切相关的. 如所周知，1895 年，曾被视为“永久气体”的空气被液化；同年，在空气中发现了氦气. 1898 年，J. Dewar 将氢气液化. 空气和氢气在 1 大气压下的沸点分别是 81 K(−192 ℃)和 20 K(−253 ℃). 在液空、液氢的基础上，进入了 14 K(−259 ℃)的低温区，但是，仍未能使氦气液化. 1908 年，以荷兰物理学家 H. Kamerlingh Onnes 为首的小组在莱登实验室液化氦成功，当时测定在 1 大气压下氦的沸点是 4.25 K. 利用减压降温法，即降低液氦的蒸气压，液氦的沸点会相应降低，他们在当时获得了 4.25 K~1.15 K 的低温.

1911 年，当 Onnes 等观察低温下汞电导率随温度的变化时，在 4.2 K 附近，发现汞的电阻突然消失了. 如图 4-4-1 所示，横坐标是温度，纵坐标是该温度下的汞电阻与 0 ℃的汞电阻之比，在 4.2 K 附近，汞的电阻比从五百分之一(=0.0020)突然急剧下降到小于百万分之一($<10^{-6}$). 请注意，这个下降是突然发生的. 莱登实验室当时估计，在 1.5 K 时汞的电阻比小于十亿分之一($<10^{-9}$). 这一奇特的零电阻现象的发现，表明汞在 4.2 K 附近，从正常态进入了新的具有特殊电性质的物质状态，他们称之为超导态，并把电阻突然发生变化出现零电阻的温度称为超导临界温度 T_C. 随后，他们又发现，许多其他金属也有零电阻现象，如锡，约在 3.8 K 出现，等等.

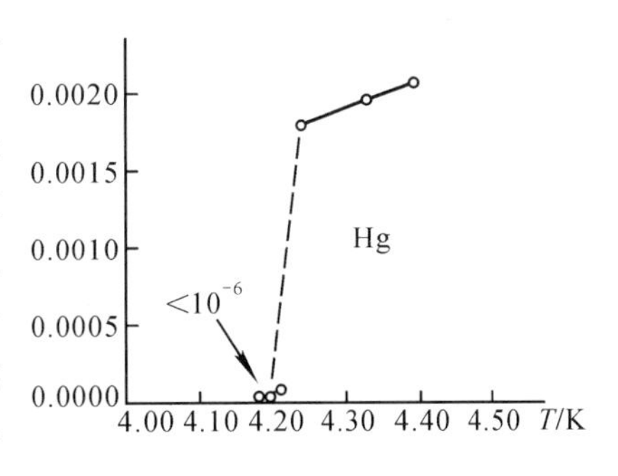

图 4-4-1　零电阻现象

零电阻现象是超导体最显著的特征. 它还可以表现为超导回路中的电流长期持续不断. 大家知道，将一金属环放在磁场中，若突然撤去磁场，由于电磁感应，环内会出现感生电流，因金属环具有电阻 R 和电感 L，电流通过时因电阻产生的 Joule 热损耗会使环内的感生电流逐渐衰减为零，衰减的快慢可以用时间常量 $\tau=\frac{L}{R}$ 表征，当电感 L 一定时，若环内的电流衰减得越慢，即 τ 越大，表明该环的电阻 R 越小. 实验发现，利用撤去磁场的办法在金属环中建立电流，并降温到 $T<T_C$，使金属环变为超导回路，则其中的电流在无需外电源的条件下能够持续几年之久，仍然观测不到任何衰减.

现代超导重力仪的观测表明，超导态物体的电阻率必定小于 $10^{-28}\ \Omega\cdot\text{m}$，远远小于正常金属迄今所能达到的最低电阻率 $10^{-15}\ \Omega\cdot\text{m}$，因此，可以认为超导态的电阻率确实为零.

温度的升高、磁场和电流的增大，都可以使超导体从超导态转变为正常态. 通常用临界温度 T_C，临界磁场 B_C 和临界电流 J_C 作为临界参量来表征超导材料的超导性能，详见本节六.

二、Meissner 效应

超导体具有将磁场完全排斥在外的完全抗磁性，称为 Meissner 效应. 完全抗磁性并非零电阻效应的结果，它们是超导体两个独立的基本性质.

最初，零电阻效应使人们设想超导体是理想导体(亦称完全导体)，即超导体的电导率为无穷大，电荷在其中流动完全不受任何阻力，无须电场力的推动便可永远流动不止. 由此，超导体内不可能存在电场，否则电荷不断被推动加速，电流将越来越大，以至不可控制，而实际上从未发现这种情况. 进而，电磁感应的研究指出，变化的磁场会产生有旋电场(亦称涡旋电场). 因此，在理想导体中也不可能存在随时间变化的磁场. 换言之，在理想导体中，原有的磁通量不可能改变，既不能减少也不能增加.

根据上述分析，设想图 4-4-2 和图 4-4-3 两个实验.

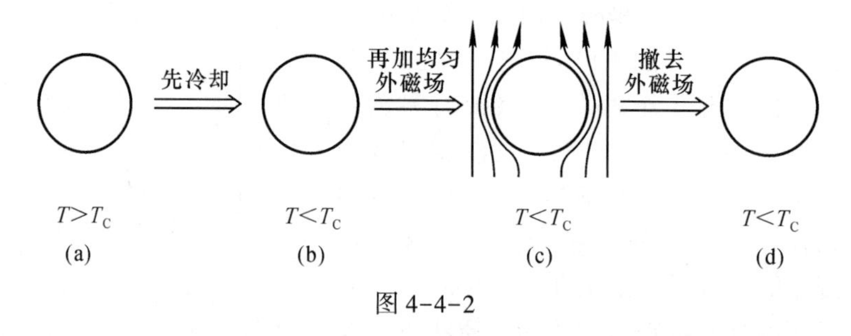

图 4-4-2

如图 4-4-2 所示，若将金属球从 $T>T_C$[图 4-4-2(a)]降温到 $T<T_C$[图 4-4-2(b)]使之转变为理想导体. 然后保持 $T<T_C$ 再加均匀外磁场[图 4-4-2(c)]，则因理想导体中的磁通量不能改变，磁力线无法进入，只能环绕球周围通过. 保持 $T<T_C$，撤去外磁场[图 4-4-2(d)]，理想导体中仍然没有磁力线.

图 4-4-3 与图 4-4-2 的不同在于先加均匀外磁场，后降温，如图4-4-3(a)和(b)，

在 $T>T_C$ 时加均匀外磁场，磁力线穿过普通的金属球. 然后，如图 4-4-3(c)和(d)，再降温到 $T<T_C$，金属球转变为理想导体，由于其中的磁通量不能改变，理想导体中的磁力线[图 4-4-3(c)]应维持原状与图 4-4-3(b)相同. 撤去外磁场后，仍应保持不变，如图 4-4-3(d)所示. 换言之，转变前加在金属球中的磁力线，转变后应"冻结"在理想导体之中.

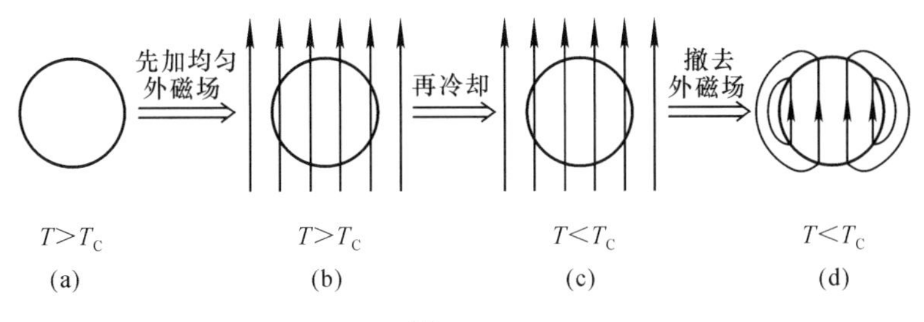

图 4-4-3

设想的图 4-4-2 和图 4-4-3 两个实验表明，理想导体内是否存在磁力线以及如何分布，与降温及加外磁场的先后顺序有关，即与它的历史经历有关.

以上是根据超导体即为理想导体的假设作出的合理推论. 实际情况是否确实如此呢?

1933 年，W. F. Meissner 和 R. Ochsenfeld 对围绕球形导体(单晶锡)的磁场分布进行了细心的实验测量. 他们惊奇地发现，不论先降温后加均匀外磁场，还是先加均匀外磁场后降温，只要锡球的温度低于其临界温度 T_C 过渡到超导态，则其周围的磁场都突然发生了变化，磁力线似乎一下子被推斥到超导体之外.

总之，实验测出的结果如图 4-4-2 和图 4-4-4 所示，而并非如图4-4-3所示[请注意，图 4-4-4(c)与图 4-4-3(c)明显不同]. 它表明，不管从正常态过渡到超导态的途径如何，只要 $T<T_C$，超导体内部的磁感应强度 $\boldsymbol{B}$ 总是等于零的，

$$\boldsymbol{B}=0$$

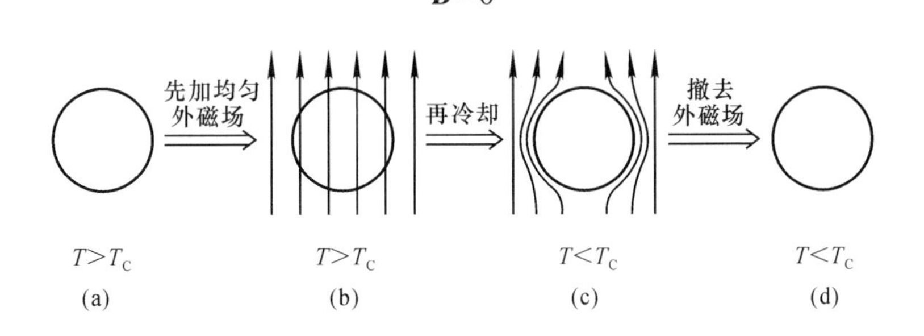

图 4-4-4

即超导体具有把磁力线完全排斥在外的完全抗磁性，这就是 Meissner 效应.

Meissner 效应表明，虽则超导体与理想导体两者都具有零电阻，并且其中的磁场都不能随时间变化，但超导体并非理想导体，因为理想导体内可以有磁力线，而超导体则

将其中的一切磁力线完全排斥在外. 这种区别表明，完全抗磁性并不是零电阻效应的结果. 零电阻效应和完全抗磁性是超导体两个独立的基本性质，它们揭示了超导体的主要电磁性质.

应该指出，理论和实验都证明(详见本节四)，磁场并不是在超导体的几何表面突然降低到零的，而是经过表面薄层逐渐减弱的. 换言之，磁场能够进入超导体的表面薄层，透入的深度与材料的性质有关，一般超导体的透入深度在 $10^{-4}\sim10^{-6}$ cm 之间.

为了进一步理解超导体的完全抗磁性，把超导体当作磁介质，讨论一下它的特殊磁性. 根据电磁学中熟知的磁介质中 $\boldsymbol{B}$，$\boldsymbol{H}$，$\boldsymbol{M}$ 三者的关系为

$$\boldsymbol{H}=\frac{\boldsymbol{B}}{\mu_0}-\boldsymbol{M}$$

其中 $\boldsymbol{B}=\mu_r\mu_0\boldsymbol{H}$，$\boldsymbol{M}=\chi_m\boldsymbol{H}$，$\mu_r=1+\chi_m$，对于具有完全抗磁性的超导体，因其内部

$$\boldsymbol{B}=0$$

故

$$\boldsymbol{M}=-\boldsymbol{H},\quad \chi_m=-1$$

上式表明，在超导体内部，磁化强度 $\boldsymbol{M}$ 与磁场强度 $\boldsymbol{H}$ 处处大小相等、方向相反，磁化率 $\chi_m=-1$，可见超导体不仅是抗磁质($\chi_m<0$)，而且是完全抗磁质($\chi_m=-1$). 超导体的抗磁性来源于分布在超导体表面薄层的磁化电流，即该磁化面电流产生的附加磁场与外磁场之和在超导体内部刚好为零，导致超导体的完全抗磁性(详见本节四).

也可以用另一种观点来说明超导体的完全抗磁性. 这就是把超导体看作是一种完全没有磁性、根本不存在磁化的物体，即认为超导体的磁化强度

$$\boldsymbol{M}=0$$

或相对磁导率

$$\mu_r=1$$

但是，在外磁场的影响下，超导体的表面层会出现某种面分布的传导电流，这种面传导电流的屏蔽作用使超导体内部的合磁场为零，导致完全抗磁性.

以上是解释超导体完全抗磁性的两种不同观点. 前者认为，超导体内部 $\boldsymbol{M}\neq0$，超导体表面有磁化电流，这种看法与介质的磁化机制相符. 后者认为超导体内部 $\boldsymbol{M}=0$，超导体表面有传导电流，同样可以解释完全抗磁性. 两种观点差别的实质在于对磁效应起源的不同解释. 不论哪种观点，在超导体表面有面电流的结论是一致的，完全抗磁性即起源于这种面电流. 由于超导体的零电阻效应，不论磁化面电流还是传导面电流，均无焦耳热损耗，所以两种观点是不可区分的，实际上两种观点是完全等效的.

Meissner 效应可用磁悬浮实验来演示. 当细绳系着的永久磁铁落向超导盘时，磁铁将会被悬浮在一定的高度上而不触及超导盘. 其原因是，磁力线无法穿过具有完全抗磁性的超导体，于是磁场受到畸变产生向上的浮力. 同理，一个超导球也可以用一通有持续电流的超导环使它悬浮起来. 根据这个原理制成的超导重力仪，可以精确地测量地球

重力的变化.

三、磁通量子化和 Josephson 效应

磁通量子化和 Josephson 效应是超导体两种独特的宏观量子效应.

先介绍磁通量子化. 对于中空的金属圆柱体或中空的金属圆环，在 $T>T_C$ 即当它还是正常金属时，沿轴向加外磁场，则磁力线将穿入金属以及它中间的空腔和外部. 然后，冷却到 $T<T_C$，使该中空圆柱体变成超导体. 实验发现，这时超导体内部没有磁力线，$\boldsymbol{B}=0$，此即 Meissner 效应. 同时，圆柱形超导体内外表面薄层有表面电流，正是这些表面电流产生的附加磁场与外磁场抵消，才使得超导体内部的 $\boldsymbol{B}=0$. 保持 $T<T_C$，撤去外磁场，则超导体外部的磁场及外表面的电流消失，但是空腔内的磁通量基本不变，内表面电流依旧(正是它产生了空腔内的磁场). 反之，若先将中空金属圆柱体冷却到 $T<T_C$，使之成为超导体，再沿轴向加外磁场，则超导体内及空腔内均无磁场，超导体外部有磁场，同时超导体外表面仍有电流.

通常把穿过中空超导体内空腔以及超导体内表面穿透区域的总磁通量，称为类磁通. 理论和实验都已证明(详见本节四)，类磁通是守恒的，且其值是量子化的. 最小的类磁通单位称为磁通量子，为

$$\Phi_0=\frac{h}{2e}=2.067\ 834\ 61\times10^{-15}\ \text{Wb}$$

式中 h 是 Planck 常量，e 是电子电量(绝对值).

Josephson 效应是超导体的另一种量子效应，它是 1962 年由 Josephson 从理论上预言的，后为实验所证实. 如果在两超导体之间夹有 $10^{-3}\sim10^{-4}\ \mu\text{m}$ 的绝缘薄层，则即使绝缘层两侧不存在任何电压，其间仍然可以持续地流过直流的超导电流，这称为直流 Josephson 效应. 如果在绝缘层两侧的超导膜上加直流电压，则在两超导膜之间将有一定频率的交流电通过，并向外辐射电磁波，交变超导电流的振荡频率可表为

$$\omega=\frac{2eV}{\hbar}$$

式中 e 为电子电量，V 为加在两超导膜之间的直流电压，$\hbar=\dfrac{h}{2\pi}$，h 为 Planck 常量，这称为交流 Josephson 效应. 以上两种效应统称为 Josephson 效应.

Josephson 效应是一种隧道效应. 所谓隧道效应又称势垒贯穿，本是起源于微观粒子波动性的量子效应. 如所周知，根据经典力学，若存在势垒，且粒子动能小于势垒高度相应的势能差，则粒子完全无法穿越. 但根据量子力学，若运动粒子遇到高度大于其动能的势垒时，除反射外，还有透过势垒的波函数，即粒子仍具有一定的透射概率，这就是隧道效应.

大家知道，无论量子化现象或隧道效应都是微观粒子所特有的，而由大量微观粒子

组成的宏观物体一般都不具有量子化现象和隧道效应. 超导体是宏观物体，上述磁通量子化、Josephson 效应以及超流现象(见本节附录)等，都是在宏观尺度上显示出来的量子效应，它们再一次显示了超导体令人惊奇的独特性质.

利用 Josephson 效应和磁通量子化，制成了一种新型的器件，称为超导量子干涉器件(SQUID)，这种器件测量磁通量的灵敏度可以达到 10^{-20} Wb · Hz^{-1}. 现在，用它作探头所制成的测量微弱磁场和电压的极其灵敏的仪器装置，已经广泛应用于物理学和医学等各个领域.

四、二流体模型和 London 方程

1. 二流体模型，超导体的电子比热

1934 年 Gorter 和 Casimir 提出二流体模型，建立了解释低温超导一系列特殊性质的宏观唯象理论.

二流体模型认为，当金属在 $T<T_C$ 成为超导体后，金属内原有的自由电子(称为正常电子)中有一部分“凝聚”成性质非常不同的超导电子，使得处于超导态的金属中同时存在这两种电子. 随着温度从 T_C 进一步降低，越来越多的正常电子被凝聚为超导电子，达到 0 K 时，全部自由电子都将成为超导电子. 与正常电子不同，超导电子和晶格不发生碰撞，不会被晶格散射，因而超导电子的运动不受阻尼，具有理想的导电性，可以在晶格点阵中自由地穿越行动(如同 He Ⅱ 的超流现象，见本节附录，所以超导电子也称超流电子).

二流体模型的一个重要依据是，当金属从正常态转变为超导态时，其电子比热显著地增大.

如所周知，金属包括晶格点阵和自由电子，晶格点阵由正离子构成，自由电子由原子外层电子构成并形成共有的可以在晶格点阵中自由运动的“电子气”. 金属的比热是晶格点阵和自由电子两部分贡献之和. 实验表明，当金属从正常态转变为超导态时，在 T_C 上下，金属比热出现跳跃式的增大，并且在 T_C 以下，比热随温度变化的规律也与 T_C 以上显著不同(在正常态，金属比热与温度 T 成正比). 由于结构分析表明，当金属转变为超导体时，晶格结构没有变化. 因而，只能认为电子比热在转变为超导态时出现了突然的变化.

正常态金属的电子比热指的是，随着温度的降低，正常电子要释放出多余的内能. 同样，超导态金属电子比热显著增大的事实表明，当温度降至 T_C 以下时，随着温度的降低，除了正常电子所释放的那部分多余的内能外，还需要更多地释放一定的能量. Gorter 和 Casimir 认为，后者就是正常电子“凝聚”成超导电子时所释放的能量. 从正常电子凝聚为超导电子是一种从无序到有序的过程，这种凝聚并非位置的集中，而是速度或动量的有序化. 换言之，进入超导态后，金属中出现了正常电子与超导电子，并且，随着温度从 T_C 进一步降低，超导电子的百分数不断增大，超导态比热随温度变化规律显

著不同的原因即在于此.

根据二流体模型，很容易解释超导体直流电阻为零的现象. 对于正常态金属，其电阻来源于定向运动的自由电子(正常电子)与晶格的碰撞，进入超导态后，出现了速度被凝聚的超导电子，它们与晶格几无碰撞，其定向运动不存在相应的电阻. 在超导体中，直流电全部由超导电子输运，电场必然是零，否则超导电子将被无限地加速，显然不合理. 实际上，由超导电子运动形成的恒定电流是无需电场推动的，正常电子的定向流动要受阻力，但因超导体内电场为零，正常电子不被推动，对超导体内的电流并无贡献. 这种情形就好比有电阻的电路与无电阻的电路并联，结果造成了理想的电传导.

根据二流体模型，还可以解释超导体的完全抗磁性. 既然超导体中的电流由超导电子的定向流动形成，那么为什么这个电流不在超导体内部产生磁场呢？试以如图 4-4-5 所示的圆柱形金属导体为例来说明. 设两端为正常态，中间为超导态，其中有恒定电流沿轴向通过. 显然，正常态金属中电流均匀分布，其中存在电流产生的磁场. 而在超导态金属中，由下面给出的 London 方程可以证明，超导电流只分布在表面薄层内，可以看成由许多细长的电流线构成. 由于每一条电流线产生的磁场都以该电流线为轴呈右旋圆形分布，所以相对的每一对电流线产生的磁场在超导体内刚好抵消，总的效果是超导体内的总磁场为零，此即完全抗磁性. 由此可见，完全抗磁性并不排除超导体表面薄层内有电流及磁场分布，实际上表面电流往往正是确保超导体内部完全抗磁性的原因.

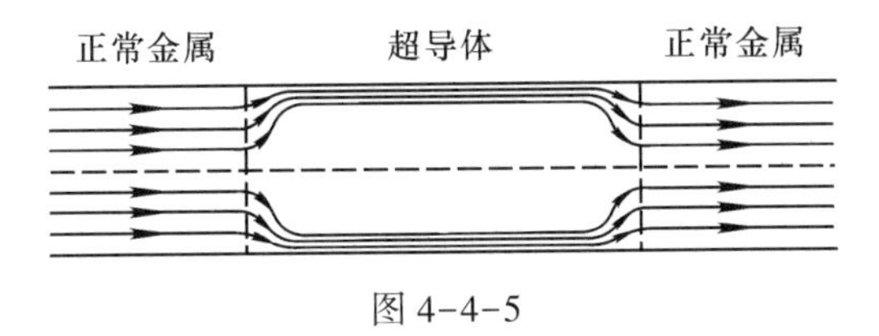

图 4-4-5

2. London 方程

电动力学的基本方程组是由 Maxwell 方程、边条件和物质方程构成的. 其中，Maxwell 方程和边条件描绘电磁场的内在联系和运动变化规律，普遍适用于真空、导体、电介质、磁介质等各种情形，当然也适用于超导体. 物质方程描绘物质的导电、极化、磁化等电磁性质，其具体形式必将因物质电磁性质的不同而不同，并不存在某种普遍形式. London 兄弟根据二流体模型给出了描绘超导体电磁性质的物质方程——London 方程.

毫无疑问，超导体的物质方程应该反映它所具有的零电阻、完全抗磁性、类磁通守恒等一系列独特性质. 前已指出(见本节二)，由于超导体的完全抗磁性，可以把超导体看作是完全没有磁性，根本不存在磁化的物质，即认为超导体的磁化强度 $\boldsymbol{M}=0$ 或相对磁导率 $\mu_r=1$. 与此类似，通常还把超导体看作是几乎不存在极化的物质，即认为超导体的相对介电常量 $\varepsilon_r=1$. 于是，超导体物质方程中的两个公式为

$$\boldsymbol{B}=\mu_0\boldsymbol{H} \tag{1}$$

$$\boldsymbol{D}=\varepsilon_0\boldsymbol{E} \tag{2}$$

剩下的问题是如何描绘超导体的导电性能. 根据二流体模型，超导体中存在正常电子与超导电子，它们的流动形成正常电流与超导电流，需要分别找到这两种电流与电场强度 $\boldsymbol{E}$ 的关系. 同时，超导电流也要产生磁场，需要找到其间的关系，它既应该解释完全抗磁性，又指出超导体中电流与磁场之所在. 总之，需要寻找超导电流与 $\boldsymbol{E}$，$\boldsymbol{B}$ 的关系，这是建立超导体物质方程的关键.

根据二流体模型，设超导体中超导电子和正常电子的数密度分别为 n_s 和 n_n，总自由电子数密度为 $n=n_s+n_n$；又设超导电流密度和正常电流密度分别为 $\boldsymbol{j}_s$ 和 $\boldsymbol{j}_n$，总电流密度为 $\boldsymbol{j}=\boldsymbol{j}_s+\boldsymbol{j}_n$；再设超导电子的平均定向速度为 $\boldsymbol{u}$、电量为 e_s、质量为 m_s（根据 BCS 理论，超导电子是 Cooper 对，$e_s=2e$，$m_s=2m$，e 和 m 是电子电量和质量，详见本节五），则

$$\boldsymbol{j}_s=n_se_s\boldsymbol{u} \quad 或 \quad \boldsymbol{u}=\frac{\boldsymbol{j}_s}{n_se_s} \tag{3}$$

若存在电场 $\boldsymbol{E}$，超导电子受力 $e_s\boldsymbol{E}$，因无其他阻尼，将作匀加速直线运动，有

$$m_s\dot{\boldsymbol{u}}=e\boldsymbol{E}$$

式中 $\dot{\boldsymbol{u}}=\frac{\mathrm{d}\boldsymbol{u}}{\mathrm{d}t}$. 由以上两式，得

$$\dot{\boldsymbol{j}}_s=\frac{n_se_s^2}{m_s}\boldsymbol{E} \tag{4.1}$$

或

$$\mu_0\dot{\boldsymbol{j}}_s=\mu_0\frac{n_se_s^2}{m_s}\boldsymbol{E}=\frac{\boldsymbol{E}}{\lambda^2} \tag{4.2}$$

式中 $\lambda=\left(\frac{m_s}{\mu_0n_se_s^2}\right)^{\frac{1}{2}}$ 具有长度量纲，$\dot{\boldsymbol{j}}_s=\frac{\partial\boldsymbol{j}_s}{\partial t}$. (4.1)式或(4.2)式称为 London 第一方程.

London 第一方程表明，与正常电流遵循的 Ohm 定律 $\boldsymbol{j}_n=\sigma\boldsymbol{E}$ 不同，超导电流的变化率 $\dot{\boldsymbol{j}}_s$ 与电场 $\boldsymbol{E}$ 成正比，而并非 $\boldsymbol{j}_s$ 与 $\boldsymbol{E}$ 成正比. 在稳态情形，因 $\dot{\boldsymbol{j}}_s=\frac{\partial\boldsymbol{j}_s}{\partial t}=0$，由(4)式 $\boldsymbol{E}=0$，此时 $\boldsymbol{j}_s=$恒量，取决于初始条件，可以不为零. 又 $\boldsymbol{j}_n=\sigma\boldsymbol{E}=0$. 可见在稳态情形，超导体中可以存在无损耗的、持续维持的恒定超导电流 $\boldsymbol{j}_s$，同时，超导体中不存在正常电流 $\boldsymbol{j}_n$ 也不存在由此引起的损耗. 如果超导电流是交变的，则 $\dot{\boldsymbol{j}}_s\neq0$，由(4)式超导体内 $\boldsymbol{E}\neq0$，从而正常电流 $\boldsymbol{j}_n=\sigma\boldsymbol{E}\neq0$. 可见在交变情形，超导体中可以存在电场及正常电流，后者引起的交流损耗(Joule 热)为 $\frac{j_n^2}{\sigma}$. 总之，London 第一方程(4)式揭示了超导电流与电场的关系，不仅可以解释直流零电阻现象，而且指出在交流情形存在着与正常电流相关的损耗.

由 London 第一方程，利用电场 $\boldsymbol{E}$ 与磁场 $\boldsymbol{B}$ 的关系$\nabla\times\boldsymbol{E}=-\frac{\partial\boldsymbol{B}}{\partial t}$，即可得出超导电流 $\boldsymbol{j}_s$ 与 $\boldsymbol{B}$ 的关系. 把(4)式两边取旋度，得

$$\mu_0\ \nabla\times\boldsymbol{j}_s=\frac{1}{\lambda^2}\nabla\times\boldsymbol{E}=-\frac{1}{\lambda^2}\frac{\partial\boldsymbol{B}}{\partial t}$$

即

$$\frac{\partial}{\partial t}\left(\mu_0\ \nabla\times\boldsymbol{j}_s+\frac{1}{\lambda^2}\boldsymbol{B}\right)=0$$

上式表明$\left(\mu_0\ \nabla\times\boldsymbol{j}_s+\frac{1}{\lambda^2}\boldsymbol{B}\right)$是与时间无关的恒量，London 兄弟设其为零，得出

$$\mu_0\ \nabla\times\boldsymbol{j}_s=-\frac{1}{\lambda^2}\boldsymbol{B} \tag{5}$$

(5)式称为 London 第二方程.

综合上述(1)式、(2)式、(4)式、(5)式及 $\boldsymbol{j}_n=\sigma\boldsymbol{E}$，得出描绘超导体电磁性质的物质方程为

$$\begin{cases}\boldsymbol{D}=\varepsilon_0\boldsymbol{E}\\ \boldsymbol{B}=\mu_0\boldsymbol{H}\\ \boldsymbol{j}_n=\sigma\boldsymbol{E}\\ \mu_0\dot{\boldsymbol{j}}_s=\frac{1}{\lambda^2}\boldsymbol{E} & \left(\lambda=\sqrt{\frac{m_s}{\mu_0 n_s e_s^2}}\right)\\ \mu_0\ \nabla\times\boldsymbol{j}_s=-\frac{1}{\lambda^2}\boldsymbol{B}\end{cases} \tag{6}$$

把(6)式代入熟知的 Maxwell 方程，即可得适用于超导体的 Maxwell 方程的形式为

$$\begin{cases}\nabla\cdot\boldsymbol{E}=\frac{\rho_e}{\varepsilon_0}\\ \nabla\times\boldsymbol{E}=-\frac{\partial\boldsymbol{B}}{\partial t}\\ \nabla\cdot\boldsymbol{B}=0\\ \nabla\times\boldsymbol{B}=\mu_0(\boldsymbol{j}_s+\boldsymbol{j}_n)+\mu_0\varepsilon_0\frac{\partial\boldsymbol{E}}{\partial t}\end{cases} \tag{7}$$

(6)式和(7)式就是研究超导体电磁学问题的出发点.

前已指出，在稳态情形，超导体内 $\boldsymbol{j}_s$ = 恒量，$\boldsymbol{j}_n=0$，代入(7)式第四式，得

$$\nabla\times\boldsymbol{B}=\mu_0\boldsymbol{j}_s \tag{8}$$

或

$$\nabla\times(\nabla\times\boldsymbol{B})=\mu_0\nabla\times\boldsymbol{j}_s$$

把 London 第二方程(5)代入，得

$$\nabla^2\boldsymbol{B}-\frac{1}{\lambda^2}\boldsymbol{B}=0 \tag{9}$$

(9)式是在稳态条件下超导体内磁场分布应满足的方程. 为了得出具体结果，试举一例. 设 $z>0$ 的上半空间为超导体，设磁场 $\boldsymbol{B}$ 沿 x 方向，其大小随 z 变化，即 $\boldsymbol{B}=B(z)\hat{\boldsymbol{x}}$($\hat{\boldsymbol{x}}$ 为单位矢量)；又设在 $z=0$ 处磁场大小为 B_0(边条件)，则(9)式变为

$$\frac{\mathrm{d}^2B(z)}{\mathrm{d}z^2}-\frac{1}{\lambda^2}B(z)=0$$

该式在上述边条件下的合理解为

$$\boldsymbol{B}(z)=B_0\mathrm{e}^{-\frac{z}{\lambda}}\hat{\boldsymbol{x}} \tag{10}$$

(10)式表明，在稳态情形，超导体中的磁场从边界向内按指数衰减，换言之，磁场只能以指数衰减形式透入超导体的表面薄层. 由(10)式，当 $z=\lambda$ 时，$B=\dfrac{B_0}{e}=0.37B_0$. 通常把 λ 定义为透入深度，λ 的量级为 10 nm.

再看超导电流的分布，把(10)式代入(8)式，得

$$\boldsymbol{j}_s=\frac{1}{\mu_0}\nabla\times\boldsymbol{B}=-\frac{1}{\mu_0\lambda}B_0\mathrm{e}^{-\frac{z}{\lambda}}\hat{\boldsymbol{y}} \tag{11}$$

(11)式表明，在稳态情形，超导体中的超导电流 $\boldsymbol{j}_s$ 也是从边界向内按指数衰减，换言之，超导电流也只能以指数衰减形式透入超导体的表面薄层，其透入深度也是 λ. 实际上，正是表面薄层超导电流(也称 Meissner 电流)在超导体内产生的磁场刚好与外磁场抵消，才使得超导体内完全无磁场，导致 Meissner 效应.

总之，在二流体模型基础上建立的 London 方程(4)式和(5)式是描绘超导体电磁性质的物质方程，它们分别给出了超导电流 $\boldsymbol{j}_s$ 与电场 $\boldsymbol{E}$、磁场 $\boldsymbol{B}$ 的关系. London 方程表明，在超导体中电场起着加速超导电流和维持正常电流的作用，磁场起着维持(有旋的)超导电流的作用. London 方程成功地定量解释了超导体的零电阻现象和完全抗磁性，正确地预言了磁场和超导电流的穿透深度.

根据适用于超导体的 Maxwell 方程(7)，容易证明本节三中介绍的超导体类磁通守恒. 由(7)式第二式，

$$\iint_S\left(\nabla\times\boldsymbol{E}+\frac{\partial\boldsymbol{B}}{\partial t}\right)\cdot\mathrm{d}\boldsymbol{S}=0$$

即

$$\frac{\mathrm{d}}{\mathrm{d}t}\iint_S\boldsymbol{B}\cdot\mathrm{d}\boldsymbol{S}+\oint_l\boldsymbol{E}\cdot\mathrm{d}\boldsymbol{l}=0$$

把 London 第一方程(4)代入，得

$$\frac{\mathrm{d}}{\mathrm{d}t}\left[\iint_S \boldsymbol{B}\cdot\mathrm{d}\boldsymbol{S}+\oint_l \mu_0\lambda^2\boldsymbol{j}_{\mathrm{s}}\cdot\mathrm{d}\boldsymbol{l}\right]=0 \tag{12}$$

定义类磁通 Φ'_{m}为

$$\Phi'_{\mathrm{m}}=\iint_S \boldsymbol{B}\cdot\mathrm{d}\boldsymbol{S}+\oint_l \mu_0\lambda^2\boldsymbol{j}_{\mathrm{s}}\cdot\mathrm{d}\boldsymbol{l} \tag{13}$$

则

$$\frac{\mathrm{d}\Phi'_{\mathrm{m}}}{\mathrm{d}t}=0 \quad 或 \quad \Phi'_{\mathrm{m}}=恒量 \tag{14}$$

(13)式表明，所谓类磁通 Φ'_{m}包括两项：第一项是通过以闭合回路 l 为周界的任意曲面 S 的磁通量 Φ_{m}；第二项则是超导电流 $\boldsymbol{j}_{\mathrm{s}}$ 的环量的贡献. (14)式表明，类磁通 Φ'_{m}不随时间变化，它完全由介质进入超导态时的初始值决定，这就是超导体类磁通守恒的含义.

利用类磁通守恒，可以解释本节三提到的中空超导环内保留的是转变时的临界磁通而不是外磁通. 考虑如图 4-4-6 所示的圆柱形环状介质，环内外为真空. 如图 4-4-6(a)，开始时加外磁场 $\boldsymbol{B}_{\mathrm{e}}$，降温到 $T<T_{\mathrm{C}}$，此时介质转变为超导体，内外表面薄层有超导电流 I_1 和 I_2，超导体内无磁场(Meissner 效应). 在超导体内取同心的圆形闭合回路 l(图中用虚线画出)，使 l 略大于环孔，即 l 上的 $\boldsymbol{j}_{\mathrm{s}}\approx 0$，则类磁通

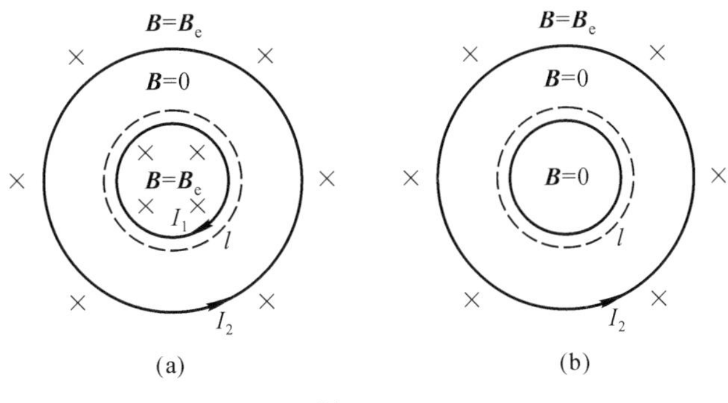

图 4-4-6

$$\begin{aligned}\Phi'_{\mathrm{m}}&=\iint_S \boldsymbol{B}\cdot\mathrm{d}\boldsymbol{S}+\oint_l \mu_0\lambda^2\boldsymbol{j}_{\mathrm{s}}\cdot\mathrm{d}\boldsymbol{l}\\&=\iint_S \boldsymbol{B}\cdot\mathrm{d}\boldsymbol{S}=\Phi_{\mathrm{m}}\end{aligned}$$

上式表明，取稍大的 l 后，类磁通 Φ'_{m}等于磁通 Φ_{m}，因 Φ'_{m}守恒，介质转变为超导体后，超导体内 $\boldsymbol{B}=0$，环孔内的磁场必须保持为 $\boldsymbol{B}_{\mathrm{e}}$，与外磁场的变化无关. 如图 4-4-6(b)，开始时外磁场 $\boldsymbol{B}_{\mathrm{e}}=0$，降温到 $T<T_{\mathrm{C}}$，介质转变为超导体，外表面薄层有超导电流 I_2，超导体内 $\boldsymbol{B}=0$. 因类磁通守恒，介质转变为超导体后，超导体内 $\boldsymbol{B}=0$，环孔内的磁场也始终为零，与外磁场的变化无关.

总之，在二流体模型基础上建立的 London 方程是低温超导的宏观唯象理论，描绘了超导体的电磁性质，成功地解释了超导体的一系列独特性质. 但是，应该指出，这种理论并没有正面回答超导现象的本质，特别是没有说明超导电子的起因和本质.

五、BCS 理论简介

1957 年，Bardeen、Cooper、Schrieffer 三人首次提出建立在量子力学基础上的超导微观理论，简称 BCS 理论. BCS 理论阐明了超导电子的起因和本质，成功地为各种低温超导现象提供了理论解释，他们为此获得了 1972 年的 Nobel 奖金.

1. 同位素效应

从 Onnes 发现超导现象到 BCS 理论的建立，相隔近半个世纪，其间，除零电阻现象、完全抗磁性、类磁通守恒和电子比热规律外，在 20 世纪 50 年代又相继发现了同位素效应和超导能隙，后两者提供了重要的暗示和线索，超导理论终于应运而生.

1950 年 Maxwell 和 Reynolds 分别发现，超导体的临界温度与同位素的质量有关，即对于同一种元素，同位素质量越高，临界温度就较低. 实验表明，T_C 与组成晶格点阵的离子的平均质量 M(改变不同同位素的混合比例可以改变 M 的大小)有下述关系

$$T_C \propto M^{-\beta}$$

对于不同元素 β 取不同值(均为正数)，例如对于汞，$\beta \approx \frac{1}{2}$，这就是超导体的同位素效应.

如所周知，金属由晶格点阵及共有化电子组成，其间的关系和作用十分复杂，但概括起来，无非有三种作用，即电子与电子之间的相互作用、晶格离子与晶格离子之间的相互作用以及电子与晶格离子之间的相互作用. 由于在同一元素的不同同位素中，电子分布相同，离子质量不同，后者会使晶格点阵的运动有所不同. 因此，同位素效应提醒人们，在共有化电子向超导电子转变的过程中，即电子从无序向有序转变的过程中，晶格点阵的运动情形可能有重要影响. 换言之，在上述三种相互作用中，电子与晶格离子点阵之间的相互作用可能是决定超导转变的关键因素.

2. 超导能隙

超导能隙指的是超导体最低激发态与基态之间存在着一定的能量间隙.

大家知道，在原子(如氢原子)内部，电子的能量只能跳跃式地变化，相应的不连续能量称为原子能级，每一个能级代表电子的一种运动状态，最低的能级称为基态，较高的能级是各种激发态. 电子受激发跳到各激发态，返回基态时发射相应的光谱线. 20 世纪 20 年代建立的量子力学对此提供了正确的描述.

在晶体内情况复杂得多，原子内的电子除受本身原子核的作用外，还要受其他原子核及电子的作用. 1928 年，Sommerfeld 提出金属的自由电子模型，把金属中的电子看作在势阱中运动的自由电子，根据量子力学得出，金属中电子的能量也是量子化的，即存

在一系列能级. 按照 Pauli 不相容原理，每一个能级只能容纳两个自旋相反的电子，于是，金属中的共有化电子逐个由低到高占据各个能级，最后占领的能级称为 Fermi 能级，用 E_F 表示. 在 $T=0$ K 时，E_F 以下的能级全部被电子填满，E_F 以上的能级则完全空着，这就是正常金属的基态.（注意，由于金属中电子很多，E_F 达 10 eV 量级，相当于 10^5 K 温度下电子的平均热运动能量.）

然而，50 年代的许多实验表明，当金属处于超导态时，其电子能谱与正常金属有所不同. 显著的特点和区别是，在 Fermi 能级 E_F 附近出现了一个半宽度为 δ 的能量间隙，其中不存在电子，称为超导能隙. 在 $T=0$ K 时，能隙下边缘以下的各能级全部被电子占据，能隙上边缘以上的各能级则完全空着，这就是超导体的基态. 超导能隙 δ 的数量级约为 10^{-4} eV.

超导能隙的存在启示人们，当金属从正常态转变为超导态后，其中的导电电子必定发生了某种深刻的变化，超导能隙正是这种深刻变化的表现之一.

3. BCS 理论

BCS 理论的基本观点是，超导电性起源于电子与晶格的相互作用即电子与声子的相互作用，由于这种作用导致电子与另一个电子彼此吸引（即其间的吸引作用超过了静电斥力），结合成对——Cooper 对，Cooper 对就是二流体模型中的超导电子.

前已指出，超导的同位素效应表明，电子与离子晶格点阵之间的相互作用可能是决定超导转变的决定性因素. 在金属晶体中，晶格点阵由正离子组成，各离子彼此作用、相互联系、成为整体，作集体运动. 晶格点阵中晶格振动传播形成的波动称为格波，晶格格波的能量是量子化的，其能量子称为声子. 不难设想，当某个电子经过晶格离子时，电子与离子间的 Coulomb 引力会在晶格点阵内造成局部正电荷密度的增加，由于晶格点阵的相互关联，这种局部正电荷密度的扰动会以格波的形式在晶格点阵内传播. 因扰动传播而在别处造成的局部正电荷有余又会对该处的另一个电子产生吸引作用. 由此可见，通过晶格的媒介和传递，即通过电子与声子的相互作用，有可能间接地使两个电子产生吸引作用，当这种吸引作用超过其间的 Coulomb 斥力时，净剩的吸引力就会把这两个电子结合成对.

Cooper 证明，两个电子因交换声子而产生的净吸引作用，能够形成一个束缚态，组成电子对偶——Cooper 对. Cooper 对类似于由一个电子和一个质子组成的氢原子，也类似于由两个氢原子组成的氢分子，区别在于 Cooper 对中两个电子的距离大约是 10^{-4} cm，远大于氢原子或氢分子，也远大于点阵常量，所以 Cooper 对是一个很松弛的体系，其实不过是运动密切关联的一对电子，不像氢原子或氢分子可以整体地看作一个粒子.

Cooper 还指出，两个电子之间吸引作用的强弱取决于它们运动状态改变的多少. 例如，在 Fermi 面附近，当两个动量相反、自旋也相反的电子结合成电子对偶时具有最强的吸引作用，同时该电子对偶的能量也最低. 因此，电子的两两结合成对会使电子气能量降低，改变电子能谱，使得在连续的能带态以下，出现一个单独的能级. 该单独能级与连续能级之间的间隔就是超导体的能隙 δ.

必须强调，上述两电子之间的吸引作用、Cooper 对、能隙等都是电子气的集体效应，而不是个体的行为. 一个电子对内部吸引的强弱、结合的紧密或松弛，能隙的大小，都取决于 Fermi 面附近全部电子的状态分布. 在正常态，电子都处在连续能级的各个状态，不形成 Cooper 对，能隙为零. 随着温度下降到 T_C 和更低，Fermi 面附近的电子之间的吸引不断加强，开始两两结合成对，能隙加大. 实际上，能隙是整体有序化程度的量度. 在绝对零度，Fermi 面附近的电子全部结合成 Cooper 对，能隙最大. 总之，在超导态，全体 Cooper 对组成一个凝聚体，它们就是二流体模型中的超导电子.

至于本节六介绍的高温超导，迄今还没有公认的成熟理论解释.

六、高 T_C 超导材料

超导电性出现在许多金属元素中，也出现在成千上万种合金、金属间化合物以及半导体之中. 各种超导材料的转变温度 T_C 是一个重要的参数，因为 T_C 究竟是在液氦(4.2 K)区，还是在液氢(20 K)区、抑或是在液氮(77 K)区，意味着所需的低温设备和技术颇为不同，不仅对研究和开发的成本有重大影响，而且会限制超导体的应用.

超导材料临界温度 T_C 提高的历史大致如图 4-4-7 所示. 在 80 年代前，各种材料的

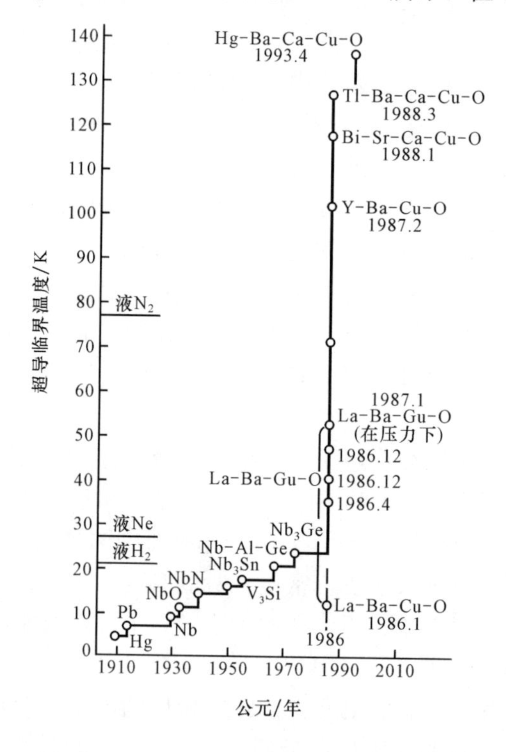

图 4-4-7　超导临界温度 T_C 提高的历史

T_C 在最高的 23.2 K(合金 Nb_3Ge)到 0.01 K(某些半导体)之间. 1986 年以来，高温超导材料的研究取得了突破性的进展，发现了许多 T_C 在液氮温区以上的氧化物超导体，如表 4-4-1 所示.

表 4-4-1　各种超导材料的临界温度 T_C

超　导　材　料	T_C/K
Hg(α)	4.15
Pb	7.20
Nb	9.25
V_3Si	17.1
Nb_3Sn	18.1
$Nb_3Al_{0.75}Ge_{0.25}$	20.5
Nb_3Ga	20.3
Nb_3Ge	23.2
$YBaCu_3O_7$	90
$Bi_2Sr_2Ca_2Cu_3O_{10}$	105
$Tl_2Ba_2Ca_2Cu_3O_{10}$	125
$HgBa_2Ca_2Cu_3O_8$	134

超导电的临界温度 T_C 与材料的化学纯度有关，其中磁性杂质的影响特别显著. 例如，钼中含有百分之几的铁，其超导电性就会被破坏(钼的临界温度 $T_C=0.92$ K)，又如极微量的钆能使镧的临界温度从 5.6 K 降到 0.6 K. T_C 还取决于压强，在绝大多数情形，压强增大造成 T_C 减小，但也有相反的情形.

早在 1914 年，Kamerlingh Onnes 就发现，太强的磁场会破坏超导电性，使之回复正常态. 实验表明，每一种处在超导态的材料，当所加磁场大于某定值时，即当 $B>B_C$ 时，就从超导态回复到正常态；当 $B<B_C$ 时，又从正常态转变为超导态，B_C 称为临界磁场. 临界磁场 B_C 与超导材料及温度有关. 相当多导电材料的 B_C 与温度 T 的关系，在一定的精确程度上可以用一抛物线表示，即

$$B_C=B_0\left[1-\left(\frac{T}{T_C}\right)^2\right]$$

式中 T_C 是无磁场时的临界温度，B_0 是 $T=0$ K 时的临界磁场. 上式表明，$T=T_C$ 时，$B_C=0$；T 接近 0 K 时，B_C 达到最大值 B_0，实际上，如图 4-4-8 所示，$B_C(T)$ 曲线把 $B\sim T$ 平面划分成两个区域，曲线的右上方是正常态，曲线的左下方是超导态，在曲线上发生的是从正常态到超导态的可逆变化.

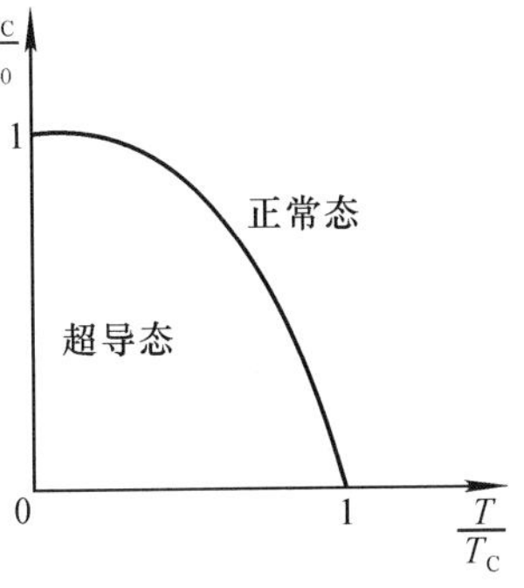

图 4-4-8　临界磁场与温度的关系

1986 年以来新发现的高 T_C 超导体是氧化物超导体. 这是 70 年代开辟的一个新方向. 1973 年 Johnston 等发现 $Li_{1-x}Ti_{2-x}O_4$ 的 T_C 约 13.7 K，1975 年 Sleight 等发现 $BaPb_{1-x}Bi_xO_3$ 的 T_C 最大值约为 13 K. 虽然这些氧化物超导体的临界温度还不如 Nb_3Ge 高(其 T_C 为 23.2 K)，但依当时的标准看也不算低，所以一直有人还在这个研究方向上探索.

1986 年 4 月 IBM 苏黎世实验室的 J. G. Bednorz 和 K. A. Müller 宣布 La-Ba-Cu-O 氧化物可能是一种超导体，其 T_C 高于 30 K. 1986 年 10 月他们又宣布样品具有 Meissner 效应. 1986 年 11 月和 12 月日本东京大学的 Uchida 等重复了 IBM 的实验结果，确定镧钡铜系氧化物具有超导电性. 以此为突破口，美、中、日、德各国科学家相继宣布发现各种高 T_C 的氧化物超导体，创造了一个个高 T_C 的新纪录，迎来了高 T_C 超导体研究的热潮.

1986 年 12 月和 1987 年 1 月初，中国科学院物理所赵忠贤等宣布，Sr-La-Cu-O 系统的 $T_C=48.6$ K，Ba-La-Cu-O 系统的 $T_C=46.3$ K. 1987 年 2 月 16 日美联社报道美国朱经武等获得起始转变温度为 98 K 的超导材料. 1987 年 2 月 24 日中国科学院物理所宣布，赵忠贤等已制成起始超导温度高于 100 K，中点转变温度 92.8 K，零电阻温度为 78.5 K 的超导材料 $Ba_xY_{5-x}Cu_5O_{5(3-y)}$. 1987 年 5 月 29 日北京大学物理系制备出零电阻温度为 84 K 的超导薄膜. 1988 年 1 月 22 日日本宣布 Bi-Sr-Ca-Cu-O 超导材料的 T_C 约为 105 K. 1988 年 3 月美国宣布Tl-Ba-Ca-Cu-O 超导材料的 T_C 为 125 K. 1993 年 4 月发现 Hg-Ba-Ca-Cu-O 超导材料的 T_C 为 134 K.

上述可以在液氮温区工作的高 T_C 超导材料的发现，为超导技术的实用开辟了广阔的前景，对科技和生产将产生深刻的影响. 当然，迄今为止，高 T_C 氧化物超导材料的研究还很初步，许多实验工作和技术开发工作还有待艰巨的努力，新超导材料的理论机制也还有待探索. 总之，新的高 T_C 氧化物超导材料的发现是一个重大的突破，由此产生的研究课题和应用前景正吸引着科学家和工程技术人员，许多有关的研究和开发工作正在蓬勃开展方兴未艾. 为了表彰作出突破的重大贡献，J. G. Bednorz 和 K. A. Müller 荣获 1987 年的 Nobel 物理奖.

七、超导体的应用

超导体各种特殊效应的应用前景是容易设想、十分诱人的. 自从 1911 年发现超导电性以来，人们就一直设法利用超导材料来绕制超导线圈，希望制成既无能耗又可获得强磁场的超导磁体. 然而，事与愿违，令人失望的是，当超导线圈中通过很小的电流时，它就从零电阻的超导态回复到电阻较高的正常态了. 直到 1961 年，J. E. Kunzler 等利用 Nb_3Sn 超导材料制成了能产生 9 T 的超导磁体，才终于打开了实际应用的局面.

前已指出，临界温度 T_C、临界磁场 B_C、临界电流 J_C 三者都表示超导电性被破坏的特定条件，因此，仅当超导材料的 T_C，B_C，J_C 都足够高时，才能用它绕制的超导线圈制造出能产生强磁场的超导磁体. Nb_3Sn 与一般超导体不同，是所谓非理想的第二类超导体，其中有很多缺陷和位错存在，正是它们使得 Nb_3Sn 具有很高的临界电流. 例如，在磁场为 10 T 时，Nb_3Sn 的临界电流 J_C 可以达到 10^6 A/cm^2，从而实现了超导体的强电应用.

大家知道，磁体的研究和制作具有悠久的历史，大体说来已有三代. 第一代永久磁铁，它是用铁、钴、镍合金或铁氧体等制成的，在永久磁铁两极附近的磁场最高约为几千高斯. 第二代常规电磁铁，它是在铁芯外绕以铜线或铝线制成的，在铜线或铝线中通以电流产生磁场. 常规电磁铁已广泛应用于电工技术的许多方面. 第三代超导磁体，它用超导材料绕制超导线圈，其中通过强电流，产生强磁场. 以产生 5 T 的中型磁体为例，常规电磁铁的重量达 20 t，消耗电能以兆瓦计，而超导磁体的重量只有几公斤，耗能仅几千瓦而已. 另外，超导磁体可以产生几十特斯拉的强磁场，这也是常规电磁铁难以企求的. 由此可见，超导磁体以其磁场强、体积小、重量轻、耗能少等不可取代的优点，逐渐取得了广泛的应用前景. 当然，也应指出，与超导磁体形同伴侣、不可分离的低温设备是相当累赘的.

超导磁体的诞生和应用带来了物理实验技术的革新. 在核物理和高能物理实验中，已经采用大型超导磁体作为核心部件. 例如，在美国阿拉贡实验室和日内瓦的欧洲核子研究中心(CERN)的氢气泡室都采用超导磁体，其优点是运行时没有焦耳热损耗，能够在较大空间获得直流强磁场. 例如，美国 Fermi 国家实验室在 80 年代用了一千多个超导磁体建成了当时世界上能量最高的 1 000 GeV 的质子同步加速器. 又如，在苏联建成的用于研究可控热核反应的“托卡马克”装置中，也采用超导磁体，它产生的磁力线呈“磁瓶”(也称“磁笼”)式分布，可以约束高温等离子体实现可控热核反应，据报道，该超导磁体消耗的电功率只是以往所用常规电磁体消耗电功率的几百分之一. 此外，中小型超导磁体已经成为很多实验室的一种基本设备，并已成为例如核磁共振谱仪等仪器的关键部件之一.

可以预料，超导在大型电力工程中的应用将会引起一场深刻的技术革命. 已经设想的有，超导电缆输电，超导发电机，超导电动机，超导储能，磁流体发电机，磁悬浮列车等等，其中有些已经制成样机，进入实验研究阶段. 下面举例介绍其基本原理和特点.

例如，利用超导材料线圈能通过很高电流密度的特点，1969 年英国试制成一台 3250 马力的超导直流发电机，供实验研究用，其优点是轻巧、体积小、损耗少.

例如，1979 年日本国铁公司试制成超导悬浮实验列车，它创造了 504 km/h 的高速运行记录. 超导悬浮列车的基本原理是，在车辆底部安装超导磁体，在轨道两旁埋设一系列闭合铝环，当列车运行时，超导磁体的磁场相对铝环运动，由电磁感应，铝环内引起感应电流，又由 Lenz 定律，超导磁体与感应电流磁场的作用会产生向上的浮力使列车悬浮，于是列车前进时只受空气阻力，得以风驰电掣. 据估计，如果列车在真空管道中行进，使空气阻力大幅度减少，则列车速度可望进一步提高到 1600 km/h.

例如，1977 年美苏合制的磁流体发电实验装置已经投入运营. 磁流体发电的基本原理是，将高温电离气体流(即等离子体流)射入两极板间，其中有垂直的磁场，由于正、负离子所受磁场的 Lorentz 力的方向相反，使两极板分别带正电和负电，产生电压，发电. 这里的关键是利用超导磁体产生强磁场，且损耗少. 这个实验装置引起了各国的关注，目前正在向商业实用阶段迈进.

例如，随着当代电能需求的急剧增长，长距离输送的容量越来越大，迫切需要降低输送过程的能耗. 为此，已经采用超高压输电，如日本的 500 kV 和欧美的 750 kV. 超导电缆输电为解决这一难题带来了希望，但是，必不可少的液氦低温装置，设备庞杂，费用高昂，难以实用，又令人沮丧. 1986 年以来，高 T_C 超导材料的发现和研制，使人们重新看到了曙光.

附录　超流动性

在极低温条件下，除了发现超导体具有本节前面介绍的一系列奇特的电磁性质外，还发现某些液体具有另一种奇特的超流动性现象. 尽管超流动性并非电磁性质，通常在电磁学中都不涉及，但为了使读者对极低温条件下出现的重要特殊现象有比较全面的了解，在此附录中一并稍作介绍.

所谓超流动性，是指在极低温条件下，某些液体具有反常的极低黏滞性，可以完全无阻尼地流经极细的管道或狭缝，而不损耗其动能的现象.

大家知道，氦有两种稳定的同位素：^{3}He 和 ^{4}He，^{3}He 的原子核包含两个质子、一个中子，^{4}He 的原子核包含两个质子、两个中子(即 α 粒子). 在 1 个大气压下，^{4}He 在 4.215 K 液化，^{3}He 在 3.191 K 液化. 1911 年，Kamerlingh Onnes 在实验中发现，当液氦(指 ^{4}He，下同)的温度降低到 2.2 K 附近时，液氦不但停止了收缩，反而开始膨胀. 此后，把 2.2 K 以上性质正常的液氦称为 He Ⅰ，把 2.2 K 以下表现反常的液氦称为 He Ⅱ.

1930 年，Keesom 等在莱登实验室发现，在温度稍高时，包括液态 He Ⅰ 甚至气态氦都无法通过仪器中极小的空隙或狭窄的毛细管，可是当温度降低到 2.2 K 以下时，液态 He Ⅱ 居然轻易地通过了. 这就是 He Ⅱ 的超流动性，它与具有普通黏滞流体性质的 He Ⅰ 截然不同.

1932 年，Keesom 等又报道了 He Ⅰ 与 He Ⅱ 之间的比热有突变，实验曲线如图 4-4-9 所示，很像希腊字母 λ. 它表明 He Ⅰ 与 He Ⅱ 是两种性质不同的液态相，其间的转变是一种特殊的相变，称为 λ 相变. 转变点的温度称为 λ 点，随压强变化. 在饱和蒸气压(即液氦与其自身的蒸气达到平衡)下，λ 点为 2.172 K.

1938 年，Keesom 等测量了液氦的黏滞系数 η 随温度的变化，实验结果如图 4-4-10 所示，在 λ 点以下液氦的黏滞系数随着温度的下降急剧减小. 1938 年 Kapitza 得出，当 He Ⅱ 流经间隙小于 10^{-6} m 的狭缝时，其黏滞性竟小于 10^{-11} P(泊). He Ⅱ 甚至可以在低速度下毫无阻尼地流过孔径小到只有 10^{-8} m 的极细毛细管，对此，即使气态氦也无法通过.

伴随着超流的产生，同时还有许多在普通液体中观察不到的特殊现象. 其一是喷泉效应. 如图 4-4-11 所示，毛细管与装有液态 He Ⅱ 的池连通，毛细管下部较粗的开口容器内填以极细的金刚砂细粉，其间的液态 He Ⅱ 用来自闪光的辐射加热，使容器中的温度略高于外液池的温度，导致压强增加，引起了几乎无黏滞性的液态 He Ⅱ 的喷泉，曾经观察到高达 30 cm 的这种“喷泉”. 喷泉效应是一种

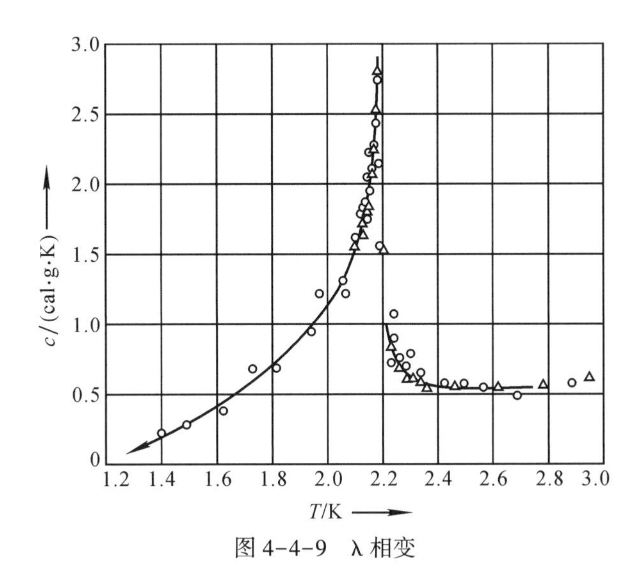

图 4-4-9 λ 相变

伴随超流的热机械效应，它的逆效应则是机械热效应.

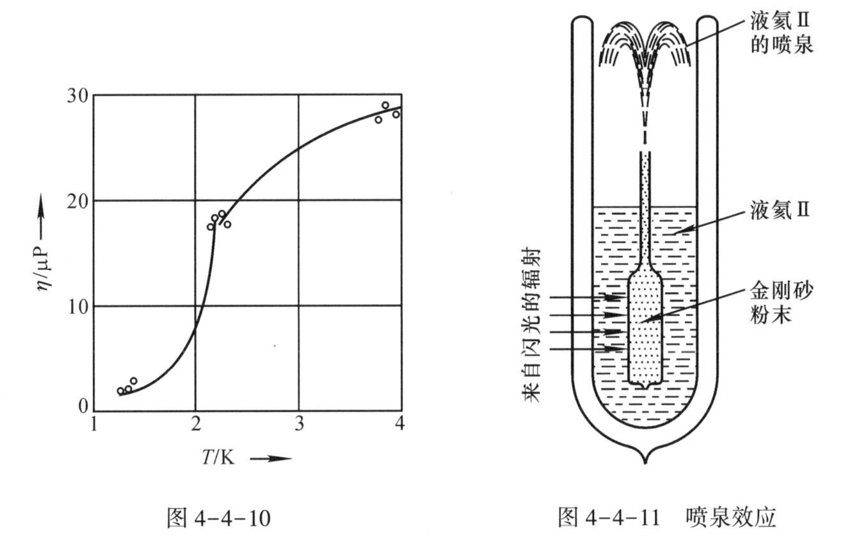

图 4-4-10

图 4-4-11 喷泉效应

氦膜流动是液态 HeⅡ超流动性的又一表现. 与液态 HeⅡ接触的物体，表面上覆盖的一层极薄的膜称为氦膜(约 50~100 个原子厚度). 氦膜可以完全无阻尼地沿器壁流动(也称蠕动). 如图 4-4-12 所示，当一容器浸入 HeⅡ液池中时，如果一开始容器内的液面低于外液池液面[图 4-4-12(a)]，则 HeⅡ液体将通过氦膜沿器壁的流动从液池进入容器，直到内外液面持平为止. 反之，如果容器内液面高于外液池液面[图 4-4-12(b)]，则氦膜从容器流入液池，直到内外液面持平为止. 如果将容器提出液池的液面[图 4-4-12(c)]，则容器内的液态 HeⅡ将通过氦膜沿器壁的流动，从容器流出，直到流尽为止. 在以上几种情形，氦膜流动的速度几乎与压力差及膜的长度无关.

另一种有趣的现象是持久流动. 取一薄壁玻璃容器，以精细的粉末填塞并充满液态He Ⅱ. 把温度升高到 λ 点以上，在此温度下转动该容器使之得到一定的角动量；然后再冷却到 λ 点以下，并停止转动. 结果发现，超流体 He Ⅱ 的流动是持久的. 实验表明，He Ⅱ 的流动持续 5 小时后，仍测不出角动量的减少. 容器内超流体 He Ⅱ 的不减少的环流，就像原子内不断绕核环行的电子，更类似于超导体中经久不衰的超导电流.

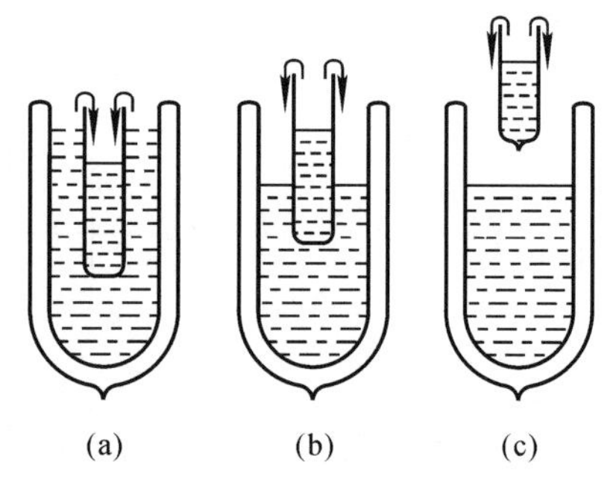

图 4-4-12　氦膜流动

London、Ландау(Landau)、Feynman 等著名物理学家都在超流理论方面作出了重要的贡献. 例如，He Ⅱ 的唯象理论是 Ландау 提出的二流体模型. 这一模型把 He Ⅱ 看作是由相互独立而又相互渗透的两部分流体组成的. 一部分为正常流体，熵不为零并具有黏滞性，性质与普通黏滞流体相同；另一部分为超流体，熵为零，无黏滞性. 两部分流体密度之和等于整个流体的密度. 超流部分处于基态，正常部分处于激发态. 在绝对零度，整个体系处于基态，均为超流体；随着温度的增加，正常流体逐渐增加；在 λ 点，整个流体都是正常流体. 根据二流体模型，得出了 He Ⅱ 的一系列流体力学性质，成功地解释了 He Ⅱ 的一系列奇特现象.

参考文献

[1] 章立源. 超导体(修订本). 北京：科学出版社，1989.
[2] ZEMANSKY M W, DITTMAN R H. 热学与热力学. 刘皇风，陈秉乾，译. 北京：科学出版社，1987.
[3] 贾起民，郑永令. 电磁学. 上海：复旦大学出版社，1987.
[4] 陆果. 基础物理学. 北京：高等教育出版社，1997.
[5] 胡友秋，程福臻，刘之景. 电磁学. 北京：高等教育出版社，1994.
[6] 中国大百科全书：物理学Ⅰ、Ⅱ. 北京：中国大百科全书出版社，1987.（低温物理学部分的有关条目）

第五章

光和电磁作用

在物理学发展的早期，人们对光现象、电现象和磁现象是彼此孤立地进行研究的. 然而，自然界各种现象之间的相关性以及在表现形式上的某种相似性，促使人们提出了这样一个深刻的问题：光、电、磁三种自然现象之间是否存在着内在的联系，如何给予统一的解释？

事实上，早在电磁理论创立之前，人们就已经发现电现象与磁现象之间的某些关联. 例如，雷电能打乱磁针的指向性，莱顿瓶放电能使钢针磁化，电流能使附近的磁针偏转，金属可使振动的磁针受到阻尼，转动的铜盘可使附近的磁针旋转，磁棒在线圈中的运动可产生电流，等等. 这些现象都说明电与磁是密切相关的.

Faraday 始终相信光、电、磁三者之间必定有某种联系，并且百折不挠地通过实验来探寻这种联系. 1845 年 Faraday 发现了磁致旋光效应，即磁作用可使在玻璃棒内传播的线偏振光的偏振面产生旋转. Faraday 终于找到了磁现象和光现象之间的联系，为寻找光、电、磁统一的实验证据作出了关键的突破. 1894 年 P. Zeeman 发现了光谱线在强磁场作用下发生分裂的现象(Zeeman 效应)，再次找到了磁对光发生作用的重要例证. 尔后，W. Voigt 以及 A. Cotton 和 H. Mouton 相继发现了磁作用引起物质双折射性的现象(磁致双折射效应). 在电作用方面，J. Kerr 和 F. Pockels 分别发现了二级电光效应和一级电光效应(电致双折射效应)，J. Stark 发现了与 Zeeman 效应相对应的效应，即强电场使光谱线分裂的现象(Stark 效应).

以上种种现象表明，光、电、磁是不可分割的统一体，三种现象之间彼此联系，互为因果. 对光、电、磁统一性的系统深入研究，最终使人们认识到经典光学完全可以融合到电磁场理论的范畴之中，应该说，这是经典电磁理论的重大成就之一.

本章将就磁场和电场对光作用问题的研究作一简要的历史回顾，扼要阐明有关的实验现象以及经典理论的解释，并介绍若干相关的现代应用.

§1. 磁致旋光效应

一、晶体的自然旋光性

1808 年，E. T. Malus 发现了光的偏振现象. 沿用至今的“偏振”这一术语就是 Malus 首先引进的. 当时，法国科学院为寻求晶体双折射的数学理论提出悬赏，Malus 欣然应征，开始从事双折射现象的研究. 一天傍晚，Malus 从住宅窗口通过方解石眺望夕阳辉映下的卢森堡宫的窗户时，偶然发现，由于方解石的双折射，理应看到两层窗户，实际上却只看到一层窗户，这使他大为惊奇，于是便着手研究反射光的性质. Malus 终于弄清楚，当光以一定角度入射时，经窗玻璃反射后成为了偏振光，从而认识到晶体的双折射与更为广泛的光现象——偏振现象是密切相关的.

1811 年，F. Arago 发明了偏光镜，用来检验光的偏振状态. 当 Arago 用偏光镜观察通过某些晶体的线偏振光时，发现其偏振面相对入射时的偏振面转过了一个角度，这是首次发现晶体的旋光现象.

1818 年，J. B. Biot 观察到偏振光通过石英晶体时的旋光能力从紫光到红光逐渐衰减，此即旋光色散现象. 同年，Biot 在法国科学院宣布了后来以他的名字命名的定律：偏振面的旋转角 θ 与偏振光通过晶体的距离 d 成正比，与波长 λ 的平方成反比，即

$$\theta \propto \frac{d}{\lambda^2}$$

Biot 还发现，许多溶液(如各类糖溶液)也具有旋光性，上述旋光定律同样适用于这类溶液. Biot 曾用左旋的松节油来补偿右旋的柠檬油，发现要使全色偏振光都得到精确的补偿是不可能的，即无法调配一种左旋和右旋混合溶液使各种波长的偏振光都不产生旋转. 这说明旋光色散与旋光物质本身的性质密切相关.

1820 年，英国科学家 Sir John Herschel 发现右旋石英和左旋石英的晶体外形具有镜像对称性. 这是一个有趣的现象，它把晶体的旋光方向与晶体结构的对称性联系了起来.

1825 年，Fresnel 提出了解释旋光现象的理论. Fresnel 认为，入射到旋光物质的线偏振光可以分解为两个有相同周期、沿相同方向传播，但旋转方向相反的圆偏振光，迎着光线看，一个圆偏振光是左旋(逆时针旋转)的，另一个圆偏振光是右旋(顺时针旋转)的. Fresnel 的这种认识是有充分理由的，因为在力学中两个同频率、旋转方向相反的圆运动可以合成一个线振动，这早已成为人所共知的事实. Fresnel 进一步假定两种圆偏振光进入旋光物质后将以不同的速率传播. 为了证实这一假定，Fresnel 设计了如下的实验. 如图 5-1-1 所示，把用左旋石英 L 和右旋石英 R 制成的三棱镜交替地胶合起来，这些棱

镜的光轴均与棱镜的底面平行(图 5-1-1 中虚线所示). 入射的线偏振光分解成左旋和右旋两种圆偏振光, 当它们射到相邻两棱镜的界面上时, 例如从左旋棱镜到右旋棱镜时, 对左旋圆偏振光来说, 是从光疏媒质射向光密媒质; 对右旋圆偏振光来说, 则是从光密媒质射向光疏媒质(左旋和右旋圆偏振光在同一棱镜中的传播速度不同, 因而相应的折射率也各异). 于是, 两种圆偏振光在界面上以不同的折射角折射, 从而彼此分离[犹如 Wollasdon 棱镜把 o 光和 e 光分开一样]. 由于棱镜材料交替变换, 致使两圆偏振光逐次向互相分离的方向折射, 最后从装置射出的是两束分得很开的左旋圆偏振光和右旋圆偏振光. Fresnel 的这个实验明确无误地证实了他的假设.

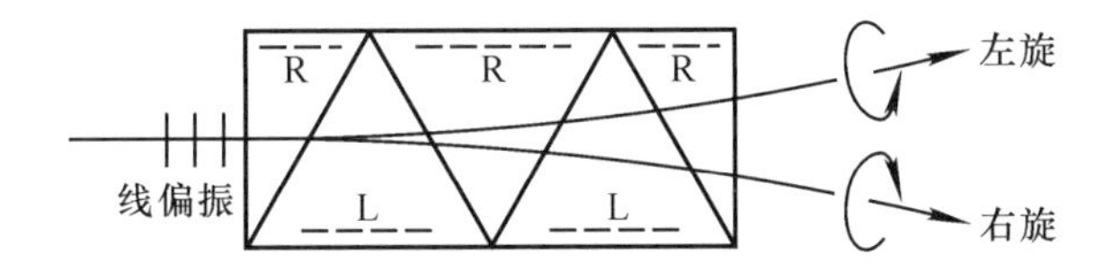

图 5-1-1

既然左旋和右旋两种圆偏振光在旋光物质中的传播速度不同, 当它们进入媒质后传播同样的几何距离到达某一点 P 时, 各自经历的时间应有所不同. 如图5-1-2 所示, 设入射线偏振光的振动面为 AA', 把它分解成左旋和右旋两种圆偏振光, 假定它们在入射点的电矢量均在 AA'面内[图 5-1-2(a)], 并设右旋圆偏振光的传播速度大于左旋圆偏振光, 则右旋圆偏振光先到达媒质中的 P 点, 此时右旋电矢量转过的角度为 ϕ_R, ϕ_R 也表示到达 P 点时比入射点落后的相位值. 与此同时, 因左旋圆偏振光的传播速度较小, 到达 P 点时的相位比右旋圆偏振光更落后, 左旋电矢量只向左转过较小的角度 ϕ_L[图 5-1-2(b)]. 从此时开始, 在 P 点的左旋和右旋两种电矢量以相同频率反向旋转, 合成的线振动在 BB'面内, 相当于入射的线振动向右偏转了 θ 角, 因

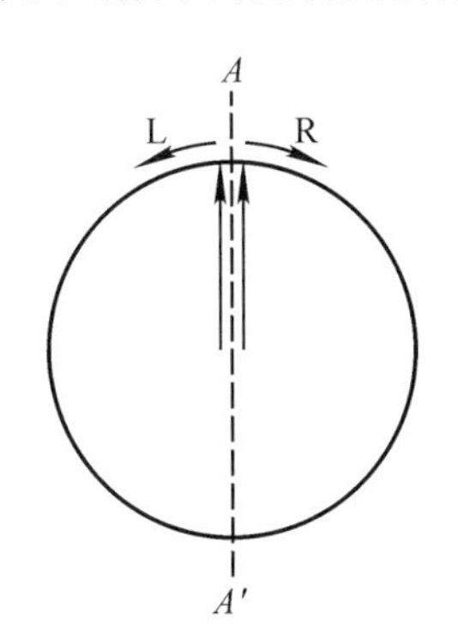

(a) 在入射点, 左旋和右旋电矢量均沿 AA'面

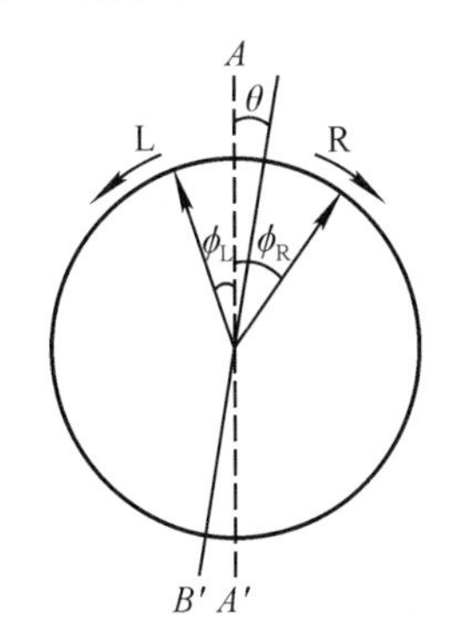

(b) 到达媒质中P点时,左旋和右旋电矢量的位置

图 5-1-2

$$\phi_R-\theta=\phi_L+\theta$$

故

$$\theta=\frac{\phi_R-\phi_L}{2}$$

式中 ϕ_R 和 ϕ_L 分别为右旋和左旋圆偏振光到达 P 点时比入射点落后的相位值，即

$$\phi_R=-\frac{2\pi}{\lambda}n_R d$$

$$\phi_L=-\frac{2\pi}{\lambda}n_L d$$

故旋光角为

$$\theta=\frac{\pi d}{\lambda}(n_L-n_R)$$

式中 λ 为真空中的波长，d 为光在媒质中传播的距离，n_L 和 n_R 分别是媒质对左旋和右旋圆偏振光的折射率.

1836 年，都柏林三一学院的 J. MacCulagh 利用弹性以太的模型建立了晶体旋光性所遵守的动力方程，首先从理论上证明了 Biot 的旋光定律.

二、Faraday 磁致旋光效应

首先把光现象与电磁现象联系起来考虑的是 S. J. Herschel，他从石英晶体使偏振面旋转与电流使磁针偏转这两种现象的对比中，认识到这两种现象存在一种共同的特征，即光的偏振面旋转的方向与光线方向之间有确定的关系，而磁针的偏转方向与电流方向之间也有确定的关系. Herschel 根据这种纯粹形式上的相似性，富于创见地预言：电磁作用可能会使偏振光的偏振面在某些介质中产生旋转.

早在 1822 年，Faraday 就曾试图从实验上寻找光和电、磁的关系. Faraday 的实验是将电解质溶液装进一个 24×1×1.5(英寸)的玻璃槽中，再把电池的两极分别接在槽的两端. 在电流流过电解质溶液的同时，用一束偏振光沿电流方向通过溶液. Faraday 设想，如果电流和光存在联系的话，偏振光在通过电解槽时其偏振面或许会有所改变. 然而实验并未得出任何结果. 12 年后，即在 1834 年，Faraday 重做了这个实验，仍未得到预期的结果. 1845 年，Faraday 继续研究光和电的关系，这次的实验是将一根玻璃棒接在静电发电机的两极之间，让偏振光沿电场方向通过玻璃棒，但仍未发现电场对偏振光有什么影响.

尽管 Faraday 为了探寻电对光的作用效应所做的一系列实验屡遭失败，但他从未放弃过努力. 光、电、磁三者之间必定存在着某种联系，这是 Faraday 的坚定信念. Faraday 把失败归因于实验的方法和技巧，他认为或许由于电所造成的介质张力太低，以致达不到使偏振面旋转的最低要求，但他始终相信一定会有其他可行的实验途径. Faraday 在给

Herschel 的一封信中写道："仅仅由于对光、磁和电必能联系起来的最强烈的信念，才使我恢复了这课题的研究，并且在我找到问题的关键之前经过了百折不回的努力."Faraday 对科学的这种坚韧不拔孜孜以求的精神为后辈树立了光辉榜样.

1845 年 6 月，W. Thomson 曾在英国科学促进会的剑桥会议上宣读了一篇电学论文，文中猜测光、电、磁三者之间可能存在某种联系. Thomson 提出的三个问题之一是：透明晶体具有自然旋光性，那么，受到剧烈张力的玻璃能否产生类似的效应呢？正是 Thomson 提出的这个问题引起了 Faraday 的联想：晶体的旋光性是由于各向异性引起了某一方向内部张力的结果，如果用电或磁的方法使非晶态的玻璃产生各向异性，就可能会看到同样的旋光现象. 既然用电的方法几次都不成功，为什么不用磁力来试试呢？在这种思想的指导下，Faraday 于 1845 年 9 月做了用磁场使偏振面旋转的实验，并确实观察到了磁致旋光效应.

后来，Verder 对多种物质作了全面研究，得出偏振面旋转的角度 θ 与光在物质中传播的距离 l 和磁场强度 H 都成正比，即

$$\theta = VlH$$

式中 V 称为 Verder 常量. 磁致旋光实验还表明，所有透明物质都能产生磁致旋光，不同物质的旋光能力不同；偏振面旋转的方向仅取决于磁力线方向，而与物质的性质、状态以及光线的方向无关.

三、Maxwell 的磁致旋光理论

Maxwell 在 1861—1862 年的《论物理力线》一文中以及在 1873 年的《电磁通论》一书中，提出了分子旋涡的假设，并借用流体力学中理想流体的旋涡理论建立了磁致旋光的动力学方程，再根据 Fresnel 的旋光理论导出了偏振面旋转角的公式. 这个公式既包括了 Faraday 实验所证实的结论(Faraday 和 Verder 的定量实验结果)，又包括了 Biot 的旋光定律.

1. 分子旋涡假说

Maxwell 认为，处于磁力作用下的媒质中一定存在着某种旋转运动，这种旋转运动并不构成媒质的宏观上可以察觉的运动，它只是媒质中很小一部分的转动，每个小部分的旋转轴与磁力方向一致. 他把这些"小部分"称之为分子旋涡. Maxwell 指出，在磁力作用下产生的分子旋涡应该确定是存在的，因为在解释物质的抗磁性时就必须依赖这种旋涡运动的存在. 用当今大家熟悉的语言来说，在外磁场作用下，微观带电粒子的旋转角动量(或磁矩)将以外磁场为轴作 Larmor 进动(参看本章 §2)，这种进动将使媒质分子产生与外磁场方向相反的磁矩，这正是造成物质抗磁性的原因.

Maxwell 认为，光在传播过程中所产生的媒质位移将引起各分子旋涡的扰动，而这种扰动又会反作用于光赖以传播的媒质，以致影响了光线传播的方式. 具体地说，当一圆偏振光在受磁力作用的媒质中传播时，存在两种旋转运动，一种是圆偏振光自身电矢

量的旋转(Maxwell 称之为光的振动性旋转)，另一种是由外磁场引起的分子旋涡运动(Maxwell 称之为媒质的磁旋转). 这两种旋转运动都以光线方向为轴，当两种旋转运动同向或反向时，圆偏振光将具有不同的传播速度，这正是产生磁致旋光的动力学原因. 显然，Maxwell 的这个观点与 Fresnel 的假设是吻合的.

根据分子旋涡假说，有外磁场作用的媒质中存在着一系列旋涡运动，Maxwell 把这种旋涡运动比作理想流体的旋涡运动. 按照 Helmholtz 关于旋涡运动的定理，设旋涡强度①的三个分量为 α, β, γ，由于流体流动而产生的位移分量为 ξ, η, ζ，则新的旋涡强度为

$$\begin{cases}\alpha' = \alpha + \alpha \dfrac{\partial \xi}{\partial x} + \beta \dfrac{\partial \xi}{\partial y} + \gamma \dfrac{\partial \xi}{\partial z} \\ \beta' = \beta + \alpha \dfrac{\partial \eta}{\partial x} + \beta \dfrac{\partial \eta}{\partial y} + \gamma \dfrac{\partial \eta}{\partial z} \\ \gamma' = \gamma + \alpha \dfrac{\partial \zeta}{\partial x} + \beta \dfrac{\partial \zeta}{\partial y} + \gamma \dfrac{\partial \zeta}{\partial z}\end{cases} \tag{1}$$

在 Maxwell 的模型中，在外磁场作用下媒质中充满了许多小旋涡，形成旋涡场，当光在媒质中传播时会引起媒质的位移(ξ, η, ζ)，这种位移将使小旋涡发生变化. Maxwell 要解决的问题是受扰动的旋涡运动怎样反过来影响光振动的位移量(ξ, η, ζ). 把流体力学理论移植到所讨论的旋光问题时，Maxwell 认为应以磁场强度 $\boldsymbol{H}$ 代替旋涡强度，应以电位移矢量 $\boldsymbol{D}$ 代替位移，即有

$$\boldsymbol{H}(\alpha, \beta, \gamma), \boldsymbol{D}(\xi, \eta, \zeta)$$

于是(1)式可写成

$$\begin{aligned}\boldsymbol{H}' &= \boldsymbol{H} + (\boldsymbol{H} \cdot \nabla)\boldsymbol{D} \\ &= \boldsymbol{H} + \frac{\mathrm{d}\boldsymbol{D}}{\mathrm{d}h}\end{aligned} \tag{2}$$

式中

$$\frac{\mathrm{d}}{\mathrm{d}h} = \boldsymbol{H} \cdot \nabla = \alpha \frac{\partial}{\partial x} + \beta \frac{\partial}{\partial y} + \gamma \frac{\partial}{\partial z}$$

Maxwell 首先计算了小流块的动能和势能，然后根据 Lagrange 方程从能量角度建立了小流块遵守的动力学方程，计算了磁力引起的光波波矢的改变，并根据 Fresnel 对旋光现象的解释导出了偏振面旋转角度的公式.

2. 小流块的动能

在理想流体的旋涡场中，单位体积小流块的动能除线性运动的动能 $\frac{1}{2}\rho(\dot{\xi}^2+\dot{\eta}^2+\dot{\zeta}^2)$

---

① 注：在流体力学中，旋涡场中表示各旋涡角速度方向所引的曲线称为涡线(类似于表示电场方向的电力线)，由涡线围成的管子称为涡管. 旋涡强度是指旋涡的角速度与涡管横截面面积乘积的两倍.

外(ρ 为质量密度)，还应包括与旋涡转动有关的动能，后者一定包含旋涡的角速度 $\boldsymbol{\omega}$ 和磁力作用 $\boldsymbol{H}$ 这两个因素，动能是标量，因而该部分应正比于 $\boldsymbol{H}\cdot\boldsymbol{\omega}$. Maxwell 假定动能中应包括如下形式的一项：

$$2C(\alpha\omega_x+\beta\omega_y+\gamma\omega_z) \tag{3}$$

其中 C 为比例常量，α，β，γ 是磁场强度 $\boldsymbol{H}$ 的三个分量，ω_x，ω_y，ω_z 是旋涡角速度 $\boldsymbol{\omega}$ 的三个分量. 根据流体力学原理，旋涡角速度的三个分量为(详见本章附录 A)

$$\begin{cases}\omega_x=\dfrac{1}{2}\left(\dfrac{\partial\dot{\zeta}}{\partial y}-\dfrac{\partial\dot{\eta}}{\partial z}\right)\\[2ex]\omega_y=\dfrac{1}{2}\left(\dfrac{\partial\dot{\xi}}{\partial z}-\dfrac{\partial\dot{\zeta}}{\partial x}\right)\\[2ex]\omega_z=\dfrac{1}{2}\left(\dfrac{\partial\dot{\eta}}{\partial x}-\dfrac{\partial\dot{\xi}}{\partial y}\right)\end{cases} \tag{4}$$

式中 $\dot{\xi}$，$\dot{\eta}$，$\dot{\zeta}$ 为小流块位移速度的三个分量.

为了得到旋涡动能的具体形式，把(4)式代入(3)式，并在无穷大空间里积分，有

$$\begin{aligned}&2C\iiint(\alpha\omega_x+\beta\omega_y+\gamma\omega_z)\mathrm{d}x\mathrm{d}y\mathrm{d}z\\&=C\iiint\left[\alpha\left(\frac{\partial\dot{\zeta}}{\partial y}-\frac{\partial\dot{\eta}}{\partial z}\right)+\beta\left(\frac{\partial\dot{\xi}}{\partial z}-\frac{\partial\dot{\zeta}}{\partial x}\right)+\gamma\left(\frac{\partial\dot{\eta}}{\partial x}-\frac{\partial\dot{\xi}}{\partial y}\right)\right]\mathrm{d}x\mathrm{d}y\mathrm{d}z\\&=C\iiint\left[\left(\gamma\frac{\partial\dot{\eta}}{\partial x}-\beta\frac{\partial\dot{\zeta}}{\partial x}\right)+\left(\alpha\frac{\partial\dot{\zeta}}{\partial y}-\gamma\frac{\partial\dot{\xi}}{\partial y}\right)+\left(\beta\frac{\partial\dot{\xi}}{\partial z}-\alpha\frac{\partial\dot{\eta}}{\partial z}\right)\right]\mathrm{d}x\mathrm{d}y\mathrm{d}z\end{aligned} \tag{5}$$

考虑上述积分的第一项：

$$\iiint\left(\gamma\frac{\partial\dot{\eta}}{\partial x}-\beta\frac{\partial\dot{\zeta}}{\partial x}\right)\mathrm{d}x\mathrm{d}y\mathrm{d}z$$

对变量 x 作分部积分，其中的第一项为

$$\begin{aligned}\iiint\gamma\frac{\partial\dot{\eta}}{\partial x}\mathrm{d}x\mathrm{d}y\mathrm{d}z&=\iiint\mathrm{d}(\gamma\dot{\eta})\mathrm{d}y\mathrm{d}z-\iiint\dot{\eta}\frac{\partial\gamma}{\partial x}\mathrm{d}x\mathrm{d}y\mathrm{d}z\\&=\iint\gamma\dot{\eta}\mathrm{d}y\mathrm{d}z-\iiint\dot{\eta}\frac{\partial\gamma}{\partial x}\mathrm{d}x\mathrm{d}y\mathrm{d}z\end{aligned}$$

同理，有

$$\begin{aligned}\iiint\beta\frac{\partial\dot{\zeta}}{\partial x}\mathrm{d}x\mathrm{d}y\mathrm{d}z&=\iiint\mathrm{d}(\beta\dot{\zeta})\mathrm{d}y\mathrm{d}z-\iiint\dot{\zeta}\frac{\partial\beta}{\partial x}\mathrm{d}x\mathrm{d}y\mathrm{d}z\\&=\iint\beta\dot{\zeta}\mathrm{d}y\mathrm{d}z-\iiint\dot{\zeta}\frac{\partial\beta}{\partial x}\mathrm{d}x\mathrm{d}y\mathrm{d}z\end{aligned}$$

故

$$\iiint\left(\gamma\frac{\partial\dot{\eta}}{\partial x}-\beta\frac{\partial\dot{\zeta}}{\partial x}\right)\mathrm{d}x\mathrm{d}y\mathrm{d}z$$

$$=\iint(\gamma\dot{\eta}-\beta\dot{\zeta})\mathrm{d}y\mathrm{d}z+\iiint\left(\dot{\zeta}\frac{\partial\beta}{\partial x}-\dot{\eta}\frac{\partial\gamma}{\partial x}\right)\mathrm{d}x\mathrm{d}y\mathrm{d}z$$

与上相仿，积分式(5)中的其他两项分别对变量 y 和 z 作分部积分后，有

$$\iiint\left(\alpha\frac{\partial\dot{\zeta}}{\partial y}-\gamma\frac{\partial\dot{\xi}}{\partial y}\right)\mathrm{d}x\mathrm{d}y\mathrm{d}z$$

$$=\iint(\alpha\dot{\zeta}-\gamma\dot{\xi})\mathrm{d}x\mathrm{d}z+\iiint\left(\dot{\xi}\frac{\partial\gamma}{\partial y}-\dot{\zeta}\frac{\partial\alpha}{\partial y}\right)\mathrm{d}x\mathrm{d}y\mathrm{d}z$$

$$\iiint\left(\beta\frac{\partial\dot{\xi}}{\partial z}-\alpha\frac{\partial\dot{\eta}}{\partial z}\right)\mathrm{d}x\mathrm{d}y\mathrm{d}z$$

$$=\iint(\beta\dot{\xi}-\alpha\dot{\eta})\mathrm{d}x\mathrm{d}y+\iiint\left(\dot{\eta}\frac{\partial\alpha}{\partial z}-\dot{\xi}\frac{\partial\beta}{\partial z}\right)\mathrm{d}x\mathrm{d}y\mathrm{d}z$$

所以

$$2C\iiint(\alpha\omega_x+\beta\omega_y+\gamma\omega_z)\mathrm{d}x\mathrm{d}y\mathrm{d}z$$

$$=C\iint(\gamma\dot{\eta}-\beta\dot{\zeta})\mathrm{d}y\mathrm{d}z+C\iint(\alpha\dot{\zeta}-\gamma\dot{\xi})\mathrm{d}x\mathrm{d}z+C\iint(\beta\dot{\xi}-\alpha\dot{\eta})\mathrm{d}x\mathrm{d}y$$

$$+C\iiint\left[\dot{\xi}\left(\frac{\partial\gamma}{\partial y}-\frac{\partial\beta}{\partial z}\right)+\dot{\eta}\left(\frac{\partial\alpha}{\partial z}-\frac{\partial\gamma}{\partial x}\right)+\dot{\zeta}\left(\frac{\partial\beta}{\partial x}-\frac{\partial\alpha}{\partial y}\right)\right]\mathrm{d}x\mathrm{d}y\mathrm{d}z$$

上式中的二重积分在媒质边界面上进行，对于无穷大媒质，二重积分对媒质内部现象的贡献可以忽略，故只需考虑三重积分，即有

$$2C\iiint(\alpha\omega_x+\beta\omega_y+\gamma\omega_z)\mathrm{d}x\mathrm{d}y\mathrm{d}z$$

$$=C\iiint\left[\dot{\xi}\left(\frac{\partial\gamma}{\partial y}-\frac{\partial\beta}{\partial z}\right)+\dot{\eta}\left(\frac{\partial\alpha}{\partial z}-\frac{\partial\gamma}{\partial x}\right)+\dot{\zeta}\left(\frac{\partial\beta}{\partial x}-\frac{\partial\alpha}{\partial y}\right)\right]\mathrm{d}x\mathrm{d}y\mathrm{d}z$$

要提醒大家的是，我们的目的是弄清楚旋涡动能具有什么样的形式，而不是真要求上述积分的值，故只需考虑被积函数即可．把由 Helmholtz 公式(1)或(2)决定的 α'，β'，γ'代替上式中的 α，β，γ，以求出由于位移(位移速度为 $\dot{\xi}$，$\dot{\eta}$，$\dot{\zeta}$)所产生的旋涡的附加动能．在被积函数中这一附加动能具有如下的形式：

$$C\left\{\dot{\xi}\left[\frac{\partial}{\partial y}\left(\alpha\frac{\partial\zeta}{\partial x}+\beta\frac{\partial\zeta}{\partial y}+\gamma\frac{\partial\zeta}{\partial z}\right)-\frac{\partial}{\partial z}\left(\alpha\frac{\partial\eta}{\partial x}+\beta\frac{\partial\eta}{\partial y}+\gamma\frac{\partial\eta}{\partial z}\right)\right]\right.$$

$$+\dot{\eta}\left[\frac{\partial}{\partial z}\left(\alpha\frac{\partial\xi}{\partial x}+\beta\frac{\partial\xi}{\partial y}+\gamma\frac{\partial\xi}{\partial z}\right)-\frac{\partial}{\partial x}\left(\alpha\frac{\partial\zeta}{\partial x}+\beta\frac{\partial\zeta}{\partial y}+\gamma\frac{\partial\zeta}{\partial z}\right)\right]$$

$$\left.+\dot{\zeta}\left[\frac{\partial}{\partial x}\left(\alpha\frac{\partial\eta}{\partial x}+\beta\frac{\partial\eta}{\partial y}+\gamma\frac{\partial\eta}{\partial z}\right)-\frac{\partial}{\partial y}\left(\alpha\frac{\partial\xi}{\partial x}+\beta\frac{\partial\xi}{\partial y}+\gamma\frac{\partial\xi}{\partial z}\right)\right]\right\}$$

定义算符

$$\frac{\partial}{\partial h}=\alpha\frac{\partial}{\partial x}+\beta\frac{\partial}{\partial y}+\gamma\frac{\partial}{\partial z}$$

则前式可简写为

$$C\left[\dot{\xi}\frac{\partial}{\partial h}\left(\frac{\partial\zeta}{\partial y}-\frac{\partial\eta}{\partial z}\right)+\dot{\eta}\frac{\partial}{\partial h}\left(\frac{\partial\xi}{\partial z}-\frac{\partial\zeta}{\partial x}\right)+\dot{\zeta}\frac{\partial}{\partial h}\left(\frac{\partial\eta}{\partial x}-\frac{\partial\xi}{\partial y}\right)\right] \tag{6}$$

假定外磁场指向 z 方向，即磁场只有 γ 分量，故

$$\gamma=H,\quad \alpha=0,\quad \beta=0$$

且

$$\frac{\partial}{\partial h}=H\frac{\partial}{\partial z}$$

于是(6)式具有形式

$$CH\left(\frac{\partial^2\xi}{\partial z^2}\dot{\eta}-\frac{\partial^2\eta}{\partial z^2}\dot{\xi}\right)$$

这样，单位体积中的总动能可以写成如下形式

$$T=\frac{1}{2}\rho(\dot{\xi}^2+\dot{\eta}^2+\dot{\zeta}^2)+CH\left(\frac{\partial^2\xi}{\partial z^2}\dot{\eta}-\frac{\partial^2\eta}{\partial z^2}\dot{\xi}\right) \tag{7}$$

3. 小流块遵守的动力学方程

有了动能的表示式(7)，就可以根据 Lagrange 方程建立小流块遵守的动力学方程. Lagrange 方程为

$$Q_i=\frac{\mathrm{d}}{\mathrm{d}t}\frac{\partial T}{\partial\dot{q}_i}-\frac{\partial T}{\partial q_i}$$

式中 Q_i 为广义力，q_i 为广义坐标. 应用于目前所讨论的问题，力的三个分量设为 X，Y，Z，坐标为 ξ，η，ζ，对 x 分量，有

$$X=\frac{\mathrm{d}}{\mathrm{d}t}\left(\frac{\partial T}{\partial\dot{\xi}}\right)-\frac{\partial T}{\partial\xi}$$

把动能公式(7)代入，得

$$X=\frac{\mathrm{d}}{\mathrm{d}t}\left(\rho\dot{\xi}-CH\frac{\partial^2\eta}{\partial z^2}\right)-\frac{\partial T}{\partial\xi} \tag{8}$$

由动能公式(7)，

$$\frac{\partial T}{\partial\xi}=CH\frac{\partial}{\partial\xi}\left(\frac{\partial^2\xi}{\partial z^2}\dot{\eta}-\frac{\partial^2\eta}{\partial z^2}\dot{\xi}\right) \tag{9}$$

为求$\frac{\partial T}{\partial\xi}$，考虑如下积分：

$$\iiint \frac{\partial^2 \xi}{\partial z^2} \dot{\eta} \mathrm{d}x\mathrm{d}y\mathrm{d}z$$

对 z 分量作分部积分，有

$$\iiint \frac{\partial^2 \xi}{\partial z^2} \dot{\eta} \mathrm{d}x\mathrm{d}y\mathrm{d}z = \iint \frac{\partial \xi}{\partial z} \dot{\eta} \mathrm{d}x\mathrm{d}y - \iiint \frac{\partial \xi}{\partial z} \frac{\partial \dot{\eta}}{\partial z} \mathrm{d}x\mathrm{d}y\mathrm{d}z$$

上式右端第二项的三重积分对 z 分量再次作分部积分，有

$$\iiint \frac{\partial \xi}{\partial z} \frac{\partial \dot{\eta}}{\partial z} \mathrm{d}x\mathrm{d}y\mathrm{d}z = \iint \xi \frac{\partial \dot{\eta}}{\partial z} \mathrm{d}x\mathrm{d}y - \iiint \xi \frac{\partial^2 \dot{\eta}}{\partial z^2} \mathrm{d}x\mathrm{d}y\mathrm{d}z$$

故得

$$\iiint \frac{\partial^2 \xi}{\partial z^2} \dot{\eta} \mathrm{d}x\mathrm{d}y\mathrm{d}z = \iint \left(\frac{\partial \xi}{\partial z} \dot{\eta} - \frac{\partial \dot{\eta}}{\partial z} \xi \right) \mathrm{d}x\mathrm{d}y + \iiint \xi \frac{\partial^2 \dot{\eta}}{\partial z^2} \mathrm{d}x\mathrm{d}y\mathrm{d}z$$

$$= \iiint \xi \frac{\partial^3 \eta}{\partial z^2 \partial t} \mathrm{d}x\mathrm{d}y\mathrm{d}z$$

最后一步是因积分在无穷大空间中进行，二重积分可略，比较上式两端，得

$$\frac{\partial^2 \xi}{\partial z^2} \dot{\eta} = \xi \frac{\partial^3 \eta}{\partial z^2 \partial t}$$

代入(9)式，得

$$\frac{\partial T}{\partial \xi} = CH \frac{\partial}{\partial \xi} \left(\xi \frac{\partial^3 \eta}{\partial^2 z \partial t} - \frac{\partial^2 \eta}{\partial z^2} \dot{\xi} \right)$$

$$= CH \frac{\partial^3 \eta}{\partial^2 z \partial t}$$

把上述结果代入方程(8)，得出 x 分量的动力学方程为

$$X = \frac{\mathrm{d}}{\mathrm{d}t} \left(\rho \dot{\xi} - CH \frac{\partial^2 \eta}{\partial z^2} \right) - CH \frac{\partial^3 \eta}{\partial^2 z \partial t}$$

$$= \rho \frac{\mathrm{d}^2 \xi}{\mathrm{d}t^2} - 2CH \frac{\partial^3 \eta}{\partial^2 z \partial t} \tag{10}$$

同理，对 y 分量，有

$$Y = \rho \frac{\mathrm{d}^2 \eta}{\mathrm{d}t^2} + 2CH \frac{\partial^3 \eta}{\partial^2 z \partial t} \tag{11}$$

方程(10)和(11)是媒质元在 x 方向和 y 方向上的动力学方程，右端第一项反映了质元作直线运动的力，第二项反映了媒质元作旋转运动的力. 注意到两个方程中均包含三次微商项，而且正、负号相反. Maxwell 并未对这个三次微商项的物理意义作明确说明，在他看来，它们只不过是数学推导的结果而已. 当初 MacCullagh 用以太理论解释晶体中

的自然旋光效应时，曾得到类似的旋光动力学方程，方程中也有三次微商项，而且在 x 和 y 两个方向上的方程中，它们的正、负号相反. 实际上，两项正、负反号的三次微商项是媒质中存在旋转方向相反的两种圆运动的必然产物. 因而在后面将要提到的 Rowland 的旋光方程也具有相同特征就不足为奇了.

4. 旋光角度的推导

现在，完全按照 Maxwell 的方法来推导决定偏振面旋转角度 θ 的公式.

试考虑一圆偏振光沿外磁场方向(即 z 方向)传播的例子. 光在媒质中传播时应遵守动力学方程(10)和(11)，因而下述圆偏振光方程

$$\begin{cases}\xi = r\cos(\omega t - qz)\\ \eta = r\sin(\omega t - qz)\end{cases} \tag{12}$$

应是方程(10)和(11)的一种解，式中 ξ 和 η 为在垂直于磁场的平面内的位移量. 方程(12)代表一个半径为 r 的圆运动，ω 是偏振光的圆频率，q 是光在媒质中的波矢，即

$$q = \frac{2\pi}{\lambda'} = \frac{2\pi n}{\lambda}$$

式中 λ' 是媒质中的波长，λ 是空气(真空)中的波长，n 是媒质的折射率. 把方程(12)代入动能公式(7)，因

$$\dot{\xi} = -r\omega\sin(\omega t - qz)$$

$$\dot{\eta} = r\omega\cos(\omega t - qz)$$

$$\frac{\partial^2 \xi}{\partial z^2} = -q^2 r\cos(\omega t - qz)$$

$$\frac{\partial^2 \eta}{\partial z^2} = -q^2 r\sin(\omega t - qz)$$

又因光波波长非常短，在圆运动的一个周期内向 z 方向的移动很小，故 $\dot{\zeta}$ 可略，于是动能公式可简化为

$$T = \frac{1}{2}\rho r^2\omega^2 - CHq^2 r^2\omega \tag{13}$$

因圆运动是由相互垂直的两个线振动合成的(振幅均为 r)，它们的弹性势能由位移振幅的平方决定. 若媒质的弹性势能是线性的，则单位体积媒质的弹性势能可表为

$$V = \frac{1}{2}Qr^2 \tag{14}$$

式中 Q 是与弹性模量有关的常量.

根据 Lagrange 方程

$$Q_i = \frac{\mathrm{d}}{\mathrm{d}t}\left(\frac{\partial T}{\partial \dot{q}_i}\right) - \frac{\partial T}{\partial q_i}$$

注意到动能 T 和势能 V 都只是 r 的函数，力 Q_i 是势能梯度的负值，故上式可写成

$$-\frac{\partial V}{\partial r}=\frac{\mathrm{d}}{\mathrm{d}t}\frac{\partial T}{\partial \dot{r}}-\frac{\partial T}{\partial r}$$

对圆偏振光，$r=$常量，故有

$$\frac{\partial T}{\partial r}=\frac{\partial V}{\partial r}$$

把(13)和(14)式代入，得

$$\rho\ \omega^2 r-2CHq^2 r\omega=Qr$$

或

$$\rho\ \omega^2-2CHq^2\omega=Q \tag{15}$$

对上式取全微分，

$$(2\rho\ \omega-2CHq^2)\,\mathrm{d}\omega-4CHq\omega\mathrm{d}q-2Cq^2\omega\mathrm{d}H=\mathrm{d}Q$$

即

$$(2\rho\ \omega-2CHq^2)\,\mathrm{d}\omega-\left(\frac{\mathrm{d}Q}{\mathrm{d}q}+4CHq\omega\right)\mathrm{d}q-2Cq^2\omega\mathrm{d}H=0$$

即

$$\frac{\mathrm{d}q}{\mathrm{d}H}=\frac{(2\rho\ \omega-2CH^2q^2)\dfrac{\mathrm{d}\omega}{\mathrm{d}H}-2Cq^2\omega}{\dfrac{\mathrm{d}Q}{\mathrm{d}q}+4CHq\omega}$$

注意到偏振光的圆频率 ω 独立于外磁场 H，故$\frac{\mathrm{d}\omega}{\mathrm{d}H}=0$，又由(15)式，有

$$\begin{aligned}\frac{\mathrm{d}Q}{\mathrm{d}q}&=2\rho\ \omega\frac{\mathrm{d}\omega}{\mathrm{d}q}-4CHq\omega-2CHq^2\frac{\mathrm{d}\omega}{\mathrm{d}q}\\&=2(\rho\ \omega-CHq^2)\frac{\mathrm{d}\omega}{\mathrm{d}q}-4CHq\omega\end{aligned}$$

所以

$$\frac{\mathrm{d}q}{\mathrm{d}H}=-\frac{Cq^2\omega}{\rho\ \omega-CHq^2}\frac{\mathrm{d}q}{\mathrm{d}\omega} \tag{16}$$

另外，波矢

$$q=\frac{2\pi n}{\lambda}=\frac{n\omega}{v}$$

式中 λ 为真空中的波长，v 为真空中的波速，对于一定的光波它们均为常量. 由色散效应，折射率 n 与圆频率 ω 有关，故

$$\frac{\mathrm{d}q}{\mathrm{d}\omega}=\frac{1}{v}\left(n+\omega\frac{\mathrm{d}n}{\mathrm{d}\omega}\right)=\frac{1}{v}\left(n+\omega\frac{\mathrm{d}n}{\mathrm{d}\lambda}\frac{\mathrm{d}\lambda}{\mathrm{d}\omega}\right)$$

$$=\frac{1}{v}\left(n-\frac{2\pi v}{\omega}\frac{\mathrm{d}n}{\mathrm{d}\lambda}\right)$$
$$=\frac{1}{v}\left(n-\lambda\frac{\mathrm{d}n}{\mathrm{d}\lambda}\right)$$

上式中利用了 $\lambda=\frac{2\pi v}{\omega}$，$\frac{\mathrm{d}\lambda}{\mathrm{d}\omega}=-\frac{2\pi v}{\omega^2}$. 把上式代入(16)式，得

$$\frac{\mathrm{d}q}{\mathrm{d}H}=-\frac{Cq^2\omega}{\rho\ \omega-CHq^2}\cdot\frac{1}{v}\left(n-\lambda\frac{\mathrm{d}n}{\mathrm{d}\lambda}\right)$$

再将 $q=\frac{2\pi n}{\lambda}$，$\omega=\frac{2\pi v}{\lambda}$代入，得

$$\frac{\mathrm{d}q}{\mathrm{d}H}=-\frac{4\pi^2C}{\rho v}\cdot\frac{n^2}{\lambda^2}\cdot\frac{1}{1-\frac{2\pi CHn^2}{\rho v\lambda}}\left(n-\lambda\frac{\mathrm{d}n}{\mathrm{d}\lambda}\right)$$

Maxwell 指出，上式右端分母中的第二项(即被 1 减去的那一项)近似等于光在媒质中传播$\frac{\lambda}{2\pi}$距离后偏振面旋转的角度，这是一个很小的量，故可略去. 最后得出

$$\frac{\mathrm{d}q}{\mathrm{d}H}=-\frac{4\pi^2C}{\rho v}\cdot\frac{n^2}{\lambda^2}\left(n-\lambda\frac{\mathrm{d}n}{\mathrm{d}\lambda}\right)$$

上式给出了由于磁力变化导致的光波波矢的改变. 若不加外磁场时的波矢为 q_0，则加外磁场 H 后波矢将改变. 由于 H 引起的波矢改变量在任何情况下都是一个小量，故有

$$q=q_0+\frac{\mathrm{d}q}{\mathrm{d}H}H$$

应注意，对于右旋和左旋圆偏振光，$\frac{\mathrm{d}q}{\mathrm{d}H}$有不同符号(起因于圆偏振光方程(12)中变量 η 分别为正号和负号)，故在磁力作用下左旋和右旋圆偏振光的波矢之差为

$$\Delta q=2\frac{\mathrm{d}q}{\mathrm{d}H}H$$

当它们在媒质中传播距离 d 后，引起的相位差为

$$\Delta\phi=\Delta qd=2\frac{\mathrm{d}q}{\mathrm{d}H}H$$

按 Fresnel 对旋光现象的解释，线偏振光偏振面转过的角度为

$$\theta=-\frac{\Delta\phi}{2}$$
$$=\frac{4\pi^2Cn^2}{\rho v\lambda^2}\left(n-\lambda\frac{\mathrm{d}n}{\mathrm{d}\lambda}\right)Hd \tag{17}$$

(17)式就是 Maxwell 的旋光公式，它不仅包括了 Biot 的旋光定律(旋转角 θ 与传播距离 d 成正比，与波长 λ 的平方成反比)，也包括了 Faraday 和 Verder 的实验结果(旋转角 θ 与外磁场 H 和传播距离 d 成正比).

四、Rowland 的磁致旋光理论

Maxwell 的磁致旋光理论是以分子旋涡模型为基础的，认为磁场产生的旋涡运动引起了光的运动的改变，从能量角度解释了外磁场对光波波矢的影响. 但对光运动与外磁场之间的相互作用则并未提出具体的模式.

H. A. Rowland 根据 Hall 效应假设了外磁场与光运动之间具体的作用模式，完全用电磁场规律建立了自己的磁致旋光理论.

1. Hall 效应

E. H. Hall 是美国人，曾在霍普金斯大学物理系学习，并在 Rowland 的指导下攻读研究生课程.

1879 年，Hall 作了一个关于磁和电流之间新关系的实验. Hall 把一张金属箔贴在玻璃板上，使电流在金属箔上通过，再把这张金属箔放到电磁铁产生的磁场中并使磁力线垂直地穿过箔面. 实验时先断开电磁铁的电流，使磁场为零，用灵敏电流计的两极接触箔面上的不同位置，直到找到使电流计不偏转的两个点(等势点). 然后接通电磁铁的励磁电流，产生磁场，Hall 发现电流计又发生了偏转. 它表明原来等势的两点现在不再等势了，即说明磁场的作用破坏了原来的电场平衡，电流在磁场中产生了偏转，这种现象称为 Hall 效应. Hall 效应成为 Lorentz 在 1892 年提出著名的 Lorentz 力公式的实验依据.

Hall 效应可以用 Lorentz 力来解释. 根据 Lorentz 力公式，运动带电粒子在磁场中受到的磁力为

$$\boldsymbol{f}=q\boldsymbol{v}\times\boldsymbol{B}$$

典型的 Hall 效应实验如图 5-1-3 所示，电流流过厚度为 d 的金属板，电流强度为 I，在垂直于金属板的方向加磁场，磁感应强度为 $\boldsymbol{B}$，用探针 A 和 A'测量金属板侧面之间的电势差 $V_{AA'}$. 实验表明，在磁场不太强时，电势差 $V_{AA'}$与电流强度 I 和磁感应强度 B 成正比，与金属板的厚度 d 成反比，即

$$V_{AA'}=K\frac{IB}{d}$$

比例系数 K 称为 Hall 系数.

当形成电流的自由载流子在金属板内运动时，由于受到 Lorentz 力的作用而发生偏转，结果在 A 和 A'两侧面分别聚集了正、负电荷，使两侧面之间产生了电势差. 设金属板内载流子的平均定向速度为 u，则它们在磁场中受到的 Lorentz 力为 quB. 当 AA'之间形成电势差后，载流子还将受到一个方向相反的电力 $qE=q\dfrac{V_{AA'}}{b}$的作用，其中 b 为金属板的

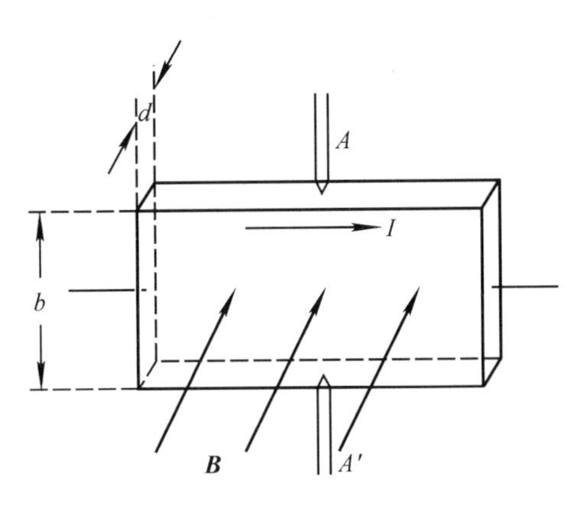

图 5-1-3

宽度. 最后，达到稳定状态时，Lorentz 力与电力达到平衡，即有

$$quB=q\frac{V_{AA'}}{b}$$

此外，设载流子浓度(数密度)为 n，则电流强度 I 与载流子定向速度 u 之间的关系为

$$I=bdnqu$$

或

$$u=\frac{I}{bdnq}$$

于是

$$V_{AA'}=\frac{1}{nq}\frac{IB}{d}$$

把上式与实验规律相比较，得出 Hall 系数为

$$K=\frac{1}{nq}$$

可见，Hall 系数 K 与载流子浓度 n 有关，只要从实验测出 Hall 系数就可确定载流子的浓度. 半导体内载流子浓度远比金属中的载流子浓度要小，故半导体的 Hall 系数比金属大得多. 由于半导体内载流子的浓度受温度、杂质等因素的影响十分明显，所以 Hall 效应为研究半导体载流子浓度的变化提供了重要手段. 半导体中载流子所带电荷的正负，决定了 Hall 系数的正负，所以根据 Hall 系数的正负可以判断半导体的导电类型——电子导电或空穴导电. Hall 效应还为 Rowland 的旋光理论提供了重要的依据.

2. Rowland 的旋光理论

Rowland 把 Hall 效应与 Faraday 磁致旋光效应相对比，认为两者具有相同的物理本质，即都起因于磁场对电流的作用，前者是磁场对传导电流的作用，后者则是磁场对位移电流的作用. Hall 效应是 Lorentz 力造成的，该力具有 $\boldsymbol{H}\times\boldsymbol{S}$ 的形式，其中 $\boldsymbol{H}$ 为磁场强度，$\boldsymbol{S}$ 为传导电流. 在磁致旋光实验中，当光沿磁场方向传播时，媒质中一定存在位移电流$\frac{\partial \boldsymbol{D}}{\partial t}$($\boldsymbol{D}$ 是电位移矢量)，它与传导电流一样也要受到磁场的作用，该力正比于 $\boldsymbol{H}\times\frac{\partial \boldsymbol{D}}{\partial t}$. 因此，在电动力(电场强度)$\boldsymbol{E}$ 的表示式中，除$\frac{\partial \boldsymbol{A}}{\partial t}$($\boldsymbol{A}$ 是矢势)的贡献外，还应包括附加的外磁场对位移电流的作用，即

$$\boldsymbol{E}=-\frac{1}{c}\frac{\partial \boldsymbol{A}}{\partial t}+\frac{\sigma}{c}\boldsymbol{H}\times\frac{\partial \boldsymbol{D}}{\partial t}$$

式中 σ 是取决于媒质旋光性质的常量. 由 Maxwell 方程，

$$\begin{aligned}\frac{\partial \boldsymbol{E}}{\partial t}&=c\,\nabla\times\boldsymbol{B}=c\,\nabla\times(\nabla\times\boldsymbol{A})\\&=c\left[\nabla(\nabla\cdot\boldsymbol{A})-\nabla^2\boldsymbol{A}\right]\\&=-c\,\nabla^2\boldsymbol{A}\end{aligned}$$

结合以上两式，得

$$\begin{aligned}\nabla^2\boldsymbol{A}&=\frac{1}{c^2}\frac{\partial^2\boldsymbol{A}}{\partial t^2}-\frac{1}{c^2}\frac{\partial}{\partial t}\left(\boldsymbol{H}\times\frac{\partial \boldsymbol{D}}{\partial t}\right)\\&=\frac{1}{c^2}\frac{\partial^2\boldsymbol{A}}{\partial t^2}-\frac{\varepsilon\sigma}{c^2}\frac{\partial}{\partial t}\left(\boldsymbol{H}\times\frac{\partial \boldsymbol{E}}{\partial t}\right)\\&=\frac{1}{c^2}\frac{\partial^2\boldsymbol{A}}{\partial t^2}+\frac{\varepsilon\sigma}{c}\frac{\partial}{\partial t}(\boldsymbol{H}\times\nabla^2\boldsymbol{A})\end{aligned}$$

或

$$\nabla^2\boldsymbol{A}-\frac{1}{c^2}\frac{\partial^2\boldsymbol{A}}{\partial t^2}-\frac{\varepsilon\sigma}{c}\frac{\partial}{\partial t}(\boldsymbol{H}\times\nabla^2\boldsymbol{A})=0 \tag{18}$$

式中 ε 为媒质的介电常量.

假定外磁场 $\boldsymbol{H}$ 指向 z 轴，且光也沿 z 方向传播，则矢势 $\boldsymbol{A}$ 在 x 方向和 y 方向的变化率为零，故有

$$\nabla^2\boldsymbol{A}=\frac{\partial^2\boldsymbol{A}}{\partial z^2}$$

$$\boldsymbol{H}\times\nabla^2\boldsymbol{A}=\left(-H\frac{\partial^2 A_y}{\partial z^2}\right)\boldsymbol{i}+\left(H\frac{\partial^2 A_x}{\partial z^2}\right)\boldsymbol{j}$$

利用上述关系，可以把方程(18)写成如下的分量方程：

$$\begin{cases}\dfrac{\partial^2 A_x}{\partial z^2}-\dfrac{1}{c^2}\dfrac{\partial^2 A_x}{\partial t^2}+\dfrac{\varepsilon\sigma}{c}H\dfrac{\partial^3 A_y}{\partial^2 z\partial t}=0\\[2ex]\dfrac{\partial^2 A_y}{\partial z^2}-\dfrac{1}{c^2}\dfrac{\partial^2 A_y}{\partial t^2}-\dfrac{\varepsilon\sigma}{c}H\dfrac{\partial^3 A_x}{\partial^2 z\partial t}=0\end{cases} \tag{19}$$

(19)式就是 Rowland 的磁致旋光方程，它是非齐次的波动方程. 与 Maxwell 的动力学方程(10)和(11)比较，两者具有如下的共同特征：都有三次微商项(代表一种旋转运动)，而且该项在两个分量方程中都是一正一负(代表旋转方向相反). 两者的不同之处在于：Maxwell 考虑的是媒质位移量 ξ 和 η 的振动，而 Rowland 考虑的是矢势(A_x，A_y)的振动. 当研究光运动的旋转效应(旋光)时，无论是位移、矢势或任何别的描述光运动的变量都是等价的.

Rowland 从方程(19)出发，导出偏振面的旋转角为

$$\theta = M\frac{n^2}{\lambda^2}\left(n-\lambda\frac{\mathrm{d}n}{\mathrm{d}\lambda}\right)Hd$$

式中 M 为比例系数，$\boldsymbol{H}$ 为沿 z 轴的外磁场强度，d 为光在媒质中传播的距离. Rowland 的结果与 Maxwell 的结果是完全一致的.

五、磁致旋光效应的应用

与自然旋光不同，磁致旋光的方向(偏振面旋转的方向)与光的传播方向无关，而只由磁场方向决定，这个特点被 Faraday 用来加强磁致旋光效应.

如图 5-1-4 所示，在旋光物质的两个端面涂反射膜，线偏振光从入口 S_1 射入旋光物质，经反射膜的多次反射后从出口 S_2 射出. 对于一定的磁场 $\boldsymbol{H}$，旋光方向与光的传播方向无关，故光每反射一次旋光角加倍，出射光总的旋光角将由光在旋光物质内传播的总距离决定.

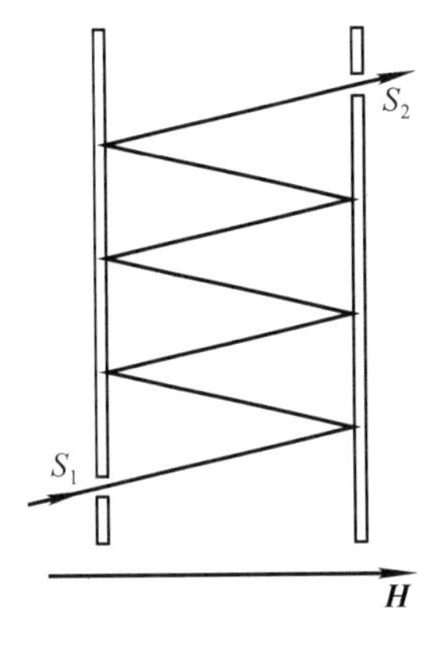

图 5-1-4

磁致旋光效应在科学技术上有多方面的应用，下面仅举几个例子.

1. 制作单通光闸

如图 5-1-5 所示，偏振器 N_1 和 N_2 的偏振化方向 P_1 和 P_2 之间夹 45°角(迎着光线方向看，从 P_1 方向逆时针转过 45°角就是 P_2 方向). 选用左旋旋光物质，调节励磁电流(即调节磁场强度)，使光通过旋光物质后其振动面恰好逆时针旋转 45°角. 由图 5-1-5可知，出射光的振动方向正好与 N_2 的偏振化方向 P_2 一致，光能顺利通过上述系统. 反之，对于从 N_2 逆向传到 N_1 的光经旋光物质后其振动方向正好与 N_1 的偏振化方向 P_1 垂直，光不能通过此系统. 因此，图 5-1-5 的装置就构成了光的单通闸门，与电路中整流二极管的作用相仿.

2. 量糖计的自动测量

磁致旋光角与磁场强度成正比，从而也与产生磁场的螺线管中的电流强度成正比，由此，可以用改变电流的方法来控制振动面的旋转角度.

图 5-1-6 是量糖计的原理图，P_1 和 P_2 是两个偏振片，C 是盛有待测旋光溶液的容

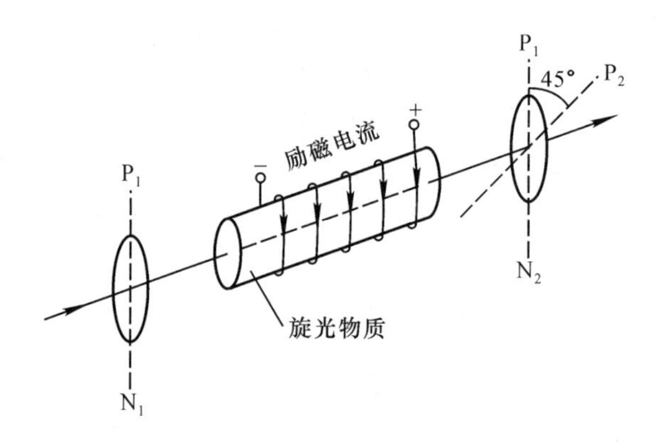

图 5-1-5

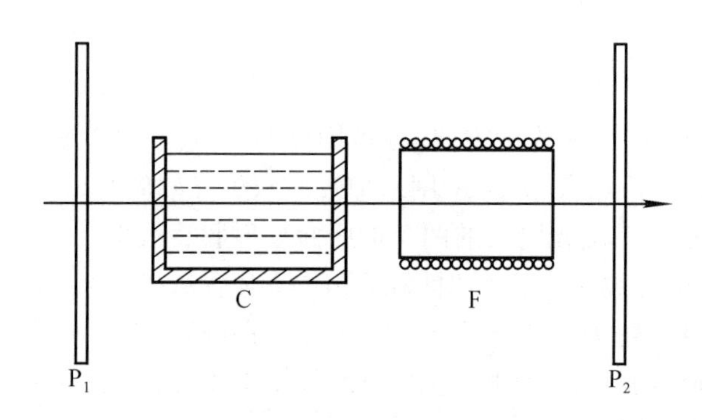

图 5-1-6

器，与普通量糖计不同的是在光路中插入磁致旋光装置 F，F 通常称为 Faraday 盒. Faraday 盒由螺线管和放在螺线管中的有较大 Verder 常量的物质组成. 在没有 Faraday 盒的普通量糖计中，通过转动 P_2 来测量旋光溶液产生的旋光角. 而在图 5-1-6 的装置中 P_2 是固定的，其偏振化方向与 P_1 的偏振化方向正交. 线偏振光通过 C 中的旋光溶液后，其振动面转过一定角度，调节 Faraday 盒螺线管中的电流，又使振动面反向转过同样的角度，从而达到消光，即使光不能通过 P_2. 测出消光时螺线管中的电流，就可以知道旋光溶液造成的旋光角.

这种方法完全省去了机械转动装置，把旋光角的测量代之以电流的测量，容易实现测量的自动化.

3. 制造光调制器

在图 5-1-5 的装置中固定 P_1 和 P_2 的方位，当螺线管中的电流发生变化时，线偏振光的旋光角相应地改变，根据 Malus 定律，通过 P_2 的光强也发生相应变化，于是电流的变化信号转换成了光强的变化信号，这称为光调制(参看本章 §4). 光调制器在光纤通信中是非常重要的器件.

§ 2. Zeeman 效应

一、Zeeman 效应

在强磁场作用下光谱线发生分裂的现象称为 Zeeman 效应.

Faraday 在发现了磁致旋光效应后，进一步尝试用磁场来影响光谱结构. 1862 年，Faraday 做了一个实验：把钠的火焰放在电磁铁的两极之间，在加磁场和不加磁场两种情况下通过光谱仪观察钠光谱，希望能观察到由于磁场作用而引起的光谱改变，但却并未观察到光谱有什么变化. 今天看来，未出现应有效应的原因在于 Faraday 所用的磁场太弱，光谱仪的分辨率也太低.

荷兰物理学家 P. Zeeman 在做 Kerr 效应的实验时曾浮现出一个想法，即从火焰发出的光难道不会受磁场的某些影响吗？Zeeman 曾尝试做过这种磁对光作用的实验，但未能得到预期的结果，也就将此束之高阁. 后来，Zeeman 偶然读到了 Maxwell 论述 Faraday 的文章，获悉晚年的 Faraday 直到临终时还念念不忘用实验方法来寻找磁和光的新关系. 此事大大激励了 Zeeman.

1896 年，Zeeman 利用最新的装置专心致志地反复进行曾搁置起来的磁对光作用的实验. Zeeman 把钠焰放在很强的电磁铁的磁场中，并用分辨率很高的光栅来观察钠光谱的 D 线(钠的共振谱，波长约为 589. 3 nm)，结果发现 D 线比通常不加磁场的情况变宽了许多. 后来，进一步发现，其他谱线甚至吸收谱线在强磁场作用下也都会变宽. 这些实验使 Zeeman 确信，磁场的作用确能改变光的频率(或波长).

Zeeman 认为上述现象或许可以用 Lorentz 的电子论加以解释，于是 Zeeman 把自己的发现以及所作的种种考察告知 Lorentz. Lorentz 很快回答了 Zeeman，不仅向他说明计算磁场中离子运动的方法，而且指出 Zeeman 实验中变宽了的钠 D 线两侧边缘的光应该是圆偏振光或线偏振光(取决于观察方向). 在 Lorentz 的指点下，Zeeman 借助于 Nicol 棱镜观察变宽了的钠 D 线，证实了 Lorentz 的预言. 1897 年，Zeeman 进一步发现，变宽了的钠 D 线实际上是二条或三条分裂的谱线.

Zeeman 实验的装置如图 5-2-1(a)所示. 励磁电流 I 使电磁铁产生强磁场，光源放置在两极之间. 分别在沿磁场方向和垂直于磁场方向上用光谱仪进行观察(电磁铁的一极开有通光通道，以便于沿磁场方向观察)，并通过 Nicol 棱镜检验光谱线的偏振状态. Zeeman 发现，沿磁场方向观察时，能看到二条谱线，它们的频率与原有的频率 ν_0 相比，分别向低频方向(即长波方向)和高频方向(即短波方向)改变了相同的量 $\Delta\nu$，并证实二条谱线均为圆偏振光；在垂直于磁场方向观察时，可看到三条谱线，其中一条谱线为原

有频率 ν_0(称为 π 成分)，在该谱线两侧的二条谱线(称为 σ 成分)分别向低频和高频方向有一频移，频移量均为 $\Delta\nu$，这三条谱线均为线偏振光. Zeeman 实验的结果如图 5-2-1(b)所示. Zeeman 观察到的现象与 Lorentz 的理论预言完全相符.

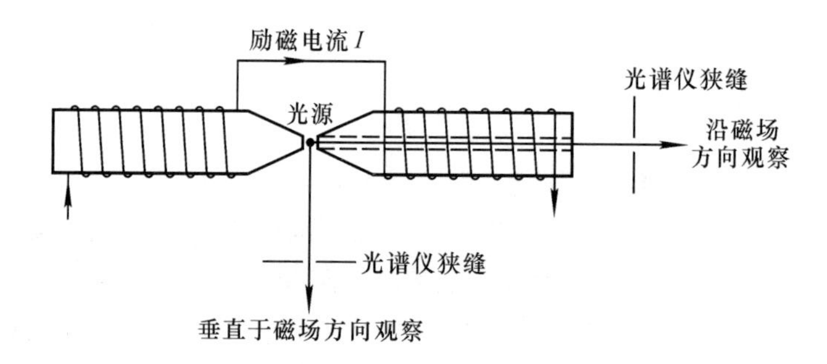

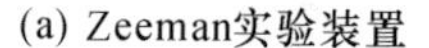

(a) Zeeman实验装置

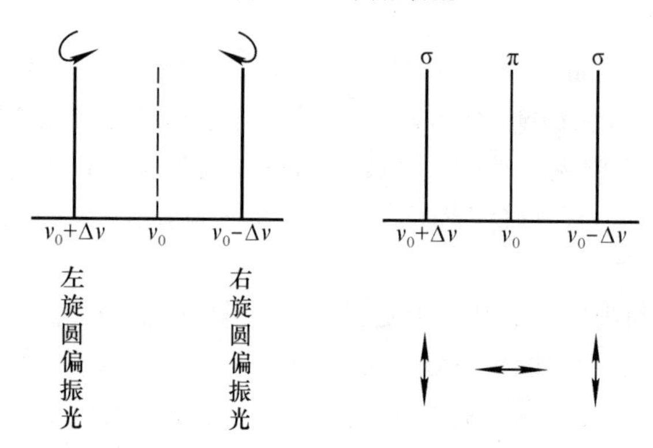

沿磁场方向观察，可看到两条谱线，均为圆偏振光　　垂直于磁场方向观察，可看到三条谱线，均为线偏振光

(b) 磁场作用下的分裂谱线

图 5-2-1　Zeeman 效应

Zeeman 还根据 Lorentz 提供的计算方法计算了电粒子的荷质比$\frac{e}{m}$(注意，当时电子尚未发现). Zeeman 最先是根据谱线的宽度来估算荷质比的，在电磁单位中该值的数量级为 10^7.

1896 年，Zeeman 首次在阿姆斯特丹科学院报告了在强磁场作用下谱线分裂的效应和$\frac{e}{m}$的估算值. 1897 年，Zeeman 又用更强的磁场对镉的草绿色谱线(比钠的 D 线更窄)进行观察，同样观察到了谱线的分裂现象，并更精确地计算了$\frac{e}{m}$值，所得结果为 1.6×

10^7. 利用 Zeeman 效应测定$\frac{e}{m}$值成为 J. J. Thomson 发现电子的两大基本实验之一（另一实验是 J. J. Thomson 的阴极射线实验，详见第八章 § 7）.

下面分别介绍 Lorentz 和 Larmor 对 Zeeman 效应的理论解释.

二、Lorentz 对 Zeeman 效应的理论解释

根据 Lorentz 的电子论观点，决定原子中光学过程的是电粒子（电子）的运动，单色光辐射起因于电子的简谐振动，光的频率等于简谐振动的频率. 光辐射在磁场作用下之所以发生变化，是由于电子受到了附加的作用力，使其运动发生变化的结果. 这个附加力就是磁场作用于运动电子的 Lorentz 力

$$\boldsymbol{F}=\frac{e}{c}\boldsymbol{v}\times\boldsymbol{H}$$

式中 $\boldsymbol{v}$ 是电子的运动速度，$\boldsymbol{H}$ 为外加磁场强度.

在未加磁场时，电子的振动可以分解为两个分量：一个分量沿磁场方向，另一个分量在垂直于磁场的平面内. 加磁场后，前一振动分量不受磁场的作用（因其运动方向与磁场方向平行，故 Lorentz 力为零），因而该振动分量所辐射的光是频率不变的线偏振光，振动方向与磁场方向一致. 由于光的横波性，沿磁场方向观察时看不到该频率的辐射，而垂直于磁场方向观察时则能看到该频率的辐射. 加磁场后，在垂直于磁场的平面内的振动分量，又可分解为左旋和右旋两种圆运动，它们的轴线与磁场方向一致. 对于这两种圆运动，磁场 $\boldsymbol{H}$ 都将给予附加的 Lorentz 力 $\boldsymbol{F}$，一种圆运动所受附加力为向心力，另一种圆运动所受附加力为离心力. 附加 Lorentz 力 $\boldsymbol{F}$ 的方向不仅取决于 $\boldsymbol{v}\times\boldsymbol{H}$ 的方向，还与电荷的正负有关. 图 5-2-2 画出了两种圆运动所受附加 Lorentz 力的方向（均对带负电的电子而言）. 假定磁场的作用并不改变圆运动的半径，则电子所受法向力的改变（因为附加了 Lorentz 力）必将导致旋转角速度的改变.

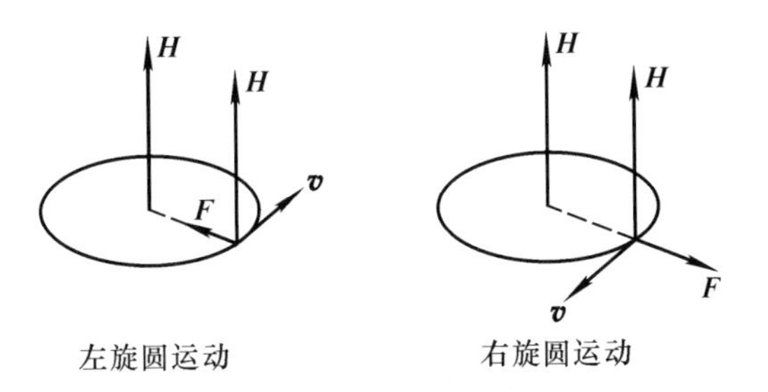

图 5-2-2

应该指出，圆运动半径在磁场作用下保持不变的假定在量子论中是十分自然的，但在经典力学中乍看起来却有些匪夷所思. 然而，即使在经典物理的范畴内，仍然可用一

特殊情形加以说明，虽然并不太严格(详见本章附录 B).

以上介绍了用 Lorentz 电子论解释 Zeeman 效应的物理图像及有关假定，由于 Lorentz 的原文冗长复杂，此处不详细引述了，下面采用简单易懂的方法导出频率公式.

为了计算左旋和右旋两种圆运动在磁场作用下角速度的变化，设未加磁场时电子的角速度为 ω_0，所需向心力由 Coulomb 力 F_0 提供，由 Newton 第二定律得

$$F_0 = mr\omega_0^2$$

式中 m 是电子质量，r 是电子圆运动的半径. 在加磁场的过程中，穿过圆轨道面积的磁通量发生了变化，由 Faraday 电磁感应定律，在电子轨道上将产生涡旋电场，使电子加速(对左旋运动)或减速(对右旋运动)，从而改变了圆运动的角速度，即左旋圆运动的角速度增加，右旋圆运动的角速度减小. 于是，两种圆运动所辐射的圆偏振光的圆频率分别比原来(即未加磁场时)的圆频率 ω_0 增加(对左旋圆偏振光)或减少(对右旋圆偏振光)了一定的量.

现在计算加外磁场引起的频率改变. 设外磁场的磁场强度为 H，则电子除受正电荷的 Coulomb 力外还要受 Lorentz 力的作用. 设加外磁场后电子新的角速度为 ω，由 Newton 第二定律得

$$F_0 + \frac{e}{c} r\omega H = mr\omega^2$$

注意，此处已用到加外磁场后电子轨道半径不变的假定. 把上面给出的 F_0 的公式代入，得

$$mr\omega_0^2 + \frac{e}{c} r\omega H = mr\omega^2$$

或

$$\omega^2 - \frac{eH}{mc}\omega - \omega_0^2 = 0$$

故 ω 的两个解为

$$\omega = \frac{eH}{2mc} \pm \sqrt{\left(\frac{eH}{2mc}\right)^2 + \omega_0^2}$$

上式根号中的第一项 $\left(\frac{eH}{2mc}\right)^2$ 可看作是加磁场后对角速度的修正，由于此项比 ω_0^2 要小得多，故可忽略. 于是，解出两种角速度分别为

$$\omega_1 = -\left(\omega_0 - \frac{eH}{2mc}\right)$$

$$\omega_2 = \left(\omega_0 + \frac{eH}{2mc}\right)$$

它们分别对应右旋和左旋圆偏振光的圆频率，括号前的正、负号表示旋转方向相反. 可

见，相对于频率不变的线偏振光(圆频率为 ω_0)，左旋和右旋圆偏振光的圆频率的改变量为

$$\Delta\omega = \pm\frac{eH}{2mc} \tag{1}$$

相应的频率改变量为

$$\Delta\nu = \pm\frac{eH}{4\pi mc}$$

综上所述，关于 Zeeman 效应的 Lorentz 理论的结论是：加磁场后，频率不变的光谱是线偏振光，其振动方向平行于磁场方向；加磁场后，频率增加的是左旋圆偏振光，频率减小的是右旋圆偏振光，两者的频率改变量均由(1)式给出. 又，由(1)式，根据已知的磁场强度 H 和实验测出的频率改变量 $\Delta\omega$，即可算出电子荷质比$\frac{e}{m}$的值.

由于 Zeeman 的实验发现以及 Lorentz 的理论研究成果，他们共享了 1902 年的 Nobel 物理学奖.

三、Larmor 对 Zeeman 效应的理论解释

英国物理学家 J. Larmor 在 1893—1897 年开展以太理论研究期间，曾经提出原子由作轨道运动的正、负带电粒子构成的假设，并以此为基础尝试处理电磁场与物质关系的问题. 早在 1894 年(注意，先于 Zeeman 效应的发现以及 Lorentz 对 Zeeman 效应的理论研究)，Larmor 就依据他对原子结构的上述假设，从理论上讨论了磁场对作轨道运动的电粒子的影响，预见到光谱线在磁场作用下会分裂. 但当时，Larmor 认为作轨道运动的电粒子的质量与氢原子的质量具有相同数量级(即电粒子的荷质比$\frac{e}{m}$很小)，由此，根据他的理论判断，令人极其遗憾地得出：光谱线因磁场作用而分裂的宽度极小，在实验上很难观测到.

但是，当 Larmor 在 1896 年 12 月 24 日《自然》杂志的摘录栏中获悉 Zeeman 效应的报告后，立即认识到它的重要性. 由于摘录栏只是极为简单地叙述了钠的 D 线在磁场影响下稍微变宽的实验结果，Larmor 向 Lodge(英国场论派的坚决支持者)说明了 Zeeman 的发现的重要性，委托 Lodge 重做 Zeeman 实验. Lodge 通过实验确认了 Zeeman 的发现.

可以认为，Zeeman 效应的发现证实了 Larmor 早先的理论预言，并且纠正了 Larmor 关于电粒子质量与氢原子质量同数量级的错误猜测. 因为如果电粒子的荷质比很小，则光谱线在磁场影响下的分裂现象实际上很难观察到，现在既然 Zeeman 已在实验上观察到了光谱线在磁场影响下的变宽(分裂)，那就表明原子内作轨道运动的电粒子的质量一定不会很大(与氢原子相比). 为此，1897 年，Larmor 向皇家学会提出了一篇简短的报告，宣称他早先提出的原子由作轨道运动的电粒子所组成的假设已被 Zeeman 效应所证

实，而且得出电粒子质量比氢原子质量小得多的结论.

不久，Larmor 有机会读到 Zeeman 报告的全文. 于是，Larmor 一般地讨论了磁场中带电粒子的轨道运动，发现了著名的 Larmor 定理，并证明 Larmor 进动的角速度刚好等于 Zeeman 效应中的频率改变(频移)，为 Zeeman 效应提供了理论解释.

应该指出，Larmor 通过 Zeeman 效应认识到原子中作轨道运动的电粒子质量要比氢原子质量小得多，实际上，这里的"电粒子"就是不久后由 J. J. Thomson 通过阴极射线实验等最终确认的电子(1899 年).

现在介绍 Larmor 定理以及 Larmor 对 Zeeman 效应的理论解释.

设在原子中电子绕正电荷作圆轨道运动，圆半径为 r，电子带负电，电量为 e. 电子的轨道运动相当于电流环，其电流强度为

$$i=e\frac{\omega}{2\pi}$$

式中 ω 是电子轨道运动的角速度. 相应的轨道运动磁矩为

$$\mu=\frac{i}{c}S=\frac{e\omega}{2\pi c}\pi r^2$$

$$=\frac{e\omega}{2c}r^2$$

设电子质量为 m，则电子轨道运动的角动量为

$$L=mr^2\omega$$

故电子轨道运动的磁矩可表为

$$\mu=\frac{e}{2mc}L$$

如图 5-2-3 所示，设外磁场的磁场强度为 $\boldsymbol{H}$，设 $\boldsymbol{H}$ 与 $\boldsymbol{L}$ 的夹角为 α，则磁矩在磁场中所受的力矩为

$$M=|\boldsymbol{\mu}\times\boldsymbol{H}|=\frac{eH}{2mc}L\sin\alpha$$

在力矩 $\boldsymbol{M}$ 的作用下角动量 $\boldsymbol{L}$ 将绕外磁场 $\boldsymbol{H}$ 作进动——后来称为 Larmor 进动. 设在 $\mathrm{d}t$ 时间内进动转过的角度为 $\mathrm{d}\phi$，则由角动量定理，

$$M=\frac{\mathrm{d}L}{\mathrm{d}t}=L\sin\alpha\frac{\mathrm{d}\phi}{\mathrm{d}t}$$

故进动角速度为

$$\omega_{\mathrm{p}}=\frac{\mathrm{d}\phi}{\mathrm{d}t}=\frac{M}{L\sin\alpha}$$

$$=\frac{eH}{2mc}\tag{2}$$

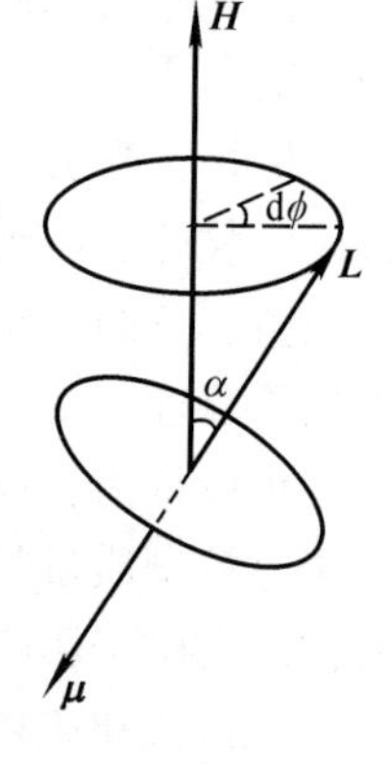

图 5-2-3

于是，Larmor 得出：磁场对作轨道运动的电子的作用是使其产生附加的进动，进动角速度为 $\omega_p=\frac{eH}{2mc}$. 这就是著名的 Larmor 定理.

为了解释 Zeeman 效应，Larmor 一般地讨论了电子在磁场作用下的运动. 设有一电偶极子，令正电荷固定在坐标原点，带 $-e$ 电量的电子与正电荷以准弹性力相联系. 无外磁场时，电子的振动方程为

$$\ddot{\boldsymbol{r}}+\omega_0^2\boldsymbol{r}=0$$

式中 $\boldsymbol{r}$ 是电子的位矢，ω_0 是电子振动的圆频率. 当加外磁场 $\boldsymbol{H}$ 后，电子还要受到 Lorentz 力的作用，此时电子的运动方程为

$$\ddot{\boldsymbol{r}}+\omega_0^2\boldsymbol{r}=-\frac{e}{c}\boldsymbol{v}\times\boldsymbol{H} \tag{3}$$

式中 $\boldsymbol{v}$ 是电子的运动速度. 设磁场 $\boldsymbol{H}$ 沿 z 方向，即设 $H_x=H_y=0$，$H_z=H$，则方程(3)的三个分量方程为

$$\begin{cases}\ddot{x}+\omega_0^2x=-\dfrac{eH}{mc}\dot{y}\\ \ddot{y}+\omega_0^2y=\dfrac{eH}{mc}\dot{x}\\ \ddot{z}+\omega_0^2z=0\end{cases}$$

把由(2)式决定的 ω_p 代入，得

$$\begin{cases}\ddot{x}+\omega_0^2x+2\omega_p\dot{y}=0\\ \ddot{y}+\omega_0^2y-2\omega_p\dot{x}=0\\ \ddot{z}+\omega_0^2z=0\end{cases} \tag{4}$$

设方程(4)中第一式和第二式的简谐解为

$$\begin{cases}x=A\mathrm{e}^{\mathrm{i}\omega t}\\ y=B\mathrm{e}^{\mathrm{i}\omega t}\end{cases} \tag{5}$$

注意，x 方向和 y 方向的振动之间可能存在相位差，此相位差应包含在系数 A 与 B 之中，所以一般情形下 A 和 B 均为复数.（5）式中的 ω 是在 x 方向和 y 方向振动的圆频率. 把(5)式的试探解代入方程(4)的第一式和第二式，得

$$\begin{cases}-A\omega^2\mathrm{e}^{\mathrm{i}\omega t}+A\omega_0^2\mathrm{e}^{\mathrm{i}\omega t}+2\mathrm{i}B\omega_p\omega\mathrm{e}^{\mathrm{i}\omega t}=0\\ -B\omega^2\mathrm{e}^{\mathrm{i}\omega t}+B\omega_0^2\mathrm{e}^{\mathrm{i}\omega t}-2\mathrm{i}A\omega_p\omega\mathrm{e}^{\mathrm{i}\omega t}=0\end{cases}$$

或

$$\begin{cases}A(\omega_0^2-\omega^2)+2\mathrm{i}\omega_p\omega B=0\\ B(\omega_0^2-\omega^2)-2\mathrm{i}\omega_p\omega A=0\end{cases} \tag{6}$$

(6)式是确定系数 A 和 B 的联立方程，有解的必要充分条件是方程的系数行列式等于零，

即

$$\begin{vmatrix} \omega_0^2-\omega^2 & 2i\omega_p\omega \\ -2i\omega_p\omega & \omega_0^2-\omega^2 \end{vmatrix}=0$$

即

$$(\omega_0^2-\omega^2)^2-4\omega_p^2\omega^2=0$$

开方后有

$$\omega_0^2-\omega^2=\pm 2\omega_p\omega$$

上式给出的 ω 的两个解用 ω_1 和 ω_2 表示，则上式可写为

$$\omega_1^2+2\omega_p\omega_1-\omega_0^2=0 \tag{7}$$

$$\omega_2^2-2\omega_p\omega_2-\omega_0^2=0 \tag{8}$$

以上两方程的解为

$$\omega_1=-\omega_p\pm\sqrt{\omega_p^2+\omega_0^2}$$

$$\omega_2=\omega_p\pm\sqrt{\omega_p^2+\omega_0^2}$$

其中只有正根才有物理意义，故

$$\omega_1=-\omega_p+\sqrt{\omega_p^2+\omega_0^2}$$

$$\omega_2=\omega_p+\sqrt{\omega_p^2+\omega_0^2}$$

因 Larmor 进动的角速度 ω_p 远比固有圆频率 ω_0 要小，例如，对于 $H=5\times10^5\,\mathrm{Oe}$(奥斯特)的磁场，$\omega_p$ 的数量级为 10^{12}，而对于可见光，ω_0 的数量级为 10^{16}，故

$$\omega_p\ll\omega_0$$

于是

$$\begin{cases}\omega_1=\omega_0-\omega_p \\ \omega_2=\omega_0+\omega_p\end{cases} \tag{9}$$

ω_1 和 ω_2 对应电子的两种周期性运动，其一的圆频率比 ω_0 要小，另一的圆频率比 ω_0 要大，两种运动的频移量大小相同，且刚好等于 Larmor 进动的圆频率 ω_p，即

$$\Delta\omega=\pm\omega_p=\pm\frac{eH}{2mc}$$

现在，进一步讨论圆频率为 ω_1 和 ω_2 的两种运动的具体形式. 由方程(6)，系数 A 与 B 之比为

$$\frac{A}{B}=-i\,\frac{2\omega_p\,\omega}{\omega_0^2-\omega^2} \tag{10}$$

把 ω_1 及 ω_1 所满足的(7)式代入上式，得

$$\frac{A}{B}=-i\,\frac{2\omega_p\,\omega_1}{\omega_0^2-\omega_1^2}=-i\,\frac{2\omega_p\,\omega_1}{2\omega_p\omega_1}$$

$$=-\mathrm{i}=\mathrm{e}^{-\mathrm{i}\frac{\pi}{2}}$$

由(5)式，A 和 B 分别是解 x 和 y 的系数，上式表明，x 方向的振动比 y 方向的振动落后，落后的相位值为$\frac{\pi}{2}$，所以 x 方向和 y 方向的振动合成的结果是右旋的圆运动，即应辐射出圆频率为 ω_1 的右旋圆偏振光.

类似地，把 ω_2 及 ω_2 所满足的(8)式代入(10)式，得

$$\frac{A}{B}=\mathrm{i}=\mathrm{e}^{\mathrm{i}\frac{\pi}{2}}$$

此式表明 x 方向的振动比 y 方向的振动超前$\frac{\pi}{2}$的相位，合成一个左旋圆运动，辐射出圆频率为 ω_2 的左旋圆偏振光.

另外，方程(4)中第三式的解是 z 方向(即外磁场方向)的简谐振动，其圆频率为无外磁场时原有的圆频率 ω_0，辐射出频率不变的、沿磁场方向振动的线偏振光.

由此可见，Larmor 的理论与 Zeeman 效应的实验结果完全符合. Larmor 由于确立了 Larmor 定理并正确地解释了 Zeeman 效应而蜚声物理学界.

在结束本节前必须指出，光谱线在强磁场中分裂成三条偏振光光谱线的现象称为简单 Zeeman 效应(亦称正常 Zeeman 效应)，这种现象在实际中是不多见的，只有当光谱线是单一波长的所谓单线时才有简单 Zeeman 效应. 大多数情形下光谱线不是单线，而是由许多挨得很近的光谱线组合而成的复杂结构，这种光谱线在磁场作用下分裂时不再是简单的三条光谱线，而是出现复杂得多的谱线分裂，这种现象称为复杂 Zeeman 效应(亦称反常 Zeeman 效应).

例如，Zeeman 最初使用的钠光谱 D 线实际上是一种波长差约为 6 Å($1\,\text{Å}=10^{-10}$ m)的双线结构，分别称为 D_1 线和 D_2 线，D_1 线的波长 $\lambda_{D_1}=5\ 895.93$ Å，D_2 线的波长 $\lambda_{D_2}=5\ 889.96$ Å. 在磁场作用下 D_1 线分裂为四条谱线，D_2 线分裂为六条谱线. 图 5-2-4 是简

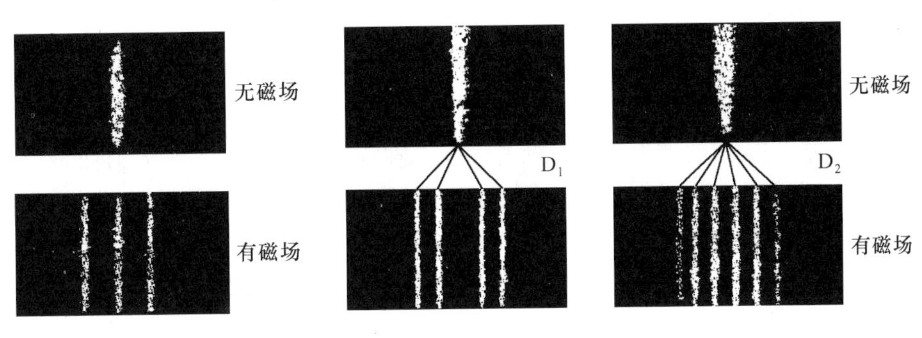

(a) Zn单线的简单Zeeman效应　(b) Na的D_1线和D_2线的复杂Zeeman效应

图 5-2-4

单 Zeeman 效应和复杂 Zeeman 效应的光谱图，前者是锌的单线，后者是钠的 D_1 线和 D_2 线. 在更强磁场的作用下，光谱线将产生另一种不对称的复杂分裂，称为 Paschen-Beck 效应. Lorentz 或 Larmor 的经典电子论只能解释简单 Zeeman 效应，对于复杂 Zeeman 效应以及 Paschen-Beck 效应的解释就无能为力了，后者只能用量子力学才能得到圆满的解释，这反映了经典理论的局限性.

1916 年，A. Sommerfeld 和 P. Debye 提出电子轨道运动的角动量或磁矩的空间取向不能任意，只能取某些允许的方向，这就是空间量子化的概念. 1925 年，G. E. Uhlenbeck 和 S. A. Goudsmit 提出电子自旋的概念，认为电子具有某种内禀的运动，并具有相应的自旋角动量和自旋磁矩. 电子的轨道磁矩和自旋磁矩耦合成总磁矩，也是空间量子化的. 在外磁场作用下，不同取向总磁矩的进动对应不同的附加能量，从而造成原子能级的分裂，导致能级间跃迁产生的光谱线的分裂. 简单 Zeeman 效应是总自旋为零的原子能级与光谱线在外磁场作用下的分裂，复杂 Zeeman 效应则是总自旋不为零的原子能级与光谱线在外磁场作用下的分裂. 量子力学对各种 Zeeman 效应提供了圆满的统一解释.

Zeeman 效应可以用来研究原子的能级结构. 在天体物理中，Zeeman 效应是用来测量天体磁场或星际磁场的重要方法.

§ 3. 其他磁光效应

自从 Faraday 发现磁致旋光效应，并由 Maxwell 和 Rowland 等用经典电磁理论成功地加以解释以后，许多物理学家继续寻找磁场对光作用的其他效应，下面介绍有关的主要发现.

一、Kerr 磁光效应

1876 年，苏格兰物理学家 J. Kerr 发现，线偏振光在电磁铁的磨光磁极面上反射后变为椭圆偏振光，这种现象称为 Kerr 磁光效应.

众所周知，若入射线偏振光的振动方向既不在入射面内，又不与入射面垂直，则入射振动可分解为垂直于入射面的分量(s 分量)和平行于入射面的分量(p 分量). 若反射面是电介质表面，则根据 Fresnel 公式，在全反射条件下，反射光的 s 分量和 p 分量之间会产生不等于 0 或 π 的相位差，两者合成为椭圆偏振光. 当反射面为金属时，反射光一般也是椭圆偏振光. 为了避免上述情形发生，可使入射振动与入射面垂直或平行(即只有 s 分量和 p 分量). 若无磁场作用，则反射光只有一种振动，是振动方向不变的线偏振光. 但在磁铁的磁场作用下，反射光变成了椭圆偏振光，这很容易通过 Nicol 棱镜或偏振片来检验. 这表明，在磁场作用下产生了与入射振动垂直的成分(称为 Kerr 成分)，与入射振动合成为椭圆偏振光.

二、Voigt 效应(磁致双折射效应)

1898 年，德国物理学家 W. Voigt 发现，如图 5-3-1 所示，在蒸气(或液体)内加上强磁场，光线垂直于磁场方向通过蒸气，则本来是各向同性的蒸气会表现出双折射性. 这种现象称为 Voigt 效应或磁致双折射效应.

Voigt 效应与 Zeeman 效应是密切相关的. 在观察 Voigt 效应时，光线方向(观察方向)与磁场方向垂直，因而谱线分裂成三重线(见上节)，但频率不变的光振动与蒸气分子中的电子发生共振而被吸收，只剩下产生频移的两条谱线，它们具有不同的频率，频率差由 Zeeman 效应的频移公式即上节(1)式给出，为

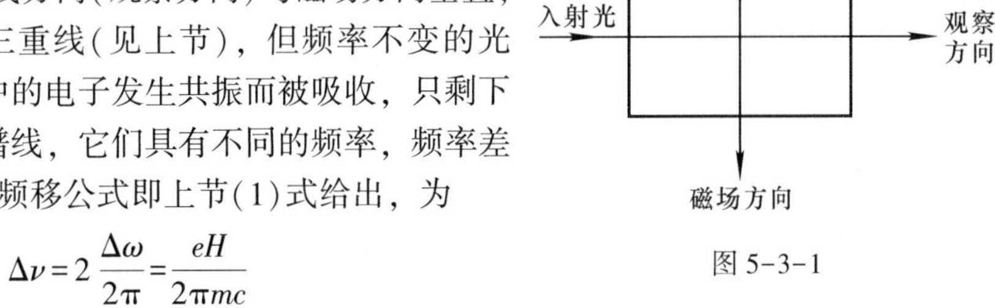

图 5-3-1

$$\Delta\nu = 2\frac{\Delta\omega}{2\pi} = \frac{eH}{2\pi mc}$$

根据色散效应，不同频率对应不同的折射率，这正是产生磁致双折射的原因.

三、Cotton-Mouton 效应(磁致双折射效应)

1907 年，法国物理学家 A. Cotton 和 H. Mouton 发现，若把强磁场作用于透明介质(例如硝基苯液体等)，则当光垂直于磁场通过该透明介质时，表现出极强的双折射性. 这种现象称为 Cotton-Mouton 效应，也是一种磁致双折射效应，其双折射性比上述 Voigt 效应要大三个数量级.

Cotton-Mouton 磁致双折射现象起因于液体分子的磁各向异性和光学各向异性. 在无磁场时，各向异性的分子由于热运动而作无规排列，宏观上表现出各向同性. 在强磁场作用下，无论是分子的固有磁矩还是感应磁矩都会沿磁场方向作有序排列，使整个液体具有像晶体那样的光学各向异性. 光沿垂直于磁场方向通过液体分子分解为两束线偏振光，它们的折射率之差正比于磁场强度的平方，这与下节将要介绍的 Kerr 电光效应十分相似.

§4. 电 光 效 应

在前三节已经指出，由于磁场能使媒质的电磁结构发生某种变化，而光是一种电磁运动，从而理所当然地使得在这种媒质中传播的光要受到外加磁场的影响. 其结果是，例如，光的振动方向会发生变化(Faraday 磁致旋光效应)，光谱线会发生分裂(Zeeman 效应)，原来各向同性的媒质表现出双折射性(Voigt 效应和 Cotton-Mouton 效应)等等.

不难设想，在电磁场理论中与磁场处于同等重要地位的电场，毫无疑问地也将会产生相应的电致光学现象，简称电光效应.

一、Kerr 效应(二级电光效应)

1875 年，J. Kerr 发现，本来各向同性的玻璃板在强电场作用下表现出双折射性质，这种现象称为 Kerr 效应. 后来发现多种液体和气体都能产生这种电致双折射效应.

观察 Kerr 效应的实验装置如图 5-4-1 所示. 玻璃容器 K 内盛有某种液体(如硝基苯

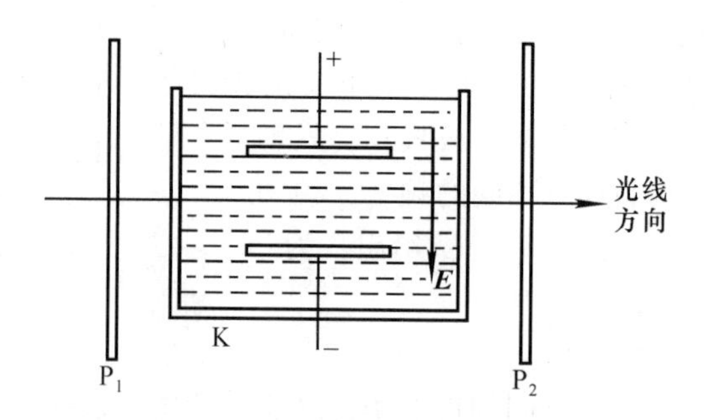

图 5-4-1

$C_6H_5NO_2$ 或硝基甲苯等)，容器内安装一个平板电容器，这样的容器称为 Kerr 盒. Kerr 盒放置在偏振化方向正交的两个偏振器 P_1 和 P_2 之间. 当电容器极板上不加电压时，盒内的液体介质是各向同性的，故光不能通过 P_2(消光). 当在电容器极板上加高电压时，液体内产生很强的横向电场 $\boldsymbol{E}$(电场 $\boldsymbol{E}$ 的方向与光线方向垂直). 在强电场(~10^4 V/cm)作用下，液体介质具有了单轴晶体的性质，其光轴与电场方向一致. 当线偏振光通过液体时，可把它分解为两个振动方向互相垂直的线偏振光，其一的振动方向沿电场(e 光)，另一的振动方向垂直于电场(o 光). e 光和 o 光的折射率不同，分别表为 n_e 和 n_o，折射率之差为

$$\Delta n = n_e - n_o$$

实验表明，Δn 与所加电场强度的平方成正比，即

$$\Delta n = B\lambda E^2$$

式中 λ 是真空中的波长，B 称为该液体介质的 Kerr 常量. 因此种双折射性与电场强度的二次方成正比，故称二级电光效应.

上述两种折射率不同的光通过液体后产生的相位差为

$$\begin{aligned}\delta &= \frac{2\pi}{\lambda} d\Delta n = 2\pi B d E^2 \\ &= 2\pi B d \frac{V^2}{l^2}\end{aligned}$$

式中 d 是光在介质中传播的距离，V 是电容器两极板之间的电压，l 是电容器两极板之间的距离.

光通过检偏器 P_2 后产生偏振光的干涉. 若 P_1 和 P_2 正交，且入射到 Kerr 盒的线偏振光的振动方向与 P_1 和 P_2 的偏振化方向各成 45°角，则根据偏振光干涉原理，通过 P_2 的光的相对强度为

$$\frac{I}{I_0}=\sin^2\frac{\delta}{2}$$

$$=\sin^2\left(\frac{\pi BdV^2}{l^2}\right) \tag{1}$$

(1)式表明，透射光的强度随所加电压 V 变化.

产生 Kerr 效应的原因是介质分子在电场作用下的极化，并沿电场方向作有序排列. 能够产生 Kerr 效应的介质分子一定是光学各向异性的，它们在不同方位上有不同的极化率，因而有不同的折射率. 在无电场作用时，这些分子由于热运动而作无规排列，宏观上表现出各向同性. 但在强电场作用下，将形成一个占优势的分子取向，分子在这个方向上的极化率比其他方向的极化率要大，从而在宏观上表现出各向异性. 有电场时，分子的取向相对电场来说具有轴对称性，电场方向的介电常量不同于垂直于电场方向的介电常量，但在与电场垂直的所有方向上介电常量均相同，故折射率椭球(晶体光学专用名词，描述折射率随方向变化的椭球)是一个旋转椭球，介质类似于单轴晶体，而电场方向就是它的光轴. 根据晶体光学的理论，光在这种介质中传播时必将出现双折射现象.

在图 5-4-1 的装置中，光轴与电场方向 $\boldsymbol{E}$ 一致，光沿垂直于光轴方向传播，在介质中分成 e 光和 o 光. e 光的振动方向与电场方向一致，折射率为 n_e；o 光的振动方向垂直于电场方向，折射率为 n_o，o 光和 e 光穿出介质时，产生的相位差为

$$\delta=\frac{2\pi}{\lambda}(n_e-n_o)d$$

与磁致双折射一样，Kerr 效应可应用于光的开关或激光的光学调制. 由(1)式可知，将信号电压 V 加于平板电容器的极板后，通过 P_2 的光强将作相应变化. 图 5-4-2 是根据(1)式画出的光强透射率 $\frac{I}{I_0}$ 曲线，横坐标为相位差 δ，这是一条正弦平方曲线. 当电容器极板上加一随时间变化的电压信号时，一定的电压产生一定的相位差 δ，对应一定的输出光强，输出光强的信号如图 5-4-2 右上方所示. 由图 5-4-2 可知，信号电压变化一周，输出光强信号变化两周，亦即输出光强信号的频率是电压信号频率的两倍.

为了使输出光强信号真实地反映外加电压信号，可在 Kerr 盒的前方加一个 $\frac{1}{4}$ 波片，并令它的快慢轴与入射线偏振光的振动方向各成 45°角. 这样，偏振光入射到 Kerr 盒之前，两个正交等幅的振动分量之间就已经具有 $\frac{\pi}{2}$ 的相位差. 这就是说，已将调制器的工

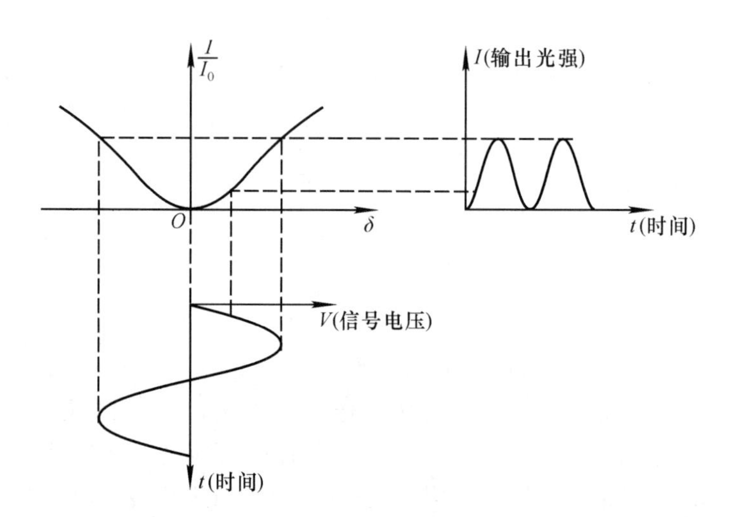

图 5-4-2

作点移到了 $\delta=\frac{\pi}{2}$ 处(透射率曲线的线性区)，于是，如图 5-4-3 所示，输出光强信号的频率与电压信号的频率相同，两者的波形一致. 由此可见，借助于 Kerr 盒装置可将电压信号转换成光强信号，这种装置称为光学调制器，广泛应用于光纤通信.

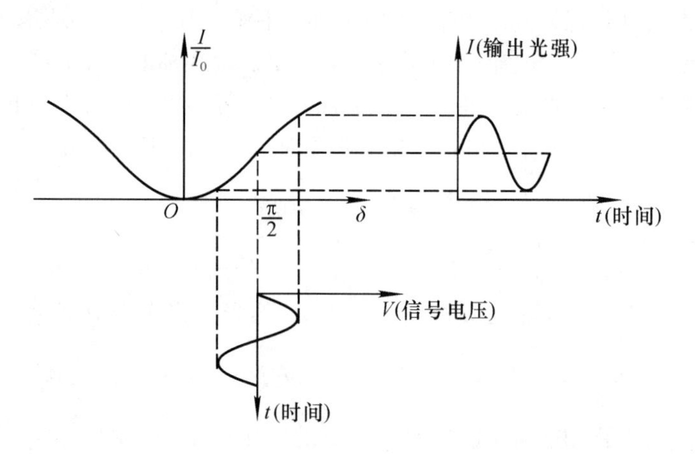

图 5-4-3

Kerr 效应应用于光学调制时，至关重要的问题是透射光强能否“即时”地反应电压(电场)的变化. 因为从加电场到双折射性质的产生，或者从撤去电场到双折射性质的消失，实际上是一个过程，这个过程所需的时间称为电致双折射的弛豫时间. 为了使输出的光强信号能够“即时”地响应电压信号的变化，弛豫时间越短越好.

1899 年，Abraham 和 Ramon 的巧妙实验可以用来测定电致双折射效应的弛豫时间. 他们的实验装置如图 5-4-4 所示. F 是一个电火花隙，作为实验的光源. 电火花隙与

Kerr 盒的电容器 K 并联，然后接到产生高电压的感应圈 T 的两极上. N_1 和 N_2 是两个处于正交位置的 Nicol 棱镜. 在火花隙放电前的一瞬间，电容器极板上已有足够高的电压，使 Kerr 盒中的硝基苯具有了双折射性. 一旦火花隙放电(发光)，K 上的电压迅速下降(采取措施不让电容器产生振荡放电)，双折射性随之消失. 如果 F 放电所发出的光直接进入 N_1KN_2 系统，且光通过电容器 K 时，硝基苯在电场作用下产生的双折射性尚未消失，则光能通过 N_2. 如果火花隙 F 发出的光经反射镜 M_1，M_2，M_3，M_4 反射后再进入 N_1KN_2 系统，由于光多走了一段路程，在进入电容器 K 时，硝基苯的双折射性由于撤去电场而消失了，则光就不能通过 N_2. 实验表明，当附加的光的路程为 400 cm 时，光就不能通过 N_1KN_2 系统. 因光通过 400 cm 路程所需时间为 1.3×10^{-8}s，这就表明，经过约 10^{-8}s 后，硝基苯失去了双折射性，此即弛豫时间.

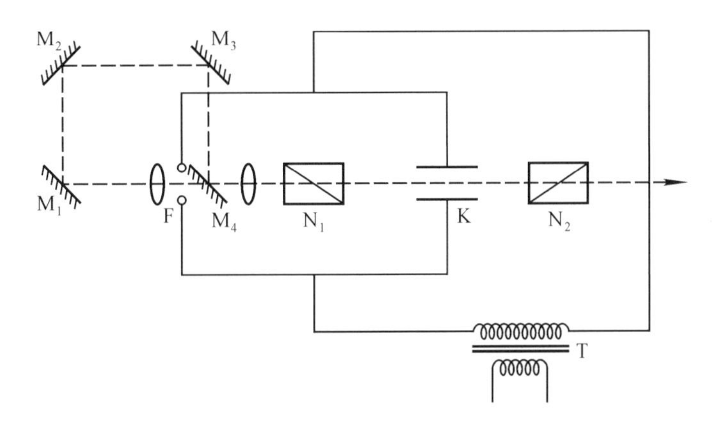

图 5-4-4

后来的同类实验把各向异性消失的时间测得更为精确，约为 10^{-10}s. 电致双折射性的弛豫时间极短是其重要特点.

从分子热运动的观点看，分子热运动是非常剧烈的，从分子取向的无规状态到有序取向，或者从有序取向回到无规取向状态，在 $10^{-9}\sim10^{-10}$s 内就足以完成. 弛豫时间短主要是由分子热运动性质决定的.

二、Pockels 效应(一级电光效应)

1893 年，F. Pockels 在 Kerr 实验装置(见图 5-4-1)中，用 KDP 晶体代替 Kerr 盒. KDP 是磷酸二氢钾晶体的简称，属单轴晶体. 如图 5-4-5 所示，Pockels 把 KDP 晶体切割成长方体，两个呈正方形的端面与晶体光轴垂直，端面的两条边分别与两个偏振器 P_1 和 P_2 的偏振化方向平行. 从 P_1 射出的线偏振光沿 KDP 晶体的光轴(子轴)通过晶体，因而不发生双折射，从晶体射出后仍是振动方向不变的线偏振光，故不能通过偏振器 P_2，视场是暗的(消光).

今在 KDP 晶体的两个端面上涂一层透明导电膜，作为加电压的两极. 当两极间加一强电场(电压约为 4 000 V)时，发现视场变亮，表明有光通过 P_2. 这说明 KDP 晶体在纵向电场作用下其光学性质发生了变化.

晶体光学的理论证明，在 z 轴方向加电场后，KDP 晶体的折射率椭球从原来的以 z 为轴的旋转椭球变成了一般的椭球，于是，在 xy 平面内椭球的截线不再是圆而是一个椭圆，其长轴和短轴分别沿 x' 和 y' 方向，x' 和 y' 相对 x 和 y 转过了 45°角(见图 5-4-5). 这样，KDP 晶体在纵向电场作用下变成了双轴晶体，z 方向不再是光轴，x' 和 y' 方向的主折射率分别是 $n_{x'}$ 和 $n_{y'}$. 实验和理论表明，两主折射率之差与外加电场强度 E 的一次方成正比，即

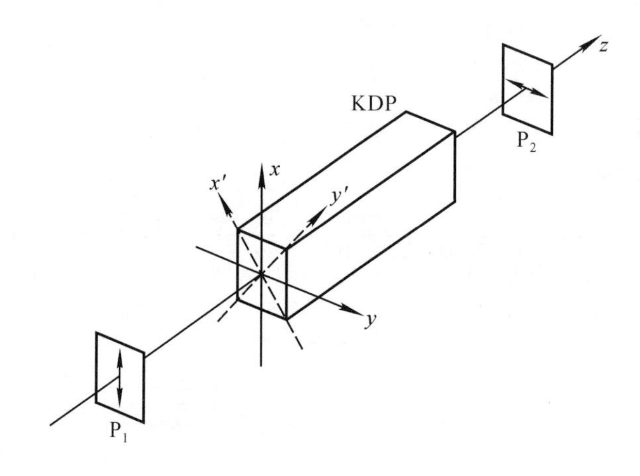

图 5-4-5

$$n_{x'}-n_{y'}=\gamma n_o^3 E$$

式中 n_o 为 KDP 晶体原来的 o 光折射率，γ 为比例系数，称为电光系数. 由于两主折射率之差正比于电场强度的一次方，Pockels 效应也称一级电光效应.

与 Kerr 效应相仿，线偏振光进入加电场的 KDP 晶体后，分解成两束等幅线偏振光，它们的振动方向分别与 x' 和 y' 轴一致，相应的折射率为 $n_{x'}$ 和 $n_{y'}$，经过长度为 d 的晶体后，两者之间的相位差为

$$\delta=\frac{2\pi}{\lambda}(n_{x'}-n_{y'})d$$

$$=\frac{2\pi}{\lambda}n_o^3\gamma Ed$$

根据偏振光干涉原理，透过 P_2 的光强为

$$I=I_0\sin^2\frac{\delta}{2}=I_0\sin^2\left(\frac{\pi}{\lambda}n_o^3\gamma Ed\right)$$

若晶体两端所加电压为 V，则 $E=\frac{V}{d}$，代入得

$$I=I_0\sin^2\left(\frac{\pi}{\lambda}n_o^3\gamma V\right)$$

可见，透过的光强将随所加电压 V 变化.

Kerr 盒有许多缺点，例如对硝基苯的纯度有很高要求(否则 Kerr 常数 B 将减小，弛豫时间也要变长)、有毒、液体不便携带，等等. 近年来随着激光技术的发展，对电光开关、光学调制等技术的要求越来越高，Kerr 盒逐渐为某些具有电光效应的晶体所取代，其中最典型的就是 KDP 晶体. 使用 KDP 晶体除了可克服 Kerr 盒的上述缺点外，它的另一优点是所需电压比 Kerr 效应所需电压要低.

三、Stark 效应

在本章§2 已经指出，Zeeman 效应是光谱线在磁场中发生分裂的现象. 从经典电子论的观点看来，构成物质的带电粒子要受到磁场所给予的 Lorentz 力的作用，这种作用使带电粒子的振动频率发生改变，从而辐射出不同频率的光谱，经典电子论令人满意地解释了简单 Zeeman 效应.

既然磁场能改变光谱的结构，仅从现象的对称性考虑，电场也应影响光谱结构，亦即电场的作用也应使光谱线分裂. 然而，用经典电子论进行分析后，却令人惊奇地得出：电场作用不可能使光谱分裂. 道理很简单，根据经典理论，光谱的辐射来源于物质内部电粒子的简谐振动，外加电场后对电粒子施以恒定的电场力作用，与磁力不同(磁力是横向力，横向力的作用会使电粒子的运动频率发生改变)恒定的电场力决不会改变电粒子的振动频率，犹如在恒定的重力作用下悬挂起来的弹簧振子的振动频率不会改变一样，即使考虑了电粒子振动的非线性，加电场后对频率的影响也将微乎其微，实际上很难观察到. 有人用氢放电管做实验，把很强的电场加在放电管的两极之间，观察放电管中氢发出的辉光的光谱结构，结果确实并未发现氢光谱的分裂现象.

然而，J. Stark 坚信，与磁作用一样，电场作用也一定会影响光谱结构. Stark 认为，先前的放电管实验之所以失败，是由于常规放电管中很难形成足够强大的电场，因而未能观察到应有的效应.

1913 年，Stark 改进了氢放电管. 如图 5-4-6 所示，A 为阳极，阴极 K 改成网状结构，在 A 和 K 之间加高电压，使得 A 和 K 之间的区域发生通常的辉光放电. 在 K 极背后增加一个电极 E，K 与 E 之间加 10 000 V 的高电压，EK 间隙很小(约 1 mm)，所以在 E 和 K 之间形成约 10^7 V/m 的强电场. 穿过网状阴极 K 的网孔到达 E 极的射线称为阳极射线，它实际上是被激发的氢原子流. 观察在强电场作用下的阳极射线的光谱，Stark 果然看到了氢光谱的分裂现象. Stark 发现，每一条光谱线都分裂成许多谱线，在一级近似内它们对称地分布在原谱线的两侧，与原谱线的间距是最小间隔的整数倍，而最小频率间

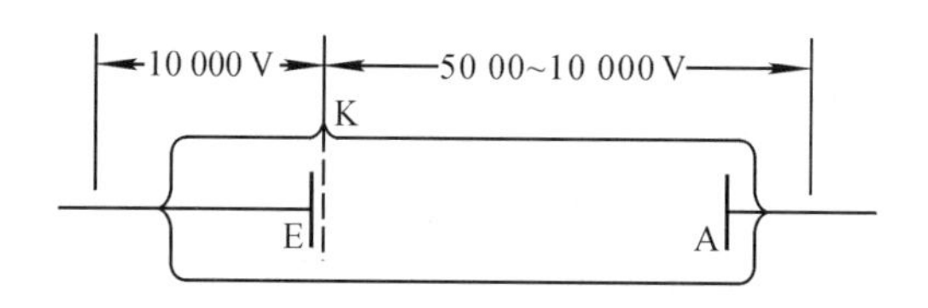

图 5-4-6

隔与电场强度的一次方成正比. 氢光谱中不同谱线的分裂数不同，分裂成分的强度也较复杂. 后来，Stark 又用氦作实验，同样观察到谱线的分裂. 这些情况表明，光谱线在强电场作用下发生分裂是一种普遍的现象.

前已提及，经典电子论无法解释 Stark 效应，与复杂 Zeeman 效应和 Paschen-Beck 效应一样，Stark 效应只有用量子力学才能得到圆满的解释. 在量子论中，原子的能级由量子态决定，在强电场作用下，不同的量子态附加了不同的电场作用能，使原来简并的能级发生分裂，从而通过能级之间的跃迁产生一系列不同频率的光谱线，即导致光谱线的分裂.

1914 年，N. Bohr 利用他创立的旧量子论着手解释 Stark 效应，但较为满意的解释是由 K. Schwarzschild 和 P. S. Epstein 在 1916 年利用 Sommerfeld 的椭圆轨道理论给出的.

在本章中，我们除了介绍有关磁光效应和电光效应的种种实际知识，并用经典电磁理论给予解释外，还希望读者能够体会到编写本章的初衷，即回顾历史，了解前辈物理学家是怎样百折不回地通过实验寻找光、电、磁三者之间种种联系的. 此外，Maxwell 和 Lorentz 的电磁理论卓有成效地表明光、电、磁现象之间是密不可分的，但正确的理论必须以大量的实验事实为检验标准，能够正确地解释自然界呈现的丰富多彩的各种现象. 以此衡量，经典的电磁理论虽然取得了许多成就，但也遇到了不少难以克服的根本性的困难，这表明经典电磁理论只是物理学发展历程中的一个重要阶段.

尽管如此，本章介绍的一系列重要实验再一次明确无误地表明光的电磁性质，光的运动就是电磁场的运动. 因此，具有电磁结构的各种物质的种种性质，如光学性质、电磁性质，甚至某些力学性质和热学性质，都可以用统一的电磁场理论加以解释.

附录 A　流体旋涡运动的角速度

流体在流动过程中，如果位移速度随地点变化，则一般情形下会导致流体各种形变的产生以及旋涡运动的发生. 旋涡运动的角速度与位移速度的空间变化率之间存在着确定的关系，现在导出这个关系.

如附录 A 图 1 所示，考虑中心位于 $M(x, y, z)$ 点的小流块，流块中任一点 M_1 的坐标为 $(x+\mathrm{d}x, y+\mathrm{d}y, z+\mathrm{d}z)$，$M_1$ 点的位移速度为

$$v_{1x}=v_x+\frac{\partial v_x}{\partial x}\mathrm{d}x+\frac{\partial v_x}{\partial y}\mathrm{d}y+\frac{\partial v_x}{\partial z}\mathrm{d}z$$

$$v_{1y}=v_y+\frac{\partial v_y}{\partial x}\mathrm{d}x+\frac{\partial v_y}{\partial y}\mathrm{d}y+\frac{\partial v_y}{\partial z}\mathrm{d}z$$

$$v_{1z}=v_z+\frac{\partial v_z}{\partial x}\mathrm{d}x+\frac{\partial v_z}{\partial y}\mathrm{d}y+\frac{\partial v_z}{\partial z}\mathrm{d}z$$

式中(v_x, v_y, v_z)是小流块(M点)的位移速度. 先看第一式，在右端加减$\frac{1}{2}\frac{\partial v_y}{\partial x}\mathrm{d}y$及$\frac{1}{2}\frac{\partial v_z}{\partial x}\mathrm{d}z$，有

$$\begin{aligned}v_{1x}=&v_x+\frac{\partial v_x}{\partial x}\mathrm{d}x+\frac{1}{2}\frac{\partial v_x}{\partial y}\mathrm{d}y+\frac{1}{2}\frac{\partial v_y}{\partial x}\mathrm{d}y\\&+\frac{1}{2}\frac{\partial v_x}{\partial z}\mathrm{d}z+\frac{1}{2}\frac{\partial v_z}{\partial x}\mathrm{d}z+\frac{1}{2}\frac{\partial v_x}{\partial y}\mathrm{d}y\\&-\frac{1}{2}\frac{\partial v_y}{\partial x}\mathrm{d}y+\frac{1}{2}\frac{\partial v_x}{\partial z}\mathrm{d}z-\frac{1}{2}\frac{\partial v_z}{\partial x}\mathrm{d}z\\=&v_x+\frac{\partial v_x}{\partial x}\mathrm{d}x+\frac{1}{2}\left(\frac{\partial v_x}{\partial y}+\frac{\partial v_y}{\partial x}\right)\mathrm{d}y+\frac{1}{2}\left(\frac{\partial v_x}{\partial z}+\frac{\partial v_z}{\partial x}\right)\mathrm{d}z\\&-\frac{1}{2}\left(\frac{\partial v_y}{\partial x}-\frac{\partial v_x}{\partial y}\right)\mathrm{d}y+\frac{1}{2}\left(\frac{\partial v_x}{\partial z}-\frac{\partial v_z}{\partial x}\right)\mathrm{d}z\end{aligned}$$

附录 A 图 1

同理，对第二式和第三式，分别有

$$\begin{aligned}v_{1y}=&v_y+\frac{\partial v_y}{\partial y}\mathrm{d}y+\frac{1}{2}\left(\frac{\partial v_y}{\partial x}+\frac{\partial v_x}{\partial y}\right)\mathrm{d}x+\frac{1}{2}\left(\frac{\partial v_z}{\partial y}+\frac{\partial v_y}{\partial z}\right)\mathrm{d}z\\&-\frac{1}{2}\left(\frac{\partial v_z}{\partial y}-\frac{\partial v_y}{\partial z}\right)\mathrm{d}z+\frac{1}{2}\left(\frac{\partial v_y}{\partial x}-\frac{\partial v_x}{\partial y}\right)\mathrm{d}x\end{aligned}$$

$$\begin{aligned}v_{1z}=&v_z+\frac{\partial v_z}{\partial z}\mathrm{d}z+\frac{1}{2}\left(\frac{\partial v_z}{\partial y}+\frac{\partial v_y}{\partial z}\right)\mathrm{d}y+\frac{1}{2}\left(\frac{\partial v_x}{\partial z}+\frac{\partial v_z}{\partial x}\right)\mathrm{d}x\\&-\frac{1}{2}\left(\frac{\partial v_x}{\partial z}-\frac{\partial v_z}{\partial x}\right)\mathrm{d}x+\frac{1}{2}\left(\frac{\partial v_z}{\partial y}-\frac{\partial v_y}{\partial z}\right)\mathrm{d}y\end{aligned}$$

令

$$\begin{cases}\omega_x=\frac{1}{2}\left(\frac{\partial v_z}{\partial y}-\frac{\partial v_y}{\partial z}\right)\\\omega_y=\frac{1}{2}\left(\frac{\partial v_x}{\partial z}-\frac{\partial v_z}{\partial x}\right)\\\omega_z=\frac{1}{2}\left(\frac{\partial v_y}{\partial x}-\frac{\partial v_x}{\partial y}\right)\end{cases}$$

$$\begin{cases} \varepsilon_x = \dfrac{1}{2}\left(\dfrac{\partial v_z}{\partial y}+\dfrac{\partial v_y}{\partial z}\right) \\ \varepsilon_y = \dfrac{1}{2}\left(\dfrac{\partial v_x}{\partial z}+\dfrac{\partial v_z}{\partial x}\right) \\ \varepsilon_z = \dfrac{1}{2}\left(\dfrac{\partial v_y}{\partial x}+\dfrac{\partial v_x}{\partial y}\right) \end{cases}$$

$$\begin{cases} \theta_x = \dfrac{\partial v_x}{\partial x} \\ \theta_y = \dfrac{\partial v_y}{\partial y} \\ \theta_z = \dfrac{\partial v_z}{\partial z} \end{cases}$$

则有

$$\begin{cases} v_{1x} = v_x+\theta_x \mathrm{d}x+\varepsilon_z \mathrm{d}y+\varepsilon_y \mathrm{d}z+\omega_y \mathrm{d}z-\omega_z \mathrm{d}y \\ v_{1y} = v_y+\theta_y \mathrm{d}y+\varepsilon_x \mathrm{d}z+\varepsilon_z \mathrm{d}x+\omega_z \mathrm{d}x-\omega_x \mathrm{d}z \\ v_{1z} = v_z+\theta_z \mathrm{d}z+\varepsilon_y \mathrm{d}x+\varepsilon_x \mathrm{d}y+\omega_x \mathrm{d}y-\omega_y \mathrm{d}x \end{cases}$$

从上述方程可知，M_1 点的速度包括如下四类的贡献：

1. 小流块中心的位移速度 v_x，v_y，v_z.
2. 小流块的伸长缩短形变产生的速度 θ_x，θ_y，θ_z.
3. 小流块的剪切形变产生的剪切角速度 ε_x，ε_y，ε_z.
4. 小流块自身绕 x，y，z 轴的旋转运动(旋涡运动)的角速度 ω_x，ω_y，ω_z.

上述结论的具体证明可参看流体力学的书籍，例如，在《流体力学》(上海交通大学编，北京科学教育出版社，1961 年)中，对此有简单明了的解释.

根据上述 ω_x，ω_y，ω_z 的定义，旋涡角速度为

$$\begin{aligned} \boldsymbol{\omega} &= \frac{1}{2}\nabla\times\boldsymbol{v} \\ &= \frac{1}{2}\left(\frac{\partial v_z}{\partial y}-\frac{\partial v_y}{\partial z}\right)\boldsymbol{i}+\frac{1}{2}\left(\frac{\partial v_x}{\partial z}-\frac{\partial v_z}{\partial x}\right)\boldsymbol{j}+\frac{1}{2}\left(\frac{\partial v_y}{\partial x}-\frac{\partial v_x}{\partial y}\right)\boldsymbol{k} \end{aligned}$$

若小流块的位移用 ξ，η，ζ 表示，则 $v_x=\dot{\xi}$，$v_y=\dot{\eta}$，$v_z=\dot{\zeta}$，于是

$$\begin{cases} \omega_x = \dfrac{1}{2}\left(\dfrac{\partial\dot{\zeta}}{\partial y}-\dfrac{\partial\dot{\eta}}{\partial z}\right) \\ \omega_y = \dfrac{1}{2}\left(\dfrac{\partial\dot{\xi}}{\partial z}-\dfrac{\partial\dot{\zeta}}{\partial x}\right) \\ \omega_z = \dfrac{1}{2}\left(\dfrac{\partial\dot{\eta}}{\partial x}-\dfrac{\partial\dot{\xi}}{\partial y}\right) \end{cases}$$

结论是，当流体位移速度随地点变化时，必定产生角速度为 $\boldsymbol{\omega}$ 的旋涡运动，两者的关系如上式.

附录B　用经典理论说明带电粒子在磁场作用下圆轨道半径保持不变

设带电量为$-e$的电子绕正电荷$+e$作圆周运动，轨道半径为r. 设外磁场垂直于轨道平面，从0增加到H. 一般情形下磁场的建立将使轨道半径改变Δr，旋转角速度改变$\Delta\omega$，我们先求$\Delta\omega$与Δr的一般关系，然后证明$\Delta r=0$. 设建立磁场的过程与电子圆运动一圈的时间相比是足够缓慢的，因而在此过程中的每一步都可以把电子的运动看成是稳定的圆运动.

根据Faraday电磁感应定律得

$$\oint \boldsymbol{E}\cdot \mathrm{d}\boldsymbol{l}=-\frac{1}{c}\frac{\mathrm{d}\Phi}{\mathrm{d}t}=-\frac{1}{c}\frac{\mathrm{d}}{\mathrm{d}t}(\pi r^2 H)$$

式中$\boldsymbol{E}$是电子轨道上的涡旋电场. 考虑到建立磁场过程中电子轨道半径的改变量很小，近似有

$$\oint \boldsymbol{E}\cdot \mathrm{d}\boldsymbol{l}=-\frac{\pi r^2}{c}\frac{\mathrm{d}H}{\mathrm{d}t}$$

设在磁场从0增加到H的时间内，电子沿圆轨道绕行了n圈，并设磁场随时间均匀地增加，则有

$$\frac{\mathrm{d}H}{\mathrm{d}t}=\frac{H}{nT}$$

式中T是电子圆运动的周期.

设在加外磁场的过程中，涡旋电场对电子作的总功为ΔW，则在电子沿圆轨道绕行一圈的过程中涡旋电场作功为

$$\frac{\Delta W}{n}=-e\oint \boldsymbol{E}\cdot \mathrm{d}\boldsymbol{l}=\frac{eH}{cnT}\pi r^2$$

所以总功为

$$\Delta W=\frac{eH}{cT}\pi r^2=\frac{eH}{2c}\omega r^2$$

式中$\omega=\dfrac{2\pi}{T}$是电子圆运动的角速度. 此功使电子的动能增加ΔE_{k}，势能增加ΔE_{p}，即有

$$\frac{eH}{2c}\omega r^2=\Delta E_{\mathrm{k}}+\Delta E_{\mathrm{p}} \tag{B.1}$$

因

$$E_{\mathrm{k}}=\frac{1}{2}mr^2\omega^2$$

$$E_{\mathrm{p}}=-\frac{e^2}{r}$$

式中m是电子质量；故

$$\Delta E_{\mathrm{k}}=m(r^2\omega\Delta\omega+\omega^2 r\Delta r)$$

$$\Delta E_{\rm p}=\frac{e^2}{r^2}\Delta r=mr\omega^2\Delta r$$

其中第二式用到了 Newton 第二定律$\frac{e^2}{r^2}=mr\omega^2$. 把以上两式代入(B.1)式，得

$$\frac{eH}{2c}\omega r^2=m(r^2\omega\Delta\omega+2\omega^2r\Delta r)$$

把上式两边同除以 $m\omega^2r^2$，得

$$\frac{eH}{2mc\omega}=\frac{\Delta\omega}{\omega}+2\frac{\Delta r}{r} \tag{B.2}$$

(B.2)式是从能量角度得出的加磁场 H 后 $\Delta\omega$ 与 Δr 之间的关系.

从另一方面看，加磁场 H 后，电子圆运动的角速度变为$(\omega+\Delta\omega)$，半径变为$(r+\Delta r)$，根据 Newton 第二定律，有

$$m(r+\Delta r)(\omega+\Delta\omega)^2=\frac{e^2}{(r+\Delta r)^2}+\frac{eH}{c}(r+\Delta r)(\omega+\Delta\omega)$$

式中右端第一项为 Coulomb 力，第二项为 Lorentz 力. 把上式两端同乘以$(r+\Delta r)^2$，得

$$m(r+\Delta r)^3(\omega+\Delta\omega)^2=e^2+\frac{eH}{c}(r+\Delta r)^3(\omega+\Delta\omega)$$

因 Δr 和 $\Delta\omega$ 均为小量，把上式展开后可以忽略二级以上的小量，得

$$m(r^3+3r^2\Delta r)(\omega^2+2\omega\Delta\omega)=e^2+\frac{eH}{c}(r+\Delta r)^3(\omega+\Delta\omega)$$

或

$$m(r+3\Delta r)(\omega^2+2\omega\Delta\omega)=\frac{e^2}{r^2}+\frac{eH}{c}\frac{(r+\Delta r)^3}{r^2}(\omega+\Delta\omega)$$

因

$$\frac{e^2}{r^2}=mr\omega^2$$

故有

$$m(r\omega^2+3\omega^2\Delta r+2\omega r\Delta\omega)=mr\omega^2+\frac{eH}{c}\frac{(r+\Delta r)^3}{r^2}(\omega+\Delta\omega)$$

或

$$3\omega^2\Delta r+2\omega r\Delta\omega=\frac{eH}{mc}\frac{(r+\Delta r)^3}{r^2}(\omega+\Delta\omega)$$

上式两端同除以 $2\omega^2r$，得

$$\frac{eH}{2mc\omega}\left(\frac{r+\Delta r}{r}\right)^3\left(\frac{\omega+\Delta\omega}{\omega}\right)=\frac{\Delta\omega}{\omega}+\frac{3\Delta r}{2r}$$

因

$$\Delta r\ll r$$

$$\Delta\omega\ll\omega$$

故有

$$\frac{eH}{2mc\omega}=\frac{\Delta\omega}{\omega}+\frac{3\Delta r}{2r} \tag{B.3}$$

比较(B.2)式与(B.3)式，要同时成立，应有

$$\Delta r=0$$

参 考 文 献

[1] 赵凯华，钟锡华. 光学：下册. 北京：北京大学出版社，1984.
[2] 宋德生，李国栋. 电磁学发展史. 南宁：广西人民出版社，1987.
[3] MAXWELL J C. A treatise on electricity and magnetism. Oxford：Clarendon，1904.
[或：电磁通论：下册. 戈革，译. 武汉：武汉出版社，1994].
[4] 广重彻. 物理学史. 李醒民，译. 北京：求实出版社，1988.
[5] ZEEMAN P. On the influence of magnatism on the nature of the light emitted by a substance. Phil. Mag.，1897，43(5).
[6] ZEEMAN P. Doublets and triplets in the spectrum produced by external magnetic force—(Ⅰ)，(Ⅱ). Phil. Mag.，1897，44(5).
[7] LORENTZ H A. Collected papers：Vol. Ⅲ. The Hague：Martinus Nijhoff，1936.
[8] LARMOR J. On the theory of magnetic influence on spectra，and on the radiation from moving ions. Phil. Mag.，1897，44(5).
[9] JENKINS，WHITE. 物理光学基础. 清华大学物理系，译. 北京：商务印书馆，1953.
[10] 上海交通大学编. 流体力学. 北京：北京科学教育出版社，1961.
[11] 史包尔斯基 Э B. 原子物理学：第一卷. 周同庆等，译. 北京：高等教育出版社，1954.

第六章

带电粒子在电磁场中的运动

在电磁学课程中，带电粒子在电磁场中的运动是一个总会涉及的内容，但受基础、学时、课程性质的限制，往往只从 Lorentz 力应用的角度着眼，举一些典型例子，通常主要讨论均匀恒定磁场的简单情形.

应该指出，带电粒子在电磁场中的运动是一个重要的研究课题，对于物理学和科学技术的许多领域都有重大意义. 就应用而言，质谱仪、示波管、电子显微镜、电视显像管、磁控管、粒子加速器等都与它有密切关系. 就基础研究而言，人们对原子核和基本粒子的认识大多来源于对其间相互碰撞过程的研究，而带电粒子的碰撞过程则与它们在电磁场中的运动规律密切相关. 在等离子体物理学中，作为一种近似理论，把等离子体看作大量独立的带电粒子的集合，通过对单个粒子运动规律的研究，可以对等离子体的性质和特征得出一些重要结论. 因此，研究带电粒子在电磁场中的运动已经成为等离子体物理理论研究的一个重要组成部分，也称为粒子轨道理论. 空间物理和天体物理的研究对象大多是等离子体，其中又都存在着各种磁场(如地球磁场、太阳磁场、恒星磁场、星系磁场等)，研究带电粒子在这些磁场中的运动、被约束以及由此产生的辐射等等，对许多现象和过程的认识至关重要.

对于在电磁场中运动的带电粒子，因受 Coulomb 力和 Lorentz 力，其运动方程为

$$m\boldsymbol{a}=q\boldsymbol{v}\times\boldsymbol{B}+q\boldsymbol{E} \tag{1}$$

式中 q, m, $\boldsymbol{v}$, $\boldsymbol{a}$ 分别是带电粒子的电量、质量、速度、加速度. 一般情形，式中的电场 $\boldsymbol{E}$ 和磁场 $\boldsymbol{B}$ 都是非均匀、非恒定的，即都是空间位置 $\boldsymbol{r}$ 和时间 t 的函数，应写作 $\boldsymbol{E}(\boldsymbol{r}, t)$ 和 $\boldsymbol{B}(\boldsymbol{r}, t)$. 运动方程(1)式，看似形式简单，其实相当复杂，原因如下.

首先，(1)式的 $\boldsymbol{E}$ 和 $\boldsymbol{B}$ 中，除了包括外加电磁场外，还应包括由于带电粒子在外场作用下运动所引起的某种电荷分布与电流分布，它们会产生附加的电磁场(亦称感应电磁场). 换言之，电磁场与带电粒子的运动是相互影响的，是耦合在一起的. 因此，运动方程应是由各个粒子的运动方程与电磁场方程组(Maxwell 方程组)构成的联立方程组,

显然十分复杂，难以求解. 但是，如果外场很强，感应场很弱，则作为近似处理，感应场可略；如果带电粒子稀薄，各个粒子的运动相互独立、彼此无关而又类似，则可简化为讨论单个带电粒子在给定的外加电磁场中的运动，运动方程就是(1)式，式中的 $\boldsymbol{E}$ 和 $\boldsymbol{B}$ 为外加电磁场.

其次，在磁场 $\boldsymbol{B}$ 随时空变化的情形，由于(1)式中的 Lorentz 力 $q\boldsymbol{v}\times\boldsymbol{B}$ 是非线性项，即使讨论单个带电粒子在外磁场作用下的运动，往往仍然难于严格求解，需要在一定条件下使之线性化，才能求得解析解. 例如，如果磁场随时空的变化十分缓慢且无电场，则可将磁场的非均匀和非恒定部分作为均匀、恒定磁场的小扰动来处理，把均匀恒定解作为零阶解代入方程，使之线性化，再求出一阶解，并考察解的自洽性，这就是线性化的一阶近似理论.

第三，当带电粒子的速度较大时，其质量随速度变化的相对论效应也是需要考虑的一个因素，这也会给求解带来新的困难.

本章讨论单个带电粒子在外电磁场中的运动，采用线性化的一阶近似理论，并忽略相对论效应. 本章在熟知的均匀恒定磁场解的基础上，着重引入两个重要的概念：漂移和浸渐不变量，借以说明带电粒子在电磁场中运动的基本特征及研究方法，并介绍某些重要应用. 当然，这些都只是粒子轨道理论的初步，目的在于略窥门径，有兴趣的读者可以进一步阅读有关专著.

§1. 带电粒子在均匀、恒定磁场中的运动

带电粒子在磁场中运动，受 Lorentz 力的作用，其运动方程为

$$m\boldsymbol{a}=q\boldsymbol{v}\times\boldsymbol{B}$$

在磁场 $\boldsymbol{B}$ 均匀、恒定的条件下，垂直于 $\boldsymbol{B}$ 的速度分量 $\boldsymbol{v}_\perp$ 导致粒子受到与 $\boldsymbol{B}$ 和 $\boldsymbol{v}_\perp$ 都垂直的恒力 $qv_\perp B$ 的作用，使带电粒子在垂直于 $\boldsymbol{B}$ 的平面内以 $v_\perp$ 作匀速圆周运动，圆半径为

$$r_{\mathrm{L}}=\frac{mv_\perp}{qB} \tag{1}$$

r_{L} 称为回旋半径或 Larmor 半径，圆周运动的角速度为

$$\omega_{\mathrm{L}}=\frac{v_\perp}{r_{\mathrm{L}}}=\frac{qB}{m}$$

ω_{L} 称为回旋圆频率或 Larmor 频率. 平行于 $\boldsymbol{B}$ 的速度分量 $\boldsymbol{v}_{/\!/}$ 不产生力作用，使带电粒子沿 $\boldsymbol{B}$ 的方向即沿磁力线以 $v_{/\!/}$ 作匀速直线运动. 因此，带电粒子在均匀恒定磁场中的运动轨迹是以磁力线为轴的等距螺旋线，螺距为

$$h=v_{/\!/}T_{\mathrm{L}}=\frac{2\pi mv_{/\!/}}{qB}$$

其中 $T_{\mathrm{L}}=\dfrac{2\pi}{\omega_{\mathrm{L}}}=\dfrac{2\pi r_{\mathrm{L}}}{v_{\perp}}$称为回旋周期或 Larmor 周期. 上述均匀恒定磁场解可综合如下式：

$$\begin{cases}\text{Larmor 半径} & r_{\mathrm{L}}=\dfrac{mv_{\perp}}{qB}\\ \text{Larmor 频率} & \omega_{\mathrm{L}}=\dfrac{v_{\perp}}{r_{\mathrm{L}}}=\dfrac{qB}{m}\\ \text{Larmor 周期} & T_{\mathrm{L}}=\dfrac{2\pi r_{\mathrm{L}}}{v_{\perp}}=\dfrac{2\pi m}{qB}\\ \text{螺距} & h=v_{/\!/}T_{\mathrm{L}}=\dfrac{2\pi mv_{/\!/}}{qB}\end{cases}\tag{2}$$

应用举例：1. 磁聚焦. 若从磁场中某点发射一束速率 v 相差不多且与 $\boldsymbol{B}$ 的夹角都很小，即 $v_{/\!/}$近似相等而 $v_{\perp}$ 有所不同的带电粒子，则各粒子沿着不同半径的螺旋线运动，经近似相同的螺距 $h=\dfrac{2\pi mv_{/\!/}}{qB}\approx\dfrac{2\pi mv}{qB}$后重新会聚在一点，这就是磁聚焦. 它在许多真空器件，特别是电子显微镜中有广泛应用. 2. 1897 年 J. J. Thomson 利用阴极射线粒子在磁场中偏转的特性，测定了粒子的荷质比，导致电子的发现，意义重大. 详见第八章 §7.

上述(2)式是一般电磁学教材中都有的结果. 现在，采用解微分方程的方法，再次给出带电粒子在均匀恒定磁场中运动的严格解. 带电粒子的运动方程为

$$m\boldsymbol{a}=q\boldsymbol{v}\times\boldsymbol{B}$$

取 $\boldsymbol{B}=B\hat{z}$，则

$$\begin{aligned}\boldsymbol{a}&=\frac{qB}{m}\boldsymbol{v}\times\hat{z}\\&=\omega_{\mathrm{L}}\boldsymbol{v}\times\hat{z}\end{aligned}$$

式中 $\omega_{\mathrm{L}}=\dfrac{qB}{m}$是 Larmor 频率，即

$$\ddot{\boldsymbol{r}}=\omega_{\mathrm{L}}\dot{\boldsymbol{r}}\times\hat{z}$$

运动方程的分量形式为

$$\begin{cases}\ddot{x}=\omega_{\mathrm{L}}\dot{y}\\ \ddot{y}=-\omega_{\mathrm{L}}\dot{x}\\ \ddot{z}=0\end{cases}$$

或

$$\begin{cases}\dddot{x}+\omega_{\mathrm{L}}^2\dot{x}=0\\ \dddot{y}+\omega_{\mathrm{L}}^2\dot{y}=0\\ \ddot{z}=0\end{cases}$$

积分，得

$$\begin{cases}\dot{x}=v_{\perp}\cos(\omega_{\mathrm{L}}t+\alpha)\\ \dot{y}=-v_{\perp}\sin(\omega_{\mathrm{L}}t+\alpha)\\ \dot{z}=v_{/\!/}\end{cases}$$

再积分，得

$$\begin{cases}x=\dfrac{v_{\perp}}{\omega_{\mathrm{L}}}\sin(\omega_{\mathrm{L}}t+\alpha)+x_0\\ y=\dfrac{v_{\perp}}{\omega_{\mathrm{L}}}\cos(\omega_{\mathrm{L}}t+\alpha)+y_0\\ z=v_{/\!/}t+z_0\end{cases}$$

式中 $v_{\perp}$，$v_{/\!/}$，α 以及 x_0，y_0，z_0 都是由初条件确定的积分常数. 上式表明，带电粒子从初始位置(x_0，y_0，z_0)出发，以初始速度的平行磁场分量 $v_{/\!/}$ 沿 z 轴(即沿磁力线)作匀速直线运动；同时，在垂直磁场的 xy 平面内，以初始速度的垂直磁场分量 $v_{\perp}$，绕半径 $r_{\mathrm{L}}=\dfrac{v_{\perp}}{\omega_{\mathrm{L}}}=\dfrac{mv_{\perp}}{qB}$的圆作匀速圆周运动.

如果选择一个沿 z 轴(即沿磁力线)以 $v_{/\!/}$ 运动的参考系，则带电粒子在其中作圆周运动，该圆周的圆心称为引导中心或瞬时回转中心. 带电粒子在静止参考系中的运动是引导中心的运动与绕引导中心的圆周运动的叠加. 在均匀恒定磁场中，引导中心沿磁力线作匀速直线运动. 一般情形，引导中心的运动是很复杂的.

§2. 带电粒子在均匀、恒定电磁场中的运动，电漂移

如果除了均匀恒定磁场外，还存在着均匀恒定电场或其他非电磁力，或者，如果磁场非均匀、不恒定，则带电粒子运动的一个重要特征是出现漂移. 即引导中心除了沿磁力线的运动外，还有垂直(横越)磁力线的运动，后者称为漂移. 本节着重介绍因存在电场引起的电漂移，下节着重介绍因磁场非均匀引起的横向梯度漂移和曲率漂移，它们都是典型的漂移.

电漂移的定性分析. 设除了均匀恒定磁场

$$\boldsymbol{B}=B\hat{\boldsymbol{z}}$$

外，还有与之正交的均匀恒定电场

$$\boldsymbol{E}=E\hat{\boldsymbol{y}}$$

设带正电的粒子在 xy 平面内以速度 v 运动，进入电磁场区. 如果只有磁场 $\boldsymbol{B}$，则因 $v_{/\!/}=0$，带正电的粒子将以 $v_{\perp}=v$ 作匀速圆周运动，如图 6-2-1(a)所示. 如果同时存在上述

电磁场 $\boldsymbol{B}$ 和 $\boldsymbol{E}$，则当带正电粒子沿圆周的左半圈运动时，其速度的 y 分量 v_y 因受电场力加速而逐渐增大，在右半圈，v_y 因受电场力减速而逐渐减小. 结果使得下半圈的 v_y 比上半圈的 v_y 要大一些. 与此同时，v_x 不受电场影响，大小保持不变. 因带电粒子在均匀恒定磁场中运动时，其 Larmor 频率 $\omega_{\mathrm{L}}=\dfrac{v_{\perp}}{r_{\mathrm{L}}}=\dfrac{qB}{m}$保持不变，故 v_y 和 $v_{\perp}$（$v_{\perp}=\sqrt{v_x^2+v_y^2}$）较大的下半圈的 Larmor 半径 r_{L} 应较大，v_y 和 $v_{\perp}$ 较小的上半圈的 r_{L} 应较小. 上半圈和下半圈 r_{L} 的不同，使得粒子轨道由图 6-2-1(a)的圆周大致变成图 6-2-1(b)的形状. 结果，在一个完整的回旋结束后，带正电的粒子不再回到原来的位置，而是沿垂直磁力线的 x 方向，即沿($\boldsymbol{E}\times\boldsymbol{B}$)的方向移动了一段距离. 这就是因存在电场引起的漂移，称为电漂移，也称($\boldsymbol{E}\times\boldsymbol{B}$)漂移，相应的漂移速度表为 $\boldsymbol{v}_{\mathrm{E}}$.

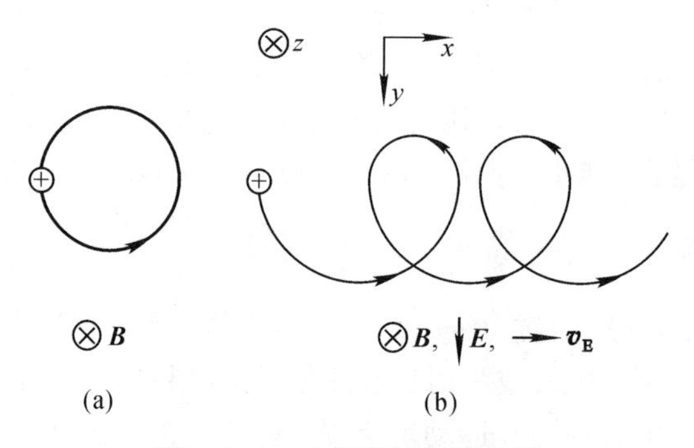

图 6-2-1　电漂移的定性分析

带负电粒子的回旋方向相反，但所受电场力的方向也相反，结果它也将沿图 6-2-1 中的 x 方向漂移. 由此可见，带正电粒子和带负电粒子的电漂移方向相同，电漂移不会引起正电荷与负电荷的分离，这是它的一个重要特征.

电漂移速度 $\boldsymbol{v}_{\mathrm{E}}$ 的定量公式. 设电场与磁场都是均匀恒定的，即 $\boldsymbol{B}$ 和 $\boldsymbol{E}$ 都是常矢量，且正交，则带电粒子的运动方程为

$$m\frac{\mathrm{d}\boldsymbol{v}}{\mathrm{d}t}=q\boldsymbol{E}+q\boldsymbol{v}\times\boldsymbol{B}$$

式中 q，m，$\boldsymbol{v}$ 分别是带电粒子的电量、质量、速度. 作变换

$$\boldsymbol{v}=\boldsymbol{v}'+\boldsymbol{v}_{\mathrm{E}}$$

其中

$$\boldsymbol{v}_{\mathrm{E}}=\frac{\boldsymbol{E}\times\boldsymbol{B}}{B^2} \tag{1}$$

代入运动方程，得

$$m\frac{\mathrm{d}\boldsymbol{v}'}{\mathrm{d}t}=q\boldsymbol{v}'\times\boldsymbol{B}$$

由此可见，带电粒子在均匀恒定电磁场中的运动速度 $\boldsymbol{v}$ 是 $\boldsymbol{v}'$ 与 $\boldsymbol{v}_{\mathrm{E}}$ 之和，其中：$\boldsymbol{v}'$ 描述带电粒子在均匀恒定磁场 $\boldsymbol{B}$ 中的运动，即以 $\boldsymbol{v}'$ 绕磁力线作等距螺旋线运动；$\boldsymbol{v}_{\mathrm{E}}$ 是沿着与 $\boldsymbol{B}$ 和 $\boldsymbol{E}$ 都垂直的方向漂移的速度，$\boldsymbol{v}_{\mathrm{E}}$ 与 q 无关表明它不会引起正、负电荷的分离.

应该指出，电漂移速度 $\boldsymbol{v}_{\mathrm{E}}$ 的定量公式(1)需经下述严格求解才能得出. 此处作变换 $\boldsymbol{v}=\boldsymbol{v}'+\boldsymbol{v}_{\mathrm{E}}$，并引用 $\boldsymbol{v}_{\mathrm{E}}$ 的结果，为讲授电漂移提供了一种简洁明快的方式.

电漂移的严格解. 为了得出电漂移速度的定量公式，并准确了解带电粒子在均匀恒定电磁场中运动的各种重要细节，需要严格求解微分方程. 设

$$\boldsymbol{B}=B\hat{\boldsymbol{z}}$$

$$\boldsymbol{E}=E\hat{\boldsymbol{y}}$$

式中 B 和 E 均为常量，则带电粒子的运动方程为

$$\begin{aligned}\ddot{\boldsymbol{r}}&=\frac{qE}{m}\hat{\boldsymbol{y}}+\frac{qB}{m}\dot{\boldsymbol{r}}\times\hat{\boldsymbol{z}}\\&=\omega_{\mathrm{L}}\dot{y}\hat{\boldsymbol{x}}+\left(\frac{qE}{m}-\omega_{\mathrm{L}}\dot{x}\right)\hat{\boldsymbol{y}}\end{aligned}$$

式中 $\omega_{\mathrm{L}}=\dfrac{qB}{m}$，运动方程的分量形式为

$$\begin{cases}\ddot{x}=\omega_{\mathrm{L}}\dot{y}\\ \ddot{y}=\dfrac{qE}{m}-\omega_{\mathrm{L}}\dot{x}\\ \ddot{z}=0\end{cases}$$

或

$$\begin{cases}\dddot{x}+\omega_{\mathrm{L}}^{2}\dot{x}=\dfrac{qE}{m}\omega_{\mathrm{L}}\\ \dddot{y}+\omega_{\mathrm{L}}^{2}\dot{y}=0\\ \ddot{z}=0\end{cases}$$

积分，得

$$\begin{cases}\dot{x}=v_{\perp}\cos(\omega_{\mathrm{L}}t+\alpha)+v_{\mathrm{E}}\\ \dot{y}=-v_{\perp}\sin(\omega_{\mathrm{L}}t+\alpha)\\ \dot{z}=v_{/\!/}\end{cases}$$

式中 $v_{\perp}$，$v_{/\!/}$，α 都是积分常数，由初条件确定式中 v_{E} 为

$$v_{\mathrm{E}}=\frac{qE}{m\omega_{\mathrm{L}}}=\frac{E}{B}$$

再积分，得

$$\begin{cases} x=\dfrac{v_{\perp}}{\omega_{\mathrm{L}}}\sin(\omega_{\mathrm{L}}t+\alpha)+v_{\mathrm{E}}t+x_0 \\ y=\dfrac{v_{\perp}}{\omega_{\mathrm{L}}}\cos(\omega_{\mathrm{L}}t+\alpha)+y_0 \\ z=v_{/\!/}t+z_0 \end{cases} \tag{*}$$

式中 x_0，y_0，z_0 都是积分常数，由初条件确定.

上述求解表明，引导中心从初始位置(x_0, y_0, z_0)出发，沿轨道$(v_{\mathrm{E}}t+x_0, y_0, v_{/\!/}t+z_0)$以速度$(v_{\mathrm{E}}, 0, v_{/\!/})$运动，其中

$$\boldsymbol{v}_{\mathrm{E}}=\frac{\boldsymbol{E}\times\boldsymbol{B}}{B^2}=\frac{E}{B}\hat{\boldsymbol{x}}$$

是沿垂直于磁力线的 x 轴方向的电漂移速度. 带电粒子的运动是上述引导中心的运动加上绕引导中心的回旋，回旋由上述求解中的$\left[\dfrac{v_{\perp}}{\omega_{\mathrm{L}}}\sin(\omega_{\mathrm{L}}t+\alpha)\right]$及$\left[\dfrac{v_{\perp}}{\omega_{\mathrm{L}}}\cos(\omega_{\mathrm{L}}t+\alpha)\right]$两项表示，回旋是在与磁场垂直的 xy 平面内进行的，回旋的角速度为 $\omega_{\mathrm{L}}=\dfrac{qB}{m}$.

为了进一步讨论带电粒子运动轨道的具体形式，需要给定初始条件. 设$t=0$ 时，带电粒子从原点沿 x 轴以 v_0 运动，即设：$t=0$ 时

$$\begin{cases} x=y=z=0 \\ \dot{x}=v_0 \\ \dot{y}=\dot{z}=0 \end{cases}$$

代入(*)式，得出积分常量为

$$\begin{cases} \alpha=0 \\ v_{\perp}=v_0-v_{\mathrm{E}} \\ v_{/\!/}=0 \end{cases}$$

$$\begin{cases} x_0=0 \\ y_0=-\dfrac{v_{\perp}}{\omega_{\mathrm{L}}}=-\dfrac{v_0-v_{\mathrm{E}}}{\omega_{\mathrm{L}}} \\ z_0=0 \end{cases}$$

于是，带电粒子的轨道方程为

$$\begin{cases} x=\dfrac{v_0-v_{\mathrm{E}}}{\omega_{\mathrm{L}}}\sin\omega_{\mathrm{L}}t+v_{\mathrm{E}}t \\ y=-\dfrac{v_0-v_{\mathrm{E}}}{\omega_{\mathrm{L}}}(1-\cos\omega_{\mathrm{L}}t) \\ z=0 \end{cases}$$

令

$$\begin{cases} a=-\dfrac{v_0-v_{\mathrm{E}}}{\omega_{\mathrm{L}}}=-\dfrac{m}{qB}\left(v_0-\dfrac{E}{B}\right) \\ b=\dfrac{v_{\mathrm{E}}}{\omega_{\mathrm{L}}}=\dfrac{mE}{qB^2} \end{cases}$$

则带电粒子的轨道方程可写为

$$\begin{cases} x=b\omega_{\mathrm{L}}t-a\sin\omega_{\mathrm{L}}t \\ y=a(1-\cos\omega_{\mathrm{L}}t) \\ z=0 \end{cases}$$

讨论：

1. 若 $v_0<\dfrac{E}{B}$，则 $a>0$，$b-a=\dfrac{v_0}{\omega_{\mathrm{L}}}=\dfrac{mv_0}{qB}>0$（设 $q>0$），$b>a>0$. 带电粒子的轨道是短幅摆线，如图 6-2-2 中曲线①所示. 当 v_0 增大时，a 减小，粒子轨道向 x 轴靠拢.

2. 若 $v_0=\dfrac{E}{B}$，则 $a=0$，$b=\dfrac{v_0}{\omega_{\mathrm{L}}}$，从而 $x=v_0t$，$y=0$，$z=0$，带电粒子沿 x 轴作匀速直线运动，粒子轨道为沿 x 轴的直线. 这就是质谱仪中速度选择器的原理. 此时，带电粒子所受 Coulomb 力 $q\boldsymbol{E}$ 与 Lorentz 力 $q\boldsymbol{v}\times\boldsymbol{B}$ 刚好抵消.

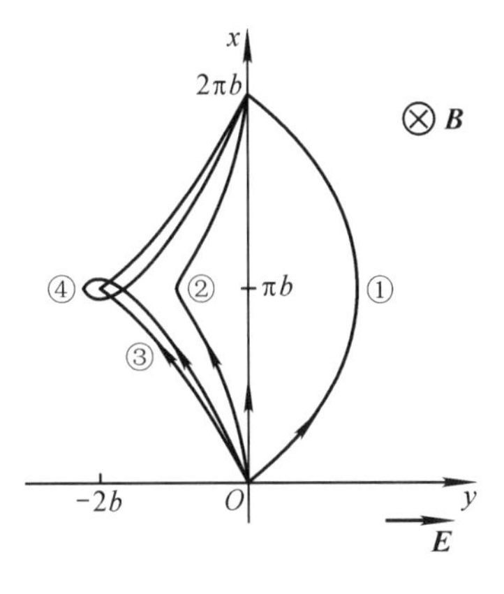

图 6-2-2 带电粒子在均匀恒定电磁场中的运动轨道

3. 若 $v_0>\dfrac{E}{B}$，则 $a<0$，$b>0$，$b-|a|=\dfrac{m}{qB}\left(\dfrac{2E}{B}-v_0\right)$. 当 $v_0<\dfrac{2E}{B}$时，$b>|a|$，带电粒子的轨道是短幅摆线，如图 6-2-2 中曲线②所示. 当 $v_0=\dfrac{2E}{B}$时，$b=|a|$，带电粒子的轨道是普通摆线，如图 6-2-2 中曲线③所示. 当 $v_0>\dfrac{2E}{B}$时，$b<|a|$，带电粒子的轨道是长幅摆线，如图 6-2-2 中曲线④所示.

总之，由于初始条件的不同，带电粒子在均匀恒定电磁场中的运动轨道也将有所不同，在常见的情形，粒子轨道无非是直线、抛物线、圆、螺旋线、摆线等. 本节强调的是引导中心在垂直磁力线方向的漂移.

在以上的讨论中有一个重要的条件：$\boldsymbol{E}\perp\boldsymbol{B}$. 如果 $\boldsymbol{E}$ 与 $\boldsymbol{B}$ 不垂直，可把 $\boldsymbol{E}$ 按垂直 $\boldsymbol{B}$ 与平行 $\boldsymbol{B}$ 分解为 $\boldsymbol{E}_{\perp}$ 和 $\boldsymbol{E}_{/\!/}$ 两个分量. 其中 $\boldsymbol{E}_{\perp}$ 如上述，导致电漂移，但不会引起正、负电荷的分离，从而不产生附加的感应电磁场. $\boldsymbol{E}_{/\!/}$ 有所不同，它只受 Coulomb 力不受

Lorentz 力，正、负电荷反向加速，将会引起正、负电荷分离，形成某种电荷分布与电流分布，产生附加的感应电磁场.

另外，如果将电力 $q\boldsymbol{E}$ 代之以重力 $m\boldsymbol{g}$ 或非电磁力 $\boldsymbol{F}$，则在均匀恒定磁场中，重力或非电磁力同样会引起漂移，相应的重力漂移速度 $\boldsymbol{v}_{\mathrm{g}}$ 或非电磁力漂移速度 $\boldsymbol{v}_{\mathrm{F}}$ 为

$$\begin{cases}\boldsymbol{v}_{\mathrm{g}}=\dfrac{m\boldsymbol{g}\times\boldsymbol{B}}{qB^2}\\[2ex]\boldsymbol{v}_{\mathrm{F}}=\dfrac{\boldsymbol{F}\times\boldsymbol{B}}{qB^2}\end{cases}\tag{2}$$

(2)式是把(1)式中的 $q\boldsymbol{E}$ 用 $m\boldsymbol{g}$ 或 $\boldsymbol{F}$ 代替得出的. (2)式表明，$\boldsymbol{v}_{\mathrm{g}}$ 或 $\boldsymbol{v}_{\mathrm{F}}$ 都与 q 有关，即正、负电荷反向漂移，引起正、负电荷分离，形成某种电荷分布与电流分布，产生附加的感应电磁场. 这是重力漂移或非电磁力漂移与电漂移的重大区别.

总之，由于 $\boldsymbol{E}_{/\!/}$ 或 $m\boldsymbol{g}$ 或 $\boldsymbol{F}$ 所产生的感应电磁场都应附加在带电粒子的运动方程之中，这将使问题变得复杂了，即本节所作的定性分析和定量求解不再成立，需要修正. 但是，如果重力或非电磁力远小于磁力，如果 $\boldsymbol{E}_{/\!/}$ 相应的 Coulomb 力也远小于磁力，则附加的感应电磁场与均匀恒定磁场相比是可以忽略的小量，于是本节的定性分析与定量求解近似适用. 这就是(2)式的成立条件.

§ 3. 带电粒子在弱非均匀、恒定磁场中的运动，横向梯度漂移和曲率漂移

一般说来，磁场的非均匀是指磁场的每一个分量沿空间的任何方向都发生变化. 取直角坐标 xyz，可将磁场的非均匀用下述二阶张量 $\nabla\boldsymbol{B}$ 表示：

$$\nabla\boldsymbol{B}=\begin{pmatrix}\dfrac{\partial B_x}{\partial x} & \dfrac{\partial B_x}{\partial y} & \dfrac{\partial B_x}{\partial z}\\[2ex]\dfrac{\partial B_y}{\partial x} & \dfrac{\partial B_y}{\partial y} & \dfrac{\partial B_y}{\partial z}\\[2ex]\dfrac{\partial B_z}{\partial x} & \dfrac{\partial B_z}{\partial y} & \dfrac{\partial B_z}{\partial z}\end{pmatrix}\tag{1}$$

引起横向梯度漂移　　不引起漂移　　引起曲率漂移

弱非均匀是指磁场的空间变化不显著，确切地说，是指在 Larmor 半径 r_{L} 的空间尺度内，磁场任一分量在任一方向的空间变化远小于磁场本身的大小，即可表示为

$$|\nabla\boldsymbol{B}|r_{\mathrm{L}}\ll|\boldsymbol{B}|\tag{2}$$

在磁场弱非均匀的条件下，在讨论带电粒子的运动及有关的漂移的一阶近似理论中，可

以把原来非线性的运动方程线性化，从而有利于得出解析解. 当然，如果(1)式的 $\nabla\boldsymbol{B}$ 中各项同时存在，即使是一阶近似理论，分析与求解仍很困难. 为了方便，本节将分别讨论(1)式中各项的效应，即假设二阶张量 $\nabla\boldsymbol{B}$ 的九项中，分别只存在少数几项，余皆为零.

设磁场的 z 分量 B_z 为磁场的主要部分，即为零阶量，设磁场的 x 分量 B_x 及 y 分量 B_y 为一阶小量，

$$\begin{cases} B_z \approx B \\ B_x \ll B_z \\ B_y \ll B_z \end{cases}$$

据此，讨论(1)式的 $\nabla\boldsymbol{B}$ 中各项的含义. $\nabla\boldsymbol{B}$ 中的 $\dfrac{\partial B_z}{\partial x}$ 或 $\dfrac{\partial B_z}{\partial y}$ 项表明，B_z 在与之垂直的 x 方向或 y 方向上不均匀，即存在横向梯度(与磁场主要部分 B_z 垂直的 x 方向或 y 方向称为横向). 例如，若 $B_z=B\neq0$，$B_x=B_y=0$，则磁力线是 z 方向的直线，$\dfrac{\partial B_z}{\partial x}\neq0$ 或 $\dfrac{\partial B_z}{\partial y}\neq0$ 表明在 x 方向或 y 方向上各处磁力线的疏密程度有所不同，即存在横向梯度，由此引起的漂移称为横向梯度漂移. $\nabla\boldsymbol{B}$ 中的 $\dfrac{\partial B_x}{\partial z}$ 或 $\dfrac{\partial B_y}{\partial z}$ 项表明，除了磁场的主要部分 B_z 外，$B_x(z)$ 或 $B_y(z)$ 不为零且随 z 发生变化，因而磁力线是弯曲的. 例如，若磁力线以恒定的曲率半径 R 弯曲，且曲线各处的 B 均为常量，由此引起的漂移称为曲率漂移. $\nabla\boldsymbol{B}$ 中的 $\dfrac{\partial B_z}{\partial z}$，$\dfrac{\partial B_x}{\partial x}$，$\dfrac{\partial B_y}{\partial y}$ 是散度项，表明磁场发散或会聚，磁力线呈喇叭形. $\nabla\boldsymbol{B}$ 中的 $\dfrac{\partial B_x}{\partial y}$ 或 $\dfrac{\partial B_y}{\partial x}$ 是剪切项，表明磁力线扭转. 可以证明，散度项和剪切项都不会引起漂移.

横向梯度漂移的定性分析. 如图 6-3-1 所示，设磁力线为平行直线，$\boldsymbol{B}$ 的方向垂直纸面向里，设磁力线的密度即磁场的大小 B，沿着垂直于 $\boldsymbol{B}$ 的方向从图中由下向上增加，即磁场存在横向梯度 $\nabla_\perp B$，其方向由下向上. 为了简单起见，设磁场经图中横虚线发生突变，横虚线上端和下端的磁场的大小分别为 B_1 和 B_2($B_1>B_2$). 因 Larmor 半径 $r_\text{L}=\dfrac{v_\perp}{\omega_\text{L}}=\dfrac{mv_\perp}{qB}$，且 Lorentz 力不会改变 $v_\perp$ 的大小，故对于给定的带电粒子(电量 q，质量 m)，B 较大处 r_L 较小，B 较小处 r_L 较大. 结果如图 6-3-1 所示，因横虚线上端的 r_L 较小，下端的 r_L 较大，使带电粒子向右方或向左方漂移. 这种沿着与 $\boldsymbol{B}$ 和 $\nabla_\perp B$ 两者都垂直的方向上的漂移，起因于磁场的横向梯度 $\nabla_\perp B$，故称为横向梯度漂移，如图 6-3-1 所示. 由于正、负带电粒子的回旋方向相反，漂移的方向也相反，横向梯度漂移将会引起正、负电荷的分离.

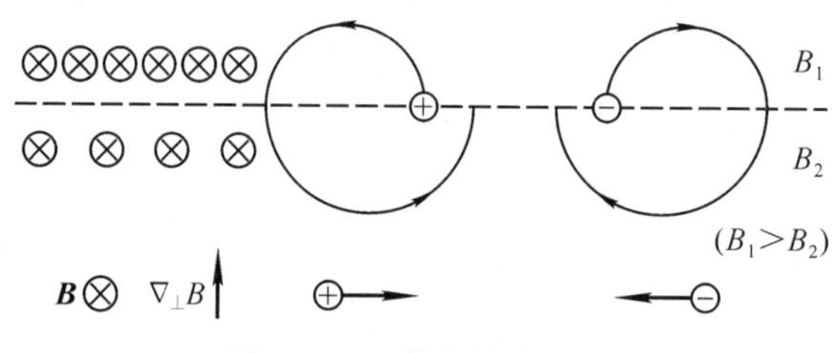

图 6-3-1　横向梯度漂移

利用上述定性分析，还可以简单地得出横向梯度漂移速度的定量公式. 如图 6-3-1 所示，取图中横虚线上端和下端的恒定磁场分别为 B_1 和 B_2，取带电粒子(q, m)在横虚线上下的 Larmor 周期分别为 T_{B_1} 和 T_{B_2}，Larmor 半径分别为 r_{B_1} 和 r_{B_2}，则带电粒子的横向漂移速度应为

$$
\begin{aligned}
v_{\nabla_{\perp}B} &= \frac{\text{漂移距离}}{\text{漂移时间}} \\
&= \frac{2(r_{B_2}-r_{B_1})}{\frac{1}{2}(T_{B_1}+T_{B_2})} \\
&= \frac{2\left(\frac{mv_{\perp}}{qB_2}-\frac{mv_{\perp}}{qB_1}\right)}{\frac{1}{2}\left(\frac{2\pi m}{qB_1}+\frac{2\pi m}{qB_2}\right)} \\
&= \frac{2v_{\perp}(B_1-B_2)}{\pi(B_1+B_2)}
\end{aligned}
$$

上述计算实际上是把连续变化的磁场用台阶式突变的磁场代替. 为了进一步用磁场的横向梯度 $\boldsymbol{\nabla}_{\perp}B$ 表示由它引起的漂移速度 $v_{\nabla_{\perp}B}$，需要确定 B_1 以及 B_2 与图 6-3-1 中横虚线的距离，即确定台阶的高度，从而得出上式中的(B_1-B_2)与 $\boldsymbol{\nabla}_{\perp}B$ 的关系. 合理的选择是，如图 6-3-2 所示，作一个面积等于 Larmor 半圆的矩形，其横边的长度为半圆的直

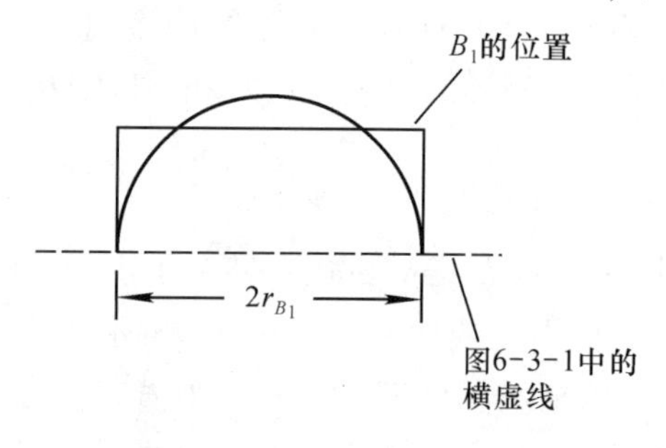

图 6-3-2

径 $2r_{B_1}$，其竖边的下端为图 6-3-1 中的横虚线，竖边上端则取作 B_1 的位置，于是有

$$\frac{1}{2}\pi r_{B_1}^2=2r_{B_1}\times(B_1\text{ 的位置})$$

在横虚线之下的 B_2 的位置可以同样取定. 这样，B_1 与 B_2 之间的距离即“台阶”的高度便可确定，从而磁场的横向梯度可表为

$$|\nabla_{\perp}B|=\frac{B_1-B_2}{\frac{\pi}{4}(r_{B_1}+r_{B_2})}$$

由上式解出(B_1-B_2)，代入 $v_{\nabla_{\perp}B}$的表达式，得

$$\begin{aligned}v_{\nabla_{\perp}B}&=\frac{2v_{\perp}}{\pi}\frac{\frac{\pi}{4}(r_{B_1}+r_{B_2})|\nabla_{\perp}B|}{(B_1+B_2)}\\&=\frac{1}{2}mv_{\perp}^2\frac{|\nabla_{\perp}B|}{qB_1B_2}\\&\approx\frac{W_{\perp}}{qB^2}|\nabla_{\perp}B|\end{aligned}$$

式中 $W_{\perp}=\frac{1}{2}mv_{\perp}^2$ 是带电粒子的横向动能，式中近似取 $B^2\approx B_1B_2$，把上式写成矢量形式，为

$$\boldsymbol{v}_{\nabla_{\perp}B}=\frac{W_{\perp}}{qB^3}\boldsymbol{B}\times\nabla_{\perp}B \tag{3}$$

显然，上述讨论甚为粗略很不严格，但却终于凑出了横向梯度漂移速度的定量公式(3)，并且(3)式竟然与下述一阶近似理论的结果相一致，可谓出乎意料.

与非电磁力引起的漂移速度公式即上节(2)式相比较，不难看出，磁场的横向梯度对带电粒子运动的影响，相当于一个非电磁力的作用，即

$$\boldsymbol{F}_{\nabla_{\perp}B}=-\frac{W_{\perp}}{B}\nabla_{\perp}B \tag{4}$$

横向梯度漂移的一阶近似解. 下面介绍的解析方法是线性化一阶近似理论的典型方法. 它在一阶近似下，使方程线性化，进而定量地得出带电粒子的运动特征，其中包括漂移速度的公式.

设磁场沿 z 方向且在 y 方向(横向)有梯度，即

$$\boldsymbol{B}=B(y)\hat{\boldsymbol{z}}$$

设磁场的横向梯度是小量，即磁场弱非均匀，亦即

$$\left|\frac{\mathrm{d}B}{\mathrm{d}y}\right|r_{\mathrm{L}}\ll B$$

带电粒子的运动方程为

$$\begin{aligned}\ddot{\boldsymbol{r}} &= \frac{q}{m}\dot{\boldsymbol{r}}\times\boldsymbol{B} \\ &= \omega_{\mathrm{L}}(y)\dot{\boldsymbol{r}}\times\hat{z}\end{aligned}$$

式中

$$\omega_{\mathrm{L}}(y) = \frac{q}{m}B(y)$$

是 Larmor 回旋的圆频率，它现在是 y 的函数. 运动方程的分量形式为

$$\begin{cases}\ddot{x} = \omega_{\mathrm{L}}(y)\dot{y} \\ \ddot{y} = -\omega_{\mathrm{L}}(y)\dot{x} \\ \ddot{z} = 0\end{cases}$$

或

$$\begin{cases}\dddot{x} = -\omega_{\mathrm{L}}^2(y)\dot{x} + \dot{y}^2\omega'_{\mathrm{L}} \\ \dddot{y} = -\omega_{\mathrm{L}}^2(y)\dot{y} - \dot{x}\dot{y}\omega'_{\mathrm{L}} \\ \ddot{z} = 0\end{cases}$$

式中的“ · ”，“ ·· ”，“…”表示$\frac{\mathrm{d}}{\mathrm{d}t}$，$\frac{\mathrm{d}^2}{\mathrm{d}t^2}$，$\frac{\mathrm{d}^3}{\mathrm{d}t^3}$；式中的“′”表示$\frac{\mathrm{d}}{\mathrm{d}y}$. 例如

$$\begin{aligned}\dot{\omega}_{\mathrm{L}} &= \frac{\mathrm{d}\omega_{\mathrm{L}}}{\mathrm{d}t} = \frac{\mathrm{d}\omega_{\mathrm{L}}}{\mathrm{d}y}\frac{\mathrm{d}y}{\mathrm{d}t} \\ &= \omega'_{\mathrm{L}}\dot{y}\end{aligned}$$

由于运动方程中包括 $\dot{y}^2$ 项以及 $\dot{x}\dot{y}$ 项等非线性项，难以严格求解，需要利用弱非均匀的条件，取一阶近似，把方程线性化，才能得出解析解.

因磁场弱非均匀，可将 $B(y)$，$\omega_{\mathrm{L}}(y)$，$\omega'_{\mathrm{L}}(y)$ 等作 Taylor 展开，忽略高阶小量，得

$$\begin{cases}B(y) = B(y_0) + (y-y_0)\left(\dfrac{\mathrm{d}B}{\mathrm{d}y}\right)_{y_0} + \cdots \\ \omega_{\mathrm{L}}(y) = \omega_{\mathrm{L}}(y_0) + (y-y_0)\left(\dfrac{\mathrm{d}\omega_{\mathrm{L}}}{\mathrm{d}y}\right)_{y_0} + \cdots \\ \qquad = \omega_{\mathrm{L0}} + \omega'_{\mathrm{L0}}(y-y_0) + \cdots \\ \omega'_{\mathrm{L}}(y) = \omega'_{\mathrm{L}}(y_0) + (y-y_0)\left(\dfrac{\mathrm{d}^2\omega_{\mathrm{L}}}{\mathrm{d}y^2}\right)_{y_0} + \cdots \\ \qquad = \omega'_{\mathrm{L0}} + \omega''_{\mathrm{L0}}(y-y_0) + \cdots\end{cases}$$

式中 $B(y_0)$，ω_{L0}为零阶项；$(y-y_0)\left(\frac{\mathrm{d}B}{\mathrm{d}y}\right)_{y_0}$，$\omega'_{\mathrm{L0}}(y-y_0)$，$\omega'_{\mathrm{L0}}$为一阶项；$\omega''_{\mathrm{L0}}(y-y_0)$为二阶

项. 把上式代入运动方程，得

$$
\begin{cases}
\ddot{x} = -[\omega_{L0} + \omega'_{L0}(y-y_0)+\cdots]^2 \dot{x} \\
\quad +[\omega'_{L0}+\omega''_{L0}(y-y_0)+\cdots]\dot{y}^2 \\
\ddot{y} = -[\omega_{L0} + \omega'_{L0}(y-y_0)+\cdots]^2 \dot{y} \\
\quad -[\omega'_{L0}+\omega''_{L0}(y-y_0)+\cdots]\dot{x}\dot{y} \\
\ddot{z} = 0
\end{cases}
$$

在上述运动方程中，只保留零阶项，得出零阶运动方程为

$$
\begin{cases}
\dddot{x} + \omega_{L0}^2 \dot{x} = 0 \\
\dddot{y} + \omega_{L0}^2 \dot{y} = 0 \\
\ddot{z} = 0
\end{cases}
$$

零阶方程的零阶解就是均匀恒定磁场解(见本节第一段)，为

$$
\begin{cases}
x = \dfrac{v_\perp}{\omega_{L0}}\sin(\omega_{L0}t+\alpha)+x_0 \\
y = \dfrac{v_\perp}{\omega_{L0}}\cos(\omega_{L0}t+\alpha)+y_0 \\
z = v_{/\!/} t + z_0
\end{cases}
$$

在上述运动方程中，只保留零阶项与一阶项，得出一阶近似的运动方程为

$$
\begin{cases}
\dddot{x} + \omega_{L0}^2 \dot{x} = 2\omega_{L0}\omega'_{L0}(y-y_0)\dot{x} + \omega'_{L0}\dot{y}^2 \\
\dddot{y} + \omega_{L0}^2 \dot{y} = -2\omega_{L0}\omega'_{L0}(y-y_0)\dot{y} - \omega'_{L0}\dot{x}\dot{y} \\
\ddot{z} = 0
\end{cases}
$$

式中的 $\dot{y}^2$ 项及 $\dot{x}\dot{y}$ 项是非线性项，需将零阶解代入，使之线性化，由此得出一阶近似的线性化的运动方程为

$$
\begin{cases}
\dddot{x} + \omega_{L0}^2 \dot{x} = -\dfrac{1}{2}v_\perp^2 \omega'_{L0}[1+3\cos 2(\omega_{L0}t+\alpha)] \\
\dddot{y} + \omega_{L0}^2 \dot{y} = \dfrac{3}{2}v_\perp^2 \omega'_{L0}\sin 2(\omega_{L0}t+\alpha) \\
\ddot{z} = 0
\end{cases}
$$

积分，得

$$\begin{cases}\dot{x}=v_{\perp}\cos(\omega_{L0}t+\alpha)+\dfrac{1}{2}v_{\perp}^{2}\dfrac{\omega'_{L0}}{\omega_{L0}^{2}}\cos 2(\omega_{L0}t+\alpha)-\dfrac{v_{\perp}^{2}\omega'_{L0}}{2\omega_{L0}^{2}}\\ \dot{y}=-v_{\perp}\sin(\omega_{L0}t+\alpha)-\dfrac{1}{2}v_{\perp}^{2}\dfrac{\omega'_{L0}}{\omega_{L0}^{2}}\sin 2(\omega_{L0}t+\alpha)\\ \dot{z}=v_{/\!/}\end{cases}$$

再积分，得出一阶近似解为

$$\begin{cases}x=\dfrac{v_{\perp}}{\omega_{L0}}\sin(\omega_{L0}t+\alpha)+\dfrac{v_{\perp}^{2}}{4}\dfrac{\omega'_{L0}}{\omega_{L0}^{3}}\sin2(\omega_{L0}t+\alpha)-\dfrac{v_{\perp}^{2}\omega'_{L0}}{2\omega_{L0}^{2}}t+x_0\\ y=\dfrac{v_{\perp}}{\omega_{L0}}\cos(\omega_{L0}t+\alpha)+\dfrac{v_{\perp}^{2}}{4}\dfrac{\omega'_{L0}}{\omega_{L0}^{3}}\cos2(\omega_{L0}t+\alpha)+y_0\\ z=v_{/\!/}t+z_0\end{cases}\tag{5}$$

一阶近似解(5)式表明，带电粒子在弱非均匀恒定磁场中的运动，是以下几部分的叠加：

1. (5)式中的$(z_0+v_{/\!/}t)$项. 这是在z方向，从z_0位置开始，以速度$v_{/\!/}$作匀速直线运动.

2. (5)式中的$\left[x_0+\dfrac{v_{\perp}}{\omega_{L0}}\sin(\omega_{L0}t+\alpha)\right]$项和$\left[y_0+\dfrac{v_{\perp}}{\omega_{L0}}\cos(\omega_{L0}t+\alpha)\right]$项. 这是在$xy$平面上，以$(x_0,\ y_0)$位置为中心，$v_{\perp}$为速率，$\omega_{L0}$为圆频率，$r_L=\dfrac{v_{\perp}}{\omega_{L0}}$为半径的匀速圆周运动.

以上两部分合成绕z轴的等距螺旋线运动，此即熟知的零阶解——均匀恒定磁场解.

3. (5)式中的$\left[\dfrac{v_{\perp}^{2}\omega'_{L0}}{4\omega_{L0}^{3}}\sin 2(\omega_{L0}t+\alpha)\right]$项和$\left[\dfrac{v_{\perp}^{2}\omega'_{L0}}{4\omega_{L0}^{3}}\cos 2(\omega_{L0}t+\alpha)\right]$项. 这是在$xy$平面，以$\dfrac{v_{\perp}^{2}\omega'_{L0}}{2\omega_{L0}}$为速率，$2\omega_{L0}$为圆频率，$\dfrac{v_{\perp}^{2}\omega'_{L0}}{4\omega_{L0}^{3}}$为半径的匀速圆周运动.

4. (5)式中的$\left[-\dfrac{v_{\perp}^{2}\omega'_{L0}}{2\omega_{L0}^{2}}t\right]$项. 这是在$x$方向以$-\dfrac{v_{\perp}^{2}\omega'_{L0}}{2\omega_{L0}^{2}}$为速率的匀速直线运动. 值得注意的是，此即横向梯度漂移，漂移速度沿x方向，与磁场的方向(z方向)以及磁场横向梯度的方向(y方向)都垂直，漂移速度的大小为

$$\begin{aligned}v_{\nabla_{\perp}B}&=-\frac{v_{\perp}^{2}\omega'_{L0}}{2\omega_{L0}^{2}}\\&=-\frac{W_{\perp}}{qB^{2}}\frac{\mathrm{d}B}{\mathrm{d}y}\end{aligned}$$

式中$\dfrac{\mathrm{d}B}{\mathrm{d}y}$表示磁场的横向梯度，它的一般形式应为$|\nabla_{\perp}B|$，把上式写为矢量形式，为

$$\boldsymbol{v}_{\nabla_\perp B}=\frac{W_\perp}{qB^3}\boldsymbol{B}\times\boldsymbol{\nabla}_\perp B$$

此即前已得出的(3)式. 它表明，$\boldsymbol{v}_{\nabla_\perp B}$与 q 有关，正、负带电粒子反向漂移，会引起电荷分离和电流，产生附加的感应电磁场，从而会破坏解的自洽性. 因此，上述一阶近似解只在 $\boldsymbol{\nabla}_\perp B$ 很小从而 $\boldsymbol{v}_{\nabla_\perp B}$很小时才适用，这正是要求磁场弱非均匀的原因.

现在，讨论曲率漂移.

如果磁力线是弯曲的，则磁场除了主要的分量 B_z 外，还应有 B_y 或 B_x 分量，且 $B_y(z)$或 $B_x(z)$随 z 变化. 在弱非均匀条件下，磁力线的弯曲是轻微的，即应有

$$\left|\frac{\mathrm{d}B_y}{\mathrm{d}z}\right|r_{\mathrm{L}}\ll B$$

或

$$\left|\frac{\mathrm{d}B_x}{\mathrm{d}z}\right|r_{\mathrm{L}}\ll B$$

为了简单和讨论方便，设磁力线是曲率半径 R 恒定的曲线(圆弧线)，磁力线上各处磁场的大小 B 为常量，则磁场弱非均匀的条件变为

$$R\gg r_{\mathrm{L}}$$

式中 r_{L} 是 Larmor 回旋的半径.

不难设想，在上述弱非均匀磁场中，带电粒子的主要运动是沿着半径为 R 的圆弧形弯曲磁力线回旋前进，带电粒子沿磁力线的速度分量 $v_{/\!/}$ 基本保持不变. 由于带电粒子沿圆弧形弯曲磁力线运动，从跟随带电粒子运动(即带电粒子在其中静止)的参考系中看，带电粒子将感受到一个惯性离心力的作用，为

$$\boldsymbol{F}_{\text{惯离}}=-\frac{mv_{/\!/}^2}{R^2}\boldsymbol{R}\tag{6}$$

式中 $\boldsymbol{R}$ 是磁力线的曲率半径，其方向规定为指向曲率中心，$\boldsymbol{F}_{\text{惯离}}$的方向与 $\boldsymbol{R}$ 反向，均如图 6-3-3 所示.

由于 $\boldsymbol{F}_{\text{惯离}}$是一种非电磁力，它将引起相应的漂移，这就是曲率漂移. 由上一节(2)式，曲率漂移的漂移速度 $\boldsymbol{v}_R$ 为

$$\boldsymbol{v}_R=\frac{\boldsymbol{F}_{\text{惯离}}\times\boldsymbol{B}}{qB^2}=-\frac{2W_{/\!/}}{qB^2R^2}\boldsymbol{R}\times\boldsymbol{B}\tag{7}$$

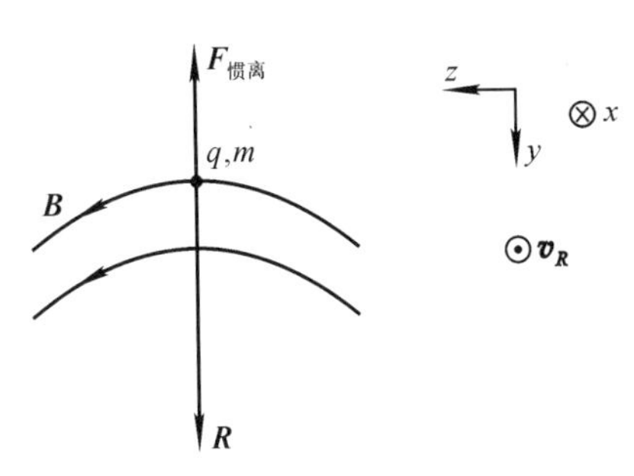

图 6-3-3

式中 $W_{/\!/}=\frac{1}{2}mv_{/\!/}^2$. 图 6-3-3 中的$\boldsymbol{v}_R$方向是带正电粒

子曲率漂移速度的方向.

可以证明，曲率漂移速度的一般形式为

$$\boldsymbol{v}_R = \frac{2W_{/\!/}}{qB^4}[\boldsymbol{B}\times(\boldsymbol{B}\cdot\nabla)\boldsymbol{B}] \tag{8}$$

(7)式或(8)式表明，$\boldsymbol{v}_R$ 与 q 有关，正、负带电粒子反向漂移，会引起正、负电荷的分离并形成电流，产生附加的感应电磁场，这是曲率漂移的重要特征.

§4. 浸渐不变量——磁矩 μ

当带电粒子在随时空缓变的磁场中运动时，描述粒子运动的各种物理量通常都在变化. 但是，经过研究，人们发现，由这些变化的量组成的某几个量，如磁矩 μ、纵向不变量 J、轨道磁通量 Φ 等，它们的变化相对而言缓慢得多，以致在一定的条件下可以视为常量. 这几个在一阶近似理论中保持不变的物理量称为浸渐不变量(adiabatic invariant，亦称寖渐不变量或绝热不变量).

应该指出的是，不同的浸渐不变量是相应于不同的磁场结构和不同的周期(或准周期)运动而言的，对磁场缓变的具体要求有所不同，必须予以指明，不可混同.

在物理学中，能量、动量、角动量等守恒量的发现，其深远意义是众所周知的. 尽管浸渐不变量只是一阶近似理论中的"守恒"量，然而它们的发现可以说是粒子轨道理论中继漂移之后的又一重大突破. 浸渐不变量对于认识带电粒子在磁场中运动的基本特征以及开发各种可能的应用前景，都具有重要意义. 本节着重介绍一个浸渐不变量——磁矩 μ.

大家知道，载流线圈的磁矩 $\boldsymbol{\mu}=iS\boldsymbol{n}$ 是描述其本身性质的物理量，其中 i 是电流强度，S 是线圈面积，$\boldsymbol{n}$ 是线圈的法线方向，$\boldsymbol{n}$ 与电流构成右手螺旋关系. 磁矩的概念后来被推广到电子绕核的轨道运动、电子的自旋、原子核的自旋，并进而建立了原子磁矩、分子磁矩等等，成为描述微观粒子性质的重要物理量.

对于带电粒子在磁场中的运动，前已指出，大体上是绕磁力线的 Larmor 回旋与引导中心运动的叠加，其中绕磁力线的 Larmor 回旋相当于载流线圈，也可以引入相应的磁矩概念，为

$$\boldsymbol{\mu}=iS\boldsymbol{n} \tag{1}$$

式中 $i=\dfrac{q}{T_{\mathrm{L}}}$是带电粒子 Larmor 回旋形成的电流，$S=\pi r_{\mathrm{L}}^2$ 是 Larmor 圆的面积. 在磁场均匀恒定的条件下，Larmor 回旋的周期 $T_{\mathrm{L}}=\dfrac{2\pi m}{qB}$，Larmor 半径 $r_{\mathrm{L}}=\dfrac{mv_{\perp}}{qB}$，两者均恒定不变，故 i 与 S 均恒定不变，从而磁矩 μ 恒定不变. 因此，当带电粒子在均匀恒定磁场中运动

时，其磁矩 μ 是严格的不变量，毋庸置疑.

现在，以轴对称的弱非均匀、恒定磁场为例，证明相应于准周期运动的 Larmor 回旋，磁矩 μ 是浸渐不变量.

轴对称弱非均匀磁场如图 6-4-1 所示. 取柱坐标$(r,\ \theta,\ z)$，设磁场的主要分量为 B_z，则

$$\boldsymbol{B}=(B_r,\ 0,\ B_z)$$

因轴对称，$B_z=B_z(r,\ z)$，$B_r=B_r(r,\ z)$均与 θ 无关，又 $B_\theta=0$ 且 $B_r \ll B_z$.

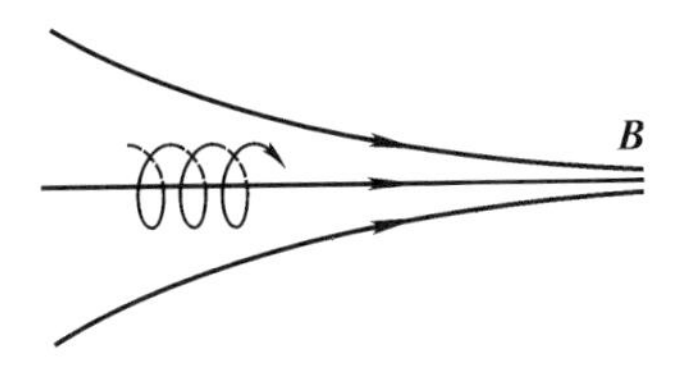

图 6-4-1

先证明 B_r 与纵向梯度$\dfrac{\partial B_z}{\partial z}$之间的一个关系式(轴对称会聚磁场必定存在纵向梯度). 因磁场无散，有

$$\nabla \cdot \boldsymbol{B}=0$$

即

$$\frac{1}{r}\frac{\partial}{\partial r}(rB_r)+\frac{\partial B_z}{\partial z}=0$$

或

$$\frac{\partial}{\partial r}(rB_r)+r\frac{\partial B_z}{\partial z}=0$$

在 Larmor 半径 r_{L} 范围内积分，得

$$\begin{aligned}\int_0^{r_{\mathrm{L}}}\frac{\partial}{\partial r}(rB_r)\,\mathrm{d}r &= r_{\mathrm{L}}B_r\\ &=-\int_0^{r_{\mathrm{L}}} r\frac{\partial B_z}{\partial z}\mathrm{d}r\\ &\approx-\int_0^{r_{\mathrm{L}}}\left(r\frac{\partial B_z}{\partial z}+\frac{r^2}{2}\frac{\partial^2 B_z}{\partial z\partial r}\right)\mathrm{d}r\\ &=-\int_0^{r_{\mathrm{L}}}\mathrm{d}\left(\frac{r^2}{2}\frac{\partial B_z}{\partial z}\right)\\ &=-\frac{1}{2}r_{\mathrm{L}}^2\frac{\partial B_z}{\partial z}\end{aligned}$$

在上述计算中，附加了一项$\left(\dfrac{1}{2}r^2\dfrac{\partial^2 B_z}{\partial z\partial r}\right)$，原因是设磁场弱非均匀，故在 r_{L} 范围内 B_z 随空间的变化应很小，即$\dfrac{\partial B_z}{\partial r}\approx 0$，附加一项不会影响结果. 由上式，得

$$B_r\approx-\frac{r_{\mathrm{L}}}{2}\frac{\partial B_z}{\partial z} \tag{2}$$

再看带电粒子的运动，其运动方程为

$$m\frac{\mathrm{d}\boldsymbol{v}}{\mathrm{d}t}=q\boldsymbol{v}\times\boldsymbol{B}$$

把粒子的速度 $\boldsymbol{v}$ 按平行和垂直磁场 $\boldsymbol{B}$ 分解为

$$\boldsymbol{v}=\boldsymbol{v}_{/\!/}+\boldsymbol{v}_{\perp}$$

则 $v_{/\!/}$ 的运动方程为

$$m\frac{\mathrm{d}v_{/\!/}}{\mathrm{d}t}=qv_{\perp}B_r$$

其中用到 $\boldsymbol{B}=(B_r,\ 0,\ B_z)$ 及 $B_r\ll B_z$. 把上述(14)式以及 $r_{\mathrm{L}}=\dfrac{v_{\perp}}{\omega_{\mathrm{L}}}$ 和 $\omega_{\mathrm{L}}=\dfrac{qB}{m}$ 代入，得

$$\begin{aligned}m\frac{\mathrm{d}v_{/\!/}}{\mathrm{d}t}&=-\frac{W_{\perp}}{B}\frac{\partial B_z}{\partial z}\\&=-\mu\frac{\partial B_z}{\partial z}\end{aligned}$$

其中用到

$$\begin{aligned}\mu&=iS=\frac{q}{T_{\mathrm{L}}}\cdot\pi r_{\mathrm{L}}^2\\&=q\cdot\frac{qB}{2\pi m}\cdot\pi\left(\frac{mv_{\perp}}{qB}\right)^2\\&=\frac{W_{\perp}}{B}\end{aligned}\tag{3}$$

一般情形应将 $m\dfrac{\mathrm{d}v_{/\!/}}{\mathrm{d}t}=-\mu\dfrac{\partial B_z}{\partial z}$ 中的 $\dfrac{\partial B_z}{\partial z}$ 用磁场的纵向梯度 $|\nabla_{/\!/}B|$ 代替，为

$$m\frac{\mathrm{d}v_{/\!/}}{\mathrm{d}t}=-\mu\,|\nabla_{/\!/}B|$$

上式表明，与磁场的纵向梯度 $\nabla_{/\!/}B$ 相联系，存在着一个纵向的作用力 $\boldsymbol{F}_{/\!/}$ 为

$$\boldsymbol{F}_{/\!/}=-\mu\,\nabla_{/\!/}B\tag{4}$$

$\boldsymbol{F}_{/\!/}$ 将改变带电粒子的纵向运动，使粒子的纵向动能 $W_{/\!/}$ 发生变化. 因带电粒子在 Lorentz 力的作用下，其动能严格保持不变，即

$$W=W_{\perp}+W_{/\!/}=\text{常量}$$

故 $W_{/\!/}$ 的变化将引起 $W_{\perp}$ 的相应变化，有

$$\frac{\mathrm{d}W_{\perp}}{\mathrm{d}t}=-\frac{\mathrm{d}W_{/\!/}}{\mathrm{d}t}\tag{5}$$

由(3)式，$W_{\perp}=\mu B$，代入(5)式左边，得

$$\frac{\mathrm{d}W_{\perp}}{\mathrm{d}t}=\frac{\mathrm{d}}{\mathrm{d}t}(\mu B)=\mu\frac{\mathrm{d}B}{\mathrm{d}t}+B\frac{\mathrm{d}\mu}{\mathrm{d}t}$$

以 $v_{/\!/}$ 乘 $m\frac{\mathrm{d}v_{/\!/}}{\mathrm{d}t}=-\mu\frac{\partial B_z}{\partial z}$，得出(5)式右边为

$$\begin{aligned}\frac{\mathrm{d}W_{/\!/}}{\mathrm{d}t}&=-\mu v_{/\!/}\frac{\partial B_z}{\partial z}\\&\approx-\mu\frac{\mathrm{d}z}{\mathrm{d}t}\frac{\partial B}{\partial z}\\&=-\mu\frac{\partial B}{\partial t}\end{aligned}$$

注意，$B_z\approx B=B(z)=B[z(t)]=B(t)$ 并不表示磁场非恒定，只是表示随着粒子的运动，位置不断变化，所在处的磁场相应变化而已. 把以上两式代入(5)式，得

$$\frac{\mathrm{d}\mu}{\mathrm{d}t}\approx 0$$

或

$$\mu=\frac{W_{\perp}}{B}\approx\text{常量}\tag{6}$$

(6)式表明，在轴对称的弱非均匀、恒定磁场中，相应于准周期运动的 Larmor 回旋，磁矩 μ 是浸渐不变量. 换言之，伴随着带电粒子在磁场中的运动，虽然其磁矩 μ 也有所变化，但在一阶近似下，μ 可视为常量.

浸渐不变量 μ 的发现，不仅具有重要的理论意义，而且为等离子体的磁约束以及 Van Allen 带的解释等提供了依据.

§5. 磁镜效应，等离子体的磁约束，Van Allen 带

如所周知，受控热核反应的研究将使人类获得取之不尽的能源. 但是，受控热核反应只能在很高的温度(例如 10^7 K)下进行，在这种温度下一切物质都处于等离子体状态. 所谓等离子体，简单地说，就是电离气体，由正离子、电子、中性原子构成，等离子体具有很好的导电性并且宏观上保持电中性，称为物质的第四态. 由于等离子体温度很高，通常的容器都不再适用，无法装载. 等离子体的磁约束就是用适当的磁场结构来约束(装载)等离子体，为受控热核反应的研究创造基本的条件.

磁瓶是能够实现带电粒子磁约束的瓶状磁场结构，由两个具有会聚或发散磁场结构的磁镜构成，如图 6-5-1 所示.

前已指出，在弱非均匀恒定磁场中，带电粒子 Larmor 回旋形成的磁矩$\mu=\dfrac{W_{\perp}}{B}$是浸渐不变量. 如图 6-5-1，当带电粒子从磁场较弱的中央向磁场较强的两侧运动时，因μ不变，B增大横向动能$W_{\perp}$及横向速度$v_{\perp}$相应增大. 由于 Lorentz 力不作功，带电粒子的动能$W=W_{\perp}+W_{/\!/}$严格不变，随着$W_{\perp}$的增大，纵向动能$W_{/\!/}$及纵向速度$v_{/\!/}$必定减小. 如果磁瓶两侧咽喉处磁场极大值$B_{\max}$与中央磁场极小值$B_{\min}(B_0)$之比很大，则带电粒子的$v_{/\!/}$有可能在某处减小为零并被“反射”回中央弱磁场区，如同光线被镜面反射一样. 这就是磁镜效应，它使带电粒子在两个磁镜之间往返反射，被捕集在磁瓶之中，从而实现等离子体的磁约束. 磁瓶的缺点是$v_{/\!/}$较大的粒子会从两端逃逸，改进的闭合环形磁场结构(如托卡马克)可以克服这个缺点.

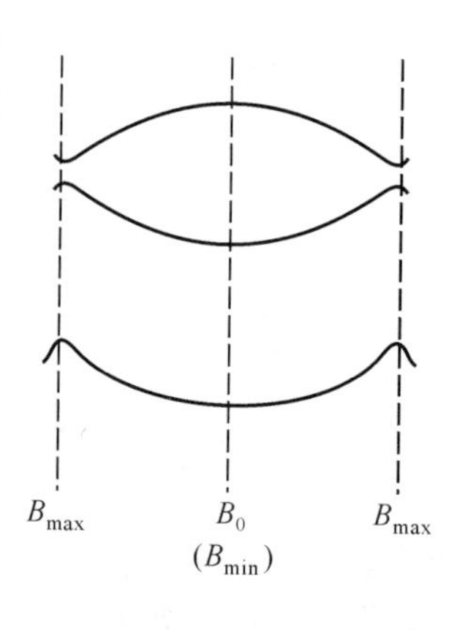

图 6-5-1　磁瓶

现在定量讨论对于给定$B_{\min}$和$B_{\max}$的磁瓶，带电粒子被捕集的条件. 设带电粒子在$B_{\min}$处的速度为v_0，其垂直和平行磁场的分量为$v_{\perp 0}$和$v_{/\!/0}$，若此粒子可被捕集，则应在磁场为$B'(B'<B_{\max})$处反射，即在该处的$v'_{/\!/}=0$，$v'_{\perp}=v'$. 因磁矩μ为浸渐不变量，故有

$$\mu_0=\mu'$$

即

$$\frac{\frac{1}{2}mv_{\perp 0}^2}{B_{\min}}=\frac{\frac{1}{2}mv_{\perp}'^2}{B'}$$

因能量守恒，故

$$\begin{aligned}v_0^2&=v_{\perp 0}^2+v_{/\!/0}^2\\&=v'^2=v_{\perp}'^2\end{aligned}$$

由以上两式，得

$$\frac{B_0}{B'}=\frac{v_{\perp 0}^2}{v_{\perp}'^2}=\frac{v_{\perp 0}^2}{v_0^2}$$

定义

$$\sin\theta=\frac{v_{\perp 0}}{v_0}$$

式中θ是$\boldsymbol{v}_0$和$\boldsymbol{v}_{\perp 0}$的夹角，即在磁场极小值B_0处粒子轨道的俯仰角. 由以上两式，若θ较小(即v_0的$v_{\perp 0}$分量较小而$v_{/\!/0}$分量较大)，则要求B'与$B_{\min}$的差别较大才能捕集. 若θ太小，要求的反射点的B'超过了磁瓶磁场的极大值$B_{\max}$，则此粒子无法捕集，将逃逸. 因此，以$B_{\max}$代替B'，即可得出带电粒子能被磁瓶捕集的条件为

$$\sin\theta \geqslant \sin\theta_{\min} = \sqrt{\frac{B_{\min}}{B_{\max}}}$$

$$\xlongequal{\text{定义}} \sqrt{\frac{1}{R_{\mathrm{m}}}} \tag{1}$$

式中定义的 $R_{\mathrm{m}}=\dfrac{B_{\max}}{B_{\min}}$称为磁镜比.

由于(1)式中的 θ 是 $B_{\min}$处粒子速度 $\boldsymbol{v}_0$ 及其分量 $\boldsymbol{v}_{0\perp}$之间的夹角，捕集条件(1)式限定的是速度空间一个圆锥形区域的边界. 它是锥顶位于 $B_{\min}$(极小磁场即磁瓶中央)，以 $\boldsymbol{v}_{/\!/}$(磁场方向)为对称轴，$\theta_{\min}$为张角，在速度空间画出的一个两端无限延伸的圆锥体，如图 6-5-2 所示. 对于任何带电粒子，由它在 $B_{\min}$处的速度 $\boldsymbol{v}_0$ 及其分量 $\boldsymbol{v}_{0\perp}$，可确定相应的 θ 值. 若 $\theta \geqslant \theta_{\min}$，即带电粒子位于锥体之外，则可捕集在磁瓶之中；若 $\theta<\theta_{\min}$，即若带电粒子位于锥体之内，则将逃逸出磁瓶. 因此，由(1)式确定的锥体称为逃逸锥或漏泄锥.

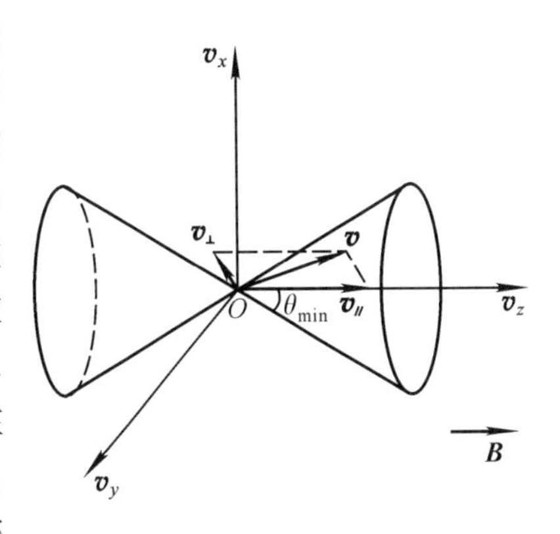

图 6-5-2 逃逸锥

值得注意的是，(1)式表明，带电粒子能否从磁瓶逃逸的关键是 v_0 与$v_{\perp 0}$之比(或 v_0 与 $v_{/\!/0}$之比)，而不只取决于 $v_{/\!/0}$的绝对大小. 这是因为使$v_{/\!/0}$减小的纵向作用力

$$\boldsymbol{F}_{/\!/} = -\mu\ \nabla_{/\!/} B = -\frac{W_\perp}{B}\nabla_{/\!/} B$$

$$= -\frac{W_{\perp 0}}{B_{\min}}\nabla_{/\!/} B$$

不仅与磁场的纵向梯度 $\nabla_{/\!/} B$ 有关，而且还通过 μ 与粒子的 $v_{\perp 0}$有关，$v_{\perp 0}$越大粒子所受纵向阻力 $F_{/\!/}$越大，有利于捕集.

还应指出，以上讨论均未涉及带电粒子之间的碰撞. 若因碰撞改变了某个粒子的轨道俯仰角，使之进入逃逸锥，则该粒子将逃逸. 虽然捕集条件(1)式与带电粒子的 q 和 m 无关，同样适用于正、负带电粒子，但因与正离子相比，电子有较高的碰撞频率，故更容易逃逸.

除了为等离子体磁约束专门设计的磁瓶、环状磁场外，在宇宙空间还广泛存在各种天然的磁瓶结构的磁场，地球磁场就是一个重要的例子. 地球磁场大体上是以南磁极和北磁极为两极的偶极磁场，这是一种磁瓶结构的磁场. 地球的南北磁极与地理南北极并不重合，连结南北磁极的地磁轴与连结南北极的地球自转轴有 11°多的夹角，地磁北极位于北纬 78.6°，西经 70.1°处. 地球磁场在两磁极强(在北磁极为 0.61 Gs，在南磁极为

0.68 Gs)，在赤道弱(约为0.29~0.40 Gs)，是具有相当大磁镜比的天然的磁瓶结构磁场，成为带电粒子的天然捕集器. 地球磁场主要来源于地球内部，来自外层空间的成分不到1%. 地球磁场大体上是恒定的，但也有各种短期和长期的变化，例如太阳风、宇宙线、电离层、极光等都对地球磁场有影响，使之发生短期的变化.

1958 年 Van Allen 等在分析人造地球卫星探测器的资料时，确认存在着两个环绕地球的辐射带——现称为 Van Allen 带，如图 6-5-3 所示. 内辐射带距地面约几千公里，限于磁纬度±40°之间，外辐射带距地面约 2 万公里，厚约 6 000 km，较稀薄，粒子能量也比内带中的小一些. 地球辐射带是由地球磁场俘获的带电粒子组成的，带电粒子是太阳风、宇宙线与地球高层大气相互作用产生的高能粒子，绝大部分是电子和质子，它们在地球磁场的作用下运动并不断辐射电磁波. 实际上，被俘获的带电粒子分布在整个地球磁场中，辐射带的界限并不很分明，只是由于辐射带内的带电粒子密度比其他区域大一些，才显示出来. 另外，高空核爆炸后，许多电子射入地球磁场，会形成持续几天到几周厚度达几十公里的人工辐射带.

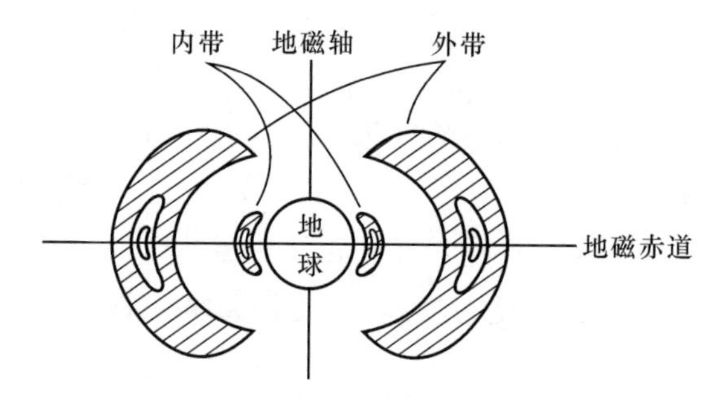

图 6-5-3　地球辐射带(Van Allen 带)

带电粒子在地球磁场中的运动是比较复杂的. 定性地说，除了绕磁力线在横向的 Larmor 回旋，以及沿着磁力线在两磁镜点之间往返的纵向运动外，由于地球磁场存在着横向梯度和纵向弯曲，带电粒子还有环向的漂移运动. 环向漂移运动大体上沿着某一纬度环绕地球缓慢漂移，电子从西向东漂移，质子从东向西漂移，环向漂移后仍能回到同一条磁力线上来. 总之，在地球磁场中，带电粒子的横向回旋，纵向往返以及环向漂移构成了三个周期运动.

参考文献

[1] ALFVEN　H，FÄLTHAMMAR　C　G. 宇宙电动力学. 戴世强，译. 北京：科学出版社，1974.
[2] 许敖敖，唐玉华. 宇宙电动力学导论. 北京：高等教育出版社，1987.
[3] 徐家鸾，金尚宪. 等离子体物理学. 北京：原子能出版社，1981.

第七章

磁流体力学

等离子体是部分或完全电离的气体，按物质聚集态的顺序，等离子体位居固体、液体、气体之后，所以也称为物质的第四态. 在广袤的宇宙中，包括恒星(例如太阳)、星际物质在内，99%以上的物质都处于等离子体状态. 地球上由于温度较低，等离子体颇为罕见，只在极光与闪电、电离层、电弧与日光灯以及实验室等少数特殊场合中，才有机会遇到等离子体.

等离子体不仅与固体、液体不同，而且与普通的由中性原子、分子组成的气体也大不相同. 这是因为构成等离子体的带电粒子之间的作用主要是长程的 Coulomb 力，它使得每个带电粒子同时与许多带电粒子发生作用(集体相互作用)，并且会受到电磁场的强烈影响. 正是这些原因决定了等离子体具有一系列独特的性质以及不同的研究方法.

等离子体物理是在 20 世纪 20 年代后逐渐形成的物理学新分支，它研究等离子体的形成、性质和运动规律. 等离子体物理学的发展是和天体物理、空间物理、特别是和受控热核聚变的研究紧密联系在一起的.

等离子体物理学的研究方法或理论框架包括三部分，即粒子轨道理论、磁流体力学和等离子体动力论. 粒子轨道理论把等离子体看成大量独立带电粒子的集合，忽略粒子间的相互作用，只讨论单个带电粒子在外磁场中的运动特性. 粒子轨道理论是一种近似理论，只适用于稀薄等离子体. 磁流体力学把等离子体看作导电流体，研究导电流体与电磁场的相互作用，这是等离子体的宏观理论，也是一种近似理论. 等离子体动力论是微观的统计理论，它把等离子体看作大量带电粒子的体系，这是严格的理论. 以上三种研究方法各具特色，相辅相成. 不难看出，等离子体物理学是在经典电磁场理论、流体力学、统计物理学的基础上，综合运用、交叉渗透而形成的具有重要理论意义和广泛应用前景的新学科.

第六章“带电粒子在电磁场中的运动”介绍了粒子轨道理论，侧重于漂移和浸渐不变量的阐述.

本章介绍“磁流体力学”. 作为铺垫，先扼要说明何谓等离子体，介绍等离子体的主要特征量(例如等离子体振荡频率，Debye 长度等)，并指出等离子体物理学的主要研究方法，使读者对等离子体物理有初步的了解.

然后，给出由流体力学方程和 Maxwell 电磁场方程构成的磁流体力学方程组，它是磁流体力学研究各种问题的出发点. 由于一般的磁流体力学方程组太复杂，需要进一步给出经简化近似处理后在各种不同条件下适用的各种形式的磁流体力学方程组，它们应该既是完备的(方程数与未知量数相等)，又便于用来讨论各种具体问题. 作为一个例子，讨论了磁冻结和磁扩散效应，它反映了导电流体对磁场的作用，显示了等离子体作为宏观导电流体的独特性质.

磁流体静力学研究等离子体的平衡问题，涉及平衡条件、在各种具体条件下可能的平衡位形以及平衡的稳定性等方面. 与此同时，引入磁应力(磁压力，磁张力)概念，阐述箍缩效应. 等离子体的平衡亦即等离子体的磁约束，是为了解决如何装载温度很高的等离子体的问题，有关成果为研究包括受控热核聚变在内的各种课题创造了前提，具有重要的理论意义和应用价值.

在等离子体中，存在着种类繁多、原因各异的各种不稳定性. 另外，等离子体中的各种波动是等离子体的基本运动形式，研究等离子体波，不仅可以测量等离子体的各种参量，还可以用波来加热或约束等离子体. 对等离子体中各种波和不稳定性的研究是密切相关的，因为不稳定性往往表现为波振幅的急剧增长. 在本节的最后部分，将介绍一些等离子体的宏观不稳定性和磁流体力学波，以帮助读者略窥门径.

适当了解磁流体力学，对于电磁学课程的教学改革和师资培训都将是有益的. 因为它不仅可以开阔视野，接触到许多与电磁学密切相关的新的方程、概念、效应、应用，而且能颇具说服力地证明，磁流体力学原来就是植根和脱胎于包括电磁学在内的各种传统经典理论，从而有助于理解电磁学的基础地位和重要性，增强教和学的积极性.

§1. 何谓等离子体

等离子体是部分或完全电离的气体，由大量自由电子和正离子以及中性原子、分子组成. 等离子体在宏观上是近似电中性的，即从宏观上说，所含的正电荷与负电荷几乎处处相等.

如所周知，任何物质由于温度不同将处于不同的聚集状态. 固体加温熔解成为液体，液体加温沸腾成为气体. 气体加温到几百上千度仍是气体，但若加温到几万度、几十万度甚至更高的温度，则不仅分子或原子的运动十分剧烈，而且原子中的电子也已具有相当大的动能，足以摆脱原子核的束缚成为自由电子，于是原子电离，成为自由电子和正离子. 这种部分电离(带电粒子的数量超过千分之一)或完全电离的气体，就是等离子体.

它在宏观上仍近似地处处保持电中性.

从物质聚集态的顺序来说，等离子体居于固体、液体、气体之后，位列第四，所以等离子体又称为物质的第四态. 所谓物质的不同聚集态，从微观上说，就是构成物质的微观粒子排列的有序程度不同. 固体(晶体)中的粒子规则地周期性地排列，远程有序，使固体具有确定的形状和体积. 液体分子在小范围内规则排列，近程有序，使液体具有一定体积且不易压缩，但又易流动或相对移动从而无一定形状. 气体分子作无规则热运动，使气体既无固定形状和体积，又易流动和压缩. 在等离子体中，不仅未被电离的中性分子自由地热运动，而且电离产生的电子和正离子也都自由地热运动，所以等离子体是有序度最差的聚集态. 物质各种聚集态在一定条件下的转化，就是物质有序度的改变，从固体到液体再到气体和等离子体，有序度逐步被破坏.

有序度对物质的性质有重大影响，区分固体、液体、气体的原因正在于此. 把部分或完全电离的气体单独命名为等离子体，也正是因为等离子体与气体的性质很不相同. 普通的气体由中性原子、分子组成，其间的相互作用是分子力，这是一种短程相互作用，只在分子相距很近(即碰撞)时才需要考虑，相距较远即可忽略，由此，在气体不太稠密时主要是二体碰撞，多体碰撞极少. 在等离子体中，中性原子分子之间的作用已退居次要地位，整个系统受带电粒子的运动支配. 带电粒子之间的相互作用主要是 Coulomb 力，这是一种与距离平方成反比的长程力，每个带电粒子往往同时与许多带电粒子发生作用(集体相互作用)，并且带电粒子的运动还将受到外加电磁场的强烈影响. 所有这些，都决定了等离子体具有一系列区别于气体的独特性质和研究方法.

在地球上，常见的是气体、液体和固体，等离子体很少见，这是因为地球表面的温度太低，通常并不具备产生等离子体的条件. 然而，在特定的环境和条件下，地球上也能产生等离子体. 例如，在两极上空，由于太阳活动和地球磁场的作用，高空大气会电离形成稀薄等离子体，美丽的极光就是两极上空等离子体的辐射产生的. 例如，在雷雨季节，云层各部分之间或云层与地面之间的高电压会使大气击穿电离形成等离子体，等离子体的辐射产生壮观的闪电. 例如，霓虹灯鲜艳的色彩，就是其中氖或氩等离子体产生的. 此外，例如在日光灯、火焰或氢弹爆炸时也都有等离子体，围绕地球的电离层也是等离子体. 与地球不同，在广袤的宇宙中，恒星(例如太阳)是高温电离形成的等离子体，稀薄的星云和星际物质则是由辐射电离形成的等离子体，在宇宙中 99.9% 的物质是等离子体.

§2. 等离子体的主要特征量：等离子体振荡频率 ω_p 和 Debye 长度 λ_D

描述等离子体状态的独立参量是粒子密度 n 和温度 T 等物理量. 描述等离子体性质

的主要特征量则是等离子体振荡频率 ω_p 和 Debye(德拜)长度 λ_D 等，通过 ω_p 和 λ_D 等可以对等离子体独特的物理性质有初步的了解，也为本章后面的讨论打下基础.

一、等离子体粒子密度

等离子体粒子密度是单位体积的粒子数. 等离子体是电离气体，其中包括电子、正离子和中性分子，三者的粒子密度分别表为 n_e，n_i，n_0. 通常，电子与正离子的电荷总数基本相等，等离子体整体保持电中性，但电子与正离子的密度不一定相等，因为正离子可以包含多个基本电荷. 对于氢等离子体，则有 $n_e=n_i$，其电离度定义为 $\alpha=\dfrac{n}{n_0}$，式中 n 即为 n_e 或 n_i，若充分电离，则 $\alpha\approx1$，若弱电离，则 $\alpha\ll1$. 各种等离子体的粒子密度相差很远，例如，恒星等离子体的粒子密度高达 $10^{28}\sim10^{31}\ \mathrm{m^{-3}}$，地球电离层等离子体的粒子密度仅为 $10^3\sim10^6\ \mathrm{m^{-3}}$.

二、等离子体温度

温度是一个重要的物理量，根据热力学，仅当物质处于热平衡状态时，才能用确定的温度来描述. 然而，对于等离子体，由于热平衡的建立与粒子密度、电离度、外界电磁场等诸多因素有关，通常等离子体并不处于热平衡状态. 因此，能否引入温度概念，在什么条件下能够引入温度概念，其含义是什么，等等，尤其值得注意.

例如，在非常稀薄的等离子体(如星系空间的等离子体)中，粒子间几天才有可能碰撞一次，能量交换极为困难，等离子体长期处于远离热平衡的状态，对此，只在某种假定的意义上才能谈到温度. 例如，在比较稠密的等离子体中，虽然整体并未达到热平衡，但却有可能出现局部的热平衡状态. 如日光灯点燃后，在由气体放电产生的等离子体中，电子与电子、正离子与正离子各自通过碰撞达到了热平衡状态，于是可以分别引入温度的概念，其中，电子温度高达几万度，正离子温度则与室温差不多. 显然，电子与正离子之间也有频繁的碰撞，但因两者质量相差很大，其间的碰撞几乎是完全弹性的，难于传递能量，使得等离子体中的电子温度与正离子温度相差悬殊，达到局部热平衡的电子与正离子得以长期共存，等离子体的整体仍未达到热平衡. 例如，在外磁场的作用下，等离子体可以出现两种温度，其一是沿磁场的纵向温度，另一是垂直磁场的横向温度，这时等离子体内的温度随空间方位变化，具有各向异性. 例如，在稠密等离子体中，粒子间距减小，碰撞加剧，静电作用明显，以致在等离子体的各种成分之间建立了整体的热平衡，对此，才可以用统一的温度来描述.

计算表明，实现热核聚变反应等离子体的点火温度约为 $10^7\sim10^8$ K，用于磁流体发电的等离子体的温度约为 $10^3\sim10^4$ K. 前者称为高温等离子体，后者称为低温等离子体. 由此可见，等离子体的高温、低温范围与日常的温度高低颇为不同.

在等离子体物理中，温度的单位除开尔文(K)外，常用的还有电子伏特(eV). 如所

周知，根据理想气体的压强公式和状态方程，得出气体分子的平均动能 E 与温度 T 的关系为

$$E=\frac{3}{2}kT$$

它表明，温度是大量分子无规则热运动剧烈程度的标志. 电子伏特(eV)本来是能量单位，当一个电子经过电势差为1伏特的电场区后，从电场中获得的能量就是 $1\ \mathrm{eV}=1.60\times10^{-19}\mathrm{J}$. 如果气体分子的平均动能 E 刚好等于 1 eV，则表明其温度为

$$\begin{aligned}T&=\frac{2}{3}\frac{E}{k}\\&=\frac{2}{3}\cdot\frac{1.60\times10^{-19}\mathrm{J}}{1.38\times10^{-23}\mathrm{J/K}}\\&=11\ 600\ \mathrm{K}\end{aligned}$$

由此，在等离子体物理中也常用电子伏特作为温度单位，例如 $T=1$ eV 意即 $T=1.16\times10^4\mathrm{K}\approx10^4$ K.

应该指出，在等离子体物理中，有一种常见的误解，即认为高温必定非常“热”，其实未必. 例如，霓虹灯、日光灯中的电子温度约为 2×10^4 K，为什么灯管不仅没有烧坏，还称之为冷光灯呢？这是因为，首先，霓虹灯与日光灯中气体稀薄、压力低，不仅分子数少，而且电离度也仅有万分之一，因而尽管电子动能很大，但数量非常少，故热容量很小，撞击管壁的传递的热量很少. 其次，其中离子的温度与中性分子的温度远远低于电子温度，与室温相近，所以绝不会烧坏管壁.

描述等离子体状态的独立参量，除上述粒子密度与温度外，还有外加磁场与等离子体的空间尺度(大小)等.

三、等离子体振荡频率

等离子体振荡频率是等离子体中一种集体振荡的频率，它描绘了等离子体对电中性破坏的反应快慢.

容易设想，在无界的处处电中性的等离子体中，如果由于某种扰动，使得等离子体中某个局部区域的电中性遭到了破坏，则将出现电子的过剩. 于是，过剩电子产生的电场，将迫使电子从电中性被破坏的该局部区域向外运动，过剩很快消失. 但是，电子的运动速度使之不能在恢复电中性时就停下来，结果从该局部区域出去的电子过多，导致电子的不足，从而产生反向电场，将电子拉回，但又不能及时停止，于是过剩再次出现. 上述过程的不断往复，形成了等离子体内大量电子的集体振荡. 由于正离子的质量远大于电子质量，相对电子而言很不活跃，所以在讨论电子振荡时可以近似地假设正离子固定不动，构成均匀的正电荷背景. 总之，等离子体中电子的振荡是在均匀正电荷背景下，由于某种电子的密度扰动，使得电中性被破坏所导致的电子集体振荡，这是一种静电效

应. 从能量的观点看，等离子体中电子的集体振荡无非是电子动能与静电势能的转换. 如果由于碰撞或其他原因产生的阻尼使上述能量耗尽(即转换为热运动能量或其他能量)，振荡即告终止.

为了简单地导出等离子体中电子集体振荡的频率，如图 7-2-1 所示，假设在等离子体内一薄片中，全部电子相对于均匀的正电荷背景移动了一小段距离 x，则薄片两侧面上出现密度分别为 $\pm n_e ex$ 的面电荷(e 为电子电量绝对值，n_e 为电子数密度)，使薄片所在的局部区域丧失了电中性. 于是，薄片内产生电场强度$E=\frac{1}{\varepsilon_0}n_e ex$ 的电场，它将把电子拉回. 设电子质量为 m_e，则每个电子的运动方程为

$$m_e\frac{\mathrm{d}^2x}{\mathrm{d}t^2}=-\frac{1}{\varepsilon_0}n_e e^2 x$$

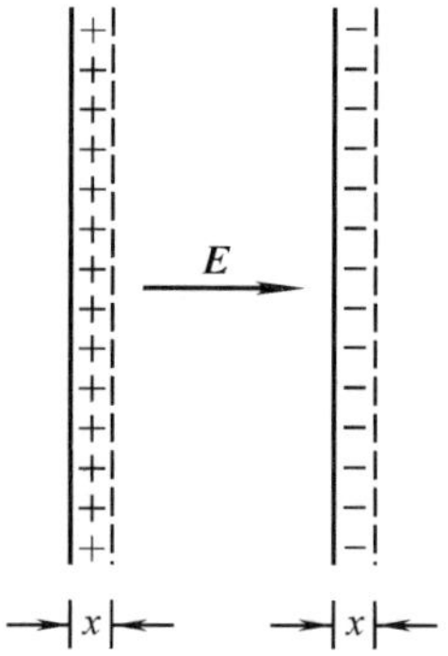

图 7-2-1　等离子体振荡

这是简谐振动的方程，它表明，电子将作集体振荡，振荡的圆频率 ω_{pe} 为

$$\omega_{pe}=\sqrt{\frac{n_e e^2}{\varepsilon_0 m_e}}\tag{1}$$

注意，在导出(1)式时，既要求无外磁场，又忽略了碰撞、热运动等因素的影响.

用同样的方法也可以讨论等离子体中正离子的集体振荡. 的确，在等离子体中，电子比正离子活跃得多，但如果在正离子完成一个振荡的时间内，依靠电子的热运动，使电子达到了均匀的空间分布，则有理由假设正离子的振荡是在均匀的电子背景中进行的. 于是，即可类似地得出等离子体中正离子集体振荡的圆频率为

$$\omega_{pi}=\sqrt{\frac{Z_i^2 n_i e^2}{\varepsilon_0 m_i}}\tag{2}$$

式中 m_i 是正离子质量，$Z_i e$ 是正离子电量. 由于 $m_i\gg m_e$，故 $\omega_{pi}\ll\omega_{pe}$.

通常，在等离子体中，由于电中性的破坏，电子与正离子都在振荡. 若以折合质量

$$m_{ei}=\frac{m_e m_i}{m_e+m_i}\approx m_e$$

代替公式中的 m_e，即可得出电子相对于正离子或正离子相对于电子的振荡频率，此即等离子体振荡频率 ω_p，为

$$\begin{aligned}\omega_p&=\sqrt{\frac{n_e e^2}{m_{ei}\varepsilon_0}}\\&=\sqrt{\omega_{pe}^2+\omega_{pi}^2}\\&\approx\omega_{pe}\end{aligned}\tag{3}$$

例如，在日冕等离子体中，n 约为 $10^{14}\mathrm{m}^{-3}$，则 ω_p 为 100 MHz；在气体放电等离子体中，n 约为 $10^{18}\mathrm{m}^{-3}$，ω_p 为 10^{10} Hz. 可见，通常等离子体振荡是高频的静电振荡.

四、Debye 长度

Debye 长度 λ_D 是描述等离子体特征的一个重要参量. 为了便于引入 λ_D 并说明其含义，设想在等离子体内某点有正电荷 q 集中(例如，认定一个正离子)，则其 Coulomb 场将吸引周围的电子和排斥周围的正离子，使 q 近旁的电子多于正离子. 等离子体内带电粒子的这种重新分布，使得等离子体内原先处处保持的电中性被破坏，同时，也使正电荷 q 对远处其他带电粒子的作用被削弱，即起到了某种屏蔽的作用.

现在，作定量分析. 显然，等离子体内的静电场由三部分电荷产生：其一是在某点的正电荷 q，取该点为坐标原点；其二是均匀的正离子背景 $n_0 e$，其中 $n_0=n_i$ 是正离子的密度，因正离子的质量远大于电子，可忽略正离子的热运动和位置移动，取 $n_0=n_i$ 为常量；其三是 q 附近过剩的电子 $-n_e e$，其中 $n_e(r)$ 是电子密度. 由于电子作热运动，在静电场中电子密度的平均分布为 Boltzmann 分布，把静电场的势表为 $\phi(r)$，则有

$$n_e(r)=n_0\exp\left[\frac{e\phi(r)}{kT}\right]$$

若等离子体稀薄，则带电粒子间的静电势能远小于带电粒子的热运动能量：

$$e\phi(r)\ll kT$$

式中 T 为温度. 由以上两式，得

$$n_e(r)\approx n_0\left(1+\frac{e\phi}{kT}\right)$$

以上三部分电荷产生的静电场的势 $\phi(r)$ 遵循 Poisson 方程，在 $r\neq 0$ 处，方程为

$$\begin{aligned}\nabla^2\phi(r)&=-\frac{1}{\varepsilon_0}(n_0e-n_e e)\\&\approx\frac{n_0e^2}{\varepsilon_0 kT}\phi(r)\\&=\frac{\phi(r)}{\lambda_D^2}\end{aligned}$$

其中，引入的参量 λ_D 定义为

$$\lambda_D=\sqrt{\frac{\varepsilon_0 kT}{n_0e^2}} \tag{4}$$

于是，方程为

$$\frac{1}{r^2}\frac{\mathrm{d}}{\mathrm{d}r}\left[r^2\frac{\mathrm{d}}{\mathrm{d}r}\phi(r)\right]-\frac{1}{\lambda_D^2}\phi(r)=0$$

这是虚宗量的$\frac{1}{2}$阶 Bessel 方程，其通解为

$$\phi(r)=\frac{A}{r}\exp\left(-\frac{r}{\lambda_D}\right)+\frac{B}{r}\exp\left(\frac{r}{\lambda_D}\right)$$

边界条件为：$r\to\infty$ 时，$\phi=0$，以及 $r\to 0$ 时，$\phi=\frac{q}{4\pi\varepsilon_0 r}$. 由此确定 A 和 B，代入上式，得

$$\phi(r)=\frac{q}{4\pi\varepsilon_0 r}\exp\left(-\frac{r}{\lambda_D}\right) \tag{5}$$

(5)式给出的静电场势函数 $\phi(r)$ 称为 Debye 势，即被屏蔽的 Coulomb 势，$\phi(r)$ 等于 Coulomb 势$\frac{q}{4\pi\varepsilon_0 r}$乘上衰减因子 $\exp\left(-\frac{r}{\lambda_D}\right)$. 如图 7-2-2 所示，Debye 势比 Coulomb 势衰减得更快，在与正电荷 q 相距 λ_D 处，Debye 势已经衰减到只有相应 Coulomb 势的$\frac{1}{e}$.

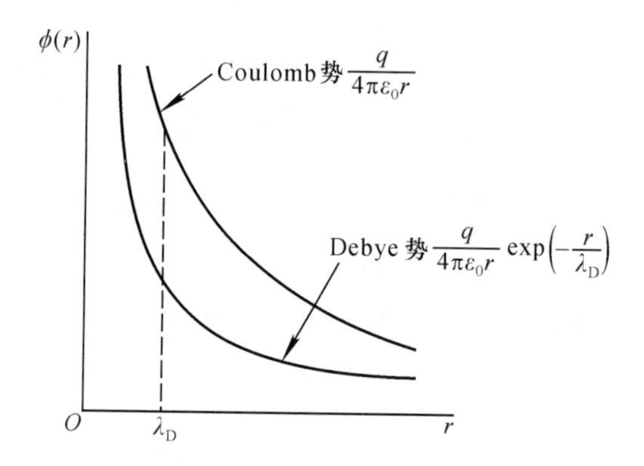

图 7-2-2　Debye 长度

上面由(4)式引入的参量 λ_D 称为 Debye 长度，以 λ_D 为半径的球称为 Debye 球. 通常就用 Debye 长度来表示等离子体的屏蔽距离，即认为等离子体内的两个带电粒子，仅当其间距小于 λ_D 时才需要考虑其间的相互作用. 同时，Debye 长度 λ_D 也成为等离子体(准)电中性的尺度，即认为在 Debye 球内等离子体的电中性不成立，而在 Debye 球外等离子体具有电中性，两者以 λ_D 为界. 由于屏蔽是统计意义下的概念，要求 Debye 球内有大量粒子，即要求 λ_D 远大于粒子之间的平均间距（$n_0\lambda_D^3\gg 1$），所以 Debye 长度 λ_D 也成为等离子体宏观小、微观大的特征尺度. 另外，Debye 长度 λ_D 又是等离子体边缘的鞘层厚度. 所谓鞘层是等离子体边缘与容器壁相接触的薄层，它把等离子体包围起来，在鞘层中电中性可能被破坏，具有负电势.

由上述 ω_p 和 λ_D，还可以引入一个称为响应时间的重要物理量，它描绘电中性被破坏时等离子体作出反应的快慢. 前已指出，当电中性被破坏时，等离子体中的电子将以

ω_p 为圆频率作简谐振荡. 如果认为电子振荡的能量来源于平均热运动能量, 即可得出电子振荡的振幅应等于 Debye 长度 λ_D(这是合理的, 因为 λ_D 正是等离子体准电中性的尺度), 并进而得出电子振荡一周所需时间即为$\frac{1}{\omega_p}$. 由此可见, 当等离子体中某处的电中性被破坏时, 等离子体就会在$\frac{1}{\omega_p}$的响应时间内去消除它.

§3. 等离子体物理的研究方法

等离子体物理是在 20 世纪 20 年代后逐渐形成的物理学的一个新学科, 它研究等离子体的形成、性质和运动规律. 等离子体物理的发展是和天体物理、空间物理以及受控热核聚变的研究紧密联系在一起的.

众所周知, 轻核的聚变可以获得取之不尽用之不竭的能量, 为了实现可控热核反应而不是热核爆炸, 需要解决一系列难题. 例如, 聚变只能在几百万度或更高的温度下进行, 在这种温度下任何固体都将熔化而无法作为装载的"容器", 为此, 人们采用磁场来约束等离子体, 迫使等离子体的全部带电粒子按一定队形运动而不与固体器壁接触. 然而, 又出现了等离子体的不稳定性问题, 它使得约束无法维持到实现反应所需的时间. 所以, 为了解决等离子体的磁约束问题, 不仅需要设计各种磁场位形(例如巨大而复杂的托卡马克装置), 还需要研究等离子体的平衡问题, 特别需要研究等离子体中种类繁多的各种不稳定性, 弄清楚它们的产生原因和抑制办法. 又如, 等离子体中的波动是等离子体的基本运动形态, 对等离子体波的研究, 不仅可以测量等离子体的各种参量, 还可以用波来加热或约束等离子体, 而且波动的研究与不稳定性也有密切关系, 因为不稳定性往往表现为波振幅的急剧增长.

就天体物理而言, 例如, 由于在宇宙中绝大部分物质都处于等离子体状态, 同时, 宇宙中又普遍存在磁场, 因此, 等离子体在磁场中的运动以及这些磁场的产生原因就成为天体物理的重要研究对象. 又如, 在天体等离子体中广泛存在着各种不稳定的物理过程, 它们对天体的形成、性质、演化等有重要影响, 这些问题的研究也都需要等离子体物理的帮助. 近几十年来, 利用等离子体物理的基本理论和实验结果来研究天体的物态和物理过程, 已经形成了等离子体天体物理学的新分支, 它对天体物理和等离子体物理的发展都起了重要的作用.

正是在对这些问题的研究基础上, 逐渐形成了等离子体物理的研究方法和理论框架, 大致包括三部分. 第一种研究方法是粒子轨道理论, 它把等离子体看成大量独立的带电粒子的集合, 忽略粒子间的相互作用, 只讨论单个带电粒子在外磁场中的运动特性. 粒子轨道理论是一种近似理论, 适用于稀薄等离子体, 它提供的关于粒子运动的直观图像，有助于了解等离子体总体上的某些性质，成为进一步研究的基础. 第六章“带电粒子在电磁场中的运动”介绍了粒子轨道理论.

第二种研究方法是磁流体力学. 它把等离子体看作导电流体，导电流体的运动要受电磁场的影响，于是应在流体力学方程中加上电磁作用项，并与 Maxwell 电磁场方程联立，构成磁流体力学方程组，这是等离子体的宏观理论，也是一种近似理论，适用于讨论等离子体的平衡、宏观不稳定性等问题. 磁流体力学是本章的主要内容.

由于等离子体是含有大量带电粒子的体系，第三种研究方法即严格的处理方法是统计方法，相应的理论称为等离子体动力论，这是等离子体的微观理论.

以上是等离子体物理的三种主要研究方法和理论，三者是相互联系的，并且都还正在发展，许多问题包括一些基本问题在内都还有待深入研究.

还应指出，等离子体的种种应用也是引人注目的重要课题. 例如，磁流体发电机，它使电离气体(等离子体)经过磁场，切割磁力线产生感应电流，直接将等离子体的内能转换成电能. 由于它不需要机械转动部件，避免了转换为机械能的中间过程，效率可以大大提高，已经引起了广泛的兴趣. 此外，等离子体还用于金属切割、熔焊、表面喷涂等等方面.

§4. 磁流体力学方程

磁流体力学(magneto hydrodynamics，简写为 MHD)是研究等离子体的一种近似方法和宏观理论. 它把等离子体看作流体，研究它的宏观运动. 与通常的由中性分子构成的流体(气体、液体)不同，由带电粒子构成的等离子体是导电流体①，因此，当等离子体在电磁场中运动时，必然存在着导电流体与电磁场之间的相互作用. 磁流体力学就是研究导电流体在电磁场中运动规律的学科，它是在流体力学和电磁学的基础上发展起来的，以流体力学方程和 Maxwell 电磁场方程为出发点. 磁流体力学是典型的由几个学科交叉渗透、相互联系而形成的新学科.

一、流体力学方程

流体的特点是具有连续性，即由连续分布的许多流体质点组成，其间没有任何空隙. 这里的流体质点是一个宏观概念，其中包含大量微观粒子.

为了讨论流体的运动，有两种方法. 一种是 Lagrange 方法，以流体质点为研究对象，讨论质点在不同时刻的位置、速度、加速度等，从而确定每个质点的运动状态，这种方法和通常力学中处理质点系的方法相同. 另一种是 Euler 方法，在空间任取一定点，讨论

① 在本章以下内容中，等离子体、导电流体、磁流体三个名词的含义实际上相同，不分彼此，请读者注意.

不同时刻通过该定点的流体质点的速度和加速度等，这种方法与通常力学中惯用的方法明显不同. 根据 Euler 方法，取直角坐标(x, y, z)和时间 t 为自变量，把描述流体特征的速度 $\boldsymbol{v}$、压力(压强)p、密度 ρ 等表为空间和时间的函数：

$$\boldsymbol{v}=\boldsymbol{v}(x, y, z, t)$$
$$p=p(x, y, z, t)$$
$$\rho=\rho(x, y, z, t)$$

于是，每一时刻流体质点的 $\boldsymbol{v}$ 与 p，ρ 的空间分布形成相应的矢量场($\boldsymbol{v}$)或标量场(p, ρ). 伴随着流体的运动，这些矢量场或标量场将随时间变化. 因而，Euler 方法把对流体运动的讨论，转变为讨论随时间变化的矢量场或标量场.

实际流体是相当复杂的，影响流体运动的因素也很多，往往需要简化处理. 例如，根据流体可否压缩，区分为可压缩流体与不可压缩流体；根据流体有无黏性，区分为黏性流体与无黏性流体，无黏性流体又称理想流体，在理想流体内部切向力处处为零；如果流体质点之间的热传导可以忽略，则流体是绝热的，反之则需要考虑其间热量的传递. 显然，不可压缩、无黏性、绝热等都是对实际流体的简化处理，但往往是必要的、不可避免的，当然，同时需要注意其适用范围以及如何修正.

流体力学方程是根据经典力学的基本规律——质量守恒定律、动量守恒定律和能量守恒定律得出的.

连续性方程是质量守恒定律的结果，即单位时间从任意封闭曲面流出的流体，应等于该封闭曲面所包围体积内流体质量的减少，其微分形式为

$$\frac{\partial\rho}{\partial t}+\nabla\cdot(\rho\boldsymbol{v})=0 \tag{1}$$

连续性方程(1)式表明，流体运动时，其密度 ρ 与速度 $\boldsymbol{v}$ 有关，即密度分布或质量分布的变化会影响运动的速度. 连续性方程适用于各种流体，包括导电流体.

动量方程即 Newton 第二定律，是流体的动力学方程. 对于导电流体中选定的质点，它所受的作用力包括重力、电磁力以及周围流体对它的作用力等. 在无黏性的理想流体中，周围流体对该质点的切向力处处为零，法向力表现为压力. 动量方程的微分形式为

$$\rho\frac{\mathrm{d}\boldsymbol{v}}{\mathrm{d}t}=-\nabla p+\boldsymbol{j}\times\boldsymbol{B}+\rho_{\mathrm{q}}\boldsymbol{E}+\rho\boldsymbol{g} \tag{2}$$

式中 p 是流体的压力(压强)，压力梯度 ∇p 的方向为压力增加的方向，负号表示流体质点受到的力与压力梯度反向. 式中 $\rho\boldsymbol{g}$ 是作用在流体质点上的重力，ρ 是流体的质量密度，$\boldsymbol{g}$ 是重力加速度. 式中 ρ_{q} 是电荷密度，$\rho_{\mathrm{q}}\boldsymbol{E}$ 是因流体质点带电所受电场 $\boldsymbol{E}$ 的 Coulomb 力. 式中 $\boldsymbol{j}$ 是导电流体中总的电流密度，$(\boldsymbol{j}\times\boldsymbol{B})$是因流体质点有电流 $\boldsymbol{j}$ 所受磁场 $\boldsymbol{B}$ 的作用力，此即 Ampere 力. 应该指出，导电流体中的总电流 $\boldsymbol{j}$，既包括电场产生的电流，又包括电荷运动产生的电流，还包括因导电流体在磁场中运动由电磁感应产生的感应电流，详见下面的(8)式. 还应指出，(2)式中的 $\boldsymbol{E}$ 和 $\boldsymbol{B}$ 是指总的电场和磁场，不仅包

括外加的电场和磁场，还包括由于导电流体中电荷分布与电流分布所产生的附加电磁场，而后者又与导电流体的运动有关. 正如 Cowling 在《电磁流体力学》一书中指出："电磁流体力学研究导电流体在磁场中的运动. 由于流体运动而在流体内部感生的电流改变着磁场；与此同时，电流在磁场中流动又产生机械力，后者又改变流体的运动. 电磁流体力学的独特兴趣和困难，就由这种场和运动的相互作用而来."

能量方程是根据能量守恒定律得出的. 对于运动的流体质点来说，它具有的能量包括机械能(动能与势能)和内能(大量微观粒子无规则热运动的能量)等. 它与周围交换能量的方式是多种多样的，包括热量的传递、周围流体的压力所作的功、电场力的功以及由于流体的运动从单位体积内流进或流出流体(即压缩与膨胀)所带来或带走的能量(内能与机械能)等. 因此，能量方程的一般形式是相当复杂的. 为了使方程完备，即使方程数与未知量数相等，并易于处理，需要简化. 如果流体在运动过程中，流体质点之间无热量交换，即满足绝热条件，则可用下述绝热方程代替能量方程：

$$p\rho^{-\gamma}=\text{常量} \tag{3}$$

式中 γ 是流体的定压热容量与定容热容量之比.

二、电磁场方程

由于讨论导电流体的运动，在上述流体力学方程中必然涉及电磁量 $\boldsymbol{E}$，$\boldsymbol{B}$，ρ_{q}，$\boldsymbol{j}$，根据电磁理论，电磁场的运动变化遵循 Maxwell 方程，为

$$\begin{cases}\nabla\cdot\boldsymbol{D}=\rho_{\mathrm{q}}\\ \nabla\times\boldsymbol{E}=-\dfrac{\partial\boldsymbol{B}}{\partial t}\\ \nabla\cdot\boldsymbol{B}=0\\ \nabla\times\boldsymbol{H}=\boldsymbol{j}+\dfrac{\partial\boldsymbol{D}}{\partial t}\end{cases} \tag{4}$$

相应的介质方程为

$$\begin{cases}\boldsymbol{j}=\sigma\boldsymbol{E}\\ \boldsymbol{D}=\varepsilon_{\mathrm{r}}\varepsilon_0\boldsymbol{E}\\ \boldsymbol{B}=\mu_{\mathrm{r}}\mu_0\boldsymbol{H}\end{cases} \tag{5}$$

式中 ρ_{q} 为电荷体密度，σ 为电导率，ε_{r} 为相对介电常量，μ_{r} 为相对磁导率. 注意，(5)式的第一式需要修改为下述(8)式.

可以证明，Maxwell 方程(4)式的第二式与第三式是一致的，第一式与第四式是一致的. 由第二式，因对任意矢量的旋度再取散度恒为零，故有

$$\nabla\cdot(\nabla\times\boldsymbol{E})=\nabla\cdot\left(-\frac{\partial\boldsymbol{B}}{\partial t}\right)=-\frac{\partial}{\partial t}(\nabla\cdot\boldsymbol{B})=0$$

即

$$\nabla\cdot\boldsymbol{B}=0$$

可见，(4)式的第三式是第二式的结果，两者一致，并不彼此独立. 又，由(4)式第四式，得

$$\nabla\cdot(\nabla\times\boldsymbol{H})=\nabla\cdot\boldsymbol{j}+\frac{\partial}{\partial t}(\nabla\cdot\boldsymbol{D})$$
$$=0$$

把第一式代入，得

$$\nabla\cdot\boldsymbol{j}+\frac{\partial\rho_{\mathrm{q}}}{\partial t}=0 \tag{6}$$

这是电荷守恒定律的表达式，可见(4)式第一式与第四式是一致的，并不彼此独立.

另外，对于等离子体，通常可以忽略其中单个粒子磁化性质与极化性质的影响，即在大部分情况下都可以认为

$$\varepsilon_{\mathrm{r}}=\mu_{\mathrm{r}}=1$$

于是，(5)式的第二式和第三式应改写为

$$\begin{cases}\boldsymbol{D}=\varepsilon_0\boldsymbol{E}\\ \boldsymbol{B}=\mu_0\boldsymbol{H}\end{cases} \tag{7}$$

还应指出，在运动的导电流体中，对于电流密度 $\boldsymbol{j}$，除了电场产生的电流密度 $\sigma\boldsymbol{E}$ 外，还有感应电场产生的电流密度 $\sigma(\boldsymbol{v}\times\boldsymbol{B})$，以及电荷随流体运动产生的电流密度 $\rho_{\mathrm{q}}\boldsymbol{v}$，故上述(5)式的第一式即 Ohm 定律的微分形式应修正为

$$\boldsymbol{j}=\sigma(\boldsymbol{E}+\boldsymbol{v}\times\boldsymbol{B})+\rho_{\mathrm{q}}\boldsymbol{v} \tag{8}$$

三、各种形式的磁流体力学方程组

综上，把流体力学方程、绝热方程、Maxwell 电磁场方程以及修正后的 Ohm 定律联立，即可得出磁流体力学方程组如下：

$$\begin{cases}\text{连续方程} & \dfrac{\mathrm{d}\rho}{\mathrm{d}t}+\nabla\cdot(\rho\boldsymbol{v})=0\\ \text{动量方程} & \rho\dfrac{\mathrm{d}\boldsymbol{v}}{\mathrm{d}t}=-\nabla p+\boldsymbol{j}\times\boldsymbol{B}+\rho_{\mathrm{q}}\boldsymbol{E}+\rho\,\boldsymbol{g}\\ \text{Maxwell 方程} & \nabla\times\boldsymbol{E}=-\dfrac{\partial\boldsymbol{B}}{\partial t}\\ & \nabla\times\boldsymbol{H}=\boldsymbol{j}+\dfrac{\partial\boldsymbol{D}}{\partial t}\\ \text{Ohm 定律} & \boldsymbol{j}=\sigma(\boldsymbol{E}+\boldsymbol{v}\times\boldsymbol{B})+\rho_{\mathrm{q}}\boldsymbol{v}\\ \text{绝热方程} & p\rho^{-\gamma}=\text{常量}\end{cases} \tag{9}$$

磁流体力学方程组(9)共 14 个标量方程，涉及 $\boldsymbol{E}$，$\boldsymbol{B}$，$\boldsymbol{v}$，$\boldsymbol{j}$，p，ρ 共 14 个未知标量，方

程组是完备的(注意，由(7)式，$\boldsymbol{D}=\varepsilon_0\boldsymbol{E}$，$\boldsymbol{B}=\mu_0\boldsymbol{H}$，故 $\boldsymbol{D}$ 和 $\boldsymbol{H}$ 不是独立变量). 在得出(9)式时，已经作了理想流体(无黏性)与绝热(无热量交换)等重要假设，如果有黏性又有热量交换，则压力应为二阶张量并应涉及热量，未知量大大增加，方程组就难以完备. 由此可见，为了使方程组完备，必要的简化假设是不可避免的. 实际上，方程组(9)仍然太复杂，还需要作进一步的简化，以适用于各种不同情况.

如果讨论高电导率介质中的低频情形，则可忽略电荷体密度 ρ_{q}，这是因为电子速度的大小与等离子体振荡频率有关，在低频情形，在弛豫时间内，足以使导电介质中的体电荷密度消失；同时，在低频情形，位移电流$\frac{\partial \boldsymbol{D}}{\partial t}$可略. 另外，一般在等离子体作受迫运动的装置(如磁流体发电和等离子体炬)中，常常可以忽略重力 $\rho\,\boldsymbol{g}$. 综上，若 $\rho_{\mathrm{q}}=0$，$\frac{\partial \boldsymbol{D}}{\partial t}=0$，$\rho\,\boldsymbol{g}=0$，代入(9)式，得出进一步简化的磁流体力学方程组为

$$\begin{cases}\dfrac{\mathrm{d}\rho}{\mathrm{d}t}+\nabla\cdot(\rho\boldsymbol{v})=0\\ \rho\dfrac{\mathrm{d}\boldsymbol{v}}{\mathrm{d}t}=-\nabla p+\boldsymbol{j}\times\boldsymbol{B}\\ \nabla\times\boldsymbol{E}=-\dfrac{\partial \boldsymbol{B}}{\partial t}\\ \nabla\times\boldsymbol{H}=\boldsymbol{j}\\ \boldsymbol{j}=\sigma(\boldsymbol{E}+\boldsymbol{v}\times\boldsymbol{B})\\ p\rho^{-\gamma}=\text{常量}\end{cases}\tag{10}$$

如果讨论具有足够大电离度的高温等离子体，则可取电导率 $\sigma=\infty$，并称之为理想导电流体. 对此，Ohm 定律变为

$$\boldsymbol{E}+\boldsymbol{v}\times\boldsymbol{B}=0$$

代入(10)式的第三式，消去 $\boldsymbol{E}$，得出理想导电流体的磁流体力学方程组为

$$\begin{cases}\dfrac{\mathrm{d}\rho}{\mathrm{d}t}+\nabla\cdot(\rho\boldsymbol{v})=0\\ \rho\dfrac{\mathrm{d}\boldsymbol{v}}{\mathrm{d}t}=-\nabla p+\boldsymbol{j}\times\boldsymbol{B}\\ \nabla\times(\boldsymbol{v}\times\boldsymbol{B})=\dfrac{\partial \boldsymbol{B}}{\partial t}\\ \nabla\times\boldsymbol{H}=\boldsymbol{j}\\ p\rho^{-\gamma}=\text{常量}\end{cases}\tag{11}$$

以上(9)式、(10)式、(11)式就是在各种条件下适用的磁流体力学方程组，它们是磁流体力学研究各种问题的出发点.

§5. 磁冻结和磁扩散效应

本节讨论导电流体对磁场的作用，指出导电流体的运动状态与导电性质的不同，会导致磁场具有冻结和扩散的效应. 它们将使读者对磁流体的独特性质有所了解.

一、磁流体中，磁场的动力学方程

根据磁流体力学方程组即上节(10)式的第三、四、五式：

$$\nabla\times\boldsymbol{E}=-\frac{\partial\boldsymbol{B}}{\partial t}$$

$$\nabla\times\boldsymbol{H}=\boldsymbol{j}$$

$$\boldsymbol{j}=\sigma(\boldsymbol{E}+\boldsymbol{v}\times\boldsymbol{B})$$

消去 $\boldsymbol{E}$ 和 $\boldsymbol{j}$，得

$$\begin{aligned}\frac{\partial\boldsymbol{B}}{\partial t}&=-\nabla\times\boldsymbol{E}\\&=\nabla\times(\boldsymbol{v}\times\boldsymbol{B})-\frac{1}{\sigma}\nabla\times\boldsymbol{j}\\&=\nabla\times(\boldsymbol{v}\times\boldsymbol{B})-\frac{1}{\sigma}\nabla\times\nabla\times\boldsymbol{H}\\&=\nabla\times(\boldsymbol{v}\times\boldsymbol{B})-\frac{1}{\sigma}[\nabla(\nabla\cdot\boldsymbol{H})-\nabla^2\boldsymbol{H}]\\&=\nabla\times(\boldsymbol{v}\times\boldsymbol{B})+\frac{1}{\sigma}\nabla^2\cdot\boldsymbol{H}\end{aligned}$$

把 $\boldsymbol{B}=\mu_0\boldsymbol{H}$ 代入，得

$$\frac{\partial\boldsymbol{H}}{\partial t}=\nabla\times(\boldsymbol{v}\times\boldsymbol{H})+\frac{1}{\sigma\mu_0}\nabla^2\boldsymbol{H}$$

令

$$\eta_{\mathrm{m}}=\frac{1}{\sigma\mu_0}\tag{1}$$

则

$$\frac{\partial\boldsymbol{H}}{\partial t}=\nabla\times(\boldsymbol{v}\times\boldsymbol{H})+\eta_{\mathrm{m}}\nabla^2\boldsymbol{H}\tag{2}$$

(2)式是导电流体中磁场运动变化所遵循的动力学方程，式中 $\boldsymbol{v}$ 是导电流体质点的速度. (2)式与黏性系数为 ν 的不可压缩普通流体中涡旋 $\boldsymbol{w}$ 的动力学方程

$$\frac{\partial \boldsymbol{w}}{\partial t}=\nabla\times(\boldsymbol{v}\times\boldsymbol{w})+\nu\nabla^2\boldsymbol{w}$$

类似，这种类似将为以下的分析提供启发. 在上述 $\boldsymbol{w}$ 的动力学方程中，右第一项表示涡旋的传输，右第二项表示涡旋的扩散. 因而，类似地把(2)式中的 η_{m} 称为磁黏性系数.

下面讨论两种极端情形，以便分别说明传输项和扩散项的含义.

二、磁冻结效应

对于电导率 $\sigma=\infty$ 的理想导电流体(例如，高温等离子体的电阻率非常小，可以看作理想导电流体)，由(1)式，其磁黏性系数为

$$\eta_{\mathrm{m}}=0$$

代入(2)式，得

$$\frac{\partial \boldsymbol{B}}{\partial t}=\nabla\times(\boldsymbol{v}\times\boldsymbol{B}) \tag{3}$$

(3)式表明，导电流体的运动($\boldsymbol{v}\neq0$)会引起磁场 $\boldsymbol{B}$ 随时间的变化. (3)式与无黏性($\nu=0$)、不可压缩普通流体中涡旋的方程 $\frac{\partial \boldsymbol{w}}{\partial t}=\nabla\times(\boldsymbol{v}\times\boldsymbol{w})$ 类似，而后者表明，涡旋黏附在普通流体的质点上，随着它一起运动. 因此，(3)式的含义是，在理想导电流体中，磁力线“黏附”或“冻结”在理想导电流体的质点上，随着理想导电流体的运动，磁场发生相应的变化. 这就是理想导电流体的磁冻结效应.

为了便于理解磁冻结效应，试举一例. 设由金属导体构成的刚性回路，从无磁场区向恒定的磁场区运动，随着回路的运动，穿过回路的磁通量从无到有逐渐增加. 根据 Lenz 定律，回路中将产生感应电流，感应电流的磁场反抗磁通量的变化. 如果金属是理想导体，即电导率为无穷大，导体回路电阻为零，则感应电流将足够大，以致它产生的磁场会完全抵消磁通量的变化，使穿过回路的磁通量的变化为零. 换言之，当理想导体回路从无磁场区向磁场区运动时，该回路的磁通量应保持不变，始终为零，即磁力线无法进入回路. 反之，当理想导体回路从磁场区向无磁场区运动时，该回路的磁通量也应保持不变，始终为某个初始常量，即磁力线被“冻结”在理想导体上，随之一起运动.

理想导电流体的磁冻结效应与此相仿，也是磁力线被冻结在理想导电流体的质点上随之一起运动. 磁冻结效应还可以表述为：随着理想导电流体的运动，其中任意闭合回路的磁通量守恒；或者说，在理想导电流体中，开始躺在某磁力线上的流体质点在运动过程中将始终躺在该磁力线上.

磁场的冻结效应在导电性能良好的金属导体中也存在. 例如，用良导体做成薄壁金属管，管中通过磁场，管周围装炸药，爆炸后，管迅速向里压缩，管内磁力线随之压缩而不渗出. 于是，在极短时间内可把磁场从几万高斯急剧增强到几十万甚至几百万高斯. 这是利用磁冻结效应获得强磁场的一种有效方法.

三、磁扩散效应

另一种极端情形是导电流体静止，即

$$\boldsymbol{v}=0$$

由(2)式，得

$$\frac{\partial \boldsymbol{B}}{\partial t}=\eta_{\mathrm{m}} \nabla^2 \boldsymbol{B} \tag{4}$$

(4)式与普通流体的扩散方程 $\frac{\partial \boldsymbol{w}}{\partial t}=\nu \nabla^2 \boldsymbol{w}$ 类似，后者表明，普通流体质点在流体中从一个区域向另一区域的转移，会引起普通流体的密度发生变化. 在磁流体力学中，(4)式的含义是，在导电流体中，磁场将从强度大的区域向强度小的区域扩散，使磁场衰减. 这种现象称为磁扩散. 扩散或衰减的快慢与导电流体的特征参数 η_{m} 有关，因而 η_{m} 也称为磁扩散系数. 例如，对于一定大小的静止导电流体，外磁场穿透它所需的时间称为扩散时间；或者，如果磁场原来集中在导电流体的某个区域内，然后逐渐向外扩散而衰减，所需的时间称为衰减时间，两者含义相同. 从能量的观点来看，磁扩散的本质是由于导电流体中存在电阻而引起的 Ohm 耗散，它使磁能转化为导电流体的热能，使得静止导电流体中磁能减少，磁场衰减.

四、磁 Reynolds 数 *Rm*

以上是对两种特殊情形的分析. 显然，在一般情形下，导电流体的电阻与运动都不可忽略，于是，磁场的冻结效应与扩散效应并存. 可以预见，当导电流体运动时，仍将带动磁力线，但磁力线已不再全部冻结在导电流体上，磁力线可以相对导电流体滑动，通过导电流体扩散出去.

磁冻结与磁扩散效应何者占优势，即磁场与导电流体之间相对运动的程度，取决于(2)式右边两项的比值

$$\frac{|\nabla\times(\boldsymbol{v}\times\boldsymbol{H})|}{|\eta_{\mathrm{m}} \nabla^2 \boldsymbol{H}|}\sim\frac{Lv}{\eta_{\mathrm{m}}}$$

式中 L 是磁场占有区域的特征长度，v 是与导电流体的速度可相比拟的特征速度. 与普通流体力学中的 Reynolds 数 $Re=\frac{Lv}{\nu}$ 类似，引入磁 Reynolds 数 Rm：

$$\begin{aligned} Rm &=\frac{Lv}{\eta_{\mathrm{m}}} \\ &=\sigma\mu_0 Lv \end{aligned} \tag{5}$$

当 $Rm\ll1$ 时，磁扩散效应超过磁冻结效应，导电流体与磁场之间有显著的相对运动，Ohm 损耗不能忽略，例如用于磁流体发电的等离子体就是如此. 当 $Rm\gg1$ 时，导电流体

中的磁力线几乎都被冻结，扩散得很慢，例如用于热核反应的高温等离子体以及宇宙等离子体(如太阳黑子等离子体)就是如此.

§ 6. 磁流体静力学——等离子体在磁场中的平衡

上述磁冻结和磁扩散效应是导电流体对磁场作用的结果. 磁流体静力学讨论导电流体(等离子体)在磁场中的平衡问题，它将使读者了解磁场对导电流体的作用.

一、磁流体静力学方程，磁应力

由磁流体力学方程组 § 4(10)式，在静力学条件下，导电流体静止，磁场恒定，各物理量均不随时间变化，则 $\boldsymbol{v}=0$，$\boldsymbol{E}=0$，代入 § 4(10)式，简化为

$$\begin{cases}-\nabla p+\boldsymbol{j}\times\boldsymbol{B}=0\\ \nabla\times\boldsymbol{H}=\boldsymbol{j}\end{cases}\tag{1}$$

把 $\boldsymbol{B}=\mu_0\boldsymbol{H}$ 代入，得

$$\begin{aligned}\nabla p&=\boldsymbol{j}\times\boldsymbol{B}=\frac{1}{\mu_0}(\nabla\times\boldsymbol{B})\times\boldsymbol{B}\\&=\frac{1}{\mu_0}\left(\boldsymbol{B}\cdot\nabla\boldsymbol{B}-\frac{1}{2}\nabla B^2\right)\\&=-\nabla\frac{B^2}{2\mu_0}+\frac{1}{\mu_0}\boldsymbol{B}\cdot\nabla\boldsymbol{B}\end{aligned}$$

即

$$\nabla\left(p+\frac{B^2}{2\mu_0}\right)=\frac{1}{\mu_0}\boldsymbol{B}\cdot\nabla\boldsymbol{B}\tag{2}$$

(2)式就是磁流体静力学的基本方程. 利用矢量公式及 $\nabla\cdot\boldsymbol{B}=0$，有

$$\begin{aligned}\nabla\cdot\boldsymbol{BB}&=\boldsymbol{B}\cdot\nabla\boldsymbol{B}+(\nabla\cdot\boldsymbol{B})\boldsymbol{B}\\&=\boldsymbol{B}\cdot\nabla\boldsymbol{B}\end{aligned}$$

于是，(2)式可改写为

$$\begin{aligned}\nabla p&=\nabla\cdot\left(\frac{1}{\mu_0}\boldsymbol{BB}-\frac{B^2}{2\mu_0}\overleftrightarrow{I}\right)\\&=\nabla\cdot\overleftrightarrow{T}\end{aligned}\tag{3}$$

式中

$$\overleftrightarrow{T}=\frac{1}{\mu_0}\boldsymbol{BB}-\frac{B^2}{2\mu_0}\overleftrightarrow{I}\tag{4}$$

称为磁应力张量. 这里

$$\overleftrightarrow{I}=\begin{pmatrix}1 & 0 & 0\\0 & 1 & 0\\0 & 0 & 1\end{pmatrix}$$

是单位二阶张量.

所谓静力学平衡就是所受合力为零.(3)式表明，对于处在磁场中的等离子体而言，除了通常的流体压力 p 外，还有磁应力 $\overleftrightarrow{T}$ 的作用. 等离子体的静力平衡就是流体压力与磁应力的平衡(其他作用力，如重力与 Coulomb 力等已忽略).

为了便于了解磁应力 $\overleftrightarrow{T}$ 的含义，取导电流体表面外法线方向的单位矢量为 $\boldsymbol{n}$，则沿 $\boldsymbol{n}$ 方向的磁应力 $\boldsymbol{T}_n$ 为

$$\boldsymbol{T}_n=\overleftrightarrow{T}\cdot\boldsymbol{n}$$

若磁场 $\boldsymbol{B}$ 与导电流体的表面垂直，即 $\boldsymbol{n}/\!/\boldsymbol{B}$，$B=B_n$，则

$$\begin{aligned}\boldsymbol{T}_n&=\left(\frac{1}{\mu_0}\boldsymbol{BB}-\frac{B^2}{2\mu_0}\overleftrightarrow{I}\right)\cdot\boldsymbol{n}\\&=\frac{B^2}{\mu_0}\boldsymbol{n}-\frac{B^2}{2\mu_0}\boldsymbol{n}\end{aligned}$$

其中 $\frac{B^2}{\mu_0}\boldsymbol{n}$ 沿外法线方向，为磁张力；$-\frac{B^2}{2\mu_0}\boldsymbol{n}$ 与 $\boldsymbol{n}$ 反向，为磁压力. 若磁场 $\boldsymbol{B}$ 与导电流体表面平行，即 $\boldsymbol{n}\perp\boldsymbol{B}$，$B_n=0$，则

$$\begin{aligned}\boldsymbol{T}_n&=\left(\frac{1}{\mu_0}\boldsymbol{BB}-\frac{B^2}{2\mu_0}\overleftrightarrow{I}\right)\cdot\boldsymbol{n}\\&=-\frac{B^2}{2\mu_0}\boldsymbol{n}\end{aligned}$$

为磁压力. 由此可见，其表面与 $\boldsymbol{B}$ 垂直的导电流体既受磁压力又受磁张力，其表面与 $\boldsymbol{B}$ 平行的导电流体只受磁压力. 一般情形，$\boldsymbol{n}$ 与 $\boldsymbol{B}$ 的夹角任意，可将导电流体表面的面元分解为与 $\boldsymbol{B}$ 平行的以及垂直的两个面元，上述讨论仍然有效.

现在，根据上述结果，讨论一种简单情形下的平衡. 设磁场为匀强磁场，即磁力线是均匀分布的平行直线，则

$$\nabla\boldsymbol{B}=0$$

(2)式变为

$$p+\frac{B^2}{2\mu_0}=\text{常量}$$

上式表明，在匀强磁场中，因磁张力为零，等离子体的平衡条件是，通常的流体压力 p 与磁压力之和应保持不变，即等离子体只受流体压力与磁压力的作用，两者平衡，使之静止. 设 $\boldsymbol{B}_{内}$ 与 $\boldsymbol{B}_{外}$ 分别是等离子体内、外的磁场，则上式为

$$p+\frac{B_{内}^2}{2\mu_0}=\frac{B_{外}^2}{2\mu_0} \tag{5}$$

如果等离子体是电阻率为零的理想导体，且其中没有磁场，即若

$$\boldsymbol{B}_{内}=0$$

则等离子体的平衡条件是

$$\frac{B_{外}^2}{2\mu_0}=p=nkT$$

即外部磁场产生的磁压力(其方向指向等离子体内部)应等于等离子体的流体压力. 若磁压力大于流体压力，等离子体被压缩，反之，则膨胀. 如果等离子体的电阻率不为零，有一部分磁力线会渗透到等离子体内部，或者在产生等离子体时其内部已经存在磁场，则等离子体的平衡条件为

$$\frac{B_{外}^2}{2\mu_0}=nkT+\frac{B_{内}^2}{2\mu_0}$$

即外部磁压力$\frac{B_{外}^2}{2\mu_0}$应等于内部磁压力$\frac{B_{内}^2}{2\mu_0}$与流体压力 $p=nkT$ 之和，等离子体才能平衡.

上述讨论是很有意义的，因为它表明等离子体可以通过外部磁场使之约束在一定的区域内并达到平衡. 由于等离子体温度很高，装载等离子体的容器将被熔化而不复存在，但磁力线却“不怕”任何高温，所以用磁场来“装载”等离子体，使之不与容器壁直接接触，是一种切实有效的办法. 这种等离子体的磁约束方法已在受控热核聚变研究以及各种实际问题中广泛应用.

二、Z 箍缩(Z-pinch)和角向箍缩(θ-pinch)

上面讨论了等离子体在流体压力和磁应力作用下达到平衡的简单情形. 现在，进一步讨论等离子体中有电流通过时的平衡问题. 如所周知，两根通有同方向电流的平行导线之间存在着相互吸引的 Ampere 力，同样，当导电流体中有电流通过时，电流之间的相互吸引产生的向内压力会使导电流体向其中心轴收缩，直至逐渐增强的流体压力与向内压力抵消，才能达到平衡. 这种导电流体因有电流通过而向中心轴收缩的现象称为箍缩效应. 下面以圆柱形等离子体为例，讨论其 Z 箍缩效应与角向箍缩效应以及达到平衡的条件.

圆柱形等离子体又称直线等离子体，如在圆柱形放电管中的电离气体就是. 当等离子体柱内沿轴向有强大电流通过时，将产生以电流为轴的环形磁场，磁力线是围绕等离子体柱轴的同心圆. 于是电流必定要受到磁场的 Lorentz 力(即磁压力)的作用，其方向指向柱轴，使等离子体柱收缩，就像铁丝将木桶箍紧一样，所以称为箍缩效应. 随着等离子体柱的箍缩，其半径缩小，密度增大，温度升高，等离子体内的流体压力增大，直至流体压力与磁压力相等时等离子体柱才能达到平衡.

实验指出，上述等离子体柱的平衡是很不稳定的. 为了使平衡稳定，通常在等离子体柱中附加沿轴的纵向磁场. 加了纵向磁场后，由于磁冻结效应，磁场将部分或全部冻结在等离子体之中，由于纵向磁场具有纵向张力，使变形的等离子体柱恢复挺直.

箍缩效应在受控热核聚变研究中可以用来产生高温高密度的等离子体. 有一种Z箍缩装置就是在柱形放电管中通过强大电流，其中的等离子体因箍缩效应受到压缩和加热，形成高密度、高温度的等离子体. 这种装置结构简单，但也有很多缺点，如放电管两端的放电电极会带走等离子体的能量，还会产生杂质污染等离子体等.

等离子体角向箍缩装置与Z箍缩装置不同，不是在圆柱形等离子体中沿柱轴直接放电，而是在等离子体柱外包一层同轴的金属导体柱(单匝线圈). 金属导体柱沿轴向有缝隙，其两侧与电容器组相连，通过放电在金属导体柱中形成环形放电电流. 放电电流产生迅速增加的强大的沿等离子体柱轴的外加轴向磁场. 与此同时，随着外加轴向磁场的增加，由电磁感应在等离子体表面产生与放电电流反向的围绕着等离子体柱轴的环形感应电流. 如果等离子体是理想导电流体，由于磁冻结效应，外加的轴向磁场不能透过等离子体，只能局限在等离子体柱与金属导体柱之间的区域内. 外加轴向磁场 $\boldsymbol{B}$ 与环形感应电流 $\boldsymbol{j}$(在柱坐标系中沿 θ 角方向)产生的磁力($\boldsymbol{j}\times\boldsymbol{B}$)与等离子体柱轴垂直而指向里面，使等离子体柱收缩，这就是等离子体柱的角向箍缩(θ-pinch)，直至等离子体内的总压力与柱外的磁压力相等，使之达到平衡. 如果金属导体柱中电流增加得足够快(例如，在10微秒量级)，则等离子体柱将在迅速压缩的过程中被加热. 现代角向箍缩装置能得到粒子密度 $n=10^{22}\mathrm{m}^{-3}$，温度 $T\approx 1$ keV(即 T 约为 10^{7}K)的等离子体，约束时间约为几微秒.

在角向箍缩中，电流沿环向，磁场沿轴向；在Z箍缩中，电流沿轴向，磁场沿环向，两者刚好相反. 但两者的磁力都指向等离子体柱的中心，都使之收缩，直到等离子体柱内的压力与柱外的磁压力相等时，才能达到平衡.

三、磁力线的转动变换，托卡马克装置

上述箍缩装置以及磁瓶(见第七章“带电粒子在电磁场中的运动”)都是等离子体磁约束的重要研究成果. 但它们也都存在明显的缺点，即其中都会有一部分带电粒子逃逸. 究其原因，都在于磁力线不闭合，即由于带电粒子沿磁力线的运动不受Lorentz力，因而沿着不闭合的磁力线的终端逃逸是不可避免的. 为了克服这个缺点，约束住等离子体，避免带电粒子逃逸，应该在研究的区域内使磁力线闭合. 很自然地会想到简单的圆环形磁力线，它确实闭合，但却又由于磁场的非均匀会产生漂移(见第六章§3)，使带电粒子脱离磁场而去，也会破坏磁约束. 改进的办法是，把简单的圆环形磁力线扭转，使磁力线绕环一周后不回到原处，即由原来的闭合变为不闭合，磁力线的这种性质称为转动变换(又称回旋变换). 磁力线的扭转变换，使得某一根磁力线需经多次绕环后，才能回到原处，最终闭合. 这样的一根磁力线形成的管状曲面称为磁

面. 各个磁面套叠，最中心的磁面退化为绕环一周的闭合磁力线，称为磁轴.

磁力线的转动变换对等离子体的磁约束很有好处. 由于带电粒子主要沿磁力线运动，同时又有漂移，现在一根磁力线有时在磁轴之上，有时在磁轴之下，带电粒子的漂移将形成围绕磁轴的振动，从而避免了等离子体整体的明显移动. 另外，磁力线的转动变换把磁轴周围的不同区域经磁力线连在一起. 当带电粒子沿磁力线自由运动时，如果出现电荷分离破坏电中性，就会沿磁力线产生电流使之中和，从而避免了带电粒子的电漂移. 这些都有利于等离子体的磁约束.

仿星器是 50 年代初提出的实现磁力线转动变换的实验性装置. 它把充满纵向磁场的环形螺线管扭成“8”字形，使得沿磁力线运动的带电粒子在一个弯曲端的漂移方向与在另一个弯曲端的漂移方向刚好相反，从而大大减少了漂移对等离子体磁约束的破坏.

在受控热核聚变研究中，进展最快、最受重视的是托卡马克装置. 它采用与仿星器不同的方法实现磁力线的转动变换，以达到等离子体的磁约束. 如图 7-6-1(a) 所示，在托卡马克装置中，利用套在金属环管上的线圈产生纵向磁场 B_ϕ，利用流经环形等离子体中的电流产生角向磁场 B_θ，这样，环形螺线管内的磁场是以上两种磁场的合成，合成后的磁力线具有如图 7-6-1(b) 所示的螺旋形状，实现了磁力线的转动变换.（在仿星器中，全部磁场都是由外面线圈的电流产生的，与托卡马克不同.）

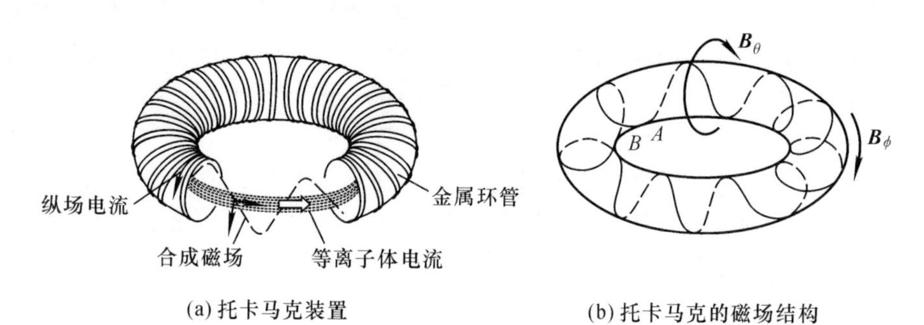

(a) 托卡马克装置　　(b) 托卡马克的磁场结构

图 7-6-1

现在讨论托卡马克装置中环形等离子体磁约束的平衡条件. 环形等离子体有两个基本的几何参数，一是截面圆的半径 a，另一是环的半径 R，通常 $R \gg a$，相应的需要两个平衡条件.

先看等离子体环小半径 a 方向上的平衡条件. 因 $a \ll R$，可把等离子体环近似看成无限长的等离子体柱，忽略环形结构的影响. 等离子体柱受到纵向磁场 B_ϕ 和角向磁场 B_θ 的磁压力以及等离子体压力 p，由(5)式，等离子体环在小半径 a 方向上的平衡条件为

$$\langle p\rangle+\frac{\langle B_{\phi内}\rangle^2}{2\mu_0}=\frac{B_{\theta a}^2}{2\mu_0}+\frac{B_{\phi a}^2}{2\mu_0}$$

式中 $\langle p\rangle$ 是等离子体压力，因等离子体的密度与温度都不是均匀分布的，p 不是常量，故

取平均值. 式中$\frac{1}{2\mu_0}\langle B_{\phi内}\rangle^2$是等离子体内部纵向磁场的磁压力，因$B_{\phi内}$不是常量，也取平均值. 以上两项是由内向外的作用力. 式中$\frac{1}{2\mu_0}B_{\theta a}^2$和$\frac{1}{2\mu_0}B_{\phi a}^2$分别是等离子体边界处的角向磁压力与纵向磁压力，它们是由外向内的作用力.

再定性分析等离子体环大半径R方向上的平衡条件. 等离子体中的环形电流受磁场的作用力，使R向外扩张；等离子体压力有指向环外侧的分量，使R向外扩张；等离子体柱内外的磁压力之差也使R向外扩张，这是因为环形的纵向磁力线是弯曲的，圆环内侧的磁场必定大于外侧的磁场. 为了抵消以上这些扩张力，使等离子体环在R方向平衡，通常采用以下两个办法. 一个办法是增加垂直于等离子体环的外磁场(也称平衡场)$B_\perp$，使得在等离子体环内侧$B_\perp$与B_θ反向，在环外侧$B_\perp$与B_θ同向，于是内侧磁场削弱，外侧磁场增强，使外侧磁压力大于内侧磁压力，产生向内的推力. 另一个办法是，用一定厚度的导体壳把等离子体环围住. 当等离子体环向外扩张时，环外侧向导体壳靠拢，由于导体壳的导电性能良好，磁力线难于渗入，从而使环外侧与导体壳之间区域内的磁力线被挤压而更密集，磁压力增大，环内侧刚好相反，磁压力减小，于是产生向内的推力. 以上两种办法同时采用，更有利于平衡.

§7. 磁流体力学不稳定性

一个力学体系，当它处于某种平衡状态或恒定运动状态时，如果存在某种扰动，使它的平衡状态或恒定运动状态被破坏，扰动急剧增长，则该状态是不稳定的. 反之，如果该状态能够抑制、消除各种扰动，维持平衡或恒定运动，则该状态是稳定的. 所以，稳定性概念是对于力学体系的平衡位形或恒定运动状态而言的.

为了便于理解，举一个简单的例子. 如图 7-7-1 所示，钢球在不同形状的坚硬表面上处于平衡状态. 如果有扰动(例如，轻微的外力使钢球稍稍移动)，则图(a)消除扰动，保持平衡；图(b)扰动急剧增大，平衡被破坏；图(c)平衡能否维持取决于扰动的大小；图(d)受扰动后虽偏离原先的平衡位置，但可以在新的位置上达到平衡. 以上四种不同的平衡状态，分别称为稳定平衡，不稳定平衡，亚稳定平衡和随遇平衡.

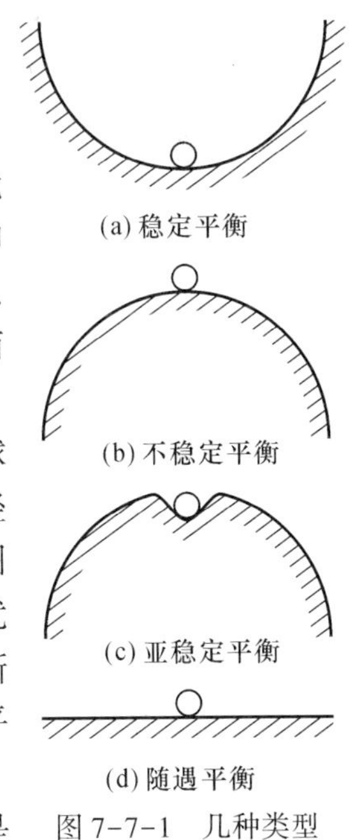

图 7-7-1 几种类型的平衡状态

在等离子体物理中，稳定性问题是重要的研究课题. 尤其是在受控热核聚变研究中更为重要，因为只有将一团高温等离子体约束在一定区域内整体达到平衡，并维持足够长的时间，才能充分进行热核反应，提供巨大的能量. 换言之，对于等离子体的平衡问题，不仅关心平衡条件，各种可能实现的平衡位形，更关心平衡的稳定性.

在等离子体中，由于众多因素的影响，存在着种类繁多的各种不稳定性，推动着人们对各种不稳定性的产生原因及抑制办法进行广泛深入的研究. 大体说来，等离子体的不稳定性可分为宏观不稳定性和微观不稳定性两大类. 前者会造成等离子体的宏观运动，导致等离子体宏观位形的破坏，后果严重，因可用磁流体力学研究，故又称磁流体力学不稳定性. 后者并不引起等离子体的宏观运动，因可用等离子体动力论研究，故又称动力论不稳定性. 下面定性介绍几种等离子体宏观不稳定性的产生原因及抑制办法.

一、腊肠不稳定性

如图 7-7-2(a)所示是在稀薄气体中经电流放电形成的 Z 箍缩等离子体柱. 等离子体内电流产生的角向磁场的磁压力$\frac{1}{2\mu_0}B_\theta^2$与等离子体压力 p 相等，使之平衡. 如图 7-7-2(b)所示，如果由于某种扰动(例如某处的磁场稍稍增大)产生了局部颈缩，则因 $B_\theta\propto\frac{1}{r}$，该处的磁场将增强，从而磁压力增大，扰动将迅速发展，最终导致等离子体柱断裂.

抑制腊肠不稳定性的办法是，箍缩前在等离子体柱内附加与柱轴平行的纵向磁场. 因为 $\sigma=\infty$，附加磁场冻结在等离子体柱内，当等离子体柱某处变细时，引起纵向磁力线的弯曲，它会像弹性弦那样产生张力，使等离子体柱恢复挺直，保持原先的平衡. 等离子体柱内纵向磁力线的作用，有如混凝土中的钢筋，增强了抗颈缩的强度.

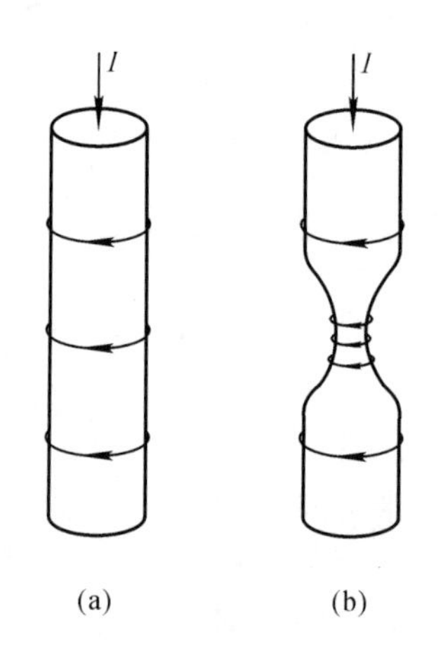

图 7-7-2　腊肠不稳定性

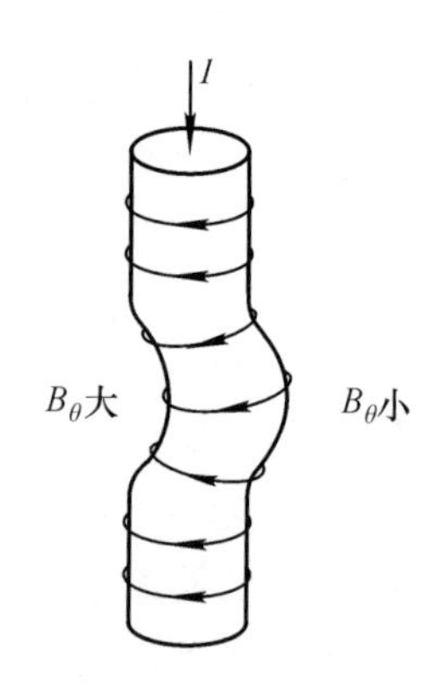

图 7-7-3　弯曲不稳定性

二、弯曲不稳定性

如图 7-7-3 所示，与腊肠不稳定性类似，等离子体柱依赖等离子体内电流产生的角向磁场的磁压力与等离子体压力相等而保持平衡. 如果因为扰动使等离子体柱局部产生微小弯曲，则凹处角向磁场增大，凸处角向磁场减小，由此引起的磁压力之差将使扰动急剧增大，最终导致等离子体柱与器壁相碰而遭到破坏. 这就是弯曲不稳定性.

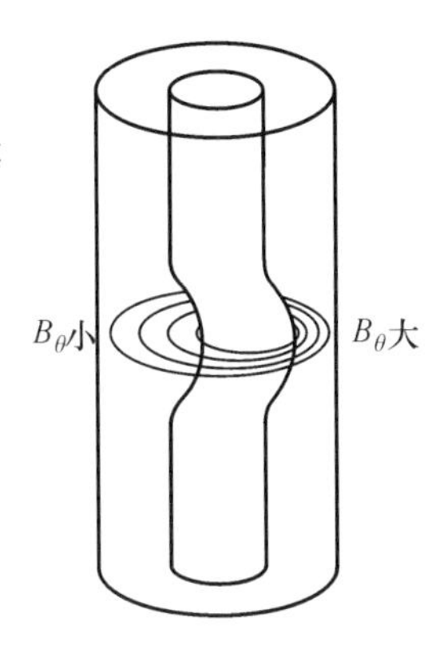

图 7-7-4　金属套壁的稳定作用

抑制弯曲不稳定性的一种办法是，箍缩前在等离子体柱内附加与柱轴平行的纵向磁场，利用磁力线的“弹性”，增强等离子体柱的抗弯曲能力，这也就是抑制腊肠不稳定性的办法.

另一种办法是用金属圆筒套住等离子体柱. 如图 7-7-4 所示，因磁力线被限制在圆筒内，当等离子体柱弯曲时，凸处的角向磁场增大，凹处的角向磁场减小，两侧的磁压力之差能起到抑制扰动增大的稳定作用.

三、螺旋不稳定性

把等离子体拧成类似“麻花”的螺旋状的不稳定性称为螺旋不稳定性，这是等离子体的又一种宏观不稳定性. “麻花”中的股数称为模数，记作 m. 如图 7-7-5 所示，图(a)中等离子体由两股拧成，称为$m=2$ 的螺旋不稳定性；图(b)中等离子体由 n 股拧成，称为 $m=n$ 的螺旋不稳定性. 上述加纵向磁场的方法能有效地抑制腊肠和弯曲不稳定性的发展，但对螺旋不稳定性的作用不大. 为了克服螺旋不稳定性，需要在等离子体中引入剪切磁场.

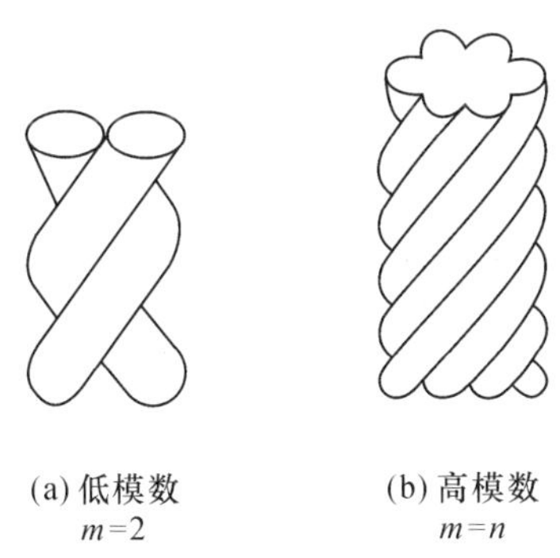

图 7-7-5　螺旋不稳定性

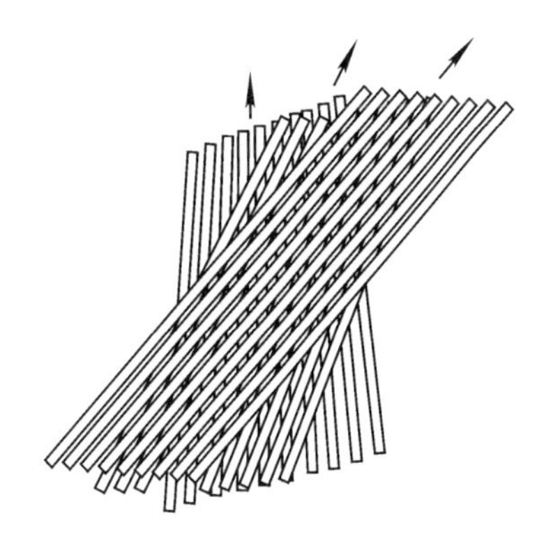

图 7-7-6　磁剪切概念

如图 7-7-6 所示，所谓剪切磁场是磁力线分成许多层，每一层的磁力线互相平行，不同层的磁力线彼此错开一个角度，这样，许多层磁力线形成磁网，把等离子体紧紧裹住，使之难以动弹. 当等离子体中的螺旋不稳定性有所发展时，必定会沾上其中的磁网，由于各层磁力线的方向不同，使等离子体很难以整体的形式同时缠绕在各层磁力线上，从而起到抑制作用. 剪切磁场对许多其他等离子体宏观不稳定性也有抑制作用.

大家知道，盖房砌墙时，每一层的砖块之间以及各层的砖块之间总是错开的，以便提高墙的强度. 如果整齐堆砌，不错开，则墙的强度大大降低，受到扰动后容易倒塌. 这个例子有助于理解磁剪切的稳定作用.

四、槽纹不稳定性

对于磁约束的等离子体，在磁力线并未被拉伸或弯曲的情况下，如果由于某种扰动使磁力线有向里压的趋向，则等离子体就会往外钻，从而引起一部分磁力线与等离子体相互交换位置，这种交换急剧增长产生的不稳定性称为交换不稳定性. 由于磁力线与等离子体的交换位置会使等离子体表面出现槽纹，所以也称为槽纹不稳定性. 这种不稳定性通常是在等离子体与磁场的交界面上发生的.

为了便于理解，打个比方. 取一瓶，下部装较轻的油，上部装较重的水，两者平衡，油与水的分界面是平面. 如果在分界面某处有扰动，则在重力的作用下，上部的水下流，下部的油上升，两者位置互换，这一过程会急剧扩展，直到水与油完全交换位置，原来的平衡被彻底破坏，重新达到新的油上水下的平衡为止. 这种在普通流体交界面上发生的不稳定性是一种典型的交换不稳定性，称为 Rayleigh-Jeans 不稳定性.

在等离子体与磁场交界面上出现的交换不稳定性与 Rayleigh-Jeans 不稳定性有类似之处，但要复杂得多. 例如，设等离子体与磁场的交界面是平面，均匀等离子体在上，均匀磁场在下，则在重力与磁场的作用下，等离子体中的带电粒子会产生重力漂移(见第六章“带电粒子在电磁场中的运动”)，且正离子与电子反向漂移，引起电流，磁场对该电流的作用力与重力抵消，使之平衡. 但这种平衡并不稳定，一旦有扰动，使交界面成为振幅很小的正弦波形状时，上述反向漂移会引起电荷分离，产生电场，该电场与磁场又使带电粒子产生电漂移，导致扰动振幅急剧增大，直到等离子体与磁场交换了位置为止. 由此例，即可大致了解等离子体中交换不稳定性的实际过程以及有关的物理原因.

如果等离子体为圆柱，被平行柱轴的磁场包围，则等离子体与磁场的交界面是圆柱面. 在该分界面受到扰动时，也要产生交换不稳定性，使等离子体柱表面出现许多凹凸槽纹. 这种槽纹不稳定性在受控热核聚变研究中是需要重视的，因为实验室中许多等离子体都呈圆柱状.

研究表明，对于内部无磁场的等离子体，当它外面存在约束磁场时，使平衡位形稳定的充分必要条件是，等离子体与磁场交界面上的磁力线必须是凸向等离子体的，即应将等离子体放在磁场最小的位置上才是稳定的. 换言之, 应使等离子体处于磁场势能极小的“磁阱”之中, 平衡才是稳定的. 例如, 在如图 7-7-7 所示的会切几何形磁场中, 等离子体的平衡是稳定的, 因为四周的磁力线处处凸向等离子体, 中心磁场为零. 这种磁场形态, 可由两个反向的电流线圈产生.

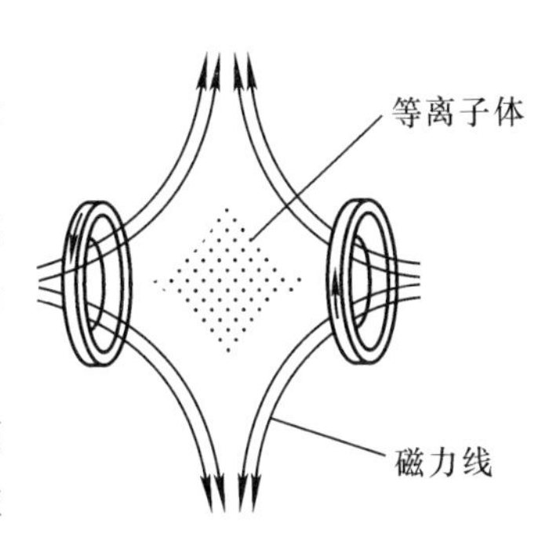

图 7-7-7 会切几何形磁场

综合以上讨论, 在等离子体中加入平行磁场、引入磁剪切以及把等离子体置于磁阱之中, 是抑制宏观不稳定性的有效手段, 通常称之为等离子体的稳定三要素. 同时, 从宏观不稳定性的讨论, 可以再一次深刻体会磁场对等离子体的重要作用.

§8. 磁流体力学波

波是一种集体运动形式, 广泛存在于物理学的各个部门. 熟知的有空气中的声波、弹性弦中的波、水面波、电磁波等等, 它们分别依靠压力、弹性力、表面张力、电磁场的内在联系使振动得以传播.

波动是振动的传播, 主要特点在于时空的周期性, 可以用圆频率 ω 和波数 k 来表示 ($\omega=2\pi\nu$, $k=\dfrac{2\pi}{\lambda}$, ν 和 λ 分别是频率和波长). ω 与 k 的关系$\omega(k)$称为色散关系, 描述了波的相速$\left(v_{\mathrm{p}}=\dfrac{\omega}{k}\right)$和群速$\left(v_{\mathrm{g}}=\dfrac{\mathrm{d}\omega}{\mathrm{d}k}\right)$等许多重要性质. 除了 ω 和 k, 对于一种波动来说, 还涉及波面形状(如平面波、球面波等), 纵波还是横波(如果是横波, 还需考虑其偏振结构), 阻尼(指波传播过程中的能量损耗)等等诸多方面.

在等离子体内, 由于热压力、静电力、磁应力等都可以起到弹性恢复力的作用, 与其他物质相比, 等离子体内的波动现象更为复杂多样. 研究各种等离子体波的激发和传播, 研究等离子体波与粒子的相互作用, 不仅可以了解等离子体的各种性质, 还与等离子体的约束、加热、稳定性、能量损失以及测量和诊断密切相关. 因此, 等离子体波的研究已经成为等离子体物理学的重要内容之一.

等离子体波种类繁多, 性质各异. 按研究的方式, 可以分为磁流体力学波与微观动力论波两大类; 又可以分为线性波与非线性波(如激波)两大类. 限于基础, 本节只定性简单介绍几种线性的磁流体力学波.

一、无磁场时的等离子体波

在本章 § 2 已经指出，在等离子体中，由于电荷分离使电中性遭到破坏时会引起集体静电振荡. 如果只有静电力的作用，静电振荡无法传播，不能形成波. 但等离子体中带电粒子处在热运动压力的作用下，静电振荡可以传播出去成为静电波(就像在空气中依靠气体分子热运动的压力传播声波那样).

静电波也称 Langmuir 波，包括高频的电子 Langmuir 波(主要是电子的贡献)和低频的离子 Langmuir 波(主要是离子的贡献). 另外，低频 Langmuir 波中波长远大于 Debye 长度($\lambda \gg \lambda_{\mathrm{D}}$)的波也叫离子声波，这是因为其相速与空气中声波速度的表达式相似. 但等离子体中的离子声波与空气中的声波也有差别，除了离子运动的热压力外，因电荷分离产生的静电力也是使之得以传播的重要原因. 以上三种静电波都是纵波.

在无外磁场且热运动可略(即热压力可略)时，冷等离子体中存在着一种电磁波(横波)，其色散关系以及相速 v_{p} 和群速 v_{g} 分别为

$$\begin{cases} \omega^2=\omega_{\mathrm{p}}^2+k^2c^2 \\ v_{\mathrm{p}}=\dfrac{\omega}{k}=\dfrac{c}{\sqrt{1-\left(\dfrac{\omega_{\mathrm{p}}}{\omega}\right)^2}}>c \\ v_{\mathrm{g}}=\dfrac{\mathrm{d}\omega}{\mathrm{d}k}=\dfrac{kc^2}{\omega}=\dfrac{c}{\sqrt{1+\left(\dfrac{\omega_{\mathrm{p}}}{\omega}\right)^2}}<c \end{cases} \tag{1}$$

式中 $\omega_{\mathrm{p}}^2=\omega_{\mathrm{pe}}^2+\omega_{\mathrm{pi}}^2$ 是等离子体振荡频率. 上式表明，在无磁场冷等离子体中传播的电磁波，其 $v_{\mathrm{p}}>c$，$v_{\mathrm{g}}<c$，即 $v_{\mathrm{p}}>v_{\mathrm{g}}$，与真空中传播电磁波的 $v_{\mathrm{p}}=v_{\mathrm{g}}=c$ 有所不同. 上式还表明，当 $\omega>\omega_{\mathrm{p}}$ 时，v_{p} 为实数，冷等离子体中的电磁波可以传播；当 $\omega<\omega_{\mathrm{p}}$ 时，v_{p} 为虚数，不能传播. 不能传播的原因在于，ω_{p} 是等离子体的固有振荡频率，如果外加电场的频率 ω 低于 ω_{p}，等离子体中的粒子将在 $\dfrac{1}{\omega_{\mathrm{p}}}$ 的时间内足够快地作出响应，使等离子体中性化.

上述电磁波在等离子体中传播的特性具有实际意义. 例如，由于地球上层空间的电离层是等离子体，地球与人造卫星(在电离层之外)之间的无线电通信必须穿过电离层，因此选用的频率应高于电离层等离子体的固有振荡频率 ω_{p}；而地球上两地之间的无线电通信，则可选用低于 ω_{p} 的频率，使无线电波在电离层产生反射. 另外，由于截止频率 $\omega_{\mathrm{p}}\approx\omega_{\mathrm{pe}}$ 与等离子体中的电子密度 n_{e} 有关，测定截止频率可以确定等离子体中的电子密度 n_{e}.

二、Alfven 波

如所周知，在普通的流体如空气中，只存在振动方向与传播方向一致的纵波——声

波，而不存在横波. 只有在具有切变弹性的弹性弦中才能传播振动方向与传播方向相互垂直的横波.

1942 年 Alfven 指出，在有磁场时，冻结在等离子体中的磁力线存在着磁张力，这种在磁张力作用下的磁力线类似于绷紧的弹性弦，如果在垂直磁力线方向有磁扰动(相当于“弹拨”磁力线)，使磁力线弯曲，则弯曲处的磁张力将产生垂直磁力线方向的恢复力，使磁扰动得以沿磁力线传播，形成横波. 这就是著名的 Alfven 波，它是等离子体这种导电流体中特有的波. Alfven 波的相速度

$$v_{\mathrm{p}}=v_{\mathrm{A}}=\frac{B_0}{\sqrt{4\pi\rho}} \tag{2}$$

式中 v_{A} 称为 Alfven 速度，B_0 是外磁场，ρ 是等离子体的质量密度. 1954 年 Lundquist 和 Lehnert 在实验室中观察到了 Alfven 波，实验结果与理论预言相符.

参考文献

[1] 孙杏凡. 等离子体及其应用. 北京：高等教育出版社，1982.
[2] 朱士尧. 等离子体物理基础. 北京：科学出版社，1983.
[3] 徐家鸾，金尚宪. 等离子体物理学. 北京：原子能出版社，1981.
[4] CHEN F F. 等离子体物理学导论. 林光海，译. 北京：人民教育出版社，1981.
[5] 胡文瑞. 宇宙磁流体力学. 北京：科学出版社，1987.
[6] COWLING T G. 电磁流体力学. 唐戈，郭均，译. 北京：科学出版社，1960.

第八章

电磁学的一些重要实验

§1. 概　　述

实验是物理学赖以建立和发展的基础，因此，在物理教学中，必须对相关的重要实验给予应有的重视，电磁学当然也不例外. 为了在理论课中讲好实验，除了需要对实验的历史背景、实验目的、实验设计与测量、实验结果及其含义等等有详尽具体、透彻深入的认识外，如果还能对科学实验的历史发展、地位作用以及认识论特点有所了解，则将更为游刃有余，切中要害. 由于科学实验是人类探索自然界的一种自觉的创造性的行为，在实验的全过程中，理性思维始终起着决定性的作用，因而，我们认为，在讲解实验时，必须特别强调理性思维的重要作用.

如所周知，科学实验从生产实践中分离出来并具有相对的独立性，为近代自然科学的形成和发展奠定了基础. 随着时代的变迁，科学实验已逐步从早期的个体作坊演变成具有社会化规模的大型专业实验室，甚至达到需要集中多国力量的程度. 科学实验的这种演变是人类社会进步发展的重要标志. 科学实验对于基础研究、技术进步乃至社会发展的重要性日益显著.

自然现象是丰富多彩、复杂变化的，现象的本质、内在联系和规律往往隐藏在外部表现的“面纱”之下，仅仅停留在表面的观察和描绘是无从深入的. 科学实验不同于对自然现象的一般观察. 科学实验使我们能够观察到在通常的自然状态下不容易遇到甚至遇不到的种种现象，科学实验能够排除种种干扰使现象单纯化并多次重复，科学实验能够人为地控制和改变各种条件从而干预现象的发生和演变，等等. 因而，科学实验的作用不仅在于发现新的现象，而且在于能够把握出现这种现象的条件和限度，能够暴露内、外各种因素对现象的影响及其间的相互联系，从而有助于认识各种现象的特征和本质，进而揭示各种现象所遵循的规律.

科学实验不仅需要设计、购置、选用各种仪器设备，不仅需要观察、记录、操作、分析结果，科学实验更是一种自觉的创造性的活动，自始至终充满了理性思维的光辉. 一般说来，科学实验的全过程包括如下基本步骤：确定实验目的，实验设计，实验实施，实验结果的分析处理以及理论解释.

实验目的的确定和实验设计的完成是对课题广泛调研、周密思考的结果. 无论检验物理理论、寻找物理规律、探测物理特征、测定基本物理常量等等都需要通过精心设计的实验，找到一种恰当的方式和途径，以便迫使自然界对所研究的问题作出明确的回答，达到预期的目的. 所以，明确实验目的，进行实验设计，几乎完全是一种理性活动的过程. 科学实验是在人和自然界之间实现“对话”的语言，沟通“交往”的桥梁.

实验的实施包括测量什么、怎么测量、如何保证实验所需的条件达到所需的精度，还包括排除干扰和故障，克服某些意料不到的困难等等. 在这里，虽然有许多具体的操作，但理论思维也始终占据主导地位，因为任何观察测量必须伴之以缜密的思考，才能明确地判断，捕捉到每一个有意义的信息，取得真正有用的资料. Einstein 在评论杰出的实验物理学家 Michelson 时指出：“……在这双眼睛后面的是他的伟大的头脑.”

实验结果的分析处理是实验工作中非常重要的步骤，只有通过去粗取精、去伪存真的加工制作，才能获得可靠的实验资料，它是实验工作中最重要的结果，也是进一步获得规律性认识和新发现的根据. 必须绝对忠实于实验的结果，决不能因为实验结果与某种理论有矛盾而武断地加以“修正”，这是不能允许的. 例如，1781 年发现天王星后，曾观测到天王星绕太阳运行的轨道，与按照万有引力定律计算的理论值之间有某些偏差，考虑当时太阳系中已知天体对其轨道的摄动之后，剩余的偏差仍然超过观测误差. 对此，1845 年法国天文学家 Le Verrier 认为万有引力定律并无问题，他用天王星外侧还存在另一颗未知的行星来解释这一偏差，结果在 1846 年发现了海王星. 而水星近日点的运动则是 Newton 力学无法解释的，成为广义相对论的重要实验验证之一. 由此可见，对实验结果和观察资料的理论解释必然深入到事物的本质、规律和因果关系，这些当然也只有通过理性思维才能把握. 总之，可以毫不夸张地说，在科学实验的全过程中，离开了理性思维便一事无成. Galileo 最早指出，科学实验正是用严格的理性分析来指导观察的方法. 对此，Einstein 誉之为“人类思想史上最伟大的成就之一.”

当我们通过科学实验对某类物理现象的研究已经揭示出现象表观联系的经验规律之后，就会试图把某类现象与更广泛的现象联系起来，试图用较少的概念和关系求得对更多现象和规律的统一解释，试图揭示和认识其本质. 换言之，建立物理理论的工作提到日程上来了. 任何物理理论都必须以相应的实验为根据和基础，并接受进一步实验的检验，以判断其是非真伪，以决定其弃取存亡. 无法接受实验检验的，不能称之为物理理论. 从现象、事实到理论并没有逻辑的通道. 事物的本质、规律和因果关系都是无法感知的，只有通过理性思维才能把握.

还应指出，实验也是启迪物理思想的源泉，不少重要的物理思想就是在物理实验的基础上涌现出来的. Faraday 用力线表述的关于电磁作用是近距作用，需要媒介物传递的观点，是受一系列电磁学实验的启发提出来的；Rutherfold 建立原子有核模型的基础是 α 粒子散射实验中出现的大角度散射现象；Planck 的能量量子化假设则是在解释黑体辐射的实验规律时萌发出来的；等等，这些都是实验启迪物理思想的著名例子，而这些启迪无不都是理性思维的产物.

物理学是理性思维极为成熟的学科. 在物理学的研究中，即在概念的形成，理论的建立，实验的探索中，理性思维始终起着决定性的作用. 因此，在物理教学中，无论理论课还是实验课，无论涉及概念、理论还是实验，都应该始终着眼于理性思维的培养和训练. 即使在实验课的教学中，不仅应要求学生注意实验条件的控制、正确地操作和测量，还应提醒学生思考实验目的、实验设计以及实验结果的含义，等等. 总之，最大限度地培养和训练学生理性思维的能力，这是提高学生科学素养的基本途径.

在电磁学建立和发展的漫长历史中，涉及的重要实验是很多的，本书把它们分散在各章中阐述. 例如，在第一、四、五、六、七、十章中，结合各章内容，分别叙述了相关的实验. 然而，本书的第二、三、九章，着重阐述 Maxwell 电磁场理论，Lorentz 电子论和相对论电磁场，为了避免冲淡理论主干，对相关的重要实验只作了简要的介绍，本章(第八章)则将它们集中起来，逐一详尽叙述. 建议读者把本章的实验与第二、三、九章的有关内容对照阅读，效果会更好. 本章叙述的主要实验有：Arago 圆盘实验(与第一章的电磁感应有关)，Hertz 电磁波实验，Fizeau 测量曳引系数的实验，Michelson-Morley 探测地球相对于绝对静止以太运动的实验，Trouton-Noble 探测地球相对于绝对静止以太运动的实验，J. J. Thomson 阴极射线实验(测定$\frac{e}{m_e}$，发现电子)，W. Kaufmann β 射线实验(m_e 随速度变化)，R. A. Millikan 油滴实验(测定 e)等，大致按时间顺序罗列.

§ 2. Arago 圆盘实验

1822 年，法国物理学家 Dominique Francois Jean Arago(1786—1853)和德国物理学家 Alexander von Humboldt(1769—1859)在英国格林尼治一座小山上测量地磁强度时，偶然发现在磁针附近的金属可阻尼磁针的振动. 毫无疑问，电磁阻尼是人类首次发现的电磁感应现象. 因为，按照后来建立的电磁感应定律，磁针的运动使得通过金属的磁通量发生变化，产生感应电动势，在金属中引起感应电流(涡电流)，感应电流产生的磁场将阻止磁针的运动，于是导致电磁阻尼. 但是，当时 Arago 未能把他发现的电磁阻尼现象与人们正在寻找的电流磁效应(1820 年 Oersted 发现)的逆效应(电磁感应)联系起来，也未能为电磁阻尼现象提供任何解释，Arago 只是领悟到电磁阻尼是当时已知的所有电磁原理都无法解释的新现象.

受电磁阻尼现象的启发，为了作进一步的研究，Arago 在 1824 年做了一个实验，用来观察运动金属对磁针的作用. Arago 将一个铜制圆盘装在垂直轴上，使圆盘可以自由转动. 再在铜圆盘上方用柔软细丝悬挂一个磁针，悬丝的扭力矩很小，以致磁针旋转很多圈后仍不产生明显的扭力矩. Arago 发现，当铜盘转动时，磁针将跟随着一起旋转，但磁针的转动比铜盘的转动要落后一步，即两者的转动异步而非同步. 反之，当转动磁针时，也会带动铜盘跟随旋转，两者的转动也是异步的，这就是著名的 Arago 圆盘实验，它所揭示的电磁驱动现象正是上述电磁阻尼现象的逆效应. Arago 因圆盘实验获得了 1831 年的 Copley 金质奖章.

当时，Arago 圆盘实验引起了电磁学界的关注，不少学者纷纷试图用自己的理论予以解释，但是都未能揭示圆盘实验的本质. 例如，Biot 认为，圆盘转动时，离心力使圆盘中本来存在的性质相反的两种磁流体彼此分离，从而使圆盘出现了磁性，带动磁针旋转. 但是，Biot 不能解释为什么旋转的磁针也能带动圆盘旋转，也不能解释两者的旋转何以会异步. Ampere 用通电的螺线管代替磁针，得到了与 Arago 实验相同的驱动结果. Ampere 的电动力学把磁作用归因于电流之间的作用，Ampere 认为，通电螺线管受到转动圆盘的作用是由于圆盘中因旋转分离出了电流体(而不是 Biot 所说的磁流体)，圆盘中的电流体与螺线管中的电流相互作用导致螺线管的旋转. Arago 圆盘实验可以作类似的解释，因为 Ampere 认为磁针的磁性来源于其中的分子电流. Ampere 的解释似乎比 Biot 前进了一步，因为它毕竟认为圆盘中出现了电流. 但是，把圆盘转动看作是其中出现电流的原因，就无法解释为什么旋转的磁针也能带动圆盘旋转，也不能解释两者的旋转何以会异步. 换言之，电磁感应是无法纳入 Ampere 电动力学理论体系的，试图以只适用于恒定条件的电流相互作用理论来解释在非恒定的运动变化过程中出现的电磁感应现象是不会成功的.

总之，无论电磁阻尼或电磁驱动现象，由于没有直接地、明显地表现为感应电流的产生，因而未能与当时正企图寻找的、尚待发现的电磁感应现象联系起来，更未能提供合理的解释. 直到 1831 年 Faraday 发现了电磁感应现象，认识到这是一种非恒定的暂态效应并建立了电磁感应定律之后，才最终认识到电磁阻尼和电磁驱动都是典型的电磁感应现象. 显然，按照电磁感应定律，圆盘与磁针的相对运动(切割磁力线)是在圆盘中产生感应涡电流的根源，涡电流的磁场对磁针的作用或磁针磁场对涡电流的作用是驱动的原因，因而两者旋转的异步，即其中之一旋转的滞后是产生感应电流的必要条件，这也正是电磁感应现象的本质特征.

在第一章 §5 曾经指出，1831 年 Faraday 发现了电磁感应现象之后，做了一系列相关的实验. 其中之一是，将一根磁棒反复地推入和拉出一闭合线圈，结果闭合线圈中产生了交变电流，这是机械能转变为电能的典型实验. 由此，Faraday 进一步考虑，能否利用电磁感应现象来获得持续的恒定电流以代替 Galvani(伽伐尼)电池. 这时, Faraday 想起了 Arago 的圆盘实验, 受它的启发, Faraday 在 1831 年也做了一个圆盘实验, 实现了获得恒定电流的愿望. Faraday 的圆盘实验如图 8-2-1 所示, 在大磁铁的两极之间放一个铜制的圆盘, 铜圆盘可绕轴在铅垂面内旋转. 当圆盘转动时, 两个用铜片制成的电刷(图中未画出)分别与圆盘不同部位滑动接触, 两电刷经导线相连, 结果发现其中有电流流动. Faraday 发现, 当一个电刷与圆盘轴接触, 另一电刷与在两极间的圆盘边缘接触时可获得最大电流, 并且只要圆盘以不变的角速度不停地旋转, 就可产生恒定不变的电流. Faraday 圆盘实验是利用电磁感应制成的人类历史上第一台直流发电机, 实现了机械能向电能的转换, 同时, 它也证明了当铜圆盘旋转切割磁力线时, 其中确实产生了感应电流. 在 Faraday 之后, 很多人投入了发电机的研究、制造, 1866 年左右出现了商用直流发电机, 1891 年左右出现了三相交流发电机, 其原理都与 Faraday 圆盘发电机相仿. 追根溯源, 这一切都脱胎于著名的 Arago 圆盘实验, 它再一次显示了基础研究的深远影响.

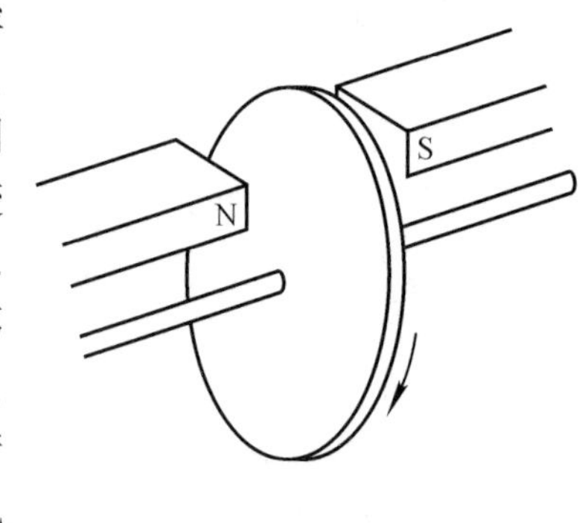

图 8-2-1

§3. Hertz 电磁波实验——Maxwell 电磁场理论和光的电磁理论的实验验证

19 世纪 60 年代后期, 在电磁学实验定律和电磁学有关基本定理的基础上, Maxwell 继承了 Faraday 关于电磁现象的近距作用观点, 以电磁场为研究对象, 提出了揭示电场和磁场内在联系的涡旋电场和位移电流概念, 建立了电磁场运动变化所遵循的普遍规律——Maxwell 方程组. Maxwell 的电磁场理论预言, 电磁场的扰动以波的形式传播, 真空中电磁波的传播速度等于光速 c, 电磁波是横波等等, 从而把光现象和电磁现象统一了起来(详见本书第二章).显然, 上述预言的实验证实(或否定), 将决定电磁场理论的命运.

然而, 应该指出, 在 Maxwell 电磁场理论建立之初, 却并没有立即在物理学界得到广泛承认和普遍接受. 当时, 许多著名物理学家还局限在机械论的框框之内, 企图按照力学的超距作用观点来理解电磁过程, 他们对 Maxwell 的电磁场理论有明显的偏见和怀疑.

只有 Helmholtz 和 Boltzmann 等少数物理学家认识到 Maxwell 电磁场理论的重要意义并给予支持. Helmholtz 明确指出, 需要用实验来验证 Maxwell 的理论. 1879 年, Helmholtz 在为柏林普鲁士科学院设计有奖征文题目时, 提出了三个实验课题: 1. 证实介电极化将像传导电流一样发生电磁作用(即证实 Maxwell 的位移电流概念)，2. 证明电磁作用也像静电作用一样导致电极化(即证实场的观点)，3. 证明空气和真空在电磁行为方面和其他电介质一样(即证实场的观点). Helmholtz 建议他的学生 Hertz 来研究上述课题. Hertz 经过考虑感到，采用当时的实验设备，无法产生为了解决这个问题所必需的快速电振荡，一时又想不出新的办法，所以没有马上着手. 但有关课题一直留在 Hertz 心里，受到他的关注.

Heinrich Rudolf Hertz(1857—1894)是有犹太血统(其父为犹太人)的德国物理学家. Hertz 是一位既有实验能力又有坚实数学基础的物理学家. 1877 年，Hertz 进入慕尼黑大学学习，主修数学，他曾阅读过 Lagrange、Laplace 和 Poisson 等人的著作，按照历史的发展学习了数学和力学. 一年后，Hertz 转入柏林大学，虽然还只是二年级的学生，已在 Helmholtz 的指导下从事研究工作. 1880 年，Hertz 在柏林大学以优异成绩取得博士学位，随后当了 Helmholtz 的助教. Hertz 一生作出了不止一项的重大实验发现，同时对基本规律的概括与表述也给予了充分的重视，这种实验与理论并重的态度使他成为一位比较全面的物理学家.

关于可能存在电磁振荡和电磁波的初步想法，早在 1847 年就由 Helmholtz 在有关能量守恒的著名论文中提到过. 此后，如 Kirchhoff、Bezold、FitzGerald、Lodge 等人，也作过一些理论和实验的初步探讨. 直到 Maxwell 建立了电磁场理论，才从理论上预言电磁波的存在，并预见到光就是电磁波.

1884 年，Hertz 从理论上研究了 Maxwell 的电磁场理论. 1885 年秋，Hertz 到卡尔斯鲁(Karlsruhe)高等学校当教授，这个学校设备较好. Hertz 在担任繁重教学任务的同时，克服许多困难，改善实验室的工作条件，同时再次考虑 Helmholtz 向他建议过的关于电磁波的实验研究工作. Hertz 认识到，这是关系到 Maxwell 电磁场理论是非存亡的重大课题. 经过努力，Hertz 终于在 1886 年到 1888 年期间取得了突破，完成了他毕生最重要的贡献.

一、Hertz 振子和谐振器，首次实验证实存在电磁波

1886 年，Hertz 在作放电实验时注意到下述现象. 一根弯成长方形的铜线，两端有一个很小的间隙，构成一个开路. 如果用导线把此开路连接到正在由感应圈激发而作火花放电的回路上，则开路的间隙中也有火花出现；如果把此开路连接到放电回路上任何一点，开路的间隙中都会有火花出现；甚至不把开路与放电回路连接，开路的间隙中仍会有火花出现. Hertz 认识到，这是电磁振荡的共振(谐振)现象，是由于开路的固有频率等于放电回路的固有频率所致. 受此启发，Hertz 继续研究，创造了发射电磁波的 Hertz 振子和接收电磁波的谐振器. 利用这些装置，Hertz 在 1887 年实现了电磁波的发射和接收，首次通过实验证实电磁波的存在.

Hertz 采用的电磁波发射器是偶极振子，又称 Hertz 振子. 如图 8-3-1 左方所示，A

和 B 是两段共轴的黄铜杆，它们是振荡偶极子的两半. A 和 B 中间留有一个火花间隙，间隙两边的端点上焊有一对磨光的黄铜球. 振子的两半连接到感应圈的两极上. 当充电到一定程度，间隙被火花击穿时，两段金属杆连成一条导电通路，这时它相当于一个振荡偶极子(偶极振子)，在其中激起高频的振荡(在 Hertz 实验中振荡频率约为 $10^8 \sim 10^9$ 周/秒)，向外发射同频的电磁波.

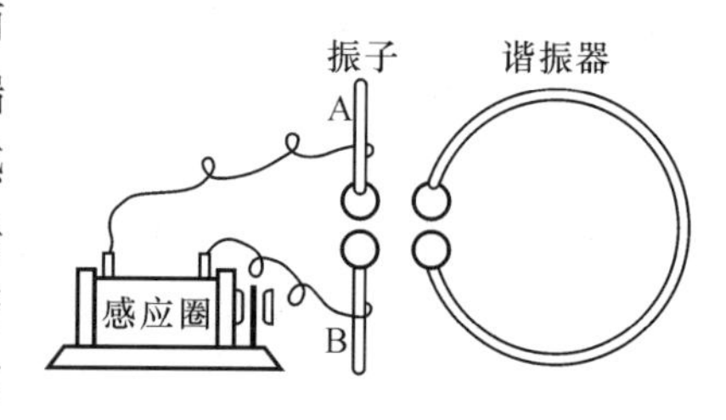

图 8-3-1　Hertz 振子和谐振器

感应圈以 $10 \sim 10^2$ 周/秒的频率一次次地使火花间隙充电，一次次地在两小球之间产生火花，一次次地向外发射电磁波. 由于能量因辐射出去而不断损失，每次放电引起的高频振荡衰减得很快，因此，Hertz 振子发射的实际上是间歇性的阻尼振荡，如图 8-3-2 所示.

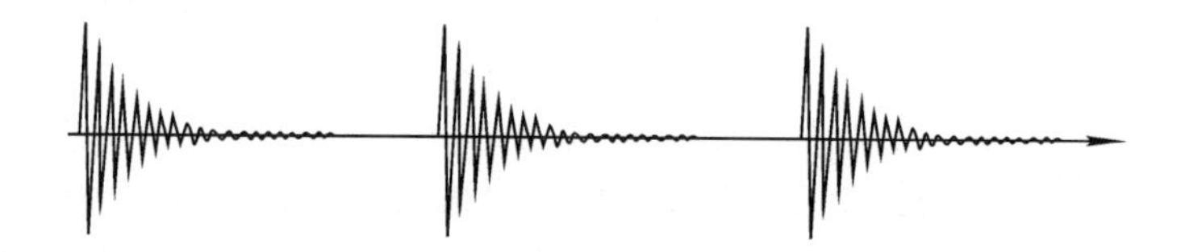

图 8-3-2　Hertz 振子产生的间隙性阻尼振荡

为了探测由 Hertz 振子发射出来的电磁波，Hertz 采用过两种类型的接收装置：其一与发射振子的形状和结构相同；另一是一种圆形铜环，其中也留有端点为球状的火花间隙(如图 8-3-1 右方所示)，间隙的距离可以利用螺旋作微小的调节. 接收电磁波的装置称为谐振器或探测器.

1887 年，Hertz 把谐振器放在与发射振子相隔一定的距离之外，适当地选择其方向，调节两棒的间隙，使得来自发射振子的电磁波能在其中谐振. Hertz 发现，当发射振子的间隙中有火花跳过时，即当发射振子向外发射电磁波时，与此同时谐振器的间隙里也有火花跳过，即接收到了电磁波. 这样，Hertz 首次通过实验，实现了电磁振荡的发射和接收，证实了电磁波的存在.

为了正确地理解上述 Hertz 实验，需要说明以下几个问题.

第一，Hertz 振子何以能作为有效的电磁波发射器呢？

如所周知，从原则上说任何 LC 振荡电路都可以作为发射电磁波的振源. 然而，为了有效地把电路中的电磁能发射出去，除了电路中必须有不断的能量补给外，还应具备频率高和电路开放两个条件.

首先，由于电磁波在单位时间内辐射的能量与频率的四次方成正比，振荡电路的固有频率越高，就越能有效地把能量发射出去. 对于 LC 电路，在电阻 R 较小时，其固有频率$f_0 \approx \dfrac{1}{2\pi\sqrt{LC}}$，为了加大$f_0$，必须同时减小 L 和 C 的值.

其次，LC 振荡电路是集中性元件的电路，电场(电能)和磁场(磁能)分别集中在电容器和自感线圈之中，为了把电磁场(电磁能)发射出去，应使电路开放，以便使电场和磁场能够分散到空间里. 对于电容器，为了开放，应减少极板面积，加大极板间隙，即使 C 值减小；对于自感线圈，为了开放，应减少匝数，加大匝与匝的间隙，即使 L 值减小. 其结果是 LC 振荡电路演化成一根直线，如图 8-3-3 所示，电流在其中往复振荡，两端出现正负交替的等量异号电荷，产生的电场和磁场分布在周围空间.

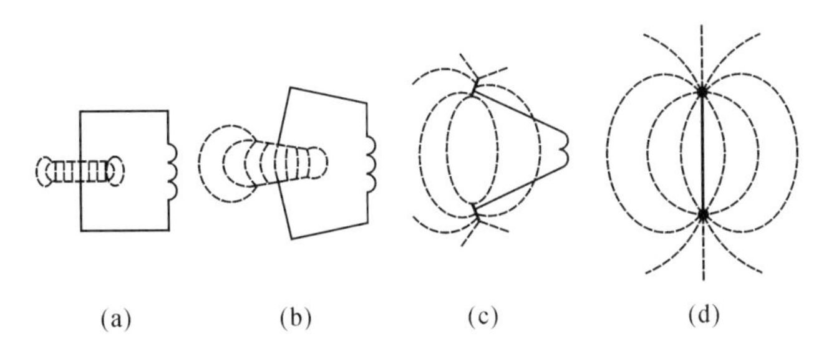

图 8-3-3　从 LC 振荡电路过渡到偶极振子

这样的一个电路叫做振荡偶极子或偶极振子，Hertz 振子就是偶极振子，它同时满足上述频率高和电路开放两个条件，成为能够有效地发射电磁波的振源.

另外，发射电磁波所需的能量由感应圈(见图 8-3-1 左方)不断地补给. 实际上，广播电台或电视台的天线，都可以看成是这类偶极振子. Hertz 振子的优点还在于，伴随着电磁振荡的发射，有火花放电，便于察觉. 由于同样的理由，与偶极振子配合的谐振器(见图 8-3-1 右方)能够有效地接收电磁波，并且也通过火花放电来显示.

第二，电磁波在空间是怎样传播的?

所谓波，就是振动在空间的传播. 为了形成波，既需要有振源产生振动，又需要使振动得以传播，两者缺一不可. 对于机械波，振源产生的机械振动是靠弹性媒质传播的，即当弹性媒质某处(振源)振动起来以后，通过媒质的弹性应力引起周围各处的振动，逐步传播到分布在空间的媒质各处. 所以，没有媒质，机械波就无法传播，在真空中声波不能传播就是明显的例子.

与机械波不同，电磁波是电磁场振动的传播，电磁波的传播并不依靠任何弹性媒质，而是依靠电场与磁场的内在联系，即变化的磁场激发涡旋电场以及变化的电场(位移电流)激发磁场，如图 8-3-4 所示. 因此，电磁波在真空中也同样能传播.

如图 8-3-5 所示，设想在空间某处有一个电磁振源，在这里有交变的电流，它在自己周围激发磁场，由于这个磁场也是交变的，它又在自己周围激发涡旋电场(也是交变的). 交变的涡旋电场和磁场相互激发，闭合的电力线和磁力线逐个套连下去，在空间传

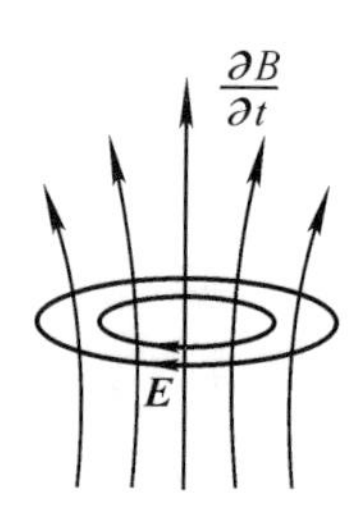

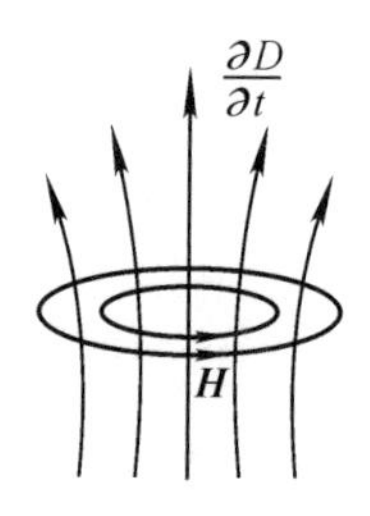

图 8-3-4　变化的磁场激发涡旋电场，
变化的电场(位移电流)激发磁场

播开来，形成电磁波. 当然，实际的电磁振荡是向四面八方传播的，图 8-3-5 只是电磁振荡沿某一直线传播过程的示意图，并非真实的电力线和磁力线的分布图.

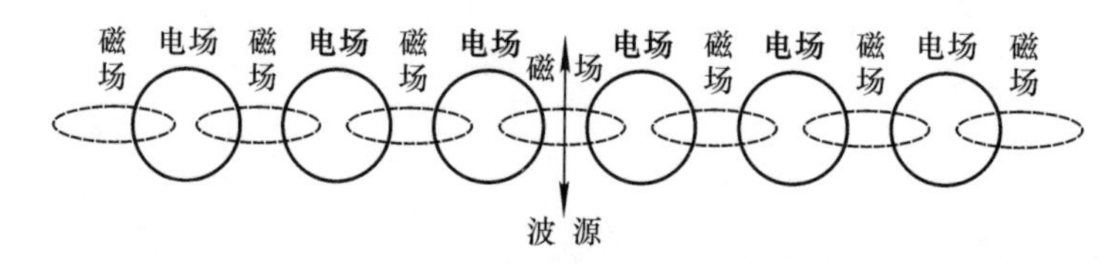

图 8-3-5　电磁振荡的传播机制示意图

第三，Hertz 振子发射电磁波的具体情况如何？

Hertz 振子(偶极振子)周围电磁场的分布及其变化，可由 Maxwell 方程严格求解得出，理论计算预期的基本特征均为 Hertz 实验证实. 现定性介绍如下.

为描述方便，如图 8-3-6 所示，取偶极振子的中心为原点，以振子轴线为轴取球坐标，任何包含极轴的平面称为“子午面”，通过原点垂直于极轴的平面称为“赤道面”. 当振子中激起电磁振荡时，其中有交变电流，振子两半积累的电荷正负交替变化. 从远处看来，振子相当于电偶极矩 $\boldsymbol{P}$ 作简谐变化的电偶极子，故称偶极振子. 计算结果表明，振子周围电场强度矢量 $\boldsymbol{E}$ 位于子午面内，磁场强度矢量 $\boldsymbol{H}$ 位于与赤道面平行的平面内，$\boldsymbol{E}$ 和 $\boldsymbol{H}$ 垂直. 振子周围的电场分布，大致可分为两个区域来讨论.

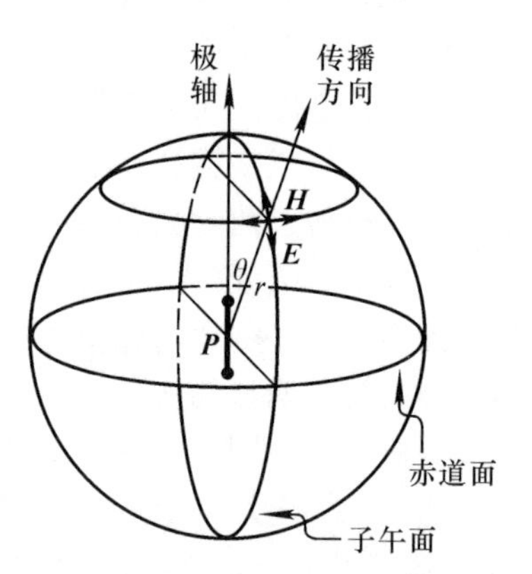

图 8-3-6　偶极振子发射的
电磁波中 $\boldsymbol{E}$，$\boldsymbol{H}$ 的方向

1. 振子附近的小范围内，即离振子中心距离 $r \ll \lambda$ 或 r 与 λ 具有同数量级的范围内(λ 是电磁波的波长)，电场的瞬时分布与静态电偶极子的电场相近，电力线两端分别与振子的正负电荷相连. 把偶极振子简化为一对等量异号点电荷围绕共同中心作相对简谐振动的模型，

则振子附近电力线的变化如图 8-3-7 所示. 设 $t=0$ 时正负电荷都在中心，振子不带电，无电力线[图 8-3-7(a)]，然后两点电荷开始作相对的简谐振动，前半周期，正负电荷分别向上下移动[图 8-3-7(b)]，经最远点[图 8-3-7(c)]后又向中心靠拢[图 8-3-7(d)]；在这段时间出现了由上端正电荷出发到下端负电荷的电力线，同时这电力线不断向外扩展；最后正负电荷又回到中心相遇[图 8-3-7(e)]，完成前半个周期，这时振子又不带电了，原来与正负电荷相连接的电力线两端相连形成一个闭合圈后便脱离振子[图 8-3-7(f)].

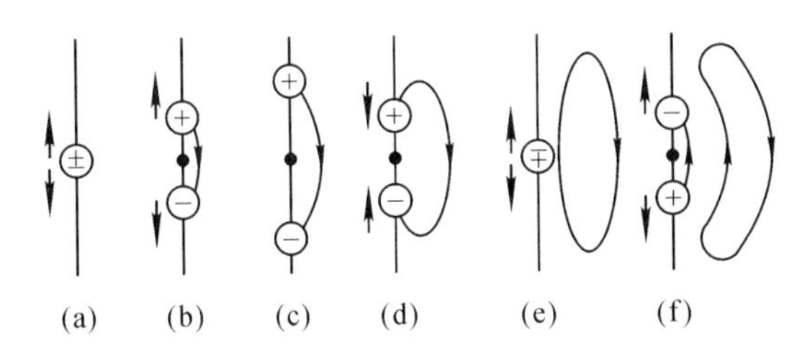

图 8-3-7　偶极振子附近电力线变化过程的示意图

后半周期与此类似，过程终了时，又形成一个电力线的闭合圈. 区别在于，前后两个电力线闭合圈的环绕方向相反.

以上只分析了一根电力线的形成. 图 8-3-8 中精确地绘出了振子附近电力线在前半个周期内分布情况的全貌，后半个周期内与此类似，区别只是正负电荷位置对调，电力线的环绕方向与图 8-3-8 中的刚好相反.

2. 离振子足够远的地方($r\gg\lambda$)称之为波场区. 在波场区，电场与磁场的变化比较简单，电力线都是闭合的，如图 8-3-9(a)所示，其中 P 为偶极振子. 当距离 r 增大时，波面逐渐趋于球形，电场强度 $\boldsymbol{E}$ 趋于切线方向，即在波场区内 $\boldsymbol{E}$ 垂直于矢径 $\boldsymbol{r}$.

以上分析的只是偶极振子产生的电力线的分布及其变化过程，实际上同时还有磁力线参与. 无论在振子附近，还是在离振子很远的波场区，磁力线的分布均如图 8-3-9(b)所示(图中 P 为偶极振子)，磁力线是一系列同心圆，这些同心圆所在的平面平行于赤道面，故磁场强度矢量 $\boldsymbol{H}$ 同时与 $\boldsymbol{E}$ 和 $\boldsymbol{r}$ 垂直.

如图 8-3-9(a)和(b)所示的电力线环和磁力线环，随着时间的演变不断地向外扩展，其原因正如前面分析过的那样，是由于变化的电场和变化的磁场相互激发、相互感生之故.

二、电磁波性质的实验研究

Hertz 在用实验证实了电磁波的存在之后，接着做了一系列实验，进一步研究电磁波的各种性质.

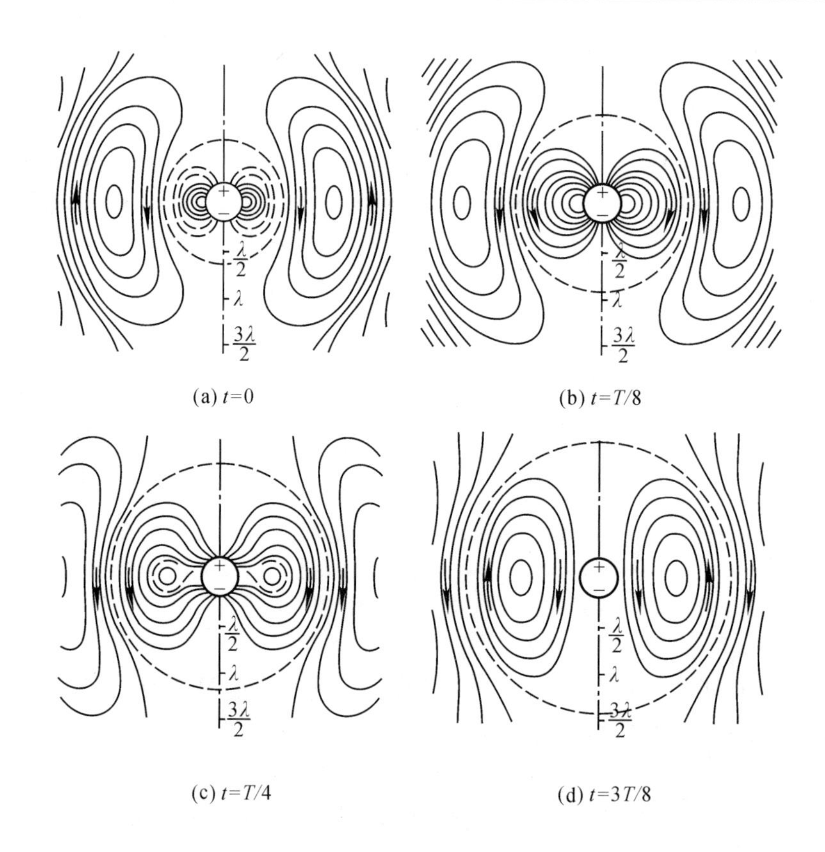

图 8-3-8　偶极振子附近电力线的变化

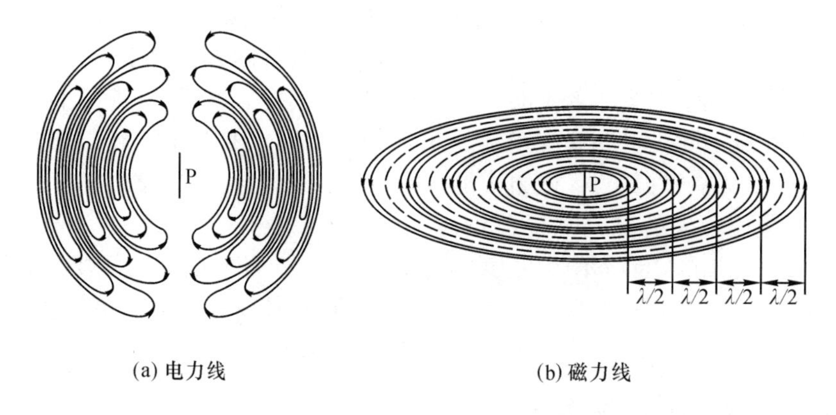

图 8-3-9　在离偶极子足够远的波场区内，电力线和磁力线的分布

1. 直线行进和聚焦

为了使电磁波聚焦，Hertz 把两米长的锌板弯成抛物柱面的形状，把振子(发射器)和谐振器(探测器)分别放在这样两个柱面的焦线上，如图 8-3-10(a)所示. 调节感应圈使振子产生火花，即发射电磁波. 当探测器的柱面与振子的柱面正对着时，如图 8-3-10(b)所示，探测器便出现火花；当探测器和它的柱面放在其他位置上时，探测器便不出现火花. 这个实验证明，电磁波具有直线行进和可以聚焦的性质. 这些性质与光的性质相同.

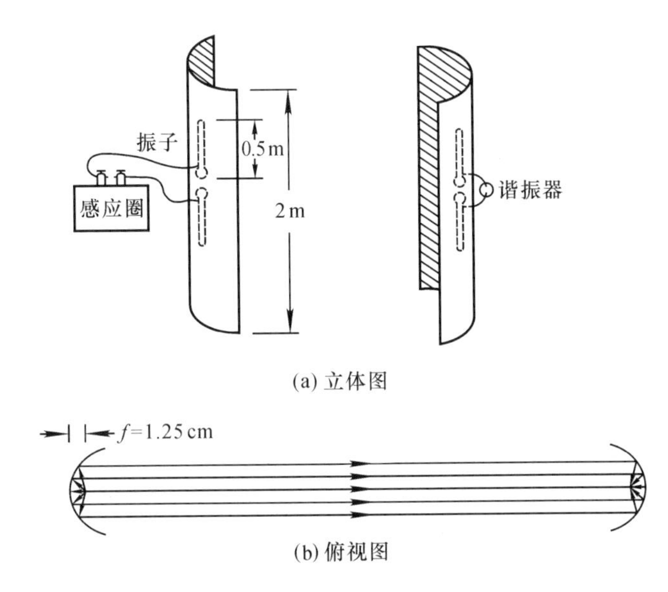

图 8-3-10 电磁波的直线行进和聚焦

2. 反射

在振子前面放一块锌板，用来反射电磁波，然后用探测器来探测空间各处电磁波的分布情况. Hertz 发现，当探测器处在 $\theta'=\theta$ 的位置上时，如图 8-3-11 所示，便有火花出现；当探测器处在其他位置上时，则没有火花出现. 这个实验证明，电磁波和光一样，遵守反射定律.

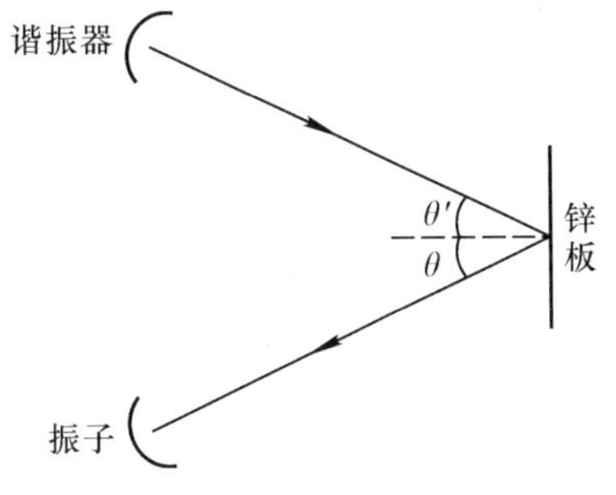

图 8-3-11 电磁波的反射

3. 折射

为了研究电磁波的折射，Hertz 用硬沥青做成一个很大的三棱体，从振子发出的电磁波以一定的角度入射到它上面，然后用探测器探测电磁波的折射情况. 探测结果表明，电磁波经过硬沥青的三棱体时，发生了折射，如图 8-3-12 所示，与光经过三棱镜时发生折射的情况相同. Hertz 还根据测出的数据，算出硬沥青对电磁波的折射率为 $n=1.69$，与由 Maxwell 理论导出的折射率公式 $n=\sqrt{\varepsilon\mu}$ 所算出的数据相符.

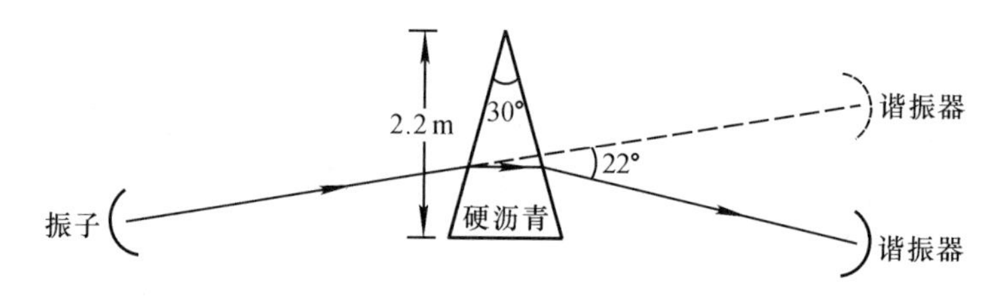

图 8-3-12　电磁波的折射

4. 驻波和电磁波的传播速度

Hertz 使从振子发出的电磁波正入射到锌板上，入射的电磁波与经锌板反射的电磁波叠加形成驻波，如图 8-3-13 所示. 用探测器沿纵向检测，在某些位置上探测器产生较强的火花，而在另外某些位置却完全没有产生火花，它们对应的是驻波的波腹和波节，空间的周期性变化十分明显. 根据相邻波节或相邻波腹之间的距离，Hertz 测出了电磁波的波长 λ. 由振荡器的电容和电感，根据 W. Thomson 的电振荡理论可以估计电振荡的频率 ν 或周期 . 再由 $c=\lambda\nu$ 得出电磁波在空气中的传播速度，其结果与光速的实验测定值非常接近，从而由实验再一次证实电磁波以光速传播.

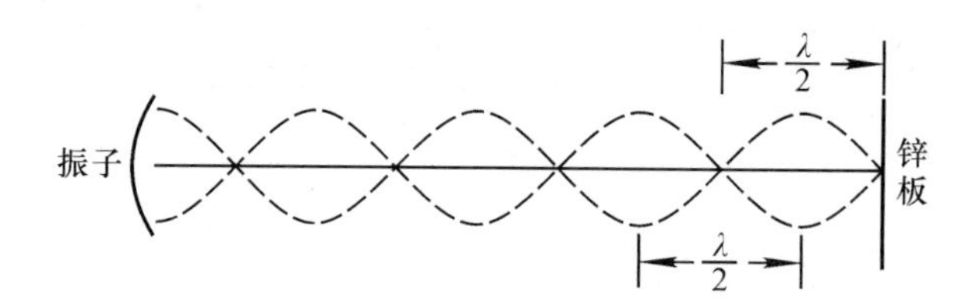

图 8-3-13　驻波(电磁波)

1888 年 1 月 21 日，Hertz 完成了他的著名论文《论电动力学作用的传播速度》(Über die Ausbreitungsgeschwindigkeit der elektrodynamischen Wirkungen)，通常人们把这一天定为实验证实电磁波存在的纪念日.

除了上述结果外，Hertz 还通过实验研究了电磁波的其他性质. Hertz 用一块有孔的屏阻挡电磁波，使电磁波产生衍射. Hertz 将电磁波通过由许多平行导线组成的栅栏，使电磁波偏振，从而证实电磁波是横波，等等. Hertz 的所有这些实验，令人信服地证明了电磁波与光的统一性，证实了 Maxwell 电磁场理论各种有关预言的正确性. 从此，Maxwell 的电磁场理论得到了物理学界的普遍承认和广泛接受.

1888 年 12 月 13 日，Helmholtz 在柏林普鲁士科学院的例会上宣读了 Hertz 的论文《论电力辐射》(Über Strahlen elektrischer Kraft). 这篇论文以及尔后的两个续篇，标志着

Hertz 关于电磁波的实验探索胜利结束，也可以说标志了后世无线电科学的历史起点. 为了纪念 Hertz，国际电工委员会(IEC)的电磁量单位命名委员会在 1933 年把 1 周/秒的频率单位命名为 1 赫兹(Hertz)，简称 1 赫(Hz).

Hertz 英年早逝，只活到 37 岁. Hertz 在短促的一生中，除了上述杰出贡献外，还从事电磁学的理论研究. Hertz 引入了后人称为“矢势”的电磁势 $\boldsymbol{A}$，并把原始的 Maxwell 方程组(20 个标量方程)表述为四个更简洁而对称的矢量方程，为 Maxwell 电磁场理论的流传作出了贡献. 同时，这也表明，Hertz 已经抛弃了德国的超距作用电动力学，走到了近距作用的电磁场理论一边. 另外，1887 年 Hertz 在从事电磁波的实验研究时，首先发现了光电效应. Hertz 发现，当探测振子的两极受到发射振子的火花光线照射时，探测振子上的火花就有所加强. Hertz 还发现，当紫外线照射负极时，效果尤其明显. 后来，Hertz 集中研究力学的基本原理，撰写了题为“力学原理，以一种新形式表述出来”的著作.

§4. Fresnel 曳引系数和 Fizeau 实验

直到 19 世纪中叶，光的波动论者几乎无一例外地采用纯机械模型来设想光的波动过程. 他们认为，一切波动都必须在某种媒质中才能够传播，在当时看来，很难设想波动过程能在虚空空间中发生. 由此，如果认为光是一种波动，并且光又能在真空中传播，那么就必须回答光赖以传播的媒质是什么的问题. 于是，人们不得不假设存在着某种无处不在的能够传递光振动的媒质，并称之为光以太. 作出这一假设后，当然要进一步研究以太的属性，并设法通过实验来探测它的存在.

在 Maxwell 的电磁场理论中，电磁场的存在与传递必须借助于称之为电磁以太的中介媒质. 在 Maxwell 证明了电磁波与光波的同一性后，光以太和电磁以太就成为同种东西了.

无论是 Maxwell 电磁场理论创立前的以太论者，还是包括 Maxwell 和 Lorentz 在内的一大批电磁学家，对于探测以太的存在并研究其属性都极为认真和关切. 这是不足为怪的，因为以太是他们的理论的基石. 正是那些探测以太的众多实验所提出的问题以及相关的研究，促成了 Lorentz 对电磁场理论的进一步思索(详见第三章).

光或电磁波在运动媒质中的传播问题，一直是以太论者进行认真研究的课题之一. 就理论研究来说，前有 Fresnel，后有 Lorentz. Fresnel 采用机械模型，用力学来探讨，Lorentz 则采用电磁场理论来研究. 有趣的是，两种分属不同范畴的理论却得出了相互一致的结果. 本节介绍 Fresnel 提出的以太理论，引进的曳引系数，以及 Fizeau 所做的相关实验. 至于 Lorentz 的有关工作请参看第三章 §4.

一、Fresnel 的以太理论和曳引系数

1810 年前后，Fresnel 提出过一种以太的机械模型，建立了以太被运动物体部分地拖动的理论，由此计算了运动媒质中的光速，并引进曳引系数来描述以太被拖动的程度.

如图 8-4-1(a)所示，参考系 S 相对以太静止，玻璃块相对以太以速度 v 自左向右运动. 如图 8-4-1(b)所示，参考系 S′固定在玻璃块上，即玻璃块在 S′系中静止. 从 S′系看来，有一股以太风自右向左吹过玻璃块. Fresnel 把光在以太中的传播与声波在弹性媒质中的传播相类比，并假定真空中的以太和媒质中的以太有不同的密度，因而光在真空中和媒质中有不同的传播速度(在弹性媒质中传播的声波的波速与媒质密度的平方根成反比). 在图 8-4-1 的例子中，设以太在真空中的密度为 ρ，在玻璃中的密度为 ρ'. 玻璃的折射率 n 等于真空中的光速 c 与玻璃中的光速 c'之比，即

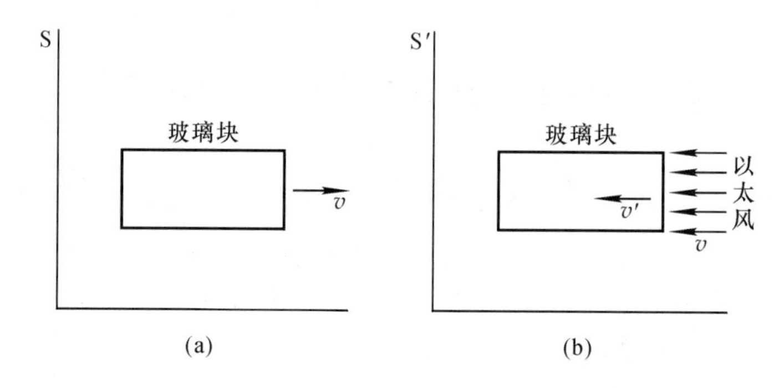

图 8-4-1

$$n=\frac{c}{c'}=\frac{1/\sqrt{\rho}}{1/\sqrt{\rho'}}=\sqrt{\frac{\rho'}{\rho}}$$

如图 8-4-1 所示，在参考系 S′中观察时，以太风吹过玻璃块，在真空中的速度为 v，在玻璃中的速度为 v'. Fresnel 认为，平衡情形下在玻璃中不应有以太随时间的积累或消散，即单位时间内通过单位面积进入玻璃和流出玻璃的以太总量应相等，故有

$$\rho v=\rho' v'$$

结合以上两式，得出以太风在玻璃中的速度应为

$$v'=\frac{\rho}{\rho'}v=\frac{v}{n^2}$$

设光沿着玻璃块运动的反方向传播，则在 S′系中观察时，光顺着以太风方向传播. 根据 Galileo 速度叠加法则，玻璃中的光速等于以太静止时玻璃中的光速$\frac{c}{n}$加上玻璃中的以太风速 v'，故玻璃中的光速为

$$c' = \frac{c}{n} + \frac{v}{n^2}$$

$$= \frac{c}{n} - \left(1 - \frac{1}{n^2}\right)v + v$$

在 S 系中观察时，光沿玻璃块运动的反方向传播. 再次利用 Galileo 速度叠加法则，得出在 S 系中观察到的运动玻璃块中的光速应为

$$u = c' - v = \frac{c}{n} - \left(1 - \frac{1}{n^2}\right)v$$

同理，当光的传播方向与玻璃块运动方向一致时，运动玻璃块中的光速为

$$u = \frac{c}{n} + \left(1 - \frac{1}{n^2}\right)v$$

令

$$f = 1 - \frac{1}{n^2} \tag{1}$$

f 称为曳引系数. 于是运动媒质中的光速公式可统一写为

$$u = \frac{c}{n} \pm fv \tag{2}$$

(2)式就是著名的关于运动媒质中光速的 Fresnel 公式.

假如运动媒质完全拖动以太，则在媒质中的以太总是与媒质保持相对静止的，即在媒质中的以太风速为 $v'=0$，于是运动媒质中的光速公式变为

$$u = \frac{c}{n} \pm v$$

可见，在运动媒质完全拖动以太的情形，曳引系数 $f=1$. 按照 Fresnel 的理论，运动媒质是部分拖动以太的，即在运动媒质中被拖动的以太风速为 $fv(f<1)$.

值得注意的是，后来 Lorentz 用电磁场理论重新导出了上述 Fresnel 公式[(2)式]，并赋予曳引现象不同的物理机制. 有关内容请参看第三章 §4.

二、Fizeau 实验

1851 年，Fizeau 利用光在运动媒质中的传播，测定了 Fresnel 曳引系数 f，其结果与 Fresnel 预言的理论值相符.

Fizeau 实验装置的示意图如图 8-4-2 所示. 半反射镜 M 把来自光源 S 的光束分成两束. 透过 M 的一束光相继地经反射镜 M_1，M_2 和 M_3 反射，沿逆时针方向回到 M；从 M 上反射的另一束光相继地经 M_3，M_2 和 M_1 反射，沿顺时针方向回到 M. 上述两束光会合后进入望远镜 T，通过望远镜可以观察到两束光产生的干涉条纹. 在光路中设置彼此连通的长度均为 l 的水管，水在连通管内可以沿一定的方向以速度 v 流动. 如图 8-4-2 所

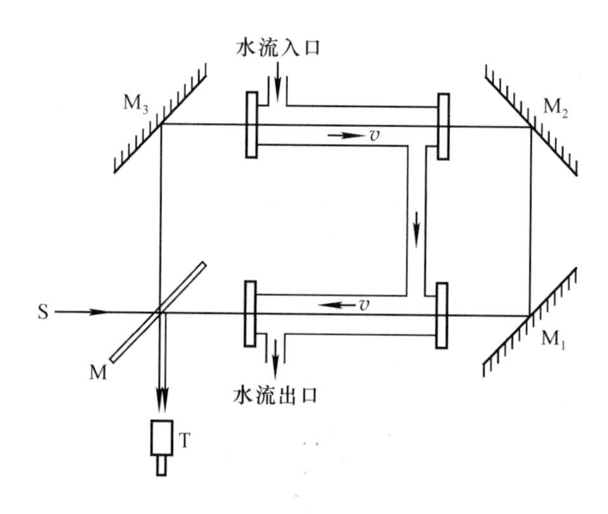

图 8-4-2

示，顺时针行进的那束光总是顺着水流的方向传播，而逆时针方向行进的另一束光则总是逆着水流的方向传播.

假定水流(运动媒质)部分地拖动以太，曳引系数为 f，则按照 Fresnel 的理论，这两束光在水管中的传播速度应不相同，从而两束光经过水管所需的时间也不相同. 根据 Fresnel 的公式[(2)式]，时间差为

$$\Delta t=\frac{2l}{\frac{c}{n}-fv}-\frac{2l}{\frac{c}{n}+fv}\approx\frac{4n^2fvl}{c^2}$$

相应的光程差为

$$\Delta L=c\Delta t\approx\frac{4n^2fvl}{c}$$

当管中水流的速度从零变为 v 时，干涉条纹的移动数为

$$\Delta N=\frac{\Delta L}{\lambda}\approx\frac{4n^2fvl}{c\lambda}$$

式中 λ 为所用单色光源的波长. 由上式得出，曳引系数为

$$f=\frac{c\lambda}{4n^2vl}\Delta N$$

Fizeau 实验中各参数的数值为：$l=1.5$ m，$n=1.33$，$\lambda=5.3\times10^{-7}$ m，$v=7$ m/s，观察到的干涉条纹移动数为 $\Delta N=0.23$，把这些数据代入上式，得出曳引系数 $f=0.49$. 根据 Fresnel 曳引系数的理论公式[(1)式]算出的理论值为

$$f=1-\frac{1}{n^2}=1-\frac{1}{1.33^2}$$
$$=0.43$$

可见两者符合得较好.

1886 年，在 Rayleigh 的建议下，Michelson 和 Morley 合作，以更高的精确度重做了 Fizeau 实验，再次证实了 Fresnel 曳引系数公式[(1)式]的正确性.

§5. Michelson-Morley 实验

在 19 世纪，许多物理学家都相信存在着绝对静止的以太. 当时认为，在绝对静止以太的参考系中，Maxwell 电磁场理论及其有关结论是准确成立的，例如，真空中的光速(电磁波速度)应为 c. 因此，如何以实验寻找绝对静止以太存在的证据，就成为包括 Maxwell 在内的许多物理学家关注的课题，因为它关系到电磁场理论赖以建立的基础. 由于 Galileo 的力学相对性原理指出，用力学方法不可能确定地球相对绝对静止以太的绝对运动，于是，物理学家试图利用电磁学的实验来探测地球的绝对运动.

不难设想，如果存在绝对静止以太，则地球绕太阳的轨道运动(公转)应该大致就是地球的绝对运动. 根据 Galileo 的经典速度叠加法则，这将使地球参考系中的光速有别于 c，于是，通过在地球上所做的与光速有关的实验，就有可能探测地球的绝对运动速度，从而为绝对静止以太的存在提供证据.

Michelson-Morley 实验就是试图探测地球相对于绝对静止以太的运动速度，却得出了否定的零结果的著名实验. Michelson-Morley 实验揭示了包括 Newton 力学和 Maxwell 电磁场理论在内的传统经典理论的深刻内在矛盾，为 Einstein 狭义相对论的建立提供了重要的实验基础.

为了说明与探测地球绝对运动有关的实验的意图及其所面临的实际困难，现举一例. 如图 8-5-1 所示，设地球上有 A 和 B 两站，相距为 l，两站的连线沿着地球绕太阳轨道

l
A B
v
地球运动方向

图 8-5-1

运动的方向，则两站的运动速度即为地球的公转速度 v. 从 A 站发出光信号到达 B 站，经反射后，又从 B 站返回 A 站. 显然，若地球相对于绝对静止以太是静止的，则光速为 c，光信号在 A 和 B 两站之间往返传播所需的时间应为

$$t_1=\frac{2l}{c}$$

若地球相对于绝对静止以太以公转速度 v 运动，根据经典的速度叠加法则，光信号在 A 和 B 两站之间往与返的传播速度将有所不同，应分别为 $(c+v)$ 和 $(c-v)$，故光信号在两站往返传播所需时间为

$$t_2=\frac{l}{c+v}+\frac{l}{c-v}=\frac{2l}{c}\frac{1}{1-\frac{v^2}{c^2}}$$

对于以上两种情形，光信号在两站往返传播时间之差为

$$\Delta t=t_2-t_1=\frac{2l}{c}\left(\frac{1}{1-\frac{v^2}{c^2}}-1\right)\approx\frac{2l}{c}\left(\frac{v}{c}\right)^2$$

式中 v 是地球绕太阳轨道运动(即公转)的速度，$v\approx30$ km/s，c 是真空中的光速，$c\approx$ 300 000 km/s，故 $\left(\frac{v}{c}\right)^2$ 的数量级为 10^{-8}. 由此可见，由于 v 与 c 相差四个量级，预期测出的时间差 Δt 与光往返传播时间 t_1 或 t_2 之比只有 10^{-8} 即 1 亿分之一. 当时，要使测量达到这样的精度是难以做到的，这就是此类实验面临的实际困难. 难怪 Maxwell 对能否探测到因地球以 v 绝对运动而产生的与 $\left(\frac{v}{c}\right)^2$ 成正比的二级效应持悲观态度. Maxwell 在为《不列颠百科全书》第九版所写的“以太”条目中写道：“所有地球上的实验所使用的确定光速的可行方法，都决定于从一站到另一站往返双程所需时间的测量. 由于地球相对以太的速度等于地球在其轨道上的速度，(它引起的)时间增加只是光传播的全部时间的 1 亿分之一，因此是很难观测到的.”

美国物理学家 Albert Abraham Michelson (1852—1931)受到 Maxwell 宿愿的启发，产生了用精确的干涉方法观测与 $\left(\frac{v}{c}\right)^2$ 成正比的二级效应的兴趣. Michelson 通过干涉原理了解到，两束相干光的光程差只要有几分之一波长的变化，就足以引起可观测到的干涉条纹的移动. 1881 年，Michelson 在柏林 Helmholtz 实验室工作时，设计了后来以他的名字命名的干涉仪，并用它做了有关实验.

Michelson 干涉仪的基本结构如图 8-5-2 所示. 分束板 P 将入射光波分成相互垂直的两束相干光，它们分别经反射镜 M_1 和 M_2 反射后，重新重叠在一起，产生干涉. 整个装置安装在十字交叉的托架上，使之能够自由转动.

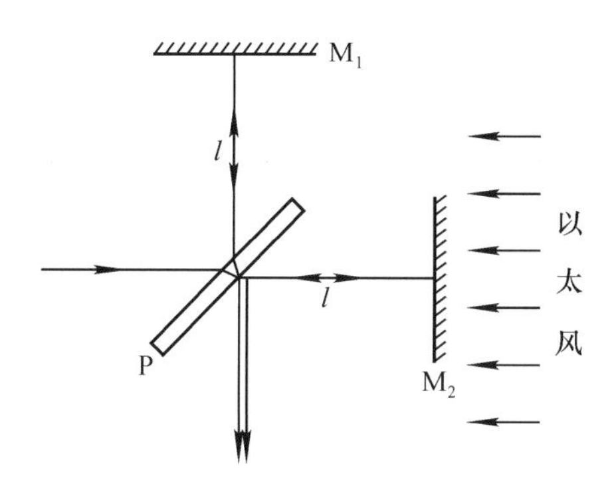

图 8-5-2 Michelson 干涉仪

对于如图 8-5-2 所示的 Michelson 干涉仪，若存在绝对静止以太，则地球的公转运动将使干涉仪受到以太风的吹拂，以太风的速度等于地球的公转速度 v. 设干涉仪两臂的臂长均为 l. 实验时先令干涉仪的一臂(例如图 8-5-2 中的水平臂)沿地球的公转方向. 光在静止以太中的速度为 $\boldsymbol{c}$，以太又以速度 $\boldsymbol{v}$ 吹过干涉装置，根据 Galileo 速度叠加法则，可以计算光相对干涉装置的传播速度，进而算出一束相干光沿图 8-5-2 中的水平臂往返传播所需的时间 t_1，以及另一束相干光沿图 8-5-2 中的竖直臂往返传播所需的时间 t_2，从而得出两束相干光往返传播的时间差为 $\Delta t=t_1-t_2$，这一时间差将产生一定的干涉条纹. 然后，将整个干涉仪装置绕轴旋转 90°角，使干涉仪两臂(图 8-5-2 中的水平臂与竖直臂)的方位互换，重新计算两束相干光往返传播的时间差 $\Delta t'$，容易证明，上述两时间差的差别为

$$\Delta t-\Delta t'=\frac{2lv^2}{c^3}$$

时间差的上述改变将导致干涉条纹的移动，移过的条纹数为

$$N=\frac{c(\Delta t-\Delta t')}{\lambda}=\frac{2l}{\lambda}\left(\frac{v}{c}\right)^2$$

上式表明，改变干涉仪方位所产生的预期条纹移动量 N 是与 $\left(\frac{v}{c}\right)^2$ 成正比的二级效应.

1881 年 Michelson 做了上述实验，把实验中 l 与 λ 的数据以及 v 与 c 的值代入，得出预期的条纹移动量为 $N\approx0.04$ 条. 另外，估计实验的误差与上述预期结果有相同的量级. 然而，实验的结果是，并未观察到条纹的移动. 当时，无论 Michelson 本人还是其他人，都没有把实验得出的否定的零结果看作是决定性的，因为实验装置的精度是否足够值得怀疑.

在第三章已经指出，Lorentz 曾高度评价 Fresnel 以静止以太和曳引系数为基础的理论，认为这是关于地球运动对光学现象的影响的最出色的理论. Fizeau 实验(见本章 §4)以及 1886 年 Michelson 与 Morley 所做的同样实验，充分证明了 Fresnel 曳引理论的正确性. 至于 1881 年 Michelson 的干涉仪实验为什么没有得出似乎理应有的预期结果，Lorentz 认为是因为实验精度还不够高，并指出 Michelson 的计算有误，使预期的条纹移动量偏大了一倍. 1884 年，L. Rayleigh 随 W. Thomson 访美，Michelson 利用这个机会会见了 Rayleigh，并就 1881 年的干涉仪实验与 Rayleigh 交换了意见. Rayleigh 劝 Michelson 重做一次 Fizeau 实验，以验证 Fresnel 的理论(Michelson 与 Morley 合作在 1886 年以更高的精度重复了 Fizeau 实验). 后来，Rayleigh 还写信给 Michelson，转告了 Lorentz 对其 1881 年干涉仪实验的评价. Lorentz 对 1881 年干涉仪实验的批评和 Rayleigh 的劝告，使 Michelson 增添了勇气. 以此为转机，Michelson 再度与 Morley 合作，于 1887 年以更高的精度重做了干涉仪实验，这就是著名的 Michelson-Morley 实验.

Michelson 和 Morley 在 1887 年的干涉仪实验中，千方百计地提高实验的精度. 首先，如图 8-5-3 所示，干涉装置不是安装在托架上，而是固定在厚25 cm、边长为 1.5 m 的正方形石板上，并把石板安装在圆柱形台座上，台座则放入盛满水银的金属圆筒中. 于是整个装置便悬浮在水银面上，能够极为平稳地转动. 其次，如图 8-5-4 所示，为了使互相垂直的两束相干光的光路尽可能加长，在台面上适当安置反射镜，使每束光往返 4 次.

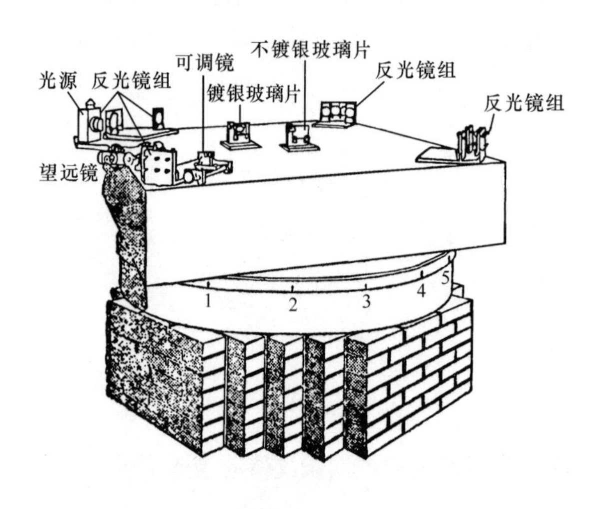

图 8-5-3

对于这个干涉仪装置，计算得出预期的干涉条纹的移动量应为条纹间距的 0.4(即 $N=0.4$，比 1881 年的干涉仪实验增大了约 10 倍). 干涉条纹的这一预期移动量，约为可以观察到的最小移动量的 40 倍，在实验中是完全可以观察到的. Michelson 和 Morley 在不同条件下(白天，夜晚，不同季节，不同地点)多次重复这一实验，然而，实验结果是，始终未观察到干涉条纹移动的任何迹象，与理论预期明显不符.

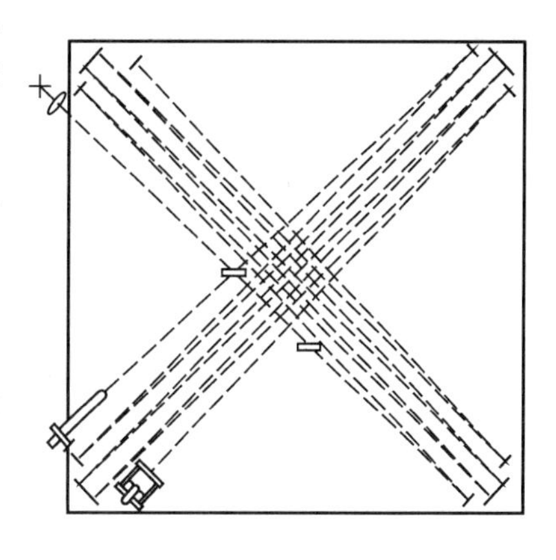

图 8-5-4

Michelson-Morley 实验的否定的零结果使以太理论，特别是 Fresnel 的理论处于岌岌可危的境地，它迫使 Lorentz 去寻找新的理由来挽救以太理论. Lorentz 在 1892 年写给 Rayleigh 的信中说道：如果没有 Michelson - Morley 实验，Fresnel 的曳引系数 $\left(1-\frac{1}{n^2}\right)$ 本来可以用来解释所有被观察的现象. Lorentz 感到难以清除 Michelson - Morley 实验与 Fresnel 以太理论之间存在的矛盾，并认为如果要抛弃 Fresnel 理论的话，那就根本没有更合适的理论了. Lorentz 坚信 Fresnel 的静止以太理论的正确性，又不得不接受 Michelson-Morley 实验的事实. 为了摆脱困境，Lorentz 提出了著名的长度收缩假设(详见第三章§6)，至少在形式上勉强调和了 Michelson-Morley 实验与 Fresnel 以太理论之间的矛盾.

对于 Michelson-Morley 实验的另一种解释是，地球参考系就是绝对静止的以太. 换言之，人类生活的地球又重新成为宇宙的“中心”. 但是这一结论已经无论如何都难于接受了.

总之，Michelson-Morley 实验导致经典物理学无法说明的一大难题，即地球相对于静止以太作绝对运动，然而实验上却测不出这一绝对运动的速度. 在 19 世纪末一次物理学家的聚会上，物理学界的泰斗 Lord Kelvin (即 William Thomson，1824—1907) 把 Michelson-Morley 实验的否定的零结果，称为在物理学晴朗天空上飘浮的两朵乌云之一.

1905 年，Einstein 建立了狭义相对论，它以相对性原理和光速不变原理为基础，以 Lorentz 变换取代 Galileo 变换. 根据狭义相对论，根本不存在绝对静止的以太，一切惯性系都是平权的，在所有的惯性系中物理规律(包括 Maxwell 电磁场理论)都具有相同的形式，在所有的惯性系中真空中的光速均为 c，不可能用物理实验确定惯性系本身的运动状态，因此也就不存在任何绝对运动. 在狭义相对论看来，Michelson-Morley 实验的零结果是极其自然、理所当然的. 于是，那些以存在静止以太和绝对运动为前提所作的种种理论分析，包括 Lorentz 费尽心机设想的长度收缩假设等，通通显得十分牵强.

Michelson-Morley 实验因其揭示了经典物理的深刻内在矛盾，并成为狭义相对论的重要实验基础而名垂史册.

1931 年，Einstein 在美国与 Michelson 会见时说：“我尊敬的 Michelson 博士，您开始工作时，我还是一个小孩子，只有 1 米高. 正是您，将物理学家引向新的道路，通过您的精湛的实验工作，铺平了相对论发展的道路. 您揭示了光以太理论的隐患，激发了

Lorentz 和 FitzGerald 的思想，狭义相对论正是由此发展而来. 没有您的工作，这个理论今天顶多也只是一个有趣的猜想，您的验证使之得到了最初的实际基础." 1954 年，Einstein 在回答关于 Michelson-Morley 实验对建立相对论是否具有决定作用时说："……Michelson 的这件工作，是他对科学知识的不朽贡献，其伟大在于对问题大胆而明确的表述，同样也在于以巧妙的方法按要求达到了很高的测量精确度. 这一贡献对于与狭义相对性原理有关的'绝对运动'的不存在，是一新的有力论据. 而狭义相对性原理自 Newton 以来在力学中从未受过怀疑，却与电动力学似乎并不相容."①

§ 6. Trouton-Noble 实验

在第二章和第三章已经指出，19 世纪后半叶，物理学家普遍认为，Maxwell 和 Lorentz 的电磁理论都只对静止以太参考系才成立，这是一个优越的绝对参考系，任何物体相对于绝对参考系的速度称为绝对速度. 因此，如何从实验上寻找静止以太存在的证据，就成为当时物理学家关注的重要课题. 与上节 Michelson-Morley 实验的目的相同，Trouton-Noble 实验也是试图检测地球相对于绝对静止以太运动所产生的效应而设计的实验，区别在于前者是光的干涉实验，后者是电磁学实验.

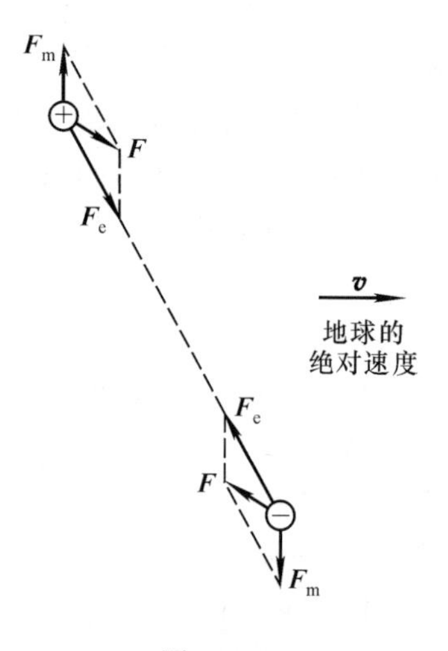

图 8-6-1

1902 年，Trouton 设想的电磁学实验如图 8-6-1 所示. 考虑由两个点电荷构成的电荷系统，设该电荷系统相对地球静止. 如果认为地球就是绝对参考系，即如果认为地球相对静止以太的绝对速度为零，则因两个点电荷都静止不动，其间将只存在 Coulomb 力的相互作用，力的方向沿两个点电荷的连线. 由于电荷系统不会受到力矩的作用，因此，不论该电荷系统的空间取向如何，都不会出现转动.

但是，如果认为地球相对静止以太以速度 $\boldsymbol{v}$ 运动(当时认为 $\boldsymbol{v}$ 就是地球绕太阳的公转速度)，则该电荷系统也将跟随地球一起以绝对速度 $\boldsymbol{v}$ 运动. 按照 Maxwell 和 Lorentz 的电磁理论，在静止以太参考系中，由于每个点电荷都以绝对速度 $\boldsymbol{v}$ 运动，运动电荷除了产生电场外还要产生磁场. 于是，这两个点电荷之间的作用力除了 Coulomb 力 $\boldsymbol{F}_e$ 外还有磁力 $\boldsymbol{F}_m$，每个电荷所受合力为 $\boldsymbol{F}$，因 $\boldsymbol{F}$ 的方向不沿连线，电荷系统将受到力矩的作用，从而出现转动.

① 转引自：郭奕玲等，《著名物理实验及其在物理学发展中的作用》，山东教育出版社，1985.

如图 8-6-1 所示，当两点电荷等量异号时，力矩作用下的转动将使两点电荷的连线趋于垂直运动方向；当两点电荷等量同号时，力矩作用下的转动将使两点电荷的连线趋于平行运动方向. 因此，如果静止以太确实存在，如果经典力学仍然有效，那么，只要测出该电荷系统的转动效应，即可确定地球相对静止以太的绝对速度，从而也就为存在绝对参考系提供了有力的证据.

根据上述想法，1903 年 Trouton 和 Noble 设计了如图 8-6-2 所示的电磁学实验. 整个实验装置是一个精巧悬挂起来的可以自由转动的定向充电平板电容器. 平板电容器以云母作为填充介质，充电到 3 000 V 左右，使一极板带正电，另一极板带等量负电，用以代替图 8-6-1 中的两点电荷系统. 用一根长为 37 cm 的青铜丝把平板电容器悬挂起来，使之可以自由转动. 为了防止空气扰动的影响，悬挂起来的平板电容器放置在密闭的玻璃器皿之中，并设置了防止振动的衰减装置. 平板电容器上还附有反射镜，借助于望远镜可以观测平板电容器可能出现的微小的转动.

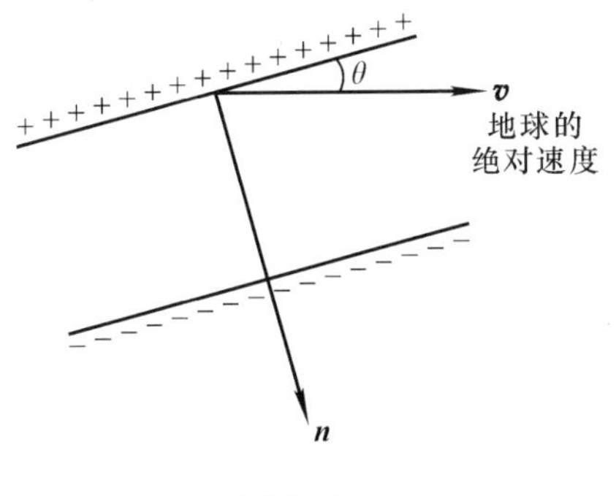

图 8-6-2

现在，在静止以太的绝对参考系中，根据经典力学来分析电容器的运动.

如图 8-6-2 所示，电容器跟随地球一起相对静止以太的运动速度为 $\boldsymbol{v}$，电容器的空间取向用 θ 角表示. 电容器充电后，两极板上分别带正负电荷，设电荷面密度为 σ，则电容器内的电场强度为

$$E=\frac{\sigma}{\varepsilon}$$

式中 ε 为电容器内介质的电容率. 电场的能量密度 w_e 正比于 E^2，即

$$w_e \propto \varepsilon E^2$$

由于电容器相对静止以太以绝对速度 $\boldsymbol{v}$ 运动，在静止以太的绝对参考系中形成了因电容器极板上的电荷以 v 运动而产生的电流，该电流在空间激发磁场，根据 Biot-Savart 定律，磁感应强度 B 为

$$B \propto \mu\sigma v\cos\theta$$

相应的磁场能量密度 w_m 为

$$w_{\mathrm{m}} \propto \frac{B^2}{\mu} \propto \mu\sigma^2 v^2 \cos^2\theta$$
$$= \mu\varepsilon^2 E^2 v^2 \cos^2\theta$$

总的能量密度 w 为

$$\begin{aligned} w &= w_{\mathrm{e}} + w_{\mathrm{m}} \\ &\propto \varepsilon E^2 (1 + \varepsilon\mu v^2 \cos^2\theta) \\ &\approx \varepsilon E^2 \left(1 + \frac{v^2}{c^2}\cos^2\theta\right) \end{aligned}$$

上式最后一步用到电磁波的波速等于$\frac{1}{\sqrt{\varepsilon\mu}}$，它与真空中的光速 c 同数量级. 根据经典力学原理，平板电容器将受到力矩 M 的作用，该力矩为

$$\begin{aligned} M &\propto -\frac{\mathrm{d}w}{\mathrm{d}\theta} \\ &\propto E^2 \left(\frac{v}{c}\right)^2 \sin 2\theta \end{aligned}$$

上式表明，电容器所受力矩 M 以及由此引起的转动效应与 $\left(\frac{v}{c}\right)^2$ 成正比，即是二级效应. 上式还表明，力矩 M 与平板电容器的空间取向有关，当 $\theta=90°$时，力矩为零. 当电容器为其他取向时，所受力矩不为零，电容器将在力矩的作用下转到 $\theta=90°$的方位，即电容器极板的法线方向 $\boldsymbol{n}$ 将趋于地球的绝对速度 $\boldsymbol{v}$ 的方向. 显然，当 $\theta=90°$时，电容器两极板上的电荷因运动产生的磁场将相互抵消，电容器具有最低的电磁能量.

为了观察电容器偏转的积累效果，Trouton 和 Noble 连续观察了九天九夜，并未观察到电容器转动的任何迹象，即电容器的空间取向并无任何变化. 1925 年 Tomaschek 和 1926 年 Chase 先后进一步改进了 Trouton-Noble 实验，得到的仍然是否定的零结果.

Michelson-Morley 实验以及 Trouton-Noble 实验的否定的零结果，使得相对论建立以前的物理学家迷惑不解. Lorentz 曾经企图像解释 Michelson-Morley 实验那样来解释 Trouton-Noble 实验. Lorentz 认为，电容器悬丝中的弹性力应与电磁力作相同的变换，因而当整个装置相对静止以太运动时，悬丝中的弹性扭力矩与电容器受到的电磁力矩彼此抵消，于是电容器不会有任何偏转. 但是，使悬丝产生弹性扭力矩的相应形变究竟是怎样发生的，仍然是一个无法回答的难题.

狭义相对论为 Trouton-Noble 实验的否定零结果提供了正确合理的解释. 如所周知，狭义相对论否定了 Newton 的绝对时空观，认为静止以太以及由它构成的绝对参考系是根本不存在的，从而也不存在绝对速度，一切惯性系都是等价的平权的. Trouton-Noble 实验的否定零结果无非再一次证明电磁现象同样遵从相对性原理而已. 换言之，如果在电容器为静止的参考系中，电容器不转动，那么，在另一个电容器为运动的参考系中，电容器也不会转动，即平衡是 Lorentz 变换下的不变性质.

然而，这种概括性的解释或许并不能令人满足. 由于电磁理论遵从狭义相对论，所以上面根据电磁理论得出的力偶是真实存在的. 因此，需要根据狭义相对论作出进一步的解释，即为什么电容器受到了力偶的作用却不会有转动的趋势.（参看：陈熙谋《特鲁顿-诺伯实验的解释》，《大学物理》，1985 年第 10 期.）

如图 8-6-3(a)所示，在参考系 S_0 中有两个静止的等量异号点电荷，正电荷 q 固定在坐标原点，负电荷 $-q$ 位于(x_0, y_0)，它们之间的距离为 $l_0=\sqrt{x_0^2+y_0^2}$，它们之间的连线与 x_0 轴之间的夹角为 α_0，$\tan\alpha_0=\dfrac{y_0}{x_0}$. 由于两点电荷静止，其间的相互吸引力大小为

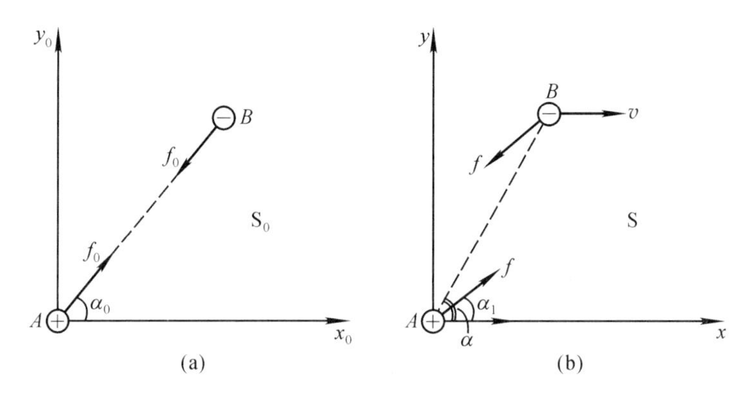

图 8-6-3

$$f_0=\frac{1}{4\pi\varepsilon_0}\quad\frac{q^2}{l_0^2}$$

$\boldsymbol{f}_0$ 沿连线方向，即 $\boldsymbol{f}_0$ 与 x_0 轴之间的夹角也是 α_0，$\tan\alpha_0=\dfrac{f_{0y}}{f_{0x}}$. 点电荷在此吸引力作用下的加速度也沿连线方向，即加速度 $\boldsymbol{a}_0$ 与 x_0 轴之间的夹角仍是 α_0，$\tan\alpha_0=\dfrac{a_{0y}}{a_{0x}}$，因而在 S_0 系中电荷系统不会转动.

如图 8-6-3(b)所示，参考系 S 相对于 S_0 系以速度 v 沿 x_0 轴的负方向运动，故在 S 中观察，两个点电荷都以速度 v 沿 x 轴正方向运动. 其间除电力外还有磁力，电磁作用力可以根据运动电荷的电磁场计算，也可以根据相对论的力变换公式计算，结果是一致的. 根据相对论中力的普遍变换公式，在 S 系中点电荷 A 受点电荷 B 的作用力为

$$\begin{cases}f_x=f_{0x}\\ f_y=\dfrac{1}{\gamma}f_{0y}\end{cases}$$

式中

$$\gamma=\frac{1}{\sqrt{1-\beta^2}}=\frac{1}{\sqrt{1-\frac{v^2}{c^2}}}$$

此力 $\boldsymbol{f}$ 与 x 轴之间的夹角 α_1 满足

$$\tan\alpha_1=\frac{f_y}{f_x}=\frac{f_{0y}}{\gamma f_{0x}}=\frac{1}{\gamma}\tan\alpha_0$$

即 $\alpha_1<\alpha_0$，如图 8-6-3(b)所示. 此时两点电荷之间的连线与 x 轴之间的夹角 α 满足

$$\tan\alpha=\frac{y}{x}=\frac{y_0}{x_0\sqrt{1-\beta^2}}=\gamma\tan\alpha_0$$

即 $\alpha>\alpha_0$，如图 8-6-3(b)所示. 从图 8-6-3(b)中可以看出，两点电荷之间的相互作用力 $\boldsymbol{f}$ 不沿它们的连线方向，它们构成一对力偶.

然而，根据相对论中加速度的普遍变换公式，有

$$\begin{cases}a_x=\dfrac{1}{\gamma^3}a_{0x}\\ a_y=\dfrac{1}{\gamma^2}a_{0y}\end{cases}$$

加速度 $\boldsymbol{a}$ 与 x 轴之间的夹角 α_2 满足

$$\begin{aligned}\tan\alpha_2&=\frac{a_y}{a_x}=\frac{\gamma a_{0y}}{a_{0x}}=\gamma\tan\alpha_0\\&=\tan\alpha\end{aligned}$$

即

$$\alpha_2=\alpha$$

这表明，点电荷 A 的加速度方向与 AB 连线的方向相同，同样，点电荷 B 的加速度方向也与 AB 连线的方向相同. 所以，从相对论运动学角度考查，电荷系统是不会发生转动的.

上述分析表明，相对论力学与经典力学之间存在着重要的区别. 在相对论力学中，两个惯性系之间力的变换公式与加速度的变换公式是不同的. 因此，从 S_0 系变换到 S 系，导致力的方向与加速度的方向不同，从而得出在 S 系中虽然存在力偶，但加速度仍沿连线方向，整个电荷系统不发生转动的结果是很自然的.

以上，从相对论运动学的角度，根据力与加速度的方向可以不同，对电荷系统虽受力矩却不会转动的事实作出了解释. 现在，从相对论动力学的角度，考查电荷系统所受的电磁力，以便对电荷系统不会转动作出进一步的解释.

显然，当我们讨论一对正负点电荷组成的电荷系统的转动问题时，应维持该电荷系统的稳定，即两点电荷的间距应保持不变. 为此，需要用一根不导电的刚性杆将这一对

点电荷连接起来(在 Trouton-Noble 实验中有固定电容器两极板的装置)，并且为了讨论的方便，假定杆的 $+q$ 端固定，杆的 $-q$ 端为活动端. 考查电荷系统的转动，也就是考查刚性杆活动端在力的作用下绕固定端的转动. 当作用在杆活动端的力沿径向，亦即沿活动端轨迹的法向时，杆不会转动. 只有当作用力具有活动端轨迹的切向分量时，杆才会转动.

在经典力学中，所谓刚体是指其中任意两点间的距离固定不变，因此刚体上所有各点必定与外力作用点同时运动，这意味着力的作用是瞬时传递到各处的. 显然，经典力学的刚体与相对论中物体作用的传递速度不大于光速 c 是不相容的，因而是不存在的，在相对论中只存在按 Lorentz 收缩的刚体. 于是，当上述连接两点电荷的刚性杆绕固定端转动时，杆的长度要发生变化，当长度为 a 的杆转到与运动方向平行时，收缩为 $a\sqrt{1-\beta^2}$，即杆的活动端将描出半长轴为 a，半短轴为 $a\sqrt{1-\beta^2}$ 的椭圆，如图 8-6-4 所示.

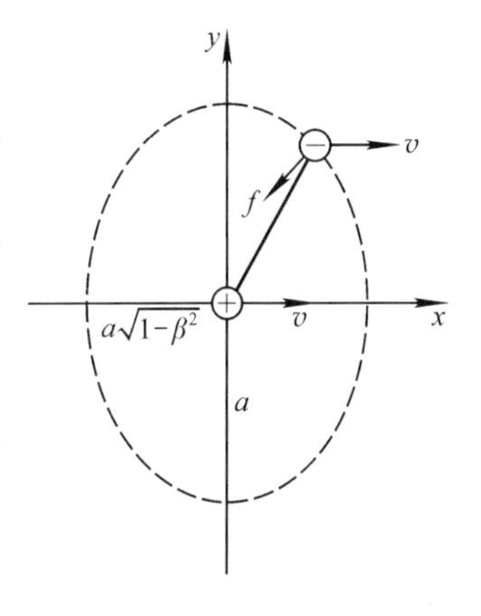

图 8-6-4

现在考虑活动端的 $-q$ 点电荷受到的电磁力. 根据运动电荷产生的标势和矢势以及 Lorentz 力公式，求得点电荷 $-q$ 所受的电磁力合力 $\boldsymbol{f}$ 可表示为

$$\begin{cases}\boldsymbol{f}=\nabla\psi\\ \psi=\dfrac{q^2(1-\beta^2)}{4\pi\varepsilon_0 s}\end{cases}$$

其中

$$s=\sqrt{x^2+(1-\beta^2)(y^2+z^2)}$$

这表明 ψ 起着一种“势”的作用，称为“运流势”(convection potential). 运流势的等势面由“$s=$常量”确定. 电荷所受的电磁力 $\boldsymbol{f}$ 则垂直于运流势的等势面.

由上式可以写出运流势的等势面方程为

$$\frac{x^2}{(1-\beta^2)}+y^2+z^2=\text{常量}$$

可见运流势的等势面为一回转椭球面，若沿垂直运动方向的 y 方向或 z 方向的半长轴为 a，则沿运动方向的半短轴为 $a\sqrt{1-\beta^2}$. 这里我们看到，运流势的等势面与上面讨论的按 Lorentz 收缩的刚性杆活动端描绘的椭圆是一致的，也就是说，杆的活动端始终在运流势的等势面上. 由于活动端电荷所受的力垂直于运流势的等势面，亦即不存在使得杆转动的切向分量，因而杆是不会转动的.

上述分析表明，相对论力学与经典力学之间存在着另一个重要的区别. 在相对论力学中，不存在经典意义下的刚体. 刚体在力作用下是否转动的问题，则需要考查作用力是否存在切向分量. 如果作用力沿法向，不存在切向分量，虽有力矩也不会转动.

对 Trouton-Noble 实验的相对论解释，可以使我们对于相对论在基本观念上的一系列深刻变革以及由此引起的广泛影响有进一步的认识.

§7. J. J. Thomson 阴极射线实验 ——$\frac{e}{m_e}$的测定，电子的发现

1897 年 J. J. Thomson 的阴极射线实验，测量了阴极射线粒子的荷质比，导致电子的发现. 1901 年 Kaufmann 的 β 射线实验，发现电子质量 m_e 随速度变化，为尔后 Einstein 建立的狭义相对论提供了重要的实验证据. 1909 年 Millikan 的油滴实验，得出电荷是量子化的，并测定了作为基本电荷的电子电量 e. 以上三个距今约一个世纪的著名实验以及其他实验，发现了电子，测定了电子的一些基本性质，构成了电磁学史中一个颇为独特而重要的篇章. 今天，重温当年的艰辛，正确认识其重大意义，对于改进物理教学是很有启发的.

首先，电子是人类发现的第一个基本粒子. 所谓“基本粒子”，原意是指构成世间万物的不能再分割的最小单元. 如所周知，世间万物均由分子构成，分子又由原子构成. 分子是表征物质性质的最小单元，确切地说，分子是各种物质保持其化学性质的基本单元. 原子则是化学元素的最小单元，每一种原子对应一种化学元素. 迄今，包括人工制造的不稳定元素在内，已经知道有 100 多种元素. 分子由原子构成，例如水分子由两个氢原子和一个氧原子构成，但是，无论氢原子、氧原子或它们的混合物，都并不具有任何水的化学性质. “原子”这个概念，当初是指构成世间万物的最终单元.

然而，曾几何时，电子以及其他基本粒子的发现，原子内在组成和结构的揭示，表明原子丧失了曾经具有的作为世间万物不可分割最小单元的地位，标志着人类对物质结构的认识进入了新的更深入的层次. 以电子的发现为开端，光子，质子，中子，中微子，π 介子，μ 子，种种奇异粒子，乃至夸克等等先后问世. 迄今，已经知道，包括电子在内的 6 种轻子以及 6 种夸克是构成普通物质的基本粒子；与此同时，对于基本粒子之间相互作用的认识和统一描述也取得了非常重大的进展. 由此建立起来的粒子物理学的“标准模型”和宇宙学的“大爆炸理论”，已经成为 20 世纪物理学迅猛发展的里程碑. 当然，所谓基本粒子也并不具有终极的含义，实际上已经有种种迹象表明，它们仍然可能具有某种更深层次的结构.

其次，就电磁学的发展而言，在 19 世纪末，Maxwell 电磁场理论已经建立并且得到

了 Hertz 电磁波实验的证实，光的电磁理论有了重要进展. 与此同时，1866 年横跨大西洋海底电缆的铺设成功标志着相关技术应用的重大突破. 然而，说来有趣，对于什么是“电”这样的基本问题，竟仍然莫衷一是，并无定论. 具体地说，“电”究竟是物质的某种运动形式，还是以太的某种状态或表现，抑或是某种粒子或实体的属性. 此外，电、以太、实物三者之间究竟是什么关系，物质对电磁场有所响应的内在根据是什么，物质的电磁性质与其内在电磁结构有何关系，等等，都并不清楚. 电子的发现，原子结构模型的建立，以及狭义相对论的诞生为这些基本问题的澄清奠定了基础，使之逐一有了正确的答案. 电磁学乃至整个物理学进入了新的发展阶段.

再次，电子的发现及其基本性质的实验测量，在电磁学史中可以说是别具一格而又饶有趣味的篇章. 如果说，无论 Neumann 和 Weber 的超距作用电磁理论，或是 Faraday 和 Maxwell 的近距作用电磁场理论，都有明确的物理思想、严密的数学表述、完整的理论体系，然后付诸实验检验，与 Newton 力学的方法如出一辙，充分展现了理性思维的威力与光辉，那么，电子的发现及其基本性质的实验测量却颇为不同，其中，或许并没有许多出色的理论推演和综合概括，更多的是艰辛的实验工作、丰富的实验成就以及在纷繁的现象中挖掘本质的思索. 这些，将使我们对实验工作及其在物理学发展中的作用，有更深刻的体会和认识.

本章§7、§8、§9 将分别介绍 J. J. Thomson 的阴极射线实验，Kaufmann 的 β 射线实验，以及 Millikan 的油滴实验.

一、Faraday 电解定律的启示，“电子”一词的提出

1834 年，Faraday 总结实验结果，给出了著名的 Faraday 电解定律：等量的电荷通过不同的电解液时，在电极上析出的物质的质量与物质的化学当量成正比. 电解定律使 Helmholtz 意识到基本电荷即“电原子”的存在. 1881 年，Helmholtz 指出：“Faraday 定律的最可惊异的结果也许是这样：如果我们接受元素物质由原子组成的假说，我们就不可避免地要作出结论说，电，不论阳电或阴电，都可分成单元部分，其行为就像电的原子一样.”

如所周知，化学当量是指原子量和原子价之比. 对于单价的物质，化学当量就等于原子量. Faraday 电解定律表明，要析出 1 mol 的单价元素，例如氢1 g、氯 35.5 g、银 107.9 g 等等，需要相等的电量通过电解液，这一电量称为 Faraday 常量 F，F 可以由实验测定. 同时，1 mol 物质中的原子数为 Avogadro 常量 N_A. 因此，Faraday 电解定律可以解释为：在电解过程中，形成电流的是正、负离子的运动，这些正、负离子所带的电荷是基本电荷的整数倍，这个倍数也就是离子的价数. 由于析出 1 mol 单价元素即析出 N_A 个单价离子，所需的总电量为 Faraday 常量 F，所以基本电荷即一个单价离子的电量 e 应等于 F 与 N_A 之比，为

$$e=\frac{F}{N_{A}} \tag{1}$$

1891 年，英国物理学家 G. J. Stoney 根据 Faraday 电解定律，认为任何电荷都是由基本电荷组成的，并把基本电荷即电荷的最小单位取名为“电子(electron)”. 电子一词由此诞生. Stoney 还根据 F 和 N_A 估计出基本电荷 e 的数值约为

$$\begin{aligned} e &\approx 0.3\times10^{-10}\ \text{esu(静电单位电量)} \\ &\approx 10\times10^{-19}\ \text{C} \end{aligned}$$

当时，只知道带电的实体是正、负离子，电子作为基本电荷只是电量的自然单位，表示单价离子的电量，并非某种粒子或实体，也并未与阴极射线中的带电粒子联系起来.

需要说明，为了估计基本电荷 e 的数值所需的 Avogadro 常量 N_A 在当时是如何得出的，1865 年，Loschmidt 假设在液体中分子紧挨密排，在气体中分子的间隔为平均自由程 $\bar{l}$，并认为分子的大小 d 远小于 $\bar{l}$. 于是，对于同一种物质，液体与气体密度之比为 $\frac{\rho_{液}}{\rho_{气}}=\frac{d^3}{\bar{l}^3}$. Loschmidt 又假设不同物质的 $\frac{\rho_{液}}{\rho_{气}}$ 值相近，其中 $\rho_{气}$ 指相同压强下不同气体的密度. 这样，利用当时已经液化的气体的 $\frac{\rho_{液}}{\rho_{气}}$ 值，以及 Maxwell 给出的空气的平均自由程 $\bar{l}$ 的值，估算出当时还不能液化的空气分子的大小约为 $d\approx10^{-6}$ mm(此结果略偏大). 再根据

$$\rho_{液}=\frac{N_A m}{N_A\ d^3}$$

由液体密度 $\rho_{液}$，摩尔质量 $N_A m$(m 为分子质量)和分子大小 d，估算出 N_A 约为

$$N_A\approx10\times10^{23}\ \text{mol}^{-1}$$

顺便指出，直到 1905 年 Einstein 给出 Brown 运动的理论，1908 年 Perrin 对 Brown 运动作了艰辛细致的实验研究之后，才得出较为精确的 Avogadro 常量值 $N_A=(5\sim8)\times10^{23}\ \text{mol}^{-1}$. 此时距 Avogadro 提出假设的 1811 年已经过去了将近一个世纪. Avogadro 当年假设，在同样条件下(即温度、压强相同)相同体积的各种气体中所含分子数应相同.

二、J. J. Thomson 的阴极射线实验——荷质比 $\frac{e}{m_e}$ 的测定，电子的发现

气体放电的研究导致阴极射线的发现，阴极射线的研究又导致电子的发现，这是电磁学中往往容易被忽视而又颇为重要的一个方面.

如所周知，在通常情形，气体中自由电荷很少，是良好的绝缘体. 所谓气体导电或气体放电，是指气体因某种原因被电离，具有一定的自由电荷，从而能够导电. 所谓阴极射线是指真空管阴极(由金属制成)发射的电子流. 在通常情形，阴极中的电子极少逸出，但若阴极温度升高(例如 1 000 ℃以上)，或受电子流或离子流轰击，或有外加强电

场，或受光照射，阴极便会发射电子形成阴极射线，上述过程分别称为热电子发射、二次发射、场致发射、光电子发射. 阴极射线撞击真空管中残存的稀薄气体会引起气体电离，气体被电离后产生的离子在电场作用下加速撞击阴极又会引起二次发射，所以气体导电和阴极射线是有区别而又密切相关的两种现象. 以上是今天对气体导电和阴极射线的梗概认识.

回顾历史，早在 19 世纪 30 年代，Faraday 就研究过低压气体的放电过程，发现在管内会出现美丽的发光现象，有特殊的亮区和暗区(后称为 Faraday 暗区). 19 世纪中叶，可产生真空的水银真空泵以及可产生高电压的感应圈的发明，为低压气体放电的广泛研究提供了必要的技术条件. 阴极射线就是在研究气体放电时发现的. 当时，做了许多实验，发现了阴极射线的许多性质. 诸如：阴极射线并不向四面八方散射(即与一般白炽灯向四面八方发光不同)，而是从阴极表面垂直地发射，利用凹面状的阴极可以使射线聚焦；阴极射线的性质与阴极的材料无关；阴极射线会引起化学反应，有热效应，能传递能量；等等. 在解释阴极射线的上述性质时，对于阴极射线究竟是什么，出现了分歧. 一种意见认为，阴极射线是以太的波动即电磁波. 另一种意见认为，阴极射线是粒子流，由带负电的“分子流”组成. 这一争论持续了二三十年，推动了许多关于阴极射线的实验研究，但并未取得一致意见.

J. J. Thomson 从 1890 年开始从事低压气体放电和阴极射线的实验研究. 1894 年 J. J. Thomson 运用旋转镜实验，测定阴极射线的速度比光速小三个数量级，这使他相信阴极射线不是某种电磁波. 加上磁场和电场能使阴极射线偏转等等事实，使 J. J. Thomson 坚信阴极射线是某种带负电的粒子流.

1897 年，J. J. Thomson 做了测量阴极射线粒子荷质比的著名实验. 同年，发表了题为“阴极射线”(Cathode Rays)的长篇论文，详细报道了实验装置、测量方法以及实验结果，下面逐一介绍.

J. J. Thomson 采用的阴极射线管如图 8-7-1 所示. 玻璃管内抽成真空，在阳极 A 与阴极 K 之间维持数千伏特的电压，管内残存气体的离子在阴极引起的二次发射产生阴极射线. (电子或离子等带电粒子，以相当大的速度轰击阴极的表面，使表面上的电子获得足够大的能量，从而能够逸出阴极的表面，这种现象今天称为二次发射.) 阳极 A 是紧固在玻璃管中的金属塞，与地相连，A′是另一接地金属塞，A 和 A′的中央各有一个小孔，在阴极 K 和阳极 A 之间被加速的粒子流，只有很窄的一束能够通过这两个小孔. 如果没

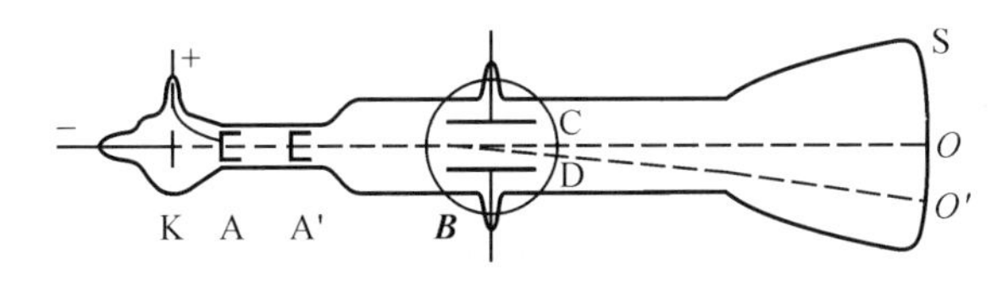

图 8-7-1　J. J. Thomson 的阴极射线管

有玻璃管中部的装置，狭窄的粒子束将依惯性沿直线前进，射在玻璃管另一端的荧光屏 S 的中央，形成一个光斑 O.

如图 8-7-1 所示，玻璃管中央的 C 和 D 是电容器的两个极板，接蓄电池后可以在其间产生一个竖直方向的均匀电场. 在图 8-7-1 中与电容器重叠的圆形区里，利用管外的电磁铁可以产生一个方向垂直纸面的均匀磁场.

如果只有均匀磁场，且其方向垂直纸面向里，则带负电的粒子流将向下偏转. 如果只有均匀电场，且其方向竖直向上，则带负电的粒子流将向上偏转. 如果上述正交的均匀磁场与均匀电场同时存在，在同一区域内重叠，且适当地调节磁场和电场的强度，使它们作用在带负电的粒子上的 Lorentz 力与 Coulomb 力达到平衡，则粒子流将不偏转，直射到荧光屏中央的 O 点，就像电场和磁场都不存在的情形那样.

利用上述装置，J. J. Thomson 明确无误地判定阴极射线是由带负电的粒子流组成的，并进而用两种独立的方法测量了阴极射线带电粒子的荷质比.

第一种方法. 首先，将一束均匀的阴极射线注入与静电计相连的容器，由静电计读数测出在一定的时间间隔(例如两秒钟)内的电量 Q. 若在该时间内到达静电计的粒子数为 N，每个粒子所带电量为 e，则有

$$Q=Ne \tag{2}$$

其次，将同样的阴极射线在同样的时间内撞击热电偶，粒子的动能全部转变为热能，使热电偶的温度升高，利用已知的热电偶的热容量算出热电偶所获热量，再由热功当量换算出阴极射线粒子流的动能 W，W 可表为

$$W=\frac{1}{2}Nm_e v^2 \tag{3}$$

式中 m_e 和 v 分别是粒子的质量和速度.

然后，在阴极射线管中加均匀磁场 B，使阴极射线偏转，测出粒子在磁场中轨迹的曲率半径 R，因

$$evB=\frac{m_e v^2}{R}$$

故有

$$R=\frac{m_e v}{eB} \tag{4}$$

由(2)、(3)、(4)式，阴极射线粒子的速度 v 和荷质比 $\frac{e}{m_e}$ 分别为

$$\begin{cases} v=\dfrac{2W}{QRB} \\ \dfrac{e}{m_e}=\dfrac{2W}{QR^2B^2} \end{cases} \tag{5}$$

测量 Q，W，R，B，即可得出 v 和$\frac{e}{m_e}$. J. J. Thomson 用这个方法得出的结果是

$$v=(2.3\sim4.4)\times10^4\ \text{km/s}$$

$$\frac{e}{m_e}=(1.7\sim2.5)\times10^7\ \text{esu/g}$$

可见，阴极射线粒子的荷质比要比氢离子的荷质比大千余倍. 这种方法的缺点是测量的量太多，其中尤以 Q 和 W 的误差较大，难以精确. 于是 J. J. Thomson 又用第二种方法做了新的实验.

第二种方法. 在如图 8-7-1 的阴极射线管中，外加竖直向下的均匀电场 E 和垂直纸面向里的均匀磁场 B，并使电场与磁场覆盖的距离相同. 调节正交的电场 E 和磁场 B 的大小，使粒子束经过后不发生偏转，即使粒子所受的 Coulomb 力与 Lorentz 力刚好抵消，故有

$$eE=evB$$

或

$$v=\frac{E}{B} \tag{6}$$

然后，撤去电场 E，保留磁场 B，则粒子偏转，粒子在磁场中轨迹的半径 R 为

$$R=\frac{m_e v}{eB} \tag{7}$$

由(6)、(7)两式，得

$$\frac{e}{m_e}=\frac{E}{RB^2} \tag{8}$$

测量 E，B，R，即可得出阴极射线粒子的荷质比，结果为

$$\frac{e}{m_e}=(0.7\sim0.9)\times10^7\ \text{esu/g}$$

第二种方法比较简洁，有很好的重复性，但缺点是忽略了平板电容器外磁场的影响，误差很大，还不如第一种方法准.

J. J. Thomson 还采用不同金属材料制成阴极，并在放电管中充入不同气体进行实验，测出的荷质比都很接近，这就表明实验结果与电极的材料无关，与气体的成分也无关，为阴极射线的负电粒子流学说奠定了坚实的实验基础.

由于实验测出的阴极射线粒子的荷质比要比氢离子的荷质比大千余倍，这可能是因为 m_e 小，也可能是因为 e 大，或两者兼而有之. J. J. Thomson 根据他人的实验，得知阴极射线可以透过某些金属薄片，从而推论阴极射线粒子比原子更小，它是原子的组成部分. 为了证明这种粒子存在的普遍性，J. J. Thomson 还巧妙地测量了光电效应带电粒子的荷质比，以及炽热金属发出的带电粒子的荷质比，所得结果都很相近.

综合以上大量实验的结果，1899 年，J. J. Thomson 得出结论："1. 原子不是不可分割的，因为借助于电力的作用、快速运动的原子的碰撞、紫外线或热，都能够从原子里扯出带负电的粒子. 2. 这些粒子具有相同的质量并带有相同的负电荷，无论它们是从哪一种原子里得到的；并且它们是一切原子的一个组成部分. 3. 这些粒子的质量小于一个氢原子质量的千分之一. 我起初把这些粒子叫做微粒，但是它们现在以'电子'这个更合适的名称来命名."

这就是电子的发现. 从此，电子不仅是基本电荷，而且是实体，是构成各种原子的更深层次的第一个基本粒子. 电子带负电，其电量(绝对值)与氢离子的电量相等，其质量小于氢原子质量的千分之一. 当然，上述结论的最终完全肯定，还有待于电子电量的直接测量，详见 §9 的 Millikan 油滴实验.

J. J. Thomson 因在"气体导电的理论和实验研究"方面的卓越贡献，荣获 1906 年 Nobel 物理学奖.

§8. Kaufmann 的 β 射线实验
——电子质量 m_e 随速度的变化

物体的质量随着其运动速度的增加而增加，这是 Einstein 在 1905 年建立的狭义相对论的重要结论. 然而，这一重要的相对论效应只在物体的速度接近光速 c 时才有明显的表现. 一般物体由于质量较大，通常不容易达到接近光速的高速，故其质量随速度的变化极其微弱，不易察觉. 电子有所不同，因其质量微小，容易达到接近光速 c 的高速，相对论效应颇为显著.

1901 年，德国物理学家 Walther Kaufmann(1871—1947)所做的 β 射线实验，首次发现电子质量随速度的变化，为尔后 Einstein 建立的狭义相对论提供了重要的实验证据.

1901 年 Kaufmann β 射线的装置如图 8-8-1 所示. 在抽成真空的容器 L 中有一个黄铜圆筒 A，在筒底中央 R 处放一粒放射性的溴化镭作为 β 射线源，它发出的 β 射线是高速电子流，电子的速度高达 $0.8c \sim 0.9c$. 图 8-8-1 中的 P 和 P 是两块间距仅为 0.152 5 cm 的平行电极，作为 β 射线的准直通道. 图 8-8-1 中的 D 是直径为 0.5 mm 的小孔. 高速电子穿过平板电极和小孔后投射在照相底片 E 上，留下痕迹.

在垂直于电极的方向，可以平行地加上均匀电场或均匀磁场，即均匀电场或均匀磁场的方向与高速电子流的运动方向垂直. 如果不加电场或磁场，电子流将直接射到底片上，形成一个光点. 加上均匀电场或均匀磁场后，电子流受到 Coulomb 力或 Lorentz 力的作用发生偏转，同样速度的电子的偏转相同，落在底片的同一点上，不同速度的电子的偏转不同，落在底片不同点上，结果形成一条曲线. 由此曲线即可求得电子速度 v 与相

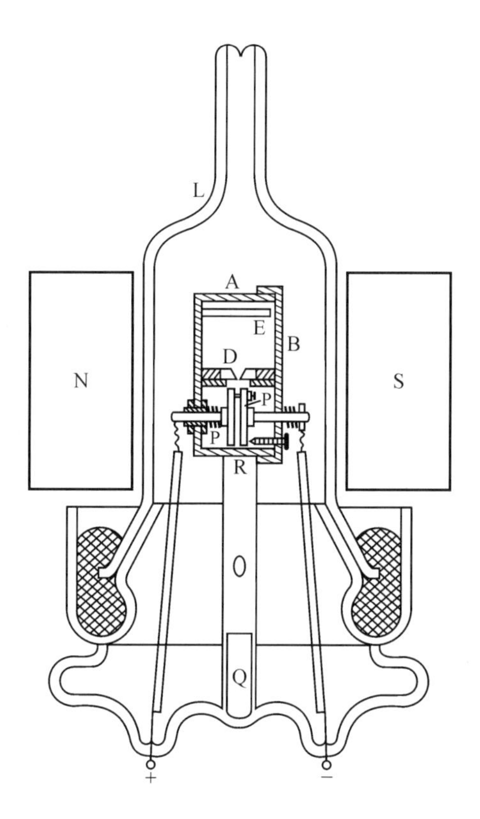

图 8-8-1 Kaufmann 的 β 射线实验

应于该速度的电子荷质比$\frac{e}{m_e}$的关系. 若假设电子电量 e 不随速度 v 变化，便可确定电子质量 m_e 随速度 v 的变化. 这就是 Kaufmann 实验的基本原理. 下面给出定量公式.

设电子的运动速度为 $\boldsymbol{v}$. 若在垂直于 $\boldsymbol{v}$ 的方向加均匀磁场 $\boldsymbol{B}$，则电子将受 Lorentz 力 $(e\boldsymbol{v}\times\boldsymbol{B})$的作用，以 v 作匀速圆周运动. 由

$$evB=\frac{m_e v^2}{R} \tag{1}$$

式中 R 为圆半径，得出电子的动量为

$$p=m_e v=eBR \tag{2}$$

式中 B 和 R 可测.

若在垂直于 $\boldsymbol{v}$ 的方向加均匀电场 $\boldsymbol{E}$，则电子将受 Coulomb 力 $e\boldsymbol{E}$ 的作用，使电子在垂直于 $\boldsymbol{v}$ 的方向上发生偏离. 只要这种偏离很小，在最低次的近似下，电子偏离原来的直线轨道的距离为

$$\Delta x = \frac{1}{2}at^2 \approx \frac{1}{2} \cdot \frac{eE}{m_e} \cdot \frac{l^2}{v^2} \tag{3}$$

式中 $a=\frac{eE}{m_e}$是电子在垂直 $\boldsymbol{v}$ 方向上的加速度，$t=\frac{l}{v}$是电子以 v 的速率经过一段长度为 l 的弯曲路程所用的时间，式中 Δx，E，l 均可测.（注意，电子进入均匀电场 $\boldsymbol{E}$ 后，一方面沿 $\boldsymbol{v}$ 方向以 v 作匀速直线运动，同时又在垂直于 $\boldsymbol{v}$ 的方向上作初速为零的匀加速直线运动，加速度为 $a=\frac{eE}{m_e}$. 电子的运动轨迹即由两者合成. 显然，电子沿此弯曲轨迹运动时，其速率从 v 开始逐渐增大，但因 v 很大，所以速率的增量与 v 相比是很小的. 作为近似，电子沿弯曲轨迹走过 l 的路程所需时间 t，可用$\frac{l}{v}$来计算.）

由(2)、(3)式，得出

$$v=\frac{El^2}{2\Delta xBR} \tag{4}$$

由测出的 B，R，Δx，E，l，即可求得电子的速度 v.

把(4)式代入(2)式或(3)式，得出

$$\left.\begin{aligned} \frac{e}{m_e}&=\frac{v}{BR} \\ \text{或}\quad \frac{e}{m_e}&=\frac{2v^2\Delta x}{El^2} \end{aligned}\right\} \tag{5}$$

由测出的 B，R，v 或由测出的 Δx，E，l，v，即可求得相应于速度 v 的电子荷质比$\frac{e}{m_e}$.

Kaufmann 的 β 射线实验得出的电子速度 v 以及相应的电子荷质比$\frac{e}{m_e}$的具体数据如表 8-8-1 所示. 它表明，$\frac{e}{m_e}$随着 v 的增大明显地减小. 如果假设电子电量 e 不随速度 v 变化，则电子质量 m_e 应随速度 v 的增大而增大.

1901 年，Kaufmann 在题为“Becquerel 射线的磁偏转性和电偏转性以及电子的视在质量”的论文中写道：“由下表可见，能测量到的最快的粒子的速度，只是稍小于光速. ……在观测到的速率的范围内，$\frac{e}{m}$有剧烈的变化，随着 v 的增加，$\frac{e}{m}$比值下降得非常明显. 由此可见，的确有并非微不足道的‘视在质量’，它以这样的方式随速度增加，当达到光速时，它将变为无穷大.”

表 8-8-1

$v/(\mathrm{cm}\cdot\mathrm{s}^{-1})$	e/m_e / $(\mathrm{cgsm}\cdot\mathrm{g}^{-1})$①
2.36×10^{10}	1.31×10^{7}
2.48×10^{10}	1.17×10^{7}
2.59×10^{10}	0.975×10^{7}
2.72×10^{10}	0.77×10^{7}
2.83×10^{10}	0.63×10^{7}

Kaufmann 的 β 射线实验虽然精确度不够高，但毕竟第一次确证电子质量随速度发生了变化. 这个前所未知的重要性质的发现，引起了物理学家的重视与关注. 理论工作者纷纷探讨电子质量 m_e 与速度 v 的关系，试图为 Kaufmann 实验提供解释.

1903 年，Abraham 把电子看作是完全刚性的球形粒子，根据经典电磁理论，导出了电子质量随速度变化的公式为

$$m_e=\frac{3}{4}\quad\frac{m_0}{\beta^2}\left[\frac{1+\beta^2}{2\beta}\ln\frac{1+\beta}{1-\beta}-1\right] \tag{6}$$

式中 m_0 是电子的静止质量，$\beta=\dfrac{v}{c}$是电子速度 v 与真空中光速 c 之比.

1904 年，Lorentz 把收缩假设(详见第三章)用于电子，即假设电子运动的大小沿速度方向发生收缩(FitzGerald-Lorentz 收缩)，导出

$$m_e=\frac{m_0}{\sqrt{1-\beta^2}} \tag{7}$$

应该指出，在 1905 年 Einstein 的狭义相对论中，不必对电子的形状或电荷分布做任何特殊的假设，也不必对质量的性质做某种假定，就可以独立地导出上述(7)式. (7)式适用于任何有质量的物体，它就是描述质量相对论效应的著名的 Lorentz-Einstein 公式.

1904 年，Bucherer 假设运动电子按照 FitzGerald 收缩假说收缩时，保持体积不变，于是电子应由球体变成椭球体，由此 Bucherer 导出

$$m_e=\frac{m_0}{(1-\beta^2)^{\frac{1}{3}}} \tag{8}$$

当时，理论和实验的比较对 Lorentz-Einstein 质量公式[(7)式]并不利，反而对(6)式和(8)式有利，但由于实验精确度不够高，实际上并不足以鉴别(6)、(7)、(8)三个公式哪一个是正确的.

1907 年，Einstein 指出："Abraham 和 Bucherer 的电子运动理论所给出的曲线显然比相对论得出的曲线更符合于观测结果. 但是，在我看来，那些理论在很大程度上是由于

① 这里 cgsm 指动电单位制(CGSM)中的电量单位.

偶然碰巧与实验结果相符，因为它们关于运动电子质量的基本假设，不是从总结大量现象的理论体系得出来的.”

1908 年，Bucherer 改进了 Kaufmann 的 β 射线实验，采用相互垂直的均匀磁场和均匀电场，精确度大为提高，实验结果与 Lorentz-Einstein 质量公式[(7)式]相符，其他公式则有偏差. 1940 年，Rogers 等人的实验以 1%的精确度证明电子质量对速度的依赖关系服从 Lorentz-Einstein 公式[(7)式]. 此后，关于原子谱线精细结构分裂的测量结果在 0.05%的精确度内证明(7)式正确. 1963 年，Meyer 等人用相对论性电子与非相对论性电子相比较的方法，测量了 $v \sim 0.99c$ 高速电子的质量，结果在 0.04%的精确度内与(7)式相符. 总之，以上实验一致表明，Lorentz-Einstein 质量公式[(7)式]已在很高的精确度上被确证.

最后，值得指出的是，上述 Kaufmann、Bucherer 等实验测量的都是电子荷质比 $\frac{e}{m_e}$ 随速度 v 的变化，得出的却是电子质量 m_e 随速度 v 的变化，其中包含着电子电量 e 不随速度 v 变化的假设. 于是，自然会关心这个假设是否合理、有何根据的问题.

如所周知，不同原子所包含的质子和电子的数目是不同的，而且它们所处的运动状态也不同，如果电量随运动速度有任何变化，那么在各种原子中，原子核的正电荷与电子的负电荷就不会都刚好抵消. 换言之，如果电量与速度有关，就会破坏许多原子整体的电中性，从而引起种种可以观察到的后果. 显然，实际情况并非如此. 再如，当物体被加热或冷却时，因电子的质量远小于原子核的质量，电子速度的变化将明显大于原子核速度的变化，如果电量与速度有关，将使原来电中性的物体获得一定的净电量. 然而，熟知的事实是，电中性的物体在任何温度下总是保持严格的宏观电中性，从未出现过因加热或冷却产生净电量的现象. 实际上，物体或系统始终保持其电中性是讨论许多问题的前提. 例如，太阳系就是靠万有引力维系其结构、保持其稳定运动的，如果电中性哪怕是稍稍遭到破坏，由于电力比引力大 37 个数量级(指两个电子之间的电力和引力)，其后果将十分严重，绝不容忽视.

因此，在狭义相对论诞生之前，尽管发现了质量与速度有关即具有相对论效应，但人们都认为电量与速度无关，即电量无相对论效应.

§ 9. Millikan 油滴实验——电子电量 e 的测定

在 § 7 中已经指出，1897 年 J. J. Thomson 测定阴极射线带电粒子的荷质比为氢离子荷质比的千余倍，接着又参照其他有关实验，大致断定阴极射线带电粒子的电量与氢离子的电量相当，从而发现了第一个基本粒子——电子，为近代物理学的发展奠定了基础. 然而，只有荷质比的测定并不足以完全消除各种疑问，必须直接测量基本电荷即电子的电量，才能最终肯定电子的存在. 因此，测定基本电荷的电量 e 就成为当时实验物理学家面临的重要课题.

J. J. Thomson 领导的 Cavendish 实验室首先开展测量基本电荷的实验研究. 继而美国物理学家 Robert Andrews Millikan(1868—1953)做了著名的油滴实验，不仅精确测量了基本电荷的电量 e，而且得出电荷具有量子性即任何电荷总是基本电荷整数倍的重要结论.

1897 年，J. S. E. Townsend(J. J. Thomson 的研究生)首先用电解法直接测量单个带电粒子的电量. 他的实验方法和测量原理如下.

如图 8-9-1 所示，电解池 E 中产生的氧气是带电的，带电氧气流经容器 A 后滤去其中的臭氧，再流经盛水的容器 B 后发泡形成雾滴，然后穿过装有浓硫酸的干燥箱 G，使气体中的水分及所带部分电量被硫酸吸收，最后，干燥气体进入瓶 D 内，干燥箱 G 和瓶 D 外都包有锡箔，并与象限静电计 Q 的接地极相连. 用象限静电计分别测出干燥箱 G 内和瓶 D 内的电量，两者之和就是在确定时间(如 1 分钟)内由 B 产生的雾滴所带进的总电量 Q. Q 与雾滴总数 N 以及一个雾滴所带的电量 e(平均电量)的关系是

$$Q=Ne \tag{1}$$

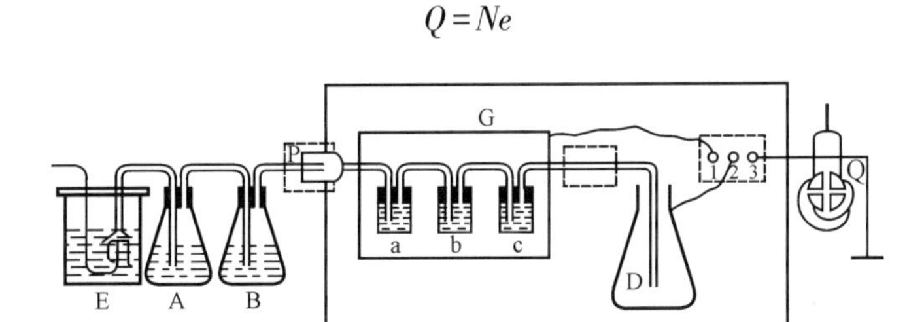

图 8-9-1 Townsend 电解法测 e

用天平测出干燥箱 G 在实验前后增加的质量 M，则 M 就是形成雾滴的水珠的全部质量，即

$$M=N\overline{m} \tag{2}$$

式中 $\overline{m}$ 是每个雾滴的平均质量.

实验的第二阶段是间接测量雾滴的平均质量 $\overline{m}$. 为此，Townsend 将图 8-9-1 中的干燥箱 G 和瓶 D 移去，代之以一个高颈玻璃瓶，让雾滴在饱和水汽中下降. 由于饱和水汽的黏滞作用，雾滴下降一段路程后，当重力与阻力达到平衡时，雾滴便匀速下降. 根据 1849 年 G. G. Stokes 提出的公式，球状液滴在黏滞流体中匀速下降的速度 v，与液滴半径 a、密度 σ、黏滞流体的黏滞系数 η 以及重力加速度 g 的关系为

$$v=\frac{2}{9}\frac{a^2\sigma}{\eta}g \tag{3}$$

Townsend 测出雾滴下降的平均速度 $\overline{v}$，利用 σ 和 η 的数据，由上述 Stokes 公式[(3)式]

得出雾滴的平均半径 $\bar{a}$，进而得出雾滴(球形水珠)的平均质量 $\bar{m}$. 把 M 和 $\bar{m}$ 的值代入(2)式，得出雾滴总数 N. 最后，把 Q 和 N 的值代入(1)式，即可得出一个雾滴的电量 e.

1897 年 Townsend 得出 $e=2.8\times10^{-10}$esu(静电单位电量)，1898 年 2 月再次测量得出 $e=5\times10^{-10}$esu，几乎大了一倍. Townsend 实验是比较粗糙的，其误差来自几个方面. 首先，(1)式 $Q=Ne$ 要求每个雾滴只有一个一价离子作为凝结核，实际上可能有两个或多个离子同作一个凝结核，也可能有两价离子作为凝结核. 其次，Stokes 公式[(3)式]并不准确，雾滴越小越不准. 另外，利用(3)式要求所有雾滴都匀速下降，这也与实际情形有较大出入. 尽管 Townsend 实验只是正确地给出了电子电量 e 的数量级，但毕竟是第一次直接测量带电粒子的电量，并且他的方法为尔后的一系列实验打下了基础，所以是很有意义的.

1897 年 10 月，J. J. Thomson 再次提高了测量阴极射线带电粒子荷质比$\frac{e}{m_e}$的精度，得出$\frac{e}{m_e}$为氢离子荷质比的 1 700 倍. 这时，上述 Townsend 实验引起了 J. J. Thomson 的兴趣，决定也来直接测量带电粒子的电量.

1898 年，J. J. Thomson 改进了 Townsend 的方法，他采用 X 射线作为电离剂，使小水滴带电. 另外，J. J. Thomson 注意到了当时刚刚出现的 Wilson 云室的作用，他把水蒸气和空气的混合气体放在密闭容器中，当气压突然下降时，密闭容器中会出现过饱和蒸气. J. J. Thomson 认为，气体受激形成正离子和电子后，只要把云室调节到只允许电子起凝结核作用的程度，则所形成的雾滴数就是电子数.

1898 年 J. J. Thomson 的实验大致有以下三个步骤. 首先，用静电计测出雾滴的总电量. 其次，测出气体膨胀前后温度的变化，根据气压、体积和水蒸气的热力学性质算出凝结成雾滴的水的总质量. 再次，利用 Stokes 公式[(3)式]求出雾滴的平均半径，进而得出雾滴的平均质量. 然后，由雾滴总质量与每一雾滴的平均质量得出雾滴总数，再除总电量，即可得出单个电子的电量. J. J. Thomson 最初的结果是 $e=3.1\times10^{-10}$ esu. 1903 年 J. J. Thomson 用镭放射线代替 X 射线作电离剂，用氢、一氧化碳等气体多次做了这个实验，得出 $e=3.4\times10^{-10}$ esu. J. J. Thomson 的这两个实验结果也都不够精确，大约偏小三分之一.

1903 年，H. A. Wilson(请注意，发明云室的是 C. T. R. Wilson，并非同一人)改进了 J. J. Thomson 的办法. H. A. Wilson 在密闭容器内加了两块水平的极板，在两极板上加电压形成电场，调节电压，使雾滴所受重力与电力抵消，于是雾滴悬浮在两极板之间. 由 $eE=mg$ 即可得出 e，其中雾滴质量 m 仍沿用 Townsend 的办法测出. H. A. Wilson 得出 $e=3.1\times10^{-10}$ esu，与 J. J. Thomson 的结果相近.

上述 J. J. Thomson 实验和 H. A. Wilson 实验中采用的云室是 C. T. R. Wilson 发明的. 1894 年，C. T. R. Wilson 为了研究云雾中的光学现象建立了云室，他发现当潮湿而无尘的空气膨胀时会出现水滴. 他认为这可能是水蒸气以大气中导电离子为核心凝聚的结果. 1896 年, C. T. R. Wilson 用 X 射线照射云室中的气体, 观察到处于过饱和状态的水蒸气的凝聚大量增加, 这是因为 X 射线使气体电离, 产生的大量离子成为水蒸气凝聚的核心. 云室是一种早期的带电粒子径迹探测器, 也是早期的核辐射探测器. C. D. Anderson 曾利用云室发现了正电子. 云室的缺点是灵敏时间短, 工作效率低.

上面介绍的测量基本电荷的 Townsend 实验、J. J. Thomson 实验、H. A. Wilson 实验都不够精确, 而且得出的结果又不尽相同. 这种情形使得欧洲大陆那些坚持阴极射线是以太振动的物理学家得以再次施展他们的影响. 他们认为, 具有确定质量和电量的基本粒子——电子是根本不存在的, 上述实验的结果只是各种能级振动的统计平均结果而已. 这一争论实际上是早先唯能论与原子论关于是否存在原子的争论的延续, 关系重大, 影响深远. 美国物理学家 Millikan 是 Michelson 的学生, 当时正在德国做博士后的研究工作. Millikan 充分意识到这场争论的重要性, 决心在已有实验的基础上作进一步的改进, 精确地测量基本电荷 e. Millikan 指出: "在所有物理常量中有两个是普遍承认的, 应当作为绝对重要的常量: 一个是光速, 它现在已出现在理论物理学的许多基本方程中; 另一个就是最终的基本电荷, 它的知识可以确定大量的其他重要的物理量."

1909 年, Millikan 做了著名的油滴实验. Millikan 用小油滴代替小水滴, 这是一个很重要的改进, 因为小水滴蒸发太快, 寿命很少超过 1 分钟, 在视场中只能观察几秒钟, 而油滴的蒸发要慢得多, 对一个油滴的观察可以长达几小时. 另外, 上述 H. A. Wilson 实验中采用的使雾滴所受重力与电力平衡的办法, 实际上也不易做到. Millikan 改为让油滴在重力、浮力、摩擦阻力三个力联合作用下达到平衡, 匀速下降, 以及让油滴在电力、重力、浮力、摩擦阻力四个力联合作用下达到平衡, 匀速下降. 由于油滴的悬浮时间很长, 就有可能跟踪稳定地匀速下降的油滴, 测出它的速度. 经过这些改进, Millikan 油滴实验的精确度大为提高.

Millikan 油滴实验的装置如图 8-9-2 所示. 在一个密闭的容器 C 内, 装有两块平行的黄铜圆板 M 和 N, 板的直径为 22 cm, 相距 16 mm, 上板 M 中间开有小孔, 以便油滴进入. M 和 N 接到电压可变的电源上, 以便在其间加上电场. 由喷雾器经小孔喷入油滴, 用 X 射线或放射线使油滴带电或改变它们所带的电荷. 用弧光灯照明 M 和 N 之间的油

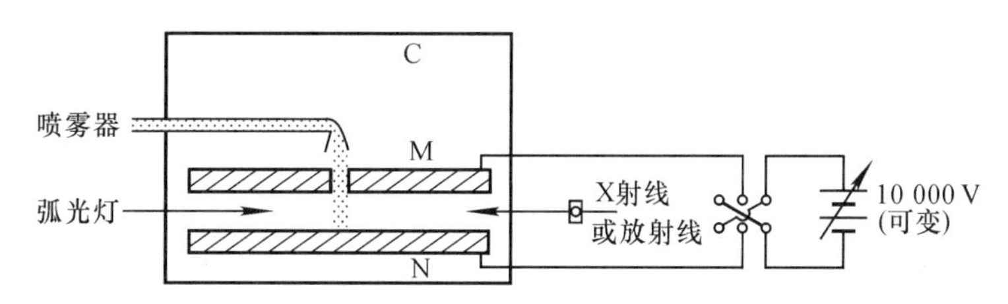

图 8-9-2 Millikan 油滴实验

滴，再用一个短焦距望远镜(图 8-9-2 中未画出)观测它们的运动速度，从而测定它们所带的电荷.

Millikan 油滴实验的原理如下. 设油滴的半径为 a，密度为 ρ，重力加速度为 g，则油滴所受重力为

$$f_{重}=mg=\frac{4\pi}{3}a^3\rho g \tag{4}$$

设空气密度为 ρ_0，则油滴所受空气浮力为

$$f_{浮}=\frac{4\pi}{3}a^3\rho_0 g \tag{5}$$

当油滴以速度 v 下降时，所受摩擦阻力由 Stokes 定律给出，为

$$f_{\mu}=6\pi\eta\ av \tag{6}$$

式中 η 是空气的黏滞系数. 当重力、浮力、摩擦阻力三者达到平衡时，油滴以收尾速度 v_0 匀速下降，这时有

$$\frac{4\pi}{3}a^3(\rho-\rho_0)g=6\pi\eta\ av_0 \tag{7}$$

如果把图 8-9-2 中的两极板 M 和 N 接上电源，使其间产生电场 E，并设油滴所带电荷为 q，则油滴还要受到垂直向下的电力 qE. 当电力、重力、浮力、摩擦阻力四者达到平衡时，油滴将以另一收尾速度 v_1 匀速下降，这时有

$$\frac{4\pi}{3}a^3(\rho-\rho_0)g+qE=6\pi\eta\ av_1 \tag{8}$$

把(8)式和(7)式相减，得

$$qE=6\pi\eta\ a(v_1-v_0) \tag{9}$$

再把由(7)式解出的油滴半径 a 代入(9)式，得

$$q=9\sqrt{2}\pi\eta^{3/2}\frac{(v_1-v_0)}{E}\sqrt{\frac{v_0}{(\rho-\rho_0)g}} \tag{10}$$

式中 η，E，ρ，ρ_0，g 都是已知量，无电场和有电场时油滴的两个收尾速度 v_0 和 v_1 可由实验分别测出. 于是，由(10)式即可得出油滴上的电荷 q.

Millikan 和他的学生精心地测量了几千个油滴的电荷(也曾用甘油和汞)，实验得出的主要结论是：1. 电荷是量子化的，存在着基本电荷. 在所有情况下，在实验的误差范围之内，油滴的电量 q 总是某一最小值 e 的整数倍，即 $q=Ne$，其中 N 是整数，e 就是基本电荷即电子的电量. 2. 测定了电子电量 e 的数值. 综合各种数据，考虑各种因素，并对 Stokes 定律[(6)式]作了修正，1910 年 Millikan 给出 $e=4.891\times10^{-10}$ esu. 还应指出，Millikan 在实验中注意到，某些在电场中悬浮的油滴会突然向上或向下运动，即它们的速度突然成倍地而不是连续缓慢地改变. Millikan 认为，这是因为油滴获得了或失去了一

个或数个基本电荷的结果. 这一事实使得 Millikan 更坚信，存在着基本电荷，电荷是量子化的.

1913 年，Millikan 进一步通过实验研究了 Stokes 定律[(6)式]的有效性，找到了它的偏差并加以校正，据此对油滴实验的结果作了修正，得出 $e=(4.774\pm0.009)\times10^{-10}$ esu. 1917 年，Millikan 根据大量实验数据，确定 e 的精确值为 $e=(4.770\pm0.005)\times10^{-10}$ esu，这一结果曾作为国际标准达十余年之久.

但是，1931 年采用另一种方法，即根据 X 射线衍射实验测定方解石的衍射层间距，由此得出 Avogadro 常量 N_{A}，再根据 $e=\dfrac{F}{N_{\mathrm{A}}}$，利用 Faraday 常量 F 的数据，得出 $e=(4.806\pm0.003)\times10^{-10}$ esu. 这一结果比上述 1917 年 Millikan 的结果大了 0.7%，大大超过误差范围，令人迷惑不解. 1937 年发现，Millikan 采用的黏滞系数 η 的数值有系统误差，经改进，η 值提高了 0.4%，代入 Millikan 的数据后，应为 $e=4.803\times10^{-10}$ esu. 1973 年基本电荷的国际标准值为 $e=1.602\,189\,2\times10^{-19}$ C$=4.803\,242\times10^{-10}$ esu. 1986 年基本电荷的推荐值为

$$e=1.602\,177\,33(49)\times10^{-19}\ \mathrm{C}$$

Millikan 油滴实验最终消除了关于电子存在的种种疑虑. 它强有力地显示了电子具有基本电荷是确定无疑的. 基本电荷 e 的数值测定还成为确定物理学中许多最重要常量(如 Planck 常量 h，Avogadro 常量 N_{A}，以及 X 射线的波长等)的基础. Millikan 油滴实验在现代物理学中具有划时代的意义. Millikan 因这一功绩以及在光电效应研究方面的贡献，荣获 1923 年的 Nobel 物理学奖.

电子的发现是 19 世纪与 20 世纪之交的伟大发现，其影响是极为深远的. 它不仅为 20 世纪现代物理学的创建和发展开辟了道路，由它导致发展的电子技术极大地改变了科学技术领域的面貌，促进了经济的飞速发展，巨大地改变了人类的生活.

简要地回顾现代物理学的发展，电子的发现导致原子有核模型的建立、波粒二象性的提出、量子力学的诞生、电子自旋的发现、新的基本粒子的预言和证实、电子显微镜的发明、磁共振的发明、电子扫描显微镜的发明等等，每一步的进展都给物理学增添了新的内容，提出了新的研究课题，开辟了新的研究方向，推动了物理学及其他自然科学的迅猛发展. 在电子技术方面，电子的发现导致电子管的发明、电子线路的研究、半导体的研究、晶体管的发明、通信理论的建立、电视机的发明、集成电路的制成、电子计算机的发明等等. 如今，在高科技产业中电子技术已经成为核心技术，在现代化的人类生活上也已离不开电子技术. 随着时代的发展，电子发现所产生的影响定将更加深远.

参 考 文 献

[1] 陈熙谋，胡望雨，陈秉乾. 物理实验中的理性思维. 物理通报，1994(6). [或：物理教学的理论

思考. 北京：北京教育出版社，1997：75-77].
[2] 赵凯华，陈熙谋. 电磁学：下册. 2 版. 北京：高等教育出版社，1985：第八章 § 2 电磁波.
[3] 戈革，陈熙谋. 赫兹//世界著名科学家传记(物理学家Ⅱ). 北京：科学出版社，1992：88-95.
[4] 张之翔. 电磁学教学札记. 北京：高等教育出版社，1987：§ 34 赫兹实验，§ 35 密立根实验.
[5] 郭奕玲等. 著名物理实验及其在物理学发展中的作用. 济南：山东教育出版社，1985：二、迈克耳逊-莫雷实验，五、电子的发现，七、电子质量与速度的关系，十一、基本电荷的测定.
[6] 陈熙谋. 特鲁顿-诺伯实验的解释. 大学物理，1985(10).
[7] MILLER A I. Albert Einstein's special theory of relativity. Massachusetts：Addison-Wesley Publishing Company，Inc.，1981：69.
[8] 陈秉乾，舒幼生，陈熙谋. 电子的发现及其影响. 物理教学，1997(9).
[9] 宋德生，李国栋. 电磁学发展史. 南宁：广西人民出版社，1987.

第九章

相对论电磁场

§1. 狭义相对论的基础与 Einstein 时空观

一、经典理论的危机

从历史的过程来考察，相对论的建立直接起源于对光传播和电磁现象问题的研究，这一研究中观察到的大量事实和实验结果无法在经典理论框架内得到圆满的解释. 面对经典理论出现的危机，Einstein 提出了自己的解决方案，创建了狭义相对论.

17 世纪中叶，Hooke 首先将光解释为在某种媒质中传播的振动，这是光的波动理论的最初模型. 后来，Huygens 明确地提出了光的波动说，给出了后人以他的名字命名的 Huygens 原理，并用这个原理成功地解释了光的反射和折射现象. 进入 18 世纪后，Young、Malus、Fresnel 和 Arago 等学者继续从事这方面的研究，在用光的波动性解释光的干涉、衍射和偏振等诸多现象方面取得了令人瞩目的成功，使光的波动说得到了进一步的肯定和发展.

值得注意的是，那个时代是 Newton 力学占统治地位的时代，振动都归于机械振动，波一律归于机械波，于是光也就自然地被认为是机械振动在某种物质中的传播. 然而，光不仅能在空气、水和玻璃等实物媒质中传播，而且光也能在诸如太阳和地球之间的无实物的空间中传播. 这就促使人们需要假设存在着一种能传递光振动的媒质，称之为光以太，并进而假设光以太存在于宇宙的全部“真空”和各种实物之中. 既然光以太存在于“真空”和一切实物之中，由此产生了一个问题，即运动的实物是否会带动或者曳引光以太呢?

早在 1725 年，英国天文学家 Bradley 在观察恒星时，发现在地球公转轨道的不同位置会因地球运动速度矢量的变化而造成视角的差异，这就是著名的光行差现象．在经典理论的框架内，即根据 Galileo 速度合成法则，由 Bradley 观察到的数据得出的结论是：运动的地球完全不曳引光以太．然而，后来 Airy 用灌水望远镜筒重做此项实验时，得出的结论却是：随地球运动的水会部分地曳引光以太．在 Airy 之前，Fresnel 于 1810 年假设，折射率为 n 的媒质若以速度 $\boldsymbol{v}$ 相对于静止的光以太运动，则媒质中的光以太将会被曳引，并以速度 $f\boldsymbol{v}$ 相对于静止的光以太运动，其中

$$f=1-\frac{1}{n^2}$$

称为曳引系数．由于 Bradley 使用的望远镜里充满的是折射率 $n=1$ 的空气，因此 $f=0$；Airy 用折射率 $n>1$ 的水代替空气，因此 $f>0$．Fresnel 的部分曳引理论提出后，Fizeau、Mascont 和 Jamin 等相继设计了专门的实验，结果都证实了上述 Fresnel 曳引系数公式的正确性．至此，如果撇开光以太在动力学结构方面存在的困难暂且不论，那么，在经典理论的范畴内，至少就光传播的运动学现象而言，光以太理论似乎取得了成功．

然而，“不幸”的事情很快就发生了．1881 年 Michelson 用他精心设计的干涉仪进行了一项实验，1887 年 Michelson 与 Morley 合作完成了精度更高的同类实验．这两个实验是在电磁场理论建立之后（即认为光是电磁波之后）做的，此时光以太已经被电磁以太取代，实验的目的是探测地球相对于静止电磁以太的绝对运动．由于光以太或电磁以太是光波的载体，所以实验的结果也可用来检验上述曳引系数公式的正确性．两次实验均给出 $f=0$ 的结果，表明运动的地球完全不曳引以太．由此可见，从光行差的曳引到 Michelson 实验的完全不曳引，有关光传播的一系列现象在经典理论的框架内无法得到彼此不矛盾的圆满的统一解释．

对于电磁现象，自从 1785 年 Coulomb 定律建立以来，人们对电磁相互作用作了大量的实验和理论研究工作．到了 19 世纪 40 年代，电磁学各个局部的基本规律相继发现，摆在物理学家面前的课题是把局部的规律综合起来，建立统一的电磁理论．Maxwell 经过约 10 年的努力，终于在 19 世纪 60 年代完成了这一工作．Maxwell 建立了普遍的电磁场方程组，证明电磁场的变化即电磁扰动会以波的方式传播，这就是电磁波．Maxwell 通过计算得出的电磁波在空气中的传播速度，与 1849 年 Fizeau 测出的空气中的光速非常接近，从而断定光就是电磁波．Maxwell 指出：“光是媒质中起源于电磁现象的横波．”从此，光传播的问题便归结为电磁波传播的问题．

认识到光是电磁波以后，物理学家希望能从电磁场理论出发，对于上述光传播与经典理论的种种矛盾，寻找可能的解决途径．Lorentz 在这方面作了大量的工作，有关内容已在第三章详细介绍．然而，应该指出，从本质上说，上述矛盾并未得到解决．例如，Lorentz 假设 Maxwell 电磁场方程在绝对静止的以太参考系 S 中是成立的，因此，在 S 系中电磁波在真空的传播速度为常量 c．若另一惯性系 S_r 相对于 S 系以匀速 $\boldsymbol{v}$ 运动，则根据 Galileo 变换，在 S_r 系中真空光速应为 $(\boldsymbol{c}-\boldsymbol{v})$．但这一结论显然与 Michelson 实验的结

果矛盾. Lorentz 已经注意到，根据 Galileo 时空变换，Maxwell 方程以及由它得出的电磁波的波动方程，在 S_r 系中将采取不同的形式. 换言之，在 Galileo 时空变换下，电磁场方程与波动方程并不具有惯性系协变性质. 可以理解，如果电磁场方程与波动方程是惯性系协变的，那么由波动方程确定的真空中的电磁波速度必定在各惯性系中是相同的. Lorentz 开始着手进行这方面的探讨，此后又在 Poincare 的参与下实现了电磁场方程与波动方程的惯性系“协变化”. 所以称之为“协变化”，是由于这种协变是人为地从数学上进行的. 为了实现“协变化”，他们最终在 S_r 系中引入了假想的参考系 S'，从数学上给出 S 系和 S'系之间的时空变换，使得电磁场方程在 S 系和 S'系中具有相同的形式. S 系和 S'系之间的这种时空变换称为 Lorentz 变换. 既然 Lorentz 变换使得在所有惯性系中的真空光速具有相同的值，它必定与经典的 Galileo 时空变换不相容. 对此，Lorentz 从物理上肯定的是 Galileo 变换，他认为引入的 S'系纯粹是为了“协变化”需要而采用的一种数学手段. 由此可见，电磁场理论的惯性系协变问题并未能在物理上得到解决.

总之，由光传播现象引发的与经典理论的矛盾，在转化为电磁场理论的惯性系协变性要求之后，仍然无法在经典理论的框架内得到满足. 经典理论确实面临着严重而深刻的危机.

二、狭义相对论基本原理的提出

面对经典理论的危机，Einstein 考虑问题的方式与其他物理学家有所不同. 实际上 Einstein 已经意识到，如果摈弃电磁以太或光以太，而且假设 Maxwell 电磁场理论在所有惯性系中都成立，那么，真空光速在所有惯性系中必定是相同的常量，从而与实验相符. Einstein 在 1905 年发表的关于相对论的第一篇论文《论动体的电动力学》中阐述了这一基本思想，他指出：“……企图证实地球相对于‘光媒质’运动的实验的失败，引起了这样一种猜想：绝对静止这个概念，不仅在力学中，而且在电动力学中也不符合现象的特性，倒是应当认为，凡是对力学方程适用的一切坐标系，对于上述电动力学和光学的定律也一样适用.”这个思想就是把相对性原理从力学范围推广到电动力学范围. 后来，在 1907 年发表的题为“关于相对性原理和由此得出的结论”一文中，Einstein 进一步把相对性原理推广到所有物理学领域，更普遍地提出：“我们现在作出可以设想的最简单的并且显然是以 Michelson-Morley 实验为根据的假设：自然规律同参考系的运动状态无关，至少当参考系在没有加速运动时是这样.”这就是狭义相对论的第一条基本原理，即相对性原理.

然而，Lorentz 的研究表明，在经典的 Galileo 时空变换下，Maxwell 电磁场方程不可能在所有惯性系中都取相同的形式. 究竟什么样的时空变换能够使得 Maxwell 电磁场理论具有惯性系协变性呢？Lorentz 和 Poincare 在他们的进一步工作中已经找到了这一时空变换，它就是 Poincare 所称的 Lorentz 变换. 但是，Lorentz 认为，这一变换是从绝对系(即以太系)S 到某一个相对于 S 系作匀速运动的惯性系 S_r 之间的变换，而不是任意两个惯性系之间的普适的时空变换. 更重要的还在于，Lorentz 认为，这一变换只是为了使 Maxwell 方程组在 S_r 系能够保持与 S 系相同的形式，而必须采用的数学变换. Einstein 非常了解 Lorentz 的工作，Einstein 认定，惯性系之间普遍的时空变换就应该是 Lorentz 变换，而不是 Galileo 变换，问题在于，必须从物理上而不是从假想的数学形式上导出这一变换. 为了完成这一工作，Einstein 提出："……还要引进另一条在表面上看来同它(指相对性原理)不相容的公设：光在虚空空间里总是以一确定的速度 c 传播着，这个速度同发射体的运动状态无关."这就是狭义相对论的第二条基本原理，即光速不变原理.

在提出了相对性原理和光速不变原理之后，Einstein 首先导出了惯性系之间的 Lorentz 时空变换. 接着，根据 Lorentz 变换，Einstein 论证了 Maxwell 电磁场理论的惯性系协变性，从而解释了在经典理论范围内无法解释的关于光或电磁波传播的若干现象. 这就是 Einstein 关于相对论的第一篇论文《论动体的电动力学》中所阐述的主要内容.

应该指出，既然 Newton 力学对于 Galileo 时空变换是协变的，那么，显然 Newton 力学对于新的 Lorentz 时空变换便不再是协变的. 如果 Einstein 的工作只到完成电动力学的协变性为止，那么，在物理学中又会产生新的危机. 由于 Einstein 的相对性原理不仅要求电动力学是惯性系协变的，而且同样要求力学也是惯性系协变的. 因此，需要对 Newton 力学作必要的改造. Einstein 成功地完成了这个工作，建立了在 Lorentz 变换下满足惯性系协变性要求的相对论力学，有关工作发表在 Einstein 关于相对论的第三篇论文《关于相对性原理和由此得出的结论》之中.

三、Einstein 时空观

Galileo 时空变换是以绝对时空观为前提建立起来的. 绝对时空观认为，空间和时间与物质一样是可以独立存在的，空间和时间与物体的运动无关. 绝对时空观的鼻祖 Newton 明确指出："绝对的、真正的和数学的时间自身在流逝着，并且由于它的本性而均匀地、同任何一种外界事物无关地流逝着."又说："绝对空间由于它的本性，以及它同外界事物无关，它永远是等同的和不动的."由此可见，Newton 把空间和时间比作一种属性不变的框架，任何物理事件都是在这个与物体运动无关的时空框架中进行的. 按照这种绝对时空观，人们可以采用固定不变的普适的尺子来量度任何参考系中的空间范围，并且在不同参考系中也会有完全相同的时间流逝. Newton 力学以及狭义相对论建立以前的整个物理学，就是建立在绝对时空观的基础之上的. 同时，经典力学定律在 Galileo 时空变换下保持形式不变，符合相对性原理. 然而，如前所述，Maxwell 电磁场理论在 Galileo 时空变换下不能保持形式不变. 如果肯定以大量实验为基础建立起来的、其推论一再得到验证的 Maxwell 方程的正确性，并且也要求它符合相对性原理，即具有惯性系协变性，那么，就只能修改 Galileo 时空变换，并抛弃作为其基础的绝对时空观.

Einstein 在《相对论的意义》一书中，精辟地阐述了他的空间观. Einstein 指出："我们能延伸物体 A，使之与任何其他物体 X 接触. 物体 A 的所有延伸的总体可称为'物体 A

的空间'……在这个意义下我们不能抽象地谈论空间，而只能说属于物体 A 的空间."与 Newton 的不依赖于任何物体的绝对空间概念不同，Einstein 的空间概念是与具体的物体不可分割地联系在一起的. 例如，两个作相对运动的物体 A 和 B，与 A 联结在一起的空间属于 A 空间(参考系 A 或坐标系 A)，与 B 联结在一起的空间属于 B 空间(参考系 B 或坐标系 B). 空间永远只有相对意义.

值得一提的是，当初 FitzGerald 和 Lorentz 为了在绝对时空观基础上解释 Michelson-Morley 实验的零结果，曾经提出“长度收缩”的假设. 他们认为，当物体以速度 v 相对绝对静止以太运动时，会在运动方向上出现长度的收缩，收缩因子为 $\sqrt{1-\frac{v^2}{c^2}}$，这称为 FitzGerald-Lorentz 收缩(参看第三章§6). Einstein 认为，长度收缩假设“只是一种拯救理论的人为方法”. 换言之，当在绝对时空观基础上建立起来的经典理论，在无情的实验事实面前遇到困难时，长度收缩假设是为了调和矛盾维护经典理论而提出的权宜之计. 然而，如果我们接受 Einstein 的空间相对性概念，那么，长度收缩正好表明在不同参考系中占有各自的空间而已. 根据相对论的时空观，长度收缩是与物体运动相联系的时空特征的反映，是相对论的必然产物. 而 FitzGerald-Lorentz 的长度收缩则是以绝对时空观为基础的难以自圆其说的动力学过程.

相对性原理要求 Maxwell 电磁场方程对不同惯性系是协变的，但是，根据 Galileo 时空变换却得不到这一结果，问题的症结何在呢? 用 Einstein 的话来说：“直到最后，我终于醒悟到时间是可疑的”. 当然，这里指的是 Newton 的绝对时间概念值得怀疑. 前已指出，Lorentz 和 Poincare 从数学上找到了 Lorentz 时空变换，它可以使 Maxwell 方程在另一惯性系 S_r 中的形式与在以太系 S 中的形式相同. 但 Lorentz 始终认为，Lorentz 变换中 S 系的“时间”只是一种数学符号，因而称之为假想的“本地时间”. Einstein 在题为“关于相对性原理和由此得出的结论”的论文中指出，可以把 Lorentz 引进的所谓“本地时间”这一辅助量直接定义为“时间”. Einstein 指出：“如果我们坚持上述的时间定义，并把前面的变换方程(指 Galileo 时空变换)用符合新的时间概念的变换方程来代替，那么，Lorentz 理论的基本方程就符合相对性原理了. 这样，Lorentz 和 FitzGerald 的假说就像是理论的必然结果."显然，Einstein 认为，时间概念与空间概念一样，也只具有相对的意义，在不同参考系中应有不同的时间. 当我们谈及空间和时间时，永远是对某一个选定的参考物(参考系)而言的. 例如，当我们在 S 系描述发生在某地某时的事件时，就需要用 S 系的空时坐标(x, y, z, t)来描述；当我们在另一参考系 S′描述同一事件时，则需要用 S′系的空时坐标(x', y', z', t')来描述.

根据 Einstein 的时空观，时空的量度是相对的，这种相对性的关键在于“同时”的相对性. 由同时的相对性，可以自然地得出空间间距量度的相对性以及时钟计时率的相对性. 下面逐一予以说明.

1. 关于同时性的定义

为了描述一个质点的运动，需要给出质点的坐标随时间变化的函数曲线，这只有弄清楚"时间"是什么，以及怎样才能合理地测量时间后，才能完成这项工作. 对时间的判断总是与对"同时性"的判断联系在一起的. 例如，我们说"火车在上午 8 点从车站开出"，这句话的含义是，车站的钟指示 8 点与火车从车站开出是两个"同时"发生的事件. 判断在同一地点的两个事件是否同时发生，只需在该地点放置一个钟就够了.

但是，如果要判断发生在不同地点的两个事件是否"同时"发生，或者比较在不同地点两个事件发生时间的先后，问题就变得复杂了，因为时钟只能测量它所在地点的时间，而不能测量别处的时间. 根据绝对时空观，两个事件"同时"发生是有绝对意义的，因为这一判断与这两个事件是发生在同一地点还是发生在不同地点无关. 然而，根据相对论时空观，承认时空的相对性后，"同时"不具有绝对性，上述判断就需要认真推敲了.

假定事件 A 在 A 点发生，事件 B 在 B 点发生. A 点的时间可以用放置在 A 点的时钟来定义和测量；同样，B 点的时间可以用放置在 B 点的同样结构的时钟来定义和测量. 至此，我们只规定了"A 时间"和"B 时间"，至于两者的关系则尚待确定. 我们需要通过定义把"A 时间"与"B 时间"联系起来，这样才能比较事件 A 和事件 B 发生时间的先后. Einstein 建议用光信号使 A 和 B 两钟同步. 设在"A 时间"t_A 从 A 点发出一个光信号射向 B 点，在"B 时间"t_B 光信号又从 B 点被反射并射向 A 点，并在"A 时间"t'_A 光信号到达 A 点，如果

$$t_B-t_A=t'_A-t_B$$

就称 A 和 B 两钟达到了同步. 这样定义了同步时钟后，就有了 A 和 B 两处的"公共时间"，判断发生在 A 和 B 两处的两个事件是否同时也就成为可能. 可以看出，在 Einstein 的关于同时性的上述定义中，暗含了光速各向同性的假定，即光从 A 处传播到 B 处与光从 B 处传播到 A 处具有相同的速度. 校准同步时钟的具体做法是：在 A 和 B 两处的观察者预先约定好，当 A 钟指零时，从 A 点发出一个光信号，该光信号到达 B 点所需时间为 $t=\frac{l}{c}$，其中 l 为 A 点和 B 点之间的距离，位于 B 点的观察者在接收到光信号时，把 B 钟拨到 $t=\frac{l}{c}$，于是 A 和 B 两钟就校准成同步了. 对于设置在其他地点的时钟，可如法炮制校准成同步. 这样，在整个参考系中就确立了统一的共同时间.

2. 同时的相对性

上述关于同时性的定义对所有的惯性系都适用，或者说，在所有的惯性系中，都可以采用同样的方法，利用光信号把相对于本惯性系静止的放置在各处的时钟校准并使之达到同步. 然而，根据光速不变原理很容易发现，对于两个相互间作匀速直线运动的惯性系 S 和 S′，如果在 S′系中认为在两个点的事件是同时发生的，那么，在 S 系中看来，

在这两个点的事件未必是同时发生的. 同样，如果在 S 系中认为在两个点的事件是同时发生的，那么，在 S′系中看来，在这两个点的事件未必是同时发生的.

如图 9-1-1 所示，有两个相对速度为 $\boldsymbol{v}$ 的惯性系 S 和 S′，当这两个惯性系的坐标原点 O 点和 O'点以及点光源 P 三者重合时，把分别静止地放置在 O 点和 O'点的两个时钟都校准到零点，与此同时从点光源 P 发出光信号. 在 S′系中，取 $O'A'=O'B'$，并规定它们的长度等于单位时间光传播的距离. 在 S′系中，根据光速不变原理，认定 A'和 B'点将同时收到光信号，据此，可将静止地放置在 A'点和 B'点的两个时钟，在收到光信号时都拨到零点后一个单位时间的刻度上.

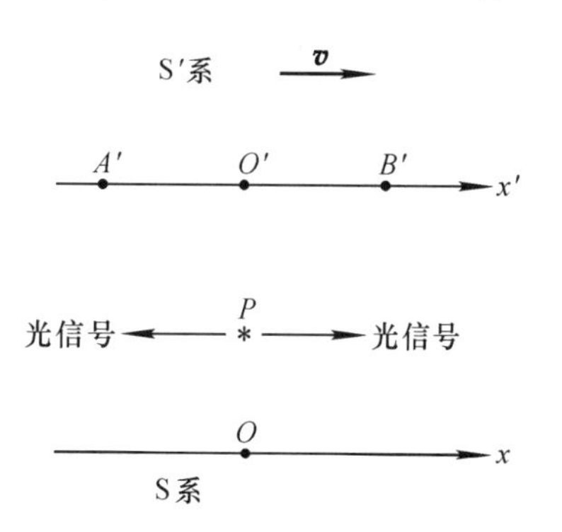

图 9-1-1

在 S 系中，根据光速不变原理，光信号相对 S 系向左和向右传播的速度都是 c. 由于 A'和 B'两点相对 S 系以 $\boldsymbol{v}$ 运动，因此光信号相对 A'和 B'的速率分别为$(c+v)$和$(c-v)$，即光信号应先到达 A'点，后到达 B'点. 这样，在 S′系认为 A'和 B'两点同时发生的接收光信号事件，在 S 系却认为 A'和 B'两点接收光信号事件并不是同时发生的. 这就是同时性的相对性. 另外，还应指出，在 S′系认为，静止地放置在 S′系各处的时钟都已校准同步，但在 S 系却认为，顺着 S′系相对于 S 系运动方向(即图 9-1-1 中的右方向)上的时钟拨慢了，反方向的时钟却拨快了. 例如，在 S 系认为，B'处的钟拨慢了(已经超过了一个单位时间，却拨成一个单位时间)，A'处的钟则拨快了(还未到一个单位时间，却已经拨成一个单位时间).

同样的讨论表明，在 S 系认为两地同时发生的事件，在 S′系却认为这两个事件未必同时发生；在 S 系认为，静止地放置在 S 系各处的时钟都已校准同步，在 S′系却认为，顺着 S 系相对于 S′系运动方向(即图 9-1-1 中的左方向)上的时钟拨慢了，反方向的时钟拨快了.

3. 空间间距量度的相对性

由于同时具有相对性，意味着空间间距的量度也将具有相对性.

如图 9-1-2 所示，取惯性系 S 与 S′，在 S′系中有一直尺 P_1P_2 沿 x'轴静止放置. 当 S′系与 S 系之间的相对速度 $v=0$ 时，在 S′系与 S 系对 P_1P_2 长度的测量值(或定义值)相同，设为一个单位. 若 S′系与 S 系的相对速度 $v\neq 0$，在 S′认为，P_1P_2 仍静止，长度不变. 在 S 系中，因为 P_1P_2 处于运动状态，不能先验地断定其长度不变. 在 S 系中，为了测量 P_1P_2 运动时的长度，应在 S 系同时测出 P_1 与 P_2 的坐标 x_1 与 x_2，则 P_1P_2 运动时的长度即为

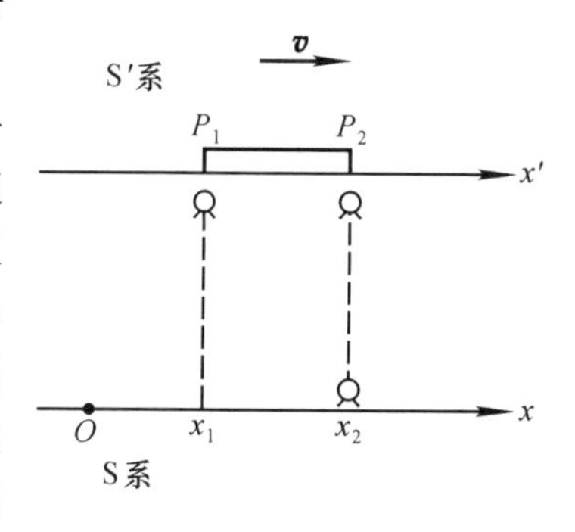

图 9-1-2

(x_2-x_1)，但是，根据前面的讨论，在 S′系认为，x_1 和 x_2 并非同时在 S 系被测定，因为静止地放置于 S 系左方的钟要慢于右方的钟，所以在 S′系认为，直尺右方的端点 P_2 先被 S 系测定，左方的端点 P_1 后被 S 系测定. 考虑到相对运动，这种先测定“头”后测定“尾”的结果，必定是使测量值(x_2-x_1)比直尺的原长要短，即不是一个单位.

同样的论述表明，静止地放置于 S 系中的直尺，在 S′系看来，因为它相对于 S′系运动，其长度收缩了. 这就是 Einstein 时空观中空间间距量度的相对性.

FitzGerald 和 Lorentz 也曾经假设运动直尺的长度会收缩，但他们认为，动尺收缩是直尺相对静止以太参考系作绝对运动造成的，是某种动力学作用的结果，因此收缩是“绝对的”. Einstein 的动尺收缩则来源于相对运动，是时空特征的反映，因此收缩是“相对的”. 无论是 S 系还是 S′系，都可以用相对自身静止的直尺分别地量度空间间距，由于两者相对运动，直尺的长度是相对的，从而导致空间间距量度的相对性.

由此可见，Einstein 的动尺收缩与 FitzGerald 和 Lorentz 的动尺收缩含义完全不同，决不可混同.

4. 时钟计时率的相对性

通常所说的两个时钟的快慢是否相同，包括两方面的含义. 第一方面是指零点是否相同. 如果钟 A 指示凌晨零点，钟 B 却指示零点 10 分，则称钟 B 比钟 A 快 10 分. 第二方面是指，两钟走得快慢是否相同. 如果钟 A 与钟 B 都拨到零点，经过一段时间后，钟 A 指示凌晨 1 点而钟 B 却指示零点 50 分，则称钟 B 比钟 A 慢 10 分. 为了与第一方面的快慢相区别，可将第二方面的快慢称为时钟计时率的快慢.

经典时空观认为，时钟计时率的快慢与时钟的运动状态无关，这就是时钟计时率的绝对性. Einstein 的时空观否定了这种绝对性，认为时钟计时率的快慢与时钟的运动状态有关，具有相对性.

仍然讨论如图 9-1-2 所示的情形. 现在，在 S′系和 S 系分别测量直尺 P_1P_2 通过 x_2 点所需的时间. 在 S′系，可以利用静止地放置在 P_1 和 P_2 处的两个时钟，当 P_2 与 x_2 相遇时记下 P_2 处时钟的读数，当 P_1 与 x_2 相遇时记下 P_1 处时钟的读数，两者相减便是直尺通过 x_2 点所经历的时间 $\Delta t'$，为

$$\Delta t'=\frac{P_1P_2\text{ 静止长度(1 个单位)}}{v}$$

在 S 系，可以用静止地放置在 x_2 处的一个时钟测出上述两个相遇事件(即 P_2 和 P_1 先后与 x_2 相遇)相应的时钟读数之差 Δt，它应为

$$\Delta t=\frac{P_1P_2\text{ 运动长度(不是 1 个单位)}}{v}$$

因此，必有

$$\Delta t<\Delta t'$$

这表明，在 S′系认为，相对于自身运动的(即静止地放置在 S 系中的)一个时钟的计时率

变慢了，例如，当 $\Delta t'$为 1 s，对应的 Δt 可能只有 0.8 s(不是 1 s). 需要注意的是，在 S 系，并不能从上述结果得出随 S′系运动的时钟比自身静止时钟计时率变快的结论，因为在 S 系认为，$\Delta t'$是 S′系中两个零点未校准的时钟的读数差，不能代表一个时钟的计时率.

作对称的置换，即将直尺 P_1P_2 改为静止地放置在 S 系，经过与上面同样的讨论，也可以得出，S 系认为相对于自身运动的时钟的计时率变慢的结论. 总之，动钟计时率变慢，这就是时钟计时率的相对性.

从上面的定性讨论可以看出，承认光速不变原理就意味着传统的经典时空观必须改变，而代之以 Einstein 的相对论时空观. 对 Einstein 时空观的定量讨论，需借助于相对论的时空变换(即 Lorentz 变换)才能进行.

§2. 相对论的时空变换与电磁场方程的协变性

一、相对论的时空变换及其推论

1. 相对论的时空变换

与光速不变原理相抵触的 Galileo 时空变换是根据绝对时空观得出的. 当我们用新的时空观即 Einstein 的相对论时空观来代替旧的绝对时空观时，相应地需要用新的时空变换来代替 Galileo 时空变换. 这种新的相对论的时空变换称为 Lorentz 变换.

如图 9-2-1 所示，任取两个惯性系 S 和 S′，分别建立两个坐标系使对应的坐标轴互相平行. 设 S′系相对于 S 系以速度 v 沿 x 方向作匀速运动，再取两个坐标系的原点 O 与 O'重合之时为各自时间计量的起点. 设某一事件 P 在 S 系的时空坐标为(x, y, z, t)，在 S′系的时空坐标为(x', y', z', t'). 现在，根据 Einstein 提出的两条基本原理，确定这两组时空坐标之间的相对论变换关系.

首先，根据相对性原理，在 S 系和 S′系中，物理定律应完全相同. 据此，变换关系应该是线性的. 例如，由惯性定律，若物体在 S 系中作匀速直线运动，则变换到 S′系后，从 S′系中看来，该物体也必定作匀速直线运动. 显然，上述要求仅当变换为线性的变换时才能满足. 因为如果变换是非线性的变换，则从 S′系看来就不会仍是匀速直线运动了. 由于变换是线性的，故 x', y', z', t'中的每一个量都可表为 x, y, z, t 的线性组合.

其次，根据光速不变原理，$(x^2+y^2+z^2-c^2t^2)$这个量应在变换中保持不变. 设在 $t=t'=0$ 时，即在两个坐标的原点 O 和 O'重合时，从原点发出一球面光波，则经过一段时间 t 后，从 S 系中的观察者看来，光波的波前是以 O 为球心、以 ct 为半径的球面，球面的方

程为

$$x^2+y^2+z^2=c^2t^2$$

根据光速不变原理，在 S′系中的观察者看来，光仍以光速 c 从 S′系的原点 O' 出发向四周传播，波前仍是以 O' 为球心、以 ct' 为半径的球面，球面的方程为

$$x'^2+y'^2+z'^2=c^2t'^2$$

既然在 S 系和 S′系中都是球面波，而且两组时空坐标之间的变换是线性的，则两组时空坐标必须遵从下述关系：

$$x^2+y^2+z^2-c^2t^2=k(x'^2+y'^2+z'-c^2t'^2)$$

式中 k 是常量. 考虑到空间的各向同性，当 S′系相对于 S 的运动反向时，仍应有上述关系. 这表明，常量 k 与两惯性系相对运动的方向无关. 进一步考虑到两惯性系处于完全等同的地位，故两组时空坐标之间的关系也可以写成

$$x'^2+y'^2+z'^2-c^2t'^2=k(x^2+y^2+z^2-c^2t^2)$$

由以上两式，得出 $k^2=1$，即 $k=\pm1$，设想存在着第三个惯性系 S″，那么，从 S 系变换到 S″系，再从 S″系变换到 S′系，其结果应等于直接从 S 系变换到 S′系. 据此，常量 k 不能等于−1，否则间接变换(从 S 系经 S″系变换到 S′系)与直接变换(从 S 系直接变换到 S′系)就不能等效了. 故 $k=1$，由此得出两组时空坐标之间的关系为

$$x^2+y^2+z^2-c^2t^2=x'^2+y'^2+z'^2-c^2t'^2$$

即$(x^2+y^2+z^2-c^2t^2)$是在惯性系之间的变换中保持不变的量.

如图 9-2-1 所示，由于 S 系和 S′系只在 x 方向上有相对运动，在 y 方向和 z 方向相对静止，故有

$$y'=y$$
$$z'=z$$

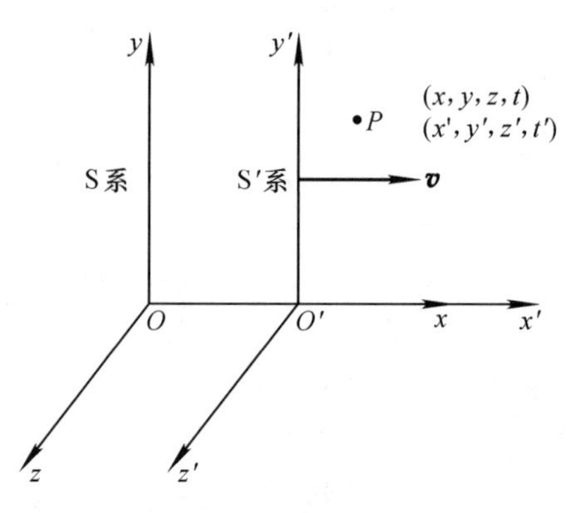

图 9-2-1

由以上三式，得

$$x^2-c^2t^2=x'^2-c^2t'^2$$

现在要寻找的只是$(x,\ t)$和$(x',\ t')$之间的线性变换关系，这个关系可表为

$$\begin{cases}x'=a_{11}x+a_{12}t\\ t'=a_{21}x+a_{22}t\end{cases}$$

由以上三式，得出

$$x^2-c^2t^2=(a_{11}^2-a_{21}^2c^2)x^2+(2a_{11}a_{12}-2a_{21}a_{22}c^2)xt+(a_{12}^2-a_{22}^2c^2)t^2$$

此式对于任意变量 x 和 t 都成立的充分必要条件是，两边对应项的系数应相等，由此得出各系数应满足的方程组为

$$\begin{cases} a_{11}^2 - a_{21}^2 c^2 = 1 \\ a_{11} a_{12} - a_{21} a_{22} c^2 = 0 \\ a_{12}^2 - a_{22}^2 c^2 = -c^2 \end{cases}$$

S′系的坐标原点 O'满足的方程组为

$$\begin{cases} 0 = a_{11} x + a_{12} t \\ x = vt \end{cases}$$

故两惯性系相对运动的速度 v 可以表为

$$v = -\frac{a_{12}}{a_{11}}$$

把上式与前面得出的各系数应满足的三个方程联立，即可解出四个待求的系数为

$$\begin{cases} a_{11} = \dfrac{1}{\sqrt{1-\dfrac{v^2}{c^2}}} \\ a_{12} = \dfrac{-v}{\sqrt{1-\dfrac{v^2}{c^2}}} \\ a_{21} = \dfrac{-\dfrac{v}{c^2}}{\sqrt{1-\dfrac{v^2}{c^2}}} \\ a_{22} = \dfrac{1}{\sqrt{1-\dfrac{v^2}{c^2}}} \end{cases}$$

考虑到得出的相对论时空变换在 $v \ll c$ 的条件下应过渡到经典的 Galileo 变换，故上式中各根号前可能的负号解均已取消. 于是，得出(x, y, z, t)和(x', y', z', t')之间的相对论变换关系式为

$$\begin{cases} x' = \dfrac{1}{\sqrt{1-\beta^2}}(x - vt) \\ y' = y \\ z' = z \\ t' = \dfrac{1}{\sqrt{1-\beta^2}}\left(t - \dfrac{v}{c^2} x\right) \end{cases} \tag{1}$$

式中

$$\beta=\frac{v}{c}$$

(1)式的变换称为 Lorentz 变换. 由(1)式的反解，或者根据运动的相对性把(1)式中的 v 代之以 $-v$，即可得出对应的逆变换式为

$$\begin{cases} x=\dfrac{1}{\sqrt{1-\beta^2}}(x'+vt') \\ y=y' \\ z=z' \\ t=\dfrac{1}{\sqrt{1-\beta^2}}\left(t'+\dfrac{v}{c^2}x'\right) \end{cases} \tag{2}$$

Lorentz 变换是狭义相对论两条基本原理(相对性原理和光速不变原理)的必然结果. 把 Lorentz 变换与 Galileo 变换相比较可以看出，Lorentz 变换比 Galileo 变换多了两个部分. 其一是多了一个因子 $\left(\dfrac{1}{\sqrt{1-\beta^2}}\right)$，称为长度收缩因子或时间膨胀因子，它导致长度收缩和时间膨胀效应(下面即将作定量讨论). 其二是在时间变换式中多了一项 $\left(\dfrac{vx}{c^2}\right)$，此项称为 Einstein 同时性因子，它是 Einstein 同时性定义的直接结果，反映了同时的相对性.

当 S 系与 S′系之间的相对运动速度 v 远小于光速 c 时，可略去 β 的二阶以上小量，(1)式近似为

$$\begin{cases} x'=x-vt \\ y'=y \\ z'=z \\ t'=\left(1-\dfrac{vx}{c^2t}\right)t \end{cases}$$

如果讨论的物理事件是质点的运动，则上式中的 $\left(\dfrac{x}{t}\right)$ 即为质点速度的 x 分量 u_x. 若质点的速度 u_x 也远小于光速，则时间变换式中括号内的第二项成为二阶小量，也可略去，得到 $t'=t$. 由此可见，在远小于光速的低速条件下，Lorentz 变换近似地还原为 Galileo 变换. 总之，Lorentz 变换是更为普遍的相对论时空变换，经典的 Galileo 变换是 Lorentz 变换在低速情形下的近似结果.

2. 时空量度的相对论效应

在 §1 中定性地介绍了 Einstein 的相对论时空观，现在，在给出相对论的时空变换——Lorentz 变换后，可以进一步对同时的相对性、运动直尺的收缩、运动时钟的变慢等内容作定量讨论.

首先，讨论同时的相对性.

若已知在某个参考系中，发生了两个同时性的点事件，则从其他参考系看来，这两个点事件发生的时间可能有所不同，此时间差可以通过 Lorentz 变换求出. 设在 S 系中，在 x_1 和 x_2 两处同时发生了两个事件，它们的时空坐标分别为(x_1, t)和(x_2, t). 由 Lorentz 变换(1)式，可以得出，在 S′系中，这两个事件发生的时间分别为

$$t'_1=\frac{1}{\sqrt{1-\beta^2}}\left(t-\frac{v}{c^2}x_1\right)$$

$$t'_2=\frac{1}{\sqrt{1-\beta^2}}\left(t-\frac{v}{c^2}x_2\right)$$

因此，在 S′系中，这两个事件发生的时间间隔为

$$t'_2-t'_1=\frac{\frac{v}{c^2}}{\sqrt{1-\beta^2}}(x_1-x_2)$$

上述结果表明，只要 $x_1\neq x_2$，就有$(t'_2-t'_1)\neq 0$，即在 S 系中，如果两个事件同时发生，但并不发生在同一地点，则在 S′系中这两个事件就不是同时发生的. 但是，如果两个事件在 S 系中不仅是同时发生的，还发生在同一地点，即 $x_1=x_2$，则总有$(t'_2-t'_1)=0$，即这两个事件在 S′系也是同时发生的. 换言之，对于在同一地点发生的两个事件，同时性具有绝对意义，即若在某个惯性系中发生在同一地点的两个事件是同时的，则在所有惯性系中这两个事件都是同时发生的.

同样，由 Lorentz 变换(2)式可以得出，在 S′系中，如果同时在不同地点 x'_1 和 x'_2 发生了两个异地事件$(x'_1\neq x'_2)$，那么在 S 系中，将认为这两个事件不是同时发生的. 这就是同时性的相对性.

其次，讨论运动直尺的收缩.

如 §1 中图 9-1-2 所示，直尺 P_1P_2 静止地放置在 S′系中，在 S′系测出直尺的静止长度为

$$L_{静}=x'_2-x'_1$$

在 S 系中，需要在 $t_2=t_1$ 的同一时刻测量直尺两端 P_1 和 P_2 的坐标 x_1 和 x_2，由此得出在 S 系中运动直尺 P_1P_2 的长度为

$$L_{动}=x_2-x_1$$

由 Lorentz 变换(1)式，得出

$$\begin{aligned}x'_2-x'_1&=\frac{x_2-vt_2}{\sqrt{1-\beta^2}}-\frac{x_1-vt_1}{\sqrt{1-\beta^2}}\\&=\frac{x_2-x_1}{\sqrt{1-\beta^2}}\end{aligned}$$

由以上三式，得出

$$L_{动}=\sqrt{1-\beta^2}\,L_{静} \tag{3}$$

这就是运动直尺的收缩（也称为 FitzGerald-Lorentz 收缩），收缩因子是式中的$\sqrt{1-\beta^2}$.

同样，对于在 S 系中静止的直尺，在 S′系中则因为该直尺相对 S′系运动而会在长度上出现$\sqrt{1-\beta^2}$因子的收缩. 由于运动是相对的，所以直尺长度的收缩也是相对的.

再次，讨论运动时钟的变慢.

如 § 1 中图 9-1-2 所示，在 S 系中，有一个时钟静止地放置在 x_2 位置，此钟测出直尺 P_1P_2 通过 x_2 位置的时间间隔为

$$\Delta t=\frac{L_{动}}{v}$$

在 S′系中，用静止地放置在 P_1 和 P_2 的两个时钟，测出 x_2 通过直尺 P_1P_2 两端 P_1 和 P_2 的时间间隔应为

$$\Delta t'=\frac{L_{静}}{v}$$

由以上两式及(3)式，得出

$$\Delta t=\sqrt{1-\beta^2}\,\Delta t'$$

在 S′系中看来，$\Delta t'$是静止时钟测出的某一过程的时间，可表为 $T_{静}$，Δt 则是用一个运动时钟测量同一过程所经历的时间，可表为 $T_{动}$，故有

$$T_{动}=\sqrt{1-\beta^2}\,T_{静} \tag{4}$$

这就是运动时钟计时率的变慢，或称为运动时钟的变慢，也可以称之为运动时间的膨胀，膨胀因子就是$\sqrt{1-\beta^2}$.

由于运动是相对的，所以时间的变慢也是相对的.

若 $v\ll c$，则$\sqrt{1-\beta^2}\approx 1$，于是运动直尺的收缩效应和运动时钟的变慢效应都可以忽略，即时空测量的相对论效应可以忽略，重新回复或过渡到 Newton 的绝对时空观.

3. 速度的相对论变换

在经典理论中，如果某质点相对 S 系的运动速度为 $\boldsymbol{u}$，另一 S′系相对 S 系的平动速度为 $\boldsymbol{v}$，那么，该质点相对 S′系的运动速度便是

$$\boldsymbol{u}'=\boldsymbol{u}-\boldsymbol{v}$$

这就是熟知的经典理论的速度合成法则，它的基础或来源是 Galileo 时空变换. 应该强调指出，上述经典的速度合成法则，在相对论中不再适用，应予修正.

速度的相对论变换来源于 Lorentz 变换，可由 Lorentz 变换导出. 由(1)式，两边取微分，得出

$$
\begin{cases}
\mathrm{d}x' = \dfrac{1}{\sqrt{1-\beta^2}}(\mathrm{d}x - v\mathrm{d}t) \\
\mathrm{d}y' = \mathrm{d}y \\
\mathrm{d}z' = \mathrm{d}z \\
\mathrm{d}t' = \dfrac{1}{\sqrt{1-\beta^2}}\left(\mathrm{d}t - \dfrac{v}{c^2}\mathrm{d}x\right)
\end{cases}
$$

质点相对于 S′系的运动速度 $\boldsymbol{u}'$的三个直角坐标分量为

$$
\begin{cases}
u'_x = \dfrac{\mathrm{d}x'}{\mathrm{d}t'} = \dfrac{\dfrac{\mathrm{d}x}{\mathrm{d}t} - v}{1 - \dfrac{v}{c^2}\dfrac{\mathrm{d}x}{\mathrm{d}t}} \\
u'_y = \dfrac{\mathrm{d}y'}{\mathrm{d}t'} = \sqrt{1-\beta^2}\dfrac{\dfrac{\mathrm{d}y}{\mathrm{d}t}}{1 - \dfrac{v}{c^2}\dfrac{\mathrm{d}x}{\mathrm{d}t}} \\
u'_z = \dfrac{\mathrm{d}z'}{\mathrm{d}t} = \sqrt{1-\beta^2}\dfrac{\dfrac{\mathrm{d}z}{\mathrm{d}t}}{1 - \dfrac{v}{c^2}\dfrac{\mathrm{d}x}{\mathrm{d}t}}
\end{cases}
$$

质点相对于 S 系的运动速度 $\boldsymbol{u}$ 的三个直角坐标分量为

$$
\begin{cases}
u_x = \dfrac{\mathrm{d}x}{\mathrm{d}t} \\
u_y = \dfrac{\mathrm{d}y}{\mathrm{d}t} \\
u_z = \dfrac{\mathrm{d}z}{\mathrm{d}t}
\end{cases}
$$

于是，有

$$
\begin{cases}
u'_x = \dfrac{u_x - v}{1 - \dfrac{v}{c^2}u_x} \\
u'_y = \sqrt{1-\beta^2}\dfrac{u_y}{1 - \dfrac{v}{c^2}u_x} \\
u'_z = \sqrt{1-\beta^2}\dfrac{u_z}{1 - \dfrac{v}{c^2}u_x}
\end{cases}
\tag{5}
$$

(5)式就是相对论的速度变换公式，它是 Lorentz 时空变换的结果.

在 $v \ll c$ 的低速情形，(5)式近似为

$$\begin{cases} u'_x = u_x - v \\ u'_y = u_y \\ u'_z = u_z \end{cases}$$

这就是熟知的经典速度变换公式.

把(5)式中带撇的量与不带撇的量互相置换，并以$(-v)$代替 v，即可得出速度逆变换的公式，为

$$\begin{cases} u_x = \dfrac{u'_x + v}{1 + \dfrac{v}{c^2} u'_x} \\ u_y = \sqrt{1-\beta^2} \dfrac{u'_y}{1 + \dfrac{v}{c^2} u'_x} \\ u_z = \sqrt{1-\beta^2} \dfrac{u'_z}{1 + \dfrac{v}{c^2} u'_x} \end{cases} \tag{6}$$

这个相对论的速度逆变换公式也可以直接从 Lorentz 变换(2)式导出.

显然，上述相对论速度变换公式应该与 Einstein 的光速不变原理相符. 对此，可以验证如下.

例如，假设 $\boldsymbol{u}$ 是光在 S 系中的传播速度，则应有

$$u_x^2 + u_y^2 + u_z^2 = c^2$$

那么，由(5)式，可以得出

$$\begin{aligned} u'^2_x + u'^2_y + u'^2_z &= \frac{(u_x - v)^2 + \left(1 - \dfrac{v^2}{c^2}\right) u_y^2 + \left(1 - \dfrac{v^2}{c^2}\right) u_z^2}{\left(1 - \dfrac{v}{c^2} u_x\right)^2} \\ &= \frac{(u_x^2 + u_y^2 + u_z^2) - 2u_x v + v^2 - \dfrac{v^2}{c^2} u_y^2 - \dfrac{v^2}{c^2} u_z^2}{(c^2 - v u_x)^2} c^4 \\ &= \frac{c^2 - 2u_x v + v^2 - \dfrac{v^2}{c^2}(u_x^2 + u_y^2 + u_z^2) + \dfrac{v^2}{c^2} u_x^2}{(c^2 - v u_x)^2} c^4 \\ &= \frac{c^2 - 2u_x v + \dfrac{v^2}{c^2} u_x^2}{(c^2 - v u_x)^2} c^4 \end{aligned}$$

$$=\frac{c^4-2c^2u_xv+v^2u_x^2}{(c^2-vu_x)^2}c^2$$
$$=c^2$$

即

$$u_x'^2+u_y'^2+u_z'^2=c^2$$

由此可见，若光在 S 系中的传播速度为 c，则光在 S′系中的传播速度仍为 c.

二、电磁场的相对论变换

Einstein 狭义相对论的第一条基本原理是相对性原理，它要求所有物理规律在各惯性系中具有相同的形式，即具有协变性. 根据相对性原理，正确的电磁场理论也必须具有协变性. 实际上，Einstein 狭义相对论正是萌发于他对 Maxwell 电磁场理论协变性的思考. 在建立狭义相对论的第一篇论文《论动体的电动力学》中，Einstein 首先提出了相对性原理和光速不变原理，接着，在此基础上建立了 Lorentz 时空变换，然后，Einstein 证明 Maxwell 电磁场理论在新的 Lorentz 时空变换下具有惯性系协变性.

在《论动体的电动力学》一文中，Einstein 采用的是电磁场理论的 Maxwell-Hertz 表述形式，讨论中采用的数学工具是矢量运算. Minkowski 在 1918 年把狭义相对论的时间和空间统一表述成四维 Euclid 数学空间后，Lorentz 时空变换便成为四维 Euclid 空间的正交变换，再将电磁场的四个基本矢量 $\boldsymbol{E}$，$\boldsymbol{B}$，$\boldsymbol{D}$，$\boldsymbol{H}$ 合并成两个(4×4)阶的反对称张量，利用正交变换下的张量变换，便可论述 Maxwell 电磁场方程的协变性.

考虑到普通物理教学中一般很少采用张量这一数学工具，下面我们采用大家熟悉的矢量运算来讨论教科书中通用形式的 Maxwell 电磁场方程的协变性. 这种形式的 Maxwell 方程既适用于真空电磁场，也适用于介质中的电磁场. 在讨论 Maxwell 方程具有协变性的同时，也就给出了电磁场的基本物理量 $\boldsymbol{E}$，$\boldsymbol{B}$，$\boldsymbol{D}$，$\boldsymbol{H}$ 的相对论变换公式.

Maxwell 电磁场方程的微分形式为

$$\begin{cases}\nabla\cdot\boldsymbol{B}=0\\ \nabla\times\boldsymbol{E}=-\dfrac{\partial\boldsymbol{B}}{\partial t}\\ \nabla\cdot\boldsymbol{D}=\rho\\ \nabla\times\boldsymbol{H}=\boldsymbol{j}+\dfrac{\partial\boldsymbol{D}}{\partial t}\end{cases}\tag{7}$$

式中除场量 $\boldsymbol{E}$，$\boldsymbol{B}$，$\boldsymbol{D}$，$\boldsymbol{H}$ 外，还涉及电荷密度 ρ 和电流密度 $\boldsymbol{j}$，为了讨论(7)式的协变性，首先需要给出 ρ 和 $\boldsymbol{j}$ 的相对论变换公式.

1. 电流密度和电荷密度的相对论变换

电流是电荷的运动形成的，无论电流密度 $\boldsymbol{j}$ 还是电荷密度 ρ 都要涉及电荷. 电荷守恒定律是物理学最基本的规律之一，大量实验表明，它既适用于宏观世界，又适用于微观世界.

电荷守恒有两方面的含义或表现. 首先，任何带电粒子所带的电量不会因为粒子运动状态的变化而变化，即电量不存在相对论效应. 电荷的这一特征确保了现实世界中物质结构的稳定性. 不难设想，如若不然，则核外电子将因绕核的高速运动而使其电量有明显的增加或减少，从而使原子的电中性遭到破坏，原子间强烈的电排斥使之难以形成稳定的宏观物体. 其次，对于空间任一区域，从该区域表面向外流出的电量必定等于该区域内减少的电量. 如果流出的电量为零，无论区域内的带电粒子如何运动和相互作用，该区域内的总电量必定保持不变. 换言之，电量不能无中生有，也不能化有为无.

为了给出电荷守恒定律的数学表述，在某惯性系 S 中取一空间区域，设其体积为 V，设该区域的闭合界面为 σ. 在 $\mathrm{d}t$ 时间内，通过面元 $\mathrm{d}\boldsymbol{\sigma}$ 流出的电量为($\boldsymbol{j}\cdot\mathrm{d}\boldsymbol{\sigma}\mathrm{d}t$)，在 $\mathrm{d}t$ 时间内从该区域经表面流出的总电量为 $\oint\!\!\!\oint_{\sigma}\boldsymbol{j}\cdot\mathrm{d}\boldsymbol{\sigma}\mathrm{d}t$，根据电荷守恒定律，$\mathrm{d}t$ 时间内流出的电量应等于 $\mathrm{d}t$ 时间内在体积 V 中电量的减少 $-\iiint_{V}\frac{\partial\rho}{\partial t}\mathrm{d}t\mathrm{d}V$. 消去 $\mathrm{d}t$，得

$$\iiint_{V}\frac{\partial\rho}{\partial t}\mathrm{d}V+\oint\!\!\!\oint_{\sigma}\boldsymbol{j}\cdot\mathrm{d}\boldsymbol{\sigma}=0$$

这就是电荷守恒定律的积分形式. 利用矢量分析的 Gauss 定理，有

$$\oint\!\!\!\oint_{\sigma}\boldsymbol{j}\cdot\mathrm{d}\boldsymbol{\sigma}=\iiint_{V}(\nabla\cdot\boldsymbol{j})\mathrm{d}V$$

于是得出电荷守恒定律的微分形式为

$$\nabla\cdot\boldsymbol{j}+\frac{\partial\rho}{\partial t}=0 \tag{8}$$

由于电荷守恒定律在任何惯性系中都成立，(8)式必定适用于所有的惯性系. 换言之，(8)式应具有惯性系协变性.

为了根据(8)式的协变性导出 $\boldsymbol{j}$ 和 ρ 的相对论变换公式，首先需要确定矢量微分算符 ∇ 的三个直角坐标分量 $\frac{\partial}{\partial x}$，$\frac{\partial}{\partial y}$，$\frac{\partial}{\partial z}$ 以及 $\frac{\partial}{\partial t}$ 的相对论变换公式. 对于惯性系 S 和 S′，由 Lorentz 时空变换(2)式，可得

$$\begin{cases}\dfrac{\partial}{\partial x'}=\dfrac{\partial}{\partial x}\dfrac{\partial x}{\partial x'}+\dfrac{\partial}{\partial t}\dfrac{\partial t}{\partial x'}=\dfrac{1}{\sqrt{1-\beta^2}}\dfrac{\partial}{\partial x}+\dfrac{1}{\sqrt{1-\beta^2}}\dfrac{v}{c^2}\dfrac{\partial}{\partial t}\\ \dfrac{\partial}{\partial y'}=\dfrac{\partial}{\partial y}\\ \dfrac{\partial}{\partial z'}=\dfrac{\partial}{\partial z}\\ \dfrac{\partial}{\partial t'}=\dfrac{\partial}{\partial x}\dfrac{\partial x}{\partial t'}+\dfrac{\partial}{\partial t}\dfrac{\partial t}{\partial t'}=\dfrac{v}{\sqrt{1-\beta^2}}\dfrac{\partial}{\partial x}+\dfrac{1}{\sqrt{1-\beta^2}}\dfrac{\partial}{\partial t}\end{cases}$$

令

$$\gamma=\frac{1}{\sqrt{1-\beta^2}} \tag{9}$$

可将上述变换写成

$$\begin{cases}\dfrac{\partial}{\partial x'}=\gamma\dfrac{\partial}{\partial x}+\gamma\dfrac{v}{c^2}\dfrac{\partial}{\partial t}\\ \dfrac{\partial}{\partial y'}=\dfrac{\partial}{\partial y}\\ \dfrac{\partial}{\partial z'}=\dfrac{\partial}{\partial z}\\ \dfrac{\partial}{\partial t'}=\gamma v\dfrac{\partial}{\partial x}+\gamma\dfrac{\partial}{\partial t}\end{cases} \tag{10}$$

它的逆变换为

$$\begin{cases}\dfrac{\partial}{\partial x}=\gamma\dfrac{\partial}{\partial x'}-\gamma\dfrac{v}{c^2}\dfrac{\partial}{\partial t'}\\ \dfrac{\partial}{\partial y}=\dfrac{\partial}{\partial y'}\\ \dfrac{\partial}{\partial z}=\dfrac{\partial}{\partial z'}\\ \dfrac{\partial}{\partial t}=-\gamma v\dfrac{\partial}{\partial x'}+\gamma\dfrac{\partial}{\partial t'}\end{cases} \tag{11}$$

把 S 系中电荷守恒定律的表达式(8)式展开，得

$$\frac{\partial j_x}{\partial x}+\frac{\partial j_y}{\partial y}+\frac{\partial j_z}{\partial z}+\frac{\partial \rho}{\partial t}=0$$

利用(11)式，可得

$$\frac{\partial}{\partial x'}[\gamma(j_x-v\rho)]+\frac{\partial j_y}{\partial y'}+\frac{\partial j_z}{\partial z'}+\frac{\partial}{\partial t'}\left[\gamma\left(\rho-\frac{v}{c^2}j_x\right)\right]=0$$

因为电荷守恒定律具有协变性，所以它在 S′系中的表达式应为

$$\frac{\partial j'_x}{\partial x'}+\frac{\partial j'_y}{\partial y'}+\frac{\partial j'_z}{\partial z'}+\frac{\partial \rho'}{\partial t'}=0$$

把以上两式相比较，即可将 S′系中的电流密度 $\boldsymbol{j}'$ 和电荷密度 ρ' 表为

$$\begin{cases} j'_x = \gamma(j_x - v\rho) \\ j'_y = j_y \\ j'_z = j_z \\ \rho' = \gamma\left(\rho - \dfrac{v}{c^2} j_x\right) \end{cases} \tag{12}$$

它的逆变换为

$$\begin{cases} j_x = \gamma(j'_x + v\rho) \\ j_y = j'_y \\ j_z = j'_z \\ \rho = \gamma\left(\rho' + \dfrac{v}{c^2} j'_x\right) \end{cases} \tag{13}$$

(12)式和(13)式就是在 S 系与 S′系中的电流密度与电荷密度的相对论变换公式. 需要指出的是，在上述变换公式中，电流密度的 x 分量与电荷密度之间存在着交叉的影响，这并非相对论所特有的，实际上在经典理论中也存在这种交叉影响. 这种交叉影响是由于 S′系与 S 系之间的相对运动造成的. 例如，在 S′系中，静止的电荷只与 ρ'有关，而与 $\boldsymbol{j}'$ 无关，但在 S 系中，该电荷是运动的，它除了与 ρ 有关外，还与 $\boldsymbol{j}$ 有关. 另外，从上述变换公式可以看出，相对论效应主要体现在(12)式和(13)式的两个因子 γ 和$\dfrac{v}{c^2}$上. 如果 S′系与 S 系之间的相对运动速度 v 远小于光速 c，则(12)式和(13)式便重新回复到经典的变换公式，为

$$\begin{cases} j'_x = j_x - v\rho \\ j'_y = j_y \\ j'_z = j_z \\ \rho' = \rho \end{cases}$$

以及

$$\begin{cases} j_x = j'_x + v\rho' \\ j_y = j'_y \\ j_z = j'_z \\ \rho = \rho' \end{cases}$$

2. 电磁场的相对论变换

先讨论 Maxwell 电磁场方程(7)式中的前两个方程，即 $\boldsymbol{B}$ 的散度方程和 $\boldsymbol{E}$ 的旋度方程. 在 S 系中，这两个方程可以展开，为

$$
\begin{cases}
\dfrac{\partial B_x}{\partial x}+\dfrac{\partial B_y}{\partial y}+\dfrac{\partial B_z}{\partial z}=0 \\
\dfrac{\partial E_z}{\partial y}-\dfrac{\partial E_y}{\partial z}=-\dfrac{\partial B_x}{\partial t} \\
\dfrac{\partial E_x}{\partial z}-\dfrac{\partial E_z}{\partial x}=-\dfrac{\partial B_y}{\partial t} \\
\dfrac{\partial E_y}{\partial x}-\dfrac{\partial E_x}{\partial y}=-\dfrac{\partial B_z}{\partial t}
\end{cases} \tag{14}
$$

对于给定的 S 系中场量 $\boldsymbol{B}$ 和 $\boldsymbol{E}$，如果能够找到对应的 S′系中的场量 $\boldsymbol{B}'$和 $\boldsymbol{E}'$，并且如果 $\boldsymbol{B}'$和 $\boldsymbol{E}'$所满足的方程的形式与(14)式相同，即为

$$
\begin{cases}
\dfrac{\partial B'_x}{\partial x'}+\dfrac{\partial B'_y}{\partial y'}+\dfrac{\partial B'_z}{\partial z'}=0 \\
\dfrac{\partial E'_z}{\partial y'}-\dfrac{\partial E'_y}{\partial z'}=-\dfrac{\partial B'_x}{\partial t'} \\
\dfrac{\partial E'_x}{\partial z'}-\dfrac{\partial E'_z}{\partial x'}=-\dfrac{\partial B'_y}{\partial t'} \\
\dfrac{\partial E'_y}{\partial x'}-\dfrac{\partial E'_x}{\partial y'}=-\dfrac{\partial B'_z}{\partial t'}
\end{cases} \tag{15}
$$

那么，便证明 Maxwell 电磁场方程的前两个方程是惯性系协变的. 并且，由此也就自然地得到了 $\boldsymbol{B}$ 和 $\boldsymbol{E}$ 与 $\boldsymbol{B}'$和 $\boldsymbol{E}'$之间的相对论变换公式.

利用(11)式，可将(14)式变换为

$$
\begin{cases}
\gamma\dfrac{\partial B_x}{\partial x'}-\gamma\dfrac{v}{c^2}\dfrac{\partial B_x}{\partial t'}+\dfrac{\partial B_y}{\partial y'}+\dfrac{\partial B_z}{\partial z'}=0 \\
\dfrac{\partial E_z}{\partial y'}-\dfrac{\partial E_y}{\partial z'}=\gamma v\dfrac{\partial B_x}{\partial x'}-\gamma\dfrac{\partial B_x}{\partial t'} \\
\dfrac{\partial E_x}{\partial z'}-\gamma\dfrac{\partial E_z}{\partial x'}+\gamma\dfrac{v}{c^2}\dfrac{\partial E_z}{\partial t'}=\gamma v\dfrac{\partial B_x}{\partial x'}-\gamma\dfrac{\partial B_y}{\partial t'} \\
\gamma\dfrac{\partial E_y}{\partial x'}-\gamma\dfrac{v}{c^2}\dfrac{\partial E_y}{\partial t'}-\dfrac{\partial E_x}{\partial y'}=\gamma v\dfrac{\partial B_z}{\partial x'}-\gamma\dfrac{\partial B_z}{\partial t'}
\end{cases}
$$

从前两个公式中，先消去含$\dfrac{\partial}{\partial t'}$的项，再消去含$\dfrac{\partial}{\partial x'}$的项，可以得出两个等价的表达式. 对后两个公式，合并同类项，也可以得出两个等价的表达式. 由此得出

$$\begin{cases}\dfrac{\partial B_x}{\partial x'}+\dfrac{\partial}{\partial y'}\left[\gamma\left(B_y+\dfrac{v}{c^2}E_z\right)\right]+\dfrac{\partial}{\partial z'}\left[\gamma\left(B_z-\dfrac{v}{c^2}E_y\right)\right]=0\\ \dfrac{\partial}{\partial y'}[\gamma(E_z+vB_y)]-\dfrac{\partial}{\partial z'}[\gamma(E_y-vB_z)]=-\dfrac{\partial B_x}{\partial t'}\\ \dfrac{\partial E_x}{\partial z'}-\dfrac{\partial}{\partial x'}[\gamma(E_z+vB_y)]=-\dfrac{\partial}{\partial t'}\left[\gamma\left(B_y+\dfrac{v}{c^2}E_z\right)\right]\\ \dfrac{\partial}{\partial x'}[\gamma(E_y-vB_z)]-\dfrac{\partial E_x}{\partial y'}=-\dfrac{\partial}{\partial t'}\left[\gamma\left(B_z-\dfrac{v}{c^2}E_y\right)\right]\end{cases}\qquad(*)$$

不难看出，如果场量 $\boldsymbol{E}$ 和 $\boldsymbol{B}$ 在不同惯性系之间遵循的变换公式为

$$\begin{cases}E'_x=E_x\\ E'_y=\gamma(E_y-vB_z)\\ E'_z=\gamma(E_z+vB_y)\\ B'_x=B_x\\ B'_y=\gamma\left(B_y+\dfrac{v}{c^2}E_z\right)\\ B'_z=\gamma\left(B_z-\dfrac{v}{c^2}E_y\right)\end{cases}\qquad(16)$$

那么，上述(*)式就成为了(15)式. 由此可见，Maxwell 电磁场方程的前两个方程，即 $\boldsymbol{B}$ 的散度方程和 $\boldsymbol{E}$ 的旋度方程是惯性系协变的. S 系中的 $\boldsymbol{E}$ 和 $\boldsymbol{B}$ 与 S′系中的 $\boldsymbol{E}'$ 和 $\boldsymbol{B}'$ 的变换公式即为(16)式.

再讨论 Maxwell 电磁场方程(7)式中的后两个方程，即 $\boldsymbol{D}$ 的散度方程和 $\boldsymbol{H}$ 的旋度方程. 在 S 系中，这两个方程的展开式为

$$\begin{cases}\dfrac{\partial D_x}{\partial x}+\dfrac{\partial D_y}{\partial y}+\dfrac{\partial D_z}{\partial z}=\rho\\ \dfrac{\partial H_z}{\partial y}-\dfrac{\partial H_y}{\partial z}=j_x+\dfrac{\partial D_x}{\partial t}\\ \dfrac{\partial H_x}{\partial z}-\dfrac{\partial H_z}{\partial x}=j_y+\dfrac{\partial D_y}{\partial t}\\ \dfrac{\partial H_y}{\partial x}-\dfrac{\partial H_x}{\partial y}=j_z+\dfrac{\partial D_z}{\partial t}\end{cases}\qquad(17)$$

对于给定的 S 系中的场量 $\boldsymbol{D}$ 和 $\boldsymbol{H}$，如果能够找到对应的 S′系中的场量 $\boldsymbol{D}'$ 和 $\boldsymbol{H}'$，并且如果 $\boldsymbol{D}'$ 和 $\boldsymbol{H}'$ 所满足的方程的形式与(17)式相同，即为

$$
\begin{cases}
\dfrac{\partial D'_x}{\partial x'}+\dfrac{\partial D'_y}{\partial y'}+\dfrac{\partial D'_z}{\partial z'}=\rho' \\
\dfrac{\partial H'_z}{\partial y'}-\dfrac{\partial H'_y}{\partial z'}=j'_x+\dfrac{\partial D'_x}{\partial t'} \\
\dfrac{\partial H'_x}{\partial z'}-\dfrac{\partial H'_z}{\partial x'}=j'_y+\dfrac{\partial D'_y}{\partial t'} \\
\dfrac{\partial H'_y}{\partial x'}-\dfrac{\partial H'_x}{\partial y'}=j'_z+\dfrac{\partial D'_z}{\partial t'}
\end{cases}
\tag{18}
$$

那么，便证明 Maxwell 电磁场方程的后两个方程是惯性系协变的. 并且，由此也就自然地得到了 S 系中的 $\boldsymbol{D}$ 和 $\boldsymbol{H}$ 与 S′系中的 $\boldsymbol{D}'$ 和 $\boldsymbol{H}'$ 之间的相对论变换公式.

利用(11)式和(13)式，可将(17)式变换为

$$
\begin{cases}
\gamma\dfrac{\partial D_x}{\partial x'}-\gamma\dfrac{v}{c^2}\dfrac{\partial D_x}{\partial t'}+\dfrac{\partial D_y}{\partial y'}+\dfrac{\partial D_z}{\partial z'}=\gamma\rho'+\dfrac{\gamma v}{c^2}j'_x \\
\dfrac{\partial H_z}{\partial y'}-\dfrac{\partial H_y}{\partial z'}=\gamma j'_x+\gamma v\rho'-\gamma v\dfrac{\partial D_x}{\partial x'}+\gamma\dfrac{\partial D_x}{\partial t'} \\
\dfrac{\partial H_x}{\partial z'}-\gamma\dfrac{\partial H_z}{\partial x'}+\gamma\dfrac{v}{c^2}\dfrac{\partial H_z}{\partial t'}=j'_y-\gamma v\dfrac{\partial D_y}{\partial x'}+\gamma\dfrac{\partial D_y}{\partial t'} \\
\gamma\dfrac{\partial H_y}{\partial x'}-\gamma\dfrac{v}{c^2}\dfrac{\partial H_y}{\partial t'}-\dfrac{\partial H_x}{\partial y'}=j'_z-\gamma v\dfrac{\partial D_z}{\partial x'}+\gamma\dfrac{\partial D_z}{\partial t'}
\end{cases}
$$

从前两个公式中，先消去含 $\dfrac{\partial}{\partial t'}$ 的项，得到一个公式，再消去含 $\dfrac{\partial}{\partial x'}$ 的项，又得到一个公式，共得出两个等价的表达式. 对后两个公式，合并同类项，也可以得出两个等价的表达式. 由此得出：

$$
\begin{cases}
\dfrac{\partial D_x}{\partial x'}+\dfrac{\partial}{\partial y'}\left[\gamma\left(D_y-\dfrac{v}{c^2}H_z\right)\right]+\dfrac{\partial}{\partial z'}\left[\gamma\left(D_z+\dfrac{v}{c^2}H_y\right)\right]=\rho' \\
\dfrac{\partial}{\partial y'}[\gamma(H_z-vD_y)]-\dfrac{\partial}{\partial z'}[\gamma(H_y+vD_z)]=j'_x+\dfrac{\partial D_x}{\partial t'} \\
\dfrac{\partial H_x}{\partial z'}-\dfrac{\partial}{\partial x'}[\gamma(H_z-vD_y)]=j'_y+\dfrac{\partial}{\partial t'}\left[\gamma\left(D_y-\dfrac{v}{c^2}H_z\right)\right] \\
\dfrac{\partial}{\partial x'}[\gamma(H_y+vD_z)]-\dfrac{\partial H_x}{\partial y'}=j'_z+\dfrac{\partial}{\partial t'}\left[\gamma\left(D_z-\dfrac{v}{c^2}H_y\right)\right]
\end{cases}
\tag{Δ}
$$

不难看出，如果场量 $\boldsymbol{D}$ 和 $\boldsymbol{H}$ 在不同惯性系之间遵循的变换公式为

$$\begin{cases} D'_x = D_x \\ D'_y = \gamma\left(D_y - \dfrac{v}{c^2}H_z\right) \\ D'_z = \gamma\left(D_z + \dfrac{v}{c^2}H_y\right) \\ H'_x = H_x \\ H'_y = \gamma(H_y + vD_z) \\ H'_z = \gamma(H_z - vD_y) \end{cases} \tag{19}$$

那么，上述(Δ)式就成为了(18)式，由此可见，Maxwell 电磁场方程的后两个方程，即 $\boldsymbol{D}$ 的散度方程和 $\boldsymbol{H}$ 的旋度方程是惯性系协变的. S 系中的 $\boldsymbol{D}$ 和 $\boldsymbol{H}$ 与 S′系中的 $\boldsymbol{D}'$ 和 $\boldsymbol{H}'$ 之间的变换公式即为(19)式.

把(16)式和(19)式合并在一起，为

$$\begin{cases} E'_x = E_x \\ E'_y = \gamma(E_y - vB_z) \\ E'_z = \gamma(E_z + vB_y) \\ B'_x = B_x \\ B'_y = \gamma\left(B_y + \dfrac{v}{c^2}E_z\right) \\ B'_z = \gamma\left(B_z - \dfrac{v}{c^2}E_y\right) \\ D'_x = D_x \\ D'_y = \gamma\left(D_y - \dfrac{v}{c^2}H_z\right) \\ D'_z = \gamma\left(D_z + \dfrac{v}{c^2}H_y\right) \\ H'_x = H_x \\ H'_y = \gamma(H_y + vD_z) \\ H'_z = \gamma(H_z - vD_y) \end{cases} \tag{20}$$

这样，我们在证明 Maxwell 电磁场方程具有惯性系协变性的同时，还得出了电磁场量 $\boldsymbol{E}$，$\boldsymbol{B}$，$\boldsymbol{D}$，$\boldsymbol{H}$ 在不同惯性系之间的相对论变换公式(20)式.

由(20)式，得出电磁场量的相对论逆变换公式为

$$\begin{cases} E_x = E'_x \\ E_y = \gamma(E'_y + vB'_z) \\ E_z = \gamma(E'_z - vB'_y) \\ B_x = B'_x \\ B_y = \gamma\left(B'_y - \dfrac{v}{c^2}E'_z\right) \\ B_z = \gamma\left(B'_z + \dfrac{v}{c^2}E'_y\right) \\ D_x = D'_x \\ D_y = \gamma\left(D'_y + \dfrac{v}{c^2}H'_z\right) \\ D_z = \gamma\left(D'_z - \dfrac{v}{c^2}H'_y\right) \\ H_x = H'_x \\ H_y = \gamma(H'_y - vD'_z) \\ H_z = \gamma(H'_z + vD'_y) \end{cases} \tag{21}$$

逆变换公式(21)式相当于把正变换公式(20)式中的 v 换成 $-v$，显然，完全符合 S 系与 S′系之间运动的相对性.

电磁场的相对论变换，给出了在两个不同的惯性系之间电场与磁场量(**E**, **B**, **D**, **H**)的变换关系. 从(20)式和(21)式可以看出，这种变换是交叉变换，例如 S′系中的电场量既与 S 系中的电场量有关，也与 S 系中磁场量有关. 这种交叉变换，更清楚地体现了电场与磁场内在的统一性和不可分割性. 电磁场作为客观存在的物质场是统一的不可分割的整体，在某一惯性系中可以把它分解为这样的电场和磁场两个部分，在另一惯性系中又可以把它分解为那样的电场和磁场两个部分，这两种分解的内在联系正是电磁场的相对论变换.

在 Einstein 的狭义相对论中，电磁场在不同惯性系之间的变换是和 Maxwell 电磁场方程的协变性紧密相关的，在得到电磁场变换公式的同时，也就证明了 Maxwell 电磁场方程的协变性. 协变性意味着 Maxwell 的电磁场动力学理论符合相对性原理的要求，因而由此导出的电磁场的波动方程必定在所有惯性系中都具有相同的表达形式，同样，由波动方程得出的电磁波在真空中的传播速度 $c=\dfrac{1}{\sqrt{\varepsilon_0\mu_0}}$ 必定在所有惯性系中都具有相同的数值，而这正是光速不变原理的要求. 所有这些，表明 Einstein 的狭义相对论具有内在的自洽与和谐.

三、相对论物质方程

描述两组电磁场量($\boldsymbol{D}$, $\boldsymbol{H}$)与($\boldsymbol{E}$, $\boldsymbol{B}$)之间关系的方程称为物质方程(在第二章称为介质方程). 物质方程涉及的是动力学量，物质方程是动力学方程. 根据相对性原理，物质方程也应具有惯性系协变性. 在经典的电磁场理论中，通常给出的是静止介质中的物质方程. 现在，借助于电磁场的相对论变换，建立具有惯性系协变性的物质方程.

设在惯性系 S′中，各向同性的介质是静止的，则相应的物质方程为

$$\begin{cases}\boldsymbol{D}'=\varepsilon_{\mathrm{r}}\varepsilon_0\boldsymbol{E}'\\ \boldsymbol{H}'=\dfrac{\boldsymbol{B}'}{\mu_{\mathrm{r}}\mu_0}\end{cases}\tag{22}$$

式中 ε_{r} 和 μ_{r} 分别是静止介质的相对介电常量和相对磁导率.

不难发现，在 S′系中上述简单形式的物质方程(22)式，在 S 系中便不能成立. 换言之，物质方程(22)式不能满足协变性的要求，其中的原因从电磁场量的相对论变换公式(20)与(21)即可看出，因为 S 系中的电磁场量 $\boldsymbol{E}$, $\boldsymbol{D}$, $\boldsymbol{B}$, $\boldsymbol{H}$ 与 S′系中的电磁场量 $\boldsymbol{E}'$, $\boldsymbol{D}'$, $\boldsymbol{B}'$, $\boldsymbol{H}'$之间存在着交叉的变换关联. 例如，就(22)式中的 $\boldsymbol{D}'=\varepsilon_{\mathrm{r}}\varepsilon_0\boldsymbol{E}'$而言，只涉及 S′系中的电场量 $\boldsymbol{E}'$和 $\boldsymbol{D}'$，但变换到 S 系后，必将同时涉及电磁场量 $\boldsymbol{E}$, $\boldsymbol{D}$, $\boldsymbol{B}$, $\boldsymbol{H}$. 同样，在 S′系中只涉及磁场量的 $\boldsymbol{H}'=\dfrac{\boldsymbol{B}'}{\mu_{\mathrm{r}}\mu_0}$方程，变换到 S 系后，也必定同时涉及电磁场量 $\boldsymbol{B}$, $\boldsymbol{H}$, $\boldsymbol{E}$, $\boldsymbol{D}$. 因此，物质方程(22)式是不协变的.

为了更清楚地考察电磁场量在不同惯性系之间的交叉变换对物质方程的影响，把电磁场量 $\boldsymbol{E}$, $\boldsymbol{B}$, $\boldsymbol{D}$, $\boldsymbol{H}$ 分解为平行于相对运动速度 $\boldsymbol{v}$ 的分量 $\boldsymbol{E}_{/\!/}$, $\boldsymbol{B}_{/\!/}$, $\boldsymbol{D}_{/\!/}$, $\boldsymbol{H}_{/\!/}$和垂直于 $\boldsymbol{v}$ 的分量 $\boldsymbol{E}_{\perp}$, $\boldsymbol{B}_{\perp}$, $\boldsymbol{D}_{\perp}$, $\boldsymbol{H}_{\perp}$. 据此，可将电磁场量的变换公式(20)改写成

$$\begin{cases}\boldsymbol{E}'_{/\!/}=(\boldsymbol{E}+\boldsymbol{v}\times\boldsymbol{B})_{/\!/}\\ \boldsymbol{E}'_{\perp}=\gamma(\boldsymbol{E}+\boldsymbol{v}\times\boldsymbol{B})_{\perp}\\ \boldsymbol{B}'_{/\!/}=\left(\boldsymbol{B}-\dfrac{1}{c^2}\boldsymbol{v}\times\boldsymbol{E}\right)_{/\!/}\\ \boldsymbol{B}'_{\perp}=\gamma\left(\boldsymbol{B}-\dfrac{1}{c^2}\boldsymbol{v}\times\boldsymbol{E}\right)_{\perp}\\ \boldsymbol{D}'_{/\!/}=\left(\boldsymbol{D}+\dfrac{1}{c^2}\boldsymbol{v}\times\boldsymbol{H}\right)_{/\!/}\\ \boldsymbol{D}'_{\perp}=\gamma\left(\boldsymbol{D}+\dfrac{1}{c^2}\boldsymbol{v}\times\boldsymbol{H}\right)_{\perp}\\ \boldsymbol{H}'_{/\!/}=(\boldsymbol{H}-\boldsymbol{v}\times\boldsymbol{D})_{/\!/}\\ \boldsymbol{H}'_{\perp}=\gamma(\boldsymbol{H}-\boldsymbol{v}\times\boldsymbol{D})_{\perp}\end{cases}\tag{23}$$

把(23)式代入(22)式，得

$$\begin{cases}\left(\boldsymbol{D}+\dfrac{1}{c^2}\boldsymbol{v}\times\boldsymbol{H}\right)_{/\!/}=\varepsilon_{\rm r}\varepsilon_0(\boldsymbol{E}+\boldsymbol{v}\times\boldsymbol{B})_{/\!/}\\ \gamma\left(\boldsymbol{D}+\dfrac{1}{c^2}\boldsymbol{v}\times\boldsymbol{H}\right)_{\perp}=\varepsilon_{\rm r}\varepsilon_0\gamma(\boldsymbol{E}+\boldsymbol{v}\times\boldsymbol{B})_{\perp}\\ (\boldsymbol{H}-\boldsymbol{v}\times\boldsymbol{D})_{/\!/}=\dfrac{1}{\mu_{\rm r}\mu_0}\left(\boldsymbol{B}-\dfrac{1}{c^2}\boldsymbol{v}\times\boldsymbol{E}\right)_{/\!/}\\ \gamma(\boldsymbol{H}-\boldsymbol{v}\times\boldsymbol{D})_{\perp}=\dfrac{1}{\mu_{\rm r}\mu_0}\gamma\left(\boldsymbol{B}-\dfrac{1}{c^2}\boldsymbol{v}\times\boldsymbol{E}\right)_{\perp}\end{cases}$$

这些公式可以合并为

$$\begin{cases}\boldsymbol{D}+\dfrac{1}{c^2}\boldsymbol{v}\times\boldsymbol{H}=\varepsilon_{\rm r}\varepsilon_0(\boldsymbol{E}+\boldsymbol{v}\times\boldsymbol{B})\\ \boldsymbol{B}-\dfrac{1}{c^2}\boldsymbol{v}\times\boldsymbol{E}=\mu_{\rm r}\mu_0(\boldsymbol{H}-\boldsymbol{v}\times\boldsymbol{D})\end{cases}\tag{24}$$

(24)式是S系中运动介质(介质相对S系以速度 $\boldsymbol{v}$ 运动)的物质方程. 由于这里的S系并非特指某个惯性系，因此(24)式给出的物质方程适用于所有的惯性系，式中 $\boldsymbol{v}$ 就是介质相对所取惯性系的恒定速度. 由于得出(24)式时已经用到电磁场量在不同惯性系之间的相对论变换公式，因此(24)式是具有惯性系协变性的物质方程，是狭义相对论的物质方程. 另外，不难看出，当 $\boldsymbol{v}=0$ 时，(24)式便化为(22)式，(22)式是介质在惯性系中静止时适用的非相对论的简化物质方程.

§3. 运动介质中的电磁波

狭义相对论的光速不变原理指出，在任何惯性系中真空中的光速均为相同的恒量. 关于光在介质中传播的问题，首先研究的是光在静止介质中的传播现象，在狭义相对论建立之前，已经在几何光学和波动光学中对此进行了广泛的研究. 后来，为了寻找光以太，人们开始设计各种实验来观察光在运动介质中的传播. 例如，Airy曾用灌水的望远镜筒观察星光的光行差现象；又如，Fizeau为了验证Fresnel提出的光以太部分地被运动介质曳引的假设，让水在闭合管路中循环流动，观察光在流水介质中的传播速度. 虽然这些实验和假设，从试图证明存在着光以太这个方面来说，都以失败而告终，但正是他们开创了对光在运动介质中传播现象的研究，尽管当时的有关研究还是相当初步和肤浅的.

Maxwell电磁场理论证明光是电磁波，由此，光在运动介质中的传播归结为电磁波在运动介质中的传播问题. 当时，曾经认为Maxwell电磁场理论只在一个特殊的电磁以太系中成立. 在Maxwell之后，Einstein之前，Lorentz曾认真研究过运动介质中的电磁现象，提出了对应态原理(即相对性原理)，得到了 Lorentz 变换式及电磁场在不同惯性系之间的变换关系. 虽然 Lorentz 的基本出发点及对所得结论的理解与 Einstein 根本不同，但在数学形式上是一致的，有关内容已在第三章中述及.

Einstein 的狭义相对论建立之后，从根本上否定了电磁以太的存在，肯定了 Maxwell 电磁场理论具有惯性系协变性，与此同时，给出了电磁场量在不同惯性系之间的变换公式，从而为研究电磁波在运动介质中的传播现象奠定了基础. 研究表明，电磁波在运动介质中传播时，与电磁波在静止介质中的传播相比，将表现出一些不同的特征. 例如，在运动介质中传播的电磁波，其相速度和射线速度将具有各向异性. 这种特征属于相对论效应，若介质相对于观察者的运动速度越大，则相对论效应越明显，越容易观察到. 所谓“高速见效”，是指当速度与光速可相比拟时，狭义相对论的效应十分明显.

在本节中，我们将讨论的范围限止在静止的、各向同性的、均匀的介质. 首先，在介质静止的惯性系中，讨论静止介质中电磁波的传播规律，这较为简单. 然后，利用前面给出的不同惯性系中电磁场量的变换公式，进一步讨论在相对介质运动的惯性系中电磁波的传播规律，即讨论运动介质中电磁波的传播规律.

一、静止介质中的电磁波

在相对介质静止的惯性系 S′中，设介质的相对介电常量为 ε_{r}，相对磁导率为 μ_{r}，设介质中无自由电荷也无传导电流，则电磁场方程和物质方程为

$$\begin{cases}\nabla\cdot\boldsymbol{D}'=0\\ \nabla\cdot\boldsymbol{B}'=0\\ \nabla\times\boldsymbol{E}'=-\dfrac{\partial\boldsymbol{B}'}{\partial t'}\\ \nabla\times\boldsymbol{H}'=\dfrac{\partial\boldsymbol{D}'}{\partial t'}\\ \boldsymbol{D}'=\varepsilon_{\mathrm{r}}\varepsilon_0\boldsymbol{E}'\\ \boldsymbol{B}'=\mu_{\mathrm{r}}\mu_0\boldsymbol{H}'\end{cases}$$

它们的解是平面电磁波，可表为

$$\begin{cases}\boldsymbol{E}'=\boldsymbol{A}'_e\exp\left\{-\mathrm{i}2\pi\nu'\left(t'-\dfrac{\boldsymbol{r}'\cdot\boldsymbol{k}'}{w'}\right)\right\}\\ \boldsymbol{D}'=\boldsymbol{A}'_d\exp\left\{-\mathrm{i}2\pi\nu'\left(t'-\dfrac{\boldsymbol{r}'\cdot\boldsymbol{k}'}{w'}\right)\right\}\\ \boldsymbol{B}'=\boldsymbol{A}'_b\exp\left\{-\mathrm{i}2\pi\nu'\left(t'-\dfrac{\boldsymbol{r}'\cdot\boldsymbol{k}'}{w'}\right)\right\}\\ \boldsymbol{H}'=\boldsymbol{A}'_h\exp\left\{-\mathrm{i}2\pi\nu'\left(t'-\dfrac{\boldsymbol{r}'\cdot\boldsymbol{k}'}{w'}\right)\right\}\end{cases}\tag{1}$$

式中 $\boldsymbol{A}'_e$，$\boldsymbol{A}'_d$，$\boldsymbol{A}'_b$、$\boldsymbol{A}'_h$ 分别是振动的电磁场量 $\boldsymbol{E}'$，$\boldsymbol{D}'$，$\boldsymbol{B}'$，$\boldsymbol{H}'$的振幅矢量，ν'是振动频率，$\boldsymbol{r}'$是波场中被考察点的位矢，$\boldsymbol{k}'$是波法线方向(即与波阵面垂直的方向)的单位矢量，式中

$$\boldsymbol{w}'=w'\boldsymbol{k}'$$

是振动状态的传播速度即相速度，w'就是相速度的大小.

值得注意的是，根据波动的一般知识，波的相速度与波的能量传播速度是两个不同的概念. 例如，对于电磁波，波场的能量密度即电磁场的能量密度为

$$W=\frac{1}{2}(\boldsymbol{E}\cdot\boldsymbol{D}+\boldsymbol{B}\cdot\boldsymbol{H})$$

波场的能流密度为

$$\boldsymbol{S}=\boldsymbol{E}\times\boldsymbol{H}$$

$\boldsymbol{S}$ 也称为 Poynting 矢量. 电磁波的能量传播速度为

$$\boldsymbol{u}=\frac{\boldsymbol{S}}{W}=\frac{\boldsymbol{E}\times\boldsymbol{H}}{\frac{1}{2}(\boldsymbol{E}\cdot\boldsymbol{D}+\boldsymbol{B}\cdot\boldsymbol{H})} \tag{2}$$

$\boldsymbol{u}$ 也称为电磁波的射线速度. 注意，在以上三个公式中，各物理量都不带撇，意指这些公式在任何惯性系中都成立.

把(1)式代入电磁场方程和物质方程后，可以得到下述关系式：

$$\begin{cases}\boldsymbol{D}'=-\dfrac{1}{w'}\boldsymbol{k}'\times\boldsymbol{H}'\\[2ex]\boldsymbol{B}'=\dfrac{1}{w'}\boldsymbol{k}'\times\boldsymbol{E}'\\[2ex]\boldsymbol{E}'=-\dfrac{1}{w'\varepsilon_r\varepsilon_0}\boldsymbol{k}'\times\boldsymbol{H}'\\[2ex]\boldsymbol{H}'=\dfrac{1}{w'\mu_r\mu_0}\boldsymbol{k}'\times\boldsymbol{E}'\end{cases} \tag{3}$$

上式表明，$\boldsymbol{E}'$与$\boldsymbol{H}'$互相垂直，$\boldsymbol{D}'$与$\boldsymbol{E}'$的方向一致，$\boldsymbol{B}'$与$\boldsymbol{H}'$的方向一致，另外，电磁波传播的法线方向$\boldsymbol{k}'$与电磁场量$\boldsymbol{E}'$，$\boldsymbol{D}'$，$\boldsymbol{B}'$，$\boldsymbol{H}'$都垂直. 把(3)式代入(2)式，得出

$$\boldsymbol{u}'=\boldsymbol{w}' \tag{4}$$

(4)式表明，在静止介质中，电磁波的射线速度$\boldsymbol{u}'$与相速度$\boldsymbol{w}'$相等.

在静止介质中，电磁波的各个电磁场量$\boldsymbol{E}'$，$\boldsymbol{D}'$，$\boldsymbol{B}'$，$\boldsymbol{H}'$与传播速度(即射线速度$\boldsymbol{u}'$或相速度$\boldsymbol{w}'$)的方向关系如图 9-3-1 所示，这种简单的方向关系与真空中的电磁波完全一致.

为了得出在静止介质中电磁波传播速度的大小，可以把(3)式中的$\boldsymbol{H}'=\dfrac{\boldsymbol{k}'\times\boldsymbol{E}'}{w'\mu_r\mu_0}$代到

$\boldsymbol{E}'=-\dfrac{\boldsymbol{k}'\times\boldsymbol{H}'}{w'\varepsilon_{\mathrm{r}}\varepsilon_0}$中去，再利用真空中的光速$c=\dfrac{1}{\sqrt{\varepsilon_0\mu_0}}$，即可得出

$$u'=w'=\frac{c}{n} \tag{5}$$

式中

$$n=\frac{1}{\sqrt{\varepsilon_{\mathrm{r}}\mu_{\mathrm{r}}}}$$

即为静止介质的折射率.

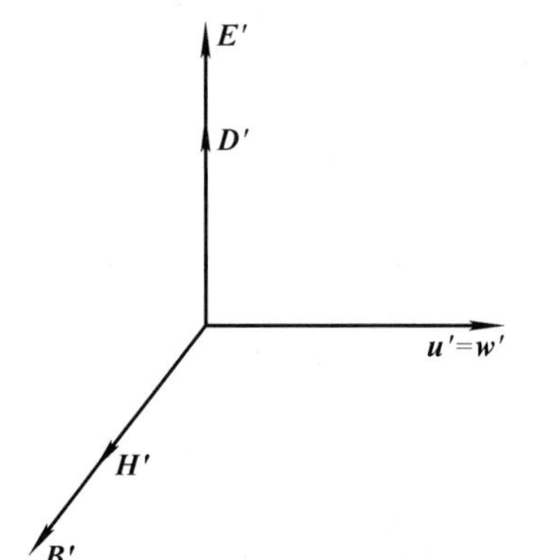

图 9-3-1

以上就是在静止介质中电磁波传播的主要特征和有关公式. 对电磁波在静止介质中传播的讨论，为进一步研究电磁波在运动介质中的传播规律奠定了基础. 例如，另取一惯性系 S，设 S′系连同在其中静止的介质一起，相对 S 系沿 x 轴方向以速度 $\boldsymbol{v}$ 运动，那么，利用电磁场在不同惯性系之间的相对论变换公式，便可得出在 S 系观察到的在运动介质中电磁波的传播规律.

设在 S′系中，电磁波的传播方向位于 $x'y'$平面之上，对于这一电磁波，不能确保电场强度 $\boldsymbol{E}'$的方向也一定位于 $x'y'$平面之上. 如果直接把各电磁场量变换到 S 系，势必会伴随着数学上的繁琐推演，不利于对物理图像的阐述. 为了避免这种情况，可以把在 S′系中传播方向位于 $x'y'$平面之上的电磁波，分解为两列沿同一方向传播的电磁波，其中一列波的 $\boldsymbol{E}'$的方向在 $x'y'$平面上，另一列波的 $\boldsymbol{E}'$的方向则沿 z 方向，然后利用变换公式把它们分别变换到 S 系.

设在 S′系中沿 $x'y'$平面传播的电磁波(称为原始波列)的电场强度 $\boldsymbol{E}'$与 z'轴之间的夹角为 ϕ'，把 $\boldsymbol{E}'$和 $\boldsymbol{D}'$分解为在 $x'y'$平面上的分量 $\boldsymbol{E}'_1$ 和 $\boldsymbol{D}'_1$ 以及在 z'轴上的分量 $\boldsymbol{E}'_2$ 和 $\boldsymbol{D}'_2$，则有

$$\begin{cases}\boldsymbol{E}'=\boldsymbol{E}'_1+\boldsymbol{E}'_2\\ E'_1=E'\sin\phi'\\ E'_2=E'\cos\phi'\\ \boldsymbol{D}'=\boldsymbol{D}'_1+\boldsymbol{D}'_2\\ D'_1=D'\sin\phi'\\ D'_2=D'\cos\phi'\end{cases}$$

把(1)式代入，得出 $\boldsymbol{E}'_1$，$\boldsymbol{D}'_1$，$\boldsymbol{E}'_2$，$\boldsymbol{D}'_2$ 对应的相速度都相同，仍为原来的$\boldsymbol{w}'$. 引入相应的磁场量，为

$$\begin{cases} \boldsymbol{H}'_1 = \dfrac{1}{w'\mu_r\mu_0}\boldsymbol{k}'\times\boldsymbol{E}'_1 \\ \boldsymbol{H}'_2 = \dfrac{1}{w'\mu_r\mu_0}\boldsymbol{k}'\times\boldsymbol{E}'_2 \\ \boldsymbol{B}'_1 = \dfrac{1}{w'}\boldsymbol{k}'\times\boldsymbol{E}'_1 \\ \boldsymbol{B}'_2 = \dfrac{1}{w'}\boldsymbol{k}'\times\boldsymbol{E}'_2 \end{cases}$$

其中 $\boldsymbol{H}'_1$ 和 $\boldsymbol{B}'_1$ 都沿 z'轴方向，$\boldsymbol{H}'_2$ 和 $\boldsymbol{B}'_2$ 都在 $x'y'$平面上，它们的相速度也都仍为 $\boldsymbol{w}'$，如图 9-3-2 所示. 图 9-3-2 中的 α'是相速度 $\boldsymbol{w}'$与 x'轴的夹角. 叠加后，得

$$\begin{aligned} \boldsymbol{H}'_1+\boldsymbol{H}'_2 &= \frac{1}{w'\mu_r\mu_0}\boldsymbol{k}'\times(\boldsymbol{E}'_1+\boldsymbol{E}'_2) \\ &= \frac{1}{w'\mu_r\mu_0}\boldsymbol{k}'\times\boldsymbol{E}' = \boldsymbol{H}' \\ \boldsymbol{B}'_1+\boldsymbol{B}'_2 &= \frac{1}{w'}\boldsymbol{k}'\times(\boldsymbol{E}'_1+\boldsymbol{E}'_2) \\ &= \frac{1}{w'}\boldsymbol{k}'\times\boldsymbol{E}' = \boldsymbol{B}' \end{aligned}$$

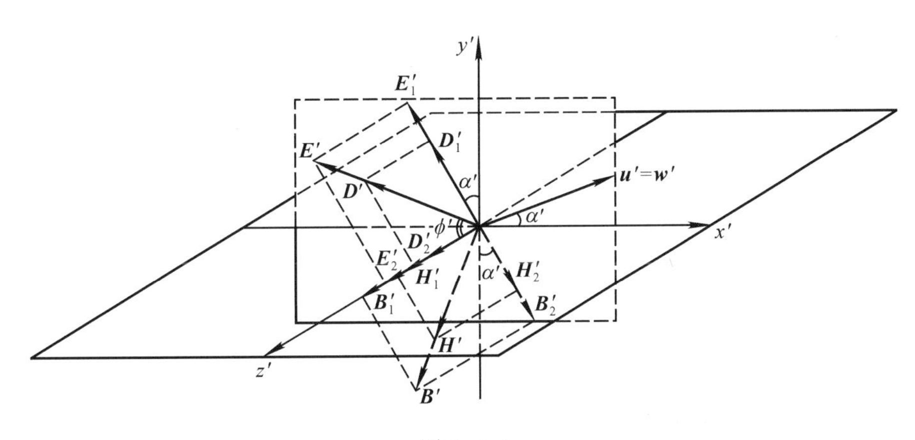

图 9-3-2

由此可见，原始波列的 $\boldsymbol{H}'$以及 $\boldsymbol{B}'$也恰好分解为上述 $\boldsymbol{H}'_1$ 和 $\boldsymbol{H}'_2$ 以及 $\boldsymbol{B}'_1$ 和 $\boldsymbol{B}'_2$. 据此，可以说原始波列已被分解为两列相速度(从而射线速度)均与原始波列相同的电磁波. 下面将看到，两列电磁波都满足 Maxwell 电磁场方程和相同的物质方程，这就为它们从 S′系变换到 S 系提供了保证. 另外，还将看到，这两列波的场能密度、能流密度叠加后，也恰好就是原始波列的场能密度和能流密度.

值得指出的是，并非把一列波按任何方式分解后，都具有以上这些特征.

因为 $\boldsymbol{k}'$ 与 $\boldsymbol{E}'_1$ 垂直，便有

$$H'_1=\frac{E'_1}{w'\mu_r\mu_0}$$

又因

$$w'=\frac{c}{n}=\frac{1}{\sqrt{\varepsilon_r\varepsilon_0\mu_r u_0}}$$

即

$$w'\mu_r u_0=\frac{1}{w'\varepsilon_r\varepsilon_0}$$

于是得出

$$\boldsymbol{E}'_1=-\frac{1}{w'\varepsilon_r\varepsilon_0}\boldsymbol{k}'\times\boldsymbol{H}'_1$$

又因

$$D'_1=D'\sin\phi'=\varepsilon_r\varepsilon_0E'\sin\phi'=\varepsilon_r\varepsilon_0E'_1$$

且 $\boldsymbol{D}'_1/\!/\boldsymbol{E}'_1$，故有

$$\boldsymbol{D}'_1=-\frac{1}{w'}\boldsymbol{k}'\times\boldsymbol{H}'_1$$

这样，$\boldsymbol{E}'_1$，$\boldsymbol{D}'_1$，$\boldsymbol{B}'_1$，$\boldsymbol{H}'_1$ 满足与(3)式相同的关系式，很容易验证它们是满足静止介质中的电磁场方程和物质方程的. 与此类似，可以验证 $\boldsymbol{E}'_2$，$\boldsymbol{D}'_2$，$\boldsymbol{B}'_2$，$\boldsymbol{H}'_2$ 也是满足静止介质中的电磁场方程和物质方程的. 因此，这两列波确为静止介质中电磁场方程和物质方程的解.

关于能量密度和能流密度，有

$$\begin{aligned}W'&=\frac{1}{2}(\boldsymbol{E}'\cdot\boldsymbol{D}'+\boldsymbol{B}'\cdot\boldsymbol{H}')\\&=\frac{1}{2}[(\boldsymbol{E}'_1\cdot\boldsymbol{D}'_1+\boldsymbol{E}'_1\cdot\boldsymbol{D}'_2+\boldsymbol{E}'_2\cdot\boldsymbol{D}'_1+\boldsymbol{E}'_2\cdot\boldsymbol{D}'_2)\\&\quad+(\boldsymbol{B}'_1\cdot\boldsymbol{H}'_1+\boldsymbol{B}'_1\cdot\boldsymbol{H}'_2+\boldsymbol{B}'_2\cdot\boldsymbol{H}'_1+\boldsymbol{B}'_2\cdot\boldsymbol{H}'_2)]\\\boldsymbol{S}'&=\boldsymbol{E}'\times\boldsymbol{H}'\\&=\boldsymbol{E}'_1\times\boldsymbol{H}'_1+\boldsymbol{E}'_1\times\boldsymbol{H}'_2+\boldsymbol{E}'_2\times\boldsymbol{H}'_1+\boldsymbol{E}'_2\times\boldsymbol{H}'_2\end{aligned}$$

因 $\boldsymbol{E}'_1\perp\boldsymbol{D}'_2$，$\boldsymbol{E}'_2\perp\boldsymbol{D}'_1$，$\boldsymbol{B}'_1\perp\boldsymbol{H}'_2$，$\boldsymbol{B}'_2\perp\boldsymbol{H}'_1$，$\boldsymbol{E}'_1/\!/\boldsymbol{H}'_2$，$\boldsymbol{E}'_2/\!/\boldsymbol{H}'_1$，得出

$$\begin{aligned}W'&=\frac{1}{2}(\boldsymbol{E}'_1\cdot\boldsymbol{D}'_1+\boldsymbol{B}'_1\cdot\boldsymbol{H}'_1)+\frac{1}{2}(\boldsymbol{E}'_2\cdot\boldsymbol{D}'_2+\boldsymbol{B}'_2\cdot\boldsymbol{H}'_2)\\&=W_1+W_2\\\boldsymbol{S}'&=\boldsymbol{E}'_1\times\boldsymbol{H}'_1+\boldsymbol{E}'_2\times\boldsymbol{H}'_2\\&=\boldsymbol{S}'_1+\boldsymbol{S}'_2\end{aligned}$$

这就证明了原始波列的场能密度和能流密度等于分解后的两列波的场能密度和能流密度的叠加.

二、运动介质中的电磁波

对于在 S′系中静止的介质内传播的一列电磁波，从相对 S′系以速度 $\boldsymbol{v}$ 运动的 S 系中看来，观察到的则是在运动介质中传播的一列电磁波. 前已指出，在 S′系中，该电磁波的射线速度 $\boldsymbol{u}'$ 和相速度 $\boldsymbol{w}'$ 相同. 现在，首先值得考察的是，在 S 系中，该电磁波的射线速度 $\boldsymbol{u}$ 和相速度 $\boldsymbol{w}$ 是否仍然相同. 由于在 S′系中 $\boldsymbol{u}'$ 与 $\boldsymbol{w}'$ 的相等是根据电磁场方程和物质方程得出的，因而在 S 系中 $\boldsymbol{u}$ 与 $\boldsymbol{w}$ 之间的关系也可以通过 S 系中的电磁场方程和物质方程来讨论.

已经假设，在 S′系中静止的介质内既无自由电荷又无传导电流. 由本章 §2 给出的电荷密度和电流密度的相对论变换公式(13)可知，在 S 系中此介质内也既无自由电荷又无传导电流. 在 S 系中的电磁场方程和物质方程为

$$
\begin{cases}
\nabla\cdot\boldsymbol{D}=0\\
\nabla\cdot\boldsymbol{B}=0\\
\nabla\times\boldsymbol{E}=-\dfrac{\partial\boldsymbol{B}}{\partial t}\\
\nabla\times\boldsymbol{H}=\dfrac{\partial\boldsymbol{D}}{\partial t}
\end{cases}
$$

$$
\begin{cases}
\boldsymbol{D}+\dfrac{1}{c^2}\boldsymbol{v}\times\boldsymbol{H}=\varepsilon_{\mathrm{r}}\varepsilon_0(\boldsymbol{E}+\boldsymbol{v}\times\boldsymbol{B})\\
\boldsymbol{B}-\dfrac{1}{c^2}\boldsymbol{v}\times\boldsymbol{E}=\mu_{\mathrm{r}}\mu_0(\boldsymbol{H}-\boldsymbol{v}\times\boldsymbol{D})
\end{cases}
$$

值得注意的是，S 系中电磁场方程的形式与 S′系中相同，但 S 系中物质方程的形式却与 S′系中明显不同.

由于在 S 系中电磁场方程的形式与 S′系中相同，它仍应具有平面电磁波形式的解，可以表为

$$
\begin{cases}
\boldsymbol{E}=\boldsymbol{A}_e\exp\left\{-\mathrm{i}2\pi\nu\left(t-\dfrac{\boldsymbol{r}\cdot\boldsymbol{k}}{w}\right)\right\}\\
\boldsymbol{D}=\boldsymbol{A}_d\exp\left\{-\mathrm{i}2\pi\nu\left(t-\dfrac{\boldsymbol{r}\cdot\boldsymbol{k}}{w}\right)\right\}\\
\boldsymbol{B}=\boldsymbol{A}_b\exp\left\{-\mathrm{i}2\pi\nu\left(t-\dfrac{\boldsymbol{r}\cdot\boldsymbol{k}}{w}\right)\right\}\\
\boldsymbol{H}=\boldsymbol{A}_h\exp\left\{-\mathrm{i}2\pi\nu\left(t-\dfrac{\boldsymbol{r}\cdot\boldsymbol{k}}{w}\right)\right\}
\end{cases}
\tag{6}
$$

式中 $\boldsymbol{A}_e$，$\boldsymbol{A}_d$，$\boldsymbol{A}_b$，$\boldsymbol{A}_h$ 是电磁场量 $\boldsymbol{E}$，$\boldsymbol{D}$，$\boldsymbol{B}$，$\boldsymbol{H}$ 振动的振幅矢量，ν 是振动频率，$\boldsymbol{r}$ 是波场中被考察点的位矢，$\boldsymbol{k}$ 是波法线方向的单位矢量，式中

$$\boldsymbol{w}=w\boldsymbol{k}$$

是电磁波的相速度.

为了讨论方便，在 S 系中，把由波法线方向 $\boldsymbol{k}$ 与场强 $\boldsymbol{E}$ 所确定的平面取为 x^*y^* 平面(此处不必追究 x^* 与前面所述的 x 轴之间的关系)，而且总可以使 y^* 轴与 $\boldsymbol{E}$ 平行. 这样，$\boldsymbol{k}$ 在 z^* 轴上无分量，$\boldsymbol{E}$ 在 x^* 轴和 z^* 轴上无分量，可写为

$$\boldsymbol{k}=(\cos\alpha^*,\ \sin\alpha^*,\ 0)$$

$$\boldsymbol{E}=(0,\ E_y^*,\ 0)$$

式中 α^* 为 $\boldsymbol{k}$ 与 x^* 轴之间的夹角. 把此两式与(6)式相结合，代入电磁场方程的两个旋度方程之中，得

$$\begin{cases}\boldsymbol{D}=-\dfrac{1}{w}(\boldsymbol{k}\times\boldsymbol{H})\\[2ex]\boldsymbol{B}=\dfrac{1}{w}(\boldsymbol{k}\times\boldsymbol{E})\end{cases}\tag{7}$$

(7)式表明，在 S 系中看来，运动介质中的电磁波，仍然具有 $\boldsymbol{E}\perp\boldsymbol{B}$ 和 $\boldsymbol{D}\perp\boldsymbol{H}$ 以及波法线方向 $\boldsymbol{k}\perp\boldsymbol{D}$ 和 $\boldsymbol{k}\perp\boldsymbol{B}$ 的性质. 这些性质与 S′系静止介质中的电磁波相同. 又，电磁波射线速度 $\boldsymbol{u}$ 的方向即为能流密度 $\boldsymbol{S}$ 的方向，因在 S 系中仍有

$$\boldsymbol{S}=\boldsymbol{E}\times\boldsymbol{H}$$

可见在 S 系中射线速度 $\boldsymbol{u}$ 的方向仍然与 $\boldsymbol{E}$ 和 $\boldsymbol{H}$ 都垂直.

然而，值得注意的是，把(7)式代入物质方程后，得到的关系为

$$\begin{cases}(w\boldsymbol{v}-c^2\boldsymbol{k})\times\boldsymbol{H}=\varepsilon_r\varepsilon_0c^2[(w-\boldsymbol{v}\cdot\boldsymbol{k})\boldsymbol{E}+(\boldsymbol{v}\cdot\boldsymbol{E})\boldsymbol{k}]\\(c^2\boldsymbol{k}-w\boldsymbol{v})\times\boldsymbol{E}=\mu_r\mu_0c^2[(w-\boldsymbol{v}\cdot\boldsymbol{k})\boldsymbol{H}+(\boldsymbol{v}\cdot\boldsymbol{H})\boldsymbol{k}]\end{cases}\tag{8}$$

把(8)式与(7)式相联系后可以看出，对于在运动介质中传播的电磁波，其 $\boldsymbol{E}$ 与 $\boldsymbol{D}$ 以及 $\boldsymbol{B}$ 与 $\boldsymbol{H}$ 之间不再互相平行. 考虑到 $\boldsymbol{w}\perp\boldsymbol{D}$ 和 $\boldsymbol{w}\perp\boldsymbol{B}$ 以及 $\boldsymbol{u}\perp\boldsymbol{E}$ 和 $\boldsymbol{u}\perp\boldsymbol{H}$，则有射线速度 $\boldsymbol{u}$ 的方向与相速度 $\boldsymbol{w}$ 的方向一般说来并不相同.

综上所述，在 S 系运动介质中电磁波有关物理量的方向关系如图 9-3-3 所示，显然，与在 S′系静止介质中电磁波有关物理量的方向关系相比较，要复杂得多. 这种复杂关系是相对论电磁场方程和物质方程的必然结果. 例如，在运动介质中电磁波的射线速度 $\boldsymbol{u}$ 与相速度 $\boldsymbol{w}$ 方向的不一致，只有通过相对论电磁场理论才得以揭示，这正是相对论电磁场理论的重要成果之一.

基于运动介质中电磁波有关物理量方向关系的复杂性，不宜将 S′系中任意一列电磁波直接变换到 S 系中，而应该如前所述，把 S′系中任意一列电磁波先分解为两列 $\boldsymbol{E}'$ 各具特殊方向的平面波，然后把这两列电磁波分别变换到 S 系中.

首先讨论如图 9-3-2 所示的第一列平面波，把这一列波的各个矢量的方向重新画在

图 9-3-4 中. 为了简便，略去各物理量的下标“1”. 下面通过电磁场量的相对论变换来考察 S 系中观察到的这列波.

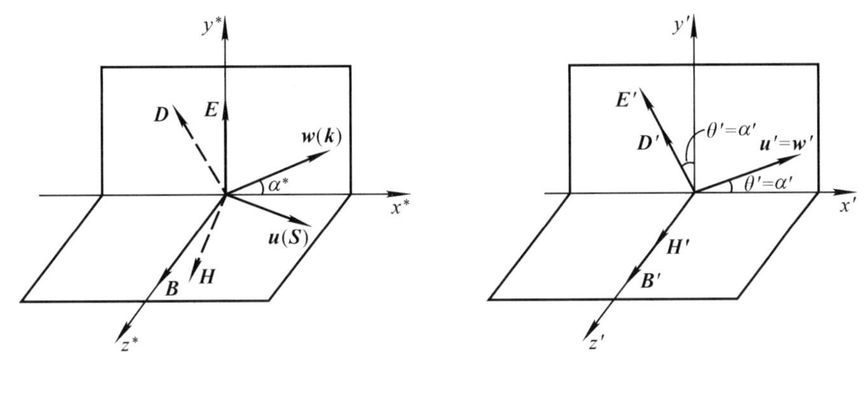

图 9-3-3　　图 9-3-4

如图 9-3-4 所示，在 S′系中，$\boldsymbol{E}'$和$\boldsymbol{D}'$都在 $x'y'$平面上，$\boldsymbol{B}'$和$\boldsymbol{H}'$都沿 z'轴. 利用本章§2 中(21)式的电磁场变换关系，可得

$$\begin{cases} E_z=\gamma(E'_z-vB'_y)=0 \\ D_z=\gamma\left(D'_z-\dfrac{v}{c^2}H'_y\right)=0 \\ B_x=B'_x=0 \\ B_y=\gamma\left(B'_y-\dfrac{v}{c^2}E'_z\right)=0 \\ H_x=H'_x=0 \\ H_y=\gamma(H'_y-vD'_z)=0 \end{cases}$$

因此，在 S 系中，$\boldsymbol{E}$ 和 $\boldsymbol{D}$ 也必定在 xy 平面，$\boldsymbol{B}$ 和 $\boldsymbol{H}$ 也必定沿 z 轴. 结合图 9-3-3 给出的 $\boldsymbol{u}\perp\boldsymbol{E}$，$\boldsymbol{u}\perp\boldsymbol{H}$，$\boldsymbol{w}\perp\boldsymbol{D}$，$\boldsymbol{w}\perp\boldsymbol{B}$ 等关系，可将 S 系中第一列波有关物理量的方向关系画成如图 9-3-5 所示. 在图 9-3-5 中，α 是相速度 $\boldsymbol{w}$ 的方位角，θ 是射线速度 $\boldsymbol{u}$ 的方位角，参看图 9-3-3 可知 $\boldsymbol{w}$ 与 $\boldsymbol{u}$ 将分离(即不同方向)，故 α 和 θ 是不同的方位角.

下面通过对这一列波的相速度和射线速度的讨论，来分析运动介质中电磁波的相对论特征.

1. 相速度 $\boldsymbol{w}$

如图 9-3-5，可将 $\boldsymbol{k}$，$\boldsymbol{E}$，$\boldsymbol{H}$ 表为

$$\boldsymbol{k}=(\cos\alpha,\ \sin\alpha,\ 0)$$
$$\boldsymbol{E}=(E_x,\ E_y,\ 0)$$
$$\boldsymbol{H}=(0,\ 0,\ H_z)$$

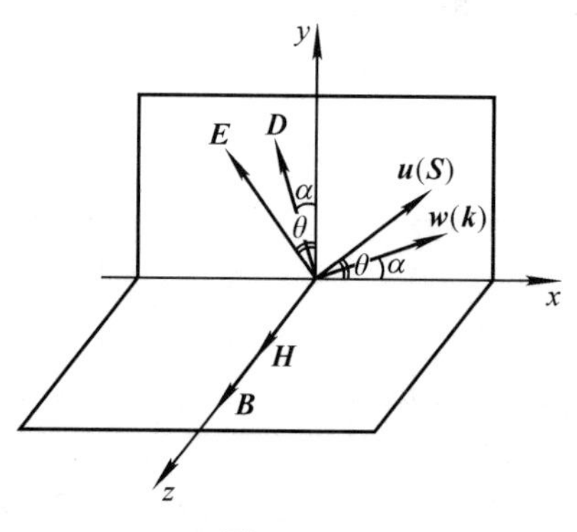

图 9-3-5

把它们代入(8)式后，可以解出 $\boldsymbol{E}$ 的两种等价的表述，

$$\boldsymbol{E}=\left(\frac{(w-v\cos\alpha)\sin\alpha}{\frac{w^2}{c^2}v-w\cos\alpha-v\sin^2\alpha}E_y,\ E_y,\ 0\right)$$

或

$$\boldsymbol{E}=\left(\frac{(c^2\cos\alpha-wv)\sin\alpha}{c^2\sin^2\alpha-n^2w(w-v\cos\alpha)}E_y,\ E_y,\ 0\right)$$

式中 $n=\sqrt{\varepsilon_r\mu_r}$ 是静止介质的折射率. 以上两式是关于 E_x 与 E_y 之间的两种等效关系，由此即可得出相速度 w 与其方位角 α 之间的关系如下：

$$w=\frac{c}{n^2-\beta^2}\left\{(n^2-1)\beta\pm\sqrt{(1-\beta^2)\left[n^2(1-\beta^2)+(n^2-\beta^2)\tan^2\alpha\right]}\right\}\cos\alpha \tag{9}$$

当 $\frac{\pi}{2}\geqslant\alpha>-\frac{\pi}{2}$ 时，上式取加号；当 $\frac{3}{2}\pi\geqslant\alpha>\frac{\pi}{2}$ 时，上式取减号；当 $\alpha=\frac{\pi}{2}$ 或 $\alpha=\frac{3}{2}\pi$ 时，应通过上式求极限得出 w 的值.

从 w 的表达式可以明显地看出，运动介质中电磁波的相速度 w 与波法线方向 $\boldsymbol{k}$ 的方位角 α 有关. α 角是 $\boldsymbol{k}$ 和 x 轴(即介质的运动方向)之间的夹角. 所以，相对于介质运动方向，相速度具有旋转对称分布的性质. 若 $n=1$，很易算出 $w=c$，这与(真空)光速不变原理是相符的. 对于非真空的一般情形，可以算出，沿着介质运动方向传播的相速度 $w(0)$ 和逆着介质运动方向传播的相速度 $w(\pi)$ 分别为

$$w(0)=\frac{1+n\beta}{n+\beta}c$$

$$w(\pi)=\frac{1-n\beta}{n-\beta}c$$

因为 $w'=\dfrac{c}{n}$，$n>1$，不难看出有下述的大小顺序，

$$w(0)\geqslant w'\geqslant w(\pi)$$

这表明介质的运动对电磁波的传播有曳引作用. 当介质的运动速度 v 与电磁波在静止介质中的传播速度 w' 相等时，对应的 $n\beta=1$，故 $w(\pi)=0$，在 S 系中将观察不到电磁波在反方向上的传播. 当 v 更大时，对应的 $n\beta>1$，故 $w(\pi)<0$，在 S 系中将发现反方向传播的电磁波已被介质曳引沿着正方向传播了.

根据折射率的定义，运动介质中的折射率为

$$\begin{aligned} n^* &= \frac{c}{w} \\ &= \frac{n^2-\beta^2}{\left\{(n^2-1)\beta\pm\sqrt{(1-\beta^2)\left[n^2(1-\beta^2)+(n^2-\beta^2)\tan^2\alpha\right]}\right\}\cos\alpha} \end{aligned} \tag{10}$$

可见，折射率 n^* 是各向异性的，并且这种各向异性也具有轴对称性.

借助法线面可以更直观地描绘相速度 $\boldsymbol{w}$ 的轴对称分布特征. 所谓法线面就是相速度矢量 $\boldsymbol{w}$ 的端点所描出的曲面. 为了便于讨论，引入下述辅助量：

$$\begin{cases} a=\dfrac{1-\dfrac{w'^2}{c^2}}{1-\dfrac{w'^2c^2}{c^4}}v=\dfrac{1-\dfrac{1}{n^2}}{1-\dfrac{\beta^2}{n^2}}v \\[2ex] b=\dfrac{1-\dfrac{v^2}{c^2}}{1-\dfrac{w'^2v^2}{c^4}}=\dfrac{1-\beta^2}{1-\dfrac{\beta^2}{n^2}} \end{cases} \tag{11}$$

结合(9)式，相速度 w 可简单地表为

$$w=\left[a\pm w'\sqrt{b(b+\tan^2\alpha)}\right]\cos\alpha \tag{12}$$

在 xy 平面，$\boldsymbol{w}$ 的两个分量为

$$\begin{cases} w_x=w\cos\alpha \\ w_y=w\sin\alpha \end{cases}$$

于是，(12)式可表为

$$w=\left[a\pm w'\sqrt{b\left(b+\frac{w_y^2}{w_x^2}\right)}\right]\frac{w_x}{w}$$

即

$$w^2=aw_x\pm w'\sqrt{b(bw_x^2+w_y^2)}$$

移项，平方，得

$$(w_x^2+w_y^2-aw_x)^2=bw'^2(bw_x^2+w_y^2) \tag{13}$$

因相速度 $\boldsymbol{w}$ 只随方位角 α 变化，故法线面相对于 x 轴具有轴对称性. 若 $\boldsymbol{w}$ 不在 xy 平面内，可将上述 w_y^2 改写为 $(w_y^2+w_z^2)$，即得法线面的方程为

$$(w_x^2+w_y^2+w_z^2-aw_x)^2=bw'^2(bw_x^2+w_y^2+w_z^2) \tag{14}$$

这是(13)式所描述的曲线围绕 x 轴旋转后得到的 4 次曲面方程. 在图 9-3-6 中画出了 $n=1.5$ 时不同 β 值的法线面与 xy 平面的交线. 当介质静止时，$\beta=0$，法线面是一个球面，在图 9-3-6 中用圆表示. 随着 β 的增大，在介质运动方向上的相速度逐渐增大，而反方向的相速度则逐渐减小，这就是运动介质对电磁波的曳引现象. 当 β 增大到 $n\beta=1$ 时，即当 $v=w'$ 时，如前所述，与介质运动方向相反的相速度为零. 对于 $n=1.5$ 的介质，当 $\beta=\dfrac{2}{3}$ 时，$n\beta=1$. 由此，在图9-3-6 中 $\beta=\dfrac{2}{3}$ 的曲线在 $\alpha=\pi$ 方位角上的相速度为零. 当介质的运动速度再增大时，与第Ⅱ象限和第Ⅲ象限中的方位角 α 对应的相速度 w 有可能取负值，在这种情形，电磁波实际上是沿着 $\alpha^*=\alpha+\pi$ 的方向传播. 在图 9-3-6 中，当 $\beta=\dfrac{9}{10}$ 时，法线面与 xy 平面的交线中有一部分是右侧的小卵形曲线，它所对应的正是 w 取负值的情形.

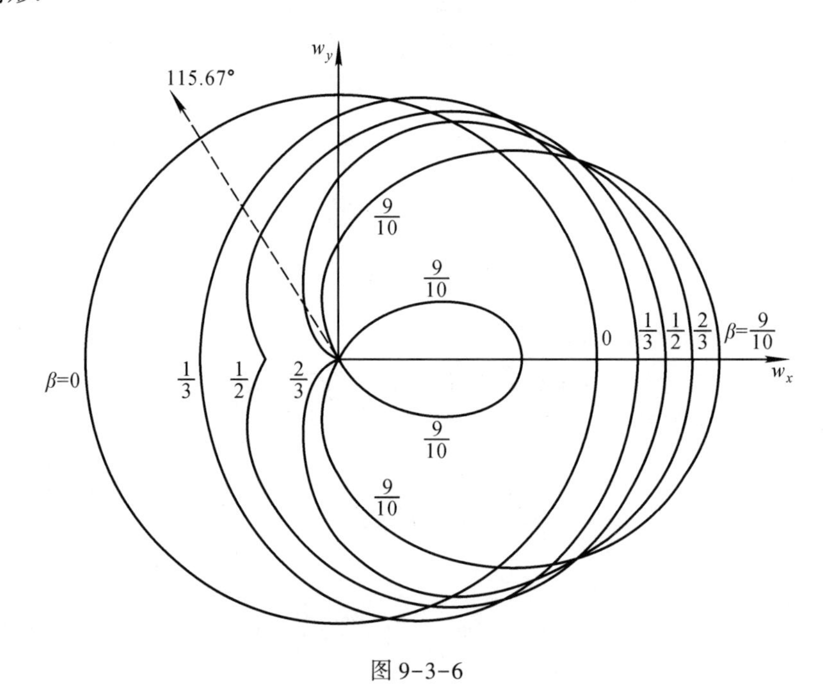

图 9-3-6

与相速度有关的是电磁波的相位. 利用从 S′系到 S 系电磁场量的变换关系，也可以得出运动介质中的电磁波与静止介质中的电磁波之间的相位关系. 例如，由

$$E_x = E'_x$$

得

$$A_{ex}\exp\left\{-\mathrm{i}2\pi\nu\left(t-\frac{\boldsymbol{r}\cdot\boldsymbol{k}}{w}\right)\right\} = A'_{ex}\exp\left\{-\mathrm{i}2\pi\nu'\left(t'-\frac{\boldsymbol{r}'\cdot\boldsymbol{k}'}{w'}\right)\right\}$$

因上式对任何时空点都成立，即要求振幅与相位因子分别相等，故有

$$\nu\left(t-\frac{\boldsymbol{r}\cdot\boldsymbol{k}}{w}\right) = \nu'\left(t'-\frac{\boldsymbol{r}'\cdot\boldsymbol{k}'}{w'}\right) \tag{15}$$

相位的这种不变性也可以直观地理解. 所谓波的相位，确定了空间某点在某时刻的振动状态. 这种振动状态是波自身的特征，不依赖于观察者所在的参考系. 换言之，如果在某个参考系观察到振动状态处于正的最大，那么在所有参考系中看到的都应是正的最大.

从相位不变式(15)出发，利用 Lorentz 变换，可以得出电磁波的频率、波法线方向以及相速度的变换关系. 把本章§2 中给出的 Lorentz 变换(1)式，代入到上述(15)式，可得

$$\nu t-\frac{\nu\cos\alpha}{w}x-\frac{\nu\sin\alpha}{w}y$$

$$=\frac{1+\left(\frac{v}{w'}\cos\alpha'\right)}{\sqrt{1-\beta^2}}\nu' t-\frac{\nu'\left(\cos\alpha'+\frac{w'v}{c^2}\right)}{w'\sqrt{1-\beta^2}}x-\frac{\nu'\sin\alpha'}{w'}y$$

因上式对任何变量 t，x，y 都成立，故上式两边对应的系数必须相等，即有

$$\nu = \frac{1+\frac{v}{w'}\cos\alpha'}{\sqrt{1-\beta^2}}\nu' = \frac{1+\frac{\boldsymbol{v}\cdot\boldsymbol{k}'}{w'}}{\sqrt{1-\beta^2}}\nu' \tag{16}$$

$$\frac{\nu}{w}\cos\alpha = \frac{\nu'\left(\cos\alpha'+\frac{w'v}{c^2}\right)}{w'\sqrt{1-\beta^2}}$$

$$\frac{\nu}{w}\sin\alpha = \frac{\nu'}{w'}\sin\alpha'$$

由后两个公式，得

$$\tan\alpha = \frac{\sqrt{1-\beta^2}\sin\alpha'}{\cos\alpha'+\frac{w'}{c^2}v} \tag{17}$$

$$w = \frac{w'\sqrt{1-\beta^2}\cos\alpha}{\cos\alpha'+\frac{w'}{c^2}v}\cdot\frac{\nu}{\nu'}$$

利用(16)式，可将 w 的公式改写为

$$w=\frac{\cos\alpha(w'+v\cos\alpha')}{\cos\alpha'+\frac{w'}{c^2}v}$$

由(17)式，可得

$$\cos\alpha=\frac{\cos\alpha'+\frac{w'v}{c^2}}{\sqrt{1+\frac{2w'v\cos\alpha'}{c^2}+\left(\frac{w'v}{c^2}\right)^2-\frac{v^2}{c^2}\sin^2\alpha'}}$$

由以上两式，得出

$$w=\frac{w'+v\cos\alpha'}{\sqrt{1+\frac{2w'v\cos\alpha'}{c^2}+\left(\frac{w'v}{c^2}\right)^2-\frac{v^2}{c^2}\sin^2\alpha'}} \tag{18}$$

以上(16)式、(17)式、(18)式就是电磁波的频率、波法线方向、相速度在不同惯性系之间的变换关系. (16)式是电磁波频率的变换关系，它表明在不同惯性系中测出的电磁波频率不同，这正是 Doppler 效应. (17)式和(18)式表明，在不同惯性系观察同一电磁波传播时，其波法线方向以及相速度均有所不同.

在(16)式、(17)式、(18)式中，只要用 $-v$ 代替 v，并把带撇的量与不带撇的量互换，就可以得出电磁波的频率、波法线方向、相速度的逆变换关系，为

$$\begin{cases}\nu'=\dfrac{1-\dfrac{v}{w}\cos\alpha}{\sqrt{1-\beta^2}}\nu \\ \quad=\dfrac{1-\dfrac{\boldsymbol{v}\cdot\boldsymbol{k}}{w}}{\sqrt{1-\beta^2}}\nu \\ \tan\alpha'=\dfrac{\sqrt{1-\beta^2}\sin\alpha}{\cos\alpha-\dfrac{w}{c^2}v} \\ w'=\dfrac{w-v\cos\alpha}{\sqrt{1-\dfrac{2wv\cos\alpha}{c^2}+\left(\dfrac{wv}{c^2}\right)^2-\dfrac{v^2}{c^2}\sin^2\alpha}}\end{cases} \tag{19}$$

对于真空情形，

$$w=w'=c$$

上述频率的变换关系简化为

$$\nu' = \frac{1-\beta\cos\alpha}{\sqrt{1-\beta^2}}\nu$$

假定波源在 S′系中静止，则 $\nu'=\nu_0$ 是电磁波的固有频率，而 ν 是在 S 系中测得的电磁波的表观频率，故由上式得出

$$\nu = \frac{\sqrt{1-\beta^2}}{1-\beta\cos\alpha}\nu_0 \tag{20}$$

(20)式就是在一般相对论教材中常见的真空中电磁波的 Doppler 频率公式.

2. 射线速度 $\boldsymbol{u}$

在运动介质中电磁波的射线速度 $\boldsymbol{u}$ 也是与在静止介质中电磁波的射线速度 $\boldsymbol{u}'$ 有联系的. 由

$$\boldsymbol{u} = \frac{\boldsymbol{E}\times\boldsymbol{H}}{\frac{1}{2}(\boldsymbol{E}\cdot\boldsymbol{D}+\boldsymbol{B}\cdot\boldsymbol{H})}$$

结合本节图 9-3-5，有

$$u_x = \frac{2E_y H}{E_x D_x + E_y D_y + BH}$$

$$u_y = \frac{-2E_x H}{E_x D_x + E_y D_y + BH}$$

参看本节图 9-3-4，在 S′系中，有

$$\boldsymbol{E}' = (-E'\sin\theta',\ E'\cos\theta',\ 0)$$

$$\boldsymbol{D}' = (-\varepsilon_r\varepsilon_0 E'\sin\theta',\ \varepsilon_r\varepsilon_0 E'\cos\theta',\ 0)$$

$$\boldsymbol{B}' = (0,\ 0,\ \sqrt{\varepsilon_r\varepsilon_0\mu_r\mu_0}E')$$

$$\boldsymbol{H}' = \left(0,\ 0,\ \sqrt{\frac{\varepsilon_r\varepsilon_0}{\mu_r\mu_0}}E'\right)$$

借助于本章§2 给出的电磁场量的变换关系(21)式，可将上述 u_x 和 u_y 公式中右边各量都用 $\boldsymbol{E}'$，$\boldsymbol{D}'$，$\boldsymbol{B}'$，$\boldsymbol{H}'$ 的分量表示，而最终仅用 E' 和 θ' 来表示. 演算中涉及的关系式为

$$E_x D_x + E_y D_y + BH = \frac{2\varepsilon_r\varepsilon_0 E'^2}{(1-\beta^2)u'}\left(1+\frac{u'v}{c^2}\cos\theta'\right)(u'+v\cos\theta')$$

$$2E_y H = \frac{2\varepsilon_r\varepsilon_0 E'^2}{(1-\beta^2)u'}(u'\cos\theta'+v)(u'+v\cos\theta')$$

$$-2E_x H = \frac{2\varepsilon_r\varepsilon_0 E'^2}{\sqrt{1-\beta^2}\,u'}u'\sin\theta'(u'+v\cos\theta')$$

计算中需利用

$$u'=\frac{1}{\sqrt{\varepsilon_r\varepsilon_0\mu_r\mu_0}}$$

代入 u_x 和 u_y 的表达式，并考虑到

$$u'_x=u'\cos\theta'$$
$$u'_y=u'\sin\theta'$$

得出

$$\begin{cases}u_x=\dfrac{u'_x+v}{1+\dfrac{u'_x v}{c^2}}\\[2ex] u_y=\dfrac{\sqrt{1-\beta^2}\,u'_y}{1+\dfrac{u'_x v}{c^2}}\end{cases}\tag{21}$$

(21)式表明，电磁波的射线速度如同实物粒子一样，遵从相对论的速度变换关系. 这个结论是很有意义的，因为电磁波的射线速度就是电磁波的能量传输速度，电磁波场量子化为光子后光子在真空中的速度就是真空中电磁波的射线速度. (21)式表明，光子真空速度的变换关系与实物粒子速度的变换关系是一致的. 按照波粒二象性的观点，光子作为电磁波的粒子理应与实物粒子一样遵从相对论的速度变换关系.

为了进一步得出运动介质中电磁波射线速度的角分布，即为了得出 u 随方位角 θ 变化的函数关系，把(21)式与(17)式联立，消去 $\alpha'=\theta'$，可先把 u_x 和 u_y 改写为

$$\begin{cases}u_x=a\pm\dfrac{b\sqrt{b}\,w'}{\sqrt{b+\tan^2\alpha}}\\[2ex] u_y=\dfrac{\pm\sqrt{b}\,w'\tan\alpha}{\sqrt{b+\tan^2\alpha}}\end{cases}\tag{22}$$

当$\dfrac{\pi}{2}\geqslant\alpha>-\dfrac{\pi}{2}$时，取加号；当$\dfrac{3}{2}\pi\geqslant\alpha>\dfrac{\pi}{2}$时，取减号.

下面简要地给出(22)式中第一式即 u_x 公式的导出过程. 由(17)式，得

$$\begin{aligned}\left(\tan\alpha\cos\alpha'+\frac{w'v}{c^2}\tan\alpha\right)^2&=(1-\beta^2)\sin^2\alpha'\\&=(1-\beta^2)-(1-\beta^2)\cos^2\alpha'\end{aligned}$$

由此解出

$$\cos\alpha'=\frac{\dfrac{-w'v}{c^2}\tan^2\alpha\pm\sqrt{(1-\beta^2)\left[\left(1-\dfrac{w'^2v^2}{c^4}\right)\tan^2\alpha+(1-\beta^2)\right]}}{\tan^2\alpha+(1-\beta^2)}$$

当$\frac{\pi}{2}\geqslant\alpha>-\frac{\pi}{2}$时，取加号；当$\frac{3}{2}\pi\geqslant\alpha>\frac{\pi}{2}$时，取减号. 利用

$$1-\frac{w'^2v^2}{c^4}=\frac{1-\beta^2}{b}$$

得

$$\cos\alpha'=\frac{-\frac{w'v}{c^2}\tan^2\alpha\pm\frac{1}{\sqrt{b}}(1-\beta^2)\sqrt{b+\tan^2\alpha}}{\tan^2\alpha+(1-\beta^2)}$$

把上式代入(21)式的第一式

$$u_x=\frac{u'_x+v}{1+\frac{u'_xv}{c^2}}=\frac{u'\cos\theta'+v}{1+\frac{u'v}{c^2}\cos\theta'}$$

$$=\frac{w'\cos\alpha'+v}{1+\frac{w'v}{c^2}\cos\alpha'}$$

后，得出

$$u_x=\frac{\left(1-\frac{w'^2}{c^2}\right)v\tan^2\alpha+v(1-\beta^2)\pm\frac{w'}{\sqrt{b}}(1-\beta^2)\sqrt{b+\tan^2\alpha}}{\left(1-\frac{w'^2v^2}{c^4}\right)\tan^2\alpha+(1-\beta^2)\pm\frac{w'v}{c^2\sqrt{b}}(1-\beta^2)\sqrt{b+\tan^2\alpha}}$$

把

$$1-\frac{w'^2v^2}{c^4}=\frac{1-\beta^2}{b}$$

$$1-\frac{w'^2}{c^2}=\frac{a(1-\beta^2)}{vb}$$

代入上式，得

$$u_x=a+\frac{b(v-a)\pm w'\sqrt{b}\sqrt{b+\tan^2\alpha}\left(1-a\frac{v}{c^2}\right)}{\pm\sqrt{b+\tan^2\alpha}\left(\pm\sqrt{b+\tan^2\alpha}+\sqrt{b}\frac{w'v}{c^2}\right)}$$

再结合

$$v-a=\frac{vw'^2}{c^2}b$$

$$1-\frac{av}{c^2}=b$$

便有

$$u_x=a+\frac{b\sqrt{b}\,w'\left(\frac{w'v}{c^2}\sqrt{b}\pm\sqrt{b+\tan^2\alpha}\right)}{\pm\sqrt{b+\tan^2\alpha}\left(\pm\sqrt{b+\tan^2\alpha}+\sqrt{b}\frac{w'v}{c^2}\right)}$$

化简后，得

$$u_x=a\pm\frac{b\sqrt{b}\,w'}{\sqrt{b+\tan^2\alpha}}$$

这就是(22)式的第一式.

采用类似的方法也可以得出(22)式的第二式. 此处从略.

由(22)式的第一式和第二式，消去 $\tan\alpha$，可得

$$\frac{(u_x-a)^2}{b^2w'^2}+\frac{u_y^2}{bw'^2}=1 \tag{23}$$

再将

$$u_x=u\cos\theta$$

$$u_y=u\sin\theta$$

代入(23)式，得

$$(\cos^2\theta+b\sin^2\theta)u^2-2ua\cos\theta+a^2-b^2w'^2=0$$

解出

$$u=\frac{a\cos\theta\pm\sqrt{a^2\cos^2\theta-(\cos^2\theta+b\sin^2\theta)(a^2-b^2w'^2)}}{\cos^2\theta+b\sin^2\theta}$$

对于真空情形，

$$w'=c$$

$$a=0$$

$$b=1$$

应该得到

$$u=w'=c$$

所以，上述 u 的公式中根号前应取加号. 把(11)式中 a 和 b 的公式代入上述 u 的公式，再注意到在静止介质中有 $w'=u'=\frac{c}{n}$，便可得出运动介质中电磁波射线速度 u 随方位角 θ 变化的关系即 u 的角分布为

$$u=\frac{\sqrt{(1-\beta^2)(1-\beta^2\cos^2\theta-n^2\beta^2\sin^2\theta)}\,nc+(n^2-1)v\cos\theta}{n^2-\beta^2\cos^2\theta-n^2\beta^2\sin^2\theta} \tag{24}$$

(24)式就是运动介质中电磁波射线速度 u 随方位角 θ 变化的关系.

在真空情形，$n=1$，(24)式给出 $u=c$，这正是光速不变原理所要求的.

需要指出的是，与相速度 w 类似，当 θ 在第Ⅱ或第Ⅲ象限时，且当 v 相当大时，(24)式给出的射线速度 u 有可能为负值. 例如，当 $\theta=\pi$ 时，(24)式给出

$$u(\pi)=\frac{1-n\beta}{n-\beta}c$$

则当 $n\beta>1$ 时，$u(\pi)$ 便是负值. u 取负值同样表明，波实际上沿着 θ 的反方向传播，因为前面给出的 $u_x=u\cos\theta$ 和 $u_y=u\sin\theta$ 都将因 u 为负值而使 u_x 和 u_y 改变符号.

与法线面类似，可以引入射线面来描述射线速度 $\boldsymbol{u}$ 随着它的传播方向变化的情形. 改变矢量 $\boldsymbol{u}$ 的方向，则矢量 $\boldsymbol{u}$ 端点所描绘的曲面就是射线面. 从(24)式可知，与法线面一样，射线面相对于 x 轴(介质的运动方向)具有旋转对称性. 与(24)式等价的是(23)式，(23)式给出了射线面与 xy 平面的交线的方程，这是一个中心在$(a,0)$、半长轴为$\sqrt{b}w'$、半短轴为 bw'的椭圆，如图 9-3-7 所示. 在图 9-3-7 中，半径为 w'的圆代表在静止介质中的射线面，因为在静止介质中射线速度与相速度相等，且与方向无关. 把图 9-3-7 绕 x 轴旋转半周，就可以得到整个射线面的立体图像，从图 9-3-7 可以看到，运动介质中的射线面是一个椭球面，该椭球面在介质的运动方向上有一个收缩因子$\sqrt{b}$. 比较图 9-3-7 与图 9-3-6 可知，当电磁波在运动介质中传播时，其射线速度与相速度一般并不相等，射线速度由(24)式给出，相速度由(9)式给出. 但当 θ 和 α 都等于 0 或 π 时，由(24)式和(9)式可得出

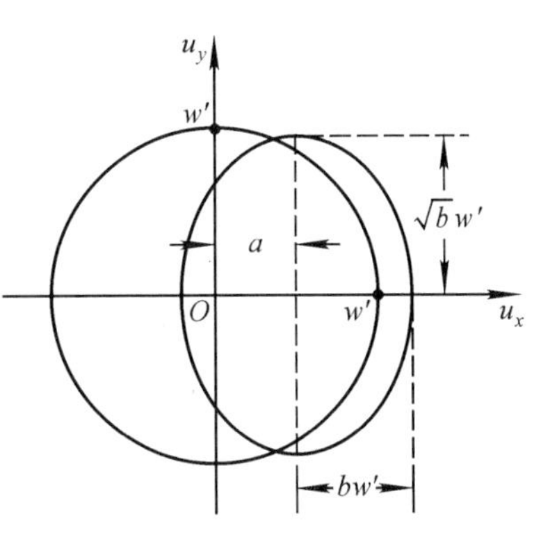

图 9-3-7

$$u(0)=w(0)=\frac{1+n\beta}{n+\beta}c$$

$$u(\pi)=w(\pi)=\frac{1-n\beta}{n-\beta}c$$

可见，当射线方向和法线方向均与介质的运动方向一致或相反时，电磁波的射线速度与相速度相等.

现在回到(24)式，当 $\beta\ll1$ 时，可以忽略(24)式中的所有高阶小量，得

$$u=\frac{c}{n}+\left(1-\frac{1}{n^2}\right)v\cos\theta \tag{25}$$

实际上，当 $\beta\ll1$ 时，忽略(9)式中的高阶小量，得

$$w=\frac{c}{n}+\left(1-\frac{1}{n^2}\right)v\cos\alpha \tag{26}$$

显然，(25)式和(26)式的形式是一致的，因为当 $\beta\ll1$ 时，电磁波的射线速度 $\boldsymbol{u}$ 与相速

度 $\boldsymbol{w}$ 几乎相同，此时(25)式中的 θ 与(26)式中的 α 也几乎重合.

在本章 §1 中曾经提到，当初 Fresnel 为了维护光以太理论，假设当折射率为 n 的光媒质以速度 $\boldsymbol{v}$ 相对于静止的光以太运动时，媒质中的光以太将会被曳引，以速度 $f\boldsymbol{v}$ 相对于静止的光以太运动，其中 $f=1-\frac{1}{n^2}$ 为曳引系数. 若将静止的光以太取为 S 系，媒质相对 S 系静止时光在媒质中的传播速度 u'(或 w')等于 $\frac{c}{n}$，当媒质相对于 S 系以速度 $\boldsymbol{v}$ 运动时，根据 Fresnel 的假设，在 S 系中测出的光在运动媒质中沿 $\boldsymbol{v}$ 方向的传播速度为

$$u(\text{或 } w)=\frac{c}{n}+\left(1-\frac{1}{n^2}\right)v$$

此即 Fresnel 公式. 由于在早年的经典实验中均为媒质运动速度 $v\ll c$，故不必追究 Fresnel 公式中 u 与 w 之间的区别. 实际上，Fizeau 等为了验证 Fresnel 公式而设计的实验往往利用光的干涉，在这种情形涉及的是相速度 w.

可以看出，当 $\theta=0$ 以及相应地 $\alpha=0$ 时，(25)式和(26)式化为上述 Fresnel 公式，即 Fresnel 以太理论的结果与相对论的结果在一级近似条件下是一致的. 但是，应该强调指出，相对论的结果(25)式和(26)式来源于相对性原理和光速不变原理，与捉摸不定的虚构的以太毫无关系. Fresnel 公式则与以太紧密联系不可分割. 另外，必须指出，Fresnel 公式只在绝对静止的以太参考系中才成立，对于别的惯性系，即便是在一级近似条件下，也与相对论的结果不符.

考虑到一般说来在运动介质中，电磁波的射线速度 $\boldsymbol{u}$ 与相速度 $\boldsymbol{w}$ 的分离，即两者的方向不一致，有必要给出两者的方位角 θ 与 α 之间的关系. 因

$$\tan\theta=\frac{u_y}{u_x}$$

把(22)式代入，得

$$\tan\theta=\frac{\pm\sqrt{b}\,w'\tan\alpha}{a\sqrt{b+\tan^2\alpha}\pm b\sqrt{b}\,w'} \tag{27}$$

当 $\frac{\pi}{2}\geqslant\alpha>-\frac{\pi}{2}$ 时，取加号；当 $\frac{3}{2}\pi\geqslant\alpha>\frac{\pi}{2}$ 时，取减号. (27)式就是运动介质中射线方位角与法线方位角之间的重要关系.

至此，对于第一列波，利用不同惯性系之间的变换关系，得到了在运动介质中该列波的相速度 $\boldsymbol{w}$ 和射线速度 $\boldsymbol{u}$ 的相对论特征，这些特征通过(9)式到(27)式表述.

对于第二列波，即 $\boldsymbol{E}'$ 和 $\boldsymbol{D}'$ 沿 z' 轴，$\boldsymbol{B}'$ 和 $\boldsymbol{H}'$ 在 $x'y'$ 平面内的平面波，根据本章 §2 (21)式的变换关系可知，$\boldsymbol{E}$ 和 $\boldsymbol{D}$ 也必定沿 z 轴，$\boldsymbol{B}$ 和 $\boldsymbol{H}$ 也必定在 xy 平面内. 与图 9-3-5 相对应，在图 9-3-8 中画出了在 S 系中第二列波的有关物理量及它们的方位关系.

如图 9-3-8 所示，可将第二列波的 $\boldsymbol{k}$，$\boldsymbol{H}$，$\boldsymbol{E}$ 表为

$$\boldsymbol{k}=(\cos\alpha,\ \sin\alpha,\ 0)$$
$$\boldsymbol{H}=(H_x,\ H_y,\ 0)$$
$$\boldsymbol{E}=(0,\ 0,\ E_z)$$

然后，仿照第一列波的推导过程，同样可以得到与本节(9)式到(27)式完全相同的结果.

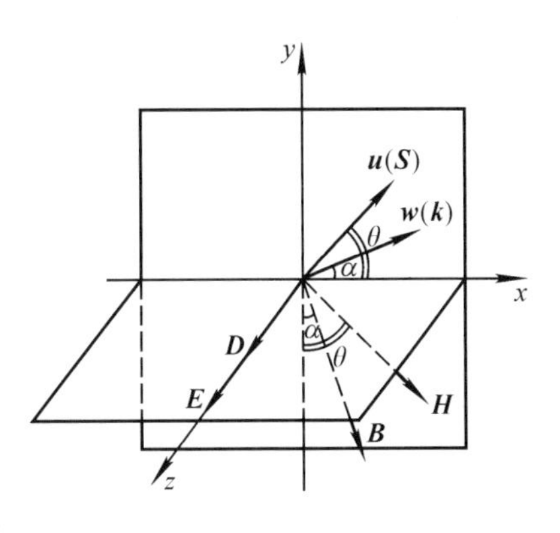

图 9-3-8

这就表明，在运动介质中，与第一列波相比，第二列波在频率、相速度、射线速度等方面具有相同的规律和特征. 因此，由第一列波和第二列波叠加后得出的电磁波，是在 S 系中在运动介质中传播的一般电磁波(它是由在 S′系中传播的一般的原始波列经变换得出的)，它的频率、射线速度、相速度与该两列波具有完全相同的规律和特征. 换言之，(9)式到(27)式描绘了在 S 系中在运动介质中传播的一般电磁波的相速度 $\boldsymbol{w}$ 和射线速度 $\boldsymbol{u}$ 所具有的普遍相对论特征.

三、运动介质的色散性质

综合前面的讨论可以看出，在运动介质中传播的电磁波的各种性质都与介质静止折射率 n 有关. 有些介质的折射率 n 随电磁波的频率 ν'变化，可表为

$$n=n(\nu') \tag{28}$$

式中的 ν'是电磁波在静止介质中的频率. 因此描述电磁波在这些具有色散性质的运动介质中传播规律的各种有关公式中，其中的 n 也将随 ν'变化. 由于 ν'是在 S′系中测出的频率，与描述 S 系中电磁波传播规律的公式并不协调，所以需要把 $n=n(\nu')$与

$$\nu'=\frac{\left(1-\dfrac{v}{w}\cos\alpha\right)\nu}{\sqrt{1-\beta^2}}$$

联立，以便得出由 S 系中测出的频率 ν 所确定的 $n(\nu)$，即需用

$$n=n\left(\frac{1-\dfrac{v}{w}\cos\alpha}{\sqrt{1-\beta^2}}\nu\right) \tag{29}$$

来描述运动介质的色散性质.

色散因素使得运动介质中电磁波传播规律的数学处理更加复杂，但在通常 $v\ll c$ 的情况下，ν'与 ν 相差甚微，可以作适当的简化处理. 现在，

$$\nu'=\nu+\mathrm{d}\nu$$

取近似

$$\nu' \approx \left(1-\frac{v}{w}\cos\alpha\right)\nu$$

由以上两式，得

$$\mathrm{d}\nu = -\nu\frac{v}{w}\cos\alpha$$

再将式中的 w 近似地取为 w'，得

$$\mathrm{d}\nu \approx -\nu\frac{v}{w'}\cos\alpha$$

$$= -\nu n\frac{v}{c}\cos\alpha$$

于是

$$n(\nu') = n(\nu+\mathrm{d}\nu)$$

$$= n(\nu)+\frac{\mathrm{d}n}{\mathrm{d}\nu}\mathrm{d}\nu$$

$$= n(\nu)-\frac{\mathrm{d}n}{\mathrm{d}\nu}\nu n\frac{v}{c}\cos\alpha$$

即有

$$n(\nu') = n(\nu)\left(1-\frac{\mathrm{d}n}{\mathrm{d}\nu}\nu\frac{v}{c}\cos\alpha\right) \tag{30}$$

式中的 $n(\nu)$ 是指 $n(\nu')$ 函数中的自变量 ν' 直接被 ν 替代.

(30)式就是运动介质中色散性质(n 随 ν 变化)的近似表达式. 把(30)式代入前面已经给出的有关公式，便可得出考虑色散性质的运动介质中电磁波传播的各种特征. 例如，在 $v \ll c$ 情形下，射线速度与相速度公式(25)和(26)可近似为

$$u = w = \frac{c}{n}+\left(1-\frac{1}{n^2}\right)v\cos\alpha$$

若无色散，则 Fresnel 曳引系数为

$$f = 1-\frac{1}{n^2}$$

若有色散，把(30)式代入 u 或 w 的公式并略去高阶小量后，得出

$$u = w = \frac{c}{n(\nu)}\left[1+\frac{\mathrm{d}n}{\mathrm{d}\nu}\nu\frac{v}{c}\cos\alpha\right]+\left[1-\frac{1}{n^2(\nu)}\right]v\cos\alpha$$

$$= \frac{c}{n(\nu)}+\left[1-\frac{1}{n^2(\nu)}+\frac{\nu}{n(\nu)}\frac{\mathrm{d}n}{\mathrm{d}\nu}\right]v\cos\alpha$$

因此，在具有色散性质时，Fresnel 的曳引系数为

$$f(\nu)=1-\frac{1}{n^2(\nu)}+\frac{\nu}{n(\nu)}\frac{\mathrm{d}n}{\mathrm{d}\nu} \tag{31}$$

与无色散时的 Fresnel 曳引系数相比较，(31)式多出了一项$\frac{\nu}{n(\nu)}\frac{\mathrm{d}n}{\mathrm{d}\nu}$，这一项就是 Fresnel 曳引系数的色散修正项.

1818 年，Fresnel 提出了以太被部分曳引的理论，并引入了曳引系数$f=1-\frac{1}{n^2}$. 对于无色散的介质，Fresnel 理论的正确性早已为 Fizeau 的实验所证实. 然而，对于色散介质，曳引系数$f=1-\frac{1}{n^2}$的公式不能很好地与实验相符. 例如，1914 年，P. Zeeman 对色散介质所做的实验结果表明，Fresnel 的曳引系数公式$f=1-\frac{1}{n^2}$必须加上如(31)式的色散修正项后才能与实验相符. 因此，关于色散的讨论，为相对论电磁波理论的正确性又提供了一个极为有力的证据.

§4. 运动介质界面上电磁波的反射与折射

电磁波在两种静止介质界面上的反射与折射现象是众所周知的. 其中，传播方位角之间的关系(即入射光线，反射光线，折射光线之间的关系)遵循几何光学的反射定律和折射定律，电磁场量的分配关系则遵循通常的 Fresnel 振幅比公式. 前已指出，电磁波在运动介质中的传播具有相对论效应，例如，波法线的方向与射线的方向出现了分离现象. 不难设想，由于相对论效应，电磁波在运动介质界面上的反射与折射，与在静止介质界面上的反射与折射相比，将呈现出更丰富多彩的现象. 对于电磁波在运动介质界面上的反射与折射，感兴趣的问题仍然是传播方位角之间的关系以及电磁场量的分配关系. 可以预期，法线方向和射线方向将分别遵循各自的反射定律和折射定律，表述入射的电磁场量与反射和折射的电磁场量之间比例关系的公式，也将比通常的适用于静止介质情形的 Fresnel 公式要复杂得多.

一、边界条件

电磁场在两种介质界面上遵循的边界条件，是导出电磁波反射和折射规律的基本出发点，对于静止介质的界面是如此，对于运动介质的界面也是如此.

首先，对静止介质界面上适用的边界条件的推导过程作简单的回顾. 电磁场方程为

$$\begin{cases}\nabla\cdot\boldsymbol{D}=\rho\\ \nabla\cdot\boldsymbol{B}=0\\ \nabla\times\boldsymbol{E}=-\dfrac{\partial\boldsymbol{B}}{\partial t}\\ \nabla\times\boldsymbol{H}=\boldsymbol{j}+\dfrac{\partial\boldsymbol{D}}{\partial t}\end{cases}$$

如果界面所在的邻域中既无自由电荷又无传导电流，则在该邻域中的电磁场方程简化为

$$\begin{cases}\nabla\cdot\boldsymbol{D}=0\\ \nabla\cdot\boldsymbol{B}=0\\ \nabla\times\boldsymbol{E}=-\dfrac{\partial\boldsymbol{B}}{\partial t}\\ \nabla\times\boldsymbol{H}=\dfrac{\partial\boldsymbol{D}}{\partial t}\end{cases}$$

在界面的邻域中，取 Gauss 闭合曲面和 Ampere 闭合回路，可以导出界面两侧 $\boldsymbol{D}$ 和 $\boldsymbol{B}$ 的法向分量的连续关系以及 $\boldsymbol{E}$ 和 $\boldsymbol{H}$ 的切向分量的连续关系. 其中，$\boldsymbol{E}$ 和 $\boldsymbol{H}$ 切向分量连续性的导出，涉及$\dfrac{\partial\boldsymbol{B}}{\partial t}$和$\dfrac{\partial\boldsymbol{D}}{\partial t}$在界面邻域的面积分，有必要在此重复其导出过程. 如图 9-4-1 所示，在介质 1 和介质 2 的交界面邻域中，取矩形的闭合回路 L 即 $abcdefa$，其长边与界面平行，由 $\boldsymbol{E}$ 的旋度方程，得

$$\oint_L\boldsymbol{E}\cdot\mathrm{d}\boldsymbol{l}=-\iint_{\sigma_L}\frac{\partial\boldsymbol{B}}{\partial t}\cdot\mathrm{d}\boldsymbol{S}$$

式中 σ_L 是闭合回路 L 所包围的面积. 式中的场量 $\boldsymbol{B}$ 是位置 $\boldsymbol{r}$ 和时间 t 的矢量函数，对于空间给定的位置，$\boldsymbol{B}$ 随时间 t 的变化率为$\dfrac{\partial\boldsymbol{B}}{\partial t}$. 当介质静止不动时，在 σ_L 面内任意给定位置处，$\boldsymbol{B}$ 随 t 的变化都是连续的，故应有

$$\frac{\partial\boldsymbol{B}}{\partial t}\text{为有限量}$$

对于如图 9-4-1 所示的矩形回路，若取其中的 bd 边和 ea 边的长度均为无限小量，则必有

$$\iint_{\sigma_L}\frac{\partial\boldsymbol{B}}{\partial t}\cdot\mathrm{d}\boldsymbol{S}=0$$

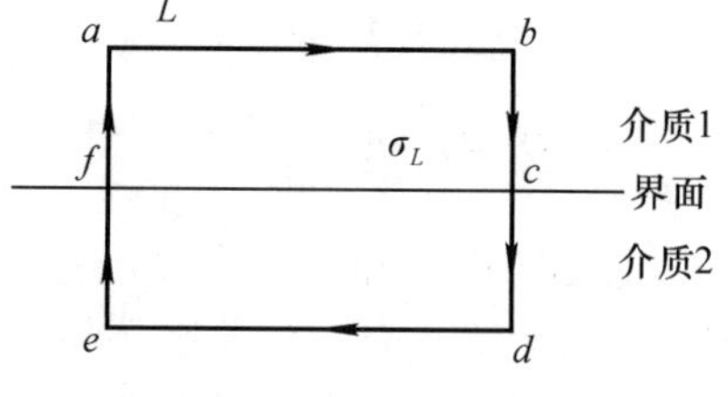

图 9-4-1

从而

$$\oint_L\boldsymbol{E}\cdot\mathrm{d}\boldsymbol{l}=0$$

于是得出：

$\boldsymbol{E}$ 在界面两侧的切向分量连续

同样，当介质静止不动时，在 σ_L 内任意给定位置处，$\boldsymbol{D}$ 随 t 的变化都是连续的，即应有

$$\frac{\partial \boldsymbol{D}}{\partial t}\text{为有限量}$$

从而由 $\boldsymbol{H}$ 的旋度方程可以得出：

$\boldsymbol{H}$ 在界面两侧的切向分量连续

当介质运动时，电磁场方程仍为

$$\begin{cases}\nabla\cdot\boldsymbol{D}=\rho\\ \nabla\cdot\boldsymbol{B}=0\\ \nabla\times\boldsymbol{E}=-\dfrac{\partial\boldsymbol{B}}{\partial t}\\ \nabla\times\boldsymbol{H}=\boldsymbol{j}+\dfrac{\partial\boldsymbol{D}}{\partial t}\end{cases}\tag{1}$$

式中 ρ 仍为介质中的自由电荷，但应注意，$\boldsymbol{j}$ 中除包含传导电流外，还包含因 ρ 随介质运动所形成的空间电流. 把传导电流表为 $\boldsymbol{j}^*$，可将 $\boldsymbol{j}$ 表为

$$\boldsymbol{j}=\boldsymbol{j}^*+\rho\boldsymbol{v}\tag{2}$$

式中 $\boldsymbol{v}$ 是运动介质相对于参考系的运动速度. 如果两种介质的界面邻域内既无自由电荷又无传导电流，那么，即使在介质运动的情形，该邻域中的电磁场方程仍可简化为

$$\begin{cases}\nabla\cdot\boldsymbol{D}=0\\ \nabla\cdot\boldsymbol{B}=0\\ \nabla\times\boldsymbol{E}=-\dfrac{\partial\boldsymbol{B}}{\partial t}\\ \nabla\times\boldsymbol{H}=\dfrac{\partial\boldsymbol{D}}{\partial t}\end{cases}$$

与介质静止不动时的电磁场方程相同. 因此，仿照上面对介质静止情形的讨论，同样可以由 $\boldsymbol{D}$ 和 $\boldsymbol{B}$ 的散度方程导出：

$\boldsymbol{D}$ 和 $\boldsymbol{B}$ 在界面两侧的法向分量连续

对于 $\boldsymbol{E}$ 的旋度方程，作与图 9-4-1 相仿的图 9-4-2，应有

$$\oint_L \boldsymbol{E}\cdot\mathrm{d}\boldsymbol{l}=-\iint_{\sigma_L}\frac{\partial\boldsymbol{B}}{\partial t}\cdot\mathrm{d}\boldsymbol{S}$$

需要注意的是，在图 9-4-2 中，介质 1 和介质 2 都相对于参考系 S 作匀速运动，速度为 $\boldsymbol{v}$. 然而，$\dfrac{\partial\boldsymbol{B}}{\partial t}$表述的是，在 σ_L 内相对 S 系不动的各点的 $\boldsymbol{B}$ 随时间 t 的变化率. 现在，介质 1 和介质 2 相对于 σ_L 内的这些固定点是运动的，当界面移过这些点时，因介质 1 与介质 2 的介电性质不同，$\boldsymbol{B}$ 必定会发生突变，所以

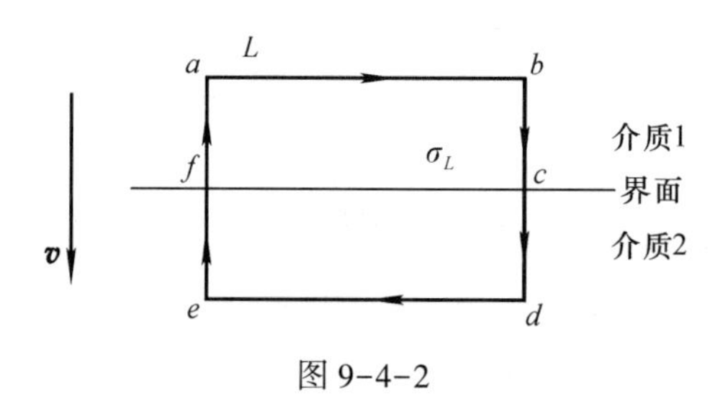

图 9-4-2

$$\frac{\partial \boldsymbol{B}}{\partial t}\text{可成为发散量}$$

即使图 9-4-2 的矩形回路中 bd 边和 ea 边的长度都取为无限小量，仍会使

$$\iint_{\sigma_L} \frac{\partial \boldsymbol{B}}{\partial t} \cdot \mathrm{d}\boldsymbol{S} \neq 0$$

从而使得

$$\oint_L \boldsymbol{E} \cdot \mathrm{d}\boldsymbol{l} \neq 0$$

这表明在运动介质的界面上，$\boldsymbol{E}$ 的切向分量并不连续. 根据同样的分析可知，在运动介质的界面上，$\boldsymbol{H}$ 的切向分量也不连续.

从上面的讨论得到这样的启示，即如果考虑 σ_L 内随介质一起运动的点，则在这些点 $\boldsymbol{B}$ 随 t 的变化是连续的，相应的变化率$\frac{\mathrm{d}\boldsymbol{B}}{\mathrm{d}t}$是有限量. 运动点的场量 $\boldsymbol{B}$ 随时间 t 的变化率应为

$$\begin{aligned}\frac{\mathrm{d}\boldsymbol{B}}{\mathrm{d}t} &= \frac{\partial \boldsymbol{B}}{\partial t} + \frac{\partial \boldsymbol{B}}{\partial x}\frac{\mathrm{d}x}{\mathrm{d}t} + \frac{\partial \boldsymbol{B}}{\partial y}\frac{\mathrm{d}y}{\mathrm{d}t} + \frac{\partial \boldsymbol{B}}{\partial z}\frac{\mathrm{d}z}{\mathrm{d}t} \\ &= \frac{\partial \boldsymbol{B}}{\partial t} + v_x\frac{\partial \boldsymbol{B}}{\partial x} + v_y\frac{\partial \boldsymbol{B}}{\partial y} + v_z\frac{\partial \boldsymbol{B}}{\partial t}\end{aligned}$$

即

$$\frac{\mathrm{d}\boldsymbol{B}}{\mathrm{d}t} = \frac{\partial \boldsymbol{B}}{\partial t} + (\boldsymbol{v} \cdot \nabla)\boldsymbol{B} \tag{3}$$

这个变化率应为有限量，即

$$\frac{\mathrm{d}\boldsymbol{B}}{\mathrm{d}t}\text{为有限量}$$

因此

$$\iint_{\sigma_L} \frac{\mathrm{d}\boldsymbol{B}}{\mathrm{d}t} \cdot \mathrm{d}\boldsymbol{S} = 0 \tag{4}$$

同样，可引入

$$\frac{\mathrm{d}\boldsymbol{D}}{\mathrm{d}t}=\frac{\partial \boldsymbol{D}}{\partial t}+(\boldsymbol{v}\cdot\nabla)\boldsymbol{D} \tag{5}$$

其中

$$\frac{\mathrm{d}\boldsymbol{D}}{\mathrm{d}t}\text{为有限量}$$

故

$$\iint_{\sigma_L}\frac{\mathrm{d}\boldsymbol{D}}{\mathrm{d}t}\cdot\mathrm{d}\boldsymbol{S}=0 \tag{6}$$

为了与(3)、(4)、(5)、(6)式相适应，需要将电磁场方程(1)式中的两个旋度方程改造一下，使得等式的右边出现$\frac{\mathrm{d}\boldsymbol{B}}{\mathrm{d}t}$和$\frac{\mathrm{d}\boldsymbol{D}}{\mathrm{d}t}$项，方法是引入新的辅助场量如下：

$$\begin{cases}\widetilde{\boldsymbol{E}}=\boldsymbol{E}+\boldsymbol{v}\times\boldsymbol{B}\\ \widetilde{\boldsymbol{H}}=\boldsymbol{H}-\boldsymbol{v}\times\boldsymbol{D}\end{cases} \tag{7}$$

借助矢量公式：

$$\nabla\times(\boldsymbol{A}\times\boldsymbol{B})=(\nabla\cdot\boldsymbol{B})\boldsymbol{A}+(\boldsymbol{B}\cdot\nabla)\boldsymbol{A}-(\nabla\cdot\boldsymbol{A})\boldsymbol{B}-(\boldsymbol{A}\cdot\nabla)\boldsymbol{B} \tag{8}$$

得

$$\begin{aligned}\nabla\times\widetilde{\boldsymbol{E}}&=\nabla\times\boldsymbol{E}-\nabla\times(\boldsymbol{v}\times\boldsymbol{B})\\ &=\nabla\times\boldsymbol{E}+(\nabla\cdot\boldsymbol{B})\boldsymbol{v}+(\boldsymbol{B}\cdot\nabla)\boldsymbol{v}-(\nabla\cdot\boldsymbol{v})\boldsymbol{B}-(\boldsymbol{v}\cdot\nabla)\boldsymbol{B}\end{aligned}$$

利用(1)式中$\boldsymbol{B}$的散度方程和$\boldsymbol{E}$的旋度方程，并考虑到$\boldsymbol{v}$为常矢量，可得

$$\nabla\times\widetilde{\boldsymbol{E}}=-\frac{\partial \boldsymbol{B}}{\partial t}-(\boldsymbol{v}\cdot\nabla)\boldsymbol{B}$$

与(3)式联立，即得

$$\nabla\times\widetilde{\boldsymbol{E}}=-\frac{\mathrm{d}\boldsymbol{B}}{\mathrm{d}t}$$

同样，对$\widetilde{\boldsymbol{H}}$，有

$$\begin{aligned}\nabla\times\widetilde{\boldsymbol{H}}&=\nabla\times\boldsymbol{H}-(\nabla\cdot\boldsymbol{D})\boldsymbol{v}-(\boldsymbol{D}\cdot\nabla)\boldsymbol{v}+(\nabla\cdot\boldsymbol{v})\boldsymbol{D}+(\boldsymbol{v}\cdot\nabla)\boldsymbol{D}\\ &=\boldsymbol{j}+\frac{\partial \boldsymbol{D}}{\partial t}-\rho\boldsymbol{v}+(\boldsymbol{v}\cdot\nabla)\boldsymbol{D}\end{aligned}$$

与(2)式和(5)式联立，得出

$$\nabla\times\widetilde{\boldsymbol{H}}=\boldsymbol{j}^*+\frac{\mathrm{d}\boldsymbol{D}}{\mathrm{d}t}$$

综合上面的结果，得出用$\boldsymbol{D}$，$\boldsymbol{B}$，$\widetilde{\boldsymbol{E}}$，$\widetilde{\boldsymbol{H}}$表示的电磁场方程组如下：

$$\begin{cases}\nabla\cdot\boldsymbol{D}=\rho\\ \nabla\cdot\boldsymbol{B}=0\\ \nabla\times\widetilde{\boldsymbol{E}}=-\dfrac{\mathrm{d}\boldsymbol{B}}{\mathrm{d}t}\\ \nabla\times\widetilde{\boldsymbol{H}}=\boldsymbol{j}^*+\dfrac{\mathrm{d}\boldsymbol{D}}{\mathrm{d}t}\end{cases}\tag{9}$$

如果在运动介质界面邻域处既无自由电荷 ρ 又无传导电流 $\boldsymbol{j}^*$，则电磁场方程为

$$\begin{cases}\nabla\cdot\boldsymbol{D}=0\\ \nabla\cdot\boldsymbol{B}=0\\ \nabla\times\widetilde{\boldsymbol{E}}=-\dfrac{\mathrm{d}\boldsymbol{B}}{\mathrm{d}t}\\ \nabla\times\widetilde{\boldsymbol{H}}=\dfrac{\mathrm{d}\boldsymbol{D}}{\mathrm{d}t}\end{cases}\tag{10}$$

利用电磁场方程(10)，结合前面的讨论内容，不难得出，在既无自由电荷又无传导电流时，运动介质界面上电磁场的边界条件为

$$\begin{cases}\boldsymbol{D}\text{ 和 }\boldsymbol{B}\text{ 的法向分量连续}\\ \widetilde{\boldsymbol{E}}\text{和}\widetilde{\boldsymbol{H}}\text{的切向分量连续}\end{cases}\tag{11}$$

二、反射定律和折射定律

为了讨论在运动介质的界面上电磁波的波法线方向和射线方向所遵循的反射定律和折射定律，设在惯性系 S 中，有两种介质，其中均既无自由电荷又无传导电流，两种介质相对 S 系以均匀的速度 $\boldsymbol{v}=v\boldsymbol{i}$ 沿 x 轴运动，两种介质之间的界面刚好与 x 轴垂直，如图 9-4-3 所示. 把相对 x 轴处于后方的称为介质 1，处于前方的称为介质 2，两种介质在静止时的折射率分别为

$$n_1=\sqrt{\varepsilon_{r1}\mu_{r1}}$$

$$n_2=\sqrt{\varepsilon_{r2}\mu_{r2}}$$

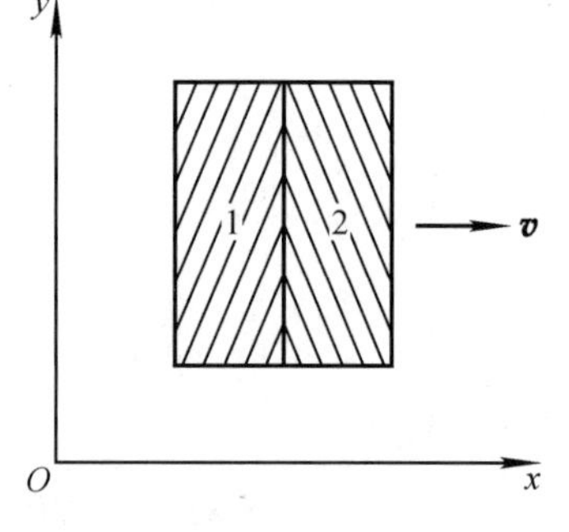

图 9-4-3

设电磁波从介质 1 入射，下面分两种情况讨论电磁波在运动介质界面上的反射和折射. 第一种情况是，入射电磁波的法线方向 $\boldsymbol{k}$ 和电场强度 $\boldsymbol{E}$ 都在 xy 平面上，这相当于光学中振动方向与入射平面平行的线偏振光入射的情况. 第二种情况是，$\boldsymbol{k}$ 在 xy 平面上，而 $\boldsymbol{E}$ 沿 z 轴方向，这相当于光学中振动方向与入射面垂直的线偏振光入射的情况.

先讨论第一种情况，即入射波的电场强度矢量 $\boldsymbol{E}_{\mathrm{i}}$ 在入射面上. 入射波在运动的界面上分成反射波和折射波，其中反射波仍在介质 1 中传播，折射波则进入介质 2，如图 9-4-4 所示.

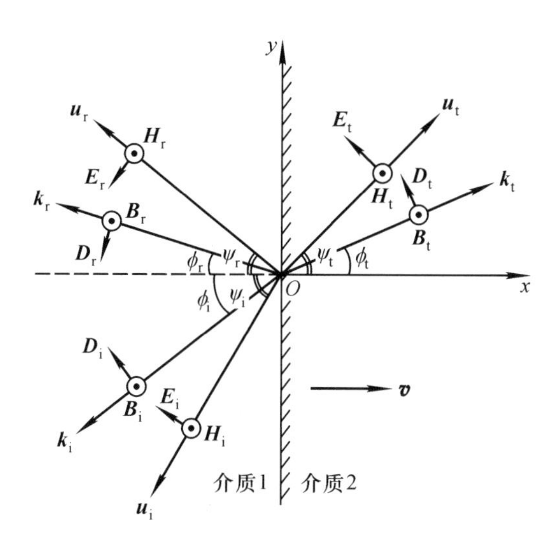

图 9-4-4

为了得出波法线方向遵从的反射定律和折射定律，结合图 9-4-4，取 $\widetilde{\boldsymbol{E}}$ 和 $\widetilde{\boldsymbol{D}}$ 的边界条件，得出

$$\begin{cases}E_i\cos\psi_i-vB_i-E_r\cos\psi_r-vB_r=E_t\cos\psi_t-vB_t\\D_i\sin\phi_i+D_r\sin\phi_r=D_t\sin\phi_t\end{cases}\tag{12}$$

为了方便，把波的法线方向的入射角、反射角、折射角分别表为 ϕ_i，ϕ_r，ϕ_t，把波的射线方向的入射角、反射角、折射角分别表为 ψ_i，ψ_r，ψ_t（下标 i，r，t 分别表示入射，反射，折线；ϕ 表示与波法线有关的角度，ψ 表示与射线有关的角度）. 它们与前面引入的波法线方位角 α 以及射线方位角 θ 的关系为

$$\begin{cases}\phi_i=\alpha_i\\\phi_r=\pi-\alpha_r\\\phi_t=\alpha_t\\\psi_i=\theta_i\\\psi_r=\pi-\theta_r\\\psi_t=\theta_t\end{cases}\tag{13}$$

考虑到介质中既无自由电荷又无传导电流，入射波场、反射波场、折射波场的解均应取为由 §3 中(6)式给出的运动介质中的电磁波解. 把这些解代入(12)式后，因为对界面上任何点在任何时刻都应成立，这就要求反射波和折射波的相位因子总是与入射波的相位因子相同，即有

$$\nu_i\left(t-\frac{\boldsymbol{r}\cdot\boldsymbol{k}_i}{w_i}\right)=\nu_r\left(t-\frac{\boldsymbol{r}\cdot\boldsymbol{k}_r}{w_r}\right)$$

$$=\nu_{\mathrm{t}}\left(t-\frac{\boldsymbol{r}\cdot\boldsymbol{k}_{\mathrm{t}}}{w_{\mathrm{t}}}\right) \tag{14}$$

式中 $\boldsymbol{r}$ 是在界面上所取点的位置矢量.

现在，设界面处于图 9-4-4 位置时为 $t=0$ 时刻，设此时刻坐标原点 O 刚好在界面上. 于是，对于图 9-4-4 中 y 轴上的各点，有

$$\boldsymbol{r}\cdot\boldsymbol{k}=y\sin\phi$$

代入(14)式，得

$$\nu_{\mathrm{i}}\frac{\sin\phi_{\mathrm{i}}}{w_{\mathrm{i}}}=\nu_{\mathrm{r}}\frac{\sin\phi_{\mathrm{r}}}{w_{\mathrm{r}}}=\nu_{\mathrm{t}}\frac{\sin\phi_{\mathrm{t}}}{w_{\mathrm{t}}} \tag{*}$$

把频率 ν_{i}，ν_{r}，ν_{t} 分别转换成相对介质静止的 S′系中的频率 $\nu'_{\mathrm{i}}=\nu'_{\mathrm{r}}=\nu'_{\mathrm{t}}$，根据 §3 的(19)式，其间的关系为

$$\nu'_{\mathrm{i}}=\frac{\nu_{\mathrm{i}}\left(1-\dfrac{v\cos\phi_{\mathrm{i}}}{w_{\mathrm{i}}}\right)}{\sqrt{1-\beta^2}}$$

$$\nu'_{\mathrm{r}}=\frac{\nu_{\mathrm{r}}\left(1+\dfrac{v\cos\phi_{\mathrm{r}}}{w_{\mathrm{r}}}\right)}{\sqrt{1-\beta^2}}$$

$$\nu'_{\mathrm{t}}=\frac{\nu_{\mathrm{t}}\left(1-\dfrac{v\cos\phi_{\mathrm{t}}}{w_{\mathrm{t}}}\right)}{\sqrt{1-\beta^2}}$$

在上式中，对于反射波，已经考虑到图 9-4-4 中的反射角 ϕ_{r} 实际上是法线方位角 α_{r} 的补角. 由上式解出 ν_{i}，ν_{r}，ν_{t}，代入(*)式，并注意到 $\nu'_{\mathrm{i}}=\nu'_{\mathrm{r}}=\nu'_{\mathrm{t}}$，得

$$\frac{\sin\phi_{\mathrm{i}}}{w_{\mathrm{i}}-v\cos\phi_{\mathrm{i}}}=\frac{\sin\phi_{\mathrm{r}}}{w_{\mathrm{r}}+v\cos\phi_{\mathrm{r}}}=\frac{\sin\phi_{\mathrm{t}}}{w_{\mathrm{t}}-v\cos\phi_{\mathrm{t}}} \tag{15}$$

(15)式就是在两种运动介质的界面上，电磁波的波法线方向所遵循的反射定律和折射定律. 在(15)式中，三个相速度 w_{i}，w_{r}，w_{t} 与波法线的方位角 α_{i}，α_{r}，α_{t} 之间的关系为 §3 中的(9)式. 利用 §3 的(9)式，可将(15)式改写成不依赖于相速度的形式如下：

$$\frac{n_1^2\tan\phi_{\mathrm{i}}}{n_1c\sqrt{b_1(b_1+\tan^2\phi_{\mathrm{i}})}-b_1v}=\frac{n_1^2\tan\phi_{\mathrm{r}}}{n_1c\sqrt{b_1(b_1+\tan^2\phi_{\mathrm{r}})}+b_1v}=\frac{n_2^2\tan\phi_{\mathrm{t}}}{n_2c\sqrt{b_2(b_2+\tan^2\phi_{\mathrm{t}})}-b_2v} \tag{16}$$

(16)式中的 b_1 和 b_2 是在§3中通过(11)式引入的辅助量，具体表达式为

$$\begin{cases} b_1 = \dfrac{1-\beta^2}{1-\dfrac{\beta^2}{n_1^2}} \\ b_2 = \dfrac{1-\beta^2}{1-\dfrac{\beta^2}{n_2^2}} \end{cases} \tag{17}$$

至此，我们得出了在运动介质界面上电磁波法线方向的反射定律和折射定律的两种表达形式，即(15)式和(16)式. 不难看出，当 $v=0$ 时，即介质静止时，(15)式和(16)式都回复到静止界面上熟知的反射定律和折射定律，如下：

$$\begin{cases} \phi_r = \phi_i \\ n_1 \sin\phi_i = n_2 \sin\phi_t \end{cases}$$

为了定性地考察相对论效应，取介质1为真空，则(15)式的第一个等式成为

$$\frac{\sin\phi_i}{1-\beta\cos\phi_i} = \frac{\sin\phi_r}{1+\beta\cos\phi_r} \tag{18}$$

为了直观起见，可将界面比作一块平面镜的反射面，电磁波取为可见光光波，再把空气近似处理为真空，则波法线方向与射线方向一致，均成为光线方向. 当平面镜静止不动时，光从空气射到镜面后，反射角等于入射角. 当平面镜顺着入射光运动(即沿 x 轴方向运动，β 取正)时，由(18)式容易看出，反射角 ϕ_r 将大于入射角 ϕ_i. 当平面镜迎着入射光运动(即沿 x 轴负方向运动，β 取负)时，反射角 ϕ_r 将小于入射角 ϕ_i. 对于给定的入射角 ϕ_i，反射角 ϕ_r 的大小随着平面镜的运动速度 $\boldsymbol{v}$ 发生变化，这是电磁波在运动介质界面上反射的相对论效应. 显然，相对论效应只在 v 足够大以至 β 不可忽略时才显示出来.

这种相对论效应可以用如图 9-4-5 所示的曲线表现出来，在图 9-4-5 中的曲线是取 $\phi_i=45°$ 的情形画出的. 在图 9-4-5 中，入射光从左上方45°角入射到运动界面的 O 点，反射光从 O 点向右侧射出. 在图 9-4-5 的右侧画出了两条曲线，从 O 点到曲线上任何一点 P 连一条直线段，该直线段 OP 的长度表示反射光沿 OP 方向出射时平面镜运动速度 v 的绝对值. 当 $\phi_r=\phi_i=45°$ 时，$v=0$，所以曲线通过 O 点. 当 $v>0$ 时，平面镜顺着入射光运动(对应于图 9-4-5 中向下运动)，反射角 ϕ_r 大于入射角 ϕ_i，对应图 9-4-5 右下侧曲线. 从(18)式可知，β 越大，ϕ_r 也越大，甚至可能超过90°. 当 $v>c\cos\phi_i$ 时，入射光将追不上平面镜，从而不能造成反射. 因此，$v=c\cos\phi_i$ 是反射角达到最大值的条件，在此极限情形下，反射光沿着原入射光的方向传播. 对于 $\phi_i=45°$ 的情形，当 $v=\dfrac{\sqrt{2}}{2}c$ 时，反射角达到最大值，为 $\phi_r=135°$. 当 $v<0$ 时，平面镜迎着入射光运动(对应于图 9-4-5 中向上运动)，反射角 ϕ_r 小于入射角 ϕ_i，对应图 9-4-5 右上侧曲线. 从(18)式可知，

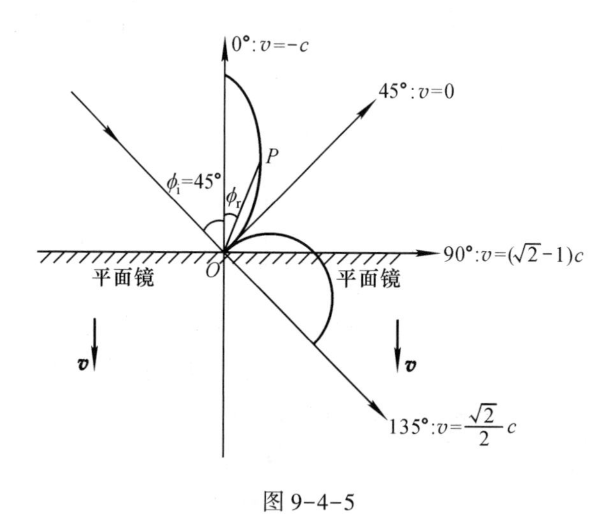

图 9-4-5

$|\beta|$越大，ϕ_r就越小. 在$v\to -c$的极限情形下，$\phi_r\to 0°$，反射光将沿平面镜的法线方向出射. 总之，对于一个给定的入射角ϕ_i，反射角ϕ_r可在0°到$(\pi-\phi_i)$的范围内随着平面镜的运动速度$\boldsymbol{v}$变化.

如果入射光逆着原先的反射光入射，即$\phi_i=\phi_r$，则根据(18)式，新的反射角ϕ_r^*应满足

$$\frac{\sin\phi_r}{1-\beta\cos\phi_r}=\frac{\sin\phi_r^*}{1+\beta\cos\phi_r^*}$$

显然，新的反射角ϕ_r^*并不等于原先的入射角ϕ_i，如图 9-4-6 所示. 在图 9-4-6 中用虚线表示原来的反射光路，用实线表示逆向反射的光路. 在这种情况下，光的可逆性原理并不成立. 但是，当平面镜的运动速度同时逆转时，上式应改写为

$$\frac{\sin\phi_r}{1+\beta\cos\phi_r}=\frac{\sin\phi_r^*}{1-\beta\cos\phi_r^*}$$

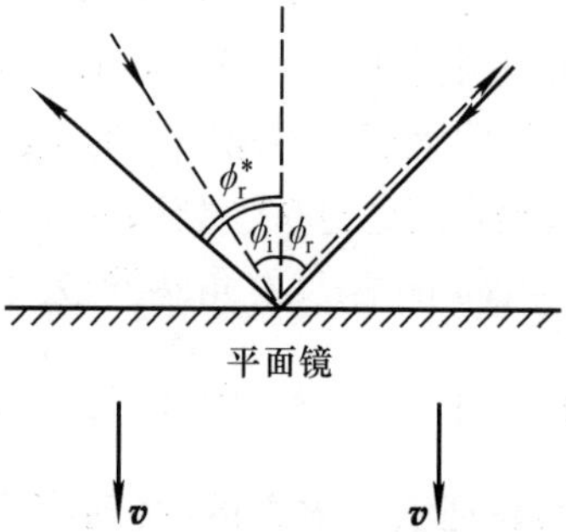

图 9-4-6

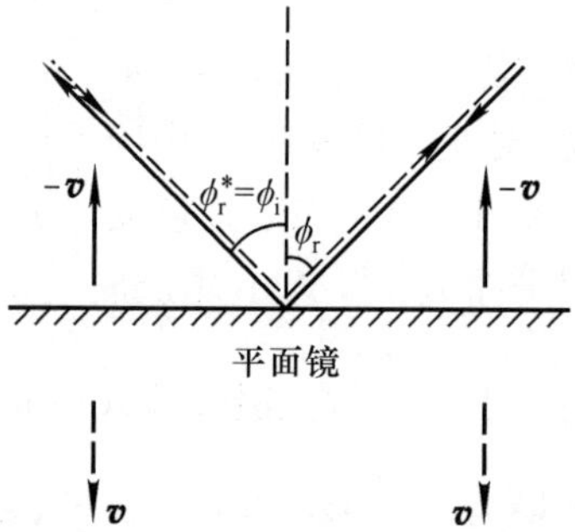

图 9-4-7

与(18)式相比较，即得 $\phi_r^* = \phi_i$，新的反射光将沿原来的入射光逆向射出，如图 9-4-7 所示. 光的反射过程成为入射过程的逆过程，即又符合光的可逆性原理了.

对于一般的折射率为 n_1 和 n_2 的介质，通过对(15)式或(16)式的分析，不难看出，在运动界面上电磁波的波法线方向的反射定律和折射定律，与通常的反射定律和折射定律相比，有以下明显的差别：

(1) 除正入射(即 $\phi_i=0$，故 $\phi_r=\phi_t=0$)外，反射角一般不等于入射角. 若界面顺着入射光运动，即若 $v>0$，则有 $\phi_r>\phi_i$；反之，若界面逆着入射光运动，即若 $v<0$，则有 $\phi_r<\phi_i$.

(2) 除正入射外，折射角与入射角的关系不仅与两介质的折射率有关，而且还与界面的运动速度有关. 对于固定不变的入射角，在界面顺着或逆着入射光运动的两种情形，有不同的折射角.

(3) 当入射光沿原反射光(或折射光)逆向入射时，反射光(或折射光)并不沿原入射光的逆方向行进，即光的可逆性不成立. 只有当界面的运动速度同时逆转时，反射光(或折射光)才沿原入射光的逆方向射出.

现在，再来寻找电磁波射线方向所遵循的反射定律和折射定律. 利用波法线方向的反射定律和折射定律(16)式，结合§3 中(22)式给出的射线速度 $\boldsymbol{u}$ 在 x 和 y 方向的分量 u_x 和 u_y 与波法线方位角 α 之间的关系以及 u_x 和 u_y 与射线方位角 θ 之间的下述关系：

$$u_x = u\cos\theta$$
$$u_y = u\sin\theta$$

可以得出，运动界面上电磁波射线方向的反射定律和折射定律为

$$\frac{n_1^2 u_i \sin\psi_i}{1-\dfrac{u_i v}{c^2}\cos\psi_i} = \frac{n_1^2 u_r \sin\psi_r}{1+\dfrac{u_r v}{c^2}\cos\psi_r} = \frac{n_2^2 u_t \sin\psi_t}{1-\dfrac{u_t v}{c^2}\cos\psi_t} \tag{19}$$

式中 u_i，u_r，u_t 分别为入射波、反射波、折射波的射线速度. 正如本节一开始所预期的那样，在运动介质界面上，电磁波的射线方向和法线方向的确遵循各自的反射定律和折射定律，这种分离现象再次体现了相对论效应.

通过对(19)式的分析讨论，与波法线相仿，可以得出射线的反射与折射特征，即反射角 ψ_r 一般不等于入射角 ψ_i，反射角 ψ_r 和折射角 ψ_t 都与界面的运动速度 $\boldsymbol{v}$ 有关. 为了能对射线方向的反射和折射特征有具体的图像式的认识，不妨仍将介质 1 取为真空，在简化条件下进行讨论. 在这种条件下，$n_1=1$，$u_i=u_r=c$，$n_2=n$，于是(19)式简化为

$$\frac{\sin\psi_r}{1+\beta\cos\psi_r} = \frac{\sin\psi_i}{1-\beta\cos\psi_i}$$

$$\frac{n^2 u_t \sin\psi_t}{1-\dfrac{u_t v}{c^2}\cos\psi_t} = \frac{\sin\psi_i}{1-\beta\cos\psi_i}$$

上述第一式与(18)式一致，这是因为在真空中电磁波的射线方向与法线方向是一致的. 第二式中的 u_t 是介质中的射线速度，由 § 3 的(24)式，有

$$u_t=\frac{\sqrt{(1-\beta^2)(1-\beta^2\cos^2\psi_t-n^2\beta^2\sin^2\psi_t)}\,nc+(n^2-1)v\cos\psi_t}{n^2-\beta^2\cos^2\psi_t-n^2\beta^2\sin^2\psi_t}$$

由以上三个公式可以得出 ψ_r 和 ψ_t 依赖于 ψ_i 的关系式，为

$$\begin{cases}\tan\psi_r=\dfrac{(1-\beta^2)\sin\psi_i}{(1+\beta^2)\cos\psi_i-2\beta}\\ \tan\psi_t=\dfrac{(1-\beta^2)\sin\psi_i}{\sqrt{n^2(1-\beta\cos\psi_i)^2-(1-\beta^2)\sin^2\psi_i}+\beta n^2(1-\beta\cos\psi_i)}\end{cases}\tag{20}$$

(20)式的两个关系式为进行数值计算提供了依据. 如图 9-4-8 所示，画出了 $n=1.5$ 以及 $\beta=0.5$ 和 $\beta=0.8$ 两种情况下，射线方向的反射角 ψ_r 和折射角 ψ_t 随入射角 ψ_i 变化的曲线，它们在图 9-4-8 中用四条实线画出. 为了对比，在图 9-4-8 中还用两条虚线画出了 $v=0$ 时 ψ_r 和 ψ_t 随 ψ_i 变化的曲线. 通过比较可以看出，对常规的反射定律和折射定律的偏离，完全起因于 β 因子，β 越大，偏离的程度也就越大，这正是相对论效应的主要特征.

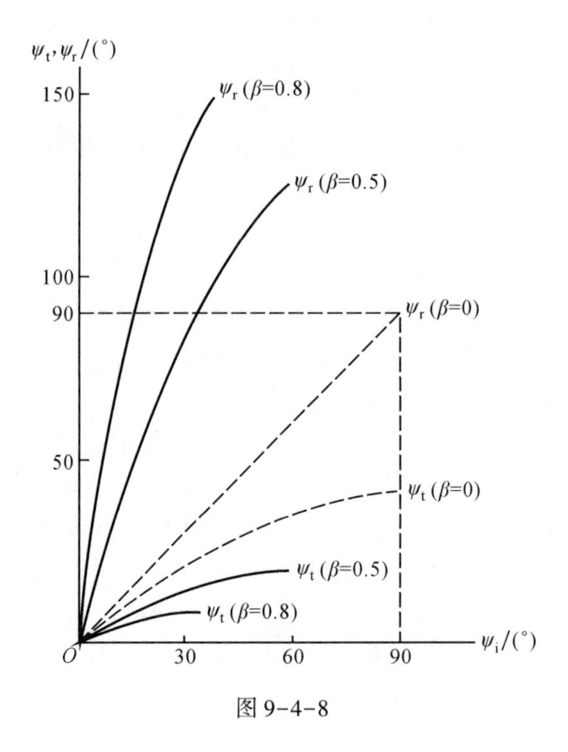

图 9-4-8

现在讨论第二种情况，即入射电磁波的电场强度 $\boldsymbol{E}_\mathrm{i}$ 垂直于入射面的情况，如图 9-4-9 所示. 边界条件为 $\tilde{\boldsymbol{H}}$ 的切向分量连续和 $\boldsymbol{B}$ 的法向分量连续，结合图 9-4-9，可得

$$\begin{cases} H_\mathrm{i}\cos\psi_\mathrm{i}-vD_\mathrm{i}-H_\mathrm{r}\cos\psi_\mathrm{r}-vD_\mathrm{r}=H_\mathrm{t}\cos\psi_\mathrm{t}-vD_\mathrm{t} \\ B_\mathrm{i}\sin\phi_\mathrm{i}+B_\mathrm{r}\sin\phi_\mathrm{r}=B_\mathrm{t}\sin\phi_\mathrm{t} \end{cases} \tag{21}$$

根据相位因子相同的要求，同样可以导出与(15)式、(16)式、(19)式一致的公式. 它们是在第二种情况中，在运动界面上电磁波法线方向的反射定律和折射定律，以及在运动界面上电磁波射线方向的反射定律和折射定律.

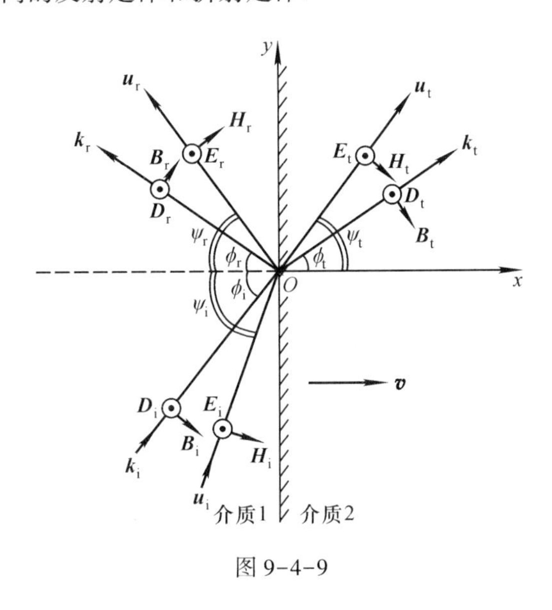

图 9-4-9

由于 $\boldsymbol{E}$ 为任何方向的平面电磁波总可以分解为两列波，其一的 $\boldsymbol{E}_1$ 在 xy 平面上，另一的 $\boldsymbol{E}_2$ 沿 z 轴方向，而上面已经证明这两列波所遵循的反射定律和折射定律是相同的. 所以，对于 $\boldsymbol{E}$ 为任何方向的入射波，它所遵循的反射定律和折射定律都可用(15)式、(16)式、(19)式来表示. 换言之，(15)式、(16)式、(19)式就是在运动介质界面上具有普遍意义的电磁波的反射定律和折射定律.

三、Fresnel 公式

Fresnel 公式描述的是反射波的电磁场量($\boldsymbol{E}_\mathrm{r}$，$\boldsymbol{D}_\mathrm{r}$，$\boldsymbol{B}_\mathrm{r}$，$\boldsymbol{H}_\mathrm{r}$)以及折射波的电磁场量($\boldsymbol{E}_\mathrm{t}$，$\boldsymbol{D}_\mathrm{t}$，$\boldsymbol{B}_\mathrm{t}$，$\boldsymbol{H}_\mathrm{t}$)与入射波的电磁场量($\boldsymbol{E}_\mathrm{i}$，$\boldsymbol{D}_\mathrm{i}$，$\boldsymbol{B}_\mathrm{i}$，$\boldsymbol{H}_\mathrm{i}$)之间的比例关系. 在静止介质界面上的这些关系，通常是在光学课程中介绍给学生的，利用这些关系可以求出在反射和折射中光波能量的定量分配. 经典的 Fresnel 公式分为两组，一组涉及的是入射波电场强度 $\boldsymbol{E}_\mathrm{i}$ 的方向在入射面上的线偏振光情形，另一组涉及的是 $\boldsymbol{E}_\mathrm{i}$ 的方向垂直于入射面的线偏振光情形.

显然，在 Fresnel 时代，要讨论运动介质界面上反射波和折射波的电磁场量与入射波的电磁场量之间的比例关系是困难的. 相对论电磁场理论的建立，为讨论运动介质界面上的反射和折射问题奠定了基础. 不难设想，对于 $\boldsymbol{E}_{\mathrm{i}}$ 的方向在入射面上和 $\boldsymbol{E}_{\mathrm{i}}$ 的方向垂直于入射面这两种情形，有待建立的运动介质界面上的 Fresnel 公式当然不会相同，而且公式的形式必定会比经典的 Fresnel 公式复杂得多.

首先，设入射波的电场强度 $\boldsymbol{E}_{\mathrm{i}}$ 的方向在入射面上. 把运动介质中的物质方程

$$\begin{cases} \boldsymbol{D}+\dfrac{1}{c^2}\boldsymbol{v}\times\boldsymbol{H}=\varepsilon_{\mathrm{r}}\varepsilon_0(\boldsymbol{E}+\boldsymbol{v}\times\boldsymbol{B}) \\ \boldsymbol{B}-\dfrac{1}{c^2}\boldsymbol{v}\times\boldsymbol{E}=\mu_{\mathrm{r}}\mu_0(\boldsymbol{H}-\boldsymbol{v}\times\boldsymbol{D}) \end{cases}$$

分别应用于入射波场、反射波场和折射波场，并结合图 9-4-4，可得

$$\begin{cases} D_{\mathrm{i}}\sin\phi_{\mathrm{i}}=\varepsilon_{1\mathrm{r}}\varepsilon_0E_{\mathrm{i}}\sin\psi_{\mathrm{i}} \\ D_{\mathrm{r}}\sin\phi_{\mathrm{r}}=\varepsilon_{1\mathrm{r}}\varepsilon_0E_{\mathrm{r}}\sin\psi_{\mathrm{r}} \\ D_{\mathrm{t}}\sin\phi_{\mathrm{t}}=\varepsilon_{2\mathrm{r}}\varepsilon_0E_{\mathrm{t}}\sin\psi_{\mathrm{t}} \end{cases} \tag{22}$$

和

$$\begin{cases} D_{\mathrm{i}}\cos\phi_{\mathrm{i}}-\dfrac{v}{c^2}H_{\mathrm{i}}=\varepsilon_{1\mathrm{r}}\varepsilon_0E_{\mathrm{i}}\cos\psi_{\mathrm{i}}-\varepsilon_{1\mathrm{r}}\varepsilon_0vB_{\mathrm{i}} \\ B_{\mathrm{i}}-\dfrac{v}{c^2}E_{\mathrm{i}}\cos\psi_{\mathrm{i}}=\mu_{1\mathrm{r}}\mu_0H_{\mathrm{i}}-\mu_{1\mathrm{r}}\mu_0vD_{\mathrm{i}}\cos\phi_{\mathrm{i}} \\ D_{\mathrm{r}}\cos\phi_{\mathrm{r}}+\dfrac{v}{c^2}H_{\mathrm{r}}=\varepsilon_{1\mathrm{r}}\varepsilon_0E_{\mathrm{r}}\cos\psi_{\mathrm{r}}+\varepsilon_{1\mathrm{r}}\varepsilon_0vB_{\mathrm{r}} \\ B_{\mathrm{r}}+\dfrac{v}{c^2}E_{\mathrm{r}}\cos\psi_{\mathrm{r}}=\mu_{1\mathrm{r}}\mu_0H_{\mathrm{r}}+\mu_{1\mathrm{r}}\mu_0vD_{\mathrm{r}}\cos\phi_{\mathrm{r}} \\ D_{\mathrm{t}}\cos\phi_{\mathrm{t}}-\dfrac{v}{c^2}H_{\mathrm{t}}=\varepsilon_{2\mathrm{r}}\varepsilon_0E_{\mathrm{t}}\cos\psi_{\mathrm{t}}-\varepsilon_{2\mathrm{r}}\varepsilon_0vB_{\mathrm{t}} \\ B_{\mathrm{t}}-\dfrac{v}{c^2}E_{\mathrm{t}}\cos\psi_{\mathrm{t}}=\mu_{2\mathrm{r}}\mu_0H_{\mathrm{t}}-\mu_{2\mathrm{r}}\mu_0vD_{\mathrm{t}}\cos\phi_{\mathrm{t}} \end{cases} \tag{23}$$

把(22)式代入(23)式，可以得出 $\boldsymbol{B}$ 和 $\boldsymbol{H}$ 的下述表示式：

$$
\begin{cases}
B_{\mathrm{i}}=\dfrac{1}{v(n_1^2-1)}[(n_1^2-\beta^2)-n_1^2(1-\beta^2)\cot\phi_{\mathrm{i}}\tan\psi_{\mathrm{i}}]E_{\mathrm{i}}\cos\psi_{\mathrm{i}}\\
B_{\mathrm{r}}=\dfrac{-1}{v(n_1^2-1)}[(n_1^2-\beta^2)-n_1^2(1-\beta^2)\cot\phi_{\mathrm{r}}\tan\psi_{\mathrm{r}}]E_{\mathrm{r}}\cos\psi_{\mathrm{r}}\\
B_{\mathrm{t}}=\dfrac{1}{v(n_2^2-1)}[(n_2^2-\beta^2)-n_2^2(1-\beta^2)\cot\phi_{\mathrm{t}}\tan\psi_{\mathrm{t}}]E_{\mathrm{t}}\cos\psi_{\mathrm{t}}\\
H_{\mathrm{i}}=\dfrac{\varepsilon_{1\mathrm{r}}}{\mu_0 v(n_1^2-1)}[(1-\beta^2)-(1-n_1^2\beta^2)\cot\phi_{\mathrm{i}}\tan\psi_{\mathrm{i}}]E_{\mathrm{i}}\cos\psi_{\mathrm{i}}\\
H_{\mathrm{r}}=\dfrac{-\varepsilon_{1\mathrm{r}}}{\mu_0 v(n_1^2-1)}[(1-\beta^2)-(1-n_1^2\beta^2)\cot\phi_{\mathrm{r}}\tan\psi_{\mathrm{r}}]E_{\mathrm{r}}\cos\psi_{\mathrm{r}}\\
H_{\mathrm{t}}=\dfrac{\varepsilon_{2\mathrm{r}}}{\mu_0 v(n_2^2-1)}[(1-\beta^2)-(1-n_2^2\beta^2)\cot\phi_{\mathrm{t}}\tan\psi_{\mathrm{t}}]E_{\mathrm{t}}\cos\psi_{\mathrm{t}}
\end{cases}
\tag{24}
$$

把(24)式的前三个关系式及(22)式代入边界条件(12)式，可得

$$
\begin{cases}
\tau_{1\mathrm{i}}E_{\mathrm{i}}\cos\psi_{\mathrm{i}}-\tau_{1\mathrm{r}}E_{\mathrm{r}}\cos\psi_{\mathrm{r}}=\tau_{2\mathrm{t}}E_{\mathrm{t}}\cos\psi_{\mathrm{t}}\\
\varepsilon_{1\mathrm{r}}E_{\mathrm{i}}\sin\psi_{\mathrm{i}}+\varepsilon_{1\mathrm{r}}E_{\mathrm{r}}\sin\psi_{\mathrm{r}}=\varepsilon_{2\mathrm{r}}E_{\mathrm{t}}\sin\psi_{\mathrm{t}}
\end{cases}
\tag{25}
$$

式中

$$
\begin{cases}
\tau_{1\mathrm{i}}=\dfrac{n_1^2\cot\phi_{\mathrm{i}}\tan\psi_{\mathrm{i}}-1}{n_1^2-1}\\
\tau_{1\mathrm{r}}=\dfrac{n_1^2\cot\phi_{\mathrm{r}}\tan\psi_{\mathrm{r}}-1}{n_1^2-1}\\
\tau_{2\mathrm{t}}=\dfrac{n_2^2\cot\phi_{\mathrm{t}}\tan\psi_{\mathrm{t}}-1}{n_2^2-1}
\end{cases}
\tag{26}
$$

借助于(25)式，可以解出反射场量 E_{r}、折射场量 E_{t} 与入射场量 E_{i} 之间的线性关系，为

$$
\begin{cases}
E_{\mathrm{r}}=\dfrac{\varepsilon_{2\mathrm{r}}\tau_{1\mathrm{i}}\cos\psi_{\mathrm{i}}\sin\psi_{\mathrm{t}}-\varepsilon_{1\mathrm{r}}\tau_{2\mathrm{t}}\sin\psi_{\mathrm{i}}\cos\psi_{\mathrm{t}}}{\varepsilon_{1\mathrm{r}}\tau_{2\mathrm{t}}\sin\psi_{\mathrm{r}}\cos\psi_{\mathrm{t}}+\varepsilon_{2\mathrm{r}}\tau_{1\mathrm{r}}\cos\psi_{\mathrm{r}}\sin\psi_{\mathrm{t}}}E_{\mathrm{i}}\\
E_{\mathrm{t}}=\dfrac{\varepsilon_{1\mathrm{r}}\tau_{1\mathrm{r}}\sin\psi_{\mathrm{i}}\cos\psi_{\mathrm{r}}+\varepsilon_{1\mathrm{r}}\tau_{1\mathrm{i}}\cos\psi_{\mathrm{i}}\sin\psi_{\mathrm{r}}}{\varepsilon_{1\mathrm{r}}\tau_{2\mathrm{t}}\sin\psi_{\mathrm{r}}\cos\psi_{\mathrm{t}}+\varepsilon_{2\mathrm{r}}\tau_{1\mathrm{r}}\cos\psi_{\mathrm{r}}\sin\psi_{\mathrm{t}}}E_{\mathrm{i}}
\end{cases}
\tag{27}
$$

(27)式就是当入射电磁波的电场强度 $\boldsymbol{E}_{\mathrm{i}}$ 的方向在入射面上时，经运动介质界面反射和折射后，反射波的电场强度 E_{r} 以及折射波的电场强度 E_{t} 与入射波的电场强度 E_{i} 之间关系的 Fresnel 公式. 它描述了经运动介质界面反射和折射后，电场强度的分配关系.

若介质静止，即若 $v=0$，则

$$\begin{cases}\phi_i=\psi_i\\ \phi_r=\psi_r\\ \phi_t=\psi_t\end{cases}$$

由(26)式即得

$$\tau_{1i}=\tau_{1r}=\tau_{2t}=1$$

于是(27)式简化为

$$\begin{cases}E_r=\dfrac{\varepsilon_{2r}\cos\psi_i\sin\psi_t-\varepsilon_{1r}\sin\psi_i\cos\psi_t}{\varepsilon_{1r}\sin\psi_r\cos\psi_t+\varepsilon_{2r}\cos\psi_r\sin\psi_t}E_i\\ E_t=\dfrac{\varepsilon_{1r}\sin\psi_i\cos\psi_r+\varepsilon_{1r}\cos\psi_i\sin\psi_r}{\varepsilon_{1r}\sin\psi_r\cos\psi_t+\varepsilon_{2r}\cos\psi_r\sin\psi_t}E_i\end{cases}$$

这就是适用于静止介质界面上反射和折射的经典 Fresnel 公式.

把(27)式代入(22)式和(24)式，可以得到反射和折射后关于 $\boldsymbol{D}$，$\boldsymbol{B}$，$\boldsymbol{H}$ 分配关系的相对论 Fresnel 公式，为

$$\begin{cases}D_r=\dfrac{\sin\phi_i\sin\psi_r}{\sin\phi_r\sin\psi_i}F_{er}D_i\\ D_t=\dfrac{\varepsilon_{2r}\sin\phi_i\sin\psi_t}{\varepsilon_{1r}\sin\phi_t\sin\psi_i}F_{et}D_i\\ B_r=\dfrac{-[(n_1^2-\beta^2)-n_1^2(1-\beta^2)\cot\phi_r\tan\psi_r]\cos\psi_r}{[(n_1^2-\beta^2)-n_1^2(1-\beta^2)\cot\phi_i\tan\psi_i]\cos\psi_i}F_{er}B_i\\ B_t=\dfrac{(n_1^2-1)[(n_2^2-\beta^2)-n_2^2(1-\beta^2)\cot\phi_t\tan\psi_t]\cos\psi_t}{(n_2^2-1)[(n_1^2-\beta^2)-n_1^2(1-\beta^2)\cot\phi_i\tan\psi_i]\cos\psi_i}F_{et}B_i\\ H_r=\dfrac{-[(1-\beta^2)-(1-n_1^2\beta^2)\cot\phi_r\tan\psi_r]\cos\psi_r}{[(1-\beta^2)-(1-n_1^2\beta^2)\cot\phi_i\tan\psi_i]\cos\psi_i}F_{er}H_i\\ H_t=\dfrac{\varepsilon_{2r}(n_1^2-1)[(1-\beta^2)-(1-n_2^2\beta^2)\cot\phi_t\tan\psi_t]\cos\psi_t}{\varepsilon_{1r}(n_2^2-1)[(1-\beta^2)-(1-n_1^2\beta^2)\cot\phi_i\tan\psi_i]\cos\psi_i}F_{et}H_i\end{cases}\tag{28}$$

式中 F_{er} 为电场强度 $\boldsymbol{E}$ 的 Fresnel 反射系数，F_{et} 为电场强度 $\boldsymbol{E}$ 的 Fresnel 折射系数，为

$$\begin{cases}F_{er}=\dfrac{\varepsilon_{2r}\tau_{1i}\cos\psi_i\sin\psi_t-\varepsilon_{1r}\tau_{2t}\sin\psi_i\cos\psi_t}{\varepsilon_{1r}\tau_{2t}\sin\psi_r\cos\psi_t+\varepsilon_{2r}\tau_{1r}\cos\psi_r\sin\psi_t}\\ F_{et}=\dfrac{\varepsilon_{1r}\tau_{1r}\sin\psi_i\cos\psi_r+\varepsilon_{1r}\tau_{1i}\cos\psi_i\sin\psi_r}{\varepsilon_{1r}\tau_{2t}\sin\psi_r\cos\psi_t+\varepsilon_{2r}\tau_{1r}\cos\psi_r\sin\psi_t}\end{cases}\tag{29}$$

至此，我们得出了当入射电磁波的电场强度 $\boldsymbol{E}_i$ 的方向在入射面上时，经运动介质界面上反射和折射的 Fresnel 公式，即(27)式和(28)式.

再设入射电磁波的电场强度 $\boldsymbol{E}_{\mathrm{i}}$ 的方向垂直于入射面，结合图 9-4-9，把物质方程用于入射波场、反射波场与折射波场，可以得出与(22)式和(23)式相仿的关系式如下：

$$\begin{cases}B_{\mathrm{i}}\sin\phi_{\mathrm{i}}=\mu_{1\mathrm{r}}\mu_0 H_{\mathrm{i}}\sin\psi_{\mathrm{i}}\\B_{\mathrm{r}}\sin\phi_{\mathrm{r}}=\mu_{1\mathrm{r}}\mu_0 H_{\mathrm{r}}\sin\psi_{\mathrm{r}}\\B_{\mathrm{t}}\sin\phi_{\mathrm{t}}=\mu_{2\mathrm{r}}\mu_0 H_{\mathrm{t}}\sin\psi_{\mathrm{t}}\end{cases}\tag{30}$$

$$\begin{cases}B_{\mathrm{i}}\cos\phi_{\mathrm{i}}-\dfrac{v}{c^2}E_{\mathrm{i}}=\mu_{1\mathrm{r}}\mu_0 H_{\mathrm{i}}\cos\psi_{\mathrm{i}}-\mu_{1\mathrm{r}}\mu_0 vD_{\mathrm{i}}\\D_{\mathrm{i}}-\dfrac{v}{c^2}H_{\mathrm{i}}\cos\psi_{\mathrm{i}}=\varepsilon_{1\mathrm{r}}\varepsilon_0 E_{\mathrm{i}}-\varepsilon_{1\mathrm{r}}\varepsilon_0 vB_{\mathrm{i}}\cos\phi_{\mathrm{i}}\\B_{\mathrm{r}}\cos\phi_{\mathrm{r}}+\dfrac{v}{c^2}E_{\mathrm{r}}=\mu_{1\mathrm{r}}\mu_0 H_{\mathrm{r}}\cos\psi_{\mathrm{r}}+\mu_{1\mathrm{r}}\mu_0 vD_{\mathrm{r}}\\D_{\mathrm{r}}+\dfrac{v}{c^2}H_{\mathrm{r}}\cos\psi_{\mathrm{r}}=\varepsilon_{1\mathrm{r}}\varepsilon_0 E_{\mathrm{r}}+\varepsilon_{1\mathrm{r}}\varepsilon_0 vB_{\mathrm{r}}\cos\phi_{\mathrm{r}}\\B_{\mathrm{t}}\cos\phi_{\mathrm{t}}-\dfrac{v}{c^2}E_{\mathrm{t}}=\mu_{2\mathrm{r}}\mu_0 H_{\mathrm{t}}\cos\psi_{\mathrm{t}}-\mu_{2\mathrm{r}}\mu_0 vD_{\mathrm{t}}\\D_{\mathrm{t}}-\dfrac{v}{c^2}H_{\mathrm{t}}\cos\psi_{\mathrm{t}}=\varepsilon_{2\mathrm{r}}\varepsilon_0 E_{\mathrm{t}}-\varepsilon_{2\mathrm{r}}\varepsilon_0 vB_{\mathrm{t}}\cos\phi_{\mathrm{t}}\end{cases}\tag{31}$$

如果作下述替换：

$$\varepsilon_{\mathrm{r}}\varepsilon_0\Rightarrow\mu_{\mathrm{r}}\mu_0$$

$$\mu_{\mathrm{r}}\mu_0\Rightarrow\varepsilon_{\mathrm{r}}\varepsilon_0$$

$$E\Rightarrow H$$

$$H\Rightarrow E$$

$$D\Rightarrow B$$

$$B\Rightarrow D$$

那么，适用于入射电磁波的电场强度 $\boldsymbol{E}_{\mathrm{i}}$ 的方向垂直于入射面情形的边界条件(21)式、物质方程(30)式和(31)式，同适用于入射电磁波的电场强度 $\boldsymbol{E}_{\mathrm{i}}$ 的方向在入射面情形的边界条件(12)式、物质方程(22)式和(23)式，在形式上将完全相同. 因此，可将(27)式、(28)式、(29)式在形式上继承下来，只需注意到各量的上述对应替换关系即可. 于是，就得出了当 $\boldsymbol{E}_{\mathrm{i}}$ 垂直于入射面时，在运动介质界面上反射和折射的 Fresnel 公式如下：

$$
\left\{\begin{aligned}
&H_{\mathrm{r}}=F_{\mathrm{hr}}H_{\mathrm{i}}\\
&H_{\mathrm{t}}=F_{\mathrm{ht}}H_{\mathrm{i}}\\
&B_{\mathrm{r}}=\frac{\sin\phi_{\mathrm{i}}\sin\psi_{\mathrm{r}}}{\sin\phi_{\mathrm{r}}\sin\psi_{\mathrm{i}}}F_{\mathrm{hr}}B_{\mathrm{i}}\\
&B_{\mathrm{t}}=\frac{\mu_{2\mathrm{r}}\sin\phi_{\mathrm{i}}\sin\psi_{\mathrm{t}}}{\mu_{1\mathrm{r}}\sin\phi_{\mathrm{t}}\sin\psi_{\mathrm{i}}}F_{\mathrm{ht}}B_{\mathrm{i}}\\
&D_{\mathrm{r}}=\frac{-[(n_1^2-\beta^2)-n_1^2(1-\beta^2)\cot\phi_{\mathrm{r}}\tan\psi_{\mathrm{r}}]\cos\psi_{\mathrm{r}}}{[(n_1^2-\beta^2)-n_1^2(1-\beta^2)\cot\phi_{\mathrm{i}}\tan\psi_{\mathrm{i}}]\cos\psi_{\mathrm{i}}}F_{\mathrm{hr}}D_{\mathrm{i}}\\
&D_{\mathrm{t}}=\frac{(n_1^2-1)[(n_2^2-\beta^2)-n_2^2(1-\beta^2)\cot\phi_{\mathrm{t}}\tan\psi_{\mathrm{t}}]\cos\psi_{\mathrm{t}}}{(n_2^2-1)[(n_1^2-\beta^2)-n_1^2(1-\beta^2)\cot\phi_{\mathrm{i}}\tan\psi_{\mathrm{i}}]\cos\psi_{\mathrm{i}}}F_{\mathrm{ht}}D_{\mathrm{i}}\\
&E_{\mathrm{r}}=\frac{-[(1-\beta^2)-(1-n_1^2\beta^2)\cot\phi_{\mathrm{r}}\tan\psi_{\mathrm{r}}]\cos\psi_{\mathrm{r}}}{[(1-\beta^2)-(1-n_1^2\beta^2)\cot\phi_{\mathrm{i}}\tan\psi_{\mathrm{i}}]\cos\psi_{\mathrm{i}}}F_{\mathrm{hr}}E_{\mathrm{i}}\\
&E_{\mathrm{t}}=\frac{\mu_{2\mathrm{r}}(n_1^2-1)[(1-\beta^2)-(1-n_2^2\beta^2)\cot\phi_{\mathrm{t}}\tan\psi_{\mathrm{t}}]\cos\psi_{\mathrm{t}}}{\mu_{1\mathrm{r}}(n_2^2-1)[(1-\beta^2)-(1-n_1^2\beta^2)\cot\phi_{\mathrm{i}}\tan\psi_{\mathrm{i}}]\cos\psi_{\mathrm{i}}}F_{\mathrm{ht}}E_{\mathrm{i}}
\end{aligned}\right. \tag{32}
$$

式中

$$
\left\{\begin{aligned}
&F_{\mathrm{hr}}=\frac{\mu_{2\mathrm{r}}\tau_{1\mathrm{i}}\cos\psi_{\mathrm{i}}\sin\psi_{\mathrm{t}}-\mu_{1\mathrm{r}}\tau_{2\mathrm{t}}\sin\psi_{\mathrm{i}}\cos\psi_{\mathrm{t}}}{\mu_{1\mathrm{r}}\tau_{2\mathrm{t}}\sin\psi_{\mathrm{r}}\cos\psi_{\mathrm{t}}+\mu_{2\mathrm{r}}\tau_{1\mathrm{r}}\cos\psi_{\mathrm{r}}\sin\psi_{\mathrm{t}}}\\
&F_{\mathrm{ht}}=\frac{\mu_{1\mathrm{r}}\tau_{1\mathrm{r}}\sin\psi_{\mathrm{i}}\cos\psi_{\mathrm{r}}+\mu_{1\mathrm{r}}\tau_{1\mathrm{i}}\cos\psi_{\mathrm{i}}\sin\psi_{\mathrm{r}}}{\mu_{1\mathrm{r}}\tau_{2\mathrm{t}}\sin\psi_{\mathrm{r}}\cos\psi_{\mathrm{t}}+\mu_{2\mathrm{r}}\tau_{1\mathrm{r}}\cos\psi_{\mathrm{r}}\sin\psi_{\mathrm{t}}}
\end{aligned}\right. \tag{33}
$$

式中 $\tau_{1\mathrm{i}}$，$\tau_{1\mathrm{r}}$，$\tau_{2\mathrm{t}}$的定义见(26)式.

至此，我们导出了在两种偏振情形下，电磁波在运动介质界面上反射和折射的全部 Fresnel 公式. 确实，与静止介质条件下经典的 Fresnel 公式相比，它们要复杂得多. 这是可以理解的，因为电磁波在运动介质中的传播与在静止介质中的传播相比，内容要丰富很多. 显然，运动介质界面上反射和折射的 Fresnel 公式的种种复杂因素，只是在相对论电磁场理论建立之后才有可能被充分地揭示，因此，它为相对论电磁场理论的成功提供了又一个有力的证据.

参考文献

[1] EINSTEIN　A. 论动体的电动力学//爱因斯坦文集：第二卷. 范岱年等，编译. 北京：商务印书馆，1977.

[2] EINSTEIN　A. 关于相对性原理和由此得出的结论//爱因斯坦文集：第二卷. 范岱年等，编译. 北京：商务印书馆，1977.

[3] 爱因斯坦 A. 相对论的意义. 李灏, 译. 北京: 科学出版社, 1961.
[4] MÖLLER C. The theory of relativity. Oxford: The Clarendon Press, 1952.
[5] 舒幼生, 胡望雨. 电磁波在运动媒质中的传播特性. 大学物理, 1989(2).
[6] 舒幼生, 胡望雨. 光在高速运动界面上的反射与折射. 大学物理. 1987(4).

第十章

电磁学若干基本问题的近代研究

物理理论的发展经历了从个别到一般，从不完善到完善，从唯象到深入本质的各个阶段. 物理理论反映了人们对于物理现象的认识深度和广度. 愈深入、愈完善、愈普遍的物理理论，概括的物理事实愈多，也愈有意义. 因而物理学家总是不断地追求深入、完善、普遍的和谐理论. 这一发展过程永无止境.

Maxwell 的电磁场理论达到了经典电磁学研究的顶峰. 它在一定的范围内已经相当完善，并且，它还具有极大的实用价值，深刻地影响着社会的科学技术发展. 但是，它不是终极的物理理论，也并不是完美无缺的. 它还存在着内部矛盾，这些内在矛盾在经典范围内是无法克服的.

另外，物理学家从更广泛的范围来探讨电磁理论的可能形式，寻求其内涵的深刻意义. 这些研究很富于启发性，有许多问题已经超出了电磁学的领域. 本章择要介绍电磁学中若干基本问题的近代研究.

§1. 经典电磁理论的困难

一、电子质量发散的困难和电子运动“自行加速”的困难

众所周知，在给定的电磁场中放入一个运动的带电粒子，它将受到外加电磁场的作用. 同时，运动的带电粒子还将在其周围产生它自身的电磁场. 那么，带电粒子是否会受到自身电磁场的作用呢?

对于静止的带电粒子，它在周围产生的是静电场. 如果带电粒子是点粒子，尽管在带电粒子所在位置的附近会出现场强发散(即场强为无穷大)的困难，但是带电的点粒子并不受自身所产生的静电场的作用力. 当带电的点粒子运动时，它在周围产生的将是变

化的电磁场. 如果带电的点粒子作匀速直线运动，经典的电磁理论指出，该粒子受自身电磁场的作用力仍应为零. 这一结论在相对论中是容易理解的，因为电磁场理论是惯性系协变的，既然在随粒子一起作匀速直线运动的惯性系中，即在粒子静止的惯性系中，粒子所受作用力为零，那么在惯性系中作匀速直线运动的带电粒子所受自身电磁场的作用力也必为零，这是协变性的要求. 由于匀速直线运动的带电粒子受自身电磁场的作用力为零，如果不存在任何外加的电磁场，则该粒子的匀速直线运动得以继续保持，粒子的动能并无变化. 随着带电粒子的匀速直线运动，它产生的电磁场虽然发生了相应的变化，但不会形成向远处发射的电磁辐射，这与系统能量守恒也是相符的.

对于变速运动的带电粒子，通过 Maxwell 电磁场理论的推算可知，在其周围产生的变化的电磁场将会形成向远处发射的电磁辐射，由于辐射携带着能量，辐射导致的能量流失意味着带电粒子必定会受到一种阻尼力. 在经典电磁理论中确实可以证明，变速运动的带电粒子将受到自身电磁场的非零阻尼性作用力. 如果带电粒子是点粒子，则因点粒子所在位置的场量是发散的，于是就会出现带电的点粒子受自身电磁场的阻尼性作用力为无穷大的困难. 这一发散性困难在考察对象为宏观带电体时，自然是可以化解的，因为任何实际的宏观带电体只有在更大的距离范围内才能当作点电荷来处理，一旦讨论的空间范围逼近带电体时，点电荷模型失效，必须计及带电体中电荷的体分布，与此同时，场量的发散不复存在. 然而，当研究的对象深入到微观世界时，情况变得复杂起来了，种种矛盾与困难相继出现.

在 Lorentz 的电子论刚建立后不久，1903 年 Abraham 首先着手讨论变速运动的电子受其自身电磁场的作用力问题. 随后，Lorentz 在 1904 年也作了相应的研究. 他们的工作表明，作为微观粒子的电子，如果是一个点粒子，那么不仅电子受自身电磁场的作用力为无穷大，而且电子的质量也将为无穷大. 此外，不论电子是点粒子还是有一定线度的体粒子，还会出现电子运动“自行加速”的困难.

为了讨论的方便，假设电子是一个有限大小的刚性球，电荷在体内的分布具有球对称性. 显然，电子球内每一个无限小体元中的电荷将受到球内其余电荷产生的电磁场的作用力，这些作用力的叠加就是电子自身电磁场对电子的作用力 $\boldsymbol{F}_{\mathrm{e}}$. 由经典电磁理论，可以算出，$\boldsymbol{F}_{\mathrm{e}}$ 为

$$\boldsymbol{F}_{\mathrm{e}}=-\frac{4U_0}{3c^2}\dot{\boldsymbol{v}}+\frac{1}{4\pi\varepsilon_0}\frac{2e^2}{3c^3}\ddot{\boldsymbol{v}} \tag{1}$$

式中 U_0 是电子电荷在球对称分布条件下的 Coulomb 势能，c 是真空中的光速，e 是电子电量的绝对值，$\dot{\boldsymbol{v}}$ 和 $\ddot{\boldsymbol{v}}$ 分别是电子运动速度 $\boldsymbol{v}$ 对时间的一阶和二阶导数.

把电子球的半径记为 r_0，假设电子球内电荷的体分布是均匀的，则电子球内 r 处的 Coulomb 势为

$$\frac{(3r_0^2-r^2)\rho}{6\varepsilon_0}$$

其中 ρ 是电子球内电荷的体密度. 把电子球内的电荷按同心薄球壳层层分解后，即可算出电子球的 Coulomb 势能 U_0 为

$$
\begin{aligned}
U_0 &= \frac{1}{2}\int_0^{r_0}\left[\rho(4\pi r^2 \mathrm{d}r)\right]\frac{(3r_0^2-r^2)\rho}{6\varepsilon_0} \\
&= \frac{4\pi}{15\varepsilon_0}\rho^2 r_0^5
\end{aligned}
$$

把

$$
\rho = \frac{e}{\frac{4}{3}\pi r_0^3}
$$

代入，得

$$
U_0 = \frac{3}{5}\frac{e^2}{4\pi\varepsilon_0 r_0} \tag{2}
$$

(2)式表明，如果电子是点粒子，即若 $r_0 \to 0$，则电子的 Coulomb 势能 U_0 为发散量. 在电子变速运动的情况下，因 $\dot{\boldsymbol{v}} \neq 0$，由(1)式，在电子受自身电磁场作用力 $\boldsymbol{F}_\mathrm{e}$ 的表达式中，与电子加速度 $\dot{\boldsymbol{v}}$ 以及 Coulomb 势能 U_0 有关的第一项便为无穷大.

在经典力学中，把电子的惯性质量记为 m，在 $\boldsymbol{F}_\mathrm{e}$ 的作用下，由 Newton 第二定律，有

$$
m\dot{\boldsymbol{v}} = \boldsymbol{F}_\mathrm{e}
$$

把(1)式代入，得

$$
\left(m + \frac{4U_0}{3c^2}\right)\dot{\boldsymbol{v}} = \frac{1}{4\pi\varepsilon_0}\frac{2e^2}{3c^3}\ddot{\boldsymbol{v}}
$$

如果电子除了受自身电磁场的作用力 $\boldsymbol{F}_\mathrm{e}$ 外，还受到外电磁场的作用力 $\boldsymbol{F}_{外}$，那么电子的运动方程应为

$$
\begin{cases}
m_0\dot{\boldsymbol{v}} = \boldsymbol{F}_{外} + \dfrac{1}{4\pi\varepsilon_0}\dfrac{2e^2}{3c^3}\ddot{\boldsymbol{v}} \\
m_0 = m + \dfrac{4U_0}{3c^2}
\end{cases} \tag{3}
$$

结合(1)式可以看出，电子自身电磁场的作用力 $\boldsymbol{F}_\mathrm{e}$ 中与电子加速度 $\dot{\boldsymbol{v}}$ 相对应的项所起的作用，是使电子的实测质量 m_0 中除了含有原来的力学质量 m 外，又增添了与电子 Coulomb 势能有关的部分 $\dfrac{4U_0}{3c^2}$，后者又称为电子的电磁质量. 由(1)式，在 $\boldsymbol{F}_\mathrm{e}$ 中与 $\ddot{\boldsymbol{v}}$ 相对应的项 $\dfrac{1}{4\pi\varepsilon_0}\dfrac{2e^2}{3c^3}\ddot{\boldsymbol{v}}$ 所起的作用，是使电子运动的加速度 $\dot{\boldsymbol{v}}$ 除了受到外场作用力 $\boldsymbol{F}_{外}$ 的影响

外还要受到电子自身电磁场的影响，这一项即(3)式中第一式右边第二项，通常称为辐射阻尼力.

电子的质量 m_0 包括两项：力学质量 m 和电磁质量$\frac{4U_0}{3c^2}$. 用通常测量粒子质量的方法测出的电子质量值总是这两项之和，因为在实验中这两项的效果是不可区分的. 电子电磁质量的表达式显示，它与电子固有的 Coulomb 势能 U_0 有关，如果电子为点粒子，则 $U_0 \to \infty$，从而电子的电磁质量以及电子的质量都将趋于无穷大. 这显然是与实际情况不符的，这就是经典电磁理论中著名的电子发散困难.

为了避免这一困难，自然会假设电子不是点粒子，具有非零的半径 r_0. 例如，Abraham 曾假设电子的全部质量都是电磁质量，根据实验测出的电子质量 m_0 以及电子电量绝对值 e 为

$$m_0 = 9.11 \times 10^{-31} \mathrm{kg}$$

$$e = 1.60 \times 10^{-19} \mathrm{C}$$

设电子球内的电荷为均匀分布，可以算出电子的半径 r_0 为

$$\begin{aligned} r_0 &= \frac{4}{5} \frac{e^2}{4\pi\varepsilon_0 m_0 c^2} \\ &= \frac{4}{5} \times 2.82 \times 10^{-15} \mathrm{m} \end{aligned}$$

也可以根据相对论的质能公式，得出质量为 m_0 的电子的能量为 m_0c^2，它应与电子固有的 Coulomb 势能 U_0 具有相同的数量级，即

$$m_0 c^2 \sim \frac{e^2}{4\pi\varepsilon_0 r_0}$$

由此可以算出

$$\begin{aligned} r_0 &\sim \frac{1}{4\pi\varepsilon_0} \frac{e^2}{m_0 c^2} \\ &= 2.82 \times 10^{-15} \mathrm{m} \end{aligned}$$

通常称此值为电子的经典半径. 非零 r_0 的引入，形式上克服了电子质量发散的困难. 然而，且不说近代高能正负电子对撞实验至今尚未发现电子是否具有某种体结构，即使在经典物理范畴内非零 r_0 的引入也马上会引起新的困难，因为彼此间有电斥力作用的负电荷怎么能在 r_0 球体内保持平衡和稳定呢？这个困难在经典电磁理论中仍然是无法解决的. 它表明，对于像电子这样的微观粒子，建立在电荷可以无穷分解观念基础上的经典电磁理论已经难以自圆其说了.

再考察(3)式中辐射阻尼力的作用. 假设电子受较强的一维恢复性外场力 $\boldsymbol{F}_{外}$ 的作用，先略去

$$\boldsymbol{F}_{\mathrm{e}}' = \frac{1}{4\pi\varepsilon_0}\frac{2e^2}{3c^3}\ddot{\boldsymbol{v}}$$

的自作用，则电子将作简谐振动，其运动例如可表述为

$$x = A\cos\omega t$$

于是有

$$v_x = -\omega A\sin\omega t$$

$$\dot{v}_x = -\omega^2 A\cos\omega t$$

$$\ddot{v}_x = \omega^3 A\sin\omega t$$

可见 $\ddot{v}_x$ 与速度 v_x 反向. 考虑到 $\boldsymbol{F}_{\mathrm{e}}'$的非零修正，显然 $\boldsymbol{F}_{\mathrm{e}}'$起着阻碍电子振动的作用，由此可以理解 $\boldsymbol{F}_{\mathrm{e}}'$的阻尼性. 这种阻尼性也是能量守恒所要求的，因为振动的电子会辐射电磁波，能量必定有所损耗，所以 $\boldsymbol{F}_{\mathrm{e}}'$通常称为辐射阻尼力.

问题在于 $\boldsymbol{F}_{\mathrm{e}}'$是否在任何情况下都起着阻尼性作用呢？回答是并非如此. 当外场力 $\boldsymbol{F}_{外}$很弱时，尤其是在 $\boldsymbol{F}_{外}=0$ 的极端情况下，发现 $\boldsymbol{F}_{\mathrm{e}}'$有可能对电子产生“自行加速”的作用. 例如，假设电子先经外场力 $\boldsymbol{F}_{外}$加速，在 $t=0$ 时电子达到速度为 $\boldsymbol{v}_0$ 后，使之进入外场力 $\boldsymbol{F}_{外}$陡降为零的区域(或者说突然撤去外场力)，则 $\boldsymbol{F}_{外}=0$，于是电子的运动方程为

$$m_0\dot{\boldsymbol{v}} = \frac{1}{4\pi\varepsilon_0}\frac{2e^2}{3c^3}\ddot{\boldsymbol{v}}$$

求解上述方程，得出两个解：

$$\dot{\boldsymbol{v}} = 0$$

或

$$\dot{\boldsymbol{v}} = \boldsymbol{a}_0\exp\left(4\pi\varepsilon_0\frac{3m_0c^3}{2e^2}t\right)$$

式中 $\boldsymbol{a}_0$ 是 $t=0$ 时刻电子进入无外场区时的加速度. 于是可以得出电子尔后的运动速度为

$$\boldsymbol{v} = \boldsymbol{v}_0$$

或

$$\boldsymbol{v} = \boldsymbol{v}_0\exp\left(4\pi\varepsilon_0\frac{3m_0c^3}{2e^2}t\right)$$

上述第一组解($\dot{\boldsymbol{v}}=0$，$\boldsymbol{v}=\boldsymbol{v}_0$)是合理的. 然而，可能存在的第二组解表明，电子进入无外场区域后，其加速度 $\dot{\boldsymbol{v}}$ 和速度 $\boldsymbol{v}$ 都将随时间 t 按指数方式不断地增大，这显然是违背能量守恒原理的，是不合理的. 这就是经典电磁理论中电子“自行加速”的困难.

本段介绍的电子质量发散的困难与电子运动自行加速的困难表明，经典电磁理论虽然在解释宏观电磁现象方面获得了巨大的成功，但在涉及微观带电粒子的电磁行为时，却遇到了内在的、根本性的、难以克服的困难和矛盾.

二、黑体辐射与氢原子光谱

前已指出，根据经典电磁理论，带电粒子作变速运动时会辐射电磁波，如果带电粒子是微观粒子，也是如此. 物体内微观带电粒子的热运动就是一种变速运动，原子内电子绕原子核的轨道运动则是另一种变速运动，对于这两种典型的带电粒子变速运动所产生的电磁辐射进行了实验观测和理论研究，经典电磁理论都遇到了困难.

物体因其中微观粒子的热运动而产生的电磁辐射称为热辐射. 温度为 T 的热平衡物体，在单位时间内、从单位表面积向外辐射的、波长在 λ 到 $(\lambda+\Delta\lambda)$ 间隔内的辐射能量记为 $\mathrm{d}E$，$\mathrm{d}E$ 与波长间隔 $\mathrm{d}\lambda$ 的比值称为该物体的辐射本领，记为 $r(\lambda, T)$，即

$$r(\lambda, T)=\frac{\mathrm{d}E(\lambda, T)}{\mathrm{d}\lambda}$$

辐射本领 r 是 λ 和 T 的函数，函数的具体形式与物体的性质及表面状况有关. 任何物体在向外热辐射的同时，也吸收从外界射入的电磁波. 假设单位时间内射向温度为 T 的热平衡物体，波长在 λ 到 $(\lambda+\mathrm{d}\lambda)$ 间隔内的辐射能量为 $\mathrm{d}E_\lambda$，其中被物体吸收的辐射能量为 $\mathrm{d}E'_\lambda$，则称

$$\alpha(\lambda, T)=\frac{\mathrm{d}E'_\lambda}{\mathrm{d}E_\lambda}$$

为该物体的吸收本领.

理论分析指出，任何一个物体的辐射本领 $r(\lambda, T)$ 与吸收本领 $\alpha(\lambda, T)$ 的比值，是一个与物体性质及表面状况无关而只与 λ 和 T 有关的普适函数 $f(\lambda, T)$，即

$$\frac{r_1(\lambda, T)}{\alpha_1(\lambda, T)}=\frac{r_2(\lambda, T)}{\alpha_2(\lambda, T)}=\cdots=f(\lambda, T)$$

定义吸收本领

$$\alpha_0(\lambda, T)=1$$

的物体为绝对黑体，简称黑体，便有

$$r_0(\lambda, T)=f(\lambda, T)$$

可见上述普适函数 $f(\lambda, T)$ 就是黑体的辐射本领，在热辐射的研究中引入理想模型——黑体的原因正在于此.

自然界并不存在真正的黑体，为了便于研究，在实验上可以制作一个壁上开小孔的空腔形物体来逼近黑体. 实验测出的黑体辐射本领 $r_0(\lambda, T)$ 的曲线如图 10-1-1 所示.

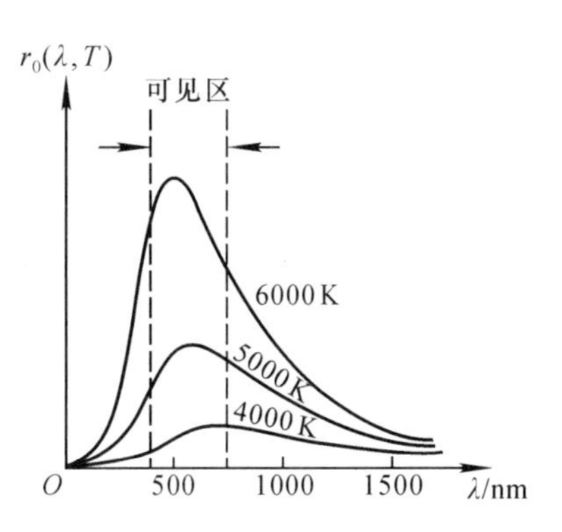

图 10-1-1　在不同温度下的 r_0-λ 实验曲线

为了从理论上导出与实验相符的函数 $r_0(\lambda, T)$ 的具体形式，19 世纪末以 Wien、Rayleigh 和 Jeans 为

代表的一些物理学家作了巨大的努力，企图在经典物理的基础上寻求 $r_0(\lambda, T)$ 的表达式. 根据经典电磁理论，物体中的微观带电粒子在热运动时形成谐振子，这些谐振子发射的电磁波构成热辐射. 热运动中谐振子的振动频率是连续分布的，每一种振动模式所具有的振动能量可以取任意值，因而辐射电磁波的能量是连续可变的. 1893 年 Wien 假设谐振子的能量遵循 Boltzmann 分布律，导出黑体辐射本领的表达式为

$$r_0(\lambda, T)=C_1\lambda^{-5}e^{-C_2/\lambda T}$$

式中 C_1 和 C_2 均为普适常量. 1900 年 Rayleigh 和 Jeans 同样沿用经典电磁理论并假设谐振子的能量遵循能量均分原理，导出黑体辐射本领的表达式为

$$r_0(\lambda, T)=\frac{2\pi c}{\lambda^4}kT$$

式中 c 为真空光速，k 为 Boltzmann 常量. 将在同一温度的上述两种理论公式的曲线以及实验曲线一并画在图 10-1-2 中. 如图 10-1-2 所示，Wien 公式在波长较短时与实验结果相符，波长较长时则偏离实验曲线；相反，Rayleigh-Jeans 公式在波长较长时与实验相符，波长较短时则偏离实验曲线. 在图 10-1-2 中，尤其明显的是，当波长 λ 很小并趋于零时，Rayleigh-Jeans 公式预言的 r_0 竟变得很大并趋于无穷，这显然是与实验明显不符的荒谬结论. 经典理论与实验结果在短波端的这一严重分歧，在物理学史上称为"紫外灾难".

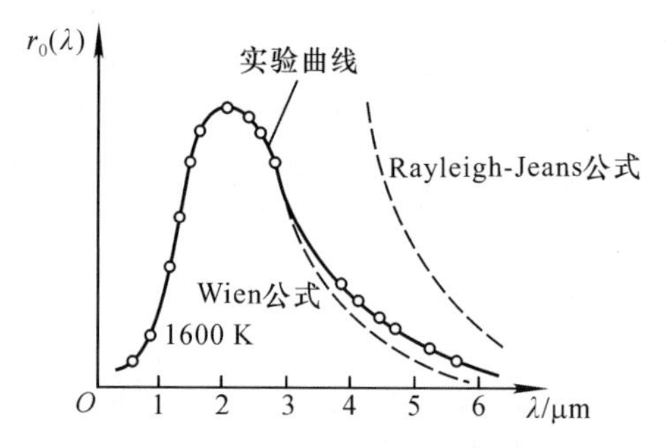

图 10-1-2　同一温度下的理论公式曲线与实验曲线

经典电磁理论在解释黑体辐射实验曲线方面始终未能取得成功，促使 Planck 在 1900 年利用数学上的内插法，把适用于短波区域的 Wien 公式和适用于长波区域的 Rayleigh-Jeans 公式衔接起来，得出了一个半经验公式，为

$$r_0(\lambda, T)=\frac{2\pi hc^2}{\lambda^5(e^{hc/k\lambda T}-1)} \tag{4}$$

式中 h 是一个新的普适常量，后来称为 Planck 常量. Planck 的黑体辐射公式(4)与实验结果非常符合，但是它却不能从经典电磁理论导出. 在这种情况下，为了从理论上导出

(4)式，Planck 认为，所有的经典理论的结果之所以不能与实验结果相符，主要原因是经典理论不适用于原子性的微观振动，即微观振子的能量不能像在经典理论中那样可取连续值. 基于这种想法，Planck 提出了一个与经典理论相违背的大胆假设：频率为 ν 的电谐振子有一个非零的最小能量值 ε_0，它与 ν 的比值为普适常量 h，即有

$$\varepsilon_0 = h\nu \tag{5}$$

频率为 ν 的电谐振子的所有可取能量 E 只能是 ε_0 的整数倍，即

$$E = n\varepsilon_0$$

既然电谐振子的能量只能取一系列的分立值，那么，当它从高能态降到低能态时，辐射出去的电磁波能量也就不可能连续地变化，而必定是相对应的分立值. 据此，Planck 很快便从理论上导出了他的上述黑体辐射公式(4).

Planck 成功的关键在于他关于电谐振子能量分立性的假设，用现代的语言来说，即电谐振子的能量是量子化的. 这个假设是以黑体辐射中微观粒子构成的电谐振子能量分布为突破口的，毫无疑问，它的提出是与经典电磁理论在解释黑体辐射实验结果时遇到不可克服的困难紧密相关的. 近代的量子理论进一步揭示，任何力学模式的谐振子的能量都具有量子化的特征，当然，这是后话.

除了作热运动的由微粒带电粒子构成的电谐振子发出的电磁辐射外，微观带电粒子其他类型的变速运动也要发出电磁辐射，氢原子光谱就是一例. 实际上，面对氢原子光谱的实验结果，经典电磁理论遇到的困难更为严重.

1898 年，英国物理学家 Rutherfold 在研究物质放射性时发现了 α 射线，后来在 1908 到 1909 年间又证明 α 粒子就是氦离子 He^{2+}. 从 1908 年开始，Rutherfold 及其助手 Geiger 和学生 Marsden 用金箔做了一系列 α 粒子散射实验. 他们发现的大角度散射现象使 Rutherfold 在 1910 年确信："只有假设正电球的直径小于原子作用球的直径，α 粒子穿越单个原子时，才有可能产生大角度散射."Rutherfold 认为，原子中心是带正电的原子核，电子在外围绕核运动，这就是 Rutherfold 的原子模型.

原子的核式结构一方面被 α 粒子的散射实验等许多实验肯定，另一方面又立即与经典电磁理论相悖. 电子绕核运动的轨道无论是圆还是椭圆，都是变速运动，会向四周辐射电磁波，从而使得电子的轨道运动能量逐渐减少，轨道相应地缩小，最终电子将落入核内. 根据经典电磁理论，原子一定会发生这种坍缩，即原子是不稳定的. 但实际上原子是很稳定的，其间存在着尖锐的矛盾. Rutherfold 清醒地认识到，原子的核式结构面临与经典理论冲突的危险. 1911 年 Rutherfold 在《哲学杂志》发表题为"物质对 α，β 粒子的散射和原子构造"的论文中，一开始就申明："在现阶段，不必考虑所提原子的稳定性，因为显然这将取决于原子的细致结构和带电的组成部分的运动."1911 年 Rutherfold 在给朋友的一封信中写道："希望在一二年内能对原子构造说出一些更明确的见解". 然而，Rutherfold 在有关原子稳定性的问题上，始终未能提出"更明确的见解".

丹麦物理学家 Bohr 十分钦佩 Rutherfold 的工作，坚信 Rutherfold 的原子有核模型是

符合客观事实的，也很了解 Rutherfold 所面临的困难. Bohr 认为，要解决原子的稳定性问题，必须对某些经典观念进行改造. 如何进行改造呢？Bohr 对此日夜思索. 正在此时，Bohr 从一位朋友那里获悉了氢原子光谱的 Balmer 公式，受此启发，Bohr 终于找到了改造的突破口，这就是氢原子光谱的分立性以及分立光谱结构的规律性.

按照经典电磁理论，伴随着电子围绕原子核的轨道运动将辐射电磁波，电磁波的频率与电子绕核运动的频率相同. 随着能量的连续损失，电子不断向核靠近，绕核旋转频率连续增大，辐射电磁波的频率相应地连续变化，因而原子光谱应该是连续光谱. 然而，实验观察的原子光谱却多为分立光谱，而且 Balmer 还发现氢原子光谱的分立结构是有规律的. Balmer 是瑞士的一位中学数学教师，他在巴塞尔大学兼课期间受到该大学一位研究光谱的教授的鼓励，着手寻找氢原子光谱的规律. 1885 年 Balmer 成功地将氢原子光谱中的四条可见谱线的波长统一地表述为

$$\lambda=\lambda_0\frac{n^2}{n^2-4},\qquad n=3,\ 4,\ 5,\ 6$$

式中 $\lambda_0=364.57$ nm. 上述 Balmer 公式也可改写为

$$\begin{cases}\dfrac{\nu}{c}=R\left(\dfrac{1}{2^2}-\dfrac{1}{n^2}\right), & n=3,\ 4,\ 5,\ 6\\ R=109\ 677.6\ \mathrm{cm}^{-1}\end{cases}$$

式中 ν 是谱线的频率，R 称为 Rydberg 常量. 后来，又相继发现了在可见光范围之外的其他氢原子谱线，这些谱线的频率可以统一地表述为广义的 Balmer 公式如下：

$$\frac{\nu}{c}=R\left(\frac{1}{m^2}-\frac{1}{n^2}\right)\tag{6}$$

式中 m 和 n 均为正整数，且 $n>m$. 氢原子光谱规律的发现，无疑使经典电磁理论再次受到了重大的冲击.

面对经典电磁理论与原子结构的稳定性以及氢原子光谱的分立性之间的尖锐矛盾，1913 年 Bohr 迈出了关键的一步. Bohr 在 Rutherfold 原子有核模型的基础上，结合氢原子光谱的实验规律，摆脱了经典电磁理论的束缚，大胆地提出了两个基本假设，即定态假设与频率假设.

1. 定态假设

电子绕核运动时，原子既不辐射也不吸收能量，而是处于一定的能量状态，称为定态. 定态的能量 E 由电子绕核轨道运动的角动量的量子化条件确定，即该角动量必须是 $\dfrac{h}{2\pi}$（h 是 Planck 常量）的整数倍. 对于氢原子，若电子绕核作圆轨道运动，则容易导出定态的能量只可取

$$E_n=-\frac{me^4}{8\varepsilon_0^2h^2}\cdot\frac{1}{n^2},\qquad n=1,\ 2,\ 3,\ \cdots$$

式中 m 是电子质量. 上式表明，与经典理论不同，原子的定态能量不能连续取值，而只能是某些分立的值. 当原子能量为 E_1(即 $n=1$)时，称原子处于基态或处于稳定态；当原子能量为 E_n($n \geqslant 2$)时，称原子处于激发态或处于不稳定态.

2. 频率假设

各定态之间可以发生跃迁，从高能态向低能态跃迁时将辐射出一个相应能量的光子，从低能态向高能态跃迁的条件则是吸收一个相应的光子或吸收一份相应的能量. 当氢原子从 E_n 的高能态跃迁到 E_m 的低能态时($n>m$)，按照 Planck 的光量子假设，辐射光子的能量应为 $h\nu$，其中 ν 为频率，即有

$$h\nu = E_n - E_m, \qquad n>m$$

把上述定态能量的公式代入，得出

$$\frac{\nu}{c} = \frac{me^4}{8\varepsilon_0^2 h^3 c}\left(\frac{1}{m^2} - \frac{1}{n^2}\right)$$

这样，不仅从理论上导出了广义的 Balmer 公式(6)，而且从理论上给出了Rydberg常量为

$$R = \frac{me^4}{8\varepsilon_0^2 h^3 c}$$

由上式得出的理论值 $R=109\ 733.3\ \mathrm{cm}^{-1}$ 与实验值 $R=109\ 677.6\ \mathrm{cm}^{-1}$ 非常接近，表明 Bohr 理论是成功的.

本段所涉及的微观带电粒子作周期性变速运动的电磁辐射的黑体辐射现象以及氢原子光谱的规律性分立现象，加上有核结构原子的稳定性事实，都是经典电磁理论无法解释的. Planck 的光量子假设，Bohr 的定态假设以及 Bohr 继承 Planck 思想的频率假设，在成功地解释了上述种种现象的同时，也深刻地揭示了在微观领域经典电磁理论已经不再适用，必须对其进行改造.

三、光电效应与 Compton 效应

黑体辐射与氢原子光谱揭示了微观世界存在着经典电磁理论无法解释的分立性电磁辐射现象，作加速运动的微观带电粒子，例如电子，发射的电磁波或光波，是一份一份能量分立的能量子即光量子. 光电效应与 Compton 效应进一步揭示，电磁波在传播以及与物质相互作用的过程中仍然保持着这种量子性. 于是，电磁波从发射开始、经过中间传播、直至最终与物质相互作用，在全过程中都表现出经典电磁场观念不可理解的量子性.

光电效应是 Hertz 早在 1887 年首先发现的，当时，Hertz 为验证电磁波的存在做了一系列实验，在实验中偶然观察到这一现象. 次年，德国的 Hallwachs、意大利的 Righi 和俄国的 Столетов 几乎同时作了类似的实验，他们都检测到金属负电极在光照射下发出的带负电粒子所形成的电流. 1898 年，Thomson 测量了这种光电流的荷质比，确认光电流即为电子流，光电效应就是当光照射在金属物体上时，有可能使电子从金属表面逸出的

现象. 尔后，一些物理学家继续进行这方面的研究. 通过一系列的实验，他们总结出光电效应的基本特征如下：

入射光的频率低于某一临界值时，不论光有多强，也不会产生光电流；

光照射到金属表面，光电流瞬即产生；

电子逸出金属表面的最大速度与光强无关.

定性而言，光电效应从一个方面证实了 Maxwell 关于光的电磁本性的假设，因为若把光看作电磁波，则金属阴极中的电子就会受到电磁波中电场的作用而取得能量，从而有可能摆脱原子的约束，逸出金属表面. 但是，进一步仔细分析后，不难发现，实验观察到的光电效应的基本特征与经典电磁理论之间存在着深刻的矛盾.

首先，根据经典电磁理论，电磁波是连续传播的. 在光的照射下，金属中的电子将连续不断地从波场中吸取能量. 因此，不论入射光的频率如何，只要电子积累了足够的能量，就会从金属表面逸出，形成光电流. 这就表明，经典电磁理论中关于电磁波传播以及电磁波与物质内微观带电粒子相互作用的理论，无法解释光电效应实验中存在入射光临界频率的事实.

其次，根据经典电磁理论，电磁波场的能量在空间是连续分布的，随时间是连续变化的，金属中的电子在电磁场中要累积起足够的能量并从金属表面逸出，需要一定的弛豫时间. 定量估算表明，这一弛豫时间短至若干小时，长达数月，但实验观察到的弛豫时间竟不超过 10^{-9}s. 可见，经典电磁理论无法解释光电效应中光电流瞬即产生的特征.

最后，考察电磁波场对电子的作用. 根据经典电磁理论，这相当于一个周期性策动力对电子的作用，入射光越强，策动力振幅越大，电子受迫振动的振幅也越大，获得能量越多，逸出金属表面后剩余的动能便越大. 由此，电子逸出金属表面的最大速度应与光强有关，而光电效应实验得出电子逸出金属表面的最大速度与光强无关，两者明显矛盾.

面对以上困难，Einstein 在 Planck 能量子假设的基础上，进一步摆脱了经典电磁理论的束缚，认为不仅在发射中而且在传播过程以及在与物质相互作用的过程中，光都可以看作分立的能量子. Einstein 在 1905 年 3 月发表的题为“关于光的产生和转化的一个启发性观点”的论文中写道：“确实现在在我看来，关于黑体辐射、光致发射、紫外光产生阴极射线(即光电效应，引者)，以及其他一些有关光的产生和转化的现象的观察，如果用光的能量在空间不是连续分布的这种假设来解释，似乎就更好理解. 按照这里所设想的假设，从点光源发射出来的光束的能量在传播中不是连续分布在越来越大的空间中，而是由个数有限的、局限在空间各点的能量子所组成，这些能量子能够运动，但不能再分割，而只能整个地被吸收或产生出来.”

据此，Einstein 把光电效应解释为：“能量子钻进物体的表面层……最简单的假设是，一个光量子把它的全部能量给予了单个电子；……一个在物体内部具有动能的电子当到达物体表面时已经失去了它的一部分动能. 此外，还必须假设，每个电子离开物体时，还必须为它脱离物体做一定量的功……那些在表面上朝着垂直方向被激发的电子将以最大的法线速度离开物体.”

按照 Einstein 的观点，电磁波不仅在产生时如 Planck 假设的那样其能量是一份一份的，每一份的能量等于 $h\nu$，而且电磁波在传播过程中以及在与物质中的微观粒子相互作用时，仍然保持着这种分立性. 这种始终如一的分立性，意味着电磁波具有经典电磁理论无法解释的微粒性. 把光波一份一份地分离，每一份可以称为一个光子. 光子一个一个地打在金属表面，金属中的电子通过吸收光子而获得能量，电子吸收一个光子，立即获得能量 $h\nu$. 电子把这个能量的一部分消耗在从金属表面逸出所必须作的功，其值为 A，剩余的部分就成为电子逸出后所具有的初始动能 E_k. 根据能量转换与守恒定律，有

$$h\nu=A+\frac{1}{2}mv_0^2 \tag{7}$$

式中 ν 为入射光频率，m 为电子质量，v_0 为电子的初始速度.

根据上述 Einstein 方程(7)式，极其自然地得出入射光的临界频率 ν_0 为

$$\nu_0=\frac{A}{h}$$

凡频率低于 ν_0 的入射光，不论光有多强，都不会产生光电效应. 金属中的电子吸收光子后，立即得到能量 $h\nu$，因此光电流是瞬即产生的，弛豫时间极短. 最后，由(7)式电子逸出金属表面后的最大速度 v_0 显然与光强无关.

至此，Einstein 采用光量子假设，简洁明了地统一解释了实验观察到的光电效应的所有基本特征. Einstein 关于电磁波从发射、传播到与物质相互作用始终一贯的量子化假设，与 Planck 为了解释黑体辐射所作的能量量子化假设相比较，两者相对经典电磁理论而言，无疑 Einstein 比 Planck“走”得更远了. 因此，一开始难免遭到物理学界同行们的怀疑，甚至连 Planck 本人也持否定态度. 然而，接踵而至的各种实验事实，一个又一个地证实了 Einstein 光量子假设的正确性，其中特别值得一提的是有关 Compton 效应的实验结果.

1922 年到 1923 年间，美国物理学家 Compton 在研究 X 光被石墨、石蜡等较轻物质散射后的光谱成分时发现，散射谱线中除了有与入射波长 λ_0 相同的成分外，还包括波长 $\lambda>\lambda_0$ 的成分，后称这种散射现象为 Compton 效应. 在这之前，英国的 Eve 于 1904 年研究 γ 射线散射性质时，已经发现 γ 射线经铁板、铝板之类物体散射后波长会变长. 后来，Florance 和 Gray 又重做了 γ 射线散射实验，观察到散射角越大，散射线的波长 λ 越长. 1919 年 Compton 着手研究同样的问题，后来，Compton 又从 γ 射线散射的研究转到对 X 射线散射的研究. Compton 起初也曾企图在经典电动力学的基础上对 X 射线的散射现象作出解释，然而，计算结果与实验测出的散射波长 λ 随散射角 θ 的分布曲线始终不相符合. 这种不符其实并不陌生，因为例如在黑体辐射的研究中就曾出现过不符. 最后，Compton 终于采用光量子假设对 X 射线的散射现象作出了与实验相符的理论解释.

1923 年 5 月，Compton 在《物理评论》上发表了题为“X 射线受轻元素散射的量子理论”的论文，指出：“从量子论的观点看，可以假设：任一特殊的 X 射线量子不是被辐射器中所有电子散射，而是把它的全部能量耗于某个特殊的电子，这个电子转过来又将射线向某一特殊的方向散射，这个方向与入射束成某个角度，辐射量子路径的弯折引起动量发生变化. 结果，散射电子以等于 X 射线动量变化的动量反冲. 散射射线的能量等于入射射线的能量减去散射电子的反冲动能.”总之，Compton 把 X 光的这种散射解释为入射的 X 光光子与散射物质中自由电子之间的一个弹性碰撞. 根据动量守恒和能量守恒关系并考虑到相对论效应，很容易导出散射波长 λ 与入射波长 λ_0 之差 $\Delta\lambda$ 与散射角 θ 之间的关系为

$$\Delta\lambda = \frac{2h}{m_0 c}\sin^2\frac{\theta}{2} \tag{8}$$

式中 m_0 是电子静止质量.（8）式与实验数据符合得相当好.

利用光量子概念对 Compton 效应所作的上述成功解释，进一步肯定了电磁波量子化假设的正确性. 光量子概念的提出，意味着电磁波既具有波动性，同时又具有量子性，这就是电磁波即光的波粒二象性. 显然，光的这种波粒二象性是经典电磁理论无法解释和接受的.

§2. 电子运动的量子力学理论

一、电子运动的 Schrödinger 方程，Zeeman 效应与电子自旋，固体能带结构，量子 Hall 效应

如上节所述，微观带电粒子在电磁场中运动的许多行为以及与之相关的实验现象是经典电磁理论无法解释的. 例如，电子质量的发散、电子运动的自行加速以及黑体辐射、氢原子光谱等等，涉及的都是电子在电磁场中的受力运动，按照经典理论，已知电子所受的电磁场作用力，由 Newton 定律即可预测电子尔后的运动以及各种相关的物理现象. 然而，前已指出，如果考虑电子自身电磁场的附加作用，就会导致电子质量发散的困难和电子运动自行加速的困难. 即使不计及这种自身电磁场的作用，根据经典电磁理论，电子在外场中的势能、动能以及因变速运动而辐射的电磁能量都应是连续变化的，从而导致黑体辐射的 Wien 分布或 Rayleigh-Jeans 分布，与实验结果明显不符. 同样，绕原子核变速运动电子的连续辐射既不能解释氢原子光谱的分立结构，并且电子因轨道运动能量的连续损失又将不断向核靠近，从而导致原子坍缩，这也与现实世界中原子的稳定性相矛盾.

凡此种种，都使物理学家意识到，造成这些困难的原因不仅在于经典电磁理论，还

在于经典力学理论. 因为电子作变速运动的力虽然是电磁场施加的, 但受力后的行为却是由经典力学理论确定的, 例如, 能量的连续分布就是经典力学重要的普遍特征. 即使从 Newton 力学过渡到 Einstein 狭义相对论力学, 这种连续分布仍然被后者继承和保留. 只要连续性成为力学中固有的基本特征, 那么, 无论作热运动的谐振电子还是在氢原子中绕核运动的电子, 它们的能量就将是连续分布而不可能是分立的, 这样, 黑体辐射谱与氢原子光谱的实验结果就不可能得到解释.

为了克服这些根本性的内在矛盾和困难, Planck 和 Bohr 迈出了艰难的一步, 他们根据实验事实大胆提出的谐振电子和核外电子能量量子化的假设, 获得了成功. 尊重事实, 这是物理学家不可动摇的立足点, Planck 和 Bohr 的成功意味着量子化假设必须被肯定, 而这又意味着与经典力学的根本冲突. 面对如此尖锐的矛盾, 物理学家在迷惑中沉思, 这是物理观念即将发生根本性重大变革前夕所特有的思索.

1923 年, 年轻的法国研究生 de Broglie 跨出了关键的一步. 受到 Planck 和 Einstein 的光量子论以及 Bohr 的氢原子能量量子化假设的启发, de Broglie 仔细分析了光的微粒说和波动说的发展历史, 并注意到几何光学与经典力学自由电子直线轨道的相似性, 通过类比, de Broglie 在他的博士论文中提出实物粒子也具有波粒二象性的重要假设. 的确, 如果电子与光量子一样也具有波动性, 那么电子绕核运动的量子化轨道就可以解释为某种驻波结构, 从而既具有分立性, 同时又具有稳定性. 光具有波粒二象性, 实物粒子也具有波粒二象性, 在人类科学史上后者确实是物理观念上的重大突破. 这一新观念无疑使人们感到震惊, 因为它是如此地不符合宏观常理, 于是一开始就遭到许多非议, 这当然是不足为怪的. 然而细细品味, 它表述的正是物质世界内在的和谐一致, 在逐渐领悟之后, 又使人感到是如此的自然贴切.

根据上述看法, de Broglie 进一步给出了实物粒子的波动性与粒子性之间的定量关联. 对于光, Planck 和 Compton 先后给出标志其波动性的频率 ν 和波长 λ 以及标志其粒子性的能量 E 和动量 p 之间具有如下关联:

$$E = h\nu$$

$$p = \frac{h}{\lambda}$$

式中 h 为 Planck 常量. 通过类比, de Broglie 认为, 在自由空间运动的电子或其他实物粒子也都存在相应的平面波与之对应, 与光的波粒二象性的公式相同, 该平面波的频率 ν 和波长 λ 应分别为

$$\nu = \frac{E}{h} \tag{1}$$

$$\lambda = \frac{h}{p} \tag{2}$$

de Broglie 关于实物粒子具有波粒二象性的假设为许多实验所证实, 其中, 1927 年

Davisson 和 Germer 用低速电子以及同年 G. P. Thomson 用高速电子进行的电子衍射实验，都肯定了电子具有波动性.

Davisson 和 Germer 的实验装置如图 10-2-1 所示，从热阴极 K 发出的电子经电压 U 加速后，在挡板小孔的右侧形成一束很细的平行电子束，接着投射到单晶片 C 上，从晶片表面反射出来的电子束被接收器 D 接收，接收到的电子流强度可由电流计 G 读出的电流强度 I 表示. 实验时，保持电子束的掠射角 α 不变，改变加速电压 U，观察相应的电流强度 I，得出的 $I \sim \sqrt{U}$ 曲线如图 10-2-2 所示. 实验曲线表明，存在着一系列的极大值和极小值，即当加速电压 U 取某些数值(相当于入射电子的动量为某些值)时才有足够强的反射，当 U 取另一些值时，电子束几乎不反射. 如果把电子看作是单纯的经典粒子，那么不管电子的动量如何，在反射方向上总会有反射电子，而且随着 U 的单调增加，由于入射电子束单调增强，反射电子束也应单调增强，从而无法解释上述实验结果. 如果认为电子具有波动性，由(2)式容易导出其波长为

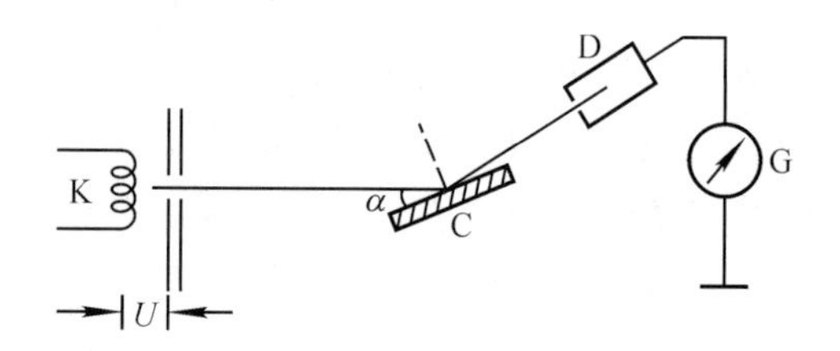

图 10-2-1　Davisson-Germer 实验装置

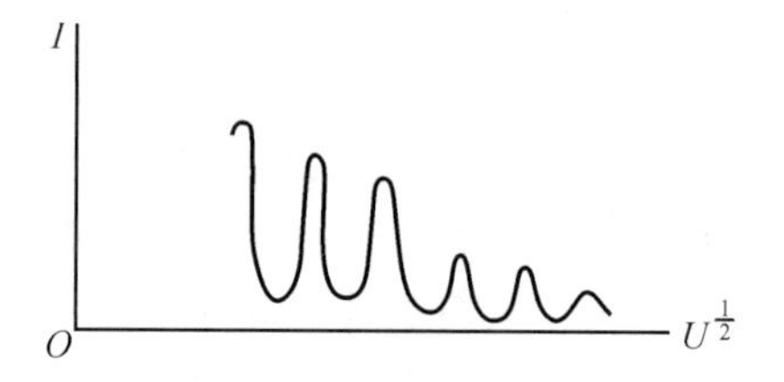

图 10-2-2　衍射电子束强度与加速电压的关系曲线

$$\lambda = \frac{h}{\sqrt{2meU}}$$

式中 m 为电子质量. 如果把电子束看成一束电子波，那么上述 Davisson-Germer 实验与 Röntgen 射线在晶体点阵结构上的衍射类似，只有在满足 Bragg 公式

$$2d\sin\alpha = k\lambda = \frac{kh}{\sqrt{2meU}}, \quad k = 1, 2, 3, \cdots$$

时(式中 d 为晶面的间距)，电子束才有最强的反射，这样，如图 10-2-2 所示的实验曲线就得到了理论解释. 定量计算表明，使反射达到最强的 U 值与实验结果相符，从而说明电子具有波动性的假设是正确的.

G. P. Thomson 的电子衍射实验是把快速电子入射到金属薄片上，金属薄片由大量取向各异的微小晶体组成，实验观察到了电子衍射产生的衍射环. 这个现象与 Röntgen 射线通过晶体粉末样品时会产生 Debye 衍射环类似，从而表明电子束与 Röntgen 射线一样，也具有波动性. 测量电子衍射环的直径，利用已知的金属小晶体的晶面间距，就可以确定电子波的波长. 所得结果完全证实了 de Broglie 公式的正确性.

de Broglie 在建立新的物理观念方面所做的工作是开创性的，但是在定量方面 de

Broglie 只给出了不受外力作用的自由粒子与相应的平面波之间的对应关系，或者说 de Broglie 讨论的只是不包含动力学机制的惯性运动体系. 这样的体系无法处理微观粒子在外力作用下的波动性行为，为了从理论上给出例如电子在外电磁场中的波动行为的细节，还必须建立粒子在力场中的波结构及其运动变化所遵循的方程，即波动方程.

1926 年，据说在 Debye 的“要求”下，奥地利物理学家 Schrödinger 终于“找到”或建立了这样的波动方程. 值得指出的是，在 Schrödinger 之前，德国物理学家 Heisenberg 以矩阵为工具创立了一套处理微观粒子波动性实验观察量的数学方法，这就是量子理论中的矩阵力学. 后来，Schrödinger 证明，Heisenberg 的矩阵力学和他的波动力学在数学上是完全等价的.

Schrödinger 用 $\Psi(\boldsymbol{r},\ t)$ 表述粒子的波函数，用 $U(\boldsymbol{r},\ t)$ 表述粒子在力场中的势能，在非相对论情形，粒子的能量为

$$E=\frac{p^2}{2m}+U \tag{3}$$

式中 p 为粒子动量. Schrödinger 从自由粒子与相应平面波的关系中找到下述对应关系：

$$\boldsymbol{p}\Rightarrow-\mathrm{i}\hbar\,\boldsymbol{\nabla} \tag{4}$$

$$E\Rightarrow\mathrm{i}\hbar\frac{\partial}{\partial t} \tag{5}$$

其中

$$\hbar=\frac{h}{2\pi}$$

把(3)式中的 $\boldsymbol{p}$ 和 E 按(4)式和(5)式的方式算符化后，作用于波函数 Ψ 上，得出

$$\mathrm{i}\hbar\frac{\partial\Psi}{\partial t}=-\frac{\hbar^2}{2m}\boldsymbol{\nabla}^2\Psi+U\Psi \tag{6}$$

这就是 Schrödinger 建立的波动方程. 如果力场具有保守性，即若 U 与时间 t 无关，则波函数 Ψ 可分解为

$$\Psi(\boldsymbol{r},\ t)=\Psi(\boldsymbol{r})f(t)$$

代入(6)式，得出

$$f(t)=\mathrm{e}^{-\frac{Et}{\hbar}}$$

于是有

$$\Psi(\boldsymbol{r},\ t)=\psi(\boldsymbol{r})\mathrm{e}^{-Et/\hbar} \tag{7}$$

并可得出其中定态波函数 $\psi(\boldsymbol{r})$ 满足的方程为

$$\boldsymbol{\nabla}^2\psi(\boldsymbol{r})+\frac{2m}{\hbar^2}(E-U)\psi(\boldsymbol{r})=0 \tag{8}$$

不难看出，定态波函数 $\psi(\boldsymbol{r})$ 对应的是驻波，(8)式的解即为粒子波的驻波解，式中的 E 即为该驻波状态下粒子的能量.

Schrödinger 的波动方程提出来了，但是，波函数 Ψ 的物理意义究竟是什么呢？它使得许多物理学家感到费解. M. Born 受 Einstein 光电效应论文的启发，指出："Einstein 的观点又一次引导了我. 他曾经把光波振幅解释为光子出现的概率密度，从而使粒子(光量子或光子)和波的二象性成为可以理解的."1926 年 6 月，Born 明确提出：发现粒子的概率密度正比于波函数 Ψ 的平方. 考虑到 Ψ 的复数性，Ψ 的平方可表为 $\Psi\Psi^*$. 这种物理解释意味着，对于受力场作用的粒子，从理论上可以确定的不是轨道而是粒子在时空的概率分布. 粒子在 t 时刻出现在空间体元 $\mathrm{d}V$ 中的概率即为 $\Psi\Psi^*\mathrm{d}V$. 在定态情形，结合(7)式，这一概率简化为 $\psi\psi^*\mathrm{d}V$. 由于任一时刻粒子的位置无法从理论上预测，经典力学中粒子轨道的概念在波动力学中便失去了意义. Born 对波函数 Ψ 的概率诠释使人们豁然开朗，从此波动力学逐渐为绝大多数物理学家所接受，开创了量子力学迅速发展的新局面.

黑体辐射涉及的是电子热振动的能量分立分布，考虑到热振动的低能性，可以采用非相对论的 Schrödinger 波动方程来讨论电子的这种谐振动. 为了简单起见，作一维简化，电子的势函数为

$$U=\frac{1}{2}m\omega^2x^2$$

式中 m 为电子质量，ω 为振动的圆频率. 定态 Schrödinger 方程可表述为

$$\frac{\mathrm{d}^2\psi}{\mathrm{d}\xi^2}+(\lambda-\xi^2)\psi=0$$

式中

$$\xi=\sqrt{\frac{m\omega}{\hbar}}x$$

$$\lambda=\frac{2E}{\hbar\omega}$$

把定态波函数 ψ 分解为

$$\psi=v(\xi)\mathrm{e}^{-\frac{\xi^2}{2}}$$

可得

$$\frac{\mathrm{d}^2v}{\mathrm{d}\xi^2}-2\xi\frac{\mathrm{d}v}{\mathrm{d}\xi}+(\lambda-1)v=0$$

把 $v(\xi)$ 展开为下述级数：

$$v(\xi)=\sum_{k=0}^{\infty}a_k\xi^k$$

代入上式，得出展开系数 a_k 的递推关系为

$$a_{k+2}=\frac{2k-\lambda+1}{(k+2)(k+1)}a_k$$

因 $\psi\psi^*$ 对应的概率分布在全部 x 轴上应处处有限，要求 $v(\xi)$ 只能是终止于某项的多项式. 即对于每一个物理上允许的驻波解，必定有非负的整数 n 存在，使得

$$2n-\lambda+1=0, \qquad n=0, 1, 2, \cdots$$

于是，与 n 相对应的 λ 为

$$\lambda=2n+1, \qquad n=0, 1, 2, \cdots$$

与 n 相对应的波函数 ψ_n 为物理上允许的解. 由前面给出的 λ 与 E 的关系，可知谐振子处于 ψ_n 状态时的能量为

$$\begin{aligned} E_n &= \frac{1}{2}(2n+1)\hbar\omega \\ &= \left(n+\frac{1}{2}\right)h\nu, \qquad n=0, 1, 2, \cdots \end{aligned} \tag{9}$$

式中 ν 是谐振子的振动频率. (9)式表明，谐振子的能量只能取一系列分立值，即谐振子的能量是量子化的. 至此，Planck 关于黑体辐射电子谐振动能量量子化的假设，终于得到了理论上的证明.

值得指出的是，由量子力学得出的(9)式表明，谐振子的能量是 $h\nu$ 的半整数倍，而在 Planck 的假设中谐振子的能量是 $h\nu$ 的整数倍，有关的实验判定量子力学的结果正确. 此外，按照(9)式，谐振子的最低能量并不为零，而是 $\frac{1}{2}h\nu$，即存在零点能. 这意味着，即使降温到绝对零度，仍存在零点能所对应的振动. 零点能的存在与量子力学中的不确定关系(测不准关系)相符. 所谓不确定关系是指粒子的位置和动量不能同时测准. 例如，由于粒子具有波动性，必定会出现单孔衍射现象. 孔越小，粒子的位置越确定，同时，出射的粒子波越弥散，粒子动量 $\boldsymbol{p}$ 的方向性偏差越大，即 $\boldsymbol{p}$ 作为矢量它的不确定程度越高，这就是不确定关系的波动性起源. 反之，若谐振子的能量可以为零，则谐振子必定静止，具有确定的位置和确定的零动量，从而与粒子的波动性矛盾. 由此可见，零点能 $\frac{1}{2}h\nu$ 的存在，显示了 Schrödinger 波动方程与不确定关系之间内在的和谐一致.

Schrödinger 方程在解释氢原子结构的稳定性以及氢原子光谱的分立性方面，取得了更大的成功. 在氢原子中，电子在核 Coulomb 场中的电势能为

$$U=-\frac{e^2}{4\pi\varepsilon_0 r}$$

电子绕核运动的定态 Schrödinger 方程为

$$\nabla^2\psi+\frac{2m_e}{\hbar^2}\left(E+\frac{e^2}{4\pi\varepsilon_0 r}\right)\psi=0$$

式中 m_e 为电子质量. 考虑到势场的球对称性，取核所在位置为坐标原点建立球坐标(r, θ, φ)，则 Schrödinger 方程改写为

$$\frac{1}{r^2}\frac{\partial}{\partial r}\left(r^2\frac{\partial\psi}{\partial r}\right)+\frac{1}{r^2\sin\theta}\frac{\partial}{\partial\theta}\left(\sin\theta\frac{\partial\psi}{\partial\theta}\right)+\frac{1}{r^2\sin^2\theta}\frac{\partial^2\psi}{\partial\varphi^2}+\frac{2m_e}{\hbar^2}\left(E+\frac{e^2}{4\pi\varepsilon_0 r}\right)\psi=0$$

把 ψ 分解为

$$\psi(r,\ \theta,\ \varphi)=R(r)\boldsymbol{\Theta}(\theta)\boldsymbol{\Phi}(\varphi)$$

相应的微分方程分别为

$$\frac{1}{R}\frac{\mathrm{d}}{\mathrm{d}r}\left(r^2\frac{\mathrm{d}R}{\mathrm{d}r}\right)+\frac{2m_e r^2}{\hbar^2}\left(E+\frac{e^2}{4\pi\varepsilon_0 r}\right)=\lambda$$

$$\frac{1}{\sin\theta}\frac{\mathrm{d}}{\mathrm{d}\theta}\left(\sin\theta\frac{\mathrm{d}\boldsymbol{\Theta}}{\mathrm{d}\theta}\right)+\left(\lambda-\frac{m^2}{\sin^2\theta}\right)\boldsymbol{\Theta}=0$$

$$\frac{\mathrm{d}^2\boldsymbol{\Phi}}{\mathrm{d}\varphi^2}+m^2\boldsymbol{\Phi}=0$$

式中 λ 和 m 是两个引入的辅助常量. 根据波函数的概率诠释，ψ 应满足全空间归一化条件，即

$$\iiint_{\text{全空间}}\psi\psi^*\,\mathrm{d}V=1$$

考虑到 ψ 的变量分离，得出

$$\int_0^{\infty}RR^*r^2\mathrm{d}r=1$$

$$\int_0^{\pi}\boldsymbol{\Theta\Theta}^*\sin\theta\mathrm{d}\theta=1$$

$$\int_0^{2\pi}\boldsymbol{\Phi}\ \boldsymbol{\Phi}^*\mathrm{d}\varphi=1$$

由上述方程可以解出氢原子中电子绕核运动的定态波函数以及相应的能量和角动量. 略去求解过程(容易在有关教材中找到)，得出的主要结论如下：

1. 定态能量量子化

电子绕核运动存在着量子理论所预言的可允许定态，用波动性图像来解释，所谓定态就是核外空间稳定的驻波状态. 当电子处于定态时，其能量有确定值，可表为

$$E_n=-\frac{m_e e^4}{8\varepsilon_0^2h^2n^2},\qquad n=1,\ 2,\ 3,\ \cdots \tag{10}$$

式中 n 称为主量子数. 电子定态的存在，从理论上解释了氢原子所具有的稳定性，即当定态电子绕核运动时，因其能量 E_n 不变，所以不会向外辐射能量. 处于定态的电子可以吸收能量从低能态向高能态跃迁，也可以从高能态向低能态跃迁，同时将相应的能量差以光子的形式向外辐射. 由(10)式，氢原子发射光谱的频率 ν 应满足下述关系：

$$h\nu=E_n-E_m=\frac{m_e e^4}{8\varepsilon_0^2 h^2}\left(\frac{1}{m^2}-\frac{1}{n^2}\right),\qquad n>m$$

这样，就在更深刻的理论层次上解释了氢原子光谱的分立结构.

2. 轨道角动量量子化

当处于主量子数为 n 的定态时，电子绕核运动的角动量的取值为

$$L=\sqrt{l(l+1)}\frac{h}{2\pi},\qquad l=0,\ 1,\ 2,\ \cdots,\ (n-1) \tag{11}$$

式中 l 称为角量子数. 在早先 Bohr 的轨道量子化条件中，角动量 L 是$\frac{h}{2\pi}$的整数倍. 量子力学给出的角动量 L 的量子化表述(11)式不仅比 Bohr 的量子化假设更精确，而且(11)式是理论导出的结果，更为自然.

电子运动中的波动性不仅表现在黑体辐射和氢原子光谱方面，而且在正常 Zeeman 效应、反常 Zeeman 效应、固体能带结构、量子 Hall 效应等诸多方面也都有所表现，下面逐一予以介绍.

早在 Schrödinger 方程建立之前，已经在实验中发现了 Zeeman 效应. 量子力学建立之后，物理学家意识到 Zeeman 效应与电子的波动性有关，它也是电子量子行为的表现，随即进行了理论探讨. 量子 Hall 效应可分为整数型和分数型两类. 整数量子 Hall 效应发现于 1980 年，此时量子理论早已成为众所周知的基础知识. 分数量子 Hall 效应是崔琦等于 1982 年在他们的实验室中发现的，崔琦因此获得 1998 年的 Nobel 物理奖，成为获此殊荣的第 6 位华裔美籍科学家.

1896 年，Zeeman 发现，如果将原子放在强磁场中，那么，它在无磁场时发出的每条光谱线都会分裂成三条谱线，这就是正常 Zeeman 效应. 根据量子观点，光谱线的分裂反映了在强磁场作用下原子能级的分裂. 对于氢原子和类氢原子(指核外只有一个电子的离子，如 He^+，Li^{2+}，Be^{3+}等)，电子运动能量只与主量子数 n 有关，可以记为 E_n. 一般原子的外层有多个价电子，它们的能量结构较为复杂. 为了简单起见，只讨论碱金属原子，这种原子最外层只有一个价电子. 在没有外磁场时，价电子处于核和内部满壳层电子所产生的势场$U(\boldsymbol{r})$中，由 Schrödinger 方程可以求出它的定态解，结果表明定态的能量不仅与主量子数 n 有关，还与角量子数 l 有关，可以记为 E_{nl}. 加上外磁场 $\boldsymbol{B}$ 后，考虑到在原子的小线度范围内 $\boldsymbol{B}$ 可按匀强磁场处理，作此简化后，写出电子波函数所满足的 Schrödinger 方程. 求解此方程，得出价电子的定态波函数，同时也得出了价电子的定态能量为

$$E_{nlm}=E_{nl}+\frac{eB}{2m_e}m\hbar,\qquad m=0,\ \pm1,\ \pm2,\ \cdots,\ \pm l \tag{12}$$

式中 m 称为磁量子数. 从(12)式可以看出，在磁场作用下，价电子的定态能量不仅与主量子数 n、角量子数 l 有关，还与磁量子数 m 有关. 把有磁场时价电子的定态能量 E_{nlm}与

无磁场时价电子的定态能量 E_{nl} 相比较，前者多出了 $\left(\frac{eB}{2m_e}\right)m\hbar$ 项. 由(12)式，磁量子数 m 可取值共有$(2l+1)$个，因此，在外磁场作用下，原来的每一个 E_{nl} 能级将分裂为相应的$(2l+1)$个新能级. 从高能级向低能级跃迁，辐射相应能量的光子，对应的有一条光谱线. 量子理论指出，这种跃迁要受选择定则的约束. 选择定则允许主量子数 n 可以随意降级，但角量子数 l 和磁量子数 m 的跃变却是有限制的. 允许的 l 的跃变量 Δl 只能取 1 或-1，允许的 m 的跃变量 Δm 只能取 1 或 0 或-1. 在无外磁场时，m 的跃变与能量无关，在有外磁场时，m 的跃变对应有能量的变化，由(12)式可以看出，这种附加的能量变化对应相同的三种能量差为

$$\frac{eB}{2m_e}\hbar,\qquad 0,\qquad -\frac{eB}{2m_e}\hbar$$

因此，无磁场时的每一条谱线都将在有磁场时分裂为三条光谱线. 这就是正常 Zeeman 效应的量子理论解释. 由于相关的数学处理涉及不少演算，此处一概略去，只侧重于物理内容和主要结论. 不难看出，量子理论的解释在理论观念上是十分清晰的.

正常 Zeeman 效应发现之后，在外加磁场较弱的实验条件下，又观察到原子光谱线具有比正常 Zeeman 效应更为复杂的分裂现象. 例如，钠原子光谱的某条谱线在弱磁场中分裂成 4 条，另一条谱线则分裂成 6 条. 这种谱线分裂现象的共同特点是每一条原谱线都分裂为偶数条，称为反常 Zeeman 效应.

与反常 Zeeman 效应有关的是 Stern-Gerlach 实验. 1921 年，Stern 和 Gerlach 发现银原子束通过极不均匀的磁场时，会分裂成两束，后来，用锂、钠、钾、铜、金等原子束做实验，也观察到了类似的分束现象. 如所周知，由于磁场对电流的 Ampere 力作用，闭合电流线圈在非均匀磁场层受到磁场的作用力. 对于足够小的电流线圈，把它的磁矩记为 $\boldsymbol{p}_m$，可以证明，在非均匀磁场 $\boldsymbol{B}$ 中，该电流线圈所受磁场的作用力为

$$\boldsymbol{F}=\boldsymbol{p}_m\cdot\nabla\boldsymbol{B}$$

在原子中电子绕核运动，相当于一个电流线圈，也有相应的磁矩，称为原子磁矩，记为 $\boldsymbol{\mu}$. $\boldsymbol{\mu}$ 与电子绕核运动的角动量有关. 假设外加磁场只在 z 轴方向不均匀分布，把原子磁矩 $\boldsymbol{\mu}$ 在 z 轴方向的分量记为 μ_z，则原子受非均匀磁场的作用力为

$$F_z=\mu_z\frac{\mathrm{d}B}{\mathrm{d}z}$$

由量子力学可以证明，μ_z 的取值与磁量子数 m 有关. 如果只考虑电子绕核运动的磁矩，那么当角量子数 l 一定时，如前所述，m 可以取$(2l+1)$个离散值，对应有$(2l+1)$个 μ_z 和 F_z 值，于是原子束 通过非均匀磁场后应分裂为$(2l+1)$束，即分裂为奇数束. 但是，Stern-Gerlach 实验的结果却是分裂为偶数束，显然，上述解释与实验结果不符，令人困惑.

1925 年，荷兰莱顿大学的两位学生 Uhlenbeck 和 Goudsmit，根据实验事实，提出了

大胆的假设. 他们认为, 电子并不是点粒子, 电子具有某种内部结构, 可以有自旋运动, 具有相应的自旋角动量. 根据微观粒子的量子化特征, 如果电子的自旋角动量为 $\boldsymbol{s}$, 那么, $\boldsymbol{s}$ 在外磁场 z 轴方向的分量 s_z 只能取分立值, Uhlenbeck 和 Goudsmit 假设 s_z 只能取两个值, 为

$$s_z = \pm\frac{\hbar}{2} \tag{13}$$

电子因自旋而具有的磁矩为

$$\boldsymbol{\mu}_{\mathrm{s}} = -\frac{e}{m_{\mathrm{e}}}\boldsymbol{s} \tag{14}$$

$\boldsymbol{\mu}_{\mathrm{s}}$ 称为自旋磁矩. $\boldsymbol{\mu}_{\mathrm{s}}$ 在 z 轴方向的分量相应地为

$$\mu_{\mathrm{s}z} = \pm\frac{e\hbar}{2m_{\mathrm{e}}} \tag{15}$$

根据 Uhlenbeck 和 Goudsmit 的假设, 原子磁矩 $\boldsymbol{\mu}$ 应为电子轨道磁矩与电子自旋磁矩的叠加, 由于在外磁场下 $\mu_{\mathrm{s}z}$ 对原子磁矩分量 μ_z 的成双贡献, 使得 $(2l+1)$ 个分裂束扩展成 $2(2l+1)$ 个分裂束, 从而很好地解释了 Stern-Gerlach 的实验. 在 Uhlenbeck 和 Goudsmit 提上述电子自旋的理论后, 1927 年, Stern 和 Gerlach 又用基态氢原子束做了验证性实验, 因为基态氢原子的轨道磁矩为零, 若电子确有自旋, 那么在磁场作用下原子束应分为两束. 实验结果与理论预期完全一致, 证实了电子存在自旋的假设. 与此类似, 反常 Zeeman 效应产生的原因也是电子自旋, 因有关细节过多涉及量子理论, 此处不再赘述.

电子自旋的发现, 使得人们对原子中电子排列的方式有了更清楚的了解. 物理学家仿照氢原子中电子绕核运动的量子力学研究方法, 分析了一般原子中核外电子的排列, 发现这种排列具有壳层结构. 壳层由主量子数 n 和角量子数 l 确定, 各壳层的电子定态个数是确定的, 这个数目里也有电子自旋的贡献. 电子在核外逐个填充壳层态位, 填位遵循两个原则. 第一个原则是最低能量原理, 即当原子处于正常状态时, 所有核外电子的分布应使原子处于最低能量状态. 第二个原则是著名物理学家 Pauli 在 1925 年提出的不相容原理, 即在同一个原子中不可能有两个或两个以上的电子处于完全相同的状态(定态). 电子按照这两个原则填充态位, 由此便可确定各种原子的电子壳层结构, 根据电子壳层结构给出的各种元素原子最外层电子的排列数恰好与元素周期表完全吻合. 至此, 根据电子在电磁场中运动的量子理论, 更深刻地解释了由化学家所发现的元素周期表结构.

固体能带结构的发现是电子运动的量子力学理论取得成功的又一范例. 这一发现使得人们对导体、半导体、绝缘体三者之间区分的微观机制有了更深层次的理解, 从而为固体物理学的大发展准备了条件.

在经典电磁理论中, 曾对金属的导电机制作出过微观解释, 它认为金属中原子的最外层价电子因所受束缚较弱而成为可以脱离原子在金属中自由运动的电子, 这些自由电

子在外电场作用下，受 Newton 定律支配做定向漂移运动，形成电流. 自由电子在运动中不断与离子实发生碰撞，损失漂移运动的能量，这就是电阻形成的原因. 在上述经典理论的解释中有两个重要的观念，其一是认为金属原子中的价电子会脱离原子约束成为自由电子，其二是认为这些自由电子在定向漂移运动中又会受到离子实的作用. 这两个观念朴实自然，清楚地描绘了金属中宏观电流以及电阻形成的微观机制，因此在量子理论中仍然予以保留. 然而，自由电子作为微观粒子，其波动性不容忽视，其动力学行为应遵循量子力学的波动方程，这是固体量子理论的新观念，应该用它来改造经典理论.

前已指出，在单个原子中电子的排列具有能级结构，离核越远，能级越高，能级差越小. 经典理论认为，电子一旦脱离约束成为自由电子，它的能量就可以连续取值，不再具有分立结构，在固体中这些自由电子形成了自由电子气. 量子理论指出，即使不考虑离子实势场的作用，在金属内部环境中这些自由电子仍将具有分立的能级结构. 金属是有线度的，自由电子的运动被限制在这一线度范围内，可以近似地看作自由电子处在一个三维无限深势阱之中. 微观粒子在三维势阱中运动，通过求解相应的波动方程可以得出，粒子的能量只可取一系列不连续的值，或者说粒子仍具有分立的能级结构. 为了讨论的方便，以一维无限深方势阱为例，说明这种分立的能级是怎样形成的. 设一维无限深方势阱如图 10-2-3 所示，即

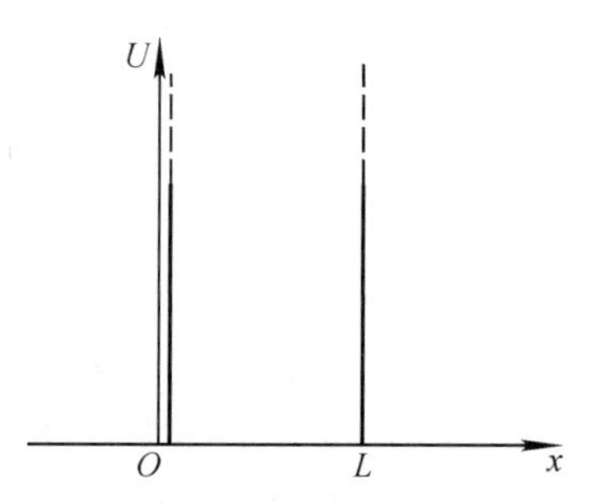

图 10-2-3　一维无限深方势阱

$$U(x)=\begin{cases}0, & 0<x<L\\ \infty, & x\leqslant 0 \text{ 或 } x\geqslant L\end{cases}$$

微观粒子的定态波函数记为 $\psi(x)$. 因粒子在势阱之内，故边条件应为

$$\psi(0)=\psi(L)=0$$

在势阱内，粒子的波动方程为

$$\frac{\mathrm{d}^2\psi}{\mathrm{d}x^2}+\frac{2mE}{\hbar^2}\psi=0$$

式中 m 和 E 分别是粒子的质量和定态能量. 引入

$$k=\frac{\sqrt{2mE}}{\hbar}$$

波动方程的解可表为

$$\psi(x)=A\sin(kx+\delta)$$

由边条件可以得出

$$\delta=0$$

$$kL=n\pi,\quad n=1,2,3,\cdots$$

因此，微观粒子的定态能量只能取一系列的分立值，记为 E_n，有

$$E_n=\frac{\hbar^2}{2m}\left(\frac{n\pi}{L}\right)^2,\qquad n=1,\ 2,\ 3,\ \cdots \tag{16}$$

量子数 n 对应的定态波函数 ψ_n 应满足归一化条件，即

$$\int_0^L |\psi_n(x)|^2\mathrm{d}x = 1$$

由此解出

$$A=\sqrt{\frac{2}{L}}$$

故 E_n 对应的定态波函数 ψ_n 为

$$\psi_n(x)=\begin{cases}\sqrt{\dfrac{2}{L}}\sin\left(\dfrac{n\pi}{L}x\right), & 0<x<L\\ 0, & x\leqslant 0 \text{ 或 } x\geqslant L\end{cases} \tag{17}$$

现在，设想有长为 L 的一维固体，其中的自由电子可以占据上面给出的各个定态. 如果没有热运动，电子按最低能量原理和 Pauli 不相容原理从量子数 $n=1$ 开始逐个向上填充，因为电子还有两个自旋态，与每一个 n 对应的能态可以填充两个电子. 如果有 6 个电子，当系统处于基态(无热运动，无外加作用场)时，电子所处态的分布情况如下：

n	自旋态	电子占据数
1	↑	1
1	↓	1
2	↑	1
2	↓	1
3	↑	1
3	↓	1

n	自旋态	电子占据数
4	↑	0
4	↓	0
5	↑	0
5	↓	0
⋮	⋮	⋮

其中符号↑和↓分别表示两个自旋态. 把最高的被充满的能级记为 n_{F}，为了方便，设自由电子数 N 为偶数，则有

$$n_{\mathrm{F}}=\frac{N}{2}$$

最高被填满能级的能量值为

$$E_{\mathrm{F}}=\frac{\hbar^2}{2m}\left(\frac{n_{\mathrm{F}}\pi}{L}\right)^2=\frac{\hbar^2}{2m}\left(\frac{N\pi}{2L}\right)^2 \tag{18}$$

式中 E_F 称为 Fermi 能.

真实固体是三维的，自由电子气中电子的能量仍然具有分立结构. 在没有热运动和没有外作用场时，自由电子也是从最低能级逐级向上填充，直至所有自由电子都填完为止. 自由电子占据的最高能级的能量也称为 Fermi 能.

现在，进一步考虑固体中离子实对自由电子气中电子的作用. 在固体中，离子实有规律地排列着，构成所谓晶格结构. 离子实对自由电子有 Coulomb 作用，这种作用可处理为在晶格空间中有一个三维周期性分布的势场. 写出在周期性势场中电子的势能函数 $U(x, y, z)$后，便可由相应的 Schrödinger 方程找出自由电子的定态波函数及对应的能量. 求解结果表明，自由电子允许具有的能量形成带状结构，称为能带. 每一个能带有它的最低能量值和最高能量值. 一般情况下，在相邻两个能带之间有一段自由电子不可能取得的能量区域，这种区域称为禁带. 如果离子实的个数为 N，那么，每一个能带包含结构更细致的 N 个能级，每个能级可以被自旋态不同的两个自由电子占据，或者，借用经典的说法，有两个自由电子的轨道，于是一个能带便有 $2N$ 个自由电子轨道. 能带中凡是被自由电子填满轨道的称为满带，未被自由电子填满轨道的称为导带.

根据上述固体的能带结构，结合热运动的效应和外加电磁场的作用，可以解释绝缘体、半导体、导体的不同导电性能. 当温度接近绝对零度时，绝缘体和半导体一样有充满自由电子的满带以及将满带与导带隔离的禁带，导带中几乎均无自由电子. 这两种固体之间的区别在：绝缘体的禁带较宽，如图10-2-4(a)所示，禁带宽度 ΔE_g 约在 1.5 eV

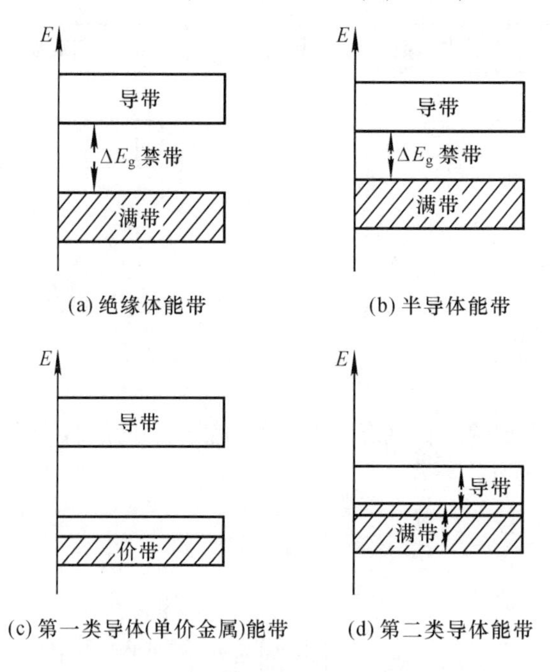

(a) 绝缘体能带　(b) 半导体能带

(c) 第一类导体(单价金属)能带　(d) 第二类导体能带

图 10-2-4

到 10 eV 左右；半导体的禁带较窄，如图 10-2-4(b)所示. 当温度升高后，自由电子参与热运动，在半导体中因为 ΔE_g 较小，自由电子比较容易从满带越过禁带进入导带，当加入外电场时，这些自由电子可沿着与电场相反的方向运动，同时去占据导带中其他空着的较高能级，这种自由电子的定向运动形成了半导体中的导电电流. 由此可见，温度越高，越容易形成电流，宏观上便表现为半导体的电阻随着温度的升高而下降的现象. 绝缘体的禁带宽度 ΔE_g 较大，一般温度下，从满带激发到导带的自由电子极少，以致形成的绝缘体内电流小到可以忽略的程度，宏观上表现为绝缘体具有非常高的电阻.

导体与半导体、绝缘体的情况完全不同. 有些导体不存在满带，例如，单价金属的 N 个自由电子在绝对零度时只占据最低能带中的 N 个轨道，最低能带中的另 N 个轨道空着，如图 10-2-4(c)所示. 另外有些导体，虽然最低能带的全部轨道已被自由电子占据成为满带，但满带与上方能带之间并没有禁带，甚至导带中的部分较低能级就落在满带的能量区域内，形成满带能量区域与导带能量区域的重叠，如图 10-2-4(d)所示. 导体中自由电子的这两种能带结构，使得自由电子在外电场作用下很容易从较低能级跃迁到较高的空位能级形成电流，宏观上表现为导体的电阻很小.

固体能带理论的建立，为固体各种性能的深入研究开辟了新的途径，从此，固体物理逐渐成为物理学中新的重要的分支学科. 与此同时，半导体科技的应用、晶体管的制作、大规模集成电路技术的开发等等，为计算机的迅速发展奠定了基础，使人类社会进入了当今高科技的信息时代. 回顾科学发展的历史，这些重要的成就都与电子运动的波动方程的建立休戚相关. 时至今日，物理学家仍然运用电子运动的量子理论执着地探索着固体中更深层次的种种物理性质，并取得了一系列新的成果，量子 Hall 效应的发现就是其中一例.

Hall 效应是德国物理学家 Hall 于 1879 年发现的. 如图 10-2-5 所示，沿着导体或半导体长方形样品的长度方向(设为 x 轴方向)通以电流 I，在样品的高度方向(设为 z 轴方向)加以均匀磁场 $\boldsymbol{B}$，则样品中形成电流的带电粒子就会在磁场 Lorentz 力的作用下沿着样品的宽度方向(设为 y 轴方向)移动. 如果载流子是带正电的粒子，则它们的移动方向如图 10-2-5 所示，使得样品的右侧面积累正电荷，左侧面积累负电荷. 这样，右侧面相对左侧面将具有电势差. 实验表明，电势差 U_H 与 I 和 B 成正比，与样品的高度 d 成反比，即有

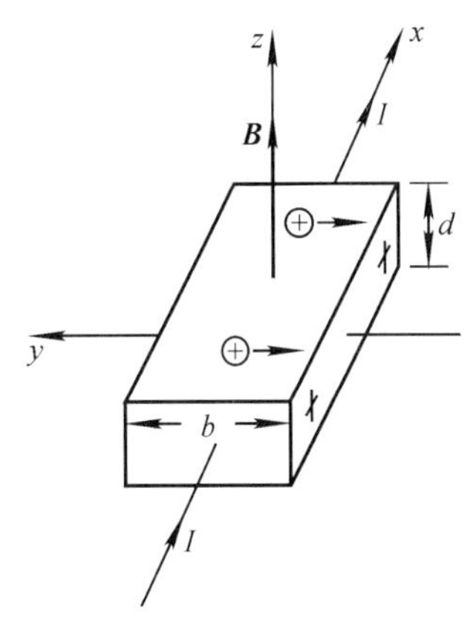

图 10-2-5　Hall 效应的实验

$$U_H = K\frac{IB}{d}$$

式中比例系数 K 称为该样品的 Hall 系数. 在样品内相应地有一个逆着 y 轴方向的电场 $\boldsymbol{E}$，其大小为

$$E=\frac{U_{\mathrm{H}}}{b}$$

式中 b 为样品宽度. 平衡时，样品内载流子受磁场 $\boldsymbol{B}$ 的 Lorentz 力和电场 $\boldsymbol{E}$ 的 Coulomb 力达到平衡，即有

$$qvB=qE$$

式中 q 为每个载流子所带的电量，v 为载流子沿 x 方向运动的速度. 设载流子的数密度为 n，把电流密度记为 j，则有

$$I=jbd$$

$$j=nqv$$

由以上诸式，可以得出

$$K=\frac{U_{\mathrm{H}}d}{IB}=\frac{1}{nq} \tag{19}$$

(19)式给出了 Hall 系数 K 与载流子数密度 n 以及载流子电量 q 之间的关系.

取 d 为一个长度单位，则 Hall 系数为

$$K=\frac{U_{\mathrm{H}}}{IB}$$

若样品中的载流子为电子，由(19)式可知 K 应为负值，U_{H} 也应为负值. 引入正值 Hall 电阻 R_{H}，定义为

$$R_{\mathrm{H}}=-\frac{U_{\mathrm{H}}}{I}$$

则有

$$R_{\mathrm{H}}=-KB=\frac{B}{ne} \tag{20}$$

式中 e 为电子电量的绝对值. 实验上对于给定的磁场 B，通过对电路中栅压 V_{g} 的调节来控制电流 I，同时测出 Hall 电阻 R_{H}，由此可以得出 $R_{\mathrm{H}}-V_{\mathrm{g}}$ 实验曲线. $R_{\mathrm{H}}-V_{\mathrm{g}}$ 的理论曲线如图 10-2-6 中的虚线所示，一般情况下，实验曲线与理论曲线符合得比较好.

1980 年，德国物理学家 Von Klitzing 等人在低温强磁场条件下测量一批半导体样品的 Hall 电阻 R_{H} 时，发现 $R_{\mathrm{H}}-V_{\mathrm{g}}$ 曲线有一系列平台，这些平台所对应的 R_{H} 值为

$$R_{\mathrm{H}}=\frac{h}{ie^{2}}$$

式中 $i=1，2，3，\cdots$，如图 10-2-6 所示. Hall 电阻的这些平台值与样品性质无关，它是由两个基本常量确定的，即取决于 Planck 常量 h 和电子电量的绝对值 e. 因此，这一个重要现象必定反映了某些最基本的物理内容，从而引起了物理学界的重视. 经过几年的努力，终于认识到这个现象的原因是电子在低温强磁场中运动时所具有的特殊的量子效应，所以通常把这个现象称为量子 Hall 效应.

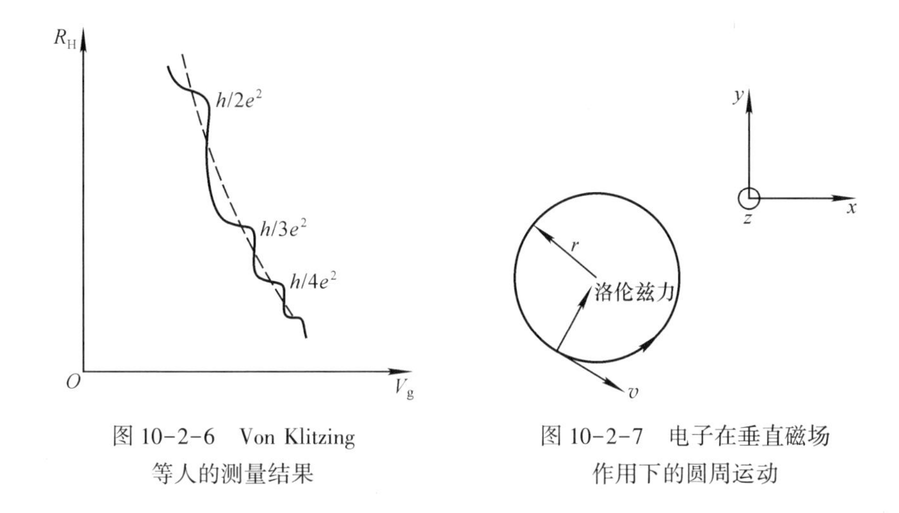

图 10-2-6 Von Klitzing 等人的测量结果

图 10-2-7 电子在垂直磁场作用下的圆周运动

量子 Hall 效应也可以采用半经典的方式予以解释. 如图 10-2-7 所示，电子在沿 z 轴方向的垂直磁场的作用下作圆运动，电子圆运动的速度为 v，圆运动的半径为 r，把电子的有效质量记为 m^*，容易得出，电子圆运动的频率为

$$\nu=\frac{v}{2\pi r}=\frac{eB}{2\pi m^*} \tag{21}$$

仿照 Bohr 的半经典的量子理论，电子只能在某些角动量为特定值的轨道上运动. 根据 Bohr 的量子化条件，可以得出电子轨道运动的能量应为

$$E=ih\nu \quad , \qquad i=1,\ 2,\ 3,\ \cdots \tag{22}$$

可见，电子在磁场中轨道运动的能量也是量子化的，它等于 $h\nu$ 的整数倍. 在低温、无外磁场时，电子的能量差非常小. 加外磁场后，由(21)式、(22)式可知，E 和 $h\nu$ 都随 B 增大. 若所加外磁场很强，使得 $h\nu$ 比电子原来的能级差大很多，则电子原来的能级分布可以近似地处理为连续谱. 因此，加了强磁场后，电子的轨道能级就成为如图 10-2-8 所示的一系列分立的量子能级，称为 Ландау(Landau)能级，两个相邻 Ландау 能级的间距为 $h\nu$. 可以证明，半导体中单位体积内每个 Ландау 能级包含的电子状态数为$\frac{eB}{h}$. 在磁场保持不变时，调节栅压 V_g，增加半导体中电流电子浓度，电子开始填充第一 Ландау 能级，填满后又接着填充第二 Ландау 能级，以此类推. 如图 10-2-6 所示的 Hall 电阻平台，对应的正是从一个 Ландау 能级向下一个 Ландау 能级的过渡，样品中电子的数密度为 n，若 n 刚好填满第 i 个 Ландау

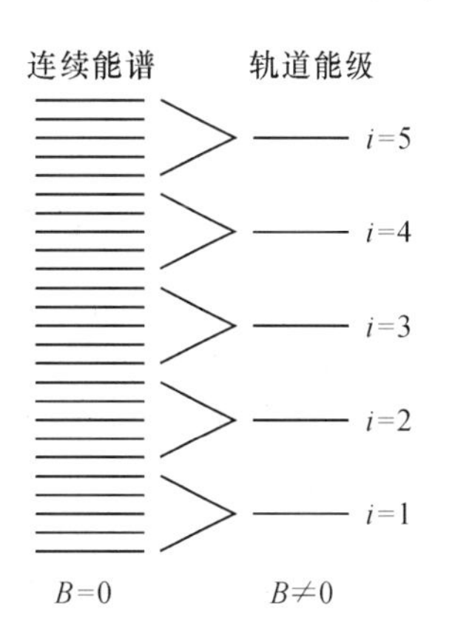

图 10-2-8 磁场作用下 Ландау 能级的形成

能级，则应有

$$n=i\left(\frac{eB}{h}\right)\quad,\qquad i=1,\ 2,\ 3,\ \cdots$$

代入(20)式，得

$$R_{\mathrm{H}}=\frac{h}{ie^{2}}\quad,\qquad i=1,\ 2,\ 3,\ \cdots$$

这就是量子 Hall 电阻平台对应的值.

量子 Hall 效应的发现，再次显示出在固体中电子运动的量子效应在低温条件下有更明显的表现. 通过量子 Hall 效应的实验还能够精确地测定普适常量$\frac{h}{e^{2}}$，这一常量也可以用来作为电阻标准.

1982 年，普林斯顿大学的美籍华裔教授崔琦和 Stormer 在研究极低温度(0.1 K 左右)和超强磁场(B 大于 10 T)条件下二维电子气的 Hall 效应时，发现 Hall 电阻随磁场 B 的变化出现了新的台阶，这些新台阶的高度可表为

$$R_{\mathrm{H}}=\frac{h}{\gamma e^{2}}\tag{23}$$

式中 γ 是某些分母为奇数的分数，这就是分数量子 Hall 效应. 为了区分，把 Von Klitzing 发现的 $R_{\mathrm{H}}=\frac{h}{ie^{2}}$的量子 Hall 效应称为整数量子 Hall 效应.

崔琦的这一重大发现，为理论物理学家提出了比解释整数量子 Hall 效应更大的挑战，因为在这种情况下，电子之间的相互作用必须考虑在内. 曾经在整数量子 Hall 效应的理论研究中作出过重要贡献的 Laughlin 提出了描述电子占据数为奇数分之一的关联电子系统的波函数，求解得出这一系统是不可压缩的流体状态，其带电的元激发带有分数电荷，成功地解释了分数量子 Hall 效应. Laughlin 的理论涉及更深的量子理论以及相应的数学工具，此处不再介绍. 值得指出的是，在 Laughlin 工作的基础上，理论物理学家又进一步发展了复合 Fermi 子(遵循 Fermi-Dirac 统计的微观粒子)、复合 Bose 子(遵循 Bose-Einstein 统计的微观粒子)、分数统计等新的理论. 与此同时，实验物理学家也取得了越来越丰硕的研究成果，使得固体物理学中的低维物理和强关联系统的理论得到了极大的发展.

二、电子运动的 Dirac 方程，正电子

正如上一段的(3)式所示，Schrödinger 方程对应的微观粒子的能量为

$$E=\frac{p^{2}}{2m}+U$$

式中$\frac{p^2}{2m}$是微观粒子的经典动能，因此，Schrödinger 方程只适用于低速运动的电子. 对于高速运动的电子的能量，必须考虑相对论效应，例如，自由电子的能量 E 与动量 p、电子静质量 m_0 之间的关系为

$$E^2=p^2c^2+m_0^2c^4 \tag{24}$$

与此相应，在物理上需要寻找一个对应的量子力学波动方程. 1928 年，英国物理学家 Dirac 找到了这样的方程，即相对论电子波动方程，也称电子运动的 Dirac 方程.

在 Schrödinger 方程中波函数 $\boldsymbol{\Psi}$ 是一个标量，在 Dirac 方程中波函数 $\boldsymbol{\Psi}$ 不是一个标量，它包含四个分量. 在相对论中，若将空间坐标 x，y，z 分别记为 x_1，x_2，x_3，再引入第四个坐标 $x_4=\mathrm{i}ct$，其中 i 为单位虚数，t 为时间，那么 x_1，x_2，x_3，x_4 就构成了一个四维时空区. 四维时空区是 Einstein 的老师 Minkowski 在 1908 年发表的《空间与时间》一文中首先提出来的，其目的是使相对论理论的数学表述具有更加简洁的形式. 与 Minkowski 的四维时空相对应，在相对论中可以引入四维矢量，它由四个分量组成，且按矢量变换规则从一个四维 Minkowski 空间(对应一个惯性系)变换到另一个 Minkowski 空间(对应另一个惯性系). Dirac 给出的波函数 $\boldsymbol{\Psi}$ 也有四个分量，但是，它并不遵循四维矢量的变换规则，它有另外的变换规则，在量子理论中把它称为旋量.

Dirac 首先给出了自由电子的相对论波动方程，它可表述为

$$\left(\sum_{\mu=1}^{4}\mathrm{i}\gamma_\mu\frac{\partial}{\partial x_\mu}-\frac{m_0c}{\hbar}\right)\boldsymbol{\Psi}=0 \tag{25}$$

式中 γ_μ 是四个 4×4 的矩阵，分别为

$$\gamma_1=\begin{pmatrix}0&0&0&1\\0&0&1&0\\0&-1&0&0\\-1&0&0&0\end{pmatrix}$$

$$\gamma_2=\begin{pmatrix}0&0&0&-1\\0&0&1&0\\0&1&0&0\\-1&0&0&0\end{pmatrix}$$

$$\gamma_3=\begin{pmatrix}0&0&1&0\\0&0&0&-1\\-1&0&0&0\\0&1&0&0\end{pmatrix}$$

$$\gamma_4=\begin{pmatrix}-1&0&0&0\\0&-1&0&0\\0&0&1&0\\0&0&0&1\end{pmatrix}$$

波函数 $\boldsymbol{\Psi}$ 则可表述成一个列矩阵，为

$$\boldsymbol{\Psi}=\begin{pmatrix}\Psi_1\\ \Psi_2\\ \Psi_3\\ \Psi_4\end{pmatrix}$$

如果(25)式是相对论性的波动方程，那么，它必须与(24)式相符. 为了作出判定，把(25)式展开为

$$\begin{cases}\mathrm{i}\dfrac{\partial}{\partial x_1}\Psi_4+\dfrac{\partial}{\partial x_2}\Psi_4+\mathrm{i}\dfrac{\partial}{\partial x_3}\Psi_3+\dfrac{\partial}{\partial x_4}\Psi_1-\dfrac{m_0c}{\hbar}\Psi_1=0\\ \mathrm{i}\dfrac{\partial}{\partial x_1}\Psi_3-\dfrac{\partial}{\partial x_2}\Psi_3-\mathrm{i}\dfrac{\partial}{\partial x_3}\Psi_4+\dfrac{\partial}{\partial x_4}\Psi_2-\dfrac{m_0c}{\hbar}\Psi_2=0\\ -\mathrm{i}\dfrac{\partial}{\partial x_1}\Psi_2-\dfrac{\partial}{\partial x_2}\Psi_2-\mathrm{i}\dfrac{\partial}{\partial x_3}\Psi_1-\dfrac{\partial}{\partial x_4}\Psi_3-\dfrac{m_0c}{\hbar}\Psi_3=0\\ -\mathrm{i}\dfrac{\partial}{\partial x_1}\Psi_1+\dfrac{\partial}{\partial x_2}\Psi_1+\mathrm{i}\dfrac{\partial}{\partial x_3}\Psi_2-\dfrac{\partial}{\partial x_4}\Psi_4-\dfrac{m_0c}{\hbar}\Psi_4=0\end{cases}\tag{26}$$

自由电子的波函数应有下述形式的解：

$$\Psi_\mu(\boldsymbol{r},\ t)=\psi_\mu(\boldsymbol{r})\mathrm{e}^{-\mathrm{i}Et/\hbar}\quad,\quad \mu=1,\ 2,\ 3,\ 4$$

代入(26)式，得出

$$\begin{cases}\left(\dfrac{\partial}{\partial x_1}-\mathrm{i}\dfrac{\partial}{\partial x_2}\right)\psi_4+\dfrac{\partial}{\partial x_3}\psi_3+\dfrac{\mathrm{i}}{\hbar c}(E+m_0c^2)\psi_1=0\\ \left(\dfrac{\partial}{\partial x_1}+\mathrm{i}\dfrac{\partial}{\partial x_2}\right)\psi_3-\dfrac{\partial}{\partial x_3}\psi_4+\dfrac{\mathrm{i}}{\hbar c}(E+m_0c^2)\psi_2=0\\ \left(\dfrac{\partial}{\partial x_1}-\mathrm{i}\dfrac{\partial}{\partial x_2}\right)\psi_2+\dfrac{\partial}{\partial x_3}\psi_1+\dfrac{\mathrm{i}}{\hbar c}(E-m_0c^2)\psi_3=0\\ \left(\dfrac{\partial}{\partial x_1}+\mathrm{i}\dfrac{\partial}{\partial x_2}\right)\psi_1-\dfrac{\partial}{\partial x_3}\psi_2+\dfrac{\mathrm{i}}{\hbar c}(E-m_0c^2)\psi_4=0\end{cases}$$

采用尝试函数

$$\psi_\mu(\boldsymbol{r})=A_\mu\mathrm{e}^{\mathrm{i}\boldsymbol{p}\cdot\boldsymbol{r}/\hbar}\quad,\quad \mu=1,\ 2,\ 3,\ 4$$

代入上式，得

$$\begin{cases}(E+m_0c^2)A_1+0+p_3cA_3+(p_1-\mathrm{i}p_2)cA_4=0\\ 0+(E+m_0c^2)A_2+(p_1+\mathrm{i}p_2)cA_3-p_3cA_4=0\\ p_3cA_1+(p_1-\mathrm{i}p_2)cA_2+(E-m_0c^2)A_3+0=0\\ (p_1+\mathrm{i}p_2)cA_1-p_3cA_2+0+(E-m_0c^2)A_4=0\end{cases}$$

为了得出 A_μ 不全为零的物理解，要求上式中 A_μ 系数构成的行列式为零，由此即可得出

$$E^2=p^2c^2+m_0^2c^4$$

这就是(24)式. 由此可见，电子运动的 Dirac 方程与电子的相对论能量关系式是相符的.

Dirac 依据(25)式计算了自由电子运动速度在任意方向上的分速度值，所得结果为 c 或 $-c$，其中 c 为真空光速. Dirac 认为，即使自由电子受到外场的作用，这一结论也成立. Dirac 在他的名著《量子力学原理》(陈咸亨译，科学出版社，1979 年) §69 中指出：“由于实际上电子被观察到的速度要比光速小得多，似乎这里有与实验相矛盾之处. 然而，这个矛盾不是真实的，因为在上述结论中的理论速度是在某一特定时刻的速度，而被观察到的速度却总是在相当的时间间隔中的平均速度. 在进一步考察运动方程的基础上，我们将发现，速度完全不是恒量，而是在一个平均值周围迅速振动的，这个平均值符合观察到的值.”接着，Dirac 又作了这样的解释：“只要简单地应用……测不准原理(不确定原理)，就容易地验证，在相对论理论中，测量速度的一个分量一定得出结论为 $\pm c$. 为了测量速度，我们应当测量在稍微不同的两个时刻的位置，然后把位置的变化除以时间间隔(用测量动量然后用公式来计算速度是不行的，因为速度与动量之间的通常关系是不成立的). 为了使我们测出的速度可能接近瞬时速度，在两次测量位置之间的时间间隔一定要很短，因而位置的测量一定是很精确的. 在此时间间隔中，我们以很大的精确度知道了电子的位置，但按照测不准原理(不确定原理)，这一定要引起电子在动量上几乎完全不确定. 这一点的意义是，几乎所有的动量值都是等几率的，所以动量几乎肯定是无穷大. 动量的分量值为无穷大，相当于相应的速度分量值为 $\pm c$.”

由 Dirac 方程(25)式导出了(24)式，表明相对论的能量-动量关系式已经包含在 Dirac 的波动方程之中，或者说电子具有的这种形式的能量正是 Dirac 波动方程的解. 由(24)式，得出电子的能量为

$$E^+=\sqrt{p^2c^2+m_0^2c^4}$$

或为

$$E^-=-\sqrt{p^2c^2+m_0^2c^4}$$

在非量子理论中，可以认为物质世界一开始就选择了没有负能量的初条件，而且能量是连续变化的，正能量的电子无法越过从 m_0c^2 到 $-m_0c^2$ 的能量间隔降到负能量状态，因此，上述 E^- 是没有意义的. 但是，在量子理论中这一负能解却不可随意去除，因为每一个解对应一个可称为能量本征函数的波函数解，波函数的通解正是这些本征函数的线性叠加. 通解存在的前提是本征波函数的集合具有完备性，如果把负能解去除，就会破坏本征函数的完备性，当然是不允许的. 于是，在量子理论中，电子除了具有能量取正值的状态外，还存在着能量取负值的状态，并且这两种状态的分布相对零值能量是完全对称的. 自由电子最低的正能态是一个静止电子的状态，其能量为

$$E_0^+=m_0c^2$$

其他正能态的能量都比 E_0^+ 高，并且可以连续地增加到正无穷大. 自由电子最高的负能态

的能量是一个静止电子能量的负值，即为

$$E_0^- = -m_0c^2$$

其他负能态的能量都比 E_0^- 低，并且可以连续地降低到负无穷大. 倘若果真如此，那么，假定处于某个正能态的一个电子，由于受到某种外部作用而降到某个负能态，则将会释放相应的能量，接着，该电子又可以继续向更低的负能态移位，直至趋于负无穷大的能态，在这个过程中将持续不断地释放能量，这岂不就成了“永动机”，显然，这个结果在物理上是不合理的.

针对上述矛盾，1930 年 Dirac 大胆地提出了一个假设，即空穴假设. Dirac 认为，对于物理世界所有由电子构成的系统，当该系统处于基本状态时，系统内所有电子刚好将全部负能态填满，而且正能态中没有一个电子. 此时，根据 Pauli 不相容原理，任何一个电子都不可能找到能量更低的还没有填入电子的能量状态，因而也就不可能通过向低能态跃迁而释放能量，或者说不可能输出任何信号，这正是真空所具有的物理性质，所以系统的这种基态实质上就是真空态. 现在，如果将一个电子从某个负能态激发到某个正能态上去，这两个状态的能量分别记为 E^- 和 E^+，那么，需要从外界输入的能量为

$$E_{外} = -E^- + E^+ \geqslant 2m_0c^2$$

这表现为在真实世界中可以观察到一个能量为 E^+ 的正能态电子，与此同时，出现了一个负能态的空穴. 正能态的电子带有电荷 $-e$，根据电荷守恒原理，负能态的空穴应该表现为一个带有 $+e$ 的粒子. 根据能量守恒原理，这个粒子所具有的能量为

$$\begin{aligned} E_{空穴} &= E_{外} - E^+ \\ &= -E^- \geqslant m_0c^2 \end{aligned}$$

由此可见，负能态空穴一旦出现，它的物理性质相当于一个带有正电荷的“电子”，Dirac 称之为“正电子”. Dirac 的假设意味着存在正电子，因而他的这一理论也称为正电子理论.

Dirac 的正电子理论的提出，在物理学界引起了强烈的反响. 1932 年美国物理学家 Anderson 通过实验证实了正电子的存在，更激起了极大的轰动. 当时，Anderson 在宇宙线实验中观察到高能光子经过重原子核附近时，可以转化为一个电子和另一个静止质量与电子相同却带有电荷为 $+e$ 的粒子，后者正是 Dirac 从理论上预言的电子负能态空穴，即正电子. 毫无疑问，Anderson 实验的成功对于电子运动的 Dirac 波动方程提供了最有力的支持，进一步显示出 Dirac 波动方程所具有的重要理论价值.

由此，物理学家很自然地意识到，既然存在着与电子对应的正电子，即存在着电子的反粒子(正电子)，那么，其他粒子似乎也都会有相应的反粒子存在. 例如，质子的反粒子(称为反质子)和中子的反粒子(称为反中子)就也应该存在. 产生反质子和反中子所需的外加能量 $E_{外}$，应大于或等于质子或中子静止能量的两倍，这是很高的能量值. 限于当时高能物理的实验条件，迟迟未能观察到反质子和反中子. 直到 1956 年，美国物理学

家 Chamberlain 等终于在高能加速器实验室中发现了反质子. 随后，又观察到了反中子. 经过一系列的有关研究，物理学家发现，粒子可以分为两类：一类粒子的正粒子和反粒子成对地出现，另一类粒子的反粒子则是它们自己. 现在，反粒子已经成为物理学的一个重要基本概念，并且反粒子自身的含义也在不断地发展和充实.

一个电子和一个质子可以通过电相互作用构成一个氢原子，一个电子和一个正电子理应也能通过电相互作用构成一个类似氢原子的小系统，称为电子偶素. 1951 年，Deutsch 发现了电子偶素，它是当正电子靠近电子时形成的小束缚系统. 在氢原子中，由于质子质量几乎是电子质量的二千倍，质子的运动可以忽略，电子运动的折合质量可以近似地取为电子本身的质量. 在电子偶素中，正电子取代了质子的地位，但是正电子的质量与电子质量相当，两者将围绕着系统的质心运动，电子运动的折合质量是其自身质量的一半. 由此，很容易得出电子偶素的基态能是氢原子中电子基态能的二分之一，即为-6.8 eV，电子偶素的电离能也就是氢原子电离能的二分之一，即有

$$E_{电离}=6.8\ \mathrm{eV}$$

电子偶素基态轨道的半径(即 Bohr 轨道的半径)是氢原子基态轨道半径的二倍，即有

$$r_{\mathrm{b}}=1.06\times10^{-10}\mathrm{m}$$

电子偶素是很不稳定的，它可以在较短的时间内发生湮灭，即电子和正电子同时消失，相应的能量以光子形式释放. 与此类似，运动的正电子与电子相遇时，也可以直接发生湮灭事件. 根据 Dirac 的空穴假设，电子对的湮灭过程是正能态电子向负能态空穴的跃迁，两个能态之间的能量差以光子的形式释放. 考虑到湮灭过程应遵循动量守恒原理，湮灭产生的光子至少应为两个，实验上观察到电子对湮灭过程产生的多为双光子或三光子.

Dirac 在给出自由电子的相对论性波动方程之后，又找到了在电磁场作用下电子运动的相对论性波动方程. Dirac 对后一方程进行展开，竟自动地导出了电子必定具有自旋的重要结果. 众所周知，在这之前，电子的自旋是为了解释某些实验事实而唯象地引入的，缺乏理论依据. Dirac 则是从更基本的波动方程出发，从理论上导出了电子自旋的存在，显然，Dirac 的结果基础更扎实，也更具有普遍意义. 既然 Dirac 从理论上证明，自旋是电子的一个基本属性，那么，容易设想，其他粒子也理应具有类似的基本属性. 各种粒子的自旋可以不为零，也可以为零，相当于各种粒子可以具有非零的电荷，也可以具有零电荷.

Dirac 利用在电磁场作用下电子运动的相对论性波动方程，再次研究了氢原子的能级分布，发现由于存在电子自旋，氢原子的能级应具有进一步的精细结构. 根据电子运动的 Schrödinger 方程给出的氢原子的能级公式如(10)式所示，它也可表述为

$$E_n=-\frac{Rhc}{n^2}$$

式中 n 为主量子数，R 为 Rydberg 常量，已在本章 §1 中给出. Dirac 根据他的波动方程

得出的氢原子能级公式则为

$$\begin{cases} E_{nj}=-\dfrac{Rhc}{n^2}-\dfrac{Rhc\alpha^2}{n^3}\left(\dfrac{1}{j+\dfrac{1}{2}}-\dfrac{3}{4n}\right) \\ \alpha=\dfrac{\mu_0 ce^2}{4\pi\hbar} \end{cases} \tag{27}$$

式中μ_0为真空磁导率，α称为精细结构常量，α的1986年推荐值为

$$\alpha=0.007\ 297\ 353\ 08$$

(27)式右边第二大项来源于电子运动的相对论效应以及电子自旋与电子轨道运动之间的耦合作用，其中j是自旋与轨道耦合的总角动量量子数，通常称为内量子数. 根据(27)式，由主量子数n给出的氢原子能级，除$n=1$的能级外，都将发生分裂. 例如，主量子数$n=2$的能级将分裂为两个能级，主量子数$n=3$的能级将分裂为三个能级，等等.

Dirac从理论上预言的氢原子能级的精细结构与实验符合得很好，这充分显示出，Dirac的电子运动相对论性波动方程与Schrödinger的电子运动波动方程(非相对论)相比，能够更精确地描绘电子在电磁场中运动的规律.

§3. 量子电动力学以及相互作用的统一

一、量子电动力学

在本章§2“电子运动的量子力学理论”中，无论是电子运动的Schrödinger方程，还是电子运动的Dirac方程，对于电子运动的描述都是量子化的，但是应该指出，在上节中对于电磁场的描述却仍然是经典的、非量子化的. 例如，对于黑体内电子的热振动，根据电子运动的量子性，其热振动应具有分立的能级，由此即可说明当电子从高能级向低能级跃迁时，何以释放的能量会是一份一份的. 但是，仔细考虑起来其中还存在两个问题，一是电子为什么会从高能级向低能级跃迁，二是电子经能级跃迁释放的能量转化为电磁场的能量时，为什么会形成一个一个的光子. 这两个问题涉及的都是更深层次的电相互作用的量子行为，其中电子运动的量子性只是一个方面，电磁场的量子性则显然是另一个重要的方面. 实际上，对于包括黑体辐射、氢原子光谱、光电效应、Compton散射等在内的种种现象，即对于涉及电磁场相互作用的量子现象，为了在理论上作出圆满完整的解释，都必须进一步研究电磁场的量子性.

毫无疑问，电子与电磁场都是客观存在的物质，关于实物粒子的波粒二象性的概念其实就来源于光的波粒二象性，这表明电磁场量子观念的出现早于电子的量子理论的建

立，但是，电磁场的量子理论的建立却反而滞后了. 这里的原因在于，光子作为电磁场的量子，其运动速度为真空光速，因此描述光子运动的理论只能是相对论性理论，即电磁场的量子理论也必定是相对论性的量子理论. 显然，相对论性量子理论的建立比起非相对论性量子理论的建立要困难得多. 在上节介绍的电子运动的量子力学理论中，首先提出的 Schrödinger 方程是非相对论性的，尔后才有相对论性的 Dirac 方程.

为了建立电磁场的量子理论，首先需要研究的是，如何把电磁场量子化. 1927 年，Dirac 提出了电磁场的量子化方案. 后来，Heisenberg 和 Pauli 进一步发展了电磁辐射的量子理论. 电磁场量子化的基本思想是将它分解为一系列平面波，这种分解在数学上是通过 Fourier 展开来实现的. 通常，把平面电磁波的偏振方式记为 s，振动频率记为 ν，波长记为 λ，沿传播方向的单位矢量记为 $\boldsymbol{k}_0$，并引入波矢 $\boldsymbol{k}$，其定义为

$$\boldsymbol{k}=\frac{2\pi}{\lambda}\boldsymbol{k}_0$$

每一种平面电磁波的能量和动量都是量子化的，即都是一份一份的，每一份的能量为

$$\varepsilon=h\nu=\hbar\omega$$

其中

$$\omega=2\pi\nu$$

称为圆频率. 每一份的动量为

$$\boldsymbol{p}=\frac{h}{\lambda}\boldsymbol{k}_0=\hbar\boldsymbol{k}$$

每一种偏振态的这一份能量的携带者就是处于相应量子态的一个光子，占据同一量子态的光子数 $n_{s\lambda}$ 可以为零或任意正整数，不受 Pauli 不相容原理的制约. 用量子理论的术语来说，每一种光子对应电磁场的一个量子本征态，真实的电磁场就是这些量子本征态的线性组合. 在经典的电磁场理论中，场是连续分布的，具有无穷多个自由度. 通过 Fourier 展开，把电磁场量子化为一系列光子，在数学上这种展开是无穷展开，因此在量子理论中，电磁场量子化后仍然具有无穷多个自由度.

在经典理论中，场与粒子是物质的两种完全不同的存在形式，大相径庭. 把电磁场量子化为光子，使得场与粒子在电磁场这种物质中获得了成功的统一. 物理学家进一步认识到，场和粒子的统一应该是所有物质的共性，具体地说，原先认为是纯粒子性的电子、质子等也都应该具有对应的电子场、质子场等. 这样，整个物质世界的基本结构就是各种物质对应的各种量子场，物质之间的相互作用应该归结为场之间的相互作用. 于是，世界万物众相，大至宇宙，小至微粒，其结构、运动、演化的全部内容，都可以用量子场与量子场之间的相互作用来描述和解释，这就是近代量子场论的基本观念. 毫无疑问，量子场论观念的形成和发展是人类认识史上的一大飞跃.

量子场论认为，与每一种粒子相对应存在一种场，场是物质存在的基本形态，各种场相互重叠地充满全空间. 例如，与光子相对应的是电磁场，与电子相对应的是电子场，

与质子、中子相对应的分别是质子场、中子场，等等，这些场同时存在于全空间. 每一种场都有它自身的能量最低状态，称为基态. 场处于基态时，不再可能通过状态的变化释放能量以输出信号，因此不会呈现出任何可以观察到的物理效应，这种情形表现为看不到与该场对应的粒子的存在. 当所有的场都处于基态时，就观察不到任何一种粒子，这就是物理上的真空. 由此可见，物理真空并非“真”的“空”无一物，而是全空间充满了各种处于基态的场. 当场处于激发态时表现为出现相对应的粒子，场的不同激发态表现为粒子的数目和运动状态的不同. 例如，电磁场的激发态表现为出现光子，电子场的激发态可以表现为出现若干个电子与若干个正电子，电子与正电子是一对正、反粒子. 场可以分为两类，一类场的运动状态用复数量表述，互为复共轭的两种激发态表现为粒子与反粒子互换的两种物理状态，电子场、质子场、中子场都属于此类场，存在反电子(正电子)、反质子、反中子. 另一类场的运动状态用实数量表述，其激发态也用实数量表述，因实数量的复共轭即其本身，故对应的粒子与反粒子是同一种粒子，也称为中性粒子，电磁场属于此类场，光子是中性粒子.

量子场论进一步认为，物质与物质之间的相互作用归根结底是场与场之间的相互作用. 处于基态的各种场之间存在着相互作用，处于激发态的各种场之间亦即各种粒子之间也存在着相互作用，因此，粒子之间的相互作用来源于场之间的相互作用. 例如，一个自由中子会自动衰变成一个质子、一个电子和一个反中微子，这一衰变过程在量子场论中可以形象地用图 10-3-1 来描述. 如图 10-3-1 所示，其中水平直线代表处于基态的场，例如图 10-3-1 左侧用 γ，ν，p，e 标记的四条水平直线分别代表处于基态的光子场(电磁场)、中微子场、质子场和电子场. 在水平直线上隆起的峰代表该场的激发态，表现为一个粒子. 图 10-3-1 的左侧部分表示开始时只有中子场(n)处于激发态，即只存在一个中子. 然后，经过中子场与质子场、电子场、中微子场之间的弱相互作用，使中子场从激发态跃迁到基态，同时将它的原先激发态的能量传递给质子场、电子场和中微子场，引起这三种场的激发，如图 10-3-1 右侧所示. 结果是中子消失了，与此同时产生了一个质子、一个电子和一个反中微子. 在场论图像中，发生衰变的原因是中子场、质子场、电子场、中微子场之间的弱相互作用，通过场与场之间的相互作用，中子场状态的改变引起了质子场、电子场、中微子场的状态改变.

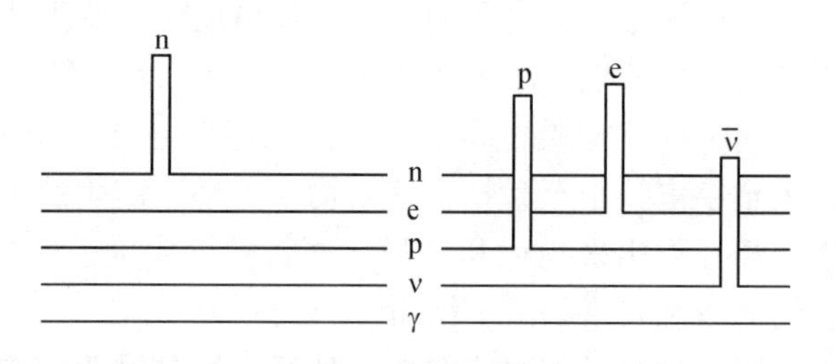

图 10-3-1　中子衰变过程的场论图像

场与场之间存在着四种基本相互作用，它们分别是电磁相互作用、弱相互作用、强相互作用和引力相互作用. 电磁相互作用的中间媒介场是电磁场，电磁场对应的粒子是光子，带电粒子之间的电磁相互作用就是通过交换光子来实现的. 描述电磁相互作用的量子场论称为量子电动力学.

在量子电动力学中，运用量子场论的观点，能够清楚地解释诸如氢原子从高能态向低能态的自发跃迁. 当原子处于高能态时，即使不存在外来光子，处于基态的电磁场(不显示光子)也可以与处于激发态的电子场(显示为氢原子中的电子)相互作用. 这种相互作用使得电子场跃迁到较低的能量状态，把多余的能量传递给电磁场，使电磁场激发，表现为发射一个相应频率的光子. 运用量子场论的观点，也能够很好地解释带电粒子之间的相互作用. 例如，一个电子放出一个光子，然后这个光子被另一个电子吸收，这两个电子之间就实现了电磁相互作用. 这一过程可以形象地用图 10-3-2 来描述. 如图 10-3-2 所示，其中向上的实线代表电子，中间的波纹线代表光子，粒子线汇集的点称为角点，只有一端和角点相连的粒子线称为外粒子线，它表示出现在初态或终态的实粒子，两端都和角点相连的粒子线称为内粒子线，它表示只存在于相互作用过程中很短时间内的虚粒子. 如图 10-3-2 所示的这种线图称为 Feynman 图，它是美国物理学家 Feynman 首先创用的，Feynman 图在表示粒子相互作用的图像上非常直观有用.

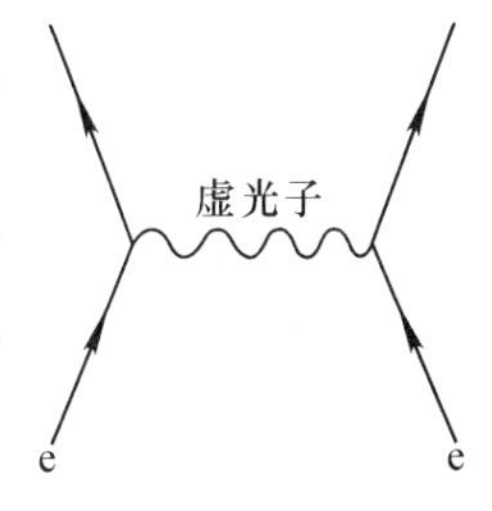

图 10-3-2 电子相互作用的 Feynman 图

带电粒子之间的电磁相互作用是通过发射与吸收光子来实现的，量子电动力学认为，这里最基本的过程是一个带电粒子自己发射光子与吸收光子，换言之，这是一个带电粒子与自己电磁场的相互作用. 带电粒子自身的这种发射光子或吸收光子的过程虽然与能量守恒不相容，但是这一过程并不违背量子理论中的不确定关系. 根据不确定关系 $\Delta\tau \cdot \Delta E \sim \hbar$，因过程涉及的时间 $\Delta\tau$ 极短，能量应具有很大的不确定性，能量守恒在不确定关系允许的范围内可以遭到破坏. 由于这种时间极短的发射或吸收光子的过程是不可观察的，因而称为“虚过程”，交换的光子称为“虚光子”，这样，也就不会实在地违背能量守恒. 至于两个带电粒子之间交换光子的整个过程则是可以观察的，能量守恒仍然准确成立. 按照量子电动力学的解释，每一个带电粒子的周围都有一层由它自己不断发射又不断吸收的虚光子云，这一虚光子云可以延伸到无穷远，当虚光子云中的某个虚光子被其他带电粒子吸收时，就实现了这两个带电粒子之间的电磁相互作用，因此，带电粒子之间的电磁相互作用是通过交换虚光子来实现的.

电磁相互作用也可以引起粒子的湮灭和产生，例如，电子场中的一个电子与一个正电子可以相遇湮灭，同时产生两个或两个以上的光子. 这个现象可以解释为电子场的某个激发态(表现为存在一个电子与一个正电子)通过与电磁场的相互作用，降到基态(表现为电子和正电子的湮没)，同时将原激发态的能量转移给电磁场，使后者从原来的状态激发到一个新的状态(表现为新产生出两个或两个以上的光子). 相反的过程，即两个或两个以上的光子湮没的同时产生一个电子和一个正电子的过程，也可以发生.

与经典力学中的分析力学相仿，在量子电动力学中描述一个系统运动的基本量是 Hamilton 量. 在讨论电子场与电磁场之间的相互作用时，首先将电子场与电磁场各自独立的 Hamilton 量相加成为 H_0，再将因电子场与电磁场之间相互作用引起的附加 Hamilton 量记为 H_I，则系统的 Hamilton 量为

$$H=H_0+H_\mathrm{I} \tag{1}$$

H_0 的本征态就是具有一定数目的电子、正电子和光子的状态. 由于电磁相互作用的强度较弱，(1)式中的 H_I 可以处理为微扰项，由此可以从理论上得出，电磁作用的结果是在 H_0 的本征态之间产生跃迁. 跃迁有四种基本过程：电子吸收或发射一个光子，改变了自己的运动状态；正电子吸收或发射一个光子，改变了自己的运动状态；光子转变为正、负电子对；电子对湮没成光子. 这四个基本过程中的每一个过程都不能同时满足能量守恒和动量守恒，可以观察到的实际过程是以上两个基本过程的复合过程，相当于 H_I 作用两次的过程.

用微扰论的方法处理电磁相互作用时，若只取低级近似，则理论结果与实验符合得很好. 为了得到更精确的理论结果，理应作高次近似计算，但是，所有高次近似计算的结果竟然都是无穷大，显然，这种发散结果是不合理的. 发散困难曾经使物理学家感到困惑，经过多年的研究终于搞清楚，发散性的根源在于电子的质量和电荷. 联系到经典电磁理论，如果将电子处理成点粒子，那么也会出现电子自能的发散困难，它是由电子的点电荷与电磁场的相互作用引起的，可等效为电子的电磁质量趋于无穷大. 在量子电动力学中，仍然将电子处理为点粒子，这种质量无穷大的问题仍然存在. 除此之外，在量子电动力学中，由于外来电磁场引起真空极化，产生电子偶，造成了电子附加电荷的无穷大，总之，正是这种质量和电荷的无穷大，给量子电动力学的高次近似计算带来了种种发散困难.

电子的质量来源于两个方面，一部分是电子固有的力学质量，另一部分是电子自能贡献的电磁质量，实验上观察到的电子质量是这两部分的总和，无法加以区分. 因此，在理论上即使电子的电磁质量是无穷大，在物理上仍可合理地假定，电子的电磁质量与固有力学质量的合成效果相当于实验观测到的有限电子质量. 这种用实验测出的有限电子质量代替无穷大质量的方法，称为电子质量的重正化方法. 同样，在电子的电荷中实验也无法区分究竟哪一部分是电子“固有”的电荷，哪一部分是由于真空极化作用而产生的附加电荷. 因此，在理论上，即使由于真空极化导致电子附加电荷为无穷大，也仍然可以假定，电子的固有电荷与真空极化所附加电荷的合成效果相当于实验观测到的有限电子电荷. 这种用实验测出的有限电子电荷代替无穷大电荷的方法，称为电子电荷的重正化方法.

经过质量重正化和电荷重正化，即将重正化的电子质量和电荷取为由实验测定的有

限值之后，量子电动力学中的无穷大便被吸收到有限的电子质量和电荷之中，于是所作的每一个高次近似计算中都不再出现无穷大，而均为有限量，从而得以与实验结果相比较. 第二次世界大战以后，随着物理实验技术的迅猛发展，许多实验可以做得非常精确. 量子电动力学高次近似的理论结果与精密的实验结果符合得非常好，使得量子电动力学成为近代物理学最成功的理论之一.

Lamb 能级移位和电子反常磁矩的精确测定是支持量子电动力学的两个最著名的实验. 根据 Dirac 的量子力学理论，氢原子的 $2^2S_{\frac{1}{2}}$能级和 $2^2P_{\frac{1}{2}}$能级应该完全重合，然而，随后较为精密的光谱学实验却已经显示出这两个能级可能并不重合. 第二次世界大战后，微波技术有了很大的发展. 1947 年，Lamb 和 Retherford 应用微波技术测出这两个能级的差值为

$$\Delta E \approx 4.4\times10^{-6}\ \mathrm{eV}$$

用频率差表示约为

$$\Delta\nu \approx 1\ 060\ \mathrm{MHz}$$

其中 $2^2S_{\frac{1}{2}}$态能级略高于 $2^2P_{\frac{1}{2}}$态能级.

与此类似，根据 Dirac 理论，电子的自旋磁矩 μ_e 刚好是一个 Bohr 磁子，即

$$\mu_e = \frac{e\hbar}{2m_e}$$

式中 m_e 为电子的静质量. 1947 年，Kusch 和 Feley 等人所作的精密实验，测出的电子自旋磁矩 μ_e 与一个 Bohr 磁子$\left(\frac{e\hbar}{2m_e}\right)$也有微小的差距，测量值要稍微大一些，这一结果称为电子的反常磁矩.

上述 Lamb 能级移位和电子反常磁矩的实验结果公布以后，当时并不清楚它们与 Dirac 理论结果有所差别的原因是什么.

量子电动力学经过质量和电荷的重正化后，消除了电子自能部分的无穷大，精确地计算了余下的有限修正(称为辐射修正)以及真空极化导致的效应，对于氢原子能级以及电子自旋磁矩所得出的理论结果与 Lamb-Retherfold 以及 Kusch-Feley 的实验结果符合得非常好. 近几十年来，实验物理学在测量精度和计算准确性这两方面都有了极大的提高，实验结果与理论结果仍然高度相符.

Lamb 移位：

实验值 $\Delta\nu = (1\ 057.862\pm0.020)\ \mathrm{MHz}$

理论值 $\Delta\nu = (1\ 057.864\pm0.018)\ \mathrm{MHz}$

电子自旋磁矩：

实验值 $\mu_e = 1.001\ 159\ 652\ 410(200)\dfrac{e\hbar}{2m_e}$

理论值 $\mu_e = 1.001\ 159\ 652\ 389(282)\dfrac{e\hbar}{2m_e}$

二、电磁场的规范不变性，光子静止质量，A-B 效应

量子电动力学的成功在于通过对场的量子化真实地描述了电子和光子的波粒二象性以及粒子产生和湮没的过程，并且通过重正化的方法消除了发散困难，从而可以精确地计算出与实验非常符合的结果. 那么，为什么量子电动力学可以重正化呢？经过研究，终于弄清楚其原因在于量子电动力学具有一种特殊的内在对称性. 这种内在对称性称为规范不变性，因此量子电动力学是一种量子规范场论. 关于其中种种关系，此处不详细论证和阐述. 我们将着重介绍什么是规范不变性，并说明规范不变性在量子理论中的重要意义.

如所周知，在经典电磁场理论中，描述电磁场的基本物理量是电场强度 $\boldsymbol{E}$ 和磁感应强度 $\boldsymbol{B}$，它们都具有真实的物理意义，也就是说可以通过有关的物理效应感觉到它们的存在. 例如，电场可以对电荷产生作用力，作用力与场强 $\boldsymbol{E}$ 有关；磁场可以对电流产生作用力，作用力与磁感应强度 $\boldsymbol{B}$ 有关. 例如，在电磁场变化的情况下，场对电荷和电流作用的变化也可以检测到. 此外，场的能量、能流和动量等重要性质也都与 $\boldsymbol{E}$，$\boldsymbol{B}$ 有关. 诸如此类，无需一一列举.

另一方面，根据电磁场 Maxwell 方程组中的两个方程

$$\nabla \cdot \boldsymbol{B} = 0 \tag{2}$$

$$\nabla \times \boldsymbol{E} = -\frac{\partial \boldsymbol{B}}{\partial t} \tag{3}$$

以及矢量分析的恒等式

$$\nabla \cdot \nabla \times \boldsymbol{A} = 0$$

$$\nabla \times \nabla \varphi = 0$$

也可以引入矢势 $\boldsymbol{A}$ 和标势 φ 来描述电磁场，即令

$$\boldsymbol{B} = \nabla \times \boldsymbol{A} \tag{4}$$

$$\boldsymbol{E} = -\nabla \varphi - \frac{\partial \boldsymbol{A}}{\partial t} \tag{5}$$

则矢势 $\boldsymbol{A}$ 和标势 φ 同样满足 Maxwell 方程组，实际上，(4) 式和 (5) 式可以看作是 Maxwell 方程组中(2)式和(3)式的另一种表述，因为对(4)式取散度，对(5)式取旋度，即可得到(2)式和(3)式.

应该指出，描述电磁场的两组物理量$\{\boldsymbol{E}, \boldsymbol{B}\}$和$\{\boldsymbol{A}, \varphi\}$之间的关系是微分关系，这两组物理量并不等价，如果在矢势 $\boldsymbol{A}$ 上加上一个任意标量函数 Λ 的梯度 $\nabla\Lambda$，由于 $\nabla \times \nabla\Lambda = 0$，仍然可以由(4)式得出同一个 $\boldsymbol{B}$，而加在 $\boldsymbol{A}$ 上的梯度 $\nabla\Lambda$ 在(5)式中又可以从 $\nabla\varphi$ 中除去，结果对 $\boldsymbol{E}$ 也无影响. 具体地说，设 Λ 为时空的任意标量函数，作变换

$$\boldsymbol{A} \Rightarrow \boldsymbol{A}' = \boldsymbol{A} + \nabla \Lambda \tag{6}$$

$$\varphi \Rightarrow \varphi' = \varphi - \frac{\partial \Lambda}{\partial t} \tag{7}$$

有

$$\nabla \times \boldsymbol{A}' = \nabla \times \boldsymbol{A} = \boldsymbol{B} \tag{8}$$

$$-\nabla \varphi' - \frac{\partial \boldsymbol{A}'}{\partial t} = -\nabla \varphi - \frac{\partial \boldsymbol{A}}{\partial t} = \boldsymbol{E} \tag{9}$$

(8)式和(9)式表明，$\{\boldsymbol{A}', \varphi'\}$和$\{\boldsymbol{A}, \varphi\}$描述的是同一个电磁场. 换言之，描述电磁场的矢势 $\boldsymbol{A}$ 和标势 φ 并不是唯一的，由于 Λ 是时空的任意标量函数，选择不同的 Λ 可以得到无穷多组$\{\boldsymbol{A}, \varphi\}$，它们都描述同一个电磁场. 总之，用矢势 $\boldsymbol{A}$ 和标势 φ 来描述电磁场缺乏唯一性，矢势只能确定到相差一个任意标量函数的梯度，标势只能确定到相差同一任意标量函数的时间导数.

物理规律真实地描写了客观世界运动变化所遵循的规律. 尽管描述客观世界各种物理过程的具体方法可以多种多样，具有人为的因素，然而物理规律应该具有确定性，它不会因为具体描述手段的不同而有所改变，这是对物理理论的一个基本要求. 因此，上述用不同的矢势 $\boldsymbol{A}$ 和标势 φ 描述同一电磁场的结果可以归纳为：电磁场的规律在变换(6)式和(7)式下应保持不变. (6)式和(7)式的变换称为规范变换，电磁场的规律在规范变换下保持不变的性质称为规范不变性.

在具体求解电磁场的问题中，求解 $\boldsymbol{A}$ 和 φ 只需确定四个量，求解 $\boldsymbol{E}$ 和 $\boldsymbol{B}$ 则需确定六个量，在许多场合，运用 Maxwell 方程组直接求解 $\boldsymbol{A}$ 和 φ 要简便得多. 得出了 $\boldsymbol{A}$ 和 φ 之后，由(4)式和(5)式即可确定 $\boldsymbol{E}$ 和 $\boldsymbol{B}$. 由于 $\boldsymbol{A}$ 和 φ 存在着一定的不确定性，可以选择一定的条件使 Maxwell 方程组简化，从而使求解简化. 这些选定的条件称为规范条件，简称规范. 常用的规范有 Coulomb 规范和 Lorentz 规范. 所谓--种“规范”，也就是指一种测量，选择不同的规范，也就是选择不同的测量. 打个比方，物体在重力场中的重力势能具有不确定性，可以选择不同的零点势能来测量重力势能，得出的结果当然是不同的. 但是，这对于物体的运动遵循 Newton 定律并无任何影响.

对称性和守恒定律是物理学中两个重要的基本观念，在近代物理的发展中具有重要地位. 并且，对称性和守恒定律之间又有着密切的联系. 例如，空间平移的不变性(空间均匀性或空间平移对称性)导致动量守恒，空间旋转的不变性(空间各向同性或空间旋转对称性)导致角动量守恒，时间平移的不变性(时间均匀性或时间平移对称性)导致能量守恒，这些都是大家熟知的. 量子场论中的规范不变性则是物质系统的一种内部对称性，在量子电动力学中可以严格地证明，规范不变性导致参与电磁相互作用的系统电荷守恒.

电磁场是一种规范场，电磁相互作用是一种规范作用. 量子场论的研究指出，如果一个规范场是严格对称的，那么这种规范场粒子的静止质量必定为零. 这就要求，电磁场粒子即光子的静止质量必定为零. 关于光子静止质量为零的问题，可以追溯到电磁场的经典理论. 如所周知, Maxwell 电磁场理论的一个重要结论是电磁波在真空中的速度 c 为常量, 各种频率的电磁波在真空中都以恒定的速度 c 传播. Maxwell 电磁场理论是满足相对论协变性要求的, 在不同惯性系中电磁规律的形式是相同的. 根据狭义相对论的光速不变原理, 在一切惯性系中光在真空中的传播速度均为 c, 因此, 不可能存在光子的静止系. 这表明光子静止质量是没有意义的, 也就是说光子的静止质量必定是零. 这里其实隐含着 Maxwell 电磁场理论是以光子静止质量为零的假设作为前提的, 但在当时, 并没有直接的实验证明光子的静止质量确实为零. 应该指出, 一个非常小的数值与零有着原则的区别, 如果光子的静止质量不为零, 那么无论经典的电磁理论还是近代的量子电动力学理论都将作出重大的修正.

早在 20 世纪 30 年代, Proca 首先研究了如果光子静止质量不为零会引起什么后果的问题. Proca 根据变分原理, 在电磁场的 Lagrange 函数中加上了一个与光子静止质量有关的项, 通过变分, 得到修正后的电磁场方程组为

$$\begin{cases} \nabla\cdot\boldsymbol{E}=\dfrac{\rho}{\varepsilon_0}-\mu^2\varphi & (10)\\ \nabla\times\boldsymbol{E}=-\dfrac{\partial\boldsymbol{B}}{\partial t} & (11)\\ \nabla\cdot\boldsymbol{B}=0 & (12)\\ \nabla\times\boldsymbol{B}=\mu_0\boldsymbol{j}-\mu^2\boldsymbol{A}+\dfrac{1}{c^2}\dfrac{\partial\boldsymbol{E}}{\partial t} & (13)\end{cases}$$

上述方程组称为 Proca 方程, 式中 μ 是一个与光子静止质量 m_γ 有关的常量, μ 与 m_γ 的关系为

$$m_\gamma=\frac{\mu\hbar}{c} \tag{14}$$

式中 c 是真空光速, $\hbar=\dfrac{h}{2\pi}$, h 是 Planck 常量. 可以看出, 当光子静止质量 $m_\gamma=0$ 时, $\mu=0$, Proca 方程回到 Maxwell 方程. 在 Proca 的理论中, 假设 $m_\gamma\neq0$, 因此 Proca 的理论也称为重电磁场理论.

由于 Proca 方程增加了与光子静止质量 m_γ 有关的项, 因而, 如果 $m_\gamma\neq0$, 由 Proca 方程可以得出一些与 Maxwell 方程组的推论有重大区别的结果.

首先, 规范不变性破坏.

在 Proca 方程中的 $\boldsymbol{A}$ 和 φ 仍然满足

$$\boldsymbol{B}=\nabla\times\boldsymbol{A}$$

$$\boldsymbol{E}=-\nabla\varphi-\frac{\partial\boldsymbol{A}}{\partial t}$$

但是, 由于 Proca 方程中同时包含了场量 $\boldsymbol{E}$, $\boldsymbol{B}$ 和势量 $\boldsymbol{A}$, φ, 这与 Maxwell 方程是明显

不同的. 于是，在重电磁场理论中，矢势和标势通过光子静止质量获得了实在的物理意义，它们成为可观测的物理量. 前已指出，规范变换是指经过变换得出的不同的矢势 $\boldsymbol{A}$ 和标势 φ 描述同一电磁场，即电磁规律在规范变换下保持不变的性质称为规范不变性. 现在，出现在 Proca 方程中的矢势和标势获得了实在的物理意义，这就意味着规范变换已经失去了意义，换言之，规范不变性由于引入了与光子静止质量有关的项而受到了破坏.

其次，出现真空光速的色散效应.

Proca 方程在无电荷、无电流的真空区域中的自由平面波解为

$$\begin{cases}\boldsymbol{E}=\boldsymbol{E}_0\exp\{\mathrm{i}(\boldsymbol{k}\cdot\boldsymbol{r}-\omega t)\}\\ \boldsymbol{B}=\boldsymbol{B}_0\exp\{\mathrm{i}(\boldsymbol{k}\cdot\boldsymbol{r}-\omega t)\}\end{cases} \tag{15}$$

式中的波矢 $\boldsymbol{k}$、圆频率 ω 与 μ 之间的关系为

$$\frac{\omega^2}{c^2}-k^2=\mu^2 \tag{16}$$

于是，自由电磁波的相速为

$$u=\frac{\omega}{k}=\frac{c}{\sqrt{1-\frac{\mu^2c^2}{\omega^2}}} \tag{17}$$

自由电磁波的群速为

$$v=\frac{\mathrm{d}\omega}{\mathrm{d}k}=\left(\sqrt{1-\frac{\mu^2c^2}{\omega^2}}\right)c \tag{18}$$

上述自由电磁波的两个波速公式表明，不同频率的电磁波在真空中的传播速度(相速与群速)是不同的，这种现象称为真空色散效应.

应该指出，在 Proca 的重电磁场理论中，出现的 c 是一个常量，c 仍然满足

$$c^2=\frac{1}{\varepsilon_0\mu_0} \tag{19}$$

由(17)式和(18)式可知，现在 c 是当电磁波的圆频率 ω 趋于无穷大时在真空中传播的速度，即 c 不再是普遍意义下的真空光速(与 ω 无关)，而只是特指 ω 为无穷大的真空光速. 换言之，在 Proca 的重电磁场理论中，光速不变原理已不再成立.

再次，电力平方反比律不再成立.

如所周知，Maxwell 的电磁场理论概括了 Coulomb 定律的结果，即静止电荷的电场强度随距离的分布应严格遵循平方反比律. 在 Proca 的重电磁场理论中，静电场不再遵从距离平方反比律. 由(16)式，对于静电场 $\omega=0$，则有

$$k=\mathrm{i}\mu \tag{20}$$

结合(15)式，可以看出，静电场的解中必定包含指数衰减因子 $\mathrm{e}^{-\mu r}$，这就表明，重电磁

场中因为光子静止质量 $m_\gamma \neq 0$ 即 $\mu \neq 0$，故随着距离 r 的增大静电场场强的衰减将比平方反比律更快些.

对于静磁场，当 $m_\gamma \neq 0$，$\mu \neq 0$ 时，也有类似的结果. 例如，在磁偶极场中也有类似的与距离有关的指数衰减因子.

第四，光子的独立偏振态不为 2，存在纵光子.

Maxwell 电磁场理论的一个重要推论是，电磁波(光波)为横波，对于确定的传播方向，光波有两个独立的偏振状态. 反映在理论上，对于平面电磁波，Lorentz 规范条件

$$\nabla \cdot \boldsymbol{A} + \frac{1}{c^2}\frac{\partial \varphi}{\partial t} = 0$$

化为

$$\boldsymbol{k} \cdot \boldsymbol{A} = 0$$

上式表明，矢势 $\boldsymbol{A}$ 与传播方向垂直，即电磁波是横波. 由于矢势 $\boldsymbol{A}$ 有三个分量，上式表明，这三个分量中只有两个是独立的，即对应的只有两个独立的偏振态.

若光子的静止质量 $m_\gamma \neq 0$，则规范变换遭到破坏，上述 Lorentz 规范条件不再成立，于是矢势 $\boldsymbol{A}$ 将有三个独立的偏振态，即不但有横波，而且还有纵波. 用粒子语言来说，对于光子，不仅有横光子，还有纵光子.

此外，$m_\gamma \neq 0$ 还将引起一些其他的后果. 例如，黑体辐射的理论解释是根据电磁场的自由度并利用考虑到能量不连续性的平均能量公式导出的，其中计算电磁场的自由度时，用到电磁波是横波的结论. 现在，如果光子静止质量不为零，则电磁波不但有横波，还有纵波，于是电磁场的自由度的数目将有所改变，从而黑体辐射理论公式中的有关系数将因此有所改变.

总之，如果光子的静止质量不为零，则 Maxwell 方程将由 Proca 方程取代. 于是，凡与电磁现象有关的过程都将可能包含与光子静止质量有关的项，从而引起一系列与传统的经典电磁理论不同的可以观察的效应，其影响是广泛而深远的.

迄今，与光子静止质量有关的探测和估算工作已做过许多，它们分别给出了可能存在的非零 m_γ 的不同上限. 下面介绍几种通过测量来估算 m_γ 上限的方法.

1. 根据真空中光速色散效应的测量来估算 m_γ 的上限

由(18)式，若 $m_\gamma \neq 0$，$\mu \neq 0$，则真空中不同频率电磁波的群速应不同. 对于频率分别为 ν_1 和 ν_2 的两个电磁波，若 ω_1，$\omega_2 \gg \mu c$，由(18)式，略去小量 $\left(\frac{\mu^2 c^2}{\omega^2}\right)^2$ 后，得出两电磁波的群速之差为

$$\Delta v = \frac{1}{2}\mu^2 c^2 \left(\frac{1}{\omega_1^2} - \frac{1}{\omega_2^2}\right) \tag{21}$$

由(21)式，如果测出 Δv，即可估算出光子静止质量 m_γ 的大小. 长期以来，人们利用各种方法对各种频率的电磁辐射在真空中的传播速度作了精密的测量. 电磁辐射的频率分

布很广，从 10^8 Hz 到 10^{15} Hz. 实验测量得出，对于$\frac{\Delta v}{c}$，在 10^{-5}到 10^{-6}的精度范围内，仍无所得. 因此可以认为，即使不同频率的真空光速有所不同，也不应超过实验精度的范围，即有

$$\frac{\Delta v}{c}\leqslant 10^{-5}$$

因 $\nu_2\approx 10^{15}$ Hz，$\nu_1\approx 10^8$ Hz，$\nu_2\gg\nu_1$，忽略$\frac{1}{\nu^2}$项，代入数值 $\nu_1=1.73\times 10^8$ Hz，由(21)式，得出

$$\mu\approx\frac{2\pi\nu}{c}\sqrt{2\frac{\Delta v}{c}}\leqslant 1.6\times 10^{-2}\,\mathrm{m}^{-1}$$

$$m_\gamma=\frac{\mu\hbar}{c}\leqslant 5.6\times 10^{-45}\ \mathrm{kg} \tag{22}$$

即光子静止质量 m_γ 的上限为 10^{-45} kg 的量级.

另一种相关的方法是测量不同频率的星光经过相同路程的时间差，来估算光子的静止质量. 1940 年，de Broglie 提出用双星的掩食现象来测量. 双星是两颗相伴的恒星，它们绕着系统共同的质心旋转. 有些双星在某一时刻其中的恒星 S_1 刚好将它的伴星另一颗恒星 S_2 遮挡住，于是地球上就看不到 S_2，随后不久 S_2 星又从 S_1 星的背后显露出来. 因此，双星的掩食现象相当于一个开关，食毕相当于把光路打开. 食毕对不同频率的光来说都是相同的，测量不同频率的光的食毕时间差即测量不同频率光经过相同路程(从双星到地球)的时间差，就可以确定光子的静止质量. 由(18)式，设不同频率的光经过的相同路程为 L，则相应的时间差为

$$\begin{aligned}\Delta t&=\frac{L}{v_1}-\frac{L}{v_2}\\&=\frac{L}{c}\frac{\mu^2}{8\pi^2}(\lambda_1^2-\lambda_2^2)\end{aligned}$$

即

$$\mu=\sqrt{\frac{8\pi^2c\Delta t}{L(\lambda_1^2-\lambda_2^2)}}$$

de Broglie 采用的具体数据为

$$\lambda_1^2-\lambda_2^2=5.0\times 10^{-13}\ \mathrm{m}^2$$

$$L\sim 10^3\,\mathrm{l.\,y.}\sim 9.5\times 10^{18}\ \mathrm{m}$$

测量得出两种不同频率的光的食毕时间差

$$\Delta t\leqslant 10^{-3}\ \mathrm{s}$$

把上述数据代入，得出

$$\mu \leqslant 2.3\ \mathrm{m}^{-1}$$
$$m_\gamma \leqslant 8.0\times 10^{-43}\ \mathrm{kg} \tag{23}$$

2. 根据对电力平方反比律偏离的测量来估算 m_γ 的上限

前已指出，如果光子静止质量 $m_\gamma \neq 0$，则由 Proca 的重电磁场理论得出，电荷之间的作用力将不遵从电力平方反比律，因此，检验电力平方反比律的精确程度，可以为估算 m_γ 的上限提供又一种方法.

在半径为 R_1 的导体球 A 外，同心地放置另一半径为 $R_2(R_2>R_1)$ 的导体球壳 B，两者互不接触. 开始时两者都不带电，然后给球壳 B 充电，再测出 A 和 B 的电势，分别记为 V_1 和 V_2. 若电力平方反比律严格成立，则应有 $V_1=V_2$. 若电力平方反比律有所偏差，根据重电磁场理论，V_1 与 V_2 也应有所不同，其间有如下关系：

$$\frac{V_1-V_2}{V_2}=-\frac{1}{6}\mu^2(R_2^2-R_1^2) \tag{24}$$

利用 1936 年 Plimpton 和 Lawton 的实验数据：

$$R_1\approx 0.60\ \mathrm{m}$$
$$R_2\approx 0.75\ \mathrm{m}$$
$$V_1\approx V_2\approx 3\,000\ \mathrm{V}$$

和测量结果：

$$V_1-V_2\leqslant 10^{-6}\ \mathrm{V}$$

代入(24)式，得出

$$\mu\leqslant 10^{-4}\ \mathrm{m}^{-1}$$
$$m_\gamma\leqslant 3.4\times 10^{-47}\ \mathrm{kg}$$

1971 年 Williams 等人又做了精确检验电力平方反比律的实验，他们的实验更为精确，给出的光子静止质量 m_γ 的上限为

$$m_\gamma\leqslant 1.6\times 10^{-50}\ \mathrm{kg} \tag{25}$$

3. 根据天文观测数据的测量来估算 m_γ 的上限

在广阔的宇宙空间存在着稀薄的星际物质和磁场，研究星际物质和磁场的相互作用以及相关的效应是磁流体力学的课题之一. 在本书第七章中已经指出，磁流体力学的基本方程，是把流体力学方程与 Maxwell 电磁场方程在考虑了运动流体与磁场的相互作用后经过综合而成的. 如果光子的静止质量不为零，就需要用 Proca 的重电磁场方程取代 Maxwell 方程，这将对磁流体力学中的许多现象产生微弱的影响. 由于宇宙介质的尺度惊人地巨大，因此，某些在实验中微弱的难以察觉的效应在宇宙中则可能显得突出起来. 利用宇宙中的这些磁流体力学效应，可以为估算光子静止质量的上限提供更有效的方法

和更精确的结果.

例如，在磁场 $\boldsymbol{B}$ 中有磁静压强

$$P=\frac{B^2}{2\mu_0} \tag{26}$$

如果光子的静止质量不为零，则将引起附加的磁压强

$$P'=\frac{\mu^2A^2}{2\mu_0} \tag{27}$$

按照能量均分原理，不同的自由度应具有相同的均分能量，即磁场与星际气体应具有大致相同的能量密度. 从压强的角度来看，宇宙中的磁压强应与气体压强大致相同. 星际气体的压强可由测量并根据 nkT 来估计. 另一方面，利用 Zeeman 效应等方法可以测出星际磁场的大小，进而得出磁压强. 结果表明，星际气体的压强确实与磁压强 P 大致相同. 这一结果意味着，如果存在光子静止质量引起的附加磁压强 P'，则 P' 应明显地小于 P，否则上述能量均分的结果将遭到明显破坏，即有

$$\frac{\mu^2A^2}{2\mu_0}<\frac{B^2}{2\mu_0}$$

从量级上考虑，磁场的矢势 $\boldsymbol{A}$ 与磁感应强度 $\boldsymbol{B}$ 的关系为

$$A\sim Bl$$

式中 l 是磁场 $\boldsymbol{B}$ 的有规范围的尺度. 由以上两式，得

$$\mu l<1$$

星际磁场的有效尺度 l 大体上是星系的尺度，即

$$l\sim 10^5\,\text{l. y.}\sim 10^{20}\ \text{m}$$

于是

$$\mu<10^{-20}\ \text{m}^{-1}$$

$$m_\gamma<10^{-63}\ \text{kg} \tag{28}$$

这是迄今得出的最强的光子静止质量的上限.

如前所述，电磁场的规范不变性是量子电动力学的重要理论特征. 与经典理论不同，在量子理论中研究的是概率波，它描绘粒子在空间各处出现的概率分布及其随时间的变化，而不是研究粒子的位置、速度或者动量、能量随时间的变化. 对于概率波，既有与粒子动量相联系的波长，又有与能量相联系的频率. 研究各种量子场之间的相互作用时，总是用相互作用势来描述. 因此，在量子理论诞生之后，对于电磁场，究竟场量 $\boldsymbol{E}$，$\boldsymbol{B}$ 是基本量还是势量 $\boldsymbol{A}$，φ 是基本量的问题，再次被提了出来并有所争议. 然而，在经典物理学中，由于矢势 $\boldsymbol{A}$ 并未显示出具有任何直接的重要性，加上矢势 $\boldsymbol{A}$ 又具有可以相差一个任意标量函数梯度 $\nabla\Lambda$ 的不确定性，后者给人们的印象更是强烈，以至在相当长的时间里人们总是认为矢势 $\boldsymbol{A}$ 并不具有直接的物理意义. 一直到 1959 年，Aharonov 和 Bohm 提出了一个新颖的设想，并在近年来由实验证实了他们的设想，才打破了僵局.

Aharonov 和 Bohm 设计的实验，旨在检验带电粒子在非零势的零场区域内是否会表现出可以观察的物理效应. 这一被实验证实的效应后来简称为 A-B 效应.

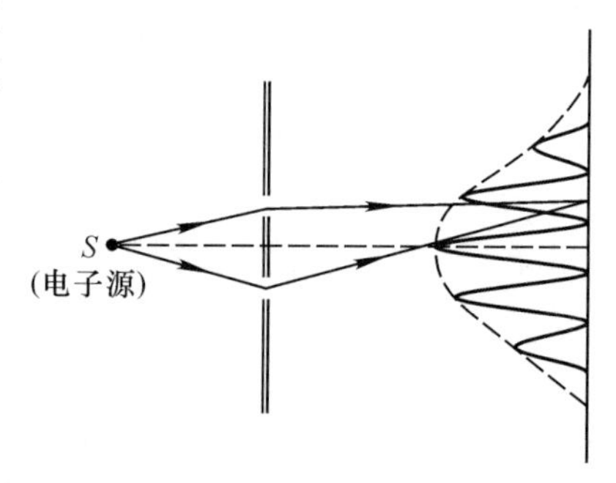

图 10-3-3　电子的双缝干涉

对于如图 10-3-3 所示的电子衍射实验，其中不存在任何磁体. 由于电子的波动性，在双缝后面的接收屏上将出现如图 10-3-3 所示的双缝干涉图样，Aharonov和 Bohm 的想法是，在紧靠双缝的后面在屏幕之前放一个小的通电密绕长直螺线管，看看是否会出现什么效应. 通电密绕长直螺线管如图 10-3-4 所示，它产生的磁场集中在螺线管内，在管外磁场 $\boldsymbol{B}$ 为零，但在管外存在非零的环形矢势 $\boldsymbol{A}$ 的分布，其大小为

$$A=\frac{R^2B}{2r} \tag{29}$$

式中 B 是管内磁感应强度的大小，R 是螺线管的半径，r 是管外考察点(A 就是该点的矢势)到管轴的距离. 可见，在通电密绕长直螺线管的管外是一个非零势的零场区域，即在该区域内 $\boldsymbol{B}=0$，$\boldsymbol{A}\neq0$. 如图 10-3-5 所示，把这样一个小的通电密绕长螺线管放在紧靠双缝的后面，位于双缝之间而不遮挡双缝. 于是，当电子通过双缝后将经过螺线管两侧的区域，这是一个非零势的零场区域.

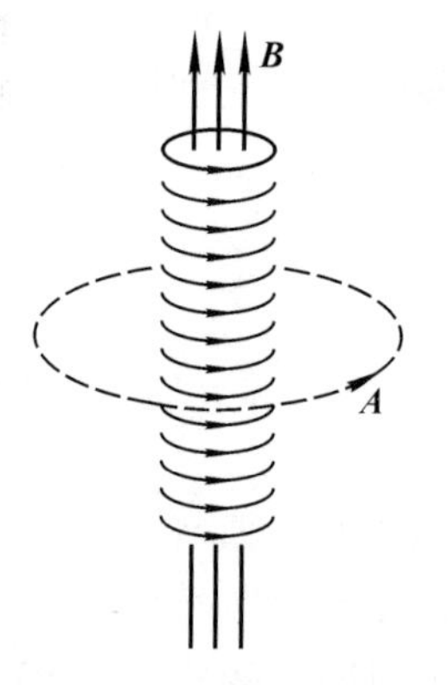

图 10-3-4　通电密绕长螺线管管外的矢势分布

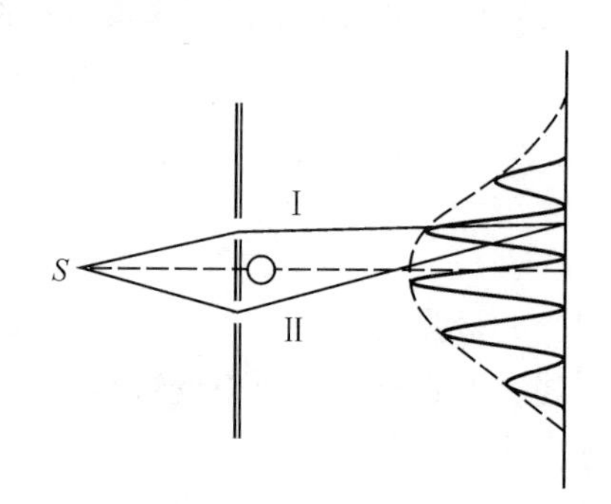

图 10-3-5　矢势对电子双缝干涉图样的影响

按照经典观念，场量 $\boldsymbol{B}$ 是基本物理量，只有 $\boldsymbol{B}$ 才能对电子的运动产生可以观察的物理效应. 现在螺线管外的 $\boldsymbol{B}=0$，因而对电子的运动不应有任何影响，观察屏上的电子双缝干涉图样理应毫无变化，即仍如图 10-3-3 所示.

然而，按照量子观念，矢势 $\boldsymbol{A}$ 是基本的物理量，它应对电子的运动产生可以观察的物理效应. 根据量子理论，电子在电磁场中运动的效果是在电子的波函数中增加一个相位因子，这个相位因子与矢势 $\boldsymbol{A}$ 的分布有关. 在如图 10-3-5 所示的附加螺线管的电子双缝干涉实验中，通过双缝的电子波函数分别经Ⅰ，Ⅱ两条路径到达屏上同一点，这两条路径因矢势 $\boldsymbol{A}$ 的存在而增加的相位因子分别为

$$\Delta\varphi_1 = \frac{-e}{\hbar}\int_{\mathrm{I}} \boldsymbol{A}\cdot \mathrm{d}\boldsymbol{l}$$

$$\Delta\varphi_2 = \frac{-e}{\hbar}\int_{\mathrm{II}} \boldsymbol{A}\cdot \mathrm{d}\boldsymbol{l}$$

上述两式中的积分分别是沿不同路径Ⅰ，Ⅱ的积分. 接收屏上的干涉图样取决于两束电子的波函数之间的相位差. 因存在矢势 $\boldsymbol{A}$ 引起的 $\Delta\varphi_1$ 和 $\Delta\varphi_2$ 所产生的附加相位差为

$$\begin{aligned}\delta &= \Delta\varphi_2 - \Delta\varphi_1\\ &= \frac{-e}{\hbar}\left(\int_{\mathrm{II}} \boldsymbol{A}\cdot \mathrm{d}\boldsymbol{l} - \int_{\mathrm{I}} \boldsymbol{A}\cdot \mathrm{d}\boldsymbol{l}\right)\\ &= \frac{-e}{\hbar}\oint \boldsymbol{A}\cdot \mathrm{d}\boldsymbol{l}\end{aligned}$$

由 Stokes 定理，

$$\oint \boldsymbol{A}\cdot \mathrm{d}\boldsymbol{l} = \iint (\nabla\times\boldsymbol{A})\cdot \mathrm{d}\boldsymbol{S}$$

又

$$\boldsymbol{B} = \nabla\times\boldsymbol{A}$$

故

$$\delta = \frac{-e}{\hbar}\iint \boldsymbol{B}\cdot \mathrm{d}\boldsymbol{S} \tag{30}$$

由此可见，在电子双缝干涉装置中，放置通电密绕长直螺线管的作用是产生附加的相位差 δ，它将使电子的两束波函数的相位差发生相应的改变，从而将引起干涉图样的平移，如图 10-3-5 所示. 干涉图样平移的多少取决于相位差的改变 δ，而由(30)式，δ 正比于螺线管的磁通量 $\iint \boldsymbol{B}\cdot \mathrm{d}\boldsymbol{S}$. 总之，比较图 10-3-3 和图 10-3-5 两个实验，能否观察到如上述理论分析所预言的干涉图样的平移，就成为矢势 $\boldsymbol{A}$ 是否具有基本物理意义的重要判据.

Aharonov 和 Bohm 的设想确实是一个非常巧妙的判据. 从 1960 年起，人们不断地设计和改进实验，终于得到了肯定的结论.

1960 年，Chambers 做了一个类似于光学中棱镜干涉实验的电子双束干涉实验. 如图 10-3-6 所示，Chambers 用一根直径为 1.5 μm 的镀铝石英丝 a，在它的两侧各放一个接地的金属板 b. 石英丝 a 相对于地面保持正电势，由源 S 中射出的电子从石英丝与两极板之间的两侧经过，它们对电子的作用就好像是光学中的双棱镜对光的作用，于是这两束电子到达观察屏 M 上将产生双束干涉图样. Chambers 采用一直径为 1 μm、长为 0.5 mm

的磁化了的铁晶须 L，代替 Aharonov 和 Bohm 设想的如图 10-3-5 所示的很小的通电密绕长直螺线管，Chambers 把铁晶须放在石英丝 a 的阴影区内. Chambers 在实验中果然观察到了因加上铁晶须所引起的干涉条纹的平移. 此后不断有人继续做实验，这些实验都肯定 A-B 效应确实存在.

然而，也有人对这些实验提出异议. 他们认为，这些实验都采用有限长的磁性晶须或通电螺线管，电子的运动不可避免地要受到晶须或螺线管端点漏出来的磁场的影响，或许，实验观测到的干涉条纹的平移可能正是这些漏磁通的效应.

1982 年，Tonomura 巧妙地制备了一个微小的环形磁铁，用它来代替 Chambers 等实验中有限长的磁性晶须或通电螺线管. Tonomura 实验的示意图如图 10-3-7 所示. 以后，有人在磁性晶须或磁铁的外面镀以超导薄膜，利用超导体的完全抗磁性，完全排除了漏磁通的可能性. 这些实验也都证实了 A-B 效应确实存在，从而肯定电磁场的矢势 $\boldsymbol{A}$ 具有基本的物理意义.

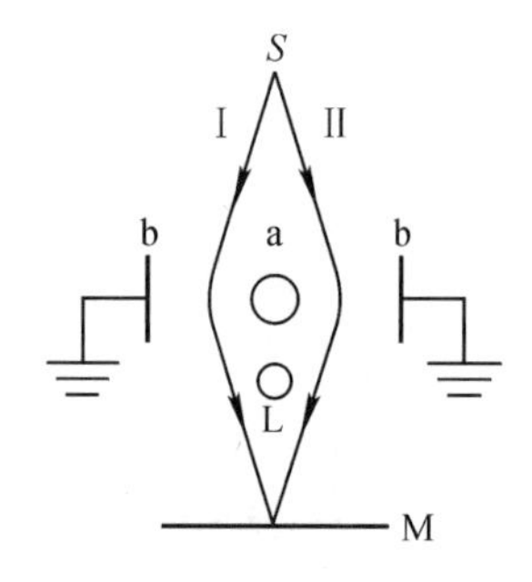

图 10-3-6　Chambers 实验

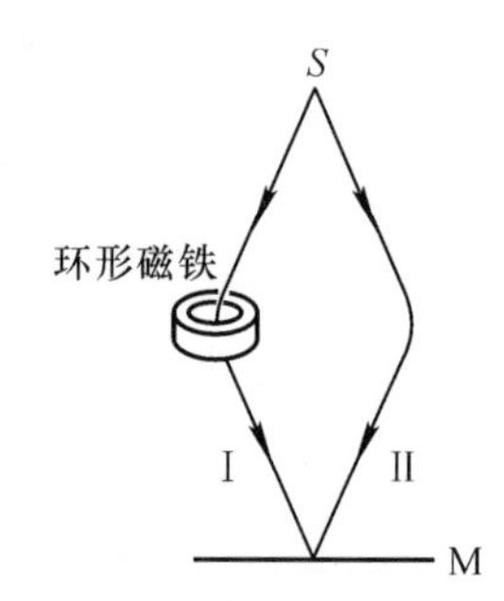

图 10-3-7　Tonomura 实验

三、相互作用的统一，规范场理论，电弱统一，磁单极

在物理学的历史上，引力相互作用和电磁相互作用的种种现象是最早被观察到的. 其中，首先经物理学家仔细研究并总结出规律的是引力相互作用. 在这方面，Tycho、Kepler、Galileo、Huygens、Hooke、Newton 等人都作出了重要的贡献，尤以 Newton 的贡献最为权威，影响深远. 此后，物理学家通过各种科学实验和理论分析对电磁相互作用进行了深入细致的研究，终于建立了令人赞叹的 Maxwell 电磁场理论.

然而，Maxwell 方程与 Newton 力学在惯性系协变性问题上出现了矛盾，具体地说，Maxwell 方程与 Newton 的绝对时空观之间存在着深刻的内在矛盾. 结果导致 Einstein 狭义相对论的建立. Einstein 提出了新的时空观，并建立了与它相适应的惯性系之间的时空变换关系(Lorentz 变换)，使得 Maxwell 电磁场方程在所有的惯性系中都具有相同的表述形式. 在完成了电磁相互作用的协变性工作之后，Einstein 认识到，以 Newton 定律形式表述的引力相互作用不可能具有惯性系协变性. Einstein 是伟大的物理学家，又是一位崇尚理性认为物质世界和谐统一的哲人，他执意要消除电磁相互作用与引力相互作用在协变性方面的不和谐. Einstein 的工作几乎是纯理性的，他的研究是在纯逻辑意义下展开的，当然也是以大量熟知的物理事实为根据的. Einstein 终于取得了成功，消除了假想的惯性系在物理世界的特权，建立了相对性原理，并认为引力相互作用的实质是物质的存在使其周围的时空区域发生了弯曲，这就是 Einstein 的广义相对论.

广义相对论的理论预言先后为各种实验所证实，但是 Einstein 并不因此而满足. Einstein 认为，既然引力作用使时空弯曲，那么电磁作用也应该对应时空的某种弯曲，这个思想实质上就是引力作用与电磁作用统一的思想. Einstein 耗尽后半生的精力，执着地探索着统一场论的建立，但是终于未能获得成功. 究其原因，史家各有评说，概括而言，或许可以说是历史条件尚未成熟吧. Einstein 关于引力作用与电磁作用统一的工作，随着他的去世已经成为历史，但是他坚持的关于物质世界统一和谐的信念，则已成为当今广大物理学家的共同信念. 在理论物理学界，相互作用的统一已经成为一个崇高的追求目标.

在 Einstein 的广义相对论建立之后，物理学家在对微观世界的研究中，又发现了两种新的相互作用. 至此，共有四种基本的相互作用，即引力相互作用，电磁相互作用，弱相互作用和强相互作用. 引力相互作用和电磁相互作用都是长程相互作用，支配着宏观世界发生的各种物理现象和物理过程. 弱相互作用和强相互作用都是短程相互作用，支配着微观世界发生的各种物理现象和物理过程. 例如，原子核的 β 衰变，中子转化为质子、电子和反中微子，或者质子转化为中子、正电子和中微子的过程，都是弱相互作用支配的. 例如，在原子核内，质子与质子之间尽管存在着电排斥作用但仍能聚合在一起，其原因就是质子之间存在着强相互作用. 对于这四种相互作用，不仅作用力程差异巨大，而且作用强度相差也十分悬殊. 尽管如此，物理学家仍然在求索，这些相互作用是不是统一的？经过持续不懈的努力，物理学家首先实现了电磁相互作用与弱相互作用的统一，建立了电弱统一理论.

前已指出，描述电磁相互作用的理论是量子电动力学，这是一个规范理论. 量子电动力学通过重正化方法，消除了发散困难，以极高的精度与实验结果相符，成为物理学中最成功的理论之一. 根据量子电动力学，电磁作用的机制是交换虚光子，光子作为规范场的量子，其静止质量为零，自旋为 1.

自从 β 衰变现象发现以来，建立的第一个弱作用理论是 1934 年 Fermi 的 β 衰变理论. Fermi 的理论认为，粒子之间是一种直接作用，中子 n 直接转化为质子 p、电子 e 和反中微子 $\bar{\nu}$，其间不需要通过任何中介物质来传递，即为

$$n \rightarrow p + e + \bar{\nu}$$

在 Fermi 的理论中，也存在着发散困难，它比量子电动力学中的发散困难要严重得多，而且不能通过重正化予以消除. 总之，Fermi 的弱作用理论与电磁作用的量子电动力学理论是非常不同的.

在20世纪50年代和60年代，相继观察到多种弱相互作用的事例，并且发现其中的弱作用强度是相同的. 这些结果使人们猜测，弱作用可能是统一地由某种粒子传递的. 这种粒子的自旋是1(即自旋量子数为1)，与光子相仿，但这种粒子应该带电，而且质量较大，又与光子颇为不同. 用w表示这种粒子，称为中间Bose子，则上述中子衰变过程应是中子放出一个w粒子并转化为质子，与此同时，w粒子又转化为一个电子和一个反中微子，即为

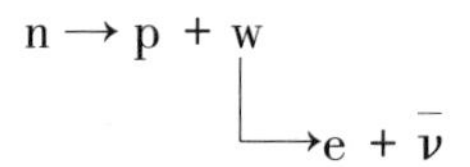

根据上述弱作用机制建立起来的理论，其最低级近似解并不发散，而且当弱作用过程的能量不高时，所得到的理论结果与Fermi理论一样，都与实验结果相符. 但是，用这种理论计算高次近似时，也会得出无穷大的结果，而且不能用重正化的方法来克服这一发散困难. 究其原因，发现这一理论的根本困难来自w粒子的静止质量不为零，该理论不具有规范性.

1954年，杨振宁和Mills把电磁作用的规范不变性推广到具有内部对称性的其他相互作用上去，提出了"定域同位旋不变性"理论. 这是一种规范场理论，经证明，它是可以量子化和重正化的. 根据定域同位旋不变性的要求，需引入三个矢量场，量子化后代表三种粒子，它们的自旋均为1，静止质量均为零，但是与光子不同的是，这三种粒子之间存在着直接的相互作用. 由于杨-Mills的规范场理论具有可重正化的显著优点，促使人们想到是否可以用这种规范场理论来描述弱相互作用. 于是，前面提到的中间Bose子w粒子应当就是规范场的量子. 然而，规范对称性要求规范场的量子的静止质量为零，但中间Bose子(w粒子)却具有相当大的非零的静止质量，这表明用规范场理论来建立弱相互作用的基本理论还有困难.

直到60年代，随着对称性自发破缺概念的发展，上述问题才得到解决，即既可以保持理论的规范不变性，又可以使规范场的量子获得非零的静止质量.

何谓对称性自发破缺，试举一例，稍加解释. 如所周知，盐的晶粒是由Na^+和Cl^-构成的. 离子之间的作用力是电磁力，电磁力具有空间旋转对称性，即在空间不存在某个特别优越的有所区别的方向. 然而，当Na^+和Cl^-离子堆积在一起，形成一个立方晶系的晶粒时，在晶粒内将出现若干特殊的方向，例如，垂直晶面的方向与相对的顶角连线的方向就是两个有所不同的特殊方向. 由此可见，离子间电磁力所具有的对称性，在离子堆积成实际的晶粒时，从表观上丧失了. 与此类似，一个物理规律本身具有某种对称性，但是在某种实际环境中，物理规律的这种对称性有可能在表观上丧失了，这就是对称性的自发破缺.

对于具有规范不变性的规范场理论而言，它所涉及的实际环境是物理真空. 在相对论性量子场论的范畴内，物理真空蕴含着极其丰富的物理内容. 因此，如同在盐粒晶体

的实际环境中，遭到自发破缺的对称性是旋转不变性，对于物理真空这一实际环境，遭到自发破缺的对称性则是电磁场的规范不变性. 显然，如果电磁场的规范不变性未遭破坏而得以保留，那么规范场的量子只能具有零静止质量，从而无法解释弱相互作用. 正是物理真空从这种“规范空间”中选出了特殊的方向，使得规范场的量子获得了非零的静止质量.

1967 年和 1968 年，美国的 Weinberg 和巴基斯坦的 Salam 在量子规范场论和对称性自发破缺概念的基础上，分别独立地提出了既能描述弱作用又能描述电磁作用的电弱统一理论. 在他们的理论中引入了四种规范场，相应有四种规范粒子. 一种规范粒子是光子，静止质量为零，传递电磁作用. 另外三种规范粒子的静止质量都不等于零，其中，一种带正电，一种带负电，一种中性不带电，分别用符号 W^+，W^- 和 Z^0 表示，这三种粒子是传递弱相互作用的粒子. Weinberg 和 Salam 的电弱统一理论预言，$W^\pm$ 粒子的静止质量为 $M_W = 80\ \mathrm{GeV}/c^2$，$Z^0$ 粒子的静止质量为 $M_Z = 90\ \mathrm{GeV}/c^2$，即分别为质子静止质量的 90 倍和 100 倍. 在电弱统一理论建立后，从实验上寻找这些带电的和中性的中间 Bose 子，测量它们的静质量，并和理论的预言相比较，以检验电弱统一理论的正确性，就成为令人瞩目的重要课题.

电弱统一理论是在 20 世纪 60 年代后期提出来的，70 年代已经做过一些相关的实验，实验的结果与理论的预期相符. 然而，电弱统一理论的核心是存在中间 Bose 子 $W^\pm$ 和 Z^0，由于这三种粒子的静止质量都相当大，产生这些粒子需要能量很高的加速器，另外，由于这三种粒子都是不稳定的粒子，产生以后很快发生衰变，因此难于直接测量，只能在高能加速器上测量它们衰变后的产物. 1983 年，欧洲核子研究中心(CERN)有两个实验小组在质子和反质子对撞机上进行实验，用高能质子同步加速器(SPS)产生能量各为 270 GeV 的质子束和反质子束，然后使两束对撞，两个小组分别采用 UA_1 和 UA_2 的探测装置，放在质子与反质子两个对撞点的周围，用来鉴别和记录对撞反应的产物. 到 1983 年 3 月为止，从大量的对撞数据中已经找到了存在 99 个 W 粒子和 13 个 Z 粒子的证据，并测出 W 粒子和 Z 粒子的静止质量分别为质子静止质量的 87 倍和 100 倍，与 Weinberg 和 Salam 电弱统一理论的预期极为相符. 上述实验结果振奋人心，物理学界一致认为，可与 19 世纪末证实 Maxwell 电磁场理论的 Hertz 电磁波实验相媲美.

电弱统一理论的成功，推动和促进了四种相互作用大统一理论的探索研究. 首先想到的是，试图建立电、弱、强三种相互作用的统一理论，其中，以 Georgi 和 Glashow 提出的大统一理论最具有代表性. 这个理论认为，当温度升高、粒子能量增大时，电弱相互作用的强度增强，强相互作用的强度减弱. 在宇宙初期极高温度的状态下，这三种相互作用是完全统一的. 当宇宙温度下降到 10^{28} K 时，发生第一次对称性自发破缺，大统一的作用开始分化为电弱统一作用和强作用(也称为色相互作用). 当温度继续大幅度下降到 10^{15} K 时，又发生了第二次对称性自发破缺，使得电弱统一作用分化为电磁作用和弱作用. 这种大统一理论能够解释宇宙演化过程中的许多物理事实，但是，这个理论也存在着许多困难. 例如，这个理论预言，质子会发生衰变，平均寿命约为10^{31}年，然而迄今为止尚未观察到一个质子衰变的事例，由此得出质子的平均寿命应大于10^{32}年. 又如，这个大统一理论还预言，物质世界中存在着一种带有磁荷的粒子，这种粒子也称为磁单极，然而尽管相关的探测磁单极的实验工作一直在进行，却都未获成功.

实际上，磁单极是否存在以及与之相关的若干基本问题，在大统一理论试图建立之前就已经提出来了. 看一下 Maxwell 电磁场方程组，不难发现，产生电场的源与产生磁场的源缺乏对称性，即产生电场的电荷，无论正负，可以单独存在，但却不存在产生磁场的单独的磁荷(磁单极)，磁总是同时存在相反的两极. Maxwell 方程中“源”缺乏对称性的这一重要特征一直受到物理学家的关注，究竟是根本不存在磁单极，还是有可能存在，迄今尚未探测到.

另一个使物理学家感到迷惑不解的问题是，为什么电荷总是量子化的，即为什么各种带电粒子所带的电荷总是基本电荷 e 的整数倍，其中是否存在更深刻的根源. 物理学家千方百计地寻求其中的奥秘.

1930 年，Dirac 提出一种有趣的论证，他指出，如果存在磁单极，则电荷的量子化就成为可以理解的结果. Dirac 的想法新颖、独特，引起了物理学家的极大兴趣. 现在作一简单介绍.

假设带电粒子在不受电磁场作用时的波函数为

$$\psi(x,\ y,\ z,\ t)$$

前已指出，电磁场是一种规范场，电磁场的矢势 $\boldsymbol{A}$ 可以表为某个标量函数 Λ 的梯度，即

$$\boldsymbol{A}=\nabla\Lambda$$

根据规范场理论，带电粒子在电磁场中的波函数将成为

$$\Psi=\mathrm{e}^{\mathrm{i}\gamma(x,y,z,t)}\psi(x,\ y,\ z,\ t)$$

可以证明，式中附加的相位因子 γ 为

$$\gamma=\frac{q\Lambda}{\hbar}$$

式中 q 为带电粒子的电荷. 带电粒子在电磁场中经过 $\mathrm{d}\boldsymbol{l}$，相位因子 γ 的增量为

$$\begin{aligned}\mathrm{d}\gamma&=\frac{q}{\hbar}\,\mathrm{d}\Lambda\\&=\frac{q}{\hbar}\left(\frac{\partial\Lambda}{\partial x}\mathrm{d}x+\frac{\partial\Lambda}{\partial y}\mathrm{d}y+\frac{\partial\Lambda}{\partial z}\mathrm{d}z\right)\\&=\frac{q}{\hbar}(\nabla\Lambda\cdot\mathrm{d}\boldsymbol{l})\end{aligned}$$

带电粒子在电磁场中绕某一闭合回路 L 一周后，其波函数相位因子的总改变量为

$$(\Delta\gamma)_L=\frac{q}{\hbar}\oint_L\nabla\Lambda\cdot\mathrm{d}\boldsymbol{l}$$

把 $\boldsymbol{A}=\nabla\Lambda$ 代入，得出

$$(\Delta\gamma)_L=\frac{q}{\hbar}\oint_L \boldsymbol{A}\cdot\mathrm{d}\boldsymbol{l}$$
$$=\frac{q}{\hbar}\iint_S(\nabla\times\boldsymbol{A})\cdot\mathrm{d}\boldsymbol{S}$$

式中 S 为闭合回路 L 包围的曲面. 因 $\boldsymbol{B}=\nabla\times\boldsymbol{A}$，故有

$$(\Delta\gamma)_L=\frac{q}{\hbar}\iint_S \boldsymbol{B}\cdot\mathrm{d}\boldsymbol{S}$$

Dirac 假设存在磁单极，设其磁荷为 g. 那么，当一个带电粒子在此磁单极产生的磁场 $\boldsymbol{B}$ 中沿一个闭合回路运动一周时，描述此带电粒子的波函数的相位因子的总改变量，应等于穿过以此回路为周界的曲面的磁通量乘以$\frac{q}{\hbar}$，应该指出，由于波函数的相位因子具有不确定性，即在相位因子中加上 2π 的任意整数倍 $2n\pi$（n 为整数）并不影响对带电粒子的描述. 因此，上面给出的$(\Delta\gamma)_L$ 的表达式并不完备，它的右边完全确定，左边则并不确定，可以加上 $2n\pi$. 所以，通常将上式改写成如下形式：

$$(\Delta\gamma)_L+2n\pi=\frac{q}{\hbar}\iint_S \boldsymbol{B}\cdot\mathrm{d}\boldsymbol{S}$$

把上式用于一个无限小的回路，则以该回路为周界的曲面趋于闭合曲面. 对于这个无限小的回路，$(\Delta\gamma)_L=0$，于是有

$$\frac{q}{\hbar}\oiint_S \boldsymbol{B}\cdot\mathrm{d}\boldsymbol{S}=2n\pi$$

对于不存在磁荷的区域，穿过任意闭合曲面的磁通量为零，即

$$\oiint_S \boldsymbol{B}\cdot\mathrm{d}\boldsymbol{S}=0$$

因此，前一个公式中的 n 只能为零. 如果存在磁荷为 g 的磁单极，那么，与电荷产生的电场的 Gauss 定理类似，有

$$\oiint_S \boldsymbol{B}\cdot\mathrm{d}\boldsymbol{S}=\mu_0 g$$

于是，n 应不为零. 总之，应有

$$\frac{\mu_0 qg}{\hbar}=2n\pi,\qquad n=0,\ \pm1,\ \pm2,\ \cdots \tag{31}$$

故带电粒子的电量 q 为

$$q=n\left(\frac{2\pi\hbar}{\mu_0 g}\right)$$

上式表明，因 n 是整数，q 只能是$\left(\frac{2\pi\hbar}{\mu_0 g}\right)$的整数倍，即 q 是量子化的. 由此可见，根据

Dirac 的设想，电荷的量子化与磁单极的存在是相关的.

根据(31)式，还可以估计磁单极磁荷 g 的大小. 设 q 为电子的电量 $-e$，即取 $n=-1$，得出 g 的最小值为

$$g_{\min}=\frac{2\pi\hbar}{\mu_0 e}$$

$$=\frac{e}{2\varepsilon_0\mu_0 c}\cdot\frac{4\pi\varepsilon_0\hbar c}{e^2}$$

因 $\varepsilon_0\mu_0=\frac{1}{c^2}$，利用本章 § 2 中(27)式给出的精细结构常量 α 的公式

$$\alpha=\frac{\mu_0 ce^2}{4\pi\hbar}=\frac{e^2}{4\pi\varepsilon_0\hbar c}$$

得出

$$g_{\min}=\frac{ce}{2\alpha}$$

精细结构常量 α 可近似取为

$$\alpha=\frac{1}{137}$$

故磁单极的最小磁荷为

$$g_{\min}=\frac{137}{2}ce \tag{32}$$

Dirac 关于存在磁单极的假设提出以后，引起了物理学家的极大兴趣和广泛重视. 物理学家开始着手研究磁单极的一些基本性质，以便更深入地认识磁单极，也为进一步从实验上探测磁单极奠定基础.

如果存在磁单极，就表明磁现象和电现象具有对称性. 由此，不难设想，静止的磁单极(磁荷)产生磁场，运动的磁单极还将产生电场，磁单极在磁场中应受力被加速，运动的磁单极在电场中也将受到作用力(类似于运动电荷在磁场中受到的 Lorentz 力)，等等. 另外，两个电量相等(均为 e)的点电荷相距为 r 时，其间的相互作用能为

$$W_{\mathrm{e}}=\frac{1}{4\pi\varepsilon_0}\frac{e^2}{r}$$

与此类似，两个磁荷相等(均为 g)的磁单极相距为 r 时，其间的相互作用能应为

$$W_{\mathrm{g}}=\frac{\mu_0}{4\pi}\frac{g^2}{r}$$

取 $g=g_{\min}$，利用(32)式，得

$$W_{\mathrm{g}}=\frac{\mu_0}{4\pi}\left(\frac{137}{2}c\right)^2\frac{e^2}{r}$$

因 $c^2=\frac{1}{\varepsilon_0\mu_0}$，有

$$\begin{aligned}W_g&=\left(\frac{137}{2}\right)^2 W_e\\&\approx 5\,000 W_e\end{aligned}\tag{33}$$

上式表明，两个具有最小磁荷的磁单极之间的相互作用能，是两个电子之间相互作用能的约 5 000 倍. 根据电子之间的相互作用能，可以估计电子的质量约为 $m_e\approx\frac{W_e}{c^2}$. 类似地，根据磁单极之间的相互作用能，也可以估计磁单极的质量 m_g 约为

$$m_g\approx\frac{W_g}{c^2}$$

利用(33)式，得

$$\begin{aligned}m_g&\approx 5\,000 m_e\\&\approx 3m_p\end{aligned}$$

即具有最小磁荷的磁单极的质量约为质子质量的 3 倍. 这表明，磁单极的产生和湮没是一种高能现象，产生一对磁单极所需的能量应大于 3 GeV.

磁单极在介质中运动时也会对介质中的原子产生电离作用，但是，磁单极对原子的电离作用与运动电荷对原子的电离作用有所不同. 一个运动带电粒子对于其径迹旁介质原子的电离作用，取决于作用在介质原子中电子上的电力大小 F 以及作用时间 t，即取决于运动带电粒子给予介质原子中电子的冲量. 冲量越大，电离作用越强，因电力 F 与带电粒子的电量 Z_e 成正比，作用时间 t 与带电粒子的速度 v 成反比，故

$$电离作用\propto冲量\ Ft\propto\frac{Z_e}{v}$$

这就是说，带电粒子运动得越快，给予的冲量就越小，电离作用也就越小. 因此，当一个运动带电粒子通过介质时，在进入处，粒子速度较大，电离作用较弱，电离径迹较细；在径迹的末端，由于带电粒子的能量因电离有所损失，速度减小，电离作用较强，电离径迹也就较粗. 在一般探测器中，利用上述特征可以判明带电粒子的运动方向. 对于运动的磁单极，因所产生的电场与磁单极的运动速度成正比，故运动磁单极对介质原子中的电子的作用力 F 与磁单极的速度 v 成正比，作用时间 t 与速度 v 成反比，于是有

$$电离作用\propto冲量\ Ft\propto gv\cdot\frac{1}{v}\propto g$$

这表明，运动磁单极的电离作用与磁单极的速度无关，其电离径迹是相当稳定的，沿着磁单极运动的路线，出现的电离径迹不会逐渐变粗，与带电粒子的径迹明显不同. 根据这一区别，可以鉴别是磁单极还是普通的带电粒子.

为了证实存在磁单极而提出的实验探测方案已经成为当今物理学的重大课题之一.

在我们生活的物质世界中，带电粒子遍地都是，而磁单极却极少出现，由此推测磁单极可能是非常稀少的. 磁单极有北磁单极与南磁单极两种，由于这两种磁单极相遇时会像正、负电子相遇一样湮没为 γ 光子，由此推测，即使磁单极存在，大概也不会处在常见的各种地方，因为在漫长的岁月中它们早已通过湮没为 γ 光子而消失殆尽了. 于是，磁单极或许只能存在于古岩石、海洋底部的沉积物或者陨石、月岩之中. 另一方面，利用具有足够高能量的粒子与物质相互作用或许可能产生磁单极对. 这可以通过高能加速器来实现，或者也可以在宇宙射线中寻找磁单极. 高能的宇宙射线粒子与地球高空大气物质的相互作用会产生磁单极对，甚至高能宇宙射线中本身就可能含有磁单极.

根据以上分析，探测磁单极的方法有以下几种. 第一，用强电磁铁抽取古岩石或海底沉积物中可能存留的磁单极，再用核乳胶板闪烁计数器或相关的符合及反符合电子学装置来探测. 第二，利用高能加速器加速的质子轰击靶物质产生新粒子，其中可能包含磁单极，再利用磁场抽吸出来，经核乳胶板等探测器探测. 第三，把探测仪器用气球带到高空中去，经过一些时日，再回收进行分析.

从 20 世纪 50 年代以来，物理学家曾做过不少实验试图探测磁单极，但是，都没有得到肯定的结果. 1975 年，Price 等人报道了他们在 1973 年做的一次实验，宣称探测到了一个磁单极，当时曾引起很大的轰动. Price 等人把包括 Cerenkov 辐射器、核乳胶板以及由 33 层聚碳酸酯(Lexan)薄片叠合而成的探测系统，用气球带到高空，经过 2.6 天后回收，进行处理和分析. 经过蚀刻，探测系统显示出一条粒子径迹. 根据乳胶板可以推测粒子运动的方向，Cerenkov 辐射器提供粒子速度的信息，聚碳酸酯薄片经蚀刻的痕迹显示出一条竖直的线，表明粒子的电离量相当接近常数. 如果该粒子是带电粒子，那么反映其电离能力的曲线应随着粒子向下运动而朝着减弱的一侧偏斜. 因此，Price 确认，这是一个磁单极子. 然而，有不少人对 Price 的分析提出异议，认为实验的径迹不能排除是某一重核所产生的. 1978 年，Price 等人重新仔细地分析处理了数据，承认不能肯定他们的实验探测到的是磁单极.

1982 年，Cabrera 等人采用超导量子干涉器件(SQUID)磁强计在实验室中探测到一次磁单极的新事件，引起物理学家的高度重视和广泛兴趣. Cabrera 等用直径为 0.005 cm 的铌线绕制成一个环形线圈，线圈的直径为 5 cm，共 4 匝，线圈作为 SQUID 磁强计的传感头，用来测量磁单极穿过线圈时引起的磁通变化. 这个探测装置是极其精密的，为了把地磁场或其他磁干扰排除掉，将 SQUID 和线圈都放在一个直径为 20 cm、长为 1 m 的超导铝屏蔽圆筒内，外面再套上一层高磁导率的磁屏蔽罩. 这种双层磁屏蔽系统可以把外部的磁干扰降低到 5×10^{-12} T(相当于地磁场的 10^{-8}). 探测到的信号经由一个 0.1 Hz 低通滤波器处理后送到条形记录纸上显示. 当有磁单极通过探测线圈时，将引起磁通的变化，通过一匝线圈的磁通变化为

$$\phi=\mu_0 g$$

由(31)式，取 $q=e$，得 $\mu_0 g=\frac{2\pi\hbar n}{e}$，代入有

$$\phi=\frac{2\pi\hbar n}{e}=\frac{hn}{e}$$

引入磁通量子 ϕ_0，定义为

$$\phi_0=\frac{h}{2e}=2\times10^{-15}\ \mathrm{Wb}$$

则

$$\phi=2n\phi_0$$

通过4匝线圈的磁通变化为

$$4\phi=8n\phi_0$$

Cabrera 等人经过 151 天的连续观测，终于在 1982 年 2 月 14 日记录到一次突出的事件，记录纸上显示出磁通的变化为 $8\phi_0$. Cabrera 等人对实验结果作了细致的分析，排除了因探测器的振动、高能宇宙线穿越线圈的能量淀积使屏蔽层的超导体转变为正常态以及在实验中因添加液氦或液氮本身可能造成的影响，从而认为实验结果表明记录到了一个具有最小磁荷 $g_{\min}$ 的磁单极.

仅有一个事例是难以作出肯定结论的. 后来，实验的设备和方法不断地有所改进，第三代实验装置的探测面积已经增大为 Cabrera 等当初的 1 000 倍. 然而，遗憾的是，始终未能重复观测到磁单极.

由于磁单极是否存在是大统一理论能否经受实验检验的重要标志之一，是物理学重要的基本问题之一，因此，实验物理学家仍继续坚持不懈地试图探测磁单极.

尽管迄今为止试图把弱、电、强三种相互作用统一起来的大统一理论尚未被确认，但毕竟已经迈出了艰难的一步. 与此同时，物理学家还在进一步思考四种相互作用的完全统一，提出了超引力理论，这是试图在超对称性基础上把四种相互作用都统一起来的理论. 当然，无论是大统一理论还是超引力理论，目前都还处于探索阶段.

参考文献

[1] 陈熙谋，陈秉乾. 电磁学定律和电磁场理论的建立与发展. 北京：高等教育出版社，1992.
[2] 杰克逊 J D. 经典电动力学. 朱培豫，译. 北京：人民教育出版社，1980.
[3] 胡宁. 电动力学. 北京：人民教育出版社，1963.
[4] 狄拉克. 量子力学原理. 陈咸亨，译. 北京：科学出版社，1979.
[5] 萨尔蒙(SALMON J)，日瓦特(GERVAT A). 量子力学. 顾世杰，译. 北京：科学出版社，1981.
[6] 徐克尊，陈宏芳，周子舫. 近代物理学. 北京：高等教育出版社，1993.
[7] 夏建白. 量子霍尔效应. 物理教学，1998(4).

[8] 李树深，王炳燊. 崔琦与分数量子霍尔效应. 物理教学，1999(1).
[9] 高崇寿. 粒子世界探秘. 长沙：湖南教育出版社，1994.
[10] 尤广健. 经典物理与现代物理——20 世纪物理学概观. 西安：陕西人民教育出版社，1993.
[11] 郭奕玲，沈慧君. 物理学史. 北京：清华大学出版社，1993.

第十一章

电磁学教学中的一些疑难问题

§1. 迎接挑战——关于电磁场的教学

毫无疑问，电磁场的教学是电磁学课程的主干．然而，对于初学者来说，电磁场是一个新的研究对象，无论其性质、规律、描述方式，还是有关的概念和处理的方法等等，都颇为新颖，并且有一定难度，与初学者较为熟悉的力学、热学等相比，有重要的区别和不同的特点．这往往会使初学者感到陌生，甚至格格不入．因此，电磁场的教学就成为电磁学课程面临的重大挑战，同时也成为培养锻炼学生科学思维能力的契机，成败得失关系全局，需要妥善处理，切切不可等闲视之．

所谓电磁场，包括静电场、恒定磁场以及涡旋电场和变化电场产生的磁场，它们既有共性，又各有个性．在电磁学课程中，首当其冲的是静电场，可以毫不夸张地说，学好静电场是学好电磁场乃至整个电磁学的关键．本节着重讨论静电场和恒定磁场的教学，再从各方面谈谈对电磁场教学的意见和建议．

一、研究对象的重大变化，必将引起一系列随之而来的深刻变化

在物理学发展的进程中，新的问题的提出，新的研究对象的确立，具有十分重大的意义．因为它必将引起基本观念、规律性质的深刻变化，必将导致新的概念、新的研究方法，新的描述手段以及新的数学工具的出现，从而标志新的研究领域的开辟，预示新的理论的诞生，意味着新的广泛的应用前景，等等，所有这一切都表明物理学有了新的重大发展．我们认为，当研究对象发生重大变化时，从一开始就正面强调将会引起的一系列随之而来的深刻变化，并且引导学生积极、主动、自觉地迎接挑战，适应变化，是必要的．

正如 Einstein 指出："提出一个问题往往比解决一个问题更重要，因为解决一个问题也许仅是一个数学上的或实验上的技能而已. 而提出新的问题，新的可能性，从新的角度去看旧的问题，却需要有创造性的想象力，而且标志着科学的真正进步."认真体会 Einstein 这段至理名言将大有裨益.

从力学到热学和气体分子运动论(现称分子动理论)，研究对象从少量个体(质点、刚体等)变为由大量个体组成的群体. 研究对象的这种变化，开辟了新的不同于力学的研究领域，使得热学的基本规律具有区别于 Newton 力学的非决定论特征，并导致概率与统计、有序与无序、可逆与不可逆等一系列新的概念以及新的统计方法与统计规律性的出现. 不能适应这一转变的学生，无法学好热学与气体分子运动论.

从力学、热学到电磁学，研究对象从"看得见、摸得着"的、有静止质量的实物，变成了"虚无缥缈"的、无静止质量的电磁场，电磁场是弥漫在一定空间范围内连续分布的客体，是特殊形式的客观存在. 应该如何描绘，比较，怎样逐步深入地研究其性质、特征乃至运动变化的规律呢?

二、场是在一定空间范围内连续分布的客体，认识它要从场的空间分布入手，从整体上去把握它

在力学、热学中遇到的物理量，如质点的质量、速度、加速度，又如均匀气体的压强、温度等，都可用单个标量或单个矢量来表示. 场有所不同，它是在一定空间范围内连续分布的客体，例如静电场，恒定磁场，流体稳定流动形成的流速场，引力场等等. 由于在空间不同点的电场强度、磁感应强度、流速、引力等矢量的大小和方向都不同，所以我们面对的是空间位置的矢量函数，即矢量场. 又如气象工作者关心的大气中压力和温度分布构成的压力场和温度场，以及静电场的电势空间分布形成的场，由于压力、温度、电势是空间位置的标量函数，所以是标量场. 总之，只要研究对象具有连续的广延分布(一般是非均匀的空间分布)，就会涉及场. 场概念与物理学的许多领域都有关，并非电磁学所独有.

既然场是空间位置的函数，为了描述和认识场，就需要确定它的全部空间分布. 为此，通常总是根据问题的特点，先确定某个或某些特殊点的值，再逐渐扩展出去，最终确定场的整体分布.

对于静电场、恒定磁场这类矢量场，通常采用电力线和磁力线描绘场的空间分布，力线的切线是场矢量的方向，力线的疏密反映场的大小. 如果在某一平面，各点场的方向均在此平面内，则从力线图即可一目了然在此平面内场方向的分布，把不同截面(平面)的力线图结合起来，再辅之以各点场大小的数据表，则矢量场整体空间分布的描绘就完善了. 在电磁学教材中常见的就是这类力线图. 然而，一般说来，在某一截面(平面)上各点场的方向显然不会都在此平面内，所以用平面的力线图实际上难以描绘立体的矢量场空间分布，这是需要注意的.

为了确定静电场和恒定磁场(矢量场)的空间分布，在具体计算时需要注意坐标选取、对称性分析、近似计算以及渐近行为的考察等技巧问题.

空间位置的描述需要选取一定的坐标系，这是描述场分布的先决条件，应明确说明所选取的坐标系，不可含糊或省略. 坐标系的选取应该和场分布的对称性相适应，这样可以使计算大为简化.

由于数学工具的限制(例如积分的困难)，在许多问题中，往往只能计算某些特殊位置(特殊点，特殊线，特殊平面)上的场或场分布，应该根据场分布的对称性，确定这些结果有多大的普适性，过低或过高的估价都是不恰当的. 对称性分析在场分布的计算中是很重要的，它能使我们立即判断出某些特殊位置场的数值或在某些位置场的某些分量为零或某些部分场的分布规律相同等等，从而有助于适当选取坐标系，有助于挑选某些特殊位置来作计算.

由于实际问题往往相当复杂，严格计算可能有困难或者并不必要，在许多实际问题中近似计算就成为相当重要的方法. 近似计算应分清各量的大小关系，过早而不恰当地忽略某些小量，有时会导致不合理的零结果或错误的答案，要注意避免.

考察场分布的渐近行为是很有意义的. 例如，当我们求得有限长均匀带电细棒在其中垂面上一点的电场强度值后，如果改变场点的距离使之远大于带电棒的几何线度，则场强分布的渐近行为应与点电荷的场强公式一致；反之，如果场点十分靠近带电棒，则场强分布的渐近行为应与无限长带电棒的场强公式一致. 实际上，“点电荷”和“无限长”带电棒的理想模型正是这样抽象出来的. 由此可见，考察场分布的渐近行为，一方面可以帮助我们检验计算结果的合理性，因为只有渐近行为与已知特例吻合，计算结果才可能是对的；另一方面有助于把不同特例的结果融会贯通起来，了解场分布变化的趋势，建立有关场分布的整体图像.

三、矢量场整体分布特征的特殊描述方式——源与旋，通量与环量(环流)，Gauss定理与环路(环量)定理

然而，值得强调指出的是，对于矢量场，仅仅知道它在各种情况下的空间分布还是远远不够的，还必须进一步认识矢量场整体分布所具有的某种特征和性质，只有这样，才能从总体上比较和区别各种矢量场，才能由表及里地把握各种矢量场的规律和本质. 为此，就需要采用新的恰当的描述方式，它应能反映矢量场整体分布的特征，并能用来进一步研究矢量场整体分布所遵循的规律. 上面的论述相当抽象，为了有具体的理解，请看几个实例.

先看不可压缩流体恒定流动(亦称定常流动)构成的流速场. 这里的流体可以是在江河湖海中流动的水，也可以是在地面上空流动的空气. 显然，无论是恒定流动的水或空气，形成的流速场可谓千姿百态不一而足. 在了解了各种流速场的空间分布以后，为了从总体上加以比较和区别，需要作必要的抽象，以便把握其总体分布的特征，怎样才能

做到这一点呢？

经过观察、分析和思考，人们终于注意到，应该透过流速矢量的空间分布，考察整体的流动是否形成“旋涡”(vortex)，或者整体的流动是否与喷发流体的“源”(source)以及宣泄流体的“汇”(亦称“尾闾”或“壑”，sink)相联系，这才是描绘流速场整体分布特征的关键. 对于各种流速场，如果形成“旋涡”，则称为“有旋”，反之，则“无旋”；如果存在着“源”或“汇”，则统称为“有源”，反之，则“无源”. 于是，尽管各种流速场的姿态各异，但就其整体分布而言，存在着“有源无旋”、“无源有旋”、“有源有旋”等不同情况，由此可见，是否有源和是否有旋正是流速场整体分布的本质特征，也是从整体上加以比较和区别的根据.

再看各种电磁场.

对于静止电荷产生的静电场，尽管不同电荷分布产生的静电场的分布颇为不同，但仔细观察形形色色的各种静电场后，不难发现其整体分布所具有的一些共同特征. 即静电场中的电力线是不闭合的，它总是起源于正电荷，中止于负电荷；如果带电体系的正电荷与负电荷一样多，则正电荷发出的电力线全部汇集于负电荷；在没有电荷的空间里，静电场的电力线一般不会相交，也不会中断. 由此可见，在静电场中，正电荷是喷发电力线的“源”，负电荷是聚敛电力线的“汇”，静电场是有源的；另外，电力线不闭合表明静电场的分布不形成“旋涡”，静电场是无旋的. 总之，作为一个矢量场，静电场整体分布的特征是：有源无旋.

对于电流产生的磁场、变化磁场产生的涡旋电场以及变化电场产生的磁场，其磁力线或电力线的整体分布与静电场中电力线的整体分布，具有明显不同的特征. 即磁场的磁力线或涡旋电场的电力线都是闭合的曲线，不存在喷发或聚敛力线的源或汇. 由此可见，作为矢量场的磁场或涡旋电场，其整体分布的共同特征是：无源有旋. 顺便指出，涡旋电场(也称有旋电场)正是由此得名的.

如果既存在静电场又存在涡旋电场，则总电场是两者之和(矢量和). 对于总电场，其电力线应兼有静电场和涡旋电场两者的特征，即既有首尾相接的闭合电力线，又有单独存在的喷发或聚敛电力线的源或汇. 因此，作为矢量场的总电场，其整体分布的特征是：有源有旋.

如果既有电流产生的磁场又有变化电场产生的磁场，则两者之和的总磁场整体分布的特征仍将是：无源有旋.

上面的叙述表明，对于包括流速场、各种电场和各种磁场在内的种种矢量场，是否有源和是否有旋正是比较和区别其整体分布特征并进而揭示其规律的根据.

正确的定性的抽象，需要引入恰当的概念并给予准确的定量表述，才臻完善. 为了定量地描绘矢量场是否有源和是否有旋，人们引入了通量和环量(亦称环流)的概念. 所谓通量，对于流速场来说，就是通过某一曲面 S 的流量，定义为

$$\iint_{(S)} \boldsymbol{v} \cdot \mathrm{d}\boldsymbol{S} = \iint_{(S)} v\cos\theta \mathrm{d}S$$

式中 $\boldsymbol{v}$ 是流速，θ 是 $\boldsymbol{v}$ 与面元法线方向 $\mathrm{d}\boldsymbol{S}$ 的夹角. 对于电场或磁场，所谓通量就是电通量或磁通量，可以形象地理解为通过某一曲面 S 的电力线或磁力线的根数，它们的定义分别为

$$\iint_{(S)} \boldsymbol{E} \cdot \mathrm{d}\boldsymbol{S} = \iint_{(S)} E\cos\theta \mathrm{d}S$$

或

$$\iint_{(S)} \boldsymbol{B} \cdot \mathrm{d}\boldsymbol{S} = \iint_{(S)} B\cos\theta \mathrm{d}S$$

式中 $\boldsymbol{E}$ 或 $\boldsymbol{B}$ 分别是电场强度或磁感应强度，θ 是 $\boldsymbol{E}$ 或 $\boldsymbol{B}$ 与面元法线方向 $\mathrm{d}\boldsymbol{S}$ 之间的夹角. 对于通过闭合曲面 S 的通量，只需将上述积分 $\iint_{(S)}$ 改为 $\oiint_{(S)}$ 即可. 如果矢量场(无论流速场还是电场或磁场)是有源的，可作一个闭合曲面把源或汇包围起来，则通过该闭合曲面的通量必不为零. 反之，如果矢量场是无源的，即无论何处都不存在源或汇，则通过任意闭合曲面的通量，必将都是零. 由此可见，通量概念是定量描述矢量场是否有源的有效手段.

所谓环量(亦称环流)，对于流速场来说，就是流速 $\boldsymbol{v}$ 沿闭合曲线 l 的线积分(环路积分)，定义为

$$\oint_{(l)} \boldsymbol{v} \cdot \mathrm{d}\boldsymbol{l} = \oint_{(l)} v\cos\theta \mathrm{d}l$$

式中 θ 是流速 $\boldsymbol{v}$ 与线元 $\mathrm{d}\boldsymbol{l}$ 方向之间的夹角. 对于电场或磁场，其环量是电场强度 $\boldsymbol{E}$ 或磁感应强度 $\boldsymbol{B}$ 沿闭合曲线 l 的线积分，分别定义为

$$\oint_{(l)} \boldsymbol{E} \cdot \mathrm{d}\boldsymbol{l} = \oint_{(l)} E\cos\theta \mathrm{d}l$$

或

$$\oint_{(l)} \boldsymbol{B} \cdot \mathrm{d}\boldsymbol{l} = \oint_{(l)} B\cos\theta \mathrm{d}l$$

式中 θ 是 $\boldsymbol{E}$ 或 $\boldsymbol{B}$ 与线元 $\mathrm{d}\boldsymbol{l}$ 之间的夹角. 如果矢量场是有旋的，可沿着或逆着矢量场中闭合的旋涡作曲线积分，由于每一小段的线积分都是正值或负值，积分一圈的值必定亦为正值或负值，即环路积分不为零. 反之，如果矢量场是无旋的，则沿任意闭合曲线的环路积分均为零(例如，对于静电场，可以证明，电场强度 $\boldsymbol{E}$ 沿任意闭合曲线的环路积分必定都是零). 由此可见，环量概念是定量描述矢量场是否有旋的有效手段.

矢量场的 Gauss 定理和环路定理就是借助于通量和环量概念建立起来的用以定量描述矢量场特征和规律的两条定理，它们可以确定矢量场是否有源和是否有旋.

例如，静电场的 Gauss 定理指出，静电场通过任意闭合曲面的电通量只与该闭合曲

面所包围的电荷电量的代数和有关，而与该闭合曲面外的电荷无关，即

$$\Phi_{\mathrm{E}} = \oint\!\!\!\oint_{(S)} \boldsymbol{E} \cdot \mathrm{d}\boldsymbol{S} = \oint\!\!\!\oint_{(S)} E\cos\theta \mathrm{d}S = \frac{1}{\varepsilon_0}\sum_{(S\text{内})} q$$

式中 Φ_{E} 是通过闭合曲面 S 的电通量，$\sum\limits_{(S\text{内})} q$ 是 S 内电量的代数和. 静电场的 Gauss 定理表明，通过某些包围电荷的闭合曲面的电通量 Φ_{E} 可以不为零，因此，静电场是有源的，正电荷是喷发电力线的源，负电荷是聚敛电力线的汇.

静电场的环路定理指出，在静电场中电场强度 $\boldsymbol{E}$ 沿任意闭合环路的积分均为零，即

$$\oint_{(l)} \boldsymbol{E} \cdot \mathrm{d}\boldsymbol{l} = 0$$

静电场的环路定理表明，静电场是无旋的，不存在首尾相接的闭合的电力线. 无旋场即保守力场或势场，可以引入相应的势能或势函数的概念. 静电场可引入静电势能或电势的概念. 电势和电场强度都是描述静电场的物理量，由于电势是标量，电场强度是矢量，计算电势比计算场强要方便一些.

应该强调指出，静电场的 Gauss 定理和环路定理不仅完整地阐明了静电场有源无旋的性质，反映了静电场与产生它的场源即电荷之间的依赖关系，揭示了正、负电荷可以单独存在的重要事实(因为通过闭合曲面的电通量可以不为零)，同时还表明空间各点的静电场之间存在着内在的联系，即使在其中没有电荷的有限空间里，从一点到另一点，静电场电场强度的数值和方向的变化也不能是任意的，它们之间的关系要受到这两条定理的约束(例如，不允许电力线首尾相接形成闭合曲线). 静电场的 Gauss 定理和环路定理是由 Coulomb 定律和场强叠加原理证明的，尤其在证明静电场 Gauss 定理时，要求静电力严格地与距离平方成反比，因此，静电场的有源无旋性质是由 Coulomb 定律(静电力与距离平方成反比)决定的，Coulomb 定律是整个静电学的基础.

与静电场类似，电流的磁场、变化磁场产生的涡旋电场、变化电场产生的磁场等，也都有各自的 Gauss 定理和环路定理，具体结论虽与静电场有所不同，但地位相当，都是说明它们作为矢量场的性质、特征与规律. 由此可见，矢量场的 Gauss 定理和环路定理，确是描述其性质并从总体上加以区别和比较的有效手段.

以上所述的源和旋，通量和环量，Gauss 定理和环路定理，以及相关的研究方法和描绘手段，正是开拓者重大贡献之所在. 初学者对此都不熟悉，需要反复强调、认真体会，不仅掌握有关内容，而且要在思想上、方法上有所提高.

最后，顺便指出，静电场的 Gauss 定理提供了一种已知电荷分布计算场强分布的简便方法. 但是，这种方法的适用范围极为有限，只适用于电荷分布具有极大对称性，从而空间静电场分布也具有极大对称性的少数特殊情形. 用 Gauss 定理求场强的关键是选取适当的 Gauss 面. 显然，欲求其场强的某点应在 Gauss 面上. 更重要的是，Gauss 面上

各点的场强应与欲求点的场强大小相同，且各点场强的方向与该处面元法线方向的夹角也应相同并已知(例如，夹角均为0或π)，这样，才能运用Gauss定理，由Gauss面的面积及其中包围的电量求得欲求点的场强. 或者，上述要求也可以降低为包括欲求点在内的部分Gauss面，但同时，Gauss面其余部分的电通量应为零(这往往是由于在Gauss面其余部分上各点的场强为零；或者在Gauss面其余部分上各点的场强虽不为零，但各点的场强方向都与该处面元的法线方向垂直)，所以，Gauss定理虽然是用积分形式表述的，但用来求场强分布时实际上并不作积分，在满足上述要求时，它简化为一个代数方程，由已知的电荷可以求出一个未知的场强. 不难设想，如果电荷分布(从而静电场分布)不具有极大的对称性，上述要求是无法满足的. 单靠Gauss定理可以求解的问题屈指可数，其原因即在于此. 如所周知，在已知电荷分布的条件下，计算场强分布的另一种方法是场强叠加原理. 从原则上讲，它可以求解一切静电场分布问题，但实际上由于积分往往很难完成，能够求出解析解的也仅限于电荷分布具有一定对称性的某些情形. 当然，也应该指出，在已知电荷分布的条件下，巧妙地把Gauss定理和场强叠加原理结合起来，可以使求解的范围有所扩展.

在电磁学课程中，以静电场和恒定磁场为例讨论了场的性质之后，随着课程的进行，还有一系列重要问题有待深入探讨、寻求答案.

第一，电场和磁场究竟是彼此无关的，还是有内在联系的统一体，它们的联系以什么形式表现出来，作为统一体的电磁场的变化运动规律如何，有什么重要的物理性质.

第二，电磁作用究竟是既无需媒介物传递又无需传递时间的、直接的、瞬时的超距作用，还是既需要媒介物传递又需要传递时间的近距作用；作为电磁作用媒介物的电磁场究竟是客观存在的物质，还是仅仅是电磁作用的一种描绘手段. 简言之，电磁作用的本质和机制是什么，电磁场是否是区别于实物的另一种形式的客观存在.

第三，怎样描述电磁场与实物的相互作用，怎样描述各种实物的电磁性质.

第四，Maxwell的电磁场理论是怎样建立的，关键的突破何在，有何预言，实验如何作出最终的决定性判断，为什么它被誉为19世纪物理学最伟大的成就，从它的建立能够得到什么重要的启迪，等等.

显然，上面这些问题的提出和回答，可以说贯穿了电磁场理论建立和发展的始终，有关内容所涉及的课程也并非电磁学一门. 但我们认为，以此统帅电磁学课程，提醒和吸引学生关注这些问题是怎样提出来的，又是怎样逐步解决的，将大有好处. 本节以下几段就此扼要谈谈教学中应注意的要点. 详尽的内容请参见本书第二章和第十一章的有关节.

四、从静止、恒定到运动、变化，从孤立研究到寻找联系，从局部规律到统一理论

首先，应该指出，电磁感应现象的发现和研究，标志着电磁学的研究从静止、恒定的特殊情形进入运动、变化的普遍情形，标志着从电现象和磁现象的孤立研究进入寻找

联系、追求统一解释的新阶段，标志着在各个局部规律基础上建一统一电磁理论的时机已经成熟.

其次，围绕着建立统一的电磁理论，出现了超距作用和近距作用两种截然不同的观点，它们的做法和得出的结果都截然不同. 尽管电磁学课程主要阐述 Maxwell 电磁场理论，但作为衬托和比较，简要介绍一下超距作用电磁理论的观点、做法与结论是有好处的.

第三，涡旋电场概念的提出是 Maxwell 建立电磁场理论的第一个重要突破. 它不仅为感生电动势提供了近距作用的解释，丰富了对电场的认识(即除了电荷产生的电场外，还有变化磁场产生的涡旋电场，两者的产生原因与性质都不同)，更重要的是，它揭示了磁场与电场内在联系的一个侧面，并由此提出了逆命题——变化的电场会产生什么，从而为位移电流概念的提出奠定了基础.

第四，涡旋电场和位移电流表明电磁场是具有内在联系的相互制约的统一体，它们为电磁场的传播——电磁波提供了物理依据，成为 Maxwell 建立电磁场理论的关键性突破. 由此也可以体会把握事物本质、建立重要概念的决定性作用.

第五，罗列和比较电荷产生的静电场、变化磁场产生的涡旋电场、各种电流产生的磁场、变化电场产生的磁场等各种电磁场的性质以及相应的 Gauss 定理和环路定理是必要的，它们可以加深对电磁场全貌的认识. 进而强调指出，由此推广得出的 Maxwell 电磁场方程，不仅从总体上描绘了电磁场的性质，而且深刻地揭示了电磁场的内在联系与运动变化规律，电磁场理论从此诞生. Maxwell 的这种做法，不只是简单的归纳和推广，而是实现了质的飞跃，应该认真体会其重大意义.

第六，Maxwell 电磁场理论提供了建立物理理论的典范. 应该利用这个难得的机会，加深对“物理理论”的含义、结构、表达方式等的认识，领会创建者 Faraday 和 Maxwell 的物理思想与研究方法.

五、电磁场究竟是客观存在的特殊形式的物质，还是仅仅是一种描绘手段?

应该说，这个问题在电磁学课程中还不能给予全面、彻底的回答，但提出来并适当介绍一些有关的历史资料和近代结果是有好处的. 从某种意义上讲，古往今来的电磁学史就是研讨和回答这个问题的历史.

首先，电磁场究竟是客观存在的特殊形式的物质，还是仅仅是一种描绘电磁作用的手段，判断、鉴别的根据是什么，这是物理学史中长期争论、始终关注的一个基本问题. 正确回答这个问题，不仅可为与此有关的大量电磁现象提供统一、合理的物理解释，而且还涉及对“物质”、对“客观存在”、对物理世界基本图像的理解. 它在物理上甚至哲学上的重要性是显而易见的.

其次，作为物理教师，掌握有关史实，知道不同观点的由来与根据、争论的焦点、重要的实验事实及如何解释等等是必要的. 因为适当的引用可以使课程丰富、生动、评述恰当，还有助于把不同课程的内容联系起来，融会贯通.

第三，认真讲解 Hertz 实验及其主要结论(参阅第八章§3)是必要的，因为它是证明电磁波存在并确定其一系列重要性质的判决实验. 与此同时，适当介绍某些近代结果，如光压实验，正、负电子对撞湮没成两个 γ 光子等也是有益的，因为它们证明电磁波与实物可以交换动量，可以互相转化.

六、电磁场与实物的相互作用，实物的电磁性质

首先，电磁场与实物的相互作用、实物的电磁性质是一个涉及面很广的课题，理论意义和实用价值都很重大. 尽管电磁学课程只能作相当初步和并不深入的讨论，却可以为后继课程提供良好的基础.

其次，实物固有的电磁结构是对电磁场作出响应的根据，电磁场对实物的作用是使之感应、极化、磁化. 在电磁学课程中，应该正确阐述并严格区分感应、极化、磁化，自由电荷、极化电荷(束缚电荷)，传导电流、极化电流、磁化电流、位移电流，引入分别描述介质极化、磁化、导电性质的 ε，μ，σ 并给出相应的介质方程. 顺便指出，所谓位移电流包括极化电流与变化电场两部分，与传导电流、极化电流、磁化电流相比，变化电场也能产生磁场，即有磁效应，但变化电场并非电荷的流动，所以没有热效应与化学效应.

第三，体会电磁场与实物相互作用问题的复杂性以及实物(介质)电磁性质的多样性. 例如，在静电场的作用下，介质被极化，为了描述介质的极化，引入极化强度矢量 $\boldsymbol{P}$，$\boldsymbol{P}$ 有一定的分布. 与此同时，在介质内部和表面，出现了极化电荷 ρ'，σ'，它们将激发附加的电场(称为退极化场)$\boldsymbol{E}'$，总电场 $\boldsymbol{E}$ 是自由电荷产生的电场或外加电场 $\boldsymbol{E}_0$ 与 $\boldsymbol{E}'$ 之和. $\boldsymbol{E}$ 又决定了介质的极化状态 $\boldsymbol{P}$. 于是，$\boldsymbol{E}$，ρ'(或 σ')，$\boldsymbol{P}$ 三者之间形成了循环的依赖制约关系. 问题的复杂性即来源于此，一般情形下其间的关系是相当复杂的. 由于极化电荷通常无从测量和控制，为了使之在公式中不出现，引入辅助的电位移矢量 $\boldsymbol{D}$，它使问题在一定程度上得到简化，但同时，必须补充相应的介质方程才能使方程组完备. 不难设想，鉴于实物(介质)种类繁多、性质各异，介质方程将会呈现多种形式，各有不同的适用对象. 我们认为，应该全面地介绍描述实物(介质)极化、磁化、导电性质的介质方程以及相应的 ε，μ，σ，使学生完整地(当然只是初步地)了解实物(介质)的电磁性质.

与本段有关的详尽内容请参阅本章§7“关于在教学中建立宏观 Maxwell 方程组和描述介质中电磁场的若干讨论”.

参考文献

[1] 陈秉乾，舒幼生，胡望雨，陈熙谋. 迎接挑战——关于电磁场的教学. 物理通报，1996(4).

［2］赵凯华，陈熙谋. 关键是场——与自学者谈学习《电磁学》//《大学物理》丛书　电磁学专辑. 北京：北京工业大学出版社，1988：312-316.

§2. 静电场电势零点的选择

如所周知，根据 Coulomb 定律和场强叠加原理，可以证明，静电场力作功与路径无关，即在静电场中电场强度沿任意闭合回路的线积分恒等于零，这就是静电场的环路定理. 它表明，与引力、重力、弹性力、分子力等类似，静电场力也是一种保守力，静电场是一种保守场或无旋场或势场，可以引入电势能和电势的概念.

电势概念的引入，使我们除了电场强度外，又多了一种描绘静电场的手段. 场强从单位正电荷在静电场中各点所受的作用力来描述场，电势则从单位正电荷在静电场中各点所蕴含的能量来描述场. 场强和电势都是位置的函数，场强是矢量，电势是标量，因此，采用电势来描述静电场常常会带来许多方便.

在教学中，围绕静电场电势零点的选择，往往有不少疑问. 例如，为什么电势零点的选择具有任意性，是否有所限制，在什么情况下有什么限制？为什么通常都选择无穷远点为电势零点，这种选择有什么好处，是否也有什么限制？为什么在选择无穷远点的电势为零时，又可以同时选择地球的电势为零，$U_{\infty}=0$ 和 $U_{地}=0$ 是否相容，在什么条件下相容？选取不同零点计算得出的电势能否相加，如何相加？等等.

本节将逐一澄清上述种种疑问.

一、静电场电势零点选择的任意性

静电场电势零点的选择，从原则上说，是任意的.

从物理上看，静电场力作功表明有能量交换，静电场力作功与路径无关表明存在着一种与静电力有关的、只取决于相对位置的能量——电势能，由静电力作功定义的是静电场中任意两点之间的电势能差，除以单位正电荷后，得出的是这两点之间的电势差. 因此，电势能是相互作用的电荷体系所具有的，其实质是静电场的能量. 与引力势能、重力势能、弹性势能、分子间势能一样，电势能或电势也是一个相对量，孤立地谈论某一点电势能或电势的高低、正负是没有意义的.

为了确定静电场中各点的电势值，即确定单位正电荷在各点所蕴含的电势能，需要选定参考点及其电势值，一经选定，静电场中各点的电势值就唯一地确定了. 选择不同的电势零点，静电场中各点的电势值虽将有所不同，但两点之间的电势差仍然相同，描述的仍然是同一个静电场. 这些就是静电场电势零点从原则上说可以任意选定并无优劣之分的物理原因.

从数学上看，电势是描述静电场的标量位置函数，静电场中的电势曲线或等势面，描绘了电势的空间分布. 选取不同的电势零点，只是使电势曲线或等势面所标数值有所改变而已. 电势曲线的形状，曲线上各点的斜率并不改变，等势面的形状、间隔、等势面法线方向的空间变化率(电势梯度)也都并不改变，即场强的空间分布并不改变，描述的仍然是同一个静电场. 这些就是静电场电势零点从原则上说可以任意选定并无优劣之分的数学原因.

但是，电势零点的选择似乎也有一些限制. 例如，如果选择点电荷所在处为电势零点，就有不便之处. 如所周知，对于点电荷产生的静电场，空间各点场强的方向沿径向分布，场强的大小按照 $E\propto r^{-2}$ 分布，其中 r 是场点与点电荷之间的距离，越靠近点电荷，场强 E 越大，当 r 为无穷小时，E 为无穷大. 若选取点电荷所在处即 $r=0$ 处为电势零点，则空间 $r\neq 0$ 各点的电势都将是无穷大，即

$$U_{r\neq 0}=\frac{1}{4\pi\varepsilon_0}\int_0^r\frac{q\mathrm{d}r}{r^2}=\frac{q}{4\pi\varepsilon_0}\left(\frac{1}{r}-\frac{1}{0}\right)$$
$$=-\infty \tag{1}$$

由此可见，对于点电荷的静电场，选取点电荷所在处为电势零点是不妥的，因为它使空间各点的电势均为无穷大(绝对值)，无从区分和比较，使电势失去了描述静电场的功能.

应该指出，不能因上述结果从原则上否定电势零点选择的任意性. 选取点电荷所在处为电势零点之所以不妥，原因在于点电荷是理想模型，它把有限的电量集中在无穷小的空间范围(一点)之内，这就必然导致点电荷所在处的电荷密度为无穷大、场强为无穷大、电势无限增长，从而使得空间各点的电势都等于无穷大，无从区分和比较. 显然，任何实际的电荷分布都不会出现这种情况. 因此，问题在于，当无限接近任何实际的点电荷时，点电荷的理想模型已经失效. 如果坚持点电荷的理想模型，就不能选择点电荷所在处为电势零点，否则与点电荷相距有限远的任意两点的电势均为无穷大，其间本来存在的有限差别被“淹没”了，无法显示出来. 实际上，对于点电荷(理想模型)的静电场，例如，选取无穷远点为电势零点，就可以避免上述困难.

二、为什么选择无穷远点为电势零点($U_\infty=0$)?

不难设想，在几乎一切实际的静电场问题中，尽管带电体系的电量不同、分布各异，但电量总是有限的、分布范围也总是有限的. 大致说来，带电体附近的场比较强、电势变化剧烈，距离带电体较远处的场比较弱、电势变化和缓，距离带电体足够远(可根据问题的精度要求，确定“足够远”的具体标准)可以在物理上称之为无穷远点的广大空间是场强为零、电势恒定的区域. 对于几乎一切实际的静电场问题，都存在着具有上述特点的无穷远点，这是它们普遍的共同特点. 因此，把无穷远点选为电势零点($U_\infty=0$)，既普遍适用又方便自然. 一般电磁学教材中所说的，对于分布在有限区域的有限电荷所产生的静电场，通常都选取无穷远点的电势为零，其原因就在于此. 重申一下，这

里的“无穷远点”并非一点，而是离电荷足够远的广大空间区域，其中任意一点都是.

然而，在一些理想化的问题中，选择 $U_\infty=0$ 有时也会引起一些矛盾. 例如，对于无限大均匀带电平面、无限长均匀带电直线或圆柱产生的静电场，选择 $U_\infty=0$ 就有问题.

无限大均匀带电平面产生的静电场是均匀电场，空间各处的电力线是与带电平面垂直的平行直线，各点场强的大小都是 $E=\dfrac{\sigma}{2\varepsilon_0}$（$\sigma$ 是面电荷密度）. 为了求静电场中任意一点 P 的电势，可将单位正电荷从 P 点移到已选为电势零点的无穷远点. 若将单位正电荷从 P 点沿着电力线即沿着平面的法线方向移到无穷远，则场力作功为无穷大，于是 P 点电势为无穷大（绝对值）. 但若将单位正电荷从 P 点沿着垂直于电力线的方向即沿着平面的切线方向移到无穷远，则场力作功为零，于是 P 点电势为零. 可见，P 点的电势似乎与积分路径有关. 另外，因为 P 点是任取的一点，所以各点的电势都将是无穷大或零. 总之，在此例中，选取 $U_\infty=0$ 出现了各点电势既无从区分和比较又都不确定的困难. 但若直接计算 P 点与其附近另一点 Q 之间的电势差，却可得出确定的有限值.

上述矛盾和困难能否说明在此特例中场力作功与路径有关，从而否定静电场是势场呢，当然不能. 它只表明，如果坚持带电平面是无限大的，就不能选择 $U_\infty=0$，因为已经不存在比带电平面伸展的范围更遥远得多的场强为零、电势恒定、被称为“无穷远点”的广大空间了，从 P 点沿不同方向到达的不同的无穷远点不再具有共同的特征. 解决问题的办法很简单，例如选取带电平面上某一点为电势零点即可. 反之，如果坚持选择 $U_\infty=0$，则不能同时采用无限大均匀带电平面的理想模型. 显然，任何实际的带电平面都不会无限大，它们产生的静电场也都不是均匀电场，只在平面中央附近的场才近似是均匀电场，才可以采用理想模型，一旦涉及边缘，理想模型即失效，重新回归到有限电量分布在有限范围的问题.

对于无限长均匀带电直线或无限长均匀带电圆柱产生的静电场，选择 $U_\infty=0$ 也会引起类似的矛盾和困难，原因同上，无需赘述.

一般说来，只有当电场强度 E 随场点到坐标原点的距离 r 增大而不断减弱，$E\propto r^{-n}$，并且减弱得比较迅速，满足 $n>1$ 的条件时，才能选取无穷远点的电势为零（$U_\infty=0$），因为 r 处的电势 U_r 为

$$
\begin{aligned}
U_r&=U_r-U_\infty=\int_r^\infty \boldsymbol{E}\cdot \mathrm{d}\boldsymbol{r}=\int_r^\infty k\,\frac{\mathrm{d}r}{r^n}\\
&=\frac{k}{-n+1}\cdot\frac{1}{r^{n-1}}\bigg|_r^\infty\\
&=\begin{cases}\text{发散}, & \text{当 } n\leqslant 1\\ \text{收敛}, & \text{当 } n>1\end{cases}
\end{aligned}
\tag{2}
$$

无限大均匀带电平面的场

$$E=\frac{\sigma}{2\varepsilon_0}$$

即 $n=0$；无限长均匀带电直线或圆柱的场

$$E=\frac{\lambda}{2\pi\varepsilon_0 r}$$

即 $n=1$，式中 λ 为线电荷密度. 在这两种情形，由(2)式，积分都发散，不能选择 $U_\infty=0$，通常把电势零点选在平面上、直线上或轴线上较为方便. 点电荷的场

$$E=\frac{q}{4\pi\varepsilon_0 r^2}$$

即 $n=2$. 电偶极子的场

$$\begin{cases}E_r=\dfrac{1}{4\pi\varepsilon_0}\dfrac{2p\cos\theta}{r^3}\\[2ex] E_\theta=\dfrac{1}{4\pi\varepsilon_0}\dfrac{p\sin\theta}{r^3}\end{cases}$$

即 $n=3$，式中 p 是电偶极矩. 电四极子的场 $E\propto r^{-4}$，即 $n=4$，等等. 这些场都满足 $n>1$ 的条件，(2)式的积分收敛，所以都可以选取 $U_\infty=0$.

如所周知，任意体元内的电荷元等效于一系列位于坐标原点的点电荷、电偶极子、电四极子、……的叠加. 分布在有限区域的电量有限的带电体系，总可以分解为许多电荷元，它的场就是一系列位于坐标原点的点电荷、电偶极子、电四极子、……产生的电场之和. 因此，对于分布在有限区域的电量有限的带电体系产生的静电场，(2)式的积分总是收敛的，选取 $U_\infty=0$ 是合适的.

在以上两段中，已经指出，点电荷的场不能选取点电荷所在处为电势零点，无限大均匀带电平面和无限长均匀带电直线或圆柱的场不能选取无穷远点为电势零点. 可见，对电势零点选择的限制都出现在某些理想化的情形. 理想模型是实际情形的近似和抽象，它不仅带来许多方便，而且也是建立物理规律和理论必不可少的手段. 上述特殊情形出现的困难和矛盾(如电势不确定，电势为无穷大)，既不能否定普遍的结论(如静电场是势场)，也不能否定理想模型的重要作用. 关键在于弄清楚理想模型的适用条件，才能正确理解电势零点选择的限制.

三、为什么选择 $U_{地}=0$，它和 $U_\infty=0$ 是否相容？

在实际工作中常常把电器外壳接地，并选取地球的电势为零，即 $U_{地}=0$. 接地的目的何在，选取 $U_{地}=0$ 的根据是什么，$U_{地}=0$ 与 $U_\infty=0$ 是否相容？为了简单起见，下面的讨论假设地球是一个导体球，表面不带电，不产生电场.

让我们从静电屏蔽说起. 首先，如果空腔导体即导体壳(不接地)内没有带电体，则不论导体壳是否带电或是否处于外电场中，静电平衡时导体壳内没有电场，导体壳保护

了它所包围的区域，使之不受壳外表面上的电荷与外部电荷所产生的电场的影响，起了对内屏蔽的作用. 其次，为了使带电体不影响外界，可把它放在接地的导体壳内，由于地球是导体，接地使导体壳外表面上的感应电荷流入地下，消除了导体壳内带电体对外的影响，接地导体壳起了对外屏蔽的作用. 实际上，接地不仅使导体壳内、外的场强互不影响，而且使导体壳内、外的电势互不影响，维持稳定的平衡分布. 导体壳接地的目的即在于此. 当然，这里隐含着一个重要的前提，即不论流入地球的电荷是多少，地球的电势始终稳定，可取为零，且 $U_{地}=0$ 与 $U_{\infty}=0$ 应该相容.

为了论证这个前提，考虑如图 11-2-1 所示的情形，以便于说明. 在图 11-2-1 中，A 是带电体，B 是接地导体，B 原先不带电. B 接地，与地球连成一个大导体，把 B 和它附近的地面称为近端，地球的另一侧称为远端，由于静电感应，平衡时，B 靠近 A 的一端有感应电荷，同时地球远离 A，B 的彼端即远端有等量的异号电荷. 由于地球的线度及曲率半径远比 A，B 大(A，B 上也可以有部分平面其曲率半径很大，但总有另一部分曲率半径很小)，地球远端相对 A，B 而言可看成极大的平面，分布在地球远端的感应电荷的面密度与 A，B 相比是极小的，所以地球远端表面外附近的场强远小于 A，B 表面外附近的场强，从地球远端表面外一直伸展到无穷远的场强分布与从 A，B 表面外伸展到无穷远的场强分布相比也是极小的. 因而，尽管地球与无穷远之间有电势差或地球有一定的电势(取 $U_{\infty}=0$)，但这个电势差或地球的电势与 A，B 附近的电势相比是极小的(这里的电势或电势差均指绝对值，下同). 因此，在研究 A，B 附近静电场的电势分布时，忽略 $U_{地}$ 与 $U_{\infty}=0$ 的差别，近似地取 $U_{地}\approx 0$ 是允许的、合理的. 如果带电体 A 的电量增大，则 B 的感应电荷增多，流入地球远端的等量异号感应电荷相应地增多，地球电势(与 $U_{\infty}=0$ 相比)增大，但同时 A，B 附近的电场也增强了，电势的空间变化随之增大，所以上述分析仍适用. 如果 B 是空腔导体，其中有带电体 C，同时带电体 A 仍在 B 附近，则达到静电平衡时 B 内表面带电，进入地球的感应电荷会有所变化，但并不影响上述讨论与结果.

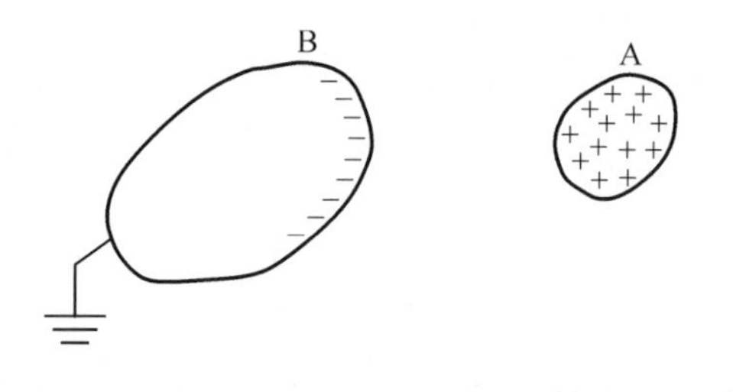

图 11-2-1

总之，当接地导体内、外都有带电体，在讨论接地导体与带电体附近静电场的电势分布时，完全可以忽略地球与无穷远之间的电势差，认为地球的电势十分稳定. 这正是电器接地的目的，也是近似地取 $U_{地}\approx U_{\infty}=0$ 的根据.

当然，如果问题是比较地球带电或不带电，多带电或少带电，受到静电感应或不受静电感应时的电势，或者研究与地球大小可相比拟的空间范围内的电势分布，则显然破坏了上述近似条件，于是 $U_{地} \approx U_{\infty}=0$ 不再适用.

实际上，地球物理的研究表明，大致说来，地球带负电，地球上空的电离层带正电，电量相等，可以把地球和电离层看成一个带电的球形电容器，其间在通常情形存在着稳定的电场分布. 地球表面的电场基本上是法向的、垂直地球表面的，切向分量要小得多. 实验测定，在晴朗的日子里，在平坦的旷野上，从地面向上每米增加的电势约为 100 V，即地面附近大气中存在着竖直向下的约为 100 V/m 的电场强度. 测量还表明，大气中的电场强度随高度增加逐渐减弱，这是因为大气电导率不均匀的缘故. 总之，在地球表面和电离层之间约有数十万伏的电势差. 因此，在涉及地球电场时，若取 $U_{\infty}=0$ 就不能同时再取 $U_{地}=0$，但是这一结果并不影响上面对电器接地的讨论.

还应指出，地球作为孤立导体，虽然半径很大，但电容仅为 $C_{地}=7.08\times10^{-4}$ F，并不如想象的那么大，要使地球达到 1 V 的电势(与 $U_{\infty}=0$ 相比)，只需给予 $Q=7.08\times10^{-4}$ C 的电量即可. 所以，地球的电势是否稳定，并不在于它本身电容的大小，而在于所研究的问题.

关于地球带电，地球表面电场，它们是否稳定，地球是否良导体，以及这些因素对静电场问题的影响等等，是涉及面很广泛的地球物理问题，非本节所能详述.

四、零点不同的电势如何叠加?

如果同时存在几个静电场，且各个静电场对电势零点的选取有不同的限制，则合电场的电势应如何表达？电势零点应如何选择？表达式中常数项的含义是什么？这些都是在教学中令人困惑和容易误解的问题. 让我们以两个具体问题为例来加以说明.

1. 如图 11-2-2 所示，在均匀电场 $\boldsymbol{E}_0$ 中放入一个点电荷 q，空间的电场是 $\boldsymbol{E}_0$ 和点电荷 q 产生的电场之和. 试问合电场的电势应如何表达?

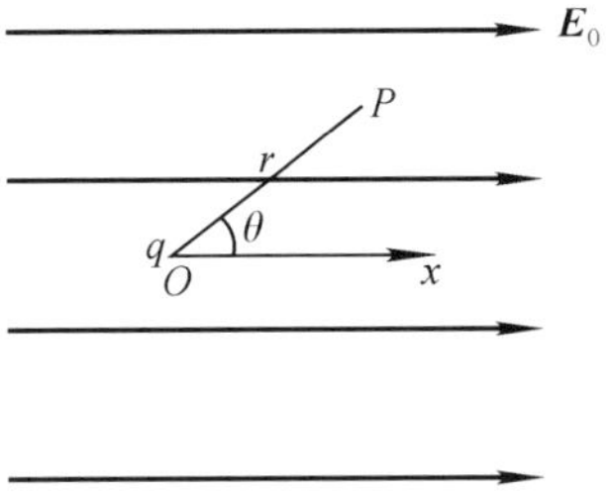

把坐标原点 O 取在点电荷 q 所在处. 均匀电场的电势用 U_1 表示，前已指出，均匀电场不能选取无穷远点为电势零点，可选取原点 O 为电势零点，于是任一点 P 的电势为

$$U_1=-E_0 r\cos\theta$$

图 11-2-2

式中 r 是 O 点与 P 点的距离，θ 是 $\overline{OP}$ 与 x 轴(平行 $\boldsymbol{E}_0$)的夹角. 点电荷 q 产生的电场的电势用 U_2 表示，前已指出，点电荷场不能取点电荷所在处为电势零点，可选取无穷远点为电势零点，于是 P 点的电势为

$$U_2=\frac{q}{4\pi\varepsilon_0 r}$$

合电场的电势 U 通常表为

$$\begin{aligned} U &= U_1+U_2+U_0 \\ &= -E_0 r\cos\theta+\frac{q}{4\pi\varepsilon_0 r}+U_0 \end{aligned} \tag{3}$$

式中 U_0 是待定的常数.

(3) 式中的第一项和第二项分别是，取坐标原点为电势零点时均匀电场的电势，以及取无穷远点为电势零点时点电荷场的电势. 两个零点不同的电势可以这样相加吗？其含义是什么呢？

应该指出，对于任何静电场，无论电势零点如何选择，电势表达式中变数项的形式总是一定的，选取不同的电势零点将给出不同的电势值，但其间只相差一常数，即只会影响电势表达式中的常数项. 现在，点电荷场的电势随空间变化的规律为$\left(\frac{q}{4\pi\varepsilon_0 r}\right)$，均匀电场的电势随空间变化的规律为$(-E_0 r\cos\theta)$，合电场的电势随空间变化的规律必定是两者之和的$\left(\frac{q}{4\pi\varepsilon_0 r}-E_0 r\cos\theta\right)$，因此，在(3)式中把两项相加是允许的、合理的，其含义也是清楚的.

对此，还可以用电势曲线来说明. 图 11-2-3 以电势 U 为纵坐标，r 为横坐标(r 的含义见图 11-2-2). 点电荷场的电势随 r 的变化规律如图 11-2-3 中曲线①所示. 均匀电场的电势在 x 方向随 r 的变化规律(即取(3)式中的 $\theta=0$)如图 11-2-3 中曲线②所示. 电势零点的改变，只会影响两曲线相对于横轴的位置，并不改变两曲线的形状，也不改变两曲线的相对位置. 叠加后，曲线①和曲线②合成曲线③，曲线③表示合电场的电势沿横轴随着 r 变化的规律，电势零点的改变也只会影响曲线③相对于横轴的位置，而不会改变它的形状. 这样，我们就从电势曲线的几何图形再次说明了不同零点的电势相加的合理性.

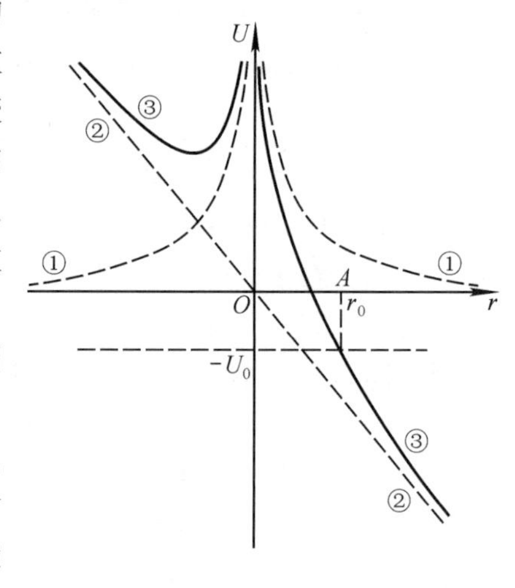

图 11-2-3

最后，还需要说明叠加后，合电场的电势零点如何选取，即说明(3)式中待定常数 U_0 的取值和含义. 显然，对于合电场，既不能选取 $r=0$ 处也不能选取 $r=\infty$ 处为电势零点，否则场中任意点的电势都将为无穷大. 这一点从(3)式或图 11-2-3 的曲线③都可以直接看出. 除了上述限制外，合电场中任意点都可选为电势零点. 电势零点一旦选定，U_0 的取值和含义就都确定了. 若选取图 11-2-3 中的 A 点($r=r_0$，$\theta=0$)为电势零点，即选取 $U_A=0$，则由(3)式，得出

$$U_0=E_0r_0-\frac{q}{4\pi\varepsilon_0 r_0} \tag{4}$$

这时，(3)式中待定常量 U_0 的含义是，点电荷场在 A 点的电势(选无穷远点为电势零点)与均匀电场在 A 点的电势(选原点为电势零点)之和的负值. 若取 $r_0=\sqrt{\dfrac{q}{4\pi\varepsilon_0 E_0}}$，代入(4)式，得出待定常数 $U_0=0$，于是合电场的电势即为(3)式的前两项，其表达式最为简单.

2. 如图 11-2-4 所示，在均匀电场 $\boldsymbol{E}_0$ 中放入半径为 R_0 带电量为 Q 的导体球.

取球心 O 为坐标原点. 不难设想，若无均匀电场 $\boldsymbol{E}_0$，只有带电导体球，则电荷均匀分布在球面上. 加均匀电场 $\boldsymbol{E}_0$ 后，在 $\boldsymbol{E}_0$ 的作用下，导体表面将出现感应电荷，达到静电平衡后，感应电荷在球外的电场等效于一个中心在球心的电偶极子的电场，感应电荷在球内的电场应与 $\boldsymbol{E}_0$ 等值反向，以便保持导体内部的电场为零. 因此，合电场由三部分组成，其电势是相应的三个电势的叠加.

第一，是均匀电场 $\boldsymbol{E}_0$ 的电势 U_1. 若选取原点为电势零点，则

$$U_1=-E_0 r\cos\theta$$

式中 r，θ 如图 11-2-4 所示. U_1 随 r 变化的曲线为图 11-2-5 中曲线①.

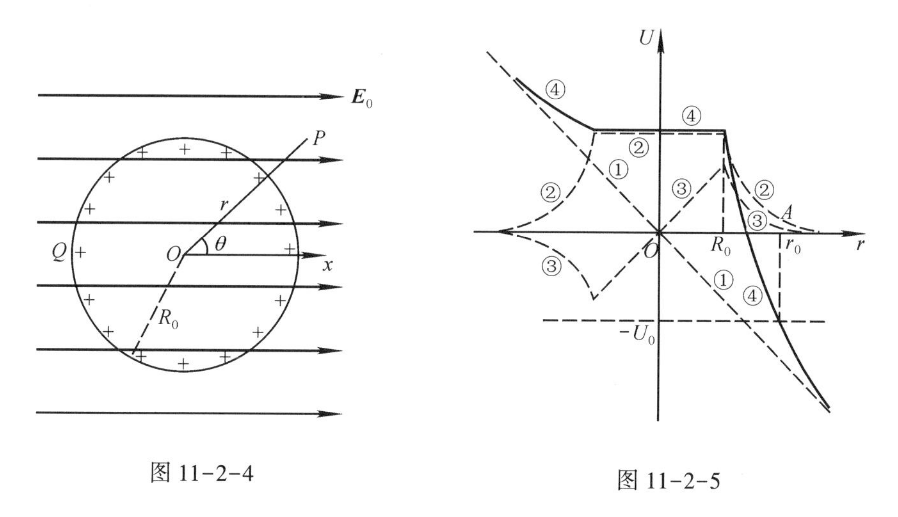

图 11-2-4　　图 11-2-5

第二，是均匀带电导体球产生的电场的电势 U_2. 若选取无穷远处为电势零点，则

$$U_2=\begin{cases}\dfrac{Q}{4\pi\varepsilon_0 r}, & 当\ r\geqslant R_0\\[2ex] \dfrac{Q}{4\pi\varepsilon_0 R_0}, & 当\ r\leqslant R_0\end{cases}$$

U_2 随 r 变化的曲线为图 11-2-5 中的曲线②.

第三，是感应电荷产生的电场的电势 U_3. 无论选取原点或无穷远点为电势零点，表

达式都相同，为

$$U_3=\begin{cases}\dfrac{E_0R_0^3}{r^2}\cos\theta, & 当\ r\geqslant R_0\\ E_0r\cos\theta, & 当\ r\leqslant R_0\end{cases}$$

U_3 随 r 变化的曲线为图 11-2-5 中的曲线③.

合电场的电势 U 是以上三部分之和，再加上待定常量 U_0，为

$$U=U_1+U_2+U_3+U_0$$

$$=\begin{cases}-E_0r\cos\theta+\dfrac{Q}{4\pi\varepsilon_0 r}+\dfrac{E_0R_0^3}{r^2}\cos\theta+U_0, & 当\ r\geqslant R_0\\ \dfrac{Q}{4\pi\varepsilon_0R_0}+U_0, & 当\ r\leqslant R_0\end{cases} \tag{5}$$

U 随 r 变化的曲线为图 11-2-5 中的曲线④.

现在，需要确定合电场的电势零点，并由此确定(5)式中待定常数 U_0 的取值和含义. 显然，合电场不能选取无穷远点为电势零点，否则场中任意点的电势都将是无穷大. 这一点从(5)式或图 11-2-5 中曲线④都可以直接看出. 除无穷远点外，合电场中任意点都可以选为电势零点，一旦选定，U_0 的取值和含义便可确定. 若选取图 11-2-5 中的 A 点($r=r_0>R_0$，$\theta=0$)为电势零点，即 $U_A=0$，则由(5)式，得

$$U_0=E_0r_0-\frac{Q}{4\pi\varepsilon_0r_0}-\frac{E_0R_0^3}{r_0^2} \tag{6}$$

因此，U_0 的含义也可以理解为三部分电场在 A 点的电势(分别选取原点和无穷远点为电势零点)之和的负值. 如果想使 $U_0=0$，只需求解 r_0 的三次代数方程(6)，即可得出使合电场的电势具有最简单形式的电势零点的位置 r_0. 注意，合电场在球内和球外的电势表达式(5)中，待定常量 U_0 是相同的. 特别是当 $r_0=R_0$ 时，$U_0=-\dfrac{Q}{4\pi\varepsilon_0R_0}$，意义较明确，形式也比较简单. 一般说来，在此例中，待定常数 U_0 是与合电场电势零点的位置 r_0、导体球的电量 Q、导体球的半径 R_0 以及均匀电场 E_0 密切相关的.

总之，如果同时存在几个静电场，且各个静电场选取了不同的电势零点(其原因往往是因为同时采用各种理想模型，使各场电势零点的选取存在着不同的限制所致)，则合电场电势表达式中的变数项仍为各电场电势表达式中的变数项之和，令合电场电势表达式中的待定常数项 U_0 为零，由 $U_0=0$ 即可确定合电场电势零点的位置. 当然，也可选取其他不受限制的位置作为合电场的电势零点.

参考文献

[1] 金仲辉，陈秉乾. 静电场电位零点的选择. 大学物理，1984(8).

[2] 封小超. 关于电势零点选择的几个问题. 大学物理，1986(7).
[3] 封小超. 分布在无限区域的电荷选无穷远处电势为零的补充. 大学物理，1987(9).

§3. 静电平衡条件下导体的面电荷分布

在静电平衡条件下，孤立导体(不受外场或外源的影响)的表面电荷应该怎样分布，以及导体的面电荷密度与表面曲率之间具有怎样的定量关系，一直是人们感兴趣的问题，也是电磁学教学中常常遇到的疑难问题之一. 大部分电磁学教材对此往往只作如下简单的定性描述：大致说来，在孤立导体上面电荷密度的大小与表面曲率有关，导体表面凸出而尖锐的地方(曲率较大处)面电荷密度较大；导体表面较平坦的地方(曲率较小处)面电荷密度较小；导体表面凹陷的地方(曲率为负处)面电荷密度更小. 有的教材[1]特别补充指出："但应注意，孤立导体表面的电荷分布与曲率之间并不存在单一的函数关系."复旦大学戴显熹、郑永令的文章[2]更从原则上论证了导体面电荷密度确实与表面的局域微分几何性质有关，但与表面曲率并无一一对应的函数关系. 导体的面电荷密度除与表面的局域几何参量有关外，还依赖于导体的整体形状. 因此得出，希望寻求导体面电荷密度与表面曲率之间的对应函数关系是无望的.

80年代以来，国内许多学者致力于寻求导体面电荷密度与表面曲率的函数关系[3]—[9]，这些文章大都只讨论具有简单几何形状的特殊导体，另外则是提出了一种有争议的理论. 上述文章表明，寻求导体面电荷密度与表面曲率之间的函数关系只对那些具有简单几何形状的导体才能奏效. 解决问题的途径通常是在确定的边值条件下求解 Laplace 方程：

$$\nabla^2 \phi = 0 \tag{1}$$

解出势函数 ϕ 的分布后，再利用下式求出面电荷密度 σ：

$$\sigma = -\frac{1}{4\pi}\left(\frac{\partial \phi}{\partial n}\right)_{\Sigma} \tag{2}$$

式中 $\left(\frac{\partial \phi}{\partial n}\right)_{\Sigma}$ 是导体表面 Σ 处的电势梯度. 然后，根据微分几何中关于曲面的 Gauss 曲率 K 和平均曲率 H 的公式，与得出的 σ 的公式相比较，从而得出 σ 与曲率之间的函数关系.

在本节中，我们先介绍一些面电荷密度 σ 与表面曲率之间具有函数关系的特殊例子，然后再扼要地介绍关于 σ 与曲率之间是否一般地存在单一函数关系的一场不大不小的争论，最后归纳一下应有的共识.

一、势函数 ϕ 可以严格求解的特殊例子

对于孤立导体而言，导体外的整个空间不存在其他电荷，因而电势 ϕ 遵循 Laplace

方程，只要给出导体表面的边值条件(导体表面为等势面)，原则上就能解出 ϕ 函数的空间分布. 但由于数学上的困难，只有几种具有简单几何形状的导体才能写出 ϕ 的严格解析解. 求解 Laplace 方程可以在 Descartes 坐标系中进行，或者，为了方便起见，也可以根据导体的形状在柱坐标、球坐标或曲线坐标系中进行.

1. 孤立椭球导体的势函数分布及面电荷分布

早在 50 年代，前苏联学者 Ландау(Landau)和 Лпфшиц 所著《连续媒质电动力学》[10]一书中，介绍了在正交曲线坐标系中就椭球导体的特例求解 Laplace 方程的方法，并得到了椭球导体面电荷分布的公式.

在 Descartes 坐标系中，椭球面的方程为

$$\frac{x^2}{a^2}+\frac{y^2}{b^2}+\frac{z^2}{c^2}=1 \qquad (\text{假定 } a>b>c)$$

引进正交曲线坐标系(椭球坐标系)，原点取在椭球表面，坐标线 ξ 指向椭球面的法线方向，坐标线 η 和 ζ 在椭球面上. (x, y, z)与(ξ, η, ζ)的关系由下式给出：

$$\begin{cases}\dfrac{x^2}{a^2+u}+\dfrac{y^2}{b^2+u}+\dfrac{z^2}{c^2+u}=1 \\ u=\xi,\ \eta,\ \zeta\end{cases} \tag{3}$$

所选的曲线坐标(ξ, η, ζ)是方程(3)的三个实根. 分别将 $u=\xi, \eta, \zeta$ 代入方程(3)，解三个联立方程，可以得出 Descartes 坐标(x, y, z)与曲线坐标(ξ, η, ζ)之间的变换关系如下式：

$$\begin{cases}x=\left[\dfrac{(\xi+a^2)(\eta+a^2)(\zeta+a^2)}{(b^2-a^2)(c^2-a^2)}\right]^{\frac{1}{2}} \\ y=\left[\dfrac{(\xi+b^2)(\eta+b^2)(\zeta+b^2)}{(c^2-b^2)(a^2-b^2)}\right]^{\frac{1}{2}} \\ z=\left[\dfrac{(\xi+c^2)(\eta+c^2)(\zeta+c^2)}{(a^2-c^2)(b^2-c^2)}\right]^{\frac{1}{2}}\end{cases} \tag{4}$$

在正交曲线坐标系(ξ, η, ζ)中，线元长度 $\mathrm{d}s$ 满足

$$\mathrm{d}s^2=h_1^2\mathrm{d}\xi^2+h_2^2\mathrm{d}\eta^2+h_3^2\mathrm{d}\zeta^2$$

并有

$$\mathrm{d}x=h_1\mathrm{d}\xi,\ \mathrm{d}y=h_2\mathrm{d}\eta,\ \mathrm{d}z=h_3\mathrm{d}\zeta$$

式中 h_1，h_2，h_3 称为 Lame 系数或度量系数，它们由下式决定(见附录)：

$$\begin{cases} h_1=\left[\left(\dfrac{\partial x}{\partial \xi}\right)^2+\left(\dfrac{\partial y}{\partial \xi}\right)^2+\left(\dfrac{\partial z}{\partial \xi}\right)^2\right]^{\frac{1}{2}} \\ h_2=\left[\left(\dfrac{\partial x}{\partial \eta}\right)^2+\left(\dfrac{\partial y}{\partial \eta}\right)^2+\left(\dfrac{\partial z}{\partial \eta}\right)^2\right]^{\frac{1}{2}} \\ h_3=\left[\left(\dfrac{\partial x}{\partial \zeta}\right)^2+\left(\dfrac{\partial y}{\partial \zeta}\right)^2+\left(\dfrac{\partial z}{\partial \zeta}\right)^2\right]^{\frac{1}{2}} \end{cases} \tag{5}$$

把(4)式代入(5)式，得

$$\begin{cases} h_1=\dfrac{\sqrt{(\xi-\eta)(\xi-\zeta)}}{2R_\xi} \\ h_2=\dfrac{\sqrt{(\eta-\zeta)(\eta-\xi)}}{2R_\eta} \\ h_3=\dfrac{\sqrt{(\zeta-\xi)(\zeta-\eta)}}{2R_\zeta} \end{cases} \tag{6}$$

$$\begin{cases} R_\xi=\sqrt{(\xi+a^2)(\xi+b^2)(\xi+c^2)} \\ R_\eta=\sqrt{(\eta+a^2)(\eta+b^2)(\eta+c^2)} \\ R_\zeta=\sqrt{(\zeta+a^2)(\zeta+b^2)(\zeta+c^2)} \end{cases} \tag{6$'$}$$

从方程(3)式到变换式(4)式，或从(5)式到(6)式，需要耐心地作一些繁琐的运算，此处从略.

Laplace 方程(1)在曲线坐标系中的表示式为(见附录)：

$$\nabla^2\phi=\frac{1}{h_1h_2h_3}\left[\frac{\partial}{\partial \xi}\left(\frac{h_2h_3}{h_1}\frac{\partial \phi}{\partial \xi}\right)+\frac{\partial}{\partial \eta}\left(\frac{h_1h_3}{h_2}\frac{\partial \phi}{\partial \eta}\right)+\frac{\partial}{\partial \zeta}\left(\frac{h_1h_2}{h_3}\frac{\partial \phi}{\partial \zeta}\right)\right]=0 \tag{7}$$

若满足方程(7)的电势 ϕ 只是 ξ 的函数，则 ξ=常量给出了一族等势面(包括 $\xi=0$)，$\xi=0$ 对应导体表面，故导体表面也是等势面，这符合已知的边值条件. 由唯一性定理，电势 ϕ 确实只是 ξ 的函数，与 η 和 ζ 无关，于是方程(7)可简化为

$$\frac{\mathrm{d}}{\mathrm{d}\xi}\left(\frac{h_2h_3}{h_1}\frac{\mathrm{d}\phi}{\mathrm{d}\xi}\right)=0 \tag{8}$$

利用(6)式，可以证明

$$\frac{h_2h_3}{h_1}=\frac{\sqrt{(\eta-\zeta)(\zeta-\eta)}}{2R_\eta R_\zeta}R_\xi$$

上式右端 R_ξ 的系数与 ξ 无关，故(8)式可进一步简化为

$$\frac{\mathrm{d}}{\mathrm{d}\xi}\left(R_\xi\frac{\mathrm{d}\phi}{\mathrm{d}\xi}\right)=0$$

规定无穷远处的电势为零，上式积分后得

$$\phi(\xi)=C\int_{\xi}^{\infty}\frac{\mathrm{d}\xi}{R_{\xi}}$$

式中 C 为积分常量，可由远场极限求得此常量. 当场点离导体的距离 r 足够大时，电场趋于 Coulomb 场，其电势为

$$\phi\approx\frac{Q}{r}\tag{9}$$

式中 Q 为导体带电总量. 在(3)式中，令 $u=\xi$，当 $\xi\to\infty$ 时，(3)式变为

$$r^2=x^2+y^2+z^2=\xi$$

故当 $r\to\infty$ 时，相应地 $\xi\to\infty$，根据(6)式中的 R_{ξ} 表示式，此时

$$R_{\xi}\approx\xi^{3/2}$$

故在远场点的电势为

$$\phi(\xi)=C\int_{\xi}^{\infty}\frac{\mathrm{d}\xi}{\xi^{3/2}}=\frac{2C}{\sqrt{\xi}}=\frac{2C}{r}$$

与(9)式比较，得

$$C=\frac{Q}{2}$$

故

$$\phi(\xi)=\frac{Q}{2}\int_{\xi}^{\infty}\frac{\mathrm{d}\xi}{R_{\xi}}\tag{10}$$

上式就是带电量为 Q 的椭球导体的电势分布在椭球坐标系中的表示式.

根据(2)式，导体的面电荷密度 σ 由表面处的电势梯度$\frac{\partial\phi}{\partial n}$决定，即

$$\sigma=-\frac{1}{4\pi}\left(\frac{\partial\phi}{\partial n}\right)_{\Sigma}$$

在椭球坐标系中(坐标线 ξ 与表面的法向一致)的表示式为

$$\sigma=-\frac{1}{4\pi}\left(\frac{1}{h_1}\frac{\mathrm{d}\phi}{\mathrm{d}\xi}\right)_{\xi=0}$$

由(10)式，

$$\frac{\mathrm{d}\phi}{\mathrm{d}\xi}=-\frac{Q}{2R_{\xi}}$$

再利用(6)式中 h_1 的表示式，并注意 $\xi=0$，有

$$\sigma=\frac{Q}{8\pi}\left(\frac{1}{h_1R_{\xi}}\right)_{\xi=0}=\frac{Q}{4\pi\sqrt{\eta\zeta}}\tag{11}$$

根据变换式(4)，经计算，可以证明

$$\frac{x^2}{a^4}+\frac{y^2}{b^4}+\frac{z^2}{c^4}=\frac{\eta\zeta}{a^2b^2c^2}$$

把由(11)式决定的 $\eta\zeta$ 代入上式，得出椭球导体的面电荷分布为

$$\sigma=\frac{Q}{4\pi abc}\left(\frac{x^2}{a^4}+\frac{y^2}{b^4}+\frac{z^2}{c^4}\right)^{-\frac{1}{2}} \tag{12}$$

2. 其他例子

1982 年曹国良就旋转椭球面、旋转双叶双曲面、旋转抛物面、椭圆柱面、抛物柱面、双曲柱面等特殊形状的导体，在 Descartes 坐标系中求解 Laplace 方程，得到了各种情形下的电势分布[11]. 此后，张金仲[8]和刘坤模[9]等引用了曹国良的结果，利用公式 $\sigma=\frac{1}{4\pi}|\nabla\phi|_{\text{表面}}$，计算了表面为椭球面、旋转双曲面(双叶双曲面的一叶)、旋转抛物面等导体的面电荷分布. 王海兴、施大宁计算了椭圆柱体、抛物柱体和双曲柱体表面的电荷分布[13]. 对这些文章的结果可参阅引文，在此不一一赘述，仅介绍其中两个典型例子.

对双叶旋转双曲面，曲面方程为

$$\frac{x^2}{a^2}-\frac{y^2+z^2}{b^2}=1 \qquad (\text{取 } x>0 \text{ 的一叶})$$

面电荷密度为

$$\sigma=\frac{\sigma_0}{a}\left(\frac{x^2}{a^4}+\frac{y^2+z^2}{b^4}\right)^{-\frac{1}{2}} \tag{13}$$

式中 σ_0 为双曲面顶点处的面电荷密度.

对旋转抛物面，曲面方程为

$$x=\frac{1}{2k}(y^2+z^2-k^2)$$

式中 k 为决定抛物面形状的参量. 面电荷密度为

$$\sigma=\frac{\sigma_0}{\sqrt{2}}\sqrt{\frac{k}{k+x}} \tag{14}$$

式中 σ_0 为抛物面顶点处的面电荷密度.

二、个别导体面电荷密度与表面曲率的关系

设曲面的显函数方程为 $z=z(x,\ y)$，曲面上某点的主曲率半径为 R_1 和 R_2，根据微分几何理论[12]，Gauss 曲率 K 和平均曲率 H 为

$$K=\frac{1}{R_1R_2}=\frac{LN-M^2}{EG-F^2} \tag{15}$$

$$H=\frac{1}{2}\left(\frac{1}{R_1}+\frac{1}{R_2}\right)=\frac{EN-2FM+GL}{2(EG-F^2)} \tag{16}$$

式中 E，F，G 为 Gauss 第一微分式系数，L，M，N 为 Gauss 第二微分式系数①. 可以证明，

$$E=1+p^2$$

$$F=pq$$

$$G=1+q^2$$

$$L=\frac{r}{\sqrt{1+p^2+q^2}}$$

$$M=\frac{s}{\sqrt{1+p^2+q^2}}$$

$$N=\frac{t}{\sqrt{1+p^2+q^2}}$$

其中

$$\begin{cases} p=\dfrac{\partial z}{\partial x},\ q=\dfrac{\partial z}{\partial y} \\ r=\dfrac{\partial^2 z}{\partial x^2},\ s=\dfrac{\partial^2 z}{\partial x\partial y},\ t=\dfrac{\partial^2 z}{\partial y^2} \end{cases} \tag{17}$$

由(15)式，Gauss 曲率为

$$K=\frac{rt-s^2}{(1+p^2+q^2)^2} \tag{18}$$

对椭球导体，曲面方程为

$$\frac{x^2}{a^2}+\frac{y^2}{b^2}+\frac{z^2}{c^2}=1$$

或写成

$$z=\pm c\sqrt{1-\left(\frac{x^2}{a^2}+\frac{y^2}{b^2}\right)}$$

① Gauss 第一微分式是曲面上一曲线的弧长微分 ds 的公式. 在曲面上取曲线坐标$(u,\ v)$，则曲面上曲线的 ds 满足

$$\mathrm{d}s^2=E(u,\ v)\mathrm{d}u^2+2F(u,\ v)\mathrm{d}u\mathrm{d}v+G(u,\ v)\mathrm{d}v^2$$

式中 E，F，G 称为 Gauss 第一微分式系数. Gauss 第二微分式是关于曲面上一条曲线的曲率半径 ρ 的公式，即

$$\frac{\cos\varphi}{\rho}=\frac{L\mathrm{d}u^2+2M\mathrm{d}u\mathrm{d}v+N\mathrm{d}v^2}{\mathrm{d}s^2}$$

式中 φ 是曲线在某点的法线方向与曲面在该点的法线方向之间的夹角，L，M，N 称为 Gauss 第二微分式的系数. 详见文献[12].

根据(17)式，容易求得

$$p=\frac{\partial z}{\partial x}=-\frac{c^2}{a^2}\ \frac{x}{z}$$

$$q=\frac{\partial z}{\partial y}=-\frac{c^2}{b^2}\ \frac{y}{z}$$

$$r=\frac{\partial^2 z}{\partial x^2}=-\frac{c^2}{a^2 z}\left(1+\frac{c^2}{a^2}+\frac{x^2}{z^2}\right)$$

$$t=\frac{\partial^2 z}{\partial y^2}=-\frac{c^2}{b^2 z}\left(1+\frac{c^2}{b^2}+\frac{y^2}{z^2}\right)$$

$$s=\frac{\partial^2 z}{\partial x\partial y}=-\frac{c^4}{a^2 b^2}\ \frac{xy}{z^3}$$

代入(18)式，得 Gauss 曲率为

$$K=\frac{1}{a^2b^2c^2}\left(\frac{x^2}{a^4}+\frac{y^2}{b^4}+\frac{z^2}{c^4}\right)^{-2}$$

与(12)式比较，得出椭球导体上的面电荷密度 σ 与 Gauss 曲率 K 的关系为

$$\sigma=\frac{Q}{4\pi\sqrt{abc}}K^{\frac{1}{4}}$$

对双叶旋转双曲面，用同样方法可以得出 Gauss 曲率为

$$K=\frac{1}{a^2b^4}\left(\frac{x^2}{a^4}+\frac{y^2+z^2}{b^4}\right)^{-2}$$

与(13)式比较，得出 σ 与 K 的关系为

$$\sigma=\sigma_0\frac{b}{\sqrt{a}}K^{\frac{1}{4}}$$

对旋转双曲面，Gauss 曲率为

$$K=\frac{k^2}{(k^2+y^2+z^2)^2}=\frac{1}{4(k+x)^2}$$

与(14)式比较，得出 σ 与 K 的关系为

$$\sigma=\sigma_0\sqrt{k}K^{\frac{1}{4}}$$

综合以上结果，凡表面为二次曲面的导体，其面电荷密度 σ 与 Gauss 曲率 K 的$\frac{1}{4}$次幂成正比，即

$$\sigma\propto K^{\frac{1}{4}}$$

不同类型的二次曲面，比例系数各不相同，由各曲面的形状参量决定.

对横截面为椭圆、抛物线或双曲线的柱面导体，两个主曲率半径中有一个为无穷

大，它们的 Gauss 曲率为零[由(15)式]，因此可以猜测，如果面电荷密度与曲率确实有函数关系的话，那一定是与平均曲率 H 有关[见(16)式]. 王海兴等计算了上述柱面导体的面电荷分布[13]，证明椭圆柱体、抛物柱体的面电荷密度与平均曲率 H 的$\frac{1}{3}$次幂成正比，即 $\sigma \propto H^{\frac{1}{3}}$；双曲柱面的面电荷密度与平均曲率 H 的$-\frac{1}{3}$次幂成正比，即 $\sigma \propto H^{-\frac{1}{3}}$.

综上所述，对一些表面具有简单几何形状的导体，可以找到面电荷密度与曲面曲率之间的函数关系，它们或者取决于 Gauss 曲率，或者取决于平均曲率，且函数形式各不相同.

三、导体面电荷密度与表面曲率之间并不存在单一对应关系

在静电平衡条件下，孤立导体表面的面电荷密度 σ 与曲面的弯曲程度有关，这是毫无疑问的，大量实验事实证明了这一点. 那么，σ 与表面曲率之间是否真有一一对应的关系呢？如果有，能否用一个严格的解析式子来描述这种关系呢？这一直是萦绕在许多学者和教师脑际的问题.

本节前两段已经介绍了具有简单几何形状的特殊导体的面电荷密度分布，这些导体的 σ 与表面曲率(Gauss 曲率或平均曲率)之间确有一定的函数关系. 但在一般情形下，是否也能写出 σ 与表面曲率之间函数关系的解析式呢？对此，罗恩泽连续发表了多篇文章[4]—[7]，目的是寻求 σ 与表面曲率之间的对应关系. 罗恩泽的理论引起了许多作者的质疑[13]—[15]，并在国内有关杂志上展开了一场不大不小的争论. 应该说，这场争论倒是有助于澄清关于导体表面电荷分布的种种问题.

罗恩泽在 1984 年的第一篇文章中指出，导体表面面电荷密度 σ 的分布除与平均曲率 k(用罗的符号)有关外，还与导体表面的总体形状，以及导体周围环境中其他导体和电介质的分布有关. 因此，即使对任意导体，如果形状任意，要想通过求解 Laplace 方程来确立场在整个空间的分布是困难的. 罗恩泽的基本观点是，既然场的整体分布无法求解，可以设法绕开这一问题，先由 Laplace 方程求得导体表面上一点附近的局域场，并进而建立与表面曲率 k 的关系. 罗恩泽坚信，由局域的物理和几何条件完全可以确定 σ 的分布函数，而不必考虑整个系统的整体条件如何[4].

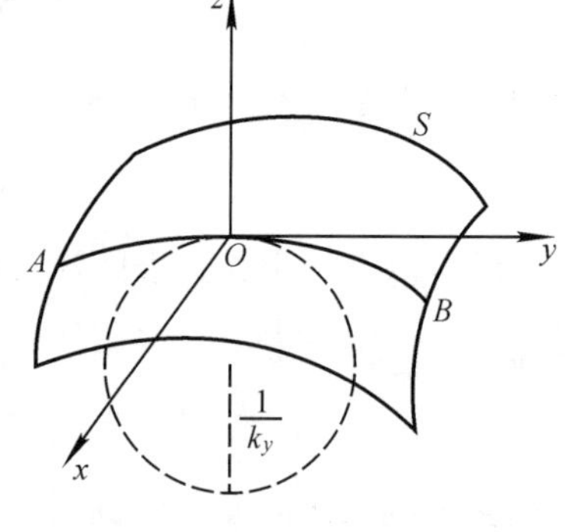

图 11-3-1

如图 11-3-1 所示，为求导体表面 S 上一点 O 附近的场，以 O 为坐标原点建立直角坐标 $Oxyz$，其中，x 轴和 y 轴在通过 O 点的切平面内，并指向曲面在 O 点的两个主方向，z 轴指向曲面的法线方向. 切线方向与 y 轴一致的法截线 AOB 的曲率为 k_y，切线方向与 x 轴一

致的法截线的曲率为 k_x. k_x 和 k_y 是曲面 S 在 O 点的两个主曲率，故在 O 点的平均曲率为

$$k=\frac{1}{2}(k_x+k_y)$$

由曲线的曲率公式，有

$$k_y=-\frac{\dfrac{\mathrm{d}^2z}{\mathrm{d}y^2}}{\left[1+\left(\dfrac{\mathrm{d}z}{\mathrm{d}y}\right)^2\right]^{3/2}} \tag{19}$$

因导体等势，即 $V(y, z)=$ 常量，故有

$$\frac{\partial V}{\partial y}\mathrm{d}y+\frac{\partial V}{\partial z}\mathrm{d}z=0$$

即

$$\frac{\mathrm{d}z}{\mathrm{d}y}=-\frac{\dfrac{\partial V}{\partial y}}{\dfrac{\partial V}{\partial z}} \tag{20}$$

考虑到在 O 点有 $\frac{\mathrm{d}z}{\mathrm{d}y}=0$，$\frac{\partial V}{\partial y}=0$，$\frac{\partial V}{\partial z}=\frac{\partial V}{\partial n}$，其中 n 为从表面开始沿法线的位移量. 从(20)式出发，经计算后可得

$$\frac{\mathrm{d}^2z}{\mathrm{d}y^2}=-\frac{\dfrac{\partial^2 V}{\partial y^2}}{\dfrac{\partial V}{\partial n}} \tag{21}$$

把(20)式和(21)式代入(19)式，得

$$k_y=\frac{\dfrac{\partial^2 V}{\partial y^2}}{\dfrac{\partial V}{\partial n}}$$

或

$$\frac{\partial^2 V}{\partial y^2}=k_y\frac{\partial V}{\partial n}$$

同理，有

$$\frac{\partial^2 V}{\partial x^2}=k_x\frac{\partial V}{\partial n}$$

Laplace 方程可写成

$$\nabla^2 V=\frac{\partial^2 V}{\partial x^2}+\frac{\partial^2 V}{\partial y^2}+\frac{\partial^2 V}{\partial z^2}=(k_x+k_y)\frac{\mathrm{d}V}{\mathrm{d}n}+\frac{\mathrm{d}^2 V}{\mathrm{d}n^2}=0$$

因平均曲率 $k=\frac{1}{2}(k_x+k_y)$，故上式改写成

$$\frac{\mathrm{d}^2 V}{\mathrm{d}n^2}+2k\frac{\mathrm{d}V}{\mathrm{d}n}=0$$

因场强 $E=-\frac{\mathrm{d}V}{\mathrm{d}n}$，方程变为

$$\frac{\mathrm{d}E}{\mathrm{d}n}+2kE=0 \tag{22}$$

罗恩泽在其第一篇文章中直接从上述方程解出导体表面附近的电场为

$$E=E_0\mathrm{e}^{-2kn} \tag{23}$$

式中 n 为沿电力线离导体表面的距离，罗恩泽称为“力线程”. 从导体表面沿电力线取力线程 Δn，力线程两端的电势差为

$$\Delta V\approx\int_{\Delta n}^{0}E\mathrm{d}n=\int_{\Delta n}^{0}E_0\mathrm{e}^{-2kn}\mathrm{d}n=\frac{E_0}{2k}(\mathrm{e}^{-2k\Delta n}-1)$$

由上式得出导体表面的场强为

$$E_0\approx\frac{2k\Delta V}{\mathrm{e}^{-2k\Delta n}-1} \tag{24}$$

精确值应为

$$E_0=\left[\frac{2k\Delta V}{\mathrm{e}^{-2k\Delta n}-1}\right]_{\Delta n\to 0} \tag{25}$$

故面电荷密度的近似值为

$$\sigma=\varepsilon E_0\approx\frac{2\varepsilon k\Delta V}{\mathrm{e}^{-2k\Delta n}-1} \tag{26}$$

精确值为

$$\sigma=\left[\frac{2\varepsilon k\Delta V}{\mathrm{e}^{-2k\Delta n}-1}\right]_{\Delta n\to 0} \tag{27}$$

取较小的 Δn 值，给定 $\Delta V(<0)$，由(26)式画出 $\sigma-k$ 曲线如图 11-3-2 所示. 该曲线表明，k 为正(凸出)时，k 越大 σ 也越大；k 为负(凹陷)时，k 越负 σ 就越小.

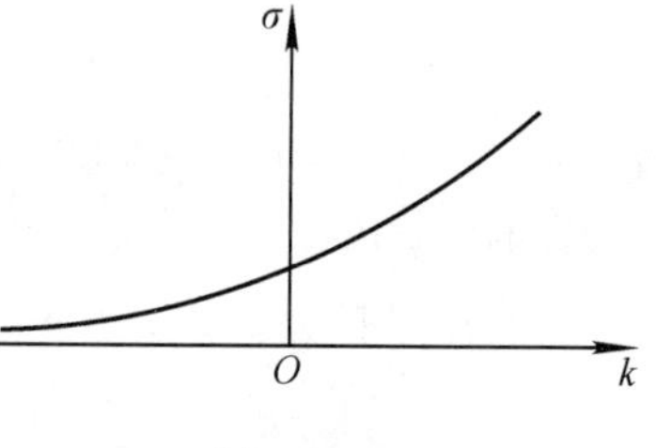

图 11-3-2

罗恩泽的上述理论引起了不少作者的质疑，有关的意见可归纳如下：

1. 方程(22)式无疑是正确的，式中 k 应是空间等势面的平均曲率，它是力程线 n 的函数. 为了从(22)

式解出场强 E 的分布，就必须知道函数 $k(n)$，而 $k(n)$ 又必须预先知道场分布后才能得知，这就产生了逻辑上的悖论(周邦寅[15])．也就是说，为了求未知量，必须预先知道这个未知量，明显不合理．因此，原则上不能从方程(22)式解出场分布．

2. 公式(23)式是把方程(22)式中的 k 当作常量时的解．实际上 k 是 n 的函数，因而(23)式和(24)式是极为粗糙的结果．若按精确公式(25)来计算 E_0，将分母中的指数函数作 Taylor 展开，有

$$E_0=\lim_{\Delta n\to 0}\left[\frac{2k\Delta V}{1-2k\Delta n+\cdots-1}\right]=\lim_{\Delta n\to 0}\left(-\frac{\Delta V}{\Delta n}\right)=-\frac{\mathrm{d}V}{\mathrm{d}n}$$

于是，又回到了求 E_0 和 σ 的基本公式，所以所谓精确公式(27)对我们的目标来说毫无意义．虽然罗恩泽在 1987 年的文章[6]中对公式(23)和(24)作了修正，用等势面曲率沿电力线的平均值代替原来的常量值，但只有在 $k(n)$ 函数知道后才能得到其平均值，因而困难局面依然如故并未丝毫改善．罗恩泽认为，$k(n)$ 函数未知的困难可用模拟实验来解决，这在工程技术上是可行的，或许也是有用的，但争论的命题由此就转变了．因为原来的目的是想完全用解析方法求得 σ 与曲率之间的对应关系．

3. 几何条件相同的地方 σ 不一定相同．明显的例子是带电圆盘的面电荷分布．根据(12)式，椭球导体的面电荷分布为

$$\sigma=\frac{Q}{4\pi abc}\left(\frac{x^2}{a^4}+\frac{y^2}{b^4}+\frac{z^2}{c^4}\right)^{-\frac{1}{2}}$$

令 $a=b$，$c\to 0$，得出在 xy 平面内半径为 a 的无厚度圆盘，它的两个表面各带 $\dfrac{Q}{2}$ 的总电量，故

$$\begin{aligned}\sigma&=\frac{Q}{2\pi a^2c}\left(\frac{x^2}{a^4}+\frac{y^2}{a^4}+\frac{z^2}{c^4}\right)^{-\frac{1}{2}}=\frac{Q}{2\pi a^2}\left[\frac{c^2}{a^4}(x^2+y^2)+\frac{z^2}{c^2}\right]^{-\frac{1}{2}}\\&=\frac{Q}{2\pi a^2}\left(\frac{z^2}{c^2}\right)^{-\frac{1}{2}}=\frac{Q}{2\pi a^2\sqrt{1-\dfrac{x^2+y^2}{a^2}}}\\&=\frac{Q}{2\pi a\sqrt{a^2-r^2}}\end{aligned}$$

式中 a 为圆盘半径，$r=\sqrt{x^2+y^2}$ 为圆盘上某点离盘中心的距离．上式表明，尽管圆盘表面上各点的曲率均为零，并无二致，但面电荷密度 σ 却随点的位置 r 而变化．由此可见，曲率的大小并不是决定 σ 的唯一因素．

戴显熹和郑永令在 1984 年的文章[2]中，从原则上论证：σ 不能完全由表面的几何参量决定．在正交曲线坐标系中，Laplace 方程由(7)式表示，适当选择坐标轴后，在导体

表面附近的方程可简化成[见(8)式]

$$\frac{\partial}{\partial \xi}\left(\frac{h_2 h_3}{h_1}\frac{\mathrm{d}\phi}{\mathrm{d}\xi}\right)_{\Sigma}=0 \tag{28}$$

式中 ϕ 为电势，h_1，h_2，h_3 是由(5)式决定的纯几何参量. 所选的坐标轴 ξ 与导体表面垂直，导体表面为等势面，故表面场强为

$$E=-\frac{\mathrm{d}\phi}{\mathrm{d}n}=-\frac{1}{h_1}\frac{\mathrm{d}\phi}{\mathrm{d}\xi}$$

代入(28)式，得

$$\frac{\partial}{\partial \xi}(h_2 h_3 E)_{\Sigma}=0$$

即

$$h_3 E\frac{\partial h_2}{\partial \xi}+h_2 E\frac{\partial h_3}{\partial \xi}+h_2 h_3\frac{\mathrm{d}E}{\mathrm{d}\xi}=0$$

或

$$\frac{\left(\dfrac{\mathrm{d}E}{\mathrm{d}\xi}\right)_{\Sigma}}{E}=-\left(\frac{\dfrac{\partial h_2}{\partial \xi}}{h_2}+\frac{\dfrac{\partial h_3}{\partial \xi}}{h_3}\right)_{\Sigma}$$

下标 Σ 表示导体表面. 因面电荷密度 σ 与场强 E 的关系为 $\sigma=\dfrac{E}{4\pi}$，故有

$$\frac{\left(\dfrac{\mathrm{d}E}{\mathrm{d}\xi}\right)_{\Sigma}}{\sigma}=-4\pi\left(\frac{\dfrac{\partial h_2}{\partial \xi}}{h_2}+\frac{\dfrac{\partial h_3}{\partial \xi}}{h_3}\right)_{\Sigma}$$

或

$$\frac{\left(\dfrac{\mathrm{d}E}{\mathrm{d}n}\right)_{\Sigma}}{\sigma}=-\frac{4\pi}{h_1}\left(\frac{\dfrac{\partial h_2}{\partial \xi}}{h_2}+\frac{\dfrac{\partial h_3}{\partial \xi}}{h_3}\right)_{\Sigma} \tag{29}$$

上式右端是导体表面的纯几何参量. 上式表明，σ 除与表面的局域几何形状有关外，还决定于场强在表面法线方向的变化率，后者涉及场的整体分布. 此外，(29)式的右端能否表示为曲率(平均曲率或 Gauss 曲率)的显函数形式尚无定论. 这样，就从原则上否定了 σ 只取决于表面局域曲率这一结论. 例如，前面提到的带电圆盘，尽管其曲率处处相同，但因各处的$\left(\dfrac{\mathrm{d}E}{\mathrm{d}n}\right)_{\Sigma}$并不相同，从而导致各处的 σ 有所不同.

通过以上讨论，我们应该得出以下几点结论.

首先，在原则上，只要在特定边值条件下求解 Laplace 方程，得到电势分布函数后，

就能确定导体表面的面电荷分布.

其次，只有某些具有简单几何形状的特殊导体，才能得出电势 ϕ 的严格解析解，并写出面电荷密度 σ 与表面曲率(Gauss 曲率或平均曲率)之间的函数关系.

再次，一般情况下，面电荷密度 σ 确实与表面的局域几何参量有关，此外，σ 还与场的整体分布有关，而后者又取决于导体的整体形状. 导体表面的局域曲率完全不能反映其整体形状，因此，一般情况下，σ 与导体表面局域曲率之间并不存在一一对应的函数关系，任何在这方面的努力都是徒劳的.

附录　曲线坐标系

在 Descartes 坐标中，方程

$$f(x,\ y,\ z)=\text{常数}$$

规定了一个曲面，一系列不同的常数相应于同一曲面族中的不同曲面. 方程组

$$\begin{cases}f_1(x,\ y,\ z)=\xi\\ f_2(x,\ y,\ z)=\eta\\ f_3(x,\ y,\ z)=\zeta\end{cases}\tag{1}$$

确定了三个曲面族，每个特定的参量 ξ，η，ζ 决定了相应曲面族中的特定曲面. 三个曲面的共同交点 P 一定同时满足上述三方程，从方程(1)解出的 ξ，η，ζ 唯一地确定了 P 点的空间位置，称为 P 点的曲线坐标. 交于 P 点的三个曲面中，每两个曲面的交线称为坐标线，分别称为 ξ，η，ζ 坐标线，如附录图 1 所示. 三坐标线在 P 点的切向单位矢量分别用 $\boldsymbol{e}_\xi$，$\boldsymbol{e}_\eta$，$\boldsymbol{e}_\zeta$ 表示，称为曲线坐标的基矢. 与 Descartes 坐标不同，曲线坐标系的基矢随点的位置而变. 若由方程(1)描述的三曲面族相互正交，则每一点的基矢 $\boldsymbol{e}_\xi$，$\boldsymbol{e}_\eta$，$\boldsymbol{e}_\zeta$ 也相互正交，称为正交曲线坐标系.

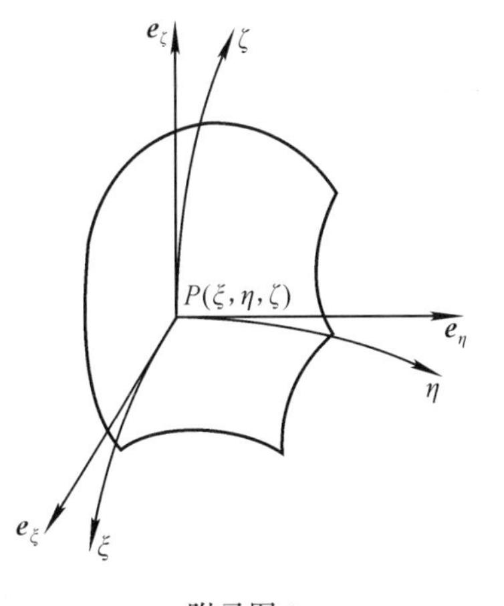

附录图 1

1. Lame 系数

Descartes 坐标与正交曲线坐标之间有一定的关系，它们通过 Lame 系数相互联系. 设空间一点的 Descartes 坐标为$(x,\ y,\ z)$，在已规定好的曲线坐标系中，x，y，z 均可表为 ξ，η，ζ 的函数，即

$$\begin{cases}x=x(\xi,\ \eta,\ \zeta)\\ y=y(\xi,\ \eta,\ \zeta)\\ z=z(\xi,\ \eta,\ \zeta)\end{cases}$$

空间任一线元 $\mathrm{d}s$ 在 Descartes 坐标系中的三个分量为 $\mathrm{d}x$，$\mathrm{d}y$，$\mathrm{d}z$，每个分量在曲线坐标系中可用在基矢方向的投影来表示：

$$\begin{cases} d\boldsymbol{x}=\dfrac{\partial x}{\partial \xi}d\xi\ \boldsymbol{e}_{\xi}+\dfrac{\partial x}{\partial \eta}d\eta\ \boldsymbol{e}_{\eta}+\dfrac{\partial x}{\partial \zeta}d\zeta\boldsymbol{e}_{\zeta} \\ d\boldsymbol{y}=\dfrac{\partial y}{\partial \xi}d\xi\ \boldsymbol{e}_{\xi}+\dfrac{\partial y}{\partial \eta}d\eta\ \boldsymbol{e}_{\eta}+\dfrac{\partial y}{\partial \zeta}d\zeta\boldsymbol{e}_{\zeta} \\ d\boldsymbol{z}=\dfrac{\partial z}{\partial \xi}d\xi\ \boldsymbol{e}_{\xi}+\dfrac{\partial z}{\partial \eta}d\eta\ \boldsymbol{e}_{\eta}+\dfrac{\partial z}{\partial \zeta}d\zeta\boldsymbol{e}_{\zeta} \end{cases}$$

考虑到 $\boldsymbol{e}_{\xi}$，$\boldsymbol{e}_{\eta}$，$\boldsymbol{e}_{\zeta}$ 的正交性，

$$\begin{cases} dx^2=\left(\dfrac{\partial x}{\partial \xi}\right)^2 d\xi^2+\left(\dfrac{\partial x}{\partial \eta}\right)^2 d\eta^2+\left(\dfrac{\partial x}{\partial \zeta}\right)^2 d\zeta^2 \\ dy^2=\left(\dfrac{\partial y}{\partial \xi}\right)^2 d\xi^2+\left(\dfrac{\partial y}{\partial \eta}\right)^2 d\eta^2+\left(\dfrac{\partial y}{\partial \zeta}\right)^2 d\zeta^2 \\ dz^2=\left(\dfrac{\partial z}{\partial \xi}\right)^2 d\xi^2+\left(\dfrac{\partial z}{\partial \eta}\right)^2 d\eta^2+\left(\dfrac{\partial z}{\partial \zeta}\right)^2 d\zeta^2 \end{cases}$$

故有

$$\begin{aligned} ds^2 &= dx^2+dy^2+dz^2 \\ &= \left[\left(\frac{\partial x}{\partial \xi}\right)^2+\left(\frac{\partial y}{\partial \xi}\right)^2+\left(\frac{\partial z}{\partial \xi}\right)^2\right]d\xi^2+\left[\left(\frac{\partial x}{\partial \eta}\right)^2+\left(\frac{\partial y}{\partial \eta}\right)^2+\left(\frac{\partial z}{\partial \eta}\right)^2\right]d\eta^2 \\ &\quad+\left[\left(\frac{\partial x}{\partial \zeta}\right)^2+\left(\frac{\partial y}{\partial \zeta}\right)^2+\left(\frac{\partial z}{\partial \zeta}\right)^2\right]d\zeta^2 \\ &= h_1^2 d\xi^2+h_2^2 d\eta^2+h_3^2 d\zeta^2 \end{aligned}$$

式中

$$\begin{cases} h_1=\left[\left(\dfrac{\partial x}{\partial \xi}\right)^2+\left(\dfrac{\partial y}{\partial \xi}\right)^2+\left(\dfrac{\partial z}{\partial \xi}\right)^2\right]^{\frac{1}{2}} \\ h_2=\left[\left(\dfrac{\partial x}{\partial \eta}\right)^2+\left(\dfrac{\partial y}{\partial \eta}\right)^2+\left(\dfrac{\partial z}{\partial \eta}\right)^2\right]^{\frac{1}{2}} \\ h_3=\left[\left(\dfrac{\partial x}{\partial \zeta}\right)^2+\left(\dfrac{\partial y}{\partial \zeta}\right)^2+\left(\dfrac{\partial z}{\partial \zeta}\right)^2\right]^{\frac{1}{2}} \end{cases}$$

故有

$$\begin{cases} dx=h_1 d\xi \\ dy=h_2 d\eta \\ dz=h_3 d\zeta \end{cases} \tag{2}$$

式中 h_1，h_2，h_3 称为 Lame 系数或度量系数，它们都是 ξ，η，ζ 的函数，在 Descartes 坐标系中 h_1，h_2，h_3 都等于 1.

2. 正交曲线坐标系中梯度和散度的表示式

考虑一标量函数 $\varphi(x,\ y,\ z)$，其梯度的三个分量为$\dfrac{\partial \varphi}{\partial x}$，$\dfrac{\partial \varphi}{\partial y}$，$\dfrac{\partial \varphi}{\partial z}$. 由(2)式，在曲线坐标系中的三个分量为$\dfrac{1}{h_1}\dfrac{\partial \varphi}{\partial \xi}$，$\dfrac{1}{h_2}\dfrac{\partial \varphi}{\partial \eta}$，$\dfrac{1}{h_3}\dfrac{\partial \varphi}{\partial \zeta}$，故在曲线坐标系中有

$$\nabla\varphi=\frac{1}{h_1}\frac{\partial\varphi}{\partial\xi}\boldsymbol{e}_\xi+\frac{1}{h_2}\frac{\partial\varphi}{\partial\eta}\boldsymbol{e}_\eta+\frac{1}{h_3}\frac{\partial\varphi}{\partial\zeta}\boldsymbol{e}_\zeta$$

为了得到某矢量场$\boldsymbol{A}(A_x, A_y, A_z)$的散度表示式，考虑体积为$\mathrm{d}V=\mathrm{d}x\mathrm{d}y\mathrm{d}z$的体积元，根据(2)式，转换到曲线坐标系中，相应体积元的体积为

$$\mathrm{d}V=\mathrm{d}x\mathrm{d}y\mathrm{d}z=h_1h_2h_3\mathrm{d}\xi\mathrm{d}\eta\mathrm{d}\zeta \tag{3}$$

如附录图 2 所示，矢量$\boldsymbol{A}$通过垂直于$\boldsymbol{e}_\eta$的两个曲面元的通量为

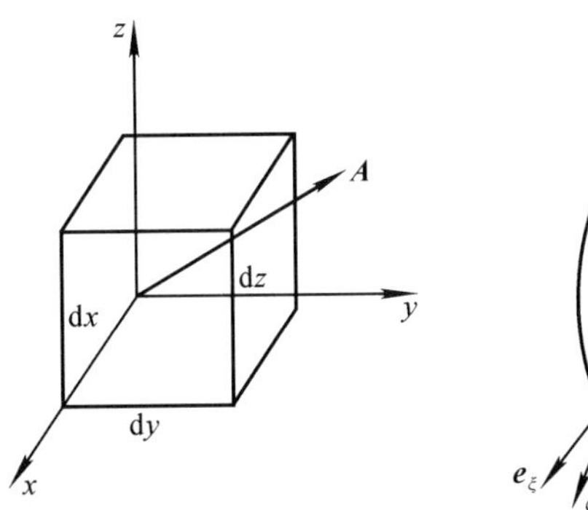

体积元体积 $\mathrm{d}V=\mathrm{d}x\mathrm{d}y\mathrm{d}z$

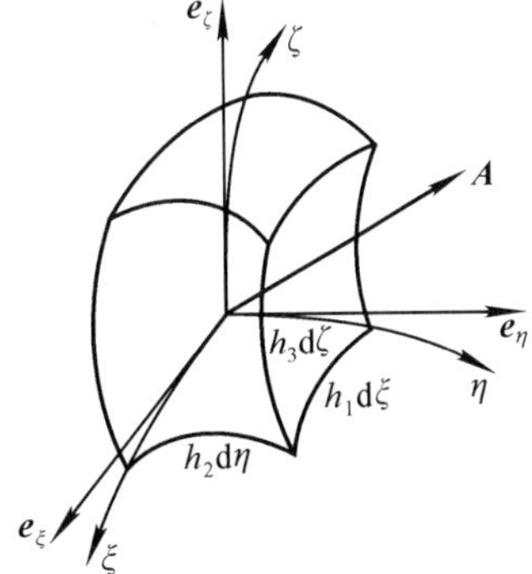

体积元体积 $\mathrm{d}V=h_1h_2h_3\mathrm{d}\xi\mathrm{d}\eta\mathrm{d}\zeta$

附录图 2

$$\begin{aligned}\mathrm{d}\Phi_\eta&=(\mathrm{d}\Phi_\eta)_{左}+(\mathrm{d}\Phi_\eta)_{右}\\&=-(A_\eta h_1h_3\mathrm{d}\xi\mathrm{d}\zeta)_{左}+(A_\eta h_1h_3\mathrm{d}\xi\mathrm{d}\zeta)_{右}\end{aligned}$$

上式右端第一项的负号是由于规定向外为曲面的正法线方向，通过左曲面的通量为负值. 所以

$$\mathrm{d}\Phi_\eta=\frac{\partial}{\partial\eta}(A_\eta h_1h_2)\mathrm{d}\xi\mathrm{d}\eta\mathrm{d}\zeta$$

同理，$\boldsymbol{A}$通过另两对曲面的通量为

$$\mathrm{d}\Phi_\xi=\frac{\partial}{\partial\xi}(A_\xi h_2h_3)\mathrm{d}\xi\mathrm{d}\eta\mathrm{d}\zeta$$

$$\mathrm{d}\Phi_\zeta=\frac{\partial}{\partial\zeta}(A_\zeta h_1h_2)\mathrm{d}\xi\mathrm{d}\eta\mathrm{d}\zeta$$

总通量为

$$\begin{aligned}\mathrm{d}\Phi&=\mathrm{d}\Phi_\xi+\mathrm{d}\Phi_\eta+\mathrm{d}\Phi_\zeta\\&=\oint\!\!\!\oint_S\boldsymbol{A}\cdot\mathrm{d}\boldsymbol{S}\\&=\left[\frac{\partial}{\partial\xi}(A_\xi h_2h_3)+\frac{\partial}{\partial\eta}(A_\eta h_1h_3)+\frac{\partial}{\partial\zeta}(A_\zeta h_1h_2)\right]\mathrm{d}\xi\mathrm{d}\eta\mathrm{d}\zeta\end{aligned} \tag{4}$$

式中A_ξ，A_η，A_ζ为矢量$\boldsymbol{A}$在曲线坐标系中的三个分量.

根据散度的定义，

$$\nabla\cdot\boldsymbol{A}=\lim_{\Delta V\to0}\frac{\oint\!\!\!\oint_S\boldsymbol{A}\cdot\mathrm{d}\boldsymbol{S}}{\Delta V}$$

式中，ΔV 是体积元的体积，S 是包围体积元的封闭曲面，当 $\Delta V \to 0$ 时，

$$\nabla \cdot \boldsymbol{A} = \frac{\mathrm{d}\Phi}{\mathrm{d}V}$$

把(3)式和(4)式代入，得出散度在曲线坐标系中的表示式为

$$\nabla \cdot \boldsymbol{A} = \frac{1}{h_1 h_2 h_3}\left[\frac{\partial}{\partial \xi}(A_\xi h_2 h_3) + \frac{\partial}{\partial \eta}(A_\eta h_1 h_3) + \frac{\partial}{\partial \zeta}(A_\zeta h_1 h_2)\right] \tag{5}$$

3. Laplace 方程

Laplace 方程为

$$\nabla^2 \varphi = \nabla \cdot \nabla \varphi = 0$$

令

$$\boldsymbol{A} = \nabla \varphi = \frac{1}{h_1}\frac{\partial \varphi}{\partial \xi}\boldsymbol{e}_\xi + \frac{1}{h_2}\frac{\partial \varphi}{\partial \eta}\boldsymbol{e}_\eta + \frac{1}{h_3}\frac{\partial \varphi}{\partial \zeta}\boldsymbol{e}_\zeta$$

代入(5)式，Laplace 方程可表为

$$\nabla^2 \varphi = \frac{1}{h_1 h_2 h_3}\left[\frac{\partial}{\partial \xi}\left(\frac{h_2 h_3}{h_1}\frac{\partial \varphi}{\partial \xi}\right) + \frac{\partial}{\partial \eta}\left(\frac{h_1 h_3}{h_2}\frac{\partial \varphi}{\partial \eta}\right) + \frac{\partial}{\partial \zeta}\left(\frac{h_1 h_2}{h_3}\frac{\partial \varphi}{\partial \zeta}\right)\right] = 0 \tag{6}$$

(6)式就是 Laplace 方程在正交曲线坐标系中的表示式.

参考文献

[1] 赵凯华，陈熙谋. 电磁学. 2 版. 北京：高等教育出版社. 1985.
[2] 戴显熹，郑永令. 复旦学报(自然版)，1984(4).
[3] 杨型健. 大学物理，1982(11).
[4] 罗恩泽. 物理通报，1984(3).
[5] LUO ENZE(罗恩泽). J. Phys. D：Appl. Phys.，1986(19).
[6] LUO ENZE(罗恩泽). J. Phys. D：Appl. Phys.，1987(20).
[7] 罗恩泽. 物理通报，1988(7).
[8] 张全仲. 大学物理，1985(1).
[9] 刘坤模. 物理，1985(9).
[10] 朗道　Л　Д，栗弗席兹　E　M. 连续媒质电动力学：上册. 北京：人民教育出版社，1963：第一章 § 4.
[11] 曹国良. 物理，1982(1).
[12] 斯米尔诺夫　B　И. 高等数学教程：第二卷第二分册. 3 版. 北京：商务印书馆，1955.
[13] 王海兴，施大宁. 大学物理，1991(11).
[14] 樊德森. 物理通报，1987(12).
[15] 周邦寅. 物理，1988(3).

§4. 稳态电磁场的动量和角动量

与普通实物一样，作为一种特殊物质的电磁场也具有能量、能流、动量和角动量，即使对稳态电磁场也不例外. 在通常的电磁学教科书中，对稳态电磁场的能量都作了充分的讨论，但对稳态电磁场也具有动量和角动量这一概念却很少提及. R. P. Feynman在所著《费曼物理学讲义》[2]中首次提出了这一概念，引起了普遍的关注. 实际上，稳态电磁场具有动量和角动量是电磁场普遍理论的重要结论，如果不理解这一结论，就很难解释许多电磁现象中出现的“矛盾”.

为了能够具体地理解稳态电磁场具有动量这一概念，试举一例. 如图11-4-1所示，设空间有一导线环，在其附近某处放置一点电荷 q，开始时两者都静止不动，它们的总动量为零. 今用电源在导线环中建立恒定电流 I，该电流将在空间激发磁场，在电流从零增加到恒定值 I 的变化过程中，磁场将相应地变化. 磁场的变化必将在空间激发涡旋电场，该涡旋电场使点电荷 q 受到一作用力. 为了使点电荷 q 保持静止不动，外界必须对 q 施以机械作用力，且使该力每时每刻都与涡旋电场力保持平衡. 于是，在建立电流的整个过程中，由导线环和点电荷构成的上述系统受到了外界一定的冲量作用，但系统仍保持静止，总动量仍为零. 根据动量定理，外界机械冲量的作用必然导致系统动量的增加. 这里显然存在表观上的矛盾，即出现了佯谬. 注意到机械冲量作用的过程也是建立磁场的过程，既然导线环和点电荷系统并未获得动量，那么一定是电磁场获得了动量，该动量是从外界通过机械冲量的作用而获得的. 由此可见，只有在确立了稳态电磁场具有动量这一概念后，所产生的表观矛盾才得以解决. 以上只是对此例的定性分析，根据电动力学理论可以导出计算稳态电磁场动量的严格公式. 下面再举两个具体例子，并给出有关的公式，作定量的解释.

q

I

图 11-4-1

一、两个佯谬

当我们用一种方法从一个角度分析某一物理现象时会得出一个答案，而用另一种方法从另一个角度分析同一现象时可能会得出另一个答案，如何取舍如何协调一致往往使我们陷于迷惑不解、左右为难的困境. 由于这种矛盾常常是表观的，故称为佯谬. 实际上，在真实的物理世界中，同一物理过程只能有一种结局，同一物理现象只能有一种正确的解释，同一物理问题只能有一个正确的答案，佯谬的产生只能来自分析者本人在概念上的混乱，在抓住本质得到澄清之后，将迎来协调一致的圆满解释. 下面是两个例子.

[例1] 文献[1]中举了一些例子，其中之一如图 11-4-2 所示. 一个静止的平板电

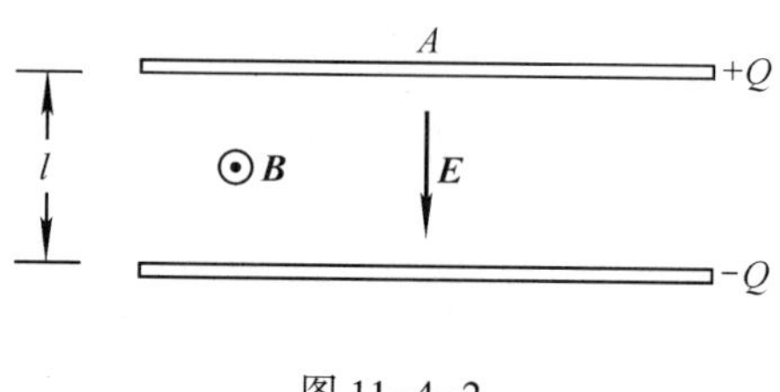

图 11-4-2

容器，极板的面积为 A，板距为 l，两极板上分别带电 $\pm Q$，在电容器内部产生匀强电场 $\boldsymbol{E}$，又在整个空间存在垂直于电场的均匀恒定磁场 $\boldsymbol{B}$. 今用一根导线小心地在电容器内部与两极板相接触(所谓“小心”是指导线与极板接触时不带任何动量). 以电容器、内部的电磁场以及所加导线作为考察对象，整个系统原先是静止的，电磁场又是恒定不变的，似乎总动量应为零. 但由于导线与两极板接触后，两极板通过导线放电，导线中出现了电流，导线将受到 Ampere 力的作用，使导线产生向左的动量，系统的总动量不再等于零. 然而导线所受的 Ampere 力是内力，内力的作用不会使系统的总动量发生改变，于是出现了矛盾. 在上述分析中无疑漏掉了什么东西，这就是未考虑稳态电磁场本身具有的动量，因而出现的矛盾是表观上的，这是一种佯谬.

［**例 2**］　Feynman 在《费曼物理学讲义》[2] 中举了另一个例子. 如图11-4-3 所示，一个绝缘塑料薄圆盘被固定在有光滑轴承的同心轴上，圆盘可绕轴自由转动. 圆盘上固定一个同轴螺线管，用电池提供恒定电流. 在塑料圆盘的边缘处等间隔地分布着一些金属小球，每个小球带等量同号电荷 q. 上述各零件均固连在一起，而且开始时静止不动. 设法将螺线管中的电流切断(切断电流的动作不致影响系统原先的静止状态). 切断电流后，圆盘是否仍保持原来的静止状态呢？在电流未切断前，螺线管内的电流产生磁场，有磁通量通过圆盘面；在电流被切断后，磁场消失，磁通量变为零. 在此过程中，因磁场变化产生相应的涡旋电场，该涡旋电场沿圆盘边缘的切线方向，各带电金属小球将受到切向涡旋电场力的作用，使圆盘产生转动. 从另一角度分析，由于整个圆盘系统在切断电流前后未受到任何外界机械力的干扰(作用)，切断电流前后系统的角动量应保持不变，始终为零，即切断电流后圆盘不会转动，如果圆盘转动将违背角动量守恒规律. 以上两种解释和论证，结果刚好相反，究竟哪一种正确呢？这又是一个佯谬. Feynman 在书中写道：“当你把它想出来时，你已发现了一个重要的电磁学原理.”

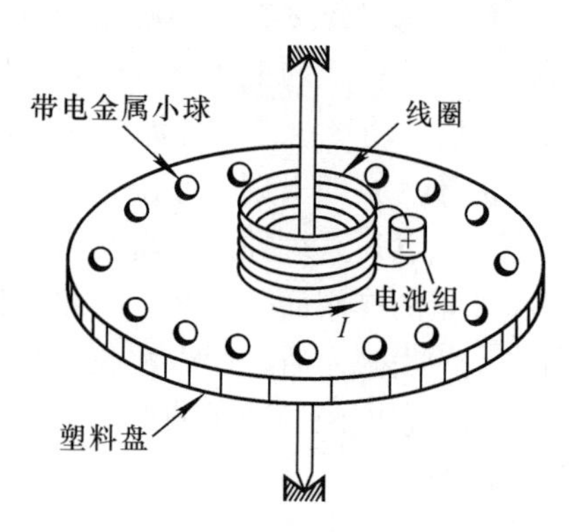

图 11-4-3

普通的实物具有动量和角动量，同样，作为特殊物质的电磁场也具有动量和角动量，只有掌握了这一电磁学基本原理后，以上两个佯谬(以及类似的其他佯谬)才能得到协调一致的正确解释.

根据 Maxwell 方程和 Lorentz 力公式可以证明，电磁场的能流密度(Poynting 矢量)$\boldsymbol{S}$ 以及电磁场的动量密度 $\boldsymbol{g}$ 为

$$\boldsymbol{S}=\boldsymbol{E}\times\boldsymbol{H} \tag{1}$$

$$\boldsymbol{g}=\frac{1}{c^2}\boldsymbol{S} \tag{2}$$

式中 c 为真空光速. 以上两式可在任何一本电动力学教材中找到. 值得注意的是，以上两式是电磁场理论的普遍结论，对电磁场的类型未加任何限制，因此，同样适用于稳态电磁场的情形.

对于[例 1]，由于电容器内部同时存在静电场和恒定磁场，根据公式(1)，电容器内部存在能流，其方向是从电容器的右端流向左端(实际上是整个空间中存在的能量环流的一部分)，其大小为

$$\begin{aligned} S&=EH=\frac{\sigma}{\varepsilon_0}\cdot\frac{B}{\mu_0}\\ &=\frac{QB}{\varepsilon_0\mu_0 A}\end{aligned}$$

式中 A 为电容器极板面积，Q 为电容器极板上的电量. 由公式(2)，电容器内的电磁动量密度为

$$\begin{aligned} g&=\frac{S}{c^2}=\frac{QB}{c^2\varepsilon_0\mu_0 A}\\ &=\frac{QB}{A}\end{aligned}$$

上式中用到真空光速 $c=\frac{1}{\sqrt{\varepsilon_0\mu_0}}$. 故电容器两极板之间包含的总电磁动量为

$$G=gAl=QBl$$

电磁动量的时间变化率为

$$\frac{\mathrm{d}G}{\mathrm{d}t}=Bl\frac{\mathrm{d}Q}{\mathrm{d}t}=Bli$$

式中 $i=\frac{\mathrm{d}Q}{\mathrm{d}t}$就是当导线与两极板接触后在导线中产生的电流，$Bli$ 则正好等于导线中有电流 i 时导线受到的 Ampere 力. 上式表明，导线因受 Ampere 力而获得的动量来源于电磁场的动量，这种动量转移同样遵守动量守恒原理. 至此，[例 1]的佯谬得到了正确的解释.

在[例2]中，空间同时存在由带电小球激发的电场 $\boldsymbol{E}$ 以及螺线管电流产生的磁场 $\boldsymbol{B}$，因而空间存在能流 $\boldsymbol{S}$. 如图11-4-4所示，从图的上方看，能流逆时针流动. 按公式(2)，有能流也就有电磁动量，相应的电磁角动量为沿轴线向上. 故当螺线管中的电流未切断时，空间电磁场已具有了沿轴线向上的角动量. 当切断电流后，电磁场角动量消失，转化为圆盘的同方向的机械角动量，从图11-4-4的上方看，圆盘将作逆时针转动. 由此可见，考虑了电磁场的角动量后，圆盘的转动并不违背角动量守恒规律，恰恰相反，圆盘的转动正是角动量守恒的必然结果. 这就是对[例2]佯谬的定性解释，下面给出定量的论证.

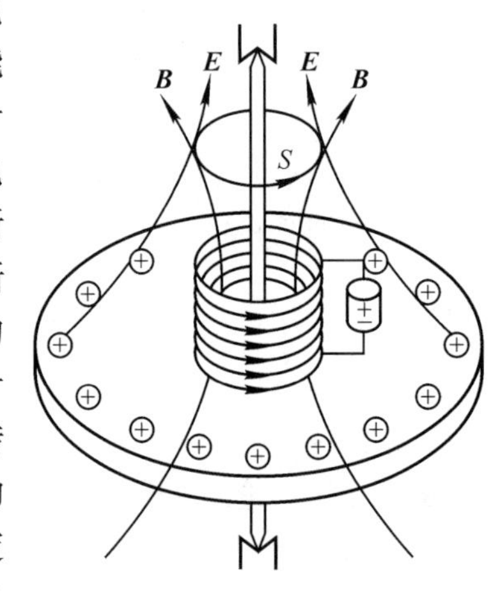

图 11-4-4

二、稳态电磁场的动量和角动量

为了进一步计算[例2]中切断电流后圆盘所获得的角动量，只需计算通电流时电磁场的总角动量即可，因为根据角动量守恒定律，两者是相同的. 由公式(2)，在真空情形，电磁场的动量密度为

$$\begin{aligned} \boldsymbol{g} &= \varepsilon_0\mu_0\boldsymbol{S} = \varepsilon_0\mu_0\boldsymbol{E}\times\boldsymbol{H} \\ &= \varepsilon_0\boldsymbol{E}\times\boldsymbol{B} \end{aligned}$$

在体积为 V 的空间内，电磁场的总动量为

$$\boldsymbol{G} = \int_V \boldsymbol{g}\,\mathrm{d}V = \varepsilon_0\int_V (\boldsymbol{E}\times\boldsymbol{B})\,\mathrm{d}V \tag{3}$$

上式表明，电磁场的动量储存在 $\boldsymbol{E}$ 和 $\boldsymbol{B}$ 不为零的空间内. 用(3)式计算电磁场总动量 $\boldsymbol{G}$ 时，必须先求出 $\boldsymbol{E}$ 和 $\boldsymbol{B}$ 的空间分布，然后在整个空间积分，一般情况下计算比较复杂. M. G. Calkin 的文章[3]给出了另一种等价的计算方法(也可参看文献[4]).

磁场可用矢势 $\boldsymbol{A}$ 表示，并有

$$\nabla\cdot\boldsymbol{A} = 0$$

$$\boldsymbol{B} = \nabla\times\boldsymbol{A}$$

对稳态场又有

$$\nabla\times\boldsymbol{E} = 0$$

$$\nabla\cdot\boldsymbol{E} = \frac{\rho}{\varepsilon_0}$$

式中 ρ 为电荷体密度. (3)式中的被积函数可写成如下对称形式：

$$\begin{aligned} \boldsymbol{E}\times\boldsymbol{B} &= \boldsymbol{E}\times(\nabla\times\boldsymbol{A}) + \boldsymbol{A}\times(\nabla\times\boldsymbol{E}) \\ &= \nabla(\boldsymbol{E}_c\cdot\boldsymbol{A}) - (\boldsymbol{E}\cdot\nabla)\boldsymbol{A} + \nabla(\boldsymbol{A}_c\cdot\boldsymbol{E}) - (\boldsymbol{A}\cdot\nabla)\boldsymbol{E} \end{aligned}$$

式中脚标 c 表示在进行微分运算时相应量当作常量. 所以

$$\boldsymbol{E}\times\boldsymbol{B}=\nabla(\boldsymbol{E}\cdot\boldsymbol{A})-(\boldsymbol{E}\cdot\nabla)\boldsymbol{A}-(\boldsymbol{A}\cdot\nabla)\boldsymbol{E} \tag{4}$$

根据张量公式,

$$\nabla\cdot(\varphi\overleftrightarrow{T})=(\nabla\varphi)\cdot\overleftrightarrow{T}+\varphi\nabla\cdot\overleftrightarrow{T}$$

式中 $\overleftrightarrow{T}$ 为张量, φ 为标量, 利用上式, 有①

$$\begin{aligned}\nabla\cdot(\overleftrightarrow{I}\boldsymbol{E}\cdot\boldsymbol{A})&=\nabla(\boldsymbol{E}\cdot\boldsymbol{A})\cdot\overleftrightarrow{I}+(\boldsymbol{E}\cdot\boldsymbol{A})\nabla\cdot\overleftrightarrow{I}\\&=\nabla(\boldsymbol{E}\cdot\boldsymbol{A})\end{aligned}$$

式中 $\overleftrightarrow{I}$ 为单位张量. 又, 由并矢的散度公式, 有

$$\begin{aligned}\nabla\cdot(\boldsymbol{EA})&=(\nabla\cdot\boldsymbol{E})\boldsymbol{A}+(\boldsymbol{E}\cdot\nabla)\boldsymbol{A}\\\nabla\cdot(\boldsymbol{AE})&=(\nabla\cdot\boldsymbol{A})\boldsymbol{E}+(\boldsymbol{A}\cdot\nabla)\boldsymbol{E}\\&=(\boldsymbol{A}\cdot\nabla)\boldsymbol{E}\end{aligned}$$

所以

$$\nabla\cdot(\overleftrightarrow{I}\boldsymbol{E}\cdot\boldsymbol{A}-\boldsymbol{EA}-\boldsymbol{AE})=\nabla(\boldsymbol{E}\cdot\boldsymbol{A})-(\nabla\cdot\boldsymbol{E})\boldsymbol{A}-(\boldsymbol{E}\cdot\nabla)\boldsymbol{A}-(\boldsymbol{A}\cdot\nabla)\boldsymbol{E}$$

利用上式, (4)式可写成

$$\begin{aligned}\boldsymbol{E}\times\boldsymbol{B}&=\nabla\cdot(\overleftrightarrow{I}\boldsymbol{E}\cdot\boldsymbol{A}-\boldsymbol{EA}-\boldsymbol{AE})+(\nabla\cdot\boldsymbol{E})\boldsymbol{A}\\&=\nabla\cdot(\overleftrightarrow{I}\boldsymbol{E}\cdot\boldsymbol{A}-\boldsymbol{EA}-\boldsymbol{AE})+\frac{\rho}{\varepsilon_0}\boldsymbol{A}\end{aligned}$$

于是(3)式可改写为

$$\boldsymbol{G}=\varepsilon_0\int_V\nabla\cdot(\overleftrightarrow{I}\boldsymbol{E}\cdot\boldsymbol{A}-\boldsymbol{EA}-\boldsymbol{AE})\mathrm{d}V+\int_V\rho\boldsymbol{A}\mathrm{d}V$$

令

$$\overleftrightarrow{T}=\overleftrightarrow{I}\boldsymbol{E}\cdot\boldsymbol{A}-\boldsymbol{EA}-\boldsymbol{AE}$$

---

① 张量 $\overleftrightarrow{T}$ 的散度的定义为

$$\nabla\cdot\overleftrightarrow{T}=\frac{\partial}{\partial x}(\boldsymbol{i}\cdot\overleftrightarrow{T})+\frac{\partial}{\partial y}(\boldsymbol{j}\cdot\overleftrightarrow{T})+\frac{\partial}{\partial z}(\boldsymbol{k}\cdot\overleftrightarrow{T})$$

式中 $\boldsymbol{i}$, $\boldsymbol{j}$, $\boldsymbol{k}$ 为 x, y, z 轴方向的单位矢量, 均为恒矢量. 对单位张量 $\overleftrightarrow{I}$, 有

$$\nabla\cdot\overleftrightarrow{I}=\frac{\partial}{\partial x}(\boldsymbol{i}\cdot\overleftrightarrow{I})+\frac{\partial}{\partial y}(\boldsymbol{j}\cdot\overleftrightarrow{I})+\frac{\partial}{\partial z}(\boldsymbol{k}\cdot\overleftrightarrow{I})$$

因任意矢量与单位张量点乘后得其自身, 即

$$\boldsymbol{i}\cdot\overleftrightarrow{I}=\boldsymbol{i},\ \boldsymbol{j}\cdot\overleftrightarrow{I}=\boldsymbol{j},\ \boldsymbol{k}\cdot\overleftrightarrow{I}=\boldsymbol{k}$$

所以

$$\nabla\cdot\overleftrightarrow{I}=\frac{\partial\boldsymbol{i}}{\partial x}+\frac{\partial\boldsymbol{j}}{\partial y}+\frac{\partial\boldsymbol{k}}{\partial z}=0$$

则

$$\boldsymbol{G}=\varepsilon_0\int_V(\nabla\cdot\overleftrightarrow{T})\,\mathrm{d}V+\int_V\rho\boldsymbol{A}\,\mathrm{d}V \tag{5}$$

利用张量的下述积分变换式：

$$\int_V\mathrm{d}V(\nabla\cdot\overleftrightarrow{T})=\oint_S\mathrm{d}\boldsymbol{S}\cdot\overleftrightarrow{T}$$

式中 S 是包围体积 V 的封闭曲面，(5)式可写为

$$\boldsymbol{G}=\varepsilon_0\oint_S\mathrm{d}\boldsymbol{S}\cdot\overleftrightarrow{T}+\int_V\rho\boldsymbol{A}\,\mathrm{d}V$$

上式右端第一项是在封闭曲面上的积分. 因电磁场充满整个无穷大空间，当求电磁场的总动量时，上述曲面 S 应扩展到无穷远，积分结果必为零(因场源均在观察者所在的区域，在无穷远处场已衰减为零). 故得出，电磁场的总动量为

$$\boldsymbol{G}=\int\rho\boldsymbol{A}\,\mathrm{d}V \tag{6a}$$

上面从电磁场的动量密度计算了稳态电磁场的总动量，下面进一步论证，该动量来自建立电流-电荷系统时外界所施的冲量作用. 为此，考虑如图 11-4-5 所示的系统：若干个导电环 L_1，L_2，…和带电体 Q，带电体的电荷密度为 ρ，上述系统始终保持静止不动. 今在各导电环中建立恒定电流，则各电流环之间将以 Ampere 力相互作用，为了使各导电环仍保持静止，外界必须对各电流环施以一定的机械力. 由于各电流环之间的相互作用力是一对对的反平行力，作用在各导电环上的合外力为零，对系统的动量不产生影响. 然而，在建立各电流的过程中，空间的磁场发生了变化，因而要产生涡旋电场 $\boldsymbol{E}_{涡旋}$，$\boldsymbol{E}_{涡旋}$又作用于带电体上的电荷. 由 Maxwell 方程的积分形式，

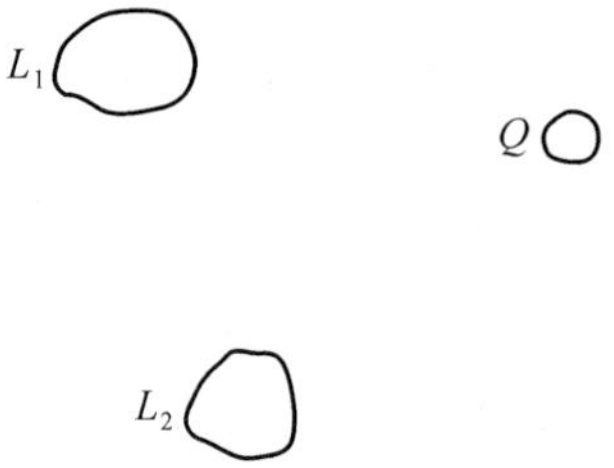

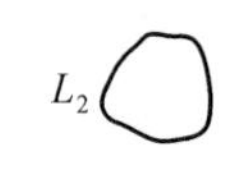

图 11-4-5

$$\oint\boldsymbol{E}_{涡旋}\cdot\mathrm{d}\boldsymbol{l}=-\frac{\mathrm{d}}{\mathrm{d}t}\iint\boldsymbol{B}\cdot\mathrm{d}\boldsymbol{S}$$

$$=-\frac{\mathrm{d}}{\mathrm{d}t}\iint(\nabla\times\boldsymbol{A})\cdot\mathrm{d}\boldsymbol{S}$$

根据 Stokes 定理，上式可改写为

$$\oint\boldsymbol{E}_{涡旋}\cdot\mathrm{d}\boldsymbol{l}=-\frac{\mathrm{d}}{\mathrm{d}t}\oint\boldsymbol{A}\cdot\mathrm{d}\boldsymbol{l}$$

故有

$$\boldsymbol{E}_{涡旋}=-\frac{\mathrm{d}\boldsymbol{A}}{\mathrm{d}t}$$

带电体的体积元 $\mathrm{d}V$ 中的电荷所受涡旋电场力为

$$\boldsymbol{E}_{涡旋}\rho\mathrm{d}V=-\rho\frac{\mathrm{d}\boldsymbol{A}}{\mathrm{d}t}\mathrm{d}V$$

带电体 Q 受到的总作用力为

$$\boldsymbol{F}_{涡旋}=-\int\rho\frac{\mathrm{d}\boldsymbol{A}}{\mathrm{d}t}\mathrm{d}V$$

上述积分遍及全部带电体. 为了维持力的平衡，确保静止，外界对带电体所施的机械力应为

$$\begin{aligned}\boldsymbol{F}_{机械}&=-\boldsymbol{F}_{涡旋}=\int\rho\frac{\mathrm{d}\boldsymbol{A}}{\mathrm{d}t}\mathrm{d}V\\&=\frac{\mathrm{d}}{\mathrm{d}t}\int\rho\boldsymbol{A}\mathrm{d}V\end{aligned}$$

根据动量定理，$\boldsymbol{F}_{机械}$的作用使上述电流-电荷系统的动量 $\boldsymbol{G}$ 发生变化，即

$$\boldsymbol{F}_{机械}=\frac{\mathrm{d}\boldsymbol{G}}{\mathrm{d}t}=\frac{\mathrm{d}}{\mathrm{d}t}\int\rho\boldsymbol{A}\mathrm{d}V$$

注意到系统开始时的动量为零，故有

$$\boldsymbol{G}=\int\rho\boldsymbol{A}\mathrm{d}V\tag{6b}$$

上述结果表明，在导电环中建立电流的过程中，原来静止的系统从外界获得的动量恰好等于电磁场具有的动量[比较(6a)和(6b)两式即可确定].

前面已经证明，在稳态条件下计算电磁场总动量的公式(3)和公式(6)是等价的. (6)式表明，电磁场的动量储存在 $\rho\neq0$ 的地方，即动量体现在电荷上. 这种情形是有例可循的，例如，在计算静电场的能量时，既可应用场能密度的公式:

$$W=\frac{1}{2}\int_V\varepsilon_0E^2\mathrm{d}V$$

也可应用电荷相互作用能的公式:

$$W=\frac{1}{2}\int\rho U\mathrm{d}V$$

前者的观点是场能分布在整个场强 E 不为零的空间，后者的观点是场能集中在电荷上. 对磁场能量分布也有相仿的结果. 根据(6)式，若电荷分布已知，设法求出磁场的势矢 $\boldsymbol{A}$，就可以求出电磁场的总动量，计算起来要比用公式(3)方便得多. 对于点电荷 q，若已知磁场的势矢 $\boldsymbol{A}$，由公式(6)，电磁场的总动量为

$$\boldsymbol{G}=q\boldsymbol{A}(\boldsymbol{r})\tag{7}$$

式中 $\boldsymbol{r}$ 是点电荷的位矢. 对于坐标原点的电磁场角动量为

$$\boldsymbol{L}=\boldsymbol{r}\times\boldsymbol{G}=\boldsymbol{r}\times q\boldsymbol{A}(\boldsymbol{r})\tag{8}$$

三、Feynman 圆盘实验的解释

当切断 Feynman 圆盘实验中的线圈电流时，圆盘将获得机械角动量，它是由电磁场角动量转换而来的，该电磁场角动量是当线圈中存在电流时本已在空间中存在的，可以利用公式(8)来计算. 在 Feynman 圆盘实验中，电量 q 的分布是已知的，即圆盘边缘镶嵌的 N 个带电小球，每个小球的带电量为 q，可以看作点电荷；另外，$\boldsymbol{A}$ 是中央线圈产生的磁场的势矢. 计算任意线圈产生的 $\boldsymbol{A}$ 是困难的，为此，一些作者对线圈产生的磁场作了不同的近似.

文献[4]假定线圈又短又小，在较远处可以把它看成是一个磁偶极子，其磁矩为

$$\boldsymbol{m}=nI\cdot\pi a^2\boldsymbol{k} \tag{9}$$

式中 n 为线圈的总圈数，a 为其半径，I 为线圈中的电流强度，$\boldsymbol{k}$ 为圆盘面的单位法向矢量. 设圆盘的半径为 R(即带电小球到轴的距离)，并假定 $a\ll R$，则线圈产生的磁场的磁力线分布如图 11-4-6 所示. 由于磁力线的闭合性，通过圆盘面的磁通量的大小应等于通过圆盘外平面的磁通量，但符号相反. 磁矩 $\boldsymbol{m}$ 在圆盘平面处产生的磁场的磁感应强度为[5]

$$\boldsymbol{B}=-\frac{\mu_0\boldsymbol{m}}{4\pi r^3}$$

式中 r 为场点到圆盘中心的距离. 故通过圆盘的磁通量为

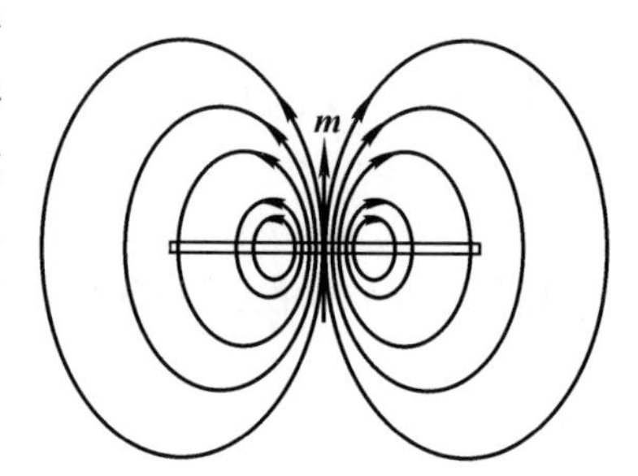

图 11-4-6

$$\begin{aligned}\Phi &= \iint\limits_{(\text{圆盘平面})}\boldsymbol{B}\cdot\mathrm{d}\boldsymbol{S} = -\iint\limits_{(\text{盘外平面})}\boldsymbol{B}\cdot\mathrm{d}\boldsymbol{S}\\ &=\frac{\mu_0 m}{4\pi}\int_R^{\infty}2\pi r\frac{\mathrm{d}r}{r^3}=\frac{\mu_0 m}{2}\int_R^{\infty}\frac{\mathrm{d}r}{r^2}\\ &=\frac{\mu_0 m}{2R}\end{aligned} \tag{10}$$

根据 Stokes 定理及 $\boldsymbol{B}=\nabla\times\boldsymbol{A}$，有

$$\oint_l\boldsymbol{A}\cdot\mathrm{d}\boldsymbol{l}=\iint_S(\nabla\times\boldsymbol{A})\cdot\mathrm{d}\boldsymbol{S}=\iint_S\boldsymbol{B}\cdot\mathrm{d}\boldsymbol{S}=\Phi \tag{11}$$

即

$$\oint\boldsymbol{A}\cdot\mathrm{d}\boldsymbol{l}=\frac{\mu_0 m}{2R}$$

式中 $\boldsymbol{A}$ 为圆盘边缘处的势矢，它指向盘缘切向，且大小恒定(详见本节附录)，故有

$$2\pi RA=\frac{\mu_0 m}{2R}$$

$$A=\frac{\mu_0 m}{4\pi R^2} \tag{12}$$

以上用间接方法求出了小球所在处的势矢，也可以由 **A** 的定义式直接求出圆电流环的势矢分布(详见本节附录). 圆电流环在远场点的势矢为

$$\boldsymbol{A}(\boldsymbol{r})=\frac{\mu_0}{4\pi}\frac{\boldsymbol{m}\times\boldsymbol{r}}{r^3}$$

由公式(7)，与第 i 个点电荷 q 相应的电磁场动量为

$$G_i=qA=\frac{\mu_0 mq}{4\pi R^2}$$

由(8)式，对圆盘中心的电磁场角动量为

$$\boldsymbol{L}_i=RqA=\frac{\mu_0 mq}{4\pi R}$$

或写成矢量式，为

$$\boldsymbol{L}_i=\frac{\mu_0 q}{4\pi R}\boldsymbol{m}$$

与 N 个点电荷相应的总电磁场角动量为

$$\begin{aligned}\boldsymbol{L}&=N\boldsymbol{L}_i\\&=\frac{\mu_0 Nq}{4\pi R}\boldsymbol{m}\end{aligned}$$

把磁矩 $\boldsymbol{m}$ 的公式(9)代入，得

$$\boldsymbol{L}=\frac{\mu_0 NnqIa^2}{4R}\boldsymbol{k}$$

当切断线圈中的电流时，上述电磁场角动量消失，转换成圆盘的机械角动量$\boldsymbol{L}_{\mathrm{M}}$，由角动量守恒定律，

$$\boldsymbol{L}_{\mathrm{M}}=\boldsymbol{L}=\frac{\mu_0 NnqIa^2}{4R}\boldsymbol{k} \tag{13}$$

上述(13)式也可以用另一方法得到. 当线圈电流被切断后，在磁场消失的过程中，空间激发出涡旋电场 $\boldsymbol{E}_{涡旋}$，它满足

$$\oint \boldsymbol{E}_{涡旋}\cdot \mathrm{d}\boldsymbol{l}=-\frac{\mathrm{d}\Phi}{\mathrm{d}t}$$

上式的线积分沿圆盘边缘，绕行方向如图 11-4-7 所示. 由上式可得

$$2\pi RE_{涡旋}=-\frac{\mathrm{d}\Phi}{\mathrm{d}t}$$

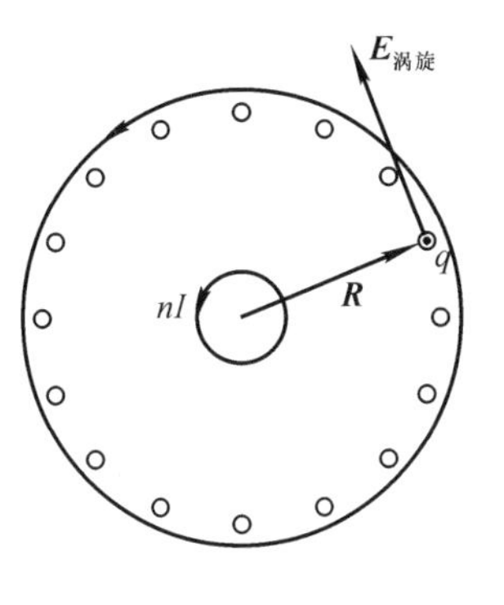

图 11-4-7

把(10)式代入,

$$E_{涡旋}=-\frac{1}{2\pi R}\frac{\mathrm{d}\Phi}{\mathrm{d}t}=-\frac{\mu_0}{4\pi R^2}\frac{\mathrm{d}m}{\mathrm{d}t}$$

涡旋电场作用于第 i 个小球上的力矩为

$$\boldsymbol{M}_i=RqE_{涡旋}\boldsymbol{k}=-\frac{\mu_0 q}{4\pi R}\frac{\mathrm{d}m}{\mathrm{d}t}\boldsymbol{k}=-\frac{\mu_0 qna^2}{4R}\frac{\mathrm{d}I}{\mathrm{d}t}\boldsymbol{k}$$

在电流消失过程中, 在 $\mathrm{d}t$ 时间内涡旋电场作用在小球上的冲量矩为

$$\boldsymbol{M}_i\mathrm{d}t=-\frac{\mu_0 qna^2}{4R}\mathrm{d}I\boldsymbol{k}$$

由角动量定理, 小球获得的角动量为

$$\mathrm{d}\boldsymbol{L}_i=\boldsymbol{M}_i\mathrm{d}t=-\frac{\mu_0 qna^2}{4R}\mathrm{d}I\boldsymbol{k}$$

在电流消失的全过程中, 小球获得的角动量为

$$\boldsymbol{L}_i=\int\boldsymbol{M}_i\mathrm{d}t=-\frac{\mu_0 qna^2}{4R}\boldsymbol{k}\int_I^0\mathrm{d}I=\frac{\mu_0 qna^2 I}{4R}\boldsymbol{k}$$

圆盘获得的总角动量为

$$\boldsymbol{L}=N\boldsymbol{L}_i=\frac{\mu_0 qNna^2 I}{4R}\boldsymbol{k}\tag{14}$$

此结果与(13)式相符.

(13)式是先计算电磁场角动量, 再由角动量守恒定律转换成圆盘的机械角动量. (14)式是直接计算涡旋电场作用于小球(圆盘)所产生的角动量. 两者的一致表明, 稳态电磁场确实具有角动量, 并在角动量转换过程中遵循角动量守恒定律.

设圆盘系统的转动惯量为 J, 则在切断线圈中的电流时, 圆盘获得的角速度为

$$\boldsymbol{\omega}=\frac{\boldsymbol{L}}{J}=\frac{\mu_0 Nna^2 qI}{4R\ J}\boldsymbol{k}$$

从圆盘上方看, 圆盘将作逆时针转动.

文献[6]的作者对线圈磁场作了另一种近似. 如图 11-4-8 所示, 假定线圈又细又长, 其半径为 a, 管内磁感应强度近似为

$$B=\mu_0 nI$$

式中 n 为线圈单位长度的匝数. 管外磁场通过圆盘面的磁通量可以忽略, 故通过圆盘面的磁通量为

$$\Phi=\pi a^2 B=\mu_0 n\pi a^2 I$$

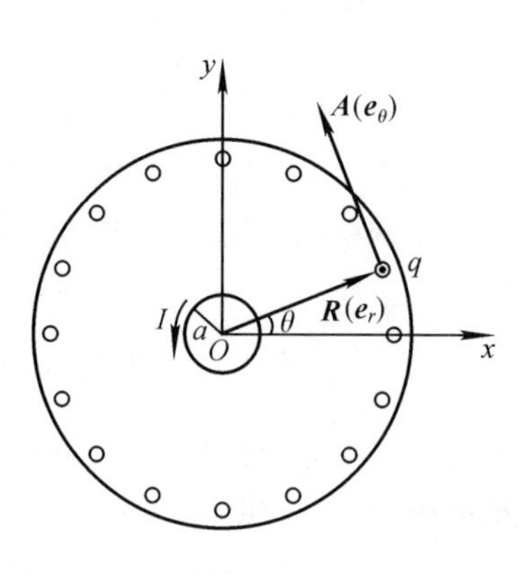

图 11-4-8

根据(11)式,

$$\oint_l \boldsymbol{A}\cdot \mathrm{d}\boldsymbol{l}=\Phi=\mu_0 n\pi a^2 I$$

线积分沿圆盘边缘. 由上式得

$$2\pi RA=\mu_0 n\pi a^2 I$$

故线圈磁场的势矢为

$$A=\frac{\mu_0 n\pi a^2 I}{2R}$$

或写成矢量式，有

$$\boldsymbol{A}=\frac{\mu_0 n\pi a^2 I}{2R}\boldsymbol{e}_\theta$$

式中 $\boldsymbol{e}_\theta$ 是盘缘切向单位矢量. 根据(8)式，与第 i 个点电荷 q 相对应的电磁场角动量为

$$\begin{aligned}\boldsymbol{L}_i&=\boldsymbol{R}\times q\boldsymbol{A}\\&=\frac{1}{2}\mu_0 n\pi a^2 Iq\boldsymbol{e}_r\times\boldsymbol{e}_\theta\\&=\frac{1}{2}\mu_0 n\pi a^2\ Iq\boldsymbol{k}\end{aligned}$$

式中 $\boldsymbol{R}$ 是点电荷的位矢，$\boldsymbol{e}_r$ 是径向单位矢量，$\boldsymbol{k}$ 为 z 轴单位矢量. 与 N 个点电荷对应的电磁场总角动量为

$$\boldsymbol{L}=N\boldsymbol{L}_i=\frac{1}{2}\mu_0 Nn\pi a^2 Iq\boldsymbol{k}$$

切断线圈电流后，电磁场角动量消失，由角动量守恒定律，圆盘获得的机械角动量为

$$\boldsymbol{L}_{\mathrm{M}}=\boldsymbol{L}=\frac{1}{2}\mu_0 Nn\pi a^2 Iq\boldsymbol{k}\tag{15}$$

与前述近似相仿，也可以直接计算涡旋电场施予圆盘的力矩，进而求得圆盘的机械角动量，可以期望其结果与(15)式一致.

附录　圆电流环的势矢分布

势矢 $\boldsymbol{A}$ 的定义式为

$$\boldsymbol{A}(\boldsymbol{r})=\frac{\mu_0}{4\pi}\int\frac{\boldsymbol{j}}{r'}\mathrm{d}V'$$

式中 $\boldsymbol{r}$ 为场点的位矢，r' 为电流密度 $\boldsymbol{j}$ 所在处到场点的距离，积分遍及电流分布的区域. 若电流限制在闭合导线回路中，电流强度为 I，则

$$\boldsymbol{A}=\frac{\mu_0 I}{4\pi}\oint\frac{\mathrm{d}\boldsymbol{l}}{r'}\tag{1}$$

式中 d$\boldsymbol{l}$ 是与电流方向一致的导线线元，积分沿闭合的导线回路.

如附录图 1 所示，一圆电流环，半径为 a，电流强度为 I，试求远场区域势矢 $\boldsymbol{A}$ 的分布. 在附录图 1 中，P 为远场点，其位矢为 $\boldsymbol{r}$，从 P 点作直线与电流环平面垂直，联结环心 O 与垂足的直线作为 x 轴，y 轴与 x 轴均在电流环平面内，z 轴与电流环平面垂直. 在电流环上 x 轴的两侧取对称的两个导线线元 d$\boldsymbol{l}$ 和 d$\boldsymbol{l}'$，大小相等，它们的 x 分量互相抵消，y 分量则相加，因而积分时只需考虑 d$\boldsymbol{l}$ 的 y 分量的求和即可，设线元 d$\boldsymbol{l}$ 所在处的方位角为 φ，则

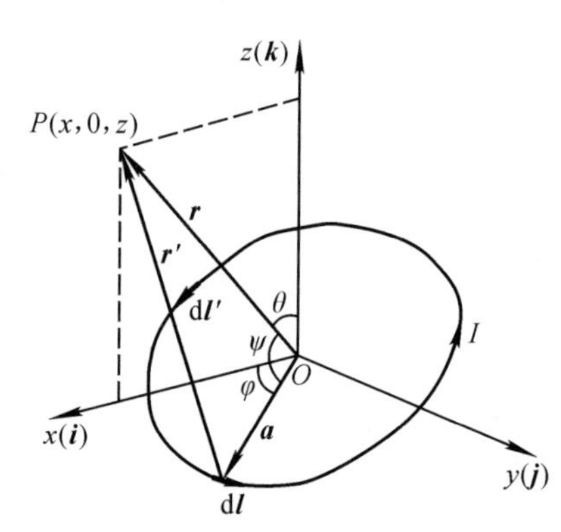

附录图　1

$$\mathrm{d}\boldsymbol{l}=-(a\mathrm{d}\varphi)\sin\varphi\,\boldsymbol{i}+(a\mathrm{d}\varphi)\cos\varphi\,\boldsymbol{j}$$

式中右端第一项为 x 分量，对积分结果无贡献. 故 P 点的势矢为

$$\boldsymbol{A}=\frac{\mu_0 I}{4\pi}\int_0^{2\pi}\frac{(a\cos\varphi\mathrm{d}\varphi)\boldsymbol{j}}{r'} \tag{2}$$

式中 r' 是线元 d$\boldsymbol{l}$ 到 P 点的距离. 现将 r' 用 r 和 φ 来表示，根据余弦定理，

$$r'^2=r^2+a^2-2ar\cos\psi$$

式中 ψ 是 $\boldsymbol{a}$ 与 $\boldsymbol{r}$ 之间的夹角. 上式可写为

$$\frac{r}{r'}=\left(1-\frac{a^2}{r'^2}+\frac{2ar}{r'^2}\cos\psi\right)^{\frac{1}{2}}$$

因 P 是远场点，故有 $a\ll r'$，$r'\approx r$，上式可简化为

$$\frac{r}{r'}\approx\left(1-\frac{a^2}{r^2}+\frac{2a}{r}\cos\psi\right)^{\frac{1}{2}}$$

$$\approx 1-\frac{a^2}{2r^2}+\frac{a}{r}\cos\psi$$

进一步把 $\cos\psi$ 用 φ 的函数表示，因

$$\boldsymbol{r}\cdot\boldsymbol{a}=(x\boldsymbol{i}+z\,\boldsymbol{k})\cdot(a\cos\varphi\,\boldsymbol{i}+a\sin\varphi\,\boldsymbol{j})$$

$$=xa\cos\varphi$$

$$\boldsymbol{r}\cdot\boldsymbol{a}=ra\cos\psi$$

故有

$$\cos\psi=\frac{x}{r}\cos\varphi$$

$$\frac{r}{r'}\approx 1-\frac{a^2}{2r^2}+\frac{ax}{r^2}\cos\varphi$$

代入(2)式，得

$$\boldsymbol{A}=\frac{\mu_0 I}{4\pi}\int_0^{2\pi}a\cos\varphi\left(1-\frac{a^2}{2r^2}+\frac{ax}{r^2}\cos\varphi\right)\mathrm{d}\varphi\boldsymbol{j}$$

$$= \frac{\mu_0 I}{4\pi}\left[\int_0^{2\pi} a\left(1 - \frac{a^2}{2r}\right)\cos\varphi \mathrm{d}\varphi + \int_0^{2\pi} \frac{a^2 x}{r^2}\cos^2\varphi \mathrm{d}\varphi\right] \boldsymbol{j}$$

上式中第一项积分为零，第二项积分中的 x 是场点 P 的坐标，是固定的，故得

$$\boldsymbol{A} = \frac{\mu_0}{4\pi}\frac{I\pi a^2}{r^3}x\boldsymbol{j} = \frac{\mu_0}{4\pi}\frac{I\pi a^2}{r^2}\sin\theta\boldsymbol{j}$$

$$= \frac{\mu_0}{4\pi}\frac{\boldsymbol{m}\times\boldsymbol{r}}{r^3} \tag{3}$$

式中

$$\boldsymbol{m} = I\pi a^2\boldsymbol{k}$$

为圆电流环的磁矩，$\boldsymbol{r}$ 是场点 P 的位矢．(3)式就是圆电流环在远场点的势矢公式．应用到 Feynman 圆盘实验中时，圆盘面上位矢为 $\boldsymbol{R}$ 的金属小球所在处的矢势为

$$\boldsymbol{A}(\boldsymbol{R}) = \frac{\mu_0}{4\pi}\frac{\boldsymbol{m}\times\boldsymbol{R}}{R^3}$$

因 $\boldsymbol{m}$ 与 $\boldsymbol{R}$ 垂直，故 $\boldsymbol{A}$ 在圆盘面内并与盘缘相切，其大小为

$$A = \frac{\mu_0 m}{4\pi R^2}$$

这就是本节三正文中的公式(12)．

参 考 文 献

[1] 陈熙谋．大学物理．1982(4)．

[2] FEYNMAN R P．费曼物理学讲义：第二卷．上海：上海科学技术出版社，1981：§17-4．

[3] CALKIN M G．Linear momentum of quasistatic electro-magnetic fields．Am．J．Phys．，1966(34)：921．

[4] 丁成文．大学物理，1987(10)．

[5] 赵凯华，陈熙谋．电磁学．2 版．北京：高等教育出版社，1986：第六章 §2．

[6] 贾兆平，刘惠恩．大学物理，1983(4)．

§5. 载流直螺线管的磁场

一、密绕无穷长螺线管的磁场

在电磁学课程中讲授恒定磁场时，通常都把密绕载流长直螺线管产生的磁场作为一个重要的例子．对于管内的磁场，一般先根据 Biot-Savart 定律求出轴线上的磁场，然后再利用 Ampere 环路定理证明管内磁场是均匀的(指无穷长螺线管)，即得出

$$B_{管内}=\mu_0 nI$$

式中 n 是单位长度的匝数，I 是电流强度.

至于螺线管外的磁场，国内不少电磁学教材都武断地认为管外磁场为零. 有的教材[1]还试图论证 $B_{管外}=0$. 其论证方法是作如图 11-5-1 所示的矩形回路 $abcd$，根据 Ampere 环路定理，有

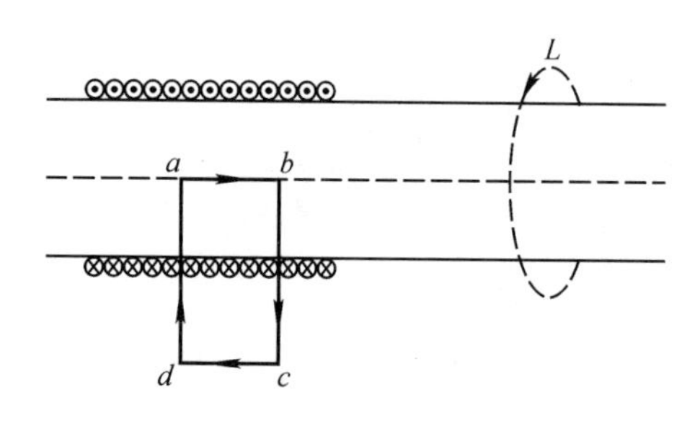

图 11-5-1

$$\oint_{abcd}\boldsymbol{B}\cdot \mathrm{d}\boldsymbol{l}=\int_{ab}\boldsymbol{B}\cdot \mathrm{d}\boldsymbol{l}+\int_{bc}\boldsymbol{B}\cdot \mathrm{d}\boldsymbol{l}+\int_{cd}\boldsymbol{B}\cdot \mathrm{d}\boldsymbol{l}+\int_{da}\boldsymbol{B}\cdot \mathrm{d}\boldsymbol{l}=\mu_0 nI\,\overline{ab}$$

已知轴线上($\overline{ab}$段)的 $B=\mu_0 nI$，故

$$\int_{ab}\boldsymbol{B}\cdot \mathrm{d}\boldsymbol{l}=\mu_0 nI\,\overline{ab}$$

又因

$$\int_{bc}\boldsymbol{B}\cdot \mathrm{d}\boldsymbol{l}=0,\qquad \int_{da}\boldsymbol{B}\cdot \mathrm{d}\boldsymbol{l}=0$$

故要求

$$\int_{cd}\boldsymbol{B}_{管外}\cdot \mathrm{d}\boldsymbol{l}=B_{管外}\,\overline{cd}=0$$

结论是

$$B_{管外}=0$$

但是，上述论证是欠妥的，因为它预先假定了$\overline{cd}$路径上的 $\boldsymbol{B}$ 与$\mathrm{d}\boldsymbol{l}$同方向. 实际上，在一般情形，由 $\boldsymbol{B}_{管外}\cdot \mathrm{d}\boldsymbol{l}=0$ 并不能得出 $\boldsymbol{B}_{管外}=0$，最多只能说明管外磁场的轴向分量为零.

也有人为了论证 $\boldsymbol{B}_{管外}=0$，作如图 11-5-1 所示的与螺线管同轴的圆形回路 L，把 Ampere 环路定理应用于回路 L. 可以证明(见下)，若管外存在磁场，则其轴向分量和径向(垂直于轴)分量必为零，故唯一可能的是沿回路的切向分量不为零. 当忽略螺线管绕线的螺距时，电流只能在与轴垂直的平面内，因而无电流穿过回路 L 所包围的面积，故有

$$\oint_L \boldsymbol{B} \cdot \mathrm{d}\boldsymbol{l} = 0$$

从而

$$B_{管外}=0$$

应该指出，上述论证同样是欠妥的，因为既然讨论的前提是螺线管，其螺距就绝不能忽略，忽略了螺距就不成其为螺线管，这种忽略实际上是推翻、篡改了讨论的前提. 上述论证的结论是沿回路 L 切向的磁场等于零，对于密绕无穷长螺线管，这个结论是错误的.

P. Lorrain 等的著作《电磁场与电磁波》[2] 中明确指出，密绕无限长螺线管外的磁场不为零. 国内一些作者[3]—[5] 也对管外磁场为零的结论提出过异议.

对于密绕无限长螺线管管外磁场的特点，可以先作如下的定性分析. 为了方便叙述，作如图 11-5-2 所示的柱坐标(z, r, φ)，其中 z 轴沿螺线管的轴线，径向坐标为 r，横向坐标(方位角)为 φ. 经定性分析，容易得出如下结论.

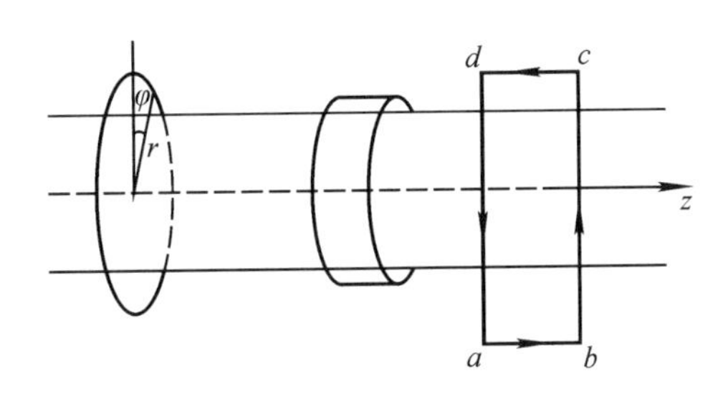

图 11-5-2

1. 由对称性，管外磁场既不是 z 的函数，也不是 φ 的函数，故管外磁场不可能是均匀磁场，只能是径向坐标 r 的函数.

2. 管外磁场 $\boldsymbol{B}_{管外}$(为了简便，写成 $\boldsymbol{B}$)的径向分量 $B_r=0$. 为了证明这一结论，作如图 11-5-2 所示的同轴圆柱面. 根据磁场的 Gauss 定理，通过上述闭合圆柱面的磁通量为零，即

$$\oiint \boldsymbol{B} \cdot \mathrm{d}\boldsymbol{S} = \iint_{左底面} \boldsymbol{B} \cdot \mathrm{d}\boldsymbol{S} + \iint_{右底面} \boldsymbol{B} \cdot \mathrm{d}\boldsymbol{S} + \iint_{侧面} \boldsymbol{B} \cdot \mathrm{d}\boldsymbol{S} = 0$$

由对称性，通过左、右底面的磁通量应互相抵消，故

$$\oiint \boldsymbol{B} \cdot \mathrm{d}\boldsymbol{S} = \iint_{侧面} \boldsymbol{B} \cdot \mathrm{d}\boldsymbol{S} = \iint_{侧面} B_r \mathrm{d}S = 0$$

式中 B_r 是管外磁场 $\boldsymbol{B}$ 的径向分量，故有

$$B_r=0$$

3. 管外磁场的 z 分量应为零，即 $B_z=0$. 为了证明这一结论，作如图 11-5-2 所示的矩形回路 $abcd$，其中 ab 边与 cd 边与轴线的距离可任意. 由对称性，因无净电流穿过此

闭合回路，根据 Ampere 环路定理，有

$$\oint_{abcd}\boldsymbol{B}\cdot\mathrm{d}\boldsymbol{l}=\int_{ab}B_{z1}\mathrm{d}l+\int_{bc}\boldsymbol{B}\cdot\mathrm{d}\boldsymbol{l}-\int_{cd}B_{z2}\mathrm{d}l+\int_{da}\boldsymbol{B}\cdot\mathrm{d}\boldsymbol{l}=0$$

式中 B_{z1} 和 B_{z2} 分别是 ab 边和 cd 边处磁场的轴向分量. 因在 bc 边和 da 边的管内部分处的磁场(管内磁场) $\boldsymbol{B}$ 与 $\mathrm{d}\boldsymbol{l}$ 垂直，故对积分无贡献；而在 bc 边和 da 边的管外部分处，前已证明(见 2)，管外磁场的径向分量 $B_{\mathrm{r}}=0$，故对积分也无贡献. 于是上式右端第二项和第四项均为零. 所以

$$\int_{ab}B_{z1}\mathrm{d}l-\int_{cd}B_{z2}\mathrm{d}l=0$$

又因 ab 边和 cd 边离轴线的距离是任意的，故管外磁场的 z 分量只能是

$$B_{z1}=B_{z2}=B_z=0$$

在讨论密绕无限长螺线管的管外磁场时，问题的关键在于螺距不能忽略. 为了说明这一点，让我们先看一下产生螺旋线的一种古老方法. 如图 11-5-3 所示，取一条倾角为 α 的直角三角形纸条，绕在半径为 R 的圆筒上，纸条的斜边就构成了螺旋线. 当纸条的底边绕圆筒一周时，螺旋线推进的距离 d 即为螺距. 显然有

$$\tan\alpha=\frac{d}{2\pi R}$$

单位长度的圈数为

$$n=\frac{1}{d}=\frac{\cot\alpha}{2\pi R}\tag{1}$$

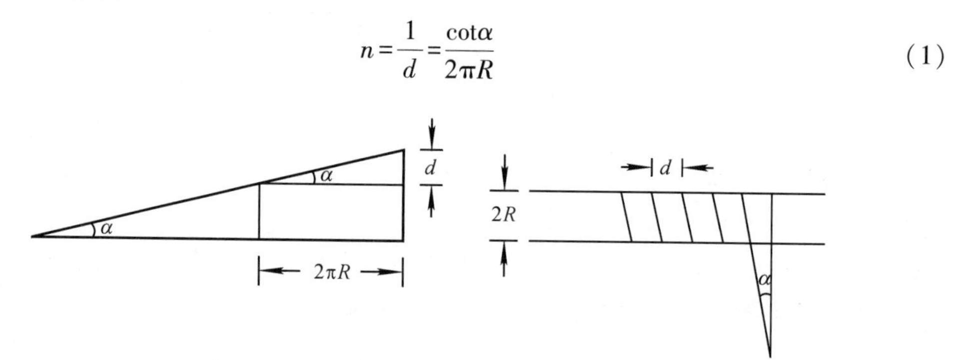

图 11-5-3

如图 11-5-4 所示，对于密绕螺线管，螺距即为导线的直径. 在密绕条件下，相当于螺线管表面有一均匀的表面电流层. 定义垂直通过单位长线段的电流强度为面电流密度 $\boldsymbol{j}$. 由图 11-5-4 可知，$\boldsymbol{j}$ 的大小为

$$j=\frac{1}{\cos\alpha}nI\tag{2}$$

式中 n 为轴向单位长度内包含的线圈数，I 为导线中的电流强度. 如图 11-5-4 所示，$\boldsymbol{j}$

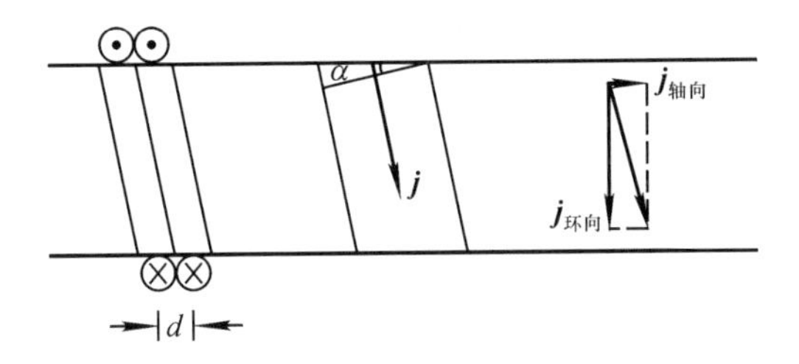

图 11-5-4

可以分解为$j_{轴向}$和$j_{环向}$两个分量，前者沿螺线管的轴向，后者沿螺线管横截圆的切向. 把(1)式代入(2)式，得

$$j=\frac{I}{2\pi R\sin\ \alpha}$$

并有

$$j_{轴向}=j\sin\ \alpha=\frac{I}{2\pi R}$$

$$j_{环向}=j\cos\ \alpha=\frac{I}{2\pi R}\cot\ \alpha$$

轴向总电流为

$$I_{轴向}=j_{轴向}2\pi R=I$$

通过单位长度线段的环向总电流为

$$I_{环向}=j_{环向}=\frac{I}{2\pi R}\cot\ \alpha=nI$$

由此可见，轴向电流$I_{轴向}$与螺距大小d无关，螺距再小$I_{轴向}$也不会为零，且总等于I，所以“忽略”螺距是毫无意义的. 环向电流使管内产生的磁场为

$$B_{管内}=\mu_0 nI$$

轴向电流在管外产生的磁场为

$$B_{管外}=\frac{\mu_0 I}{2\pi r}$$

式中r为场点到轴线的垂直距离. 前已指出，管外磁场无轴向分量，把 Ampere 环路定理应用于图 11-5-1 中的回路L时，有

$$\oint \boldsymbol{B}\cdot \mathrm{d}\boldsymbol{l}=\mu_0 I$$

需要指出，实际螺线管的n通常较大，故有

$$B_{管内}\gg B_{管外}$$

在实用中通常只关心管内磁场，管外磁场往往无需多加考虑. 但在讨论诸如沿图 11-5-1

中闭合曲线 L 的回路积分 $\oint \boldsymbol{B} \cdot \mathrm{d}\boldsymbol{l}$ 是否严格为零的问题时，就不能随意忽略管外磁场，否则将得出错误的结论. 从理论上说，管外磁场是否严格为零，与 $B_{管外}$ 和 $B_{管内}$ 相比是否可以忽略，这是两个完全不同的问题，在数学上作适当的说明，予以澄清，避免混淆是必要的.

二、非密绕螺线管的磁场

由于计算比较繁琐，非密绕螺线管产生的磁场在一般电磁学教科书中很少提及，但由于非密绕螺线管可以用来产生具有空间旋转性的特殊磁场，现已成为自由电子激光器的一种装置. W. R. Smythe 在其著作中介绍了非密绕螺线管轴上磁场的计算方法[6].

如图 11-5-5 所示是非密绕螺旋导线，螺旋半径为 a，轴向单位长度的圈数为 n，螺距为 $\boldsymbol{\lambda}_{\omega}$，显然有

$$n=\frac{1}{\boldsymbol{\lambda}_{\omega}}$$

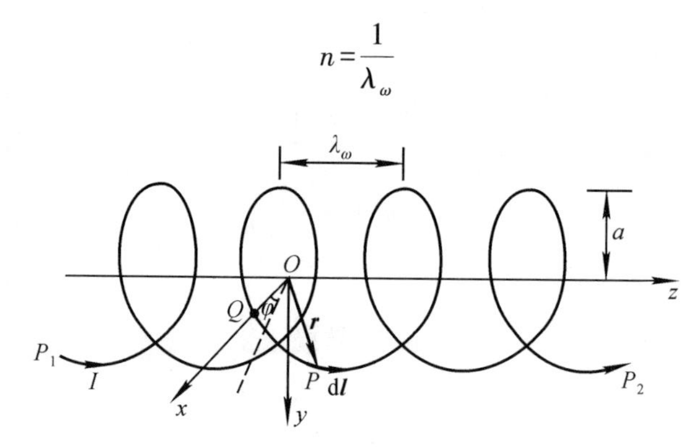

图 11-5-5

设通过螺旋导线的电流强度为 I. 为了求轴上观察点 O 的磁感应强度，用如下方法设置直角坐标系：以观察点 O 为坐标原点，螺线管的中心轴为 z 轴，通过 O 点并与 z 轴垂直的平面与螺旋线的交点为 Q，联结 O 和 Q 两点的直线为 x 轴，xy 平面与 z 轴垂直.

在螺旋导线上的 P 点处取线元 $\mathrm{d}\boldsymbol{l}$，其位矢为 $\boldsymbol{r}$，$\boldsymbol{r}$ 在 xy 平面内的投影在图 11-5-5 中用虚线表示，该虚线与 x 轴的夹角为 φ. 于是，P 点的坐标即 $\boldsymbol{r}=(x, y, z)$ 为

$$\boldsymbol{r}:\begin{cases}x=a\cos\varphi\\ y=a\sin\varphi\\ z=\dfrac{\boldsymbol{\lambda}_{\omega}}{2\pi}\varphi=\dfrac{\varphi}{2\pi n}\end{cases}$$

线元 $\mathrm{d}\boldsymbol{l}$ 的三个分量即 $\mathrm{d}\boldsymbol{l}=(\mathrm{d}l_x, \mathrm{d}l_y, \mathrm{d}l_z)$ 为

$$\mathrm{d}\boldsymbol{l}:\begin{cases}\mathrm{d}l_x=\mathrm{d}x=-a\sin\varphi\mathrm{d}\varphi\\ \mathrm{d}l_y=\mathrm{d}y=a\cos\varphi\mathrm{d}\varphi\\ \mathrm{d}l_z=\mathrm{d}z=\dfrac{\lambda_\omega}{2\pi}\mathrm{d}\varphi=\dfrac{\mathrm{d}\varphi}{2\pi n}\end{cases}$$

根据 Biot-Savart 定律，O 点的磁场为

$$\boldsymbol{B}=\frac{\mu_0 I}{4\pi}\int_{P_1}^{P_2}\frac{\mathrm{d}\boldsymbol{l}\times\boldsymbol{r}'}{r^3} \tag{3}$$

式中 P_1 和 P_2 分别代表螺旋线的左端和右端，I 是螺旋线中的电流强度，$\boldsymbol{r}'$是从电流元 $I\,\mathrm{d}\boldsymbol{l}$到 O 点所引的矢量，它与电流元位矢 $\boldsymbol{r}$ 的关系为

$$\boldsymbol{r}'=-\boldsymbol{r}$$

即

$$\begin{cases}r_x'=-x=-a\cos\varphi\\ r_y'=-y=-a\sin\varphi\\ r_z'=-z=-\dfrac{\varphi}{2\pi n}\end{cases}$$

因

$$\begin{aligned}(\mathrm{d}\boldsymbol{l}\times\boldsymbol{r}')_x&=r_z'\mathrm{d}l_y-r_y'\mathrm{d}l_z\\&=-\frac{\varphi}{2\pi n}a\cos\varphi\mathrm{d}\varphi+a\sin\varphi\frac{\mathrm{d}\varphi}{2\pi n}\\&=\frac{a}{2\pi n}(\sin\varphi-\varphi\cos\varphi)\mathrm{d}\varphi\\(\mathrm{d}\boldsymbol{l}\times\boldsymbol{r}')_y&=r_x'\mathrm{d}l_z-r_z'\mathrm{d}l_x\\&=-a\cos\varphi\frac{\mathrm{d}\varphi}{2\pi n}-\frac{\varphi}{2\pi n}a\sin\varphi\mathrm{d}\varphi\\&=-\frac{a}{2\pi n}(\cos\varphi+\varphi\sin\varphi)\mathrm{d}\varphi\\(\mathrm{d}\boldsymbol{l}\times\boldsymbol{r}')_z&=r_y'\mathrm{d}l_x-r_x'\mathrm{d}l_y\\&=a^2\sin^2\varphi\mathrm{d}\varphi+a^2\cos^2\varphi\mathrm{d}\varphi\\&=a^2\mathrm{d}\varphi\end{aligned}$$

$$\begin{aligned}r&=(x^2+y^2+z^2)^{\frac{1}{2}}=\left[a^2+\left(\frac{\varphi}{2\pi n}\right)^2\right]^{\frac{1}{2}}\\&=\frac{1}{2\pi n}[(2\pi na)^2+\varphi^2]^{\frac{1}{2}}\end{aligned}$$

代入(3)式，得出磁场 **B** 的三个分量为

$$B_x=\frac{\mu_0 I}{4\pi}(2\pi n)^3\frac{a}{2\pi n}\int_{\varphi_1}^{\varphi_2}\frac{\sin\varphi-\varphi\cos\varphi}{[(2\pi na)^2+\varphi^2]^{3/2}}d\varphi$$

$$=\mu_0 I\pi n^2 a\int_{\varphi_1}^{\varphi_2}\frac{\sin\varphi-\varphi\cos\varphi}{[(2\pi na)^2+\varphi^2]^{3/2}}d\varphi \tag{4}$$

$$B_y=-\mu_0 I\pi n^2 a\int_{\varphi_1}^{\varphi_2}\frac{\cos\varphi+\varphi\sin\varphi}{[(2\pi na)^2+\varphi^2]^{3/2}}d\varphi \tag{5}$$

$$B_z=\frac{\mu_0 I}{4\pi}(2\pi n)^3 a^2\int_{\varphi_1}^{\varphi_2}\frac{d\varphi}{[(2\pi na)^2+\varphi^2]^{3/2}} \tag{6}$$

如图 11-5-6 所示，设观察点 O 离螺旋线中点的距离为 b，则螺旋线左、右端的方位角分别为

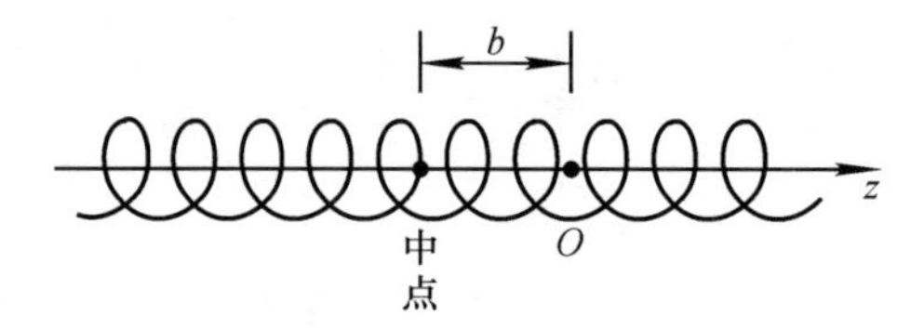

图 11-5-6

$$\varphi_1=-\frac{N}{2}2\pi-\frac{2\pi}{\lambda_\omega}b=-N\pi-2\pi nb$$

$$\varphi_2=N\pi-2\pi nb$$

式中 N 为螺旋线的总圈数.

现在分别计算 **B** 的三个分量. 由公式(6)，有

$$B_z=\frac{\mu_0 I}{4\pi}(2\pi n)^3 a^2\int_{\varphi_1}^{\varphi_2}\frac{d\varphi}{[(2\pi na)^2+\varphi^2]^{3/2}}$$

$$=\frac{\mu_0 I}{4\pi}(2\pi n)^3 a^2\frac{1}{(2\pi na)^2}\frac{\varphi}{[(2\pi na)^2+\varphi^2]^{\frac{1}{2}}}\Bigg|_{\varphi_1}^{\varphi_2}$$

$$=\frac{1}{2}\mu_0 nI\left[\frac{\varphi}{\sqrt{(2\pi na)^2+\varphi^2}}\right]_{\varphi_1}^{\varphi_2}$$

$$=\frac{1}{2}\mu_0 nI\left[\frac{N\pi-2\pi nb}{\sqrt{(2\pi na)^2+(N\pi-2\pi nb)^2}}+\frac{N\pi+2\pi nb}{\sqrt{(2\pi na)^2+(N\pi+2\pi nb)^2}}\right]$$

$$= \frac{1}{2}\mu_0 nI\left[\frac{\frac{N}{2n} - b}{\sqrt{a^2 + \left(\frac{N}{2n} - b\right)^2}} + \frac{\frac{N}{2n} + b}{\sqrt{a^2 + \left(\frac{N}{2n} + b\right)^2}}\right]$$

螺旋线的半长度为$\frac{N}{2n}$，如图 11-5-7 所示，有

$$\cos\beta_1 = -\frac{\frac{N}{2n}+b}{\sqrt{a^2+\left(\frac{N}{2n}+b\right)^2}}$$

$$\cos\beta_2 = \frac{\frac{N}{2n}-b}{\sqrt{a^2+\left(\frac{N}{2n}-b\right)^2}}$$

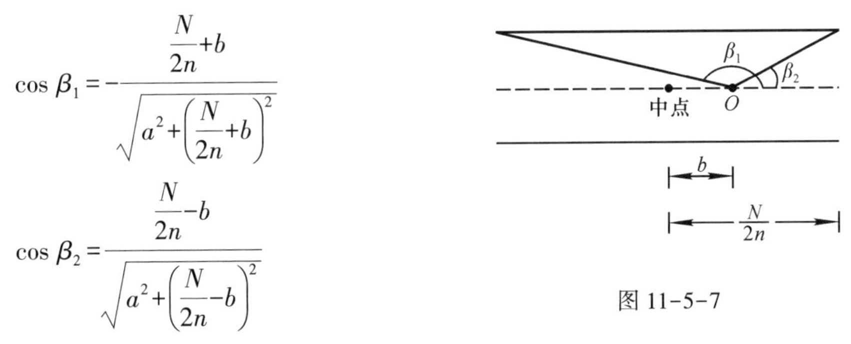

图 11-5-7

式中 a 是螺旋半径. 由以上三式，得

$$B_z = \frac{1}{2}\mu_0 nI(\cos\beta_2 - \cos\beta_1)$$

对于无穷长螺旋线，$\beta_1 = \pi$，$\beta_2 = 0$，得

$$B_z = \mu_0 nI$$

对于 $\boldsymbol{B}$ 的 x 分量 B_x，当螺旋线为无穷长时，$\varphi_1 = -\infty$，$\varphi_2 = \infty$，由公式(4)，得

$$B_x = \mu_0 I\pi n^2 a\int_{-\infty}^{\infty}\frac{\sin\varphi - \varphi\cos\varphi}{[(2\pi na)^2 + \varphi^2]^{3/2}}\mathrm{d}\varphi = 0$$

上述积分为零的原因是被积函数为奇函数.

注意到 B_y 积分式中的被积函数为偶函数，有

$$B_y = -2\mu_0 I\pi n^2 a\int_0^{\infty}\frac{\cos\varphi + \varphi\sin\varphi}{[(2\pi na)^2 + \varphi^2]^{3/2}}\mathrm{d}\varphi$$

$$= -2\mu_0 I\pi n^2 a\left[\int_0^{\infty}\frac{\cos\varphi\mathrm{d}\varphi}{[(2\pi na)^2 + \varphi^2]^{3/2}} + \int_0^{\infty}\frac{\varphi\sin\varphi}{[(2\pi na)^2 + \varphi^2]^{3/2}}\right] \tag{7}$$

令

$$u = \sin\varphi$$

$$v = -[(2\pi na)^2 + \varphi^2]^{-\frac{1}{2}}$$

则

$$\mathrm{d}v = \frac{\varphi\mathrm{d}\varphi}{[(2\pi na)^2 + \varphi^2]^{3/2}}$$

(7)式中第二个积分用分部积分法可得

$$\int_0^\infty \frac{\varphi\sin\varphi \mathrm{d}\varphi}{[(2\pi na)^2+\varphi^2]^{3/2}} = \int u\mathrm{d}v$$

$$= \int \mathrm{d}(uv) - \int v\mathrm{d}u$$

$$= \frac{\sin\varphi}{[(2\pi na)^2+\varphi^2]^{\frac{1}{2}}}\Bigg|_{\varphi=0}^{\varphi=\infty} + \int_0^\infty \frac{\cos\varphi \mathrm{d}\varphi}{[(2\pi na)^2+\varphi^2]^{\frac{1}{2}}}$$

$$= \int_0^\infty \frac{\cos\varphi \mathrm{d}\varphi}{[(2\pi na)^2+\varphi^2]^{\frac{1}{2}}}$$

故(7)式变为

$$B_y = -2\mu_0 I\pi n^2 a\left[\int_0^\infty \frac{\cos\varphi \mathrm{d}\varphi}{[(2\pi na)^2+\varphi^2]^{3/2}} + \int_0^\infty \frac{\cos\varphi \mathrm{d}\varphi}{[(2\pi na)^2+\varphi^2]^{\frac{1}{2}}}\right] \tag{8}$$

上式中的两个积分均可用第二类变型 Bessel 函数表示. 为此，令

$$x = 2\pi na$$

$$\varphi = 2\pi na\mathrm{sh}t = x\mathrm{sh}t$$

其中

$$\mathrm{sh}t = \frac{\mathrm{e}^t - \mathrm{e}^{-t}}{2}$$

为双曲正弦函数. φ 的微分为

$$\mathrm{d}\varphi = x\mathrm{ch}t\mathrm{d}t$$

其中

$$\mathrm{ch}t = \frac{\mathrm{e}^t + \mathrm{e}^{-t}}{2}$$

为双曲余弦函数. 把上述变换代入(8)式中的第二个积分，得

$$\int_0^\infty \frac{\cos\varphi \mathrm{d}\varphi}{[(2\pi na)^2+\varphi^2]^{\frac{1}{2}}} = \int_0^\infty \frac{x\cos(x\mathrm{sh}t)\mathrm{ch}t\mathrm{d}t}{x\sqrt{1+\mathrm{ch}^2 t}} = \int_0^\infty \cos(x\mathrm{sh}t)\mathrm{d}t$$

已知第二类修正的 Bessel 函数的积分表示式为[7]

$$\mathrm{K}_n(x) = \frac{(2n)!}{2^n n!\ x^n}\int_0^\infty \frac{\cos(x\mathrm{sh}t)}{\mathrm{ch}^{2n}t}\mathrm{d}t \qquad (n\ \text{为整数})$$

当 $n=0$ 时，

$$\mathrm{K}_0(x) = \int_0^\infty \cos(x\mathrm{sh}t)\mathrm{d}t$$

当 $n=1$ 时，

$$\mathrm{K}_1(x) = \frac{1}{x}\int_0^{\infty} \frac{\cos(x\operatorname{sh}t)}{\operatorname{ch}^2 t}\mathrm{d}t$$

$\mathrm{K}_0(x)$和$\mathrm{K}_1(x)$分别称为0阶和1阶第二类修正的Bessel函数. 所以(8)式中的第二个积分可以表为

$$\int_0^{\infty} \frac{\cos\varphi \mathrm{d}\varphi}{[(2\pi na)^2 + \varphi^2]^{\frac{1}{2}}} = \mathrm{K}_0(2\pi na) \tag{9}$$

再考虑(8)式中的第一个积分. 容易看出，它与第二个积分对$x(=2\pi na)$的导数相联系，因第二个积分为

$$\mathrm{K}_0(x) = \int_0^{\infty} \frac{\cos\varphi \mathrm{d}\varphi}{[(2\pi na)^2 + \varphi^2]^{\frac{1}{2}}} = \int_0^{\infty} \frac{\cos\varphi \mathrm{d}\varphi}{(x^2 + \varphi^2)^{\frac{1}{2}}}$$

对x求导，得

$$\frac{\mathrm{d}}{\mathrm{d}x}\mathrm{K}_0(x) = -x\int_0^{\infty} \frac{\cos\varphi \mathrm{d}\varphi}{(x^2 + \varphi^2)^{3/2}}$$

故(8)式中的第一个积分为

$$\int_0^{\infty} \frac{\cos\varphi \mathrm{d}\varphi}{[(2\pi na)^2 + \varphi^2]^{3/2}} = \int_0^{\infty} \frac{\cos\varphi \mathrm{d}\varphi}{(x^2 + \varphi^2)^{3/2}} = -\frac{1}{x}\frac{\mathrm{d}}{\mathrm{d}x}\mathrm{K}_0(x) \tag{10}$$

根据$\mathrm{K}_n(x)$函数的递推关系，

$$\frac{\mathrm{d}}{\mathrm{d}x}\mathrm{K}_n(x) = \frac{n}{x}\mathrm{K}_n(x) - \mathrm{K}_{n+1}(x)$$

当$n=0$时，

$$\frac{\mathrm{d}}{\mathrm{d}x}\mathrm{K}_0(x) = -\mathrm{K}_1(x)$$

故(10)式可写成

$$\int_0^{\infty} \frac{\cos\varphi \mathrm{d}\varphi}{(x^2 + \varphi^2)^{3/2}} = \frac{1}{x}\mathrm{K}_1(x)$$

或

$$\int_0^{\infty} \frac{\cos\varphi \mathrm{d}\varphi}{[(2\pi na)^2 + \varphi^2]^{3/2}} = \frac{1}{2\pi na}\mathrm{K}_1(2\pi na) \tag{11}$$

将(9)、(11)两式代入(8)式，得

$$B_y = -\mu_0 nI[2\pi na\mathrm{K}_0(2\pi na) + \mathrm{K}_1(2\pi na)]$$

总结以上结果，观察点O磁场的三个分量为(螺旋线为无穷长)

$$\begin{cases} B_x = 0 \\ B_y = -\mu_0 nI[2\pi na\mathrm{K}_0(2\pi na) + \mathrm{K}_1(2\pi na)] \\ B_z = \mu_0 nI \end{cases} \tag{12}$$

与密绕螺线管相比，多了个 y 分量 B_y. 正由于 B_y 的存在，使非密绕螺线管的磁场得到了重要应用(见下). 对于密绕螺线管，因其螺距 λ_ω 很小，即单位长度的圈数 n 很大，而当 $n\to\infty$ 时，$2\pi na\mathrm{K}_0(2\pi na)\to 0$，$\mathrm{K}_1(2\pi na)\to 0$①，故 $B_y\to 0$，管内磁场的横向分量消失，只剩下纵向分量，即

$$B=B_z=\mu_0 nI$$

这就是众所周知的无穷长密绕螺线管内的磁场公式.

必须注意，x 轴和 y 轴并不是固定的，它们的指向随着观察点 O 位置的变化而变化. 因为按照前面关于坐标轴(x，y，z)的设置方法，如图 11-5-5 所示，x 轴通过 xy 平面与螺旋线的交点为 Q 点，所以当观察点(即坐标原点)O 在 z 轴上移动时，交点 Q 将在螺旋线上滑动，相应地，x 轴和 y 轴将产生旋转. 例如，在图 11-5-5 中，当观察点 O 向 $+z$ 方向移动时，如果正对着 z 轴观察时，则 x 轴和 y 轴将作逆时针旋转.

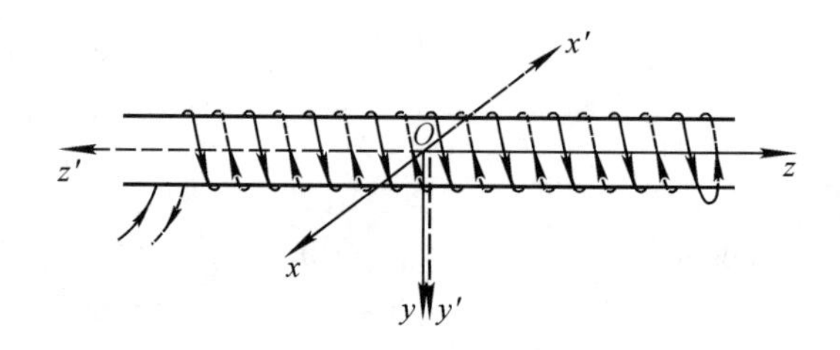

图 11-5-8

将上述螺旋线与另一绕向相同、螺距相等的螺旋线串联(如图 11-5-8 所示，后一螺旋线以虚线表示，前一螺旋线以实线表示)，于是电流将以相反的方向流过两螺旋线. 对虚线表示的螺旋线，以相同的方法设置坐标轴(x'，y'，z')，如图 11-5-8 所示，则虚线表示的螺旋线在轴上产生的磁场将为

$$\begin{cases} B'_x=-B_x=0 \\ B'_y=B_y=-\mu_0 nI[2\pi na\mathrm{K}_0(2\pi na)+\mathrm{K}_1(2\pi na)] \\ B'_z=-B_z=-\mu_0 nI \end{cases} \tag{13}$$

由(12)式和(13)式表示的两种磁场叠加后，总的磁场为

① 对于任意阶第二类修正的 Bessel 函数，当 $x\to\infty$ 时，它的渐近行为可用下述函数表示，即

$$\mathrm{K}_n(x)\xrightarrow{x\to\infty}\left(\frac{\pi}{2x}\right)^{\frac{1}{2}}\mathrm{e}^{-x}$$

故有

$$\mathrm{K}_1(\infty)=0$$

$$x\mathrm{K}_0(x)\xrightarrow{x\to\infty}0$$

参看：文献[6] §5，322 页.

$$\begin{cases} B_x = 0 \\ B_y = -2\mu_0 nI[2\pi na\mathrm{K}_0(2\pi na) + \mathrm{K}_1(2\pi na)] \\ B_z = 0 \end{cases}$$

亦即磁场只有横向的 y 分量. 当观察点 O 沿 z 轴移动时，$B=B_y$ 的大小保持恒定而其方向将发生旋转，于是 $\boldsymbol{B}$ 矢量的端点将描出一螺旋线，其螺距与螺旋导线的螺距相等. 上述磁场 $\boldsymbol{B}$ 的分布类似于圆偏振光电矢量在某一瞬间的空间分布，如图 11-5-9 所示.

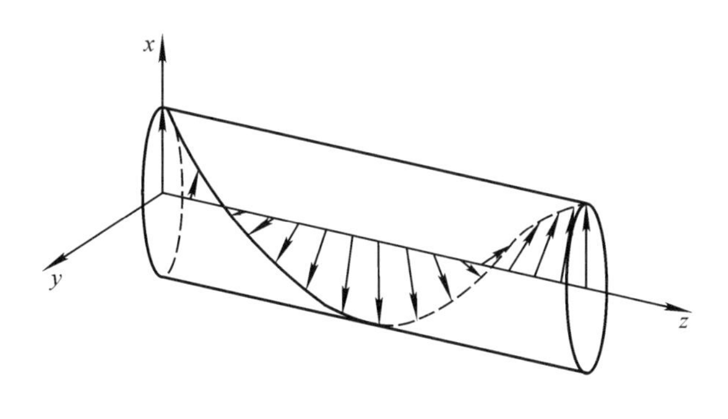

图 11-5-9

对于固定的坐标系，适当选择坐标原点和 x，y 轴的取向，上述空间旋转的横向磁场可表示为

$$\begin{cases} B_x = B_0\cos\left(\dfrac{2\pi}{\lambda_\omega}z\right) \\ B_y = B_0\sin\left(\dfrac{2\pi}{\lambda_\omega}z\right) \\ B_z = 0 \end{cases} \tag{14}$$

其中

$$B_0 = 2\mu_0 nI[2\pi na\mathrm{K}_0(2\pi na) + \mathrm{K}_1(2\pi na)]$$

从(14)式可知，轴线上在 x 方向和 y 方向上各存在着具有空间周期性的磁场，它们都是与 z 轴垂直的横向磁场，其分布如图 11-5-10 所示. 图 11-5-10 中两种磁场合成的结果就是如图 11-5-9 所示的空间旋转磁场. 当高速电子沿 z 轴运动时，在上述磁场中将受到 Lorentz 力的作用，可以证明，电子将沿一螺旋线运动.

先假定只存在 y 方向的周期性磁场，即磁场 $\boldsymbol{B}$ 的三个分量为$(0,\ B_y,\ 0)$，电子电量为$-e$，质量为 m，在 Lorentz 力作用下电子的速度为$(\dot{x},\ \dot{y},\ \dot{z})$，电子的运动方程为

$$\begin{aligned} m\ddot{\boldsymbol{r}} &= -e\boldsymbol{v}\times\boldsymbol{B} \\ &= -e(-\dot{z}B_y\,\boldsymbol{i} + \dot{x}B_y\,\boldsymbol{k}) \end{aligned} \tag{15}$$

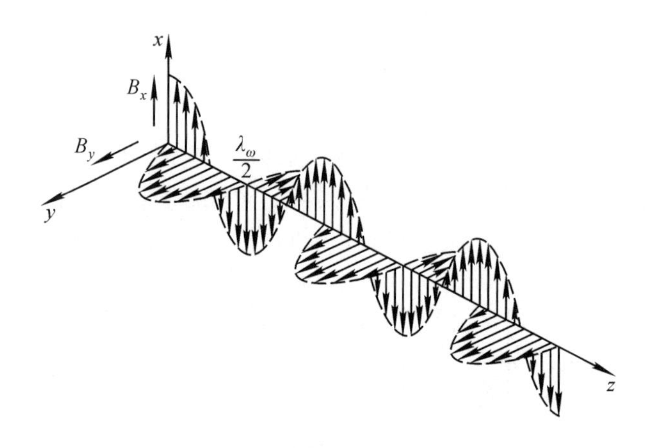

图 11-5-10

写成分量形式，为

$$\begin{cases} \ddot{x}=\dfrac{e}{m}B_y\dot{z}=\dfrac{eB_0}{m}\dot{z}\sin\left(\dfrac{2\pi}{\lambda_\omega}z\right) & (16)\\ \ddot{y}=0 \\ \ddot{z}=-\dfrac{e}{m}B_y\dot{x}=-\dfrac{eB_0}{m}\dot{x}\sin\left(\dfrac{2\pi}{\lambda_\omega}z\right) & (17)\end{cases}$$

方程(16)可写成

$$\begin{aligned}\mathrm{d}\dot{x}&=\frac{eB_0}{m}\sin\left(\frac{2\pi}{\lambda_\omega}z\right)\mathrm{d}z\\&=-\frac{eB_0\lambda_\omega}{m\,2\pi}\mathrm{d}\left[\cos\left(\frac{2\pi}{\lambda_\omega}z\right)\right]\end{aligned}$$

积分，得

$$\dot{x}=-\frac{eB_0\lambda_\omega}{2\pi m}\cos\left(\frac{2\pi}{\lambda_\omega}z\right)+C_1 \tag{18}$$

由图 11-5-10 可知，电子从 $z=0$ 到 $z=\frac{1}{2}\lambda_\omega$ 的区域内均为正向磁场，在$z=\frac{1}{2}\lambda_\omega$处 $\dot{x}$ 具有最大值，即

$$z=\frac{\lambda_\omega}{2}\text{ 时，}\qquad \dot{x}=\frac{eB_0\lambda_\omega}{2\pi m}$$

代入(18)式，得出积分常量 $C_1=0$，故电子在 x 方向的运动速度为

$$\dot{x}=-\frac{eB_0\lambda_\omega}{2\pi m}\cos\left(\frac{2\pi}{\lambda_\omega}z\right)$$

上式可写成

$$\mathrm{d}x=-\frac{eB_0\lambda_\omega}{2\pi m}\cos\left(\frac{2\pi}{\lambda_\omega}z\right)\mathrm{d}t$$

因 $\mathrm{d}t=\frac{\mathrm{d}z}{\dot{z}}$，代入上式，得

$$\mathrm{d}x=-\frac{eB_0\lambda_\omega}{2\pi m\dot{z}}\cos\left(\frac{2\pi}{\lambda_\omega}z\right)\mathrm{d}z \tag{19}$$

由于高速电子沿 z 轴射入，其轴向速度分量 $\dot{z}$ 比别的分量(由 Lorentz 力引起)要大得多，故可以把 $\dot{z}$ 看成是常量. 此结果可从方程(17)得到. (17)式可写成

$$\ddot{z}=\frac{\mathrm{d}\dot{z}}{\mathrm{d}t}=-\frac{eB_0}{m}\dot{x}\sin\left(\frac{2\pi}{\lambda_\omega}z\right)$$

即

$$\begin{aligned}\mathrm{d}\dot{z}&=-\frac{eB_0}{m}\sin\left(\frac{2\pi}{\lambda_\omega}z\right)\dot{x}\mathrm{d}t\\&=-\frac{eB_0}{m}\sin\left(\frac{2\pi}{\lambda_\omega}z\right)\frac{\dot{x}}{\dot{z}}\mathrm{d}t\end{aligned}$$

因 $\dot{x}\ll\dot{z}$，故 $\mathrm{d}\dot{z}\approx0$，$\dot{z}$ 可当作常量，以 v 表示，(19)式写成

$$\mathrm{d}x=-\frac{eB_0\lambda_\omega}{2\pi mv}\cos\left(\frac{2\pi}{\lambda_\omega}z\right)\mathrm{d}z$$

积分，得

$$x=-\frac{eB_0\lambda_\omega^2}{4\pi^2mv}\sin\left(\frac{2\pi}{\lambda_\omega}z\right)+C_2$$

由于 x 作周期性变化，在 $z=\frac{1}{2}\lambda_\omega$ 处 $\dot{x}$ 达到最大值，故此处应是振动的平衡位置，又因电子沿 z 轴入射，故 $z=\frac{1}{2}\lambda_\omega$ 处的 x 为零，上式中的积分常量 $C_2=0$，所以

$$x=-\frac{eB_0\lambda_\omega^2}{4\pi^2mv}\sin\left(\frac{2\pi}{\lambda_\omega}z\right) \tag{20}$$

当考虑 x 方向的横向磁场时，电子受到 B_x 的 Lorentz 力的作用，将向 y 方向偏离，用同样方法可得出电子在 y 方向的运动方程为

$$y=\frac{eB_0\lambda_\omega^2}{4\pi^2mv}\cos\left(\frac{2\pi}{\lambda_\omega}z\right) \tag{21}$$

因

$$z=vt$$

代入(20)式和(21)式，得

$$x=-\frac{eB_0\lambda_\omega^2}{4\pi^2 mv}\sin\left(\frac{2\pi}{\lambda_\omega}vt\right)$$

$$y=\frac{eB_0\lambda_\omega^2}{4\pi^2 mv}\cos\left(\frac{2\pi}{\lambda_\omega}vt\right)$$

以上两式表明，电子在 x 方向和 y 方向都作简谐振动，且两者的频率和振幅相同，合成的结果是在 xy 平面上的圆运动，再与电子在 z 方向的匀速直线运动叠加，就构成在空间的螺旋线运动.

总之，当两个绕向相同、螺距相等的非密绕螺旋导线中通过反向电流时，将在空间产生如图 11-5-9 所示的其端点描出螺旋线的以 z 轴为轴的磁场分布，若高速电子沿 z 轴射入该磁场区域，在 Lorentz 力的作用下，电子将绕螺旋线运动.

高速电子沿螺旋线运动时，将辐射出单色的(若螺旋线为无穷长)、高度相干的电磁波. 在配置了光学谐振腔后，就成为一台自由电子激光器.

参 考 文 献

[1] 梁绍荣等. 普通物理学第三分册　电磁学. 2 版. 北京：高等教育出版社，1993.
[2] LORRAIN　P，CORSON　D　R. 电磁场与电磁波. 北京：人民教育出版社，1980.
[3] 苏昭生等. 大学物理，1984(8).
[4] 赵晋保. 大学物理，1985(1).
[5] 蔡子勇. 大学物理，1986(1).
[6] SMYTHE　W　R. Static and dynamic electricity. New York：McGraw-Hill Book Company Inc.，1939.
[7]《数学手册》编写组. 数学手册. 北京：高等教育出版社，1979.

§ 6. 感应电动势的两种表示法

1831 年 Faraday 发现了电磁感应现象，并紧接着进行了深入的研究，提出感应电动势的概念. 但是，Faraday 并未给出定量描述电磁感应现象所遵循规律的数学表达式. 1845 年德国物理学家 Neumann 运用 Ampere 电动力学导出了电磁感应定律，从而第一次确立了后来以 Faraday 的名字命名的电磁感应定律(详见本书第一章)，即闭合回路中的感应电动势为

$$\mathscr{E}=-\frac{\mathrm{d}\Phi}{\mathrm{d}t}=-\frac{\mathrm{d}}{\mathrm{d}t}\iint_S \boldsymbol{B}\cdot\mathrm{d}\boldsymbol{S} \tag{1}$$

式中 Φ 是通过以闭合回路 l 为周界的曲面 S 的磁通量. Feynman 把决定感应电动势 $\mathscr{E}$ 的(1)式称为通量法则.

众所周知，感应电动势分为“动生电动势”和“感生电动势”两种. 前者是导体相对磁场运动(切割磁力线)引起的，产生动生电动势的非静电力是 Lorentz 力；后者是由于磁场随时间变化引起的，产生感生电动势的非静电力是涡旋电场力. 显然，两者的物理本质是不同的. 一般情况下，同时存在动生和感生两种电动势，故感应电动势可表为

$$\mathscr{E}=\oint_l \boldsymbol{E}_{\text{涡旋}}\cdot \mathrm{d}\boldsymbol{l}+\oint_l(\boldsymbol{v}\times\boldsymbol{B})\cdot \mathrm{d}\boldsymbol{l} \tag{2}$$

式中的积分沿闭合回路 l. (2)式右端第一项中的 $\boldsymbol{E}_{\text{涡旋}}$ 是由于磁场变化而产生的涡旋电场，由 Maxwell 方程

$$\nabla\times\boldsymbol{E}_{\text{涡旋}}=-\frac{\partial\boldsymbol{B}}{\partial t}$$

利用 Stokes 公式，(2)式右端第一项可改写为

$$\oint_l \boldsymbol{E}_{\text{涡旋}}\cdot \mathrm{d}\boldsymbol{l}=-\iint_S\frac{\partial\boldsymbol{B}}{\partial t}\cdot \mathrm{d}\boldsymbol{S}$$

这是感应电动势的感生部分. (2)式右端第二项是由于导线相对磁场运动所引起的动生电动势，其中 $\boldsymbol{v}$ 是导线的运动速度. 利用上式，可将(2)式改写为如下形式：

$$\mathscr{E}=-\iint_S\frac{\partial\boldsymbol{B}}{\partial t}\cdot \mathrm{d}\boldsymbol{S}+\oint_l(\boldsymbol{v}\times\boldsymbol{B})\cdot \mathrm{d}\boldsymbol{l} \tag{3}$$

式中的 S 是以闭合回路 l 为周界的曲面. 顺便指出，公式(2)同样适用于不构成闭合回路的导线段，此时，有

$$\mathscr{E}=\int_l \boldsymbol{E}_{\text{涡旋}}\cdot \mathrm{d}\boldsymbol{l}+\int_l(\boldsymbol{v}\times\boldsymbol{B})\cdot \mathrm{d}\boldsymbol{l} \tag{4}$$

表示式(1)中，磁通量 Φ 的变化原因既包括磁场随时间的变化，又包括闭合回路本身的各类运动变化(平动、转动、形变等)，实际上已经涉及感生电动势和动生电动势两部分，是一种简明扼要的表述. 表示式(2)或(3)则把感生和动生两种电动势分开并具体化，突出了本质，物理图像明确而清晰.

一般认为，感应电动势的上述两种表示法是一致的，实际上在大多数实际问题中也确实如此，两种表示法之间很少出现什么矛盾. 但事情并非如此简单. 由于 $\boldsymbol{E}_{\text{涡旋}}$ 和($\boldsymbol{v}\times\boldsymbol{B}$)在导线上的每一点和每一瞬时都有确定的值，故按(2)式或(3)式算出的感应电动势是完全确定的. 然而，运用(1)式时必须有一个闭合回路，否则磁通量 Φ 就无从算起. 对于闭合的线形回路，Φ 就是通过以闭合回路为周界的曲面的磁通量，这是不言而喻的；但当回路并非线形，而是包括大块导体，或者回路在运动过程中发生断裂，在此情形下闭合回路应该怎样规定呢？不难设想，不同的规定法会得出不同的感应电动势 $\mathscr{E}$ 的值，于是，问题就从这里产生了. 当遇到上述特殊例子时，由于闭合回路的规定不同，

用通量法则(1)式算出的感应电动势 $\mathscr{E}$ 值会有所不同，这就导致 $\mathscr{E}$ 的两种表示法的不一致，或者，按照 Feynman 的说法，通量法则存在反例. 这个问题曾在国内杂志上引起了激烈的争论，其中部分文章见[1]—[7]. 这场争论对我们深入理解电磁感应定律是十分有益的.

一、两种表示法的一致性

可以证明，对于线形闭合回路而言，感应电动势 $\mathscr{E}$ 的两种表示法(1)式和(3)式是一致的或等效的[6]—[8]. 对此，我们只需证明下式成立即可：

$$\frac{\mathrm{d}}{\mathrm{d}t}\iint \boldsymbol{B}\cdot \mathrm{d}\boldsymbol{S}=\iint \frac{\partial \boldsymbol{B}}{\partial t}\cdot \mathrm{d}\boldsymbol{S}-\oint(\boldsymbol{v}\times\boldsymbol{B})\cdot \mathrm{d}\boldsymbol{l}$$

如图 11-6-1 所示，设从 t 到 $(t+\Delta t)$ 的时间间隔内，闭合线形回路从 l_1 变到 l_2，两回路的绕行方向已在图 11-6-1 中标明，回路的变化可以包括平动、转动、形变等. 与此同时，空间的磁场分布从 $\boldsymbol{B}(t)$ 变为 $\boldsymbol{B}(t+\Delta t)$（为了简单起见，略去了 $\boldsymbol{B}$ 的坐标参量）. 在 t 时刻，通过闭合线形回路 l_1 所包面积 S_1 的磁通量为

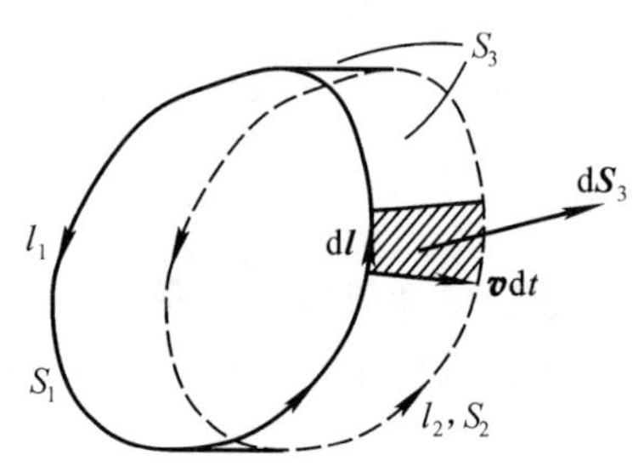

图 11-6-1

$$\Phi(t)=\iint_{S_1}\boldsymbol{B}(t)\cdot \mathrm{d}\boldsymbol{S}_1$$

式中 S_1 是以 l_1 为周界的曲面，$\mathrm{d}\boldsymbol{S}_1$ 的正方向与 l_1 的绕行方向构成右手螺旋关系. 同样，在 $(t+\Delta t)$ 时刻，通过闭合线形回路 l_2 所包面积 S_2 的磁通量为

$$\Phi(t+\Delta t)=\iint_{S_2}\boldsymbol{B}(t+\Delta t)\cdot \mathrm{d}\boldsymbol{S}_2$$

式中 S_2 是以 l_2 为周界的曲面，$\mathrm{d}\boldsymbol{S}_2$ 的方向也由 l_2 的绕行方向用右手法则确定. 对于足够小的 Δt，忽略 $\boldsymbol{B}$ 的展开式中的高级小量，有

$$\boldsymbol{B}(t+\Delta t)=\boldsymbol{B}(t)+\frac{\partial \boldsymbol{B}(t)}{\partial t}\Delta t$$

代入前式，得

$$\begin{aligned}\Phi(t+\Delta t)&=\iint_{S_2}\left[\boldsymbol{B}(t)+\frac{\partial \boldsymbol{B}(t)}{\partial t}\Delta t\right]\cdot \mathrm{d}\boldsymbol{S}_2\\&=\iint_{S_2}\boldsymbol{B}(t)\cdot \mathrm{d}\boldsymbol{S}_2+\iint_{S_2}\frac{\partial \boldsymbol{B}(t)}{\partial t}\Delta t\cdot \mathrm{d}\boldsymbol{S}_2\end{aligned}$$

故有

$$\frac{\mathrm{d}\Phi}{\mathrm{d}t}=\lim_{\Delta t\to 0}\frac{\Phi(t+\Delta t)-\Phi(t)}{\Delta t}$$

$$= \lim_{\Delta t \to 0} \frac{\iint_{S_2} \boldsymbol{B}(t) \cdot \mathrm{d}\boldsymbol{S}_2 + \iint_{S_2} \frac{\partial \boldsymbol{B}(t)}{\partial t} \Delta t \cdot \mathrm{d}\boldsymbol{S}_2 - \iint_{S_1} \boldsymbol{B}(t) \cdot \mathrm{d}\boldsymbol{S}_1}{\Delta t}$$

$$= -\lim_{\Delta t \to 0} \frac{\iint_{S_1} \boldsymbol{B}(t) \cdot \mathrm{d}\boldsymbol{S}_1 - \iint_{S_2} \boldsymbol{B}(t) \cdot \mathrm{d}\boldsymbol{S}_2}{\Delta t} + \lim_{\Delta t \to 0} \frac{\iint_{S_2} \frac{\partial \boldsymbol{B}(t)}{\partial t} \Delta t \cdot \mathrm{d}\boldsymbol{S}_2}{\Delta t} \tag{5}$$

先考虑(5)式右端第二项，当 $\Delta t \to 0$ 时，$S_2 \to S_1$，所以

$$\lim_{\Delta t \to 0} \frac{\iint_{S_2} \frac{\partial \boldsymbol{B}(t)}{\partial t} \Delta t \cdot \mathrm{d}\boldsymbol{S}_2}{\Delta t} = \iint_{S_1} \frac{\partial \boldsymbol{B}(t)}{\partial t} \cdot \mathrm{d}\boldsymbol{S}_1$$

此项决定了 t 时刻的感生电动势. 再考虑(5)式右端第一项. 当闭合回路从 l_1 运动到 l_2 时，由 l_1 围成的曲面 S_1 和由 l_2 围成的曲面 S_2，以及因闭合回路运动在 $t \to t+\Delta t$ 时间内的扫出的曲面 S_3(见图 11-6-1)，三者构成了一个封闭曲面. 根据磁场的 Gauss 定理，有

$$\oiint \boldsymbol{B}(t) \cdot \mathrm{d}\boldsymbol{S} = \iint_{S_1} \boldsymbol{B}(t) \cdot \mathrm{d}\boldsymbol{S}_1 - \iint_{S_2} \boldsymbol{B}(t) \cdot \mathrm{d}\boldsymbol{S}_2 + \iint_{S_3} \boldsymbol{B}(t) \cdot \mathrm{d}\boldsymbol{S}_3 = 0$$

上式右端第二项为负值的原因是，前已规定 $\mathrm{d}\boldsymbol{S}_2$ 的方向由 l_2 的绕向用右手法则决定，即指向封闭曲面的里边，而上述磁场 Gauss 定理中曲面的正法线方向均指向封闭曲面的外面. 故有

$$\iint_{S_1} \boldsymbol{B}(t) \cdot \mathrm{d}\boldsymbol{S}_1 - \iint_{S_2} \boldsymbol{B}(t) \cdot \mathrm{d}\boldsymbol{S}_2 = -\iint_{S_3} \boldsymbol{B}(t) \cdot \mathrm{d}\boldsymbol{S}_3$$

代入(5)式右端第一项，得

$$-\lim_{\Delta t \to 0} \frac{\iint_{S_1} \boldsymbol{B}(t) \cdot \mathrm{d}\boldsymbol{S}_1 - \iint_{S_2} \boldsymbol{B}(t) \cdot \mathrm{d}\boldsymbol{S}_2}{\Delta t} = \lim_{\Delta t \to 0} \frac{\iint_{S_3} \boldsymbol{B}(t) \cdot \mathrm{d}\boldsymbol{S}_3}{\Delta t}$$

对曲面 S_3 来说，其面积元 $\mathrm{d}\boldsymbol{S}_3 = \boldsymbol{v}\mathrm{d}t \times \mathrm{d}\boldsymbol{l}$，其中 $\mathrm{d}\boldsymbol{l}$ 是 l_1 上的有向线元(见图 11-6-1). 当 $\Delta t \to 0$ 时，$l_2 \to l_1$，曲面 S_3 缩成闭合回路 l_1，故

$$\lim_{\Delta t \to 0} \frac{\iint_{S_3} \boldsymbol{B}(t) \cdot \mathrm{d}\boldsymbol{S}_3}{\Delta t} = \oint_{l_1} \boldsymbol{B}(t) \cdot (\boldsymbol{v} \times \mathrm{d}\boldsymbol{l})$$

利用矢量公式 $\boldsymbol{a} \cdot (\boldsymbol{b} \times \boldsymbol{c}) = \boldsymbol{c} \cdot (\boldsymbol{a} \times \boldsymbol{b}) = -(\boldsymbol{b} \times \boldsymbol{a}) \cdot \boldsymbol{c}$，有

$$\boldsymbol{B}(t) \cdot (\boldsymbol{v} \times \mathrm{d}\boldsymbol{l}) = -[\boldsymbol{v} \times \boldsymbol{B}(t)] \cdot \mathrm{d}\boldsymbol{l}$$

故(5)式右端第一项可写成

$$\oint_{l_1} \boldsymbol{B}(t) \cdot (\boldsymbol{v} \times \mathrm{d}\boldsymbol{l}) = -\oint_{l_1} [\boldsymbol{v} \times \boldsymbol{B}(t)] \cdot \mathrm{d}\boldsymbol{l}$$

最后，(5)式可写成

$$\frac{\mathrm{d}\Phi}{\mathrm{d}t}=\frac{\mathrm{d}}{\mathrm{d}t}\iint \boldsymbol{B}\cdot\mathrm{d}\boldsymbol{S}=\iint_S \frac{\partial \boldsymbol{B}}{\partial t}\cdot\mathrm{d}\boldsymbol{S}-\oint_l(\boldsymbol{v}\times\boldsymbol{B})\cdot\mathrm{d}\boldsymbol{l}$$

由此可见，对于线形闭合回路，感应电动势 $\mathscr{E}$ 的两种表示式(1)和(3)是等效的.

二、通量法则的例外情形

上面，就线形闭合回路情形证明了感应电动势两种表示法(1)式和(3)式的等效性. 但是，在某些特殊例子中，回路中包含了大块导体或者回路在运动过程中发生了“断裂”，此时所选闭合回路就会具有不确定性，结果用通量法则[公式(1)]算出的感应电动势 $\mathscr{E}$ 值往往与实际不符. Feynman 在《费曼物理学讲义》[9] 中把这些特殊情形称为通量法则的例外. 下面是 Feynman 在书中举的两个例子.

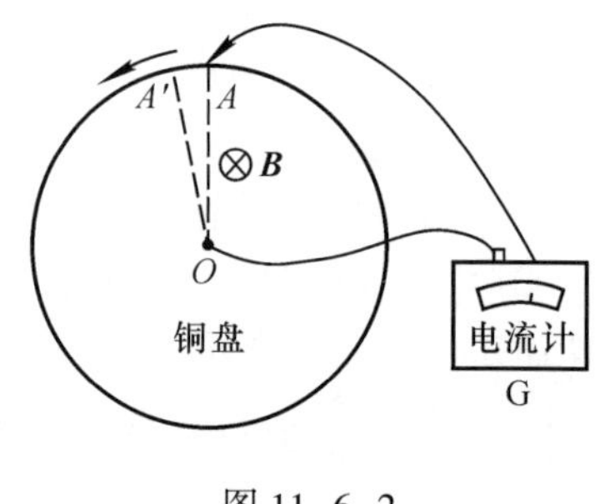

图 11-6-2

［例 1］　如图11-6-2 所示，铜盘可绕 O 轴转动，铜盘面与恒定磁场 $\boldsymbol{B}$ 垂直，铜盘的轴上和边缘上各有一电刷，通过导线与电流计 G 相连，形成一通电回路. 当铜盘以一定的角速度旋转时，电流计发生偏转，表明回路中产生的感应电动势引起了感应电流.

按公式(3)，虽然 $\frac{\partial \boldsymbol{B}}{\partial t}=0$，但因铜盘材料的 $\boldsymbol{v}\neq 0$，故感应电动势 $\mathscr{E}\neq 0$，与实际情形相符. 但按公式(1)，若在空间有电流通过的地方选定闭合通电回路，则因磁场恒定，通过该闭合回路的磁通量 Φ 应不变，即 $\frac{\mathrm{d}\Phi}{\mathrm{d}t}=0$，故 $\mathscr{E}=0$，于是，通量法则(1)式与(3)式的结果不一致，出现了矛盾，(1)式不能解释实际结果.

［例 2］　如图 11-6-3 所示，两块平行铜板相互接触，接触边稍有弯曲，弧线的曲率半径非常大. 两铜板分别用导线与电流计 G 相连. 在与板面垂直的方向上加恒定磁场 $\boldsymbol{B}$. 当两板相互作小角度往复碾转时，两板的接触点 P 的位置将在大范围内变动，例如，很小的旋转角度可使接触点从 P 点变到 P' 点.

按公式(3)，因 $\frac{\partial \boldsymbol{B}}{\partial t}=0$，且铜板只作小角度运动，导电材料的运动速度很小，即 $v\approx 0$，故感应电动势 $\mathscr{E}\approx 0$，与实际相符. 按公式(1)，若选择通电捷径作为闭合回路的一部分，即若选择闭合回路为 A-接触点-B-G-A，则即便铜板只作极微小的转动，由于其接触点将相应地从 P 点到 P' 点出现大范围的变动(因弧线的半径很大)，因而闭合回路所包围的面积也将出现很大的变动，导致磁通量变化很大，感应电动势也必定很大. 由此可见，公式(1)和公式(2)的结果又出现了矛盾，通量法则(1)式再次出现了问题.

除了 Feynman 提出的以上两个例子外，还有许多别的例子，如下述例 3.

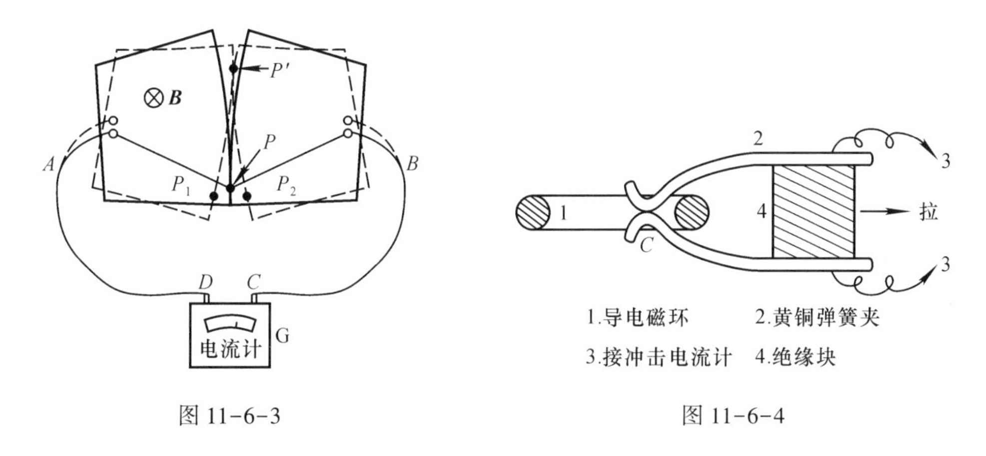

图 11-6-3　　图 11-6-4

[例 3]　如图 11-6-4 所示，1 是一个已经磁化的铁磁金属做成的磁环，2 是固连在绝缘块 4 上的黄铜弹簧夹，磁环与弹簧夹的接触点 C 可分可合，弹簧夹的两臂、导线和电流计(图 11-6-4 中未画出)构成一闭合导电回路. 现将弹簧夹向右拉出磁环. 在拉出过程中，弹簧夹的接触点 C 在磁环上滑动，因磁环也是导体，故仍形成闭合的导电回路.

按公式(3)计算感应电动势 $\mathscr{E}$ 时，因 $\dfrac{\partial \boldsymbol{B}}{\partial t}=0$，无感生电动势；又因弹簧夹所在空间无磁场，故弹簧夹的运动并不产生动生电动势，结论是 $\mathscr{E}=0$，这是与实际相符的正确结果.

但按公式(1)，开始时磁环穿过闭合导电回路，磁通量不为零. 随着接触点 C 在磁环上滑动，磁环逐渐退出闭合导电回路，磁通量逐渐变小，磁环完全退出闭合导电回路时磁通量变为零，故弹簧夹拉出磁环的过程是磁通量由定值减小为零的过程，因此感应电动势 $\mathscr{E}\neq 0$，由此可见，感应电动势 $\mathscr{E}$ 的两种表示法(1)式和(3)式再次得出了截然相反的结果.

三、确立“回路构成法”以消除矛盾

在用通量法则(1)式计算感应电动势 $\mathscr{E}$ 出现问题的以上三例中，共同特点是除磁场恒定外，在导电回路中包含大块导体而不是线形回路，或者回路在运动过程中发生断裂(如例 3 中接触点 C 的分离). 在上述特例中，若要用通量法则正确地计算感应电动势，选好闭合回路至关重要. 为此，一些作者试图建立起某种“回路构成法”，以便使感应电动势 $\mathscr{E}$ 的两种计算法(1)式和(3)式的结果取得一致，修正通量法则可能的弊端[2]、[3]. 文献[2]和[3]的作者认为，感应电动势发生在导电材料中，因而当回路因运动发生变化时，应当考虑材料本身或物质的运动，而不是几何意义上的变化.

例如，在例 1 中，如果把铜盘的 OA 部分看作回路的一部分，经一定时间后 OA 段的物质转到了 OA'位置，因而应把 OA'段看作变化后的回路的一部分，A 端在变动过程中描出的轨迹 AA'反映了回路的变化历程，所以变化后的回路应为 $OA'AGO$，而不是固定的 $OAGO$. 这样，随着铜盘的旋转，通过不断变化的回路 $OA'AGO$的磁通量将发生相应的变化，用通量法则(1)式算出的感应电动势 $\mathscr{E}$与(3)式一致.

又如例 2，若原先的切点为 P，就应把构成回路的物质 AP 和 BP 始终看成是闭合回路的一部分，故若原先的闭合回路为 $APBGA$，当两铜板作小角碾转后，接触点从 P 点变为 P' 点，变化幅度很大，但这种大范围的变化只有几何学上的意义，并不是真实物质的变动. 实际上，所选物质 AP 和 BP 随铜板转到了 AP_1 和 BP_2 的位置，只转了很小的角度，PP_1 和 PP_2 是所选物质的 P 端描出的轨迹，反映了物质回路的变化历程，所以变化后的闭合回路应为 AP_1PP_2BGA，与原先的闭合回路 $APBGA$ 相比变动很小，相应的磁通量的变化很小. 这样就把感应电动势 $\mathscr{E}$ 的两种计算法统一了起来. 应该指出，闭合回路 $AP'BGA$ 并不是物质回路的变动结果，因而不能以此来计算磁通量的变化.

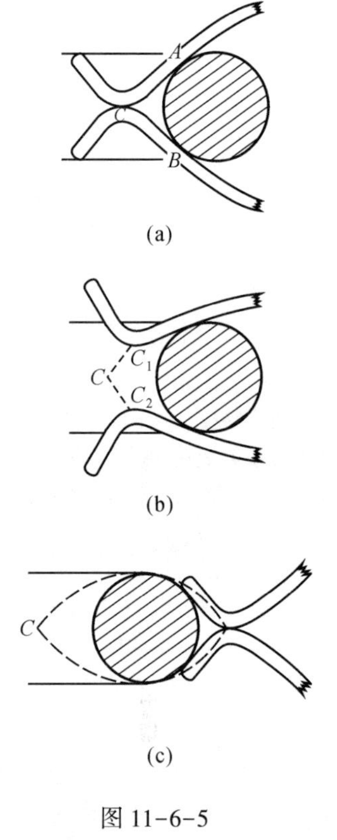

图 11-6-5

在例 3 中，如图 11-6-5 所示，开始时弹簧夹在 C 点接触[图 11-6-5(a)]，磁环穿过由弹簧夹、导线和电流计构成的闭合回路，磁通量不为零. 当弹簧夹从磁环中拉出时，接触点 C 分裂成 C_1 和 C_2 两点，弹簧夹上下两臂 A 和 B 上的接触点的物质所描出的轨迹在图 11-6-5(b) 和(c) 中用虚线表示，它们反映了物质回路的变化历程. 所以，经历了弹簧夹从磁环中拉出的变化后，闭合回路除包括弹簧夹两臂、导线、电流计构成的回路外，还应包括图 11-6-5(c) 中的虚线部分. 显然，磁环仍未脱出变化后的闭合回路，磁通量仍不为零且无变化，故 $\mathscr{E}=0$. 于是，感应电动势 $\mathscr{E}$ 的两种计算法的结果一致.

四、进一步的思考

看来上述回路构成法使得感应电动势 $\mathscr{E}$ 的两种表示法取得了一致，即使得公式(1)和(3)的结果等效. 但仍存在需要进一步研究的问题. 在前面几个特例中，总能找到闭合的导线回路，而且磁场恒定不变. 如果只是一根导体棒，它在变化的磁场中运动，怎样用通量法则来求感应电动势呢？请看文献[10]中举的一个例子.

如图 11-6-6 所示，一根长为 l 的导体棒，以速度 $\boldsymbol{v}$ 垂直于由螺线管产生的均匀磁场

$\boldsymbol{B}$ 运动，磁场又以$\dfrac{\partial \boldsymbol{B}}{\partial t}$的变化率随时间变化，试求导体棒内的感应电动势 $\mathscr{E}$.

由公式(2)，不难求出感应电动势 $\mathscr{E}$，其动生部分为

$$\int_l (\boldsymbol{v}\times\boldsymbol{B})\cdot \mathrm{d}\boldsymbol{l}=vBl$$

为了求感生电动势，需先求出 $\boldsymbol{E}_{\text{涡旋}}$，$\boldsymbol{E}_{\text{涡旋}}$由$\dfrac{\partial \boldsymbol{B}}{\partial t}$决定. 由 Maxwell 方程

$$\oint \boldsymbol{E}_{\text{涡旋}}\cdot \mathrm{d}\boldsymbol{l}=-\iint \frac{\partial \boldsymbol{B}}{\partial t}\cdot \mathrm{d}\boldsymbol{S}$$

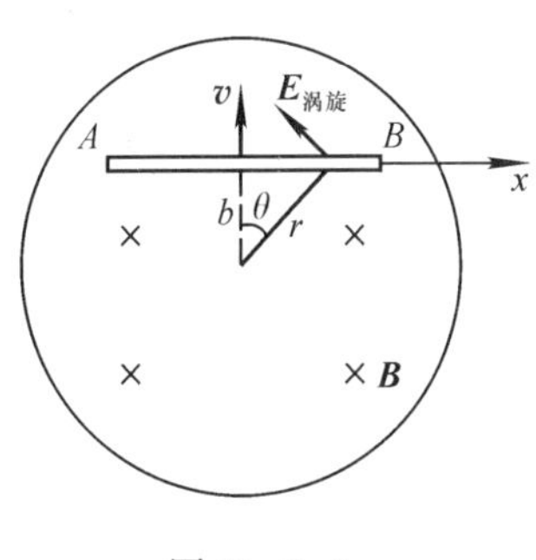

图 11-6-6

根据轴对称性，在离轴距离为 r 的各点上 $\boldsymbol{E}_{\text{涡旋}}$的大小相同，其方向沿着以 r 为半径的圆周的切线方向，其指向由$\dfrac{\partial \boldsymbol{B}}{\partial t}$的正负决定，若如图 11-6-6 磁场 $\boldsymbol{B}$ 的方向指向里面且向里增加，即$\dfrac{\partial \boldsymbol{B}}{\partial t}$为正，则 $\boldsymbol{E}_{\text{涡旋}}$指向逆时针方向(见图 11-6-6). 由上述积分式得出涡旋电场的大小为

$$2\pi r E_{\text{涡旋}}=\pi r^2\frac{\partial B}{\partial t}$$

即

$$E_{\text{涡旋}}=\frac{r}{2}\frac{\partial B}{\partial t}$$

故在导体棒内的感生电动势为

$$\int_A^B \boldsymbol{E}_{\text{涡旋}}\cdot \mathrm{d}\boldsymbol{l}=\int_{-\frac{l}{2}}^{\frac{l}{2}} E_{\text{涡旋}}\cos\theta \mathrm{d}x=\int_{-\frac{l}{2}}^{\frac{l}{2}}\frac{r}{2}\frac{\partial B}{\partial t}\cdot\frac{b}{r}\mathrm{d}x$$
$$=\frac{bl}{2}\frac{\partial B}{\partial t}$$

动生电动势 vBl 与感生电动势$\dfrac{bl}{2}\dfrac{\partial B}{\partial t}$之和就是导体棒内的总感应电动势 $\mathscr{E}$.

若按通量法则求 $\mathscr{E}$，就必须选定一个闭合回路. 除导体棒作为回路的一部分外，还需虚构辅助线以构成闭合回路. 作这个虚构闭合回路的原则又该是怎样呢？前述所谓回路构成法的前提是恒定磁场，并存在由导体实体构成的闭合回路. 在图 11-6-6 的例子中前述回路构成法不再适用了.

总之，感应电动势 $\mathscr{E}$ 的两种表示法可以在很宽的范围内相互一致，但在个别情形下通量法则会遇到困难. Feynman 指出的通量法则有例外恐怕也是这个意思(虽然 Feynman 所举的两个例子中出现的矛盾，都可以通过“回路构成法”来调和. Feynman 在他的书[9]中指出，当通量法则遇到困难时，就必须回到基本定律中去，正确的物理学总是由这两

个基本定律给出：

$$\begin{cases} \boldsymbol{F}=q(\boldsymbol{E}+\boldsymbol{v}\times\boldsymbol{B}) \\ \nabla\times\boldsymbol{E}=-\dfrac{\partial \boldsymbol{B}}{\partial t} \end{cases} \tag{6}$$

(6)式的第一式是 Lorentz 力公式，第二式是 Maxwell 方程组之一. 这两个公式分别给出了产生感应电动势的两类非静电力，一类是由于导体运动产生的 Lorentz 力，另一类是由磁场变化产生的涡旋电场力. 赵凯华在文献[10]中认为，(6)式应当成为电磁感应定律的近代版本，是对电磁感应定律在更高层次上的描述.

我们认为，每个物理定律都是在大量实验或反复实践的基础上总结出来的，它们必然具有由相对狭窄的实验范围和科学发展的时代背景所带来的局限性. Newton 三定律以及由此派生出来的分析力学构成了宏伟的经典力学理论，它是物理理论发展史上第一个最为完整的理论体系，在解决常规的力学问题时可以说是无往而不胜. 然而，经典力学体系是在绝对时空观这个大前提下建立起来的，而且它只处理宏观物体的力学过程. 当 Newton 力学受到相对论时空观和量子理论的挑战时，人们发现在高速运动情形和微观世界里它不再适用了，于是不得不把 Newton 力学的适用范围局限在宏观物体和低速条件下. 相对论和量子论的建立意味着物理学进入了更高的境界，它们把经典力学作为自己的特殊情形. 显然，企图把更高层次的理论塞到经典理论的框架之中是绝对错误的.

其实，关于电磁感应的规律也出现了类似的情况. Faraday 首先发现了电磁感应现象，进行了深入的研究，提出了感应电动势的概念，Neumann 赋予电磁感应现象所遵循的规律以简洁的数学描述(通量法则). 应当说，这是在那个时代物理学取得的重大成就，它不仅揭示了电、磁现象之间的密切联系，也为 Maxwell 建立电磁场理论提供了重要支柱. Maxwell 的工作实际上已对 Faraday 电磁感应定律作出了推广和发展，Maxwell 由此提出了两个基本假设之一：变化的磁场可以在周围空间激发涡旋电场，具体的数学描述就是(6)式的第二式(另一个基本假设是变化电场可在周围空间激发磁场，即位移电流假设). 在感应电动势的表示式(2)或(3)中，不仅包含了 Maxwell 的上述发展，还包含了 Lorentz 电子论的创新工作，即带电粒子在电磁场中的受力公式[(6)式的第一式]. 由此可见，感应电动势的两种表示法已不属于同一层次的理论. 第二种表示法(2)式或(3)式已超越了 Faraday-Neumann 的通量法则(1)式，它是以 Maxwell-Lorentz 电磁理论为依托对电磁感应规律在更高层次上的理解和定量描述. 因此，把这两种属于不同层次的表示法强行统一是没有必要的. 我们可以设法使两种表示法尽可能在较大范围内取得一致，但没有必要追求在所有问题上相互统一，因为毕竟两种表示法是物理理论的两个不同发展阶段的产物. 从这一原则看来，Feynman 关于通量法则有例外的观点是正确的.

参考文献

[1] 罗维治，朱久远. 大学物理，1982(2).
[2] 陈红连. 大学物理，1983(3).
[3] 朱如曾. 物理通报，1983(5).
[4] 黄宗镇. 大学物理，1983(8).
[5] 谭天荣，周春生. 大学物理，1985(1).
[6] 刘秀华. 大学物理，1985(5).
[7] 孙延昉. 大学物理，1986(1).
[8] 斯米尔诺夫 B И. 高等数学教程：第二卷第二分册. 3 版. 北京：商务印书馆，1955：392.
[9] FEYNMAN R P. 费曼物理学讲义：第二卷. 上海：上海科技出版社，1981.
[10] 赵凯华. 大学物理，1987(7).

§7. 关于在教学中建立宏观 Maxwell 方程组和描述介质中电磁场的若干讨论

如所周知，Maxwell 方程和介质方程的建立，意味着电磁学课程即将结束了. 通常的讲法是，把静电场和恒定磁场规律的适用条件推广，加上涡旋电场，再借助于电容器的实例，指出在非恒定情形出现的矛盾，由此引入位移电流，然后，综合上述结果，得出宏观 Maxwell 方程，同时给出介质方程，构成完备的方程组. 这种讲法，大致符合当年 Maxwell 建立电磁场方程组的历史过程，抓住了涡旋电场与位移电流这两个核心概念，条理清晰，简单明确，易于接受，应该说是成功的.

然而，在 Maxwell 方程和介质方程的教学中，也还存在着一些值得注意的问题，容易引起困惑与误解，需要作进一步的分析、说明和解释.

第一，建立 Maxwell 方程组，提供了一个很好的机会，可以系统地回顾与比较静电场、涡旋电场、恒定磁场、变化电场产生的磁场等各种场的性质与特征，认清它们的异同. 这样做，有助于正确理解 Maxwell 方程中各物理量的含义和方程组的适用范围. 更重要的是，由于揭示了电磁场的内在联系，推广了各方程的适用范围并综合成完备的方程组，使得 Maxwell 方程不仅描绘了电磁场的性质，而且成为电磁场运动变化所遵循的规律，实现了质的飞跃.

第二，介质方程的建立，提供了全面考察电磁场与实物相互作用的机会，不妨在已有的基础上，详尽地讨论电荷的划分、电流的划分，准确地阐述感应、极化、磁化，并说明何谓线性介质，使学生得到比较全面的认识.

第三，如所周知，辅助的电位移矢量 $\boldsymbol{D}$ 和磁场强度 $\boldsymbol{H}$，是为了在 Maxwell 方程中消除未知的(无法测量和控制的)极化电荷以及磁化电流与极化电流而引入的. 但是，如果自由电荷与传导电流中也包括未知的部分，怎么办. 这就涉及场源的分解方式是否唯一的问题，以及在不同的分解方式下怎样重新建立 Maxwell 方程的问题.

第四，根据第三点的讨论，进一步介绍高频情形线性介质方程的各种形式，并指出各自的适用对象.

一、各种电场、磁场性质的比较，宏观 Maxwell 方程组的建立

关于静电场. 设自由电荷的体密度为 ρ_0，它产生的静电场为 $\boldsymbol{E}_0$，则 $\boldsymbol{E}_0$ 是有源无旋场，有

$$\begin{cases}\nabla\cdot\boldsymbol{E}_0=\dfrac{\rho_0}{\varepsilon_0}\\ \nabla\times\boldsymbol{E}_0=0\end{cases}$$

设极化电荷(束缚电荷)的体密度为 ρ'，它产生的静电场为 $\boldsymbol{E}'$，则 $\boldsymbol{E}'$ 也是有源无旋场，有

$$\begin{cases}\nabla\cdot\boldsymbol{E}'=\dfrac{\rho'}{\varepsilon_0}\\ \nabla\times\boldsymbol{E}'=0\end{cases}$$

把以上两式相加，得

$$\begin{cases}\nabla\cdot\boldsymbol{E}_{\text{位}}=\dfrac{\rho}{\varepsilon_0}\\ \nabla\times\boldsymbol{E}_{\text{位}}=0\end{cases}$$

式中

$$\rho=\rho_0+\rho'$$
$$\boldsymbol{E}_{\text{位}}=\boldsymbol{E}_0+\boldsymbol{E}'$$

ρ 是总的电荷体密度，$\boldsymbol{E}_{\text{位}}$ 是 ρ 产生的静电场，由于 $\boldsymbol{E}_{\text{位}}$ 是有源无旋场即位场(势场)，故用下标“位”指明. 上述结果是在电荷静止的条件下，由 Coulomb 定律和场强叠加原理证明的，适用于静电场. 它后来被 Maxwell 推广到普遍情形，即认为在非静止的普遍情形，电荷产生的电场仍遵循上式，其正确性由所作推论与实验的相符确保.

关于涡旋电场. Maxwell 提出，变化的磁场 $\dfrac{\partial\boldsymbol{B}}{\partial t}$ 产生涡旋电场 $\boldsymbol{E}_{\text{旋}}$，用以解释 Faraday 电磁感应定律(确切地说，解释其中的感生电动势). $\boldsymbol{E}_{\text{旋}}$ 是无源有旋(左旋)的电场，用下标“旋”指明，有

$$\begin{cases}\nabla\cdot\boldsymbol{E}_{\text{旋}}=0\\ \nabla\times\boldsymbol{E}_{\text{旋}}=-\dfrac{\partial\boldsymbol{B}}{\partial t}\end{cases}$$

上式普遍适用.

关于总电场. 总电场 $\boldsymbol{E}$ 是以上各种电场的总和，为

$$\begin{aligned}\boldsymbol{E}&=\boldsymbol{E}_0+\boldsymbol{E}'+\boldsymbol{E}_{\text{旋}}\\ &=\boldsymbol{E}_{\text{位}}+\boldsymbol{E}_{\text{旋}}\end{aligned}$$

总电场 $\boldsymbol{E}$ 遵循的规律可由以上公式相加得出，为

$$\begin{cases}\nabla\cdot\boldsymbol{E}=\dfrac{\rho}{\varepsilon_0}=\dfrac{\rho_0}{\varepsilon_0}+\dfrac{\rho'}{\varepsilon_0}\\ \nabla\times\boldsymbol{E}=-\dfrac{\partial\boldsymbol{B}}{\partial t}\end{cases}\tag{1}$$

(1)式普遍适用，它表明总电场 $\boldsymbol{E}$ 是有源有旋(左旋)场.

请注意，电荷 ρ 产生的电场 $\boldsymbol{E}_{\text{位}}$，变化磁场 $\dfrac{\partial\boldsymbol{B}}{\partial t}$ 产生的涡旋电场 $\boldsymbol{E}_{\text{旋}}$，以及两者之和的总电场 $\boldsymbol{E}$，这是三种电场，三者的产生原因与性质均有所不同，笼统地说“电场”而不具体指明，容易引起混乱甚至错误，应注意避免.

关于恒定磁场. 恒定的传导电流 $\boldsymbol{j}_0$、极化电流 $\boldsymbol{j}_{\text{P}}$、磁化电流 $\boldsymbol{j}_{\text{m}}$(均指电流密度)，分别产生恒定磁场 $\boldsymbol{B}_0$，$\boldsymbol{B}_{\text{P}}$，$\boldsymbol{B}_{\text{m}}$，它们都是无源有旋(右旋)场，为

$$\begin{cases}\nabla\cdot\boldsymbol{B}_0=0\\ \nabla\times\boldsymbol{B}_0=\mu_0\boldsymbol{j}_0\end{cases}$$

$$\begin{cases}\nabla\cdot\boldsymbol{B}_{\text{P}}=0\\ \nabla\times\boldsymbol{B}_{\text{P}}=\mu_0\boldsymbol{j}_{\text{P}}\end{cases}$$

$$\begin{cases}\nabla\cdot\boldsymbol{B}_{\text{m}}=0\\ \nabla\times\boldsymbol{B}_{\text{m}}=\mu_0\boldsymbol{j}_{\text{m}}\end{cases}$$

上述结果是在恒定电流条件下，由 B. S. L. 定律和磁场叠加原理证明的，适用于恒定磁场. 它后来被 Maxwell 推广到普遍情形，即认为在非恒定的普遍情形，电流产生的磁场仍遵循上式，其正确性由所作推论与实验的相符确保.

请注意，极化电流 $\boldsymbol{j}_{\text{P}}$ 是在电场变化的非恒定条件下，因介质的极化强度或介质中的极化电荷随时间变化而引起的电流，即极化电流只在非恒定条件下才存在. 如果 $\boldsymbol{j}_{\text{P}}$ 恒定，则应有上述结果，如果 $\boldsymbol{j}_{\text{P}}$ 非恒定，上述结果仍适用.

极化电流 $\boldsymbol{j}_{\text{P}}$ 与磁化电流(又称分子电流) $\boldsymbol{j}_{\text{m}}$ 之和称为诱导电流 $\boldsymbol{j}'$，再加上传导电流 $\boldsymbol{j}_0$ 称为总电流 $\boldsymbol{j}$，即

$$\boldsymbol{j}=\boldsymbol{j}_0+\boldsymbol{j}_{\text{P}}+\boldsymbol{j}_{\text{m}}$$

$$=\boldsymbol{j}_0+\boldsymbol{j}'$$

关于变化电场产生的磁场. Maxwell 假设，变化电场$\frac{\partial \boldsymbol{E}}{\partial t}$产生的磁场 $\boldsymbol{B}_{\frac{\partial E}{\partial t}}$也是无源有旋(右旋)场，为

$$\begin{cases}\nabla\cdot\boldsymbol{B}_{\frac{\partial E}{\partial t}}=0\\ \nabla\times\boldsymbol{B}_{\frac{\partial E}{\partial t}}=\varepsilon_0\mu_0\dfrac{\partial\boldsymbol{E}}{\partial t}\end{cases}$$

上式适用于非恒定的普遍情形. 应该指出，式中$\frac{\partial \boldsymbol{E}}{\partial t}$中的电场 $\boldsymbol{E}$，可以是电荷 ρ 产生的 $\boldsymbol{E}_{位}$，也可以是变化磁场$\frac{\partial \boldsymbol{B}}{\partial t}$产生的 $\boldsymbol{E}_{旋}$，或两者之和的总电场 $\boldsymbol{E}=\boldsymbol{E}_{位}+\boldsymbol{E}_{旋}$. 同样，产生 $\boldsymbol{E}_{旋}$的$\frac{\partial \boldsymbol{B}}{\partial t}$中的磁场 $\boldsymbol{B}$，可以是电流 $\boldsymbol{j}$ 产生的磁场，也可以是变化电场$\frac{\partial \boldsymbol{E}}{\partial t}$产生的磁场，或两者之和的总磁场. 变化电场产生磁场，变化磁场产生电场，揭示了电场与磁场的内在联系与统一性，这正是 Maxwell 建立电磁场理论的关键突破.

关于总磁场. 总磁场 $\boldsymbol{B}$ 是上述各种磁场之和，即

$$\boldsymbol{B}=\boldsymbol{B}_0+\boldsymbol{B}_{\mathrm{P}}+\boldsymbol{B}_{\mathrm{m}}+\boldsymbol{B}_{\frac{\partial E}{\partial t}}$$

$\boldsymbol{B}$ 遵循的规律可由以上公式相加得出，为

$$\begin{cases}\nabla\cdot\boldsymbol{B}=0\\ \nabla\times\boldsymbol{B}=\mu_0\boldsymbol{j}+\varepsilon_0\mu_0\dfrac{\partial\boldsymbol{E}}{\partial t}=\mu_0\boldsymbol{j}_0+\mu_0\boldsymbol{j}'+\varepsilon_0\mu_0\dfrac{\partial\boldsymbol{E}}{\partial t}\end{cases}\qquad(2)$$

$$=\mu_0\boldsymbol{j}_0+\mu_0\boldsymbol{j}_{\mathrm{P}}+\mu_0\boldsymbol{j}_{\mathrm{m}}+\varepsilon_0\mu_0\frac{\partial\boldsymbol{E}}{\partial t}$$

(2)式普遍适用，不受恒定条件限制. (2)式表明，总磁场 $\boldsymbol{B}$ 与电流产生的磁场 $\boldsymbol{B}_0$，$\boldsymbol{B}_{\mathrm{P}}$，$\boldsymbol{B}_{\mathrm{m}}$ 以及变化电场产生的磁场 $\boldsymbol{B}_{\frac{\partial E}{\partial t}}$一样，都是无源有旋(右旋)场，性质相同.

把(1)、(2)式结合，得出用总电场 $\boldsymbol{E}$ 和总磁场 $\boldsymbol{B}$ 表示的宏观 Maxwell 方程组为

$$\begin{cases}\nabla\cdot\boldsymbol{E}=\dfrac{\rho}{\varepsilon_0}=\dfrac{\rho_0}{\varepsilon_0}+\dfrac{\rho'}{\varepsilon_0} & (3.1)\\ \nabla\times\boldsymbol{E}=-\dfrac{\partial\boldsymbol{B}}{\partial t} & (3.2)\\ \nabla\cdot\boldsymbol{B}=0 & (3.3)\\ \nabla\times\boldsymbol{B}=\mu_0\boldsymbol{j}+\varepsilon_0\mu_0\dfrac{\partial\boldsymbol{E}}{\partial t}=\mu_0\boldsymbol{j}_0+\mu_0\boldsymbol{j}'+\varepsilon_0\mu_0\dfrac{\partial\boldsymbol{E}}{\partial t} & \end{cases}\qquad(3)$$

$$=\mu_0\boldsymbol{j}_0+\mu_0\boldsymbol{j}_{\mathrm{P}}+\mu_0\boldsymbol{j}_{\mathrm{m}}+\varepsilon_0\mu_0\frac{\partial\boldsymbol{E}}{\partial t}\qquad(3.4)$$

如果(3)式中的$\rho=\rho_0+\rho'$和$\boldsymbol{j}=\boldsymbol{j}_0+\boldsymbol{j}'$均已知，则用$\boldsymbol{E}$和$\boldsymbol{B}$表示的(3)式是普遍适用的完备的电磁场方程组.

遗憾的是，由于极化电荷ρ'、极化电流$\boldsymbol{j}_{\mathrm{P}}$和磁化电流$\boldsymbol{j}_{\mathrm{m}}$都是无法测量和无法控制的，因而(3)式并不完备，无法使用，需要消除ρ'和$\boldsymbol{j}'$，变换形式，并补充介质方程，才能使之完备可用.

如何消除(3.1)式中的极化电荷ρ'呢？在静电场条件下，证明极化强度$\boldsymbol{P}$与ρ'的关系为

$$\nabla\cdot\boldsymbol{P}=-\rho' \tag{4}$$

再引入辅助的物理量——电位移矢量，其定义为

$$\boldsymbol{D}=\varepsilon_0\boldsymbol{E}+\boldsymbol{P} \tag{5}$$

利用(4)、(5)式，即可将(3.1)式中的ρ'消除，变为

$$\nabla\cdot\boldsymbol{D}=\rho_0$$

可见，消除(或隐藏)ρ'使之不出现的代价是引入$\boldsymbol{D}$，仍不完备. 为了使之完备，需要补充$\boldsymbol{D}$与$\boldsymbol{E}$之间的关系式，即介质方程. 对于线性介质，总电场$\boldsymbol{E}$与极化强度$\boldsymbol{P}$成正比，这是线性介质的定义. 由此，可用$\boldsymbol{D}$和$\boldsymbol{E}$之比定义极化率χ_{e}，它是描述介质极化性质的物理量. 对于各向同性介质，χ_{e}是标量，对于各向异性介质，$\overleftrightarrow{\chi}_{\mathrm{e}}$是二阶张量. 于是，有

$$\boldsymbol{P}=\chi_{\mathrm{e}}\varepsilon_0\boldsymbol{E} \tag{6}$$

代入(5)式，得

$$\begin{aligned}\boldsymbol{D}&=(1+\chi_{\mathrm{e}})\varepsilon_0\boldsymbol{E}\\&=\varepsilon_{\mathrm{r}}\,\varepsilon_0\boldsymbol{E}=\varepsilon\boldsymbol{E}\end{aligned}$$

式中$\varepsilon_{\mathrm{r}}=(1+\chi_{\mathrm{e}})$和$\varepsilon=\varepsilon_{\mathrm{r}}\varepsilon_0$分别称为介质的相对介电常量和介电常量. 这样，(3.1)式便用以下两式代替：

$$\begin{cases}\nabla\cdot\boldsymbol{D}=\rho_0 & (7.1)\\ \boldsymbol{D}=\varepsilon\boldsymbol{E} & (7.2)\end{cases} \tag{7}$$

总之，利用(4)和(5)式消除了ρ'，得出(7.1)式，再补充(7.2)式，解决了不完备的问题. 在(7)式中，ρ_0是自由电荷体密度，ε是介质的介电常量，均需已知.

如何消除(3.4)式中的诱导电流$\boldsymbol{j}'$呢？$\boldsymbol{j}'=\boldsymbol{j}_{\mathrm{P}}+\boldsymbol{j}_{\mathrm{m}}$是极化电流与磁化电流之和. 把在静电场条件下证明的关系$\nabla\cdot\boldsymbol{P}=-\rho'$对时间$t$求微，得出

$$\frac{\partial}{\partial t}\nabla\cdot\boldsymbol{P}=-\frac{\partial\rho'}{\partial t}$$

由于$\boldsymbol{j}_{\mathrm{P}}$是极化电荷$\rho'$的运动形成的，应遵循电流的连续性方程(电荷守恒)，即有

$$\nabla\cdot\boldsymbol{j}_{\mathrm{P}}=-\frac{\partial\rho'}{\partial t}$$

由以上两式，得

$$\boldsymbol{j}_{\mathrm{P}}=\frac{\partial \boldsymbol{P}}{\partial t} \tag{8}$$

又，在恒定磁场条件下，证明了磁化电流 $\boldsymbol{j}_{\mathrm{m}}$ 与磁化强度 $\boldsymbol{M}$ 的关系为

$$\nabla\times\boldsymbol{M}=\boldsymbol{j}_{\mathrm{m}} \tag{9}$$

引入辅助的物理量——磁场强度 $\boldsymbol{H}$，定义为

$$\boldsymbol{H}=\frac{\boldsymbol{B}}{\mu_0}-\boldsymbol{M} \tag{10}$$

利用(8)、(9)、(10)式及(5)式，可把(3.4)式写为

$$\begin{aligned}\nabla\times\boldsymbol{H}&=\nabla\times\frac{\boldsymbol{B}}{\mu_0}-\nabla\times\boldsymbol{M}\\&=\boldsymbol{j}_0+\boldsymbol{j}_{\mathrm{P}}+\boldsymbol{j}_{\mathrm{m}}+\varepsilon_0\frac{\partial \boldsymbol{E}}{\partial t}-\boldsymbol{j}_{\mathrm{m}}\\&=\boldsymbol{j}_0+\frac{\partial \boldsymbol{P}}{\partial t}+\varepsilon_0\frac{\partial \boldsymbol{E}}{\partial t}\\&=\boldsymbol{j}_0+\frac{\partial \boldsymbol{D}}{\partial t}\end{aligned}$$

可见，消除(或隐藏) $\boldsymbol{j}'$ 的代价是引入 $\boldsymbol{H}$，方程组仍不完备. 为了使之完备，需要补充 $\boldsymbol{H}$ 与 $\boldsymbol{B}$ 之间的关系式，即介质方程. 对于线性各向同性介质，总磁场 $\boldsymbol{B}$ 与磁化强度 $\boldsymbol{M}$ 成正比，且由此引入的描述介质磁化性质的磁化率 χ_{m} 及相对磁导率 $\mu_{\mathrm{r}}=(1+\chi_{\mathrm{m}})$ 都是标量，写成

$$\boldsymbol{B}=\frac{\mu_{\mathrm{r}}\mu_0}{\chi_{\mathrm{m}}}\boldsymbol{M} \tag{11}$$

由(11)、(10)式，得

$$\boldsymbol{B}=\mu_{\mathrm{r}}\mu_0\boldsymbol{H}=\mu\boldsymbol{H}$$

式中 $\mu=\mu_{\mathrm{r}}\mu_0$ 称为介质的磁导率. 这样，(3.4)式便用以下两式代替

$$\begin{cases}\nabla\times\boldsymbol{H}=\boldsymbol{j}_0+\dfrac{\partial \boldsymbol{D}}{\partial t} & (12.1)\\ \boldsymbol{B}=\mu\boldsymbol{H} & (12.2)\end{cases} \tag{12}$$

总之，利用(8)、(9)、(10)式消除了 $\boldsymbol{j}'$，得出(12.1)式，再补充(12.2)式，解决了不完备的问题. 在(12)式中，$\boldsymbol{j}_0$ 是传导电流，μ 是介质的磁导率，均需已知.

注意，(11)式与(6)式 $\boldsymbol{P}=\chi_{\mathrm{e}}\varepsilon_0\boldsymbol{E}$ 在形式上的不一致，常常使学生感到别扭. 原因在于历史上的磁荷观点，根据磁荷观点，$\boldsymbol{H}$ 是基本量，对于线性各向同性介质，有

$$\boldsymbol{M}=\chi_{\mathrm{m}}\boldsymbol{H}$$

然后定义辅助量——磁感应强度 $\boldsymbol{B}$ 为

$$\boldsymbol{B}=\mu_0(\boldsymbol{H}+\boldsymbol{M})$$

由以上两式，得

$$\boldsymbol{B}=\mu_0\left(\frac{\boldsymbol{M}}{\chi_{\mathrm{m}}}+\boldsymbol{M}\right)=\frac{\mu_0}{\chi_{\mathrm{m}}}(1+\chi_{\mathrm{m}})\boldsymbol{M}=\frac{\mu_0\mu_{\mathrm{r}}}{\chi_{\mathrm{m}}}\boldsymbol{M}$$

(11)式就是这样得出的. 现在，根据分子电流观点，$\boldsymbol{B}$ 是基本量，$\boldsymbol{H}$ 是辅助量，但仍沿用当初按磁荷观点给出的(11)式.

综上，得出代替(3)式的用 $\boldsymbol{E}$，$\boldsymbol{B}$，$\boldsymbol{D}$，$\boldsymbol{H}$ 表示的下述宏观 Maxwell 方程组(13)式. 为了使之完备，还要加上适用于线性各向同性介质的介质方程(7.2)式、(12.2)式以及 $\boldsymbol{j}_0=\sigma\boldsymbol{E}$，构成下述介质方程组(14)式，为

$$\begin{cases}\nabla\cdot\boldsymbol{D}=\rho_0 & (13.1)\\ \nabla\times\boldsymbol{E}=-\dfrac{\partial\boldsymbol{B}}{\partial t} & (13.2)\\ \nabla\cdot\boldsymbol{B}=0 & (13.3)\\ \nabla\times\boldsymbol{H}=\boldsymbol{j}_0+\dfrac{\partial\boldsymbol{D}}{\partial t} & (13.4)\end{cases}\qquad(13)$$

$$\begin{cases}\boldsymbol{D}=\varepsilon\boldsymbol{E}\\ \boldsymbol{B}=\mu\boldsymbol{H}\\ \boldsymbol{j}_0=\sigma\boldsymbol{E}\end{cases}\qquad(14)$$

在(13)、(14)式中，$\boldsymbol{E}$ 是总电场，$\boldsymbol{B}$ 是总磁场. 在(13)式中，关键的两项是$\dfrac{\partial\boldsymbol{B}}{\partial t}$和$\dfrac{\partial\boldsymbol{D}}{\partial t}$，$\dfrac{\partial\boldsymbol{B}}{\partial t}$产生涡旋电场，$\dfrac{\partial\boldsymbol{D}}{\partial t}$称为位移电流密度 $\boldsymbol{j}_{\mathrm{D}}$，

$$\frac{\partial\boldsymbol{D}}{\partial t}=\boldsymbol{j}_{\mathrm{D}}=\frac{\partial\boldsymbol{P}}{\partial t}+\varepsilon_0\frac{\partial\boldsymbol{E}}{\partial t}\qquad(15)$$

其中 $\boldsymbol{j}_{\mathrm{P}}=\dfrac{\partial\boldsymbol{P}}{\partial t}$是极化电流，$\varepsilon_0\dfrac{\partial\boldsymbol{E}}{\partial t}$是变化电场，都对磁场有贡献. 正是通过$\dfrac{\partial\boldsymbol{B}}{\partial t}$与$\dfrac{\partial\boldsymbol{E}}{\partial t}$项，把电场与磁场联系了起来，使得(13)式不仅描绘电场与磁场的性质而且成为电磁场运动变化所遵循的规律，这是综合带来的质的飞跃，意义重大. (13)、(14)式构成了完备的方程组，在已知 ρ_0，$\boldsymbol{j}_0$ 以及 ε，μ，σ 的条件下，可以设法求解.

然而，关于(13)、(14)式，也存在着一些值得注意的问题.

第一，(3)式是普遍适用的，(13)式也应是普遍适用的. 但是，在由(3.1)式得出(13.1)式时，采用的(4)式 $\nabla\cdot\boldsymbol{P}=-\rho'$ 却只是在静电场条件下证明的. 同样，由(3.4)式得出(13.4)式时，采用的(9)式 $\nabla\times\boldsymbol{M}=\boldsymbol{j}_{\mathrm{m}}$ 也只是在恒定磁场条件下证明的. 另外，在得出(13.4)式时，利用了(8)式 $\boldsymbol{j}_{\mathrm{P}}=\dfrac{\partial\boldsymbol{P}}{\partial t}$，为了得出(8)式，曾用到$\dfrac{\partial}{\partial t}\nabla\cdot\boldsymbol{P}=-\dfrac{\partial\rho'}{\partial t}$，即已将(4)式 $\nabla\cdot\boldsymbol{P}=-\rho'$ 的适用条件推广了. 因此，很自然地会产生疑问，在静止或恒定条件下

证明的(4)式和(9)式，能否普遍地证明，它们是否确实普遍适用.

第二，在由(3)式得出(13)式的过程中，场源 ρ 和 $\boldsymbol{j}$ 的划分十分明确，物理意义不容置疑. 其中 $\rho=\rho_0+\rho'$，ρ_0 是自由电荷，ρ' 是极化电荷；$\boldsymbol{j}=\boldsymbol{j}_0+\boldsymbol{j}_P+\boldsymbol{j}_m$，$\boldsymbol{j}_0$ 是传导电流，$\boldsymbol{j}_P$ 是极化电流，$\boldsymbol{j}_m$ 是磁化电流. (13)式的好处是只有 ρ_0 与 $\boldsymbol{j}_0$ 出现. 但是，在有些问题中，往往有部分自由电荷或部分传导电流也是未知的，这样，(13)式就无法使用，怎么办？

第三，为了使(13)式完备，补充了只适用于线性各向同性介质的介质方程(14). 显然，(14)式并不是介质方程的唯一形式，为了适用于其他情形，介质方程还有什么可能的形式？

第四，(14)式中的 σ，ε，μ 是独立引进的，分别从导电、极化、磁化等方面描述介质的电磁性质，其间是否有联系，如何表达这种联系，也无法说明.

对于以上这些疑问与困惑，我们将在本节以下几段逐一加以澄清与说明.

二、电荷的划分，电流的划分，感应、极化、磁化

在回答上一段末提出的问题之前，讨论一下电荷的划分，电流的划分，介质对电磁场的响应(感应、极化、磁化)，以及介质电磁性质的描绘等基本问题是十分必要的，这将有助于阐明如何描述介质中的电磁场.

通常，把电荷划分为自由电荷和极化电荷(又称束缚电荷)两类. 自由电荷是指能够被宏观分离并能在宏观范围内运动的正电荷或负电荷. 极化电荷是指不能被宏观分离从而也不能在宏观范围内运动的正负等量电荷. 在金属导体中，可以脱离原子束缚自由地宏观运动的外层电子就是自由电荷；在电解质溶液中，正负离子可以宏观分离并宏观运动，也都是自由电荷. 金属中也有极化电荷，原子内层被束缚在原子中不能宏观分离与宏观运动的电子以及原子核就是，所以金属导体也有极化现象. 在静电场中，由于金属内部有足够多的自由电荷，使得平衡时金属内部处处场强为零，不出现极化，但在恒定或似稳条件下，感应与极化现象必定同时存在，只是通常在金属内部极化很微弱，极化电荷与极化电流可以忽略不计而已. 与此类似，在绝缘体(电介质)内，除了因极化产生的极化电荷与极化电流外，也会有少量自由电荷及传导电流，只是后者通常很微弱可以忽略而已. 实际上，在一般的介质中，自由电荷与极化电荷总是兼而有之的，问题在于何者为主，何者可以忽略，在什么条件下可以忽略.

在外电场作用下，自由电荷宏观运动形成的电流称为传导电流 $\boldsymbol{j}_0$. 顺便指出，在空间中不受束缚的带电粒子也是自由电荷，它们在外电场作用下宏观运动形成的电流称为运流电流. 在无需细致区分的情形，可将运流电流并入传导电流.

极化电荷是不能被宏观分离从而也不能在宏观范围内运动的正负等量电荷，何以形成宏观的极化电荷分布以及极化电流呢？以有极分子构成的电介质为例，每个分子等价于一个电偶极子，无外电场时各电偶极子取向混乱，宏观上处处电中性，极化强度 $\boldsymbol{P}$ 以及极化电荷的体密度 ρ'、面密度 σ' 处处为零. 加外电场，电偶极子趋于整齐排列(取向

极化)，极化电荷出现某种宏观分布，导致宏观上 $\boldsymbol{P}$ 以及 ρ'，σ' 可能不为零. 如果外电场发生变化，则电偶极子的排列以及极化电荷的分布相应变化，使得 $\boldsymbol{P}$ 以及 ρ'，σ' 随之变化，这样，尽管极化电荷均被束缚并未宏观运动，但宏观效果等价于在电介质中形成了极化电流 $\boldsymbol{j}_{\mathrm{P}}$. 所以极化电流是在非恒定条件下才会出现的电流，前已指出，$\boldsymbol{j}_{\mathrm{P}}=\dfrac{\partial \boldsymbol{P}}{\partial t}$. 对于无极分子构成的电介质，无外电场时，每个分子的正、负电中心重合，电偶极矩为零，宏观上处处电中性，极化强度及极化电荷处处为零. 加外电场后，正、负电中心有所位移(位移极化)，导致 $\boldsymbol{P}$ 以及 ρ'，σ' 有可能不为零. 如果外电场发生变化，$\boldsymbol{P}$ 以及 ρ'，σ' 随之变化，出现宏观的极化电流 $\boldsymbol{j}_{\mathrm{P}}$.

在原子内，电子绕核运动具有轨道磁矩，电子与原子核的自旋使之具有自旋磁矩，原子或分子的磁矩就是其中各电子的轨道磁矩和自旋磁矩以及核自旋磁矩的矢量和. 有的介质，其分子固有磁矩不为零，但无外磁场时，各分子磁矩取向无规，其矢量和为零；有的介质，其分子固有磁矩为零；结果均无磁性. 加外磁场，不为零的分子固有磁矩趋于整齐排列，固有磁矩为零的分子产生感生磁矩，并整齐排列，于是呈现磁性，这就是磁化. 磁化的宏观效果等价于形成了磁化电流 $\boldsymbol{j}_{\mathrm{m}}$，尽管分子内的电子与原子核均并未宏观移动.

总之，传导电流 $\boldsymbol{j}_0$、极化电流 $\boldsymbol{j}_{\mathrm{P}}$、磁化电流 $\boldsymbol{j}_{\mathrm{m}}$ 的本质都是电荷的宏观运动. 通常把极化电流与磁化电流统称诱导电流.

何谓位移电流呢？如(15)式所示，它包括极化电流 $\boldsymbol{j}_{\mathrm{P}}=\dfrac{\partial \boldsymbol{P}}{\partial t}$ 和变化电场 $\varepsilon_0\dfrac{\partial \boldsymbol{E}}{\partial t}$ 两部分. 其中，变化电场也能产生磁场即具有磁效应，但是，变化电场并非电荷的宏观运动，它和 $\boldsymbol{j}_0$ 的重要区别是没有热效应和化学效应.

如上所述，介质对电磁场有所“响应”的根源正在于其固有的电磁结构. 通常，把这种响应归结为感应、极化和磁化. 感应(静电感应)是指在外电场作用下，介质中自由电荷的某种宏观分布和宏观运动，用感应电荷 ρ_0，σ_0 以及传导电流 $\boldsymbol{j}_0$ 表示. 极化是指在外电场作用下，介质中极化电荷的某种宏观分布和宏观运动，用极化电荷 ρ'，σ' 以及极化电流 $\boldsymbol{j}_{\mathrm{P}}$ 表示. 磁化是指在外磁场作用下，介质呈现的磁性，它是由宏观磁化电流 $\boldsymbol{j}_{\mathrm{m}}$ 引起的. 一般介质，在外电磁场的作用下，总是同时存在感应、极化、磁化三种效应的，σ，ε，μ 三者分别从导电、极化、磁化等不同方面描述同一介质的电磁性质.

三、场源分解方式的多种可能，非静场情形 $\boldsymbol{P}$，$\boldsymbol{M}$，$\boldsymbol{D}$，$\boldsymbol{H}$ 的定义与物理意义，宏观 Maxwell 方程的再建立

在以上两段，按照通常电磁学教材的讲法，建立了由 $\boldsymbol{E}$，$\boldsymbol{B}$，$\boldsymbol{D}$，$\boldsymbol{H}$ 表述的宏观 Maxwell方程组，其中 $\boldsymbol{E}$，$\boldsymbol{B}$ 是基本量，$\boldsymbol{D}$，$\boldsymbol{H}$ 是辅助量，$\boldsymbol{D}$ 和 $\boldsymbol{H}$ 的定义又牵涉到另外两个矢量——极化强度 $\boldsymbol{P}$ 和磁化强度 $\boldsymbol{M}$. 引入 $\boldsymbol{P}$，$\boldsymbol{M}$，$\boldsymbol{D}$，$\boldsymbol{H}$ 的目的是为了消除方程组中

未知的极化电荷ρ'以及极化电流$\boldsymbol{j}_{\mathrm{P}}$和磁化电流$\boldsymbol{j}_{\mathrm{m}}$(统称诱导电流$\boldsymbol{j}'$)，使方程组中的场源只剩下自由电荷$\rho_0$和传导电流$\boldsymbol{j}_0$.

场源的上述分解方式，物理意义明确，也适合于电磁学课程的要求：侧重讨论静场和恒定场中的介质. 但是，也容易给人一种印象，似乎场源的上述分解方式是唯一的. 其实不然，这里有相当大的变通余地，在不同场合，人们往往根据需要和方便，选择不同的场源分解方式.

把自由电荷ρ_0和由它形成的传导电流$\boldsymbol{j}_0$从总的场源中分离出来，并给予保留在Maxwell方程组中的特殊地位，是因为ρ_0与$\boldsymbol{j}_0$可以测量和控制，例如电容器极板上的电荷和电感器件线圈中的电流就是如此.

然而，情况并不总是这么单纯. 例如，在电场作用下，电容器极板间的电介质中就可能既有极化电荷又有少量自由电荷，随着电压加高还可能击穿，使电介质中的自由电荷和传导电流急剧增加. 例如，电感线圈中的磁芯内，既有磁滞损耗又有涡流损耗，它在交变磁场作用下显示的磁滞回线中，将包括传导电流(涡流)和磁化电流的共同贡献. 在以上两例中，自由电荷与极化电荷以及传导电流与诱导电流的效应混杂在一起，无从区分. 不仅极化电荷与诱导电流不能直接测量和控制，还有介质中的那部分自由电荷与传导电流也不能直接测量和控制. 由此可见，笼统的按自由电荷与极化电荷、传导电流与诱导电流来划分场源，尽管物理意义明确，但在有些情形，却未必适当和方便.

不难看出，更合理的做法是按“主动”与“被动”，已知与未知来划分场源. 电容器极板上的电荷对其间电介质的作用，是产生一个外电场使之极化和感应，电介质中出现的极化电荷和自由电荷都是对外电场的响应，前者(极板上的电荷)是主动的可知的，后者(电介质中的电荷)是被动的未知的. 同样，电感器磁芯中的涡流与磁化电流都是对线圈中电流产生的外磁场的响应，前者(磁芯中电流)是被动的未知的，后者(线圈中电流)是主动的可知的. 因此，不妨把Maxwell方程组中的ρ_0和$\boldsymbol{j}_0$理解为“外场的场源”，而把介质中响应外场所感生的一切电荷和电流，不管其中是否包括自由电荷和传导电流，统统归并到ρ'和$\boldsymbol{j}'$中去，然后，再通过适当定义的$\boldsymbol{P}$，$\boldsymbol{M}$，$\boldsymbol{D}$，$\boldsymbol{H}$，设法把ρ'和$\boldsymbol{j}'$从方程组中消去.

具体地说，前已得出的用$\boldsymbol{E}$和$\boldsymbol{B}$表示的Maxwell方程组(3)式为

$$\left\{\begin{aligned}
&\nabla\cdot\boldsymbol{E}=\frac{\rho}{\varepsilon_0}=\frac{\rho_0}{\varepsilon_0}+\frac{\rho'}{\varepsilon_0} && (16.1)\\
&\nabla\times\boldsymbol{E}=-\frac{\partial\boldsymbol{B}}{\partial t} && (16.2)\\
&\nabla\cdot\boldsymbol{B}=0 && (16.3)\\
&\nabla\times\boldsymbol{B}=\mu_0\boldsymbol{j}+\varepsilon_0\mu_0\frac{\partial\boldsymbol{E}}{\partial t}=\mu_0\boldsymbol{j}_0+\mu_0\boldsymbol{j}'+\varepsilon_0\mu_0\frac{\partial\boldsymbol{E}}{\partial t} && (16.4)
\end{aligned}\right.\qquad(16)$$

把(3)式改称(16)式是因为，尽管两者的形式完全相同，但含义却已经有所不同. 在(16)式中，ρ_0 和 $\boldsymbol{j}_0$ 表示主动的、已知的、产生外场的电荷和电流，ρ' 和 $\boldsymbol{j}'$ 则表示介质中感生的、被动的、未知的电荷和电流. 其实，(3)式与(16)式的区别就在于场源 ρ 和 $\boldsymbol{j}$ 的不同分解方式.

怎样消除(16)式中未知的 ρ' 和 $\boldsymbol{j}'$ 呢？为此，普遍地定义 $\boldsymbol{P}$，$\boldsymbol{M}$，$\boldsymbol{D}$，$\boldsymbol{H}$ 如下：

$$\begin{cases}\nabla\cdot\boldsymbol{P}=-\rho' & (17.1)\\ \nabla\times\boldsymbol{M}=\boldsymbol{j}'-\dfrac{\partial\boldsymbol{P}}{\partial t},\ \nabla\cdot\boldsymbol{M}=0 & (17.2)\\ \boldsymbol{D}=\varepsilon_0\boldsymbol{E}+\boldsymbol{P} & (17.3)\\ \boldsymbol{H}=\dfrac{\boldsymbol{B}}{\mu_0}-\boldsymbol{M} & (17.4)\end{cases}\tag{17}$$

值得注意的是，(17.1)式与(4)式，(17.2)式与(9)式形式相同，但含义也已经有所不同. 在(4)式和(9)式中，ρ'，$\boldsymbol{j}_{\mathrm{m}}$，$\boldsymbol{P}$，$\boldsymbol{M}$ 的物理意义明确，分别是极化电荷、磁化电流、极化强度、磁化强度. 而在(17.1)式和(17.2)式中，如上所述，ρ' 和 $\boldsymbol{j}'$ 的含义已有所变化，分别表示介质中感生的电荷(包括极化电荷与自由电荷)和感生的电流(包括诱导电流和传导电流). 至于(17.1)式和(17.2)式中的 $\boldsymbol{P}$ 和 $\boldsymbol{M}$ 在什么条件下具有什么物理意义则尚待讨论(见本段末). 另外，(4)式和(9)式是分别在静电场和恒定磁场条件下经证明得出的关系式，而(17.1)式和(17.2)式则应理解为不受静止和恒定条件限制的普遍的 $\boldsymbol{P}$ 和 $\boldsymbol{M}$ 的定义式. 还有，(17.3)式与(5)式，(17.4)式与(10)式形式相同，都是 $\boldsymbol{D}$ 和 $\boldsymbol{H}$ 的定义式，但因其中 $\boldsymbol{P}$ 和 $\boldsymbol{M}$ 的含义有所不同，$\boldsymbol{D}$ 和 $\boldsymbol{H}$ 的含义也将有所不同.

把(17.1)式代入(16.1)式，得

$$\nabla\cdot\boldsymbol{E}=\frac{\rho_0}{\varepsilon_0}-\frac{\nabla\cdot\boldsymbol{P}}{\varepsilon_0}$$

利用(17.3)式，得

$$\nabla\cdot\boldsymbol{D}=\rho_0\tag{18}$$

把(17.2)式代入(16.4)式，得

$$\nabla\times\boldsymbol{B}=\mu_0\boldsymbol{j}_0+\varepsilon_0\mu_0\frac{\partial\boldsymbol{E}}{\partial t}+\mu_0\left(\nabla\times\boldsymbol{M}+\frac{\partial\boldsymbol{P}}{\partial t}\right)$$

利用(17.4)式和(17.3)式，得

$$\begin{aligned}\nabla\times\boldsymbol{H}&=\nabla\times\left(\frac{\boldsymbol{B}}{\mu_0}-\boldsymbol{M}\right)=\boldsymbol{j}_0+\varepsilon_0\frac{\partial\boldsymbol{E}}{\partial t}+\frac{\partial\boldsymbol{P}}{\partial t}\\&=\boldsymbol{j}_0+\frac{\partial\boldsymbol{D}}{\partial t}\end{aligned}\tag{19}$$

于是，根据(17)式和(16)式，重新得出了用 $\boldsymbol{E}$，$\boldsymbol{B}$，$\boldsymbol{D}$，$\boldsymbol{H}$ 表述的宏观 Maxwell 方程组如

下：

$$\begin{cases}\nabla\cdot\boldsymbol{D}=\rho_0\\ \nabla\times\boldsymbol{E}=-\dfrac{\partial\boldsymbol{B}}{\partial t}\\ \nabla\cdot\boldsymbol{B}=0\\ \nabla\times\boldsymbol{H}=\boldsymbol{j}_0+\dfrac{\partial\boldsymbol{D}}{\partial t}\end{cases}\tag{20}$$

(20)式和(13)式的形式完全相同，但是，由于场源的划分方式不同，得出的途径也不同，使得(20)式与(13)式有重要区别. 首先，在(20)式中 ρ_0 和 $\boldsymbol{j}_0$ 指的是主动的已知的场源，具有相当的灵活性，例如可把一部分未知的介质中的自由电荷与传导电流纳入 ρ' 与 $\boldsymbol{j}'$ 之中. 而在(13)式中，ρ_0 是自由电荷，$\boldsymbol{j}_0$ 是传导电流，ρ' 是极化电荷，$\boldsymbol{j}'$ 是诱导电流，含义明确，不容变通. 其次，在(20)式中，$\boldsymbol{P}$，$\boldsymbol{M}$，$\boldsymbol{D}$，$\boldsymbol{H}$ 是由(17)式定义的辅助量，其目的只是为了消除被动的、无法测量和控制的、未知的 ρ' 与 $\boldsymbol{j}'$，根本无须证明，因此(20)式不受静场和恒定场条件的限制，普遍适用. 由此可见，(20)式的建立使得通常电磁学教材中建立(13)式时遗留的种种疑虑困惑统统迎刃而解，再一次重新建立(20)式的目的就在于此. 当然，(20)式仍不完备，为了使之完备同样需要补充介质方程.

现在讨论由(17.1)式和(17.2)式定义的 $\boldsymbol{P}$ 和 $\boldsymbol{M}$ 的物理意义.

一块有限体积的电介质中的总电偶极矩为

$$\begin{aligned}\mathscr{P}&=\iiint\boldsymbol{r}\rho'\mathrm{d}V=-\iiint\boldsymbol{r}\,\nabla\cdot\boldsymbol{P}\mathrm{d}V\\&=-\iiint\nabla\cdot(\boldsymbol{r}\,\boldsymbol{P})\,\mathrm{d}V+\iiint\boldsymbol{P}\,\nabla\cdot\boldsymbol{r}\mathrm{d}V\\&=-\oiint\boldsymbol{r}\,\boldsymbol{P}\cdot\mathrm{d}\boldsymbol{S}+\iiint\boldsymbol{P}\mathrm{d}V\\&=\iiint\boldsymbol{P}\mathrm{d}V\end{aligned}$$

说明：式中用到(17.1)式 $\nabla\cdot\boldsymbol{P}=-\rho'$；式中 ρ' 是介质中电荷体密度，包括介质中的极化电荷与自由电荷；式中 $\boldsymbol{r}$ 是矢径；式中的面积分遍及把这块电介质完全包含进去的区域，故该区域的表面处在电介质之外，表面上的 $\boldsymbol{P}=0$，从而 $\oiint\boldsymbol{rP}\cdot\mathrm{d}\boldsymbol{S}=0$. 上式表明，$\boldsymbol{P}$ 具有单位体积内电偶极矩的物理意义.

还应说明，$\mathscr{P}$ 的表达式应与坐标选择无关. 若将坐标原点作 $\boldsymbol{r}_0$ 的位移，则在新坐标系中，有

$$\boldsymbol{r}'=\boldsymbol{r}+\boldsymbol{r}_0$$

于是

$$\mathscr{P}'=\iiint\boldsymbol{r}'\rho'\mathrm{d}V$$

$$
= \iiint \boldsymbol{r}\rho' \mathrm{d}V + \boldsymbol{r}_0 \iiint \rho' \mathrm{d}V
$$

$$
= \mathscr{P} + \boldsymbol{r}_0 \iiint \rho' \mathrm{d}V
$$

所以$\mathscr{P}' = \mathscr{P}$的充要条件是

$$
\iiint \rho' \mathrm{d}V = 0
$$

换言之，仅当满足上式时，$\mathscr{P}' = \mathscr{P} = \iiint \boldsymbol{P}\mathrm{d}V$，$\boldsymbol{P}$ 才具有电介质中单位体积电偶极矩的物理意义. 若电介质中有外加的自由电荷，使之整体非电中性，则 $\iiint \rho' \mathrm{d}V \neq 0$，从而$\mathscr{P}' \neq \mathscr{P}$，表明电介质的总电偶极矩与原点的选择有关，这当然是没有意义的. 在这种情形，$\boldsymbol{P}$ 不再具有电介质中单位体积电偶极矩的物理意义了.

一块有限体积的磁介质中，因 $\boldsymbol{j}_{\mathrm{m}}$ 形成的总磁矩可写成

$$
\mathscr{U} = \frac{1}{2} \iiint \boldsymbol{r} \times \boldsymbol{j}_{\mathrm{m}} \mathrm{d}V
$$

式中 $\boldsymbol{r}$ 为矢径，把

$$
\nabla \times \boldsymbol{M} = \boldsymbol{j}' - \frac{\partial \boldsymbol{P}}{\partial t} = \boldsymbol{j}_{\mathrm{m}}
$$

代入，得

$$
\mathscr{U} = \frac{1}{2} \iiint \boldsymbol{r} \times (\nabla \times \boldsymbol{M}) \mathrm{d}V
$$

$$
= \frac{1}{2} \oiint \boldsymbol{r} \times (\boldsymbol{M} \times \mathrm{d}\boldsymbol{S}) - \frac{1}{2} \iiint (\boldsymbol{M} \times \nabla) \times \boldsymbol{r} \mathrm{d}V
$$

$$
= \frac{1}{2} \iiint (\boldsymbol{M} \nabla \cdot \boldsymbol{r} - \boldsymbol{M}) \mathrm{d}V
$$

$$
= \iiint \boldsymbol{M} \mathrm{d}V
$$

式中面积分为零的理由同前. 上式表明，$\boldsymbol{M}$ 具有磁介质中单位体积磁矩的物理意义. $\boldsymbol{M}$ 的定义式$\nabla \times \boldsymbol{M} = \boldsymbol{j}_{\mathrm{m}}$ 已要求$\nabla \cdot \boldsymbol{j}_{\mathrm{m}} = 0$，不难证明，这时$\mathscr{U}$与坐标原点的选择无关.

至于 $\boldsymbol{D}$ 和 $\boldsymbol{H}$，是作为辅助量引入的，一般说来，无特定的物理意义可言.

四、高频情形线性介质方程的各种形式

在上一段中，根据用 $\boldsymbol{E}$ 和 $\boldsymbol{B}$ 表述的宏观 Maxwell 方程组(16)，利用由(17)式定义的 $\boldsymbol{P}$，$\boldsymbol{M}$，$\boldsymbol{D}$，$\boldsymbol{H}$，重新建立了用 $\boldsymbol{E}$，$\boldsymbol{B}$，$\boldsymbol{D}$，$\boldsymbol{H}$ 表述的宏观 Maxwell 方程组(20)，并且指出，(20)式的好处在于场源的划分具有相当的灵活性以及普遍适用. 但(20)式并不完备，需要补充介质方程与之联立，使之完备. 在本段中，将进一步指出，上述重新建立

(20)式的办法，还有利于根据需要和方便，选用不同形式的线性介质方程.

应该强调指出，线性介质方程可以选用不同形式，是因为由(17.1)式

$$\nabla\cdot\boldsymbol{P}=-\rho'$$

定义的 $\boldsymbol{P}$ 具有一定的不确定性或任意性. 如所周知，任何矢量场都可以表为纵场(无旋场)与横场(无散场)之和，$\boldsymbol{P}$ 同样可表为纵分量 $\boldsymbol{P}_{\mathrm{L}}$ 与横分量 $\boldsymbol{P}_{\mathrm{T}}$ 之和，即

$$\boldsymbol{P}=\boldsymbol{P}_{\mathrm{L}}+\boldsymbol{P}_{\mathrm{T}}$$

其中 $\boldsymbol{P}_{\mathrm{L}}$ 和 $\boldsymbol{P}_{\mathrm{T}}$ 分别满足：

$$\nabla\times\boldsymbol{P}_{\mathrm{L}}=0$$

$$\nabla\cdot\boldsymbol{P}_{\mathrm{T}}=0$$

现在，(17.1)式 $\nabla\cdot\boldsymbol{P}=\nabla\cdot\boldsymbol{P}_{\mathrm{L}}=-\rho'$ 实际上只定义了 $\boldsymbol{P}$ 的纵分量 $\boldsymbol{P}_{\mathrm{L}}$，$\boldsymbol{P}$ 的横分量 $\boldsymbol{P}_{\mathrm{T}}$ 并未定义，可任意选取，这就使得 $\boldsymbol{P}$ 具有一定的不确定性. 把(17.1)式对时间 t 求微，得

$$\begin{aligned}\nabla\cdot\dot{\boldsymbol{P}}=\nabla\cdot\dot{\boldsymbol{P}}_{\mathrm{L}}&=-\frac{\partial\rho'}{\partial t}=\nabla\cdot\boldsymbol{j}'\\&=\nabla\cdot(\boldsymbol{j}'-\lambda\,\boldsymbol{j}'_{\mathrm{T}})\end{aligned}$$

上式用到了电流的连续方程(电荷守恒定律)：

$$\frac{\partial\rho'}{\partial t}+\nabla\cdot\boldsymbol{j}'=0$$

还补充了

$$\nabla\cdot\lambda\boldsymbol{j}'_{\mathrm{T}}=0$$

这一项，其中 λ 是标量系数，待定，可任意选择，借以表示 $\boldsymbol{P}$ 的不确定性. 于是，就把 $\boldsymbol{P}$ 的定义(17.1)式改写为

$$\dot{\boldsymbol{P}}=\boldsymbol{j}'-\lambda\,\boldsymbol{j}'_{\mathrm{T}}\tag{21}$$

把(21)式代入 $\boldsymbol{M}$ 的定义(17.2)式，得

$$\begin{aligned}\nabla\times\boldsymbol{M}&=\boldsymbol{j}'-\frac{\partial\boldsymbol{P}}{\partial t}=\boldsymbol{j}'-(\boldsymbol{j}'-\lambda\,\boldsymbol{j}'_{\mathrm{T}})\\&=\lambda\,\boldsymbol{j}'_{\mathrm{T}}\end{aligned}\tag{22}$$

(17.2)式是 $\nabla\times\boldsymbol{M}=\boldsymbol{j}'-\dfrac{\partial\boldsymbol{P}}{\partial t}$ 和 $\nabla\cdot\boldsymbol{M}=0$，它不仅定义了 $\boldsymbol{M}$ 的横分量还定义了 $\boldsymbol{M}$ 的纵分量，定义是完整的. 但因 $\boldsymbol{M}$ 与 $\boldsymbol{P}$ 有关，所以 $\boldsymbol{P}$ 的不确定性使得 $\boldsymbol{M}$ 也具有相应的不确定性. 下面我们将以(21)式和(22)式取代(17.1)式和(17.2)式作为 $\boldsymbol{P}$ 和 $\boldsymbol{M}$ 的定义式，在(21)式和(22)式中都有待定的标量系数 λ，只要选定 λ，$\boldsymbol{P}$ 和 $\boldsymbol{M}$ 就完全确定了. 与 Maxwell 方程组(20)式联立的线性介质方程，可以具有不同形式的原因，就在于 λ 可以任意选择.

在本节第一段中，曾经给出线性各向同性介质的介质方程(14)为

$$\begin{cases} \boldsymbol{D} = \varepsilon \boldsymbol{E} \\ \boldsymbol{B} = \mu \boldsymbol{H} \\ \boldsymbol{j}_0 = \sigma \boldsymbol{E} \end{cases}$$

严格地说，(14)式只适用于恒定场. 对于非恒定场，特别是高频情形，(14)式并不合用. 在线性介质中，非恒定场可作 Fourier 分解，场的每个 Fourier 分量代表一列单色的平面电磁波. 只有对于这样的平面电磁波才有类似于(14)式的简单比例关系，但其中的 σ，ε，μ 等系数都与频率 ω 和波矢 $\boldsymbol{k}$ 有关(色散效应). 因此，在 Fourier 表象$(\boldsymbol{k}, \omega)$中讨论高频情形的线性介质方程是比较方便的. 在这以前，各物理量都是空间和时间$(\boldsymbol{r}, t)$的函数，通过 Fourier 变换，可以从$(\boldsymbol{r}, t)$表象变换为$(\boldsymbol{k}, \omega)$表象. Fourier 变换的一般形式为

$$\boldsymbol{A}(\boldsymbol{k}, \omega) = \int \mathrm{d}\boldsymbol{r} \int_{-\infty}^{\infty} \mathrm{d}t\, \boldsymbol{A}(\boldsymbol{r}, t) \exp[-\mathrm{i}(\omega t - \boldsymbol{k} \cdot \boldsymbol{r})] \tag{23}$$

经 Fourier 变换后，以前在$(\boldsymbol{r}, t)$表象中用矢量散度和旋度表示的公式，变为在$(\boldsymbol{k}, \omega)$表象中用矢量代数运算表示的公式，相应的变换关系为

$$\begin{cases} \nabla \cdot \Rightarrow \mathrm{i}\boldsymbol{k} \cdot \\ \nabla \times \Rightarrow \mathrm{i}\boldsymbol{k} \times \\ \dfrac{\partial}{\partial t} \Rightarrow -\mathrm{i}\omega \end{cases} \tag{24}$$

把$(\boldsymbol{r}, t)$表象中的 Maxwell 方程(20)，以及 $\boldsymbol{P}$，$\boldsymbol{M}$，$\boldsymbol{D}$，$\boldsymbol{H}$ 的定义(21)式、(22)式、(17.3)式、(17.4)式，作 Fourier 变换，得

$$\begin{cases} \mathrm{i}\boldsymbol{k} \cdot \boldsymbol{D}(\boldsymbol{k}, \omega) = \rho_0(\boldsymbol{k}, \omega) & (25.1) \\ \mathrm{i}\boldsymbol{k} \times \boldsymbol{E}(\boldsymbol{k}, \omega) = \mathrm{i}\omega \boldsymbol{B}(\boldsymbol{k}, \omega) & (25.2) \\ \mathrm{i}\boldsymbol{k} \cdot \boldsymbol{B}(\boldsymbol{k}, \omega) = 0 & (25.3) \\ \mathrm{i}\boldsymbol{k} \times \boldsymbol{H}(\boldsymbol{k}, \omega) = \boldsymbol{j}_0(\boldsymbol{k}, \omega) - \mathrm{i}\omega \boldsymbol{D}(\boldsymbol{k}, \omega) & (25.4) \end{cases} \tag{25}$$

及

$$\begin{cases} \boldsymbol{P}(\boldsymbol{k}, \omega) = \dfrac{\mathrm{i}}{\omega}[\boldsymbol{j}'(\boldsymbol{k}, \omega) - \lambda \boldsymbol{j}'_{\mathrm{T}}(\boldsymbol{k}, \omega)] & (26.1) \\ \boldsymbol{M}(\boldsymbol{k}, \omega) = \dfrac{\mathrm{i}\lambda}{k^2} \boldsymbol{k} \times \boldsymbol{j}'(\boldsymbol{k}, \omega) & (26.2) \\ \boldsymbol{D}(\boldsymbol{k}, \omega) = \varepsilon_0 \boldsymbol{E}(\boldsymbol{k}, \omega) + \boldsymbol{P}(\boldsymbol{k}, \omega) & (26.3) \\ \boldsymbol{H}(\boldsymbol{k}, \omega) = \dfrac{1}{\mu_0} \boldsymbol{B}(\boldsymbol{k}, \omega) - \boldsymbol{M}(\boldsymbol{k}, \omega) & (26.4) \end{cases} \tag{26}$$

式中 $\rho_0(\boldsymbol{k}, \omega)$ 与 $\boldsymbol{j}_0(\boldsymbol{k}, \omega)$ 为外场源，$\rho'(\boldsymbol{k}, \omega)$ 与 $\boldsymbol{j}'(\boldsymbol{k}, \omega)$ 为介质中的全部响应. 式中各矢量的纵分量 L 是平行于波矢量 $\boldsymbol{k}$ 的分量，横分量 T 是垂直于 $\boldsymbol{k}$ 的分量，它们分别与矢量场的无旋和有旋成分对应. (25.3)式表明

$$\boldsymbol{B}_{\mathrm{L}}(\boldsymbol{k},\ \omega)=0$$

即

$$\boldsymbol{B}(\boldsymbol{k},\ \omega)=\boldsymbol{B}_{\mathrm{T}}(\boldsymbol{k},\ \omega)$$

是纯粹的横场. 由(25.2)式，得

$$\boldsymbol{B}(\boldsymbol{k},\ \omega)=\frac{1}{\omega}\ \boldsymbol{k}\times\boldsymbol{E}(\boldsymbol{k},\ \omega)=\frac{1}{\omega}\ \boldsymbol{k}\times\boldsymbol{E}_{\mathrm{T}}(\boldsymbol{k},\ \omega)$$

表明 $\boldsymbol{B}(\boldsymbol{k},\ \omega)$ 与 $\boldsymbol{E}(\boldsymbol{k},\ \omega)$ 的横分量 $\boldsymbol{E}_{\mathrm{T}}(\boldsymbol{k},\ \omega)$ 有简单的比例关系.

把(26.1)式代入(26.3)式，得

$$\begin{aligned}\boldsymbol{D}(\boldsymbol{k},\ \omega)&=\varepsilon_0\boldsymbol{E}(\boldsymbol{k},\ \omega)+\frac{\mathrm{i}}{\omega}[\boldsymbol{j}'(\boldsymbol{k},\ \omega)-\lambda\boldsymbol{j}'_{\mathrm{T}}(\boldsymbol{k},\ \omega)]\\&=\overleftrightarrow{I}\cdot\varepsilon_0\boldsymbol{E}(\boldsymbol{k},\ \omega)+\frac{\mathrm{i}}{\omega}(\overleftrightarrow{I}-\lambda\ \overleftrightarrow{I}_{\mathrm{T}})\cdot\boldsymbol{j}'(\boldsymbol{k},\ \omega)\end{aligned}\tag{27}$$

式中 $\overleftrightarrow{I}$ 是单位张量，为

$$\overleftrightarrow{I}=\overleftrightarrow{I}_{\mathrm{T}}+\overleftrightarrow{I}_{\mathrm{L}}$$

其中，$\overleftrightarrow{I}_{\mathrm{T}}$ 是横分量，$\overleftrightarrow{I}_{\mathrm{L}}$ 是纵分量，为

$$\overleftrightarrow{I}_{\mathrm{L}}=\frac{\boldsymbol{k}\ \boldsymbol{k}}{k^2}$$

若取 $\dfrac{\boldsymbol{k}}{k}=(0,\ 0,\ 1)$，则有

$$\begin{cases}\overleftrightarrow{I}=\begin{pmatrix}1&0&0\\0&1&0\\0&0&1\end{pmatrix}\\\overleftrightarrow{I}_{\mathrm{L}}=\begin{pmatrix}0&0&0\\0&0&0\\0&0&1\end{pmatrix}\\\overleftrightarrow{I}_{\mathrm{T}}=\begin{pmatrix}1&0&0\\0&1&0\\0&0&0\end{pmatrix}\end{cases}\tag{28}$$

如果是线性介质，则电流方程可写为

$$\boldsymbol{j}'(\boldsymbol{k},\ \omega)=\overleftrightarrow{\sigma}(\boldsymbol{k},\ \omega)\cdot\boldsymbol{E}(\boldsymbol{k},\ \omega)\tag{29}$$

这是线性介质的定义，式中 $\overleftrightarrow{\sigma}(\boldsymbol{k},\ \omega)$ 是电导率张量. 把(29)式代入(27)式，得

$$\begin{aligned}\boldsymbol{D}(\boldsymbol{k},\ \omega)&=\left[\varepsilon_0\overleftrightarrow{I}+\frac{\mathrm{i}}{\omega}(\overleftrightarrow{I}-\lambda\overleftrightarrow{I}_{\mathrm{T}})\cdot\overleftrightarrow{\sigma}(\boldsymbol{k},\ \omega)\right]\cdot\boldsymbol{E}(\boldsymbol{k},\ \omega)\\&=\overleftrightarrow{\varepsilon}(\boldsymbol{k},\ \omega)\cdot\boldsymbol{E}(\boldsymbol{k},\ \omega)\end{aligned}\tag{30}$$

式中

$$\overleftrightarrow{\varepsilon}(\boldsymbol{k},\ \omega)=\varepsilon_0\overleftrightarrow{I}+\frac{\mathrm{i}}{\omega}(\overleftrightarrow{I}-\lambda\overleftrightarrow{I}_{\mathrm{T}})\cdot\overleftrightarrow{\sigma}(\boldsymbol{k},\ \omega) \tag{31}$$

为介电张量. (31)式给出了线性介质的介电张量 $\overleftrightarrow{\varepsilon}(\boldsymbol{k},\ \omega)$ 与电导率张量 $\overleftrightarrow{\sigma}(\boldsymbol{k},\ \omega)$ 之间的关系.

把(26.2)式和(29)式代入 $\boldsymbol{H}$ 的定义(26.4)式, 得

$$\begin{aligned}\boldsymbol{H}(\boldsymbol{k},\ \omega)&=\frac{1}{\mu_0}\boldsymbol{B}(\boldsymbol{k},\ \omega)-\boldsymbol{M}(\boldsymbol{k},\ \omega)\\&=\frac{1}{\mu_0}\boldsymbol{B}(\boldsymbol{k},\ \omega)-\frac{\mathrm{i}\lambda}{k^2}\boldsymbol{k}\times\boldsymbol{j}'(\boldsymbol{k},\ \omega)\\&=\frac{1}{\mu_0}\boldsymbol{B}(\boldsymbol{k},\ \omega)-\frac{\mathrm{i}\lambda}{k^2}\boldsymbol{k}\times\overleftrightarrow{\sigma}(\boldsymbol{k},\ \omega)\cdot[\boldsymbol{E}_{\mathrm{L}}(\boldsymbol{k},\ \omega)+\boldsymbol{E}_{\mathrm{T}}(\boldsymbol{k},\ \omega)]\\&=\frac{1}{\mu_0}\boldsymbol{B}(\boldsymbol{k},\ \omega)-\frac{\mathrm{i}\lambda}{k^2}\boldsymbol{k}\times\overleftrightarrow{\sigma}(\boldsymbol{k},\ \omega)\cdot\boldsymbol{E}_{\mathrm{T}}(\boldsymbol{k},\ \omega)\\&\qquad-\frac{\mathrm{i}\lambda}{k^2}\boldsymbol{k}\times\overleftrightarrow{\sigma}(\boldsymbol{k},\ \omega)\cdot\boldsymbol{E}_{\mathrm{L}}(\boldsymbol{k},\ \omega)\end{aligned}$$

由(25.2)式得

$$\boldsymbol{k}\times\boldsymbol{E}(\boldsymbol{k},\ \omega)=\omega\boldsymbol{B}(\boldsymbol{k},\ \omega)$$

即

$$\begin{aligned}\boldsymbol{k}\times[\boldsymbol{k}\times\boldsymbol{E}(\boldsymbol{k},\ \omega)]&=-k^2\boldsymbol{E}_{\mathrm{T}}(\boldsymbol{k},\ \omega)\\&=\omega\boldsymbol{k}\times\boldsymbol{B}(\boldsymbol{k},\ \omega)\end{aligned}$$

故

$$\boldsymbol{E}_{\mathrm{T}}(\boldsymbol{k},\ \omega)=-\frac{\omega}{k^2}\boldsymbol{k}\times\boldsymbol{B}(\boldsymbol{k},\ \omega)$$

代入上述 $\boldsymbol{H}(\boldsymbol{k},\ \omega)$ 的公式, 得

$$\begin{aligned}\boldsymbol{H}(\boldsymbol{k},\ \omega)&=\frac{1}{\mu_0}\boldsymbol{B}(\boldsymbol{k},\ \omega)+\frac{\mathrm{i}\omega\lambda}{k^4}\boldsymbol{k}\times\overleftrightarrow{\sigma}(\boldsymbol{k},\ \omega)\cdot\boldsymbol{k}\times\boldsymbol{B}(\boldsymbol{k},\ \omega)-\frac{\mathrm{i}\lambda}{k^2}\boldsymbol{k}\times\overleftrightarrow{\sigma}(\boldsymbol{k},\ \omega)\cdot\boldsymbol{E}_{\mathrm{L}}(\boldsymbol{k},\ \omega)\\&=\overleftrightarrow{\mu}^{-1}(\boldsymbol{k},\ \omega)\cdot\boldsymbol{B}(\boldsymbol{k},\ \omega)-\frac{\mathrm{i}\lambda}{k^2}\boldsymbol{k}\times\overleftrightarrow{\sigma}(\boldsymbol{k},\ \omega)\cdot\boldsymbol{E}_{\mathrm{L}}(\boldsymbol{k},\ \omega)\end{aligned} \tag{32}$$

(32)式表明, 对于线性各向异性介质, $\boldsymbol{H}(\boldsymbol{k},\ \omega)$ 不仅与 $\boldsymbol{B}(\boldsymbol{k},\ \omega)$ 有关, 还与 $\boldsymbol{E}_{\mathrm{L}}(\boldsymbol{k},\ \omega)$ 有关, 而 $\boldsymbol{E}_{\mathrm{L}}(\boldsymbol{k},\ \omega)$ 无法经 Maxwell 方程表为 $\boldsymbol{B}(\boldsymbol{k},\ \omega)$. 因此, 除非选取 $\lambda=0$, 使(32)式的第二项为零, 否则, 一般说来, 即使是线性介质(由(29)式定义), 其介质方程之一的(32)式也无法写成 $\boldsymbol{H}(\boldsymbol{k},\ \omega)=\overleftrightarrow{\mu}^{-1}(\boldsymbol{k},\ \omega)\cdot\boldsymbol{B}(\boldsymbol{k},\ \omega)$ 的形式.

综上, 在 $(\boldsymbol{k},\ \omega)$ 表象中, 线性介质方程即为上述(29)式、(30)式、(32)式, 它们与 Maxwell 方程组(25)联立, 构成完备的方程组. 线性介质方程各公式中的 λ 是待定的

标量系数，可根据需要选定.

1. 选取 $\lambda=0$ 时的线性各向异性介质方程以及 $\overleftrightarrow{\sigma}(\boldsymbol{k},\ \omega)$，$\overleftrightarrow{\varepsilon}(\boldsymbol{k},\ \omega)$，$\overleftrightarrow{\mu}(\boldsymbol{k},\ \omega)$的关系

取 $\lambda=0$，由(26.2)式，

$$\boldsymbol{M}(\boldsymbol{k},\ \omega)=0$$

由(32)式，

$$\boldsymbol{B}(\boldsymbol{k},\ \omega)=\mu_0\boldsymbol{H}(\boldsymbol{k},\ \omega)$$

$$\overleftrightarrow{\mu}(\boldsymbol{k},\ \omega)=\mu_0\overleftrightarrow{I}$$

由(31)式，

$$\overleftrightarrow{\varepsilon}(\boldsymbol{k},\ \omega)=\varepsilon_0\overleftrightarrow{I}+\frac{\mathrm{i}}{\omega}\overleftrightarrow{\sigma}(\boldsymbol{k},\ \omega)$$

于是，线性各向异性介质方程为

$$\begin{cases}\boldsymbol{j}'(\boldsymbol{k},\ \omega)=\overleftrightarrow{\sigma}(\boldsymbol{k},\ \omega)\cdot\boldsymbol{E}(\boldsymbol{k},\ \omega)\\ \boldsymbol{D}(\boldsymbol{k},\ \omega)=\overleftrightarrow{\varepsilon}(\boldsymbol{k},\ \omega)\cdot\boldsymbol{E}(\boldsymbol{k},\ \omega)\\ \boldsymbol{B}(\boldsymbol{k},\ \omega)=\overleftrightarrow{\mu}(\boldsymbol{k},\ \omega)\cdot\boldsymbol{H}(\boldsymbol{k},\ \omega)=\mu_0\boldsymbol{H}(\boldsymbol{k},\ \omega)\end{cases}\tag{33}$$

其中

$$\begin{cases}\overleftrightarrow{\varepsilon}(\boldsymbol{k},\ \omega)=\varepsilon_0\overleftrightarrow{I}+\dfrac{\mathrm{i}}{\omega}\overleftrightarrow{\sigma}(\boldsymbol{k},\ \omega)\\ \overleftrightarrow{\mu}(\boldsymbol{k},\ \omega)=\mu_0\overleftrightarrow{I}\end{cases}\tag{34}$$

可见，选取 $\lambda=0$ 的好处是，$\boldsymbol{M}=0$，$\boldsymbol{B}=\mu_0\boldsymbol{H}$，无需区分 $\boldsymbol{B}$ 和 $\boldsymbol{H}$，介质对电磁场的响应全部包含在介电张量 $\overleftrightarrow{\varepsilon}(\boldsymbol{k},\ \omega)$或电导率张量 $\overleftrightarrow{\sigma}(\boldsymbol{k},\ \omega)$之中. 等离子体是有强烈色散的各向异性介质，在等离子体物理中通常选取 $\lambda=0$，采用由(33)式和(34)式表示的线性介质方程. (34)式同时揭示了 $\overleftrightarrow{\varepsilon}(\boldsymbol{k},\ \omega)$与$\overleftrightarrow{\sigma}(\boldsymbol{k},\ \omega)$的关系.

2. 线性各向同性介质方程以及标量化的 $\sigma(\boldsymbol{k},\ \omega)$，$\varepsilon(\boldsymbol{k},\ \omega)$，$\mu(\boldsymbol{k},\ \omega)$

对于各向同性介质，其电导率也不一定是标量，因为，例如在有波传播时，波矢的方向 $\boldsymbol{k}$ 就是一个特殊方向，所以，电导率一般可写为

$$\overleftrightarrow{\sigma}(\boldsymbol{k},\ \omega)=\overleftrightarrow{I_{\mathrm{L}}}\ \sigma_{\mathrm{L}}(\boldsymbol{k},\ \omega)+\overleftrightarrow{I_{\mathrm{T}}}\ \sigma_{\mathrm{T}}(\boldsymbol{k},\ \omega)$$
$$=\begin{pmatrix}\sigma_{\mathrm{T}}(\boldsymbol{k},\ \omega) & 0 & 0\\ 0 & \sigma_{\mathrm{T}}(\boldsymbol{k},\ \omega) & 0\\ 0 & 0 & \sigma_{\mathrm{L}}(\boldsymbol{k},\ \omega)\end{pmatrix}\tag{35}$$

式中 $\sigma_{\mathrm{T}}(\boldsymbol{k},\ \omega)$和 $\sigma_{\mathrm{L}}(\boldsymbol{k},\ \omega)$都是标量. 代入(31)式，得

$$\overleftrightarrow{\varepsilon}(\boldsymbol{k},\ \omega)=\varepsilon_0\overleftrightarrow{I}+\frac{\mathrm{i}}{\omega}(\overleftrightarrow{I}-\lambda\ \overleftrightarrow{I_{\mathrm{T}}})\cdot\overleftrightarrow{\sigma}(\boldsymbol{k},\ \omega)$$

$$
\begin{aligned}
&=\varepsilon_0 \overleftrightarrow{I}+\frac{\mathrm{i}}{\omega}(\overleftrightarrow{I}-\lambda \overleftrightarrow{I}_{\mathrm{T}}) \cdot [\overleftrightarrow{I}_{\mathrm{L}}\, \sigma_{\mathrm{L}}(\boldsymbol{k},\ \omega)+\overleftrightarrow{I}_{\mathrm{T}}\, \sigma_{\mathrm{T}}(\boldsymbol{k},\ \omega)] \\
&=\left[\varepsilon_0+\frac{\mathrm{i}}{\omega}\sigma_{\mathrm{L}}(\boldsymbol{k},\ \omega)\right]\overleftrightarrow{I}_{\mathrm{L}}+\left[\varepsilon_0+\frac{\mathrm{i}}{\omega}(1-\lambda)\sigma_{\mathrm{T}}(\boldsymbol{k},\ \omega)\right]\overleftrightarrow{I}_{\mathrm{T}} \\
&=\varepsilon_{\mathrm{L}}(\boldsymbol{k},\ \omega)\overleftrightarrow{I}_{\mathrm{L}}+\varepsilon_{\mathrm{T}}(\boldsymbol{k},\ \omega)\overleftrightarrow{I}_{\mathrm{T}}
\end{aligned} \tag{36}
$$

式中

$$
\begin{cases}
\varepsilon_{\mathrm{L}}(\boldsymbol{k},\ \omega)=\varepsilon_0+\dfrac{\mathrm{i}}{\omega}\sigma_{\mathrm{L}}(\boldsymbol{k},\ \omega) \\
\varepsilon_{\mathrm{T}}(\boldsymbol{k},\ \omega)=\varepsilon_0+\dfrac{\mathrm{i}}{\omega}(1-\lambda)\sigma_{\mathrm{T}}(\boldsymbol{k},\ \omega)
\end{cases} \tag{37}
$$

把(35)式代入(32)式，注意现为各向同性介质，$\overleftrightarrow{\sigma}(\boldsymbol{k},\ \omega)$如(35)式所示，故有

$$
\begin{aligned}
\boldsymbol{k}\times\overleftrightarrow{\sigma}(\boldsymbol{k},\ \omega)\cdot\boldsymbol{E}_{\mathrm{L}}(\boldsymbol{k},\ \omega)&=\boldsymbol{k}_{\mathrm{L}}\times\overleftrightarrow{\sigma}(\boldsymbol{k},\ \omega)\cdot\boldsymbol{E}_{\mathrm{L}}(\boldsymbol{k},\ \omega)\\
&=0
\end{aligned}
$$

以及

$$
\begin{aligned}
\boldsymbol{k}\times\overleftrightarrow{\sigma}(\boldsymbol{k},\ \omega)\cdot\boldsymbol{k}\times\boldsymbol{B}(\boldsymbol{k},\ \omega)&=\boldsymbol{k}\times\sigma_{\mathrm{T}}(\boldsymbol{k},\ \omega)\overleftrightarrow{I}_{\mathrm{T}}\cdot\boldsymbol{k}\times\boldsymbol{B}_{\mathrm{T}}(\boldsymbol{k},\ \omega)\\
&=\sigma_{\mathrm{T}}(\boldsymbol{k},\ \omega)\boldsymbol{k}\times[\boldsymbol{k}\times\boldsymbol{B}_{\mathrm{T}}(\boldsymbol{k},\ \omega)]\\
&=-\sigma_{\mathrm{T}}(\boldsymbol{k},\ \omega)k^2\boldsymbol{B}(\boldsymbol{k},\ \omega)
\end{aligned}
$$

注意，由(25.3)式，$\boldsymbol{B}(\boldsymbol{k},\ \omega)$是纯粹的横场，上式用到这一结果. 于是，得出

$$
\begin{aligned}
\boldsymbol{H}(\boldsymbol{k},\ \omega)&=\frac{1}{\mu_0}\boldsymbol{B}(\boldsymbol{k},\ \omega)-\frac{\mathrm{i}\lambda}{k^2}\boldsymbol{k}\times\overleftrightarrow{\sigma}(\boldsymbol{k},\ \omega)\cdot\boldsymbol{E}_{\mathrm{L}}(\boldsymbol{k},\ \omega)+\frac{\mathrm{i}\omega\lambda}{k^4}\boldsymbol{k}\times\overleftrightarrow{\sigma}(\boldsymbol{k},\ \omega)\cdot\boldsymbol{k}\times\boldsymbol{B}(\boldsymbol{k},\ \omega)\\
&=\frac{1}{\mu_0}\boldsymbol{B}(\boldsymbol{k},\ \omega)-\frac{\mathrm{i}\omega\lambda}{k^2}\sigma_{\mathrm{T}}(\boldsymbol{k},\ \omega)\boldsymbol{B}(\boldsymbol{k},\ \omega)\\
&=\overleftrightarrow{\mu}^{-1}(\boldsymbol{k},\ \omega)\cdot\boldsymbol{B}(\boldsymbol{k},\ \omega)
\end{aligned} \tag{38}
$$

式中

$$
\overleftrightarrow{\mu}^{-1}(\boldsymbol{k},\ \omega)=\left[\frac{1}{\mu_0}-\frac{\mathrm{i}\omega\lambda}{k^2}\sigma_{\mathrm{T}}(\boldsymbol{k},\ \omega)\right]\overleftrightarrow{I} \tag{39}
$$

可见，磁导率实际上是标量.

综上，线性各向同性介质的介质方程为

$$
\begin{cases}
\boldsymbol{j}'(\boldsymbol{k},\ \omega)=\overleftrightarrow{\sigma}(\boldsymbol{k},\ \omega)\cdot\boldsymbol{E}(\boldsymbol{k},\ \omega)=[\sigma_{\mathrm{L}}(\boldsymbol{k},\ \omega)\overleftrightarrow{I}_{\mathrm{L}}+\sigma_{\mathrm{T}}(\boldsymbol{k},\ \omega)\overleftrightarrow{I}_{\mathrm{T}}]\cdot\boldsymbol{E}(\boldsymbol{k},\ \omega)\\
\boldsymbol{D}(\boldsymbol{k},\ \omega)=\overleftrightarrow{\varepsilon}(\boldsymbol{k},\ \omega)\cdot\boldsymbol{E}(\boldsymbol{k},\ \omega)=[\varepsilon_{\mathrm{L}}(\boldsymbol{k},\ \omega)\overleftrightarrow{I}_{\mathrm{L}}+\varepsilon_{\mathrm{T}}(\boldsymbol{k},\ \omega)\overleftrightarrow{I}_{\mathrm{T}}]\cdot\boldsymbol{E}(\boldsymbol{k},\ \omega)\\
\boldsymbol{H}(\boldsymbol{k},\ \omega)=\overleftrightarrow{\mu}^{-1}(\boldsymbol{k},\ \omega)\cdot\boldsymbol{B}(\boldsymbol{k},\ \omega)=\mu^{-1}(\boldsymbol{k},\ \omega)\boldsymbol{B}(\boldsymbol{k},\ \omega)
\end{cases} \tag{40}
$$

式中$\sigma_{\mathrm{L}}(\boldsymbol{k},\ \omega)$，$\sigma_{\mathrm{T}}(\boldsymbol{k},\ \omega)$与$\varepsilon_{\mathrm{L}}(\boldsymbol{k},\ \omega)$，$\varepsilon_{\mathrm{T}}(\boldsymbol{k},\ \omega)$，$\mu(\boldsymbol{k},\ \omega)$的关系由(37)式和(39)

式给出.

在以上公式中，标量因子 λ 待定，通常有以下几种选择.

第一，选取 $\lambda=0$. 由(36)式、(37)式、(39)式，得

$$\begin{cases}\overleftrightarrow{\varepsilon}(\boldsymbol{k},\ \omega)=\left[\varepsilon_0+\dfrac{\mathrm{i}}{\omega}\sigma_{\mathrm{L}}(\boldsymbol{k},\ \omega)\right]\overleftrightarrow{I}_{\mathrm{L}}+\left[\varepsilon_0+\dfrac{\mathrm{i}}{\omega}\sigma_{\mathrm{T}}(\boldsymbol{k},\ \omega)\right]\overleftrightarrow{I}_{\mathrm{T}}\\ \overleftrightarrow{\mu}^{-1}(\boldsymbol{k},\ \omega)=\mu_0^{-1}\overleftrightarrow{I}\end{cases}\tag{41}$$

可见，选择 $\lambda=0$ 的好处是 $\mu=\mu_0$，$\boldsymbol{B}=\mu_0\boldsymbol{H}$，实际上无需区分 $\boldsymbol{B}$ 和 $\boldsymbol{H}$，缺点是 $\overleftrightarrow{\varepsilon}(\boldsymbol{k},\ \omega)$ 仍为张量，有所不便.

第二，选取 $\lambda=1$. 由(36)式、(37)式、(39)式，得

$$\begin{cases}\overleftrightarrow{\varepsilon}(\boldsymbol{k},\ \omega)=\left[\varepsilon_0+\dfrac{\mathrm{i}}{\omega}\sigma_{\mathrm{L}}(\boldsymbol{k},\ \omega)\right]\overleftrightarrow{I}_{\mathrm{L}}+\varepsilon_0\ \overleftrightarrow{I}_{\mathrm{T}}\\ \overleftrightarrow{\mu}^{-1}(\boldsymbol{k},\ \omega)=\left[\mu_0-\dfrac{\mathrm{i}\omega}{k^2}\sigma_{\mathrm{T}}(\boldsymbol{k},\ \omega)\right]\overleftrightarrow{I}=\mu^{-1}(\boldsymbol{k},\ \omega)\end{cases}\tag{42}$$

第三，选取 $\lambda=1-\dfrac{\sigma_{\mathrm{L}}(\boldsymbol{k},\ \omega)}{\sigma_{\mathrm{T}}(\boldsymbol{k},\ \omega)}$. 由(36)式、(37)式、(39)式，得

$$\begin{cases}\overleftrightarrow{\varepsilon}(\boldsymbol{k},\ \omega)=\left[\varepsilon_0+\dfrac{\mathrm{i}}{\omega}\sigma_{\mathrm{L}}(\boldsymbol{k},\ \omega)\right]\overleftrightarrow{I}=\varepsilon(\boldsymbol{k},\ \omega)\ \overleftrightarrow{I}\\ \overleftrightarrow{\mu}^{-1}(\boldsymbol{k},\ \omega)=\left[\mu_0^{-1}+\dfrac{\mathrm{i}\omega}{k}(\sigma_{\mathrm{L}}(\boldsymbol{k},\ \omega)-\sigma_{\mathrm{T}}(\boldsymbol{k},\ \omega)\right]\overleftrightarrow{I}=\mu^{-1}(\boldsymbol{k},\ \omega)\ \overleftrightarrow{I}\end{cases}\tag{43}$$

可见，选取 $\lambda=1-\dfrac{\sigma_{\mathrm{L}}}{\sigma_{\mathrm{T}}}$的好处是 $\varepsilon(\boldsymbol{k},\ \omega)$ 和 $\mu(\boldsymbol{k},\ \omega)$ 都是标量. 通常线性各向同性介质的介质方程便采用这种方案，这也正是一般电磁学教材中给出的形式，即

$$\begin{cases}\boldsymbol{D}(\boldsymbol{k},\ \omega)=\varepsilon(\boldsymbol{k},\ \omega)\boldsymbol{E}(\boldsymbol{k},\ \omega)\\ \boldsymbol{B}(\boldsymbol{k},\ \omega)=\mu(\boldsymbol{k},\ \omega)\boldsymbol{H}(\boldsymbol{k},\ \omega)\end{cases}\tag{44}$$

式中的 $\varepsilon(\boldsymbol{k},\ \omega)$，$\mu(\boldsymbol{k},\ \omega)$与 $\sigma(\boldsymbol{k},\ \omega)$的关系如(43)式所示.

以上讨论表明，在待定标量因子 λ 取不同值的各种方案中，$\boldsymbol{D}$ 和 $\boldsymbol{H}$ 的具体内容是不同的，这使我们更清楚地看到它们的辅助性本质.

最后，说明一下极化电流$\boldsymbol{j}_{\mathrm{P}}$和磁化电流$\boldsymbol{j}_{\mathrm{m}}$的划分. 在恒定情形，$\boldsymbol{j}_{\mathrm{P}}=\dfrac{\partial\boldsymbol{P}}{\partial t}=0$，只有$\boldsymbol{j}_{\mathrm{m}}$. 在非恒定情形，$\boldsymbol{j}_{\mathrm{P}}\neq0$，但应注意，在 $\boldsymbol{P}$ 的定义式 $\nabla\cdot\boldsymbol{P}=-\rho'$中，只规定了 $\boldsymbol{P}$ 的散度，$\boldsymbol{P}$ 的旋度尚属任意. 由于非恒定电场有旋度，不妨假设 $\boldsymbol{P}$ 和 $\boldsymbol{j}_{\mathrm{P}}$ 也有旋度. $\boldsymbol{j}_{\mathrm{P}}$的有旋成分对介质内的磁矩是有贡献的，我们应把它归并到$\boldsymbol{j}_{\mathrm{m}}$中去，否则由 $\nabla\times\boldsymbol{M}=\boldsymbol{j}_{\mathrm{m}}$定义的 $\boldsymbol{M}$ 就不能代表诱导电流在单位体积内产生的全部磁矩. 但这种做法只剩下无旋成分，它与有旋度的电场 $\boldsymbol{E}$ 不再有简单的比例关系. 另一种做法是保持 $\boldsymbol{P}$ 与 $\boldsymbol{E}$ 的比例关系，这就不得不把

诱导电流 $\boldsymbol{j}'$ 的有旋成分划一部分归 $\boldsymbol{j}_{\mathrm{P}}$，从而损害了 $\boldsymbol{j}_{\mathrm{m}}$ 以及由它定义的 $\boldsymbol{M}$ 作为磁矩的完整形象. 实际上还有一种可能的做法，即把 $\boldsymbol{j}_{\mathrm{m}}$ 全部归并到 $\boldsymbol{j}_{\mathrm{P}}$ 中去，从根本上取消磁化强度的概念，只保留一个较广义的极化强度.

参考文献

[1] 赵凯华，陈秉乾. 介质中电磁场的描述. 大学物理，1983(10).
[2] 尹道先. 关于自由电荷，束缚电荷和极化电荷的一些讨论. 物理教学，1980(1).
[3] 朗道，栗弗席兹. 连续媒质电动力学. 周奇，译. 北京：人民教育出版社，1964.

人名索引

C

D

E

F

G

H

J

K

L

M

N

O

P

R

S

T

U

V

W

Y

Z